増補改訂版

伴侶動物のための救急医療

Emergency Procedures for the Small Animal Veterinarian 3rd Edition

Signe J Plunkett DVM
監訳：川田　睦
翻訳：向野麻紀子

犬・猫からエキゾチックアニマルまで

ELSEVIER
緑書房

ELSEVIER

Higashi-Azabu 1-chome Bldg. 3F
1-9-15, Higashi-Azabu,
Minato-ku, Tokyo 106-0044, Japan

EMERGENCY PROCEDURES FOR THE SMALL ANIMAL VETERINARIAN
Copyright © 2013 Elsevier Ltd. All rights reserved.
ISBN: 978-0-7020-2768-0

This translation of ***Emergency Procedures for the Small Animal Veterinarian, Third Edition*** by **Signe J Plunkett**, was undertaken by Midori-Shobo Co., Ltd and is published by arrangement with Elsevier Ltd.

本書、Signe J Plunkett著：***Emergency Procedures for the Small Animal Veterinarian, Third Edition***は、Elsevier Ltd.との契約によって出版されている。

伴侶動物のための救急医療　増補改訂版, by **Signe J Plunkett**
Copyright © 2015, Elsevier Japan KK
ISBN：978-4-89531-223-3

注意

獣医学分野における知識と技術は日々進歩している。新たな研究や治験による知識の広がりに伴い、研究や治療、治療の手法について適正な変更が必要となることがある。

臨床家および研究者は、本書に記載されている情報、手法、化合物、実験を評価し、使用する際には自らの経験と知識のもと、自身と職務上責任を負うべき他者の安全に留意すべきである。

薬品や製剤に関して、読者は（i）記載されている情報や用法についての最新の情報、（ii）各製剤の製造販売元が提供する最新の情報を検証し、投与量や処方、投与の手法や投与期間および禁忌事項を確認すべきである。医療従事者の経験および知識のもとに診断、適切な投与量の決定、最善の治療を行い、かつ安全に関するあらゆる措置を講じることは医療従事者の責務である。

本書に記載されている内容の使用、または使用に関連した人、動物、財産に対して被害や損害が生じたとしても、法律によって許容される範囲において、出版社、著者、寄稿者、編集者、および訳者は、一切の責任を負わない。そこには製造物責任の過失の問題、あるいはいかなる使用方法、製品、使用説明書についても含まれる。

EMERGENCY PROCEDURES FOR THE SMALL ANIMAL VETERINARIAN

Signe J Plunkett DVM
Director, Urgent Care at Animal Health Services
Member, VECCS, Society of Critical Care Medicine,
Arizona Veterinary Medical Association,
and American Veterinary Medical Association
Cave Creek, Arizona

THIRD EDITION

ELSEVIER

序文

旧版(2nd edition)の出版以来、大きな変化があった。私は、小動物救急医療とクリティカルケアのレジデンシーを修了した。勤務内容も変化した。

レジデント時代は、テキサスA&M大学、カリフォルニア大学デービス校、コロラド州立大学、ミズーリ大学の各動物病院で過ごした。これらの大学病院では、クリティカルケアの専門医、救急医療とクリティカルケアのレジデントやインターン、他科の獣医師、多数の学生と共に働き、彼らから多くを学んだ。20年間の個人診療を経たのちに得たこの経験は、素晴らしいものであった。助力いただいた全ての人々から多くを学び、救急医療とクリティカルケアのドクターとして、さらに成長することができた。旧版を執筆したことで、各大学の教員やレジデントから感謝の言葉をいただいた。レジデンシーやインターンシップでの救急医療ローテーションを履修させるのに旧版が役立ったからである。救急症例を診る際の身近な一冊として、引き続き本書(3rd edition)もお役に立てば幸いである。本書には、病態生理学や薬理学に関する十分な記述はない。しかし、各種疾患、外傷、中毒症などによって重篤な状況に陥った患者の救命に要する情報を、素早く得たい場合に利用していただきたい。

本書では、レーズン、ユリ、ソテツ、キシリトール中毒症などを含む、より多くの救急疾患や中毒症を取り扱っている。また、エマージェンシーケアの基本に関する章を追加した。全ての章において、内容をアップデートし、改善も行ったつもりである。フォーマットについては旧版と同じスタイルを希望する声が多かったので、それに従った。

質の向上のため、3つの章については、共著者の協力を得た。「第4章　呼吸器」におけるアップデートの大半は、Sarah J. Deitschel DVM, DACVECCによる。「第11章　泌尿器系、電解質異常」におけるアップデートの大半は、Elizabeth J. Thomovsky DVM, MS, DACVECCによる。「第15章　エキゾチックアニマル」はChristoph Mans MED.VETが再執筆し、日頃はエキゾチックアニマルの診療を行っていない我々のような獣医師に対して、専門的な情報を提供してくれている。

本書が、旧版と同様、あるいはそれ以上に皆様のお役に立つことを願っている。人々の生活をより豊かにするために、友である動物たちを危機から助けることに尽力していただきたい。我々の使命は容易ではないが、非常にやりがいのあるものである。

2013年

Signe J Plunkett DVM

謝辞

本書(3rd edition) の出版にあたって、協力してくださった方々に感謝したい。準備に際し、Robert Edwards、Alison McMurdo、Catherine Jackson、Beula Christopher、そしてElsevierの全スタッフは、非常に協力的で、激励、助言、援助を与えてくれた。本版を完成させるにあたり、友人たちにも助けてもらった。Sarah J. Deitschel とElizabeth J. Thomovskyは、ミズーリ大学で出会って以来の素晴らしい友人である。彼女たちと出会えたことは非常に幸運であった。本書の完成まで、後押し、手助けをしてくれたDr. Christoph Mansにも感謝したい。

献辞

本書(3rd edition) を以下の方々に捧ぐ。

私の家族、そして特別な親友であるMichael Longoni、Melissa Manos、Diane Paster、Susan K. Wilkersonへ。あなた方の変わらぬ愛情、支え、励ましに感謝したい。

Alie Amato――救命した患者に対する彼女の献身的愛情に敬意を示したい。彼女のおかげで世界が広がり、新しい人々に出会い、想像し得なかった経験をすることができた。

Stacey Hoffman――彼女の友情、助言、忍耐、私への信頼に感謝したい。正義のために立ち上がり、恐れずに過ちを指摘してくれることに謝意を表する。

Maureen McMichael、F. Tony Mann、Marie Kerl、Tim Hackett、Karl Jandrey、Jana Jones、レジデント時代に私を支えてくれた全ての専門医、レジデント、インターンの方々。彼らと共に時間を過ごせたことを幸せに思う。彼ら一人一人が、獣医療のみならず、人生について多くのことを教えてくれた。

執筆者リスト

Sarah J Deitschel DVM, DACVECC
Criticalist
Pittsburgh Veterinary Specialty and Emergency Center
Pittsburgh, Pennsylvania

Christoph Mans MED. VET.
Clinical Instructor in Zoological Medicine
Department of Medical Sciences
School of Veterinary Medicine, University of Wisconsin
Madison, Wisconsin

Elizabeth J Thomovsky DVM, MS, DACVECC
Clinical Assistant Professor of Small Animal Emergency and Critical Care
Purdue University College of Veterinary Medicine
West Lafayette, Indiana

目次

第4章 呼吸器 137

第5章 外傷 163

第6章 飼育環境中の事故 199

目次

付録　811

第1章 支持療法

酸塩基不均衡

重症例や外傷症例のアセスメントには、血液のpH、重炭酸（HCO_3^-）、二酸化炭素分圧（P_{CO_2}）、塩基過剰（base excess：BE）の評価が役立つ。呼吸状態を評価するには動脈血サンプルが必要であり、動脈血を用いるのが理想的であるが、患者の状態を細胞レベルで評価するのであれば、静脈血サンプルも有用である。

室内気room airにて呼吸している犬猫における動脈血液ガス値の基準範囲は、表1-1に示した。

血液ガスを評価するには、以下の手順に従う。

1. pHが正常であるかを判断する。
2. 二酸化炭素分圧（P_{CO_2}）を評価する。（呼吸成分）
3. 重炭酸濃度［HCO_3^-］を評価する。（非呼吸成分）
4. 一次疾患は何か。予想される変化を表1-2に示した。
5. 二次性反応、代償性変化は予想通りか。予想される反応を表1-3に示した。
6. どのような病態が酸塩基不均衡を惹起しているのか。

呼吸性アシドーシス

呼吸性アシドーシス、または原発性高二酸化炭素血症は、低換気と低酸素症の存在を示唆する。血液pH低下、Pa_{CO_2}上昇が生じ、代償としてHCO_3^-が上昇する。

Pa_{CO_2}の中度上昇により、交感神経活性化や心拍出量増加が生じ、場合によっては頻脈性不整脈も認められる。Pa_{CO_2}上昇に伴い、頭蓋内圧上昇と脳血流量増加が生じる。Pa_{CO_2}値が極度に上昇すると（60〜70mmHg）、認知機能障害、嗜眠、昏睡が生じることがある。

呼吸性アシドーシスの主な原因：

- 呼吸中枢抑制
  - 薬物関連（吸入麻酔、オピオイド、バルビツール）
  - 神経疾患
    - 脳脊髄病変
    - 脳幹病変
- 神経筋疾患
  - 重症筋無力症
  - ボツリヌス症
  - 破傷風症
  - ダニ麻痺症
  - 重度低カリウム血症
  - 薬物もしくは化学物質関連（有機リン酸塩、アミノグリコシド）
- 大気道閉塞
  - 異物吸引
  - 気管チューブの折れ曲がり、閉塞

表1-1　室内気にて呼吸している犬猫における動脈血ガス測定値基準範囲

	犬		猫	
pH	7.41	(7.35-7.46)	7.39	(7.31-7.46)
Pa_{CO_2} (mm Hg)	37	(31-43)	31	(25-37)
$[HCO_3^-]$ (mEq/L)	22	(19-26)	18	(14-22)
Pa_{O_2} (mm Hg)	92	(81-103)	107	(95-118)

表1-2　単純性原発性酸塩基不均衡で生じる変化

不均衡の種類	pH	P_{CO_2}	$[HCO_3^-]$
呼吸性アシドーシス	↓	↑	↑もしくは正常
呼吸性アルカローシス	↑	↓	↓もしくは正常
非呼吸性（代謝性）アシドーシス	↓	↓	↓
非呼吸性（代謝性）アルカローシス	↑	↑	↓

表1-3　犬猫の単純性酸塩基不均衡で予想される代償性変化

		代償性変化の臨床ガイドライン	
障害の種類	初期変化	犬	猫[*1]
代謝性アシドーシス	HCO_3^- が 1mEq/L 低下するごとに	P_{CO_2} は0.7mmHg 低下	P_{CO_2} に変化なし
代謝性アルカローシス	HCO_3^- が 1mEq/L 上昇するごとに	P_{CO_2} は0.7mmHg 上昇	P_{CO_2} は0.7mmHg 上昇
呼吸性アシドーシス			
急性	P_{CO_2} が1mEq/L 上昇するごとに	HCO_3^- は0.15mEq/L 上昇	HCO_3^- は0.15mEq/L 上昇
慢性	P_{CO_2} が1mEq/L 上昇するごとに	HCO_3^- は0.35mEq/L 上	不明
長期[*2]	P_{CO_2} が1mEq/L 上昇するごとに	HCO_3^- は0.55mEq/L 上昇	不明
呼吸性アルカローシス			
急性	P_{CO_2} が1mEq/L 低下するごとに	HCO_3 は0.25mEq/L 低下	HCO_3^- は0.25mEq/L 低下
慢性	P_{CO_2} が1mEq/L 低下するごとに	HCO_3^- は0.55mEq/L 低下	犬の変化に類似[*3]

DiBartola SP (ed), Fluid, Electrolyte, and Acid-Base Disorders in Small Animal Practice, 3rd edn, St Louis, Elsevier, 2006, p 298より。Elsevier Ltdの許可を得て掲載。犬のデータは、de Morais & DiBartola (1991) より引用。猫についてはDiBartola (2006) を参照のこと。

*1猫に関するデータは、極めて少数の猫から得たものである。

*230日を超える場合。

*3明確な数値は得られていないが、慢性呼吸性アルカローシスを呈した猫の動脈血pHは、正常値が維持されている。

- ◦ 気管虚脱
- ◦ 短頭種症候群
- ◦ 喉頭麻痺
- ◦ マス病変（気管内、気管外）
- ◦ 浸潤性下部気道疾患（慢性閉塞性肺疾患：COPD、喘息）

呼吸性アシドーシスの治療は、原因疾患の治療、薬理学的原因の除去もしくは拮抗、必要に応じた気道確保、換気、酸素化である。

呼吸性アルカローシス

呼吸性アルカローシス、または原発性二酸化炭素血症は、過換気が示唆される。血液pH上昇、Pa_{CO_2}低下が生じ、代償としてHCO_3^-が低下する。

ヘパリンによる血液サンプルの過剰希釈、あるいはサンプル内への気泡混入が生じると、P_{CO_2}は誤って低値を示す場合がある。Pa_{CO_2}が25mmHg未満になるか、動脈pHが7.6以上になると、細動脈血管収縮が生じる。これによって心筋血流量および脳血流量が減少する。

通常、臨床兆候は原因疾患によるが、原因疾患に関わらず、呼吸促迫を認めることがある。意識障害、発作、不整脈を生じることもある。

呼吸性アルカローシスの主原因：

- 恐怖、興奮、不安、疼痛
- 過換気（自発的、あるいは機械換気による）
- 吸入気酸素分圧低下
- 肺炎、肺水腫、肺線維症、肺血栓塞栓症などの肺疾患
- うっ血性心不全
- 重度貧血
- 重度低血圧
- 中枢神経系疾患
- 肺伸張受容体刺激もしくは侵害受容体刺激
- 呼吸中枢活性化
- キサンチン（アミノフィリン）、コルチコステロイド、サリチル塩酸などの薬剤
- 肝疾患
- 副腎皮質機能亢進症
- 敗血症
- 心発作
- 運動
- 代謝性アシドーシスに続発

呼吸性アルカローシスの治療は、原因疾患の治療、恐怖や疼痛の緩和、機械的人工換気の低減、薬理学的原因の除去、低酸素症の改善である。

非呼吸性アシドーシス（代謝性アシドーシス）

非呼吸性（代謝性）アシドーシスは、血液pH低下、HCO_3^-低下、塩基過剰（BE）低下が認められる状態を指し、代償としてP_{CO_2}が低下する。血液pHが7.1を超えるか、HCO_3^-が8mEq/Lを下回る症例は、重度である。非呼吸性アシドーシスが重度であれば抑うつが生じ、呼吸促迫を生じる場合もあるが、一般的に臨床徴候は、原因疾患に起因する。治療は、原因疾患の治療となる。

非呼吸性アシドーシスの主原因：

- 強イオン差（SID）アシドーシス
  - 有機酸アシドーシス
    - エチレングリコールやサリチル塩酸などの毒物
    - 乳酸アシドーシス
    - 尿酸アシドーシス
    - 糖尿病性ケトアシドーシス
  - 希釈性アシドーシス（自由水の増加、低ナトリウム症に関連）
    - 低張液増加に起因（循環血液量増加）
      うっ血性心不全
      重度肝不全
    - 水分量増加に起因（正常循環血液量）
      低張液による輸液
      心因性多飲
    - 高張液喪失に起因（循環血液量減少）
      利尿薬投与
      副腎皮質機能亢進症
  - 高クロール性アシドーシス
    - 腎不全
    - 完全非消化管栄養
    - 0.9% NaCl、7.2% NaCl、塩化カリウム（KCl）添加液を用いた輸液
    - 副腎皮質機能低下症
    - 下痢
- 不揮発性イオンバッファーアシドーシス（nonvolatile ion buffer acidosis）
  - 高リン酸血症性アシドーシス
    - 腎不全
    - 尿道閉塞
    - 腹尿症
    - リン酸塩の静脈内投与
    - リン酸塩含有浣腸剤投与

非呼吸性アルカローシス（代謝性アルカローシス）

非呼吸性（代謝性）アルカローシスでは、血液pH上昇、HCO_3^-上昇、塩基過剰（BE）上昇が認められ、代償としてP_{CO_2}が上昇する。血液pHが7.6を超えると重度である。通常、非呼吸性アルカローシスの臨床徴候は、原因疾患に

よって異なる。治療は、原因疾患の治療である。

非呼吸性アルカローシスの主原因：

- 強イオン差（SID）アルカローシス
  - 低クロール血症性アルカローシス
    - 胃内容物の嘔吐
    - ループ利尿薬、チアジド系利尿薬、重炭酸ナトリウムの投与
  - クロール抵抗性アルカローシス
    - 高アルドステロン症
    - 副腎皮質機能亢進症
  - 体液濃縮性アルカローシス（高ナトリウム血症に関連した純水喪失による）
    - 水奪取
    - 嘔吐、または下痢
- 不揮発性バッファーイオンアルカローシス
  - 低アルブミン血症
    - 蛋白喪失性腎障害
    - 蛋白喪失性腸障害
    - 肝不全

障害の混在、すなわち上記の障害のうち、2ないし3つが同時に発症することもある。呼吸性アシドーシスが非呼吸性アシドーシスと同時に生じた場合、単独発症の場合よりもpHは顕著に低下する傾向がある。呼吸性アシドーシスが非呼吸性アルカローシスと同時発症した場合、pHは正常範囲にとどまることがある。

強イオン法（strong ion approach）

この酸塩基評価法では、血漿pHは3つの独立した可変因子によって決定される。

1. P_{CO_2}——上昇すると呼吸性アシドーシスを引き起こす。低下すると呼吸性アルカローシスを引き起こす。
2. 強イオン差（SID）——完全解離血漿陰イオンの合計は、完全解離血漿陽イオンの合計と同じではない。これらの強イオンは共役し、正電荷を有したひとつの集団として血漿pHに影響をもたらす。血漿において重要な強イオンは、ナトリウム（Na^+）、カリウム（K^+）、カルシウム（Ca^{2+}）、マグネシウム（Mg^{2+}）、クロール（Cl^-）、乳酸、ケト酸（β-ヒドロキシ酪酸塩、アセト酢酸）、硫酸塩（SO_4^{2-}）である。SIDの増加は、[Na^+]の増加もしくは[Cl^-]の減少に起因し、強イオン性アルカローシスまたは代謝性アルカローシスを惹起する。
3. A_{TOT}（総弱酸 total weak acid）——生理的pHにおいて弱酸として働く不揮発性バッファーイオン、すなわちアルブミン、グロブリン、無機リン

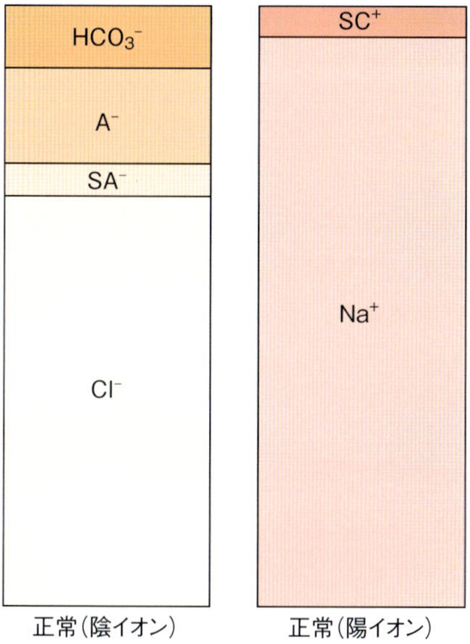

図1-1　ギャンブルグラム
正常血漿および、陰イオンのイオン強度がクロールイオン上昇（高クロール血症性アシドーシス）や低下（低クロール血症性アルカローシス）に伴って生じた二次的変化を呈した血漿を示す。
HCO_3^-＝重炭酸イオン、A^-＝不揮発性バッファー、SA^-＝強アニオン、Cl^-＝クロール、SC^+＝強カチオン、Na^+＝ナトリウム。
DiBartola SP（ed）, Fluid, Electrolyte, and Acid-Base Disorders in Small Animal Practice, 3rd edn, St Louis, Elsevier, 2006, p315. より引用。

酸塩の効果を指す。A_{TOT}が上昇すると代謝性アシドーシス（不揮発性バッファーイオンアシドーシス）が生じる。A_{TOT}が低下すると代謝性アルカローシス（不揮発性バッファーイオンアルカローシス）が生じる。

強イオン法では、一般にギャンブルグラム（gamblegram）が用いられる（図1-1）。

以下は、強イオン法によって説明できる、6つの主な酸塩基不均衡の形態である。

1．呼吸性アシドーシス――低換気と同様に、P_{CO_2}上昇が認められる
2．呼吸性アルカローシス――過換気と同様に、P_{CO_2}低下が認められる
3．強イオン差アシドーシス
　A．希釈性アシドーシス（[Na^+] 低下）
　　Ⅰ．循環血液量増加（うっ血性心不全、ネフローゼ症候群、重度肝疾患）
　　Ⅱ．正常循環血液量（低張液による輸液、心因性多飲）
　　Ⅲ．循環血液量減少（サードスペース third space 移行による体液喪失、利尿薬投与、副腎皮質機能低下症、下痢、嘔吐）
　B．高クロール性アシドーシス（[Cl^-] 増加）
　　Ⅰ．下痢による著しいナトリウム喪失
　　Ⅱ．クロール増加（完全非消化管栄養補給、KCl、NaCl〈0.9%、3%、

5%、7.5%〉）を用いた輸液

Ⅲ．塩化物保持（副腎皮質機能低下症、腎不全）

Ⅳ．有機酸アシドーシス（尿毒症、糖尿病性ケトアシドーシス、乳酸アシドーシス、エチレングリコール中毒症、サリチル酸塩中毒症）

4．強イオン差アルカローシス

A．体液濃縮性アルカローシス

Ⅰ．低張液喪失（閉塞解除後利尿、非乏尿性腎不全、嘔吐）

Ⅱ．純水喪失（尿崩症、水奪取）

B．低塩素性アルカローシス（[Cl^-] 減少）

Ⅰ．重炭酸塩投与など、クロールとの比較におけるナトリウムの過剰摂取

Ⅱ．ナトリウムとの比較におけるクロールの過剰喪失（チアジド系利尿薬・ループ利尿薬投与、胃内容物嘔吐）

5．不揮発性バッファーイオンアシドーシス（[A_{TOT}] 増加）

A．高アルブミン血症（脱水、水奪取）

B．高リン酸血症（腫瘍細胞溶解、横紋筋融解症もしくは組織傷害、リン酸溶液や浣腸剤の投与、腎不全における排出低下、腹尿症、尿道閉塞）

6．不揮発性バッファーイオンアルカローシス（低アルブミン症による[A_{TOT}] 減少）

A．蛋白喪失性腸障害および腎障害による顕著なアルブミン喪失

B．血管炎によって生じる、炎症性滲出液中や組織へのアルブミン流出

C．栄養不良、飢餓、慢性肝疾患

酸素療法

低酸素症

低酸素症の原因は、以下の5つである。

1．低換気

A．中枢疾患（第5頸椎より上位の脳脊髄病変、または脳幹病変）

B．神経筋疾患（破傷風症、ボツリヌス症、ダニ麻痺症、多発性神経根炎、重症筋無力症、神経筋遮断薬）

C．呼吸を抑制する薬剤（吸入麻酔薬、バルビツール、麻薬）

D．胸壁損傷（肋骨骨折、フレイルチェスト、胸腔の疾患、開胸手術）

E．上部気道閉塞（異物吸引、短頭種症候群、気管虚脱、喉頭麻痺、マス病変、気道チューブ閉塞）

2．吸気中の酸素分圧（吸入気酸素濃度：Fi_{O_2}）低下

A．高い標高

B．不適切な吸入麻酔薬投与（不適切な毎分換気量、二酸化炭素のフィルターや除去装置の不備）

3．換気―灌流不均等（換気／血流不均等：V/Q mismatch）

A．喘息

B．気管支炎

C．慢性閉塞性肺疾患（COPD）
D．肺血栓塞栓症
4．拡散障害
A．瀰漫性間質性肺疾患
B．血管炎
C．肺気腫
D．肺炎
5．右-左シャント
A．無気肺
B．解剖学的右左短絡性血流（動脈管開存症、心室中隔欠損、心房中隔欠損、ファロー四徴）

低酸素症の評価

細胞へ酸素を十分に供給するには、適切な心拍出量に加え、動脈血中酸素濃度が適正であることが不可欠である。低酸素症とは、血中酸素濃度が適量を下回った状態を指す。酸素の大部分は、ヘモグロビンによって細胞へ運搬される。ヘモグロビンの正常値は13～15g/dLである。十分な酸素供給を得るには、ヘモグロビン値が少なくとも10g/dL必要であると考えられている。これに相当する血中血球容積（PCV）はおよそ30%であるが、健康な動物であれば一般に22～25%で十分である。飽和状態のヘモグロビン（Hb）は、1gで1.34mLの酸素（血中酸素の98%）と結合する。Sa_{O_2}は、ヘモグロビンの酸素飽和度である。Pa_{O_2}は、動脈血漿中に溶解した酸素の分圧である。体温程度の温度では、血漿中の酸素溶解度係数は0.003である。これらの数を以下の式に当てはめると、患者の動脈血酸素含量（Ca_{O_2}）が計算できる。

$$Ca_{O_2} = ([Hb] \times Sa_{O_2} \times 1.34) + (0.003 \times Pa_{O_2})$$

Pa_{O_2}は、適切な方法で動脈血サンプルを採取したのち、血液ガス測定器で測定する。ヘパリンの過剰添加や、空気への暴露を避ける。低酸素症（血中酸素濃度低下）は、動脈血酸素分圧が80mmHgを下回る状態である。Pa_{O_2}が40mmHgを下回り、脱酸素化ヘモグロビン濃度は5g/dLに達すると、肉眼でチアノーゼが認められる。

肺胞気式（alveolar air equation）によって、肺胞内の酸素量が評価できる。肺胞気式は；

$$PA_{O_2} = (Fi_{O_2} \times [PB - P_{H_2O}]) - Pa_{CO_2}/RQ$$

PA_{O_2}＝肺胞気の酸素分圧
Fi_{O_2}＝吸入気酸素濃度（室内気では21%［0.21］）
PB＝大気圧（海抜0メートル地点ではおよそ760mmHgで、標高が上がれば大気圧は低下する）
P_{H_2O}＝水蒸気圧（およそ50mmHg）
RQ＝呼吸商＝CO_2産生量／酸素消費量であり、一般に0.8または0.9
Pa_{CO_2}＝動脈二酸化炭素分圧。Pa_{O_2}に与える影響は限られた測定値であり、問題となるのは、室内気呼吸をしている動物における低酸素症の惹起のみである。

肺胞—動脈血（A-a）勾配

換気灌流障害は、肺胞ガスP_{O_2}と動脈血P_{O_2}の差を求めて評価する。この差を、肺胞—動脈血勾配という。Pa_{O_2}は、常にPA_{O_2}を下回っているはずである。

$$肺胞—動脈血(A–a)勾配 = PA_{O_2} - Pa_{O_2}$$

＜10～15　正常
＞15　肺における血液の酸素化障害
＞30　肺におけるガス交換の重度障害

A-a勾配が正常な低酸素症は、Fi_{O_2}現象と低換気に伴って生じる。症例が低換気によって低酸素症を呈しているのであれば、通常はFi_{O_2}を30％以上に保つことで状態は改善する。拡散障害や換気灌流（V/Q）ミスマッチ、シャントなどが認められる状況では、A-a勾配の上昇を伴う低酸素症が生じる。

Pa_{O_2}：Fi_{O_2}比（P：F比）

これらの値の比によって、酸素化の簡易評価ができる。ただし、Pa_{CO_2}は測定されていないので、A-a勾配に比べると不正確である。

Pa_{O_2}：Fi_{O_2}＝500　正常
300～500　軽度疾患を示唆
200～300　中度疾患を示唆
＜200　重度疾患を示唆

Fi_{O_2}×5

Fi_{O_2}に5をかけた値は、海抜0メートル地点での正常動物のPa_{O_2}に近く、この値を用いれば、肺における酸素化能を迅速に判定することができる。Fi_{O_2}が20％（室内気）×5＝Pa_{O_2}が100mmHg、Fi_{O_2}が100％（100％酸素補充時）×5＝500mmHg。

パルスオキシメトリ

正常心血管機能が保たれている症例において、ヘモグロビンの酸素飽和度（Sa_{O_2}）は、組織中酸素量を決定する主要因子である。パルスオキシメータで測定されるSa_{O_2}を、Sp_{O_2}という。パルスオキシメータのプローブから発光される波長の異なる2本の光によって、酸素化ヘモグロビンと還元ヘモグロビンが識別される。低酸素症、低灌流、低体温、血管収縮、不整脈、色素沈着、異常ヘモグロビン、体動などが存在すると、測定値は不正確になる。黄疸は、測定値に干渉しない。

Sp_{O_2}値98％は、Pa_{O_2}値100～500mmHgに相当する。

Sp_{O_2}値95%は、Pa_{O_2}値80mmHgに相当し、軽度低酸素症を示す。
Sp_{O_2}値90%は、Pa_{O_2}値60mmHgに相当し、重度低酸素症を示す。
カルボキシヘモグロビンは、オキシヘモグロビンとして測定されるため、Sp_{O_2}偽高値の原因となる。
メトヘモグロビンによって、Sp_{O_2}は、実際の値に関わらず85%になる。

静脈酸素分圧

静脈酸素分圧（$P_{V_{O_2}}$）によって、組織の酸素化が推測できる。中心静脈から採取したサンプルの$P_{V_{O_2}}$が30mmHg未満であれば、酸素の消費亢進もしくは供給不足が示唆される。静脈二酸化炭素分圧（$P_{V_{CO_2}}$）は通常Pa_{CO_2}より3〜6mmHg高く、換気状態の判定に用いる。

酸素補充療法

Pa_{O_2}が60〜80mmHg未満、Sp_{O_2}が92%未満、もしくは症例が低酸素症の兆候を示している場合には、酸素補充を要する。患者がおかれている環境中の酸素濃度を上昇させるには、いくつかの方法がある。以下は一般的な方法である。酸素中毒を避けるために、Fi_{O_2}>60%の状態は24〜72時間を超えてはならない。

1．フローバイ（flow-by）
　A．酸素チューブを患者の鼻孔もしくは口から2cm以内に近づけ、酸素を2〜3L/分で流す。多くの場合、Fi_{O_2}を25〜40%まで上昇させることができる。
　B．患者によっては、ビニール袋を患者の頭部にテントのようにふわりと被せ、袋の下から酸素チューブを入れる方法を好む場合がある。この方法でも同等の効果が得られる。
2．マスク
　A．患者の吻に正しくフィットするフェイスマスクを用い、酸素を8〜12L/分で流せば、Fi_{O_2}を60%まで上昇させられる。
　B．閉鎖システムでは、二酸化炭素濃度、湿度、温度が危険域まで上昇することがあるので、頻繁に換気する。
　C．フェイスマスクが緩ければ、酸素流量を2〜5L/分にしなければならない場合もある。（訳注：なぜ流量を減らすのか不明。誤記載？）
　D．意識のある患者の多くは、フェイスマスクを忌避する。長時間であれば、なお許容されない。低酸素症の悪化につながるため、患者が暴れたり、抵抗したりする事態は避ける。
3．フード（覆い）、エリザベスカラーフード（図1-2）
　A．エリザベスカラー前面の大部分を透明のラップで覆えば、酸素供給用フード（覆い）として用いることができる。
　B．二酸化炭素と湿気が排出されるように、必ず前面の一部を小さく開けておく。
　C．エリザベスカラーを患者に装着した後、酸素チューブを後ろから挿入

図1-2　エリザベスカラーを用いた酸素フード（覆い）
患者の鼻先より1.5〜2インチ（4〜5cm）ほど大きいエリザベスカラーを装着させる。5〜12Frレッドラバーカテーテルをカラーに通す。鼻に近い位置で、カテーテル先端をカラー内側にテープ固定する。透明な食品用ラップでエリザベスカラー前面を覆う。このとき、二酸化炭素が流出するように、上部1.5〜2インチは開放しておく。必要があれば、ラップの上端は、多孔性テープを一重貼りにして強化する。ラップはカラーの外側にテープで固定する。フードから出ているレッドラバーカテーテルの先端に酸素ラインを接続し、酸素供給する。

すると、酸素チューブの先端を鼻先に持ってくることができる。先端は、適切な位置にテープ固定する。

D．酸素流量0.5〜1L/分で、Fi_{O_2}は30〜40%に保たれる。

E．フードは、既製品の入手も可能である。

F．患者の大半は、このような覆いを嫌がらない。特に、十分に大きなサイズのエリザベスカラーを用いて、鼻からラップまでの距離を十分に取ると、許容されやすい。

4．経鼻（図1-3、図1-4）

A．パンティングや口呼吸の有無、呼吸数、体格などを考慮して酸素流量を50〜150mL/kg/分に設定すれば、Fi_{O_2}を30〜60%に保つことができる。

B．鼻腔組織を過剰に刺激しないように、経鼻補充する酸素は加湿しておく。

C．以下の場合、経鼻酸素補充禁忌である。

Ⅰ．頭蓋内圧亢進、もしくは頭蓋内マス病変

Ⅱ．鼻もしくは顔面外傷

Ⅲ．鼻出血

Ⅳ．鼻腔内マス

Ⅴ．喉頭閉塞

図1-3　経鼻酸素補充に用いる器具
IV滅菌水で満たした輸液用などの滅菌ボトルにIVチューブを接続する。酸素は、水とIVチューブを通過し、IVチューブに接続された経鼻カテーテルへ供給される。酸素流量50〜75mL/kgで供給すると、酸素濃度は40〜60%に達する。

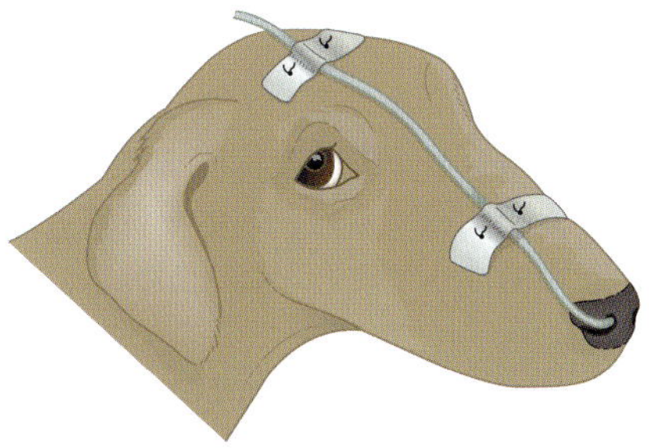

図1-4　経鼻酸素カテーテル設置
チューブは、両眼の間を通し、耳の後方へ垂らす。鼻の上方と額で皮膚に縫合固定する。チューブは、さらにチャイニーズフィンガー法で固定する。

Ⅵ．凝固異常

D．経鼻酸素補充の方法

Ⅰ．人体用カニューレ

a．人の病院では、先端が二股状の細い経鼻用カニューレが多く用いられており、動物にも広く使用可能と思われる。

b．装着は容易であり、有効な酸素補充ができる。

Ⅱ．片側経鼻カテーテル

a．経鼻カテーテルは、迅速かつ容易に設置できる。
b．患者を腹臥位もしくは横臥位にする。
c．患者の鼻先を上に向け、数滴の2%希釈リドカインまたはプロパラカインを鼻孔に滴下する。
d．一般に、5～10Fr. のレッドラバーまたはポリプロピレンカテーテルを用いる。
e．内眼角にカテーテルの先端を当て、鼻孔外側までの長さに合わせて、カテーテルに油性ペンで印をつける。
f．カテーテルの先端に水性の潤滑剤を塗布する。
g．鼻孔に出来るだけ近い位置で、カテーテルの先端近くを片手で保持し、もう一方の手で患者の鼻を保定する。
h．鼻孔の腹側かつ内側方向へカテーテルを進め、印をつけた位置まで挿入する。
i．鼻翼外側に縫合糸をかけ、カテーテルを固定する。
j．犬では、両目の間で、吻の正中を通るようにカテーテルを設置し、猫では、ヒゲを避け、顔の側方を沿わせる。数ヵ所縫合して、固定する。
k．患者にエリザベスカラーを装着する。
l．酸素を50～100mL/kg/分で供給する。
m．更なる酸素補充を要する時は、反対側の鼻孔にも経鼻カテーテルを設置する。

Ⅲ．両側経鼻カテーテルを用いれば、片側経鼻カテーテルを用いる以上にFi_{O_2}を上昇させることができる。

5．鼻咽頭カテーテルを用いれば、経鼻カテーテル以上にFi_{O_2}を上昇させることができる。
A．カテーテルの設置法は経鼻カテーテルと同様であるが、カテーテルの先端は、内眼角ではなく下顎枝の位置まで挿入する。
B．鼻咽頭カテーテルを設置する際、人中を背側方向へ押しながら、両鼻翼の外背側を正中方向へつまむと挿入が容易になる。

6．気管内挿管
A．喉頭損傷や迷走神経反射等を避けるため、喉頭鏡を用いて、極めて丁寧に行う。
B．低圧高用量カフ付きチューブが理想的である。
C．猫では、喉頭痙攣を低減させるために、少量のリドカインをスプレーするのもよい。
D．気管チューブは、適切な位置で固定する。固定の際には、カットした輸液用ライン、ガーゼ、ゴムバンド等を用いる。
E．頸部を触診してチューブ状のものが1本であること確認すること、中咽頭を通って気管チューブが気管に挿入されるのを目視すること、終末期呼気二酸化炭素濃度を確認することによって、気管チューブを適切に設置する。
F．麻酔器回路等の酸素供給源に気管チューブを接続し、酸素を投与する。

G．外部への空気漏れが止まるまで、カフを優しく膨らませる。
H．閉鎖システムに接続すると、患者のFi_{O_2}は100%になる。
I．挿管状態を維持するために、鎮静薬を用いて咽頭反射を消失させる。
J．気管挿管の主な合併症
- Ⅰ．チューブの折れ曲がりや塞栓による気道閉塞が原因の低酸素症
- Ⅱ．圧迫性気管壊死、およびそれに続発する縦隔気腫や皮下気腫
- Ⅲ．気管裂傷、およびそれに続発する縦隔気腫や皮下気腫
- Ⅳ．気管を越えて、主気管支まで挿管することによる片肺葉過膨張、ガス交換不良、場合によっては気道破裂
- Ⅴ．歯肉、口唇、舌の圧迫性壊死
- Ⅵ．喉頭損傷
- Ⅶ．過度の舌腫脹
- Ⅷ．頭蓋内圧亢進
- Ⅸ．眼圧亢進

7．気管切開による挿管（図1-5）

A．適応症
- Ⅰ．重度上部気道閉塞
- Ⅱ．重度上部気道外傷
- Ⅲ．喉頭麻痺
- Ⅳ．長期間の陽圧換気

B．禁忌
- Ⅰ．気道損傷
- Ⅱ．気管切開部位より尾側での気道閉塞

C．手技
- Ⅰ．可能ならば、全身麻酔と気管挿管をする。
- Ⅱ．患者を背臥位にし、頸部を伸張させる。このとき、台にタオルや

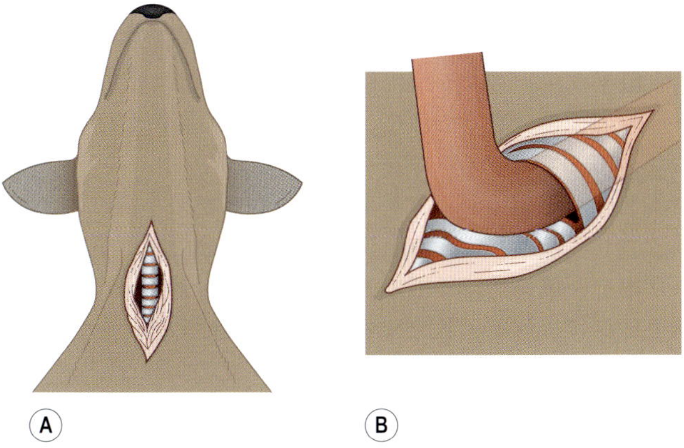

図1-5　緊急気管切開の手技
(A)　患者を仰臥位にし、喉頭のすぐ尾側を迅速に剃毛・消毒する。腹側正中の皮膚、皮下織、筋膜を2～3cm切開する。鋏と鉗子で筋を分離し、気管を露出させる。
(B)　気管輪の間を気管円周の1/4から1/3の長さで切開する。メス柄で切開部位に間隙をつくり、気管切開チューブもしくは気管チューブを尾側方向へ挿入する。チューブは臍帯テープを頸部に巻いて固定する。

パッドを敷いて頸部を持ち上げる。

Ⅲ. 時間的余裕があれば、頸部腹側に剃毛と消毒処置を施す。

Ⅳ. 輪状軟骨から胸骨方向へ、頸部腹側に2～5cmの正中切開をする。

Ⅴ. 側方へ牽引し、鈍性剥離して胸骨舌骨筋を正中から分離する。

Ⅵ. 第3～4もしくは第4～5気管軟骨間の輪状靱帯に、気管円周の50%以下の長さで横断切開する。

Ⅶ. 気管切開チューブを、先端を背側へ向けて切開部位から気管内へ挿入する。

a. カフ及びインナーカニューレ付き（二重カニューレ）気管切開チューブが理想的であるが、カフやインナーカニューレのないチューブや、改造した気管チューブも使用できる。

b. チューブのサイズを決定するには、頸部X線ラテラル像で気管内径を測定する。

Ⅷ. 将来のチューブ交換に備えて、切開部位上下の気管輪にはループを長く取って縫合糸をかけておく。

Ⅸ. 筋と皮膚は縫合し、開口部を縮小する。

Ⅹ. チューブは、臍帯テープを用いて首にしっかりと固定するか、定位置で縫合する。

Ⅺ. 酸素ケージ等を使用して環境中酸素濃度を上げるか、気管切開チューブを直接麻酔回路に接続して、患者に酸素補給をする。

Ⅻ. 気管切開チューブの機能維持のため、必ず毎日チューブのケアを行う。

8. 酸素ケージ

A. 市販の酸素ケージを用いれば、湿度、温度、酸素濃度管理ができる。これの代用として、小児用インキュベーター、プレキシガラス（アクリル樹脂）製ボックス、一般的なケージに空気漏れの少ないプレキシガラス製のドアを取り付けたもの等も使用可能である。緊急時、上記のいずれも使用できない場合は、通常のケージのドアをラップで覆い、酸素ラインをケージ内に通せば、Fi_{O_2}が上昇する。

B. ケージの種類、患者の体格、ケージドアの開閉頻度、酸素流量にもよるが、Fi_{O_2}は40～60%の間で維持できる。

C. 酸素ケージを用いれば、患者のストレスを最小限に抑えつつ、Fi_{O_2}を改善させることができる。呼吸困難を呈した猫や小型犬が救急搬送された場合、最終的には別の方法で酸素供給を行うにしても、まずは酸素ケージに入れて、数分間の酸素補給を行えば、患者を落ち着かせることができる。

D. 酸素ケージの主な問題点

Ⅰ. 購入価格および維持費が高い。

Ⅱ. 他の方法に比べ、酸素使用量が多い。

Ⅲ. 高体温症が多発する。

a. 患者に直接触れないようにして、アイスパックをケージ内に置くとよい。

b．加湿器の中や周辺にアイスパックを置くのもよい。

Ⅳ．ケージの外からは、喘鳴や狭窄音などの呼吸音が聞こえにくい。

Ⅴ．患者に触れるにはケージのドアを開ける必要があり、それによってFi_{O_2}が低下する。

9．高気圧酸素

A．高気圧酸素投与には、製造販売されている専用チャンバーと、大気圧を超える圧（>760mmHg）が必要である。

B．チャンバー内のFi_{O_2}は100％で、酸素を組織へ迅速に拡散させることができる。

C．高気圧酸素療法の適応症には以下が含まれる；

Ⅰ．骨髄炎

Ⅱ．熱傷

Ⅲ．重度軟部組織感染症

D．通常、低酸素症の治療に高気圧チャンバーを用いることはなく、獣医療で使用されることも稀である。

輸液療法

輸液療法の必要性と方法を決めるには、様々な要素を考慮する必要がある。以下は主な検討点である。

1．患者に輸液が必要か？
2．使用する輸液剤の種類は？
3．投与ルートは？
4．投与時間と投与量は？
5．輸液療法の継続時間は？

輸液療法は、ショック状態や脱水を呈した症例の治療に有効であり、また、低濃度薬剤の静脈内投与法としても有用である。

1．頻脈
2．口腔粘膜蒼白
3．弱脈、または末梢反跳脈（bounding pulse）
4．毛細血管再充満時間（CRT）延長
5．精神状態変化

水分喪失量が水分摂取量を超えると、脱水が生じる。

主な脱水徴候：

1．皮膚ツルゴール低下――主観的ではあるが、この方法によって症例の水分喪失の概況を把握できる。腰部の皮膚をつまみ上げ、皮膚が元の状態に戻るまでの時間を測定する。肥満動物では、十分に水和しているように見えることがある。削痩した動物や高齢動物では、実際より脱水しているように感じることがある。

2．眼球陥凹

3．口腔粘膜の乾燥や粘着

4．腎機能が正常な犬や猫が脱水すると、尿比重は高くなる（＞1.045）。

5．水和状態の判断指標を得るには、体重測定を繰り返すのが最良である。

A．1kgの体重減少＝1Lの水分不足。

B．サードスペースへの「喪失」（腹水、胸水）では、体重減少がない。

C．正常動物では、体重のおよそ60％が水分である。この比率は、年齢、代謝状態、体脂肪率などによって変化する：

Ⅰ．10kgの犬ならば、水分量は6kg

Ⅱ．40kgの犬ならば、水分量は24kg

水分喪失が生じると、出血が原因である場合を除き、血中血球容積（PCV）と血液総固形分（total solids＝TS≒TP）が上昇する（表1–4）。正常犬PCV＝38〜55％、正常猫PCV＝29〜45％、正常TS＝6.0〜8.0g/dLである。

輸液剤の種類

1．晶質液は、塩、あるいは塩と糖を含有する水性溶液に電解質を添加したものであり、細胞外液（ECF）の組成に近似している。主成分はナトリウムイオン［Na^+］である。投与開始から30分以内に、75％の晶質液は血管内から移行する。晶質液は主に間質に作用するので、間質の水分喪失（すなわち脱水）の是正に使用することが推奨される。晶質液には、ラクトリンゲル液（LRS）、ノーモソル®–R、ノーモソル®–M、プラズマライト®、0.9％NaCl（食塩水）、5％ブドウ糖溶液（D5W）などがある。維持輸液剤（ノーモソル®–M）は、補充輸液剤（ノーモソル®–R）よりもナトリウム含量が低く、カリウム含量が高い（表1–5参照）。

晶質液の選択は、［Na^+］と［K^+］、浸透圧、pHに基づく。症例の喪失分に応じた量と電解質組成で、輸液を行う。

A．低張液の浸透圧は、血清より低い。低張液には、0.45％食塩水、2.5％ブドウ糖加0.45％食塩水、D5Wなどがある。ブドウ糖は迅速に酸化して水とCO_2に分解されるため、5％ブドウ糖の投与は、自由水の投与と同じ意味をもつ。

Ⅰ．低張液を皮下投与してはならない（電解質不均衡を生じる）。

Ⅱ．5％ブドウ糖1Lの熱量はわずか200Kcalであり、極めて小型の動物を除いては、熱量要求に対応できない。

B．等張液の浸透圧は、およそ290〜310mOsm/Lで、血清（細胞外液）浸透圧に近似する。したがって、等張液は細胞体積を変化させない。等張液は、維持液またはショック治療用液として使用される。例：LRS、0.9％NaCl、全血液、合成膠質液。

C．高張液の浸透圧は、細胞外液より高く、高浸透圧勾配が生じるため、水が迅速に血管内へ移行する。高張液はショック治療に用いられ、間

表1-4　水分喪失時の血中血球容積および血液総固形分		
PCV	**TS**	**解釈**
上昇	上昇	脱水
上昇	正常もしくは低下	脾臓収縮 多血症 既存の低蛋白血症と脱水の併発
正常	上昇	脱水を伴わない高蛋白血症 貧血と脱水の併発
正常	正常	正常水和状態 既存する貧血および低蛋白質血症と脱水の併発 急性出血 二次性コンパートメント移行を伴う脱水
低下	上昇	脱水を伴う貧血 既存する高蛋白血症に併発する貧血
低下	正常	正常水和状態における血液非喪失性貧血
低下	低下	血液喪失 低蛋白血症を伴う貧血 過水和

表1-5　晶質液

晶質液	浸透圧 (mOsm/L)	pH	Na	Cl	K	Ca	Mg	グルコース (g/L)	バッファー (mOsm/L)
血漿	300	7.4	145	145	5	5	3		24 重炭酸塩
5%ブドウ糖溶液（D5W）	252	4	0	0	0	0	0	50	0
2.5%ブドウ糖添加0.45%食塩水	280	4.5	77	77	0	0	0	25	0
0.9%食塩水	308	5	154	154	0	0	0	0	0
LRS	272	6.5	130	109	4	3	0	0	28　乳酸塩
プラズマライト148	294	5.5	140	98	5	0	3	0	27　酢酸塩/23 グルコン酸塩
ノーモソル®-R	296	6.4	140	98	5	0	3	0	27　酢酸塩/23 グルコン酸塩
ノーモソル®-M添加D5W	364	5.5	40	40	13	0	3	50	16　酢酸塩
3%食塩水	1026		513	513	0	0	0		0
5%食塩水	1712		855	855	0	0	0		0
7.2%食塩水	2400		1232	1232	0	0	0		0

質からの水分取り込みを促す。取り込まれた水分は、晶質液と同様、迅速にECFコンパートメントへ再分布する。

Ⅰ．高張食塩水には、3%、7.2%、7.5%、23% NaClがある。23%溶液は、必ず投与前に希釈する。

Ⅱ．蘇生に必要な高張液は少量であり、迅速に蘇生できるのが利点である。

Ⅲ．ショック治療での推奨投与量は、高張食塩水（7.2% NaCl）3～5mL/kg（犬）、2～4mL/kg（猫）で、10分以上かけて静脈内投与する。

Ⅳ．高張液の急速投与は、迷走神経性低血圧および徐脈を誘発することがある。

Ⅴ．高張食塩水投与によって、迅速な動脈血圧回復、血圧上昇、心収縮能および心拍出量上昇、血流と組織への酸素運搬の改善が見込まれる。高張食塩水は、内皮細胞腫脹、毛細血管透過性、および腫瘍壊死因子（TNF）値を低減する。

Ⅵ．高張食塩水は、循環性ショック、頭部外傷、脊髄外傷の治療に推奨される。

Ⅶ．高張食塩水投与の禁忌は、脱水、容量過負荷、高ナトリウム血症、高浸透圧、心室性不整脈、制御不能の出血などである。

2．膠質（コロイド）液は、毛細血管膜を透過しない分子量の大きな粒子を有した液体である。膠質は、血漿中に滞留して浸透圧を上げ、血管内容積を増やす。膠質液は、陰イオン（アニオン＝負に荷電した分子）を有し、静電引力によって陽イオン（カチオン＝正に荷電した分子）を血管内スペースに保持する。ナトリウムイオンと共に水分子が取り込まれることで、血管内容積が増加する。血漿蛋白質や溶液中の膠質によってつくられた浸透圧を、膠質浸透圧（colloid oncotic pressure：COP）という。浸透圧は、分子サイズではなく分子数に比例する。赤血球、白血球、血小板はCOPに影響しない。アルブミンは、COPの60～70%を担っており、残りはグロブリンとフィブリノゲンによって保たれる。

天然コロイド：新鮮全血液、新鮮凍結血漿（主にアルブミン）

合成コロイド：ヘタスターチ、ペンタスターチ、デキストラン70、オキシグロビン（表1-6参照）

A．アルブミン

Ⅰ．アルブミンは血漿の主成分で、血管内膠質浸透圧を維持する役割を担っている。

Ⅱ．犬と猫の正常アルブミン値は、2.9～4.3g/dLである。

Ⅲ．人の医療で、低アルブミン症は予後不良を示唆する。アルブミン値が1.5g/dLを下回ると、内皮細胞を介して血管内液が漏出し、末梢浮腫や多臓器浮腫を生じる。これは、臓器不全、呼吸困難、さらには死を引き起こす。

Ⅳ．低アルブミン血症は、他にも止血、薬剤運搬と代謝、内因性産物

表1-6　天然膠質液および合成膠質液

膠質液	分子量 (kDa)	分子量範囲 (kDa)	担体	膠質浸透圧COP (mmHg)
5%アルブミン	69	66～69		20
25%アルブミン	69	66～69		200
6%デキストラン70	70	20～200	0.9%食塩水	40
6%ヘタスターチ	480	30～2000	0.9%食塩水	32
10%ペンタスターチ	264	10～1000	0.9%食塩水	40
オキシグロビン	200	65～500	改良型LRS	43
血漿	69			17～20

などの変化、凝固不全、様々な経路による炎症などを惹起する。

Ⅴ．米国では最近、犬アルブミンが獣医療市場に導入された。

Ⅵ．イヌ血漿1ユニットは、およそ6～7.5gのアルブミンを含有し、およそ25mLのヒト血清アルブミン（HSA）25%液に相当する。

Ⅶ．ヒト血清アルブミンは、濃度5%と25%製剤が製造販売されている。濃度5%では、LRSと比較し、明らかな有益性は証明されていない。25% HSA溶液については意見が分かれている。生存率上昇の証明はなく、死亡率上昇の可能性があるものの、以下の効果が期待できる。

a．血管内容積を、投与量の4～5倍まで上昇

b．酸素運搬能改善

c．臓器機能改善

d．末梢浮腫低減、腹水・胸水貯留低減

e．ボーラス投与（単回急速投与）と、それに続く4時間の静脈定速持続点滴（CRI）にて血圧上昇

Ⅷ．犬の低血圧治療では、4mL/kgを緩徐に静脈内投与するか、4mL/kgをIVボーラス投与後直ちに0.1～1.7mL/kg/時でCRIを行うことが推奨される。推奨される犬の最大投与量は、72時間で25mL/kgである。

Ⅸ．投与には、ベント付き輸液セットが必要である。血液フィルターは不要である。

Ⅹ．ヒト血清アルブミン投与の副作用には、免疫反応による急性死または遅延死、顔面浮腫、多発性関節炎、血管炎、皮膚炎、Ⅲ型過敏反応、腸疾患関連性関節炎などがある。アルブミン値が正常な犬に25% HSAを投与すると死亡率が上昇するので、投与は禁忌である。

Ⅺ．25% HSAの投与については賛否が分かれるため、個々の患者において危険性と有益性を検討し、危険性については飼育者へ十分に説明しておく。

B．ヘタスターチ

Ⅰ．ヘタスターチは、多分岐多糖体であるアミロペクチンから作られた複合炭水化物ポリマーである。
Ⅱ．分子量は480キロドルトン（kDa）で、COPは32mmHgである。
Ⅲ．20mL/kgの投与で、血管内容積は、投与量の70～200％増大する。
Ⅳ．ヘタスターチの総固形分は、4.5g/dLである。
Ⅴ．投与量は、犬：10～20mL/kg/日、猫：10～15mL/kg/日である。猫では、容積過負荷を避けるために5mL/kg/日から開始するのが望ましく、再評価は慎重に行う。
Ⅵ．ヘタスターチ投与に関連して、用量依存性凝固異常が生じる可能性がある。APTT延長の危険性はあるが、過剰出血の臨床報告はない。血小板機能阻害はない。
Ⅶ．ヘタスターチが推奨されるのは、膠質維持を目的とする使用、循環血液量減少および循環血液量減少や全身性血管抵抗低下に起因する低血圧に対する使用である。
Ⅷ．連日投与を行うと、血行動態改善効果と膠質維持効果が上昇する。

C．ペンタスターチ
Ⅰ．ペンタスターチは、ヘタスターチの類似品で、品質は近似している。
Ⅱ．COPはおよそ40mmHgで、分子量は264kDaである。
Ⅲ．血管内容積の上昇率は、投与量の150％である。

D．デキストラン70は、バクテリアによってスクロースから産生される。分子量は70kDaである（アルブミンに近似）。
Ⅰ．血管内容積の上昇率は、投与量の80～100％である。
Ⅱ．用量依存性凝固異常を生じる恐れがあり、その機序は、血小板のコーティング、フォン・ウィルブランド因子・Ⅷ因子活性減少、凝固因子希釈、血栓溶解亢進による。また、赤血球膜に吸収された後では、血液クロスマッチ（交差適合試験）に影響を及ぼす。
Ⅲ．他のデキストラン製剤であるデキストラン40は、急性腎不全を惹起する恐れがあるので使用しない。
Ⅳ．分子量20kDa未満のデキストラン分子は、腎糸球体で濾過される。それより大きな分子は、細網内皮系によって分解される。
Ⅴ．デキストラン70の投与量は、10～20mL/kg/日である。
Ⅵ．デキストラン70の総固形分は、4.5g/dLである。

E．オキシグロビン（出版時には製造販売中止）
Ⅰ．オキシグロビンは、酸素運搬能を有するストローマフリー合成ヘモグロビン溶液で、膠質および昇圧剤の性質をもつ。オキシグロビンは、ウシ赤血球から生成されていた。
Ⅱ．オキシグロビンは、血液より粘稠度が低いため、血管内容積増加、動脈血圧亢進、容積あたりの酸素運搬量増加をもたらし、その結果、組織への酸素運搬能を改善させる。血流の乏しい組織への透過性にも優れる。
Ⅲ．オキシグロビンの分子量は200kDaで、血管内容積を増加させる。

用量決定やモニターに不備があると、容量過負荷を引き起こす恐れがある。膠質浸透圧による引き込み力は、血漿よりヘタスターチが強く、ヘタスターチよりオキシグロビンが強い。

Ⅳ. オキシグロビンは、動脈血圧を上昇させることから、昇圧剤として有効かつ有益である。

Ⅴ. オキシグロビンは、多動物種（フェレット、犬、猫など）に適合性を有し、免疫反応を惹起しない。

Ⅵ. 保存可能期間は長い（2年間）が、開封後は24時間以内に使用すること。

Ⅶ. 冷蔵保存、投与中の濾過、クロスマッチ検査は不要である。

Ⅷ. オキシグロビン125mLユニットは、新鮮全血液450mLユニットと同量のヘモグロビンを含有する。

Ⅸ. 犬におけるオキシグロビンの推奨用量は、5～30mL/kg IVである。猫の用量は、2～15mL/kg IVである。猫では、緩徐に投与し、容量過負荷を慎重にモニターする。

Ⅹ. 実効半減期は、投与量によって異なる。投与量が30mL/kgの場合、半減期は30～40時間である。

Ⅺ. オキシグロビンを投与すると、PCVは上昇せずに、ヘモグロビン値が上昇する。オキシグロビン30mL/kgを投与すると、PCVの12%上昇に相当するヘモグロビン増加が見込める。ヘモグロビン値を3倍すると、PCVが概算できる。

Ⅻ. 以下は、オキシグロビンの問題点である：

a. 入手困難（製造中止）

b. 高価

c. 粘膜・強膜・皮膚・血漿・尿の、黄～橙変色

d. 生化学検査結果への干渉

F. 血液成分

Ⅰ. 一般に入手可能な製剤には以下がある：

a. 新鮮全血液

b. 貯蔵全血液

c. 濃縮赤血球（濃縮RBCs、pRBCs）

d. 新鮮血漿：ドナーの獲得が必須。凝固因子やアルブミンを含む、全ての血漿成分を含有する。

e. 新鮮凍結血漿：採取後8時間以内に急速冷凍され、冷凍保存期間が1年以内のものを指す。凝固因子やアルブミンを含む、全ての血漿成分を含有する。投与量は、10～40mL/kgである。

f. 凍結血漿：採取後8時間以上経過してから冷凍されたもの、もしくは保存期間が1年を超えたものを指す。保存限度は5年間である。Ⅱ、Ⅶ、Ⅸ、Ⅹ因子およびアルブミンを含有する。

g. 多血小板血漿、または濃縮血小板：血小板減少症で、重篤な出血を生じている症例の治療に使用する。

投与量＝1unit/10kg

h．クリオプレシピテート：投与量＝1unit以上/10kg

i．脱クリオ血漿（cryo-poor plasma）：アルブミン、及びⅡ、Ⅶ、Ⅸ、Ⅹ因子の一部を含有する。

Ⅱ．投与量

a．標準式：

$$体重(kg) \times 40mL(犬)または30mL(猫) \times \left[\frac{PCV目標値 - 患者のPCV}{ドナーのPCV} \right] = 投与する血液量(mL)$$

b．簡易計算

i．新鮮全血液20mL/kg、もしくは濃縮RBCs10mL/kgは、一般にPCVを10％上昇させる。

ii．1mL/lbで、PCVは1％上昇する。

iii．投与する血液量(mL)＝[PCVの上昇目標％×体重(kg)]×2

Ⅲ．投与

a．いかなる貯蔵製剤及び冷凍製剤も、投与前にはぬるま湯に浸けて、ゆっくり室温へ戻す。緊急時、加温する時間がない場合は、赤血球バッグに温めた無菌0.9％NaClを注入する。IVラインは、ぬるま湯か血液加温コイルで加温する。

b．解凍したバッグは、24時間以内に使用すること。

c．バッグは、4時間以上室温放置しないこと。小型体格の症例であれば、4時間以内に使用する分量のみを取り出し、残りは再度冷凍保存する。

d．全ての血液製剤は、血液フィルターを介して投与する。フィルターの種類によっては、1バッグごとに新しいフィルターと交換しなければならないものもある。

Ⅳ．アナフィラキシー及びアレルギー反応

a．輸血反応のモニター：
蕁麻疹、発熱、嘔吐、呼吸困難、ヘモグロビン血症、ヘモグロビン尿、血尿、情動不安、胸水

b．輸血反応の治療：

i．輸血中止

ii．気道確保、十分な酸素化の確認

iii．エピネフリン投与　0.01～0.02mg/kg IV、IM、SC

iv．ジフェンヒドラミン投与　0.5mg/kg IV、IM

v．晶質液の静脈投与とショックに対する治療

輸液経路

1．経口

A．生理学的機能に最も則した方法で、高カロリー液や高張液の投与も可能である。

B．患者が暴れたり、フィーディングチューブが外れたりしない限り、経口投与法は安全性が高い。フィーディングチューブを通す際には、多大なストレスを与える可能性がある。

C．経口輸液の禁忌は、嘔吐、下痢、その他の消化管機能不全、急激または重度の水分喪失や電解質喪失などである。

2．皮下

A．軽度脱水に有効である。

B．等張液を用いること。LRSは、刺激が最も少ないと報告されており、皮下輸液剤として望ましい。

C．流量は、患者に不快感を与えない量とし、必要ならば複数ヵ所に分割投与する（一般的に、1部位あたり10～20mL/kg）。

D．輸液剤は、6～8時間以内に吸収される。

E．35mEq/Lまでの濃度であれば、塩化カリウムを添加してもよい。

3．骨内

A．若齢動物やエキゾチックアニマルの緊急輸液に有益な投与経路であり、末梢血管アクセスが得られない場合は、成熟動物でも用いる。

B．一般に用いられる投与部位：

Ⅰ．脛骨近位端内側（近位成長板を避けるため、針先をやや遠位方向へ向ける）

Ⅱ．脛骨粗面

Ⅲ．大腿骨転子窩（股関節を内旋させ、屈伸中立位にする。坐骨神経を避けるため、針は大転子内側に向けない）

Ⅳ．腸骨翼

Ⅴ．坐骨

Ⅵ．上腕骨大結節

C．刺入部位には、消毒処置を施す。

D．刺入部位、特に骨膜には、局所麻酔を十分に浸潤させる。

E．針の刺入を容易にするため、皮膚に小切開を施す。

F．患者のサイズに合わせて、18～30ゲージの皮下針、18～22ゲージの脊髄針、骨髄針、骨髄内輸液針のいずれかを用いる。骨内注入ガン（bone injection gun）も市販されている。

G．骨内針が適切な位置にあることを、触診にて確認する。設置が適切であれば、針は肢の動きに合わせて、動揺することなく動く。無菌生理食塩水でフラッシュした際に、膨張がないことを確認する。膨張は、漏出（リーク）を示唆する。若齢の症例では、骨髄成分が吸引されることがある。

H．針の刺入部位には、抗生物質もしくは抗微生物薬のクリームないし軟膏を塗布する。

I．針のハブに、翼状テープ固定を施し、皮膚と縫合する。縫合糸は、シアノアクリレート系接着剤で直接ハブに固定してもよい。

4．腹腔内

A．加温した等張液のみ、投与可能である。

B．患者が不快感を訴える可能性がある。

C．合併症として、腹膜炎が生じる可能性がある。

D．一般に、臨床では用いない。

5．静脈内

A．多くの症例において、適切な輸液経路であり、特に急性・重度水分喪失状態では最適な経路である。

B．静脈カテーテル設置により、薬剤の静脈投与、連続的な採血、緊急時の血管アクセスも容易になる。

C．一般に用いられる静脈は、頸静脈、橈側皮静脈、大腿静脈、伏在静脈などである。

D．頸静脈カテーテル禁忌：

Ⅰ．凝固障害、血小板減少症、血小板障害、ビタミンK拮抗性殺鼠剤中毒症

Ⅱ．副腎皮質機能亢進症、免疫介在性溶血性貧血、蛋白喪失性腸症、蛋白喪失性腎症に併発する凝固亢進状態

Ⅲ．頭部外傷、頭蓋内マス病変、難治性てんかんにおいて生じる頭蓋内圧亢進

E．静脈輸液療法で生じる主な合併症は、静脈炎、血栓症、塞栓症、不適切な輸液による電解質異常、容量過負荷、カテーテルやラインの折れ曲がりなどの機械的問題、局所感染、敗血症などである。

F．カテーテル設置および毎日のメンテナンスケアは、無菌的に行う。

G．各種設置手技および各種静脈カテーテルの詳細については、多くの参考文献がある。

輸液量は？

1．水分喪失

A．一般には等張晶質液を用い、8～24時間かけて水分喪失量を補填する。

B．脱水（%）×体重（kg）＝水分喪失量（L）

例：7%脱水を呈した11kgの犬では、喪失分を補うのに770mLの補液を要する（0.07×11＝0.77）。

2．ショックや脱水状態が改善した後は、輸液療法の維持期に入る。

A．体重2kgから50kgの動物における輸液量は、(30×BW kg)＋70＝mL/24時間である。

B．または、体重に関わらず、70×BW kg×0.75＝mL/24時間とする。

C．従来法では、成熟動物の維持量を60mL/kg/日とする。

D．新生仔（0～2週齢）が必要とする維持量は、80～120mL/kg/日である。

E．幼齢仔（2～6週齢）および若齢仔（6～12週齢）の維持量は、120～200mL/kg/日である。

F．簡易計算法：体重（ポンドlb）×1.25＝流量（mL/時）、もしくは1～2mL/lb/時で投与する。

G．猫および小型犬は、60mL/kg/日、大型犬では、40mL/kg/日。

H．水分喪失分を補填するには、症例のニーズに合わせて、維持量を2～

3回投与することも珍しくない。

Ⅰ．体温上昇があると、維持量は最大で15～20mL/kg/日の増加を認める。

3．水分出納量

A．液体の投与量および患者の飲水量（摂取量）は、体外へ喪失した量（排出量）を念頭においてモニターすることが重要である。

Ⅰ．摂取量＞排出量の場合、水分過負荷の危険性がある。

Ⅱ．排出量＞摂取量の場合、脱水の危険性がある。

B．水分摂取量：食事や飲水により摂取する水分、炭水化物および脂肪代謝によって生成される水分、静脈内輸液剤、血液製剤、流動食など。

C．水分排出量：有感蒸泄（sensible losses）と不感蒸泄（insensible losses）がある。

Ⅰ．有感蒸泄には、尿、便、唾液、嘔吐、サードスペース喪失（体腔内への喪失）が含まれる。有感蒸泄＝27～40mL/kg/日

Ⅱ．不感蒸泄には、蒸発、呼吸による水分喪失、代謝過程での水分喪失、発汗が含まれる。不感蒸泄＝およそ12mL/kg/日（猫）、20mL/kg/日（犬）

Ⅲ．体機能が正常な場合の水分喪失量＝40～60mL/kg/日

Ⅳ．発熱時には、維持水分要求量が最大で15～20mL/kg/日まで増加する。

Ⅴ．嘔吐、下痢、多尿、過剰な流涎によって、水分喪失量は増加する。

Ⅵ．水分排出量が非常に多い場合は、閉鎖型の尿採取装置を用いるか、汚物のついたペットシーツを計量するなどして、正確な測量を試みる。あるいは、推定値を算出する。

D．当初の脱水による水分喪失が改善されるまで、摂取量と排出量は補正できない。

4．投与

A．静脈輸液ポンプを使用すれば、適切な流量で、適切な時間内に必要量を投与することができる。

B．輸液ポンプがない場合は、用量に合わせて1分ごとの滴数を設定する。

Ⅰ．輸液セットには、スタンダードサイズ（20滴＝1mL）と、マイクロドリップ（60滴＝1mL）がある。

Ⅱ．スタンダードドリップセット：__mL/時×1時間/60分×20滴/mLすなわち、mL/時÷3＝__滴/分

Ⅲ．マイクロドリップセット：__mL/時×1時間/60分×60滴/mLすなわち、mL/時＝__滴/分

Ⅳ．毎分の滴数を決定するには、総必要量を分で割る。例：患者の総必要量が700mL/24時間、すなわち0.48mL/分とする。60滴/分のマイクロドリップセットを用いるならば、0.48mL/分＝29滴/分、すなわち1滴/2秒となる。

C．ビュレット付きチャンバー（burette drip chamber）を使えば、総投与量を管理できる。また、投与中のⅣバッグを介して薬剤を投入することもできる。

5．モニタリング
A．身体検査の反復（呼吸数増加、鼻汁、結膜浮腫、咳）
B．PCV、血液総固形分（≒総蛋白量）
C．体重（12～24時間ごとに測定）
D．尿量、尿比重
E．中心静脈圧
6．輸液終了の目安
A．ショックからの蘇生終了。
B．脱水が補正された。
C．患者の状態が安定し、飲食可能である。
D．嘔吐・下痢がない、あるいは非常に軽度な下痢のみを呈する。
E．BUNとクレアチニンは正常に近く、安定している。
F．水分過負荷が生じた場合も、輸液は中止する。
G．輸液は、12～24時間かけて徐々に中止するのが望ましい。

麻酔中の輸液流量

1．麻酔中は、低血圧や循環血液量減少を予防し、腎血流を維持するために輸液を行う。
2．基本流量は、5～10mL/kg/時。侵襲性の高い、試験的開腹時などでは、10～15mL/kg/時である。

血圧の評価

血圧とは、血管壁に対して血液が及ぼす単位面積あたりの力である。通常はmmHgで表されるが、cmH_2Oが用いられることもある。二つの単位は、$1mmHg = 1.36cmH_2O$で換算できる。血圧測定法には以下が含まれる：

1．電子圧トランスデューサに接続された血管内カテーテルを用いて、直接（動脈）血圧を測定する。
A．一般的に用いられる動脈は、中足動脈や足背動脈である。大腿動脈が用いられる場合もある。
B．穿刺部位は、剃毛・消毒する。
C．21～23Gの静脈留置カテーテルもしくは動脈カテーテルを経皮的に刺入するか、皮膚を小さく切開して刺入する。最初、針は皮膚に対して垂直に刺し、その後、肢に沿って平行に進める。
D．カテーテルは、留置時にヘパリン加生理食塩水でフラッシュする。以後、間欠的にボーラスでフラッシュするか、持続点滴投与を行う。
E．専用の半硬性チューブを使用する。
F．1unit/mLのヘパリン加0.9% NaClのバッグをチューブに接続し、圧トランスデューサでモニターしながら300mmHgまで加圧する。圧トランスデューサは、患者の心臓の高さに設置する。
G．血圧の変化は、圧トランスデューサによって電気的シグナルに変換される。シグナルは、トランスデューサケーブルを通じてモニターに伝わり、圧波形として表示される。

H．直接血圧測定法の問題点には、動脈内カテーテル設置の難易度が高いこと、カテーテルやチューブの折れ曲がり、カテーテル先端と動脈血管壁の接触、カテーテルやチューブの栓塞、気泡などが生じること、適切なチューブの使用が不可欠であること、などである。問題が生じると、良質な波形は得られない。

I．直接血圧測定法の主な合併症は、血腫形成、血栓塞栓、出血、血管炎、感染、遠位組織壊死である。

2．間接血圧測定法

A．ドップラー超音波――動脈加圧部位に赤血球が再流入すると、周波数変化（ドップラーシフト）が生じる。

Ⅰ．マノメータに接続されたカフを肢に巻く。カフ幅は、肢周囲長の38～40%とする。カフ幅が広すぎると、測定値は実際よりも低くなり、カフ幅が狭すぎると高くなる。

a．測定には、手根骨内側近位に位置する橈骨動脈、尾根部腹側にある中心尾動脈、足根骨の内側近位に位置する伏在動脈を用いるのが一般的である。

b．測定肢は、体幹と同じ高さに保つ。

Ⅱ．増幅器に接続した超音波トランスデューサは、カフの遠位に置く。通常、測定部位は剃毛し、伝導性ジェルを塗布する。トランスデューサは、動脈に対し垂直に当て、動脈を強く圧迫しないよう留意する。

Ⅲ．カフは、動脈血流が停止するまで膨らませ、その後、血流再開まで脱気する。

Ⅳ．血流再開時の最初の圧力波によって生じる音が聞こえた時点で、収縮期血圧が得られる。

Ⅴ．（スピーカーではなく）ヘッドホン端子を用いれば、患者の不快感が軽減し、聞き取りも容易になる。

Ⅵ．血圧測定は、身体検査前に、ストレスの少ない状態で、3～5回実施して、平均値を算出するのが望ましい。

B．オシロメトリー

Ⅰ．ドップラー法と同様の測定部位に、センサーを内蔵した空気カフを装着する。

Ⅱ．カフの送気・脱気は器械によって自動的に行われる。

Ⅲ．収縮期血圧（SAP）、拡張期血圧（DAP）、および脈拍数が測定される。多くの場合は、平均動脈圧（MAP）も表示される。

Ⅳ．測定部位の剃毛は不要である。

Ⅴ．測定は複数回行う。

C．プレッシャー方式、フォト方式のいずれも、プレチスモグラフィーの臨床における使用は、皮膚色素およびカフサイズの限界から困難である。

D．触診（用手法）

Ⅰ．一般に用いられる測定部位は、大腿動脈、伏在動脈、橈骨動脈および舌動脈である。

Ⅱ．収縮期圧と拡張期圧の脈圧差を触知する。拍動が強ければ、脈圧差は大きく、拍動が弱ければ、脈圧差は小さい。

Ⅲ．大腿動脈で触知できる最低収縮期血圧は、80mmHgである。

E．パルスオキシメトリー——脈波が非常に小さく、感知できない場合、収縮期血圧が70mmHg未満の場合、パルスオキシメータは正常に機能せず、血圧の測定はできない。

3．血管塞栓がなければ、中心静脈圧は、右心房圧と一致する。

A．頸静脈カテーテルは、先端が大静脈前部に到達するまで進める。

B．IV輸液バッグは、三方活栓に接続したIVラインにつなぐ。水圧計は、三方活栓の二つ目のポートに接続し、残りのポートに頸静脈カテーテルを接続する。

C．マノメータは、20cmH_2OまでIV輸液剤で満たした後、輸液剤側のポートを閉鎖し、水圧計と患者側のポートを開放する。

D．マノメータのゼロポイントは、右心房の高さに合わせる。すなわち、患者が側臥位であれば、胸骨柄の高さ、伏臥位であれば、肩端の高とする。

E．液体は、平衡状態になる。水面は、呼吸に伴って微動する。マノメータから中心静脈圧（CVP）を読み取り、数値はcmH_2Oで表す。

F．正常CVP＝0〜5cmH_2Oである。一つの測定値よりも、動向をモニターすることが重要である。

G．低CVP（0cmH_2O未満）は、循環血液量減少や、血管拡張を示唆する。

H．高CVP（10cmH_2O以上）は、容量過負荷、胸水貯留、心嚢液貯留やタンポナーデ、収縮性心内膜炎、右心筋不全、呼気終末陽圧（PEEP）による胸腔内圧上昇、陽圧換気中、気胸を呈した症例などで認められる。

I．CVPが16cmを超過する場合は、浮腫や浸出液貯留と関連がある。

J．CVP測定の禁忌は、凝固障害、血栓塞栓症のリスク上昇時、頭蓋内圧亢進、カテーテル留置部位の感染である。

4．血圧異常

A．正常収縮期血圧（SAP）は、犬が90〜140mmHg、猫が80〜140mmHgである。正常拡張期血圧（DAP）は、犬が50〜80mmHg、猫が55〜75mmHgである。平均動脈血圧（MAP）は、犬猫ともに60〜100mmHgである。

B．低血圧とは、MAP＜60mmHgを指す。

Ⅰ．低血圧の原因：

循環血液量減少

心収縮機能および拡張機能低下

心筋線維症

心臓への静脈還流量低下

心筋症
心室性不整脈
陽圧換気
心タンポナーデ
胃拡張
動脈管開存（PDA）
頻脈
徐脈
流出路狭窄
全身性血管抵抗低下
麻酔や他の薬剤による血管拡張効果
麻酔薬、βブロッカー、カルシウムチャネルブロッカーの陰性変力効果

Ⅱ．低血圧の臨床徴候には、頻脈（猫では徐脈が一般的）、毛細血管再充満時間（CRT）延長、粘膜蒼白、微弱脈や反跳脈の触知、低体温、四肢冷感、尿量低下、精神鈍麻、虚弱などがある。敗血症やSIRSを呈した犬では、粘膜蒼白ではなく粘膜うっ血が生じることがある。

Ⅲ．低血圧の弊害には、急性腎不全、不整脈、精神状態の変化、凝固障害、呼吸速拍、嘔吐、メレナが含まれる。

Ⅳ．治療は、原因究明とその改善であり、一次病因が心疾患でない症例では、積極的な輸液療法を行う。

a．ショックボーラス（犬は90mL/kg、猫は60mL/kg）の後は、必要に応じて晶質液や膠質液のIV輸液を行う。

b．輸液療法に十分反応しない症例には、β-アドレナリン作動薬による変力サポート、α-作動薬による血管収縮サポート、もしくはバソプレッシン投与等を検討する。

ｉ．β-アドレナリン作動薬は、難治性低血圧、心原性ショック、うっ血性心不全、乏尿性腎不全の罹患動物に幅広く用いられ、一般的には、心収縮力低下を原因疾患として除外できない際に用いる薬剤として、最も安全性の高い選択肢となる。

- ドパミン5～10μg/kg/分 IV CRIによって、心収縮力と心拍数が上昇し、全身の血管抵抗も若干上昇する。低用量では、血管拡張と、腎および消化器の血流変化をもたらす。高用量では、消化管・腎・心虚血を引き起こす可能性がある。
- 犬にドブタミン2～20μg/kg/分 IV CRI（猫では1～5μg/kg/分 IV）を投与すると、心収縮力は上昇するが、全身血管抵抗と心拍数は変化しない。猫に高用量を投与すると、振戦や痙攣が生じることがある。
- エピネフリン0.005～1μg/kg/分 IV CRIを投与する

と、全身血管抵抗、心収縮力、心拍数が上昇するが、同時に酸素消費量が上昇する。エピネフリンの使用は、難治性低血圧および心肺蘇生中のみに限定する。

- イソプロテレノール0.04〜0.08μg/kg/分 IV CRIは、心拍数と心収縮力を上昇させるが、全身血管抵抗は低下することがある。通常この薬剤は、第3度心ブロックの治療のみに用いる
- ノルエピネフリン0.05〜2μg/kg/分 IV CRIでは、全身血管抵抗が上昇するが、心拍数変化はほとんどない。

ii. 犬でのバソプレッシン0.5〜2mU/kg/分 IV CRI投与によって、平均動脈圧が顕著に上昇すると報告されている。副作用は最小限であるが、高用量では、血液凝固能亢進、冠状動脈および消化管での過度な血管拡張が生じる。

iii. これらの薬剤は組み合わせて使用することが多い。投与は低用量から開始し、徐々に増量することが望ましく、期待した効果が得られない場合は、他の薬剤を併用する。

C. 高血圧とは、160/95mmHgを超えることを指す。高血圧には、原発性と、疾患や投薬（グルココルチコイド、エリスロポエチンなど）に起因する二次性がある。原因疾患には以下が含まれる：
腎疾患（腎不全、糸球体症）
甲状腺機能亢進症
副腎皮質機能亢進症
高アルドステロン症
褐色細胞腫
糖尿病
肝疾患
赤血球増多症
慢性貧血

Ⅰ. 高血圧に起因する主な弊害：

a. 高血圧に関連する眼徴候には、網膜出血と網膜剥離またはそのどちらか、前房出血、網膜血管蛇行、血管周囲浮腫、視神経乳頭浮腫、緑内障、急性盲目がある。

b. 高血圧に関連する心徴候には、左心肥大、ギャロップリズム（奔馬調律）、不整脈がある。

c. 高血圧に関連する神経学的徴候には、抑うつ、昏迷、発作がある。

Ⅱ. 高血圧の治療

a. 二次性高血圧の治療は、原因疾患の治療である。症例が高血圧による臨床徴候を呈しているのであれば、新たな治療を追加すべきである。

b. 高血圧性エマージェンシー（SAP＞200mmHg）では、持続

的なモニタリングと集中治療を要する。最初の1時間では、当初の血圧から25%低下させるにとどめ、患者の状態が安定していれば、2〜6時間後に再度低下させる。使用が推奨される薬剤は以下である：

i. 犬・猫共に、フェノルドパム0.1〜0.6μg/kg/分 IV CRI

ii. 犬では、エナラプリレート（enalaprilat = エナラプリルの代謝活性体）0.1〜1mg/頭　IV q6h

iii. ニトロプルシドナトリウム

犬：1〜3μg/kg/分 IV CRI

猫：1〜2μg/kg/分 IV CRI

iv. ヒドララジン

犬：0.5〜3mg/kg PO q12h、または0.25〜4mg/kg IM、SC q8〜12h、または0.1〜0.2mg/kg/時 IV CRI

猫：2.5mg（総投与量）から最大で10mg（総投与量）までを漸増PO q12h、または0.25〜2mg/kg IM、SC q8〜12h

v. アムロジピン

犬：0.05〜0.2mg/kg POまたは直腸内投与q24h

猫：0.625〜1.25mg/頭 POまたは直腸内投与q24h

c. 猫

i. 一般に、猫において、腎疾患から二次的に生じた高血圧に対する第一選択薬は、アムロジピン0.625〜1.25mg/頭 POまたは直腸内投与q24hである。

ii. 第二選択薬は通常、ベナゼプリル0.25〜0.5mg/kg PO q12〜24hである。

iii. 他のACE阻害薬には、エナラプリル0.25〜0.5mg/kg q12〜24hがあるが、一般に、猫での有効性は低い。

iv. プラゾシン0.25〜0.5mg/頭 PO q24hは、猫の尿道平滑筋弛緩効果が高いことが証明されており、猫の排尿障害や、犬の褐色細胞腫に使用される。

d. 犬

i. アムロジピンは、0.05〜0.2mg/kg PO q12〜24hで投与するが、必要に応じて0.25mg/kgまで増量できる。

ii. 高血圧を呈した犬の治療には、以下のACE阻害薬が、第一選択薬として推奨される。

エナラプリル0.25〜0.5mg/kg PO q12〜24h

ベナゼプリル0.25〜0.5mg/kg PO q12〜24h

リシノプリル0.75mg/kg PO q24h

iii. プラゾシン0.5〜2mg/頭 PO q8〜12hは、犬の褐色細胞腫治療に使用できる。また、排尿障害を呈する犬の尿道平滑筋を弛緩させる。

iv. プロパノロール（propanolol）0.5〜1mg/kg PO q8〜12h

は、犬に使用できるが、喘息を呈した猫には使用すべきでない。

v．スピロノラクトン1～2mg/kg PO q12hは、高アルドステロン症の治療に使用する。他の利尿薬と併用することもある。

腹腔内圧

1．数値

A．犬の正常な腹腔内圧は、0～5cmH_2Oである。腹腔手術後の犬の正常腹腔内圧は、0～15cmH_2Oである。猫の正常値は、報告がない。

B．10～20cmH_2Oは、軽度腹腔内圧亢進である。患者はモニターし、輸液療法の再評価を要するが、多くの場合、急速輸液が有効である。

C．20～35cmH_2Oは、中度から重度腹腔内圧亢進を示す。原因探求に努め、急速輸液を実施し、減圧処置を検討する

D．＞35cmH_2Oは、重度腹腔内圧亢進で、腹腔内コンパートメント症候群を惹起する可能性がある。減圧処置が必須である。

2．腹腔内圧亢進の一般的な原因：

A．腹腔手術

B．腹水、腹腔内液体貯留

Ⅰ．腹腔内出血、腹膜後腔出血

Ⅱ．腹膜炎、胆汁性腹膜炎を含む

Ⅲ．膵炎

Ⅳ．膀胱破裂

C．イレウス、胃拡張

D．気腹

E．腹腔内マス

F．尿路閉塞

G．大量輸液

H．鈍性もしくは穿孔性腹部外傷

I．後腹膜出血を伴う骨盤骨折

J．腹腔内止血パッキング、腹腔開放管理（open abdominal management）

K．人工換気

3．臨床徴候は以下を含む：

A．短・浅・速呼吸

B．腹部緊張

C．尿量減少

D．嘔吐

E．頭蓋内圧亢進が生じた場合は、知覚鈍麻、頸部神経反射異常、発作

4．弊害

A．心拍出量低下

B．腹腔内血流量低下、臓器還流低下、血中乳酸値上昇

C．腎機能低下、糸球体濾過率低下、尿量低下、高窒素血症

D．肺コンプライアンス低下、肺動脈圧亢進、肺毛細血管楔入圧亢進
E．中心静脈圧亢進
F．頭蓋内圧亢進
5．測定
A．患者を側臥位にする。
B．尿道カテーテル（フォーリーカテーテルが理想的）を、先端が膀胱三角の位置にくるよう設置する。
C．三方活栓を2個用いて、閉鎖式採尿システムを、尿道カテーテル、水圧計、生理食塩水バッグもしくは60mLシリンジと接続する。
D．膀胱を空にした後、0.5～1mL/kgの生理食塩水を膀胱へ注入する。
E．マノメータは、患者の恥骨結合の正中位置でゼロに合わせてから、生理食塩水を充填する。
F．生理食塩水バッグ（シリンジ）へのラインは三方活栓で閉鎖し、システム内の圧を平衡状態にする。液体表面は、呼吸に伴って微動する。
G．液体表面とゼロポイントとの差が腹腔内圧の値である。
6．状況次第で、以下の治療を実施する：
A．適応症例では、膠質液を用いた急速輸液
B．患者の体位変換
C．鎮静
D．神経筋ブロック
E．腹腔穿刺
F．浣腸、またはドレナージカテーテル、チューブ設置による経直腸減圧
G．経鼻胃吸引による胃減圧
H．外科的減圧
I．シサプリド、メトクロプラミド、パントプラゾール、エリスロマイシン、ドンペリドン、プロスチグミンなどの消化管運動促進剤投与
J．利尿薬投与
K．静脈血液濾過、限外濾過

栄養サポート

経消化管栄養法

1．経口摂取
A．重篤患者の多くは代謝障害を呈し、異化亢進状態を引き起こすため、栄養不良に陥りがちである。適切な熱量と栄養素を毎日摂取させ、要求量を満たすことが重要である。
B．悪心、疼痛、入院に伴う不安があると、罹患動物の食欲は減退しがちである。
C．多様な手段を用いて、摂食を促すとよい。以下は例である：
Ⅰ．患者の好きな食餌を与える。
Ⅱ．食餌を温める（口腔熱傷の危険があるので、温め過ぎに留意する）。

Ⅲ．市販の肉汁（グレービー）や、嗜好性を増すふりかけなどを用いる。
Ⅳ．皿ではなく、手で与える。
Ⅴ．静かな環境をつくる。
Ⅵ．飼育者に与えてもらう。
Ⅶ．食欲促進薬として、ジアゼパム 0.2mg/kg IV、オキサゼパム 2.5mg/頭 PO（猫）、シプロヘプタジン 2mg/頭 PO BID～TID（猫）、などを投与してもよいが、救急症例では効果が得にくい。ミルタザピン（商品名：レメロン）は比較的効果が高いと思われる。
ミルタザピンの薬用量：
猫：3.75mg/頭 PO q72h
犬：0.6mg/kg PO q24h

D．患者が自力で必要な熱量と栄養素を摂取できない場合は、栄養補助が必要である。シリンジでの強制給餌は多大なストレスを与えるため、推奨されない。
E．消化管が機能しているのであれば、可能な限り経消化管的な栄養摂取を促す。
F．経消化管栄養法の利点：
Ⅰ．消化管粘膜の正常性維持
Ⅱ．腸絨毛萎縮予防
Ⅲ．細菌体内移行（bacterial translocation）
Ⅳ．消化管の免疫機能維持
Ⅴ．非経腸栄養法と比較し、安全かつ廉価であり、生理学的に無理のない方法である。
G．経消化管栄養法の禁忌：
Ⅰ．気道保護が不可能
Ⅱ．制御不能な嘔吐
Ⅲ．吸収障害、消化障害
Ⅳ．消化管閉塞
Ⅴ．イレウス
H．水分要求量は、50～100mL/kg/日で、水分も経腸栄養チューブから投与できる。フィーディングチューブ用にフードに水を加えたり、チューブをフラッシュしたりする際に用いた水分量を、1日水分要求量から差し引き、残りの分量を投与する。

2．経鼻食道チューブ（NEチューブ）、経鼻胃チューブ（NGチューブ）
A．禁忌は、上記および顔面外傷である。
B．胃吸引を要する場合以外は、経鼻食道チューブが推奨される。
C．必要に応じて、軽く鎮静する。
D．患者を伏臥位にする。
E．患者の吻を上に向けて保定し、2％希釈リドカインもしくはプロパラカイン数滴を鼻孔に滴下する。
F．通常、シリコンまたはポリプロピレン製の 3.5～8Fr カテーテルを使用する。

G．カテーテルを患者の体側に沿わせ、先端が肩甲骨後縁に達する長さに合わせたら、油性ペンで印をつけておく。

H．カテーテル先端に水性潤滑剤を塗布する。

I．片手でカテーテルの先端近くを持ち、患者の鼻孔に近づける。反対の手で患者の吻を持つ。頭部は出来るだけまっすぐ中立位に保ち、鼻を上に向けないようにする。鼻の位置が低いほうが、チューブを飲み込む負担が少ない。

J．カテーテルを、鼻孔の腹側かつ内側に向けて挿入する。犬の鼻平面（鼻鏡）を上向きに押すと挿入が容易になる場合がある。印をつけた位置までカテーテルを進める。

K．胸部ラテラル単純X線写真を撮影し、胸部食道の適切な位置にカテーテルが設置されていることを確認する。カテーテル先端が胃に達していると、胃内容物逆流のリスクが高まるので注意する。

L．カテーテルを固定するために、鼻翼外側に縫合糸をかける。

M．犬の場合、カテーテルは、マズル正中から両眼の間を通す。猫では、洞毛（ヒゲ）を避け、顔面側方に沿わせる。2～3ヵ所を縫合する。

N．エリザベスカラーを装着させる。

O．経鼻食道チューブおよび経鼻胃チューブで使用できるフードは、流動食のみである。

P．経鼻食道チューブおよび経鼻胃チューブ給餌法の合併症には、くしゃみ、鼻炎、涙嚢炎、鼻出血、副鼻腔炎、食道炎、胃食道逆流症、チューブの設置不良、チューブの気管内への移動、患者自身によるチューブ抜去、チューブ塞栓などが挙げられる。

3．食道瘻チューブ（Eチューブ）

A．適応症：

Ⅰ．食欲不振

Ⅱ．顎顔面外傷

Ⅲ．重度歯牙疾患

Ⅳ．感染症、ポプリオイルやアルカリ性物質の誤食などに続発する重度胃炎

Ⅴ．口腔顔面マス、咽頭マス

Ⅵ．口腔顔面手術

B．禁忌：

Ⅰ．嘔吐、吐出

Ⅱ．食道狭窄、食道炎

Ⅲ．巨大食道

Ⅳ．気道保護が不可能

Ⅴ．重度発咳

Ⅵ．肺炎

C．猫には、一般的に、滅菌済12～14Frシリコンフィーディングチューブ、もしくはレッドラバーチューブを用いる。犬は、体格に応じて最

大20Frまで使用できる。

D. 全身麻酔を要する。

E. 患者を側臥位にする。

F. チューブを患者の体側に沿わせ、頸部食道中央部から肩甲骨後縁のすぐ尾側、すなわち第6～第7肋間周辺までの長さを測り、油性ペンでチューブに印をつけておく。胃内容物逆流を防止するため、カテーテル先端が下部食道括約筋を通って胃に入るような造設方法は避ける。

G. 開口器を使用すると、口腔内での作業が容易になるが、不可欠ではない。

H. 長い曲鉗子（carmalt forceps）、またはケリー止血鉗子を口腔から食道へ挿入し、頸部中央の位置まで進める。鉗子のカーブを患者の頸部のカーブに沿わせる。

I. 鉗子の持ち手を、処置台の方向へゆっくり下げ、鉗子の先端で食道をテント状に押し上げると、食道の位置が明確になり、周辺組織との区別が容易になる。必要ならば、鉗子は助手に保持してもらう。

J. 頸動脈と頸静脈の位置を確認し、これらの血管や他の主要構造物を避ける。15番メスを用い、テント状に持ち上げられた位置で、慎重に皮膚切開する。チューブを通せるように、食道まで切開を拡大するが、切開線の長さはできるだけ短く留める（1～2cm）。

K. 切開部位を貫通するように鉗子先端を進め、食道瘻チューブの先端を鉗子で把持する。チューブを把持したまま、鉗子を口腔まで戻す。

L. 皮膚切開部位からチューブを完全に引き込んでしまわないよう留意しながら、チューブ先端を口腔内で反転させ、改めて食道内へ進める。

M. チューブを食道内へ押し入れる。先端が切開位置を通過し、チューブのねじれが是正されると、チューブ全体が後方に向く。

N. 胸部単純X線写真を撮影し、チューブ位置が適切かを評価する。また、中咽頭部を確認し、チューブの長さに余剰があれば切る。

O. 食道瘻チューブは、適切な位置で縫合固定する。切開創が大きすぎた場合は、一部を縫合する。巾着縫合を施す際には、皮膚壊死を生じさせないよう注意する。単純結節縫合で、チューブを頸部に固定する。更にチャイニーズフィンガートラップ結紮で固定し、チューブの滑脱を防ぐ。

P. 切開部位には抗菌剤軟膏を塗布し、チューブはバンデージで頸部に固定する。

Q. チューブフィーディングは、麻酔回復直後から開始できる。

R. 流動食に加え、Hills a/d、Iams Max Calなどの市販食は、容易にチューブフィーディングできる。また、大半の缶詰フードは、水を足してミキサーで液状にしたのちに、固まりを濾せば、チューブフィーディングに使用できる。

S. 合併症：

　I. 瘻孔部位の蜂巣炎

　II. 瘻孔部位の感染

Ⅲ．患者によるチューブ変位や抜去

Ⅳ．チューブの吐き出し

Ⅴ．胃食道逆流

Ⅵ．チューブ閉塞

4．胃瘻チューブ（Gチューブ）

A．適応症：

Ⅰ．食欲不振、その他の食道瘻チューブ適応症

Ⅱ．食道狭窄、食道機能障害

B．胃瘻チューブの造設法は、外科的造設法、内視鏡ガイド下造設法、造設キットを用いたブラインド（非目視）法など、多様である。

C．チューブ造設法の詳細は、各種外科成書や、DiBartola著の*Fluid, Electrolyte and Acid–Base Disorders in Small Animal Practice,* 4th editionに記載されている。

D．通常は、14～28Frのマッシュルームチップ型チューブを用いる。

E．造設には全身麻酔を要する。

F．造設後24時間は、チューブを使用しない。

G．造設後少なくとも10日間は、チューブを抜去しない。

H．合併症：

Ⅰ．腹膜炎

Ⅱ．離開

Ⅲ．瘻孔部位の蜂巣炎

Ⅳ．瘻孔部位の感染

Ⅴ．腹腔内臓器損傷

Ⅵ．幽門通過障害

Ⅶ．チューブ閉塞

I．チューブからの給餌には、ミキサーで液状にしたフードおよび流動食を用いる。

J．チューブの長期管理は比較的容易である。チューブから患者の気を逸らせるには、患者にT-シャツを着せるとよい。

K．チューブを舐めたり噛んだりする場合は、エリザベスカラーを装着する。

5．空腸瘻チューブ（Jチューブ）

A．適応症：

Ⅰ．制御不能の嘔吐

Ⅱ．膵炎

Ⅲ．気道保護が不可能

B．空腸瘻造設法の詳細は、外科学成書に記載されている。

C．5～8Frフィーディングチューブを近位空腸に直接設置する。

D．造設には全身麻酔を要する。

E．造設後24時間は、チューブを使用しない。

F．給餌に用いることができるのは、流動食のみである。

G．ボーラス投与より、定速注入のほうが患者の負担が少ないようである。

H．合併症：

Ⅰ．腹膜炎

Ⅱ．離開

Ⅲ．瘻孔部位の蜂巣炎

Ⅳ．瘻孔部位の感染

Ⅴ．チューブ変位と、それに続発する腸閉塞

Ⅵ．腹部痛

Ⅶ．チューブ閉塞

I．チューブから患者の気を逸らせるには、患者にT-シャツを着せるとよい。

J．少なくとも初期は、全症例にてエリザベスカラーを装着させる。

6．フードの選択

A．チューブ直径によって使用できるフードの形状は限定される。NE、NG、G、Jチューブでは、必ずCliniCare®などの流動食を使用する。

B．安静時エネルギー要求量（RER）を給餌する。「疾患因子（illness factor）」は、もはや用いられない。肥満動物では、理想体重を基に食餌量を算出する。

Ⅰ．（30×体重kg）+70＝kcal/日

Ⅱ．体重＜2kg、または体重＞50kgの動物では、70×体重kg0.75＝kcal/日

C．蛋白質要求量

Ⅰ．猫は、食餌100kcalあたり6g以上、すなわち総エネルギー要求量の25〜35%に相当する蛋白質を要する。

Ⅱ．犬では、食餌100kcalあたり4〜6g、すなわち総エネルギー要求量の15〜25%Lに相当する蛋白質を要する。

D．CliniCare® Canine/Feline、およびCliniCare® RF feline renal solutions：1kcal/mL

Hills Prescription Diet a/d：1.3kcal/mL

Iams® Veterinary Formula ™ Maximum-Calorie ™：1.5kcal/mL

E．症例のRERを給餌するフード1mLあたりのkcalで割ったものを、さらに4で割ると、1日4回給餌における1回量が算出される。チューブフィーディング初日は、要求量の1/3（RERの約33%）を4回に分けて与える。3日目以降は、要求量全量を4分割給餌する。

F．若齢動物の胃容積＝50mL/kg

G．給餌前には、チューブの設置状態を確認し、3〜5mLの水道水でフラッシュする。その後、室温か、軽く温めたフードをゆっくり給餌する。患者は、誤嚥しにくいように、伏臥位か座位にする。

H．給餌後は、3〜5mLの水道水で再度フラッシュする。チューブにキャップをし、元通りカバーする。

I．フィーディングチューブからの投薬、特に粉砕した錠剤の投与は避ける。

7．経消化管栄養法の合併症：

A．食欲廃絶が長期間に及ぶと、再栄養症候群（refeeding syndrome）を呈す恐れがある。電解質が血管内から細胞内スペースへ急速に移動すると、重度の低カリウム血症、低マグネシウム血症、低リン血症を惹起する。高リスク症例では、十分にモニタリングを行いながら、控えめに給餌を開始し、徐々に増量することが推奨される。

B．誤嚥が生じる可能性がある。

C．瘻孔部位で炎症や感染が生じる恐れがある。一般に、基本的な衛生管理と日常的なケアを行えば、これらの問題を最小限に抑えることができる。

D．嘔吐、下痢、イレウスは、消化管の不耐性を示す。制吐薬や消化管運動促進薬投与や、食餌内容変更によって、チューブフィーディングを継続できる場合もある。

E．チューブ閉塞が生じた場合は、ぬるま湯やコーラでゆっくりと繰り返しフラッシュし、閉塞解除を試みる。閉塞が解除できず、継続してチューブフィーディングが必要であれば、再度チューブを設置する。

非経消化管栄養法（PN）

1．適応症

A．栄養補給が必要であるが、経消化管栄養補給に不耐を示す症例

B．悪心や嘔吐がコントロールできない症例

C．気道保護が不可能な症例

2．必要事項

A．血管確保し、無菌状態を保つ。専用の静脈カテーテルもしくは、専用のマルチルーメンカテーテルポートを用いる。

Ⅰ．このカテーテルやポートを用いて血液採取しない。

Ⅱ．このカテーテルやポートを用いてIV輸液や投薬をしない。栄養素と薬剤が致死的な反応を起こす可能性がある。

Ⅲ．このカテーテルやポートを用いて血液動態モニタリングを行わない。

Ⅳ．カテーテルは中心静脈に設置するのが望ましい。高浸透圧性の非経消化管栄養液を用いるのであれば、中心静脈設置が必須である。

B．24時間体制の看護ケアが必要であり、院内で一般的な血液生化学モニタリングができなくてはならない。

Ⅰ．非経消化管栄養を要する症例の大半は、クリティカルケアモニタリングが必要である。

Ⅱ．中心静脈カテーテルは、注意深いモニタリングと毎日のケアを要する。

Ⅲ．PNは、定速注入（CRI）が望ましい。

Ⅳ．通常、アルブミン、グルコース、尿素窒素（BUN）、電解質は、少なくとも1日1回測定する。

Ⅴ．水和状態は、毎日評価する。

C．PN処方液の栄養構成を考え、調製をする。

表1-7　体重10kgの犬に対する完全非経消化管栄養（TPN）の計算サンプル

手順	計算
1. BERを計算する	30×（10kg）＋70＝370kcal/日
2. TERを計算する	ここでは疾患因子を1.0とする TER＝370kcal/日
3. 1日蛋白質要求量を算出する	4g/100　TER kcal/日×370kcal/日＝蛋白質14.8g/日
4. 栄養液の必要量を算出する	
ブドウ糖	1日エネルギー要求量の60％はブドウ糖として給与する 222kcal/日÷50％ブドウ糖液1.7kcal/mL＝131mL/日
脂質	1日エネルギー要求量の40％は脂質として給与する 148kcal/日÷20％脂質溶液2kcal/mL＝脂質溶液74mL/日
アミノ酸	蛋白質14.8g/日÷8.5％アミノ酸溶液85mg/mL＝アミノ酸溶液174.1mL/日（四捨五入により174mL/日）
5. TPN液の1日量および時間毎流量の算出	131mL＋74mL＋174mL＝TPN液379mL/日 379mL/日÷24時間＝TPN流量15.8mL/時
6. ビタミン要求量を決定する	ビタミンK　0.5mg/kg×10kg＝必要に応じて5mg SC週1回投与 ビタミンB補給を要することもある 例：370kcal/日÷ビタミンB群1mL/1000kcal＝0.37mL/日
7. TPN補給	第1日目：算出した1日量の1/3を投与 1/3×（379mL/日＋ビタミンB群0.37mL/日）÷24時間＝5.3mL/時 第2日目：算出した1日量の2/3を投与 2/3×（379mL/日＋ビタミンB群0.37mL/日）÷24時間＝10.5mL/時 第3日目以降：1日要求量全量およびビタミンB0.37mL/日 379mL/日＋ビタミンB群0.37mL/日÷24時間＝15.8mL/時

Thomovsky E, Backus R, Reniker A et al, Parenteral nutrition: formulation, monitoring, and complications, Compendium Continuing Education for Veterinarian, vol 29 (2) , February 2007, p 90 and 91より許可を得て掲載。

Ⅰ．細菌感染予防のため、調製には無菌環境を要する。

Ⅱ．栄養素の沈殿を予防するため、溶液は適切な順序で調合する。

3．栄養要求量（**表1-7**、**表1-8**を参照）

A．安静時エネルギー要求量（RER）を与える。「疾患因子　illness factor」は、もはや用いられない。肥満動物では、理想体重を基に食餌量を算出する。

Ⅰ．（体重2～45kgの症例）RER（kcal/日）＝（30×体重kg）＋70

Ⅱ．（体重＜2kg、または体重＞45kgの症例）RER（kcal/日）＝70×体重kg0.75

B．蛋白質要求量

Ⅰ．猫は、食餌100kcalあたり6g以上、すなわち総エネルギー要求量

表1-8　完全非経消化管栄養（TPN）

手順	計算
1. BERを計算する	30×(________kg)＋70＝________kcal/日
2. TERを計算する	TER＝疾患因子×BER＝_____kcal/日
3. 1日蛋白質要求量を算出する	蛋白質要求量×____kcal/日＝蛋白質_____g/日
4. 栄養液の必要量を算出する	
ブドウ糖	1日エネルギー要求量の_____はブドウ糖として給与する _____%×TER＝ブドウ糖_____kcal/日 ブドウ糖_____kcal/日÷50%ブドウ糖液1.7kcal/mL＝50%ブドウ糖液_____mL/日
脂質	1日エネルギー要求量の（100－_____）%は脂質として給与する _____%×TER＝脂質_____kcal/日 _____kcal/day÷20%　脂質溶液2kcal/mL＝脂質溶液_____mL/日
アミノ酸	蛋白質_____g/日÷8.5%アミノ酸溶液85mg/mL＝アミノ酸溶液_____mL/日
5. TPN液の1日量および時間毎流量の算出	ブドウ糖液_____mL＋脂質溶液_____mL＋アミノ酸溶液_____mL＝TPN液_____mL/日 _____mL/日÷24時間＝TPN流量_____mL/時
6. ビタミン要求量を決定する	ビタミンK　0.5mg/kg×_____kg＝必要に応じて_____mg　SC　週1回投与 ビタミンB補給を要することもある 例：BER÷ビタミンB群1mL/1000kcal＝_____mL/日
7. TPN補給	第1日目：算出した1日量の1/3を投与 1/3×(_____mL/日＋ビタミンB群_____mL/日)÷24時間＝_____mL/時 第2日目：算出した1日量の2/3を投与 2/3×(_____mL/日＋ビタミンB群_____mL/日)÷24時間＝_____mL/時 第3日目以降：1日要求量全量およびビタミンB_____mL/日 _____mL/日＋ビタミンB群_____mL/日÷24時間＝_____mL/時

Thomovsky E, Backus R, Reniker A et al, Parenteral nutrition: formulation, monitoring, and complications, Compendium Continuing Education for Veterinarian, vol 29 (2) , February 2007, p 90 and 91より許可を得て掲載。

の25～35%に相当する蛋白質を要する。

Ⅱ．犬では、食餌100kcalあたり4～6g、すなわち総エネルギー要求量の15～25%に相当する蛋白質を要する。

Ⅲ．腎疾患を有する症例、および肝疾患を有する猫では、通常蛋白質要求量の50%を与える。

C．PN初日と、以後1週間に1度は、ビタミンK1を皮下投与する。

4．合併症

A．カテーテルに起因する合併症

Ⅰ．血管炎

Ⅱ．カテーテル変位（血管アクセスが維持されない）
Ⅲ．塞栓
Ⅳ．カテーテルに起因する感染
B．栄養溶液に起因する合併症
Ⅰ．細菌感染
Ⅱ．薬剤−栄養素反応
Ⅲ．分離、脂質乳濁液層形成などの栄養成分沈殿
Ⅳ．脂肪塞栓
C．代謝に関する合併症
Ⅰ．再栄養症候群（refeeding syndrome、p. 55参照）の可能性
Ⅱ．持続的高血糖が生じ、レギュラーインスリン投与0.1U/kg IV、IM、SCまたはCRI IVが必要になる場合がある。
Ⅲ．肝機能不全の症例では、肝性脳症兆候が発現することがある。

5．完全非消化管栄養法が困難な場合や、経済的事情が障壁となる場合は、部分的非消化管栄養法によってエネルギー要求量の一部を満たすことができる可能性がある。アミノ酸とブドウ糖を様々な組成で調製した市販栄養調剤が入手可能である。広く用いられている製品は、ProcalAmine®である。
A．ProcalAmine®の浸透圧は735mOsm/Lで、熱量は246kcal/Lである。
B．ProcalAmine®は末梢静脈投与が可能であるが、血管炎に注意が必要である。
C．維持量は、犬で66mL/kg/日、猫で50mL/kg/日であり、24時間CRIが望ましい。この用量で投与すれば、患者のエネルギー要求量の30〜40％、犬の蛋白質要求量の100％、猫の蛋白質要求量のほぼ全量が補給できる。

疼痛管理

救急医療を要する動物の大半は、疼痛を訴える。人の医療では、疼痛は第5のバイタルサインとして扱われている。救急患者では、ストレスや不安も大きな影響を与える。疼痛、ストレス、不安に対する反応は、動物種や犬種によって大きく異なる。可能であれば、疼痛を予測し、先制鎮痛処置を行うのがよい。鎮痛によって、回復のスピードや質が向上する。鎮痛薬の薬用量は、**表1-9**参照のこと。

1．疼痛の生理学的兆候
A．流涎
B．呼吸数上昇
C．瞳孔拡大
D．不整脈を伴わない心拍数上昇
E．体温上昇
2．行動上の疼痛徴候
A．攻撃的、または臆病になる。

B．落ち着きがなくなる、興奮する、または抑うつ状態、活動性低下がみられる。
C．振戦
D．疼痛部位を舐める・噛む、疼痛部位のハンドリングを忌避する。
E．歩様変化
F．異常な体位、臥位の忌避
G．無表情（じっとみつめる、目を細める）
H．啼鳴
I．毛繕いをしない、トイレに行かない（猫）。
J．尿量増加、または低下
K．嗜眠、食欲不振

3．鎮痛薬にはクラス分類があり、薬剤によって投与経路や投与法も様々である。臨床家は、多様なクラスの薬剤について、適応症、禁忌、投与法を熟知しておく。

4．各クラスの一般論

A．オピオイド

Ⅰ．適応症——急性あるいは慢性疼痛管理、鎮静。効果出現は迅速で、効果持続時間も長い。純粋な作動薬（モルヒネ、ヒドロモルフォン、オキシモルフォン、フェンタニル）は、ナロキソンなどの拮抗薬でリバースすることができる。

Ⅱ．禁忌——胃不全麻痺、イレウス、嘔吐、膵分泌刺激、呼吸抑制、心拍低下を惹起する可能性がある。新生仔、老齢動物、衰弱動物、副腎機能低下症、甲状腺機能低下症、重度腎機能障害、頭部外傷、急性腹症、重度呼吸障害を呈する症例、モノアミン酸化酵素阻害薬（MAOIs）を投与されている症例では、注意して使用する。これらの患者では、用量を減らして投与する。オピオイド過敏症を有する症例には使用しない。

Ⅲ．各論——部分作動薬や混合作動薬（mixed agonist）—拮抗薬（antagonists）には、天井効果があるが、純粋な μ 受動体作動薬にはない。したがって、μ 受動体作動薬は、重度疼痛の治療に有効である。以下に、モルヒネを基準の1とした場合の力価を、弱い薬剤から強い薬剤の順に表記する：

メペリジン（0.1）
モルヒネ（1）
オキシモルフォン（10）
ヒドロモルフォン（10～15）
ブプレノルフィン（25）
フェンタニル（100）
スフェンタニル（1000）

オピオイドは、猫の鎮痛にも安全に用いることができる。効果が発現するまで漸増する。猫での散瞳発現は、適切な鎮痛効果が得られたことを示唆する。ここから更にオピオイドを追加投与すると、興奮を

表1-9　鎮痛薬

分類	薬剤	犬の投与量	猫の投与量
オピオイド	ブプレノルフィン	0.005～0.02mg/kg q4～8h IV、IM	0.005～0.01mg/kg q4～8h IV、IM
		5～20μg/kg IV、IM q4～8h	5～10μg/kg IV、IM q4～8h
		2～4μg/kg/時 IV	1～3μg/kg/時 IV CRI
		120μg/kg OTM	20μg/kg OTM
		0.12mg/kg OTM	0.02mg/kg OTM q6～8h
	ブトルファノール	0.1～0.4mg/kg IV、IM、SC q1～2h	
		0.05～0.2mg/kg/時 IV CRI	
	コデイン	0.5～2mg/kg PO q6～8h	0.5～1mg/kg PO q12h
	フェンタニル	2～10μg/kg IV 効果発現まで	1～5μg/kg IV 効果発現まで
		1～10μg/kg/時 IV CRI	1～5μg/kg/時 IV CRI
		0.001～0.01mg/kg/時 IV CRI	0.001～0.005mg/kg/時 IV CRI
		または　以下の用量にて経皮的投与：	
		体重	パッチのサイズ
		＜5kg	保護フィルムを部分的にはがし、25μg/時　patchの1/3～1/2を露出させる。
		＞5kg	保護フィルムを部分的にはがし、25μg/時　patchの2/3を露出させる。または1枚全部を使用する。
		＜10kg（20lb）	25μg/時
		10～25kg（20～50lb）	50μg/時
		25～40kg（50～88lb）	75μg/時
		＞40kg（＞88lb）	100μg/時
	ヒドロモルホン	0.05～0.2mg/kg IV、IM、SC q2～6h	0.0125～0.05mg/kg/時 IV CRI 0.02～0.1mg/kg IV、IM、SC q2～6h（C）and 0.0125～0.03mg/kg/時 IV CRI（C）
		前投与として：0.1mg/kg。アセプロマジン0.02～0.05mg/kg IMと併用。	
	モルヒネ	0.5～1mg/kg IM、SC	0.05～0.2mg/kg IM、SC
		0.1～0.05mg/kg IV q2～4h	
		0.05～0.5mg/kg/時	
		0.1～0.3mg/kg 硬膜外 q4～12h	
	オキシモルフォン	0.02～0.2mg/kg/時　q2～4h	0.02～0.1mg/kg IV

分類	薬剤	犬の投与量	猫の投与量
		0.05～0.2mg/kg IM、SC q2～6h	0.05～0.1mg/kg IM、SC q2～4h
		0.05～0.3mg/kg/時 硬膜外	
	トラマドール	2～8mg/kg q8～12h PO	2～5mg/kg q12h PO
NSAIDs	アスピリン	10～20mg/kg q8～12h PO	1～25mg/kg q72h PO
	カルプロフェン	4.4mg/kg q24h	4mg/kg SCまたはIV単回投与
		2.2mg/kg q12h PO	
	デラコキシブ	3～4mg/kg q24h PO	
	エトドラク	10～15mg/kg q24h PO	
	フィロコキシブ	5mg/kg q24h PO	0.75～3mg/kg PO単回投与
	フルニキシン メグルミン	1g/kg POまたはIM単回投与	
	ケトプロフェン	2mg/kg IM、IV、SC q24h 最長3日間投与 または 1mg/kg PO q24h 3～5日間	2mg/kg IV、IM、SC単回投与。または 1mg/kg PO q24h最長5日間投与
	メロキシカム	0.2mg/kg（初回）、以後0.1mg/kg q24h PO	0.1mg/kg SCまたはPO単回投与
	ナプロキセン	5mg/kg（初回）、以後2mg/kg q48h PO	
	ピロキシカム	0.3mg/kg q24～48h PO	
	ロベナコキシブ	1～2mg/kg PO q24hまたは2mg/kg SC単回投与	1～2mg/kg PO q24h最長6日間または2mg/kg SC単回投与
	テポキサリン	20mg/kg（初回）、以後10mg/kg q24h PO	
	トルフェナム酸	4mg/kg IM、SC（初回）、以後PO q24h	4mg/kg IM、SC単回投与、またはPO q24h　3日間
NMDA受容体拮抗薬	ケタミン	0.2～0.6mg/kg/時	
		2～10μg/kg/分 CRI IV	
	アマンタジン	3～5mg/kg PO q24h	
α_2-アドレナリン拮抗薬	デクスメデトミジン	0.1～1.5μg/kg/時	0.1～1μg/kg/時
	メデトミジン	1～3μg/kg/時	0.5～2μg/kg/時
その他各種	ガバペンチン	3～10mg/kg PO q8～12h	
	リドカイン	2～4mg/kg/時	

*OTM＝経口腔粘膜投与

I

惹起する恐れがある。オピオイドと他の多様な鎮痛薬と併用することで、副作用を低減させ、適切な鎮痛効果をもたらすことができる。

B．非ステロイド性抗炎症薬（NSAIDs）

Ⅰ．適応症――抗炎症、解熱、鎮痛、急性疼痛（外科手術や外傷による）、慢性疼痛

Ⅱ．禁忌――肝機能不全、腎機能低下、ショック、脱水、低血圧、凝固異常、消化器疾患、妊娠、外傷、肺疾患を有する症例。NSAIDsは、他のNSAIDsや、コルチコステロイドと併用してはならない。猫、老齢動物、慢性疾患を有する症例への投与は注意を要する。また、血小板に有害作用を及ぼす可能性があるため、周術期の使用には注意する。

Ⅲ．各論

a．能書では、猫でのメロキシカム投与は、単回とされている。

b．NSAIDsの多くは、効果持続時間が長いため、1日1回投与である。

c．NSAIDsとの併用により、有害反応が生じる薬剤がある。

d．身体検査、完全血球計算（CBC）、尿検査、血液生化学検査（肝・腎機能検査を含む）などの定期的モニタリングが推奨される。

C．NMDA（*N*-メチル-D-アスパラギン酸）受容体拮抗薬（ケタミン、アマンタジン）

Ⅰ．適応症――NMDA受容体拮抗薬は、急性および慢性疼痛治療に用いられる。本剤は補助的鎮痛薬で、オピオイドなど、他の鎮痛剤と併用する。神経性疼痛における効果は高く、痛覚過敏（wind-up現象）の発現予防、オピオイド耐性抑制、オピオイド有効薬用量低減、薬剤による不快感低減などに役立つ。ケタミンは、心血管系抑制が最小で、オピオイドと比較して呼吸抑制作用も少ない。副作用は、振戦および鎮静である。アマンタジンは、神経性疼痛管理に用いられる。本剤は、wind-up現象・オピオイド不耐性・異痛症予防に用いられる。

Ⅱ．禁忌――鎮静や鎮痛目的で、ケタミンを単独投与しない。頭部外傷症例では、CSF量増加や頭蓋内圧亢進が有害となり得るため、使用しない。また、心不全、肝機能不全、腎機能不全、重度高血圧、発作を呈する患者でも、ケタミンは禁忌である。

Ⅲ．各論

a．騒音やハンドリングを減らすことは、緊急事象の発生抑制につながる。

b．猫はケタミン投与後も開眼したままになるので、Puralube®などの眼軟膏を用いて潤滑処置を行う。

c．アマンタジンは、安全域が狭いと考えられている。犬では、興奮、下痢、鼓張が生じる恐れがある。

D．α_2-アドレナリン受容体作動薬――これらの薬剤は、CNSの受容体に

結合し、鎮静、鎮痛、徐脈、利尿、末梢血管収縮、筋弛緩、呼吸抑制を引き起こす。

Ⅰ. 適応症――オピオイドとの併用により、相乗的鎮痛効果を発揮し、効果持続時間を延長させる。状態の安定した患者を短時間鎮静させるのに適する。また、効果は可逆的である。

Ⅱ. 各論

a. アトロピンやグリコピロレートを用いてα_2-アドレナリン受動体作動薬誘発性徐脈を治療することは推奨されない。

b. 効果の拮抗には、アチパメゾールの使用が推奨される。

c. 副作用には、利尿、嘔吐、消化管の筋緊張変化、高血糖、低体温、徐脈、A-Vブロック、呼吸抑制、無呼吸、逆説的興奮、循環不全による死亡などが挙げられる。

E. リドカイン

Ⅰ. 適応症――本薬剤は、局所麻酔薬、抗不整脈薬として用いられ、補助的鎮痛剤としては、オピオイドや、オピオイド&ケタミンとIV CRIにて併用する。

Ⅱ. 禁忌――心ブロック、重度徐脈、リドカイン過敏症、ショック、循環血液量減少、呼吸抑制、肝疾患、うっ血性心不全、悪性高熱症の高リスク症例

Ⅲ. 各論

a. 猫への投与は、注意を要する。

b. 傾眠、抑うつ、眼振、運動失調、筋振戦、発作は、過剰投与の兆候であり、リドカイン投与を中止すると、迅速に改善する。

F. ガバペンチン

Ⅰ. 適応症――慢性疼痛、痛覚過敏、硬直を伴う部分発作や複雑部分発作

Ⅱ. 禁忌――腎機能不全、本剤に対する過敏症

Ⅲ. 各論

a. 経口液は、通常キシリトールを含有するため、犬には投与しない。

b. 低用量から投与を開始し、漸増する。投与を中止する時は、発作が生じないように、漸減を要する。

参考文献

酸塩基不均衡

Bateman, S.W., 2008. Making sense of blood gas results, advances in fluid, electrolyte, and acid–base disorders. In: de Morais, H.A., DiBartola, S.P. (Eds.), Veterinary Clinics: Small Animal Practice, vol 38, no 3. Elsevier, St Louis, pp. 543–557.

de Morais, H.A., 2008. Metabolic acidosis, advances in fluid, electrolyte, and acid–base disorders. In: de Morais, H.A., DiBartola, S.P. (Eds.), Veterinary Clinics: Small Animal Practice, vol 38, no 3. Elsevier, St Louis, pp. 439–442.

de Morais, H.A., Bach, J.F., DiBartola, S.P., 2008. Metabolic acid–base disorders in the critical care unit, advances in fluid, electrolyte, and acid–base disorders. In: de Morais, H.A., DiBartola, S.P. (Eds.), Veterinary Clinics: Small Animal Practice, vol 38, no 3. Elsevier, St Louis, pp. 559–574.

de Morais, H.A., Constable, P.D., 2006. Strong ion approach to acid–base disorders. In: DiBartola, S.P. (Ed.), Fluid, Electrolyte, and Acid–Base Disorders in Small Animal Practice, third ed. Elsevier, St Louis, pp. 310–321.

de Morais, H.A., DiBartola, S., 1991. Ventilatory and metabolic compensation in dogs with acid–base disturbances. Journal of Veterinary Emergency and Critical Care 1 (2), 39–49.

de Morais, H.A., Leisewitz, A.L., 2006. Mixed acid–base disorders. In: DiBartola, S.P. (Ed.), Fluid, Electrolyte, and Acid–Base Disorders in Small Animal Practice, third ed. Elsevier, St Louis, pp. 296–309.

DiBartola, S.P. (Ed.), 2006. Fluid, Electrolyte, and Acid–Base Disorders in Small Animal Practice, third ed. Elsevier, St Louis, pp. 229–283.

Foy, D., de Morais, H.A., 2008. Metabolic alkalosis, advances in fluid, electrolyte, and acid–base Disorders. In: de Morais, H.A., DiBartola, S.P. (Eds.), Veterinary Clinics: Small Animal Practice, vol 38, no 3. Elsevier, St Louis, pp. 435–438.

Haskins, S.C., 1977. An overview of acid–base physiology. Journal of the American Veterinary Medical Association, 170 (4), 423–428.

Johnson, R.A., 2008. Respiratory alkalosis, advances in fluid, electrolyte, and acid–base disorders. In: de Morais, H.A., DiBartola, S.P. (Eds.), Veterinary Clinics: Small Animal Practice, vol 38, no 3. Elsevier, St Louis, pp. 427–430.

Johnson, R.A., 2008. Respiratory acidosis, advances in fluid, electrolyte, and acid–base disorders. In: de Morais, H.A., DiBartola, S.P. (Eds.), Veterinary Clinics: Small Animal Practice, vol 38, no 3. Elsevier, St Louis, pp. 431–434.

Johnson, R.A., de Morais, H.A., 2006. Respiratory acid–base disorders. In: DiBartola, S.P. (Ed.), Fluid, Electrolyte, and Acid–Base Disorders in Small Animal Practice, third ed. Elsevier, St Louis, pp. 283–296.

Kaae, J., de Morais, H.A., 2008. Anion gap and strong ion gap, advances in fluid, electrolyte, and acid–base disorders. In: de Morais, H.A., DiBartola, S.P. (Eds.), Veterinary Clinics: Small Animal Practice, vol 38, no 3. Elsevier, St Louis, pp. 443–447.

Kovacic, J.P., 2009. Acid–base disturbances. In: Silverstein, D.C., Hopper, K. (Eds.), Small Animal Critical Care Medicine. Elsevier, St Louis, pp. 249–254.

Sorrell–Raschi, L., 2009. Blood gas and oximetry monitoring. In: Silverstein, D.C., Hopper, K. (Eds.), Small Animal Critical Care Medicine. Elsevier, St Louis, pp. 878–882.

Whitehair, K.J., Haskins, S.C., Whitehair, J.G., et al., 1995. Clinical applications of quantitative acid–base chemistry. Journal of Veterinary Internal Medicine 9 (1), 1–11.

Wingfield, W.E., Van Pelt, D.R., Hackett, T., et al., 1994. Usefulness of venous blood in estimating acid–base status of the seriously Ⅲ dog. Journal of Veterinary Emergency and Critical Care 4 (1), 23–27.

酸素療法

Bach, J.F., 2008. Hypoxemia, advances in fluid, electrolyte, and acid–base disorders. In: de Morais, H.A., DiBartola, S.P. (Eds.), Veterinary Clinics: Small Animal Practice, vol 38, no 3. Elsevier, St Louis, pp. 423–426.

Callahan, J.M., 2008. Pulse oximetry in emergency medicine. Emergency Medicine Clinics of North America. vol 26, Elsevier, St Louis, pp. 869–879.

Fudge, M., 2009. Tracheostomy. In: Silverstein, D.C., Hopper, K. (Eds.), Small Animal Critical Care Medicine. Elsevier, St Louis, pp. 75–77.

Hackett, T.B., 2009. Tachypnea and hypoxemia. In: Silverstein, D.C., Hopper, K. (Eds.), Small Animal Critical Care Medicine. Elsevier, St Louis, pp. 37–40.

Hopper, K., Haskins, S.C., Kass, P.H., et al., 2007. Indications, management, and outcome of long-term positive-pressure ventilation in dogs and cats: 148 cases (1990–2001). Journal of the American Veterinary Medical Association 230 (1), 64–75.

Lee, J.A., Drobatz, K.J., Koch, M.W., et al., 2005. Indications for and outcome of positive-pressure ventilation in cats: 53 cases (1993–2002). Journal of the American Veterinary Medical Association 226 (6), 924–931.

Mazzaferro, E.M., 2009. Oxygen therapy. In: Silverstein, D.C., Hopper, K. (Eds.), Small Animal Critical Care Medicine. Elsevier, St Louis, pp. 78–81.

Van Pelt, D.R., Wingfield, W.E., Hackett, T.B., et al., 1993. Respiratory mechanics and hypoxemia. Journal of Veterinary Emergency and Critical Care 3 (2), 63–70.

Van Pelt, D.R., Wingfield, W.E., Hackett, T.B., et al., 1993. Airway pressure therapy. Journal of Veterinary Emergency and Critical Care 3 (2), 71–81.

輸液療法

Aldrich, J., 2009. Shock fluids and fluid challenge. In: Silverstein, D.C., Hopper, K. (Eds.), Small Animal Critical Care Medicine. Elsevier, St Louis, pp. 276–280.

Chan, D.L., 2008. Colloids: current recommendations, advances in fluid, electrolyte, and acid-base disorders. In: de Morais, H.A., DiBartola, S.P. (Eds.), Veterinary Clinics: Small Animal Practice, vol 38, no 3. Elsevier, St Louis, pp. 587–593.

DiBartola, S.P., Bateman, S., 2006. Introduction to fluid therapy. In: DiBartola, S.P. (Ed.), Fluid, Electrolyte, and Acid-Base Disorders in Small Animal Practice, third ed. Elsevier, St Louis, pp. 325–344.

Giger, U., 2009. Transfusion medicine. In: Silverstein, D.C., Hopper, K. (Eds.), Small Animal Critical Care Medicine. Elsevier, St Louis, pp. 281–286.

Hohenhaus, A., 2006. Blood transfusion and blood substitutes. In: DiBartola, S.P. (Ed.), Fluid, Electrolyte, and Acid-Base Disorders in Small Animal Practice, third ed. Elsevier, St Louis, pp. 367–583.

Hughes, D., Boag, A.K., 2006. Fluid therapy with macromolecular plasma volume expanders. In: DiBartola, S.P. (Ed.), Fluid, Electrolyte, and Acid-Base Disorders in Small Animal Practice, third ed. Elsevier, St Louis, pp. 621–634.

Macintire, D.K., 2008. Pediatric fluid therapy, advances in fluid, electrolyte, and acid-base disorders. In: de Morais, H.A., DiBartola, S.P. (Eds.), Veterinary Clinics: Small Animal Practice, vol 38, no 3. Elsevier, St Louis, pp. 621–627.

Mazzaferro, E.M., 2008. Complications of fluid therapy, advances in fluid, electrolyte, and acid-base disorders. In: de Morais, H.A., DiBartola, S.P. (Eds.), Veterinary Clinics: Small Animal Practice, vol 38, no 3. Elsevier, St Louis, pp. 607–619.

Mensack, S., 2008. Fluid therapy: options and rational administration, advances in fluid, electrolyte, acid-base disorders. In: de Morais, H.A., DiBartola, S.P. (Eds.), Veterinary Clinics: Small Animal Practice, vol 38, no 3. Elsevier, St Louis, pp. 575–586.

Prittie, J., 2006. Optimal endpoints of resuscitation and early goal-directed therapy. Journal of Veterinary Emergency and Critical Care 16 (4), 329–339.

Rozanski, E., Rondeau, M., 2002. Choosing fluids in traumatic hypovolemic shock: the role of crystalloids, colloids, hypertonic saline. Journal of the American Animal Hospital Association 38 (6), 499–501.

Silverstein, D.C., 2009. Daily intravenous fluid therapy. In: Silverstein, D.C., Hopper, K. (Eds.), Small Animal Critical Care Medicine. Elsevier, St Louis, pp. 271–275.

血圧の評価

Bond, B.R., 2009. Nitroglycerin. In: Silverstein, D.C., Hopper, K. (Eds.), Small Animal Critical Care Medicine. Elsevier, St Louis, pp. 768–770.

Brown, S., 2009. Hypertensive crisis. In: Silverstein, D.C., Hopper, K. (Eds.), Small Animal Critical Care Medicine. Elsevier, St Louis, pp. 176–179.

Hansen, B., 2006. Technical aspects of fluid therapy. In: DiBartola, S.P. (Ed.), Fluid, Electrolyte, and Acid-Base Disorders in Small Animal Practice, third ed. Elsevier, St Louis, pp. 371–374.

Labato, M.A., 2009. Antihypertensives. In: Silverstein, D.C., Hopper, K. (Eds.), Small Animal Critical Care Medicine. Elsevier, St Louis, pp. 763–767.

Silverstein, D.C., 2009. Vasopressin. In: Silverstein, D.C., Hopper, K. (Eds.), Small Animal Critical Care Medicine. Elsevier, St Louis, pp. 759–762.

Simmons, J.P., Wohl, J.S., 2009. Hypotension. In: Silverstein, D.C., Hopper, K. (Eds.), Small Animal Critical Care Medicine. Elsevier, St Louis, pp. 27–30.

Simmons, J.P., Wohl, J.S., 2009. Vasoactive catecholamines. In: Silverstein, D.C., Hopper, K. (Eds.), Small Animal Critical Care Medicine. Elsevier, St Louis, pp. 756–758.

Waddell, L.S., Brown, A.J., 2009. Hemodynamic monitoring. In: Silverstein, D.C., Hopper, K. (Eds.), Small Animal Critical Care Medicine. Elsevier, St Louis, pp. 859–864.

Wohl, J.S., Clark, T.P., 2000. Pressor therapy in critically ill patients. Journal of Veterinary Emergency and Critical Care 10 (1), 19–33.

腹腔内圧

An, G., West, M.A., 2008. Abdominal compartment syndrome: a concise clinical review. Critical Care Medicine 36 (4), 1304–1310.

Drellich, S., 2009. Intraabdominal pressure. In: Silverstein, D.C., Hopper, K. (Eds.), Small Animal Critical Care Medicine. Elsevier, St Louis, pp. 872–874.

Vidal, M.G., Weisser, J.R., Gonzalez, F., et al., 2008. Incidence and clinical effects of intra-abdominal hypertension in critically ill patients. Critical Care Medicine 36 (6), 1823–1831.

栄養サポート

Abood, S.K., McLoughlin, M.A., Buffington, C.A., 2006. Enteral nutrition. In: DiBartola, S.P. (Ed.), Fluid, Electrolyte, and Acid-Base Disorders in Small Animal Practice, third ed. Elsevier, St. Louis, pp. 601–620.

Cavanaugh, R.P., Kovak, J.R., Fischetti, A.J., et al., 2008. Evaluation of surgically placed gastrojejunostomy feeding tubes in critically ill dogs. Journal of American Veterinary Medical Association 232 (3), 380–388.

Chandler, M.L., Guilford, W.G., Payne-James, J., 2000. Use of peripheral parenteral nutritional support in dogs and cats. Journal of the American Veterinary Medical Association 216 (5), 669–673.

Crabb, S.E., Freeman, L.M., Chan, D.L., et al., 2006. Retrospective evaluation of total parenteral nutrition in cats: 40 cases (1991–2003). Journal of Veterinary Emergency and Critical Care 16 (2) suppl 1, S21–S26.

Elliott, D.A., 2009. Nutritional assessment. In: Silverstein, D.C., Hopper, K. (Eds.), Small Animal Critical Care Medicine. Elsevier, St Louis, pp. 856–859.

Elliott, D.A., Riel, D.L., Rogers, Q.R., 2000. Complications and outcomes associated with use of gastrostomy tubes for nutritional management of dogs with renal failure: 56 cases (1994–1999). Journal of the American Veterinary Medical Association 217 (9), 1337–1342.

Freeman, L.M., Chan, D.L., 2006. Total parenteral nutrition. In: DiBartola, S.P. (Ed.), Fluid, Electrolyte, and Acid-Base Disorders in Small Animal Practice, third ed. Elsevier, St Louis, pp. 584–601.

Mazzaferro, E.M., 2001. Esophagostomy tubes: don't underutilize them! Journal of Veterinary Emergency and Critical Care 11 (2), 153–156.

Mohr, A.J., Leisewitz, A.L., Jacobson, L.S., et al., 2003. Effect of early nutrition on intestinal permeability, intestinal protein loss, and outcome in dogs with severe parvoviral enteritis. Journal of Veterinary Internal Medicine 17 (6), 791–798.

Thomovsky, E., Reniker, A., Backus, R., et al., 2007. Parenteral nutrition: uses, indications, and compounding. Compendium on Continuing Education for the Practicing Veterinarian 29 (2), 76–78, 80–85.

Thomovsky, E., Backus, R., Reniker, A., et al., 2007. Parenteral nutrition: formulation, monitoring, and complications. Compendium on Continuing Education for the Practicing Veterinarian29 (2), 88–102.

Wortinger, A., 2006. Care and use of feeding tubes in dogs and cats. Journal of the American Animal Hospital Association 42 (5), 401–406.

Yagil-Kelmer, E., Wagner-Mann, C., Mann, F.A., 2006. Postoperative complications associated with jejunostomy tube placement using the interlocking box technique compared with other jejunopexy methods in dogs and cats: 76 cases (1999–2003). Journal of Veterinary Emergency and Critical Care 16 (2) Suppl 1, S14–S20.

疼痛管理

Abbo, L.A., Ko, J.C., Maxwell, L.K., et al., 2008. Pharmacokinetics of buprenorphine following intravenous and oral transmucosal administration in dogs. Veterinary Therapeutics, 9 (2), 83–93.

Bergh, M.S., Budsberg, S.C., 2005. The Coxib NSAIDs: potential clinical and pharmacologic importance in veterinary medicine. Journal of Veterinary Internal Medicine 19 (5), 633–643.

Dyson, D.H., 2008. Analgesia and chemical restraint for the emergent veterinary patient. The Veterinary Clinics of North America. Small Animal Pracrice 38 (6), 1329–1352.

Hansen, B., 2008. Analgesia for the critically ill dog or cat: an update. The Veterinary Clinics of North America. Small Animal Pracrice 38 (6), 1353–1363.

Harvey, R.C., 2009. Narcotic agonists and antagonists. In: Silverstein, D.C., Hopper, K. (Eds.), Small Animal Critical Care Medicine. Elsevier, St Louis, pp. 784–789.

Sparkes, A.H., Heiene, R., Lascelles, B.D., et al., 2010. ISFM and AAFP consensus guidelines, long-term use of NSAIDs in cat 2010. Journal of Feline Medicine and Surgery 12 (7), 521–538.

Krotscheck, U., Boothe, D.M., Little, A.A., 2008. Pharmacokinetics of buprenorphine following intravenous administration in dogs. American Journal of Veterinary Research 69 (6), 722–727.

Lamont, L.A., 2008. Multimodal pain management in veterinary medicine: the physiologic basis of pharmacologic therapies. The Veterinary Clinics of North America. Small Animal Pracrice 38 (6), 1173–1186.

Lamont, L.A., 2008. Adjunctive analgesic therapy in veterinary medicine. The Veterinary Clinics of North America. Small Animal Pracrice 38 (6), 1187–1203.

Luna, S.P., Basilio, A.C., Steagall, P.V., et al., 2007. Evaluation of adverse effects of long-term oral administration of carprofen, etodolac, flunixin meglumine, ketoprofen, and meloxicam in dogs. American Journal of Veterinary Research 68 (3), 258–264.

Mathews, K.A., 2005. Analgesia for the pregnant, lactating and neonatal to pediatric cat and dog. Journal of Veterinary Emergency and Critical Care 15 (4), 273–284.

Mathews, K.A., 2008. Neuropathic pain in dogs and cats: if only they could tell us if they hurt. The Veterinary Clinics of North America. Small Animal Pracrice 38 (6), 1365–1414.

Papich, M.G., 2008. An update on nonsteroidal anti-inflammatory drugs (NSAIDs) in small animals. The Veterinary Clinics of North America. Small Animal Pracrice 38 (6), 1243–1266.

Perkowski, S.Z., 2009. Pain and sedation assessment. In: Silverstein, D.C., Hopper, K. (Eds.), Small Animal Critical Care Medicine. Elsevier, St Louis, pp. 696–699.

Quandt, J., Lee, J.A., 2009. Analgesia and constant rate infusions. In: Silverstein, D.C., Hopper, K. (Eds.), Small Animal Critical Care Medicine. Elsevier, St Louis, pp. 710–716.

Robertson, S.A., 2005. Assessment and management of acute pain in cats. Journal of Veterinary Emergency and Critical Care 15 (4), 261–272.

第2章 ショック

2

序論

ショックの定義は多様であるが、基本的には、酸素要求量が酸素供給量を超過した状態を指し、結果として細胞エネルギー産生が不足する。通常、ショックは、組織への酸素運搬量（D_{O_2}）および、組織による酸素摂取量（V_{O_2}）の著しい低下によって生じるものであり、多くは組織灌流低下状態において認められる。

D_{O_2}低下を引き起こすメカニズムは、主に次の3つである：心ポンプ障害（心原性ショック）、血液量分布異常（血液分布不均等性ショック）、血管内容量減少（循環血液量減少性ショック）。

また、細胞代謝障害は、代謝性ショックを惹起し、動脈血酸素含有量低下は、低酸素性ショックを惹起する。

ショックの原因と種類

循環血液量減少性または循環性
- 脱水（重度）
- 出血（体内、体外）
- 外傷

心原性
- 不整脈
- 心タンポナーデ
- うっ血性心不全
- 薬物過剰投与（βブロッカー、カルシウムチャネルブロッカー、麻酔薬など）

分布異常性
- アナフィラキシー
- 閉塞（血栓症、血栓塞栓症、フィラリア症など）
- 敗血症

低酸素性
- 貧血
- 一酸化炭素中毒症
- メトヘモグロビン血症
- 肺疾患

代謝性
- シアン化物中毒症
- 敗血症の細胞変性性低酸素症
- 低血糖症
- ミトコンドリア異常

循環血液量減少性または循環性ショック

診断

ヒストリー――出血を伴う（または伴わない）外傷歴、脳出血を伴う（または伴わない）外傷歴。犬パルボウイルス性胃腸炎などでみられる重度嘔吐や下痢など、重度もしくは長期水分喪失の病歴を認めることもある。病歴不明の症例もある。

臨床徴候――ショックには多くの分類があり、臨床徴候は病相期によって異なる。

1．高心拍出量期、または代償期（犬）
   A．心拍数は増加もしくは正常
   B．呼吸数は増加もしくは正常
   C．口腔内粘膜は通常うっ血もしくは血流増加
   D．CRTは通常短縮（<1秒）
   E．末梢脈拍は反跳脈もしくは正常
   F．意識レベルは、一般に正常もしくは軽度鈍麻
   G．血圧は正常もしくは上昇
2．猫で、ショックの高心拍出量期がみられることはほとんどない。猫におけるショックの一般的徴候は以下である。
   A．粘膜蒼白
   B．低体温および四肢冷感
   C．意識鈍麻
   D．全身衰弱、虚脱
   E．呼吸困難
   F．頻脈または徐脈
3．低心拍出量期または非代償初期
   A．低体温
   B．末梢脈拍減弱
   C．血圧は正常もしくは低下
   D．口腔内粘膜蒼白
   E．CRT延長
   F．頻脈
   G．意識朦朧
   H．乏尿
4．末期または非代償後期
   A．昏迷もしくは昏睡
   B．低体温
   C．徐脈
   D．末梢脈拍減弱または消失
   E．粘膜蒼白またはチアノーゼ
   F．CRT延長
   G．重度低血圧

H．乏尿もしくは無尿

臨床検査――

1．静脈血液ガスもしくは動脈血液ガスの評価：ショックでは、代謝性アシドーシスが多発する。

2．欠乏塩基量（BD）：正常値＝0＋/－2；BDは代謝性酸塩基不均衡を反映し、灌流障害および酸素化障害の程度と直接関連する。動脈血BDは、血流量変化の評価材料として最適であるが、静脈血BDは、ショック時や蘇生時の生理学的状態の指標として信頼性を有する。

3．血液乳酸値：正常値は、＜2.5mmol/Lである。乳酸値＞7mmol/Lは、重度上昇であり、組織灌流低下、組織低酸素症、嫌気的代謝を示唆する。

4．CBC

5．血液生化学検査

6．凝固系パネル

7．尿検査

画像診断――病歴、臨床徴候によっては、以下の検査が有用である。

1．胸部・腹部単純X線検査

2．腹部超音波エコー検査

3．心超音波エコー検査

その他のモニタリング――

1．血圧測定：平均動脈圧（MAP）は、65mmHg超で維持する。

$$MAP = 3 \times \frac{収縮期血圧 - 拡張期血圧}{拡張期血圧}$$

2．心電図モニタリング

3．パルスオキシメトリ：室内気において、98％超を維持する。

4．尿量測定：排尿量は、最低でも1～2mL/kg/時を超えるようにする。

5．中心静脈圧（CVP）測定：最低値は、出血が持続していれば、0～2cmH_2O、頭部外傷では2～5cmH_2O、循環血液量減少によるショック、または持続している出血のない外傷では、8～10cmH_2Oである。猫のCVPは、2～5cmH_2Oが基準値である。

6．体温モニタリング

7．心拍数、呼吸様式、呼吸数、意識レベル、粘膜色調、CRT、四肢温度、その他のパラメータに対するモニタリング

高度モニタリング――

1．肺動脈カテーテル（スワン-ガンツカテーテル）を設置すると、肺毛細血管楔入圧、心拍出量、静脈血液ガス（P_{VO_2}、S_{VO_2}）、中心静脈圧、肺動脈圧が測定できる。

2．中心静脈カテーテルを前大静脈に達する位置まで伸長させると、中心静脈酸素飽和度（S_{CVO_2}）を測定できる。S_{VO_2}は通常S_{CVO_2}より低値を示し、70％超で維持する。

予後

予後は、ショックの原因、罹患期間、程度によって異なる。

治療

治療のゴールは、迅速な原因究明と心血管系の安定化によって、組織への酸素運搬量を正常値まで回復させることである。心原性ショック以外の全てのショックの治療で最優先するのは、静脈輸液による有効循環血液量と組織灌流の迅速な回復である。

1．飼育者に、診断結果、予後、治療費について説明する。
2．気道の確保・維持。
3．酸素補給、場合によっては人工換気。
4．早期目的指向型治療（EGDT）に基づく蘇生処置。
   A．MAP＝60～80mmHg
   B．正常心拍数、体温
   C．尿量は少なくとも1～2mL/kg/時を超えること。
   D．一回拍出量係数SV（心拍数/収縮期圧）＞0.9
   E．血中尿酸値（組織酸素化の代理マーカー）一般的には2.5未満
   F．欠乏塩基量（BD）：軽度＝2から－5、中度＝－6から－12、重度＝＜－15
5．短く、径の大きなIVカテーテルを、中心静脈もしくは末梢静脈へ迅速に留置する。心血管系虚脱により、確実な静脈アクセスが困難な場合は、カットダウンを施すか、骨内カテーテルを留置する。
6．急速静脈輸液
   A．一般的にはノーモソル®-Rやラクトリンゲル液（LRS）などの等張性晶質液が推奨される。
   B．晶質液IV輸液の推奨投与量は、犬が90mL/kg、猫が40～60mL/kgである。通常は、この用量の1/4から1/2量（30～40mL/kg）を分割投与し、以後は患者を再評価して、患者の要求と治療目標に合わせた調節をする。
7．膠質液は、晶質液よりも血管内スペースでの水分保持効率が高いため、ヘタスターチ、デキストラン70、ペンタスターチなどの合成膠質液を投与すると、血管内用量の大幅増加が期待できる。
8．3.5%、7%、7.5%食塩水（高張食塩水）投与。猫は2～4mL/kg IV、犬は2～5mL/kg IV。
   A．高ナトリウム血症が既存する患者には投与しない。
   B．5～10分間かけて緩徐投与する。
9．血液成分を用いた療法
   A．血漿は、凝固障害を呈する場合のみ投与し、血液量を増加させる目的では使用しない。
   B．赤血球および全血は、重度貧血を呈する場合にのみ投与する。
10．オキシグロビンなどのヘモグロビン系人工酸素運搬体溶液

A．ショック症例において、5mL/kgのショック用量が有効な場合がある。
B．最大投与量は、犬が30mL/kg IV、猫が15mL/kg IVである。

11．昇圧薬

A．ドパミン5～10μg/kg/分 IV CRIによって、心収縮力と心拍数が上昇し、同時に全身血管抵抗も軽度に上昇する。低用量では、内臓血管拡張、および腎・消化管血流変化を引き起こす。高用量では、腎・消化管・心虚血を惹起する。
B．ノルエピネフリン0.05～2μg/kg/分 IV CRIは、心拍数をほとんど変化させることなく、全身血管抵抗を上昇させる。
C．エピネフリン0.005～1μg/kg/分 IV CRIを投与すると、全身血管抵抗、心収縮力、心拍数が上昇するが、同時に酸素消費量が上昇する。エピネフリンの使用は、難治性低血圧および心肺蘇生中のみに限定する。
D．フェニレフリン0.15mg/kg IV
E．犬では、バソプレシン0.5～2mU/kg/分 IV CRI投与によって、平均動脈圧が顕著に上昇すると報告されている。副作用は最小限であるが、高用量では、血液凝固能亢進、冠状動脈および消化管での過度な血管拡張が生じる。
F．グルカゴン　0.15mg/kg IVボーラス投与後、0.05～0.1mg/kg IV CRI

心原性ショック

心原性ショックの原因は、うっ血性心不全、心筋症などである。心原性ショックに陥った患者は、多様な臨床徴候を呈する。
主な徴候：

1．呼吸障害
2．頻脈
3．低体温症、ときに四肢冷感
4．心雑音
5．ギャロップリズム（奔馬調律）
6．頸静脈怒張が認められることもある。

心原性ショックは、血圧低下、一回拍出量低下、心拍出量低下、心拍数増加、末梢血管抵抗増加、右心房圧上昇、肺動脈圧上昇、肺毛細血管楔入圧上昇を引き起こす。結果として、組織灌流低下、肺水腫、呼吸困難が生じる。胸部聴診で心雑音、ギャロップリズム、肺捻髪音を認めることもある。心不全を呈した猫では、通常、低体温が生じるが、これは急性呼吸障害を引き起こす他疾患との鑑別において重要である。また、心不全罹患猫は、血栓塞栓症の徴候を呈することもある。詳細については、「うっ血性心不全（CHF）」の項（p.107）を参照されたい。

分布異常性ショック

アナフィラキシーショックと急性アレルギー反応

アレルギー反応は、肥満細胞や塩基球からヒスタミン、ロイコトリエン、その他の化学メディエータが放出されることによって生じる。I型過敏症では多様な臨床徴候が認められる。蕁麻疹は、体表に生じる全身性アレルギー反応で、皮膚に膨疹を形成する。血管性浮腫は、深部における全身性アレルギー反応で、血管障害によって浮腫や局所的腫脹を引き起こす。アナフィラキシーは、暴露から30分間以内に発症する重度かつ急性の免疫反応である。アナフィラキシーの化学メディエータが標的とするのは、血管と平滑筋である。

犬――アナフィラキシーで主に障害を受ける「ショック臓器」は肝臓である。臨床徴候は、興奮、嘔吐、糞尿失禁、呼吸障害、虚脱、甚急性死である。

猫――アナフィラキシーの「ショック臓器」は、呼吸器および消化管である。臨床徴候は、掻痒（顔部および頭部)、流涎過多、運動失調、呼吸困難、嘔吐、下痢、虚脱、甚急性死である。

アフリカ蜂化ミツバチの襲撃など、多数の刺傷からの大量毒物注入を受けると、細胞毒性作用、肝毒性作用、腎毒性作用、神経毒性作用を含む重度全身性毒物反応を生じることがある。

病因

膜翅目（ハチ目）各科の昆虫で、犬や猫にアレルギー反応を引き起こすことが知られているのは、*Apidae*（ハチ)、*Formicidae*（アリ)、*Vespidae*（スズメバチ、ジガバチ）などである。*Apis mellifera scutellata*（アフリカ蜂化ミツバチ、殺人ミツバチ）は、他のミツバチより著しく攻撃的で、多量の虫刺傷と全身性中毒反応を呈す結果となる。

ワクチン、薬剤アレルギー（ペニシリン、サルファ剤、特定の猫でのBNP眼軟膏)、食物アレルギー、接触性アレルギー等の反応は、虫刺への反応に類似する。

診断

ヒストリー――食物アレルギー、腐敗した蛋白質摂取、虫刺、接触性アレルギー、輸血、ワクチン接種などの病歴が判明することがある。飼育者が、眼周囲、口唇、耳などの顔面腫脹に気付くこともある。また、蜂の巣、吐物、下痢便などを発見することもある。罹患動物は、落ち着きをなくし、顔を舐めたり前肢で掻いたりすることがある。犬は好奇心が旺盛な特性から、膜翅目の攻撃を受けやすい。

臨床徴候――急性アレルギー反応は、頭部軟部組織腫脹を特徴とし、特に眼周囲、耳、口に発症しやすい。掻痒を呈する場合もある。局所性アナフィラキシーが皮膚に生じると、蕁麻疹、局所血管性浮腫、顕著な掻痒、紅斑、膨疹がみられる。反応が消化管に生じると、嘔吐、下痢、テネスムスが観察される。虫刺症では、局所炎症と疼痛が顕著にみられることが多い。肝不全や腎不全が生じる場合もある。

アナフィラキシーショックを呈した動物では、粘膜蒼白、虚弱、大腿動脈拍動減弱、頻脈、四肢冷感、乏尿/無尿がみられる。顔面腫脹や蕁麻疹は認めない。虚脱や昏睡を呈することもある。これらの患者は、播種性血管内凝固（DIC）徴候を発現することがある。

臨床検査――

1. PCVは上昇することが多い。
2. 血中乳酸濃度は通常上昇する。
3. 炎症性白血球分画を呈すこともある。
4. 血液生化学検査にて、一般にアラニンアミノトランスフェラーゼ（ALT）、総ビリルビン、アルカリフォスファターゼ（ALP）の上昇を認める。
5. DICを発現した場合には、貧血、血小板減少症、PT延長、APTT延長、ACT延長、D-ダイマー値上昇を認める。
6. 急性の尿細管壊死は、急性腎不全を惹起し、BUNとクレアチニン値が上昇する。

予後

通常、予後良好であるが、DIC徴候が認められる場合は要注意で、死に至る可能性もある。

治療

1. 飼育者に診断結果、予後、治療費について説明する。
2. 気道の確保・維持。重度喉頭浮腫・閉塞のモニタリング。
3. 酸素マスク、酸素ケージ、フローバイ、経鼻カテーテル、エリザベスカラーフード等による酸素供給。
4. IVカテーテル留置。
5. LRS、プラズマライト®、ノーモソル®-Rなどの調整電解質晶質液によるIV輸液。
   A. 犬：必要に応じて、初めにショック用量（90mL/kg）をIV投与する。最初の1〜2時間のうちに、ショック用量を20〜60mL/kgに分割してボーラス投与する。ボーラス投与中および投与後には、毎回患者の再評価を行う。
   B. 猫：必要に応じて、初めにショック用量（40〜60mL/kg）をIV投与する。最初の1〜2時間のうちに、ショック用量を10〜15mL/kgに分割してボーラス投与する。ボーラス投与中および投与後には、毎回患者の再評価を行う。
   C. 1〜2時間後に心血管系の状態を再評価する。一般には、犬では40〜60mL/kg/時、猫では20〜30mL/kg/時に減量して、患者が安定化するまで持続投与する。維持期は、10～20mL/kgで継続する。輸液要求量は、通常維持量の2～7倍である。
   D．過剰水和および持続する低血圧に注意する。
6．ヘタスターチ投与を検討する。
   A．犬：5～10mL/kg IV ボーラス投与を、状態に応じて繰り返した後、必要であれば10～20mL/kg/日をIV CRI投与する。
   B．猫：3～5mL/kg IV ボーラス投与を、状態に応じて繰り返した後、必要であれば15mL/kg/日をIV CRI投与する。
   C．晶質液投与量は、40～60%減らす。
7．患者がアナフィラキシーを呈している場合は、エピネフリン（1：10,000）を投与する。
   A．脈拍、血圧、心調律を観察しながら、0.5～1mg/kgをIV緩徐投与する。
   B．エピネフリンの推奨薬用量は、2.5～5μg/kg IV、10μg/kg IM、0.05μg/kg/分 IV CRIなどである。
8．即効性コルチコステロイドの投与：デキサメタゾンリン酸ナトリウム0.25～0.5mg/kg IV、またはプレドニゾロンコハク酸ナトリウム2mg/kgをIV投与する。
   A．シャーペイでは、アナフィラキシーやアレルギー反応の治療にデキサメタゾンは使用しない。代わりにプレドニゾロンコハク酸ナトリウムを投与する。報告文献はないが、複数の獣医師の意見では、デキサメタゾン投与によって皮膚皺壁が不可逆的に消失する可能性がある。
   B．グルココルチコイドは、アレルギー反応やアナフィラキシーを誘起する可能性があるので、投与前には、薬剤アレルギーの病歴がないか、飼育者に確認するとよい。
9．ジフェンヒドラミン：1～2mg/kg　緩徐IV、IM、PO
10．ファモチジン：0.5～1mg/kg IV、SC、PO
11．PCV、TS（≒TP）の測定とモニタリング。
   A．PCV＞60%は一般的である。PCV＞70%でも異常ではない。
   B．臨床徴候やPCV、TPに基づき、必要ならば調整電解質晶質液をIV投与する。
   C．PCV≧55%（ダックスフンド、グレイハウンドでは＞60%）のとき、激しい嘔吐や下痢、ショック状態かを認めるときは、輸液を行う。
12．刺激物を除去する。蜂の針は、鑷子や鉗子で把持するのではなく、カードの縁などでこそげ落とす（スクレーピング）。その他、状況によって浣腸、胃洗浄、水浴等を行う。
13．冷水浴、重曹ペーストの塗布は、肌への刺激を軽減させる。
14．血圧モニタリング。収縮期血圧＞90mmHgと、平均動脈血圧＞60mmHgを維持する。
   A．中心静脈血圧モニタリング（8～10cmH_2O以上を維持する）。
   B．排尿量モニタリング（最低量は1～2mL/kg/時）。
15．呼吸困難を呈する場合は、酸素補給し、アミノフィリンを投与する。

犬：4〜8mg/kg IMまたは緩徐IV
猫：2〜4mg/kg IMまたは緩徐IV
気管支痙攣が持続する場合は、テルブタリン0.01mg/kgをSC投与する（犬、猫）。

16. 肝機能、腎機能、凝固パラメータをモニターする。全身性炎症反応症候群（SIRS）、敗血症、DIC、多臓器不全等の合併症に備えておく。治療は積極的に行う。
17. 重度喉頭浮腫に留意する。
18. 中度から重度の頸部腫脹を伴うアレルギー反応では、来院時に呼吸困難を認める場合と認めない場合がある。
    A．このような患者は、外観上の顕著な腫脹が十分に軽減するまで、入院観察することが望ましい。
    B．気管切開を要する場合がある。
    C．浮腫に対し、フロセミド投与を検討する。
19. アフリカ蜂化ミツバチ（殺人ミツバチ）の襲撃などで毒物大量注入を受けた動物では、中毒性反応（詳細はp.556「昆虫〈膜翅目〉刺症」の項を参照）を呈することがある。
    A．蕁麻疹や浮腫は認められないことがある。
    B．患者は、抑うつ、発熱、褐色液の嘔吐、血便、血尿、ミオグロビン尿、運動失調、顔面麻痺、発作、死などを呈する。
    C．臨床徴候は、急性の場合もあれば、数日後に発現する場合もある。
    D．治療は、大量静脈輸液と支持療法である。全身性炎症反応症候群（SIRS）やDICが多く発生するため、心血管系、呼吸器系、血液、泌尿器機能などのモニタリングは不可欠である。
20. 退院時
    A．プレドニゾン0.5〜1mg/kg PO q12〜24h　1〜2日分を処方する。
    B．24時間は運動制限をするのが望ましい。

敗血症性ショックと全身性炎症反応症候群（SIRS）

病因

全身のいかなる部分のいかなる感染も、敗血症性ショックや全身性炎症反応症候群（SIRS）を引き起こし得る。SIRSのその他の原因には、心臓発作、外傷、蛇咬傷毒、咬傷、新生物、膵炎などが含まれる。刺激に反応して、様々なサイトカインが産生・放出される。これらのサイトカインがSIRSのメディエータとなる。刺激の種類に関わらず、臨床徴候は同様である。

診断

SIRSの診断は、**表2-1**に挙げた基準に、犬では少なくとも2つ、猫では少なくとも3つが当てはまることによる。

敗血症性ショックは、心原性、循環血液量減少性、分布性ショックが複合したものである。

上記の身体検査所見の2項目に加え、適切な輸液療法にも反応しない低血圧

表2-1　犬猫におけるSIRSの診断基準		
基準	犬	猫
心拍数（回／分）	＞120	＜140 or ＞225
呼吸数（回／分）	＞20	＞40
体温（℃）	＜38.1 or ＞39.2	＜37.8 or ＞40.0
白血球数（×10^3）または桿状好中球%	＜6 or ＞16；＞3%	＜5 or ＞19

（収縮期血圧が90mmHg以下）があることが特徴である。加えて、灌流異常による精神状態の変化、乏尿、乳酸性アシドーシスなどが認められる。

ヒストリー——患者は、免疫抑制剤投与や化学療法の治療歴を有する場合がある。外傷や創傷、感染の既往歴がある、または最近歯科処置を受けた可能性もある。老齢、糖尿病、副腎皮質機能亢進症、栄養不良、低蛋白血症、火傷、外傷、白血球減少症、ウイルス感染など、リスクを増大させる基礎疾患がみられることもある。

未避妊雌の場合は、最近の出産歴や前回の発情からの経過時間について聴取する。

また、動物の飼育目的や飼育環境（飼育者の所有地から放浪するか、野生動物との接触があるか、居住地は農村部か、動物の行動は自宅内に制限されているか、等）について質問する。

また、入院中に実施する、血管内カテーテル・尿カテーテルの長期留置、腹腔洗浄、完全非消化管栄養法、組織生検などの侵襲的手技は、敗血症のリスクを増大させる。

身体検査——

1．敗血症性ショックの初期には以下の症状が認められる。
   A．うっ血し、レンガのような赤色を呈した粘膜
   B．CRT＜1秒
   C．頻脈
   D．頻呼吸
   E．発熱
   F．反跳脈
   G．抑うつまたは興奮
   H．通常、身体は温かい
2．猫の敗血症性ショック
   A．比較的徐脈
   B．低血圧
   C．粘膜蒼白
   D．CRT延長
   E．弱脈
   F．低体温
3．敗血症性ショックが継続すると：

A．粘膜はチアノーゼ、くすんだピンク～灰色、または蒼白を呈する。
B．CRT＞2秒
C．脈は減弱し、触知困難になる。
D．四肢冷感

4．全身を検査し、感染病巣を探す。
A．視診で外傷がなくても、腫脹、熱感、疼痛の有無を確認する。
B．心音を聴診する。異常な心拍数、心調律、心雑音は、心内膜炎を示唆することがある。心音・肺音の不明瞭化があれば、膿胸を疑う。
C．肺炎患者では、発咳や聴取可能な捻髪音や喘鳴を示すことがある。
D．徹底的に腹部全体を触診し、穿孔創の徴候を慎重に探索する。
E．腹膜炎、筋炎、蜂巣炎に留意して、四肢全体、胸部、腹部、骨盤の筋肉を触診する。
F．頸部を含む脊髄脊椎全長を注意深く検査する。髄膜炎では、頸部痛や可動領域減少が頻繁に生じる。脊椎に沿って疼痛があれば、椎間板脊椎炎の可能性が示唆される。

5．敗血症を惹起する感染病巣が多く生じる部位
A．腹腔内（敗血症性腹膜炎）
B．消化管（細菌性胃腸疾患に続発する菌血症、細菌体内移行）
C．生殖器（子宮蓄膿症、前立腺炎）
D．泌尿器（腎盂腎炎）
E．呼吸器（肺炎）
F．胸腔（膿胸）
G．心臓弁膜（心内膜炎）
H．歯牙、歯周組織（歯周炎、口腔内膿瘍）
I．皮膚（咬傷、蜂巣炎）
J．骨、関節（骨髄炎、敗血症性関節炎）

6．敗血症性ショックと全身性炎症反応症候群が進行すると、多臓器機能不全症候群（MODS）や、複数の臓器機能不全を生じる。

7．急死に至る。

検査評価――

1．重症患者の甚急な初期評価として、PCV、TS（≒TP）、血糖値、BUN（簡易スティック検査 azostick など）、ACT（またはPTとAPTT）、および膀胱穿刺による尿検査を行う。

2．CBC、および電解質・凝固系パネル・血液ガスを含む完全な血液生化学検査。
A．初期には好中球減少症と血小板減少症が観察される。疾患が持続すると、左方移動を伴う好中球増多症がみられる。
B．犬では血液凝縮が多く認められるが、猫は貧血を呈することが多い。
C．血糖値は症例によって様々である。
D．低アルブミン血症が一般的に認められる。

E．高ビリルビン血症および黄疸が頻繁に認められる。
F．犬では血清ALPが上昇するが、猫では正常を保つ。

3．マグネシウム値測定。血清マグネシウムが0.7mmol/L以下ならば、補給を要する。
4．尿を培養と感受性試験に提出する。膀胱穿刺にて採尿する。
5．動脈圧および中心静脈血圧測定。
6．腹水、胸水、または膿瘍や敗血症の原因病巣と疑われる部位の穿刺液を、細胞診、培養・感受性試験に提出する。
A．腹水グルコース値を測定し、血糖値と比較する。腹水グルコース値が血糖値より20mg/dL以上低ければ、敗血症性腹膜炎が強く疑われる。
B．犬では、腹水乳酸値と血液乳酸値の比較が診断の一助になる。腹水乳酸値が血液乳酸値より高い場合は、敗血症性腹膜炎が強く疑われる。
7．感染病巣が腹腔内にあることが疑われるにもかかわらず、腹腔穿刺結果が合致しないときは、診断的腹腔洗浄を行うか、迅速簡易超音波検査（FAST）による腹水採取を試みる。
8．細菌性肺炎を疑うときには、気管支肺胞洗浄（BAL）や気管洗浄が有用なこともある。
9．跛行、発熱、疼痛、関節液貯留、関節腫脹が認められれば、関節液採取（関節穿刺）を行うべきである。
10．2本の異なる静脈に、手術用消毒処置を施し、無菌的手技を用いて培養用血液を採取する。採血は、1時間以上間隔を置いて、24時間以内に2回実施する。1回ごとに、採血ボトル2本分の血液を採取する。1本目は、滅菌注射針でゴム栓に空気孔をあけ、好気性培養用とする。2本目は密封状態のまま、嫌気性培養に用いる。
全血サンプルは、10mL採取し、100mLの培養液に入れる。
病原菌として培養検出されることが最も多いのは、グラム陽性球菌（コアグラーゼ陽性黄色ブドウ球菌とβ-溶血性連鎖球菌）、腸グラム陰性細菌（*Escherichia coli*〈大腸菌〉と*Klebsiella*、*Enterobacter*、*Proteus*、*Serratia* spp.）、*Enterococcus* spp.、*Pseudomonas* spp.などである。その他、培養検出される微生物のうち、臨床的意義のあるものは*Bacteroides* spp.、*Clostridium* spp.、*Fusobacterium* spp.、*Erysipelothrix* spp.、*Corynebacterium* spp.などである。
95％の細菌は、通常の7日以内の培養で検出されるが、患者に抗生物質を投与していた場合は、微生物の生育が遅延する可能性がある。この場合、培養を14日間継続し、生育が遅延している微生物の検出を試みる。
11．髄膜炎や椎間板脊椎炎を疑うときは、CSF穿刺を行う。
12．前立腺疾患を疑う場合は、前立腺洗浄を行う。
13．患者に血管内カテーテルや尿カテーテルを留置している場合は、カテーテルを抜去し、先端を培養検査に提出する。

14. 患者の病歴、身体検査結果に基づき、さらなる採材や検査を追加実施する。

心電図検査——心拍数、心調律、異常波形群の有無などを評価する。

超音波検査——腹部、胸部の検査は感染病巣の検出に有用である。

鑑別診断

熱中症、循環血液量減少性ショック、心原性ショック、各種中毒症では、同様の症状を示す。

予後

予後は、来院時の状態、感染病巣の位置、治療への反応によって異なる。一般的な目安；

1. 来院時に敗血症初期症状（粘膜充血、頻脈、激しい脈動）を呈した症例では、予後中等～要注意。
2. 来院時に敗血症性ショック症状（粘膜は、チアノーゼ、くすんだピンク～灰色、または蒼白、CRT延長、弱脈）を呈した症例では、予後要注意～不良。
3. 来院時に多臓器不全症候群を呈した症例では、予後不良～極めて不良。

治療

1. 飼育者に、病因、診断結果、予後、治療費について説明する。
2. 敗血症の原因となっている基礎疾患を探査し、治療を試みる。
3. 患者の生存のためには、症状が発現してから対応するのではなく、合併症を予測して対処することが重要である。
4. 「20のルール」と呼ばれる、臨床パラメータ20項目のチェックリストは、Rebecca Kirby、DVM、DACVECCS、DACVIMが、SIRS患者に行う1日2回の評価のために考案した（囲み2-1）。
5. 酸素補給
6. 静脈カテーテル留置、採血、採尿

囲み2-1 "20のルール" チェックリスト

①水和	⑪赤血球／ヘモグロビン
②血圧／灌流	⑫腎機能
③臓機能／心調律	⑬免疫機能／白血球／抗生物質投与
④アルブミン	⑭消化管運動性／統合性
⑤浸透圧	⑮薬剤代謝／用量
⑥酸素化／換気	⑯栄養
⑦グルコース	⑰疼痛管理
⑧電解質／酸-塩基バランス	⑱体動管理／カテーテル管理
⑨精神状態／頭蓋内圧	⑲バンデージ／創傷管理
⑩凝固	⑳優しい愛情を持った看護

Kirby, R., Crowe, D.T. (Eds.), Small Animal Practice, Emergency Medicine, 1994, vol 24, no 6 ©Elsevier, The Veterinary Clinics of North Americaより。W. B. Saunders Co.の許可を得て引用。

7. LRS、プラズマライト®、ノーモソル®-Rなど電解質液を用いて、高用量静脈輸液を実施し、血流停滞や臓器虚血を予防する。
   A. 犬：最初の1〜2時間は90〜100mL/kg IVで投与し、その後再評価を行う。
   B. 猫：最初の1〜2時間は45〜60mL/kgで投与する。
   C. 最初の1〜2時間後、心血管系の状態を再評価する。一般的に、犬では20〜40mL/kg/時、猫では20〜30mL/kg/時に輸液量を減らして灌流維持する。必要輸液量は維持量の2〜7倍になることもある。
   D. 過剰輸液や、持続的低血圧の有無を観察する。
      Ⅰ. 血圧モニタリング。90mmHg超の収縮期血圧と60mmHg超の平均動脈圧を維持する。
      Ⅱ. 中心静脈圧モニタリング（8〜10cmH_2Oを維持する）。
      Ⅲ. 尿量モニタリング（必要最低量は1〜2mL/kg/時）。
8. 循環血流量を迅速に回復させる方法として、7.5％高張性食塩水4mL/kg投与が有効であるが、投与後もしくは同時に、晶質液輸液か、晶質液＆膠質液輸液療法のいずれかを行う。
9. 灌流改善血管腔拡張、末梢浮腫予防のために膠質液投与を行う。
   A. ヘタスターチ
      Ⅰ. 犬：20mL/kg IVボーラス投与。以後、1日1回、20mL/kg IVを4〜6時間以上かけて少なくとも3日間投与する。
      Ⅱ. 猫：10〜15mL/kg IVボーラス投与。以後、必要ならば10〜15mL/kg IVを4〜6時間以上かけて1日1回投与する。
      Ⅲ. 晶質液投与量は40〜60％減量する。
   B. デキストラン70（血小板減少症、凝固異常の症例には使用しない）
      Ⅰ. 犬：14〜20mL/kg IV
      Ⅱ. 猫：10〜15mL/kg IV
   C. 血漿
      血清アルブミン濃度が2.0g/dL以下のときに投与する。
10. 原因菌と思われる病原体に適切な抗生物質を投与する。また、消化管および肝臓の細菌体内移行予防のためにも、抗生物質投与を要する。
   A. 感染病巣不明、もしくは細菌の混合感染が疑われる場合
      Ⅰ. 犬では、クリンダマイシン（10〜12mg/kg IV q8〜12h）とエンロフロキサシン（5〜10mg/kg IV q12hまたは5〜20mg/kg IV q24h）。猫のエンロフロキサシン投与量は、5mg/kg/日を超過しないようにする。
         a. エンロフロキサシンは、高用量投与を行うと痙攣発作を誘起する危険性があるため、15〜20mg/kgでの投与は2回に限定し、以後減量する。
         b. 8ヵ月齢未満では全犬種にて、大型犬種では18ヵ月齢未満にて、仔犬へのエンロフロキサシン投与を避ける。
      Ⅱ. アンピシリン 20〜40mg/kg IV q8h、第一世代のセファロスポリン（セファゾリン）20mg/kg IV q8h、セファロチン 20〜30mg/

kg IV q6hのいずれかを、以下の薬剤と併用する。
フルオロキノロン（エンロフロキサシン、シプロフロキサシン）
　シプロフロキサシン：
　5〜15mg/kg PO q12h、または10〜20mg/kg PO q24h
アミノグリコシド
　アミカシン：3.5〜5mg/kg IV q8hまたは10〜15mg/kg IV q24h
　ゲンタマイシン：6〜9mg/kg IV q24hまたは2〜3mg/kg IV q8h
　トブラマイシン：2〜4mg/kg IV q8h
第三世代のセファロスポリン
　セフチゾキシム：25〜50mg/kg IV、IM、SC q6〜8h
　セフォタキシム：20〜80mg/kg IV、IM q6〜8h

a．ペニシリンには、効果増強のため、β-ラクタマーゼ阻害薬が配合される。
　チカルシリン-クラグラン酸（Timentin®）：
　30〜50mg/kg IV q6〜8h
　アンピシリン-スルバクタム（Unasyn®）：
　50mg/kg IV q6〜8h
　ピペラシリン-タゾバクタム（Zosyn®）：
　50mg/kg IV、IM q4〜6h
b．脱水時や高窒素血症時のアミノグリコシド投与は、腎不全を誘起する危険性があるので、避ける。
c．フロセミドを使用する場合は、アミノグリコシド投与を中止する。アミノグリコシド投与中にフロセミドを使用すると、医原性腎不全を誘発する危険性が増大する。
d．アミノグリコシド使用中は、少なくとも1日1回尿沈査検査を行い、尿円柱と細胞を観察する。
e．嫌気性感染が疑われる場合は、上記の抗生物質コンビネーションに、以下を追加する。
　メトロニダゾール：10mg/kg IV　1時間かけてCRI q8h
　クリンダマイシン、セフォキシチン
　　犬：初回40mg/kg IV、以後20mg/kg IV q6〜8h
　　猫：初回40mg/kg IV、以後20mg/kg IV q8h
　水溶性ペニシリンG：
　20,000〜100,000μ/kg IV、IM、SC q4〜6h

Ⅲ．イミペネム：2〜5mg/kg IV　1時間かけてCRI q8h
　a．イミペネムは、若齢動物に痙攣発作を引き起こすことがある。
　b．悪心、下痢、アレルギー反応を惹起することがある。

B．細菌体内移行、および肝臓や消化管の感染症には、セフォキシチンを初回40mg/kg IV、以後20mg/kg IV q6〜8h（犬）、q8h（猫）にて投与する。

C．連鎖球菌感染を除くグラム陽性菌感染には、セファゾリン20mg/kg IV q6h、またはST合剤15mg/kg IM q12h投与を行う。

D．連鎖球菌感染にはクリンダマイシン10mg/kg IV q12hを投与する。
E．グラム陰性桿菌に対しては、エンロフロキサシン、アミカシン、ゲンタマイシン、トブラマイシン、またはST合剤を投与する。
F．*Pseudomonas*感染が疑われる場合は、エンロフロキサシン、トブラマイシン、ピペラシリンタゾバクタムのいずれかを投与する。
G．化学療法中、免疫抑制状態、好中球減少症の症例では、イミペネムを投与する。
H．嫌気性菌感染が疑われる場合は、メトロニダゾールを投与する（10mg/kg IV　1時間でCRI q8h）。
I．歯科処置後に敗血症性ショックを呈した場合は、クリンダマイシン、アンピシリン、もしくはチカルシリン-クラブラン酸を投与する。
J．エールリッヒアまたはリケッチア感染症が疑われる場合は、ドキシサイクリン5～10mg/kg PO、IV q12h、またはイミドカルブ5mg/kg IM（単回）を投与する。
K．真菌感染が疑われる場合は、イトラコナゾール5～10mg/kg PO q12h、またはフルコナゾール2.5～5mg/kg PO q12hを投与する。

11. 投与後36～48時間経過しても、全身状態、発熱、全白血球数、桿状好中球数に改善が認められない場合は、抗生物質の変更を検討する。また、患者を再評価し、ヒストリーや検査データを再考察する。
12. 輸液後も心血管系の状態が好ましくない場合は、血管収縮薬と陽性変動薬を投与する。
    A．ドブタミン：（犬）5～10μg/kg/分 IV CRI、（猫）2.5～5μg/kg/分 IV CRI
    B．ドパミン：1～3μg/kg/分　IV CRI
    C．ノルエピネフリン：0.01～0.4μg/kg/分　IV CRI
13. 昇圧剤抵抗性低血圧を呈する場合は、重篤疾患関連性コルチコステロイド欠乏（CIRCI）の存在を疑う。ヒドロコルチゾン 0.5mg/kg IV q6h（2mg/kg/日）、プレドニゾン 0.5mg/kg/日、デキサメタゾン 0.07mg/kg/日を投与する。
14. PCVをモニターし、最低21％を維持する。必要なら赤血球または全血を投与する。
15. 血糖値を測定し、80～140mg/dLの範囲で維持する。
16. 血液ガスをモニターし、pHを最適化する。
17. 初期は血液電解質が急激に変化するので、2～4時間ごとに測定する。
18. マグネシウム不足は、カリウム喪失を惹起するので、血清マグネシウム濃度とカリウム濃度をモニターする。
    A．血清マグネシウム濃度＜0.7mmol/Lの場合、補給が必要である。
    B．マグネシウムは、30mg/kg　4時間以上かけてCRI IV投与する。
    C．必要に応じて、24時間に3回まで反復投与可能である。
    D．マグネシウムの1日最大投与量は、125mg/kg/日である。
19. DIC発症の恐れがあるため、凝固系パラメータをモニターする。
    A．血小板数とACTは、毎日再検査する。

B．単回の検査結果にとらわれず、動向を追うことが重要である。

C．「播種性血管内凝固症候群（DIC）」の項（p.256）を参照し、輸液、酸素化、基礎疾患の治療、血漿投与、可能ならヘパリン療法を行う。

20. 必要に応じて制吐薬投与を行う。

A．オンダンセトロン（Zofran®）：0.1～0.18mg/kg IV q6～8h

B．ドラセトロン（Anzemet®）：0.6～1mg/kg IV、SC、PO q24h

C．マロピタント（Cerenia®）：1mg/kg SC q24hまたは2mg/kg PO q24h

D．クロルプロマジン（適正に水和されている場合のみ投与可能）

犬：0.05～0.1mg/kg　緩徐IV q4h

猫：0.01～0.025mg/kg　緩徐IV q4h

E．プロクロルペラジン：0.13mg/kg IM、SC q6h.

F．メトクロプラミド（消化管閉塞が除外できていれば）：1～2mg/kg q24h IV CRI、0.1～0.5mg/kg IV、IM、PO q8～12h

G．ブトルファノール：0.2～0.4mg/kg IV q2～4hにて、若干の制吐作用が得られる。

H．腹部の聴診と触診を1日に2～3回行う。

21. 以下の胃保護薬を予防的に使用する。

A．ファモチジン（Pepcid®）0.5～1mg/kg IV、IM、PO q12～24h

B．オメプラゾール（Prilosec®）0.7～1mg/kg PO q24h

C．ラニチジン（Zantac®）

犬：2～5mg/kg IV、IM、PO q8～12h

猫：2.5mg/kg/IV q12h、または3.5mg/kg PO q12h

D．スクラルファート

犬：体重20kg未満で250～500mg PO q6～8h

20kg超で1g PO q6～8h

猫：250mg PO q8h、

22. 個々の患者に適した鎮静薬を投与する。

A．フェンタニル

Ⅰ．犬：効果発現まで2～10μg/kg IV、以後1～10μg/kg/時 IV CRI

Ⅱ．猫：効果発現まで1～5μg/kg/時、以後1～5μg/kg/時 IV CRI

B．ヒドロモルフォン

Ⅰ．犬：0.05～0.2mg/kg IV、IM、SC q2～6h

0.0125～0.05mg/kg/時 IV CRI

Ⅱ．猫：0.05～0.2mg/kg IV、IM、SC q2～6h

C．ブプレノルフィン

Ⅰ．犬：0.005～0.02mg/kg IV、IM q4～8h

2～4μg/kg/時 IV CRI

0.12mg/kg OTM（oral transmucosal　経口経粘膜投与）

Ⅱ．猫：0.005～0.01mg/kg IV、IM q4～8h

1～3μg/kg/時 IV CRI

0.02mg/kg OTM

D．ブトルファノール（犬・猫）：

0.1～0.4mg/kg IV、IM、SC q1～2h；0.05～0.2mg/kg/時 IV CRI

E．オキシモルフォン：0.05～0.1mg/kg q3～4h

F．モルヒネ

Ⅰ．犬：0.5～1mg/kg IM、SC；0.05～0.1mg/kg IV

Ⅱ．猫：0.005～0.2mg/kg IM、SC

23. 乏尿が生じた場合

A．輸液療法を再評価し、血流量回復に適切な投与を行う。

B．中心静脈圧と平均動脈圧を測定する。中心静脈圧は8～10cmH_2Oで、平均動脈圧は60mmHg超で維持する。

C．ドパミン：1～3μg/kg/分 IV CRI

D．水和過多でなければ、マンニトール 0.1～1g/kg IV、またはフロセミド 1mg/kg/時 CRI IV 4時間の投与を行う。SIRS症例では、血管炎により投与したマンニトールが間質組織に漏出し、間質浮腫を悪化させる恐れがあるので、注意を要する。

24. 来院から12時間以内に栄養サポートを開始する。

A．最初の12時間以内に、蛋白要求量およびエネルギー要求量の25％以上を与える。

B．72～96時間以内に、蛋白要求量とエネルギー要求量の75％以上を与える。

C．患者を水和した後、グリセリン（Procalamine®）添加3.5％アミノ酸溶液を投与する。アミノ酸溶液の量は、水分要求量の1/4～1/2とする。溶液バッグは、維持輸液用のラインに接続し、末梢静脈から投与する。通常量は45mL/kg/日 IVである。

D．以後は、市販のResorb®、Vivonex TEN®など、電解質、グルコース、グルタミン添加栄養剤を用いた経消化管栄養プログラムを開始する。

Ⅰ．犬猫にVivonex TEN®を使用する場合は、説明書記載量（人用）の2倍の水で希釈する。

Ⅱ．犬の用量は、45mL/kg/日である。

Ⅲ．初日は推奨量の33％を少量ずつ分割し、1～2時間ごとに投与する。

Ⅳ．2日目は推奨量の66％を少量ずつ分割し、1～2時間ごとに投与する。

Ⅴ．3日目は推奨量全量を少量ずつ分割し1～2時間ごとに投与する。

E．嘔吐がなければ、消化の良い食餌を与える。

Ⅰ．最初は、Clinicare®などの流動食を試験的に投与し、患者が経口給餌に耐え得るかを確認する。

Ⅱ．最初は、浸透圧性下痢の発生を抑制するため、Clinicare®を50％希釈する。

Ⅲ．Hill's i/d®、a/d®、Eukanuba recovery formula®などは、これらの症例に適している。

F．食欲不振、膵炎、胃十二指腸病変を有する患者には、各種フィーディングチューブを用いて、栄養補給を行う。

Ⅰ．経鼻胃チューブ

Ⅱ. 食道瘻チューブ

Ⅲ. 胃瘻チューブ

Ⅳ. 空腸瘻チューブ――膵炎患者に最適

G. 完全非経消化管栄養法を補助的に使用してもよいが、可能な限り経消化管栄養法を用いることのメリットは大きく、各種リスク軽減にもつながる。

25. 副腎皮質機能の相対的低下が認められる症例では、生理学的用量でのグルココルチコイド投与を検討する。

A. プレドニゾロン（犬、猫）0.2～0.3mg/kg/日

B. デキサメタゾン（犬、猫）0.02～0.1mg/kg/日

26. 患者の精神状態をモニターする。患者が沈うつを呈する場合は、血清浸透圧と血糖値を測定する。高い頭位の維持、誤嚥防止、眼の乾燥防止、4時間ごとの体位変換など、適切な看護を行う。

27. 患者の不快感を取り除き、適切な看護を行う。

A. 横臥動物では、4時間ごとの体位変更を左右交互に行う。

B. 患者を清潔で乾燥した状態に保つ。

C. パッド、タオル、枕などを用いて、快適性向上に努める。

D. 静脈内カテーテル留置部位を頻繁にチェックする。

E. 優しい言葉や愛情をかける。

F. 光や騒音を減らし、できるだけ動物が休息できるようにする。

参考文献

Allen, S.E., Holm, J.L., 2008. Lactate: physiology and clinical utility. Journal of Veterinary Emergency and Critical Care 18 (2), 123–132.

Day, T.K., Bateman, S., 2006. Shock syndromes. In: diBartola, S.P. (Ed.), Fluid, Electrolyte, and Acid-Base Disorders in Small Animal Practice, third ed. Elsevier, St Louis, pp. 541–564.

De Backer, D., Biston, P., Devriendt, J., et al., for the SOAP II investigators, 2010. Comparison of dopamine and norepinephrine in the treatment of shock. New England Journal of Medicine 362, 779–789.

Ellender, T.J., Skinner, J.C., 2008. The Use of vasopressors and inotropes in the emergency medical treatment of shock. Emergency Medical Clinics of North America 26, 759–786.

Prittie, J., 2006. Optimal endpoints of resuscitation and early goal-directed therapy. Journal of Veterinary Emergency and Critical Care 16 (4), 329–339.

Silverstein, D.C., Waddell, L.S., Drobatz, K.J., et al., 2007. Vasopressin therapy in dogs with dopamine resistant hypotension and vasodilatory shock. Journal of Veterinary Emergency and Critical Care 17 (4), 399–408.

循環血液量減少性または循環性ショック

deLaforcade, A.M., 2009. Shock. In: Silverstein, D.C., Hopper, K. (Eds.), Small Animal Critical Care Medicine. Elsevier, St Louis, pp. 41–45.

Pachtinger, G.E., Drobatz, K., 2008. Assessment and treatment of hypovolemic states, advances in fluid, electrolyte, and acid-base disorders. In: deMorais, H.A., DiBartola, S.P. (Eds.), Veterinary Clinics: Small Animal Practice, vol 38, no 3. Elsevier, St Louis, pp. 629–645.

Rudloff, E., Kirby, R., 2008. Fluid resuscitation and the trauma patient, advances in fluid, electrolyte, and acid-base disorders. In: deMorais, H.A., DiBartola, S.P. (Eds.), Veterinary Clinics: Small Animal Practice, vol 38, no 3. Elsevier, St Louis, pp. 645–652.

心原性ショック

Atkins, C., Bonagura, J., Ettinger, S., et al., 2009. Guidelines for the diagnosis and treatment of canine chronic valvular heart disease. Journal of Veterinary Internal Medicine 23, 1142–1150.

Brown, A.J., Mandell, D.C., 2009. Cardiogenic shock. In: Silverstein, D.C., Hopper, K. (Eds.), Small Animal Critical Care Medicine. Elsevier, St Louis, pp. 146–149.

DeFrancesco, T.C., 2008. Maintaining fluid and electrolyte balance in heart failure, advances in fluid, electrolyte, and acid-base disorders. In: deMorais, H.A., DiBartola, S.P. (Eds.), Veterinary Clinics: Small Animal Practice, vol 38, no 3. Elsevier, St Louis, pp. 727–746.

Topalian, S., Ginsberg, F., Parrillo, J., 2008. Cardiogenic shock. Critical Care Medicine 36 (suppl), S66–S74.

分布異常性ショック

アナフィラキシーショックと急性アレルギー反応

Dowling, P.M., 2009. Anaphylaxis. In: Silverstein, D.C., Hopper, K. (Eds.), Small Animal Critical Care Medicine. Elsevier, St Louis, pp. 727–729.

Plunkett, S.J., 2000. Anaphylaxis to ophthalmic medication in a cat. Journal of Veterinary Emergency and Critical Care September 10 (3), 169–171.

Schaer, M., Ginn, P.E., Hanel, R.M., 2005. A case of fatal anaphylaxis in a dog associated with a dexamethasone suppression test. Journal of Veterinary Emergency and Critical Care 15 (3), 213–216.

敗血症性ショックと全身性炎症反応症候群(SIRS)

Bentley, A.M., Otto, C.M., Shofer, F.S., 2007. Comparison of dogs with septic peritonitis: 1988–1993 versus 1999–2003. Journal of Veterinary Emergency and Critical Care 17 (4), 391–398.

Boller, E.M., Otto, C.M., 2009. Sepsis. In: Silverstein, D.C., Hopper, K. (Eds.), Small Animal Critical Care Medicine. Elsevier, St Louis, pp. 454–458.

Boller, E.M., Otto, C.M., 2009. Septic shock. In: Silverstein, D.C., Hopper, K. (Eds.), Small Animal Critical Care Medicine. Elsevier, St Louis, pp. 459–463.

Burkitt, J.M., Haskins, S.C., Nelson, R.W., et al., 2007. Relative adrenal insufficiency in dogs with sepsis. Journal of Veterinary Internal Medicine 21, 226–231.

Costello, M.F., Drobatz, K.J., Aronson, L.R., et al., 2004. Underlying cause, pathophysiologic abnormalities, and response to treatment in cats with septic peritonitis: 51 cases (1990–2001). Journal of the American Veterinary Medical Association 225, 897–902.

deLaforcade, A.M., 2009. Systemic inflammatory response syndrome. In: Silverstein, D.C., Hopper, K. (Eds.), Small Animal Critical Care Medicine. Elsevier, St Louis, pp. 46–48.

de Laforcade, A.M., Freeman, L.M., Shaw, S.P., et al., 2003. Hemostatic changes in dogs with naturally occurring sepsis. Journal of Veterinary Internal Medicine 17, 674–679.

Dellinger, R.P., Levy, M.M., Carlet, J.M., et al., for the International Surviving Sepsis Campaign Guidelines Committee, 2008. Surviving Sepsis Campaign: International guidelines for management of severe sepsis and septic shock: 2008. Critical Care Medicine 36, 296–327.

Johnson, V., Gaynor, A., Chan, D.L., et al., 2004. Multiple organ dysfunction syndrome in humans and dogs. Journal of Veterinary Emergency and Critical Care 14 (3), 158–166.

Kenney, E.M., Rozanski, E.A., Rush, J.E., et al., 2010. Association between outcome and organ system dysfunction in dogs with sepsis: 114 cases (2003–2007). Journal of the American Veterinary Medical Association 236, 83–87.

Levin, G.M., Bonczynski, J.J., Ludwig, L.L., et al., 2004. Lactate as a diagnostic test for septic peritoneal effusions in dogs and cats. Journal of the American Animal Hospital Association 40, 364–371.

第3章 **心血管系**

3

3 心肺蘇生法（CPR）

近年推奨されている犬猫のCPRは、心肺蘇生国際連絡委員会（International Liaison Committee on Resuscitation：ILCOR）による2010年度レビュー、および米国心臓協会（American Heart Association）出版のガイドラインを基にして、様々な修正が加えられたものである。主たる推奨内容は、持続的胸部圧迫を行うこと、圧迫休止回数を減らすこと、圧迫休止時間を短縮すること、換気速度を極端に上げないことである。以下は、上記の新しいガイドラインに基づいた推奨事項である。

可能であれば、CPRが必要となる前に、心停止の可能性とCPRに対する飼育者の意向について話し合っておく。CPRの成功率は、犬では5～6%、猫では6～9%である。

CPRにおける究極の成功とは、CPRを行わずにすむことである。小動物臨床における心肺停止（CPA）には、様々な誘発因子があり、敗血症、心不全、肺疾患、腫瘍、凝固障害、麻酔、中毒症、多臓器外傷、外傷性脳損傷、全身性炎症反応症候群（SIRS）などが含まれる。重篤症例では、CPAに備え、状態悪化徴候を注意深くモニターすることが必須である。患者がケージに入っているのであれば、十分なモニタリングができるように、外から顔がよく見える頭位を工夫する。頻繁に再評価し、臨床診断検査および処置を繰り返す。

CPAが生じる前には、知覚鈍麻、低体温、徐脈、低血圧、散瞳と対光反射消失など、複数の変化が観察されることが多い。呼吸の深度・数・調律に変化が生じ、進行するとあえぎ呼吸となり、最終的には死戦期呼吸を呈して死に至る。粘膜色調や毛細血管再充満時間は、心肺停止後も数分間にわたって正常を維持することがあるため、CPAの判定に用いてはならない。意識喪失、自発呼吸消失、聴診にて心音消失、触診にて脈動消失などの臨床徴候があれば、CPAを確定できる。

吸入麻酔下にある患者が心停止を呈した場合は、吸入麻酔薬の投与を中止するが、酸素補給は継続する。拮抗可能な薬剤で麻酔もしくは鎮痛処置を行っている場合は、拮抗薬を投与する。甚急的に胸部圧迫を開始し、「ABC」に則って基本的な蘇生措置を行う。

一次救命処置（basic life support）

A＝airway、気道

1．気道確保を確認する。無呼吸または完全気道閉塞を呈する場合；
   A．頸部を伸長させ、開口状態で舌を下方へ牽引する。閉塞物を目視で探し、手指で咽喉頭部の掻き出しを試みる。
   B．ハイムリッヒ法の要領で、強い腹部圧迫を2～3回施す。
   C．用手による掻き出し操作を反復した後、人工換気を行う。
   D．患者を横臥位にし、背部を強く叩打する。
   E．2～3回は、上記を反復してもよい。
   F．閉塞が解除されない場合は、気管切開術を実施する（図1-5）。

G．気管切開術中は、切開部位より尾側の気管輪間にて、大口径の針かⅣカテーテルを経皮的に気管内へ挿入する。酸素ラインを接続し、流量0.2～0.5L/分で維持する。この手法を用いれば、施術中も酸素供給が可能である。

2．気道閉塞が無ければ、挿管する。

A．喉頭損傷や迷走神経反射等を避けるため、喉頭鏡を用いて、極めて丁寧に挿管する。

B．低圧高用量カフ付きチューブが理想的であるが、適正サイズであれば他の中空チューブを用いてもよい。

C．気管チューブは、適切な位置で固定する。

D．チューブは、目視で確認しながら気管内に挿入する。また、換気中の胸壁の動きが適切であること、頸部を触診して管状のものが1本であることを確認する。気管様の管が2本触知される場合は、食道内挿管を示唆する。

3．麻酔下にある患者であれば、終末期呼気二酸化炭素濃度（$ETCO_2$）のモニタリングにより、適切に気管挿管されたことを確認する。循環機能が正常な場合、一般に呼気CO_2が正の値を示していれば、気管内に正しく挿管できていることを示唆する。ただし、CPA患者では、灌流消失によって初期の$ETCO_2$がゼロに近い値を示すため、$ETCO_2$による挿管の評価はできない。

B＝breathing、呼吸

1．100%酸素投与

2．陽圧換気

A．まず1～2秒間の人工呼吸を2回行い、患者の状態を再評価する。

B．自発呼吸が回復しない場合は、15～20回/分、気道内圧≦20で人工換気を実施する。

C．人工呼吸の速度を過剰に上げてはならない。呼吸速度が過剰に上がると、冠灌流圧低下、心前負荷低下、心拍出量低下、右心室機能低下、胸腔内圧亢進、心臓への静脈灌流低下を惹起し、CPR効果に悪影響を及ぼす。

D．送気は、毎回1秒以上かける。十分な送気量があれば、目視で胸壁の上昇が確認され、続いて、胸壁の正常な弛緩を認める。

E．換気量過多や高圧送気は、肺性気圧外傷を引き起こすので注意する。

F．アンビューバッグを用いるか、吸入麻酔薬を切った状態で麻酔器の再呼吸バッグを使用する。

G．低酸素症や重度肺疾患が既存する入院患者などでは、20～25bpm以上の換気が有効な場合もある。

3．水溝（GV26）への鍼治療を検討する。鼻の腹側、人中に位置する骨に、25Gの5/8インチ針を回しながら刺入する。この手技は、犬の呼吸速度を上昇させる効果がある。

4．無呼吸を誘発する薬剤に対し、拮抗薬を投与する。オピオイド（ナロキソン)、ベンゾジアゼピン(フルマゼニル)、α2遮断薬(アチパメゾール、ヨヒンビン)。

A. ヨヒンビン、アチパメゾール:0.1~0.2mg/kg IV緩徐投与

B. フルマゼニル:0.01~0.02mg/kg IV

C. ナロキソン:0.02~0.04mg/kg IV

D. 心肺蘇生術(CPR)を行う前には、吸入麻酔投与を中止し、呼吸回路に問題がないことを確認する。

C=cardiac massage、心マッサージ

米国心臓協会の2010年版CPRガイドラインで最も重要な点は、CPRにおいて、持続的胸部圧迫が何よりも重要であると提言したことである。人のCPRでは、その場に居合わせた一般人が、口-口(mouth to mouth)式人工呼吸を行うことは、もはや推奨されていない。胸部圧迫のみに重点をおいたCPRが救命に有効であることは、すでに証明されている。

1. 自発循環(ROSC)が再開するまで、体外心マッサージを持続的に行う。
   A. マッサージは中断しない。除細動を行うなど、どうしても必要な場合のみ中断する。
   B. 中断時間は10秒未満にとどめる。
2. 患者は右横臥位にし、頭部と胸部を、他の部位よりも低い位置に保持する。患者は移動させない。ブルドッグなど、胸部が丸く樽状を呈した犬では、仰臥位にして、胸骨圧迫を行うのも一法である。
3. 患者は、胸部圧迫を行う人(圧迫者)よりも低い位置に寝かせる。
4. 圧迫者は、患者の背側に立つ。
5. 左側胸壁の第4~5肋間にて胸部圧迫を行う。手を重ね合わせ、手掌全体を胸壁に置く。指先で押してはならない。
   A. 15kg超の患者では、胸部の最も広い部分にて、両手を平行に重ね合わせる。手掌で、胸壁を均等な力で圧迫する。
   B. 15kg未満の患者では、両手を心尖部の直上に当てて圧迫する。心尖部は、肋骨肋軟骨結合部位のやや肺側に位置する。
   C. 7kg未満の小型犬や猫では、親指を胸部の片側に、その他の指を反対側に当てる。指先だけで圧迫しないように留意する。
6. 心マッサージは、毎分100~120回で行う。犬の適正タイミングは、Bee Geesの「Stayin' Alive」や、Queenの「Another One Bites the Dust」のリズムに合致する。猫では、Kenny Logginsの「Footloose」や、Ricky Martinの「Livin' La Vida Loca」のビートに合わせる。
7. マッサージは「発咳」のように勢いよく行う。患者の体重0.5kgあたり約1kgで加圧し、胸壁を25~30%変位させる。その後、胸壁が完全に元に戻るのを待つ。胸壁の再拡張を待たなければ、冠灌流量低下、脳灌流量低下、胸腔内圧上昇が生じ、生存率や退院率を低下させる。
8. 圧迫時間は、1サイクルの約50%とし、残りの50%は、胸壁が再拡張する時間とする。

9. 適切な圧と速度を維持するために、可能であれば、圧迫者は2分ごとに交代する。圧迫者交代の際には、圧迫が中断しないよう留意する。また、IVカテーテル留置や心電図評価などはこのタイミングを用いて素早く行う。
10. $ETCO_2$をモニターして、胸部圧迫の効果を確認する。
11. 前胸部強打法は、むしろ心停止を引き起こす危険性があり、現在では推奨されない。
12. 高度なトレーニングを受けた者が、心マッサージと交互に腹部圧迫を行えば、心臓への静脈灌流向上が期待できるが、生存率向上は証明されていない。新しいCPRガイドラインにおいても、腹部圧迫の是非に関するエビデンスは不十分である。腹部圧迫は臓器損傷の危険性を有するため、現時点では推奨されない。
13. CPRのゴールは、自発循環（ROSC）の再開を脈動触知によって確認することである。

将来的な可能性

1. 胸部圧迫補助機器
   A. 医療では、圧迫を補助する機器が登場している。
   B. 圧迫–減圧機器の原理は、減圧時に胸腔を拡張し、胸腔内圧を低下させることで、心臓への静脈灌流を改善するものである。
   C. 動物には被毛があるため、これらの機器を獣医療へ導入するのは困難である。
2. インピーダンス閾値弁装置（ITD）
   A. ITDは、胸部圧迫後、胸郭が元にもどる際に、肺に流入する空気量を制限する弁である。これは、呼気を邪魔することなく、減圧時の胸腔内圧を陰圧に保ち、心臓への静脈灌流量を増加させる。
   B. 心停止動物モデルに挿管し、ITDをCPRに追加すると、胸腔内圧の陰圧度が増し、ROSCが改善するにしたがって、頭蓋内圧低下と心筋灌流改善がみられ、結果として血液動態のパラメータが改善し、脳灌流が増加する。
   C. 本稿出版時において、ITDは、動物実験では導入に成功しているものの、小動物臨床での使用は未報告である。

開胸心マッサージ（ICM）

1. ICMは侵襲的な手技であり、感染、過剰出血、肺・心臓・主要血管の損傷を引き起こす可能性があるが、血圧・動脈圧・灌流圧・心拍出量の維持において、体外心マッサージよりも優れている。以下は、現在の推奨事項および手順である。
2. ICM適応症
   A. 20kg超の犬では、速やかに実施すべきである。
   B. 動物の体格に関わらず、2～5分間の体外心マッサージにて反応がない場合は、開胸心マッサージに移行する。
   C. 胸部穿孔性外傷

D．肋骨骨折を伴う胸部外傷
E．胸部疾患
Ⅰ．気胸
Ⅱ．血胸
Ⅲ．乳糜胸
Ⅳ．膿胸
Ⅴ．胸水
F．横隔膜ヘルニア
G．心嚢液貯留
H．重度肥満
I．麻酔下での術中急性心停止

3．手技・手法
A．左側第5～6肋間にて、背側は肋骨起始部直下から、腹側は胸骨まで肋間開胸術（ICS）を施す。迅速な切開位置決定を要するため、通常は、肩甲骨のすぐ尾側にてICSを行う（図3-1）。
B．胸壁を迅速に消毒する。切開部位には最小限の剃毛、消毒、滅菌ドレーピングを施す。
C．＃10のメス刃で切皮する。
D．陽圧換気の合間に、メイヨー鋏の先端、モスキート鉗子、手指のいずれかにて胸膜を切開し、開胸する。
E．鋏をわずかに開き、尾側の肋骨前縁に沿って切開を拡大していく。自己保持性開創器を用いるとよい。
F．内胸動脈を避ける。この動脈は、胸骨からおよそ1cm外側を、胸腔全長に渡り胸骨に沿って走行している。
G．心膜切開術を実施する。胸壁切開部位の頭腹側に左手を滑り込ませ、左人差指を心膜-横隔膜靭帯に引っ掛けて、心膜をメイヨー鋏で切開する。切開を広べ、心臓を心膜から剥離する。

図3-1　開胸下心マッサージのための胸部切開部位
左側第5～6肋骨間にて、背側は肋骨起始部直下から、腹側は胸骨までの皮膚および筋層を切開する。開胸下心マッサージの方法は本文に記載している。

H. 比較的大型の患者では、左手で心臓を下から保持する。心基部を手掌上に乗せ、心尖部は指先で包む。心臓を変位させたり、ねじったり、指先で心筋を損傷させたりしない。右手で心臓を上から押さえて、心臓圧迫を開始する。このとき、心尖部から心基部方向へ圧迫する。

I. 小型の患者では、右手で心臓を優しく包み込む。心基部を手掌で包み、心尖部は指先で包み込む。心臓の変位、捻転、指先での心筋損傷を生じないよう留意する。右手で心臓圧迫を開始する。指を揃え、指全体から圧迫を始め、連続的な動きで、手掌による圧迫へと移行する。

J. 心臓圧迫の速度は、心室充満速度によって異なるが、100〜120回/分である。

K. 心臓尾側で、後大動脈にクロスクランプをかけると、冠血流量および脳血流量が増加する。クロスクランプターニケットの使用は10分以内に留め、解除は緩徐に行う。

不整脈

1. 心調律分析は重要で、心電図解析はCPAの早い段階で行うべきであるが、胸部圧迫を長く中断させないよう、迅速に行わなければならない。
2. 無脈性心停止を惹起する心調律には次の4つがある：心静止（電気活動消失）、心室頻拍、心室細動、無脈性電気活動（PEA）。
   A. 最も高頻度で犬猫に心停止を引き起こす心調律は、心静止である。
      Ⅰ. 人では、心静止から心停止が生じた場合の生存率は、極めて低い。
      Ⅱ. 心静止の原因には、様々な重篤疾病、外傷、迷走神経緊張亢進を含む。
      Ⅲ. 心室細動の波形が非常に小さいと、心停止に見えることがあるので、心電図は必ず全誘導を評価する。
      Ⅳ. 心静止を呈した患者に対する除細動ショックは、蘇生を妨げる可能性がある。
      Ⅴ. 蘇生措置で重点を置くべきことは、質の高いCPRを絶え間なく実施することと、原因や悪化要因を特定し、問題が可逆的であれば治療することである。心静止に有効な薬剤の報告はない。エピネフリン、バソプレシン、アトロピンは投与してみるべきである。
   B. 心室頻拍は、異所性焦点、心室心筋内の焦点、またはプルキンエ系からの異常な反復刺激によって生じ、心室細動を突然に引き起こす。
      Ⅰ. 心室頻拍の原因は、低酸素症、疼痛、虚血、敗血症、電解質変化、外傷、膵炎、胃拡張・胃捻転、原発性心疾患、その他である。
      Ⅱ. 原因疾患に対する治療を行う。
      Ⅲ. 治療選択肢には、アミオダロンやリドカイン投与、除細動ショック等がある。
   C. 心室細動は無秩序な心室興奮であり、心筋収縮は同期に乏しく不完全なものとなり、心ポンプ機能不全を引き起こす。心拍出量の急激な低下は、全身性の組織虚血を惹起する。脳および心筋は最も傷害を受けやすい。

Ⅰ. 心室細動は、振幅が非常に小さく低く、規則性を完全に欠くものから、比較的大きな振幅で何らかの規則性を有するものまで多様である。

Ⅱ. 直交誘導（Ⅰ、aVF、Ⅱ、aVL誘導）をチェックし、ECG上で心静止に似た波形を呈する、振幅の小さな心室細動の有無を検証する。波形が小さい心室細動は、大きいものよりも洞調律の回復が難しい。

Ⅲ. 治療は、除細動ショックである。

D. 無脈性電気活動とは、心電図上では正常な心拍および調律が認められるにもかかわらず、心筋収縮を欠いた状態を指す。

Ⅰ. 従来、無脈性電気活動は、電動収縮解離（EMD）と称されていたが、人の2010年版ガイドラインでは、心静止に統合されている。新しいガイドラインでは、心室固有調律や心室補充調律など、多くの心調律がPEAカテゴリーに分類されている。

Ⅱ. PEAに有効な治療法は立証されていない（すなわち、除細動は無効である）。蘇生は、持続的に胸部圧迫を行うことと、原因や悪化要因が可逆的であれば対処することである。エピネフリン、バソプレシン、アトロピンは投与してみるべきである。

Ⅲ. 蘇生が成功する可能性は低い。

3. 他の不整脈で重要度の高いものは、洞性徐脈（心電図上の洞調律が正常で、心拍数が犬：＜40～60bpm、猫：＜120～140bpm）である。

A. 迷走神経緊張亢進、低体温、頭蓋内圧上昇、薬剤使用などが洞性徐脈の原因となる。

B. 洞性徐脈の治療には、以下が含まれる。アトロピン0.04mg/kg IV、または0.08mg/kg気管内投与、グリコピロレート0.005～0.01mg/kg IV。

除細動

除細動とは、心筋細胞を脱分極させる電気的ショックを加えることで、少なくとも5秒間、心室細動を停止させることを指す。除細動器には、電流の違いによって単相性と二相性の2種がある。新型機種は一般に二相性で、人では、単相性（360J）より低エネルギー量（120～200J）で効果的に心室細動を停止できる。機器の種類や、製造元が提唱している心室細動停止に有効なエネルギー量をよく調べることが必要である。

除細動の手順――

1. 除細動器を接続・充電している間は、胸部圧迫を行う。
2. アルコール、超音波エコー用ジェル、その他の非導電性ジェルは電極パドルに塗布しない。導電性ペーストをパドルにまんべんなく塗布するか、粘着性パッドを使用する。
3. 患者の胸部にフィットする、できるだけ大きな電極パドルとパッドを使用する。小さな電極を用いると、心筋壊死を引き起こす危険性がある。

4. 患者を背臥位にし、胸部両側に圧をかけてパドルを押し当てる。
5. 除細動ショックに対する保護機能のない（製造元が保証していない）電気機器は、全て患者から取り外す。
6. 除細動器の充電が終了したら、大きな声で「離れて」と警告し、周囲の人が、患者や患者に接続されているものに接触していないことを確認した後、できるだけ速やかにショックを1回加える。
7. 除細動を行う人は、患者の四肢、テーブル、心電図導線、その他患者に接続されているものに接触しないよう注意する。患者を背臥位にすると、これらの物との接触を避けることが困難な場合がある。
   代替法として、患者を右横臥位にしたまま、下側はフラットパドルを胸部の下に入れ、上側は通常のパドルで押さえてもよい。
8. 体外式除細動のカウンターショックエネルギーの初期設定は、2～5J/kgである。
9. 体内式除細動を行う場合は、生理食塩水に浸したガーゼをパドルと心臓の間に置く。体内式除細動のカウンターショックエネルギーは、体外式の1/10（0.2～0.5J/kg）とする。
10. 従来、通電は3回まで連続で行うことが推奨されていたが、2010年版ガイドラインでは、胸部圧迫の中断を避けるために、1回のみの通電が推奨されている。
11. 通電後は、心調律の再評価や再通電の前に、まず1.5～2分間の胸部圧迫を行う。
12. 除細動成功後では、正常な洞調律が回帰する前に、一時的な非灌流性調律（すなわち心静止や無脈性電気活動）が生じることがよくある。

二次救命処置（advanced life support）

D＝drug therapy、薬物療法（表3-1参照）

1. 投与経路
   A. CPR中の理想的な薬物投与経路は、中心静脈カテーテルであるが、あらかじめ設置されているケースは少なく、CPR中に設置する時間はない。
   B. 他の選択肢には、好ましい順に、末梢静脈カテーテル、気管内（気管チューブを介す）、骨内が挙げられる。
   C. 気管内（IT）投与は、最も迅速かつ容易に確保できる投与経路であることから、好んで利用されることがある。
      Ⅰ. 安全にIT投与が可能な薬剤には、エピネフリン、バソプレシン、アトロピン、リドカイン、ナロキソンがある。
      Ⅱ. エピネフリン以外の薬剤のIT投与量は、IV投与量の2倍である。エピネフリンは、IV投与量の3倍を要する。
      Ⅲ. IT投与する薬剤は、滅菌精製水で3～10倍希釈する。滅菌精製水がない場合は、生理食塩水を用いる。
      Ⅳ. IT投与をするには、気管チューブ内に、尿道カテーテルを、気管分岐部まで通しておくと便利である。

表3-1　CPCRにおける薬剤投与量および除細動ショックエネルギー量

薬剤	犬	猫	詳細
アミオダロン	5.0mg/kg IV、IO 10分間で緩徐投与	犬と同じ	再投与は1回のみ。3～5分後に、2.5mg/kg IV
アトロピン	0.04mg/kg IV 0.08～0.1mg/kg IT	犬と同じ	3～5分ごとに3回まで反復投与可能
グルコン酸カルシウム	0.5～1.5mL/kg IV緩徐投与	犬と同じ	IT投与しない。
エピネフリン	0.01mg/kg IV、IO 0.03～0.1mg/kg IT	犬と同じ	初回投与量 必要に応じて3～5分ごとに反復。
リドカイン	2.0～4.0mg/kg IV IO 4.0～10mg/kg IT	0.2mg/kg IV、IO、IT	猫には慎重に投与する。
硫酸マグネシウム	0.15～0.3mEq/kg IV 10分間で緩徐投与	犬と同じ	最大0.75mEq/kg/日まで反復投与可能。 IT投与しない。
ナロキソン	0.02～0.04mg/kg IV 0.04～0.10mg/kg IT	犬と同じ	オピオイド拮抗薬
重炭酸ナトリウム	0.5mEq/kg IV、IO 0.08×体重(kg)×塩基欠乏量＝投与量mEq	犬と同じ	IT投与しない。 CPA後10～15分間は慎重に投与する。10分ごとに反復投与可能。
バソプレシン	0.2～0.8U/kg IV 0.4～1.2U/kg IT	犬と同じ	必要に応じて3～5分ごとに反復。または、エピネフリン交互に投与。
体外除細動ショックエネルギー(J)	2～5J/kg	犬と同じ	
体内除細動ショックエネルギー(J)	0.2～0.5J/kg	犬と同じ	

IO：骨内投与、IT：気管内投与、CPCR：心肺脳蘇生処置

*全ての薬剤において、IT投与する場合は5～10mLの滅菌水で希釈する。

D．IVカテーテルを留置する。

E．IVカテーテルが設置できない場合は、カットダウンを施すか、骨内カテーテルを大腿骨転子窩、上腕骨近位、脛骨突起のいずれかに設置する。

2．静脈輸液療法

A．循環血流量が維持できているCPA患者での晶質液IV輸液推奨量は、犬：20mL/kgボーラス、猫：10mL/kgボーラスで、できるだけ迅速に投与する。

B．CPA以前から循環血流量低下を呈している患者以外では、ショック用量（犬：90mL/kg、猫：45mL/kg）でのIV輸液は行わない。CPR時に、循環血流量が正常な動物へ過剰なIV輸液を行うと、冠灌流圧低下が生じ、救命率が低下すると報告されている。

C．膠質液輸液を要する場合、ヘタスターチもしくは血漿のIV投与量は、犬：20mL/kg/日、猫：5～10mL/kg/日である。ヘタスターチは、

CPR中のIVボーラス投与が可能で、投与量は、犬：5mL/kg、猫：2〜3mL/kgである。

D．低張食塩水（3%、5%、7%）を投与すると、生理食塩水投与時と比較し、心室細動からの救命率が上昇する。推奨される投与量は、犬：4〜5mL/kg、猫：2〜4mL/kgで、迷走神経誘発性徐脈および低血圧を避けるために、5分間かけて緩徐投与する。

3．塩酸エピネフリン

A．エピネフリンは、αおよびβ受容体に作用するアドレナリン作用薬である。

B．CPRにおけるエピネフリン投与は、主に末梢細動脈血管収縮などのα_2アドレナリン受容体刺激作用を期待するものである。末梢細動脈血管収縮は、冠灌流圧および脳灌流圧を上昇させる。

C．エピネフリンの最適薬用量は不明である。獣医療でのエピネフリン（1：1,000）初回投与量は、0.01mg/kg IV、気管内投与では、0.03〜0.1mg/kgである。

D．エピネフリン投与は、必要に応じて3〜5分ごとに反復する。バソプレシンと交互に投与してもよい。

E．反復投与が奏功しない場合は、バソプレシンに切り替えるか、用量を0.1mg/kg IVまで増やす。

4．バソプレシン

A．バソプレシンは、非アドレナリン作動性の内因性昇圧ペプチドで、末梢・冠・腎血管を収縮させる。

B．薬用量0.2〜0.8U/kg IV、0.4〜1.2U/kg ITで、血管平滑筋のV1A受容体を刺激し、非アドレナリン作動性血管収縮を誘起する。

C．バソプレシンは、脳血管を拡張させることで、脳灌流を改善させる。また、冠血管および腎血管における収縮は末梢よりも弱いため、中枢神経と心臓シャントへ、有益な血流シャントが生じる。

D．バソプレシンは、心室細動、心室頻拍、PEAの治療において、エピネフリンとの併用、あるいはエピネフリンの代替としての投与が可能である。

E．バソプレシンは、心静止の治療にも使用できる。人では、エピネフリンよりも高い生存退院率が得られるとの報告がある。

F．心停止中など、体内環境が酸性に傾いた状態でも、V1A受容体の反応には影響がないため、バソプレシンは有効である。一方、エピネフリンや、他のカテコールアミンは、低酸素・酸性環境において血管収縮効果の大半を失う。

G．バソプレシンは、初回と同量で3〜5分ごとに反復投与する。または、エピネフリンと交互に3〜5分ごとに投与する。

5．硫酸アトロピン

A．アトロピンは、ムスカリン受容体に対する抗コリン作用性副交感神経遮断薬である。

B．アトロピンは、コリン作用と副交感神経刺激に拮抗することで、心拍上昇、低血圧改善、全身性血管抵抗上昇をもたらす。迷走神経誘発性心静止の治療では、本剤の効果が最も高い。

C．心静止およびPEA心停止時のアトロピン使用に関する前向き比較研究はないものの、2010年版ガイドラインでは、これらの状況におけるアトロピン使用が推奨されている。

D．CPRにおけるアトロピンの推奨投与量は、犬猫ともに0.04mg/kg IVである。

E．効果が認められない場合は、3～5分ごとに3回まで反復投与する。

6．アミオダロン

A．アミオダロンは、クラスⅢ抗不整脈薬で、α－、β－アドレナリン作用拮抗薬であると同時に、ナトリウムチャネル、カリウムチャネル、カルシウムチャネルに作用して、心筋活動電位持続時間および不応期の延長をもたらす。

B．難治性心室細動では、除細動処置の後、もしくは除細動実施が予測される場合に用いる第一選択薬である。

C．アミオダロン投与の適応症は、心房細動、QRS幅の狭い上室性頻拍、心室性頻拍、興奮部位不明のQRS幅が広い頻拍、胸部圧迫・除細動・昇圧薬投与に反応しない難治性心室細動である。

D．アミオダロンは、5.0mg/kg IV、IOで、10分間で緩徐投与する。

E．3～5分後に、2.5mg/kg IVで再投与可能である。

7．リドカイン

A．リドカインはクラスIb抗不整脈薬で、ナトリウムチャネルを遮断することで細胞膜安定作用をもたらす。また、局所麻酔薬としても使用される。

B．臨床試験によると、アミオダロンとの比較において、リドカインはROSCが低く、除細動後の心静止発現率が高い。

C．リドカインの心停止への効果は証明されておらず、2010年版ガイドラインでは、アミオダロンの代替薬として投与を検討するよう記載されている。

D．除細動を実施するならば、心室細動におけるリドカイン投与は推奨されない。リドカインは、除細動閾値を上昇させ、心筋自動能を低下させるため、電気的除細動の効果を低減させる恐れがある。

E．蘇生後の心室性不整脈で、アミオダロンがない場合は、リドカインの有効性を鑑み、投与を検討する。

F．犬のリドカイン投与量は、2.0～4.0mg/kg IV、IOである。

G．犬の気管内（IT）投与では、投与量を2～2.5倍にし、滅菌精製水で希釈する。

H．猫へのリドカイン投与は慎重に行う。投与量は、0.2mg/kg IV、IO、ITである。

8．硫酸マグネシウム

A．硫酸マグネシウム投与は、心室細動やトルサ・ド・ポアン（torsades de pointes：致死的心室頻拍の一つで、多形波を特徴とする）などの難治性心室性不整脈の治療に効果を示す可能性がある。

B．心停止における硫酸マグネシウム投与は、0.15〜0.3mEq/kg IVで、10分間で緩徐投与する。最大0.75mEq/kg/日までは、反復投与可能である。

9．ブドウ糖

A．血糖値を測定する。

B．ブドウ糖のIV投与は、低血糖を呈する場合に限定する。

C．高血糖は、蘇生を妨げることが報告されている。

10．重炭酸ナトリウム

A．重炭酸ナトリウム投与が推奨されるのは、三環系抗うつ薬過剰投与、既存する重度代謝性アシドーシス、重度高カリウム血症に限られる。

B．上記症例では、重炭酸ナトリウムを0.5mEq/kg IVで投与する。

C．呼吸性アシドーシスと、CPA中に発症する（代謝性）アシドーシスに対する最良の治療法は、換気と灌流を最大限にすることである。

D．重炭酸ナトリウムは、カテコールアミンとの同時投与によって、カテコールアミンを不活化し、高ナトリウム血症、高浸透圧、細胞外アルカローシス、全身血管抵抗低下、オキシヘモグロビン曲線の左方移動、ヘモグロビンの酸素解離量低下などを引き起こす可能性がある。

11．カルシウム投与は、CPRにおいて常用するのではなく、カルシウムチャネル遮断薬中毒症、高カリウム血症、真性の低イオン化カルシウム血症が認められた場合に使用する。

A．10%グルコン酸カルシウムは、0.5〜1.5mL/kgでIV緩徐投与する。

B．血清イオン化カルシウム濃度は、血清pH、個体の血清蛋白結合能および親和性、血清蛋白量などに影響を受ける。したがって重篤症例では、血清総カルシウム濃度を血清イオン化カルシウム濃度の指標とするのは不適切である。

E＝evaluate status、状態評価

1．灌流状態の指標として、終末呼気二酸化炭素（$ETCO_2$）分圧をモニターする。

A．心肺脳蘇生措置（CPCR）中、換気が比較的一定であれば、$ETCO_2$の変化は心拍出量の変化を反映している。

B．人では、蘇生した症例と比較し、蘇生しなかった症例では$ETCO_2$が著明に低かったと報告されている。

2．血流の評価

A．頸動脈あるいは大腿動脈に触知できる拍動が認められても、CPR成功を意味するとは限らない。

B．CPR中、動脈血流が不十分な状態において、静脈拍動が触知されることがある。これは、後大静脈からの逆流によるものである。

C．脳血流を評価するには、潤滑剤を塗布した角膜にドプラー超音波トランスデューサを当てるとよい。

3．酸素化の評価

A．CPR中、肺動脈カテーテルから採血して、中心静脈血液ガスをモニターすると、組織レベルでの酸素化を評価できる。

B．CPA中に認められる末梢血流量低下に起因する組織低酸素症、高二酸化炭素症、アシドーシスの影響は、中心静脈血液ガスに反映される。したがって、中心静脈血液ガスを測定することで、CPR中の組織の酸―塩基バランスをより正確に評価することが可能である。

C．CPR中の動脈ガス測定値は、換気状態や組織アシドーシス・低酸素症の重篤度を的確に反映しないことが報告されている。

D．末梢拍動が不十分なため、パルスオキシメトリは、役に立たない。

蘇生後の患者ケア

1．動物では、蘇生後もしばしば呼吸停止やCPAが再発する。

2．人では、蘇生後、全身性虚血や再灌流傷害による「敗血症様症候群」の発症が報告されている。これは、凝固障害、免疫不全、多臓器不全を特徴とする。

3．以下のパラメータをモニターする：脈拍数、心調律と性状、精神状態、心電図、パルスオキシメトリ、体温、肺音、粘膜色調、CRT、尿量、電解質、血液ガス、PCV、総固形物量（≒総蛋白量）、血糖値、血清乳酸濃度、中心静脈圧、神経機能、患者の快適度。

4．酸素補給

A．経鼻カテーテル、酸素フード、酸素ケージ等を用いて酸素補給をする。自発呼吸が不十分であれば、換気補助を行う。

B．初期は100％酸素にて換気するが、酸素中毒を避けるために、できるだけ速やかに、60％未満まで低下させる。

C．人工換気継続を要する場合は、動脈血液ガス、直接動脈圧または間接収縮期血圧のモニタリングを継続する。

5．許容範囲の低体温症

A．CPR患者における軽度低体温症や、CPR中の軽度体温低下は、許容される問題である。

B．許容低体温とは、低体温を呈していても、患者を温めて正常体温に戻す必要がない状態を指す。これは、低体温療法と同義語ではない。低体温療法は、薬剤や体外機器を用いて、32〜34℃（90〜93℉）の低体温を誘発し、これを12〜24時間維持するものである。

C．人では低体温療法が有効な場合があるが、特殊な機器と高度なモニタリングを要すことから獣医療では通常実施されない。

D．低体温の合併症は、不整脈、凝固障害などである。

E．犬猫の許容低体温の目安は、33〜34℃（90〜93℉）である。

F．許容低体温では、組織の酸素要求量が低下し、CPA後の神経損傷が軽減される。また、CPCR成功率が上昇する可能性がある。

6．輸液療法

A．IV輸液は慎重に行う。

B．患者がCPA以前から血液循環量低下を呈していた場合以外で、ショック用量の晶質液投与は行わない。

C．末梢灌流と心拍出量を改善するのに、ヘタスターチなどの膠質液のIVボーラス投与が有効な場合がある（ヘタスターチ　犬：5〜10mL/kg IV、猫：2〜3mL/kg IV　15分間で緩徐投与）。

D．膠質液ボーラス投与を行っても心拍出量、血圧、末梢灌流に改善が認められない場合は、陽性変力薬や昇圧薬の投与を検討する。

7．陽性変力薬

A．IVボーラス輸液を適切に行っても、灌流量と心収縮能が低下していることが心エコー検査で確認され、且つ血圧が正常な場合は、陽性変力薬（ドブタミンやドパミン）投与が適応とされる。

B．末梢灌流の評価には、血清乳酸濃度、尿量、CRT、直腸温、末梢体温などを用いる。

C．ドブタミンは、過剰な血管収縮を生じることなく心拍出量を増加させるため、一般的に第一選択薬となる。

投与量：2.0〜20.0μg/kg/分 IV CRIにて効果発現まで。

D．ドブタミンが著効しない場合は、ドパミンを使用するとよい。

Ⅰ．ドパミン投与は、全身血圧に与える影響が比較的大きいにも関わらず、過剰な血管収縮が心拍出量増加につながらないことがある。

Ⅱ．ドパミンが陽性変力効果をもたらす薬用量は、5〜15μg/kg/分IV CRIで、効果が発現するまで漸増する。

E．ドブタミンやドパミンのCRIには、以下の計算式を用いる。

6×体重kg＝ドブタミン・ドパミンmg

上記量を100mLの生理食塩水に添加する

Ⅰ．上記で調合した薬剤を、1.0mL/時 IVで投与すると、投与量は1.0μg/kg/分となる。

Ⅱ．CRI溶液は遮光する。

8．昇圧薬

A．IVボーラス輸液を適切に行っているにも関わらず、低血圧を呈しており、且つ心収縮能が正常であることが心エコー検査で確認された場合は、昇圧薬（エピネフリン、バソプレシン、ノルエピネフリン）をIV CRIで投与し、効果が発現するまで漸増する。これらの薬剤は、全身血圧および心拍出量を上昇させるが、過剰な血管収縮を惹起する恐れがあるため、慎重に投与する。

B．エピネフリン

Ⅰ．エピネフリン（1：1,000）は、0.1〜1.0μg/kg/分 IV CRIで効果が発現するまで漸増する。

Ⅱ．エピネフリンCRIの投与量決定には、以下の計算式を利用するとよい。

0.6×体重kg＝エピネフリンmg

上記量を100mLの生理食塩水に添加する

Ⅲ．上記で調合した薬剤を、1.0mL/時間 IVで投与すると、投与量は0.1μg/kg/分となる。

Ⅳ．CRI溶液は遮光する。

C．バソプレシン

Ⅰ．バソプレシンの投与量は、0.01～0.04U/分 IV CRIで、効果発現まで漸増する。

Ⅱ．バソプレシンは、敗血症性ショックにて著効する。

D．ノルエピネフリン

Ⅰ．ノルエピネフリンは、強力な血管収縮薬であり、α-およびβ-受容体に作用する強力な変力薬である。本薬剤は、適切な輸液療法を行っても低血圧が改善せず、比較的効力の低いドパミンなどの変力薬が無効な場合に使用される。

Ⅱ．ノルエピネフリン投与により、心収縮力、心酸素要求量、心拍数、一回心拍出量が増加する。

Ⅲ．腎、腹腔内臓器、肺においても血管収縮が生じる。

Ⅳ．ノルエピネフリンには、2種の製剤がある。ノルエピネフリン1mgは、酒石酸ノルエピネフリン2mgに相当する。

a．投与時には、ノルエピネフリン4mgもしくは酒石酸ノルエピネフリン8mgを250mLの5%ブドウ糖液もしくは5%ブドウ糖加生理食塩水に添加する。

b．ノルエピネフリンは、0.5～1.0μg/kg/分 IV CRIで投与し、効果発現まで漸増する。

9．CPCR後は、神経学的機能障害の発現が一般的である。

A．臨床的異常は、24～48時間以内に消失することが多い。

B．神経学的異常の予後判定は、少なくとも48時間経過するまで待つ。

C．脳の酸素要求量増加を避けるため、高体温にならないよう留意する。また、発作を起こす患者には、抗てんかん治療を行う。

D．頭蓋内圧を上昇させること、例えば、経鼻酸素カテーテルに誘発されるくしゃみ、頸静脈カテーテルや食道瘻チューブを保護するネックラップなどを避ける。

E．図3-2に示したように、平らなボード等を患者の頭頸部の下に敷き、吻側を持ち上げることで、頭部をやや高く保持する。鼻の位置を中立

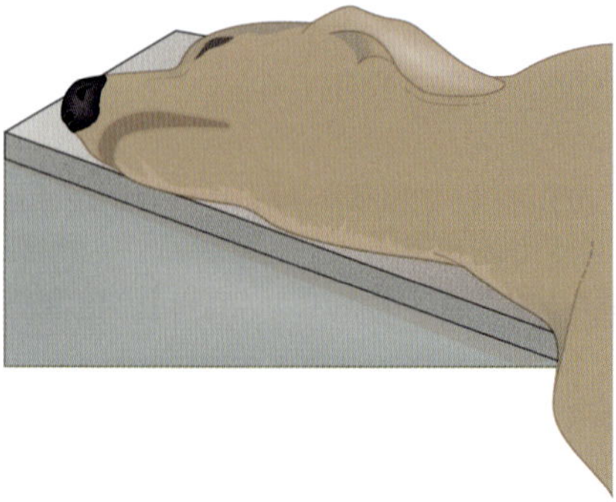

図3-2　蘇生後における患者頭部の適切なポジショニング
頭部が持ち上げられ、頸部が伸長していることに注目。

位に保ち、頸部が腹側や側方に屈曲しないように留意する。

F. ケージに入れる場合は、観察が容易にできるよう、頭部がケージの外に向くようにする。

G. グルココルチコイド投与は禁忌であり、高血糖によって虚血が生じると、神経学的機能障害が悪化する可能性がある。

H. 脳浮腫を呈する場合は、高浸透圧食塩水やマンニトール（0.5～1g/kg IV　20分間で）投与が有益と考えられる。

10. 蘇生後は、意識レベル、原因疾患、臨床状態に基づき、できるだけ速やかに栄養サポートを開始する。経消化管栄養サポートが困難な場合は、フィーディングチューブ設置や非経消化管栄養サポートを検討する。

11. 人において、以下の臨床徴候が蘇生後24時間以内に認められた場合、神経学的予後不良因子と考えられる。

A. 角膜反射欠如

B. 瞳孔反応欠如

C. 疼痛刺激に対する屈曲反応欠如

D. 運動反応 motor response（＝能動的運動）欠如

12. CPCR後の一般的な合併症は、脳浮腫、低酸素症、再灌流傷害、止血異常、急性腎不全、敗血症、多臓器機能不全症候群、CPA再発などである。

13. 上記に加えて、初回のCPAの原因疾患に対する治療が必要である。

うっ血性心不全（CHF）

診断

ヒストリー——既往歴や投薬歴の有無は症例によって異なる。乾性の粗雑な咳が、特に夜間、早朝、運動後に認められる。不眠、起座呼吸、運動不耐性、失神、呼吸困難を認めることもある。食欲不振や体重減少も一般的である。キャバリアキングチャールズスパニエル、ダックスフンド、ミニチュアプードル、トイプードルなどの小型犬は、心不全の発症頻度が高い。ドーベルマンピンシャー、ボクサーなどの大型犬は、心筋症の好発種で、心筋症に起因する心不全を発症する。

臨床徴候——左心不全に伴う症状：心雑音、呼吸困難、頻呼吸、頻脈、発咳、チアノーゼ、喀血、不整脈、心臓悪液質、心原性ショック、肺水腫、発熱。

　右心不全に伴う症状：胸水、心音不明瞭化、心嚢水、腹水、目視できる拍動を伴う頸静脈怒張、蒼白、失神。

臨床検査——CBC、電解質、生化学検査、乳酸、脳性ナトリウム利尿ペプチドN端フラグメント（BNP）濃度、心トロポニン、血清サイロキシン濃度、犬糸状虫検査（ミクロフィラリア・抗体検査）、尿検査。少なくともPCV、TS（≒TP）、クレアチニン、尿検査は、全症例で必須である。状態が不安定な患者に膀胱穿刺は行わない。排尿を待っていることを理由に、治療を遅らせてはならない。

胸部X線検査——左心不全では、背側方向への気管挙上、肺静脈明瞭化、肺水腫を認める。右心不全では、胸水貯溜、後大静脈拡張、肝腫大を認める。

心不全では、椎骨心臓スコア（VHS）が上昇するため、このスコアを用いた心拡大の評価が有益である。

1．VHSは、椎骨長を基準として、胸部X線ラテラル像における心臓の長軸および短軸を測定するものである。
2．長軸（L）は、左主気管支の腹側辺縁から心尖部の最腹側辺縁までを測定する。
3．短軸（S）は、心臓が最大幅を有する部位で、長軸と直角に交わる線を測定する。
4．LとSを合計した長さが、T4の前縁から数えて、椎骨何個分に相当するか、椎骨0.1個分の単位まで計測する。
5．犬のVHS正常値は、一般に8.5から10.5であるが、犬種によって差異がある。
6．猫のVHS正常値は、6.7から8.0で、平均値は7.5である。

心臓超音波エコー検査――僧帽弁逆流、三尖弁逆流、心腔拡張、心室壁肥厚、心嚢水貯溜、肺血管拡張などを認める。

予後

予後は、来院時における臨床徴候の重篤度によって、中等度～極めて不良となる。

治療

1．飼育者に、診断、予後、治療費について説明する。
2．経過観察のため、入院させる。
3．酸素補給を適切に行う。室内気にてSp_{O_2}>95%を目標とする。
4．静脈カテーテルを留置する。
5．臨床徴候の重篤度に応じて、必要量のフロセミドを投与する。推奨される初回投与量は、1～4mg/kg IVである。
   A．重度肺水腫を呈した犬では、フロセミドを2～4mg/kg IVで投与する。呼吸数が低下し、努力性呼吸が軽減するまで1～4時間ごとに反復投与する。
   B．重度肺水腫を呈した猫では、フロセミドを1～2mg/kg IV、IMで投与する。呼吸数が低下し、努力性呼吸が軽減するまで1～4時間ごとに反復投与する。
   C．難治症例でのフロセミド投与は、1mg/kg/時 CRIにて、最長4時間まで持続する。肺水腫が改善するまでは、IV輸液量を最少限に抑える必要があるため、フロセミドをD5W、注射用滅菌蒸留水、LRS、生理食塩水のいずれかで希釈し、5または10mg/mLに調製する。可能であればシリンジポンプを用いて投与する。
   D．フロセミドの投与量は、個々の症例に合わせて増減させる。
   E．利尿剤投与後は、自由飲水させる。
   F．改善後は、フロセミドを、犬で1～4mg/kg q6～12h、猫で1～2mg/kg q6～12hに減量する。

G．注意：低カリウム血症、高窒素血症、脱水の危険性があるので、血清カリウム濃度およびクレアチニン濃度をモニターする。

6．ピモベンダン：0.25〜0.3mg/kg PO q12h（重症患者では、飼育者同意の上で、0.3mg/kgを追加投与する）。

7．左心房拡大を呈した患者では、ACEI（アンギオテンシン転換酵素阻害薬）の投与が有効である。エナラプリル0.5mg/kg PO q12h、ベナゼプリル0.5mg/kg PO q24。

8．重度肺水腫を認める場合は、後負荷を軽減させる薬剤を上記薬剤に併用する。投与時は、血圧を慎重にモニターする。

A．ヒドララジン：0.5〜2mg/kg PO

B．アムロジピン：0.05〜0.1mg/kg PO

C．ニトログリセリン2%軟膏を、体重5kgあたり0.65cm（0.25inch）q6〜8で24〜36時間、経皮的投与する。胸部または腹部を一部剃毛し、軟膏を塗布する。投与の際は、必ずグローブを着用し、舌圧子を用いて塗布する。塗布した部位は非孔性テープで覆う。処置を行っている人の皮膚に触れないように注意する。猫では、0.65〜1.3cm（0.25〜0.5inch）をq6〜8hで塗布するが、12時間のインターバルで投与と休薬を繰り返す。

D．ニトロプルシドナトリウム0.5〜1μg/kg/分 IVで投与開始する。以後48時間までは、15〜30分ごとに再評価し、必要に応じて増量する。最大投量は、10μg/kg/分である。溶液は遮光する。

9．低血圧を呈した症例で、変力薬を要する場合は、ドブタミンを0.5〜1μg/kg/分 IVにて投与する。以後48時間までは、15〜30分ごとに再評価し、必要に応じて増量する。最大投量は、10μg/kg/分である。血圧とECGは継続的にモニターする。溶液は遮光する。

10．患者の不安感を軽減する。

A．ブトルファノール：0.2〜0.25mg/kg IM、IV

B．ブプレノルフィン0.0075〜0.01mg/kgをアセプロマジン（アセチルプロマジン）0.01〜0.03mg/kg IV、IM、SCと併用する。

C．モルヒネ：0.2mg/kg SC、IM

D．ヒドロモルフォン：0.05〜0.1mg/kg IV、IM、SC

11．必要に応じて、抗不整脈治療を行う。

12．気管支拡張剤が有効な場合もあるが、重度の頻拍や頻拍性不整脈を有する患者では、変力作用および変時作用によって状態が悪化することがある。

A．アミノフィリン：5〜10mg/kg IV、IM、PO q8h

B．テオフィリン：10mg/kg PO q12h

C．テルブタリン：0.01mg/kg SC q4h　または1.25〜5.0mg/頭 PO q8〜12h

13．胸腔穿刺および腹腔穿刺が効果的な場合がある。

14．症例によっては、機械的人工換気が効果的である。

15．長期的管理として、患者を安定化させた後のスピロノラクトン投与0.25〜2.0mg/kg PO q12〜24hが一部で推奨されている。

16．うっ血性心不全において静脈輸液療法は禁忌である。重度電解質異常や重度脱水が生じた場合は、慎重な治療を要する。

A. D5W、2.5%ブドウ糖液、0.45% NaClは、ナトリウム含有量が低いため、一般的には使用が推奨されるが、自由水を供給することから、実際には細胞浮腫を惹起する恐れがある。

B. 可能であれば、CVPモニタリングを行う。

C. 輸液療法のモニタリングとして、体重、粘膜色調、脈拍数、脈の質、呼吸数、努力呼吸の有無をチェックし、数時間ごとに胸部聴診を実施する。

D. 更に、尿量、血液ガス、血清尿素窒素、血清クレアチニン、ECG、胸部単純X線写真の評価を行う。

犬の心筋症

拡張型心筋症（DCM）

拡張型は、心筋症の最も一般的な型である。ドーベルマンピンシャー、ボクサー、スコティッシュディアハウンド、アイリッシュウルフハウンド、グレートデン、ジャーマンシェパードなどの大型犬、及びイングリッシュコッカースパニエル、アメリカンコッカースパニエルに好発する。中年齢から老齢犬で特に多発するが、ポルトガルウォータードッグでは、6ヵ月未満の若齢型発症が知られている。臨床徴候は、雄犬で中度になる傾向がある。

診断

ヒストリー——活動低下、運動不耐性、食欲不振、体重減少、発咳、呼吸困難、呼吸速拍、腹囲膨満、失神、突然死。

身体検査——末梢脈拍の減弱や欠如、意識レベル低下、四肢冷感、直腸温低下、CRT延長、肺音粗雑、呼吸困難、頻呼吸、発咳、頻脈、左心尖部における収縮期雑音、不整脈、S3ギャロップリズム、頸静脈拍動、肝頸静脈逆流（前腹部圧迫により、頸静脈拍動が顕著化するかを確認する、腹部頸静脈試験にて陽性）、チアノーゼ、腹水、心臓悪液質などが認められる。

胸部X線検査——心全体の拡大、または左心室、左心房、左右心室いずれかの拡大。後背部もしくは肺門周囲に、肺水腫に一致した、肺胞性、間質性、もしくは混合性肺実質パターン（非典型パターンを呈すこともある）。肺静脈拡張、左主気管支圧迫変位、後大静脈拡大、胸水、腹水、肝肥大などを認める。

椎骨心臓スコア（VHS）は、DCMにて増加するので、評価の一助となる。

1. VHSは、椎骨長を基準として、胸部X線ラテラル像における心臓の長軸および短軸を測定するものである。
2. 長軸（L）は、左主気管支の腹側辺縁から心尖部の最腹側辺縁までを測定する。
3. 短軸（S）は、心臓が最大幅を有する部位で、長軸と直角に交わる線を測定する。

4. LとSを合計した長さが、T4の前縁から数えて、椎骨何個分に相当するか、椎骨0.1個分の単位まで計測する。
5. 犬のVHS正常値は、一般に8.5から10.5であるが、犬種によって差異がある。

心臓超音波エコー検査――左心房拡大、左心室または左右心室拡大（左室壁厚は正常、もしくは内腔拡大に伴って低下）、僧帽弁逆流、左室内径増加（ドーベルマンピンシャーでは>49mm）、左室収縮期内径増加（ドーベルマンピンシャーでは>42mm）、拡張不全、弛緩異常、収縮不全のエビデンス。左室内径収縮率（FS）は、一般に<15%である（犬のFSの基準値は、>25%であるが、大型および超大型犬種では、一般にFS＝20～25%である）。

心電図検査――頻脈が多発する。心房性期外収縮、心房細動、心室性頻拍を含む様々な不整脈が生じる。左房または右房拡大で認められるようなP波の持続時間延長と波幅増大、左室肥大で生じるようなR波幅増大を、第Ⅱ誘導で確認できることがある。

血圧――一般にSAPおよびMAPは低下する。

検査異常値――
1. 白血球ストレスパターンを呈することがある。
2. 動脈血液ガスにおいて、代謝性アシドーシスを認めることがある。
3. Pa_{CO_2}は通常低下する。
4. Pa_{O_2}は通常低下する。
5. Sp_{O_2}は通常低下する。
6. 血清乳酸濃度は通常上昇する。
7. 高窒素血症をきたし、CreおよびBUNが上昇する。
8. 低ナトリウム血症および低カリウム血症を認めることがある。
9. ALT、ALP、AST（アスパラギン酸アミノトランスフェラーゼ）の上昇。
10. 腹水および胸水は、通常、変性浸出液または浸出液である。
11. 血漿タウリン濃度は上昇する。

鑑別診断

1. タウリン欠乏による心筋症
2. 慢性変性性弁膜症
3. 炎症性、または感染性心筋炎・心筋症
4. 心嚢水貯留
5. 糸状虫症（特に右心拡大がある場合）
6. ボクサーの不整脈原性右室心筋症

予後

予後は、要注意～不良である。診断後の平均生存期間は、6ヵ月から2年である。無症状もしくはオカルトDCMでは、予後が比較的良い。飼育者には、心原性突然死の可能性について忠告しておく。

治療

1．飼育者に診断、予後、治療費について説明する。
2．オカルトDCMを呈している場合は、以下を検討する。
  A．ACE阻害薬
    エナラプリル（0.5mg/kg PO q12h）
    ベナゼプリル（0.5mg/kg PO q24h）
  B．βブロッカー
    カルベジロール（Core®）：0.2mg/kg PO q12h、
    アテノロール（Tenormi®）：0.25～1mg/kg PO q12h、
    メトプロロール（Dutopro®）：0.2mg/kg PO q12h
  C．スピロノラクトン：1～2mg/kg PO q12h
3．患者がうっ血性心不全を呈している場合は、既述の通り対応する。
  A．静脈カテーテル留置
  B．適切な酸素補給。室内気にてSp_{O_2}>95%を目標とする。
  C．フロセミド：2～4mg/kg IV q8h
  D．ピモベンダン：0.2～0.3mg/kg PO q12h
  E．ACE阻害薬
    エナラプリル（0.5mg/kg PO q12h）
    ベナゼプリル（025～0.5mg/kg PO q12～24h）
  F．改善を認めない場合は、ドブタミン、ニトロプルシド、ヒドララジンを状態に合わせて投与する。
    Ⅰ．ドブタミン：2.5～20μg/kg/分 IV
      a．（体重kg）×（用量μg/kg/分）＝用量mgを250mLのD5Wに添加し、流量15mL/時で投与する。
      b．溶液は遮光する。
      c．通常、3～5分で効果が発現する。
    Ⅱ．ニトロプルシド （犬）1～3μg/kg/分 IV CRI。1～2μg/kg/分で投与開始し、改善が認められるまで3～5分ごとに増量する。最大投与量は8～10μg/kg/分で、12～48時間維持した後、漸減する。
    Ⅲ．ヒドララジン：0.5～3mg/kg PO q12h
  G．収縮不全を認める場合は、ジゴキシン（0.005mg/kg PO q12h）が有効な可能性がある。
  H．タウリン濃度が正常になるまで、タウリンとL-カルニチンサプリメントを補給する。
    Ⅰ．タウリン：体重<25kgでは、0.5～1.0g PO q12h、25～40kgでは、1～2g PO q8～12h
    Ⅱ．L-カルニチン：体重<25kgでは、1g PO q8h、25～40kgでは、2g PO q8h
  I．心房細動、その他の上室性頻拍（>160bpm）では、エスモロール、アテノロール、ソタロール（クラスⅡ抗不整脈薬、βブロッカー）、またはジルチアゼム（クラスⅣ抗不整脈薬、カルシウムチャネルブロッカー）を投与する。安定化が得られたら、ジゴキシン、アテノロール、プロプラノロール、ジルチアゼム、徐放性ジルチアゼムなどで維持する。

Ⅰ．エスモロール 200〜500μg/kg IV 1分間で投与。以後、25〜200μg/kg/分 CRI IVにて継続。

Ⅱ．アテノロール：0.2〜1mg/kg PO q12〜24h

Ⅲ．ソタロール（クラスⅢの特性も併せ持つ）1.0〜5.0mg/kg PO q12h

Ⅳ．ジルチアゼム 0.05〜0.25mg/kg IV 2分間で投与し、以後、必要に応じて反復投与。または、0.5mg/kg POにて投与し、以後は、細動消失が得られるまで、もしくは投与量が最大1.5mg/kgに達するまで、0.25mg/kg PO q1hにて反復投与する。

Ⅴ．徐放性ジルチアゼム

Ⅵ．ジゴキシン：0.0025mg/kg PO q12h

Ⅶ．プロパノロール 0.1〜0.2mg/kg PO q8h、または0.02mg/kg IV

J．心室性頻拍を呈する場合は、リドカイン（クラスⅠb）、プロカインアミド（クラスⅠa）、ソタロール、アミノダロン（クラスⅠ〜Ⅳ）を投与する。安定化が得られたら、必要に応じてメキシレチン（クラスⅠb）、プロカインアミド、ソタロール、アミオダロンで維持する。

Ⅰ．リドカイン 1〜2mg/kg IV。最大総投与量8mg/kgを超えない限りは、頻拍が消失するまで反復投与する。維持量は、25〜75μg/kg/分 CRI IVである。

Ⅱ．プロカインアミド 2〜4mg/kg IV 2分間で緩徐投与。最大総投与量は12〜20mg/kgで、頻拍消失まで反復投与する（維持量は、10〜40μg/kg/分 CRI IV）。

Ⅲ．アミオダロン：5.0mg/kg IV、IO 10分間で緩徐投与。

Ⅳ．メキシレチン：4〜10mg/kg PO q8h

K．難治性の発咳を認める場合は、ヒドロコドン（0.25mg/kg PO q6〜24h）あるいは酒石酸ブトルファノール（0.5mg/kg PO q12h）を投与するとよい。

4．適宜、患者の不安感を軽減する。

A．ブトルファノール：0.2〜0.25mg/kg IM、IV

B．ブプレノルフィン：0.0075〜0.01mg/kg　経粘膜投与、IV、IM、SC

C．モルヒネ：0.2mg/kg SC、IM

D．ヒドロモルフォン：0.05〜0.1mg/kg IV、IM、SC

5．肺音の聴診、呼吸数と呼吸様式のモニタリングを定期的に行う。呼吸数低下や努力呼吸の消失は、臨床状態改善による場合だけでなく、重度呼吸疲労による場合があることに留意する。呼吸疲労を認める場合は、機械的人工換気補助を行う。

6．血圧をモニターする。

7．積極的な利尿療法を行う際は、少なくとも12時間ごとに腎パラメータ、電解質、水和状態をモニターする。

8．呼吸困難に対して、治療的胸部穿刺や腹部穿刺が有効な場合がある。

9．軽度ナトリウム制限食を与える。
10．うっ血性心不全の患者へのIV輸液療法は、重度脱水による電解質喪失が認められる場合に限り推奨されるが、輸液量は少量に抑える。このような症例では、一般に0.45％食塩水またはD5Wの使用が推奨される。

肥大型心筋症（HCM）

診断

ヒストリー――犬で肥大型が認められることは極めて稀である。失神や左心不全徴候の病歴を認めることもあるが、多くの症例は無症状のまま突然死する。

身体検査――症状を呈するのは少数であるが、それらの症例では、呼吸困難、湿性ラッセル音、収縮期雑音、ギャロップリズムなどを認める。

心電図検査――心房性もしくは心室性不整脈、ST部分またはT波異常の可能性

血圧――一般に正常

胸部X線検査――正常、もしくは肺水腫、左房または左室拡大

心臓超音波エコー検査――左心房拡大、心室中隔肥厚、左心室自由壁肥厚

予後

要注意～不良。

治療

1．飼育者に、診断、予後、治療費について説明する。
2．症状を呈する場合は、治療を施す。
3．適切な酸素投与
4．IVカテーテル留置
5．フロセミド投与
6．ACE阻害薬投与
7．強力な細動脈拡張薬は用いない。
8．βブロッカーおよびカルシウムチャネルブロッカーの投与には、賛否両論がある。
9．運動制限を行う。興奮やストレスを避ける。

猫の心筋症

臨床徴候に基づく疾病分類

肥大型心筋症（HCM）

一般的な心筋症の型である。多くは、中～高齢の雄猫にみられる。診断時の平均年齢は4～7歳であるが、3ヵ月齢から17歳齢までの発症報告がある。好発種は、ドメスティックショートヘア、メインクーン、ペルシャ、ラグドール、アメリカンショートヘアである。メインクーンとラグドールでは、遺伝子変異が認められる。その他の猫での発生原因は不明である。

診断

ヒストリー――無症状である場合、心不全徴候や血栓塞栓症を呈する場合、突然死する場合がある。急性の呼吸困難、呼吸速拍、嗜眠、食欲不振、失神、歩様異常、不全麻痺、過剰な啼鳴、または突然死。

臨床徴候――呼吸困難、呼吸速拍、チアノーゼ、体温低下、肺水腫を呈した症例では、ラッセル音を伴う粗雑な肺音、胸水を呈した症例では、肺音の不明瞭化、BCS低下などを認める。猫では、心不全による発咳を認めないことが多い。ギャロップリズム（拡張期S4音）や期外収縮が聴取されることがある。収縮期雑音は、胸骨傍で最もよく聴取される。頸静脈怒張や拍動が視診にて認められることもある。血栓塞栓症の多くは片側、時に両側に生じ、患肢は大腿動脈拍動の減弱、不全麻痺、麻痺、チアノーゼ、冷感を呈す。

胸部X線検査――全体的な心拡大、左右心房拡大、肺静脈拡張、肺動脈拡大、肺水腫、症例によっては胸水貯溜。心臓は、正常な大きさを呈することもあれば、典型的な「バレンタインハート」型を呈することもある。DCMでは、椎骨心臓スコア（VHS）が上昇するため、このスコアを用いて心拡大を評価することは有益である。

1. VHSは、椎骨長を基準として、胸部X線ラテラル像における心臓の長軸および短軸を測定するものである。
2. 長軸（L）は、左主気管支の腹側辺縁から心尖部の最腹側辺縁までを測定する。
3. 短軸（S）は、心臓が最大幅を有する部位で、長軸と直角に交わる線を測定する。
4. LとSを合計した長さが、T4の前縁から数えて、椎骨何個分に相当するか、椎骨0.1個分の単位まで計測する。
5. 一般的な猫のVHS正常値は、6.7から8.0で、平均値は7.5である。

心電図検査――正常、またはP波幅の延長や振幅の増高、Ⅱ誘導にてQRS幅の拡大、時として不整脈や正面図誘導における左軸偏位を認めることがある。

心臓超音波エコー検査――左心房拡大、心室中隔肥厚、左心室自由壁肥厚、乳頭筋肥大。

臨床検査――CBC、電解質、血清生化学、乳酸、脳性ナトリウム利尿ペプチド前駆体N端フラグメント（NT-proBNP）濃度、心トロポニン、血清サイロキシン濃度、犬糸状虫検査（ミクロフィラリア・抗体検査）、尿検査。少なくともPCV、TP、Cre、尿検査は、全症例で必須である。状態が不安定な患者に膀胱穿刺は行わない。排尿を待っていることを理由に、治療を遅らせてはならない。

1. 腎前性尿毒症が既存するか、利尿によって発症する場合がある。
2. 基礎疾患に甲状腺機能亢進症を認める。
3. 胸水および腹水性状は、変性浸出液、浸出液、乳糜を呈する。

血圧――収縮期高血圧（SAP＞180mmHg）、心不全では低血圧（SAP＜80mmHg）を呈する。

予後

良好～要注意で、診断後3年以上生存する猫もいる。

治療

1. 飼育者に、診断、予後、治療費について説明する。
2. 酸素補給。患者のストレスを軽減するために、酸素ケージを用いるのがよい（室内気にてSp_{O_2}＞95%を目標とする）。
3. 罹患猫のストレスレベルが高く、管理が困難な場合は、検査をスムースに行うために低用量のブトルファノール（0.2mg/kg IV、または0.055～0.11mg/kg SC、IM）を投与する。ケタミン投与は避ける。
4. 静脈カテーテル留置
5. フロセミド 1～2mg/kg IV、IM。以後は1～4時間ごとに、呼吸数や呼吸努力が低下するまで反復投与する。
   A. 難治症例では、1mg/kg/時間 IVで、最大4時間のCRI投与を行ってもよい。肺水腫が改善するまでは、IV輸液量を最少限に抑える必要があるため、フロセミドをD5W、注射用滅菌蒸留水、LRS、生理食塩水のいずれかで希釈し、5または10mg/mLに調製する。可能であればシリンジポンプを用いて投与する。
   B. フロセミドの投与量は、個々の症例に合わせて増減させる。
   C. 利尿剤投与後は、自由飲水させる。
   D. 改善後は、猫で1～2mg/kg q6～12hに減量する。
   E. 注意：低カリウム血症、高窒素血症、脱水の危険性があるので、血清カリウム濃度およびクレアチニン濃度をモニターする。
6. 肺水腫を認める場合は、胸部または腹部を一部剃毛し、ニトログリセリン2%軟膏を経皮的投与する。0.65～1.3cm（0.25～0.5inch）をq6～8hで塗布するが、12時間のインターバルで投与と休薬を繰り返す。
7. 必要ならば、体外から加温する。
8. ACE阻害薬：エナラプリル（0.25～0.5mg/kg PO q12～24h）、ベナゼプリル（0.25～0.5mg/kg PO q24h）
9. 胸水貯留を認める場合は、胸腔穿刺を行って、呼吸状態の改善を図る。
10. 血栓塞栓症のモニタリングとして、両側の大腿動脈拍動を触診する。
11. ジルチアゼムの投与には賛否両論があり、有効性は証明されていない。猫での投与量は、7.5mg/頭 PO q8～12hである。徐放性ジルチアゼムの投与量は、10～30mg/頭 PO q12～24hである。期待される効果は、心筋酸素消費量低下、左室拡張終末期圧低下、虚血改善、流出障害改善などである。CHFを呈した患者には投与すべきでない。
12. アテノロールも効果が証明されておらず、投与については議論が分かれている。投与量は、6.25～12.5mg/頭 PO q12～24hである。期待される効果は、心筋酸素要求量低下、左室流出障害改善、心拍数低下である。目的とする心拍数（140～160bpm）に達するまで、投与量を漸増する。
13. 中度から重度の左房拡大、超音波エコーにて確認される血栓やSEC（煙が渦を巻くような像 spontaneous echo contrast）、血栓塞栓症の既往歴を有する患者では、血栓予防薬を投与する。

A．アスピリン：5～81mg PO q72h

B．クロピドグレル：18.75mg PO q24h

14. 血栓塞栓症が発現した場合については、p.118からの項を参照すること。

拡張型心筋症（DCM）

中～高齢の雄猫に多く認められ、シャム、バーミーズ、アビシニアンに好発する。

診断

ヒストリー――食欲不振、嗜眠、元気消失、呼吸困難、呼吸速拍、時として嘔吐。

臨床徴候――低体温、元気消失、CRT延長、大腿動脈拍動減弱、呼吸困難、呼吸速拍、胸水貯留があれば肺音減弱、肺水腫があれば捻髪音（断続性ラッセル音）。心拍数は、正常、増加、減少のいずれもあり得る。収縮期僧帽弁雑音、不整脈、ギャロップリズムの聴取。大動脈血栓塞栓症を呈することもある。

胸部X線検査――全体的な心拡大、胸水貯溜、肺水腫。心臓に異常所見を認めないこともある。

心臓超音波エコー検査――左房拡大、心室壁菲薄化、左心室収縮期末径および拡張期末径拡大、左室内径短絡率（FS）低下。

心電図検査――正常、不整脈、左房拡大あるいは左室拡大パターンなど。

臨床検査――CBC、生化学検査、尿検査、甲状腺パネル。異常所見は、猫の肥大型心筋症に類似する。

1．基礎疾患として、甲状腺機能亢進症を認めることが多い。

2．正常を下回る血漿タウリン濃度（<40nmol/L）、および全血タウリン濃度（<250nmol/L）。

3．腎前性尿毒症が既存するか、利尿によって発症する場合がある。

4．胸水および腹水性状は、変性浸出液、浸出液、乳靡を呈する。

血圧――収縮期高血圧（SAP>180mmHg）、心不全では低血圧（SAP<80mmHg）を呈する。

予後

予後は要注意～不良であり、大半の症例は治療に反応しない。

治療

1．飼育者に、診断、予後、治療費について説明する。

2．酸素補給。ストレスを軽減するために、酸素ケージを用いるのが一般的である。

3．ストレスを与えない。

4．鎮静。強いストレスにより、患者の扱いが困難な場合は、ブトルファノール（0.2mg/kg IM、IV）を投与する。ケタミンは使用しない。

5．静脈カテーテル留置

6．必要があれば胸腔穿刺。
7．フロセミド投与（1～3mg/kg IM、IV、以後0.5～1mg/kg q8～12h）
8．ニトログリセリン2%軟膏の経皮的投与。0.65～1.3cm（0.25～0.5inch）をq4～6hで塗布するが、12時間のインターバルで投与と休薬を繰り返す。
9．エナラプリル投与（0.25～0.5mg/kg PO q24h）
10．ピモベンダン投与（0.1～0.3mg/kg PO q12h）。ただし、現時点で猫への投与は承認されていない。
11．血栓予防
12．大動脈血栓塞栓症を認める場合は、治療を実施する。
13．ジゴキシン投与は任意的である。
14．症状に応じて、不整脈治療を行う。
15．βブロッカー、カルシウムチャネルブロッカーの使用は、賛否が分かれる。
16．患者に反応が認められる間は、タウリン供給を継続する（250mg PO q12h）。

動脈血栓症、動脈血栓塞栓症

血栓とは、血小板やその他の成分が凝固したものであり、血管や心臓において、局所的、部分的、または完全な閉塞をもたらす。塞栓は、凝固塊が元の形成部位から遊離し、細い血管に流れ着いた結果、血流を部分的もしくは完全に遮断するものである。これらの二者が同じ患者に発生することもある。

ウィルヒョウの三徴として知られる血流停滞、血管内皮の構造および機能異常、凝固能亢進状態（凝固促進因子増加、または線溶系と抗凝固因子減少による）が発現すると、血栓塞栓症（TE）が好発する。

猫の血栓症は、肥大型心筋症に関連するTEとして認められることが多い。

犬では、血栓症が心疾患に関連していることはまれである。

一般的な原因：
蛋白喪失性腎炎（PLN）（剖検したPLN罹患犬の25%でTEを認める）
蛋白喪失性腸炎（PLE）
肺血栓塞栓症（PTE）
免疫介在性溶血性貧血（IMHA）（剖検したIMHA罹患犬の80%でPTEを認める）
副腎皮質機能亢進症
腫瘍
股関節置換術などの大規模外科手術（股関節置換術を施した犬の82%でPTEが生じる）
播種性血管内凝固（DIC）
糖尿病は、発症頻度を上昇させる可能性がある。

TE発生に関連するその他の疾患には、以下を含む：
敗血症／SIRS

糸状虫症
重度外傷
ショック
再灌流傷害
長時間の臥位維持
動脈瘤
動静脈瘻
胃拡張・胃捻転（GDV）
IVカテーテル
刺激物注入
心内膜炎
うっ血性心不全（CHF）
心筋症
グルココルチコイド投与
血液粘稠度低下（貧血）
膵炎
真菌症
血液粘稠度亢進（赤血球増多症、高グロブリン血症、白血病）

PLNでは、血小板粘着度上昇と抗トロンビン喪失が生じ、凝固能亢進に影響を及ぼすが、PTやAPTT測定では検出できない。IMHA患者におけるTE発症は、血液粘稠度低下と全身性炎症（免疫介在性）に起因すると考えられている。副腎皮質機能亢進症は、凝固促進因子増加、線溶系減少、血小板活性化抑制因子（PAI）活性亢進に関連する。糖尿病は、線維素溶解と血小板凝固促進を引き起こす。心筋疾患を有する猫、特に顕著な左房拡大を認める症例では、血液乱流の発生により、凝固能の変化と局所組織傷害が生じる。血栓の多くは左房に形成され、塞栓は全身随所に生じる。

臨床徴候

1．主な臨床徴候は、5つのPで表される。
　A．Pain　疼痛
　B．Paresis　不全麻痺
　C．Pallor　蒼白
　D．Pulselessness　脈拍動消失
　E．Poikilothermy　体温変動
2．血栓は、全身のあらゆる部位で塞栓を引き起こす可能性があり、臨床徴候は塞栓部位によって異なる。
　A．肺――呼吸不全
　B．脳――中枢神経障害
　C．腎臓――急性腎不全
　D．消化管――腸虚血
　E．腕頭動脈――前肢の不全麻痺および疼痛

F．遠位大動脈（鞍状血栓）——猫の最好発部位。後肢の不全対麻痺および疼痛。

3．疼痛と不安による啼鳴。
4．急性四肢不全麻痺——単肢不全麻痺、後肢不全麻痺＋/－間歇的運動障害（末梢血管閉塞性疾患に関連して、運動中に疼痛、脚力低下、跛行が生じ、以後、疼痛は急激に悪化する。休息により症状は消失する）
5．患肢は疼痛と冷感を呈し、肉球の蒼白、爪床のチアノーゼ、動脈拍動消失を認める。筋拘縮を認めることもある。
6．疼痛やCHFによる呼吸速拍、呼吸不全。
7．低体温
8．心疾患徴候、うっ血性心不全徴候
9．腎循環、腸間膜循環、肺循環にTEを認めると、臓器不全や死を誘起する。
10．冠動脈TEは、ECGにてST部分やT波に変化を認め、心室性頻拍性不整脈、AVブロック、その他の不整脈との関連性が疑われる。
11．PTEでは、呼吸速拍、呼吸不全、換気/灌流（V/Q）ミスマッチによる肺音増強および低酸素症を認める。

診断

胸部X線検査（3方向）——転移病変、心臓、胸水、肺葉血管、肺胞浸潤の評価を行う。単純X線検査は、心不全に伴うTEを呈した猫において特に有益で、心全体の拡大、左右心房拡大、肺静脈拡張、肺動脈拡大、肺水腫、時に胸水などを認める。心サイズは、正常な場合もあれば、典型的な「バレンタインハート」型を呈することもある。

D-ダイマー、フィブリノゲン濃度を含む凝固系プロファイル——凝固系は、ベースライン値（治療前の値）を測定し、凝固機能亢進や播種性血管内凝固の評価を行う。

異常：

1．高窒素血症（腎前性、腎性）
2．クレアチンホスフォキナーゼ（CKまたはCPK）活性上昇
3．全身の血液乳酸濃度と患肢から採取した血液の乳酸濃度の比較（患肢の濃度が高い）
4．高血糖（ストレス）
5．リンパ球減少（ストレス）
6．血小板減少症、PTとAPTTの延長（DIC）

甲状腺パネル——猫の心疾患では、基礎疾患として甲状腺機能亢進症を有することが多いため、甲状腺パネルの検査を行う。

超音波ドプラー法を用いた血圧測定——患肢遠位の血流確認と全身性高血圧の評価を行う。

心臓超音波エコー検査——心内膜炎、糸状虫、心血栓、左房拡大、心収縮能などの評価を行う。猫の肥大型心筋症では、心臓内血栓、左心房拡大、心室中隔肥厚、左心室自由壁肥厚、乳頭筋肥大などを認める。

腹部超音波エコー検査——大動脈血栓や腫瘍性病変を探査する。

尿蛋白：クレアチニン比の評価——原発性蛋白喪失性腎症（すなわち、凝固系亢進の素因）の検査を目的とする。

トロンボエラストグラフィ（TEG）——凝固亢進状態を検出することで、患者に適切な治療法やモニタリング方法を選択するのに役立つ。凝固亢進時に認められるTEGの変化は、R（反応時間）減少、K（凝固時間）減少、α（角度）増加、MA（最大振幅）増加である。

呼吸不全が継続する、または重篤である場合は、動脈血液ガス測定と、肺胞気-動脈血（A-a）勾配の算出を行う。

骨折等の外傷を除外するために、患肢の単純X線検査を要することがある。

血管造影、核シンチグラフィ、CT血管造影、MRI血管造影などもTE診断に有用である。

予後

予後は要注意～不良である。血栓溶解剤は、非常に高価な上に、合併症も多い。患肢では、不可逆的麻痺、機能不全、壊疽が生じる可能性がある。再発も認められ、特に基礎疾患としてコントロール困難な代謝性疾患がある場合は、危険性が高い。別部位に血栓形成が生じることもある。

治療プラン

1．飼育者に、診断、予後、治療費について説明する。
2．疼痛管理
    A．ブプレノルフィン：0.1～0.3mg/kg IV、IM、経粘膜、または1～3μg/kg/時 IV CRI
    B．フェンタニル：効果を認めるまで1～5μg/kg IV、以後1～5μg/kg/時 IV CRI
    C．ヒドロモルフォン：0.05～0.1mg/kg IV、IM、SC、または1～5μg/kg/時 IV CRI
    D．モルヒネ：0.05～0.2mg/kg IM、SC q4～6h
    E．罹患猫のストレスレベルが高く、管理が困難な場合は、検査をスムースに行うためにブトルファノール（0.2mg/kg IV、または0.055～0.11mg/kg SC、IM）、またはブプレノルフィンを投与することがある。
    F．ケタミンは使用しない。
3．支持療法
    A．臨床徴候、Sp_{O_2}、動脈血液ガス値などに基づき、必要に応じた酸素補給を行う。
    B．適切なIV輸液（CHFでは行わない）
    C．CHFがあれば、対処する。
    D．高窒素血症や電解質異常の是正
    E．適宜、栄養サポート。
    F．適宜、加温。
    G．患肢は暖かくし、清潔に保つ。

4．外科的血栓除去は、血栓形成から6時間以内に実施するのが望ましい。予後は要注意～不良で、再発も多い。
5．凝固亢進を惹起する可能性のある基礎疾患があれば、治療を行う。
6．抗血小板療法
　A．アスピリン
　　Ⅰ．犬：0.5mg/kg PO q12～24h
　　Ⅱ．猫：5mg/頭 PO q72h
　B．クロピドグレル（Plavi®）
　　Ⅰ．犬：75mg/頭 PO q24h
　　Ⅱ．猫：18.75mg/頭 PO q24h
　C．アブシキシマブ（ReoPr®）血小板膜糖蛋白質インテグリンⅡb/Ⅲa受容体ブロッカー
　　Ⅰ．犬：0.25mg/kg IVボーラス、以後0.125μg/kg/分 IV CRI（用量は経験的）
　　Ⅱ．猫：不明
7．抗凝固療法
　A．非分画ヘパリン（ヘパリンナトリウム、UH）APTT（目標値：1.5～2.5×ベースライン値）や抗Xa活性（目標値：0.35～0.7U/mL）をモニターする。
　　Ⅰ．犬：250U/kg IV、SC q6h、または18U/kg/時 CRI IV
　　Ⅱ．猫：175～475U/kg SC、IV q6～8h、または18U/kg/時 CRI IV
　　Ⅲ．過剰投与や過剰出血を認める場合は、硫酸プロタミンを用いて、迅速にヘパリン活性を中和する。ヘパリン投与後1時間以内であれば、ヘパリン100Uに対し、硫酸プロタミン0.5～1mgをIV緩徐投与する。ヘパリンを最後に投与してから1時間が経過している場合、硫酸プロタミンは上記の半量を投与する。2時間が経過している場合は、ヘパリン100Uに対し、硫酸プロタミン0.12～0.25mgを投与する。**（注意：プロタミンの過剰投与は出血傾向を誘起することがあるが、治療法は確立されていない）**
　B．低分子ヘパリン――Xa因子への親和性が高い。トロンビン阻害効果が少なく、出血を引き起こす危険性が低い。
　　Ⅰ．ダルテパリンナトリウム：100～150U/kg SC q4h（猫）、q8h（犬）
　　Ⅱ．エノキサパリン：1.5mg/kg SC q6h（猫）、0.8mg/kg SC q6h（犬）
　C．ワルファリン――aPTをモニタリングする（目標値：1.5～2.5×ベースライン値）。ワルファリンは治療指数（安全域）が小さく、致死的な重度出血を引き起こす危険が避けられないため、臨床で用いることは通常ない。
　　Ⅰ．犬：0.2mg/kg PO（初回）、以後0.05～0.1mg/kg PO　q24h
　　Ⅱ．猫：0.1～0.2mg/kg PO q24h
8．血栓溶解療法
　A．ストレプトキナーゼ――製造販売中止
　　Ⅰ．犬：90,000IUを20～30分間かけてIV CRI、以後45,000IU/時で6

　　　～12時間継続する。
　　Ⅱ．猫：同様
B．t-PA（組織プラスミノゲン活性化因子）
　　Ⅰ．犬：0.4～1mg/kg IVボーラスq1hを、2日間で10回反復投与
　　Ⅱ．猫：0.25～1mg/kg/時 IV CRI（総投与量は、1～10mg/kg）
9．再灌流傷害、壊死、壊疽に注意してモニタリングを行う。

心嚢水貯留

病因

1．心臓、心基底部、心膜の腫瘍
　A．右心房の血管肉腫
　B．化学受容体腫
　C．転移性腺癌
　D．リンパ腫
　E．胸腺腫
　F．未分化肉腫
2．特発性心嚢内出血
3．うっ血性心不全
4．腹膜心膜横隔膜ヘルニア
5．心膜嚢胞
6．感染性心膜炎
　A．細菌性（アクチノミセス、ノカルジア）
　B．真菌性（コクシジオイドマイコーシス）
　C．ウイルス性
　D．トリパノソーマ
7．非感染性心膜炎（尿毒症）
8．心臓破裂
9．胸部外傷
10．異物（植物の花穂や芒など）
11．低アルブミン血症
12．抗凝固性殺鼠剤中毒症
13．その他の凝固障害

診断

ヒストリー——右心房の血管肉腫は心嚢水貯溜の極めて一般的な原因のひとつである。大型犬に多発し、特に5歳齢以上のジャーマンシェパードやゴールデンレトリーバーに好発する。猫では、リンパ腫と猫伝染性腹膜炎が原因として最多である。主訴に多くみられるのは、元気消失、運動不耐性、嗜眠、呼吸困難、腹囲膨満である。

身体検査——
　1．元気消失

2．呼吸困難
3．腹水、胸水貯留
4．股動脈圧減弱
5．心音および肺音の不明瞭化
6．頸静脈拍動、末梢静脈拡張
7．洞性頻拍
8．肝腫大の可能性
9．悪液質

胸部X線検査――胸水貯溜、肝腫大、腹水。心嚢水貯溜が顕著であれば、心陰影は拡大し、球形を呈する。特に心基底部に腫瘍病変が存在する場合には、気管挙上を認めることが多い。後大静脈拡張や肺血管の低灌流所見も観察される。

心電図検査――洞性頻拍、電気的交互脈（1拍ごとにQRS群やST部の高さや形が変化すること）を伴うR波振幅低下。

中心静脈圧――多くの症例で、CVP＞12cmH_2O。

心臓超音波検査――心臓を包囲するように、壁側心膜と心外膜との間隙（心膜腔）で液体貯溜像を認める。重度心タンポナーデでは、右心房および右心室の虚脱所見が認められる。心臓の異常と共に、腫瘍性病変が確認されることも多い。

臨床検査――通常、CBCや生化学検査結果は非特異的であるが、低蛋白血症、貧血、白血球増多症を認める場合がある。腎還流障害があれば、うっ血や軽度尿毒症に起因して肝酵素値上昇が生じることがある。凝固障害を呈した症例では、PTおよびAPTT上昇の可能性がある。必要に応じて、FIP、コクシジオイドマイコーシス、エールリヒア症、その他感染性疾患の抗体価を測定する。血管肉腫症例では、血小板減少症、凝固異常、赤血球異常を認めることがある。

予後

予後は基礎疾患によって異なるが、要注意～不良である。化学療法を実施した血管肉腫症例の平均生存期間は、およそ3ヵ月である。長期生存症例では、3～5ヵ月である。

治療

1．飼育者に、診断、予後、治療費について説明する。
2．静脈カテーテルを留置し、ショック状態であれば静脈内輸液を行う。
3．重度心タンポナーデがあれば、心嚢穿刺を実施する。
　A．患者を左横臥位または伏臥位に保定する。
　B．右側第5、または第6肋間の肋軟骨上部領域を剃毛・消毒する。
　C．心電図を装着する。
　D．リドカインを用いて、局所麻酔ブロックを施す。
　E．小さく皮膚切開を施す。
　F．心嚢を穿刺するのに十分な長さと径（8Fr 9cm）の静脈カテーテルを使用する。

G．カテーテルは、反対側肩部に向かって、肋間から慎重に刺入し、心嚢を穿刺する。

H．心電図の持続的モニタリングを行う。

I．心嚢水が回収され始めたら、スタイレットを固定し、カテーテルのみを進める。カテーテルには、延長チューブ、三方活栓、6mLシリンジを接続する。初回は少量を採取し、赤キャップのチューブに入れる。採取液がチューブ内で凝固するかを観察する。血餅が形成されたならば、急性心膜血腫を呈しているか、心内腔から血液が採取されていることを示唆する。後者では、カテーテル位置の是正を要する。カテーテル位置が適切であることが確認されれば、35～60mLの大きなシリンジを三方活栓に接続し、貯留液吸引を継続する。

J．吸引は弱めに行い、患者に負担をかけない範囲で、できるだけ多くの心嚢水を回収する。貯留液を少量でも除去すれば、患者の状態改善が見込めるため、必ずしも心嚢内貯留液の全量を回収する必要はない。

K．採取液は、赤キャップと紫キャップのチューブに分注する。サンプルは検査ラボに提出し、解析を依頼する。

4．抗凝固性殺鼠剤中毒症の場合は、ビタミンK_1および血漿を投与する。

5．基礎疾患として心不全を有する場合は、その治療を施す。

6．心不全の治療目的以外での利尿剤使用は避ける。利尿剤投与は、低血圧、元気消失、尿毒症を誘発する恐れがある。

7．後負荷・前負荷軽減薬（ACE阻害薬を含む）は避ける。

8．胸部の外科的試験探査および心膜切除術を実施すれば、微小腫瘤病変の検出、組織生検、心タンポナーデ予防が可能となる。

9．感染性心膜炎は、適切な抗生物質により治療する。

A．アクチノミセス――ペニシリン系

B．ノカルジア――強化スルホンアミド

C．コクシジオイドマイコーシス――フルコナゾール、イトラコナゾール、アムホテリシンB

10．腫瘍性心膜疾患に対する化学療法は、生検結果に基づいて適切に実施する。

高血圧性クリーゼ（クライシス）

診断

ヒストリー――高血圧とは、動脈血圧（収縮期／拡張期）が150/95mmHgを超えることを指す。高血圧には、原発性と、全身性疾患や投薬（グルココルチコイド、エリスロポエチンなど）に起因する二次性がある。原因疾患には以下が含まれる：

腎疾患　（腎不全、糸球体症）

甲状腺機能亢進症

高アルドステロン症

副腎皮質機能亢進症

糖尿病
褐色細胞腫
肝疾患
頭蓋内疾患
慢性貧血
先端巨大症
肥満
血液過粘稠／赤血球増多症
妊娠
レニン分泌性腫瘍

臨床徴候――臨床徴候は、基礎疾患によって様々である。末端器官障害によって徴候を発現することがある。最も多く認められる徴候は眼徴候で、特に網膜剥離や出血による急性盲目が多発する。前房出血、硝子体腔出血、閉鎖隅角緑内障、血管周囲炎、視神経乳頭浮腫も誘発される。圧性利尿による多飲多尿、腎疾患、副腎皮質機能亢進症（犬）、甲状腺機能亢進症（猫）も認められる。鼻出血を認めることもある。高血圧性脳症によって、不全麻痺、運動失調、失神、行動変化、啼鳴、発作、その他の神経学的症状が発現する可能性がある。軽度の収縮期性心雑音やギャロップリズムが聴取されることがある。

頭蓋内圧亢進をもたらす頭蓋内疾患は、全身性の血圧上昇を惹起することがあり、代償として心拍数が低下する。これを、クッシング反射という。

臨床検査――高血圧を呈する全症例で、CBC、生化学検査、尿検査を実施する。基礎疾患によって、内分泌機能検査、ECG、尿電解質検査などを追加する。

画像診断検査――基礎疾患によっては、胸部X線検査、腹部・胸部超音波エコー検査、心超音波エコー検査、CT、MRIなどを要する。

その他の診断的検査――様々な検査があるため、内科専門医へ紹介するのもよい。

予後

予後は基礎疾患によってまちまちである。褐色細胞腫の外科治療は難度が高く、致死率はおよそ50%である。

治療

1. 飼育者に診断結果を報告する。
2. 高血圧性エマージェンシーでは、持続的な血圧モニタリングと集中治療が必要である。最初の1時間では、当初の血圧から25%低下させるにとどめ、患者の状態が安定していれば、2～6時間後に再度低下させる。
   A. 犬・猫共に、フェノルドパム（ドパミン作動薬）0.1～0.6μg/kg/分 IV CRI
   B. 犬では、エナラプリレート enalaprilat（エナラプリルの代謝活性体 ACE阻害薬）0.1～1mg/頭 IV q6h

C．ニトロプルシドナトリウム（血管拡張薬）1～3μg/kg/分 IV CRI（犬）、1～2μg/kg/分 IV CRI（猫）

D．ヒドララジン（血管拡張薬）

犬：0.5～3mg/kg PO q12h、または0.25～4mg/kg IM、SC q8～12h、0.1～0.2mg/kg/時 IV CRI

猫：2.5mg（総投与量）から最大で10mg（総投与量）まで漸増　PO q12h、0.25～2mg/kg IM、SC q8～12h

E．アムロジピンベシル酸塩（カルシウムチャネルブロッカー）

犬：0.05～0.2mg/kg POまたは直腸内投与 q24h

猫：0.625～1.25mg POまたは直腸内投与 q24h

F．エスモロール（βブロッカー）200～500μg/kg IV（1分間かけて）、以後25～200μg/kg/分 IV CRI

G．フェントラミン（αブロッカー）0.02～1mg/kg IVボーラス、以後、効果発現までIV CRI

H．アセプロマジン（フェノチアジン）0.05～1mg/kg IV。総投与量は3mgまで

3．猫の高血圧治療

A．猫において、腎疾患から二次的に生じた高血圧に対する第一選択薬は、アムロジピンベシル酸塩 0.625～1.25mg POまたは直腸内投与 q24hである。

B．第二選択薬は通常、ベナゼプリル（ACE阻害薬）0.25～0.5mg/kg PO q12～24hである。

C．他のACE阻害薬には、エナラプリル 0.25～0.5mg/kg q12～24hがあるが、一般に、猫での有効性は低い。

D．プラゾシン（α-アドレナリン作用阻害薬）0.25～0.5mg/頭 PO q24hは、猫の尿道平滑筋弛緩効果が高いことが証明されており、猫の排尿異常や犬の褐色細胞腫症例に使用される。

4．犬の高血圧治療

A．エナラプリル 0.25～0.5mg/kg PO q12～24h、ベナゼプリル 0.25～0.5mg/kg PO q12～24h、リシノプリル 0.75mg/kg PO q24hなどのACE阻害薬が、第一選択薬として推奨される。

B．アムロジピンベシル酸塩は、0.05～0.2mg/kg PO q12～24hで投与するが、必要に応じて0.25mg/kgまで増量できる。

C．プラゾシン 0.5～2mg/頭 PO q8～12hは、褐色細胞腫症例や、尿道平滑筋弛緩を要する排尿障害を呈した症例において効果が期待できる。

D．フェノキシベンザミン（αアドレナリン作用阻害薬）0.2～1.5mg/kg PO q8～12hは、褐色細胞腫症例にて多く使用される。

E．プロパノロール propanolol（βブロッカー、フェノキシベンザミンやプラゾシンと併用する）0.5～1mg/kg PO q8～12hは、犬に使用できるが、喘息を呈した猫には使用すべきでない。

F．アテノロール（βブロッカー、フェノキシベンザミンやプラゾシンと併用する）0.2～1mg/kg PO q12～24h

G．スピロノラクトン 1～2mg/kg PO q12hは、高アルドステロン症の治療に使用したり、他の利尿薬と併用して用いる。

5．褐色細胞腫の治療

A．フェントラミンメシル酸塩（αアドレナリン作用阻害薬）0.02～0.1mg/kg IVボーラス、以後、効果発現までIV CRI

B．投薬の際は、フェノキシベンザミンやプラゾシンなどのαアドレナリン作用阻害薬を先に投与してから、アテノロールやプロパノロールなどのβブロッカーを追加する。βブロッカーの単独使用は避ける。

糸状虫症における後大静脈症候群

後大静脈症候群は、犬糸状虫症罹患犬の16～20％に生じる、急性の合併症で、生命を脅かす危険性がある。その特徴は、溶血性貧血、血流障害、多臓器機能障害である。後大静脈症候群は、雄の大型スポーツ犬種に多く認められ、猫ではまれである。一般に、春～初夏に発症する。

診断

ヒストリー――食欲不振、元気消失、沈うつの急性発現。症例によっては、呼吸困難、発咳、ヘモグロビン尿、黄疸、まれに喀血。

身体検査――元気消失、可視粘膜蒼白、CRT延長、脈拍減弱、頸静脈怒張、頸静脈拍動、肺音増大、呼吸困難、三尖弁閉鎖不全による右心尖部での収縮期性心雑音、ギャロップリズム、肝脾腫、腹水、黄疸。

胸部X線検査――後大静脈拡張、右心房拡大、主肺動脈の部分的拡大、肺動脈の蛇行所見。症例によっては胸水や右心室拡大。

心電図検査――平均電気軸の右軸変位、洞性頻脈など、右心系疾患の徴候を示す。

心臓超音波検査――拡張期に、右心房から右心室に動く多数の寄生虫体を認めることがある。右心室腔は拡張し、中隔壁の奇異性運動や左心室の拡張径減少が認められる。

臨床検査――

1．CBCにて、中等度の再生性貧血、ヘモグロビン血症、ミクロフィラリア、好酸球増多症、好中球増多症、左方移動。

2．血小板減少症、血液凝固パラメーターの延長、フィブリノゲン濃度低下は、DICを示唆する。

3．生化学検査にて、AST、ALT、総ビリルビン、直接（抱合型）ビリルビン、LDH、BUNの上昇、高グロブリン血症を伴う低アルブミン血症。

4．尿検査にて、ヘモグロビン尿。

5．*Dirofilaria immitis* 成虫抗原検査陽性

中心静脈圧をモニターする。80～90％症例で上昇を認める。

予後

要注意～極めて不良

治療

1. 飼育者に、診断、予後、治療費について説明する。
2. 中心静脈圧をモニターする。
3. 動脈血液ガスおよび静脈血ガスをモニターする。
4. 静脈カテーテルを留置し、IV輸液を行う。流量は、中心静脈圧に基づいて決定する。輸液剤は、5%あるいは2.5%ブドウ糖液を0.45% NaClに添加したものを使用する。
5. 厳重なケージレスト
6. アスピリン5mg/kg/日の投薬
7. 敗血症やDICに対する適切なモニタリングと治療
8. 可及的速やかな、成虫の外科的摘出
   - A. 軽い鎮静下で患者を左横臥位に保定する。状態が極めて悪い患者は無鎮静下で行う。
   - B. 頸部腹側を剃毛・消毒する。
   - C. 局所麻酔薬を投与する。
   - D. 右頸静脈を分離し、頭側で結紮する。
   - E. 結紮部位の尾側にて、頸静脈に小切開を加える。
   - F. 20～40cmの直アリゲーター鉗子を右頸静脈に挿入し、第4または第5肋間の位置まで進める。
   - G. 鉗子先端を開き、虫体を把持したら、鉗子を閉じて頸静脈から釣り出す。一般に、35～50匹、またはそれ以上の成虫体が回収できる。
   - H. 釣り出しを繰り返しても虫体が回収されないことが5、6回連続するまで操作を続ける。
   - I. 頸静脈を結紮し、皮膚を縫合する。
9. 右心不全があれば、モニタリングと治療を行う。
10. 2～3週間の安静ののち、成虫駆除薬投与を開始する。

失神

失神は、脳機能障害による一時的で短い無意識状態と定義され、多くは、心拍出量低下や脳血管障害に起因する脳血流量低下、もしくは低酸素や低血糖が原因である。

病因

1. 心血管疾患に起因するもの：
   - A. 不整脈：洞性徐脈、房室ブロック、心房静止、心房細動、上室性頻脈、心室性頻脈
   - B. 先天性心疾患：ファロー四徴症、肺動脈狭窄症、大動脈弁下部狭窄症
   - C. 後天性心疾患：慢性弁膜疾患、心筋症、心タンポナーデ、心筋梗塞、

血栓塞栓症、糸状虫症
D．血栓塞栓症、血液凝固障害、高蛋白血症、アテローム性動脈硬化症、外傷、腫瘍に続発する脳血管疾患
E．急性の失血
F．低血圧
2．肺疾患に起因するもの：
A．気管虚脱
B．慢性気管支炎
C．極めて激しい咳（咳嗽性失神）
D．肺高血圧症
E．肺血栓症
3．神経疾患に起因するもの：
A．舌咽神経痛
B．末梢または中枢神経障害
C．血管迷走神経刺激
D．姿勢性低血圧
E．過換気
F．頸動脈洞の感受性亢進
G．血栓塞栓症
H．腫瘍
4．その他の原因：
A．貧血
B．低血糖（インスリン分泌腫瘍、インスリン過剰投与、グリコーゲン貯蔵疾患）
C．薬剤（アセプロマジン、ジギタリス、利尿薬、血管拡張薬）
D．飢餓

鑑別診断

1．発作性疾患——失神では、発作前および発作後の行動変化を欠く。失神の発現は非常に短時間で、激しい運動後に生じることが多い。後弓反張、啼鳴、失禁、一過性の前肢硬直は、発作においても失神においても観察される。失神で、過剰流涎や顔面の運動発作（口をくちゃくちゃさせるなど）を呈すことは稀である。
2．副腎皮質機能低下症、低カリウム血症、胸腔および腹腔内血管肉腫からの出血、神経筋疾患などの全身性疾患は、患者を激しく衰弱させるため、虚脱を引き起こす可能性があるが、失神のように急性発現する徴候や、意識消失を呈すことはほとんどない。
3．ナルコレプシー（睡眠発作）
4．カタレプシー（強硬症）

診断

ヒストリー——ボクサーの心筋症や短頭種の閉塞性気道疾患のように、心血管

疾患や肺疾患の遺伝的素因を持つ犬種が存在する。

失神直前に何が起きていたのかを、詳しく聴取する（激しい運動や発咳など）。インスリン、血管拡張薬、トランキライザーなどの投与歴を確認する。

飼育者の説明では、全身性の筋力低下が、運動失調へと急激に進行したのち、虚脱と短時間の意識消失を認める、というのが一般的である。初期には落ち着いていた患者が、のちに痙攣発作のような動きを呈することもある。尿失禁、便失禁も認められる。啼鳴を認めることもある。

持続時間は、通常、数秒から数分で、以後急速に回復する。

身体検査——心雑音、不整脈、ギャロップリズムの有無を慎重に聴診。股動脈圧触診。鼻腔および咽喉頭部の状態確認。胸部の触診および打診。異常肺音の有無を入念に聴診。粘膜の色調およびCRTチェック。血圧測定。綿密な神経学的検査。運動後の状態、刺激に対する反応の観察。

胸部X線検査——心疾患、肺疾患、胸水の検出。

心電図検査——不整脈や心腔拡張所見を示すことがある。第II誘導にて2分間以上記録する。入院中の持続的心電図検査を検討する。

心臓超音波検査——心血管構造異常や機能異常の検出。

臨床検査——CBC。特にPCV、TS（≒TP）、血糖値、コレステロール、電解質に重点をおいた血液生化学検査。酸塩基平衡、血中アンモニア濃度、甲状腺ホルモン濃度、ミクロフィラリア検査。

予後

予後は基礎疾患次第である。

治療

1. 飼育者に、診断、予後、治療費について説明する。
2. 静脈カテーテル留置
3. 可能であれば、基礎疾患を治療する。
4. 不整脈があれば加療する。
5. 低血圧や急性失血があれば、静脈内輸液を行い、循環血液量を回復させる。
6. 肺に異常があれば酸素供給を行い、特異的な基礎疾患は治療する。
7. ボクサーにおける心筋症は、突然死を惹起するため、抗不整脈治療が不可欠である。
    A. ソタロール（Betapace®）1.0～5.0mg/kg PO q12hは、心室性の不整脈の治療薬として推奨される。ただし、うっ血性心不全の臨床徴候や重度収縮機能不全がない場合に限る。ソタロールは、キニジン、プロカインアミド、メキシチリンと比較し、重度心奇形を呈する犬における致死的不整脈誘発が少ない。
    B. 持続性または発作性心室性頻脈では、プロカインアミド 250～500mg/kg PO q8～12hをプロプラノロール 20～40mg/kg q8hと併用する。
    C. メトプロロール 12.5～25mg/kg PO q12hは、徐脈を誘発する迷走神経性失神に用いる。

D．徐脈性失神は、臭化プロパンテリン 15mg PO q8h、またはイソプロパマイド 2.5～5mg PO q8～12hで予防できる。

E．緊急症例では、硫酸アトロピン 001～0.02mg/kg IV、IMが有効である。

F．L-カルニチン 1～2g PO q8～12hを補給する。

8．咳嗽性失神症では、鎮咳薬を投与する。

参考文献

心肺蘇生法（CPR）

Barton, L., Crowe, D.T., 2000. Open chest resuscitation. In: Bonagura, J. (Ed.), Kirk's Current Veterinary Therapy XIII. WB Saunders, Philadelphia, pp. 147–149.

Cabrini, L., Beccaria, P., Landoni, G., et al., 2008. Impact of impedance threshold devices on cardiopulmonary resuscitation: A systematic review and meta-analysis of randomized controlled studies. Critical Care Medicine 36, 1625–1632.

Cammarata, G., Weil, M.H., Csapoczi, P., et al., 2006. Challenging the rationale of three sequential shocks for defibrillation. Resuscitation 69, 23–27.

Cole, S.G., 2009. Cardiopulmonary resuscitation. In: Silverstein, D.C., Hopper, K. (Eds.), Small Animal Critical Care Medicine. Elsevier, St Louis, pp. 14–21.

Cole, S.G., 2009. Cardioversion and defibrillation. In: Silverstein, D.C., Hopper, K. (Eds.), Small Animal Critical Care Medicine. Elsevier, St Louis, pp. 220–232.

Cole, S.G., Otto, C.M., Hughes, D., 2002. Cardiopulmonary cerebral resuscitation in small animals – A clinical practice review (part I). Journal of Veterinary Emergency and Critical Care 12, 261–267.

Cole, S.G., Otto, C.M., Hughes, D., 2003. Cardiopulmonary cerebral resuscitation in small animals – A clinical practice review (part II). Journal of Veterinary Emergency and Critical Care 13, 13–23.

Crowe, D.T., 1988. Cardiopulmonary resuscitation in the dog: A review and proposed new guidelines (part I). Seminars in Veterinary Medicine and Surgery (Small Animal) 3, 321–327.

Crowe, D.T., 1988. Cardiopulmonary resuscitation in the dog: A review and proposed new guidelines (part II). Seminars in Veterinary Medicine and Surgery (Small Animal) 3, 328–348.

Crowe, D.T., 1992. Triage and trauma management. In: Murtaugh, R.J., Kaplan, P.M. (Eds.), Veterinary Emergency and Critical Care. Mosby-Year Book, St Louis, pp. 77–121.

Crowe, D.T., Fox, P.R., Devey, J.J., et al., 1999. Cardiopulmonary and cerebral resuscitation. In: Fox, P.R., Sisson, D., Moisse, N. (Eds.), Textbook of Canine and Feline Cardiology, Principles and Clinical Practice, second ed. WB Saunders, Philadelphia, pp. 427–445.

Davies, A., Janse, J., Reynolds, G.W., 1984. Acupuncture in the relief of respiratory arrest. New Zealand Veterinary Journal 32, 109–110.

Ditchey, R.V., Lindenfeld, J., 1988. Failure of epinephrine to improve the balance between myocardial oxygen supply and demand during closed-chest resuscitation in dogs. Circulation 78, 382–389.

ECC Committee, Subcommittees and Task Force of the American Heart Association, 2005. American Heart Association guidelines for cardiopulmonary resuscitation and emergency cardiovascular care. Circulation 112, IV1–IV203.

Gilroy, B.A., Dunlop, B.J., Shapiro, H.M., 1987. Outcome from cardiopulmonary resuscitation: Laboratory and clinical experience. Journal of the American Animal Hospital Association 23, 133–139.

Hackett, T.B., Van Pelt, D.R., 1995. Cardiopulmonary resuscitation. In: Bonagura, J. (Ed.), Kirk's Current Veterinary Therapy XII. WB Saunders, Philadelphia, pp. 167–175.

Hahnel, J.H., Lindner, K.H., Schurmann, C., et al., 1990. What is the optimal volume of administration for endobronchial drugs? American Journal of Emergency Medicine 8, 504–508.

Haldane, S., Marks, S.L., 2004. Cardiopulmonary cerebral resuscitation: Techniques (part I) Compendium on Continuing Education for the Practicing Veterinarian 26, 780–790.

Haldane, S., Marks, S.L., 2004. Resuscitation: Emergency drugs and postresuscitation care (part 2). Compendium on Continuing Education for the Practicing Veterinarian 26, 791–799.

Haskins, S.C., 1992. Internal cardiac compression. Journal of the American Veterinary Medical Association 200 (12), 1945–1946.

Haskins, S.C., 2000. Therapy for shock. In: Bonagura, J. (Ed.), Kirk's Current Veterinary Therapy XIII. WB Saunders, Philadelphia, pp. 140–147.

Henik, R.A., 1992. Basic life support, and external cardiac compression in dogs and cats. Journal of the American Veterinary Medical Association 200 (12), 1925–1931.

Hilwig, R.W., Kern, K.B., Berg, R.A., et al., 2000. Catecholamines in cardiac arrest: Role of alpha agonists, beta-adrenergic blockers and high-dose epinephrine. Resuscitation 47, 203–208.

Hofmeister, E.H., Brainard, B.M., Egger, C.M., et al., 2009. Prognostic indicators for dogs and cats with cardiopulmonary arrest treated by cardiopulmonary cerebral resuscitation at a university teaching hospital. Journal of the American Veterinary Medical Association 235, 50–57.

Kass, P.H., Haskins, S.C., 1991. Survival following cardiopulmonary resuscitation in dogs and cats. Journal of Veterinary Emergency and Critical Care 2 (2), 57–65.

Kern, K.B., Hilwig, R.W., Berg, R.A., et al., 2002. Importance of continuous chest compressions during cardiopulmonary resuscitation: Improved outcome during a simulated single lay-rescuer scenario. Circulation 105, 645–649.

Kern, K.B., Sanders, A.B., Voorhees, W.D., et al., 1989. Changes in expired end-tidal carbon dioxide during cardiopulmonary resuscitation in dogs: A prognostic guide for resuscitation efforts Journal of the American College of Cardiology 13, 1184–1189.

Kruse-Elliott, K.T., 2001. Cardiopulmonary resuscitation: Strategies for maximizing success. Veterinary Medicine 16, 51–58.

Macintire, D.K., 1995. The practical use of constant-rate infusions. In: Bonagura, J., Kirk, R. (Eds.), Kirk's Current Veterinary Therapy XII. WB Saunders, Philadelphia, pp. 184–188.

Naganobu, K., Hasebe, Y., Uchiyama, Y., et al., 2000. A comparison of distilled water and normal saline as diluents for endobronchial administration of epinephrine in the dog. Anesthesia and Analgesia 91, 317–321.

Paradis, N.A., Wenzel, V., Southall, J., 2002. Pressor drugs in the treatment of cardiac arrest. Cardiology Clinics 20, 61–78, viii.

Paret, G., Vaknin, Z., Ezra, D., et al., 1997. Epinephrine pharmacokinetics and pharmacodynamics following endotracheal administration in dogs: The role of volume of diluent. Resuscitation 35, 77–82.

Plunkett, S.J., McMichael, M., 2008. Cardiopulmonary resuscitation in small animal medicine: An update. Journal of Veterinary Internal Medicine 22, 9–25.

Rea, R.S., Kane-Gill, S.L., Rudis, M.I., et al., 2006. Comparing intravenous amiodarone or lidocaine, or both, outcomes for inpatients with pulseless ventricular arrhythmias. Critical Care Medicine 34, 1617–1623.

Rieser, T.M., 2000. Cardiopulmonary resuscitation. Clinical Techniques in Small Animal Practice 15, 76–81.

Rush, J.E., Wingfield, W.E., 1992. Recognition and frequency of dysrhythmias during cardiopulmonary arrest. Journal of the American Veterinary Medical Association 200 (12), 1932–1937.

Schmittinger, C.A., Astner, S., Astner, L., et al., 2005. Cardiopulmonary resuscitation with vasopressin in a dog. Veterinary Anaesthesia and Analgesia 32, 112–114.

Silverstein, D.C., 2009. Vasopressin. In: Silverstein, D.C., Hopper, K. (Eds.), Small Animal Critical Care Medicine. Elsevier, St Louis, pp. 759–804.

Simmons, J.P., Wohl, J.S., 2009. Vasoactive catecholamines. In: Silverstein, D.C., Hopper, K. (Eds.), Small Animal Critical Care Medicine. Elsevier, St Louis, pp. 756–804.

Valenzuela, T.D., Kern, K.B., Clark, L.L., et al., 2005. Interruptions of chest compressions during emergency medical systems resuscitation. Circulation 112, 1259–1265.

van Pelt, D.R., Wingfield, W.E., 1992. Controversial issues in drug therapy during cardiopulmonary resuscitation. Journal of the American Veterinary Medical Association 200 (12), 1938–1944.

Waldrop, J.E., Rozanski, E.A., Swank, E.D., et al., 2004. Causes of cardiopulmonary arrest, resuscitation management, and functional outcome in dogs and cats surviving cardiopulmonary arrest. Journal of Veterinary Emergency and Critical Care 14, 22–29.

Weihui, L., Kohl, P., Trayanova, N., 2006. Myocardial ischemia lowers precordial thump efficacy: An inquiry into mechanisms using three-dimensional simulations. Heart Rhythm 3, 179–186.

Wenzel, V., Lindner, K.H., 2006. Vasopressin combined with epinephrine during cardiac resuscitation: A solution for the future? Critical Care 10, 125.

Wingfield, W.E., 2002. Cardiopulmonary arrest. In: Wingfield, W.E., Raffe, M.R. (Eds.), The Veterinary ICU Book. Elsevier, Jackson Hole, Teton New Media, pp. 421–452.

Wingfield, W.E., Van Pelt, D.R., 1992. Respiratory and cardiopulmonary arrest in dogs and cats: 265 cases (1986–1991). Journal of the American Veterinary Medical Association 200, 1993–1996.

Wittnich, C., Belanger, M.P., Saberno, T.A., et al., 1991. External vs internal cardiac massage. Compendium on Continuing Education for the Practicing Veterinarian 13, 50–59.

Wright, K.N., 2009. Antiarrhythmic agents. In: Silverstein, D.C., Hopper, K. (Eds.), Small Animal Critical Care Medicine. St Louis, pp. 807–804.

Zhong, J.Q., Dorian, P., 2005. Epinephrine and vasopressin during cardiopulmonary resuscitation. Resuscitation 66, 263–269.

うっ血性心不全（CHF）

Atkins, C., Bonagura, J., Ettinger, S., et al., 2009. ACVIM consensus statement. Guidelines for the Diagnosis and Treatment of Canine Chronic Valvular Heart Disease. Journal of Veterinary Internal Medicine 23, 1142–1150.

Bond, B.R., 2009. Nitroglycerin. In: Silverstein, D.C., Hopper, K. (Eds.), Small Animal Critical Care Medicine. Elsevier, St Louis, pp. 768–804.

Chetboul, V., Serres, F., Tissier, R., et al., 2009. Association of plasma N-terminal pro-B-type natriuretic peptide concentration with mitral regurgitation severity and outcome in dogs with asymptomatic degenerative mitral valve disease. Journal of Veterinary Internal Medicine 23, 984–994.

Francey, T., 2009. Diuretics. In: Silverstein, D.C., Hopper, K. (Eds.), Small Animal Critical Care Medicine. Elsevier, St Louis, pp. 801–804.

Goutal, C.M., Keir, I., Kenney, S., et al., 2010. Evaluation of acute congestive heart failure in dogs and cats: 145 cases (2007–2008). Journal of Veterinary Emergency and Critical Care 20 (3), 330–337.

Lee, J.A., Herndon, W.E., Rishniw, M., 2011. The effect of noncardiac disease on plasma brain natriuretic peptide concentration in dogs. Journal of Veterinary Emergency and Critical Care 21 (1), 5–12.

Lombard, C.W., Jöns, O., Bussadori, C.M., 2006. Clinical efficacy of pimobendan versus benazepril for the treatment of acquired atrioventricular valvular disease in dogs. Journal of the American Animal Hospital Association 42, 249–261.

Oyama, M.A., Fox, P.R., Rush, J.E., et al., 2008. Clinical utility of serum N-terminal pro-B-type natriuretic peptide concentration for identifying cardiac disease in dogs and assessing disease severity. Journal of the Am Vet Med Assoc 232, 1496–1503.

Ware, W.A., 2007. Cardiovascular Disease in Small Animal Medicine. Manson, London, pp. 34–46, 164–193, 263–272.

Wey, A.C., 2009. Valvular heart disease. In: Silverstein, D.C., Hopper, K. (Eds.), Small Animal Critical Care Medicine. Elsevier, St Louis, pp. 165–170.

犬の心筋症

Borgarelli, M., Tarducci, A., Tidholm, A., et al., 2001. Canine idiopathic dilated cardiomyopathy. Part II: Pathophysiology and therapy. The Veterinary Journal 162, 182–195.

Burkett, D.E., 2009. Bradyarrhythmias and conduction abnormalities. In: Silverstein, D.C., Hopper, K. (Eds.), Small Animal Critical Care Medicine. Elsevier, St Louis, pp. 189–194.

Gordon, S.G., Miller, M.W., Saunders, A.B., 2006. Pimobendan in heart failure therapy – a silver bullet? Journal of the American Animal Hospital Association 42, 90–93.

Kirk, R.W., Bonagura, J.D. (Eds.), 1992. Current Veterinary Therapy XI. WB Saunders, Philadelphia, pp. 773–779.

Pariaut, R., 2009. Ventricular tachyarrhythmias. In: Silverstein, D.C., Hopper, K. (Eds.), Small Animal Critical Care Medicine. Elsevier, St Louis, pp. 200–202.

Prošek, R., 2009. Canine cardiomyopathy. In: Silverstein, D.C., Hopper, K. (Eds.), Small Animal Critical Care Medicine. Elsevier, St Louis, pp. 160–165.

Tidholm, A., Häggström, J., Borgarelli, M., et al., 2001. Canine idiopathic dilated cardiomyopathy. Part I: Aetiology, clinical characteristics, epidemiology and pathology. The Veterinary Journal 162, 92–107.

Ware, W.A., 2007. Cardiovascular Disease in Small Animal Medicine. Manson, London, pp. 280–299.

Wright, K.N., 2009. Supraventricular tachyarrhythmias. In: Silverstein, D.C., Hopper, K. (Eds.), Small Animal Critical Care Medicine. Elsevier, St Louis, pp. 195–199.

猫の心筋症

Abbott, J.A., 2009. Feline cardiomyopathy. In: Silverstein, D.C., Hopper, K. (Eds.), Small Animal Critical Care Medicine. Elsevier, St Louis, pp. 154–159.

Birchard, S.J., Sherding, R.G., 1994. Saunders Manual of Small Animal Practice. WB Saunders, Philadelphia, pp. 464–473.

Bonagura, J.D., Kirk, R.W. (Eds.), 1995. Current Veterinary Therapy XII. WB Saunders, Philadelphia, pp. 854–862.

Litster, A.L., Buchanan, J.W., 2000. Vertebral scale system to measure heart size in radiographs of cats Journal of the American Veterinary Medical Association 216, 210–214.

Mathews, K.A., 1996. Veterinary Emergency and Critical Care Manual. Lifelearn, Ontario, pp. 9–1 to 9–4.

Miller, M.S., Tilley, L.P., 1995. Manual of Canine and Feline Cardiology, second ed. WB Saunders, Philadelphia, pp. 367–369.

Murtaugh, R.J., Kaplan, P.M., 1992. Veterinary Emergency and Critical Care Medicine. Mosby, St Louis, pp. 242–246.

Schober, K.E., Maerz, I., Ludewig, E., et al., 2007. Diagnostic accuracy of electrocardiography and thoracic radiography in the assessment of left atrial size in cats: Comparison with transthoracic 2-dimensional echocardiography. Journal of Veterinary Internal Medicine 21, 709–718.

Ware, W.A., 2007. Cardiovascular Disease in Small Animal Medicine. Manson, London, pp. 300–319.

動脈血栓症、動脈血栓塞栓症

Birchard, S.J., Sherding, R.G., 1994. Saunders Manual of Small Animal Practice. WB Saunders, Philadelphia, pp. 473–475.

Hogan, D.F., 2009. Thrombolytic agents. In: Silverstein, D.C., Hopper, K. (Eds.), Small Animal Critical Care Medicine. Elsevier, St Louis, pp. 801–804.

Lunsford, K.V., Mackin, A.J., Langston, V.C., et al., 2009. Pharmacokinetics of subcutaneous low molecular weight heparin (enoxaparin) in dogs. Journal of the American Animal Hospital Association 45, 261–267.

Mathews, K.A., 1996. Veterinary Emergency, and Critical Care Manual. Lifelearn, Ontario, pp. 9–1 to 9–4.

Moore, K.E., Morris, N., Dhupa, N., et al., 2000. Retrospective study of streptokinase administration in 46 cats with arterial thromboembolism. Journal of Veterinary Emergency and Critical Care 10, 245–257.

Murtaugh, R.J., Kaplan, P.M., 1992. Veterinary Emergency and Critical Care Medicine. Mosby, St Louis, pp. 242–246.

Stokol, T., Brooks, M., Rush, J.E., et al., 2008. Hypercoagulability in cats with cardiomyopathy. Journal of Veterinary Internal Medicine 22, 546–552.

Van De Wiele, C.M., Hogan, D.F., Green, H.W., et al., 2010. Antithrombotic effect of enoxaparin in clinically healthy cats: A venous stasis model. Journal of Veterinary Internal Medicine 24, 185–191.

Ware, W.A., 2007. Cardiovascular Disease in Small Animal Medicine. Manson, London, pp. 145–163.

心嚢水貯留

Davidson, B.J., Paling, A.C., Lahmers, S.L., et al., 2008. Disease association and clinical assessment of feline pericardial effusion. Journal of the American Animal Hospital Association 44, 5–9.

Hall, D.J., Shofer, F., Meier, C.K., et al., 2007. Pericardial effusion in cats: A retrospective study of clinical findings and outcome in 146 cats. Journal of Veterinary Internal Medicine 21, 1002–1007.

Hoit, B.D., 2007. Pericardial disease and pericardial tamponade. Critical Care Medicine 35 (suppl), S355–S364.

Laste, N.J., 2009. Pericardial diseases. In: Silverstein, D.C., Hopper, K. (Eds.), Small Animal Critical Care Medicine. Elsevier, St Louis, pp. 184–188.

Shaw, S.P., Rush, J.E., 2007a. Canine pericardial effusion: Pathophysiology and cause. Compendium on Continuing Education for the Practicing Veterinarian 29 (7), 400–403.

Shaw, S.P., Rush, J.E., 2007b. Canine pericardial effusion: Diagnosis, treatment, and prognosis. Compendium on Continuing Education for the Practicing Veterinarian; 29 (7), 405–411.

Shubitz, L.F., Matz, M.E., Noon, T.H., et al., 2001. Constrictive pericarditis secondary to Coccidioides immitis infection in a dog. Journal of the American Veterinary Medical Association 218 (4), 537–540.

Ware, W.A., 2007. Cardiovascular Disease in Small Animal Medicine. Manson, London, pp. 320–339.

高血圧性クリーゼ（クライシス）

Brown, C.A., Munday, J.S., Mathur, S., et al., 2005. Hypertensive encephalopathy in cats with reduced renal function. Veterinary Pathology 42, 642–649.

Brown, S., 2009. Hypertensive crisis. In: Silverstein, D.C., Hopper, K. (Eds.), Small Animal Critical Care Medicine. Elsevier, St Louis, pp. 176–179.

Labato, M.A., 2009. Antihypertensives. In: Silverstein, D.C., Hopper, K. (Eds.), Small Animal Critical Care Medicine. Elsevier, St Louis, pp. 763–804.

Tissier, R., Perrot, S., Enriquez, B., 2005. Amlodipine: One of the main anti-hypertensive drugs in veterinary therapeutics. Journal of Veterinary Cardiology 7, 53–58.

糸状虫症における後大静脈症候群

Kirk, R.W., Bonagura, J.D. (Eds.), 1992. Current Veterinary Therapy XI. WB Saunders, Philadelphia, pp. 721–725.

Murtaugh, R.J., Kaplan, P.M., 1992. Veterinary Emergency and Critical Care Medicine. Mosby, St Louis, pp. 238–241.

Ware, W.A., 2007. Cardiovascular Disease in Small Animal Medicine. Manson, London, pp. 351–371.

失神

Barnett, L., Martin, M.W.S., Todd, J., et al., 2011. A retrospective study of 153 cases of undiagnosed collapse, syncope or exercise intolerance: the outcomes. Journal of Small Animal Practice 52, 26–31.

Ettinger, S.J. (Ed.), 1989. The Textbook of Veterinary Internal Medicine, Diseases of the Dog and Cat, third ed. WB Saunders, Philadelphia, pp. 82–87.

Nelson, R.W.C., Guillermo, C., 1998. Small Animal Internal Medicine, second ed. Mosby, St Louis, pp. 58, 109–110.

Ware, W.A., 2007. Cardiovascular Disease in Small Animal Medicine. Manson, London, pp. 139–144.

第4章 呼吸器

上部気道閉塞（窒息）

喉頭部閉塞

診断

ヒストリー――急性呼吸困難として認められる。直前に、骨、ボール、おもちゃなどを噛む現場が目撃される、あるいは首輪、リード、ロープ、その他、絞扼を起こしうる物が発見されることがある。軽症例や慢性経過症例では、喘鳴、呼吸狭窄音、発咳、鳴声の変化などの臨床徴候が緩慢に発現する。

身体検査――吸気時喘鳴、吸気困難、流唾、チアノーゼ、頻呼吸、顔や口吻を掻きむしる、不安行動、苦痛。喉頭の異物が、視診や触診で検知されることもある。

X線検査――絶対的に必要な場合以外では、救命治療を開始して、患者が安定するまで実施しない。

鑑別診断

喉頭異物、喉頭腫瘍、喉頭浮腫、喉頭麻痺、喉頭外傷、短頭種では短頭種症候群、鼻咽頭ポリープ、喉頭ポリープ、慢性増殖性喉頭炎、頸部腫瘤（腫瘍、膿瘍、リンパ節腫脹、ガラガラヘビ咬傷）。

予後

良好～極めて不良。閉塞の原因、程度、経過時間による。

治療

1．飼育者に診断、予後、治療費について説明する。緊急症例では、鎮静、異物除去、気管切開チューブ設置について迅速にオーナーの同意を得る。
2．患者に更なるストレスを与えないように留意して酸素供給を行う。患者が保定に耐えられる状態であれば、静脈カテーテル留置を行う。
3．これらの患者は、急激に代償不全をおこすことがある。ストレスは呼吸数および酸素要求量を上昇させるため、状態悪化の原因となる。不安緩解薬の使用は救命の一助になる。アセプロマジンは、静脈拡張および低血圧を惹起するが、血液動態が安定していれば0.05mg/kg IV、IMで使用できる。不安軽減を目的とする場合、ブトルファノール 0.1～0.6mg/kgIV、IMは、単独使用またはアセプロマジンと併用する。
4．気道閉塞では、高頻度で高体温を呈する。状態安定化処置の一環として、冷却を行う。
5．ここまでの処置で呼吸困難が改善しない場合、あるいは低酸素症、呼吸疲弊が予測される場合は、気管チューブ（可能であれば）もしくは気管切開チューブを設置する。挿管や異物除去を行う際には、プロポフォール（1～6mg/kg IV）を効果発現まで投与する。プロポフォールは、血管拡張と心筋抑制を引き起こすので、重篤症例への使用には、細心の注意を払う。

ジアゼパム（0.1〜0.5mg/kg IV）をケタミン（5〜10mg/kg IV）と併用してもよい。重篤症例では、導入にオピオイドを用いるとよい。

6. 異物除去が困難な場合や、腫瘤による閉塞では、気管切開チューブの設置を要する。気管切開の施術中は、気管に刺入した針に酸素ラインを接続して酸素供給を行う。孔径の大きい針を、術部より尾側にて、気管輪間から気管内へ直角に刺入する。マスが閉塞を引き起こしている場合は、吸引を行う。閉塞の軽減を目的に、膿瘍や嚢胞はドレナージを行うとよい。気道を損傷しないよう、特に注意すること。
7. 喉頭や気管の炎症に対し、短期作用型コルチコステロイド、またはリン酸デキサメタゾンナトリウム 0.2〜0.4mg/kg IV、IMを投与する。腫瘍性病変が原因として疑われる場合、ステロイド投与は診断の妨げになる恐れがある。
8. 患者の状態が安定した時点で、胸部X線検査を行う。特に、誤嚥性肺炎徴候や非心原性肺水腫に留意する。
9. 膿瘍や感染徴候を認める場合は、広域スペクトル抗生物質を投与する。投与前には、培養・感受性試験を行うことが望ましい。
10. 利尿薬は通常不要で、むしろ状態を悪化させることがある。

気管・気管支閉塞

診断

ヒストリー――急性呼吸困難として認められる。直前に、骨、ボール、おもちゃなどを噛む現場が目撃される、あるいは首輪、リード、ロープ、その他、絞扼を起こしうる物が発見されることがある。軽症例や慢性経過症例では、喘鳴、呼吸狭窄音、発咳、鳴声の変化などの臨床徴候が緩慢に発現する。

身体検査――吸気時喘鳴、吸気困難、流唾、チアノーゼ、頻呼吸、顔や口を掻きむしる、不安、苦痛。頸部気管の膨隆を触知できる場合がある。肺音を入念に聴診し、肺水腫をモニターする。嘔吐や吐出を呈する場合もある。

X線検査――絶対的に必要な場合以外では、救命治療を開始して、患者が安定するまで実施しない。

気管支鏡――気管・気管支閉塞の確定診断には、気管支鏡を要することが多い。検査の前に患者を安定化させることが必須である。

鑑別診断

気管内腔異物、気管内腔腫瘍、気管狭窄、気管虚脱、気管外傷、頸部・胸腔内・心基底部・縦隔マス病変（腫瘍、膿瘍、出血、浮腫）、リンパ節腫脹。

予後

閉塞の原因、程度、経過時間により、良好〜極めて不良。

治療

1. 飼育者に、診断、予後、治療費について説明する。緊急症例では、鎮静、異物除去、気管切開チューブ設置について迅速にオーナーの同意を得る。

2．患者に更なるストレスを与えないように留意して酸素供給を行う。患者が保定に耐えられる状態であれば、静脈カテーテル留置を行う。

3．これらの患者は、急激に代償不全へと陥る可能性がある。ストレスは呼吸数および酸素要求量を上昇させるため、状態悪化の原因となる。不安緩解薬の使用は救命の一助になる。アセプロマジンは、静脈拡張および低血圧を惹起するが、血液動態が安定していれば0.05mg/kg IV、IMで使用できる。不安軽減を目的とする場合、ブトルファノール 0.1～0.6mg/kg IV、IMは、単独使用またはアセプロマジンと併用する。

4．気道閉塞では、高頻度で高体温を呈する。状態安定化処置の一環として、冷却を行う。

5．ここまでの処置で呼吸困難が改善しない場合、あるいは低酸素症、呼吸疲弊が予測される場合は、気管チューブ（可能であれば）もしくは気管切開チューブを設置する。挿管や異物除去を行う際には、プロポフォール（1～6mg/kg IV）を効果発現まで投与する。プロポフォールは、血管拡張と心筋抑制を引き起こすので、重篤症例への使用には、細心の注意を払う。ジアゼパム（0.1～0.5mg/kg IV）をケタミン（5～10mg/kg IV）と併用してもよい。重篤症例では、オピオイドで導入してもよい。

6．異物除去が困難な場合や、腫瘤による閉塞では、気管切開チューブの設置を要する。気管切開の施術中は、気管に刺入した針に酸素ラインを接続して酸素供給を行う。孔径の大きい針を、術部より尾側にて、気管輪間から気管内へ直角に刺入する。マスが閉塞を引き起こしている場合は、吸引を行う。閉塞の軽減を目的に、膿瘍や嚢胞はドレナージを行うとよい。気道を損傷しないよう、特に注意すること。

7．喉頭や気管の炎症に対し、短期作用型コルチコステロイド、またはリン酸デキサメタゾンナトリウム 0.2～0.4mg/kg IV、IMを投与する。腫瘍性病変が原因として疑われる場合、ステロイド投与は診断の妨げになる恐れがある。

8．患者の状態が安定した時点で、胸部X線検査を行う。特に、誤嚥性肺炎徴候や非心原性肺水腫のモニタリングに有用である。

9．膿瘍や感染徴候を認める場合は、広域スペクトル抗生物質を投与する。投与前には、培養・感受性試験を行うことが望ましい。

10．利尿薬は通常有益でなく、むしろ状態を悪化させることがある。

喉頭麻痺

喉頭麻痺は、大型犬、老齢犬に好発するが、猫にも散見される。反回神経は背側輪状披裂筋を支配している。神経が断絶されると、筋萎縮が生じ、結果として披裂軟骨が外転できず、声門の狭窄や閉塞を生じる。

病因

1．特発性――最も頻度が高く、特に中型～超大型犬で多発する。好発犬種は、ラブラドールレトリーバー、ゴールデンレトリーバー、セントバーナード、シベリアンハスキー、アイリッシュセッターで、一般には7歳以上にみられる。雌より雄に多い。病因は不明であるが、多くは末梢神経障害によると思われる。

2. 先天性――イングリッシュブルドッグ、ブーヴィエデフランドル、シベリアンハスキー、マラミュートに認められる。ブルテリアにも疑いがある。通常4～18ヵ月齢で、呼吸困難を発症する。
3. 後天性――反回神経の外傷や手術などの医原性損傷。または、胸腔内外の腫瘍性病変、膿瘍、リンパ節腫脹、寄生虫侵入などによる反回神経の圧迫や炎症。
4. 広範性／瀰漫性神経筋疾患――重症筋無力症、多発性神経障害、多発性筋疾患、甲状腺機能低下症など。

診断

ヒストリー――運動不耐性、努力性呼吸（特に運動時、興奮時）、喘鳴、鳴声変化、空嘔吐、咳嗽、嚥下障害、虚脱。

身体検査――呼吸困難、吸気性喘鳴、高体温、チアノーゼ、流涎。肺水腫を認める場合もある。

X線検査――多くの場合、胸部X線検査の有用性は低い。胸部X線撮影は患者が安定化してから実施すべきであり、特に呼吸困難を呈した症例は要注意である。誤嚥性肺炎、巨大食道、肺水腫所見を認めることがある。

喉頭鏡検査――軽い鎮静下もしくは麻酔下で、呼吸時の喉頭機能を検査する。フローバイ法で酸素補給し、パルスオキシメトリーは95％を維持するように注意深くモニターする。吸気時に披裂軟骨の外転が抑制されていれば、喉頭麻痺と診断される。麻酔導入後、呼吸が抑制された症例では、ドキサプラム 1mg/kg IVを投与すると診断しやすくなる。吸気、呼気のタイミングを教えてくれる助手がいると検査が容易になる。喉頭の経鼻内視鏡検査も喉頭麻痺の診断に有用である。

鑑別診断

喉頭および気管気管支内異物、喉頭および気管気管支内腫瘍、肺疾患（肺水腫、誤嚥性肺炎、肺血栓塞栓症）。

予後

ストレス、体温、体重の管理を行う。軽度症例や片側発症例では、管理の効果が得られやすい。ほとんどの症例では、重症化する。確実な治療法は外科治療のみである。片側披裂軟骨側方化術は、最も成績が良く、合併症も少ない。術後合併症は、手術を受けた犬の10～28％で生じることが報告されている。発症頻度が特に高い合併症は、誤嚥性肺炎、咳嗽、喉頭浮腫、手術不成功、突然死である。

治療

1. 飼育者に診断、予後、治療費について説明する。重篤症例では、鎮静と挿管の同意を速やかに得る。
2. 患者に更なるストレスを与えないように留意して酸素供給を行う。患者が保定に耐えられる状態であれば、静脈カテーテル留置を行う。
3. これらの患者は、急激に代償不全へと陥る可能性がある。ストレスは呼吸数および酸素要求量を上昇させるため、状態悪化の原因となる。不安緩解薬の使用は救命の一助になる。アセプロマジンは、静脈拡張および低血圧を惹起するが、血液動態が安定していれば0.05mg/kg IV、IMで使用できる。不安軽減を目的とする場合、ブトルファノール 0.1〜0.6mg/kgIV、IMは、単独使用またはアセプロマジンと併用する。
4. 喉頭麻痺では、高頻度で高体温を呈する。状態安定化処置の一環として、冷却を行う。
5. ここまでの処置で呼吸困難が改善しない場合、あるいは低酸素症、呼吸疲弊が予測される場合は、気管チューブを挿管する。挿管時には、プロポフォール（1〜6mg/kg IV）を効果発現まで投与する。プロポフォールは、血管拡張と心筋抑制を引き起こすので、重篤症例への使用には、細心の注意を払う。ジアゼパム（0.1〜0.5mg/kg IV）をケタミン（5〜10mg/kg IV）と併用してもよい。重篤症例では、オピオイドを用いて導入してもよい。
6. 気管チューブによる維持が数時間以上必要とされる場合は、気管切開チューブ設置を検討する。気管切開の施術中は、気管チューブによる挿管を維持し、パルスオキシメトリーおよび$ETCO_2$を厳重にモニタリングする（p. 29、図1-5参照）。
7. 喉頭や気管の炎症に対し、短期作用型コルチコステロイド、またはリン酸デキサメタゾンナトリウム 0.2〜0.4mg/kg IV、IMを投与する。腫瘍性病変が原因として疑われる場合、ステロイド投与は、診断の妨げになる恐れがある。
8. 患者の状態が安定した時点で、胸部X線検査を行う。特に、誤嚥性肺炎徴候や非心原性肺水腫のモニタリングに有用である。
9. 利尿薬は通常有益でなく、むしろ状態を悪化させることがある。
10. 外科手術を実施するまでは、患者を落ち着かせ、冷涼な状態を維持する。

気管虚脱

気管虚脱はトイ犬種に頻発し、特にヨークシャーテリアに好発する。猫での発症はほとんどない。原因は不明だが、先天性奇形、気管軟骨細胞密度低下、慢性下部気道疾患、気管外マス病変・外傷などのメカニズムが関与していると考えられている。気管軟骨の脆弱化により、背腹側の気管膜性部が弛緩し、気管の部分閉塞もしくは完全閉塞が生じる。虚脱は、頸部、胸部もしくは両方同時に認められる。

診断

ヒストリー――興奮、ストレス、運動により悪化を認める間欠性咳嗽。気管の虚脱部位が振動するため、「雁の鳴き声」と表現される咳嗽を認めるのが一般的である。チアノーゼや虚脱を呈することもある。

身体検査――来院時には正常に見える場合もあれば、重度呼吸不全を呈する場合もある。喘鳴、発咳、チアノーゼ、高体温、虚脱などを呈す。罹患症例は、肥満を呈していることが多い。大半の症例では、気管触診によって発咳誘発ができる。胸部および気管を注意深く聴診すると、上部気道の喘鳴音や、呼吸終末期のポップ音（張り付いた粘膜が離れる音）が聴取される。非心原性肺水腫などの、肺疾患が併発していることもある。

胸部X線検査――X線撮影前に必要な治療を行い、患者を安定化させる。気管虚脱診断に最もよく用いられるのは、胸部および頸部ラテラル像X線写真である。多くの場合、診断には、呼気時と吸気時の撮影を要する。X線写真のみでは診断できない症例もある。

蛍光透視法――診断に動的画像を要する場合がある。蛍光透視法では、気管や主気管支の動きをリアルタイムで確認することができる。

気管支内視鏡検査――気管支鏡では、気管や主気管支を直接的に可視化し、虚脱の重篤度や併発感染症の有無を調べることができる。気管支内視鏡検査は診断の「ゴールドスタンダード」であり、虚脱のグレード（Ⅰ～Ⅳ）を決定できる。また、気管支肺胞洗浄（BAL）を行えば、細胞学的検査や培養・感受性試験も可能となる。気管支と共に、後頭部の精査を必ず実施する。検査中および検査後は麻酔モニタリングを慎重に行い、急激な状態悪化に注意する。

鑑別診断

喉頭麻痺、気管気管支閉塞、気管気管支炎、気管低形成、気管狭窄、気管内腫瘍、気管支炎、肺疾患、心疾患。

予後

70％の罹患犬では、内科的療法による長期的管理（12ヵ月以上）が可能である。しかし、重篤度や併発症によって、長期的予後は依然要注意である。侵襲性の高い治療を行う前に、まずは内科的療法を試みることが推奨される。内科的療法が奏功しない場合や、容態が重篤な場合には、外科的療法を検討する。手術の選択肢には、気管輪軟骨切開術、背側気管粘膜襞形成術、気管切除吻合術が含まれる。実施頻度の高い方法は、気管外リングプロテーゼ法および気管内壁ステント留置法である。これらの手技の合併症リスクは高く、喉頭麻痺、臨床徴候の持続、ステント移動などが認められる。

救急処置

1．飼育者に診断、予後、治療費について説明する。重篤症例では、鎮静と挿管の同意を速やかに得る。
2．患者に更なるストレスを与えないように留意しながら酸素供給を行う。患者が保定に耐えられる状態であれば、静脈カテーテルを留置し、輸液による血液動態の改善と水和を行う。

3. これらの患者は、急激に代償不全へと陥る可能性がある。ストレスは呼吸数および酸素要求量を上昇させるため、状態悪化の原因となる。不安緩解薬の使用は救命の一助になる。ブトルファノールは鎮咳作用を有するため、気管虚脱症例では特に有益である。ブトルファノール 0.1～0.6mg/kg IV、IMは、単独使用またはアセプロマジンと併用する。アセプロマジンは、静脈拡張および低血圧を惹起するが、血液動態が安定していれば0.05mg/kg IV、IMで使用できる。
4. 気管閉塞が生じた場合、高頻度で高体温を呈する。状態安定化処置の一環として、体外から冷却を行う。
5. ここまでの処置で呼吸困難が改善しない場合、低酸素状態、呼吸疲弊が予測される場合は、気管チューブを挿管する。挿管時には、プロポフォール（1～6mg/kg IV）を効果発現まで投与する。プロポフォールは、血管拡張と心筋抑制を引き起こすので、重篤症例への使用には、細心の注意を払う。ジアゼパム（0.1～0.5mg/kg IV）をケタミン（5～10mg/kg IV）と併用してもよい。重篤症例では、オピオイドで導入するのもよい。胸部や主気管支に重篤な虚脱を有する症例では、挿管しても十分な症状緩和ができない。
6. 虚脱部位が上部気道のみに限局されていることは少ないため、気管切開術は推奨されない。
7. 喉頭や気管の炎症に対し、短期作用型コルチコステロイド、またはリン酸デキサメタゾンナトリウム 0.2～0.4mg/kg IV、IMを投与する。腫瘍性病変が原因として疑われる場合、ステロイド投与は、診断の妨げになる恐れがある。
8. 患者の状態が安定した時点で、胸部X線検査を行う。X線検査は、誤嚥性肺炎徴候や非心原性肺水腫のモニタリングにおいて、特に有用である。
9. 気管支拡張薬の使用は、議論の分かれるところである。気管支拡張薬に気管内径を拡大させる作用はないが、気管支を拡張させることで、呼気時の胸腔内圧を低下させ、胸腔容積の狭小化を抑制する。

内科的管理

1. 飼育状況改善：高温・多湿環境での活動を制限する。首輪でなく、ハーネスを使用する。減量させる。
2. 抗炎症薬：プレドニゾン 0.5～1.0mg/kg PO q24h
3. 鎮咳薬：ブトルファノール 0.5～1mg/kg PO q6～12h、ヒドロコドン 0.22mg/kg PO q6～12h
4. 気管支拡張薬（賛否両論あり）：アミノフィリン 10mg/kg PO q8～12h、テオフィリン 10mg/kg PO q12h、テルブタリン 1.25～5mg/頭 PO q8～12h
5. 鎮静薬（必要に応じて）：アセプロマジン 0.5～2mg PO q8～12h
6. グルコサミン／コンドロイチン：コンドロイチンとして13～15mg/kg PO

q24h。気管軟骨の性状改善に有益な可能性。

感染性気管気管支炎（ITB）

感染性気管気管支炎（ITB）は、一般に「ケンネルコフ」とよばれる。通常、ワクチン接種歴が不明確な若齢犬が罹患する。しかし、近年では、ペットショップ、シェルター、ペットホテル、ブリーディング施設、動物病院など、多数の犬が集まる場所において、ワクチン接種済の犬にも感染が認められるようである。一般的なITBの原因ウイルスは、犬パラインフルエンザウイルス、犬アデノウイルス2型、犬ジステンパーウイルス、犬ヘルペスウイルスである。ITB原因菌は、*Bordetella bronchiseptica*、*Mycoplasma* spp.、*Streptococcus* spp.が多い。エアロゾルによる飛沫感染が一般的である。潜伏期間は通常3〜10日で、ウイルス排出期間は感染後6〜8日間である。

診断

ヒストリー——急性の発作性咳嗽および吐気以外には、特徴的な病歴を有さないことが多い。飼育者には、喀痰を伴う咳嗽と、嘔吐の区別がつかないことがある。細菌感染を併発している重症例では、咳嗽と共に、元気消失、食欲不振、呼吸速拍、粘液膿性鼻汁、眼脂などを認める。典型例では、ペットショップ、シェルター、ペットホテル、繁殖施設、動物病院などで、最近、他の犬と接触した経歴を認める。

身体検査——疾病の重篤度によって所見は様々である。一般に、軽症例では咳以外の異常所見を認めない。重症例では、脱水、発熱、呼吸速拍、粘液膿性鼻汁、眼脂などを認める。緊急治療を要する重篤な呼吸困難を呈する症例もある。

臨床検査——CBC、生化学検査でITBを診断することはできないが、全体的な健康状態を把握するのに有用な情報となる。CBCでは、白血球ストレスパターンを認めることがある。肺炎を併発した症例では、好中球の左方移動が見られることがある。重症例では、白血球減少症を認めることがある。

X線検査——軽症のITB症例では、胸部X線検査での特異所見は認めないのが普通である。肺炎を併発した症例では、気管支肺浸潤所見を認める。

その他の検査——経気管洗浄や気管支肺胞洗浄（BAL）は、抗生物質治療を既に受けている症例や、内科治療が奏功しない症例で実施することがある。口腔・鼻腔スワブは、常在菌が混入するため、診断や治療にはほとんど役立たない。これらの検査によって、患者の容態が急変することがあるため、患者の選択とモニタリングは慎重に行う。

予後

細菌の二次感染や肺炎によるITB悪化の有無により、予後は良好から不良まで多様である。

治療（軽症）

1. 飼育者に診断、予後、治療費について説明する。
2. プロトコルに従って隔離し、他の患者への感染を防御する。
3. 抗生物質投与：ドキシサイクリン 5mg/kg PO q12h×7〜10日間
4. 制咳薬：ブトルファノール 0.5〜1mg/kg PO q6〜12h、ヒドロコドン 0.22mg/kg PO q6〜12h
5. 患者の水和状態に応じて、IVまたはSC輸液を行う。

治療（重症）

1. 飼育者に診断、予後、治療費について説明する。重症例において重度呼吸不全や低酸素症を認める場合は、鎮静・挿管の同意を速やかに得る。
2. 患者に更なるストレスを与えないように留意しながら、酸素供給を行う。患者が保定に耐えられる状態であれば、静脈カテーテルを留置し、輸液による血液動態の改善と水和を行う。
3. プロトコルに従って隔離し、他の患者への感染を防御する。
4. 患者が安定した時点で、胸部X線検査を行う。
5. 広域スペクトル抗生物質を投与する。通常は、非経口投与を要する。他の抗生剤に加えて、ドキシサイクリン 5mg/kg IV、PO q12h 7〜10日間の投与は、必ず行う。
6. 食塩水と薬剤カクテルを用いたネブライゼーションは、気管・気管支の分泌を正常化させるのに有効である。抗生物質もネブライジングによる投与が可能である。抗生物質の適応症例は、培養・感受性試験で必要性が認められた症例と、治療が奏功しない重症例である。
7. パルスオキシメトリー、呼吸数、呼吸様式を十分にモニタリングする。
8. 適切な栄養サポートを行う。
9. 気管支拡張薬の使用については議論が分かれており、推奨されないことが多い。気管支拡張薬には、抗炎症作用を有するものがある：アミノフィリン 5〜10mg/kg IV q8〜12h

誤嚥性肺臓炎と誤嚥性肺炎

誤嚥性肺臓炎（pneumonitis）は、胃液・炭化水素・水などの刺激物を吸引することによって生じる肺の損傷である。誤嚥性肺炎（pneumonia）は、損傷を受けた肺で細菌が増殖する、または汚染物質を吸引することによって生じる。特定の疾患を有する症例では、誤嚥の危険性が増す。この章では、主に誤嚥性肺炎について述べる。

病因

健康な動物で誤嚥性肺炎が生じることはほとんどない。以下のような疾病に続発するのが一般的である。猫の誤嚥性肺炎は非常に稀である。

1. 意識レベルの変化――中枢神経系疾患、頭部外傷、発作、全身麻酔・鎮静。
2. 食道疾患――巨大食道、食道内異物、食道狭窄、下部食道括約筋機能障害、

フィーディングチューブ（経鼻食道チューブ、経鼻胃チューブ）、食道運動障害、食道逆流。

3．体内容積・体液関連――胃流出路閉塞、胃内容物排出遅延、胃運動障害、肥満、妊娠、イレウス、オピオイド。
4．持続的嘔吐（原因は不問）
5．医原性、その他――食道へ投与すべき活性炭、ミネラルオイル、錠剤、カプセル、バリウムなどを誤って気管内に投与する、強制給餌、口蓋裂、衰弱、麻痺。

診断

ヒストリー――原因となった事象に気付かないことも多い。問題が生じてから6～8時間後に、発咳、頻呼吸、呼吸困難などを認める。多くは、前述の潜在的病因を有する。

身体検査――口咽頭部における食物片や液体の残留、頻呼吸、呼吸困難、起座呼吸、喘鳴、咳嗽、空嘔吐、チアノーゼ、ショック、低血圧、発熱、不安行動、鼻腔や口咽頭からの粘液膿性分泌物。

胸部X線検査――一般に、右中葉全域、他肺葉では腹側に、斑状あるいは局在性の肺胞浸潤パターンを認める。ただし、誤嚥した際の体位によって、肺側や左右側方に病変を認める場合もある。巨大食道がみられることもある。

臨床検査――白血球増多症。左方移動は症例による。細胞診や培養・感受性試験をするには、経気管洗浄、気管支肺胞洗浄（BAL）を行う。重度呼吸不全を呈する症例では、動脈血液ガスを測定する。低酸素症、低二酸化炭素血症、高二酸化炭素血症を認めることもある。巨大食道症を呈する場合は、重症筋無力症に対するアセチルコリン受容体抗体価測定を行う。

鑑別診断

肺水腫、急性呼吸窮迫症候群（ARDS）、気管支肺炎、血行性感染による肺炎。

予後

誤嚥が生じると、肺炎を罹患する率は高く、死亡率も高い。予後は良好～極めて不良まで多様である。損傷を受けた肺葉数と予後には相関性があるようである。病変が1葉に限局しており、適切な治療が施された場合の予後は一般に良好である。酸素補給をしても低酸素症が改善されず、呼吸疲労やARDSを呈する場合は、機械的人工換気を要する。この場合の予後は、不良～極めて不良である。

治療

1．飼育者に診断、予後、治療費について説明する。
2．目の前で誤嚥が起きた場合は、すぐに口腔・口喉頭部・食道部の異物を除去する。処置には挿管を要する場合がある。口喉頭部・食道では、吸引を要することもある。
3．酸素補給

4. IVカテーテル留置と適切な輸液を行う。気管支の湿度を維持するために、患者を十分水和することが重要である。
5. 適応症例では、生理食塩水を用いて経気管洗浄や気管支肺胞洗浄（BAL）を行う。
6. 誤嚥性肺臓炎初期の抗生物質投与は不要であるが、誤嚥性肺炎では必要である。
7. 可能な限り、原因を除去する（制吐など）。
8. 気管支拡張薬の使用は議論の分かれるところであるが、誤嚥直後の投与は、恐らく有効である。
   A. アミノフィリン：
      Ⅰ.（犬）6～10mg/kg PO、IM、IV q6～8h
      Ⅱ.（猫）4～8mg/kg PO、SC、IM q12h
   B. テルブタリン：
      Ⅰ.（犬）1.25～5mg/頭 PO q8～12h、または0.01mg/kg SC q4h
      Ⅱ.（猫）0.625mg/頭 PO q8h、または0.01mg/kg SC q4h
9. 生理食塩水と気管治療薬カクテルによるネブライジング q4～6h。ただし治療効果は証明されていない。
10. コルチコステロイド投与は推奨されない。
11. 動脈血液ガス、パルスオキシメトリーによるモニタリング
12. 誤嚥性肺炎の最善策は、発生予防である。
   A. 麻酔や鎮静を行う前には、可能な限り患者を絶食させる。
   B. 胃粘膜保護薬（H_2受容体拮抗薬、プロトンポンプ遮断薬など）投与が有効な場合もある。
   C. 誤嚥を惹起する素因を持つ患者や、絶食せずに手術を行う場合などでは、メトクロプラミドなどの消化管運動改善薬を投与する。
   D. フィーディングチューブは、適切な位置に設置されていることを使用前に確認する。
   E. 臥位状態の患者は、常に気をつけて看護する。

肺血栓塞栓症（PTE）

肺血栓塞栓症（PTE）とは、一本あるいは複数本の肺動脈が、血栓、敗血症性塞栓物、脂肪、腫瘍転移、寄生虫などによって閉塞することである。

病因

PTEの大半は、他の全身性疾患に起因して生じる。PTE発生に関連する要因には、以下が含まれる：免疫介在性溶血性貧血、敗血症、蛋白喪失性腸症（PLE）、蛋白喪失性腎症（PLN）、腫瘍、心臓疾患、外傷、中心静脈カテーテル使用、整形外科手術（骨髄成分による塞栓）、整形外科的傷害、副腎皮質機能亢進症。

診断

確定診断には、肺の血管造影を要する。シンチグラフィーによる換気／血流スキャンを組み合わせることもある（日本国内では動物臨床症例適応不可）。通常、診断は、臨床徴候からの推測と、以下の方法による。高度画像診断装置を用いた検査を受けられる症例は限られているため、血栓は見逃される可能性が高い。また、剖検時の血栓発見は難度が高く、血栓がすでに破壊されていることもある。

ヒストリー――呼吸速拍あるいは呼吸困難の急性発症。低酸素症による意識レベル低下。咳嗽、喀血、虚脱。これらの症状が、以前から認められる場合もある。

身体検査――呼吸速拍あるいは呼吸困難。ラ音や喘鳴の聴取。胸水があると、心音や気管支肺胞音が不明瞭になる。基礎疾患として心疾患を有す患者では、心雑音が聴取される。

胸部X線検査――正常、あるいは透過性亢進部位、肺胞浸潤、肺動脈陰影消失、心陰影拡大。

臨床検査――CBCおよび生化学検査ではPTEを診断できないが、基礎疾患を発見できることがある。尿検査は、ルーチン検査の一環として推奨され、PLNの除外診断にも必要である。

凝固系プロファイル――ACT、PT、APTTなどのルーチン項目では、PTEは診断できない。ただし、PTE関連の併発疾患により、これらの測定値に異常を認めることがある。臨床検査にD-ダイマー測定を加えると、診断の一助になる。大型の肺血栓が存在すると、D-ダイマー陽性となることが多い。しかし、併発している全身疾患によってD-ダイマーが上昇している可能性もある。D-ダイマーが陰性でもPTEを除外することはできない。トロンボエラストグラフィ（TEG）によって凝固亢進状態を評価するのもよい。

動脈血液ガス――換気灌流ミスマッチによる低酸素症や低二酸化炭素血症は、ABGによって検出できる。肺胞―動脈血（A－a）勾配は、低酸素症の程度の評価や原因の探求に役立つ。

$$(\mathrm{A}-\mathrm{a}) = PA_{\mathrm{O_2}} - Pa_{\mathrm{O_2}}$$

$$PA_{\mathrm{O_2}} = [Fi_{\mathrm{O_2}}(\mathrm{PB} - P_{\mathrm{H_2O}}) - Pa_{\mathrm{CO_2}}/RQ]$$

$Fi_{\mathrm{O_2}}$＝吸入気酸素濃度（室内気では21％［0.21］）

PB＝大気圧（海抜0メートル地点ではおよそ760mmHgで、標高が上がれば大気圧は低下する）

$P_{\mathrm{H_2O}}$＝水蒸気圧（47mmHg）

RQ＝呼吸商　0.8～1.0

室内気呼吸におけるA－a勾配基準値は、10～15mmHg未満である（酸素供給下での値は不正確である）。

酸素補充療法に対する反応は、P：F比、すなわち$Pa_{\mathrm{O_2}}$：$Fi_{\mathrm{O_2}}$比を用いてモニタリングすることができる。$Pa_{\mathrm{O_2}}$：$Fi_{\mathrm{O_2}}$比は、$Pa_{\mathrm{O_2}}$を$Fi_{\mathrm{O_2}}$で割れば

求められる。P：F比の基準値は、450mmHg以上である。

鑑別診断

誤嚥性肺炎、肺水腫、急性心不全、気管支肺炎、気道閉塞。

予後

予後は原因が何であるか、原因除去が可能であるか否かによって異なるが、要注意～不良である。原因疾患の改善が困難であれば、血栓形成が持続的に生じるため、予後不良となる。

治療

治療は主に、原因除去および支持療法である。

1．酸素補給
2．飼育者に診断、予後、治療費について説明する。
3．IVカテーテル留置と適切な輸液を行う。
4．可能な限り、原因となる基礎疾患を治療する。
5．ストレプトキナーゼ（製造発売中止）および組織プラスミノーゲン活性化因子を用いた血栓溶解。これらの薬剤は、重篤な副作用を惹起する可能性があり、且つ高価であることから、使用は限られている。また、効果的に使用するには適切なタイミングでの投与を要すること、獣医療では確定診断が難しいことなども、使用の障壁となっている。
6．抗凝固療法によって血栓の消散はできないが、新しくPTE発生を抑制することができる。重篤な副作用を回避するには、厳重なモニタリングが必須である。非分画ヘパリン 200～400U/kg SC q6hの投与によって、3～4倍の活性化部分トロンボプラスチン時間延長が期待できる。モニタリングにはACTを用いてもよい。非分画ヘパリン投与後、一般にベースラインより15～20秒延長する。低分子ヘパリンを用いてもよい。以前はワルファリンも使用されていたが、用量調整等が難しい。アスピリンやクロピドグレルなどの抗血小板薬を用いる方法もある。
7．高リスク症例における予防療法は重要で、PTE発生を抑制できる可能性がある。ただし、犬猫の低用量アスピリン治療の適正投与量については、見解が一致していない。
   A．ヘパリン：75～100U SC q8h
   B．（犬）アスピリン：0.5mg/kg PO q12h
   C．（猫）アスピリン：81mg/頭 PO q72h
   D．（猫）クロピドグレル：18.75～37.5mg/日

非心原性肺水腫

病因

非心原性肺水腫は、肺の血管透過性亢進によって生じる。血管透過性亢進は、肺間質を境する肺毛細血管内皮の傷害によって惹起される。血管内皮が傷

害を受けると、蛋白質に富んだ液体が肺間質に流出する。非心原性肺水腫は、原発性肺疾患（溺水、感電、煙吸入、胃内容物誤嚥、酸素中毒、鈍性外傷など）の結果として発生する。また、二次性肺損傷による肺水腫発生もある。これは、全身性疾患（敗血症、膵炎、尿毒症、多発性外傷など）に起因するのが一般的である。

診断

ヒストリー——上記に挙げた事象が発生したのち、急性呼吸不全が生じる。

身体検査——頻呼吸、呼吸困難、チアノーゼ、起座呼吸、発咳。肺性ラ音が聴取されることもある。

胸部X線検査——通常、診断にX線検査は必須であるが、患者の容態が安定するまで実施してはならない。非心原性肺水腫では、間質性、または混合性肺胞パターンを呈する。部位は、両側の尾背側が最も多い。

臨床検査——CBC、血液生化学検査、尿検査は、非心原性肺水腫の診断には役立たないが、併発疾患などの状態を把握するために実施する。

動脈血液ガス（ABG）——一般に、ABGは低酸素症や低二酸化炭素症を検出するのに役立つ。これらは、換気灌流ミスマッチによって生じる。低酸素症の程度や原因を知るには、A－a勾配を用いるとよい。

$$(\mathrm{A}-\mathrm{a}) = P\mathrm{A}_{\mathrm{O_2}} - P\mathrm{a}_{\mathrm{O_2}}$$
$$P\mathrm{A}_{\mathrm{O_2}} = [F\mathrm{i}_{\mathrm{O_2}}(P\mathrm{B} - P_{\mathrm{H_2O}}) - P\mathrm{a}_{\mathrm{CO_2}}/RQ]$$

$F\mathrm{i}_{\mathrm{O_2}}$＝吸入気酸素濃度

$P\mathrm{B}$＝大気圧（海抜0メートル地点ではおよそ760mmHg）

$P_{\mathrm{H_2O}}$＝水蒸気圧（47mmHg）

RQ＝呼吸商　0.8～1.0

室内気呼吸におけるA－a勾配基準値は、10～15mmHg未満である（酸素供給下での値は不正確である）。

酸素補充療法に対する反応は、P：F比、すなわち$P\mathrm{a}_{\mathrm{O_2}}$：$F\mathrm{i}_{\mathrm{O_2}}$比を用いてモニタリングすることができる。$P\mathrm{a}_{\mathrm{O_2}}$：$F\mathrm{i}_{\mathrm{O_2}}$比は、$P\mathrm{a}_{\mathrm{O_2}}$を$F\mathrm{i}_{\mathrm{O_2}}$で割れば求められる。P：F比の基準値は、450mmHg以上である。

予後

予後は原因に左右されるものの、常に要注意である。非心原性肺水腫にて認められる高蛋白質貯留液は、通常、利尿療法への反応が乏しいため、心原性肺水腫より難治性を呈す。酸素補給をしても$P\mathrm{a}_{\mathrm{O_2}}$が60mmHg未満の症例では、機械的換気を行う。また、このような症例は予後不良である。呼吸努力の増加や、呼吸不全のリスク増大（$P\mathrm{a}_{\mathrm{CO_2}}$が60mmHg以上）を認める症例も、機械的換気を要する。

治療

1．酸素補給

A．患者を酸素ケージに入れる。
B．経鼻カテーテルを装着し、酸素補給をする。
C．鎮静、挿管を行い、機械的人工換気を行う。

2．飼育者に対する診断、予後、治療費についての説明。
3．IVカテーテル留置。適切な輸液。
4．可能ならば基礎疾患治療。
5．利尿薬投与の是非については意見が分かれている。肺の静水圧を低下させるには有効であるが、高蛋白液の除去においては通常奏功しない。フロセミドの初期投与量は2mg/kg IVで、以後は6～8時間ごとに追加投与する。または、初期投与後、0.1mg/kg/時 CRIで維持してもよい。水和状態は厳重にモニタリングする。
6．血圧維持のために、昇圧薬投与を要する場合がある。
7．ストレス軽減。必要に応じた鎮静処置：ブトルファノール 0.1～0.6mg/kg IV q6～12h。非心原性肺水腫の原因が、疼痛を伴うもの（外傷など）である場合は、μ受容体完全遮断薬を用いる。
8．適応症例については、生理食塩水を用いた経気管洗浄、または気管支肺胞洗浄（BAL）を行う。細胞診、培養、感受性試験は、原因究明、あるいは抗生物質投与の検討において有用である。
9．テルブタリンなどのβ2遮断薬を投与すると、肺胞洗浄液の吸収を亢進させる可能性がある。これは証明されていない現象であるが、拘束型心筋症や甲状腺機能亢進症の存在が疑われる猫では特に注意すべきである。

A．テルブタリン（犬）1.25～5mg/頭 PO q8～12h、または0.01mg/kg SC q4h
B．テルブタリン（猫）0.625mg/頭 PO q8h、または0.01mg/kg SC q4h

10．非心原性肺水腫を呈した全ての症例で抗生物質投与を要するわけではなく、原因疾患を考慮して投与を検討すべきである。原因が敗血症などの感染症であれば、抗生物質投与を行うが、無菌性（非感染性）炎症であれば、必要ない。
11．呼吸数、呼吸努力の有無、動脈血液ガス、パルスオキシメトリーのモニタリングを逐次的に行う。
12．患者に、低酸素症、努力呼吸を認める場合、あるいは呼吸不全のリスクがある場合は、陽圧換気を行う。

急性肺傷害（ALI）および急性呼吸窮迫症候群（ARDS）

急性肺傷害（ALI）および急性呼吸窮迫症候群（ARDS）は、生命を脅かす病態であり、肺水腫の原因となる重篤疾患によってもたらされる。ALIとARDSの違いは、主に低酸素症の重篤度であり、ARDSのほうが重篤度が高い。動脈血酸素分圧を吸入気酸素濃度で割った値であるPa_{O_2}：Fi_{O_2}比（P：F比）を用いれば、二者を分類できる。

病因

炎症細胞や炎症メディエータが肺間質を境する肺毛細血管内皮を傷害すると、血管透過性が亢進し、結果としてALIやARDSが生じる。間質には、蛋白質に富んだ液体が流出する。原発性肺損傷（溺水、感電、煙吸入、胃内容物誤嚥、酸素中毒、鈍性外傷）はALIおよびARDSを引き起こす。敗血症、ショック、熱中症、蜂刺症、膵炎、尿毒症、多発性外傷などの全身性疾患によって惹起される二次性肺損傷によっても肺水腫が生じる。犬のALIおよびARDSの診断基準は以下の通りである。

- 既存する重篤な疾患・傷害
- 呼吸数増加、努力性呼吸
- 胸部X線写真における両側性肺浸潤像
- 重度低酸素症

  P：F比に基づいた基準は以下の通り。
  - ALI　P：F比は200～300
  - ARDS　P：F比は200未満

    （P：F比基準値は、450以上）
- 心超音波エコーおよび肺動脈カテーテル検査にて、左心房高血圧を認めない。

診断

ヒストリー――上記に挙げた事象が発生したのち、急性呼吸不全が生じる。

身体検査――頻呼吸、軽度～重度の呼吸困難。聴診にて肺音粗造または肺性ラ音聴取。呼吸補助筋を使った呼吸様式、起座呼吸。重症例では、ピンク色の泡沫液排出を伴う発咳。併発症を確認するため、十分な全身精査を行う。

胸部X線検査――両側尾背側における肺浸潤像。重症例では瀰漫性。

臨床検査――CBC、血液生化学検査、尿検査によってALIやARDSを診断することはできないが、基礎疾患や併発疾患を評価する上で重要である。患者は、多臓器機能障害や多臓器不全を生じていることがあり、CBC、血液生化学検査、尿検査を逐次実施する必要がある。

動脈血液ガス（ABG）――ABGは一般に、低酸素症や低二酸化炭素症を検出するのに役立つが、換気不全、ALI、ARDSを呈する症例では、高二酸化炭素症を呈することがある。これは、換気灌流ミスマッチによるものである。低酸素症の程度や原因を知るには、A－a勾配を用いるとよい。

$$(\mathrm{A}-\mathrm{a}) = P\mathrm{A}_{\mathrm{O_2}} - P\mathrm{a}_{\mathrm{O_2}}$$

$$P\mathrm{A}_{\mathrm{O_2}} = [F\mathrm{i}_{\mathrm{O_2}}(P\mathrm{B} - P_{\mathrm{H_2O}}) - P\mathrm{a}_{\mathrm{CO_2}}/RQ]$$

$F\mathrm{i}_{\mathrm{O_2}}$＝吸入気酸素濃度
$P\mathrm{B}$＝大気圧（海抜0メートル地点ではおよそ760mmHg）
$P_{\mathrm{H_2O}}$＝水蒸気圧（47mmHg）
RQ＝呼吸商　0.8～1.0

室内気呼吸におけるA－a勾配基準値は、10～15mmHg未満である（酸素供給下での値は不正確である)。

酸素補充療法に対する反応は、P:F比(Pa_{O_2}:Fi_{O_2}比)を用いてモニタリングすることができる。Pa_{O_2}:Fi_{O_2}比は、Pa_{O_2}をFi_{O_2}で割れば求められる。P:F比の基準値は、450mmHg以上である。

心超音波エコー検査——心原性肺水腫の除外に有効。

鑑別診断

肺水腫を伴う心不全、非心原性肺水腫、真菌性内縁、瀰慢性肺腫瘍(原発性、転移性)。

予後

予後は、原因や治療開始のタイミングにより、中度〜極めて不良である。酸素補給をしてもPa_{O_2}が60mmHg未満の症例では機械的換気を行うが、このような症例は予後不良である。呼吸努力の増加や、呼吸不全のリスク増大(Pa_{CO_2}が60mmHg以上の高二酸化炭素症)を認める症例も、機械的換気を要する。

治療

1. 酸素補給。多くの場合、鎮静とPEEPを用いた機械的換気を要する。
2. IVカテーテル留置。適切な輸液による灌流と水和の管理。
3. 飼育者に対する診断、予後、治療費についての説明。
4. 原因疾患の究明および適切な治療。
5. 初期からの栄養サポート。
6. 利尿薬投与の是非については意見が分かれている。肺の静水圧を低下させるには有効であるが、高蛋白液の除去においては通常奏功しない。フロセミドの初期投与量は2mg/kg IVで、以後は6〜8時間ごとに追加投与する。または、初期投与後、0.1mg/kg/時 CRIで維持してもよい。水和状態は、厳重にモニタリングする。
7. 血圧維持のために、昇圧薬投与を要する場合がある。
8. ストレス軽減。必要に応じた鎮静処置:ブトルファノール 0.1〜0.6mg/kg IV q6〜12h。非心原性肺水腫の原因が、疼痛を伴うもの(外傷など)である場合は、μ受容体完全遮断薬を用いる。
9. 適応症例については、生理食塩水を用いた経気管洗浄、または気管支肺胞洗浄(BAL)を行う。機械的人工呼吸を行っている症例で、感染徴候(発熱、白血球増多症、左方移動など)を認める場合、人工呼吸器関連肺炎が示唆されるため、これらの検査適応となる。細胞診、培養、感受性試験は、原因究明、あるいは抗生物質投与の検討において有用である。
10. ALIあるいはADRSを呈した全ての症例で抗生物質投与を要するわけではなく、原因疾患を考慮する必要がある(抗生物質の必要性が後に生じる場合もある)。敗血症などの感染症が原因である場合には、抗生物質投与を行う。
11. 呼吸数、呼吸努力の有無、動脈血液ガス、パルスオキシメトリーのモニタリングを逐次的に行う。

猫の慢性気管支疾患（猫喘息）

猫の慢性気管支疾患は、猫下部気道疾患、アレルギー性気管支炎、喘息とも呼ばれている。原因は、吸入されたアレルゲンに対する下部気道の過敏反応であり、気管支分泌亢進や気管支痙攣を誘発する。猫の呼吸不全は重篤で、急激に代償不全に陥る可能性がある。診断を下す前に、まずは適切な処置を行うことが重要である。

診断

ヒストリー――咳嗽、喘鳴、頻呼吸。これらは呼吸困難を伴う場合と伴わない場合がある。不安行動、開口呼吸、チアノーゼなどの稟告。猫砂、煙、ハウスダスト、香水、花粉、その他のアレルゲンへの曝露。

身体検査――腹式呼吸が顕著な呼気性呼吸困難。開口呼吸、チアノーゼ、起座呼吸、不安行動、気管支肺胞音増大、喘鳴、咳嗽。

胸部X線検査――正常な場合もある。間質デンシティ増大、気管支周囲明瞭化、肺過膨張、横隔膜平坦化、肺透過性亢進、時に呑気（空気嚥下）。気胸を呈する症例もある（特に気管支鏡検査後）。

臨床検査――CBC、血液生化学検査は、診断的ではないが、呼吸困難の原因が他にないかを探査するのに有用である。末梢性好酸球増多症を呈する場合もあるが、認められないことのほうが多い。フィラリア抗原・抗体検査を実施すると共に、糞便検査も行う。

気管支鏡検査――気道の発赤、狭小化、粘液分泌亢進。BALによって細胞診、培養・感受性試験を行う。細胞診は特異性に乏しいが、他の検査と併用すれば有用性が増す。

鑑別診断

心疾患、急性・慢性気管支炎、感染性肺炎、肺腫瘍。

予後

有病期間、重篤度、治療への反応などにより、予後は要注意～中度である。原因疾患が判明しており、治療可能である場合、予後は比較的良い。

治療（急性期）

1. 飼育者に診断、予後、治療費について説明する。緊急症例では、鎮静と挿管について迅速にオーナーの同意を得る。
2. 患者に更なるストレスを与えないように留意して、酸素供給を行う。患者が保定に耐えられる状態であれば、静脈カテーテル留置を行う。
3. これらの患者は、急激に代償不全へと陥る可能性がある。ストレスは呼吸数および酸素要求量を上昇させるため、状態悪化の原因となる。不安緩解薬の使用は救命の一助になる。ブトルファノール 0.1～0.6mg/kg IV、IMは、単独使用またはアセプロマジンと併用する。ブトルファノールは鎮咳作用も有する。アセプロマジンは静脈拡張および低血圧を惹起するが、血液動態が安定していれば0.05mg/kg IV、IMで使用できる。

4．抗炎症を目的とした、短時間作用型コルチコステロイド、あるいはリン酸デキサメタゾンナトリウム 0.2～1.0mg/kg IV、IM投与が推奨される。ただし、心不全や感染性疾患が呼吸困難の原因であった場合は、ステロイド投与によって症状が悪化するため、原因が喘息であることが確定してから投与する。

5．気管支拡張薬投与（心疾患を有する患者では注意を要する）
アルブテロール（サルブタモール）吸入：108μg q30～60min。重度呼吸困難が改善するまで。
テルブタリン 0.1mg/kg IM、SC 最短でq4h。重度呼吸困難が改善するまで。

6．上記の処置を行っても顕著な呼吸困難を呈する場合、あるいは低酸素症や呼吸疲労が予測される場合は、挿管を要する。挿管には、プロポフォール1～6mg/kg IVを効果がでるまで投与する。プロポフォールは、血管拡張および心筋抑制効果を有するので、クリティカル症例では慎重に使用する。ジアゼパム（0.1～0.5mg/kg IV）とケタミン（5～10mg/kg IV）を併用してもよい。重症例では、導入にオピオイドを使用するとよい。

7．マロピタント（セレニア®）1mg/kg SCの投与を検討する。本薬は、気管支収縮を軽減し、呼吸困難を改善すると報告されている。

治療（維持期）

1．硫酸テルブタリン：総投与量0.312～1.25mg/頭/日 PO
2．硫酸アルブテロール：108μg吸入。必要に応じて。
3．プレドニゾロン：1～2mg/kg/日 PO
4．徐放性テオフィリン：25mg/kg PO q24h
5．テオフィリン：6～8mg/kg PO bid
6．プロピオン酸フルチカゾン：44～220μg吸入 bid

胸水

胸膜腔は、臓側胸膜と壁側胸膜によって形成される潜在的空間である。正常な胸膜腔には、ごく少量の液体が存在し、肺の動きを潤滑にする役割を担っている。胸水とは胸膜腔に過剰に貯留した液体のことで、様々な疾患がその原因となる。

診断

ヒストリー——臨床徴候は多岐にわたる。稟告は、元気消失、食欲不振、体重低下、発熱、頻呼吸などから、重症例では、急性発症の重度呼吸困難まで多様。

身体検査——頻呼吸、起座呼吸、チアノーゼ、開口呼吸。呼吸様式は短く、浅く、速い。胸郭の奇異性運動を認めることもある。窮迫状態に陥ることもある。聴診にて、心音・肺音の不鮮明化、心雑音の可能性。腹水、頸静脈怒脹・拍動。時に発熱。

胸部X線検査——多量の胸水貯留が予測される場合は、胸腔穿刺後にX線撮影を行う。胸腔穿刺には、ポータブル超音波エコー装置を用いるとよい。

（注意：X線撮影は治療ではない。まずは胸腔穿刺などの方法で患者を安定化させることが第一である。処置を誤れば、X線撮影によって患者を死亡させる危険性がある）

ラテラル像およびDV像を撮影する（DV像によって、背側肺野の所見が得られる。また、DV像は患者にとって楽な姿勢で撮影できる）。重症例では心陰影消失。液体貯留による肺葉周囲の波状化、肺葉辺縁・肺葉間裂の鈍化、肺葉の胸腔壁からの離開。他の注意すべき所見として、心陰影拡大、肺腫瘤・浸潤、横隔膜ヘルニア、肺葉捻転、縦隔腫瘤、腹水の併発。外傷症例では、皮下気腫、椎体・肋骨・胸骨の骨折を認めることがある。胸腔穿刺前後の写真があれば、更なる病変を発見できることがある。

心電図検査——心筋症、律動異常、心嚢水貯留の徴候を評価する。

心臓および胸腔内超音波検査——心機能を評価する。心嚢水貯留、弁膜症、先天性心疾患、心・縦隔腫瘤の探査。患者が安定しているならば、胸腔穿刺前に超音波検査を実施する方が有用である。

臨床検査——

1. 胸水性状分析——胸腔穿刺によって採取したサンプルを、紫キャップの採血チューブ（2mL）と赤キャップの滅菌チューブ（2～3mL）に分注する。サンプルは検査機関に提出し、細胞診、培養・感受性試験を依頼する。
2. CBC、血液生化学検査、尿検査を実施し、全身状態を把握し、基礎疾患を探査する。
3. フィラリア、真菌、猫伝染性腹膜炎、猫白血病ウイルス、猫免疫不全ウイルスなどについて血清検査を行う。

鑑別診断

1. 漏出液、変性漏出液（胸水症）——高蛋白血症（肝疾患、腎疾患、蛋白漏出性腸疾患）、心不全、過剰輸液、腫瘍、肺血栓塞栓症、横隔膜ヘルニア。
2. 非敗血症性滲出液——腫瘍、肺葉捻転、横隔膜ヘルニア、腎疾患、膵炎、猫伝染性腹膜炎、猫白血病ウイルス感染症。
3. 化膿性滲出液（膿胸）——敗血症性胸膜炎（細菌、真菌、ウイルス性）、異物穿孔。
4. 乳糜性滲出液（乳糜胸）——胸管破裂、胸管閉塞、腫瘍（リンパ腫）、心不全、フィラリア症、特発性。
5. 出血性滲出液（血胸）——腫瘍（心基底部、心臓、心膜、胸腔内血管）、外傷、凝固異常。

予後

予後は、原因疾患、併発疾患、重症度によって要注意～中度である。

治療

1．患者に更なるストレスを与えないように留意して酸素供給を行う。患者が保定に耐えられる状態であれば、静脈カテーテル留置を行う。
2．輸液を行い、血液動態改善と水和を行う。
3．飼育者に診断、予後、治療費について説明する。
4．胸腔穿刺を行う前に、CPRの準備をしておく。胸膜腔疾患は、開胸CPRの適応となる。
5．ブトルファノール（0.2〜0.6mg/kg IV）またはフェンタニルなどのμ受容体完全遮断薬を用いた鎮静。
6．両側胸腔穿刺（図4-1）、胸水性状分析、滅菌的手法を用いたサンプル採取（剃毛、消毒、滅菌グローブ・器具使用）。採取液は、紫キャップのEDTA採血チューブ（2mL）と赤キャップの滅菌チューブ（2〜3mL）に分注する。
7．CBC、血液生化学検査、前述の感染症スクリーニング。CBC、BUN、血糖値は、院内で迅速に検査するのが望ましい。
8．膿胸以外の症例では、胸腔内チューブを設置する前に、胸腔穿刺を2〜3回繰り返すことが推奨される。
9．胸腔内チューブ設置：
   A．処置前に患者の酸素化を行う。
   B．胸腔内チューブ設置前に胸腔穿刺を行う。
   C．設置は、深い鎮静、あるいは麻酔下にて行うのが望ましい。

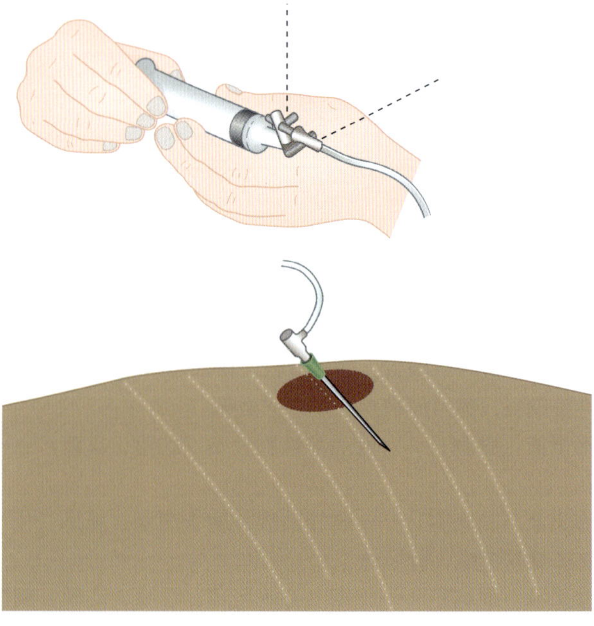

図4-1　胸腔穿刺手技
伏臥位、横臥位のいずれかで、患者へのストレスが少ない方の体位を選択する。両側第6〜8肋間を剃毛・消毒し、無菌操作を行う。肋骨肋軟骨結合部の高さにて、針を穿刺し、液体を吸引する（気体を吸引する場合は、より背側にて穿刺する）。肋間動静脈を避けるには、肋骨前縁より穿刺する。胸壁に対し、針を30度の角度で挿入すると、肺損傷を回避できる。

D. 患者を横臥位にし、肩甲骨後縁から最後肋骨までの部位を剃毛・消毒する。厳密な無菌操作を行う。
E. 神経ブロックによる局所麻酔を行う。
F. 第10肋間にて、チューブ径より若干大きく皮膚切開を施す。
G. トロッカーチューブで皮下トンネルを形成したのち、垂直に保持する。この時、先端は僅かに腹側へ傾ける。
H. トロッカーチューブは、肋骨前縁から3肋間分の皮下に通す。後縁には肋間血管や神経が走行しているので、後縁からのアプローチは避ける。
I. 刺入部位にてトロッカーチューブを片手で保持し、胸壁に対し垂直に当てる。トロッカーを勢いよく胸腔内に穿刺する。この時、深く穿刺しすぎないように、反対の手でコントロールする。用手換気を行っている場合は、一旦中止して穿刺する。
J. 穿刺後は、肺損傷を避けるためにトロッカーを外し、チューブのみを肘の位置まで進める。
K. トロッカーを外す際は、医原性気胸を生じさせないようにチューブを止血鉗子でクランプする。エクステンションチューブ、三方活栓、持続吸引器などを接続する。
L. フィンガートラップ法など、保持力の高い方法でチューブを固定する。
M. 陰圧状態で、チューブが適切に設置されていることを確認する。

代替法

A. 上記と同様に外科準備を行う。
B. 局所神経ブロック麻酔を行う。
C. 助手は皮膚を頭側方向に牽引する。第7肋間の位置で、チューブ径より若干大きく皮膚切開を施す。
D. 皮下組織および筋層を、止血鉗子で鈍性剥離する。
E. 助手は、患者のマニュアル換気を一旦中止する。深く穿孔しすぎないように、止血鉗子先端近くに指を当てる。鉗子に強い圧をかけて、胸膜を穿孔する。胸膜を穿孔したら、トロッカーを外したチューブを刺入部位に持ってくる。鉗子を開き、チューブを挟んで胸腔内に引き込む。チューブを肘の位置まで進める。
F. 上記と同様に、チューブを固定する。
G. 適切な看護を行う。チューブは清潔に保ち、刺入部位にはバンデージを施す。

10. 外傷例では試験開腹を要する。また、犬の膿胸でも試験開腹が推奨される。猫の膿胸は、通常、内科的に治療可能である。
11. 胸腔チューブは疼痛を誘発するので、全ての症例でオピオイドによる適切な鎮痛処置を行う。補足的にブピバカインをチューブ内に投与してもよい。推奨用量は、0.5mg/kg/チューブ q6hである。薬剤は滅菌生理食塩水で希釈し、15分間は胸腔内に留まるようにする。
12. 原因疾患によっては、抗生物質を投与する。
13. 症例によっては、大量の胸水がチューブから抜去されることがある。水和状態には十分注意する。

14. 呼吸数、呼吸様式、動脈血液ガス、パルスオキシメトリーは、逐次モニターする。
15. 細胞診を繰り返すことで、改善の有無、感染症を含む合併症の発現などを調べることができる。
16. 回収できる胸水量が2mL/kg/日を下回れば、チューブを抜去する。

参考文献

上部気道閉塞（窒息）

Bonagura, J.D., Twedt, D.C. (Eds.), 2009. Kirk's Current Veterinary Therapy XIV. Elsevier, St Louis, pp. 627–630.
Millard, R.P., Tobias, K.M., 2009. Laryngeal paralysis in dogs. Compendium on Continuing Education 31 (5), 212–219.
Payne, J.D., Mehler, S.J., Weisse, C., 2006. Tracheal collapse. Compendium on Continuing Education 28 (5), 373–382.
Silverstein, D.C., Hopper, K. (Eds.), 2009. Small Animal Critical Care Medicine. Elsevier, St Louis, pp. 67–72.

喉頭麻痺

Bonagura, J.D., Twedt, D.C. (Eds.), 2009. Kirk's Current Veterinary Therapy XIV. Elsevier, St Louis, pp. 627–630.
Millard, R.P., Tobias, K.M., 2009. Laryngeal paralysis in dogs. Compendium on Continuing Education 31 (5), 212–219.
Silverstein, D.C., Hopper, K. (Eds.), 2009. Small Animal Critical Care Medicine. Elsevier, St Louis, pp. 67–72.

気管虚脱

Bonagura, J.D., Twedt, D.C. (Eds.), 2009. Kirk's Current Veterinary Therapy XIV. Elsevier, St Louis, pp. 630–635, 635–641.
Payne, J.D., Mehler, S.J., Weisse, C., 2006. Tracheal collapse. Compendium on Continuing Education 28 (5), 373–382.
Silverstein, D.C., Hopper, K. (Eds.), 2009. Small Animal Critical Care Medicine. Elsevier, St Louis, pp. 67–72.

感染性気管気管支炎（ITB）

Bonagura, J.D., Twedt, D.C. (Eds.), 2009. Kirk's Current Veterinary Therapy XIV. Elsevier, St Louis, pp. 646–649.
Datz, C., 2003. Bordetella infection in dogs and cats: pathogenesis, clinical signs and diagnosis. Compendium on Continuing Education 25 (12), 896–901.
Datz, C., 2003. Bordetella infection in dogs and cats: treatment and prevention. Compendium on Continuing Education 25 (12), 902–914.
Greene, C.E. (Ed.), 2006. Infectious Diseases of the Dog and Cat. Elsevier, St Louis, pp. 54–61.

誤嚥性肺臓炎と誤嚥性肺炎

Bonagura, J.D., Twedt, D.C. (Eds.), 2009. Kirk's Current Veterinary Therapy XIV. Elsevier, St Louis, pp. 658–662.
Silverstein, D.C., Hopper, K. (Eds.), 2009. Small Animal Critical Care Medicine. Elsevier, St Louis, pp. 91–97, 97–101.
Tart, K.M., Babski, D.M., Lee, J.A., 2010. Potential risks, prognostic indicators, and diagnostic and treatment modalities affecting survival in dogs with presumptive aspiration pneumonia: 125 cases (2005–2008). Journal of Veterinary and Emergency Critical Care 20 (3), 319–329.

肺血栓塞栓症（PTE）

Bonagura, J.D., Twedt, D.C. (Eds.), 2009. Kirk's Current Veterinary Therapy XIV. Elsevier, St Louis, pp. 689–696.
Goggs, R., Benigni, L., Fuentes, V.L., et al., 2009. Pulmonary thromboembolism. Journal of Veterinary Emergency and Critical Care 19 (1), 30–52.
Silverstein, D.C., Hopper, K. (Eds.), 2009. Small Animal Critical Care Medicine. Elsevier, St Louis, pp. 114–117.

非心原性肺水腫

Bonagura, J.D., Twedt, D.C. (Eds.), 2009. Kirk's Current Veterinary Therapy XIV. Elsevier, St Louis, pp. 663–665.

Myers, III, NC, Wall, R.E., 1995. Pathophysiologic mechanisms of noncardiogenic edema. Journal of the American Medical Association 206 (11), 1732–1736.
Silverstein, D.C., Hopper, K. (Eds.), 2009. Small Animal Critical Care Medicine. Elsevier, St Louis, pp. 86–90.

急性肺傷害（ALI）および急性呼吸窮迫症候群（ARDS）

DeClue, A.E., Cohn, L.A., 2007. Acute respiratory distress syndrome in dogs and cats: A review of clinical finds and pathophysiology. Journal of Veterinary and Emergency Critical Care 17 (4), 376–385.
Silverstein, D.C., Hopper, K. (Eds.), 2009. Small Animal Critical Care Medicine. Elsevier, St Louis, pp. 102–104.
Wilkins, P.A., Otto, C.M., Baumgardner, J.E., 2007. Acute lung injury and acute respiratory distress syndromes in veterinary medicine: consensus definitions: The Dorothy Russell Havemeyer Working Group on ALI and ARDS in Veterinary Medicine. Journal of Veterinary and Emergency Critical Care 17 (4), 339–339.

猫の慢性気管支疾患（猫喘息）

Bonagura, J.D., Twedt, D.C. (Eds.), 2009. Kirk's Current Veterinary Therapy XIV. Elsevier, St Louis, pp. 650–658.
Byers, C.G., Dhupa, N., 2005. Feline bronchial asthma: pathophysiology and diagnosis. Compendium on Continuing Education 27 (6), 418–425.
Byers, C.G., Dhupa, N., 2005. Feline bronchial asthma: treatment. Compendium on Continuing Education 27 (6), 426–432.
Silverstein, D.C., Hopper, K. (Eds.), 2009. Small Animal Critical Care Medicine. Elsevier, St Louis, pp. 81–86.

胸水

Bonagura, J.D., Twedt, D.C. (Eds.), 2009. Kirk's Current Veterinary Therapy XIV. Elsevier, St Louis, pp. 646–649.
Silverstein, D.C., Hopper, K. (Eds.), 2009. Small Animal Critical Care Medicine. Elsevier, St Louis, pp. 125–130, 131–133, 134–137.

第5章

外傷

5

5

交通事故（HBC＝HIT BY CAR）

診断

ヒストリー――事故現場を目撃した、気付かぬ間に受傷していた、受傷している状態で発見した。

身体検査――多様。体毛へのグリース・塵・泥土の付着、皮膚の擦過傷・裂傷・摩擦による熱傷・打撲、爪の損傷、前房出血、各部位の骨折、精神状態の変化、呼吸困難、様々な程度のショック。

動物が安定したら（もしくは安定していると思われたら）、直ちに身体検査を徹底的に行う。身体検査で見落としが生じないよう、「A CRASH PLAN」と呼ばれる治療計画を用いるとよい。

A CRASH PLAN

A＝airway、気道

注意深い視診・触診・聴診。口腔内・咽頭内・頸部検査。

C and R＝cardiovascular and respiratory、循環器と呼吸器

胸部両側にて、さらに入念な視診、触診、聴診を実施する。同時に打診も行う。呼吸回数と深さのモニターを開始する。

A＝abdomen、腹部

鼠径部、尾側胸部、腰部周辺を含む。視診、触診、打診、蠕動音の聴診を行う。必要に応じて剃毛し、打撲、穿孔、臍周囲の出血斑等の有無を観察する。

S＝spine、脊髄

第1頸椎から最後尾椎まで観察する。

H＝head、頭部

眼、耳、鼻、全ての脳神経、歯・舌を含めた口腔検査を実施する。

P＝pelvis、骨盤

会陰部、肛門周囲、直腸検査を含む。雄雌共に、外陰部検査を実施する。

L＝limbs、四肢

前肢後肢共に、皮膚、筋、腱、骨、関節の検査を行う。

A＝（peripheral）arteries、（末梢）動脈

両側の上腕動脈と大腿動脈の拍動、さらに前脛骨動脈、浅掌動脈、尾側尾骨動脈について検査する。

N＝（peripheral）nerves、（末梢）神経

四肢と尾部の運動神経および知覚神経の検査を含む。

診断手順――

1．FAST（focused assessment with sonography for trauma＝外傷における特定部位超音波検査）は、腹腔内自由水を検出し、サンプルを採取する簡易検査方法である。

患者を左横臥位にする。ただし、外傷によって左横臥位が困難な場合（フレイルチェスト、椎骨の骨折・損傷がある場合）は、右横臥位にする。剣状突起のすぐ尾側、骨盤のすぐ頭側、最後肋骨より後方の両側側腹にて、最も重力の影響を受けている部位の4ヵ所を、5cm×5cmの範囲で剃毛する。アルコールと超音波エコー用ジェルを用いて、プローブと皮膚を密着させる。5MHzもしくは7MHzのコンベックス型プローブを用い、上記の4部位で断層像および長軸像の画像を得る。短毛種では剃毛不要で、被毛をイソプロピルアルコールで濡らすだけでよい。貯留液を吸引し、サンプルは検査に提出する。

2. TFAST（thoracic-focused assessment with sonography for trauma＝外傷における胸腔内特定部位超音波検査）は、外傷を呈した動物において、気胸やその他の胸腔内損傷を検出する簡易検査である。

   患者を横臥位にし、一般に胸腔内チューブを設置する位置（第7〜9肋間）、および心嚢部位（腹-側方胸壁の第5〜6肋間）にて画像検査を行う。その後、患者を伏臥位にして、反対側のチューブ設置位置を検査する。胸水および心嚢水貯留を確認するには、心嚢部位で断層像および長軸像を得る。気胸の確認には、両側のチューブ設置位置で長軸静止像が得られればよい。

   顕著な呼吸困難を呈している症例では、伏臥位で検査を行う。胸腔内チューブ設置位置で肺の動き（gliding）が認められない場合は、気胸が示唆される。グライドサインとは、正常時に、呼吸に伴って肺辺縁が胸壁に沿って前後に動くことである。グライドサインが認められるものの、正常な一線上の動きでない場合は、「ステップサイン」と呼ばれ、胸腔内損傷の併発が示唆される。胸部皮下気腫についても確認を行う。

3. 胸部X線検査——胸部X線検査によって評価できる胸部傷害には、以下が含まれる。
   A. 気胸
   B. 肺挫傷
   C. 肋骨骨折
   D. 胸水
   E. 縦隔気腫
   F. 横隔膜ヘルニア
   G. 胸骨骨折
4. CT——状態が安定している症例では、CTによる画像評価がゴールドスタンダードである。CTは、従来の単純X線画像と比較し、胸腔内各組織のデンシティ差がより明瞭に描出されるため、臓器の位置、サイズ、形状、辺縁マージン等の僅かな変化を検出できる。
5. 心電図検査——各種不整脈が発現する。特に、心室性期外収縮が多く認められる。

鑑別診断

犬の咬傷、その他の重度外傷。

予後

予後は良好～極めて不良である。

治療（損傷の程度によって異なる）

1．飼育者に、診断、予後、治療費について説明する。
2．軽度擦過傷や骨折を認めるのみで、呼吸困難、腹部痛、循環器性ショック徴候などを認めない場合は、入院させ、12～24時間の経過観察とする。
   A．擦過部位の剃毛・洗浄。
   B．可能であれば、骨折部位の安定化。
   C．必要に応じた疼痛管理。
3．ショック状態を呈する場合：
   A．酸素補給。マスクを使用する、あるいは頭部をビニール袋で覆い酸素チューブを中に入れる、経鼻酸素チューブ・エリザベスカラー酸素フード・酸素ケージなどを用いる。
   B．IVカテーテル留置。状況次第では骨内カテーテル留置。
   推奨カテーテルサイズ：
   ＜6.5kg　20Gカテーテル
   6.5～10kg　18Gカテーテル
   11～15kg　16Gカテーテル
   16～21kg　14Gカテーテル
   ＞21kg　14Gカテーテルを2ヵ所以上
   C．LRS、プラズマライト®（酢酸加リンゲル液）、ノーモソル®-R（リンゲル液）等、調整電解質晶質液によるIV輸液開始。
      Ⅰ．犬：90mL/kg 最初の1時間
      Ⅱ．猫：50mL/kg 最初の1時間
      Ⅲ．15分ごとに患者の循環器機能と意識レベルを再評価する。ショックボーラス量は1/4ずつ分割投与する。患者が安定化するまで投与を反復する。以後は、犬で20～40mL/kg/時、猫で20～30mL/kg/時まで漸減する。安定化が得られたら、維持量（1～2mL/kg/時）で継続する。
   D．重度ショック状態の症例では、ヘタスターチあるいはデキストラン70を20mL/kgでIV投与する。
   E．ショック状態が持続する場合は、7.5％食塩水を、（犬）4～5mL/kg IV、（猫）2mL/kg IVで2～5分間かけて投与する（犬の頭部外傷症例では、4mL/kg）。
4．鎮痛薬投与。ただし、初期の外傷症例での非ステロイド性消炎薬の使用は避ける。
   A．硫酸モルヒネ
      Ⅰ．犬：0.5～1mg/kg IM、SC q2～6h

0.05～0.1mg/kg IV q1～4h
0.1～1mg/kg/時 IV CRI

Ⅱ．猫：0.005～0.2mg/kg IM、SC q2～6h

Ⅲ．犬では、モルヒネ、リドカイン、ケタミンを併用し、IV CRI投与してもよい。

a．モルヒネ：0.1～1mg/kg/時 IV CRI

b．リドカイン：15～50μg/kg/分 IV CRI

c．ケタミン：2～5μg/kg/分 IV CRI

d．維持量での輸液

B．ヒドロモルフォン

Ⅰ．犬：0.05～0.2mg/kg IV、IM、SC q2～6h
0.0125～0.05mg/kg/時 IV CRI

Ⅱ．猫：0.05～0.2mg/kg IV、IM、SC a2～6h

C．フェンタニル

Ⅰ．犬：2～10μg/kg IV 効果発現まで。以後は、1～10μg/kg/時 IV CRI

Ⅱ．猫：1～5μg/kg/時 効果発現まで。以後は、1～5μg/kg/時 IV CRI

D．ブプレノルフィン

Ⅰ．犬：0.005～0.02mg/kg IV、IM q4～8h
2～4μg/kg/時 IV CRI
0.12mg/kg OTM（経口腔粘膜投与）

Ⅱ．猫：0.005～0.01mg/kg IV、IM q4～8h
1～3μg/kg/時 IV CRI
0.02mg/kg OTM

E．リドカインとケタミンは、ヒドロモルフォン、あるいはフェンタニルとも併用できる。IV CRI投与。

5．創傷部位が複数存在する症例、および敗血症の発現リスクが高い症例では、広域スペクトル抗生物質を投与する。アンピシリンあるいはセファゾリンを、エンロフロキサシン、セフォキシチン、アンピシリン・スルバクタム合剤（Unasyn®）、チカルシリン・クラブラン酸合剤（Timentin®）のいずれかと併用する。

6．排尿量モニタリング。正常量＝1～2mL/kg/時（犬、猫）。

7．体温モニタリング。必要に応じて、体外からの加温。

8．胸部外傷、呼吸困難

A．気胸が疑われる症例では、TFASTあるいは両側胸腔穿刺を実施する。エアは可能な限り抜去する。医原性肺損傷を回避するために、針やカテーテルの先端は胸壁に沿わせる。肺挫傷を認める場合は、できるだけ緩徐にエアを抜去し、肺をゆっくりと拡張させる。

B．胸部X線検査
（注意：X線撮影は治療ではない。まずは胸腔穿刺などの方法で患者を安定化させることが第一である。処置を誤れば、X線撮影によって患者を死亡させる危険性がある）

体壁、横隔膜、肋骨、胸骨、椎骨の評価を行う。皮下気腫や異常な液体貯溜の有無を入念に調べる。心臓の大きさ・形・位置・縦隔の厚さ、肺組織、血管パターンを評価する。X線画像上で、挫傷像は、瀰慢性または斑状で、解剖学的パターンとは異なる肺胞パターンあるいは間質パターンを呈する。外傷後4～6時間は、挫傷像が明瞭に発現しない場合がある。

C．胸腔内チューブの設置を考慮する。気胸を呈する患者の体重が6.8kg以上であれば、ハイムリッヒ胸腔ドレーンバルブを用いる。気胸治療において、3回以上の胸腔穿刺を必要とする場合は、胸腔内チューブ設置の適応となる。

9．フレイルチェストの安定化

A．すぐに患者を横臥位にする。この時、フレイル側を下にする。

B．局所麻酔薬を用いて、末梢神経ブロックを施す。

Ⅰ．22～25G針を用いて、0.25～1mLの局所麻酔薬を投与する。投与部位は、フレイル部位から、前後にそれぞれ1～2肋間離れた肋骨後縁で、肋横突孔の高さとする。

Ⅱ．肋骨骨折部位にも、0.25～1mLの局所麻酔薬を注入する。

Ⅲ．ブピバカイン（0.25～0.5%）は、他の鎮痛剤が投与されるまで、6時間ごとに再投与が可能である。総投与量は、犬猫共に1～2mg/kgで、2.2mg/kgを超過してはならない。

Ⅳ．犬ではリドカイン（1～2%）を投与してもよい。1～4mg/kg q6～8h。

猫はリドカインの感受性が高いため、通常は使用しない。使用する場合は、0.25～0.5mg/kgを慎重に投与する。

C．末梢神経ブロック以外の手法として、胸腔内ブロックがある。胸腔内に局所麻酔薬を注入した後、20分間は罹患側を下にした臥位を維持する。

D．フレイル部位の創外安定化を試みる。

Ⅰ．骨折した肋骨部位周囲に、2-0～2モノフィラメント非吸収糸を経皮的に通し、可鍛性のあるプラスチック製副子材を固定する。骨折片がピボット変位しないよう、骨折1ヵ所に対し、少なくとも2ヵ所（罹患部位の背側および腹側）で縫合固定を行う。

Ⅱ．副子材として、アルミニウム製ロッドを用いてもよい。

E．開放性気胸、不安定な複数の肋骨骨折、大型の胸壁欠損などの症例では、内固定を要することがある。

10．肺挫傷

A．臨床徴候は、頻呼吸、呼吸困難、起座呼吸、開口呼吸、喀血。胸部聴診にて、湿性ラ音、気管支音および気管支肺胞音増強。

B．肺挫傷における典型的胸部X線所見は、間質浸潤や肺胞浸潤である。間質浸潤は、1肺葉に限局されることもあれば、肺実質全体に及ぶこともある。肺胞浸潤は、1葉または複数葉に生じる。

C．軽症例：無治療にてケージレストとする。動脈血液ガス測定が推奨される。Pa_{O_2}基準値は80～100mmHgで、一般に50mmHgを下回るとチアノーゼを呈する。

D．中等度～重症例：呼吸不全を呈している場合は、酸素補給を行う。

Ⅰ．患者を安定化させ、生命に関わる傷害を治療する。

Ⅱ．ケージレストおよび経過観察のため、入院させる。

Ⅲ．Ⅳ輸液を行い、組織灌流回復と心拍出改善を図る。心拍、呼吸数、粘膜色調、CRTをモニターする。尿量モニタリング：最低量は（猫）0.5～1mL/kg/時、（犬）1～2mL/kg/時。動脈血圧および中心静脈圧のモニタリング。

Ⅳ．Sp_{O_2}、Pa_{O_2}のモニタリング。著明な呼吸不全の発現、Pa_{O_2}＜65mmHg、Sp_{O_2}＜91%のいずれかを認める場合は、酸素補給を行う。酸素ケージ、エリザベスカラー酸素フード（エリザベスカラー前面の80～90%をラップで覆い、酸素チューブを通したもの）、経鼻咽頭カテーテルなどを用いる。経鼻カテーテルに誘発されるくしゃみによって、脳圧亢進を惹起する危険性があるため、頭部外傷症例では経鼻カテーテル使用を避ける。

Ⅴ．肺挫傷の重症例では、間欠的陽圧換気（IPPV）による機械的人工換気を行う。適用基準は以下の通り：

a．意識消失

b．気道内の大量出血（血液流入）

c．気道確保・維持困難

d．低換気（Pa_{CO_2}＞50mmHg、あるいは吸気酸素濃度が50%以上で、Pa_{O_2}＜60mmHg）

e．呼吸疲労、呼吸浅弱

f．頭蓋内圧亢進

Ⅵ．聴診や心電図検査を繰り返し行い、心室性期外収縮をモニターする。

Ⅶ．肺挫傷症例において、フロセミド、グルココルチコイド、抗生物質をルーチン投与してはならない。また、気管支拡張薬は通常、有効性を欠く。

11．腹部外傷

A．尿量のモニタリング（最少量は1～2mL/kg/時）。乏尿や無尿を呈し、腹痛を伴う場合は、膀胱破裂の可能性を考慮し、FAST超音波検査、腹部単純X線撮影、膀胱造影（気体造影、水溶性陽性造影剤を用いた静脈造影）を行う。また、診断的腹腔洗浄や腹腔穿刺を行い、検査用サンプルを採取する。

B．犬の症例で、膀胱破裂を含む尿路外傷による腹腔内液体貯留を認める場合は、試験的開腹術の前に安定化させることが必須である。手術までは、尿道カテーテルを設置し、腹腔内に貯留する尿量を低減させるとよい。猫では、早急に外科的修復を行うか、極めて積極的な腹腔内洗浄を行う。腹膜透析は安定化や尿毒素低減に役立つ。

C．末梢血および腹水のPCV、TP、BUN、クレアチン、カリウム値の測定を行う。

Ⅰ. PCVとTS（≒TP）――腹水PCVが末梢血PCV値に近い高値を呈している場合は、腹腔内出血が生じている。腹腔内穿刺を行うと非凝固血が吸引される。赤血球貪食像が観察されることもある。

Ⅱ. クレアチニン――尿路からの漏出を疑う時には、クレアチニン、カリウム値を測定する。犬の診断指標に、腹水クレアチニン：末梢血クレアチニン比があり、>2：1であれば尿の漏出が示唆される（特異度100%、感度86%）。

Ⅲ. カリウム――犬の腹水カリウム：末梢血カリウム比が>1.4：1である場合も尿の漏出が示唆される（特異度100%、感度100%）。

D. 出血斑が臍周囲（カレン徴候）や鼠径部に認められる場合は、腹腔内出血を疑い、慎重なモニタリングを行う。

E. 腹部X線写真

Ⅰ. 腹腔内遊離ガスの有無

Ⅱ. 腹腔内液体貯留時に認められる擦りガラス様陰影の有無

Ⅲ. 腹部臓器の位置・形態評価

Ⅳ. 横隔膜と腹壁傷害の有無

Ⅴ. 膀胱の形態評価

Ⅵ. 後腹膜腔の評価。出血がある場合は、腰筋ラインや結腸の圧迫像を認める。

Ⅶ. 骨折の有無

Ⅷ. 消化管内異物、腎・膀胱結石など、他の基礎疾患の有無

F. 横隔膜ヘルニアは、腹部臓器絞扼による壊死のリスク、あるいは安定化が得られない呼吸状態を伴わない限り、外科的エマージェンシーには該当しない。

G. 腹部外傷を認める場合は、腹腔穿刺（盲目的、あるいは超音波エコー下）、診断的腹膜タップ（後述）、診断的腹腔洗浄（後述）を行う。採取液は、EDTAチューブ（細胞診用）、血清チューブ（生化学検査用）、滅菌チューブ（培養用）に分注する。

Ⅰ. 腹腔穿刺法：患者は左横臥位にし、臍周囲に剃毛・消毒を施す。処置中は、厳重な無菌操作を行う。採材部位は、臍から2～3cm尾側、且つ正中から2～3cm左側の位置である。穿刺部位は、ドレーピングするのが望ましい。

Ⅱ. 腹腔穿刺によって出血を認めた場合は、サンプル液の凝固を観察する。凝固を認める場合は、血管や腹腔内臓器を穿刺した可能性が高いので、別の部位を再度穿刺する。

Ⅲ. 初回の腹腔内穿刺で何も採取されない場合は、腹部を上下左右に分割し、各部位（4ヵ所）にて穿刺を行う。腹腔タップや腹腔洗浄も試みる。

Ⅳ. 後腹膜腔の血液貯留は、腹腔穿刺で検出できないことがある。タップや洗浄結果が陰性であるにも関わらず、重篤な出血徴候を呈する症例では、後腹膜腔出血を疑う。

V．腹水が採取されなくても、腹腔内出血を除外することはできない。

H．腹腔内出血を認める場合は、開腹の準備が整えられ切開を施す直前まで、後肢、骨盤、腹部に圧迫包帯を施しておく。

I．腹腔内出血の持続を示唆する所見には、蘇生措置を行ってもバイタルサインが低下する、末梢血PCV低下と腹水PCV上昇を認める、腹水PCVが初期値より5%以上増加していることなどがある。

J．試験的開腹術を直ちに実施できない場合は、加温した0.9%食塩水を22mL/kgで腹腔内に投与して、逆圧をかける。

K．PCVが急激に低下している、循環不全や呼吸不全の徴候を認める、PCV＜20%である場合には、濃縮赤血球（11mL/kg）、ヘモグロビン系人工酸素運搬体、全血（22mL/kg）の輸血を行い、直ちに開腹手術を実施する（慢性貧血患者は、低PCVに耐えうる）。

L．輸血前には、クロスマッチ（交差適合試験）を実施することが望ましい。

M．輸血量の算出例

30kgの犬で、PCVが10%

目標PCV＝18%

ドナー血液PCV＝50%

血液量　（犬）85～90mL/kg、（猫）65～75mL/kg

Ⅰ．血液総量＝(90mL/kg)×(30kg)＝2700mL

Ⅱ．現在の赤血球量＝(2700mL)×(10%)＝270mL

Ⅲ．目標赤血球量＝(2700mL)×(18%)＝490mL

Ⅳ．必要なRBC量＝490mL－270mL＝220mL

Ⅴ．必要な血液量＝(220mL)/(50%)＝440mLの新鮮全血、または220mLの濃縮赤血球

N．一般に、全血は20mL/kg、濃厚赤血球は10mL/kgにて投与する。

O．安定した患者での投与速度は5～10mL/kg/時で、4時間以内で投与完了とする。緊急時では、始めに緩徐投与にて輸血反応をモニターした後、ボーラス投与する。

P．脈拍数、脈の性状、呼吸数、呼吸パターン、可視粘膜色調、毛細血管再充填時間（CRT）、血圧の評価、および複数回のPCV/TP測定を行い、患者の反応をモニタリングする。

12. 頭部外傷（p. 440「頭部外傷」の項を参照）

13. 脊髄外傷

A．罹患動物をできる限り安静にし、何らかのストレッチャー代用品に乗せてテープや紐で固定するよう、救助者に指示する。人への咬傷を防止するため、口輪の装着も勧める。

B．患者の状態を評価する。ショック、出血、気胸など、生命に関わる問題を認める場合は、救急処置を行う。

C．シッフ・シェリントン症候群（前肢伸筋強直、後肢弛緩麻痺、損傷部位より尾側における正常脊髄反射　図5-1）の存在は、第3胸椎神経節から第3腰椎神経節までの部位にて重度脊髄損傷（圧迫・断裂）が

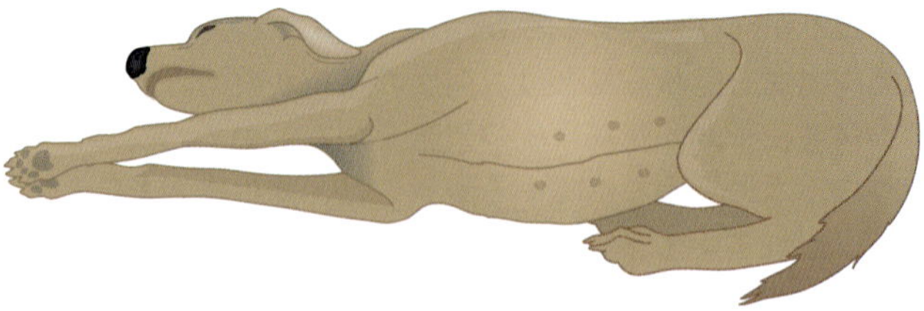

図5-1　T2〜L3にて脊髄損傷を生じた犬に認められるシッフシェリントン姿勢
前肢伸筋硬直と後肢弛緩麻痺を特徴とする。

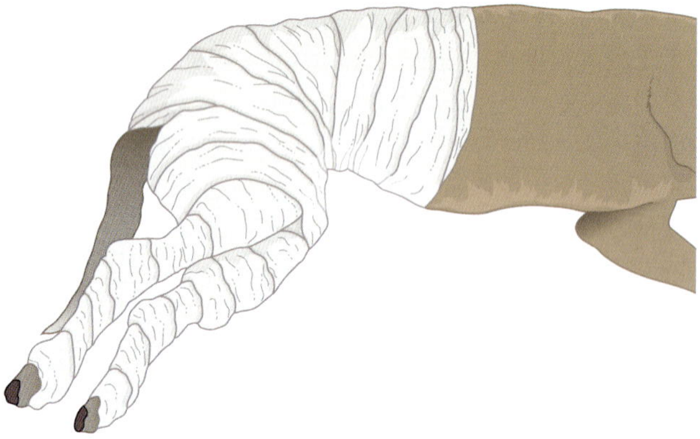

図5-2　循環血液量減少性ショック時の後肢包帯法
ショックパンツshock trousersが無い場合は、ACEバンデージなどの幅広包帯を用いて、後肢、尾基部から骨盤、腹部全体を巻く。この包帯法は、上半身の血圧を上昇させ、IVカテーテル留置を容易にする。急速IV輸液により水和が得られた後は、包帯はゆっくりと徐々に外す。

生じている可能性を示す。これらの徴候は、疼痛反応や、他の神経的問題によるものとの鑑別が重要である。

D. 輸液を行い、ショックの治療や、全身性血圧維持による脊髄灌流確保を図る（図5-2）。

E. 鎮痛薬投与。フェンタニルCRI IVは、投与中止後の効果消失が早く、神経学的検査を反復するのに都合がよい。

F. コハク酸メチルプレドニゾロン投与。初期投与量は、受傷後8時間以内に30mg/kg IV。受傷後24時間に、10mg/kg IVにて追加投与を行う。

G. 胃腸粘膜保護薬投与。脊髄損傷症例では、胃腸潰瘍の発症率が上昇する。

Ⅰ. ファモチジン（Pepcid®、ガスター®）
0.5〜1mg/kg IV、PO q12〜24h

Ⅱ. オメプラゾール（Prilosec®、オメプラール®）
犬：0.5〜1.5mg/kg PO q24h
猫：0.5〜1mg/kg PO q24h

Ⅲ. スクラルファート
犬：0.5〜1g/頭 PO q8h
猫：0.25g/頭 PO q8〜12h

H．患者を安定化させ、ハンドリングを最小限にする。特にX線写真撮影時には、注意する。
I．脊椎骨折症例では、患者が安定化し、手術に耐えうる状態になれば、直ちに外科的整復を実施する。

4点腹腔穿刺（four-quadrant peritoneal tap）

1．患者を横臥位にし、自傷を防ぐため、適切な保定を行う。
2．臍周囲に剃毛・消毒を施す。
3．処置中は厳重な無菌操作を行う。穿刺部位にはドレーピングをするのが望ましい。
4．臍を中心に、2～3cm尾側・頭側、且つ正中から2～3cm右側・左側の4ヵ所にて穿刺部位を決める。
5．22Gの1～1.5インチの針を1ヵ所に穿刺する。針から重力による液体滴下があれば、赤キャップと紫キャップの採血チューブにて採取する。液体滴下が認められない場合は、別の部位にもう1本、針を穿刺する。必要に応じて、4ヵ所全てに穿刺を行う。それでも液体滴下が認められない場合は、液体流出を促すために更に1～2本を穿刺するか、小型のシリンジで静かに吸引する。
6．針を全て抜去する。
7．バンデージは通常不要である。

診断的腹腔タップ（diagnostic peritoneal tap）

1．注入部位と採取部位に消毒を施し、無菌操作を行う。
2．患者を右横臥位にする。
3．1.5インチの22G針を用いて、体温程度に加温した無菌生理食塩水20～22mL/kgを高方（テーブル面から遠い側＝左側）の腹部から腹腔内に注入する。注入部位は、中腹部から後腹部である。
4．液体が腹部全体に広がるまで、5分間待つ。液体の分散を促すために、患者の腹部をゆっくり動かしてもよい。
5．通常のIVカテーテル（頸静脈カテーテルではない）、あるいは1.5インチの22G針をテーブル面近くの腹部に刺入する。
6．5～20mLの液体を、重力による滴下あるいはシリンジ吸引によって回収する。採取液の2～4mLをEDTAチューブに、3～10mLを赤キャップの無菌チューブに分注する。
7．検査用サンプルが回収できない場合は、22mL/kgの加温無菌生理食塩水を追加注入し、回収作業を繰り返す。
8．針（またはカテーテル）を腹壁から抜去する。
9．バンデージは通常不要である。

診断的腹腔洗浄（diagnostic peritoneal lavage）

1．注入部位と採取部位に消毒を施し、無菌操作を行う。
2．Cook腹膜透析カテーテル、その他の多孔性腹膜透析カテーテル、小児用トロッカーカテーテルを用いる。猫では、14GのテフロンIVカテーテルに横孔を造ったものを用いてもよい。横孔は、カテーテルの強度を保つために、全て同じ側面に造る。また、作業は無菌操作で行う。

3. 臍から2〜4cm尾側の白線を1cm切開する。
4. 骨盤入口部にむけて、カテーテルを挿入する。
5. 体温程度に加温した生理食塩水を用いる。
6. 透析液には、ヘパリンを250U/Lにて添加する。
7. 腹腔内に、22mL/kgの加温透析液を注入する。
8. 患者の体幹を回転させた後、5〜20mLの液体を検査用に回収する。採取液の2〜4mLをEDTAチューブに、3〜10mLを赤キャップの無菌チューブに分注する。
9. 検査用サンプルが回収できない場合は、22mL/kgの透析液を追加注入し、回収作業を繰り返す。
10. 処置終了後は腹膜カテーテルを抜去する。腹壁は1〜2糸縫合し、滅菌した腹帯を巻く。

腹水解析

1. PCV/TP——PCV＞5%であれば、腹腔内出血が存在する。支持療法を行い、30分後に再穿刺する。腹腔からは非凝固血が吸引される。赤血球貪食像が観察されることもある。出血が持続する場合は、試験的開腹術適応となる。
2. クレアチニン——腹水のクレアチニン値が、末梢血クレアチニン基準値の4倍を超えている場合は、尿路からの漏出が示唆される。犬では、腹水クレアチニン：末梢血クレアチニン比が＞2：1で、尿漏出が存在すると判断する。
3. カリウム——犬において、腹水カリウム濃度と末梢血カリウム濃度の比が、1.4：1を超える場合は、尿漏出が示唆される。
4. 腹水乳酸値：血清乳酸値——犬の感染性腹水では、乳酸値が2.5mmol/Lを超え、且つ血清乳酸値よりも高値を示す。
5. 腹水グルコース値：血糖値——犬猫共に、腹水グルコース値が、同時に採血したサンプルでの血糖値より20mg/dL以上低い場合は、感染性腹膜炎が示唆される。犬におけるこの所見の感度・特異度は共に100%である。猫では感度86%、特異度100%である。
6. ビリルビン——腹水ビリルビン値が末梢血ビリルビン値を上回る場合は、肝胆道系もしくは近位小腸損傷が示唆され、試験的開腹術適応となる。
7. 顕微鏡検査
   A. 中毒性白血球、変性白血球、細菌貪食した好中球、植物片など異物の存在、あるいは白血球数＞1000個/μLでは、炎症や化膿が示唆され、試験的開腹術適応となる。
   B. 細菌の存在——腸管破裂が示唆され、試験的開腹術を要する。
   C. 植物片の存在——消化管穿孔が示唆され、試験的開腹術を要する。
   D. 腹腔内の非凝固性血液——腹腔内出血が示唆され、試験的開腹術を要する。

気胸

診断

ヒストリー——外傷歴がある場合とない場合がある。稟告では、急性呼吸不全、不安行動、抑うつ、チアノーゼなどが聴取される。

身体検査——呼吸困難、開口呼吸、胸部聴診音不明瞭化、捻髪音、チアノーゼ、肺音減弱、心音不明瞭化、打診にて共鳴亢進。

胸部X線検査——患者が安定していれば、ラテラル像、VD像、DV像を撮影する。

(注意:X線撮影は治療ではない。まずは胸腔穿刺などの方法で患者を安定化させることが第一である。処置を誤れば、X線撮影によって患者を死亡させる危険性がある)

X線検査では、胸骨位置からの心臓挙上、胸壁から肺葉が離れる、併発症(肺挫傷、血胸、骨折、横隔膜ヘルニア、縦隔気腫)を示唆する所見などが認められる。

TFAST(外傷における胸腔内特定部位超音波検査)は、外傷を呈した動物において、気胸やその他の胸腔内損傷を検出する簡易検査である。患者を横臥位にし、一般に胸腔内チューブを設置する位置(第7~9肋間)、および心嚢部位(腹-側方胸壁の第5~6肋間)にて画像検査を行う。その後、患者を伏臥位にして、反対側のチューブ設置位置を検査する。胸水および心嚢水貯留を確認するには、心嚢部位で断層像および長軸像を得る。気胸の確認には、両側のチューブ設置位置で、長軸静止像が得られればよい。

顕著な呼吸困難を呈している症例では、伏臥位で検査を行う。胸腔内チューブ設置位置で肺の動き(gliding)が認められない場合は、気胸が示唆される。グライドサインとは、正常時に呼吸に伴って肺辺縁が胸壁に沿って前後に動くことである。正常なグライドサインは一本のラインを描くような動きを呈するが、一線上から逸脱した動きを呈するグライドサインは「ステップサイン」と呼ばれ、胸腔内損傷の併発が示唆される。胸部皮下気腫についても確認を行う。

予後

予後は要注意である。

治療

1. 救急症例:患者が緊張性気胸を呈する場合は、チアノーゼ、ショック、浅速呼吸、胸部膨満などを特徴とする)18G針を用いて直ちに胸部穿刺を行い、開放性気胸の状態にする。その後の治療は、開放性気胸に準ずる。
2. 酸素補給
   A. 酸素ケージまたは酸素チャンバー
   B. 経鼻酸素カテーテル

C．エリザベスカラー酸素フード
D．酸素マスク
E．気管内チューブ
3．飼育者に診断、予後、治療費について説明する。
4．経過観察とケージレストを目的に入院させる。
5．胸腔内の空気が少量で、呼吸困難を呈していない場合、胸腔穿刺は不要である。ただし、状態悪化に注意して、慎重なモニタリングを行う。
6．胸腔穿刺は、両側胸部の背側1/3の高さで、第9～11肋間の位置にて行う。
A．1～1.5インチの20～22G針、あるいは19～21G翼状針を、エクステンションチューブ、三方活栓、シリンジに接続する。
B．無菌操作を行う（剃毛、スクラビング消毒、滅菌グローブ・滅菌器具使用）。
C．肋骨の前縁にて針を垂直に刺入する。胸腔内まで挿入した後は、針先をゆっくりと尾側に向ける。
D．罹患動物が嫌がらなければ、胸腔の空気がなくなり陰圧になるまで吸引する。
E．反対側も同様に処置する。
7．胸腔チューブ設置を要するのは、胸腔穿刺にて陰圧が得られない場合、胸腔穿刺を複数回繰り返さなければならない場合、漏気が持続する場合などである。
8．閉鎖包帯を施す。猫では、厚い素材のバンデージではなく、食品用ラップを用いると患者の快適性が増す。
9．ストレスを最小限にする。
10．IVカテーテル留置、PCV、TP測定。ショック時にはIV輸液実施。
11．気胸の原因疾患を治療する。
12．患者が安定していれば、ラテラル像、VD像、DV像のX線写真撮影を行う。**（注意：X線撮影は治療ではない。まずは胸腔穿刺などの方法で患者を安定化させることが第一である。処置を誤れば、X線撮影によって患者を死亡させる危険性がある）**
13．漏気がコントロールできない場合（極めて稀）は、試験的開胸を行う。
14．胸腔チューブ設置
A．全身麻酔が望ましい。
B．酸素補給を行う。
C．両側胸腔穿刺を行う。
D．第9～10肋間にて、脊椎・胸椎間の中央から腹側1/3の高さまでを剃毛・消毒する。
E．神経ブロックによる局所麻酔を施す。
F．メスを用いて皮膚切開を施す（切開は1.25cm以下）。
G．トロッカーチューブで皮下トンネルを形成したのち、垂直に保持する。この時、先端は僅かに腹側へ傾ける。
H．トロッカーチューブは、肋骨前縁から3肋間分の皮下に通す。後縁には肋間血管や神経が走行しているので、後縁からのアプローチは避ける。

I．トロッカーを勢いよく胸腔内に穿刺する。

J．トロッカーを外し、チューブのみを胸腔内に進める。トロッカーを外したら、直ちに三方活栓とキャップ（またはシリンジ）、あるいはハイムリッヒ胸腔ドレーンバルブ（患者の体重が6.8kg超の場合）を取り付ける。三方活栓に、Pleura-Vacや、Thora Seal Chest Drainage Unitなどの胸腔ドレーンシステムを取り付けることも可能である。

K．フォーリーカテーテルを用いてはならない。

L．胸部X線写真にてチューブ設置が適切であることを確認する。

M．チューブを肋間筋と皮膚に縫合する。

N．チューブ周辺の皮膚には巾着縫合を施す。チューブはチャイニーズフィンガー法にて固定する。

O．バルブや接続部位から漏気がないことを確認する。医原性気胸に留意する。チューブは患者が損傷しない位置で固定し、保護しておく。

P．ブピバカイン1.5mg/kgを6～8時間ごとにチューブから注入し、3～5mLの空気か生理食塩水でフラッシュする。投与直前に、重炭酸塩をブピバカインに1：9の割合で添加すると、ブピバカインの刺激を低減できる。

Q．チューブ挿入部位には抗生物質軟膏を塗布し、バンデージを施す。

代替法――

A．第9～10肋間にて、脊椎・胸椎間の中央から腹側1/3の高さまでを剃毛・消毒する。

B．神経ブロックによる局所麻酔を施す。

C．助手は皮膚を頭側方向に牽引する。メスを用いて皮膚切開を施す（切開は1.25cm以下）。

D．メッツェンバウム鋏を用いて、肋間筋に小孔をつくる。

E．胸腔チューブとして、滅菌したレッドラバー尿カテーテルや、長い静脈カテーテルなどを用いてもよい。カテーテルの胸腔内に挿入する部位には、無菌操作にて複数の孔を造る。カテーテルの強度を損なわないよう、孔は全て同側に造る。また、尖った角が出来ないように注意する。

F．曲鉗子を用いて、カテーテルを切開部位から胸腔内へ挿入する。

G．チューブは肋骨前縁から挿入する。後縁には肋間動静脈および神経が走行しているので、後縁からのアプローチは避ける。

H．チューブを肋間筋と皮膚に縫合する。

I．チューブ周辺の皮膚には巾着縫合を施す。チューブはチャイニーズフィンガー法にて固定する。

J．バルブや接続部位から漏気がないことを確認する。医原性気胸に留意する。チューブは患者が損傷しない位置で固定し、保護しておく。

K．チューブ挿入部位には抗生物質軟膏を塗布し，バンデージを施す。

15. 抜去される空気が10mL/kg/日を下回れば、胸腔チューブを抜去する。抜去する前には、チューブを12～24時間クランプして、不要になったことを確認する。

16. 縫合糸を全て除去した後、チューブを除去する。抜去後12〜14時間は、抗生物質軟膏とバンデージを施しておく。

外傷性横隔膜ヘルニア

外傷により、様々な部位でヘルニアが生じる。最も発生頻度が高いのは、横隔膜ヘルニアである。横隔膜ヘルニアを呈した症例では、多発性外傷、循環血液量減少性ショック、肺挫傷、肺水腫、外傷性心筋炎、肋骨骨折、フレイルチェストなどの併発が頻繁に認められる。

先天性横隔膜ヘルニアよりも、交通事故などの鈍性腹部外傷に起因するものが一般的である。犬における多発部位は、横隔膜筋部の腹側および側方である。背側での発生は猫に多い。

診断

ヒストリー——急性発症例では、外傷歴を確認できることが多い。稟告で最も多いのは呼吸困難である。その他の稟告には、運動不耐性、嘔吐、横臥困難などがある。慢性症例では、明確な外傷歴を有さない場合もある。外傷後、特に交通事故後には、横隔膜ヘルニアが多発するが、胸部X線検査を怠ると見落とされることが多い。これらの症例では、飼育者が、体重減少、黄疸、嘔吐、下痢、呼吸困難に気付くことが多い。

身体検査——呼気呼吸困難、頻呼吸、「腹式」呼吸を呈する。腹部は上方に引きつれ、触診すると臓器が無いように感じる。患者は、座位または立位にて、肘を外転させ、頭頸部を伸展させる。急性外傷に起因する循環血液量減少性ショックを呈する症例や、元気消失、黄疸、全身状態悪化を呈する症例などがある。胸部聴診では、心音不明瞭化、または異常な位置での心音聴取、腹側での肺音減弱を認める。消化管蠕動音が胸部で聴診されることもある。

胸部X線検査——横隔膜の連続性の欠如、胸水、胸腔での液体デンシティーや腸管ループの存在。肋骨骨折、肺挫傷の可能性。胸腔内へ脱出する腹腔内臓器は、一般に、肝臓、小腸、胃、脾臓、大網である。消化管造影や陽性腹部腹膜造影は、診断の一助になる。腹膜造影を行うには、生理食塩水で1：1に希釈したヨード系滅菌造影剤を、1.1〜2.2mL/kgにて臍周辺から腹腔内に注入する。次に、腹部を優しくマッサージし、X線写真撮影を行う。

胸腔内超音波検査——胸水貯留を認める場合、腹部臓器が胸腔内に存在することが、さらに決定的となる。

鑑別診断

肺挫傷、胸水（血胸、膿胸、乳糜胸など）、肺血栓塞栓症、急性呼吸窮迫症候群（ARDS）。

予後

予後は、増悪因子（循環血液量減少性ショックや心調律障害、癒着、腸絞扼・腸閉塞、慢性肝疾患など）の有無により極めて不良〜良好まで様々である。

治療

1．横隔膜ヘルニア症例では、通常、緊急的な整復は不要である。緊急手術を要するのは、横隔膜左側に生じたヘルニア孔から脱出した胃が肺圧迫を生じて致命的な低換気症が惹起されている場合、腸絞扼・腸閉塞が生じて嘔吐・黄疸・腸壊死などが生じている場合、および、原因不明の発熱を呈する場合である。
   A．胸腔内に停留した胃が胃拡張を呈すると、緊張性気胸を惹起する。
   B．緊急減圧法には、左側胸壁から胃を穿刺する方法と、経口胃チューブを通す方法がある。
   C．このような症例では緊急手術を行う。
2．飼育者に診断、予後、治療費について説明する。
3．酸素補給
4．IVカテーテル留置、輸液による循環血液量減少性ショックの治療（図5–2）。
5．抗生物質の静脈投与。
6．外科的整復を要する骨折を認める症例でも、十分な換気を確保するために、ヘルニア整復を先に実施する。
7．患者の容態が安定した時点で、全身麻酔を施し、手術を開始する。
   A．麻酔導入と挿管は迅速・円滑に行う。
   B．導入前に前酸素化をしておく。
   C．患者の循環状態が安定していることを確認し、麻酔導入を行う。薬剤は、ヒドロモルフォンとミダゾラムの併用、ケタミンとジアゼパムの併用、プロポフォール2〜6mg/kg IV、エトミデート（Amidate®）1〜2mg/kg IVのいずれかを選択する。犬では、リドカイン2mg/kg IVとチオペンタールを併用すると、用量を低減できるだけでなく、心室性不整脈の予防や治療にもなる。
   D．イソフルラン（Forane®）あるいはセボフルラン（Ultane®）などの吸引麻酔薬にて維持する。亜酸化窒素（笑気ガス）は用いない。
   E．挿管後、直ちに陽圧換気を開始する。
   F．手術台では、下半身を下げ、頭位を上げた状態で寝かせる。
8．術法
   A．整復は手早く行う。
   B．大半の症例では、腹側正中アプローチが適応となる。ただし、胸腔チューブ設置に備え、剃毛・消毒は側方までの広範囲に施す。
   C．腹部臓器を還納するためにヘルニア裂孔部位の拡大を要する場合は、縫合しやすい部位を切開する。
   D．慢性例で、癒着が生じている場合は、丁寧に剥離する。
   E．腹部臓器をゆっくり牽引して、腹腔内に還納する。特に肝臓と脾臓は、嵌頓によってうっ血し非常に脆弱化しているため、容易に破裂する。

F. 臓器は、正常な解剖学的位置に戻すことが重要である。絡みが生じている場合は、おおよその位置で仮縫合する。
G. 腹部臓器は、生理食塩水で濡らしたガーゼで覆っておく。
H. 無気肺の有無を確認する。無気肺があれば、気道圧のピークを低く、一回換気量を少なく、呼吸数を多くする。
I. ヘルニア裂孔部位では、デブリードマン、辺縁部新鮮化、辺縁切除等を行わない。
J. ヘルニア裂孔の縫合には、2-0もしくは0の、ポリプロピレンあるいはポリディオキサノン製モノフィラメント吸収糸（PDSなど）を用い、最もアクセスしにくい部位からアクセスしやすい部位に向かって連続縫合を行う。
K. 1糸ごとに、組織を大きく拾って縫合し、縫合糸を強く牽引しないように留意する。
L. 後大静脈を損傷しないように気を付ける。
M. 肋骨弓付近の損傷では、肋骨と軟部組織を縫合する。
N. 欠損部が大きく、閉鎖するのに十分な組織が得られない場合は、メッシュインプラントを使用することがある。大網（二重）、筋、肝臓、筋膜などを用いることもある。
O. 無気肺が存在する場合は、気道圧のピークを低く、一回換気量を少なく、呼吸数を多くする。または、横隔膜整復時、最後の1、2糸を残した時点で、肺を再拡張させ、胸腔内を陰圧にする。
P. 胸腔内再陰圧化のために、胸腔チューブを設置する。
Q. 胸腔チューブあるいは胸腔穿刺によって胸腔に残存する空気を全て除去する。
R. 腹部臓器の状態を調べた後、正常な解剖学的位置に還納する。
S. 腹部白線切開部位は定法にて縫合するが、最後の2糸を残した時点で腹部を両側から優しく圧迫し、腹腔内に残った空気を排出する。

9. 胸水、肺葉虚脱、胸腔チューブの位置、気胸の持続などに関して懸念がある場合は、麻酔から覚醒させる前に胸部X線検査を行う。
10. 麻酔から覚醒するまで酸素補給を継続する。
11. 肺水腫のモニターを行い、必要に応じて適切な治療を施す。

皮膚剥脱（デグロービング）損傷

診断

診断は、通常、身体検査によって明白となる。

身体検査——

警告：来院した動物に血液が付着している場合、血液が動物のものであり人の血液ではないことが判明するまで、グローブを着用してハンドリングを行う。感染症を有した人の血液が、動物に付着している可能性がある。

患者には口輪を装着する。受傷動物は非常に敏感且つ不安な状態にあるため、通常以上に咬傷の危険が高い。他の外傷と同様に、まずは気道、呼吸、循環をチェックする。この3点に関し、生命に関わる問題が認められる場合は、身体検査を中断し、問題の対処を優先する。

患者が安定化した時点で身体検査を行う。「A CRASH PLAN」を用い、見落としが生じないようにする。本章冒頭の交通事故の項を参照されたい。

X線検査――損傷程度を査定するために、罹患肢のX線写真撮影を行う。同時に、胸部その他の損傷が疑われる部位もX線検査を行う。

臨床検査――

1. 軽症例では、PCV、TS（≒TP）、乳酸、BUN、クレアチニン、血糖値測定。
2. 老齢動物および重症例では、CBC、生化学の全ての項目を測定する。可能であれば、血液ガスおよび凝固系パネルも追加する。

予後

予後は要注意である。

治療

1. 飼育者に診断、予後、治療費について説明する。
2. 断脚の可能性を検討する。損傷の程度、予後、二次感染の危険度、経済的事情について考慮する。
3. 必要ならば、圧迫包帯にて止血する。
4. 患者がショックを呈している場合は、酸素補給、IVカテーテル留置、IV輸液を行う。輸液量：最初の30～60分は（犬）90mL/kg/時、（猫）45～60mL/kg/時、その後再評価を行う。
5. セファゾリン：初期投与量40mg/kg IV、以後20mg/kg q6～8h
6. 鎮痛薬投与
7. 広範囲損傷では、外科手術までの間、滅菌水溶性ジェルを患部に塗布し、バンデージを施しておく。
8. 外傷症例では、麻酔薬投与前に入念な状態評価を行う。ショックや致命的問題が認められた場合は、先にそれらの治療を行う。
9. 麻酔
    A. リドカインによる局所神経ブロック
    B. 注射薬
        Ⅰ. 循環器障害を有する症例では、オキシモルフォン（あるいはヒドロモルフォン）とジアゼパム（あるいはミダゾラム）IV、またはジアゼパムとケタミン IVにて導入後、イソフルランかセボフルランにて維持する。
        Ⅱ. 循環器系が安定している症例では、チオペンタールかプロポフォールで導入し、イソフルランかセボフルランにて維持する。プロポフォールで導入後、プロポフォール IV CRIにて維持してもよい。
10. 患部の剃毛・消毒・洗浄などの手術準備をする。
11. 大量の水（水道水、蒸留水、滅菌水など）で汚染創傷部位を洗浄する。

12. 大型の汚染物（草、泥、被毛、植物片など）を除去した後は、滅菌LRS、滅菌リンゲル液、滅菌生理食塩水を用いて洗浄する。18G針を取り付けた35mLシリンジとIV輸液バッグを三方活栓に接続して用いるとよい。
13. LRSは線維芽細胞への傷害性が低いため、洗浄液として望ましい。
14. 創傷部位は十分にデブリードマンを行う。可能であれば、外科的に創傷部位を閉鎖する。
15. 更なるデブリードマンを要する場合は、無菌操作にて、創傷部位を生理食塩水に浸したガーゼスポンジ、Tefra Wet-Pruf®パッド、ガーゼ、Vetrap®の順で覆い、wet-to-dryバンデージを施す。
16. 代替法として、低温殺菌されていない蜂蜜や、砂糖を創傷部位に塗布し、上からバンデージを施す。特に砂糖は広範囲の創傷において効果が高く、且つ経済的である。MediHoney®は、創傷治療用に調合された蜂蜜である。この方法は、wet-to-dry法と比較し、バンデージ交換時の痛みが少ない。
17. 治癒促進のために、患部を不動化する。
18. 初期は毎日バンデージ交換を行う。その後、浸出液の量に応じて交換頻度を下げる。交換時に鎮静を要する場合もある。wet-to-dryバンデージの交換は疼痛を伴う。
19. 4～5日間、毎日バンデージ交換を行い、浸出液が減少した後は、正常な肉芽組織が形成されるまで、1日置きにバンデージ交換を行う。この時点より3次癒合を図る。創傷部位は、非粘着性のTefra Set-Pruf®パッドなどで覆い、週2～3回交換する。
20. 経口抗生物質投与は、最低7日間継続する。

咬傷、裂傷

診断

一般に、明白な外傷が目視できる。ただし、表層の創傷部位は「氷山の一角」に過ぎず、深部の損傷は、より重度である可能性がある。

ヒストリー——けんか、攻撃される現場の目撃。発見される前、目の届いていない時間帯があった、など。

身体検査——

警告：来院した動物に血液が付着している場合、血液が動物のものであり人の血液ではないことが判明するまで、グローブを着用してハンドリングを行う。感染症を有した人の血液が、動物に付着している可能性がある。

患者には口輪を装着する。受傷動物は非常に敏感且つ不安な状態にあるため、通常以上に咬傷の危険が高い。他の外傷と同様に、まずは気道、呼吸、循環をチェックする。この3点に関し、生命に関わる問題が認められる場合は、身体検査を中断し、問題の対処を優先する。

患者が安定化した時点で身体検査を行う。「A CRASH PLAN」を用い、見落としが生じないようにする。本章冒頭の交通事故の項を参照されたい。

X線検査——胸部や腹部に明らかな穿孔創がなくても、胸部および腹部X線検査を行う。四肢に損傷がある場合、程度の査定にX線検査を要する。

超音波エコー検査——FAST、TFASTが有益である。
臨床検査——

1. 全症例において、PCV、TS（≒TP）、乳酸、BUN、クレアチニン、血糖値測定を行う。
2. 洗浄や抗生物質投与を行う前に、培養と感受性試験用のスワブサンプルを創傷部位から採取しておく。
3. 老齢動物および重症例では、CBC、生化学の全ての項目を測定する。可能であれば、血液ガスおよび凝固系パネルも追加する。

予後

内臓損傷、重度出血、その他の損傷がなければ、予後良好である。

治療

1. 電話を受けた時点で、電話主に、清潔な布やガーゼ等を創に当て、止血の為に創を圧迫するように指示する。受傷した動物は自衛本能的に攻撃性を増すため、ハンドリングに細心の注意を払うよう忠告しておく。また、直ちに受診することを勧める。
2. 飼育者に診断、予後、治療費について説明する。
3. 気道の確保、維持。
4. 必要ならば、圧迫包帯による止血。
5. ショック状態であれば、酸素補給、IVカテーテル留置、IV輸液。輸液量：最初の30～60分は（犬）90mL/kg/時、（猫）45～60mL/kg/時、その後再評価を行う。
6. 広範囲スペクトル抗生物質を早急に投与する。
   A. セファゾリン：初期投与量40mg/kg IV、以後20mg/kg q6～8h
   アンピシリン：10～50mg IV、IM、SC q6～8h
   アンピシリン・スルバクタム合剤：20～50mg/kg IV、IM q8h
   B. 脊柱管、副鼻腔、脳などに穿孔創を認める場合は、セファゾリンやアンピシリンに追加して、エンフロキサシン（犬：5～20mg/kg IV、IM、SC、PO q24h、猫：5mg/kg IV、IM、SC、PO q24h）、あるいは他のキノロン系抗生物質を投与する。
   C. 消化管、口腔、上部気道に創傷を認める場合は、セファゾリンに追加して、メトロニダゾール（10mg/kg IV q8h）を投与するか、セフォキチン（20mg/kg IV q6～8h）などの第2世代セファロスポリンを単独投与する。
7. 鎮痛薬投与
8. 広範囲損傷では、外科手術までの間、滅菌水溶性ジェルを患部に塗布し、バンデージを施しておく。
9. 外傷症例では、麻酔薬投与前に入念な状態評価を行う。ショックや致命的問題が認められた場合は、先にそれらの治療を行う。
10. 麻酔
   A. リドカインによる局所神経ブロック

B．注射薬

Ⅰ．循環器障害を有する症例では、オキシモルフォンとジアゼパムIV、ヒドロモルフォンとミダゾラムIV、ジアゼパムとケタミンIVのいずれかにて導入後、イソフルランかセボフルランにて維持する。

Ⅱ．循環器系が安定している症例では、チオペンタールかプロポフォールで導入し、イソフルランかセボフルランにて維持する。プロポフォールで導入後、プロポフォール CRI IVにて維持してもよい。

11. 培養サンプルを採取する。
12. 患部の剃毛・消毒・洗浄などの手術準備をする。
13. 大量の水（水道水、蒸留水、滅菌水など）で汚染創傷部位を洗浄する。
14. 大型の汚染物（草、泥、被毛、植物片など）を除去した後は、滅菌LRS、滅菌リンゲル液、滅菌生理食塩水を用いて洗浄する。18か19G針を取り付けた35mLシリンジとIV輸液バッグを三方活栓に接続して用いるとよい。
15. 全ての創について、外科的に探査する。特に胸腔や腹腔の創は注意深く観察する。胸腔への穿孔創がある場合は、創から胸腔チューブを挿入し、胸腔に包帯を施す（猫では、食用ラップを用いる）。胸腔内の抜気を行ったのち、探査手術を行う。
16. 内臓への損傷が疑われる場合は、X線検査を行う。造影剤（ジアトリゾ酸メグルミン、ジアトリゾ酸ナトリウム、Renografin-60®）を咬傷部位から注入し、創の深さや走行を確認する。気胸の評価にTFASTを用いるとよい。
17. 創傷部位は十分にデブリードマンを行う。大量の滅菌LRSを用いて洗浄する。必要に応じてドレーンを設置する。縫合閉鎖の可否は、慎重に評価する。深部組織の縫合にはモノフィラメント吸収糸を用い、皮膚にはモノフィラメント非吸収糸を用いて縫合する。小型穿孔創の大半は、排液のために開放創とする。
18. ペンローズドレーンなどの受動的ドレーンを使用する場合は、環境からの汚染を防ぐため、バンデージを施す。
19. 十分な洗浄とデブリードマンを行った後は、以下の抗菌物質あるいは抗生物質を塗布し、バンデージを行う。
    A．0.1％硫酸ゲンタマイシン軟膏
    B．バシトラシン、ポリミキシン、ネオマイシン軟膏
    C．スルファジアジン銀軟膏
20. 頸部の咬傷によって、脊椎骨折、脊椎脱臼、外傷性椎間板脱出、喉頭穿孔、気管穿孔、喉頭麻痺、重度出血が惹起される場合がある。
21. 腹部穿孔創は重篤な問題を惹起する可能性が高いため、患者が安定したら直ちに試験的開腹術を行う。強い力での圧迫と裂開により、深部に重度の損傷（消化管穿孔、肝臓破裂、脾臓破裂、膵臓挫滅、尿路損傷など）を呈することがある。
22. 術後は、腎不全、敗血症、腹膜炎などの全身障害に留意してモニタリング

を行う。

23. 患者が安定化し、退院させる際には、経口抗生物質を5～10日分処方する。
    A．セファロスポリンとエンロフロキサシン
    B．アモキシシリン・クラブラン酸合剤
    C．セフポドキシム（Simplicef®）
    また、創傷部位の管理法を指示し、注意すべき合併症について説明する。
24. 2～3日後に再診とし、再評価、ドレーン抜去などを行う。ドレーンを設置していない場合は、4～5日後に再診とする。抜糸は12～14日後とする。

銃創

病因

銃による事故の多くは、拳銃による襲撃で、都市部の低所得者居住地区にて週末の夜間に発生する。目の届かない場所で屋外飼育されていたり、放し飼いにされている動物は、被害に遭うリスクが高い（訳注：日本では狩猟中の事故が大半である）。骨が粉砕されておらず、弾丸が軟部組織に残留している場合は、低速銃による受傷と考えられる。高速銃による銃創では、大型犬の緻密骨も粉砕し、弾丸は貫通して体外に出る。

診断

ヒストリー――受傷直前に発砲を目撃した、銃声を聞いた。放し飼いにされていた、目の届かない場所で屋外飼育されていた。銃弾の射入口および射出口における出血は、認める場合と、認めない場合がある。呼吸不全、起立不能、急性死を呈することがある。

身体検査――意識レベルは、警戒から昏睡まで様々である。すでに死亡している場合もある。呼吸困難、跛行、重度出血。穿孔創の存在。創傷部位での出血や挫傷。一般に、射出口は、射入口よりも大きい。

X線検査――受傷部位のX線検査を行い、骨・軟部組織の損傷程度、弾丸の位置（体内に残存していれば）や種類などを確認する。

TFAST、FAST――気胸、胸水、腹水などの確認に有用である。

鑑別診断

咬傷、交通事故。

予後

創傷部位の位置、銃の威力、損傷の程度によって、予後は良好～極めて不良である。

治療

1．飼育者に診断、予後、治療費について説明する。
2．IVカテーテル留置とIV輸液。ノーモソル®-RやLRSなど、調整電解質輸液剤を用いる。最初の1時間は、犬：80～90mL/kg/時、猫：45～60mL/kg

/時を1/4量に分割し、ボーラス投与する。患者は、15分ごとに再評価する。

3. 酸素補給
4. 重度の循環血液量減少性ショックを呈する場合は、晶質液に加え、ヘタスターチ、ペンタスターチ、デキストラン70などの人工膠質液を投与する。
5. 失血が多い場合は、濃縮赤血球、全血、ヘモグロビン系人工酸素運搬体のいずれかを投与する。
6. 広範囲スペクトル抗生物質投与
7. 患者の状態に合わせた鎮痛薬投与。
8. 創部の剃毛、消毒。
9. 患者を安定化させる間、可能であれば圧迫包帯を施しておく。
10. モニタリングと継続治療のために入院させる。
11. 循環系を再評価し、輸液速度を調整する。
12. 頭部・頸部損傷――来院時に死亡していなければ、気道、呼吸、意識レベル、循環系の評価を行い、適切な治療を開始する。
    A. 出血をコントロールするために、頸静脈結紮を要することがある。
    B. 創傷部位が頭部であれば、死亡率が高い。治療は、他の頭部外傷治療に準ずる。
    C. 眼部に弾丸が残留していれば除去する。屋外にいた動物に眼窩の損傷を認めた場合は、頭部X線検査を実施し、異物残留がないか確認する。
    D. 必要に応じて、気管切開を行う。
13. 胸部銃創――胸部の貫通創では、頻繁に血胸、気胸が続発する。心臓や主要血管に裂傷が生じると、通常は急死する。肺挫傷を認める場合もある。
    A. 来院時に死亡していなければ、気道、呼吸、意識レベル、循環系の評価を行い、適切な治療を開始する。
    B. 必要に応じて、胸腔穿刺を行う。
    C. 状態が悪化するならば、開胸術を行う。
14. 腹部銃創――大血管の裂傷があれば、重度ショックあるいは急死を呈する。腹部に銃創を認めた場合は、腸管穿孔による腹膜炎のリスクが非常に高いため、直ちに試験的開腹術を実施する。多くの場合は穿孔ヵ所が複数存在するので、注意深く探査を行う。
    A. 来院時に死亡していなければ、気道、呼吸、意識レベル、循環系の評価を行い、適切な治療を開始する。
    B. 広範囲スペクトル抗生物質投与、腹膜炎治療。
    C. 患者を安定化させる間、可能であれば圧迫包帯を施しておく。
    D. 甚急に試験的開腹術を実施する。
    E. 必要に応じて、濃縮赤血球またはヘモグロビン系人工酸素運搬体を投与する。
15. 脊椎、脊髄の銃創――創傷の程度や位置により、麻痺、四肢不全麻痺などを認める。
    A. 来院時に死亡していなければ、気道、呼吸、意識レベル、循環系の評価を行い、適切な治療を開始する。
    B. 検査による損傷悪化を防ぐため、神経学的精査を行う前に、X線検査を実施する。

C. 治療は脊柱・脊髄外傷に準ずる。

16. 四肢の銃創——気道、呼吸、意識レベル、循環系の評価を行い、適切な治療を開始する。

A. 圧迫包帯を施し、止血する。

B. 開放性骨折があれば、創部を十分に洗浄し、早急に外科的処置を行う。

C. 創部の剃毛・洗浄を行う。

D. セファゾリン、アンピシリン-エンフロキサシン、アモキシシリン・クラブラン酸合剤など、広範囲スペクトル抗生物質を投与する。

E. 患肢の軟部組織損傷、及び神経損傷の評価を行う。

F. 状態次第では副木固定を行う。

G. 損傷が重度である場合や、出血がコントロールできない場合は、患肢の断脚を行う。

17. 鉛製の弾丸が、消化管、関節、中枢神経系、眼に停留すると、毒性を発する。したがって、除去する際には十分注意し、更なる問題を起こさないように留意する。

法的問題——

（訳注：以下は米国における記述であり、日本の状況とは異なる場合がある）警察、弁護士、飼育者、その他の関係者から、受傷に関する書類提出を要求されることがある。可能であれば、受傷部位の写真を撮っておく。記入漏れなく正確な医療記録を残し、会話も全て記録する。X線写真も撮影しておく。

弾丸を除去する前には、発見位置でX線写真を撮影する。弾丸を取り扱う際は、汚染や損傷を生じないように注意する。取り出した弾丸は、今後の捜査のために保存しておく。弾丸には銃の特定に用いられる施条痕が残っているので、弾丸を把持する時は、傷つけないよう鉗子に包帯を巻く。取り出した弾丸や破片はティシューペーパーで包み、バイアルか容器に入れてテープで封をする。容器には、弾丸があった身体部位、日時、ケースナンバー、飼育者氏名などを記入し、弾丸除去に立ち会った者全員のイニシャルをサインする。弾丸は司法機関に提出する。飼育者に渡してはならない。

骨折

骨折は、整復の必要度によって3分類される。

1. クリティカル骨折——生命維持、あるいは正常な身体機能回復のために、緊急整復を要する骨折。頭蓋骨骨折、脊椎骨折、開放性骨折、一部の脱臼など。
2. 準クリティカル骨折——早急に治療しなければ、重大な問題や機能不全を生じ得る。関節面・成長板を含む骨折、股関節・肩関節・肘関節脱臼、上腕骨の中間・遠位1/3における骨折、骨盤骨折、陰茎骨骨折など。
3. 非クリティカル骨折——早期整復を要しない。肩甲骨・骨盤骨折、若木骨折、長骨骨幹部の閉鎖骨折など。

診断

ヒストリー――活動鈍麻、外傷、加齢、衰弱。

身体検査――様々な程度の跛行・腫脹・角度異常・疼痛。触診にて捻髪音を認めないこともある。

X線検査――最低でも、ラテラル像と前後方向のように、角度が90°異なる2方向からの撮影が必要である。若齢動物では、成長板と骨折線の正しい鑑別を要する。

成長板が閉鎖していない若齢動物の骨端骨折は、ソルターハリス（Salter-Harris）分類を使用するとよい（図5-3）。

予後

多発性骨折や、感染がなければ、予後はおおむね良好である。

治療

1. 飼育者へ診断、予後、治療費について説明する。また、将来的に外科的整

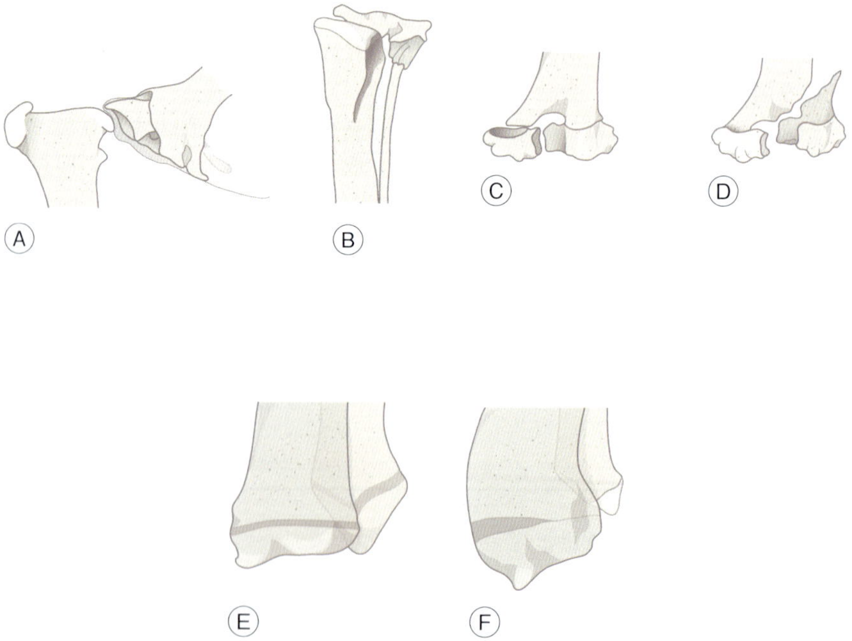

図5-3　成長板・隣接する骨幹端・骨端の損傷を伴う骨折のソルター－ハリスSalter-Harris分類
(A) I型：骨端軟骨骨折。成長板の位置にて骨端が骨幹端から分離する。(B) II型：骨幹端に三角骨片をつくる骨折、及び成長板の位置にて骨幹端から骨端が分離。(C) III型：骨端を分断し、成長板に及ぶ骨折。骨幹端には異常を認めない。(D) IV型：骨端、成長板、骨幹端を分断する骨折。(E) V型：軟部組織腫脹を認めるが、受傷直後は骨の異常が明白でない。(F) V型　受傷2ヵ月後：尺骨における成長板閉鎖と骨長短縮、橈骨における成長板の部分閉鎖と角度変形。Piermattei DL, Flo GL, and DeCamp CE, Handbook of Small Animal Othopedics and Fracture Repair, 4 th edn, St. Louis, Saunders, 2006, Fig 22-5, p 742より。Elsevier Ltdの許可を得て掲載。

復が必要であり、追加費用を要する可能性があることを説明する。

2. 体内、体表に他の外傷がないか確認する（脱破裂、肋骨骨折、横隔膜ヘルニアなど）。**必ず、四肢全ての神経学的検査を行う。**
3. 生命に関わる外傷を先に治療する。
4. 鎮痛薬投与
5. 創傷部位の洗浄。開放性骨折では、入念な洗浄と早急な外科手術を要する。
   A. 開放性骨折では、厳密な無菌操作を行う。
   B. 開放性骨折の洗浄・消毒を行う際は、滅菌グローブと滅菌器具を用いる。
   C. 事前に、細菌培養と感受性試験用のサンプルを採取しておく。
   D. 壊死や損傷を認める組織は鋭性切除する。露出した軟部組織をスクラビングしないように留意する。
   E. 骨折片は、できる限り除去せず、温存する。
   F. 少なくとも1〜2Lの加温滅菌LRSを用いて、創部を十分に洗浄する。三方活栓に、IVラインを連結した洗浄液と、18〜19G針を取り付けた35mLシリンジを接続して使用する。
   G. 創傷処置が完了したら、滅菌ドレッシングで覆う。
   H. 重篤な軟部組織損傷を認める（あるいは疑う）場合は、広範囲スペクトル抗生物質を投与する。推奨される抗生物質は、チカルシリン、アモキシシリン、スルバクタム、セファロスポリンのいずれかと、エンロフロキサシンの併用である。嫌気性菌による汚染が懸念される場合は、クリンダマイシンやメトロニダゾールを追加する。
   I. 開放性骨折症例では、麻酔に耐えうる状態になれば、直ちに外科的整復を行う。
6. 不動化
   A. 柔らかいパッドで患部を巻き、骨折部位を固定すると共に、腫脹や疼痛を緩和する。副木の使用は症例による。上腕骨、大腿骨、骨盤骨折での副木使用は推奨されない。
   B. 上腕骨、大腿骨、骨盤骨折では、ケージレストを要する。鎮静が必要な場合もある。
7. ケージレスト
8. 患者の容態が安定した時点で、整復術を行う。

断脚

診断

ヒストリー――断脚を要する救急症例は、通常、重度外傷歴を有する。断脚適応例には他にも、腫瘍、虚血性壊死、整形外科疾患において治療に反応しない重度感染、麻痺、先天性奇形、関節炎に続発する重度障害のうち治療に反応しないもの、経済的事情で高額治療を施せない整形外科疾患などが含まれる。

身体検査――全身を評価し、生命に関わる損傷があれば適切な治療を開始する。

X線検査――四肢に広範な整形外科的疾患を有する。重篤な軟部組織損傷を伴うことも多い。断脚が適応となるのは、整復の成功率が低い、あるいは経済的に施術困難な場合である。
臨床検査――術前に、生化学検査、電解質、CBCの全ての項目を測定する。

予後

予後は、全身損傷の程度により、良好～不良である。

治療

1. 飼育者に診断、予後、治療費について説明する。
2. 全身を評価し、生命に関わる損傷があれば、適切な治療を行う。
3. ショック、循環器系の問題、呼吸器系の問題などを認める場合は、麻酔の前に治療しておく。
4. IVカテーテル留置、ショック用量でのIV輸液。
5. 循環器系ショックを呈し、水和に要する水分量が多い場合は、膠質液を投与する。
6. 鎮痛薬投与
7. 患肢にて重度出血を認める場合は、手術までの間、圧迫包帯を施しておく。
8. 犬で、大量失血を呈する場合は、濃縮赤血球またはヘモグロビン系人工酸素運搬体（HBOC）の投与を検討する。
9. 猫で、大量失血を呈する場合は、新鮮全血、濃縮赤血球、HBOCの投与を検討する。
10. 機能喪失部位が下垂したままにならないよう、切断は、失活部位より近位で、正常組織を有する位置にて行う。
    A. 尾――病変部位の近位で切断する。尾基部近接にて切断する場合は、会陰神経機能を温存するよう十分に注意する。
    B. 前肢――肩関節を分離するよりも、肩甲骨を切除したほうが、審美性が高く手術も容易である。
    C. 後肢――股関節を分離するよりも、大腿骨を切断するほうが容易である。大腿部断端を残すと、雄の外部性器保護にも役立つ。

股関節脱臼

最も多発するタイプは頭背方脱臼で、大腿骨頭は腸骨側面に変位する。後肢は外旋と内転を呈する。尾背方脱臼では後肢が内旋し、腹方脱臼では外転する。脱臼の種類に関わらず、可動域は制限される。頭背方脱臼では、伸展位にて患肢が対側肢よりも短くなる。

X線検査は、身体検査結果の正誤性や他の損傷の有無を確認するのに重要であり、結果次第では治療方針変更が生じる。寛骨臼骨折、大腿骨頭骨端線離開、大腿骨頭骨頸骨折は、身体検査上で股関節脱臼と見紛うことがあるが、予後や治療法は大きく異なる。また、骨折、剥離、股関節形成不全、レッグ・カルベ・ペルテス等が、股関節脱臼に併発している場合、非観血的整復は困難で、

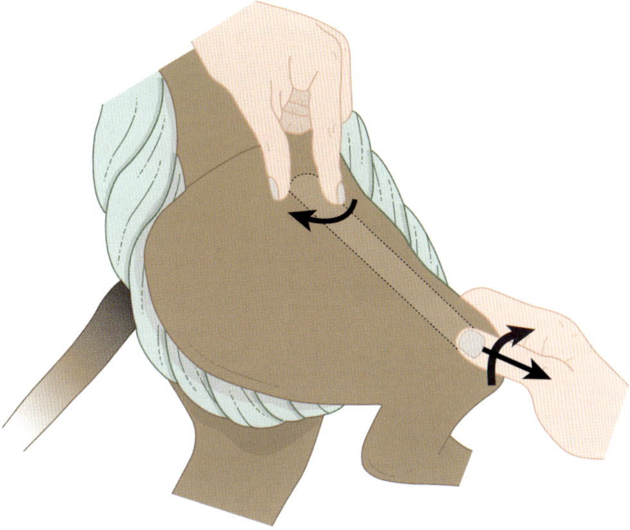

図5-4　股関節脱臼の非観血的整復法
この図では、右手で大腿骨を内旋させつつ牽引し、左手で大腿骨頭を寛骨臼に押し戻している。大腿骨を外転させた状態で大転子を圧迫し、大腿骨頭を寛骨臼に還納する。詳細は、本文中にて述べる。

観血的整復を行うかサルベージ（救済）処置を追加する。

増悪因子がなく、受傷後3～4日以内の症例では、通常、容易に非観血的整復をすることができる。

非観血的整復法（図5-4）

1. 全身麻酔を施す。
2. 患肢側を上位にした横臥位にする
3. 股関節を繰り返しゆっくり屈伸させることによって、筋をリラックスさせ、膠着をほぐす。
4. 患者の鼠径部にロープまたはタオルをかけ、助手が反対方向へ牽引する。
5. 片手で膝部を持ち、反対側の手を大転子の上に置く。
6. 内旋状態と牽引を維持しつつ、大腿骨を外転させ、大転子を下方へ強く圧迫する。
7. 整復後は、大転子に圧迫をかけたまま、すぐに何度か股関節を屈伸させる。
8. エーマースリング包帯（図5-5）を、整復の安定度によって2～14日間施す。
9. 非観血的整復が成功せず、脱臼が継続する場合は、観血的整復を行う。
10. 猫では、一般に観血的整復が必要である。

肘関節脱臼

肘関節脱臼では、頻繁に重度軟部組織損傷と骨損傷が併発する。非観血的整復を試みる前に、必ずX線検査を行う。早期整復が必須である。2日間以上経過すると、非観血的整復は非常に困難（あるいは不可能）となる。

橈骨および尺骨は外方脱臼が多い。このとき、肘突起は変位していないこと

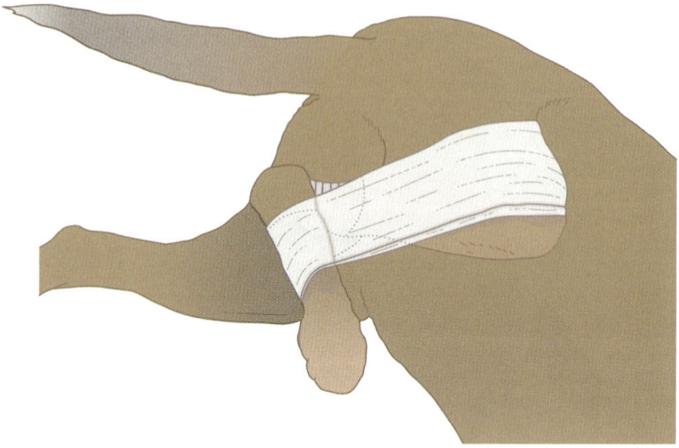

図5-5　エーマースリング包帯法
柔らかいガーゼ包帯を用い、中足骨内側から巻き始める。中足骨に巻いた後、大腿骨内側から外側に回し、中足骨内側へ戻る。中足骨内側から外側へ巻き、再度大腿骨内側から外側に巻いてゆく。上から粘着テープで固定する。さらに、症例によっては患肢外側全体と体幹全周にサポートテープを巻いて、患肢と体幹を固定する。最終的には、患肢遠位は内旋し、大腿骨頭は外旋して寛骨臼に還納された状態で固定する。

もあれば、外側上顆の尾側外方に変位していることもある。

患者は、肘から遠位が僅かに外側変位した状態で患肢を挙上する。橈骨頭は、上腕骨顆の外側にて容易に触診でき、屈曲・伸展共に肘関節可動域は制限される。

非観血的整復法（図5-6）

1．全身麻酔を施す。
2．患肢側を上位にした横臥位にする
3．肘関節の遠位と近位を保持する。
4．筋痙攣を緩和するため、関節を90°以上屈曲させる。
5．肘突起が肘頭窩から変位していない場合は、患肢の外転状態を維持しつつ、橈骨および尺骨を内転させながら、肘関節を最大屈曲位にするだけでよい。
6．肘突起が、外側上顆の外側に変位している場合：
   A．肘関節を最大屈曲位にし、手根関節は90°屈曲させる。
   B．片手で中手骨および橈尺骨遠位をつかみ、対側手で肘を保持する。
   C．患肢遠位を外旋させ、肘突起を外側上顆の尾側へ動かす。
   D．肘頭に指で内側方へ圧力を加える。このとき、肘関節は外転させるとよい。
   E．肘突起が外側上顆の尾側にはまり込んだら、肘関節を最大伸展位にして、定位置に安定させる。
   F．比較的安定しているようであれば、10〜14日間支持包帯を巻いておく。以後4週間は引き綱運動を行う（自由運動を避ける）。
7．非観血的整復が成功せず、関節の安定化が得られない場合は、観血的外科手術を要する。

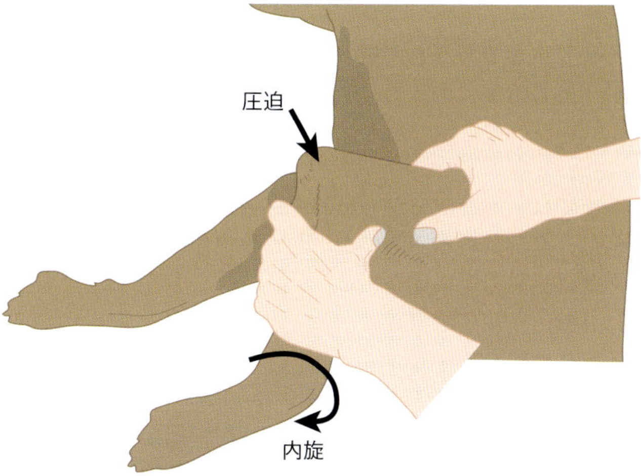

図5-6　肘関節脱臼の非観血的整復法
肘は、およそ100〜110°に屈曲する。患肢を内旋させつつ、僅かに関節を伸展させた状態で、橈骨頭に内側への持続的な圧迫をかける。患肢を内旋させたまま、関節を再度徐々に屈曲させると、橈骨頭が内側に押され、整復される。

縫合部位離開

病因

切開創における縫合強度が不十分であると（要因：縫合糸の種類、サイズ、結紮部位の安定性、縫合法、縫合した組織の強度）、急性切開創ヘルニア（離開）が生じる。離開は、創部にかかる過度な力（肥満・妊娠・臓器腫脹・腹水などによる腹圧上昇や張力増加）によって惹起される。激しい運動、咳嗽、怒責、動物の自傷（噛む、引っ掻く）も原因となる。

診断

ヒストリーおよび身体検査（通常は自明）――切開部位の腫脹や血様漿液の排出が、通常、術後4日間以内に生じる。これらは切開創ヘルニアの切迫徴候であり、直ちに身体検査を実施する。

注意：電話での稟告から腹壁離開を疑う場合は、腹部を清潔な布で巻き、患者を静かに搬送するよう指示する。走ったり跳んだりさせないように気を付けて、早急な来院を促す。

臨床検査――PCV、TP、BUN、クレアチニン、乳酸、血糖値を迅速に測定する。時間に余裕があれば、CBC、生化学検査全項目、血液ガス、凝固系パネルも測定する。創傷治癒を阻害する要因として、貧血、尿毒症、低蛋白血症、感染、糖尿病、肝疾患、副腎皮質機能亢進症などが知られている。

鑑別診断

縫合糸に対する異物反応、蜂巣炎、漿液腫、血腫。

予後

予後は良好～要注意である。犬猫の重度腹腔内臓器脱出に関する研究では、積極的な内科・外科治療によって、全12症例が生存したと報告されている。

治療

1. 整復するまでは、バンデージで患部を保護する。部位と程度によるが、可能であれば、軟部外科専門医でなくとも整復を試みる。
2. 可能であれば、執刀医に連絡する。
3. 飼育者に診断、予後、治療費について説明する。
4. 鎮静あるいは麻酔を施す。
5. 露出した臓器は、生理的食塩水あるいはLRSで入念に洗浄する。腸管の離開があれば、皮膚用ステープラーで一時的に閉鎖してもよい。必要ならば、部分的大網切除を行う。脱出した臓器を腹腔内に還納する。この際、必要であれば、切開部位を拡大してもよい。
6. 創部を滅菌バンデージで保護する。
7. IVカテーテル留置、IV輸液を行い、ショック徴候があれば治療する。
8. 必要に応じて、新鮮凍結血漿、濃縮RBCを投与する。
9. 容態に合わせて、鎮痛薬を投与する。
10. 外科手術を行う。腹腔内を探査し、臓器損傷があれば修復もしくは切除を行う。脱出臓器は腹腔内に還納する。
11. 手術時に、好気性・嫌気性培養用サンプルを腹腔内から採取しておく。
12. 広範囲スペクトル抗生物質をIV投与する。セフォキシチン（またはアンピシリン）とエンロフロキサシンが推奨され、必要ならばメトロニダゾールかクリンダマイシンを追加する。
13. 抜糸まではエリザベスカラーを装着し、自傷を防ぐ。
14. 必要ならばバンデージをする。
15. 回復するまで入院させる。
16. 退院時には、術後管理法をよく説明し、抗生物質とエリザベスカラーを処方する。

注意：飼育者に状況説明をする際は、いかなる場合も執刀医の過失を示唆するような表現をしないこと。

参考文献

交通事故

Crowe, D.T., 2006. Assessment and management of the severely polytraumatized small animal patient. Journal of Veterinary Emergency and Critical Care 16 (4), 264–275.

Culp, W.T.N., Silverstein, D.C., 2009. Abdominal trauma. In: Silverstein, D.C., Hopper, K. (Eds.), Small Animal Critical Care Medicine. Elsevier, St Louis, pp. 667–671.

Driessen, B., Brainard, B., 2006. Fluid therapy for the traumatized patient. Journal of Veterinary Emergency and Critical Care 16 (4), 276–299.

Hackner, S.G., 1995. Emergency management of thoracic pulmonary contusions. Compendium on Continuing Education 17 (5), 677–686.

Kyles, A.E., 1998. Transdermal fentanyl. Compendium on Continuing Education 20 (3), 721–726.

Lisciandro, G.R., Lagutchik, M.S., Mann, K.A., et al., 2009. DVM evaluation of an abdominal fluid scoring system determined using abdominal focused assessment with sonography for trauma in 101 dogs with motor vehicle trauma. Journal of Veterinary Emergency and Critical Care 19 (5), 426–437.

Muir, W., 2006. Trauma: physiology, pathophysiology, and clinical implications. Journal of Veterinary Emergency and Critical Care 16 (4), 253–263.

Powell, L.L., Rozanski, E.A., Tidwell, A.S., et al., 1999. A retrospective analysis of pulmonary contusion secondary to motor vehicular accidents in 143 dogs: 1994–1997 Department of Clinical Sciences. Journal of Veterinary Emergency and Critical Care 9 (3), 127–136.

Prittie, J., 2006. Optimal endpoints of resuscitation and early goal-directed therapy. Journal of Veterinary Emergency and Critical Care 16 (4), 329–339.

Schmiedt, C., Tobias, K.M., Otto, C.M., 2001. Evaluation of abdominal fluid: peripheral blood creatinine and potassium ratios for diagnosis of uroperitoneum in dogs. Journal of Veterinary Emergency and Critical Care 11 (4), 275–280.

Serrano, S., Boag, A.K., 2009. Pulmonary contusions and hemorrhage. In: Silverstein, D.C., Hopper, K. (Eds.), Small Animal Critical Care Medicine. Elsevier, St Louis, pp. 105–110.

Simpson, S.A., Syring, R., Otto, C.M., 2009. Severe blunt trauma in dogs: 235 cases (1997–2003). Journal of Veterinary Emergency and Critical Care 19 (6), 588–602.

Slensky, K., 2009. Thoracic trauma. In: Silverstein, D.C., Hopper, K. (Eds.), Small Animal Critical Care Medicine. Elsevier, St Louis, pp. 662–666.

Streeter, E.M., Rozanski, E.A., de Laforcade-Buress, A., et al., 2009. Evaluation of vehicular trauma in dogs: 239 cases (January–December 2001). Journal of the American Veterinary Medical Association 235, 405–408.

気胸

Lisciandro, G.R., Lagutchik, M.S., Mann, K.A., et al., 2008. Evaluation of a thoracic focused assessment with sonography for trauma (TFAST) protocol to detect pneumothorax and concurrent thoracic injury in 145 traumatized dogs. Journal of Veterinary Emergency and Critical Care 18 (3), 258–269.

McLaughlin, Jr., R.M., Roush, J.K. (guest eds), 1995. The Veterinary Clinics of North America, Small Animal Practice: Management of Orthopedic Emergencies 25 (5), 1032–1033.

Sauvé, V., 2009. Pleural space disease. In: Silverstein, D.C., Hopper, K. (Eds.), Small Animal Critical Care Medicine. Elsevier, St Louis, pp. 125–130.

Sigrist, N.E., 2009. Thoracentesis. In: Silverstein, D.C., Hopper, K. (Eds.), Small Animal Critical Care Medicine. Elsevier, St Louis, pp. 131–133.

Sigrist, N.E., 2009. Thoracostomy tube placement and drainage. In: Silverstein, D.C., Hopper, K. (Eds.), Small Animal Critical Care Medicine. Elsevier, St Louis, pp. 134–137.

Song, E.K., Mann, F.A., Wagner-Mann, C.G., 2008. Comparison of different tube materials and use of chinese finger trap or four friction suture technique for securing gastrostomy, jejunostomy, and thoracostomy tubes in dogs. Veterinary Surgery 37, 212–221.

外傷性横隔膜ヘルニア

Fossum, T.W., 2002. Traumatic diaphragmatic hernias. In: Fossum, T.W. (Ed.), Small Animal Surgery, second ed. Mosby, St Louis, pp. 795–798.

Haskins, S.C., Klide, A.M. (guest eds), 1992. The Veterinary Clinics of North America, Small Animal Practice: Opinions in Small Animal Anesthesia 22 (2), 457.

Hunt, G.B., Johnson, K.A., 2003. Diaphragmatic, pericardial, and hiatal hernia. In: Slatter, D. (Ed.), Textbook of Small Animal Surgery, third ed. Saunders, Philadelphia, pp. 473–487.

McLaughlin, Jr., R.M., Roush, J.K. (guest eds), 1995. The Veterinary Clinics of North America, Small Animal Practice: Management of Orthopedic Emergencies 25 (5), 1034–1035.

Ricco, C.H., Graham, L., 2007. Undiagnosed diaphragmatic hernia – the importance of preanesthetic evaluation. Canadian Veterinary Journal 48, 615–618.

Sauvé, V., 2009. Pleural space disease. In: Silverstein, D.C., Hopper, K. (Eds.), Small Animal Critical Care Medicine. Elsevier, St Louis, pp. 125–130.

Schmiedt, C.M., Tobias, K.M., Stevenson, M.A.M., 2003. Traumatic diaphragmatic hernia in cats: 34 cases (1991–2001). Journal of the American Veterinary Medical Association 222, 1237–1240.

皮膚剥脱（デグロービング）損傷

Garzotto, C.K., 2009. Wound management. In: Silverstein, D.C., Hopper, K. (Eds.), Small Animal Critical Care Medicine. Elsevier, St Louis, pp. 676–682.

Griffin, G.M., Holt, D.E., 2001. Dog-bite wounds: bacteriology and treatment outcome in 37 cases. Journal of the American Animal Hospital Association 37, 453–460.

Hedlund, C.S., 2002. Wound management. In: Fossum, T.W. (Ed.), Small Animal Surgery, second ed. Mosby, St Louis, pp. 134–148.

Meyers, B., Schoeman, J.P., Goddard, A., et al., 2008. The bacteriology and antimicrobial susceptibility of infected and non-infected dog bite wounds: Fifty cases. Veterinary Microbiology 127, 360–368.

Scheepens, E.T.F., Peeters, M.E., L'Eplattenier, H.F., et al., 2006. Thoracic bite trauma in dogs: a comparison of clinical and radiological parameters with surgical results. Journal of Small Animal Practice 47, 721–726.

Talan, D.A., Citron, D.M., Fredrick, B.S., et al., 1999. For the Emergency Medicine Animal Bite Infection Study Group. Bacteriologic Analysis of Infected Dog and Cat Bites. New England Journal of Medicine 340, 85–92.

Waldron, D.R., Zimmerman-Pope, N., 2003. Superficial skin wounds. In: Slatter, D. (Ed.), Textbook of Small Animal Surgery, third ed. Elsevier, St Louis, pp. 266–267.

咬傷、裂傷

Basualdo, C., Sgroy, V., Finola, M.S., et al., 2007. Comparison of the antibacterial activity of honey from different provenance against bacteria usually isolated from skin wounds. Veterinary Microbiology 124, 375–381.

Garzotto, C.K., 2009. Wound management. In: Silverstein, D.C., Hopper, K. (Eds.), Small Animal Critical Care Medicine. Elsevier, St Louis, pp. 676–682.

Hedlund, C.S., 2002. Wound management. In: Fossum, T.W. (Ed.), Small Animal Surgery, second ed. Mosby, St Louis, pp. 134–148.

Kirk, R.W., Bonagura, J.D. (Eds.), 1992. Current Veterinary Therapy XI. WB Saunders, Philadelphia, pp. 154–158.

Mathews, K.A., Binnington, A.G., 2002a. Wound management using sugar. Compendium for the Continuing Education of the Practicing Veterinarian 24 (1), 41–50.

Mathews, K.A., Binnington, A.G., 2002b. Wound management using honey. Compendium for the Continuing Education of the Practicing Veterinarian 24 (1), 53–60.

Waldron, D.R., Zimmerman-Pope, N., 2003. Superficial skin wounds. In: Slatter, D. (Ed.), Textbook of Small Animal Surgery, third ed. Elsevier, St Louis, p. 270.

銃創

Carr, B.G., Schwab, C.W., Branas, C.C., et al., 2008. Outcomes related to the number and anatomic placement of gunshot wounds. Journal of Trauma 64, 197–203.

Fullington, R.J., Otto, C.M., 1997. Characteristics, and management of gunshot wounds in dogs, and cats. Journal of the American Veterinary Medical Association 210 (5), 658–662.

McLaughlin, Jr., R.M., Roush, J.K. (guest eds), 1995. The Veterinary Clinics of North America, Small Animal Practice: Management of Orthopedic Emergencies 25 (5), 1111–1125.

Pavletic, M.M., 1996. Gunshot wound management. Compendium on Continuing Education 18 (12), 1285–1299.

Pavletic, M.M., 2004. Management of gunshot wounds in small animal practice standards of care. Emergency and Critical Care Medicine 6 (9), 1–10.

Waldron, D.R., Zimmerman-Pope, N., 2003. Superficial skin wounds. In: Slatter, D. (Ed.), Textbook of Small Animal Surgery, third ed. Elsevier, St Louis, p. 269.

骨折

Boudrieau, R.J., 2003. Fractures of the radius and ulna. In: Slatter, D. (Ed.), Textbook of Small Animal Surgery, third ed. Elsevier, St Louis, pp. 1953–1973.

Boudrieau, R.J., 2003. Fractures of the tibia and fibula. In: Slatter, D. (Ed.), Textbook of Small Animal Surgery, third ed. Elsevier, St Louis, pp. 2144–2157.

Grant, G.R., Olds, R.B., 2003. Treatment of open fractures. In: Slatter, D. (Ed.), Textbook of Small Animal Surgery, third ed. Elsevier, St Louis, pp. 1793–1797.

Harasen, G., 2007. Pelvic fractures. Canadian Veterinary Journal April 48, 427–428.

Johnson, A.L., Hulse, D.A., 2002. Fundamentals of orthopedic surgery and fracture management. In: Fossum, T.W. (Ed.), Small Animal Surgery, second ed. Mosby, St Louis, pp. 821–1022.

McLaughlin, Jr., R.M., Roush, J.K. (guest eds), 1995. The Veterinary Clinics of North America, Small Animal Practice: Management of Orthopedic Emergencies 25 (5), 1093–1106.

Murtaugh, R.J., Kaplan, P.M., 1992. Veterinary Emergency, and Critical Care Medicine. Mosby, St Louis, pp. 138–143.

Piermattei, D.L., Flo, G.L., DeCamp, C.E., 2006. Handbook of Small Animal Orthopedics and Fracture Repair, fourth ed. Elsevier, St Louis, p. 742, Figure 22–745.

Piermattei, D.L., Flo, G.L., DeCamp, C.E., 2006. Handbook of Small Animal Orthopedics and Fracture Repair, fourth ed. Elsevier, St Louis, pp. 255–746.

Simpson, D.J., Lewis, D.D., 2003. Fractures of the femur. In: Slatter, D. (Ed.), Textbook of Small Animal Surgery, third ed. Elsevier, St Louis, pp. 2059–2089.

Tomlinson, J.L., 2003. Fractures of the humerus. In: Slatter, D. (Ed.), Textbook of Small Animal Surgery, third ed. Elsevier, St Louis, pp. 1905–1918.

Tomlinson, J.L., 2003. Fractures of the pelvis. In: Slatter, D. (Ed.), Textbook of Small Animal Surgery, third ed. Elsevier, St Louis, pp. 1989–2001.

断脚

Weigel, J.P., 2003. Amputations. In: Slatter, D. (Ed.), Textbook of Small Animal Surgery, third ed. Elsevier, St Louis, pp. 2180–2189.

股関節脱臼

Holsworth, I.G., DeCamp, C.E., 2003. Coxofemoral luxation. In: Slatter, D. (Ed.), Textbook of Small Animal Surgery, third ed. Elsevier, St Louis, pp. 2002–2008.

Johnson, A.L., Hulse, D.A., 2002. Coxofemoral luxation. In: Fossum, T.W. (Ed.), Small Animal Surgery, second ed. Mosby, St Louis, pp. 1102–1109.

Piermattei, D.L., Flo, G.L., DeCamp, C.E., 2006. Handbook of Small Animal Orthopedics and Fracture Repair, fourth ed. Elsevier, St Louis, pp. 461–467.

肘関節脱臼

Dassler, C.L., Vasseur, P.B., 2003. Elbow luxation. In: Slatter, D. (Ed.), Textbook of Small Animal Surgery, third ed. Elsevier, St Louis, pp. 1919–1926.

Johnson, A.L., Hulse, D.A., 2002. Traumatic elbow luxation. In: Fossum, T.W. (Ed.), Small Animal Surgery, second ed. Mosby, St Louis, pp. 1079–1022.

Piermattei, D.L., Flo, G.L., DeCamp, C.E., 2006. Handbook of Small Animal Orthopedics and Fracture Repair, fourth ed. Elsevier, St Louis, pp. 325–330.

縫合部位離開

Fossum, T.W., 2002. Surgery of the abdominal cavity. In: Fossum, T.W. (Ed.), Small Animal Surgery, second ed. Mosby, St Louis, p. 258.

Fossum, T.W., 2002. Umbilical and abdominal hernias. In: Fossum, T.W. (Ed.), Small Animal Surgery, second ed. Mosby, St Louis, pp. 259–267.

Gower, S.B., Weisse, C.W., Brown, D.C., 2009. Major abdominal evisceration injuries in dogs and cats: 12 cases (1998–2008). Journal of the American Veterinary Medical Association 234, 1566–1572.

Hedlund, C.S., 2002. Wound management. In: Fossum, T.W. (Ed.), Small Animal Surgery, second ed. Mosby, St Louis, p. 144.

Netto, F.A., Hamilton, P., Rizoli, S.B., et al., 2006. Traumatic abdominal wall hernia: epidemiology and clinical implications. Journal of Trauma 61, 1058–1061.

第6章

飼育環境中の事故

6

溺水（浸水損傷）

診断

ヒストリー――患者が水中または水辺で発見される。

身体検査――身体は濡れているか湿っている。ただし、事故後すぐに受診しなかった場合はこの限りでない。徐脈、口腔粘膜蒼白、大腿動脈拍動減弱、低体温、チアノーゼ、呼吸困難、湿性の気管支肺胞音、鼻出血、湿性咳嗽などを認める。

淡水（真水）の誤嚥は、低ナトリウム血症、循環血流量過多、浸透圧低下を惹起する。受診時には、すでに水分の再分布が生じ、循環血流量減少を呈している場合もある。淡水は、肺表面活性物質（サーファクタント）のイオン組成を変化させ、肺胞の表面張力を上昇させるため、肺胞虚脱、右–左肺内シャント、低酸素症を引き起こす。

海水（塩水）の誤嚥は、高ナトリウム血症、循環血流量低下を惹起する。海水も肺表面活性物質の一部を洗い流すものの、化学的性質は変化させない。高張性の塩水は、肺胞内へ水分を引き込むため、この場合も肺内シャントと低酸素症が生じる。

誤嚥した水に含まれていた異物によって、気道閉塞を生じることもある。また、汚染水による感染で、肺炎を生じることもある。

胸部X線検査――肺胞パターンまたは間質–気管支混合パターンを認める。X線画像上の異常所見は、遅れて発現する場合もある。肺野が正常パターンを呈している場合でも、臨床徴候に応じて、適切な治療を進めなければならない。

臨床検査――血液ガス、血清電解質、CBC、生化学検査を行う。

Pa_{O_2}＜90mmHgである場合は、酸素補給を行う。

Pa_{O_2}＜60mmHgかつFi_{O_2}＞50%、またはPa_{O_2}＜40mmHgである場合は、機械的人工換気を要する。

心電図検査――徐脈や各種不整脈の発現。

鑑別診断

急性呼吸不全、うっ血性心不全、非心原性肺水腫、肺血栓塞栓症。

予後

淡水による溺水では、致死率が37.5%であり、予後は注意を要する。機械的人工換気を要した症例での生存退院率は、わずか11%である。

治療

1. 電話を受けたら、救護者に口–鼻式人工呼吸法、体外心マッサージ法などの心肺蘇生術を伝達する。

   まず気道内容物を除去するため、患者を抱き上げ、頭位を下げて胸部を圧迫するように指示する。これは手短に行う。その後、直ちに最寄りの獣医療機関へ搬送するように伝える。暖かい毛布があれば、患者を包む。
2．飼育者に、診断、予後、治療費について説明する。
3．少なくとも24時間の入院と経過観察を要する。
4．酸素補給
　A．酸素ケージ
　B．エリザベスカラー酸素フード
　C．経鼻カテーテル
　D．マスク
　E．挿管し、機械的人工換気を行う。状況に応じて、呼気終末陽圧（PEEP）を用いる。淡水による溺水では、肺表面活性物質のダメージと肺胞表面張力上昇が生じているため、通常、PEEPを5cm以上に設定する必要がある。
5．IVカテーテル留置
6．調整電解質晶質液を用いて、慎重にIV輸液を行う。肺水腫に対して慎重にモニターする。
7．重度ショックを呈し、肺水腫を認める場合は、ヘタスターチまたはデキストラン70を20mL/kg IV投与する。ショック状態が持続する場合は、同量のヘタスターチを6～8時間後に再投与する。
8．体温モニタリング。通常、低体温を呈する。
　A．犬が冷水に浸水した場合は、「潜水反射」を呈し、無呼吸、徐脈、選択的血管収縮、脳・心臓への血流シャントが生じる。
　B．体温が32℃を下回る場合は、輸液剤や酸素の加温、毛布や加温パッドの使用、温水浴などにより、慎重に体温上昇を図る。
　C．蘇生措置に反応がなくとも、低体温である限りは蘇生措置を継続する（低体温時の「死」は死ではない）。
9．コルチコステロイドの投与は推奨されない。
10．細菌性肺炎や敗血症を認めない限りは、広域スペクトル抗生物質を使用してはならない。
11．ペントキシフィリンは、肺組織への好中球浸潤を抑制すると報告されており、投与を検討するとよい。投与量：15mg/kg PO q8h。

感電

診断

ヒストリー——電気コードやその他の電源への接触、感電現場の目撃。

身体検査——口腔内に熱傷が生じ、黄褐色、灰色、薄黄色を呈する。損傷部位の辺縁が黒色を呈することもある。損傷部位は、舌、頬粘膜、舌粘膜が多い。口腔知覚過敏、四肢の熱傷、広範囲の組織壊死を認めることもある。呼吸困難、神経原性肺水腫、呼吸停止、発作、心室細動などの不整脈、消化管や筋骨格の損傷を生じることもある。

胸部X線検査——肺門領域や後葉における肺水腫所見。受傷後18～24時間は、X線画像上で異常所見を認めないこともあるため、反復検査を検討する。

臨床検査——

1．来院後、直ちにPCV、TS（≒TP）、血液ガス、ACTまたはPT、APTT、BUN、血糖値を測定する。
2．時間があれば、CBC、電解質を含む生化学検査、尿検査、その他の検査も行う。
3．受傷後48時間は、心電図、血圧、血液ガスのモニターを繰り返し行う。

鑑別診断

急性呼吸窮迫症候群、猫の気管支疾患、胸水、外傷。

予後

予後は要注意～不良である。

治療

1．飼育者に、診断、予後、治療費について早急に説明する。
2．気道確保
3．呼吸困難やチアノーゼがあれば、酸素補給。
4．IVカテーテル留置
5．フロセミド投与。劇症肺水腫では、フロセミドの効果がみられない場合がある。
   犬：2～4mg/kg IV
   猫：2mg/kg IV
6．劇症肺水腫を呈する場合は、挿管し、補助換気を行う。
7．肺水腫を認める場合は、気管支拡張薬を投与する。
   A．アミノフィリン
      犬：6～10mg/kg PO、IM、IV q6～8h
      猫：4～8mg/kg IM、SC、PO q12h
   B．テオフィリン：4～8mg/kg PO q6～8h
   C．長時間作用型テオフィリン（Theo-Dur®）：10～25mg/kg PO q12h
   D．テルブタリン（Brethine®）
      犬：1.25～5mg PO q8～12hまたは0.01mg/kg SC q4h
      猫：0.625mg PO q8hまたは0.01mg/kg SC q4h
   E．アルブテロール（Proventil®）：0.02～0.05mg/kg PO q8h
8．ショックを呈している場合は、電解質晶質液を輸液する。最初の1時間の投与量は、犬：90mL/kg、猫：60mL/kg。特に肺水腫症例では慎重に投与する。
9．重度の低循環血液性ショックを認めない限りは、膠質液や高張食塩水投与は避けるべきである。感電後6～8時間は、肺水腫を発症する危険性が高いため、血漿や合成膠質液は投与しない。
10．心電図検査を繰り返し行い、心機能をモニターする。不整脈があれば、適切な治療を行う。
11．モルヒネ、オキシモルフォン、ヒドロモルフォン、ブトルファノールなどの鎮痛薬を個々の患者に合わせて適切に投与する。患者の状態が安定化し、腎機能が回復するまでは、非ステロイド性抗炎症薬の投与は避ける。

12. 尿量をモニターする。最少量は、犬：1～2mL/kg/時、猫：0.5～1mL/kg/時である。
13. 口腔内熱傷の不快感を軽減するため、スクラルファート懸濁液投与、または保護性皮膚軟化剤（Orabase®）の塗布を行う。
14. 経口または非経口栄養サポートを行う。口腔病変が重度で、長期的な栄養サポートを要する場合は、フィーディングチューブ設置を検討する。

熱中症

病因

犬猫の熱中症には、労作性と非労作性がある。通常は、熱への過度な曝露によって起こる。熱中症が発症する曝露時間は様々で、環境や動物の状態などに依存する。運動、ハロタン麻酔、他の疾患に続発する悪性高熱による代謝亢進に起因して発症することもある。呼吸抑制や呼吸障害（気道閉塞、心疾患、肺疾患）を呈する患者では、呼吸による冷却が奏功しないため、熱中症を発症することがある。また、肥満による放熱不良、薬剤の影響（利尿薬、フェノチアジン、βブロッカーなど）、環境への順応障害も原因となる。

衣類乾燥機内への閉じ込め事故、換気の悪い場所での飼育（特に高温多湿時に飲料水が切れた場合）でも発症する。ブルドッグなどの短頭種に好発する。肥満、喉頭麻痺を含む循環・呼吸器疾患、老齢も好発因子である。

診断

ヒストリー――過度のパンティング、流涎過多、倦怠、筋攣縮、嘔吐、下痢、運動失調、虚脱、意識消失、発作などに飼育者が気付く。

身体検査――疾患の初期では、体温上昇（40.5℃）、可視粘膜うっ血、パンティング、頻脈、脈圧増強を認める。播種性血管内凝固症候群（DIC）が発症すると、点状出血、喀血、吐血、血便を認める。状態悪化につれて、可視粘膜の灰色化、脈圧の減弱、嘔吐、血様下痢、メレナ、沈うつ、運動失調、皮質盲、発作、昏睡などを呈し、死亡することもある。

循環性ショックを呈している場合や、飼育者が体温を下げる処置を行った場合、来院時の体温は、正常または低い場合がある。体温が41℃になると、不可逆的脳傷害を生じることがある。

臨床検査――来院したら直ちにPCV、TS（≒TP)、BUN、血糖、ナトリウム、カリウム、乳酸、血液ガス測定を行う。

血液塗抹検査を行い、有核赤血球がある場合は、(白血球100に対する）数を調べる。DICでは、頻繁に分裂赤血球が認められるため、赤血球の形態を観察する。PT、APTT、CBC（血小板数を含む)、トロンボエラストグラフィ（TEG）などによりDICを検知できる場合がある。治療中も、ACTまたはAPTTの再評価は継続的に行う。また、血液生化学検査と尿検査も行う。

活性化全血凝固時間（ACT）――ACT基準値は、犬では60～110秒、猫では50～75秒である。急性DICでは、軽度から中等度のACT延長（犬：110～200秒、猫：75～120秒）を認める。終末期DICでは、著明なACT延長（犬：＞200秒、猫：＞120秒）を認める。

検査前および検査中は、ACT試験チューブを37℃に加温する。チューブは2本用いる。静脈穿刺は1回でスムーズに行い、迅速に採血する。血液は、真空採血管（Vacutainer® system）を用いて1本目のチューブに直接採取するか、シリンジから速やかにチューブへ移す。静脈に針を穿刺したままで、2本目のチューブに血液を採取する。チューブに血液2mLを入れた時点から、血餅形成が目視されるまでの時間がACTである。

ACTの代わりにAPTTを測定してもよい。APTTも院内測定が可能である。基準値は検査キットにより異なり、それぞれの製造元が公表している。

心電図検査――初期は、数時間ごとに心電図による評価を行う。多くの症例では、心室性不整脈が認められる。

鑑別診断

悪性高熱、ストリキニーネ中毒症、メタアルデヒド中毒症、アンフェタミンやマカダミアナッツの誤食、子癇やその他の原因による発作、髄膜炎、脳炎、感染性疾患、炎症性疾患、視床下部の体温調節中枢における占拠性病変。

予後

予後は、高体温の程度と経過時間により異なる。主な予後悪化要因は、持続的低血糖、昏睡、神経学的状態の進行性悪化、DICの発現、有核赤血球の相対的上昇（白血球100個に対し、有核赤血球18個を超える場合。生存例での平均数は2個）、急性腎傷害などである。死亡は、一般に24時間以内に生じる。64％の症例が生存したしたとの報告もある。

治療

1. 電話を受けたら、救護者に患者を水で濡らし、直ちに来院するように指示する。DICなどの合併症を惹起する恐れがあるため、氷水などでの急速冷却は指示しない。
2. 酸素補給（必要ならば気道確保）、IV輸液、体外冷却を同時に開始する。
3. 飼育者に、診断、予後、治療費について説明する。
4. 患者の意識レベルにかかわらず、来院後直ちに酸素補給を開始する。経鼻カテーテルやエリザベスカラーフードを使用する。酸素ケージは、ケージ内温度の上昇による状態悪化を惹起する恐れがある。
5. IVカテーテル留置。大型犬では、2本留置する。
6. 治療前の血液のサンプルにより、ミニマムデータベースを得る。
7. 調整電解質晶質液によるショック量でのIV輸液。
   犬：60～90mL/kg/時
   猫：45～60mL/kg/時

8. 晶質液に加え、膠質液輸液を行ってもよい。この場合は、晶質液の投与量を40〜60％減らす。
9. 冷水をかけて、ゆっくりと患者を冷却する。体を濡らして、扇風機の前に寝かせるか、冷水浴をさせてもよい。この時、氷水は用いない。氷水に浸けると、血管収縮、毛細血管のスラッジング、皮膚血流量低下によってDICが引き起こされることがある。頸静脈周囲と腹部を集中的に冷却する。アイスパックを頭部に当ててもよい。
10. 体内冷却（冷水による胃洗浄や浣腸）は、体温低下には有効であるが、中核体温測定に支障をきたす。
11. 注意深く体温をモニターする。体温が39.5℃まで低下したら、低体温症を避けるため、冷水による冷却を中止する。
12. 低血糖であれば、輸液剤にブドウ糖を添加する。
13. グルココルチコイドおよびNSAIDsは投与しない。
14. 消化管を保護するために、スクラルファート、ファモチジン、ラニチジンを投与する。
15. 広域スペクトルの抗生物質投与については、見解が一致していないが、細菌体内移行による敗血症がある場合は投与を検討する。
16. 初期輸液治療後は、電解質と酸塩基平衡の是正を行う。
17. 心電図検査を繰り返し行い、不整脈をモニターする。不整脈がある場合は適切な治療を行う。この時、最初に電解質不均衡の有無を確認する。
18. 尿量をモニターする。水和が得られた後、必要であればフロセミドまたはマンニトールを投与する。閉鎖式採尿システムを用いると、尿量測定が容易である。
19. 肺水腫モニタリングと治療。必要に応じてフロセミド投与。
20. 発作がある場合は、ジアゼパム投与。
21. ACT、APTT、トロンボエラストグラフィによる凝固系モニタリング。
    A. DICを認める場合は、新鮮凍結血漿10〜30mL/kg IV投与。
    B. ヘパリン投与には賛否両論があるが、検討する。
        I. 未分画ヘパリン：100〜200IU/kg SC q8hまたは10IU/kg/時 IV CRI 2時間。目標はAPTT値を1.5倍まで延長させることである。
        II. エノキサパリン（Lovenox®）、低分子ヘパリン
        犬：0.8〜1.0mg/kg SC q6〜8h
        猫：1.0〜1.25mg/kg SC q8〜12h
        III. ダルテパリン（Fragmin®）、低分子ヘパリン
        犬：100〜150IU/kg SC q8〜12h
        猫：180IU SC q4〜6h

低体温症、凍傷

冬眠しない動物において体温低下が生じると、生理活動および代謝活動が緩慢になる。低体温症（犬：37.5℃以下、猫：37.8℃以下）は、疾患の一環として生じる。また、鎮静・麻酔、手術によって惹起されるほか、寒冷環境への事

故的曝露でも生じる。

犬猫の直腸温が27.8℃以下になった場合は、自力での体温回復は不可能となるが、適切な処置を行えば生存は可能である。身体損傷の程度は、体温と低体温持続時間によって様々である。

- 軽度低体温（30～32℃）——24～36時間生存可能である。
- 中等度低体温（22～25℃）——4～24時間継続すると、通常死亡する。
- 重度低体温（15℃以下）——生存時間は最大6時間である。

凍傷（虚血性壊死）は、低温環境への曝露による体温低下（34℃以下）、露出した体表面の凍結、冷たい液体・ガラス・金属への接触によって生じる。寒冷刺激への曝露は、体表の毛細血管の血流障害をもたらし、二次的に表層組織破壊を引き起こす。

凍傷は、若齢動物や栄養不良の個体が、極度の寒さや暴風雨に曝露された時に好発する。犬猫での好発部位は、耳介、尾部、外部生殖器、蹠球（パッド）である。

診断

低体温症の臨床徴候——

1．臨床徴候——中核体温や低体温の持続時間によって様々。
2．体温——犬では37.5℃以下、猫では37.8℃以下。
3．意識レベル——沈うつから意識喪失まで様々。
4．徐脈
5．低血圧
6．振戦——体温31℃未満では認められない。
7．呼吸——遅くて浅い。
8．不整脈——心室性不整脈が最も多い。

凍傷の臨床徴候——

1．急性期
　A．皮膚蒼白
　B．触診にて皮膚冷感
　C．罹患部位にて知覚過敏
　D．チアノーゼ
2．解凍期
　A．皮膚紅斑
　B．相当の疼痛
　C．浮腫による局所腫脹
3．慢性期
　A．皮膚拘縮
　B．脱色
4．20～30日後
　A．脱毛
　B．壊死組織脱落

治療

低体温症の治療——

1. 酸素補給。必要であれば挿管。
2. IVカテーテルを留置し、加温した調整電解質晶質液（43℃）による急速輸液。
3. 若齢動物および低血糖を認める症例では、ブドウ糖をIV投与する。
4. 中核体温の迅速な回復が必要である。
   - A. 患者を寒冷環境から暖かい室内に移動する。
   - B. 患者を温かい毛布で覆う。
   - C. 湯たんぽを当てる。ただし、タオルや毛布を挟み、熱傷を予防すること。
   - D. 保温器に入れる、または保温マットを敷く（熱傷に注意）。
   - E. 横臥している場合は、2時間ごとに体位変換する。
   - F. 温水浴をさせる。
   - G. 低体温症が持続する、または体温が32℃以下を示す場合は、温水による腹膜透析を検討する。
   - H. 低体温症が持続する、または体温が32℃以下を示す場合は、温水による結腸洗浄も検討する。
   - I. 低体温症が持続する、または体温が32℃以下を示す場合は、温水による胃洗浄も検討する。
   - J. 不整脈をモニターし、必要に応じて治療する。

凍傷の治療——

1. 患者を寒冷物から離す。
2. 患部に温罨法（蒸しタオルなどを押し当てる）を施す。
3. 患部を温水（39～40℃）に浸す。
4. 患部は擦らない。
5. 患部を優しく乾燥させ、綿包帯を当てる。圧迫包帯はしない。
6. コルチコステロイドは投与しない。
7. 抗生物質の予防的投与
8. 鎮痛薬投与
9. エリザベスカラーやバンデージを施し、自傷を防ぐ。
10. 患部が再凍結しないように注意する。
11. 凍傷初期では、活性を失ったようにみえる組織も、後に回復することがあるため、救命救急現場での断脚は不適切である。

煙吸入

診断

ヒストリー——煙への曝露、火事。

身体検査——身体的変化の大半は、事故後24～48時間は明確でない。全症例にて、鼻、口、上部気道（特に喉頭）を観察し、浮腫の有無を確認する。フルオレセインを用いて、角膜潰瘍の有無を確認する。

可視粘膜色調評価。赤色は一酸化炭素中毒、チアノーゼは呼吸器障害、蒼白はショックや赤血球の崩壊を示唆する。

耳、頸部、体幹、四肢、蹠球（パッド）、腹部、膀胱、生殖器、肛門を検査する。被毛の下を注意深く調べる。数ヵ所を抜毛検査する。表層性または全層性熱傷が存在すると、被毛は容易に引き抜かれる。目視にて明らかな創傷があれば、周囲を剃毛する。

肺損傷は、以下の4つに分類される。

1．最小限の肺損傷――煙の臭いを認め、洞毛（ヒゲ）に焦げ跡、被毛に付着した煤、流涎・鼻汁などが観察される。患者は警戒し、呼吸数は正常またはわずかに増加する。顔面熱傷や可視粘膜蒼白が認められることは少ない。場合により、流涙や鼻汁が認められる。胸部X線所見は正常で、予後は良好である。

2．軽度肺損傷――煙の臭いを認め、洞毛（ヒゲ）に焦げ跡、被毛に付着した煤、流涎・鼻汁などが観察される。患者は元気消失し、呼吸数は軽度から中等度の増加を認める。場合により、熱傷、粘膜蒼白、流涙、鼻汁を認めることがある。一酸化炭素中毒が疑われる鮮赤色の粘膜色調が観察されることはまれである。通常、胸部X線所見は正常であり、予後は中等度である。

3．中等度肺損傷――煙の臭いを認め、洞毛（ヒゲ）に焦げ跡、被毛に付着した煤、流涎・鼻汁などが観察される。患者は衰弱し、頻呼吸、顔面熱傷、流涙・鼻汁を認める。可視粘膜は蒼白を呈することが多い。口腔粘膜色調が鮮赤色を呈する症例もある。胸部X線所見は様々で、正常な症例もあれば、肺葉硬化を認める症例もある。予後は要注意～不良である。

4．重度肺損傷――煙の臭いを認め、洞毛（ヒゲ）に焦げ跡、被毛に付着した煤、流涎・鼻汁などが観察される。患者は意識喪失し、緩徐呼吸または無呼吸を呈する。一般に、顔面熱傷が観察される。口腔粘膜は鮮赤色を呈し、流涙・鼻汁を認める。胸部X線所見は様々で、正常な症例もあれば、肺葉硬化を認める症例もある。予後は極めて不良である。

神経学的異常――煙や一酸化炭素吸入により、脳軟化症に伴う遅発性低酸素後神経症状が生じることが報告されている。犬の1症例では、住宅火災から救出された6日後に進行性神経徴候が生じている。3日後の剖検では、大脳皮質ニューロンの層状壊死と、大脳白質の脳軟化症が観察された。

胸部X線検査――受傷から16～24時間以内には異常を認めない場合もあるが、ベースライン（治療前）の所見は、患者をモニターする上で有用である。観察される異常所見には、靡慢性または巣状性の間質性浸潤、エアーブロンコグラムを伴う間質性・肺胞性の混合パターン、重篤症例における肺葉硬化などがある。

心電図検査――低酸素症徴候。ただし、正常な場合もある。

臨床検査――

1．迅速に、PCV、TS（≒TP）、血液ガス、ACT、BUN、血糖値を測定する。

2．時間があれば、CBC、電解質を含む血液生化学検査、尿検査、その他の各症例に必要な検査を行う。

3．最初の48時間は、心電図、血圧、血液ガスを繰り返しモニターする。

4．末梢血のPa_{O_2}は、血中の一酸化炭素の影響により、誤って正常と測定されることがある。カルボキシヘモグロビン値は人用の検査機関で測定できる。

鑑別診断

誤嚥性肺炎、肺水腫、急性呼吸窮迫症候群、心不全、気管支肺炎、猫の慢性気管支疾患。

治療

クラスⅠ――

1．熱傷の対症治療を行う。

2．飼育者に、診断、予後、治療費について説明する。

3．両側角膜にフルオロセイン染色を施す。潰瘍性角膜炎は続発症として一般的であるため、抗生物質点眼を行う。ただし、コルチコステロイド点眼液は使用しない。

4．24～48時間、経過観察を行う。

クラスⅡ――クラスⅠと同様の処置に、以下を追加する。

5．4～6時間、低湿度（5～15%）・高酸素濃度の環境下においた後、再評価を行う。

6．熱傷のない部位にIVカテーテルを留置する。

7．調整電解質晶質液にて輸液を行う。最初の1時間は、犬：90mL/kg、猫：60mL/kgで投与する。慎重にモニターを行う。特に、肺水腫を呈する症例では注意する。

8．ショック用量の輸液を投与した後は、維持量に加えて損失量を投与する。損失量は、以下の計算式で算出する。
犬：2～4mL/kg×全体表面積に対する熱傷面積の割合（%）
猫：1～2mL/kg×全体表面積に対する熱傷面積の割合（%）
　ショック輸液療法後8時間で損失量の半分を投与し、以後の16時間で残量を投与する。

9．患者が重篤な循環血液量減少性ショックを呈していない限り、膠質液や高張食塩水のIV投与は避ける。受傷後6～8時間は、肺水腫を発症しやすいため、血漿や合成コロイドの投与は行わない。受傷後6時間までにアルブミン濃度維持のための血漿輸液を要する場合は、2～3mL/kg（必要であれば2倍量）にて投与する。

10．ショック、咽頭・喉頭浮腫を呈する場合を除き、コルチコステロイドは投与しない。

11．鎮痛薬投与。可能であれば、IV投与する。

A. ヒドロモルフォン

犬：0.05～0.2mg/kg IV、IM、SC q2～6hまたは
0.0125～0.05mg/kg/時 IV CRI

猫：0.05～0.2mg/kg IV、IM、SC q2～6h

B. フェンタニル

犬：効果発現まで2～10μg/kg/時 IV、以後は1～10μg/kg/時 IV CRI

猫：効果発現まで1～5μg/kg/時 IV、以後は1～5μg/kg/時 IV CRI

C. モルヒネ

犬：0.5～1mg/kg IM、SCまたは0.05～0.1mg/kg IV

猫：0.005～0.2mg/kg IM、SC

D. ブプレノルフィン

犬：0.005～0.02mg/kg IV、IM q4～8hまたは2～4μg/kg/時 IV CRI、0.12mg/kg OTM（経口経粘膜投与）

猫：0.005～0.01mg/kg IV、IM q4～8hまたは1～3μg/kg/時 IV CRI、0.02mg/kg OTM（経口経粘膜投与）

E. モルヒネ、ヒドロモルフォン、フェンタニルは、いずれもリドカイン（犬のみ）やケタミンとの併用が可能である。作用機序の異なる薬剤の併用によって、多角的な疼痛管理ができる。

クラスⅢ、Ⅳ――クラスⅠ、Ⅱと同様の処置に、以下を追加する。

12. 少なくとも20～30分間は、80～100％酸素を補給し、以後は低湿度（5～15％）・高酸素濃度の環境下におく。
  A. 必要に応じて、挿管や気管切開チューブ設置を行う。
  B. 酸素補給は、4時間以上継続する。深刻な呼吸困難を呈する症例では、間歇的陽圧換気（IPPV）や呼気終末陽圧（PEEP）が有益な場合がある。
13. 口腔内に過剰な分泌物貯溜が認められる場合は、上部気道の吸引を行う。この際、咽頭や喉頭を傷付けないように注意する。
14. 熱傷を呈する場合は、水または食塩水に30分以上浸けて冷却する。体を濡らすか、冷罨法（冷やした濡れタオルやアイスパックなどを押し当てる）にて冷却してもよい。体温をモニターし、低体温にならないように注意する。
15. 創傷部位には、スルファジアジン銀軟膏を塗布し、滅菌閉鎖性ドレッシング材を当てる。鎮痛には、オキシモルフォン0.04～0.06mg/kg IV、ヒドロモルフォン0.025～0.05mg/kg/時 IV CRI、ケタミン1～2mg/kg IVなどを使用するとよい。
16. 創傷部位のデブリードマンやドレッシングは、少なくとも1日1回、無菌操作で行う。
17. 重度肺水腫を呈する場合は、フロセミドを投与する。
  犬：2～4mg/kg IV
  猫：2mg/kg IV
18. 煙吸入に続発する気道の浮腫・滲出・閉塞などを伴う重度急性肺損傷を認

める場合は、エピネフリンによるネブライゼーションを行ってもよい。大型成犬（約23kg）では、エピネフリン4mgを生理食塩水で希釈し、30分間、4時間ごとにネブライゼーションを行う。これによって、気道の紅斑・浮腫・滲出などが軽減され、エアフローが改善する。

19. 気管支拡張薬を投与。
    A. アミノフィリン
        犬：6〜10mg/kg PO、IM、IV q6〜8h
        猫：4〜8mg/kg IM、SC、PO q12h
    B. テオフィリン：4〜8mg/kg PO q6〜8h
    C. 長時間作用型テオフィリン（Theo-Dur®）：10〜25mg/kg PO q12h
    D. テルブタリン（Brethine®）
        犬：1.25〜5mg PO q8〜12hまたは0.01mg/kg SC q4h
        猫：0.625mg PO q8hまたは0.01mg/kg SC q4h
    E. アルブテロール（Proventil®）：0.02〜0.05mg/kg PO q8h
20. 気道分泌クリアランスの促進。
    A. 正常な水和状態を維持する。
    B. 加湿器や気化器を使う。
    C. 背部を連続的に軽叩する。
    D. グアイフェニシン（Organidin®）などの去痰薬の投与を検討する。
        犬：0.25〜0.5mL/4.5kg PO q6h
21. 鎮咳薬を慎重に投与する。特に過剰な分泌物がみられる場合は注意する。
    A. ヒドロコドン：0.25mg/kg PO q6〜12h
    B. ブトルファノール：
        0.05〜0.1mg/kg SC q6〜12h、0.5〜1mg/kg PO q6〜12h
    C. デキストロメトルファン：1〜2mg/kg PO q6〜8h
        Ⅰ. Robitussin®小児用鎮咳シロップは、デキストロメトルファン1.5mg/mLを含有する。
        Ⅱ. Vicks Formula 44®シロップは、デキストロメトルファン2mg/mLを含有する。
        Ⅲ. 小児用Mucinex Cough Mini-Melts®は、臭化水素酸デキストロメトルファン5mgとグアイフェニシン100mgを含有する。
    D. コデイン：1〜2mg/kg PO q6〜12h
22. 最初の72時間は、心電図と動脈血圧を持続的または反復的にモニターする。
23. 尿量をモニターする。正常な尿量は1〜2mL/kg/時である。続発症として急性腎不全が多発する。
24. 感染を呈する場合は、培養・感受性試験に基づいて抗生物質を投与する。敗血症を認める場合は、広域スペクトル抗生物質を投与する。
25. 胃潰瘍を軽減するために、スクラルファート、ファモチジン、ラニチジンを投与する。
    スクラルファート
        犬：0.5〜1.0g/頭 PO q8h
        猫：0.25g/頭 PO q8h

ファモチジン、ラニチジン

犬：0.5〜1mg/kg IV q12h

猫：2.5mg/kg IV q12h

26. 口腔内熱傷の不快感を軽減するため、スクラルファート懸濁液投与、または保護性皮膚軟化剤（Orabase®）の塗布を行う。
27. 経口または非経口栄養サポートを行う。口腔病変が重度で、長期的な栄養サポートを要する場合は、フィーディングチューブ設置を検討する。
    A．カロリーの要求量は安静時の2倍である。
    B．高濃度ブドウ糖投与は、CO_2産生と呼吸活動を増大させるため避ける。
    C．ビタミン、ミネラル（特にビタミンA、ビタミンC、亜鉛）を補給する。

参考文献

溺水（浸水損傷）

Goldkamp, C.E., Schaer, M., 2008. Canine drowning. Compendium on Continuing Education for the Practicing Veterinarian 30 (6), 340–352.

Ibsen, L.M., Koch, T., 2002. Submersion and asphyxial injury. Critical Care Medicine 30 (suppl), S402–S408.

Powell, L.L., 2009. Drowning and submersion injury. In: Silverstein, D.C., Hopper, K. (Eds.), Small Animal Critical Care Medicine. Elsevier, St Louis, pp. 730–733.

感電

Kirk, R.W., Bistner, S.I., Ford, R.B. (Eds.), 1990. Handbook of Veterinary Procedures and Emergency Treatment, fifth ed. WB Saunders, Philadelphia, p. 162.

Mathews, K.A., 1996. Veterinary Emergency and Critical Care Manual. Lifelearn Inc, Ontario, pp. 31-1 to 31-7.

Mann, F.A., 2009. Electrical and lightning injuries. In: Silverstein, D.C., Hopper, K. (Eds.), Small Animal Critical Care Medicine. Elsevier, St Louis, pp. 687–690.

Murtaugh, R.J., Kaplan, P.M., 1992. Veterinary Emergency and Critical Care Medicine. Mosby, St Louis, pp. 207–209.

Slatter, D.H. (Ed.), 1993. Textbook of Small Animal Surgery, vol. 1, second ed. WB Saunders, Philadelphia, pp. 365–367.

熱中症

Aroch, I., Segev, G., Loeb, E., et al., 2009. Peripheral nucleated red blood cells as a prognostic indicator in heatstroke in dogs. Journal of Veterinary Internal Medicine 23, 544–551.

Bouchama, A., Knochel, J.P., 2002. Heat stroke 1978–1988. New England Journal of Medicine 346 (25), 1978–1988.

Drobatz, K.J., 2009. Heat stroke. In: Silverstein, D.C., Hopper, K. (Eds.), Small Animal Critical Care Medicine. Elsevier, St Louis, pp. 723–726.

Drobatz, K.J., Macintire, D.K., 1996. Heat-induced illness in dogs: 42 cases (1976–1993). Journal of the American Veterinary Medical Association 209 (11), 1894–1899.

Johnson, S.L., McMichael, M., White, G., 2006. Heatstroke in small animal medicine: a clinical practice review. Journal of Veterinary Emergency and Critical Care 16 (2), 112–119.

低体温症、凍傷

Bonagura, J.D., Kirk, R.W. (Eds.), 1995. Current Veterinary Therapy XII. WB Saunders, Philadelphia, pp. 157–161.

Fenner, W.R., 1991. Quick Reference to Veterinary Medicine, second ed. JB Lippincott, Philadelphia, p. 629.

Hoskins, J.D., 1995. Veterinary Pediatrics, second ed. WB Saunders, Philadelphia, pp. 555–558.

Kirk, R.W. (Ed.), 1986. Current Veterinary Therapy IX. WB Saunders, Philadelphia, p. 551.

Kirk, R.W., Bistner, S.I., Ford, R.B. (Ed.), 1990. Handbook of Veterinary Procedures and Emergency Treatment, fifth ed. WB Saunders, Philadelphia, pp. 90–91.

Murtaugh, R.J., Kaplan, P.M., 1992. Veterinary Emergency, and Critical Care Medicine. Mosby Year Book, St Louis, pp. 196–199, 210–211.

Todd, J., Powell, L.L., 2009. Hypothermia. In: Silverstein, D.C., Hopper, K. (Eds.), Small Animal Critical Care Medicine. Elsevier, St Louis, pp. 720–726.

煙吸入

Jasani, S., Hughes, D., 2009. Smoke inhalation. In: Silverstein, D.C., Hopper, K. (Eds), Small Animal Critical Care Medicine. Elsevier, St Louis, pp. 118–121.

Kirk, R.W., Bonagura, J.D. (Eds), 1992. Current Veterinary Therapy XI. WB Saunders, Philadelphia, pp. 146–154.

Kirk, R.W., Bistner, S.I., Ford, R.B. (Ed.), 1990. Handbook of Veterinary Procedures and Emergency Treatment, fifth ed. WB Saunders, Philadelphia, pp. 210–211.

Lange, M., Hamahata, A., Traber, D.L., et al., 2011. Preclinical evaluation of epinephrine nebulization to reduce airway hyperemia and improve oxygenation after smoke inhalation injury. Critical Care Medicine 39 (5), 1–7.

Mariani, C.L., 2003. Full recovery following delayed neurologic signs after smoke inhalation in a dog. Journal of Veterinary Emergency and Critical Care 13 (4), 235–239.

Mathews, K.A., 1996. Veterinary Emergency, and Critical Care Manual. Lifelearn Inc, Ontario, pp. 31–1 to 31–7.

Murtaugh, R.J., Kaplan, P.M., 1992. Veterinary Emergency and Critical Care Medicine. Mosby, St Louis, pp. 410–411.

第7章 皮膚

膿瘍

診断

ヒストリー――屋外飼育や多頭飼育されている猫に多発する。外傷や異物穿孔などで皮下に細菌が侵入すると、犬に発症することもある。稟告には、元気消失、食欲不振、跛行、腫脹、創傷などがある。

身体検査――排膿を伴う創傷、波動感のある腫脹部、食欲不振、嗜眠、発熱などの非特異的徴候を認める。重度の皮膚壊死、皮下組織深部に広がる損傷を呈し、結果的に非常に広範囲の皮膚壊死を生じる場合もある。四肢に発生した場合は、跛行を認めることがある。

臨床検査――猫では、猫白血病ウイルスおよび猫免疫不全ウイルスの検査を行う。容態によっては、CBCや生化学検査も行う。

予後

予後は、治療への反応、発症部位、程度によるが、中程度～良好である。猫白血病ウイルスや猫免疫不全ウイルスなどの免疫機能低下を惹起する疾患を有する場合は、合併症発症、回復遅延、再発の可能性が高く、予後悪化をきたす。

治療

1. 飼育者に、診断、予後、治療費について説明する。
2. できるだけ速やかに抗生物質を非経口投与する。推奨される抗生物質には、以下のものがある。
   A. ペニシリン
   B. アモキシシリン
   C. アモキシシリン-クラブラン酸合剤
   D. 第三世代セファロスポリン――セフポドキシムプロキシチル(Simplicef®)、セフォベシンナトリウム（Convenia®）など。
   E. メトロニダゾール
   F. クリンダマイシン
   G. クロラムフェニコール
3. 必要であれば、SCまたはIV輸液を行う。SC輸液を行う場合は、蜂巣炎を拡大させないように膿瘍の位置を確認する。
4. 必要に応じて、鎮痛処置を行うため、麻酔を施す。
5. 麻酔を実施する前に、外傷の程度や範囲を注意深く評価する。
6. 創傷部位を剃毛し、無菌生理食塩水・LRS・リンゲル液などで洗浄する。
7. 排膿していない膿瘍は、必要に応じて、腹側面に外科的消毒処置を行い、切開・排膿を施す。重力による排膿を促進するために、できるだけ腹側面を切開する。
8. 壊死がある場合は、洗浄し、壊死組織を切除する。膿瘍を覆う皮膚の一部を切除して開放することで、排膿を促進する。
9. 皮膚欠損が非常に広範囲である場合、および解剖学的に閉鎖を要する部位に膿瘍が発症した場合に限り、膿瘍を閉鎖縫合し、ペンローズドレーンを設置する。
10. 麻酔からの回復期は、必要な限り、入院管理を行う。
11. 5〜7日分の抗生物質を処方する。
12. 創傷ケア、猫白血病ウイルスと猫免疫不全ウイルスに関する説明書を飼育者に渡す。
13. 創傷ケア方法を飼育者に指導する。病変部位の汚れを毎日取り除き、開放創は可能であれば、フラッシュ洗浄するように指示する。
14. アスピリン、イブプロフェン、アセトアミノフェン、その他の市販薬を患者に与えないように飼育者に忠告する。
15. 3〜4日後以内に再診する。

熱傷

診断

ヒストリー——熱湯、油、タール、火、電気コード、電熱線などへの接触。

身体検査——脱毛、炎症反応、焼痂などを伴う皮膚の局所性紅斑や浮腫、被毛の焼焦。総熱傷受傷面積比率（TBSA）を算出するには、「9の法則」を用いる。

1. 頭部は、全体表面積の9%に相当する。
2. 胸部は、18%。
3. 腹部は、18%。
4. 前肢の1肢は、9%。
5. 後肢の1肢は、18%。
6. 9＋18＋18＋9＋9＋18＋18＝99%

熱傷の分類——

1. Ⅰ度熱傷——表皮全層の損傷である。疼痛や紅斑を呈し、水疱の有無は症例による。被毛の焼焦を認めるが、抜け落ちない。損傷した表皮が一旦落屑すれば、速やかに治癒する。
2. Ⅱ度熱傷——損傷深度は中等度であり、損傷は表皮から真皮層まで及ぶ。損傷部位には疼痛を認める。被毛は無損傷の場合もある。重度皮下浮腫を呈する。治癒は、損傷した皮膚の脱落後、緩徐に進行する。
3. Ⅲ度熱傷——全層損傷であり、損傷は真皮全層および皮下組織に及ぶ。損傷部位は無痛。被毛は脱落し、皮膚は黒色化または白色化する。皮膚移植をしなければ、治癒は遅延する。
4. Ⅳ度熱傷——損傷は筋肉・骨に及ぶ。

臨床検査——

1. 来院後、すぐにPCV、TS（≒TP）、血液ガス、ACT、BUN、血糖値を測定する。
2. 時間があれば、CBC、電解質を含む生化学検査、尿検査、その他の個々の症例に必要な検査を行う。
3. 受傷後48時間は、心電図、血圧、血液ガスのモニターを繰り返し行う。

4．肉芽床が形成されるまでは、アルブミン値をモニターする。

予後

極めて幼若または高齢動物における重度熱傷、頭部・関節を含む熱傷は、予後悪化を惹起する。体表の20%を超えてⅡ～Ⅲ度熱傷が生じた場合、予後は悪い。熱傷症例では、臓器への損傷を迅速に評価することが重要である。受傷動物は、強い疼痛を呈する。重篤症例では、安楽死を慎重に検討する。

治療

1．飼育者に、診断、予後、治療費について説明する。
2．受傷後2時間以内であれば、冷水や生理食塩水に浸けて、損傷部位を30分以上冷却する。また、冷湿布または体を濡らして冷却してもよい。体温をモニターし、低体温症に注意する。
3．Ⅰ度熱傷の治療
  A．鎮痛薬投与
    Ⅰ．ケタミンをⅣ CRI投与。
    Ⅱ．モルヒネとリドカインを併用し、Ⅳ CRI投与。
    Ⅲ．ヒドロモルフォン、モルヒネ、オキシモルフォンは、必要に応じて単回投与。Ⅳ CRI投与する。
    Ⅳ．フェンタニルをⅣ CRI投与。
    Ⅴ．創傷ケアでは、オキシモルフォン0.04～0.06mg/kg/時とケタミン1～2mg/kg Ⅳを用いて鎮痛するとよい。
  B．創傷部位は、丁寧に剃毛・洗浄する。
  C．無菌操作にて、創傷部位の洗浄、デブリードマン、バンデージ交換を1日1回以上行う。
  D．患部にスルファジアジン銀（Silvadene®）軟膏を塗布し、滅菌閉鎖性ドレッシング材（フィルムドレッシング材など）を当てる。
4．Ⅱ度熱傷の治療
  A．Ⅰ度熱傷の治療に、以下を追加する。
  B．損傷のない部位にⅣカテーテル留置。
  C．最初の1時間は、犬：90mL/kg、猫：45～60mL/kgで、調整電解質晶質液をⅣ投与する。肺水腫を呈している場合は、入念にモニターする。
  D．ショック用量の輸液を投与した後は、維持量に加えて損失量を投与する。損失量は、パークランド計算式と呼ばれる以下の式で算出する。
    Ⅰ．犬：TBSA（%）×1～4mL/kg＝24時間の必要輸液量
    Ⅱ．猫：TBSA（%）×1～3mL/kg＝24時間の必要輸液量
    Ⅲ．ショック輸液療法の8時間後に損失量の半分を投与し、続く16時間で残量を投与する。
  E．患部からの水分蒸散量は、正常皮膚の10倍である。蒸散による損失量は、以下の式で算出する。
    蒸散による損失量（mL/時）＝（TBSA%＋25）×全体表面積（m^2）

F. 重篤な循環血液量減少性ショックを示していない限り、膠質液や高張食塩水のIV投与は避ける。受傷後6～8時間は、肺水腫を発症しやすいため、血漿や合成コロイドの投与は行わない。

G. 冷やした生理食塩水に浸したガーゼを患部に押し当て、創傷部位の汚れを取る(saline compress)。失活した組織にはデブリードマンを行う。

H. 抗生物質軟膏(Silvadene®)を塗布し、バンデージを施す。患者を暖かい毛布の上に寝かせ、保温する。

I. 状態によっては、皮膚移植を要する。

J. 熱傷患者では、体温調節が重要である。

5. Ⅲ度熱傷の治療

A. 組織損傷が広範囲の場合は、予後不良である。安楽死も検討する。

B. Ⅱ度熱傷と同様の治療を行う。

C. 損傷部位が小さい場合は、損傷部位を切除し、縫合・ドレッシング・バンデージを施す。

D. 敗血症が生じた場合は、焼痂の下にクロラムフェニコールを注入する。同時に広域スペクトル抗生物質をIV投与する。

E. ポビドンヨード希釈液またはクロルヘキシジン希釈液を用いて、ハイドロセラピー(熱傷浴)を行う。

F. 菌血症、腎不全、低アルブミン血症に注意する。

G. 失活した皮膚から蛋白漏出が生じるため、TPをモニターする。

H. 熱傷患者では、体温調節が重要である。

I. 栄養サポートを行う。

6. ネオスポリン(Neosporin®)クリームなどの抗生物質軟膏は、ポリオキシエチレンソルビタンやポリソルビン酸などの乳化剤が含まれており、熱いタールを除去するのに用いることができる。

7. 煙吸入を認める場合は、「煙吸入」の項(p.207)を参照すること。

8. 尿量をモニターする。正常な尿量は1～2mL/kg/時である。急性腎不全は代表的な続発症である。

9. 感染を呈する場合は、培養・感受性試験に基づいて抗生物質を投与する。敗血症を認める場合は、広域スペクトル抗生物質を投与する。

10. 口腔内熱傷の不快感を軽減するため、スクラルファート懸濁液投与、または保護性皮膚軟化剤(Orabase®)の塗布を行う。

11. 経口または非経口栄養サポートを行う。口腔病変が重度で、長期的な栄養サポートを要する場合は、フィーディングチューブ設置を検討する。

A. カロリー要求量は安静時の2倍である。

B. 高濃度ブドウ糖の投与は、CO_2産生と呼吸活動を増大させるため避ける。

C. ビタミン、ミネラル(特にビタミンA、ビタミンC、亜鉛)を補給する。

7

皮内異物

病因

動物の皮膚には、様々な異物が侵入する可能性がある。植物（サボテンの棘、草木の棘、エノコログサ〈ネコジャラシ〉・ススキ・ヤシ・イトランの葉の先端など）、金属（釘、鋲、ピン、針、金属片、弾丸、釣り針、リードの金具など）、木（木片）、その他（首輪、ゴムバンド、蜂の針、ヤマアラシの針、歯など）。

異物は、意図的に刺入される場合もあるが、大半は事故による侵入である。

診断

ヒストリー――飼育者が、跛行、疼痛、腫脹に気付く。また、皮内の異物を発見することもある。

身体検査――サボテンの棘が大量に付着している場合、診断は自明であるが、身体検査を行うことはほぼ不可能である。触診が困難な症例では、意識レベル、呼吸の質・深さ・速さ・パターンを注意深く評価する。出血や明らかな骨折といった外傷徴候を注意深く観察する。身体検査の前に、麻酔下にて棘の除去を要することもある。患者の身体検査が不可能な場合は、麻酔による合併症の可能性について、飼育者に十分に説明する。

跛行を有する場合は、趾間や足底表面を念入りに観察すると、湿潤、発赤、腫脹を呈する部位を認めることがある。また、開放創や瘻管がみられることもある。腫脹部位がある場合は、患部を注意深く触診し、異物の埋没がないかを確認する。皮膚表面の突出または開放部がないかを探索する。さらに、入念に全身の身体検査を行う。顔面に棘が付着している場合は、眼に異物が侵入していないかを確認する。

画像診断――X線検査やMRI検査が有益な場合もある。

鑑別診断

患部の部位によって、鑑別すべき疾患は異なるが、感染（骨髄炎を含む）、腫瘍、漿液腫、血腫、その他の跛行の原因となるものが含まれる。

予後

予後は損傷部位と異物除去の成否に依存する。ススキは、体内で移動することがあるため、症例によっては場所の特定が非常に難しい。瘻管は、原因物質が除去されない限り、再発する。

治療

1．飼育者に、診断、予後、治療費について説明する。
2．必要であれば、麻酔を行う。
    A．可能であれば、麻酔前に患者の状態を検査する。
    B．麻酔を施す前に、診断的検査を行う。

C. 局所麻酔での対応が可能であるかを検討する。
D. 短時間の処置であれば、注射麻酔を使用してもよい。
E. 全身が棘で覆われている症例など、処置に長時間を要することが予測される場合は、吸入麻酔が望ましい。

3. サボテンの棘やヤマアラシの針の除去
A. 剃毛しないこと。
B. 止血鉗子または把針器を用いて、棘または針を皮膚の近くで把持し、素早く引き抜く。
C. 止血鉗子や把針器に付着した棘・針は、器具の先端部を水に浸けると容易に除去できる。この方法は、タオルで拭くよりも、簡便かつ安全である。
D. 目視で全ての棘・針が除去されるまで、処置を繰り返す。
E. 手で慎重に患者の体表を触る。手に棘・針が触れた場合は、それを除去する。
F. 可能であれば、別のスタッフも確認し、ダブルチェックを行う。
G. 完全な除去は不可能なため、飼育者には残存した棘・針への注意を促す。
H. 重度の発赤、排膿、腫脹を認めた場合は、感染が示唆されるので、抗生物質を投与する。

4. 釣り針の除去
A. シングルフック（一本針）――針には返しがついているため、引き抜いてはならない。
Ⅰ. 針の先端が目視または触知でき、針の柄が体外に突出している場合は、先の細いプライヤーで針の柄を把持する。
Ⅱ. 柄が長い場合や、糸が付いている場合は、ワイヤーカッターで切断する。切断片が飛び散らないように、切断時は対側の手で針を覆う。
Ⅲ. 針を順行方向に刺入していくが、この時、先端が体外に向かうように調節する。
Ⅳ. 針の先端が皮膚から出てきたら、鉗子で挟む。
Ⅴ. 針の先端が触知できるものの、目視できない場合は、必要に応じて、先端部分に小切開を加える。
B. トレブルフック（三叉針）――通常は、3針のうちの1、2針のみが刺入している。
1. ワイヤーカッターを用いて、3針の結合部分を切断する。
2. 1本ずつ、上記と同様に除去する。
C. 犬猫での破傷風は、発症頻度が低いため、通常、破傷風トキソイドの投与は推奨されない。
D. 飼育者には、患部を毎日ケアし、発赤、腫脹、排液の有無を観察するように指示する。
E. 著明な発赤、腫脹、排液を認めた場合は、感染の可能性が示唆され、抗生物質投与を要する。

5．その他の皮内異物の除去
　A．異物が目視できる場合は、慎重に把持して、引き抜く。
　B．エノコログサ（ネコジャラシ）による瘻管形成のように、異物が確認できない場合は、まず丁寧に周辺部を剃毛・洗浄する。
　C．モスキート止血鉗子またはアリゲーター鉗子で患部を探査する。
　D．生理食塩水で、瘻管をフラッシュ洗浄する。
　E．X線検査用造影剤を瘻管に注入し、X線撮影を行うと、瘻管の走行を確認できる。
　F．蜂の針を鉗子で把持すると、毒素がさらに体内へ放出される可能性がある。そのため、蜂の針はメスホルダー、舌圧子、クレジットカードなどを用いてこそげ落とす（スクレーピング）。
6．眼内異物については、「角膜異物」の項（p.470）で詳述する。

急性湿性皮膚炎（化膿性外傷性皮膚炎）、ホットスポット

診断

ヒストリー――病変は急性発症し、急速に進行する。稟告には、脱毛、発赤、その他の皮膚症状、過度の擦過行為、悪臭などがある。疼痛・掻痒部位を、犬本人が噛んだり、舐めたりすると、損傷が進行する。

皮膚炎は、アレルギー（ノミ、吸入抗原、食物）、外部寄生虫、感染、異物、外傷、肛門嚢炎、外耳炎などに続発する二次的病変の場合もある。

身体検査――大半の症例では、病変部位は1ヵ所に限局し、脱毛、疼痛、掻痒を呈する。患部は二次的な細菌感染によって紅斑、びらんを生じ、進行例では潰瘍を認める。

予後

予後はおおむね良好である。一般に、生命にかかわる問題ではなく、治療に反応する。

治療

1．飼育者に、診断、予後、治療費について説明する。
2．剃毛、外科的洗浄を行う。
3．洗浄には、鎮静を要する場合がある。
4．Gentacin® 局所スプレーや DermaCool® などの局所収斂剤を使用してもよい。アルコールを含有したスプレーは、刺激が強いので使用しない。
5．以下の抗生物質の非経口または経口投与を2週間行う。
　A．アモキシシリン-クラブラン酸合剤：13.75～20mg/kg PO q8～12h
　B．セファドロキシル：22mg/kg PO q8～12h
　C．セファレキシン：20mg/kg PO q8～12h
　D．クリンダマイシン：5mg/kg PO q12h
　E．セフポドキシムプロキシチル（Simplicef®）：5～10mg/kg PO q24h 5～7日間

F．セフォベシンナトリウム（Convenia®）：8mg/kg SC。単回投与。状態によっては14日後に再投与。

6．強い掻痒を認める症例では、以下の薬剤を投与する。

A．プレドニゾロン：0.25～0.5mg/kg PO q12h　2～3日間、以後は0.25mg/kg q24h　2～3日間

B．リドカインなどの局所麻酔薬含有スプレー

C．ジフェンヒドラミンなどの抗ヒスタミン薬含有スプレー

D．リン酸デキサメタゾンナトリウム：0.1～0.2mg/kg IV、IM、SCが奏功する症例もある。

7．エリザベスカラーなどを使用して、自傷による悪化を防ぐ。

中毒性表皮壊死症と多形（性）紅斑

診断

ヒストリー――最近の薬剤の投与歴に以下のものがある。

レバミゾール、ペニシリン（アンピシリン、ヘタシリン）、セファロスポリン、ゲンタマイシン、スルフォンアミド、グリセオフルビン、L-サイロキシン、アウロチオグルコース、5-フルオロシトシン、ジエチルカルバマジン、抗血清など。

この他に、感染、殺虫剤などの毒物、局所滴下型ノミ駆除薬、D-リモネン、腫瘍、心内膜炎・肝壊死・胆管肝炎などの全身性疾患なども関連する。また、特発性症例もある。稟告は、元気消失、抑うつ、食欲不振、多発性の皮膚病変など。

身体検査――中毒性表皮壊死（toxic epidermal necrolysis：TEN）は、多形紅斑（erythema multiforme：EM）よりも重篤である。病変部位は、中心部に発赤を認める紅斑で、疼痛を有し、斑、丘疹、水疱、小胞、標的様を呈する。初期は、多中心性であるが、次第に斑同士が癒合する。最終的には、全層壊死や皮膚脱落を呈し、熱傷に似た外観を呈する。病変部位は無掻痒性で、通常は体幹部に発生するが、口腔粘膜や肉球に生じる場合もある。一般に発熱を伴い、表皮に摩擦や圧迫を加えると、新たな潰瘍が生じる現象（ニコルスキー現象）がしばしば認められる。

臨床検査――CBC、血液生化学検査、尿検査。入念な血清肝酵素の評価。血清抗核抗体（ANA）測定とクームス検査による全身性自己免疫性疾患の評価。肝機能検査、皮膚生検。

X線検査――皮膚病変が全身性疾患や腫瘍疾患の続発性病変であることが疑われる場合に行う。

超音波エコー検査――皮膚病変が全身性疾患や腫瘍疾患の続発性病変であることが疑われる場合に行う。

鑑別診断

腫瘍、熱傷、薬剤誘発性皮膚壊死、血管炎、全身性エリテマトーデス、皮膚型リンパ腫、TEN、EM。

予後

TENは急速に進行し、コントロールや治癒が困難であり、致命的な場合もある。予後は要注意～不良である。

治療

1．飼育者に、診断、予後、治療費について説明する。
2．原因となっている可能性がある薬剤の投与は全て中止する。
3．腫瘍や全身性疾患の徴候を入念に探索する。
4．IV輸液を行い、体液損失分を補給する。
5．患部の洗浄とデブリードマンを行う。
6．患部にスルファジアジン銀軟膏を塗布する。
7．コルチコステロイド投与を検討するが、投与の是非については、見解が一致していない。多く処方されるのは、プレドニゾロンまたはプレドニゾンである。初期投与量は2.2～4.4mg/kg PO q12hで、以後漸減する。
8．適切な鎮痛薬を投与する。
9．敗血症を認める場合は、血液培養を行い、適切な抗生物質を投与する。

若年性蜂巣炎（若年性膿皮症）

病因

病因は不明である。

診断

ヒストリー――通常、16週齢未満の仔犬に発症する。稟告には、顔面・頸部の腫脹、元気消失、食欲不振などがある。複数の同腹仔に発症を認めることがある。ゴールデンレトリーバー、ラブラドールレトリーバー、ダックスフンド、ポインターは好発傾向にある。

身体検査――顔面、口吻、耳翼、頸部の腫脹。顔面の粘膜皮膚移行部に水腫、丘疹、膿疱、痂皮。粘液膿性の眼脂分泌、化膿性外耳炎の可能性。通常、下顎リンパ節腫脹、膿瘍、膿瘍破裂。時に、重度に腫脹した下顎リンパ節が気管を圧迫し、呼吸障害を惹起することがある。一般に、発熱、食欲不振、元気消失を呈し、脱水を生じる場合もある。

鑑別診断

膿瘍、血管浮腫を伴う急性アレルギー反応、敗血症、毛包虫症、皮膚真菌症。

予後

予後は中等度～要注意であるが、死亡する症例もある。皮膚病変は、重度に瘢痕化する場合がある。

治療

1．飼育者に、診断、予後、治療費について説明する。

2. プレドニゾン：1mg/kg PO q12h　14日間。症状消失まで投与する。以後は2～4週間かけて漸減。

重症例では、リン酸デキサメタゾンナトリウム0.1～0.2mg/kg IV、IM、SC投与後、プレドニゾン経口投与に変更する。

3. セファレキシン：20mg/kg PO q8～12h
セファドロキシル：22mg/kg PO q8～12h
セフポドキシムプロキシチル（Simplicef®）：5～10mg/kg PO q24h　5～7日間
アモキシシリン-クラブラン酸合剤：13.75～20mg/kg PO q8～12h
4. 脱水があれば、輸液。
5. 気道確認、確保、維持。
6. 下顎リンパ節腫脹による呼吸障害を認める場合は、リンパ節切開・ドレナージを行う。
7. 腫脹部位に波動感を認める場合は吸引する。貯留液が化膿性である場合は、切開・ドレナージを行う。
8. 適切な対症療法と支持療法を行う。
9. 二次感染や瘢痕化予防のため、顔面を温水洗浄する。

耳血腫

病因

耳の掻痒や炎症（耳道内異物、細菌性・真菌性外耳炎、耳ダニ、アトピー、食物アレルギーなど）、自傷、耳介動脈枝の損傷が生じ、二次的に耳血腫が発症する。

診断

ヒストリー――多くの症例で、耳道感染、頭を振る、耳を掻くなどの行動を認める。下垂耳犬種に好発する。

身体検査――視診・触診にて耳介腫脹。耳道内を観察し、ミミヒゼンダニ、酵母菌性・細菌性外耳炎の有無を確認する。肢や皮膚にて、他のアレルギー徴候の有無を確認する。

鑑別診断

急性アレルギー反応に伴う耳介浮腫、膿瘍、腫瘍。

予後

審美的問題を生じる可能性があるが、生命を脅かすことはない。慢性症例や再発を繰り返す症例では、線維化、耳介軟骨萎縮、耳の変形をきたす。

治療

1. 飼育者に、診断、予後、治療費について説明する。
2. 外耳炎の治療を行う。

7

3．保存療法——急性症例（発症から4日未満）
　A．耳血腫形成直後では、針吸引が有効である。
　B．処置には、鎮静を要する場合がある。
　C．剃毛し、耳介内側（凹部）に外科的消毒処置を行う。
　D．16～22G針を波動のある部位に刺入し、できる限り、貯留液を吸引・除去する。
　E．針吸引後は、圧迫包帯を施し、耳を頭部に固定する。
　F．再発率は高い。
　G．緊急処置として、吸引が推奨される。排液が遅れた症例では、状態悪化や耳介の不可逆的変形をきたす。変形した耳は、カリフラワー耳と呼ばれる。
4．上記以外の方法には、耳介への乳頭カニューレ（乳頭チューブ）挿入による持続的排液がある。
　A．処置には、鎮静を要する場合がある。
　B．剃毛し、耳介内側（凹部）に外科的消毒処置を行う。
　C．血腫の最遠位部（重力による排膿が生じる位置）に、0.5cmの小切開を加える。
　D．19または20G針で、乳頭カニューレの頸部に2個の孔をつくる。
　E．滅菌した乳頭カニューレを血腫に挿入し、できる限り吸引・排液を行う。
　F．乳頭カニューレ先端部と基部にて、それぞれ1～2ヵ所縫合し、カニューレを固定する。縫合糸は、3-0のナイロン糸などのモノフィラメント非吸収糸を用いる。
　G．乳頭カニューレの露出部の洗浄と排液を毎日行うように、飼育者に指示する。
　H．エリザベスカラーを装着し、自傷を防ぐ。
　I．乳頭カニューレは3週間以内に抜去し、孔は二期癒合により閉鎖する。
5．外科療法
　A．麻酔を施す。
　B．剃毛し、耳介内側（凹部）に外科的消毒処置を行う。
　C．耳介内側（凹部）の血腫の上に、＃10の外科用メス刃でS字切開を加える（図7-1）。
　D．S字切開線の長さは、耳介の長軸に合わせる。
　E．血餅を除去する。
　F．滅菌生理食塩水で、耳血腫内腔を洗浄する。
　G．幅1cmの垂直マットレス法によって緩く縫合し、内腔を閉鎖する。主要血管は避ける。縫合は耳介長軸と平行に行う。縫合には、3-0または4-0のモノフィラメント非吸収糸を使用する。S字切開部は、排液のために開放しておく。
　H．針は、耳介内側（凹面）から刺入し、内側・外側の両耳介軟骨に糸がかかるように縫合するが、耳介外側（凸面）の皮膚まで貫通させる必要はない。

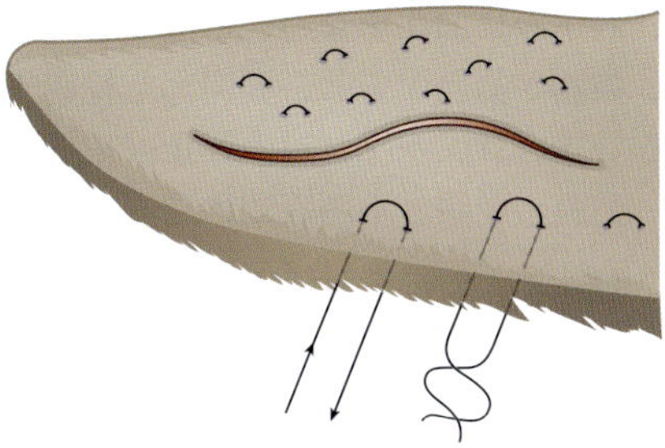

図7-1　耳介内側（凹部）におけるS字切開
Rosychuk, R.A., Merchant, S.R. (guest Eds.), 1994. The Veterinary Clinics of North America, Small Animal Practice. Ear, Nose and Throat 24 (5) ©Elsevierより許可を得て掲載。

I. 縫い目がジグザグに配列するようにマットレス縫合を行うと、効果的に死腔を閉鎖できる。
J. 耳介の下垂部を頭上に持ち上げ、頭部と耳を包帯で固定する。
K. 洗浄や薬剤の投与を行えるように、耳道開口部は露出させておく。
L. 10日間包帯を施す。14～21日後に抜糸する。
M. エリザベスカラーを装着し、包帯のダメージや術部の自傷を防ぐ。

6. 代替法には、キースバイオプシーパンチを用いて、血腫の近位と遠位に5～6mmの孔をつくる方法がある。

急性外耳炎

病因

外耳炎は外耳道上皮の炎症で、寄生虫を含む様々な要因や疾患によって二次的に生じる。例えば、アトピー、甲状腺機能低下症、免疫介在性疾患、異物、寄生虫（ミミヒゼンダニ、マダニ、疥癬虫、猫小穿刺孔疥癬虫、毛包虫など）、外傷、食物過敏反応、耳道内腫瘍、耳道内炎症性ポリープ、耳道狭窄、ケラチン異常（原発性特発性脂漏症など）、耳道内の過剰湿潤状態など。

外耳炎が進行すると、中耳炎を発症することがある。特に、鼓膜損傷を認める症例に多い。

診断

ヒストリー――野山や水辺で自由に遊ばせている。進行が緩慢で、片側の耳道のみに発症している場合は、腫瘍の可能性もある。両側性であれば、感染や全身性疾患からの続発が疑われる。罹患動物は、頭を振り、耳を掻く。耳周辺での疼痛反応や悪臭に飼育者が気付くこともある。反応鈍麻になり、元気消失する場合もある。

身体検査――耳だけでなく、全身の身体検査を行う。耳介の発赤、腫脹、痂皮、鱗屑、その他の異常を調べる。耳道内の被毛は除去する。耳垢は、正常（少量で淡黄色や黄褐色を呈する）の可能性。黒褐色であれば、ミミヒゼンダニを疑う。ミミヒゼンダニは、耳垢中の多数の白い斑点として肉眼でも確認できるが、耳垢スワブの細胞診により可視化できる。

7

正常な鼓膜は、わずかに凹面をなし、半透明で、光沢のあるパールグレイ色をしている。鼓膜が損傷すると、裂開部を視認できる場合がある。裂開部を視認できない場合は、水平耳道の終止部や中耳の起始部を識別するのは困難である。鼓膜の腫脹、不明瞭化、透明性や色調の変化は、中耳の病的変化を示唆する。

身体検査の一環として、前庭徴候（斜頸、眼振、運動失調の発現、食欲不振や嘔吐の既往歴）の有無を確認する。

臨床検査――

1．細胞診――耳の分泌物スメアは、ライト染色またはギムザ染色を施し、酵母、細菌、白血球、腫瘍細胞、寄生虫（卵や幼虫を含む）の数や性状を観察する。
   A．酵母様真菌では、*Malassezia* spp.、*Candida* spp. を多く認める。
   B．グラム陰性桿菌では、*Pseudomonas*（緑膿菌など）、*Proteus*、*Escherichia coli*（大腸菌）、*Corynebacterium* spp. を多く認める。
   C．グラム陽性球菌では、*Staphylococcus* spp.（ブドウ球菌）、*Streptococcus* spp.（連鎖球菌）を多く認める。
2．培養――感染が持続する場合は実施する。
3．生検――マス病変や増殖組織を認める場合は生検を行う。検体は正常部位と異常部位から採取する。

画像診断――

耳骨包のX線検査は、中耳炎診断の一助になる。

CT検査は、頭蓋骨や耳骨包の変化を検出するのに有用である。

MRI検査では、耳骨包内での軟部組織増生や液体貯留を検出できる。

予後

致死的な問題になることはないが、慢性化し、再発を繰り返すことが多い。治療しなければ、聴力消失、前庭疾患、蜂巣炎、顔面神経麻痺、中耳炎、内耳炎、髄膜脳炎などを惹起する恐れがある。3〜4週間、適切な治療を行えば、大半の症例で回復を認める。中耳炎を発症した場合は、治療に6週間以上を要することがある。

治療

1．飼育者に、診断、予後、治療費について説明する。
2．必要であれば鎮静を施す。重症例や非協力的な患者には全身麻酔が適応となる。症例によっては、鎮痛薬投与が効果的である。
3．水平・垂直耳道を十分に洗浄する。被毛、耳垢、異物、壊死組織、滲出物を全て除去する。
4．鼓膜損傷がある場合は、生理食塩水により外耳道を洗浄する。
5．鼓膜が正常であれば、耳垢溶解剤、殺菌剤、収斂剤を含有した市販のイヤークリーナーで洗浄する。
   A．主な耳垢溶解剤：過酸化カルバミド、ジオクチルスルホコハク酸ナトリウム（DSS）

B．主な殺菌剤：グルコン酸クロルヘキシジン、酢酸
C．主な収斂剤：サリチル酸、ホウ酸、イソプロピルアルコール
6．洗浄液を耳に注入し、耳を優しくマッサージした後、汚れがなくなるまで生理食塩水でフラッシュする。
7．耳垢スメアの検査結果に基づき、局所抗生物質を投与する。
A．グラム陽性球菌には、クロラムフェニコール、ネオマイシン、ゲンタマイシンを使用する。ゲンタマイシンは、Tris-EDTA-リゾチームと併用することで、効果が増強される。
B．グラム陰性桿菌には、ポリミキシンB、ゲンタマイシン、アミカシン、エンロフロキサシンを使用する。
C．鼓膜損傷を呈する症例では、アミノグリコシド系抗生物質の使用を避ける。
D．*Pseudomonas*感染では、2～5%酢酸溶液による洗浄も行うとよい。
E．*Pseudomonas*感染における追加治療として、1%スルファジアジン銀溶液を使用する（13.5mLの注射用蒸留水に1.5mLのスルファジアジン銀軟膏を加える。または、100mLの蒸留水に0.1gのスルファジアジン銀パウダーを添加する）。この溶液をよく混ぜ、1日2回、各耳に4～12滴ずつ滴下する。この治療は、鼓膜損傷を呈した症例にも適応できる。
F．酵母感染では、クロトリマゾール、ミコナゾール、チアベンダゾール、ナイスタチンを局所投与する。
G．Posatex耳用洗浄液は、オルビフロキサシン、モメタゾンフランカルボン酸エステル水和物、ポサコナゾールを含有し、酵母と細菌に混合感染した犬に使用される。
H．ミミヒゼンダニ感染には、Tresaderm®またはイベルメクチン耳用懸濁液（Acarexx®）を局所投与する。
Ⅰ．罹患動物と接触した動物全てに投薬を行う。
Ⅱ．*MDR-1*遺伝子変異を有する品種（コリー、シェルティー、ボーダーコリー、オーストラリアンシェパード、オールドイングリッシュシープドッグ、ジャーマンシェパード、これらの交配種など）には、イベルメクチン耳用懸濁液の投与を避ける。
I．局所グルココルチコイド剤（60%ジメチルスルフォキシドを溶解剤とするフルオシノロンアセトニド含有薬）を使用すると、腫脹、化膿、浸出液排出、組織増殖を軽減できる。この薬剤を外耳道に滴下し、30～60秒間マッサージを行う（q8～12h）。デキサメタゾン、ベタメタゾン、トリアムシノロンなども抗炎症に効果がある。ただし、コルチコステロイド投与により、外耳炎が潜在化し、酵母の二次感染の危険性が高まる。
J．最初の抗生物質投与に反応が乏しい場合は、培養・感受性検査を行う。
8．外耳道上皮の潰瘍化、鼓膜損傷、細菌を含有する炎症細胞の浸出液への出現などを認める場合は、全身性の投薬を要する。
A．細菌感染症で、培養・感受性検査の結果を待つ間は、以下の広域スペ

クトル抗生物質のいずれかを投与する。

Ⅰ．セファレキシン：20〜30mg/kg PO q8〜12h

Ⅱ．エンロフロキサシン：2.5mg/kg PO q12h

Ⅲ．クリンダマイシン：7〜10mg/kg PO q12h

Ⅳ．セフポドキシムプロキセチル（Simplicef®）：5〜10mg/kg PO q24h　5〜7日間

B．酵母や真菌の重度感染では、ケトコナゾール5〜10mg/kg PO q24hを検討する。

C．ミミヒゼンダニなどの局所寄生虫には、セラメクチン（Revolution®）を規定用量で2週間ごとに3回投与する。

D．炎症が重度である場合は、プレドニゾン0.25〜0.5mg/kg PO q12hを短期間投与する。自己免疫疾患や過敏症を有する患者には、長期投与を要する。

9．洗浄液を処方する。自宅洗浄は、初期では毎日、以後は改善するまで3〜7日ごとに行う。自宅洗浄の正しい方法を飼育者に指導する。

肛門嚢障害

病因

原因は不明である。排泄時に肛門嚢の内容物が適切に排出されない場合に二次的に障害が生じると考えられている。

診断

ヒストリー――稟告として、肛門周辺を噛む・舐める・床にこすりつける、尾追い行動を認める。あるいは、しぶり、起立時・歩行時の不快行動、気性変化、肛門周囲にて悪臭を伴う分泌物排出。

身体検査――座位にて不快行動、あるいは座位の忌避。肛門周囲の触診や直腸検査にて疼痛反応。肛門嚢腫脹、壊死を伴う瘻管形成。肛門嚢を触診するには、グローブを装着し、直腸に挿入した人差し指と、肛門腹横側の皮膚に当てた親指とで挟み込む。

鑑別診断

肛門嚢腫瘍、肛門周囲腺腫、血腫、会陰ヘルニア、会陰瘻管、軟部組織膿瘍、クモ咬傷、咬傷を含むその他の外傷。

予後

予後はおおむね良好であるが、再発は多い。外科的肛門嚢切除が適応となる場合もある。

治療

1．飼育者に、診断、予後、治療費について説明する。

2．肛門嚢の内容物貯留と軽度炎症のみを呈する症例では、用手での内容物除

去のみを行う。
A．高繊維食は、再発予防の一助になる。
B．1～2週間後に再検査を行う。
C．抗生物質軟膏（耳・眼科用）を肛門嚢に注入する。

3．肛門嚢膿瘍
A．状態に応じて、鎮痛薬・麻酔薬投与。
B．剃毛
C．肛門周囲の洗浄
D．必要に応じて、膿瘍部位切開。＃15または＃11のメス刃を使用。
E．肛門嚢内容物のドレナージ
F．生理食塩水またはポビドンヨード希釈液を用いてフラッシュ。
G．自宅にて、肛門周囲に温罨法（蒸しタオルなどを押し当てる）を行う。q12h　3～7日間。
H．自宅にて、開口部の消毒、抗生物質塗布。q12h　5～7日間。
I．10～14日分の抗生物質処方
J．3～5日分の鎮痛薬処方
K．自傷を認める場合は、エリザベスカラー装着。

参考文献

膿瘍

Buriko, Y., Van Winkle, T.J., Drobatz, K.J., et al., 2008. Severe soft tissue infections in dogs: 47 cases (1996-2006). Journal of Veterinary Emergency and Critical Care 18 (6), 608-618.

Goldkamp, C.E., Levy, J.K., Edinboro, C.H., et al., 2008. Seroprevalences of feline leukemia virus and feline immunodeficiency virus in cats with abscesses or bite wounds and rate of veterinarian compliance with current guidelines for retrovirus testing. Journal of the American Veterinary Medical Association 232, 1152-1158.

Holzworth, J., 1987. Diseases of the Cat, Medicine, and Surgery, vol. 1. WB Saunders, Philadelphia, pp. 658-659.

Kunkle, G. (guest Ed.), 1995. Beale, K.M., Nodules and Draining Tracts. The Veterinary Clinics of North America, Small Animal Practice: Feline Dermatology 25 (4), 887-888.

Scott, D.W., Miller W.H. Jr., Griffin, C.E., 1995. Muller & Kirk's Small Animal Dermatology, fifth ed. WB Saunders, Philadelphia, p. 311.

Six, R., Cleaver, D.M., Lindeman, C.J., et al., 2009. Effectiveness and safety of cefovecin sodium, an extended-spectrum injectable cephalosporin, in the treatment of cats with abscesses and infected wounds. Journal of the American Veterinary Medical Association 234, 81-87.

Six, R., Cherni, J., Chesebrough, R., et al., 2008. Efficacy and safety of cefovecin in treating bacterial folliculitis, abscesses, or infected wounds in dogs. Journal of the American Veterinary Medical Association 233, 433-439.

熱傷

Garzotto, C.K., 2009. Thermal burn injury. In: Silverstein, D.C., Hopper, K. (Eds.), Small Animal Critical Care Medicine. Elsevier, St Louis, pp. 683-686.

Pope, E.R., 2003. Thermal, electrical, and chemical burns and cold injuries. In: Slatter, D. (Ed.), Textbook of Small Animal Surgery, third ed. Elsevier, St Louis, pp. 356-372.

7

急性湿性皮膚炎（化膿性外傷性皮膚炎）、ホットスポット

Birchard, S.J., Sherding, R.G., 1994. Saunders Manual of Small Animal Practice. WB Saunders, Philadelphia, p. 273.

Bonagura, J.D., Kirk, R.W. (Eds.), 1994. Current Veterinary Therapy XII. WB Saunders, Philadelphia, pp. 611–617.

Rosenkrantz, W.S., 2009. Pyotraumatic dermatitis ('hot spots'). In: Bonagura, J.D., Twedt, D.C. (Eds.), Kirk's Current Veterinary Therapy XIV. Elsevier, St Louis, pp. 446–449.

Scott, D.W., Miller W.H. Jr., Griffin, C.E., 1995. Muller & Kirk's Small Animal Dermatology, fifth ed. WB Saunders, Philadelphia, pp. 286–288.

中毒性表皮壊死症と多形（性）紅斑

Birchard, S.J., Sherding, R.G., 1994. Saunders Manual of Small Animal Practice. WB Saunders, Philadelphia, pp. 330–334.

Kunkle, G., (guest Ed.), 1995. Angarano, D.W., Erosive and Ulcerative Skin Diseases. The Veterinary Clinics of North America, Small Animal Practice: Feline Dermatology 4 (25), 877.

Murtaugh, R.J., Kaplan, P.M., 1992. Veterinary Emergency and Critical Care Medicine. Mosby Year Book, St Louis, p. 392.

Scott, D.W., Miller W.H. Jr., Griffin, C.E., 1995. Muller & Kirk's Small Animal Dermatology, fifth ed. WB Saunders, Philadelphia, pp. 595–602.

若年性蜂巣炎（若年性膿皮症）

Bonagura, J.D., Kirk, R.W., (Eds.), 1995. Current Veterinary Therapy XII. WB Saunders, Philadelphia, pp. 612–613.

Hoskins, J.D., 1995. Veterinary Pediatrics, second ed. WB Saunders, Philadelphia, pp. 266–267.

Scott, D.W., Miller W.H. Jr., Griffin, C.E., 1995. Muller & Kirk's Small Animal Dermatology, fifth ed. WB Saunders, Philadelphia, pp. 938–941.

耳血腫

Birchard, S.J., Sherding, R.G., 1994. Saunders Manual of Small Animal Practice. WB Saunders, Philadelphia, pp. 386–387.

Morgan, R.V., 1992. Handbook of Small Animal Practice, second ed. Churchill Livingstone, New York, pp. 1155–1156.

Rosychuk, R.A., Merchant, S.R., (guest Eds.), 1994. McCarthy, P.E. and McCarthy, R.J., Surgery of the Ear. The Veterinary Clinics of North America, Small Animal Practice: Ear, Nose and Throat 24 (5), 954–957.

Slatter, D.H., (Ed.), 1993. Textbook of Small Animal Surgery, vols I and II, second ed. WB Saunders, Philadelphia, pp. 1545–1546.

急性外耳炎

Birchard, S.J., Sherding, R.G., 1994. Saunders Manual of Small Animal Practice. WB Saunders, Philadelphia, pp. 375–379, 391.

Bruyette, D.S., Lorenz, M.D., 1993. Otitis externa, and otitis media: diagnostic and medical aspects. In: Fingland, R.B. (guest Ed.), Seminars in Veterinary Medicine and Surgery (Small Animal) : The Ear: Medical, Surgical, and Diagnostic Aspects, vol. 8, no 1. WB Saunders, Philadelphia, pp. 3–7.

Cole, L.K., 2009. Systemic therapy for otitis externa and media. In: Bonagura, J.D., Twedt, D.C. (Eds.), Kirk's Current Veterinary Therapy XIV. Elsevier, St Louis, pp. 434–436.

McKeever, P.J., 1996. Otitis externa. Compendium on Continuing Education 18 (7), 759–772.

Mendelsohn, C., 2009. Topical therapy of otitis externa. In: Bonagura, J.D., Twedt, D.C. (Eds.), Kirk's Current Veterinary Therapy XIV. Elsevier, St Louis, pp. 428–433.

Moriello, K.A., Diesel, A., 2010. Medical management of otitis. In: August, J.R. (Ed.), Consultations in Feline Internal Medicine, vol. 6. Elsevier, St Louis, pp. 347–357.

Rosychuk, R.A., Merchant, S.R. (guest Eds.), 1994. Rosychuk, R.A., Management of Otitis Externa. The Veterinary Clinics of North America, Small Animal Practice: Ear, Nose and Throat 24 (5), 921–949.

Scott, D.W., Miller W.H. Jr., Griffin, C.E., 1995. Muller & Kirk's Small Animal Dermatology, fifth ed. WB Saunders, Philadelphia, pp. 979–986.

肛門嚢障害

Birchard, S.J., Sherding, R.G., 1994. Saunders Manual of Small Animal Practice. WB Saunders, Philadelphia, no 72, p. 784.

Muse, R., 2009. Diseases of the anal sac. In: Bonagura, J.D., Twedt, D.C. (Eds.), Kirk's Current Veterinary Therapy XIV. Elsevier, St Louis, pp. 465–467.

Scott, D.W., Miller W.H. Jr., Griffin, C.E., 1995. Muller & Kirk's Small Animal Dermatology, fifth ed. WB Saunders, Philadelphia, no 122, pp. 969–970.

Tams, T.R., 1996. Handbook of Small Animal Gastroenterology. WB Saunders, Philadelphia, no 94, p. 366.

第8章 # 血液疾患

8

犬の貧血

病因

再生性貧血――急性失血（外傷）後48〜96時間が経過した症例、播種性血管内凝固症候群（DIC）、慢性失血（鈎虫、産後の胎盤退縮不全、出血を伴う免疫介在性血小板減少症：ITP、ダニ寄生）、溶血性疾患（免疫介在性溶血性貧血：IMHAまたはIHA、ピルビン酸キナーゼ欠損症、リン酸フルクトキナーゼ欠損症、低リン血症、ヘモプラズマ症、バベシア症、エールリッヒア症、糸状虫症、レプトスピラ症、タマネギ、フェノチアジン、ワクチン接種、ビタミンK、サルファ系抗生物質、抗痙攣薬、ペニシリン、セファロスポリン、亜鉛中毒症、鉛中毒症）。

非再生性貧血――急性失血後48〜96時間以内の症例、栄養不良、鉄欠乏、悪性腫瘍による続発性骨髄抑制、電離性放射線、骨髄癆、骨髄異形成症候群、骨髄線維症、骨硬化症、骨化石症、各種の慢性疾患、腎疾患、副腎皮質機能低下症、甲状腺機能低下症、エールリッヒア症、リーシュマニア症、薬剤誘発性（ビンクリスチン、エストロゲン、クロラムフェニコール、フェニルブタゾン）。

診断

ヒストリー――稟告として、食欲不振、異嗜症、元気消失、虚弱、運動不耐性、体重減少、失神、虚脱など。寄生虫、外傷、中毒症、高熱、有病動物との接触などの前歴を有する場合もある。現在または最近の投薬歴（ワクチン接種を含む）、最近の罹病歴・手術歴を聴取する。同腹仔、両親、同居動物が血液病を有する場合もある。患者の食餌内容や栄養状態についても聴取する。血尿、メレナ、血便、鼻出血、喀血などの失血の有無を飼育者に確認する。

身体検査――蒼白、黄疸、斑状出血、点状出血、低体温、虚弱、呼吸困難、頻呼吸、頻脈、反跳脈、グレードⅠ／Ⅱの収縮期雑音。触診にて、リンパ節腫脹、肝腫大、脾腫大の可能性。体重減少、悪液質、出血や外傷の証拠、ダニやノミ寄生など。直腸検査にて、顕著な出血やメレナ。

臨床検査――

1. 採血管内や顕微鏡スライド上での自己凝集反応の有無を調べる。
2. CBC評価
   - A. 貧血は、PCV＜18％にて重度、18〜29％にて中程度、30〜36％にて軽度とされる。
   - B. 再生性貧血における赤血球指数は、通常、大血球性、低色素性を示す。
   - C. 犬の網状赤血球数基準値は、0〜1％すなわち0〜60,000/μLである。網状赤血球数が1％（60,000/μL）を超える場合は、一般に再生性貧血である。
   - D. 網状赤血球数＞2.5％である場合は、再生性貧血を示唆する。

E．溶血性貧血の症例では、しばしば強～中程度の再生反応がみられ、左方移動を伴った好中球および単球の増多を特徴とする白血球増多症を呈する。

3．血液塗抹評価

A．正常では、油浸下にて1視野当たり10～12個の血小板が確認される。3～4個以下の場合は、臨床的に血小板減少症を示唆する（血小板1個/hpf＝15,000個）。

B．有核赤血球数増加を認める場合がある。

C．赤血球形態評価。球状赤血球、多染性赤血球、分裂赤血球の有無を確認する。

D．血球内寄生虫の有無を確認する。

4．直接クームス検査――IMHA罹患犬の10～30％は偽陰性を示す。

5．血清または血漿蛋白濃度を測定する。通常、失血は低蛋白血漿を惹起するが、溶血は生じない。

6．生化学検査を行う。

7．該当地域に発生する感染症の抗体価検査を行う。

8．止血異常徴候があれば、凝固系検査を行う。

A．ACT――内因性経路と共通経路の評価項目。院内にて測定可能。犬の基準値は60～110秒。

B．PT――外因性経路と共通経路の評価項目。

C．APTT――内因性経路と共通経路の評価項目。

D．FDP（フィブリン分解産物）――高値の場合は、広範囲に生じた凝固または肝クリアランスの遅延を示唆する。

E．D-ダイマー――D-ダイマーの増加は、DICや主要血管の血栓症を示唆する。

9．可能であれば、トロンボエラストグラフィ（TEG）検査を行う（図8-1）。

A．反応時間（reaction time：R）――最初の顕著な血餅形成を認めるまでの時間。内因性経路や第Ⅷ因子・第Ⅸ因子・第Ⅺ因子・第Ⅻ因子の異常にて異常値を示す。

B．凝固時間（kinetic time：K）――一定の血餅硬度が得られるまでの時間。測定値は、HCT、血小板数、血小板機能、第Ⅱ因子、第Ⅷ因子、トロンビン、フィブリン、フィブリノゲンに影響される。

C．α角度――フィブリン形成およびフィブリン架橋結合の速度。測定値は、HCT、血小板数、血小板機能、第Ⅱ因子、第Ⅷ因子、トロンビン、フィブリン、フィブリノゲンに影響される。

D．最大振幅（maximum amplitude：MA）――最大血餅硬度

E．TMA（time to reach MA）――MAまでの所要時間（分）。

F．凝固指数（coagulation index：CI）――ヒトでは凝固亢進・低下の判定に使用する。

10．フォン・ウィルブランド病などの検査用に血漿を分離・凍結する。

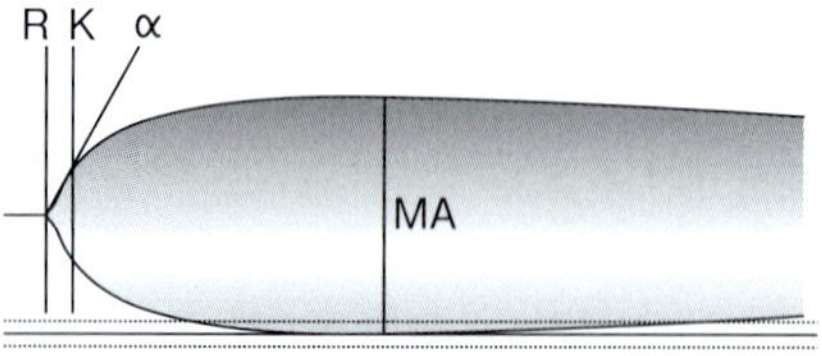

図8-1　トロンボエラストグラフィ検査
凝固能の亢進・低下および線溶能を測定する検査である。R＝反応時間、K＝凝固時間、α＝α角度、MA＝最大振幅
Donahue, S.M., Otto, C.M., 2005. Thromboelastography: a tool for measuring hypercoagulability, hypocoagulability, and fi brinolysis. Journal of Veterinary Emergency and Critical Care 15 (1), 9–16より。John Wiley & Sonsの許可を得て掲載。

11. 尿検査、糞便検査を行う。
12. 赤血球の脆弱性検査を行う。患者の血液5滴を、0.54％生理食塩水5mL（生理食塩水：水＝3：2で混合）に添加し、30分間定温静置した後にゆっくりと攪拌する。溶血を認めた場合は、赤血球の浸透圧脆弱性亢進を示唆する。

X線検査――胸部および腹部X線検査を行う。マスや臓器腫大を認めることがある。心嚢内、胸腔内、腹腔内液体貯留など、体内出血を示唆する所見を認めることもある。

超音波エコー検査――X線検査で認められた異常は、超音波エコー検査で評価するとよい。超音波エコーガイド下生検は、凝固系パラメータの評価が済むまで行わない。

予後

予後は、原因疾患によって異なる。

治療

1. 飼育者は、原因疾患、予後、治療費について説明する。
2. IVカテーテル留置
3. 採血。血液検体を、赤色：血清分離用プレーンチューブ、紫色：EDTA添加チューブ、青色：クエン酸ナトリウム添加チューブに分注する。
4. 診断が確定するまでは、対症療法と支持療法を行う。
   A. 持続性出血がある場合は、出血部位の確定と止血を試みる。
   B. 低循環血流量性ショックまたは腎疾患には、IV輸液を行う。初期投与量は90mL/kg/時で、以後は患者の必要性に応じて調整する。ショックを呈していない場合は、維持量2～4mL/kg/時で輸液する。
   C. 必要な駆虫薬を投与する。
      I. フェンベンダゾール（Panacur®）：50mg/kg PO 3日間
      II. ピランテル（Nemex®）：5mg/kg PO。7～10日後に再投与。
      III. イベルメクチン：200μg/kg SC。イベルメクチンは、*MDR-1*遺伝子変異を有する犬種（コリー、コリー系雑種、シェルティー、ボーダーコリー、オーストラリアンシェパード、オールドイングリッシュシープドッグなど)、および犬糸状虫症に罹患している個体には使用しない。

D．外用薬によるノミ・ダニ駆除。ニテンピラム（Capstar®）は、即効性があり、かつ安全である。

E．抗凝固性殺鼠剤中毒症の可能性や、重度肝疾患がある場合は、ビタミンK_1を投与する。

Ⅰ．第一世代抗凝固性殺鼠剤中毒症：0.25～1.25mg/kg SC、PO q12h

Ⅱ．インダンジオンなどの第二世代抗凝固性殺鼠剤中毒症または原因不明の場合は、初期は5mg/kgを複数ヵ所にSC投与し、以後は2.5mg/kg PO q12hで投与する。

F．消化管出血を認める場合は、H_2ブロッカーおよび胃保護薬を投与する。

Ⅰ．ラニチジン（Zantac®）：0.5～2mg/kg IV、PO q8h

Ⅱ．ファモチジン（Pepcid®）：0.5～1mg/kg IV、PO q12～24h

Ⅲ．オメプラゾール（Prilosec®）：0.5～1.5mg/kg PO q24h

Ⅳ．パントプラゾール（Protonix®）：0.7～1mg/kg IV q24h

Ⅴ．スクラルファート：0.5～1g PO q8h。初期負荷用量として、この4倍量以上を投与可能。

G．エールリッヒア症が疑われる場合は、ドキシサイクリンまたはテトラサイクリンを投与する。

Ⅰ．ドキシサイクリン：5～10mg/kg IV、PO q12h

Ⅱ．テトラサイクリン：22mg/kg PO q8～12h

H．バベシア症と診断された場合は、イミドカルブ5mg/kg IM、単回投与する。

5．調整電解質晶質液を維持量2～4mL/kg/時でIV投与する。

6．必要に応じて、酸素補給を行う。

7．免疫介在性溶血性貧血（IHA、IMHA）または免疫介在性血小板減少症（ITP）が疑われる場合は、コルチコステロイドを投与する。

A．プレドニゾロン

体重＜6kg：2mg/kg PO q12h

体重＞30kg：1.1mg/kgまたは30mg/m^2

B．デキサメタゾン：0.1～0.2mg/kg IV q12～24h。初期段階で投与可能であるが、長期投与は避ける。

8．心血管系不全または呼吸不全を呈する場合は、濃縮赤血球、全血、ヘモグロビン系人工酸素運搬体を投与する。濃縮赤血球投与前には、クロスマッチ（交差適合試験）を行う。

クロスマッチの手順――

Ⅰ．紫色のキャップのEDTA添加チューブに血液検体を入れ、3,400×Gで1分間遠心分離する。分離した血漿は他のチューブに分取する。

Ⅱ．等張食塩水（生理食塩水）を用いて、赤血球を3回洗浄した後、再混和・遠心する。上清を除去すると、赤血球を分取できる。

Ⅲ．2%赤血球浮遊液を作製する（0.9%食塩水0.98mLに洗浄赤血球

0.02mLを加える)。

Ⅳ. クロスマッチ主検査——ドナーの赤血球浮遊液2滴とレシピエントの血漿2滴をチューブに入れる。

Ⅴ. クロスマッチ副検査——レシピエントの赤血球浮遊液2滴とドナーの血漿2滴をチューブに入れる。

Ⅵ. コントロール——レシピエントの赤血球浮遊液2滴とレシピエントの血漿2滴をチューブに入れる。

Ⅶ. 主検査、副検査、コントロールのチューブを25℃で30分間定温静置する。

Ⅷ. 全てのチューブを3,400×Gで1分間遠心する。

Ⅸ. 適合検体では、凝集を認めない。

9. 血液フィルターを用いる。滴下には、輸血に適した輸液ポンプを用いるか、重力式輸液とする。

10. カルシウムを含有しない等張液であれば、全血や濃縮赤血球投与中に、輸液バッグを連結することができる。LRS、5%ブドウ糖液、7.5% NaCl、各種低張液・高張液は連結してはならない。

11. 必要輸血量の計算例——レシピエント犬のPCV＝10%、体重＝30kg、目標PCV＝18%、ドナー血液のPCV＝50%とする(正常犬の血液量＝85～90mL/kg)。

$$\text{輸血量(mL)} = [\text{体重(kg)} \times 90] \times \left[\frac{\text{目標PCV} - \text{レシピエントPCV}}{\text{ドナー血液のPCV}}\right]$$
$$= [30 \times 90] \times [\{20\% - 10\%\} \div 50\%]$$
$$= 2700 \times [10\% \div 50\%]$$
$$= 2700 \times 0.2 = 540\text{mL}$$

赤血球の必要投与量＝540÷2＝270mL

12. 一般的な投与量は、全血22mL/kg、赤血球11mL/kgである。

13. 保存されている全血や赤血球は、ぬるま湯に浸けるか、数分間常温静置して室温まで温めるのが望ましい。ただし、救急症例において、加温する時間がない場合は、血液バッグに加温した生理食塩水を添加し、輸液ラインに加温器を取り付けるとよい。

14. 通常、全血または赤血球は5～10mL/kg/時で投与する。重症例では、急速投与(20～80mL/kg/時)を要する。全血または赤血球での細菌繁殖を抑制するため、輸血は4時間以内に完了させる。

A. 輸血反応の観察

Ⅰ. 蕁麻疹

Ⅱ. 発熱

Ⅲ. 嘔吐

Ⅳ. 呼吸困難

Ⅴ. ヘモグロビン血症、ヘモグロビン尿、血尿

Ⅵ. 不安行動

Ⅶ. 肺水腫

B. 輸液反応の治療

Ⅰ．輸血中止
Ⅱ．気道確保、適切な酸素化
Ⅲ．抗ヒスタミン薬投与
ジフェンヒドラミン：2mg/kg IV、IM
Ⅳ．ショックに対する治療

15. 輸血の1時間後、24時間後、72時間後にPCV、TS（≒TP）を測定し、経時的変化を観察する。
16. オキシグロビン®（ヘモグロビン系人工酸素運搬体）の推奨投与量は、15～30mL/kg IVである。投与速度は最大10mL/kg/時であるが、罹患犬が循環血液量低下を呈し、重篤な状態にあれば、急速投与も可能である。なお、現在、オキシグロビン®は入手できない。
    A．オキシグロビン®投与中は、同じIVラインから他の輸液剤や薬剤を投与してはならない。
    B．フィルターは不要である。
    C．クロスマッチは不要である。
    D．オキシグロビン®投与前に、水和状態を是正する。
    E．うっ血性心不全や腎不全症例へのオキシグロビン®投与は禁忌である。
    F．オキシグロビン®投与は、検査結果に影響を及ぼす。個々の干渉内容については、製造元に確認する。
    G．投与後約4時間は、患者の尿がオレンジ色を呈する。また、血清、皮膚、粘膜、強膜の色調は黄色から暗柿色を呈する。
17. 重篤な自己免疫性溶血性貧血を認める場合、または治療に反応せずPCVが持続的に低下する場合は、免疫抑制薬を投与する。
    A．アザチオプリン（Imuran®）：1～2mg/kg PO q24h 5～7日間。以後は、プレドニゾン休薬から4週間経過するまで2mg/kg EOD。アザチオプリンは、4週間ごとに投与間隔を1日ずつ延ばし、2～3ヵ月かけて漸減する。
    B．シクロホスファミド（Cytoxan®）
    Ⅰ．200～300mg/m^2 IV、ボーラス、単回投与。
    Ⅱ．200mg/m^2 POを4日間で分割投与（50mg/m^2/日）。3日間の休薬後、CBC再検査・再評価。
    Ⅲ．50mg/m^2 PO q24hを4日間投与。3日間の休薬後、CBC再検査・再評価。
    C．分葉核好中球数＜3,500/Lまたは血小板数＜30,000/Lになった場合は、免疫抑制薬を数日間休薬する。CBCを繰り返し、好中球数の増加を認めれば、低用量にて投与を再開する。
18. 剖検されたIMHA罹患犬の約80%は、貧血ではなく、血栓塞栓症により死亡している。したがって、血栓塞栓症を予防・低減するための治療が重要である。
    A．アスピリン
    犬：0.5mg/kg PO q24h
    猫：0.5mg/kg PO q72h

B. 低用量の非分画ヘパリン（UFH）：100～200IU/kg SC q8hまたは5～10U/kg/時 IV CRI
C. 低分子ヘパリン（LMWH）
 Ⅰ. エノキサパリン：0.8mg/kg SC q6～8h
 Ⅱ. ダルテパリン：150IU/kg SC q12h
D. クロピドグレル
 犬：1.13±0.17mg/kg PO q24hまたは1～5mg/kg PO q24h
 猫：18.75mg/頭 PO q24h

19. 治療に反応しないIMHA罹患犬には、以下の追加治療を行う。
A. ダナゾール：10～15mg/kg PO q24h。肝毒性が懸念されるため、長期投与には適さない。
B. シクロスポリンA：5～10mg/kg PO q24h。血中濃度を定期的にモニターする。安全なトラフ値は、400～500ng/mLである。シクロスポリンAは、効果発現が迅速であるため、導入期に使用するとよい。
C. レフルノミド（Arava®）：難治症例に用いる。初期投与量は4mg/kg PO q24h。活性代謝物A77 1726の安全なトラフ値は、20μg/mL（血漿）である。
D. ミコフェノール酸モフェチル（MMF）：10～20mg/kg PO q12h
E. 日本やヨーロッパでは、アザチオプリンの代替薬として、ミゾリビンが腎移植症例に用いられる。ミゾリビンは、肝毒性および骨髄毒性が非常に少ない。
F. ヒトγグロブリン（hIVIgG）：0.5～1g/kg IV。0.9% NaCl、注射用蒸留水、晶質輸液剤などで希釈し、6時間かけてIV CRI投与する。この投与量にて、1日1回、連続で3日間投与できる。hIVIgGは凝固亢進と炎症を促進するため、アスピリン療法やヘパリン療法を併用する。
G. 治療に反応しなかったり、重篤な副作用を呈する症例においては、摘脾が有効な場合もある。

長期治療

14日間が経過し、PCVが安定または上昇しており、かつ貧血の臨床徴候を認めなければ、プレドニゾンを25%減量する。以後も2週間ごとに25%減量し、0.5mg/kg q24hにて状態安定が維持できるようになるまで、25%ずつ漸減する。6週間、再発徴候を認めなければ、プレドニゾン投与を中止する。

猫の貧血

病因

再生性貧血――急性失血（外傷）後48～96時間が経過した症例、慢性失血（鉤虫、ノミ寄生、出血を伴う免疫介在性血小板減少症：ITP）、播種性血管内凝固症候群（DIC）、溶血性疾患（免疫介在性溶血性貧血：IMHAまたはIHA、新生仔同種溶血、低リン血症、ヘモプラズマ症、バベシア症、エールリッヒア症、サイトークスゾーン症、タマネギ、アセトアミノフェン、フェノチアジン、ベンゾカイン、メチオニン、メチレンブルー、プロピレングリコール、プロピルチオウラシル、ビタミンK、メチマゾール、サルファ系抗生物質、ペニシリン、セファロスポリン)。

非再生性貧血――猫白血病ウイルス感染症(FeLV)、猫免疫不全ウイルス感染症(FIV)、猫伝染性腹膜炎感染症(FIP)、猫汎白血球減少症ウイルス感染症、急性失血後48～96時間以内の症例、腎疾患、栄養欠乏、鉄欠乏、ノミ寄生、悪性腫瘍による続発性骨髄抑制、電離性放射線、骨髄癆、骨髄異形成症候群、骨髄線維症、骨硬化症、骨化石症、各種慢性疾患、副腎皮質機能低下症、甲状腺機能低下症、エールリッヒア症、クロラムフェニコール。

診断

ヒストリー――稟告として、食欲不振、異嗜症、元気消失、虚弱、運動不耐性、体重減少、失神、虚脱など。寄生虫、外傷、中毒症、高熱、有病動物との接触などの前歴を有する場合もある。現在または最近の投薬歴(ワクチン接種を含む)、最近の罹患歴・手術歴を聴取する。同腹仔、両親、同居動物が血液病を有する場合もある。食餌内容や栄養状態についても聴取する。血尿、メレナ、血便、鼻出血、喀血などの失血の有無を飼育者に確認する。

身体検査――蒼白、黄疸、斑状出血、点状出血、低体温、虚弱、呼吸困難、頻呼吸、頻脈、反跳脈、グレードⅠ/Ⅱの収縮期雑音。触診にて、リンパ節腫脹、肝腫大、脾腫大の可能性。体重減少、悪液質、出血や外傷の証拠、ダニやノミ寄生など。

臨床検査――

1. 採血管内や顕微鏡スライド上での自己凝集反応の有無を調べる。
2. CBC評価
   - A. 貧血は、PCV＜14％にて重度、15～19％にて中程度、20～24％にて軽度とされる。
   - B. 再生性貧血における赤血球指数は、通常、大血球性、低色素性を示す。
   - C. 猫の網状赤血球数基準値は、凝集型が0～0.4％すなわち0～40,000/μLで、点状型が5％未満(＜500,000/μL)である。凝集型は、最も活動性が高く、再生からの経過時間が最も短い。凝集型網状赤血球数が1％(100,000/μL)を超えている場合は再生性貧血である。
   - D. 溶血性貧血の症例では、しばしば強～中程度の再生反応がみられ、左方移動を伴った好中球および単球の増多を特徴とする白血球増多症を呈する。
3. 血液塗抹評価
   - A. 正常では、油浸下にて1視野当たり10～12個の血小板が確認される。3～4個以下の場合は、臨床的に血小板減少症を示唆する(血小板1個/hpf＝15,000個)。
   - B. 有核赤血球数増加を認めることがある。

C. 赤血球形態評価。球状赤血球、多染性赤血球、分裂赤血球、ハインツ小体の有無を確認する。
D. 血球内寄生虫の有無を確認する。ヘモプラズマ寄生体は、赤血球表面に付着する。ピロプラズマ目の*Cytauxzoon felis*は、マクロファージや赤血球内に寄生する。

4. 直接クームス検査――IMHA罹患猫の10～30%は偽陰性を示す。
5. 血清または血漿蛋白濃度を測定する。通常、失血は低蛋白血漿を惹起するが、溶血は生じない。
6. 生化学検査を行う。
7. 該当地域に発生する感染症、猫ウイルス性疾患（FeLV、FIV、FIPなど）の抗体価検査を行う。
8. 止血異常徴候がある場合は、凝固検査を行う。
   A. ACT――内因性経路と共通経路の評価項目。院内にて測定可能。猫の基準値は50～75秒。
   B. PT――外因性経路と共通経路の評価項目。
   C. APTT――内因性経路と共通経路の評価項目。
   D. FDP（フィブリン分解産物）――高値の場合は、広範囲に生じた凝固または肝クリアランス遅延を示唆する。
   E. D-ダイマー――D-ダイマーの増加は、DICや主要血管の血栓症を示唆する。
9. 尿検査、糞便検査を行う。
10. 赤血球の脆弱性検査を行う。患者の血液5滴を、0.54%生理食塩水5mL（生理食塩水：水＝3：2で混合）に添加し、30分間定温静置した後にゆっくりと攪拌する。溶血を認めた場合は、赤血球の浸透圧脆弱性亢進を示唆する。

X線検査――胸部および腹部X線検査を行う。マスや臓器腫大を認めることがある。心嚢内、胸腔内、腹腔内液体貯留など、体内出血を示唆する所見を認めることもある。

超音波エコー検査――X線検査で認められた異常は、超音波エコー検査にて評価するとよい。超音波エコーガイド下生検は、凝固系パラメータの評価が済むまで行わない。

予後

予後は、原因疾患によって異なる。

治療

1. 飼育者に、原因疾患、予後、治療費について説明する。
2. IVカテーテル留置
3. 採血。血液検体を、赤色：血清分離用プレーンチューブ、紫色：EDTA添加チューブ、青色：クエン酸ナトリウム添加チューブに分注する。
4. 診断が確定するまでは、対症療法と支持療法を行う。
   A. 持続性出血がある場合は、出血部位の確定と止血を試みる。

B．低循環血流量性ショックまたは腎疾患には、IV 輸液を行う。初期投与量は60mL/kg/時で、以後は患者の必要性に応じて調整する。ショックを呈していない場合は、維持量1～2mL/kg/時を輸液する。

C．必要な駆虫薬を投与する。

Ⅰ．ピランテル（Nemex®）：20mg/kg PO、単回投与。

Ⅱ．プラジカンテル（Droncit®）

体重＜1.8kg：6.3mg/kg PO

体重＞1.8kg：5mg/kg PO

Ⅲ．エピスプランテル（Cestex®）：2.75mg/kg PO

D．外用薬によるノミ・ダニ駆除。

E．抗凝固性殺鼠剤中毒症の可能性や、重度肝疾患がある場合は、ビタミンK_1を投与する。

Ⅰ．第一世代抗凝固性殺鼠剤中毒症：0.25～1.25mg/kg SC、PO q12h

Ⅱ．インダンジオンなどの第二世代抗凝固性殺鼠剤中毒症または原因不明の場合は、初期には5mg/kgを複数ヵ所にSC投与、以後は2.5mg/kg PO q12hで投与する。

F．消化管出血を認める場合は、H_2ブロッカーおよび胃保護薬を投与する。

Ⅰ．ラニチジン（Zantac®）：1～2mg/kg PO、IV、SC q12h

Ⅱ．ファモチジン（Pepcid®）：0.5～1mg/kg IV、PO q12～24h

Ⅲ．オメプラゾール（Prilosec®）：0.5～1mg/kg PO q24h

Ⅳ．パントプラゾール（Protonix®）：0.7～1mg/kg IV q24h

Ⅴ．スクラルファート：0.25g PO q8h

G．エールリッヒ症やヘモプラズマ症が疑われる場合は、ドキシサイクリンまたはテトラサイクリンを投与する。血液塗抹検査を外部検査機関に依頼し、陰性になるまで投薬を継続する。

Ⅰ．ドキシサイクリン：5～10mg/kg IV、PO q12h

Ⅱ．テトラサイクリン：22mg/kg PO q8h

5．調整電解質晶質液を維持量1～2mL/kg/時でIV投与する。

6．必要に応じて、酸素補給を行う。

7．免疫介在性溶血性貧血（IHA、IMHA）、または免疫介在性血小板減少症（ITP）が疑われる場合は、コルチコステロイドを投与する。

A．プレドニゾロン：1～4mg/kg IM、PO q12h

B．デキサメタゾン：0.1～0.2mg/kg IV q12～24h。初期段階で投与可能であるが、長期投与は避ける。

8．心血管系不全または呼吸不全を呈する場合は、濃縮赤血球、全血、ヘモグロビン系人工酸素運搬体を投与する。濃縮赤血球の投与前には、必ずクロスマッチを行う。院内用の血液型判定キットも市販されており、致死的な輸血反応を避けるのに有用である。

A．クロスマッチの手順――

Ⅰ．紫色のキャップのEDTA添加チューブに血液検体を入れ、3,400×Gで1分間遠心分離する。分離した血漿は他のチューブに採取する。

Ⅱ. 等張食塩水（生理食塩水）を用いて、赤血球を3回洗浄した後、再混和・遠心する。上清を除去すると、赤血球を採取できる。
Ⅲ. 2%赤血球浮遊液を作製する（0.9%の食塩水0.98mLに洗浄赤血球0.02mLを加える）。
Ⅳ. クロスマッチの主検査――ドナーの赤血球浮遊液2滴とレシピエントの血漿2滴をチューブに入れる。
Ⅴ. クロスマッチの副検査――レシピエントの赤血球浮遊液2滴とドナーの血漿2滴をチューブに入れる。
Ⅵ. コントロール――レシピエントの赤血球浮遊液2滴とレシピエントの血漿2滴をチューブに入れる。
Ⅶ. 主検査、副検査、コントロールのチューブを25℃で30分間定温静置する。
Ⅷ. 全てのチューブを3,400×Gで1分間遠心する。
Ⅸ. 適合検体では、凝集を認めない。

B. 輸血反応の観察
Ⅰ. 蕁麻疹
Ⅱ. 発熱
Ⅲ. 嘔吐
Ⅳ. 呼吸困難
Ⅴ. ヘモグロビン血症、ヘモグロビン尿、血尿
Ⅵ. 不安行動
Ⅶ. 肺水腫

C. 輸液反応の治療
Ⅰ. 輸血中止
Ⅱ. 気道を確保し、適切な酸素補給を行う。
Ⅲ. 抗ヒスタミン薬を投与する。
ジフェンヒドラミン：2mg/kg IV、IM
Ⅳ. ショックに対して治療を行う。

9. 輸血前に、前処置として以下を投与する。
ジフェンヒドラミン塩酸塩：1mg/kg IV、IM
リン酸デキサメタゾンナトリウム：0.5～1mg/kg 20～40分間かけてIV

10. 必要輸血量の計算例――レシピエント猫のPCV＝10%、体重＝3kg、目標PCV＝20%、ドナー血液のPCV＝40%とする（正常猫の血液量＝65～75mL/kg）。

$$\text{輸血量(mL)} = [\text{体重(kg)} \times 70] \times \left[\frac{\text{目標PCV} - \text{レシピエントPCV}}{\text{ドナー血液のPCV}}\right]$$
$$= [3 \times 70] \times [(20\% - 10\%) \div 40]$$
$$= 210 \times (10 \div 40) = 210 \times 0.25 = 52.5\text{mL}$$

11. 輸血の1時間後、24時間後、72時間後にPCVを測定し、経時的変化を観察する。

12. コルチコステロイドの投与に反応しない猫のIMHA症例には、クロラムブシル（Leukeran®）20mg/m^2を2週間ごとにPO投与する。

免疫介在性血小板減少症（IMT、ITP）

診断

ヒストリー――稟告にて、点状出血、斑状出血、粘膜出血、メレナなどの特発性出血。急性虚脱、元気消失、食欲不振、嘔吐の可能性。

ワクチン接種など薬剤投与履歴を聴取する。可能ならば、薬剤投与を中止し、2～6日間後に血小板数を再測定する。休薬により血小板数が正常に回復した場合は、薬剤誘発性血小板減少症と仮診断される。

身体検査――患者は虚弱や元気消失を呈する。蒼白、歯肉出血、点状出血、斑状出血。触診にて、脾腫の可能性。全身の身体検査を入念に行う。リンパ節腫脹の可能性。メレナ。大腿動脈拍動は弱くて細い。

臨床検査――

1．CBC評価
 A．血小板数＜100,000/μL――軽度血小板減少症
  血小板数＜60,000/μL――中程度血小板減少症
  血小板数＜30,000/μL――重度血小板減少症、出血リスク増大
 B．油浸鏡検にて、血小板数8～12個/hpfが観察される（血小板1個/hpf＝15,000個）。
 C．貧血の有無は、症例による。
 D．ITP（IMT）に関連してIMHA（IHA）が生じることをエバンス症候群という。この場合、球状赤血球発現を伴う再生性貧血が一般に認められ、クームス試験は陽性を示す。
 E．左方移動を伴う好中球増多を特徴とする白血球増多症を認めることがある。
2．血液塗抹評価
 A．正常では、油浸鏡検にて、血小板数11～25個/hpfが観察される。最低でも10～12個/hpfを要する。3～4個/hpfであれば、臨床的に顕著な血小板減少症を示唆する。
 B．赤血球形態評価を行う。球状赤血球、多染性赤血球、分裂赤血球の有無を確認する。
 C．血球内寄生虫の有無を確認する。
3．血小板数＞60,000/μLの場合は、頬粘膜出血時間（BMBT）を測定する。
 A．必要に応じて、鎮静処置をする（特に猫）。
 B．上唇を反転した状態で、ガーゼの口輪で固定し、頬粘膜の血管を軽度にうっ血させる。
 C．反転部位の頬粘膜に、SimplateII®などのテンプレートを用いて2ヵ所を切開する（図8-2）。
 D．切開創の下にフィルター紙を当てて、出血を吸い取る。この時、紙が切開創に触れないように注意する。
 E．切開時から止血までの時間を測定する。

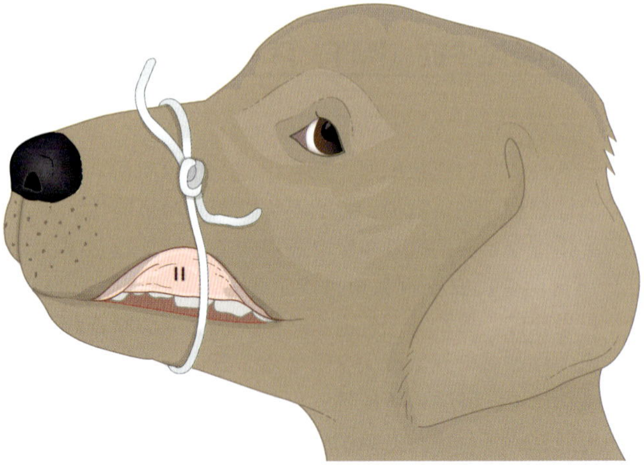

図8-2　頬粘膜出血時間（BMBT）の測定部位
上唇を反転した状態で、ガーゼの口輪で固定し、頬粘膜の血管を軽度にうっ血させる。反転部位の頬粘膜に、SimplateⅡ®などのテンプレートを用いて2ヵ所を切開する。

F．犬猫のBMBTの基準値は、2〜3分間である。

G．凝固因子欠乏症や播種性血管内凝固症候群（DIC）では、BMBTは正常である。血小板減少症、血小板病、フォン・ウィルブランド病ではBMBTが延長する。

4．血小板数<10,000/μLの場合は、ACT、APTT、PTがわずかに延長することがある（<10%）。FDP、D-ダイマー、フィブリノゲン濃度は正常である。

5．骨髄穿刺では、一般に巨核球過形成を認めるが、症例によっては巨核球低形成を呈する場合がある。

6．確定診断には、巨核球の直接免疫蛍光測定（D-MIFA）が実施可能である。

7．血清や血漿を用いた、血小板結合性自己抗体（抗血小板自己抗体）の検出（間接法）や、血小板表面の抗体（血小板関連IgG）の検出（直接法）も実施可能である。

8．生化学検査を行う。

9．該当地域に発生する感染症の抗体価検査やPCR検査を行う。

10．尿検査、糞便検査を行う。

X線検査——胸部および腹部X線検査を行う。マスや臓器腫大を認めることがある。心嚢内、胸腔内、腹腔内の液体貯留など、体内出血を示唆する所見を認めることもある。

超音波エコー検査——X線検査で認められた異常は、超音波エコー検査にて評価するとよい。超音波エコーガイド下生検は、凝固系パラメータの評価が済むまで行わない。

鑑別診断

1．血小板産生低下——免疫介在性巨核球低形成、レトロウイルス感染症

(FeLV、FIV)、エールリッヒア症、ロッキー山紅斑病、バベシア症、周期性血小板減少症、骨髄癆、特発性骨髄形成不全、薬剤誘発性巨核球低形成（βラクタム系抗生物質、エストロゲン、メルファラン、フェニルブタゾン)。

2. 血小板破壊・隔離（捕捉）・利用亢進——免疫介在性血小板減少症（ITP)、生ウイルス性ワクチン、播種性血管内凝固症候群（DIC)、血管炎、脾腫、脾臓捻転、内毒素血症、急性肝臓壊死、腫瘍、溶血性尿毒症症候群、微小血管障害、薬剤誘発性血小板減少症（アセトアミノフェン、アムリノン、抗ヒスタミン剤、アスピリン、ベンゾジアゼピン、クロラムフェニコール、シメチジン、フェニトイン〈Dilantin®〉、エタノール、エリスロマイシン、フロセミド、ヘパリン、リドカイン、ニトログリセリン、フェノチアジン、プレドニゾン、プロプラノロール、キニジン、テトラサイクリン、チアジド系利尿薬)。
3. 血小板障害——アスピリン、猫のチェディアック・ヒガシ症候群、オッターハウンドおよびグレートピレニーズにおけるグランツマン血小板無力症。

予後

生存率は70～75%と報告されており、予後は中等度である。初診時にメレナやBUN高値を認める症例では、生存率が低下する。

治療

1. 飼育者に、原因疾患、予後、治療費について説明する。
2. IVカテーテル留置
3. 採血。血液検体を、赤色：血清分離用プレーンチューブ、紫色：EDTA添加チューブ、青色：クエン酸ナトリウム添加チューブに分注する。
4. 診断が確定するまでは、対症療法と支持療法を行う。
   A. 持続性出血がある場合は、出血部位の確定と止血を試みる。
   B. 低循環血流量性ショックまたは腎疾患には、IV輸液を行う。初期投与量は、犬では90mL/kg/時、猫では60mL/kg/時で、1/4量ずつ分割してボーラス投与する。以後は患者の必要性に応じて調整する。ショックを呈していない場合は、維持量2～4mL/kg/時で輸液する。
   C. 外用薬にてノミ・ダニを駆除する。
   D. 消化管出血を認める場合や、グルココルチコイドの長期投与を行う場合は、H_2ブロッカーおよび胃保護薬を投与する。
      Ⅰ. ラニチジン（Zantac®）
      犬：0.5～2mg/kg IV、PO q8h
      猫：1～2mg/kg PO、IV、SC q12h
      Ⅱ. ファモチジン（Pepcid®）：0.5～1mg/kg IV、PO q12～24h
      Ⅲ. オメプラゾール（Prilosec®）
      犬：0.5～1.5mg/kg PO q24h
      猫：0.5～1mg/kg PO q24h

Ⅳ．パントプラゾール（Protonix®）：0.7～1mg/kg IV q24h
Ⅴ．スクラルファート
犬：0.5～1g PO q8h。初期投与量は、4倍以上に増量できる。
猫：0.25g PO q8～12h
E．エールリッヒア症が疑われる場合は、ドキシサイクリンまたはテトラサイクリンを投与する。
Ⅰ．ドキシサイクリン：5～10mg/kg IV、PO q12h
Ⅱ．テトラサイクリン：22mg/kg PO q8～12h
F．バベシア症と診断された犬には、イミドカルブ5mg/kg IM、単回投与する。

5．調整電解質晶質液を維持量2～4mL/kg/時でIV投与。
6．必要に応じて、酸素補給を行う。
7．免疫介在性血小板減少症（ITP）を疑う場合は、コルチコステロイドを投与する。
A．プレドニゾロン：1～2mg/kg PO q12h
B．デキサメタゾン：0.1～0.2mg/kg IV q12～24h。初期段階では投与可能であるが、長期投与は避ける。
8．ビンクリスチン：0.02mg/kg IV、単回投与
9．アザチオプリン（Imuran®）：50mg/m^{2}または2mg/kg PO q24h 14日間、以後は2mg/kg PO EODで投与する。
10．生死にかかわる出血性クリーゼを呈する症例では、血小板輸血が有効となり得る。ただし、輸血した循環血小板の半減期は短く、通常、レシピエントの血小板数は上昇しない。
11．循環不全や呼吸不全を呈する場合は、濃縮赤血球またはヘモグロビン系人工酸素運搬体を投与する。重篤な急性出血を認める場合は、新鮮全血輸血を要する。
12．濃縮血小板投与でのフィルター使用は推奨されない。
13．治療に反応しない犬のITPには、以下の追加治療を行う。
A．シクロスポリン：5～10mg/kg PO q12h
B．ヒトγグロブリン（hIVIgG）：0.5～1g/kg IV、6～12時間かけて単回投与
C．ミコフェノール酸モフェチル（MMF）：10～20mg/kg PO q12h
14．摘脾を検討する。

凝固障害

病因

1．第Ⅰ因子欠乏――セントバーナード、ビズラ、コリー、ボルゾイの低フィブリノゲン血症や異常フィブリノゲン血症。
2．第Ⅱ因子欠乏――ボクサー、コッカースパニエル、デボンレックス（猫）の低プロトロンビン血症。
3．第Ⅶ因子欠乏――ビーグル、アラスカンマラミュート、ミニチュアシュナ

ウザー、ボクサー、イングリッシュブルドッグ。
4. 第Ⅷ因子欠乏（血友病A）――犬猫では多品種に発症。
5. 第Ⅸ因子欠乏（血友病B）――犬猫では多品種に発症。
6. 第Ⅹ因子欠乏――コッカー・スパニエル、ジャックラッセルテリア、デボンレックス（猫）のスチュアート・プラウアー因子欠乏症。
7. 第Ⅺ因子欠乏（血友病C）――スプリンガースパニエル、ケリーブルーテリア、ワイマラナー、グレートピレニーズの血漿プロトロンビン前駆体欠乏症。
8. 第Ⅻ因子欠乏――猫、ジャーマンショートヘアードポインターやプードルを含む多くの犬種にみられるハーゲマン因子欠乏症。
9. フォン・ウィルブランド病――犬猫では多品種に発症。
10. ビタミンK欠乏症、抗凝固性殺鼠剤中毒症などで用いるビタミンK拮抗剤
11. 肝疾患
12. 播種性血管内凝固症候群（DIC）
13. ヘパリンなどの抗凝固薬

診断

ヒストリー――出血既往歴、現行する出血。傷害に不相応な量の出血、出血を誘発する明確な原因、家族歴、中毒症、環境要因、薬剤投与（ワクチン、非ステロイド性抗炎症薬を含む）、発症時の年齢など、各種要因の存在。治療は原因によって大きく異なるため、正しい診断を要する。

身体検査――体腔・皮下組織・筋肉内の深部出血、血腫形成、点状出血および斑状出血（口腔粘膜、陰茎粘膜、外陰部粘膜、結膜、強膜、網膜、皮膚を観察すること）、鼻出血、メレナ、関節痛、関節腫脹、血尿、黄疸、明らかな外傷原因、肺出血など（表8-1）。

臨床検査――

1. 血小板数を含むCBC
2. 凝固系検査
   A. 内因性経路および共通経路
      Ⅰ. APTT――コントロール値と比較し、延長が25%未満であれば正常。
      Ⅱ. ACT――基準値は、犬では60～110秒、猫では50～75秒。
   B. 外因性経路および共通経路
      PT――コントロール値と比較し、延長が25%未満であれば正常（図8-3）。
   C. フィブリノゲン――急性炎症時には、測定値が上昇する。
   D. FDP（フィブリン分解産物）――全身性フィブリン溶解（一般にDICで認められる）の進行中に上昇する。犬猫の基準値は10g/mL未満である。FDPは、肝不全、局所性重度血栓症、異常フィブリノゲン血症、線溶亢進、DICを呈する症例で発現する。
   E. D-ダイマー検査――線溶活性化が生じると、重合によるポリマー形成と架橋結合によってフィブリンが形成される。この検査で

表8-1　凝固因子異常と血小板・血管異常の鑑別に用いられる臨床的特徴

凝固因子異常	血小板・血管異常
点状出血はまれである。	点状出血は一般的である。
血腫は一般的である。	血腫はまれである。
出血は多くが局所的である。	出血は多くが多発性である。
出血は通常、筋肉や関節内に生じる。	出血は粘膜に多発する。
出血直後には、一時的に止血する（あるいは出血量が減少する）が、再出血する。	切開部位からの出血が持続する

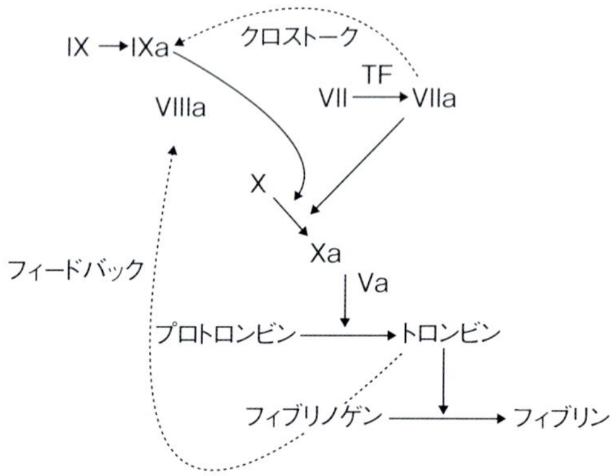

図8-3　凝固系経路
TF＝組織因子。図は各凝固因子がどのように関連しているかを示している。aは活性化因子を示す（例：IXa）。
Reprinted from Aird, WC, critical Care Medicine, 2005, Vol 33, No 12 (suppl.) S485-487より。Wolters Kluwer Healthの許可を得て掲載。

は、分解によって生じたフィブリン断片の量を測定する。D-ダイマー値の上昇は、主血管の血栓症やDICにおいて認められる。

F. トロンボエラストグラフィ（TEG）検査（図8-1）。

Ⅰ. 反応時間（reaction time：R）――最初の顕著な血餅形成を認めるまでの時間。内因性経路や第Ⅷ因子・第Ⅸ因子・第Ⅺ因子・第Ⅻ因子の異常にて異常値を示す。

Ⅱ. 凝固時間（kinetic time：K）――一定の血餅硬度が得られるまでの時間。測定値は、HCT、血小板数、血小板機能、第Ⅱ因子、第Ⅷ因子、トロンビン、フィブリン、フィブリノゲンに影響される。

Ⅲ. α角度――フィブリン形成およびフィブリン架橋結合の速度。測定値は、HCT、血小板数、血小板機能、第Ⅱ因子、第Ⅷ因子、トロンビン、フィブリン、フィブリノゲンに影響される。

Ⅳ. 最大振幅（maximum amplitude：MA）――最大血餅硬度

Ⅴ. TMA（time to reach MA）――MAまでの所要時間（分）。

Ⅵ. 凝固指数（coagulation index：CI）――ヒトでは凝固亢進・低下の判定に使用する。

3. 生化学検査――特に腎・肝機能検査（BUN、クレアチニン、ALT、ALP、総ビリルビン）
4. 尿検査
5. 糞便検査
6. クームス検査、フォン・ウィルブランド病（VWD）因子検査――VWD因子検査用の血液は、青色のキャップ（クエン酸ナトリウム添加）チューブに分注する。遠心分離し、血清は直ちに凍結する。犬では、VWD因子量が正常の30%以下になると、外科手術時に過剰出血を生じる危険がある。
7. 居住地域、病歴、臨床徴候により、必要な感染症血清検査を行う。

鑑別診断

免疫介在性血小板減少症、免疫介在性溶血性貧血、フォン・ウィルブランド病（VWD）、遺伝性凝固障害、抗凝固性殺鼠剤中毒症、播種性血管内凝固症候群（DIC）。

予後

予後は中等度～不良である。

治療

1. 飼育者に、診断、予後、治療費について説明する。
2. 経過観察と治療のために患者を入院させる。
3. 診断を進める。治療は、原因（各種の疾患、外傷、中毒症など）によって異なる対応を要する。
4. IVカテーテル留置。橈側皮静脈または伏在静脈を用いる。頸静脈は、留置によって出血が生じると、コントロールが困難なため避ける。
5. 必要最小径の針を使用して、検査用の採血を行う。静脈穿刺部位には、最低5分間の圧迫止血を施す。
6. PCV、TP、ACT、凝固系のモニタリング。
7. 循環性ショックまたはコントロールできない重度出血を呈する症例は、新鮮全血または血液成分輸血を要する（付録のⅢ〈p.816〉を参照）。
   A. フォン・ウィルブランド病（VWD）、第Ⅷ因子欠乏症（血友病A）、低フィブリノゲン血症、異常フィブリノゲン血症の治療には、クリオプレシピテート投与が推奨される。クリオプレシピテートが入手できない場合は、新鮮凍結血漿を代用する。
   B. プロトロンビン欠乏症、第Ⅶ因子欠乏症、第Ⅸ因子欠乏症（血友病B）、第Ⅹ因子欠乏症、第Ⅺ因子欠乏症（血友病C）の治療では、保存血漿投与が推奨される。
8. 筋肉内注射、皮下注射は行わない。
9. 止血に干渉する薬剤（アスピリンなど）の投与は避ける。

8

10. 抗凝固性殺鼠剤中毒症またはビタミンK欠乏症が疑われる場合は、ビタミンK_1を投与する。
  A. 第一世代抗凝固性殺鼠剤中毒症：0.25〜1.25mg/kg SC、PO q12h
  B. インダンジオンなどの第二世代抗凝固性殺鼠剤中毒症または原因不明の場合は、初期は5mg/kgを複数ヵ所にSC投与し、以後は2.5mg/kg PO q12hで投与する。
11. IMHAやITPなどを疑う場合は、コルチコステロイド投与を検討する。
  A. プレドニゾロン：1〜4mg/kg SC、PO q12h
  B. デキサメタゾン：0.1〜0.2mg/kg IV q12〜24h。初期段階では投与可能であるが、長期投与は避ける。
12. ITPが疑われ、血小板数の低下が持続している場合は、ビンクリスチン0.5〜0.75mg/m^2をIV投与する。
13. フォン・ウィルブランド病には、以下の追加治療が推奨される。
  A. 脱アミノ8-D-アルギニンバソプレッシン（DDAVP®）の投与。
    Ⅰ. DDAVP®を0.1mg/mL含有する点鼻用製剤を使用する。
    Ⅱ. フォン・ウィルブランド因子に対する最大効果を得るには、DDAVP®1.0g/kgをSC投与する。
    Ⅲ. 第Ⅷ因子に対する最大効果を得るには、DDAVP®0.4g/kgをSC投与する。
    Ⅳ. 凝固反応は投与直後に生じ、30分間以内で最大値に達する。効果は、4時間持続する。
    Ⅴ. 全ての罹患犬がDDAVP®に反応するとは限らない。
  B. 輸血用血液採取の20分〜2時間前に、ドナー犬へDDAVP®0.6〜1.0g/kgをSC投与する方法もある。

鼻出血

病因

エールリッヒア症、リケッチア症（*Richettsia rickettsii*）、ロッキー山紅斑熱、糸状虫症、レプトスピラ症、慢性猫ウイルス性上部呼吸器疾患、外傷、鼻腔内異物、鼻炎、副鼻腔炎、歯根尖周囲膿瘍、血小板減少症、高血圧、腫瘍（腺癌、扁平上皮癌、軟骨肉腫、血管肉腫、黒色腫など）、抗凝固性殺鼠剤中毒症、アスピリン誘発性血小板障害、凝固異常、特発性などの報告がある。

診断

ヒストリー——飼育者が実際の鼻出血や鼻出血痕を目撃することが多い。出血の頻度、両側性か変則性かを聴取する。外傷歴の確認。ダニ感染、食欲不振、元気消失、体重減少、鼻汁分泌の有無。草むらや藪で遊ぶ、狩猟を行う。毒物（抗凝固性殺鼠剤）曝露の可能性。

大型の長頭種（コリー、アイリッシュセッター、ジャーマンシェパードドッグなど）は、副鼻腔や鼻腔での腫瘍発症頻度が高い。若齢動物では、外傷、異物、先天性凝固異常が多く、老齢動物では腫瘍が多く認められる。一部の犬種（ドーベルマンピンシェルやジャーマンシェパードドッグなど）では、フォン・ウィルブランド病（VWD）の発症頻度が他の犬種よりも高い。

身体検査——患者の年齢、両側性か片側性か、粘膜色、毛細血管再充填時間（CRT）に注意する。口吻、顔面、口腔（特に硬口蓋）の解剖学的変化を入念に精査する。ダニ寄生を確認する。発熱、リンパ節腫脹、筋消耗、黄疸、点状出血、斑状出血、血腫、出血性関節炎、糞便や尿中の血液。強膜・網膜の検査。動脈血圧測定。

臨床検査——

1. 血小板数を含むCBC検査。
2. 貧血がある場合は、網状赤血球数測定。
3. 凝固系（PT、APTT、ACT、フィブリノゲン、FDP）測定。可能ならば、D-ダイマー測定。トロンボエラストグラフィ（TEG）検査も有用である（図8-1）。
4. 生化学検査全項目の評価。特にTPを慎重に評価する。血漿交換を要する症例もある。
5. 居住地域、ヒストリー、臨床徴候などにより、必要な感染症血清検査を行う（真菌抗体価測定を含む）。
6. 抗凝固性殺鼠剤中毒症が疑われる場合は、PT試験を行う。

鼻・胸部X線検査——

1. 鼻X線検査にて、液体デンシティー上昇、非対称性、骨破壊像、鼻甲介構造喪失など。
2. 胸部X線検査にて、異常デンシティー、マス病変、異物、液体貯溜像など。

その他の診断法——

1. 鎮静下での口腔検査および鼻腔検査。
2. 尾側鼻腔の内視鏡検査。
3. 鼻の生検、洗浄検査、細胞診。

予後

予後は、原因疾患によって異なる。

治療

1. 飼育者に、診断、予後、治療費について説明する。
2. 中程度鼻出血で出血量が減少傾向にある症例、または軽度鼻出血症例では、院内経過観察を検討する。
3. 中程度鼻出血で出血量が増加している症例、または重度鼻出血症例では、入院させ、経過観察を行う。
   A. 低用量アセプロマジン0.1～1mg、またはブトルファノール0.2～0.4mg/kgをSC投与する。
   B. 雲南白薬（南白药）投与。投与開始日は、体重に応じた数のカプセルとともに、同封されている赤色の丸薬を投与する。カプセル投与は5

日間継続する。次の5日間は休薬期とし、必要に応じて同処方を反復する。長期間の連日投与は避ける。

Ⅰ．体重＜4.5kg：1カプセルPO SID

Ⅱ．体重＝4.5～13.5kg：1カプセルPO BID

Ⅲ．体重＝13.5～27kg：2カプセルPO BID

Ⅳ．体重＞27kg：2カプセルPO TID

C．エピネフリンを浸したガーゼまたは臍帯テープを、鼻腔に優しく詰める。

D．1：1,000エピネフリンで鼻腔と副鼻腔をフラッシュする。

E．口吻に冷罨法（冷やしたタオルやアイスパックなどを押し当てる）を施す。

F．血液成分投与（付録のⅢ〈p.816〉を参照）

Ⅰ．貧血――赤血球

Ⅱ．アルブミン低下、凝固因子欠乏症――新鮮凍結血漿

Ⅲ．重度血小板減少症――血小板豊富な血漿

Ⅳ．貧血、血小板減少症、凝固因子欠乏症――症例によっては新鮮全血

4．エールリッヒア症が疑われる場合は、テトラサイクリン22～44mg/kg PO q8h、またはドキシサイクリン5～10mg/kg IV、PO q12hで投与する。

5．免疫介在性血小板減少症が疑われる場合は、プレドニゾロン1～2mg/kg PO q12hを投与する。デキサメタゾン0.1～0.2mg/kg IV q12～24hは、初期段階では投与可能であるが、長期投与は避ける。

播種性血管内凝固症候群（DIC）

診断

ヒストリー――基礎疾患の存在、外傷、アシドーシス、低酸素症、血流うっ滞、低血圧（細菌性敗血症、ウイルス血症、アレルギー性血管炎、蛇咬傷、免疫介在性溶血性貧血、急性溶血性輸血反応、猫伝染性腹膜炎、胃拡張・胃捻転、血管肉腫などの悪性腫瘍、肝疾患、アミロイドーシス、ネフローゼ症候群、尿毒症、うっ血性心不全、ショック、外科手術、膵炎、出血性胃腸炎、バベシア症、糸状虫症、心臓発作など）。

臨床徴候――基礎疾患の臨床徴候、溶血・血栓溶解徴候（点状出血、斑状出血、静脈穿刺部位からの過剰出血、生殖泌尿器出血、消化管出血など）。

臨床検査（表8-2）――

1．CBC

A．血小板数は一般に低下する。血小板数基準値は200,000～500,000/μLである。

B．基礎疾患が溶血性疾患である場合、または過剰な失血が生じている場合は、貧血を呈する。

C．基礎疾患が感染性または炎症性の場合は、白血球数は上昇する。病因が敗血症の場合は、白血球数は減少する。

表8-2　播種性血管内凝固症候群の診断指標

ステージ	血小板	ACT	AT Ⅲ	FSP	フィブリノゲン
甚急性	減少	正常	減少	正常	正常
急性	減少	短縮	減少	増加	減少
慢性	正常または減少	正常または延長	正常または減少	増加または正常	正常

Data from Kristensen AT, Feldman BF (1995) より。WB Saundersの許可を得て掲載。

2．血液塗抹——分裂赤血球（赤血球断片）を認めることがある。

3．生化学検査——詳細な評価を行うと、基礎疾患や合併症の発見につながる。

4．凝固系検査

A．一般にPT、APTTは延長する。

B．フィブリン分解産物（FSP、FDP）は、単核球貪食機能が飽和したときにのみ観察される。急性DICにおいてもFSPが全く検出されない場合もあれば、DICを併発していない血栓症で検出されることもある。

C．一般にフィブリノゲン量は減少する。

D．活性凝固時間（ACT）

Ⅰ．ACT基準値——犬では60～110秒、猫では50～75秒。DICでは、一般にACT延長、フィブリノゲン濃度低下、血小板数減少を認める。

Ⅱ．検査手順——ACT試験チューブは、事前に37℃に加温し、検査中もこの温度を維持する。チューブは2本用いる。太い静脈に1回でスムーズに穿刺して迅速に採血する。血液は、真空採血管（Vacutainer® system）を用いて1本目のチューブに直接採取するか、シリンジから速やかにチューブへ移す。静脈に針を穿刺したままで、2本目のチューブに血液を採取する。チューブに血液2mLを入れた時点から、血餅形成が目視されるまでの時間がACTである。

5．DICに合致する臨床徴候と他の検査結果に加え、AT Ⅲ濃度低下（<80%）を認める場合は、DIC確定の根拠となり得る。

6．D-ダイマー検査——線溶活性化が生じると、重合によるポリマー形成と架橋結合によってフィブリンが形成される。この検査では、分解によって生じたフィブリン断片の量を測定する。D-ダイマー値の上昇は、主血管の血栓症やDICを示唆する。

7．トロンボエラストグラフィ（TEG）検査

A．反応時間（reaction time：R）——最初の顕著な血餅形成を認めるまでの時間。内因性経路や第Ⅷ因子・第Ⅸ因子・第Ⅺ因子・第Ⅻ因子の異常にて異常値を示す。

B．凝固時間（kinetic time：K）――一定の血餅硬度が得られるまでの時間。測定値は、HCT、血小板数、血小板機能、第Ⅱ因子、第Ⅷ因子、トロンビン、フィブリン、フィブリノゲンに影響される。

C．α角度――フィブリン形成およびフィブリン架橋結合の速度。測定値は、HCT、血小板数、血小板機能、第Ⅱ因子、第Ⅷ因子、トロンビン、フィブリン、フィブリノゲンに影響される。

D．最大振幅（maximum amplitude：MA）――最大血餅硬度

E．TMA（time to reach MA）――MAまでの所要時間（分）。

F．凝固指数（coagulation index：CI）――ヒトでは凝固亢進・低下の判定に使用する。

予後

予後は、要注意～不良である。

治療

1．飼育者に、原因疾患、診断、予後、治療費について説明する。
2．DICの原因疾患を治療する。
3．うっ血や組織虚血を防ぐために、LRS、プラズマライト®、ノーモソル®-Rなどの調整電解質液を用いて、高用量のIV輸液を行う。
   A．犬：最初の1時間で90mL/kgをIV投与し、その後再評価する。初期ショックボーラス量は、4分割して（22～23mLずつ）投与する。投与ごとに再評価を行う。
   B．猫：最初の1時間で45～60mL/kgをIV投与し、その後再評価する。初期ショックボーラス量は、4分割して（11～15mLずつ）投与する。投与ごとに再評価を行う。
   C．15分ごとに心血管系の再評価を行う。犬では20～40mL/kg/時、猫では20～30mL/kg/時まで速度を徐々に落としながら、安定化を図る。患者が安定したら、維持量1～2mL/kg/時で継続する。
4．適切な酸素補給を行う。
5．基礎疾患として感染症が疑われる場合は、広域スペクトル抗生物質を投与する。
6．ACT、APTTを繰り返しモニターする。
7．個々の症例に合わせて、新鮮凍結血清20～30mL/kg IV投与し、赤血球や新鮮全血などを投与する。

腹腔内出血

病因

腹腔内出血の最多原因は、自動車事故による鈍性外傷である。その他、人や大型動物に腹部を蹴られることによる外傷、銃創、犬咬傷、異物（矢やナイフなど）による穿孔創など。胃拡張・腸捻転、脾臓捻転、腸捻転、腫瘍などによ

る血管の破綻。抗凝固性殺鼠剤中毒症、その他の凝固異常。術後合併症（卵巣結紮の緩みなど）。

診断

ヒストリー――外傷の可能性について聴取。敷地外への逃走の可能性、飼育環境、大型動物との接触の有無、病歴、最近の手術歴、毒物への曝露の有無などについて確認する。

身体検査――来院時における循環血液量減少性ショックの程度には、個体差がある。意識レベルも、警戒から昏睡まで様々である。ショックの重症度は、心拍数、呼吸数、粘膜色調、毛細血管充填時間、脈圧、血圧などにより判断する。頸静脈拡張や体表の創傷を認めることがある。別部位での出血、点状出血、斑状出血がみられることもある。臍周辺の出血斑、外陰部出血の有無を調べる。腹囲膨満や腹部波動感が確認される場合もある。ただし、腹囲膨満は、40mL/kgを超える血液が腹腔内に貯留するまで確認されない。

4点腹腔穿刺や診断的腹腔タップ（p.173参照）によって、腹腔内出血を確認できる場合もある。単純な腹腔穿刺で血液が採取される場合は、多量の血液貯留（＞5mL/kg）を示唆する。

腹部X線検査――出血の初期では、貯留量が少なく、X線画像上で確認できない場合がある。外傷や液体貯溜所見がないか、後腹膜腔、横隔膜、胸部、肩甲骨、胸骨分節、脊椎、骨盤、大腿骨を観察する。

マス病変からの出血が疑われる場合は、開腹手術前に胸部X線検査を行い、転移性腫瘍の有無を確認する。

胸部・腹部超音波エコー検査――FAST超音波エコー検査では、X線検査で検出できる量よりも少ない腹腔内出血を検出することができる。脾臓、肝臓、心耳などにマス病変を認めることもある。

臨床検査――

1. PCV、TS（≒TP）を頻繁に（15～30分間ごとに）モニターする。ショック時の輸液による血液希釈を考慮して評価する。
2. 血液ガス評価。特に、呼吸不全を呈する症例には有用である。
3. 血小板数を含むCBC、生化学検査、尿検査を行い、ミニマムデータベースを得る。
4. 抗凝固性殺鼠剤中毒症や凝固異常が疑われる場合は、凝固系検査とトロンボエラストグラフィ（TEG）検査を検討する。ACT、PT、APTTは院内検査が可能である。
5. 腹腔穿刺で腹水を採取した場合は、腹水のPCVとTSを測定し、末梢血の測定値と比較する。

鑑別診断

急性腹部痛、腹膜炎、循環血液量減少性ショック。

予後

出血部位や原因によって、予後は中等度～要注意である。

治療

1. 飼育者に、診断、予後、治療費について説明する。
2. 酸素補給
3. 治療前に採血を行う。
4. IVカテーテルを留置し、調整電解質晶質液による輸液を行う。重度の症例でなければ、一般的な流量とする。
   A. 犬：30～40mL/kg/時、猫：25mL/kg/時
   B. 5分間ごとに血圧と灌流量を再評価する。
   C. 高血圧を回避する。凝固の妨げになるため、出血がコントロールされるまで注意する。
5. 生命にかかわる重度出血を呈している場合は、犬では90mL/kg/時、猫では50～60mL/kg/時でIV輸液を行う。
   A. ヘタスターチ、ペンタスターチなどの膠質液も同時に投与する。
      犬：20mL/kg
      猫：15mL/kg
   B. 5分間ごとに血圧と灌流量を再評価する。
   C. 心血管系状態に改善を認めた時点で、速度を50%下げ、引き続きモニターを行う。
6. 腹部を剃毛し、創傷、出血斑、外傷徴候を探査する。
7. 腹部に穿孔創を認める場合は、全身性に抗生物質を投与する。
8. 後肢、尾、骨盤、腹部に体外から圧迫を加える。
   鼠径部、腹部腹側、後肢の間に折り畳んだタオルを当て、後肢端から横隔膜まで包帯を巻く。
   A. 圧迫しながら包帯を巻くが、止血帯ほど強い圧迫は加えない。
   B. 横隔膜の拡張を妨げないように注意する。
   C. 包帯は均一に、凹凸がないように巻く。
9. PCV＜25%では、赤血球またはヘモグロビン系人工酸素運搬体を投与する。TS（≒TP）＜4.0mg/dLでは、血漿を投与する。
   A. 赤血球投与量は11mL/kgである。
   B. 全血投与量は22mL/kgである。
   C. ヘモグロビン系人工酸素運搬体（Oxyglobin®）は、現在は入手できないが、投与量は、以下の通りである。
      犬：15～30mL/kg IV
      猫：5～20mL/kg IV。5mL/kgずつ投与する。
   D. 血漿投与量は症例により異なる。
      5～30mL/kg IV
10. 創傷がある場合は、適切な洗浄・包帯を施す。
11. 出血が持続したり、治療にかかわらず悪化したり、腹部に穿孔創を認める場合は、試験的開腹を行う。

12. 適切な鎮痛処置を行う。

参考文献

犬の貧血

Al-Ghazlat, S., 2009. Immunosuppressive therapy for canine immune-mediated hemolytic anemia. Compendium for the Continuing Education of the Practicing Veterinarian. 33-44.

Bianco, D., Hardy, R.M., 2009. Treatment of Evans' syndrome with human intravenous immunoglobulin and leflunomide in a diabetic dog. Journal of the American Animal Hospital Association 45: 147-150.

Cohn, L.A., 2009. Acute hemolytic disorders. In: Silverstein, D.C., Hopper, K. (Eds.), Small Animal Critical Care Medicine. Elsevier, St Louis, pp. 523-528.

Cotter, S.M. (Ed.), 1991. Advances in Veterinary Science, Comparative Medicine, Comparative Transfusion Medicine, vol 36. Academic Press, London, pp. 188-218.

Donahue, S.M., Otto, C.M., 2005. Thromboelastography: a tool for measuring hypercoagulability, hypo-coagulability, and fibrinolysis. Journal of Veterinary Emergency and Critical Care 15 (1), 9-16.

Duncan, J.R., Prasse, K.W., 1986. Veterinary Laboratory Medicine, Clinical Pathology, second ed. Iowa State University Press, Ames, pp. 19-24.

Fenty, R.K., deLaforcade, A.M., Shaw, S.P., et al., 2011. Identification of hypercoagulability in dogs with primary immune-mediated hemolytic anemia by means of thromboelastography. Journal of the American Veterinary Medical Association 238, 463-467.

Giger, U., 2009. Anemia. In: Silverstein, D.C., Hopper, K., (Eds.), Small Animal Critical Care Medicine. Elsevier, St Louis, pp. 518-523.

Helmond, S.E., Polzin, D.J., Armstrong, P.J., et al., 2010. Treatment of immune-mediated hemolytic anemia with individually adjusted heparin dosing in dogs. Journal of Veterinary Internal Medicine 24, 597-605.

Hohenhaus, A.E. (guest ed.), 1992. Problems in Veterinary Medicine: Transfusion Medicine, vol 4, no 4. J B Lippincott, Philadelphia, pp. 612-622.

Horgan, J.E., Roberts, B.K., Schermerhorn, T., 2009. Splenectomy as an adjunctive treatment for dogs with immune-mediated hemolytic anemia: ten cases (2003-2006). Journal of Veterinary Emergency and Critical Care 19 (3), 254-261.

McManus, P.M., Craig, L.E., 2001. Correlation between leukocytosis and necropsy findings in dogs with immune-mediated hemolytic anemia: 34 cases (1994-1999). Journal of the American Veterinary Medical Association 218, 1308-1313.

Orcutt, E.S., Lee, J., Bianco, D., 2010. Immune-mediated hemolytic anemia and severe thrombocytopenia in dogs: 12 cases (2001-2008). Journal of Veterinary Emergency and Critical Care 20 (3), 338-345.

Piek, C.J., Junius, G., Dekker, A., et al., 2008. Idiopathic immune-mediated hemolytic anemia: treatment outcome and prognostic factors in 149 dogs. Journal of Veterinary Internal Medicine 22, 366-373.

Prittie, J.E., 2010. Controversies related to red blood cell transfusion in critically ill patients. Journal of Veterinary Emergency and Critical Care 20 (2), 167-176.

Sinnott, V.B., Otto, C.M., 2009. Use of thromboelastography in dogs with immune mediated hemolytic anemia: 39 cases (2000-2008). Journal of Veterinary Emergency and Critical Care 19 (5), 484-488.

Weinkle, T.K., Center, S.A., Randolph, J.F., et al., 2005. Evaluation of prognostic factors, survival rates, and treatment protocols for immune-mediated hemolytic anemia in dogs: 151 cases (1993-2002). Journal of the American Veterinary Medical Association 226, 1869-1880.

Whelan, M.F., O'Toole, T.E., Chan, D.L., et al., 2009. Use of human immunoglobulin in addition to glucocorticoids for the initial treatment of dogs with immune-mediated hemolytic anemia. Journal of Veterinary Emergency and Critical Care 19 (2), 158-164.

猫の貧血

Bacek, L.M., Macintire, D.K., 2011. Treatment of primary immune-mediated hemolytic anemia with mycophenolate mofetil in two cats. Journal of Veterinary Emergency and Critical Care 21 (1), 45–49.

Bighignoli, B., Owens, S.D., Froenicke, L., et al., 2010. Blood types of the domestic cat. In: August, J.R. (Ed.), Consultations in Feline Internal Medicine, vol 6. Saunders Elsevier, St Louis, pp. 628–638.

Cohn, L.A., 2009. Acute hemolytic disorders. In: Silverstein, D.C., Hopper, K. (Eds.), Small Animal Critical Care Medicine. Elsevier, St Louis, pp. 523–528.

Cotter, S.M. (Ed.), 1991. Advances in Veterinary Science, Comparative Medicine, Comparative Transfusion Medicine, vol 36. Academic Press, London, pp. 189–218.

Duncan, J.R., Prasse, K.W., 1986. Veterinary Laboratory Medicine, Clinical Pathology, second ed. Iowa University Press, Ames, pp. 19–24.

Giger, U., 2009. Anemia. In: Silverstein, D.C., Hopper, K. (Eds.), Small Animal Critical Care Medicine. Elsevier, St Louis, pp. 518–523.

Giger, U., 2009. Transfusion medicine. In: Silverstein, D.C., Hopper, K. (Eds.), Small Animal Critical Care Medicine. Elsevier, St Louis, pp. 281–286.

Hohenhaus, A.E. (guest ed.), 1992. Problems in Veterinary Medicine: Transfusion Medicine, vol 4, no 4. J B Lippincott, Philadelphia, pp. 600–610.

Kohn, B., 2010. Immune mediated hemolytic anemia. In: August, J.R. (Ed.), Consultations in Feline Internal Medicine, vol 6. Saunders Elsevier, St Louis, pp. 617–627.

Sherding, R.G. (Ed.), 1994. The Cat: Diseases and Clinical Management, second ed. WB Saunders, Philadelphia, pp. 702–716.

Wong, C., Haskins, S.C., 2007. The effect of storage on the P50 of feline blood. Journal of Veterinary Emergency and Critical Care 17 (1), 32–36.

免疫介在性血小板減少症（IMT、ITP）

Appleman, E.H., Sachais, B.S., Patel, R., et al., 2009. Cryopreservation of canine platelets. Journal of Veterinary Internal Medicine 23, 138–145.

Bianco, D., Armstrong, P.J., Washabau, R.J., 2009. A prospective, randomized, double-blinded, placebo-controlled study of human intravenous immunoglobulin for the acute management of presumptive primary immune-mediated thrombocytopenia in dogs. Journal of Veterinary Internal Medicine 23, 1071–1078.

Callan, M.B., Appleman, E.H., Sachais, B.S., 2009. Canine platelet transfusions. Journal of Veterinary Emergency and Critical Care 19 (5), 401–415.

Cotter, S.M. (Ed.), 1991. Advances in Veterinary Science, Comparative Medicine, Comparative Transfusion Medicine, vol 36. Academic Press, London, pp. 101–109, 116–119, 209–211.

deGopegui, R.R., Feldman, B.F., 1995. Use of blood and blood components in canine and feline patients with hemostatic disorders. In Kristensen, A.T., Feldman, B.F., (guest eds.). The Veterinary Clinics of North America, Small Animal Practice: Canine, and Feline Transfusion Medicine 25 (6), 1387–1402.

Dircks, B.H., Schuberth, H.J., Mischke, R., 2009. Underlying diseases and clinicopathologic variables of thrombocytopenic dogs with and without platelet-bound antibodies detected by use of a flow cytometric assay: 83 cases (2004–2006). Journal of the American Veterinary Medical Association 235, 960–966.

Drellich, S., Tocci, L.J., 2009. Thrombocytopenia. In: Silverstein, D.C., Hopper, K. (Eds.), Small Animal Critical Care Medicine. Elsevier, St Louis, pp. 515–518.

Duncan, J.R., Prasse, K.W., 1986. Veterinary Laboratory Medicine, Clinical Pathology, second ed. Iowa State University Press, Ames, pp. 19–24.

Hohenhaus, A.E., (guest ed.), 1992. Problems in Veterinary Medicine: Transfusion Medicine, vol 4, no 4. J B Lippincott, Philadelphia, pp. 598, 618–619.

O'Marra, S.K., Delaforcade, A.M., Shaw, S.P., 2011. Treatment and predictors of outcome in dogs with immune-mediated thrombocytopenia. Journal of the American Veterinary Medical Association 238, 346–352.

Putsche, J.C., Kohn, B., 2008. Primary immune-mediated thrombocytopenia in 30 dogs (1997–2003). Journal of the American Animal Hospital Association 44, 250–257.

Sullivan, P.S., Evans, H.L., McDonald, T.P., 1994. Platelet concentration, and hemoglobin function in Greyhounds. Journal of the American Veterinary Medical Association 205 (6), 838–841.
Wondratschek, C., Weingart, C., Kohn, B., 2010. Primary immune-mediated thrombocytopenia in cats. Journal of the American Animal Hospital Association 46, 12–19.

凝固障害

Brooks, M.B., Erb, H.N., Foureman, P.A., et al., 2001. von Willebrand disease phenotype and von Willebrand factor marker genotype in Doberman Pinschers. American Journal of Veterinary Research 62, 364–369.
Cotter, S.M. (Ed.), 1991. Advances in Veterinary Science, Comparative Medicine, Comparative Transfusion Medicine, vol 36. Academic Press, London, pp. 97–136.
deGopegui, R.R., Feldman, B.F., 1995. Use of blood and blood components in canine and feline patients with hemostatic disorders. In Kristensen, A.T., Feldman, B.F., (guest eds.). The Veterinary Clinics of North America, Small Animal Practice: Canine, and Feline Transfusion Medicine 25 (6), 1387–1402.
Hackner, S.G., 1995. Approach to the Diagnosis of Bleeding Disorders. Compendium on Continuing Education 17 (3), 331–347.
Hackner, S.G., 2009. Bleeding disorders. In: Silverstein, D.C., Hopper, K. (Eds.), Small Animal Critical Care Medicine. Elsevier, St Louis, pp. 507–514.
Hohenhaus, A.E., (guest ed.), 1992. Problems in Veterinary Medicine: Transfusion Medicine, vol 4, no 4. J B Lippincott, Philadelphia, pp. 618–622, 636–645.
Hopper, K., Bateman, S., 2005. An updated view of hemostasis: mechanisms of hemostatic dysfunction associated with sepsis. Journal of Veterinary Emergency and Critical Care 15 (2), 83–91.
Meyers, K.M., Wardrop, J., Meinkoth, J., 1992. Canine von Willebrand's disease: pathobiology, diagnosis, and short-term treatment. Compendium on Continuing Education 14 (1), 13–21.
Yaxley, P.E., Beal, M.W., Jutkowitz, L.A., 2010. Comparative stability of canine and feline hemostatic proteins in freeze-thaw-cycled fresh frozen plasma. Journal of Veterinary Emergency and Critical Care 20 (5), 472–478.

鼻出血

Bissett, S.A., Drobatz, K.J., McKnight, A., et al., 2007. Prevalence, clinical features, and causes of epistaxis in dogs: 176 cases (1996–2001). Journal of the American Veterinary Medical Association 231, 1843–1850.
Dhupa, N., Littman, M.P., 1992. Epistaxis. Compendium on Continuing Education 14 (8), 1033–1041.
Mylonakis, M.E., Saridomichelakis, M.N., Lazaridis, V., et al., 2008. A retrospective study of 61 cases of spontaneous canine epistaxis (1998- to 2001). Journal of Small Animal Practice 49, 191–196.

播種性血管内凝固症候群（DIC）

Bateman, S.W., 2009. Hypercoagulable states. In: Silverstein, D.C., Hopper, K. (Eds.), Small Animal Critical Care Medicine. Elsevier, St Louis, pp. 502–506.
Bateman, S., Mathews, K.A., Abrams-Ogg, C.G., 1998. Disseminated intravascular coagulation in dogs: review of the literature. Journal of Veterinary Emergency and Critical Care 8, 29–45.
Bruchim, Y., Aroch, I., Saragusty, J., 2008. Disseminated intravascular coagulation. Compendium on Continuing Education for the Practicing Veterinarian 30 (10), E1-E16.
deGopegui, R.R., Feldman, B.F., 1995. Use of blood and blood components in canine and feline patients with hemostatic disorders. In Kristensen, A.T., Feldman, B.F., (guest eds.). The Veterinary Clinics of North America, Small Animal Practice: Canine, and Feline Transfusion Medicine 25 (6), 1387–1402.
Estrin, M.A., Spangler, E.A., 2010. Disseminated intravascular coagulation. In: August, J.R. (Ed.), Consultations in Feline Internal Medicine, vol 6. Saunders Elsevier, St Louis, pp. 639–651.
Estrin, M.A., Wehausen, C.E., Jessen, C.R., et al., 2006. Disseminated intravascular coagulation in cats. Journal of Veterinary Internal Medicine 20, 1334–1339.
Levi, M., 2007. Disseminated intravascular coagulation. Critical Care Medicine 35, 2191–2195.
Otto, C.M., Rieser, T.M., Brooks, M.B., et al., 2000. Evidence of hypercoagulability in dogs with parvoviral enteritis. Journal of the American Veterinary Medical Association 217, 1500–1504.

Wiinberg, B., Jensen, A.L., Johansson, P.I., et al., 2008. Thromboelastographic evaluation of hemostatic function in dogs with disseminated intravascular coagulation. Journal of Veterinary Internal Medicine 22, 357–365.

腹腔内出血

Aronsohn, M.G., Dubiel, B., Roberts, B., et al., 2009. Prognosis for acute nontraumatic hemoperitoneum in the dog: a retrospective analysis of 60 cases (2003–2006). Journal of the American Animal Hospital Association 45, 72–77.

Hammond, T.N., Pesillo-Crosby, S.A., 2008. Prevalence of hemangiosarcoma in anemic dogs with a splenic mass and hemoperitoneum requiring a transfusion: 71 cases (2003–2005). Journal of the American Veterinary Medical Association 232, 553–558.

Herold, L.V., Devey, J.J., Kirby, R., et al., 2008. Clinical evaluation and management of hemoperitoneum in dogs. Journal of Veterinary Emergency and Critical Care 18 (1), 40–53.

Johannes, C.M., Henry, C.J., Turnquist, S.E., et al., 2007. Hemangiosarcoma in cats: 53 cases (1992–2002). Journal of the American Veterinary Medical Association 231, 1851–1856.

Jutkowitz, L.A., 2009. Massive transfusion. In: Silverstein, D.C., Hopper, K. (Eds.), Small Animal Critical Care Medicine. Elsevier, St Louis, pp. 691–693.

Jutkowitz, L.A., Rozanski, E.A., Moreau, J.A., et al., 2002. Massive transfusion in dogs: 15 cases (1997–2001). Journal of the American Veterinary Medical Association 220, 1664–1669.

O'Kelley, B.M., Whelan, M.F., Brooks, M.B., 2009. Factor VIII inhibitors complicating treatment of postoperative bleeding in a dog with hemophilia A. Journal of Veterinary Emergency and Critical Care 19 (4), 381–385.

Pintar, J., Breitschwerdt, E.B., Hardie, E.M., et al., 2003. Acute nontraumatic hemoabdomen in the dog: a retrospective analysis of 39 cases (1987–2001). Journal of the American Animal Hospital Association 39, 518–522.

9

第9章 消化器

唾液腺嚢腫（ガマ腫）

病因

唾液管や唾液腺の損傷により、唾液が周辺組織へ漏出すると、唾液腺嚢腫が形成される。原因は、鈍的外傷や異物穿孔など。ガマ腫とは、舌下腺嚢腫を指す。好発部位は、舌下腺および下顎唾液腺である。

診断

ヒストリー――稟告として、頸部腫脹、食欲不振、嚥下困難、血液が混入した唾液、呼吸困難など。

身体検査――頸部、眼窩、下顎領域にて、無痛性、軟性、波動感を有する腫瘤を認める。患者は、異常な舌運動、呼吸困難、嚥下困難を示す。無菌的針吸引（18～20Gの針とシリンジを用いる）により唾液を採取すると、透明・灰色・蜂蜜色・血様色を呈し、高濃度・高粘稠性で、糸を引く。

超音波エコー検査――唾液腺、リンパ節、病変周囲の筋肉、シスト様病変、唾石、炎症の評価、超音波ガイド下生検・吸引に有用である。

鑑別診断

膿瘍、腫瘍、ガラガラヘビ咬傷、クモ咬傷、サソリ刺傷、限局性炎症反応、漿液腫、血腫、嚢胞。

予後

通常、生命にかかわることはないが、再発する可能性がある。

応急処置

1. 飼育者に、診断、予後、治療費について説明する。
2. 呼吸困難や不快感を呈する場合は無菌的吸引を行う。
3. 必要に応じて、酸素補給を行う。
4. 必要に応じて、麻酔下にて挿管し、気道を確保する。
5. 感染を認める場合は、広域スペクトル抗生物質を投与する。
6. 適宜、NSAIDsを投与し、炎症をコントロールする。
7. 1週間は、柔らかい食餌を与える。
8. 非救急病院を紹介し、唾液腺嚢腫の外科的切除を依頼する。

食道内異物

診断

ヒストリー――骨や異物を噛んだり、ボール、コイン、木の棒、針、ピンなどで遊ぶ姿を飼育者が目撃している場合がある。釣り針の誤嚥も多くみられる。玩具の部品が紛失していることもある。稟告として、急性呼吸困難、流涎過多、嚥下困難、興奮して口周辺を前肢で掻く、吐出、落ち着きをなくす、元気消失、食欲不振など。

犬は無分別に摂食する傾向があるため、猫よりも食道内異物が発生しやすい。発生は、トイ種やノン-スポーティング種に多く、特にテリア（ウェストハイランドホワイトテリア、ヨークシャーテリアなど）、シーズーに好発する。

身体検査——

注意：狂犬病の可能性が除外されるまでは、グローブを着用して身体検査を行い、患者の唾液に接触しないこと。

上部気道閉塞を稟告とする症例では、食道内異物による気道圧迫が原因である場合がある。チアノーゼ、弱脈・頻脈、誤嚥性肺炎に起因する肺音増大の可能性。興奮して頭を振る、口周辺を前肢で掻く、喘鳴、流涎過多、嚥下行動の反復。口腔内に釣り糸を認める場合もある。紐状異物を誤嚥した可能性のある患者（特に猫）では、舌根下部を注意深く観察する。

食道内異物の大半は、胸郭入口や心基底部の位置、すなわち胃食道接合部（噴門括約筋）の近位に接した食道遠位部に留まっている。

X線検査——頸部・胸部食道のX線検査にて、異物またはマスエフェクトを認める。誤嚥性肺炎、食道裂傷、縦隔気腫、胸水の徴候を評価する。胃腸内異物併発の有無を確認する。造影検査を行う際は、バリウムではなく、ヨウ素系造影剤を用いる。

臨床検査——CBC検査。鎮静・麻酔下処置を要する症例では、適切な麻酔前スクリーニング検査を行う。

鑑別診断

狂犬病、第Ⅸ神経機能障害、第Ⅹ神経機能障害、三叉神経障害、重症筋無力症、歯周病、口内炎、気管・口腔咽頭異物、食道内腫瘤、食道狭窄、縦隔腫瘤、口腔咽頭領域での昆虫咬刺傷。

予後

異物の種類、閉塞の経過時間・程度・位置、周辺組織損傷（食道穿孔など）、併発症（誤嚥性肺炎や縦隔炎など）により、予後は良好～不良まで様々である。

治療

1. 飼育者に、診断、予後、治療費について説明する。気道閉塞を認め、状況が緊迫している場合は、早急に鎮静の同意を得て、異物除去を試みるか、気管チューブを設置する。
2. 症例によっては、鎮静を要する。
   A. アセプロマジン：0.05mg/kg IV。ケタミンとジアゼパム、またはプロポフォールのいずれかを用いる。
   B. 患者を左横臥位にする。
3. ハイムリッヒ法が奏功することもある。用手による異物除去が可能な場合もある。頸部腹側において異物尾側を片手で吻側方向に圧迫する。同時に、対側手を口腔内に入れて、異物を把持する。ラケットボール用のボー

9

ルは、位置によっては、切断してからスポンジ鉗子で取り出す。

4．異物除去が困難で、気管圧迫による呼吸不全が重篤である場合は、気管切開を行う。

5．鋭性異物・断端が鋭利な異物を認める場合、または異物による呼吸不全を呈し、食道穿孔徴候を認めない場合は、鎮静し、事故から4～6時間以内に内視鏡による異物除去を試みる。

A．全身麻酔を施す。

B．患者を左横臥位にする。

C．挿管する。

D．**注意：内視鏡操作中に穿孔した食道へ送気すると、急性呼吸不全や死を惹起する。**

E．さらなる食道の損傷を避けるため、異物は慎重に扱う。

F．先鋭異物を除去する際は、可能な限り、鋭利端が最後に出てくるようにする。

G．異物除去後は、食道粘膜にびらん・潰瘍・穿孔がないかを観察する。

6．異物が先鋭でなく、呼吸困難も認められない場合、異物除去は緊急的ではなく、必要な器具や人員が十分に揃ってから行えばよい。

7．釣り針の除去

A．釣り針が食道内に遊離した状態である場合は、先端や湾曲部を把持し、先端を尾側に向けたまま慎重に口腔経由で除去する。

B．釣り針の穿孔が表面的、すなわち食道壁粘膜や粘膜下織のみを穿孔し、針先端が食道内腔に突出している場合は、先端を把持し、そのまま針全体を引き出す。食道壁から遊離した後は、口腔経由で除去する。

C．糸が付いている釣り針を上記の方法で除去すると、釣り針を引き出す際に、重度食道裂傷や穿孔を引き起こす恐れがある。よって、この方法は避けるべきである。

D．釣り針の先端は確認できないものの、粘膜や粘膜下織に埋没していると思われる場合は、慎重に引き抜く。表層に裂傷が生じるが、通常は合併症を生じることなく治癒する。

8．食道切開を避けるために、症例によっては、食道内異物を慎重に胃内へ押し込み、胃切開を行う。

9．食道内視鏡処置の後には、探査的胸部X線検査を行い、肺縦隔などの食道穿孔徴候がないかを確認する。

10．食道穿孔徴候が存在する場合、異物除去や胃内への押し込みが不可能な場合は、手術適応となる。

11．軽度食道損傷では、3～5日間、上半身を上げた姿勢で流動食を与える。

12．中度～重度食道損傷

A．流動食給餌

B．粘膜保護のために、スクラルファートを投与。

犬：0.5～1g/頭 PO q8h

猫：0.25～0.5g/頭 PO q8h

C．H_2ブロッカー

Ⅰ．ファモチジン
犬：0.5～1mg/kg PO q12h
猫：0.5mg/kg PO q12h
Ⅱ．ラニチジン
犬：1～2mg/kg PO q12h
猫：3.5mg/kg PO q12h
D．プロトンポンプ阻害薬
Ⅰ．オメプラゾール（Prilosec®）
犬：0.7～1mg/kg PO q24h
猫：0.7～1.5mg/kg PO q12～24h
Ⅱ．パントプラゾール（Protonix®）：0.7～1mg/kg IV q24h
E．蠕動運動促進薬
Ⅰ．シサプリド（Propulsid®）
犬：0.25～0.5mg/kg PO q8～12h
猫：1.25～2.5mg/kg PO q8～12h
Ⅱ．メトクロプラミド
犬：0.2～0.4mg/kg PO q8h
猫：0.2～0.4mg/kg PO q8h

13. 重度食道損傷
A．5～7日間絶食する。
B．胃瘻チューブ設置。チューブより流動食と水の投与。
C．抗生物質（セファロスポリン、アモキシシリン、アンピシリン）投与
D．粘膜保護のために、スクラルファートを投与。
犬：0.5～1g/頭 PO q8h
猫：0.25～0.5g/頭 PO q8h
E．H_2ブロッカー
Ⅰ．ファモチジン
犬：0.5～1mg/kg PO q12h
猫：0.5mg/kg PO q12h
Ⅱ．ラニチジン
犬：1～2mg/kg PO q12h
猫：3.5mg/kg PO q12h
F．プロトンポンプ阻害薬
Ⅰ．オメプラゾール（Prilosec®）
犬：0.7～1mg/kg PO q24h
猫：0.7～1.5mg/kg PO q12～24h
Ⅱ．パントプラゾール（Protonix®）：0.7～1mg/kg IV q24h
G．蠕動運動促進薬
Ⅰ．シサプリド（Propulsid®）
犬：0.25～0.5mg/kg PO q8～12h
猫：1.25～2.5mg/kg PO q8～12h
Ⅱ．メトクロプラミド

犬：0.2～0.4mg/kg PO q8h
猫：0.2～0.4mg/kg PO q8h

14. 食道内異物による代表的な合併症には、以下のものがある。
    A. 急性――食道炎、食道穿孔、縦隔炎、気胸、大動脈穿孔など。
    B. 遅延性――食道狭窄、憩室形成、気管支食道瘻形成など。
15. 異物除去直後、12時間後、24時間後にX線検査を行い、穿孔徴候（気胸、縦隔気腫など）を確認する。
16. 胸部X線検査にて胸水の貯溜が認められた場合は、胸腔穿刺を行い、貯溜液検査（培養を含む）を行う。安定してから開胸術を行う。
17. 3～5日後に、内視鏡検査にて再評価を行う。この時点で、食道狭窄や胃食道逆流が観察される場合がある。
18. 食道狭窄により、嚥下障害が生じている場合は、狭窄部拡張術を要する。
    A. 施術前および直後に、狭窄部位またはその周囲2～3ヵ所に、トリアムシノロンアセトニドまたはデキサメタゾンを注入する。
    B. ブジー法――ブジーと呼ばれる細長い硬性器具を用いて、慎重に狭窄部に加圧すると、狭窄部の瘢痕組織が破断・伸長する。
    C. バルーン法――内視鏡下またはX線透視下にて拡張器具を狭窄部に通し、バルーンを加圧する。
    D. いずれの方法でも、1ヵ月後には内視鏡下での再評価を行い、必要に応じて拡張術を反復する。

急性腹症

病因

急性腹症には非常に多くの原因があり、以下は原因の一部にすぎない。

1. 肝胆道系――急性肝炎（中毒症、感染）、膿瘍、破裂、腫瘍、胆嚢炎、総胆管閉塞、胆石、胆管破裂、胆嚢破裂、胆管肝炎。
2. 脾臓――膿瘍、穿孔、破裂、腫瘍、捻転。
3. 消化管――胃拡張・胃捻転、胃腸炎、出血性胃腸炎、パルボウイルス胃腸炎、汎白血球減少症、その他のウイルス性・細菌性胃腸炎、ゴミあさりによる食中毒、異物・腫瘍による腸閉塞、腸重積、胃・十二指腸潰瘍、消化管穿孔、ヘルニア嵌頓、便秘、外傷、腸間膜捻転、腸間膜剥離、腸間膜血栓症、腸間膜リンパ節腫脹。
4. 膵臓――膿瘍、急性膵炎。
5. 泌尿生殖器――腎盂腎炎、急性腎炎、急性尿細管の壊死、結石（腎臓、尿管、膀胱、尿道）、尿道・尿管閉塞、外傷、捻転（腎臓、尿管、膀胱、尿道）、膀胱破裂、腎動脈血栓症、急性子宮炎、子宮蓄膿症、子宮捻転、急性前立腺炎、前立腺膿瘍、精巣捻転、精巣炎。
6. 腹膜炎――化学的（胆汁、膵酵素、胃液、血液、尿）、敗血性（穿孔性外傷、膿瘍破裂、臓器破裂）。
7. 腹腔外――筋炎、脂肪織炎、腹直筋血腫、椎間板疾患、エチレングリコール中毒症、重金属中毒症、砒素中毒症。

診断

ヒストリー――患者の年齢、品種、血統、性別に留意する。若齢動物では、一般的に成熟動物よりも異物誤嚥が好発する。また、若齢犬はパルボウイルスなどの感染症にも罹患しやすい。未去勢雄犬で、陰嚢内精巣が単一である場合、精巣捻転を生じる可能性がある。子宮蓄膿症は、破裂と敗血症性腹膜炎が生じない限り、一般に無痛である。急性膵炎は中齢肥満雌犬で最も発症頻度が高い。紐状異物は猫に多く認められる。腸捻転は若成犬のジャーマンシェパードに最も好発する。患者は、一般に嘔吐や腹痛を呈する。吐出と嘔吐の鑑別は重要である。

異物や毒物の摂取、無分別な摂食の可能性、通常の食餌内容、骨や人の食餌（時間や種類）を与えたか、他にも罹患動物がいるかを聴取する。また、投薬による異常発現歴、投薬歴（アスピリン、イブプロフェンなどの市販品を含む）、外傷、他の動物と接触した可能性、ワクチン接種を受けているかについて確認する。

最後に正常な状態の患者を見た時期、最初に発症した症状、症状進行について聴取する。嘔吐物の外観・量、嘔吐頻度、嘔吐以外の症状、排便、排尿、行動、最後に摂食した時期について確認する。

身体検査――入念な身体検査を行う。最初に気道を確認し、呼吸頻度・パターン、肺音、灌流状態、心拍数・心調律、可視粘膜色調、毛細血管再充填時間、脈拍・脈の性状、意識レベル、直腸温の評価を行う。

徹底的な口腔検査を行う。この時、舌下に紐状異物がないかを必ず確認する。腹部触診を入念に行い、臓器腫大、ガスによる膨満、貯留液による波動感、子宮拡大、腫瘤、膀胱径、疼痛位置、外傷徴候を確認する。聴診により、消化管蠕動音の有無・頻度を確認する。急性腸炎、毒物中毒症、急性腸閉塞では、一般に増音するが、腹膜炎、イレウス、慢性腸閉塞では減音する。直腸検査では、前立腺や糞便を確認する。

臨床検査――救急症例では、来院直後にPCV、TS（≒TP）、BUNスティック検査、ACT・血糖値スティック検査を含むミニマムデータベースを評価する。時間があれば、以下の診断パラメーターも評価する。

1. 電解質
2. 血液ガス
3. 乳酸値
4. CBC
5. 詳細な生化学検査（ALT、ALP、BUN、クレアチニンを含む）
6. 膵炎検査
   犬：Spec cPL（犬膵特異的リパーゼ）
   猫：fPLI（猫膵リパーゼ免疫活性）
7. 凝固系検査（PT、APTT、FSP、D-ダイマー。可能であればTEG）
8. 尿検査
9. 腹腔穿刺液・腹膜洗浄液分析
   A. 細胞診――中毒性・変性白血球の有無、白血球数。植物片の存在は、穿孔を示唆し、迅速な試験的開腹を要する。

B．尿路からの漏出が疑われる場合は、クレアチニン値、カリウム値を測定する。犬には、以下の診断指標がある。

Ⅰ．腹水クレアチニン：末梢血クレアチニン>2：1である場合は、尿の漏出が疑われる（特異度100%、感度86%）。

Ⅱ．腹水カリウム：末梢血カリウム>1.4：1である場合は、尿の漏出が示唆される（特異度100%、感度100%）。

C．腹水と末梢血の乳酸値を比較する。犬の感染性腹水では、乳酸値が2.5mmol/Lを超え、かつ血清乳酸値よりも高値を示す。

D．腹水と末梢血の血糖値を比較する。犬猫ともに、腹水グルコース値が、同時に採血した血糖値より20mg/dL以上低い場合は、感染性腹膜炎が示唆される。この所見の犬での特異度・感度はともに100%である。猫では、特異度100%、感度86%である。

E．PCV、TS（≒TP）——腹水PCV値が末梢血PCV値近くまで上昇している場合は、腹腔内出血が生じている。腹腔からは、非凝固血が吸引される。赤血球貪食像が観察されることもある。

腹部X線検査——腹腔内遊離ガス、臓器腫大、異物、液体貯溜、腸閉塞、腎結石、尿管結石、膀胱結石、横隔膜ヘルニア、腹壁ヘルニア、前立腺や子宮の異常、胃拡張・胃捻転、ディテールの消失などに留意する。

腹部超音波検査——腹腔内貯留液増加。肝胆道系、脾臓、泌尿器系、前立腺、膵臓、副腎、腸間膜リンパ節を評価する。腫瘤、感染病巣を探査する。必要に応じて、超音波ガイド下吸引・生検を行う。FAST（外傷における特定部位超音波検査）は、腹水を検出し、検体を採取する簡易検査である。

FASTの方法——患者を左横臥位にする。ただし、外傷によって左横臥位が困難な場合（フレイルチェスト、椎骨の骨折・損傷がある場合）は、右横臥位にする。剣状突起のすぐ尾側、骨盤のすぐ頭側、最後肋骨より後方の両側側腹で最も重力の影響を受けている4ヵ所を、5cm×5cmの範囲で剃毛する。アルコールと超音波エコー用ジェルを用いてプローブと皮膚を密着させる。5MHzまたは7MHzのコンベックス型プローブを用い、上記の4ヵ所の断層像および長軸像を得る。短毛種では、剃毛不要で、被毛をイソプロピルアルコールで濡らすだけでよい。

予後

予後は、病因、経過時間、初診時の重篤度、治療への反応性によって異なる。

治療

1．飼育者に、原因疾患、診断、予後、治療費について説明する。
2．疼痛の原因となっている基礎疾患（病態）を治療する。
3．症状が発現してから対処するのではなく、合併症を予測しておくことが救命に不可欠である。
4．酸素補給
5．IVカテーテル留置、採血、採尿。
6．調整電解質液（LRS、プラズマライト®、ノーモソル®-Rなど）を用いた高用量IV輸液療法を行い、うっ血や臓器虚血を予防する。

A. 犬：90～100mL/kg IV（最初の1～2時間）。その後、再評価。

B. 猫：45～60mL/kg（最初の1～2時間）

C. 15～30分ごとに患者の循環系を再評価する。一般的には、犬では20～40mL/kg/時、猫では20～30mL/kg/時に減量し、安定化を図る。安定後は、10～20mL/kg/時にて灌流量を維持する。必要輸液量は、通常の維持量の2～7倍になる。

D. 過剰輸液および持続的低血圧に対するモニタリング。

Ⅰ. 血圧――最大血圧＞90mmHg、平均動脈血圧＞60mmHgを維持する。

Ⅱ. 中心静脈圧――8～10cm H_2Oにて維持。

Ⅲ. 尿量――最低量は1～2mL/kg/時。

7. 7.5％高浸透圧食塩水の4mL/kg IV投与は、甚急性の循環血液量減少症の蘇生に有効である。投与中または投与後には、晶質液投与、または晶質液と膠質液の投与を行う。

8. 末梢浮腫が生じないように注意しながら、膠質液投与を行い、灌流量増加と血管スペース拡張を図る。

A. ヘタスターチ

Ⅰ. 犬：20mL/kg IV、ボーラス投与。必要に応じて、20mL/kg IVを追加し、4～6時間かけて投与。1日1回、少なくとも3日間は連日投与する。

Ⅱ. 猫：10～15mL/kg IV、ボーラス投与。必要に応じて、10～15mL/kg IVを追加し、4～6時間かけて投与。1日1回、必要な日数投与する。

Ⅲ. 晶質液輸液量を40～60％減量する。

B. デキストラン70――血小板減少症や凝固異常を呈する症例には使用しない。

犬：14～20mL/kg IV

猫：10～15mL/kg IV

C. 血漿――凝固障害の臨床徴候が出現した際に投与する。

9. 個々の症例に適切な鎮痛薬投与。

A. ヒドロモルフォン

犬：0.05～0.2mg/kg IV、IM、SC q2～6hまたは0.0125～0.05mg/kg/時 IV CRI

猫：0.05～0.2mg/kg IV、IM、SC q2～6h

B. フェンタニル

犬：効果発現まで2～10μg/kg IV、以後は1～10μg/kg/時 IV CRIにて継続。

猫：効果発現まで1～5μg/kg/時 IV、以後は1～5μg/kg/時 IV CRIにて継続。

C. モルヒネ

犬：0.5～1mg/kg IM、SCまたは0.05～0.1mg/kg IV

猫：0.005～0.2mg/kg IM、SC

D．ブプレノルフィン

犬：0.005～0.02mg/kg IV、IM q4～8h、2～4μg/kg/時 IV CRI、0.12mg/kg OTM（経口経粘膜投与）

猫：0.005～0.01mg/kg IV、IM q4～8h、1～3μg/kg/時 IV CRI、0.02mg/kg OTM（経口経粘膜投与）

10. 疼痛の原因として感染が疑われる場合は、抗生物質を投与する。また、消化管・肝臓における細菌体内移行の予防としても投与を行う。

A．感染源が不明な場合、または混合感染が疑われる場合

Ⅰ．クリンダマイシン10mg/kg q12hまたは11mg/kg IV q8h、およびエンロフロキサシン5～10mg/kg IV q12hまたは5～20mg/kg IV q24hの併用。

a．発作を惹起する可能性があるので、最初の2回はエンロフロキサシンのみを10～20mg/kgで投与する。

b．エンロフロキサシンは、8ヵ月齢未満の仔犬に投与しない。大型犬種では、18ヵ月齢まで使用しない。

Ⅱ．アンピシリン20～40mg/kg IV q8hまたは第一世代セファロスポリン（セファゾリン）20mg/kg IV q8hを、以下の薬剤と併用する。

フルオロキノロン（エンロフロキサシン）

犬：5～15mg/kg IV q12hまたは5～20mg/kg IV q24h

猫：5mg/kg IV q24h

アミノグリコシド

アミカシン：10～15mg/kg IV q24h

ゲンタマイシン：6～8mg/kg IV q24h

トブラマイシン：2～4mg/kg IV q8h

第三世代セファロスポリン

セフチゾキシム：25～50mg/kg IV、IM、SC q6～8h

セフォタキシム：20～80mg/kg IV、IM q6～8h

a．ペニシリンは、効果増強のため、β-ラクタマーゼ阻害薬が配合される。

チカルシリン-クラブラン酸（Timentin®）：30～50mg/kg IV q6～8h

アンピシリン-スルバクタム（Unasyn®）：50mg/kg IV q6～8h

ピペラシリン-タゾバクタム（Zosyn®）：50mg/kg IV、IM q4～6h

b．脱水時や高窒素血症時のアミノグリコシド投与は、腎不全を誘起する危険性があるので避ける。

c．アミノグリコシドはq24hで投与すると、効果が高く、腎毒性が低い。

d．フロセミドを使用する場合は、アミノグリコシド投与を中止する。アミノグリコシド投与中にフロセミドを使用すると、

医原性腎不全を誘発する危険性が増大する。

e. アミノグリコシド使用中は、少なくとも1日1回、尿沈査検査を行い、尿円柱と細胞を観察する。

f. 嫌気性細菌感染が疑われる場合は、上記の抗生物質の組み合わせのいずれかに、以下の薬剤を追加する。

メトロニダゾール：10mg/kg IV。1時間かけてCRI q8h

クリンダマイシン、セフォキシチン、水溶性ペニシリンG

Ⅲ. イミペネム：2～5mg/kg IV、1時間かけてCRI q8h

a. イミペネムは、若齢動物に痙攣発作を引き起こすことがある。

b. 悪心、下痢、アレルギー反応を惹起することがある。

B. 細菌体内移行、肝臓や消化管の感染症には、セフォキシチンを投与。

犬：初回は40mg/kg IV、以後は20mg/kg IV q6～8h

猫：初回は40mg/kg IV、以後は20mg/kg IV q8h

11. 投与後36～48時間経過しても、全身状態、発熱、全白血球数、桿状好中球数に改善が認められない場合は、抗生物質の変更を検討する。また、患者を再評価し、ヒストリーや検査値を考察する。

12. 輸液後も循環器機能の低下が継続する場合は、昇圧薬および陽性強心薬を投与する。

A. ドブタミン

犬：2～20μg/kg/分 IV CRI

猫：1～5 μg/kg/分 IV CRI

B. ドパミン

犬：5～10μg/kg/分 IV CRI

C. ノルエピネフリン：0.05～2μg/kg/分 IV CRI

13. PCVをモニターし、最低20%を維持する。必要であれば、赤血球または全血を投与する。

14. 血糖値を測定し、100～140mg/dLの範囲で維持する。

15. 血液ガスをモニターし、pHを最適化する。

16. 初期は、血清電解質が急激に変化するので、2～4時間ごとに測定する。

17. マグネシウム不足は、カリウム喪失を惹起するので、血清マグネシウム濃度と血清カリウム濃度をモニターする。

A. 血清マグネシウム濃度＜0.7mmol/Lの場合は、補給が必要である。

B. マグネシウム30mg/kgを4時間かけてIV CRI投与する。

C. 必要に応じて、24時間に3回まで反復投与が可能である。

D. マグネシウムの1日最大投与量は、125mg/kg/日である。

18. 播種性血管内凝固症候群（DIC）発症の恐れがあるため、凝固系パラメータをモニターする。

A. 血小板数とACTは、毎日検査する。

B. 単回の検査結果にとらわれず、動向を追うことが重要である。

C. 「播種性血管内凝固症候群（DIC）」の項（p. 256）を参照し、輸液、酸素補給、原因疾患の治療、血漿投与、可能であればヘパリン療法を行う。

19. 必要に応じた制吐薬投与。
    A. オンダンセトロン（Zofran®）：0.1～0.18mg/kg IV q6～8h
    B. ドラセトロン（Anzemet®）：0.6～1mg/kg IV q24h
    C. マロピタント（Cerenia®）：1mg/kg SC q24h
    D. クロルプロマジン――適正に水和されている場合のみ投与可能。
       犬：0.05～0.1mg/kg IV q4h。緩徐投与。
       猫：0.01～0.025mg/kg IV q4h。緩徐投与。
    E. プロクロルペラジン：0.13mg/kg IM、SC q6h
    F. メトクロプラミド：0.01～0.02mg/kg/時 IV CRIまたは0.2～0.4mg/kg SC、IV q8h
    G. ブトルファノールを0.2～0.4mg/kg IV q2～4hで投与することにより、若干の制吐作用が得られる。
20. 以下の胃保護薬が予防的に使用される。
    A. ラニチジン（Zantac®）
       犬：0.5～2mg/kg IV、PO q8h
       猫：2.5mg/kg/IV q12hまたは3.5mg/kg PO q12h
    B. ファモチジン（Pepcid®）：0.5～1mg/kg IV、IM、PO q12～24h
    C. オメプラゾール（Prilosec®）
       犬：0.5～1.5mg/kg PO q24h
       猫：0.5～1mg/kg PO q24h
    D. パントプラゾール（Protonix®）：0.7～1 mg/kg IV q24h
    E. スクラルファート
       犬：0.5～1g PO q8h。初期投与量は、4倍に増量できる。
       猫：0.25g PO q8～12h
21. 乏尿を呈する場合
    A. 輸液療法を見直し、適正量を投与する。
    B. 中心静脈圧および平均動脈圧を測定する。中心動脈圧は8～10cmH_2O、平均動脈圧は60mmHg超で維持する。
    C. 過水和でない場合は、マンニトール0.1～1g/kg IVまたはフロセミド1mg/kg IV CRIで4時間かけて投与する。SIRS（全身性炎症反応症候群）では、血管炎が存在するため、投与したマンニトールが間質組織に漏出し、間質浮腫を悪化させる恐れがあるので、注意を要する。
22. 試験的開腹術（病因が限定されており、手術適応であれば診断的開腹術）を行う。
    A. 全体的スクリーニングと、各徴候に適した腹腔内探査を行う。
    B. 肉眼的異常があれば、外科的に処置する。
    C. 肉眼的異常が認められない場合は、肝臓、腎臓、膵臓、胃、腸管、腸間膜リンパ節、腹筋の生検を行う。
    D. 必要に応じて、術中に胃チューブまたは十二指腸チューブを設置する。
    E. 重篤な腹腔感染や腹膜感染を認める場合は、腹膜開放ドレーン設置を検討する。
23. 来院から12時間以内に栄養サポートを開始する。

A. 最初の12時間以内に、蛋白質要求量およびエネルギー要求量の25%以上を与える。
B. 72〜96時間以内に、蛋白質要求量およびエネルギー要求量の75%以上を与える。
C. 患者を水和した後、グリセリン（ProcalAmine®）添加3.5%アミノ酸溶液を投与する。アミノ酸溶液は、水分要求量の1/4〜1/2量とする。溶液バックは、維持輸液用のラインに接続し、末梢静脈から投与する。通常量は45〜50mL/kg/日 IVである。
D. 以後は、市販のResorb®、Vivonex TEN®など、電解質・グルコース・グルタミン添加栄養剤を用いた経消化管栄養プログラムを開始する。
  Ⅰ. 犬猫にVivonex TEN®を使用する場合は、説明書記載量（ヒト用）の2倍の水で希釈する。
  Ⅱ. 犬の投与量は、45〜50mL/kg/日である。
  Ⅲ. 1日目は推奨量の33%を少量ずつ分割し、1〜2時間ごとに投与する。
  Ⅳ. 2日目は推奨量の66%を少量ずつ分割し、1〜2時間ごとに投与する。
  Ⅴ. 3日目は推奨量全量を少量ずつ分割し、1〜2時間ごとに投与する。
E. 嘔吐がなければ、バランスのよい食餌を与える。
  Ⅰ. 最初は、CliniCare®などの流動食を試験的に投与し、患者が経口給餌に耐え得るかを確認する。
  Ⅱ. 最初は、浸透圧性下痢の発症を抑制するために、CliniCare®を50%希釈する。
  Ⅲ. Hill's i/d®、a/d®、Eukanuba recovery formula®、Purina EN®などは、これらの症例の給餌に適している。
F. 食欲不振、膵炎、胃・十二指腸病変を有する患者には、各種のフィーディングチューブを用いて、栄養補給を行う。
  Ⅰ. 経鼻胃チューブ
  Ⅱ. 食道瘻チューブ
  Ⅲ. 胃瘻チューブ
  Ⅳ. 空腸瘻チューブ——膵炎患者に最適。
G. 完全非経消化管栄養法を補助的に使用してもよいが、経消化管栄養法を用いるメリットは大きく、各種リスク軽減にもつながる。

24. 精神状態をモニターする。沈うつを呈する場合は、血清浸透圧と血糖値を測定する。高い頭位の維持、誤嚥予防、眼の乾燥防止、4時間ごとの体位変換など、適切な看護を行う。
25. 患者の不快感を取り除き、適切な看護を行う。
  A. 横臥位の患者は、4時間ごとの体位変換を左右交互に行う。
  B. 患者を清潔で乾燥した状態に保つ。
  C. パッド、タオル、枕などを用いて、快適性向上に努める。
  D. 静脈内カテーテル留置部位を頻繁に確認する。
  E. 優しい言葉や愛情をかける。

F．光や騒音を減らし、できるだけ患者が休息できるようにする。

腹膜炎

腹膜炎は、猫伝染性腹膜炎や細菌性腹膜炎（歯周病由来、子宮蓄膿症における卵嚢由来、腰肋椎弓経由の胸膜腔由来）など、原発性疾患として生じることもある。しかし、一般的には続発性疾患であり、消化管内細菌の体内移行などが原因となる。細菌体内移行は、腸管の局所性虚血や全身性ショックが生じた際に認められる。

続発性腹膜炎の形成

1．無菌性腹膜炎

A．開腹手術を行うと、ガーゼ、繊維片、縫合糸、手袋のパウダー、室内気による汚染などの物理的外傷によって軽度の腹膜炎が生じる。免疫機能が正常であれば、患者への長期的な影響はほとんどない。

B．術後にガーゼや外科器具が腹腔内に残留していると、異物性腹膜炎が発症する。また、銃弾、動物の歯牙（咬傷）、矢などの先鋭物が腹膜を貫通すると、腹腔内臓器が損傷されるだけではなく、被毛や泥土などが腹腔内に侵入し、異物性腹膜炎の原因となる。爪楊枝、針、骨、材木片、植物片、紐状異物などによる消化管穿孔も腹腔内汚染を引き起こす。

C．化学的腹膜炎は、バリウム硫酸塩、浣腸剤、抗生物質含有外用パウダー、消毒剤、尿、胆汁、胃液、膵分泌物などによって引き起こされる。胃や膵分泌物は、特に刺激性が強く、即時的細胞傷害や、血管作用物質・活性酸素・その他の細胞毒放出を誘起する。傷害が進行すると、SIRS（全身性炎症反応症候群）に至る。

2．感染性腹膜炎

A．細菌性腹膜炎では、嫌気性菌（*Clostridium* spp.、*Peptostreptococcus* spp.、*Bacteroides* spp.）と好気性菌（*Escherichia coli*〈大腸菌〉、*Klebsiella* spp.、*Proteus* spp.）の複合感染が頻繁に認められる。

B．細菌性汚染は、消化管の機械的閉塞や拡張に続発する絞扼性腸管虚血、全身性ショックによる腸管虚血時に生じる腸内細菌体内移行、腸管内容物漏出（腫瘍、外科手術、壊死、異物穿孔、穿孔性腹腔外傷による）などが原因となる。

診断

ヒストリー——病歴は漠然としていることが多く、食欲不振、沈うつ、嘔吐など、非特異的所見が多い。最近の病歴として、外傷や外科手術を認めることもある。患者は、背弯姿勢、いわゆる「祈りの姿勢」を呈する場合がある。

身体検査——沈うつ、背弯姿勢、触診にて腹部圧痛など。高体温よりも低体温を呈することが多い。脱水、血液量減少、頻脈、末梢低血圧を伴う低循環性ショック状態を呈する場合もある。後胸部や腹部における外傷や紅斑の可能性。触診にて腹腔内腫瘤、不快感など。粘膜うっ血、CRT延長、イレウスよる腹囲膨満、蠕動音減弱。

臨床検査——

1．CBC評価——初期では、好中球減少症、血小板減少症を認める。感染が進行すると、左方移動を伴う好中球増多症を認める。
2．血糖値低下の可能性。
3．TS（≒TP）、アルブミン低下は、腹腔内への蛋白質漏出による。
4．以下の項目を評価する。
   A．電解質
   B．血液ガス
   C．生化学検査（ALT、ALP、BUN、クレアチニンを含む）
   D．凝固系検査
      Ⅰ．血小板数
      Ⅱ．ACTまたはPT、APTT、可能であればTEG
   E．尿検査
5．腹腔穿刺や腹腔洗浄での採取液分析
   A．腹水グルコース値を測定し、血糖値と比較する。腹水グルコース値が、同時に採血した血糖値より20mg/dL以上低い場合は、感染性腹膜炎が強く疑われる。
   B．犬では、腹水乳酸値と血清乳酸値の比較が有用である。腹水乳酸値＞2.5mmol/Lである場合は、感染性腹水が強く疑われる。
   C．腹水クレアチニン濃度を測定し、血清クレアチニン濃度と比較する。腹水クレアチニン濃度＞血清クレアチニン濃度×2である場合は、尿が腹腔内に漏出していることを示しており、試験的開腹術を要する。
   D．腹水ビリルビン濃度＞血清ビリルビン濃度である場合は、肝胆道系疾患、近位腸管（小腸）疾患、外傷が示唆され、試験的開腹術適応となる。
   E．腹水PCV、TS（≒TP）を測定し、末梢血と比較する。腹水PCV＞5%である場合は、腹腔内出血が発生している。支持療法を行い、30分後に再度腹膜穿刺を行う。PCVが上昇していれば、試験的開腹術適応となる。
   F．顕微鏡的検査
      Ⅰ．細胞診——好中球の細菌貪食像や白血球の高値は感染を示唆しており、試験開腹術を検討する。
         a．腹水の白血球数＞1,000細胞/μL以上であれば、炎症と化膿が示唆され、試験的開腹術を検討する。
         b．開腹手術を受けて間もない症例では、腹膜炎がなくても、腹水の好中球数増多（ただし100,000/μL以下）が一般に起こり得る。このような症例では、好中球細菌貪食像や中毒性・変性好中球はみられない。

Ⅱ．腹水中に細菌を認めた場合は、感染性腹膜炎が示唆され、試験的開腹術を要する。

Ⅲ．植物片の存在は、腸管穿孔を示唆し、試験的開腹術を要する。

G．腹水が感染性であった場合、一般に以下の細菌が培養検査よって同定される。

Enterococcus spp.、*Clostridium* spp.、*Pseudomonas* spp.、*Acinetobacter* spp.、coagulase-negative *Staphylococcus* spp.、*Enterobacter* spp.、α-溶血性 *Streptococcus* spp.、*Pasteurella multocida*、*Proteus* spp.

腹部X線検査――

1．腹腔内での液体やガスの貯留によるディテールの不明瞭化。開腹手術後1～5週間程は、正常でも腹腔内に自由ガス貯留を認める。術後に腹膜炎徴候が認められる症例では、これを念頭に置いておく。管腔内のガス増加、広範囲での消化管イレウス、腹腔内のガス貯留を認める症例で、最近の手術歴がなく、腹膜炎の徴候を認める場合は、腹腔臓器破裂、穿孔性腹腔外傷、膀胱破裂のいずれかが示唆され、試験的開腹術が絶対的適応となる。

2．造影検査

A．尿路造影検査は有益である。

B．硫酸バリウムや高浸透圧ヨード系造影剤の使用は、以下の理由により推奨されない。

Ⅰ．腹腔内汚染の危険性が増加する。

Ⅱ．2つの造影剤は、ともに腹膜炎を悪化させる。

Ⅲ．イレウスがあると、造影剤が胃内に長時間貯溜する。

Ⅳ．試験的開腹術の早期実施は、正確性が高く、患者にとって有用である。

腹部超音波検査――X線検査などでは確認されなかった腹水貯溜部位、膿瘍、腫瘍、臓器腫大、胆管閉塞、結石などの検出に有益である。また、培養検体の採取に有用である。

鑑別診断

腹膜炎を伴わない急性腹症、腹水、SIRS、胃腸炎。

予後

予後は一般的に要注意～不良であるが、原因疾患、これまでの健康状態、早期の外科的介入、効果的なドレーンの設置、抗生物質投与、栄養サポート、循環系のサポートの有無などによって変化する。重度ショック状態、凝固異常、低血糖は、予後悪化因子である。

治療

1．飼育者に、原因疾患、診断、予後、治療費について説明する。

2．原因疾患の発見と治療を試みる。

3．臨床徴候が発症してから対処するのではなく、合併症を予測して治療することが救命につながる。
4．酸素補給を行う。
5．IVカテーテル留置。採血・採尿を行う。
6．調整電解質液（LRS、プラズマライト®、ノーモソル®-Rなど）を用いた高用量のIV輸液療法を行い、うっ血や臓器虚血を予防する。
　A．犬：90～100mL/kg IV（最初の1～2時間）。その後、再評価する。
　B．猫：45～60mL/kg（最初の1～2時間）
　C．1～2時間ごとに患者の循環系を再評価する。一般的には、犬では20～40mL/kg/時、猫では20～30mL/kg/時に減量し、安定化を図る。安定後は、灌流量を10～20mL/kg/時に維持する。必要輸液量は、通常の維持量の2～7倍になる。
　D．過剰輸液および持続的低血圧に対するモニタリング。
　　Ⅰ．血圧――最大血圧＞100mmHg、平均動脈血圧＞75mmHgを維持する。
　　Ⅱ．中心静脈圧――3～5cm H_2Oにて維持。
　　Ⅲ．尿量――最低量は1～2mL/kg/時。
7．7.5%高浸透圧食塩水の投与（犬：4～5mL/kg IV、猫：2mL/kg IV）は、甚急性の循環血液量減少症の蘇生に有効である。投与中または投与後には、晶質液の投与、または晶質液と膠質液の投与を行う。
8．末梢浮腫が生じないように注意しながら、膠質液投与を行い、灌流量増加と血管スペース拡張を図る。
　A．ヘタスターチ
　　Ⅰ．犬：20mL/kg IV、ボーラス投与。必要に応じて、20mL/kgを追加し、4～6時間かけてIV投与する。1日1回、少なくとも3日間は連日投与する。
　　Ⅱ．猫：5～10mL/kg IV、ボーラス投与。必要に応じて、5～10mL/kgを追加し、4～6時間かけてIV投与する。1日1回、必要な日数投与する。
　　Ⅲ．晶質液輸液量を40～60%減量する。
　B．血漿――末梢浮腫を認めたり、血清アルブミン濃度＜2.0mg/dLであれば10～40mL/kg IV投与を検討する。
　　犬の低アルブミン血症には、犬アルブミンや、25%ヒト血清アルブミン（HSA）2mL/kg IVも使用可能である。ただし、犬へのHSA投与は、致死的なアナフィラキシーショックやⅢ型過敏反応を惹起する恐れがあるため、アルブミン濃度が正常な犬にはHSAを投与してはならない。
9．腹腔穿刺または診断的腹腔洗浄を行い、検体の細胞診と培養を行う。
　A．無菌操作を厳守する。
　B．広域スペクトル抗生物質投与。
　C．Cook腹膜透析カテーテル、その他の多孔性腹膜透析カテーテル、小児科用トロッカーカテーテルを用いる。猫では、複数の横孔を造設した14GのテフロンIVカテーテルを使用してもよい。横孔は、カテーテルの強度を保つために全て同じ側面につくる。作業は無菌的に行う。

D. 臍から2～4cm尾側の白線を1cm切開する。

E. カテーテルは、骨盤入口部に向けて挿入する。

F. 体温程度に加温した生理食塩水22mL/kgを腹腔内に注入する。

G. 生理食塩水が腹腔内に拡散するように、患者の体幹を回転させる。その後、5～20mLの液体を検査用に回収する。採取液2～4mLをEDTAチューブに、3～10mLを赤色キャップの無菌チューブに分注する。

H. 処置終了後は、腹膜透析カテーテルを抜去する。腹壁は1～2糸縫合し、滅菌した腹帯を巻く。

10. 鎮痛薬は、個々の状態に応じて適切に投与する。

A. ヒドロモルフォン

犬：0.05～0.2mg/kg IV、IM、SC q2～6hまたは0.0125～0.05mg/kg/時 IV CRI

猫：0.05～0.2mg/kg IV、IM、SC q2～6h

B. フェンタニル

犬：効果発現まで2～10μg/kg IV、以後は1～10μg/kg/時 IV CRIで継続投与する。

猫：効果発現まで1～5μg/kg/時 IV、以後は1～5μg/kg/時 IV CRIで継続投与する。

C. モルヒネ

犬：0.5～1mg/kg IM、SCまたは0.05～0.1mg/kg IV

猫：0.005～0.2mg/kg IM、SC

D. ブプレノルフィン

犬：0.005～0.02mg/kg IV、IM q4～8h、2～4μg/kg/時 IV CRI、0.12mg/kg OTM（経口経粘膜投与）

猫：0.005～0.01mg/kg IV、IM q4～8h、1～3μg/kg/時 IV CRI、0.02mg/kg OTM（経口経粘膜投与）

11. 培養・感受性検査結果が得られるまでは、広域スペクトル抗生物質を投与する。ただし、嫌気性菌にも有効な薬剤を選択すること。

A. 第一世代セファロスポリン（セファゾリン 20mg/kg IV q8h）を、以下の薬剤と併用する。

アミノグリコシド（アミカシン）

犬：15～30mg/kg IV、IM、SC q24h

猫：10～14mg/kg IV、IM、SC q24h

ゲンタマイシン

犬：9～14mg/kg IV、IM、SC q24h

猫：5～8mg/kg IV、IM、SC q24h

トブラマイシン

犬：9～14mg/kg IV、IM、SC q24h

猫：5～8mg/kg IV、IM、SC q24h

または、第三世代セファロスポリン（セフチゾキシム、セフォタキシム）をメトロニダゾールと併用する。
セフチゾキシム：25〜50mg/kg IV、IM、SC q6〜8h
セフォタキシム：20〜80mg/kg IV、IM q6〜8h
メトロニダゾール：10mg/kg IV。1時間かけてCRI q8〜12h

Ⅰ．脱水時や高窒素血症時のアミノグリコシド投与は、腎不全を誘起する危険性があるので避ける。

Ⅱ．アミノグリコシドはq24hで投与すると、効果が高く、腎毒性が低い。

Ⅲ．フロセミドを使用する場合は、アミノグリコシド投与を中止する。アミノグリコシド投与中にフロセミドを使用すると、医原性腎不全を誘発する危険性が増大する。

Ⅳ．アミノグリコシド投与中は、少なくとも1日1回、尿沈査検査を行い、尿円柱と細胞を観察する。

Ⅴ．ペニシリンは、効果増強のため、β-ラクタマーゼ阻害薬が配合されている。
チカルシリン-クラブラン酸（Timentin®）：
30〜50mg/kg IV q6〜8h
アンピシリン-スルバクタム（Unasyn®）：
22〜50mg/kg IV q6〜8h
ピペラシリン-タゾバクタム（Zosyn®）：
50mg/kg IV、IM q4〜6h

B．セフォキシチンとメトロニダゾールを併用する。
セフォキシチン
犬：初期は40mg/kg IV、以後は20mg/kg IV q6〜8hで継続投与。
猫：初期は40mg/kg IV、以後は20mg/kg IV q8hで継続投与。
メトロニダゾール：10mg/kg IV。1時間かけてCRI q8〜12h

12. 敗血症ショック時のコルチコステロイド投与は、推奨されていない。しかし、IV輸液や昇圧療法に反応せず、低血圧が持続する一部の症例には、相対的副腎機能障害が存在する。このような症例では、以下のステロイド投与が奏功する場合がある。
ヒドロコルチゾン：2.9〜4.3mg/kg IV q24h
デキサメタゾン：0.1〜0.4mg/kg IV q24h
プレドニゾン：0.7〜1mg/kg PO q24h

13. 試験的開腹術（病因が限定されていれば診断的開腹術）を行う。
A．全体的スクリーニングと、各徴候に適した腹腔内探査を行う。
B．肉眼的異常が認められる場合は、外科的に処置する。
C．消化管からの漏出があれば、デブリードマン・閉鎖、切除・縫合、漿膜パッチなどでコントロールする。
D．腹腔内に認められる異物、壊死組織、血餅は全て除去する。
E．閉腹前には、大量の加温洗浄液を用いて腹腔洗浄を行う。洗浄液は、全て回収する。
F．必要に応じて、術中に胃チューブまたは十二指腸チューブを設置する。

G．腹腔内の重度汚染や、感染性腹膜炎を認める場合は、持続吸引式ドレーンを設置する。ジャクソン-プラットドレーンの使用が推奨される。

H．可能であれば、1〜2日後に試験的開腹術を行う。腹腔内を再探査し、内臓傷害の修復、壊死組織の除去、腹腔内洗浄を行う。

Ⅰ．アルブミン濃度は、少なくとも1日1回測定する。腹水による蛋白質や水分の多量喪失があれば、血漿の反復投与を要することもある。

14. 来院から6時間以内に栄養サポートを開始する。

A．最初の12時間以内に、蛋白質およびエネルギー要求量の25%以上を与える。

B．72〜96時間以内に、蛋白質およびエネルギー要求量の75%以上を与える。

C．患者を水和した後、グリセリン（ProcalAmine®）添加3.5%アミノ酸溶液を投与する。アミノ酸溶液は、水分要求量の1/4〜1/2量とする。溶液バッグは、維持輸液用のラインに接続し、末梢静脈から投与する。

D．以後は、慎重に経腸栄養法へ移行する。状態次第で、経口・経鼻胃チューブ、胃瘻チューブ、空腸瘻チューブなどを選択する。電解質・グルコース・グルタミンの補給には、市販のResorb®、Vivonex TEN®などを使用するとよい。

犬猫におけるVivonex TEN®の投与量は、40〜45mL/kg/日で、説明書に記載された量（ヒト用）の2倍の水で希釈する。

Ⅰ．1日目は、推奨量の33%を少量ずつ分割し、1〜2時間ごとに投与。

Ⅱ．2日目は、推奨量の66%を少量ずつ分割し、1〜2時間ごとに投与。

Ⅲ．3日目は、推奨量全量を少量ずつ分割し、1〜2時間ごとに投与。

E．嘔吐がなければ、バランスのよい食餌を与える。

Ⅰ．最初は、CliniCare®などの流動食を試験的に投与し、患者が経口給餌に耐え得るかを確認する。

Ⅱ．最初は、浸透圧性下痢の発症を抑制するために、CliniCare®を50%に希釈する。

Ⅲ．Hill's i/d®、a/d®、Eukanuba recovery formula®、Purina EN®などは、これらの症例の給餌に適している。

F．食欲不振、膵炎、胃・十二指腸病変を有する患者には、各種のフィーディングチューブを用いて、栄養補給を行う。

Ⅰ．経鼻胃チューブ

Ⅱ．食道瘻チューブ

Ⅲ．胃瘻チューブ

Ⅳ．空腸瘻チューブ——膵炎患者に最適である。

G．完全非経消化管栄養法を補助的に使用してもよいが、経消化管栄養法を用いることのメリットが大きく、各種リスクの軽減にもつながる。

15. 投与後36〜48時間経過しても、全身状態、発熱、全白血球数、桿状好中球数に改善が認められない場合は、抗生物質の変更を検討する。また、患者を再評価し、ヒストリーや検査値を考察する。

16. 輸液後も循環器機能低下が継続する場合は、昇圧薬および陽性変力薬を投与する。
    A. ドパミン：5～10μg/kg/分 IV CRI
    B. ドブタミン
       犬：2～20μg/kg/分 IV CRI
       猫：1～5μg/kg/分 IV CRI
    C. ノルエピネフリン：0.05～2μg/kg/分 IV CRI
    D. バソプレッシン：0.5～2mU/kg/分 IV CRI
    E. エピネフリン：0.005～1μg/kg/分 IV CRI
17. PCVをモニターし、20%以上を維持する。必要であれば、濃縮赤血球または全血を投与する。
18. 血糖値を測定し、80～150mg/dLに維持する。
19. 血液ガスをモニターし、pHを最適化する。
20. 血清電解質をモニターする。急激な変化が生じる場合があるため、初期では2～4時間ごとに測定する。
21. マグネシウム不足は、カリウム喪失を惹起するので、血清マグネシウム濃度と血清カリウム濃度をモニターする。
22. 播種性血管内凝固症候群（DIC）が生じる恐れがあるため、凝固系パラメータをモニターする。
    A. 血小板数、ACTまたはAPTT（可能ならばTEG）は、毎日検査する。
    B. 単回の検査結果にとらわれず、動向を追うことが重要である。
    C. 「播種性血管内凝固症候群（DIC）」の項（p. 256）を参照し、輸液、酸素補給、原因疾患の治療、血漿投与を行う。可能であれば、ヘパリン療法を行う。
23. 必要に応じて、制吐薬を投与する。
    A. オンダンセトロン（Zofran®）：0.1～0.1mg/kg IV、PO q24h
    B. ドラセトロン（Anzemet®）：0.6～1mg/kg IV、SC、PO q24h
    C. マロピタント（Cerenia®）：1mg/kg SC q24hまたは2mg/kg PO q24h
    D. クロルプロマジン――適正に水和されている場合のみ投与可能。
       犬：0.05～0.1mg/kg q4h。緩徐にIV投与。
       猫：0.01～0.025mg/kg IV q4h。緩徐にIV投与。
    E. プロクロルペラジン：0.13mg/kg IM、SC q6h
    F. メトクロプラミド：（消化管閉塞が除外できていれば）1～2mg/kg q24h IV CRI、0.1～0.5mg/kg IV、IM、PO q8～12h
    G. ブトルファノールを0.2～0.4mg/kg IV q2～4hで投与することにより、若干の制吐作用が得られる。
24. 以下の胃保護薬を予防的に使用する。
    A. ラニチジン（Zantac®）
       犬：0.5～2mg/kg IV、IM、PO q8～12h
       猫：2.5mg/kg/IV q12hまたは3.5mg/kg PO q12h
    B. ファモチジン（Pepcid®）：0.5～1mg/kg IV、PO q12～24h
    C. オメプラゾール（Prilosec®）

犬：0.5〜1.5mg/kg PO q24h
猫：0.5〜1.0mg/kg PO q24h
D．パントプラゾール（Protonix®）：0.7〜1mg/kg IV q24h
E．スクラルファート
犬：0.5〜1g PO q8h。初期の投与量は、4倍に増量できる。
猫：0.25g PO q8〜12h

25. 合併症として、吐出が頻繁に生じる。蠕動運動促進薬投与、経鼻胃チューブ設置と適時吸引、または経口胃チューブを挿入し、余剰胃液を抜去するなどの治療を行う。
26. 腹部聴診・触診を1日2〜3回行う。
27. 乏尿が生じた場合は、以下の処置を行う。
A．輸液療法を見直し、適正量を投与する。
B．今後の治療に対する反応や、過水和に陥る可能性などを評価するために、輸液剤のボーラス投与（5〜10mL/kg 10分間かけてIV投与）を行うこともある。
C．中心静脈圧および平均動脈圧を測定する。中心動脈圧は8〜10cmH_2O、平均動脈圧は60mmHg超で維持する。
D．禁忌症例（血管炎、止血障害、高浸透圧症候群、うっ血性心不全、過水和など）以外では、10%または20%マンニトール0.1〜0.5g/kgを10〜15分間かけてIV投与する。30分間以内に尿量増加が認められない場合は、同量を反復投与する。マンニトールの投与量は、2g/kg/日を超えてはならない。
E．フロセミドは、通常1〜6mg/kg IV投与後、0.25〜1mg/kg/時 CRI投与で継続する。ボーラス投与（反復は1〜2回まで）で尿産生が誘起されない場合は、CRIも無効である場合が多い。**フロセミドはアミノグリコシド毒性を増幅することが報告されているため、アミノグリコシドの投与による急性腎不全（ARF）症例には投与しない。**
28. 意識レベルをモニターする。抑うつ状態を呈する場合は、血清浸透圧と血糖値を測定する。高い頭位の維持、誤嚥予防、眼の乾燥防止、4時間ごとの体位変換など、適切な看護を行う。
29. 患者の不快感を取り除き、適切な看護を行う。
A．横臥位の患者は、4時間ごとの体位変換を左右交互に行う。
B．患者を清潔で乾燥した状態に保つ。
C．パッド、タオル、枕などを用いて、快適性向上に努める。
D．静脈内カテーテル留置部位を頻繁に確認する。
E．優しい言葉や愛情をかける。
F．光や騒音を減らし、できるだけ患者が休息できるようにする。

胃拡張・胃捻転（GDV）

病因

犬種など、複数の要因が検証されているが、未だ病因は不明である。大型犬種、超大型犬種、胸腔の深い犬種に多発するが、あらゆる犬種に発症し、猫やその他の動物種で生じることもある。

診断

ヒストリー――摂食直後に発症することが多い。稟告は、空嘔吐、不安行動、腹囲膨満、流涎など。虚脱を呈する場合もある。飼育者がすでに経口腔胃減圧や胃穿刺などを試みているかどうかを確認する。

身体検査――大半の症例では、顕著な腹部鼓張を呈する。触診にて胃拡張および脾腫を認めるが、程度は様々である。患者は嘔吐できず、空嘔吐を繰り返すことがある。循環血液量減少性ショックを示している場合も多い。時には、四肢開帳と腹部伸展、変位を伴う脾腫、頻脈のいずれかのみを認める場合もある。

腹部X線検査――右ラテラル像、背腹像で撮影を行う。患者が背腹姿勢を拒む場合は、代わりに左ラテラル像を撮影する。胃が正常ならば、右ラテラル像では幽門に液体を認め、左ラテラル像では幽門に気体を認める。胃捻転がある場合は、幽門は頭側・左側に変位する。通常、右ラテラル像ではダブルバブル像、逆C像、ポパイサイン（ポパイの腕の形に似たガス貯留像）を認める（図9–1）。

胸部X線検査――老齢動物では、腫瘍の肺転移を有することがあるため、スクリーニングとして胸部X線撮影も検討する。

臨床検査――重症症例では、ミニマムデータベースの評価を行う。ミニマムデータベースには、PCV、TS（≒TP）、乳酸、BUN、クレアチニン、PT、APTTまたはACTが含まれる。時間があれば、以下の項目も評価する。

1. 電解質
2. 血液ガス
3. CBC
4. 生化学検査――ALT、ALP、BUN、クレアチニン、アミラーゼ、リパーゼを含む。
5. 凝固系検査（必要であれば）――PT、APTT、FSP、D-ダイマー、血小板数、TEG（可能であれば）
6. 治療前の血漿乳酸値――IV輸液前に採血し、血液検体はヘパリン化する。犬の基準値は0.3～2.5mmol/Lである。

心電図検査――各種の不整脈が生じるが、最も一般的なものは心室性期外収縮（PVC）である（図9–2）。

予後

初診時の状態にもよるが、予後は要注意～極めて不良であり、致死率は33～43％と報告されている。GDV罹患犬において、血漿乳酸値>6mmol/Lである場合は、胃の壊死、重度の全身性灌流量低下が生じており、予後を悪化させると考えられるが、これを立証するにはさらなる研究を要する。

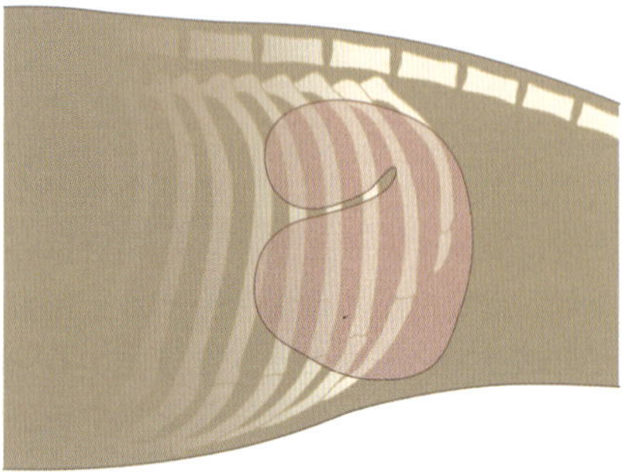

図9-1　胃拡張・胃捻転のX線所見
図は、幽門が頭背側・左側に変位することで生じる、典型的な胃の区画化（compartmentalization）を示している。

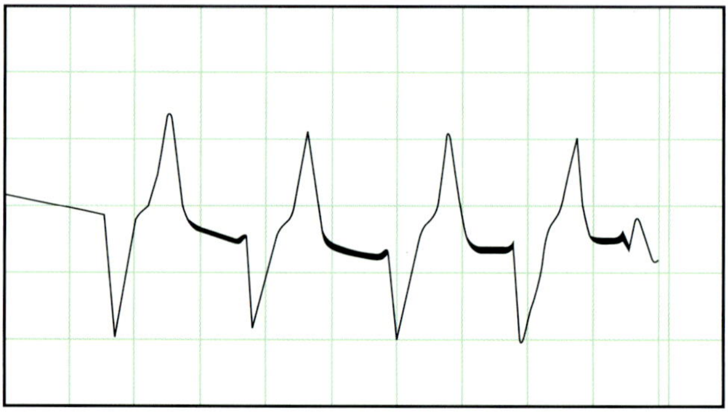

図9-2　心室性期外収縮（PVC）の心電図波形
胃拡張・胃捻転で多く認められる所見である。

治療

1. 飼育者に、診断、予後、治療費について説明する。
2. 治療前に採血する。
3. 組織の低灌流改善および虚血予防のために、IVカテーテルを前肢に留置し、LRS、プラズマライト®、ノーモソル®-Rなどの調整電解質液を用いて、大量にIV輸液を行う。この際、カテーテルはなるべく太いものを使用するか、2本使用する。
   A. 犬――ショック用量（90mL/kg）を1/4に分割し、5～10分かけてボーラス投与する。投与ごとに、患者の再評価を行う。患者が安定するまでは、ショック用量のボーラス投与を反復し、安定した時点で流量を下げる。
   B. 猫――ショック用量（40～60mL/kg）を1/4に分割し、犬と同じ方法で投与する。
   C. 安定後は、10～20mL/kg/時で輸液を継続し、麻酔中の灌流量を維持する。輸液要求量は、通常維持量の2～7倍である。
   D. 過剰輸液および持続的な低血圧をモニターする。

Ⅰ. 血圧――最大血圧＞90mmHg、平均動脈血圧＞60mmHgで維持する。

Ⅱ. 中心静脈血圧――8〜10cmH_2Oを維持する。

Ⅲ. 尿量――少なくとも1〜2mL/kg/時を維持する。

4. 漿液輸液に反応しない低血圧を呈する場合は、迅速蘇生法として、ヘタスターチを投与する。初期は総量20mL/kgを上限に、5〜10mL/kg IV、ボーラス投与を反復する。以後は20mL/kg/日 IV CRIで維持する。
5. 重度循環血液量減少性ショックを呈する症例で、腹腔内出血を認めなければ、7.5%食塩水の投与を検討する（犬：4〜5mL/kg、猫：2mL/kg 2〜5分間かけて投与）。ヘタスターチと高張食塩水の混合液も、循環血液量減少性ショック時の迅速な灌流量回復に有効である。
6. ショックの治療時は、酸素補給を行う。
7. 重度胃鼓張を認める場合は、早急に経皮的胃穿刺を行い、胃の減圧を図る。
   A. 右側または左側（鼓張が著しい側を選択する）の第13肋骨尾側を剃毛・消毒し、18〜20Gの針または套管針で胃穿刺を行う。
   B. 左側から穿刺する場合は、脾臓を損傷しないように注意する。
8. 直ちに手術を実施できない場合は、経口腔胃減圧を行う。
   A. 麻酔前投薬を兼ねて、麻薬性鎮痛薬を投与する。一般的には、以下のいずれかと、ジアゼパム0.2〜0.5mg/kg IVを併用する。
      ブトルファノール：0.2〜0.4mg/kg IV
      オキシモルフォン（またはヒドロモルフォン）：0.02〜0.05mg/kg IV
      フェンタニル：2〜5μg/kg IV
   B. できる限り大径で表面が平滑なチューブを口から胃へ通す。
   C. 加温した水道水で、胃が空になるまで洗浄する。
9. 経口チューブを通すのに、時間をかけてはならない。迅速な処置を要する。
10. 安楽死が選択される可能性が高い場合を除き、IV輸液開始後に腹部X線検査を行う。
11. 胃拡張を認める場合は、迅速に手術を行う。胃拡張は、胃の膨満が臨床的に進行したものであるため、胃拡張と単純な膨満を鑑別するのに時間をかけるのは無駄である。胃が膨満すると、胃粘膜への顕著な血流阻害を引き起こし、全身循環にも悪影響を及ぼす。胃の膨張により、胃粘膜への動脈血流は最大75%減少する。これは、外科的エマージェンシーである。
12. 術前抗生物質投与。エンロフロキサシン5〜20mg/kg IV q24hと、以下のいずれかを併用する。
    アンピシリン：20〜40mg/kg IV q6〜8h
    セフォキシチン：初期は40mg/kg IV。以後、犬では20mg/kg IV q6〜8h、猫では20mg/kg IV q8hで維持する。
    セファゾリン：20mg/kg IV q6〜8h
13. 心電図モニタリング。不整脈があれば、適切な治療を行う。
14. 患者は、頻拍と沈うつを呈することが多いため、麻酔前投薬を必要としない症例も多い。フェノチアジン誘導体の使用は避ける。麻酔導入時や麻酔中に徐脈が起こらない限り、アトロピンは投与しない。

15. 麻酔導入
    A. プロポフォール：2～6mg/kg IV。効果発現まで緩徐投与。
    B. ジアゼパム：0.2～0.5mg/kg IV、ケタミン：10mg/kg IV。効果発現まで緩徐投与。
    C. オキシモルフォン：0.2mg/kg IV、ジアゼパム：0.2mg/kg IV。効果発現まで緩徐投与。
    D. フェンタニル：0.02mg/kg IV、ジアゼパム：0.2 mg/kg IV。効果発現まで緩徐投与。
    E. 気管チューブ挿管
    F. 胃内容物逆流と誤嚥防止のために、経口胃チューブを直ちに挿入する。
16. イソフルランまたはセボフルランと酸素による麻酔維持（**笑気の使用は禁忌である**）。
    A. 必要であれば、オキシモルフォン0.05～0.2mg/kg IV、またはフェンタニル5μg/kg IVを追加する。
    B. 大半の症例は、陽圧換気を要する。
    C. 輸液速度は10mL/kg/時以上を必要とすることが多い。
    D. 術中に低血圧を呈した症例の安定化には、ヘタスターチ5mL/kg IVが有効である。
    E. 陽性変力作用薬が必要な場合
       ドパミン：5～10μg/kg/分 IV CRI、または
       ドブタミン
          犬：2～20μg/kg/分 IV CRI
          猫：1～5μg/kg/分 IV CRI
       ドパミンやドブタミンが無効な場合は、ノルエピネフリンを0.05～0.3μg/kg/分 IV投与する。
17. 手術
    A. 正中にて、剣状突起から大きく切開する。
    B. 胃が重度に拡張している場合は、経口腔的に胃へチューブを通すか、穿刺減圧を行う。
    C. 胃の変位を整復する。患者を背臥位に保定すると、拡張した胃が回転し、幽門が腹側・左側に変位する。この場合、片手で胃の右側を下方へ圧迫し、対側手で幽門部位を保持してゆっくりと右側上方（腹側）に牽引する。
    D. 胃の病変部位が、虚血や壊死により緑～灰色を呈する場合や、静脈閉塞や出血により黒～青色を呈す場合は、胃部分切除術を行う。肉眼的判断が困難な部位は、胃を正常位置に整復した10～15分間後に再評価する。最近の報告によると、胃部分切除術を行った犬の致死率は70～74％に上昇する。
    E. 胃切開術は、異物または多量の胃内容物の除去が絶対的に必要である場合のみ行う。
    F. 胃腹壁固定術、永久的胃腹壁固定術、ベルトループ胃腹壁固定術、第12肋骨尾側・肋軟骨結合部位付近における腹側・右側腹壁への肋骨

周囲胃腹壁固定術を行う（図9-3）。縫合糸は、2-0のモノフィラメント吸収糸または非吸収糸を用いる。

G．深い部分（切開部位の頭背側縁）から縫合を開始する。

H．将来、別の開腹術によって胃固定部を損傷しないように、腹壁閉鎖時は固定部を避けて縫合する。

I．脾臓の評価を行う。脾臓は正常な解剖学的位置に戻すが、壊死や梗塞を認めた場合に限って摘脾を行う。摘脾と死亡率の上昇には、相関関係が認められる。

J．他の腹腔内臓器を、迅速に見落としなく評価する。腸内異物があれば、腸切開術が適応となる。

K．胃切除術を行った場合、および膵臓外傷が認められた場合は、空腸瘻チューブを設置する。

L．腹腔内洗浄と洗浄液吸引を行う。

M．白線は、単純連続縫合にて迅速に縫合する。縫合糸は、モノフィラメント非吸収糸、または緩徐吸収されるプロレンやPDSを用いる。号数は以下の通り。

Ⅰ．0号——体重＜14kg

Ⅱ．1号——体重＝14～36kg

Ⅲ．2号——体重＞36kg

N．皮下組織および皮膚を連続縫合にて閉鎖する。手術時間短縮のために、ステープラーの使用を検討する。

18. 術中および術後3～4日間は、2～6時間ごとに心電図をモニターする。初診時や術中に不整脈を認めない症例でも、術後12～24時間に発現することがある。

19. 輸液療法離脱が可能になるまでは、維持量40～60mL/kg/日で継続する。

20. フェンタニル、ヒドロモルフォン、モルヒネのいずれかを用いて、術後の疼痛管理を行う。症例によっては、リドカインIV CRI、または麻薬性鎮痛薬の間欠的投与を併用する。トラマドールPOに変更することが可能な症例もある。非ステロイド性抗炎症薬は使用しない。

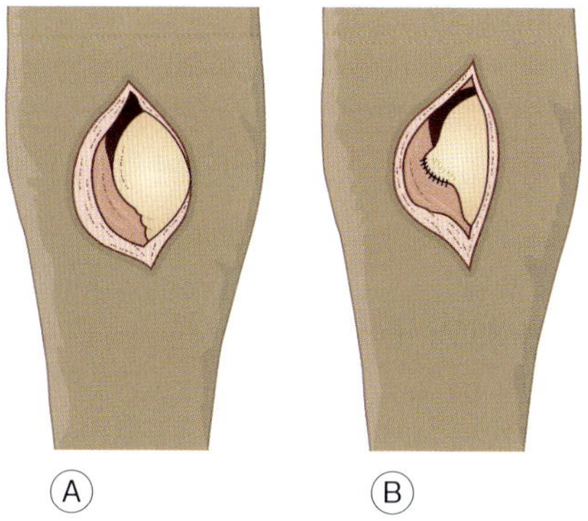

図9-3　漿膜胃固定術

(A) 外科的アプローチを示す。(B) 胃漿膜と壁側腹膜を環状切開し、巾着縫合を行う。

21. 血清カリウム濃度を測定し、必要に応じて塩化カリウムを補給する。
22. 電解質、pH、PCV、TS（≒TP）、血糖値、腎機能を評価する。
23. 必要であれば不整脈を治療する。不整脈を認めた場合は酸素吸入を行う。
    A．最も多く認められる不整脈は、心室性期外収縮（PVC）である。
    B．以下の場合は、PVCの治療を要する。
        Ⅰ．発生部位が多巣性である。
        Ⅱ．発生頻度が上昇している。
        Ⅲ．心拍数＞180回/分
        Ⅳ．R-on-T現象が観察される（期外収縮が前の波形に重なる）。
        Ⅴ．頻脈発生中に心拍出の明確な低下（平均動脈圧＜50mmHg）があったり、大腿動脈圧が触知できない。
    C．リドカイン2～4mg/kgを緩徐IV投与する。心電図をモニターしながら、15～20分間以内に1～2回再投与を行う。ボーラス投与後は、CRIにて継続する。
        Ⅰ．輸液中のリドカイン濃度を1mg/mLに調整する。1Lの輸液バッグに、2%リドカイン50mLを添加するとよい。
        Ⅱ．リドカイン投与量：30～80μL/kg/分 IV CRI
    D．リドカイン投与に反応しない場合は、プロカインアミド6～10mg/kg IV投与する。血圧低下を避けるため、投与量は心電図をモニターしながら5分ごとに2mgずつ増量し、最大投与量は20mg/kgとする。
        プロカインアミド投与により、心室性不整脈がコントロールできている場合は、プロカインアミド25～40μL/kg/分 IV CRIまたは6～10mg/kg IM q6hで投与を継続する。
    E．リドカインやプロカインアミドの効果がいずれも不十分な場合は、血清カリウム濃度を測定する。
        Ⅰ．血清カリウム濃度が低い――IV輸液剤にカリウムを添加し、心電図のモニターを継続する。
        Ⅱ．血清カリウム濃度正常――硫酸マグネシウム0.15～0.3mEq/kgを2～4時間かけてIV CRI投与する。24時間以内に3回まで反復投与が可能である。生命にかかわる状況であれば、マグネシウム0.15～0.3mEq/kgを15～20分間で投与する。
        Ⅲ．プロカインアミド投与に反応がない場合――プロプラノロール投与を追加する。希釈液（0.1mg/mL）を効果発現するまで、または最大投与量0.06mg/kgに達するまでIV投与する。
24. 術後の合併症として食道炎を発症した場合は、H_2ブロッカーを投与する。
    A．ラニチジン（Zantac®）
        犬：0.5～2mg/kg IV、PO q8h
        猫：2.5mg/kg IV q12hまたは3.5mg/kg PO q12h
    B．ファモチジン（Pepcid®）：0.5～1mg/kg IV、PO q12～24h
    C．オメプラゾール（Prilosec®）
        犬：0.5～1.5mg/kg PO q24h
        猫：0.5～1mg/kg PO q24h

D．パントプラゾール（Protonix®）：0.7～1mg/kg IV q24h

25. 術後は、蠕動運動正常化のためにメトクロプラミドを投与するとよい。
 0.2～0.5mg/kg SC、IM、PO q6h
 1～2mg/kg/日 IV CRI
 0.01～0.02mg/kg/時 IV CRI
26. 段階的に、摂食・飲水を平常通りに戻す。
 A．術後8～12時間には、少量の流動食で経口摂取を開始する（胃切開、腸切開を行っていない症例に限る）。
 B．初期は、少量の低脂肪缶フードを、粥状にして与える。
 C．栄養バランスがよい缶フードへ徐々に切り替え、1日4～5回に分けて給餌する。
 D．将来的には、ドライフードに変更することも可能であるが、大量摂食を避けるため、少なくとも1日3回に分割給餌する。
 E．食後は運動させないように、飼育者に指示する。

犬急性（ウイルス性）胃腸炎

診断

ヒストリー――嘔吐、下痢、食欲不振、元気消失、異物摂取、異嗜症、不完全なワクチン接種歴、病犬との接触、多数の犬との接触、腹痛、その他の疾患の罹患歴。

仔犬に発症する急性ウイルス性胃腸炎のうち、一般的かつ重篤なものはパルボウイルス（canine parvovirus：CPV）感染症である。CPV感染症の治療法は、対症療法および支持療法である。急性胃腸炎を惹起する原因疾患は多数存在するが、治療法は全てCPVに準じる。

CPVの潜伏期間は2～14日間で、大半は曝露から4～7日間で症状が発現する。CPV感染症の好発齢は6週齢～6ヵ月齢である。報告されている高リスク犬種は、ロットワイラー、ドーベルマンピンシェル、ラブラドールレトリーバー、アメリカンピットブルテリア、ジャーマンシェパード、スプリンガースパニエル、ヨークシャーテリアなどである。

糞便内へのウイルス排出が認められるのは、通常、CPV感染から約2週間であるが、まれに1年以上排出が持続することがある。一般に、耐過した犬が感染源になることはなく、感受性犬と数ヵ月以上同居しても伝染しない。感染の拡大に大きく影響するのは、無症候感染であると考えられる。至適環境であれば、糞便汚染された土壌中のCPVの感染力は5ヵ月以上持続する。

身体検査――嘔吐・下痢。院内でも継続して生じることが多い。発熱、脱水、腹部触診にて腹痛。必ず直腸検査を行う。患者が極めて小さい場合は、体温計を注意深く直腸に挿入する。直腸内容物や糞便は、外見や性状を評価する。直腸検査によって下痢の有無、性状（粘液性、水様性、血様性など）が明確になる。

症例によっては、沈うつ状態や循環血液量減少性ショックの徴候を示すことがあり、それらの程度は様々である。腸内細菌が腸管粘膜を超えて体内移動すると、二次的に敗血症性ショックやSIRS（全身性炎症反応症候群）が惹起されることがある。

臨床検査――重症患者は、来院後、直ちにミニマムデータベース（PCV、TP、BUN、血糖値を含む）を評価する。時間があれば、以下の項目についても評価する。

1．電解質――一般的に低カリウム血症、低ナトリウム血症、高ナトリウム血症、低クロール血症を認める。

2．血液ガス――酸塩基の不均衡。程度は症例による。顕著な代謝性アシドーシスを認めることが多いが、回帰性嘔吐により胃液の大量喪失が生じると、代謝性アルカローシスに陥る場合もある。

3．CBC――一過性のリンパ球減少症。

A．劇症患者では、好中球減少症や汎白血球減少症が認められる。

B．消化管内寄生虫症の続発症として貧血が生じることがある。また、エールリッヒア症などのリケッチア感染を併発している場合も、貧血を呈することがある。

4．完全な生化学検査――ALT、アルブミン、リン、BUN、クレアチニン、血糖値を含む。

5．院内検査として、ELISA法などを用いた糞便のCPV抗原検査を行う。検体が血便であると、血清中の中和抗体のはたらきにより、偽陰性を示すことがある。ワクチン接種後は、一定期間、ワクチン株ウイルスが糞便中に排出されるため、偽陽性を示すことがある。PCR法を用いると、野外株とワクチン株の判別が可能である。ELISA法の結果の確証を得るには、CPV血清を用いた赤血球凝集抑制反応（HI法）を検査機関に依頼する。血様下痢を呈する犬において、IgMが高力価、IgGが陰性～低力価であれば、CPV感染の急性期と診断する材料となる。現在、高精度ELISA法やダブルサンドイッチELISA法が開発中であり、これらは血清中のCPV特異抗体を検出するよりも高感度であると報告されている。

6．糞便検査

7．尿検査

8．凝固系検査――（必要な症例のみ）ACT、PT、APTT、FSPs、D-ダイマー、トロンボエラストグラフィ（TEG）。パルボウイルス感染症を呈する仔犬は、凝固能亢進を呈することが多い。

腹部X線検査――以下の場合に行う。

触診によるマス触知（腸重積症など）、重度腹部痛、ガス貯留による腸管の局所的拡張、稟告にて異物摂取。CPV感染症を罹患した幼犬では、一般にガスや液体で腸ループが拡張している。

腹部超音波検査――通常は不要であるが、腹水、腸重積、マスなどが検出された場合は追加するとよい。

鑑別診断

腸管内寄生虫、腸管内異物、異嗜症、サルモネラ症、クロストリジウム感染症、膵炎、原虫感染症、リケッチア症（サケ中毒症、エールリッヒア症）、ウイルス感染症（コロナウイルス、ジステンパーウイルス、パルボウイルス）、各種中毒症。

予後

病因や感染時期（来院までの期間）により様々である。

治療

1．飼育者に、原因疾患、診断、予後、治療費について説明する。
2．飼育者向け（クライアント用）の資料を手渡す。
3．院内での感染拡大を予防するため、患者を他の犬から隔離し、ガイドラインに沿った厳密な衛生管理を行う。汚染した場所は、1：30に希釈した家庭用漂白剤など、ウイルスに有効な消毒液で清掃する。
4．治療前に採血する。
5．脱水の程度を評価する。
　A．重度（10～12％）――通常、患者は瀕死状態で、循環血液量減少性ショックを呈する。
　B．中等度（7～10％）――通常、眼球陥没、スキンテント（ツルゴール低下）、毛細血管再充満時間の延長（>1.5秒）を認める。
　C．軽度（5～7％）――粘膜が乾燥し、粘着する。
6．組織の低灌流改善および虚血予防のため、なるべく太いカテーテルを用いてIV輸液を大量に行う。輸液剤は、LRS、プラズマライト®、ノーモソル®-Rなどの調整電解質液を用いる。
　A．低灌流量性ショックにおける初期投与量は90～100mL/kgである（最初の1～2時間）。投与後、患者を再評価する。
　B．1～2時間後、循環系を再評価する。一般には、流量を20～40mL/kg/時に低下させ、安定化を図る。状態安定後も、灌流維持のため、5～10mL/kg/時で継続する。輸液要求量は、一般に維持量の2～7倍（44～66mL/kg/日）に及ぶ。維持期には、マルチライトM®や、プラズマライトM®などの維持輸液剤を用いてもよい。
　C．若齢患者（6～12週齢）の維持輸液量は、120～200mL/kg/日である。低血糖時には、乳酸が代謝材料となるため、若齢患者では、LRSの使用が望ましい。
　D．軽度脱水の場合は、2～6時間かけて不足分を補う。不足量は、次の計算式に従って算出する。
　　　水分不足量（mL）＝脱水の程度（％）×体重（kg）
　E．過剰輸液および持続性低血圧をモニターする。
　　Ⅰ．血圧――最大血圧>90mmHg、平均動脈血圧>60mmHgを維持する。
　　Ⅱ．中心静脈血圧――8～10cmH_2Oを維持する。

Ⅲ. 尿量――少なくとも1～2mL/kg/時を維持する。

7. デキストラン70またはヘタスターチ14～20mL/kg IV、ボーラス投与を考慮する。

8. 重度の循環血液量減少症性ショックを呈すときは、7.5%食塩水4～5mL/kgを2～5分間かけてIV投与する。

A. 循環血液量減少性ショックの治療において、迅速に灌流量を回復させるために、高張食塩水をデキストラン70（HSD）と混和して投与する場合がある。

B. 7.5%食塩水は、脱水や血清ナトリウム濃度増加を呈する症例に投与してはならない。

C. 7.5%食塩水を投与する際は、必ず晶質液を事前または同時に投与する。

9. 以下の抗生物質を投与する。

A. アンピシリンナトリウム：20～40mg/kg IV q6～8h

B. セフォキシチン：
初期は40mg/kg IV、以後は20～25mg/kg IV q6～8h

C. クラブラン酸チカルシリン（Timentin®）：30～50mg/kg IV

D. アモキシシリンとアミカシンの併用――適正に水和されている場合のみ投与可能。
アモキシシリン：15～30mg/kg SC、IM q12h
アミカシン：3.5～5mg/kg IV q8hまたは10～15mg/kg IV q24h

Ⅰ. 脱水時や高窒素血症時のアミノグリコシド投与は、腎不全を誘起する危険性があるので避ける。

Ⅱ. フロセミドを使用する場合は、アミノグリコシド投与を中止する。アミノグリコシド投与中にフロセミドを使用すると、医原性腎不全を誘発する危険性が増大する。

Ⅲ. アミノグリコシドの使用中は、少なくとも1日1回尿沈査検査を行い、尿円柱と細胞を観察する。

E. アンピシリンナトリウム20～40mg/kg IV q6～8hと、アミカシン3.5～5mg/kg IV q8hまたは10～15mg/kg IV q24hの併用。

F. アンピシリンナトリウム20～40mg/kg IV q6～8hと、セフチゾキシム25～50mg/kg q6～8h IV、IM、SCまたはセフォタキシム20～80mg/kg q6～8h IV、IMの併用。

G. 嫌気性菌感染が疑われる場合は、上記の抗生物質の組み合わせのいずれかに、以下の薬剤を追加する。
メトロニダゾール：10mg/kg。1時間かけてIV CRI q8h
クリンダマイシン：10mg/kg IV q12h

H. トリメトプリム・スルファジアジン（ST）合剤：15～30mg/kg SC q12h。ただし、ドーベルマンおよびロットワイラーへの投与は避ける。

I. エンロフロキサシン5mg/kg IV q12hとアンピシリン20～40mg/kg IV q6～8hの併用。

Ⅰ. 成長板が閉鎖していない大型犬の仔犬へのエンロフロキサシン投与は避ける。

Ⅱ. エンロフロキサシンは、生理食塩水で1：1に希釈し、15〜20分間かけて緩徐にⅣ投与する。

10. 重度の頻回嘔吐や悪心を認める場合は、腸重積を疑い、腹部触診などの身体検査を再度行う。制吐薬は、患者を適切に水和した後に投与を検討する。
  A. クロルプロマジン
    0.05〜0.01mg/kg IV q4〜6h
    0.2〜0.5mg/kg SC、IM q6〜8h
    1mg/kg 直腸内投与 q8h。生理食塩水1mLで希釈し、プラスチックカテーテルを用いて直腸内に注入する。
  B. プロクロルペラジン：0.25〜0.5mg/kg SC、IM q6〜8h
  C. オンダンセトロン（Zofran®）：0.1〜0.2mg/kg IV q6〜12h
  D. ドラセトロン（Anzemet®）：0.6〜1mg/kg IV、SC、PO q24h
  E. マロピタント（Cerenia®）：1mg/kg SCまたは2mg/kg PO q24h 最大で5日間
  F. メトクロプラミド（Reglan®）
    0.2〜0.5mg/kg SC、IM、PO q6h
    1〜2mg/kg/日 IV CRI
    0.01〜0.02mg/kg/時 IV CRI
    メトクロプラミド投与中は、2〜4時間ごとに腹部触診を行うなど、腸重積に対する十分なモニターを要する。機械的消化管閉塞が疑われる症例および発作歴を有する症例では、メトクロプラミド投与は避ける。
  G. ブトルファノールを0.2〜0.4mg/kg IV、IM q2〜4hで投与することにより、制吐作用および鎮痛作用が得られる。
  H. 経鼻胃チューブを用いて、数時間ごとに胃液吸引を行うと、嘔吐刺激を軽減できる。
  I. 異物、腸重積、急性膵炎、逆流性食道炎の徴候をモニターする。腹部触診は4時間ごとに行う。

11. 吐血、悪心（流涎、過剰な嚥下動作）が観察されるときは、以下の薬剤を投与する。
  A. ファモチジン（Pepcid®）：0.5〜1mg/kg IV q12h
  B. ラニチジン：2〜5mg/kg IV、SC q12h
  C. オメプラゾール（Prilosec®）：0.5〜1.5mg/kg PO q24h
  D. パントプラゾール（Protonix®）：0.7〜1mg/kg IV q24h
  E. スクラルファート：0.5〜1g PO q8h
  F. 治療用量での硫酸バリウム投与（0.55〜1.1mL/kg PO q12h）を検討する。

12. 腹部痛に対して、疼痛管理を行う。ブトルファノールは、鎮痛作用と制吐作用を併せもつ。ブプレノルフィンまたはフェンタニルを用いてもよい。

13. 血糖値をモニターし、100〜130mg/dLに保つ。必要に応じて25%ブドウ糖溶液（1mL/kg）をIV、ボーラス投与する。16週齢未満の患者に用いる際は、ブドウ糖溶液を12.5%に希釈する。

A. 水和状態が正常であれば、2.5～5%ブドウ糖溶液（晶質液にブドウ糖を添加する）をIV CRI投与してもよい。ただし、水和状態のモニタリングは継続すること。

B. リバウンドによる低血糖を避けるため、ブドウ糖溶液の点滴は、漸減する。

14. 重度の貧血を呈する場合は、リケッチアや寄生虫感染症の併発を除外した上で、赤血球輸血を検討する。赤血球輸血はフィルターを使用し、5～10mL/kgを3～4時間かけてIV投与する。輸血前には、クロスマッチを行うこと。

15. 糞便中の鉤虫、回虫、鞭虫、球菌、ジアルジアを検査し、適宜治療する。仔犬であれば、糞便検査の結果にかかわらず、駆虫薬を投与してもよい。

A. イベルメクチン：200μg/kg SC。イベルメクチンは、*MDR-1*遺伝子変異を有する品種（コリー、コリー系雑種、シェルティー、ボーダーコリー、オーストラリアンシェパード、オールドイングリッシュシープドッグ、ジャーマンシェパード、シルケンウィンドハウンド、ロングヘアードウィペット、これらの交雑種など）、および犬糸状虫症に罹患している個体には使用しない。

B. フェンベンダゾール（Panacur®）：50mg/kg PO 3日間

C. ピランテル（Nemex®）：5mg/kg PO。7～10日後に再投与。

16. 蛋白質喪失をモニターする。少なくとも1日1回は、TS（≒TP）またはアルブミン濃度を測定する。

A. TS＜3.5mg/dLであれば、ヘタスターチまたはデキストラン70を14～20mg/kg IV投与する。効果は、反復・連日・連続投与を行うことで増強される。

B. 凝固障害、播種性血管内凝固症候群（DIC）、重度低アルブミン血症、末梢浮腫、その他の過剰輸液徴候を認める場合は、血漿輸血5～30mL/kgをIV投与する。重度の白血球減少、免疫抑制状態、DIC徴候がみられる患者に対しても推奨される。投与には、フィルターを使用する。

17. 嘔吐の程度や持続時間、血清カリウム濃度に応じて、IV輸液剤のカリウム濃度を調節する（**表9-1**）。

18. 栄養サポートを行う。

A. 部分的非経口栄養輸液——経口投与と併用して、ProcalAmine®（アミノ酸3%、グリセロール、電解質を含有）をIV投与する。特に、仔犬が3日以上食欲不振を呈する場合は、積極的に投与する。

B. ProcalAmine®の投与量は、40～45mL/kg/日で、維持輸液と同じ速度で投与する。

C. ProcalAmine®の輸液バッグは、晶質液輸液ラインに接続してもよい。

D. 市販品を使用しない場合は、5%ブドウ糖添加LRS700mLに8.5%アミノ酸300mLを添加する。脂肪乳剤添加については、見解が一致しておらず、免疫抑制との関連性も指摘されている。

E. 非経口栄養輸液法では、無菌的な静脈カテーテル留置・維持が重要で

表9-1　カリウムの投与*において推奨される最大流量

カリウム喪失の程度	(mEq/L)	(mL/kg/時)
維持（血清濃度＝3.6〜5.0%）	20	25
軽度（血清濃度＝3.1〜3.5%）	30	17
中等度（血清濃度＝2.6〜3.0%）	40	12
重度（血清濃度＝2.1〜2.5%）	60	8
致死的（血清濃度＜2.0%）	80	6

＊カリウムの投与速度は、0.5mEq/kg/時を超えてはならない。

ある。留置部位に疼痛、発赤、腫脹がないかを毎日確認する。

19. グルタミンを補給する。グルタミンパウダー（250mg/kg PO q12h）またはVivonex TEN®を投与する。
    A. 腸細胞が正常に機能するには、グルタミンが必須であり、効果発現には腸粘膜からの吸収を要する。グルタミンは、3日間欠乏するだけで組織レベルの損傷を生じ、腸細胞機能や腸管構造の完全性が損なわれる。
    B. Vivonex TEN®投与法――PO q1〜2hまたは経鼻胃カテーテルよりCRI。
    C. Vivonex TEN®投与量――40〜45kcal/kg/日（1kcal＝1mL）
    D. Vivonex TEN®希釈法――説明書記載量の2倍の水（1袋あたり500mL）を加え、50%溶液で使用する（説明書には、1袋あたり水250mLを添加すると記載されている）。
    E. 1日目は要求量の1/3、2日目は2/3、3日目以降は全量を与える。グルタミンの投与は、食欲が回復するまで継続する。
    F. コントロールできない持続性嘔吐、吐血、消化管内異物、誤嚥性肺炎が懸念されるような沈うつ状態を呈する場合を除き、Vivonex TEN®は1〜2時間おきに投与する。
20. 静脈内輸液へのビタミンB群添加（4mL/L）を検討する。
21. エンドトキシン（リポ多糖）の抗血清（SEPTI-Serum®）投与を検討する。
    A. 晶質液に抗血清4.4mL/kgを加え、1時間かけてIV CRI投与する。
    B. 抗血清は、同量の晶質液で希釈する。
    C. 投与の開始後は、アナフィラキシー反応の徴候を慎重にモニターする。
    D. 抗血清は、一般に単回投与が推奨される。初回投与から5〜7日後の再投与は可能であるが、アナフィラキシー反応の危険性が増大する。
    E. 抗血清治療に関する見解は一致していないが、敗血症を呈し、他の治療に反応しない患者に有益な場合もある。
22. オセルタミビルリン酸塩（Tamiflu®）は、ヒトのインフルエンザAおよびBの治療薬として開発された抗ウイルス薬である。オセルタミビルは、犬パルボウイルス感染症にも効果を示す可能性がある。推奨投与量は2.2mg/kg PO q12hである。症状発現を認めたら、直ちに投与を開始する。

味の悪さを軽減するために希釈してもよい。オセルタミビルを投与した仔犬群では、コントロール群と比較し、体重減少と白血球数低下が軽度であったとの報告もある。

23. PCV、TS（≒TP）、血糖値を、少なくとも12時間ごとに測定する。
24. CBC、生化学検査（ALT、アルブミン、クレアチニン、カリウムなどの各症例に必要な項目）は、24～48時間ごとにモニターする。
25. 現在の状態、初診時の状態、臨床徴候の進行度などを考慮し、必要であれば血液ガスを測定する。
26. 少なくとも24時間ごとに尿（量、比重、色調）をモニターする。尿量は、少なくとも1～2mL/kg/時を維持し、尿比重は1.015～1.020に保つ。アミノグリコシドを投与している場合は、尿円柱の有無を毎日観察する。
27. 12～24時間ごとに体重測定と身体検査を行う。
28. 直腸温が41.3℃を超える場合
    A. IV輸液量を増加した後、再測定する（輸液の温度は、室温またはやや低めにする）。体温が下がらない場合は、以下のいずれかの薬剤を投与する。
    B. アセトアミノフェンエリキシル：10mg/kg PO、単回投与。
    C. ケトプロフェン：0.5～1.0mg/kg IV、単回投与。
    D. ジピロン：10～15mg/kg IV、単回投与。
29. 時間が許す限り、優しく手厚い看護を施す。身体面だけでなく、精神面のケアも心がける。仔犬が求めるのであれば、なでたり遊んだりする時間をつくり、将来的に獣医師を怖がることのないように努める。
30. 嘔吐がある場合は、絶食・絶水とする。ただし、グルタミンを添加した電解質液は、1～2時間ごとにPO投与する。
31. 12時間以上嘔吐がなければ、Pedialyte®またはCliniCare®を与える。
    A. CliniCare®の初回投与時は、浸透圧性下痢を防ぐため、50%に希釈する。
    B. 24時間かけてCliniCare®の投与量を要求量まで増量する。
    C. CliniCare®、Pedialyte®の投与を12～24時間継続しても問題が生じなければ、Hill's i/d®、a/d®、Eukanuba Nutritical Recovery Formula®のいずれかを、粥状にして給餌する。粥状食を24時間投与し、嘔吐が生じなければ、粥の水分量を漸減する。3日間、水分量が多く、柔らかい食餌を与え、以後は徐々に通常の仔犬用フードへ戻す。

消化管閉塞と重積

病因

各種異物（骨、石、服飾品、ボール、玩具、紐、金属片、糸、デンタルフロス、釣り糸など）が消化管内腔に留まると、閉塞を生じる。消化管壁に発生した病変（新生物、血腫、過形成）も閉塞の原因となる。また、消化管内腔外の疾患（胃拡張・胃捻転、腸捻転、狭窄、ヘルニア、重積）に起因することもある。

診断

ヒストリー――異物誤食、咀嚼の目撃歴。嘔吐。症例によっては、食欲不振、沈うつ状態、排便回数減少、血液混入便。重積は、パルボウイルス性胃腸炎を含む各種消化管炎、腸管内寄生虫、有機リン中毒症など、種々の原因に続発する。

紐状異物誤食は猫に多い。猫では、糸、紐、装飾品で遊んでいる現場を目撃していなくとも、紐状異物誤食を除外してはならない。

身体検査――腸管内異物症例における身体検査では、通常、異常は認められない。大半の異物は、腹部触診では検出されない。症例によっては、異物や腸重積が触診にて確認できることもある。腸重積が生じた部位は、「ソーセージの形」を呈する。その他の所見として、脱水、元気消失、腹部圧痛、腸ループ拡張、蠕動音減少・欠如など。

紐状異物誤食が疑われる（嘔吐、嚥下困難を呈する）猫では、舌下を含め、口腔内を念入りに精査する。

臨床検査――重症例では、来院直後に、PCV、TS（≒TP）、乳酸、BUN、クレアチニンを含むミニマムデータベースを評価する。時間があれば、以下の項目も評価する。

1．電解質――一般的に低ナトリウム血症、低クロール血症、低カリウム血症を認める。
2．血液ガス――代謝性アシドーシスから代謝性アルカローシスまで、多様な酸塩基不均衡。
3．CBC――白血球増多症
4．詳細な生化学検査（ALT、ALP、アルブミン、リン、血糖値、BUN、クレアチニンなど）を行う。前腎性高窒素血症、敗血症に続発する肝酵素値上昇の可能性。
5．若齢犬では、パルボウイルスの院内検査（ELISA法による糞便CPV抗原検査など）を行う。
6．膵炎検査
   院内――SNAP cPL、fPL
   検査機関――Spec cPL（犬膵特異的リパーゼ）、fPLI（猫膵リパーゼ免疫活性）
7．糞便検査
8．尿検査
9．消化管漏出と腹膜炎が生じていれば、腹腔穿刺・腹水細胞診を行う。

腹部X線検査――X線不透過性異物やガスによる腸ループ拡張がなければ、正常にみえる。腸管拡張は、異物の近位で生じる。異物による閉塞の好発部位は、幽門部、遠位十二指腸、近位空腸である。腹腔内遊離ガス、腹水、腹腔内臓器のディテール低下は、腸管穿孔を示唆する。紐状異物は、腸管の折りたたみ、ひだ形成、あるいは単純X線にて多数のエンドオンループとして示される、腸管のギャザリングを生じる。猫では、正常腸管が数珠状を呈す場合があり、混同しやすいため注意する。正常所見では、管腔が左右対称性に広がったり狭まったりする特徴がある。

症例に応じて、空気、二酸化炭素、陽性造影剤を用いた造影、二重造影法を行う。腸管穿孔が疑われる症例では、バリウム造影を避ける。胃内に造影剤が12時間以上滞留する場合は、胃停滞と診断する。正常であれば、食餌摂取後30分以内に胃内容物排出が開始する。

単純X線画像では、回結腸の重積は筒状の軟部組織マスとして認められ、辺縁は楕円形または丸みを呈する。重積の嵌入部は、腸管内ガスに囲まれていることもある。造影X線検査では、重積は造影剤充填欠損を呈し、消化管通過時間が延長する。重積部入口の内腔は、突然の狭窄を呈し、重積部近位の腸管は拡張する。結腸重積の診断には、バリウム注腸が最も有用である。

胃内視鏡――胃内異物の除去、診断に有用。

腹部超音波検査――重積の診断に有用である。エコー断面にて、重積は高エコーの中心部と低エコーのリングとの二重の同心円を示す。超音波エコーにおける異物の画像所見は、閉塞の程度や異物の構成成分により多様である。腸管拡張を認めた場合は、異物の有無を入念に確認する。

試験的開腹術――持続性嘔吐、腹痛、腸管拡張、腹膜炎などを呈する症例では有用な診断法である。開腹しなければ確認できない異物や通過障害も存在する。

鑑別診断

胃粘膜肥厚、胃潰瘍、胃腫瘍、幽門狭窄、急性胃炎、胃腸炎、麻痺性イレウス、炎症性腸疾患、腸間膜捻転。

予後

閉塞の経過時間、部位、臓器損傷の程度によって異なる。例えば、単純な閉塞のみで、腸管の完全性が保たれていれば予後良好であるが、重積が長期間存在し、広汎な腸管壊死と腹膜炎を呈する症例では予後不良である。腸捻転の予後は極めて不良である。

治療

1. 飼育者に、診断、予後、治療費について説明する。
2. 球形の異物で、表面が円滑であれば、催吐を試みる。
   犬：アポモルヒネ1～5mg/kg SCまたは結膜円蓋投与
   猫：キシラジン1mg/kg IM
3. 留め金や針など、小型の胃内異物は、内視鏡下での摘出を試みる。
4. 大型の異物、表面粗造な異物など、消化管損傷が懸念される場合は、胃切開術適用である。
5. IVカテーテルを留置する。
6. 酸塩基平衡、電解質に応じた輸液を行う。脱水や循環血液量減少性ショックは是正する。
7. 消化管バリア損傷に伴う細菌体内移行による敗血症リスクを低減するため、以下の抗生物質を投与する。

A．セファゾリン20mg/kg IV q8hまたはアンピシリン0～40mg/kg IV q6～8hと、アミカシン3.5～5mg/kg IV q8h、10～15mg/kg IV q24hまたはゲンタマイシン6～9mg/kg IV q24h、2～3mg/kg IV q8hを併用する。
Ⅰ．脱水時や高窒素血症時のアミノグリコシド投与は、腎不全を誘起する危険性があるので避ける。
Ⅱ．フロセミドを使用する際は、アミノグリコシド投与を中止する。アミノグリコシド投与中にフロセミドを使用すると、医原性腎不全を誘発する危険性が増大する。
Ⅲ．アミノグリコシド使用中は、少なくとも1日1回尿沈査検査を行い、尿円柱と細胞を観察する。
B．アンピシリンナトリウム20～40mg/kg IV q6～8hと、以下のいずれかを併用。
セフチゾキシム：25～50mg/kg IV、IM、SC q6～8h
セフォタキシム：20～80mg/kg IV、IM q6～8h
C．セフォキシチン：
初期は40mg/kg IV、以後は20～25mg/kg IV q6～8h
D．クラブラン酸チカルシリン（Timentin®）：30～50mg/kg IV
E．アンピシリンスルバクタム（Unasyn®）：
20～50mg/kg IV、IM q6～8h
F．エンロフロキサシンとアンピシリンの併用。
エンロフロキサシン
犬：5～10mg/kg IV q12hまたは5～15mg/kg IV q24h
猫：5mg/kg/日（最大量）
アンピシリンナトリウム：20～40mg/kg IV q6～8h
Ⅰ．成長板が閉鎖していない大型犬の仔犬へのエンロフロキサシン投与は避ける。若齢の大型犬にエンロフロキサシンを3～5日間投与すると、有害事象が生じることが報告されている。
Ⅱ．エンロフロキサシンは、生理食塩水で1：1に希釈し、緩徐にIV投与する。
Ⅲ．猫では、盲目を惹起する危険性があるので、投与量は5mg/kg/日を超えてはならない。
G．嫌気性菌感染が疑われる場合は、上記の抗生物質の組み合わせのいずれかに、以下の薬剤を追加する。
メトロニダゾール：10mg/kg IV。1時間かけてCRI q8h
クリンダマイシン：10mg/kg IV q12h
8．異物が疑われる場合は、メトクロプラミド投与を避ける。他の制吐剤（ドラセトロン、オンダンセトロン、マロピタントなど）を投与しても、異物を除去しない限り、嘔吐が持続する。
9．消化管壊死の進行が予想される場合や、穿孔の可能性がある場合は、緊急手術を検討する。
10．開腹術では、病変部位の修復、異物除去、腹腔内臓器の入念な探査を行う。

肉眼的に病変部位が確認できない場合は、少なくとも空腸および回腸の生検を行う。

11. 紐状異物除去
    A. 全身麻酔下にて、舌下を入念に探索する。紐があれば、切断する。
    B. 腸管全体を丁寧に探査する。
    C. 胃内異物がある場合は、胃切開術を行う。
    D. 腸切開は、腸の中心ラインを閉塞部全長にて切開する。
    E. ゆっくりと牽引して、紐状異物を取り出す。
    F. 開部位より可能な限り異物を除去する。除去しきれない場合は、一旦紐を切断し、別部位に新たな切開を施して、残存異物を除去する。
    G. 腸間膜側の腸管穿孔と続発する腹膜炎が疑われる場合は、腸切除・吻合を要する。
        Ⅰ. 単純結節縫合（並置法、クラッシング法）、または単純連続並置縫合を行う。
        Ⅱ. モノフィラメント吸収糸または非吸収糸、マルチフィラメント吸収糸を用いる。犬では3-0～4-0を、猫では4-0～5-0を選択する。
    H. 吻合部位を大網で覆う。
    I. 加温生理食塩水にて腹腔洗浄を行い、洗浄液を入念に吸引してから閉腹する。
    J. 切除部位が長く、術後に吸収不良が予測される場合（一般に腸管の75％以上を切除した場合）は、予後不良である。
12. 重積の整復
    A. 優しく重積部位（外側の腸管）を把持し、陥入部位（内管または内側の腸管）をゆっくりと牽引する。
    B. 重積が整復できれば、漿膜面に外傷所見がないかを観察する。単純な裂傷であれば、3-0合成吸収糸を用いて単純結節縫合を行う。
    C. 重積が整復できない場合や、重積部位の腸管が壊死している場合は、腸管切除術と吻合術を行う。
    D. 吻合部位を体網で覆う。
    E. 再発防止のために、重積部位を腹腔に固定するか（腸固定術）、アコーディオン状に腸管を固定する（腸管ヒダ形成術）。
    F. 加温生理食塩水にて腹腔洗浄を行い、洗浄液を入念に吸引してから閉腹する。
13. 腸管穿孔による腹膜炎が生じた場合は、閉腹せずに、腹腔ドレナージを促す。
14. 腸管の失活が疑われる場合は、24時間後に試験開腹術を行い、活性を確認する。
15. 術後24時間後より少量の飲水を開始する。8～12時間は飲水のみとし、嘔吐が消失すれば、消化のよい食餌を少量与える。これを3～5日間継続した後、通常のフードに戻す。
16. 合併症には、腸切開部位や吻合部位の離開、続発する腹膜炎、膿瘍、癒着、狭窄、吸収不良症候群（腸管の75％以上を切除した場合）などがある。

17. 消化管手術後に腹膜炎が疑われる所見には、以下のものがある。

A. 増悪する腹痛

B. 沈うつ

C. 持続性嘔吐

D. 発熱と白血球増多

E. 正常な蠕動音の欠如

F. イレウス

G. X線検査にて、腹水、腸管全域にわたるガス貯留、腸管のディテール低下、腹腔のすりガラス様所見など。腹腔内遊離ガスは、消化管手術後には一般に認められるため、腸管穿孔の有無を評価する徴候として用いることはできない。

H. 一般に、有効な診断法は、腹腔穿刺・腹腔洗浄と腹水解析である。腹水貯留ポケットの検出には、超音波エコーを用いる。

Ⅰ. 細胞診——中毒性・変性白血球の検出、白血球数測定を行う。植物片の存在は、穿孔を示唆し、迅速な試験開腹術の実施を要する。術後は、腹膜炎を起こしていなくても、腹腔洗浄液中の好中球増多（>10,000/mm^3）を認めることがある。ただし、これらの好中球には、細菌貪食像や変性はない。

Ⅱ. 尿路からの漏出が疑われる場合は、腹水クレアチニン濃度またはカリウム濃度を測定する。

犬の腹水クレアチニン：末梢血クレアチニン>2：1である場合は尿の漏出が示唆される（特異度100％、感度86％）。また、犬の腹水カリウム：末梢血カリウム>1.4：1である場合も尿の漏出が示唆される（特異度100％、感度100％）。腹水クレアチニン濃度が、血液クレアチニン濃度の4倍以上である場合も、尿漏出が示唆される。

Ⅲ. 腹水乳酸値を測定し、血清乳酸値と比較する。犬の感染性腹水では、乳酸値が2.5mmol/Lを超え、かつ血清乳酸値よりも高値を示す。

Ⅳ. 腹水グルコース値を血糖値と比較する。犬猫ともに、腹水グルコース値が同時に採血した血糖値より20mg/dL以上低い場合は、感染性腹膜炎が示唆される。この所見の犬での特異度・感度はともに100％である。猫では、特異度100％、感度86％である。

Ⅴ. PCV、TS（≒TP）——腹水PCV値が上昇し、末梢血PCV値に近い高値を呈している場合は、腹腔内出血が生じている。腹腔内穿刺を行うと、非凝固血が吸引される。赤血球貪食像が観察されることもある。

18. 腹膜炎が疑われる場合は、直ちに再開腹する。

猫の下痢

病因

1. 解剖学的異常——先天性結腸短縮、小腸・大腸の外科的広範切除、膵臓空腸間膜靭帯遺存、門脈体循環シャント、閉塞、外傷性・先天性の横隔膜ヘルニア・心嚢ヘルニアなど。
2. 感染性
   A. ウイルス性腸炎——猫汎白血球減少症、腸管コロナウイルス、FIP、ロタウイルス、アストロウイルス、猫カリシウイルス、FeLV、FIV
   B. 細菌性腸炎——*Campylobacter jejuni*、*Salmonella* spp.、*Escherichia coli*（大腸菌）、*Bacillus piliformis*、*Clostridium perfringens*（エンテロトキシン性下痢、ゴミあさりによる胃腸炎）
   C. 真菌性腸炎——*Histoplasma capsulatum*、*Aspergillus fumigatus*
   D. 寄生虫性腸炎——*Isospora* spp.、*Giardia*、*Toxoplasma gondii*、*Cryptosporidium* spp.、回虫、猫鉤虫、犬鉤虫、狭頭鉤虫、*Strongyloides tumefaciens*、猫糞線虫、犬条虫、*Spirometra mansonoides*（擬葉類条虫の一種）、猫条虫、犬糸条虫
3. 免疫介在性——食物不耐性、過敏症
4. 炎症——リンパ球プラズマ細胞性腸炎、好酸球性腸炎、肉芽腫性腸炎、組織球性腸炎、潰瘍性腸炎、化膿性腸炎、炎症性腸疾患
5. 代謝性・内分泌性——甲状腺機能亢進症、糖尿病、膵外分泌不全、膵炎、肝疾患
6. 腫瘍性——リンパ腫、腸管型肥満細胞腫、猫の全身性肥満細胞症、腺癌（特に雄のシャム）、その他の消化管腫瘍
7. 薬剤・毒物——直接的な腸管刺激性を有する各種の薬剤・化学薬品・植物により、腸の運動性が変化し、下痢が誘発される。
8. その他——神経質な猫の特発性腸炎（特にシャム、アビシニアン、バーミーズ）、異嗜食、過剰摂食、突然の食餌の変更、ストレス

診断

ヒストリー——嘔吐、下痢の目撃歴。間欠的下痢・食欲不振・嗜眠。下痢発症より1〜3日前における突然の食餌変更。

身体検査——隈なく、入念に行う。ただし、無鎮静で猫の直腸検査を行うことは推奨されない。脱水、腹部触診にて圧痛、腹腔内マスの触知など。

臨床検査——

1. 糞便検査（肉眼、顕微鏡下）
2. CBC
3. 完全な生化学検査
4. 尿検査
5. FeLV、FIV ウイルス検査
6. 甲状腺ホルモン測定

7．ジアルジアの試験的治療
8．除外食の適応
9．必要に応じて、以下の検査を行う。
oxygen specific function test、SNAP fPL、fPLI、糞便培養、吸収テスト
腹部X線検査――腸管内異物、腸管肥厚、閉塞所見、腹腔内マスを認めることがある。
腹部超音波検査――腸管壁の肥厚、腹腔内マスの診断に有用。

診断には、麻酔下での内視鏡検査と腸管生検を要する症例もある。持続性嘔吐・下痢、腹部痛、腸管拡張、腹膜炎を認める症例では、試験的開腹術が有用である。腸管壁内の病変、閉塞、異物においては、開腹しなければ診断できない症例がある。

予後

病因や初診時の容態などによって、予後は異なる。

治療

1．飼育者に、診断、予後、治療費について説明する。
2．軽度の急性下痢
  A．8週齢以上であれば、24〜36時間の絶食・絶水。
  B．嘔吐がなければ、経口飲水による水和状態維持。
  C．消化のよい食餌（茹でた鶏肉、七面鳥、カッテージチーズ、芋、米など）による給餌開始。タマネギ粉末が入ったベビーフードは与えない（猫ではハインツ小体性貧血を引き起こすことがある）。下痢が止まれば、2〜3日間かけて通常食に戻す。
  D．コクシジウム症、ジアルジア症の経験的治療
    Ⅰ．猫のコクシジウム症に対する推奨治療
    スルファジメトキシン（Albon®）：初回投与量は55mg/kg、以後は25mg/kg/日で14日間投与。
    Ⅱ．猫のジアルジア症に対する推奨治療
    メトロニダゾール：10mg/kg PO q8h。7〜10日間投与。
  E．猫の回虫・鉤虫感染症における推奨治療
  ピランテル（Nemex®）：20mg/kg PO。3週間後に同用量にて再投与。
  F．原因疾患に応じて治療を行う。
3．重度の急性下痢――犬パルボウイルス感染症（CPV）の治療に準ずる。
  A．晶質液（ノーモソル®-R、LRS）を用いたIV輸液またはSC輸液を行う。可能であれば、IV輸液が望ましい。
  B．通常、カリウム補給を要する。血清カリウム濃度を測定し、適量を投与する。経験的には、IV輸液剤1Lに30mEqのカリウムを添加するとよい。
  C．発熱、白血球増多症、重度の出血性腸炎を認める場合は、抗生物質を投与する。アモキシシリン、エンロフロキサシン、メトロニダゾール、ST合剤が推奨される。

D．血糖値のモニタリング。必要に応じて5%ブドウ糖溶液をIV投与し、血糖値を130～150mg/dLに保つ。

E．必要であれば、制吐薬投与。

F．低蛋白血症、低アルブミン血症を呈する場合は、コロイド投与や血漿輸血を検討する。

G．栄養サポート。部分的な非経腸栄養剤としてProcal Amine®40～45mg/kg/日 IVを検討する。

H．原因疾患を治療する。臨床徴候が軽度下痢のみである場合は、患者を保菌状態（キャリア）にする危険性を考慮し、抗生物質投与は行わない。

Ⅰ．カンピロバクター症が疑われる場合は、エリスロマイシン10～15mg/kg PO q8h、またはテトラサイクリンやクロラムフェニコールを投与する。

Ⅱ．サルモネラ症が疑われる場合は、エンロフロキサシン、ST合剤を投与する。敗血症を呈する場合は、クロラムフェニコールを投与する。

Ⅲ．クロストリジウムの異常増殖が疑われる場合は、アモキシシリン、クリンダマイシン、クロラムフェニコール、タイロシンのいずれかを投与する。

I．止瀉薬投与は禁忌である。

J．嘔吐がなければ、カッテージチーズ、茹でた鶏肉、じゃがいもなどの消化のよい食餌を与える。

4．慢性下痢（3～4週間の持続）

A．栄養サポート。フードの変更が効果的な場合も多い（Iams Feline®、Hill's Feline c/d®、Hill's Feline Science Diet®など）。

B．メトロニダゾール：10～20mg/kg PO q8h
タイロシン（粉剤）：小さじ1/16をフードに混ぜる。q12h
サルファサラジン：3～4.5mg/kg q8～12h。7～10日間投与。サルファサラジンは、サリチル酸（アスピリン）を含有しているため、猫への投与は慎重に行う。

C．原因疾患を治療する。

D．猫の炎症性腸疾患の治療

Ⅰ．プレドニゾン：0.5～1mg/kg PO q12h。2～4週間投与。以後は2週間ごとに50%ずつ漸減する。

Ⅱ．メトロニダゾール：10～20mg/kg PO q12h。数ヵ月間継続投与。

Ⅲ．ブデゾニド：1mg/頭 PO q24h

Ⅳ．一部の猫では、アザチオプリンが有効であり、上記の治療に反応しない場合には試すとよい。
アザチオプリン（Imuran®）：0.3～0.5mg/kg PO SID。3～9ヵ月間投与。

出血性胃腸炎（HGE）

診断

ヒストリー――若齢の小型犬種（プードル、ダックスフンド、ミニチュアシュナウザーなど）に好発する。一般に、急性発症し、嘔吐、吐血、悪臭下痢、血便、ジャム様便、テネスムス（しぶり）を呈する。

身体検査――沈うつ、脱水。一般に明らかな腹部圧痛は認められない。大量の吐血や血便を呈し、進行すると、循環血液量減少性ショックを呈することもある。

臨床検査――PCVの顕著な増加（55～70%）を認めるが、TS（≒TP）はほとんど（または全く）変化しない。その他の項目では、明らかな異常を認めないことが多いが、白血球ストレスパターンを呈することがある。ダックスフンドの場合、PCVは55%までが基準範囲内である。

鑑別診断

1．急性のパルボウイルス、コロナウイルス性腸炎
2．腸管内寄生虫
3．非ステロイド性抗炎症薬やステロイド投与による消化管潰瘍
4．砒素や鉛などの中毒症
5．サルモネラ性腸炎

予後

初診時の状態により、予後は良好～不良である。

治療

1．飼育者に、診断、予後、治療費について説明する。
2．LRSやノーモソル®-Rなどの晶質液を用いてIV投与を行い、PCV<50%にする。循環血液量減少性ショックを呈する場合は、60～90mL/kg/時にて1時間投与した後、水和状態と灌流状態を再評価する。通常、24～48時間の輸液療法を要する。
3．一般に、ペニシリン系抗生物質（アンピシリン、アモキシシリン）の投与が推奨される。
4．灌流改善のため、ヘタスターチ10～20mL/kg/日のIV投与を検討する。
5．播種性血管内凝固症候群（DIC）の徴候を慎重にモニターする。DICが認められた場合は、新鮮凍結血漿などを用いて適切な治療を施す。
6．重度の反復性嘔吐・悪心を呈する場合は、制吐薬投与を試みるが、投与前に必ず水和状態を是正する。
   A．マロピタント（Cerenia®）：1mg/kg SC q24h 最長5日間
   B．ドラセトロン（Anzemet®）：0.6～1mg/kg IV、SC、PO q24h
   C．オンダンセトロン（Zofran®）：0.1～0.18mg/kg IV q8～12h
7．吐血または悪心徴候（流涎や過剰な嚥下行動）を認める場合は、以下を投

与する。

A．ファモチジン（Pepcid®）：0.5～1mg/kg IV q12h

B．ラニチジン：2～5mg/kg IV、SC q12h

C．シメチジン：5～10mg/kg IV、IM q8～12h

D．重度の吐血を認める場合——
オメプラゾール（Prilosec®）：0.2～0.7mg/kg PO q24h

E．犬では、スクラルファート1gを10mLの蒸留水で希釈し、以下の用量で投与する。
体重＜20kg：250～500mg PO q6～8h
体重＞20kg：1g PO q6～8h

F．治療用量での硫酸バリウム0.55～1.1mL/kg PO q12hの投与を検討する。

8．維持量でIV投与を継続し、12～24時間絶食する。12～24時間嘔吐がなければ、飲水を開始する。24～48時間嘔吐がなければ、消化のよい食餌を少量与える。これを3日間継続した後、徐々に通常のフードに戻す。

大腸炎

診断

ヒストリー——稟告として、テネスムス（しぶり）を伴う少量頻回排便、排便困難、便意切迫など。糞便中に粘膜や鮮血の混入。頻回嘔吐や体重減少はまれであるが、慢性症例や再発症例では認められることがある。

身体検査——通常、糞便中に粘膜や鮮血が観察される以外は異常を示さない。直腸検査は重要であり、直腸の不快感、血便、直腸粘膜の肥厚・不整、小石や骨片の直腸内埋伏などが検出され得る。

臨床検査——CBCや完全な生化学検査を行い、他の腹部疾患を除外する。

1．CBCは、一般に正常であるが、鉄欠乏性貧血、好中球増多症、好酸球増多症、低蛋白血症を認めることもある。

2．生化学検査にて、一般に異常は認められない。

3．便のウェットマウント法や虫卵浮遊法にて寄生虫が検出されることがある。

4．直腸細胞診を行う。

A．手袋を装着し、結膜スパチュラまたは濡らした綿棒で、直腸粘膜を優しく掻爬し、直腸上皮細胞を採取する。

B．検体をスライドガラスに置く。

C．正常所見では、上皮細胞、各種食渣、多種の酵母菌・細菌などが観察される。

D．異常所見では、腫瘍細胞、炎症細胞、感染性病原体（*Clostridium perfringens*、*Histoplasma capsulatum*の芽胞など）を認める。

5．猫では、猫白血病ウイルスや猫免疫不全ウイルスの検査を行う。

6．中年齢～老齢猫では、T_4測定も推奨される。

腹部X線検査——他の腹部疾患を除外するために行う。マス、腸管内異物、閉塞の有無を確認する。

食物試験――4～6週間は、高消化性フードのみの給餌を試みる。

1．Hill's Prescription Diet i/d®、Eukanuba Low Residue®、Royal Canin Intestial GE®、Purina EN®などを用いる。
2．4～6週間、高消化性フードのみの給餌を行っても、臨床徴候が消失しない場合は、オオバコ種皮（Metamucil®）などの可溶性食物繊維をフードに混ぜる（1.33g/kg/日）。
3．新奇蛋白質フードまたは加水分解フードが効果的な場合もある。
4．ω-3脂肪酸の補給が効果的な場合もある。

下部消化管内視鏡および大腸（結腸）生検も、診断に役立つ。

鑑別診断

1．炎症性腸疾患――リンパ球プラズマ細胞性大腸炎、組織球性肉腫性大腸炎、好酸球性大腸炎、肉芽腫性大腸炎、化膿性大腸炎
2．寄生虫性腸炎――鞭虫、ジアルジア、トリコモナス、鉤虫、線虫、エントアメーバ、バランチジウム
3．腫瘍――良性ポリープ、平滑筋腫、腺癌、リンパ腫、肥満細胞腫、平滑筋肉腫、形質細胞腫
4．非炎症性疾患――過敏性腸症候群、盲腸内反、回結腸重積、小腸性同化不良
5．感染――*Histoplasma capsulatum*、*Salmonella* spp.、*Yersinia enterocolitica*、*Prototheca* spp.、*Heterobilharzia americana*、*Clostridium perfringens* または *Cl. difficile*、*Pythium insidiosum*
6．内分泌異常――尿毒症、膵炎、副腎皮質機能低下症、甲状腺機能低下症、甲状腺機能亢進症
7．異嗜症
8．食物アレルギー、食物不耐性
9．ストレス

予後

原因疾患により予後は様々であるが、特発性大腸炎では良好である。

治療

1．飼育者に、診断、予後、治療費について説明する。
2．原因疾患を治療する。
3．スルファサラジン（Azulfidine®、Salazopyrin®）投与
   犬：20～30mg/kg PO q8h
   猫：10～20mg/kg PO q24h
   臨床徴候消失後も、2週間は投与を継続し、以後漸減する。
4．プレドニゾンまたはプレドニゾロン投与。体重25kg以上の犬における初回投与量は2mg/kg/日 POまたは20mg/m^2 PO q12h。臨床徴候消失から2週間後まではこの用量にて投与し、以後漸減する。

5．ブデゾニド（プレドニゾン、プレドニゾロンに代わるステロイド）投与

小型犬・猫：1mg PO q24h

大型犬：2mg PO q24h

6．抗菌薬投与

A．メトロニダゾール（Flagyl®）：10～15mg/kg/日 q12h

B．タイロシン：10～40mg/kg PO q12h

7．消化管運動調節薬投与。ただし、侵襲性・毒素産生性腸内細菌感染、胃アトニーに伴う胃流出路（幽門部）閉塞では禁忌。

A．抗コリン作動薬（臭化プロバンテリン〈Pro-Banthine®〉、Darbazine®）の使用は推奨されない。

Ⅰ．腸管痙攣緩和、テネスムス（しぶり）軽減効果。

Ⅱ．副作用として、イレウス、口腔内乾燥、頻脈、尿閉、緑内障など。

B．鎮痛薬

Ⅰ．アヘン安息香チンキ、アタパルジャイト（Donnagel-PC®、Parapectolin®）――腸管の輪状平滑筋に直接作用し、腸管の分節運動を促進する。また、通過時間短縮、鎮痛作用がある。ただし、小型犬への使用は安全性が低い。猫への投与は推奨されない。

Ⅱ．ジフェノキシレート（Lomotil®）

犬：0.05～0.2mg/kg PO q8～12h

猫：使用しない。

平滑筋の分節運動亢進、蠕動運動抑制。

Ⅲ．ロペラミド（Imodium®）

犬：0.1～0.2mg/kg PO q8～12h

猫：0.08～0.16mg/kg PO q12h

平滑筋の分節運動亢進、蠕動運動抑制。猫には慎重に投与する。*MDR-1*遺伝子変異を有する犬種（ボーダーコリー、オーストラリアンシェパード、コリー、シェットランドシープドッグ、オールドイングリッシュシープドッグ、ジャーマンシェパード、これらの交雑種など）には投与しない。ロペラミド投与により、腸管からの水分吸収量増加や、腸内での微生物増殖亢進が生じることがある。

8．免疫抑制剤投与。アザチオプリン、クロラムブシル、シクロスポリンなどを使用することがあるが、複数の重篤な副作用が報告されている。

直腸脱

病因

直腸脱は、習慣的または持続的に、いきみを伴う排泄を行うことで生じることが多い。したがって、排便時や排尿時のいきみの原因を究明しなくてはならない。

診断

まれに、直腸脱と重積の鑑別を要することがある。この場合、指または鈍性プローブを、肛門の粘膜皮膚境界部と、脱腸部位の間隙に挿入する。指・プローブが容易に挿入されるならば重積、抵抗があれば直腸脱と診断される。

予後

予後は原因疾患、重症度、経過時間により、中等度～要注意である。

治療

1．飼育者に、診断、予後、治療費について説明する。
2．治療成功のためには、原因特定と適切な処置が重要である。
3．脱水や電解質異常があれば、輸液により是正する。
4．下痢の対症療法を行う。
5．直腸脱の原因疾患を治療する。抗生物質、駆虫薬などを投与する。
6．肛門周囲の浮腫軽減のために、高張ブドウ糖液または砂糖を病変部位に塗布する。
7．整復可能な症例では、全身麻酔下にて用手整復し、2～3日間は肛門周囲に巾着縫合を施しておく。仔犬・仔猫では、小動物用体温計（約10cm）、または同等の直径のものを肛門に挿入し、周囲を巾着縫合する。成犬・成猫では、採血チューブを用いる（図9-4）。縫合後は、体温計・採血チューブを抜去する。症例によっては、エリザベスカラーを装着する。
8．1%ジブカイン含有局所麻酔軟膏（Nupercainal Ointment®）を直腸に注入する。または、ヒドロコルチゾン停留浣腸剤（Cortenema®）20～60mL/日を術後2～3日間投与する。
9．粘膜壊死を伴う整復不能な直腸脱は、全層切除・吻合術を行う。
10．直腸脱が再発したり、整復不能となる、あるいは治療に反応しなくなった場合は、開腹し、結腸固定術を行う。

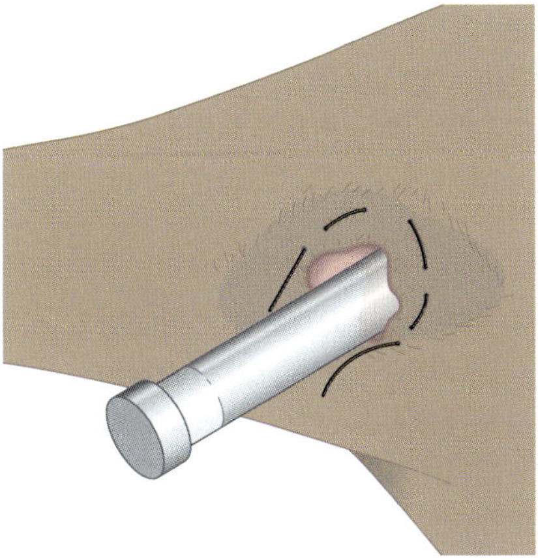

図9-4　直腸脱の整復
体温計・採血チューブを用いて、直腸を個々の患者に適した開存状態で維持する。再脱出しないように十分な圧をかけながら、モノフィラメント非吸収糸で肛門周囲に巾着縫合を施す。

会陰ヘルニア

診断

ヒストリー——7〜9歳齢の未去勢雄に多発する。好発する犬種は、ボストンテリア、ボクサー、コーギー、ダックスフンド、オールドイングリッシュシープドッグ、ペキニーズなどである。コリーや雑種犬では、10〜14歳齢にて発生頻度が最も高くなると考えられる。

稟告として、会陰部腫脹、便秘、テネスムス（しぶり）、排便困難など。時に排尿困難。その他の徴候として、便失禁、尿失禁、下痢、腫脹部位の皮膚潰瘍、尾の変位、腎後性尿毒症に続発する沈うつ・嘔吐など。

身体検査——会陰ヘルニアは右側に多発するが、左側・両側に生じることもある。一般に、肛門腹側または側方に腫脹が生じるが、明瞭でない場合もある。

一般的なヘルニア内容物は、後腹膜の脂肪、結合組織、液体、前立腺、直腸（嚢状・屈曲を呈する）であるが、膀胱、結腸、空腸、前立腺嚢胞をヘルニア嚢内に認めることもある。

直腸検査にて、直腸憩室、直腸変位、会陰部周囲の筋萎縮。

X線検査にて、解剖学的構造からヘルニア内容物を推測できる。陽性・陰性造影により膀胱の位置を確認する。直腸がヘルニア嚢内にて嚢状または屈曲している場合は、バリウム投与から5時間後（便秘の場合は24時間後）のX線画像にて描出される。

臨床検査——脱水、敗血症、腎後性尿毒症の有無を確認する。

鑑別診断

腫瘍、漿液腫、血腫、膿瘍、肛門周囲瘻、肛門嚢膿瘍。

予後

予後は良好〜要注意で、術後の再発率は30〜45%と報告されている。術後の合併症として、便失禁（10%未満）、持続性テネスムス（10〜25%）が報告されている。全症例の15%では、術後に無尿や尿失禁が生じるが、通常は1週間程度で回復する。

治療

1. 飼育者に、診断、予後、治療費について説明する。
2. 排便困難の頻度が低い場合を除き、外科的整復が推奨される。ただし、緊急手術を要することはほとんどない。
3. 尿道カテーテルを設置する。設置できない場合は、会陰部より経皮的膀胱穿刺を行い、尿を抜去する。膀胱内の尿を全て抜去した後、慎重に会陰の腫脹部位を加圧し、用手整復を試みる。
4. 脱水があれば、IV輸液を行う。
5. 手術を予定している場合は、術前12〜18時間に便軟化剤を加えたぬるま湯にて浣腸を行う。また、術前24時間は絶食とする。

6. 内科管理（手術を行わない場合）
   - A. 水分量の多い高繊維食の給餌。
   - B. 膨張性便軟化剤（メチルセルロース、オオバコ種皮）投与
   - C. ジオクチルスルホコハク酸ナトリウム（DSS）経口投与または浣腸。
7. 前立腺腫大を認める場合は、去勢手術が推奨される。

急性肝不全

病因

大半の症例では、原因不明である。以下は、報告されている原因を示しているが、全てを網羅しているわけではない。

1. 化学物質――砒素、重金属、四塩化炭素、タンニン酸、セレニウム
2. 薬剤
   - A. 鎮痛薬――アセトアミノフェン、サリチル酸、フェニルブタゾン、カルプロフェン
   - B. 抗痙攣薬――フェノバルビタール、フェニトイン、プリミドン
   - C. その他――抗腫瘍薬、アザチオプリン、ジアゼパム、グルココルチコイド、グリセオフルビン、イトラコナゾール、ケトコナゾール、メベンダゾール、酢酸メゲステロール、メチマゾール、ミボレロン、ST合剤、テトラサイクリン
3. 麻酔薬――ハロタン、メトキシフルレン
4. 生物毒――アフラトキシン、藍藻エンドトキシン、アマニタトキシン、メグサハッカオイル
5. 感染因子
   - A. 真菌――ヒストプラズマ、コクシジオマイコーシス、ブラストマイコーシス
   - B. ウイルス――犬ヘルペスウイルス、伝染性肝炎（アデノウイルスⅠ）、猫感染性肝炎（コロナウイルス）
   - C. 細菌性――*Leptospira* spp.、*Clostridium piliforme*、*Ehrlichia* spp、*Rickettsia* spp.、*Yersinia pseudotubercularis*、*Francisella tularensis*、*E. coli*（大腸菌）、*Listeria*、*Salmonella*、間膿瘍、胆管肝炎
   - D. 原虫――バベシア、トキソプラズマ、*Heterobilharzia americana*（犬住血吸虫症）
   - E. 寄生虫　犬糸状虫
6. 肝障害を惹起する全身性疾患――ショック、熱中症、急性膵炎、溶血性貧血、敗血症、肝外感染症、炎症性腸疾患、大腸炎、腫瘍、銅蓄積症、術後低血圧・低酸素症
7. その他の中毒症――キシリトール、サゴヤシ、鉄、鉛、亜鉛

診断

ヒストリー――稟告として、薬剤・毒物への曝露歴、感染歴、発作歴。嘔吐、

食欲不振、体重減少、元気消失、下痢、多飲多尿、黄疸、過剰出血、腹囲膨満、肝性脳症徴候（沈うつ、行動変化、発作、昏睡）など。

身体検査——沈うつ、嘔吐、下痢。直腸温は様々。腹部触診にて上腹部痛、腹水、肝腫大。黄疸、浮腫、点状出血などの止血異常徴候。発作など。

臨床検査——

1．CBC——軽～中等度の貧血、標的細胞、有棘赤血球、小球赤血球、血小板減少症、血小板障害。

2．尿検査——低張～等張尿、ビリルビン尿。

3．完全な生化学検査——以下は肝疾患に関連して生じる異常である。

A．ALT値上昇——犬猫では、ALTは肝臓特異的酵素と考えられている。したがって、ALT上昇は、肝細胞壊死・炎症、肝細胞膜透過性亢進、胆汁うっ滞、傷害後の肝細胞再生などを示唆する。

Ⅰ．抗痙攣薬、ステロイドなどの薬剤、副腎皮質機能亢進症により、ALTは軽～中等度（基準値の2～10倍）に上昇する。

Ⅱ．重度の骨格筋傷害が生じると、ALTは基準値の5～25倍まで上昇する。

B．AST値上昇——犬猫では、ASTは肝臓特異的酵素ではなく、骨格筋にも多く存在する。

C．ALP値上昇——胆汁うっ滞または薬剤投与による。肝臓由来、骨由来、ステロイド誘導性アイソザイムは、全て血清ALP濃度に反映される。

Ⅰ．若齢動物や重度の骨病変をもつ動物では、軽度上昇を認める。

Ⅱ．猫では、軽度の増加であっても、重度胆汁うっ滞が示唆される。

Ⅲ．猫では、コルチコステロイド誘発性アイソザイム産生によるALP値上昇はみられない。

Ⅳ．抗痙攣薬投与によるALP上昇は、犬には生じるが、猫には生じない。

D．GGT上昇——胆汁うっ滞、肝細胞における産生増加。猫以外では、GGTとALP濃度変化の動向が類似する。猫では、GGTはALPよりも容易に上昇する。軽度上昇（基準値の2～3倍）は、抗痙攣薬投与に関連している可能性がある。

E．ビリルビン値上昇——溶血、胆汁うっ滞の可能性。CBCを確認すること。

F．低アルブミン血症——慢性肝障害を示唆し、70～80％の肝実質機能損失を示す。

G．BUN低下——肝機能低下に伴い、アンモニアから尿素への変換が妨げられる。低蛋白質食給餌時、利尿薬投与時、PU/PD発現時にもBUNが低下する。

H．低血糖——肝臓におけるグリコーゲン貯蔵枯渇、糖新生機能低下、インスリン分解能低下などに続発する。このような場合は、重度肝機能障害の存在は確定的である。先天性門脈シャント症例を除き、肝疾患における低血糖は、予後不良因子である。肝疾患以外で低血糖を惹起する要因（敗血症、インスリノーマ、副腎皮質機能低下症など）は、あらかじめ除外しておく必要がある。

4．凝固系の評価――PTおよびAPTT延長の可能性。

5．血液ガス――肝疾患に起因して様々な酸塩基不均衡（呼吸性アルカローシス、代謝性アルカローシス、代謝性アシドーシス、複合酸塩基平衡）が生じる。

6．肝機能検査

A．特に、門脈体循環シャントが疑われる場合は、空腹時および食後の血清総胆汁酸測定が有用である。

B．血中アンモニア濃度上昇は、門脈シャントに続発する肝性脳症を示唆する。ただし、血中アンモニア濃度が基準範囲内であっても、除外はできない。

C．血中アンモニア濃度が基準範囲内である場合は、アンモニア負荷試験が有用となる。門脈シャント罹患犬の場合、血中アンモニア濃度は最大で基準値のおよそ10倍を示す。

7．腹水解析――腹水は、蛋白質濃度＞2.5g/dLで、漏出液または変性漏出液を呈する。胆管破裂が生じると、腹水は黄～緑色を呈する。多くの症例で、腹水ビリルビン濃度は血清ビリルビン濃度よりも高値を示す。

8．状況によっては、感染症に対する血清抗体価測定を行う。

腹部X線検査――肝臓サイズの測定、膿瘍・胆石・腹水の検出に有用である。

腹部超音波検査――局所性実質性病変（嚢胞、膿瘍、腫瘤など）および瀰漫性実質性病変（肝リピドーシス、肝硬変など）、胆管・胆嚢の描出、血管性病変（門脈体循環シャント、肝静脈うっ血、肝静脈閉塞、肝動静脈瘻など）の検出に有用である。超音波ガイド下で生検を行えば、他臓器を損傷することなく、局所病変部から採取することができる。

予後

予後は要注意～不良である。

治療

1．飼育者に、診断、予後、治療費について説明する。

2．可能な限り、原因疾患を治療する。

3．治療前に、血液と尿の検体を採取する。

4．脱水、嘔吐、多尿、肝性脳症、播種性血管内凝固症候群（DIC）の徴候、ショックなどが認められる場合は、IVカテーテルを留置する。

5．輸液剤は、0.9％食塩水、2.5％ブドウ糖液添加0.45％食塩水、リンゲル液のいずれかを使用する（LRSは、重度の肝不全患者には避ける）。脱水や腎前性高窒素血症を予防し、肝不全に続発する腎不全の初期徴候を見逃さないようにする。

6．血中濃度に応じて、IV輸液にカリウムを添加する。

7．低血糖を補正するために、必要であれば25％ブドウ糖溶液をIV、ボーラス投与する。また、輸液剤はブドウ糖濃度を2.5～5％に調整する。

8．肝保護剤

A．*N*-アセチルシステイン：50mg/kg IV、PO q6〜24h。*N*-アセチルシステインは、生理食塩水にて5%溶液に調整し、30分間かけて緩徐にIV投与する。

B．*S*-アデノシルメチオニン（SAM-e）：18〜20mg/kg PO q24h

C．シリマリン（オオアザミエキス）：20〜50mg/kg PO q24h

D．ビタミンE：10U/kg PO a24h

9．コルヒチンは、抗線維化剤であり、犬の肝疾患においては生理学的機能改善が期待できる。ただし、過剰投与は致命的となる。猫には使用しない。
犬：0.014〜0.03mg/kg PO q24h

10．ウルソデオキシコール酸（UDCA、Ursodiol®、Actigall®）は、胆嚢疾患、硬化性胆管炎、慢性肝疾患の治療において、胆石溶解促進、抗酸化や免疫修飾効果などが期待できる。
犬猫：10〜15mg/kg/日

11．抗生物質を投与し、肝外感染や敗血症を予防する。

A．避けるべき抗生物質——クラムフェニコール、テトラサイクリン、リンコマイシン、エリスロマイシン、ストレプトマイシン、スルホンアミド、ヘタシリン

B．一般に推奨される抗生物質

Ⅰ．アンピシリン：22mg/kg PO、SC、IV q8h

Ⅱ．アモキシシリン：11mg/kg PO、SC q12h

Ⅲ．セファゾリン：20mg/kg IV q8h

Ⅳ．セフォキシチン：20〜25mg/kg IV q6〜8h

Ⅴ．メトロニダゾール：7.5〜10mg/kg。1時間かけてIV CRI q8hまたは10〜15mg/kg PO q12h

12．消化管保護薬

A．ラニチジン（Zanac®）
犬：0.5〜2mg/kg IV、PO q8h SC q12h
猫：3.5mg/kg PO q12h

B．ファモチジン（Pepcid®）：0.5〜1mg/kg IV、PO q12〜24h

C．オメプラゾール（Prilosec®）
犬：0.5〜1.5mg/kg PO q24h
猫：0.5〜1mg/kg PO q24h

D．パントプラゾール（Protonix®）：0.7〜1mg/kg IV q24h

13．栄養サポート

A．嘔吐がなければ、低脂肪・低蛋白質・高炭水化物食を給餌する（Hill's k/d®、u/d®、カッテージチーズと米・芋など。肉類は避ける）。

B．患者が食餌を拒絶する場合は、フィーディングチューブ（胃瘻チューブ、空腸瘻チューブ）を使用する。

14．肝性昏睡を呈する場合

A．停留浣腸①——ラクチュロース：水＝1：2で希釈し、総量50〜200mLとする。これにネオマイシン15mg/kgを添加して浣腸液とす

る。6時間ごとに保持浣腸を行う。

B．停留浣腸②――他の選択肢として、ポビドンヨード液を使用する。水で10倍に希釈し、総量50～200mLとする。

C．停留浣腸③――ラクチュロース浣腸。他の方法より効果が高い可能性。ラクチュロース：水＝3：7で希釈し、総量20mL/kgとする。フォーリーカテーテルを用いて直腸内に浣腸する。15～20分間停留させた後、浣腸液を除去する。これを4～6時間ごとに反復する。

D．嚥下ができるまで回復した後は、以下の投薬治療を継続する。
ネオマイシン：10～20mg/kg PO q6～8h、または
メトロニダゾール：7.5mg/kg PO q8h
ラクチュロース：0.5mL/kg PO q6～8h
犬：3～10mL PO q8h
猫：1～3mL q8h

15. 大半の症例では、**コルチコステロイドの使用を避ける**。
16. IV輸液に、ビタミンB、ビタミンCを添加する。
17. 胆管閉塞またはPTの延長が認められる場合は、ビタミン$K_1$0.5～2mg/kg SC q12hで2～3回投与。以後はPO、SID投与とする。
18. 血中アンモニア濃度上昇、肝性脳症徴候を呈する場合は、ラクチュロースを投与する。
  A．0.5mL/kg PO q8～12h
  B．犬：1～10mL PO q8h
  C．猫：0.25～1mL PO q8～12h
19. 総胆汁酸試験の実施を検討する。
  A．12時間の絶食後、採血する。
  B．犬ではp/d®、猫ではc/d®を給餌する。
  C．食後2時間後に、2度目の採血を行う。
20. 食欲不振の猫に対して、チアミンを投与する。
初回は100mg PO、IM、以後は50mg PO q12h
21. ジアゼパムおよびアセプロマジン投与は避ける。顕著な鎮静効果が発現する恐れがあり、特に食欲増進目的での投与は避ける。アセプロマジンも過剰な鎮静を惹起する可能性がある。

肝性脳症

病因

機能性を有する肝実質の減少や門脈血流の減少は、消化管毒素の解毒機能を低下させ、肝性脳症を惹起する。犬猫において、精神機能異常や神経機能障害を起こす物質には、以下のものがある。

アンモニア、インドール、メチオニン、オクトパミン、セロトニン、短鎖脂肪酸、芳香族アミノ酸、スカトール、トリプトファンなど。

門脈体循環シャントは、先天的で組織学的異常のみを有するもの（微小血管異形成）、持続性門脈高血圧や重度原発性肝胆管疾患から二次性に生じるもの

など多様である。

診断

ヒストリー――稟告として、悪心、流涎過多、嘔吐、食欲不振、元気消失、沈うつ、体重減少、下痢、発熱など。肝性脳症の神経徴候として、振戦、旋回運動、頭部押し付け、運動失調、認知障害、性格の変化、皮質盲、発作、昏睡など。神経徴候の増悪因子として、摂食（特に高蛋白質食）、高窒素血症、脱水、便秘、感染症など。

身体検査――沈うつを呈する可能性。嘔吐、下痢。直腸温は症例によって多様。腹部触診にて、上腹部痛、腹水、肝腫大。黄疸、浮腫。時に、点状出血などの止血異常徴候。発作。

臨床検査――

1．CBC――軽～中等度の貧血。標的細胞、有棘赤血球、小球赤血球、血小板減少症、血小板障害。
2．尿検査――低張～等張尿、ビリルビン尿。
3．完全な生化学検査――以下は肝疾患に関連して生じる異常である。
   A．ALT値上昇――犬猫では、ALTは肝臓特異的酵素と考えられている。したがって、ALT上昇は、肝細胞壊死・炎症、肝細胞膜透過性亢進、胆汁うっ滞、傷害後の肝細胞再生などを示唆する。
      Ⅰ．抗痙攣薬、ステロイドなどの薬剤、副腎皮質機能亢進症により、ALTは軽～中等度（基準値の2～10倍）に上昇する。
      Ⅱ．重度の骨格筋傷害が生じると、ALTは基準値の5～25倍まで上昇する。
   B．AST値上昇――犬猫では、ASTは肝臓特異的酵素ではなく、骨格筋にも多く存在する。
   C．ALP値上昇――胆汁うっ滞または薬剤投与による。肝臓由来、骨由来、ステロイド誘導性アイソザイムは、全て血清ALP濃度に反映される。
      Ⅰ．若齢動物や重度の骨病変をもつ動物では、軽度上昇を認める。
      Ⅱ．猫では、軽度上昇であっても、重度胆汁うっ滞が示唆される。
      Ⅲ．猫では、コルチコステロイド誘発性アイソザイム産生によるALP上昇はみられない。
      Ⅳ．抗痙攣薬投与によるALP上昇は、犬には生じるが、猫には生じない。
   D．GGT上昇――胆汁うっ滞、肝細胞における産生増加。猫以外では、GGTとALP濃度変化の動向が類似する。猫では、GGTはALPよりも容易に上昇する。軽度上昇（基準値の2～3倍）は、抗痙攣薬投与に関連している可能性がある。
   E．ビリルビン値上昇――溶血、胆汁うっ滞の可能性。CBCを確認すること。
   F．低アルブミン血症――慢性肝障害を示唆し、70～80%の肝実質機能損失を示す。

G．BUN低下――肝機能低下に伴い、アンモニアから尿素への変換が妨げられる。低蛋白質食給餌時、利尿薬投与時、PU/PD発現時にもBUNが低下する。

H．低血糖――肝臓におけるグリコーゲン貯蔵枯渇、糖新生機能低下、インスリン分解能低下などに続発する。このような場合は、重度肝機能障害の存在は確定的である。先天性門脈シャント症例を除き、肝疾患における低血糖は、予後不良因子である。肝疾患以外で低血糖を惹起する要因（敗血症、インスリノーマ、副腎皮質機能低下症など）は、あらかじめ除外しておく必要がある。

4．凝固系の評価――PTおよびAPTT延長の可能性。

5．血液ガス――肝疾患に起因して様々な酸塩基不均衡（呼吸性アルカローシス、代謝性アルカローシス、代謝性アシドーシス、複合酸塩基平衡）が生じる。

6．肝機能検査

A．特に、門脈体循環シャントが疑われる場合は、空腹時および食後の血清総胆汁酸測定が有用である。

B．血中アンモニア濃度上昇は、門脈シャントに続発する肝性脳症を示唆する。ただし、血中アンモニア濃度が基準範囲内であっても、除外はできない。

C．血中アンモニア濃度が基準範囲内である場合は、アンモニア負荷試験が有用となる。門脈シャント罹患犬の場合、血中アンモニア濃度は最大で基準値のおよそ10倍を呈する。

7．腹水解析――腹水は、蛋白質濃度>2.5g/dLで、漏出液または変性漏出液を呈する。胆管破裂が生じると、腹水は黄～緑色を呈する。多くの症例で、腹水ビリルビン濃度は血清ビリルビン濃度よりも高値を示す。

8．状況によっては、感染症に対する血清抗体価測定を行う。

腹部X線検査――肝臓サイズの測定、膿瘍、胆石、腹水の検出に有用である。

腹部超音波検査――局所性実質性病変（嚢胞、膿瘍、腫瘤など）および瀰漫性実質性病変（肝リピドーシス、肝硬変など）、胆管・胆嚢の描出、血管性病変（門脈体循環シャント、肝静脈うっ血、肝静脈閉塞、肝動静脈瘻など）の検出に有用である。超音波ガイド下で生検を行えば、他臓器を損傷することなく、局所病変部から採取することができる。

予後

予後は要注意～不良である。

治療

1．飼育者に、診断、予後、治療費について説明する。

2．可能な限り、原因疾患を治療する。

3．治療前に、血液と尿の検体を採取する。

4．絶食

5．IVカテーテル留置
6．輸液剤は、0.9%食塩水、2.5%ブドウ糖液添加0.45%食塩水、リンゲル液のいずれかを使用する（LRSは、重度肝不全患者に対しては避ける）。脱水や腎前性高窒素血症を予防すること。また、肝不全に続発する腎不全の初期徴候を見逃さないようにする。
7．血中濃度に応じて、IV輸液にカリウムを添加する。
8．低血糖を補正するために、必要であれば25%ブドウ糖溶液をIV、ボーラス投与する。また、輸液剤はブドウ糖濃度を2.5〜5%に調整する。
9．停留浣腸を行う。ラクチュロース浣腸を4〜6時間ごとに行う。
ラクチュロース：水＝3：7で希釈し、総量20mL/kgとする。フォーリーカテーテルを用いて直腸内に浣腸する。15〜20分間停留させた後、浣腸液を除去する。
10．嚥下が可能となるまで回復したら、以下の投薬治療を継続する。
ネオマイシン：10〜20mg/kg PO q6〜8h、または
メトロニダゾール：7.5mg/kg PO q8h、および
ラクチュロース：0.5mL/kg PO q6〜8h
犬：3〜10mL PO q8h
猫：1〜3mL q8h
11．抗生物質を投与し、肝外感染や敗血症を予防する。
A．避けるべき抗生物質――クラムフェニコール、テトラサイクリン、エリスロマイシン、ストレプトマイシン、スルホンアミド、ヘタシリン
B．一般に推奨される抗生物質
Ⅰ．アンピシリン：22mg/kg PO、SC、IV q8h
Ⅱ．アモキシシリン：11mg/kg PO、SC q12h
Ⅲ．硫酸ネオマイシン：20mg/kg PO q8h
Ⅳ．メトロニダゾール：7.5〜10mg/kg PO。または1時間かけてIV CRI q8h
12．消化管保護薬
A．ラニチジン（Zanac®）
犬：0.5〜2mg/kg IV、PO q8h、SC q12h
猫：3.5mg/kg PO q12h
B．ファモチジン（Pepcid®）：0.5〜1mg/kg IV、PO q12〜24h
C．オメプラゾール（Prilosec®）
犬：0.5〜1.5mg/kg PO q24h
猫：0.5〜1mg/kg PO q24h
D．パントプラゾール（Protonix®）：0.7〜1mg/kg IV q24h
13．フルマゼニル（Romazicon®）：0.02mg/kg IV。犬では、神経症状が改善することがある。
14．治療に反応しない場合、あるいは脳浮腫を示唆する急速な中枢神経系徴候の悪化を認める場合は、マンニトールおよびフロセミドを投与する。
20%マンニトール：100〜1000mg/kg 15〜20分間かけてIV、必要に応じq4hにて反復投与

フロセミド：1〜2mg/kg IV q8〜12h

15. 長期管理においては、可消化性炭水化物と、吸収率および体内利用率の高い蛋白質を多く含むフードの給餌が望ましい。
    A. Hill's Prescription Diet l/d®
    B. PRo-Plan CNM NF-Formula®
    C. 手作り食——低脂肪カッテージチーズ（場合により少量の卵）、米・パスタ・芋、野菜・少々の果物を加える。
    D. 患者が食餌を拒絶する場合は、フィーディングチューブ（胃瘻チューブ、空腸瘻チューブ）を用いる。
16. 食欲不振の猫では、チアミンの補給が推奨される。
    初回は100mg PO、IM、以後は50mg PO q12h
17. 食欲不振の猫には、アルギニン1g/日を補給する。
18. ジアゼパムおよびアセプロマジン投与は避ける。顕著な鎮静効果が発現する恐れがあり、特に食欲増進目的での投与は避ける。アセプロマジンも過剰な鎮静を惹起する可能性がある。

猫の肝リピドーシス

病因

病態生理の大半は不明であるが、症状は栄養、代謝、ホルモン、中毒症、低酸素による肝損傷などに関連している。また、糖尿病や膵炎が肝リピドーシスを惹起することがある。アルギニンやタウリンの欠乏も関連していると考えられる。本疾患は、肥満猫が長期間食欲不振を呈した際に多発する。

診断

ヒストリー——稟告として、食欲不振、元気消失、沈うつ、肥満状態からの体重減少、嘔吐、下痢、便秘など。過剰なストレス（乗り物での移動、外科手術、新しいペットが加わる、突然の食餌変更、転居）。

身体検査——黄疸、脱水、衰弱、被毛粗剛、一般状態は症例により多様（正常〜悪液質）、肝腫大、蒼白など。

臨床検査——

1. CBCにて、異型赤血球増多を伴う、非再生性貧血、正球性貧血、正色素性貧血。白血球数は一般に正常。時にハインツ小体。
2. 生化学検査、電解質において生じる異常には、以下のものがある。
    A. 脱水による腎前性高窒素血症
    B. 総ビリルビン値上昇
    C. ALP上昇（基準値の5〜15倍）
    D. GGT軽度上昇〜正常
    E. ALT上昇（基準値の2〜5倍）
    F. AST上昇
    G. 空腹時および食後の血清胆汁酸濃度上昇
    H. 低カリウム血症、低マグネシウム血症、低リン血症、低クロール

血症
I．低アルブミン血症
J．低血糖
K．高アンモニア血症
3．血液ガス測定
4．凝固系検査——PT、APTTの著明な延長、低フィブリノゲン血症。
5．猫では、FeLV、FIV検査を行う。

腹部X線検査——軽度肝腫大、腹部ディテールの広範な消失。

腹部超音波検査——広範な肝実質のエコー源性増加、肝腫大。これに伴う門脈壁の可視化不良。腹水貯留があり、膵臓が低エコー源性である場合は、膵炎の併発を示唆する。

超音波ガイド下肝生検により、肝細胞空胞化を認めることがある。一般に、肝リピドーシス症例から採取した肝生検の検体は、10%ホルマリン溶液中で浮遊する。

鑑別診断

糖尿病、胆管肝炎、その他の肝疾患。

予後

経過時間、初診時容態、原因疾患により、予後は良好～要注意である。

治療

1．飼育者に、診断、予後、治療費について説明する。
2．患者へのストレスを避ける。
3．IV輸液を行う。ノーモソル®-R、リンゲル液などの調整電解質液を用いて、脱水を是正する。是正後は、維持量20～30mL/kgにて継続する。低血糖が確認されない限り、ブドウ糖溶液は投与しない。ブドウ糖投与は肝臓の脂肪合成を促進し、脂肪がエネルギー代謝される際の酸化を阻害する。
4．血清カリウム濃度を測定し、必要に応じて輸液剤に塩化カリウムを添加する。
5．栄養サポートのため、フィーディングチューブを設置する。
A．5～6Frの経鼻胃チューブは、強制給餌に適するが、短期間の使用とする。
B．食道瘻チューブ設置は、非常に容易で、高価な機材も必要としない。腹腔を介さないため、腹膜炎の危険を伴わない。また、食道瘻チューブを用いると、飼育者が自宅で長期管理を行うことができる。
Ⅰ．全身麻酔
Ⅱ．気管内チューブ挿管
Ⅲ．左側頸部を剃毛・消毒。
Ⅳ．曲鉗子を口腔から近位食道へ挿入する。鉗子の先端で食道直上の皮膚をテント状に持ち上げる。食道瘻チューブは、頸部近位端より頸部全長の1/3～1/2の長さ分を尾側に下った部位に設置する。

Ⅴ. チューブ挿入に必要最小限の切開を、皮膚、皮下織、食道に施す。チューブは、10Fr以上のレッドラバーフィーディングチューブを用いる。

Ⅵ. 鉗子先端を切開部位から露出させ、フィーディングチューブの先端を把持する。

Ⅶ. 把持したフィーディングチューブの先端は、一旦、口腔から引き出す。この時、反対側の先端にはシリンジを取り付け、食道内へ引き込まれないようにする。

Ⅷ. フィーディングチューブの先端を食道へ挿入し、先端が食道の遠位1/3に届くまで進める。先端が噴門を越えないように注意する。

Ⅸ. チューブ設置位置はX線画像で確認するとよい。

Ⅹ. チャイニーズフィンガー法にてチューブを皮膚に固定する。

Ⅺ. 頸部には、支持包帯を巻く。

C. 飼育者による長期在宅管理には、胃瘻チューブを選択してもよい。

Ⅰ. 盲目法

a. 全身麻酔

b. 患者を右側横臥位にする。

c. 気管内チューブ挿管

d. 最後肋骨後方を剃毛・消毒。

e. 設置補助用チューブに潤滑剤を塗布し、口腔から胃へ挿入する。設置補助用チューブは、湾曲したポリビニール製のフレキシブルチューブである。

f. 体壁から触診にて設置補助用チューブを確認し、先端を把持する。14G以上の針付きカテーテルを経皮的に胃内へ穿刺し、チューブ腔に挿入する。スタイレットをカテーテルから抜去する。

g. #1または#2のポリエステル縫合糸を取り付けたガイドワイヤーをカテーテルに通す。縫合糸は、チューブの全長より長いものを用いる。

h. 口腔から設置補助用チューブ、ガイドワイヤー、縫合糸を引き出す。

i. 14~24FrのPezzar型（マッシュルーム型）胃瘻カテーテルを用いる。胃瘻カテーテル上端から、引き出した縫合糸を逆行性に通し、マッシュルーム型ストッパーの位置で結紮固定する。

j. 体壁の穿刺創をメスで慎重に拡大する。

k. 胃瘻カテーテルに潤滑剤を塗布し、慎重に胃内へ引き込む。さらに、切開部位から体壁を通し、先端を体外へ引き出す。

l. マッシュルーム型ストッパーが胃壁に接した状態で安定するように牽引する。

m. テープでチューブにタブをつくり、タブと皮膚を縫合する。さらに、チューブをチャイニーズフィンガー法で固定する。

n．設置部位には腹帯を軽く巻く。

Ⅱ．内視鏡法

a．全身麻酔

b．患者を右側横臥位にする。

c．気管内チューブ挿管

d．最後肋骨後方を剃毛・消毒。

e．気腹し、内視鏡を胃内へ挿入する。

f．腹部体表にて、内視鏡先端の光源を目視にて確認する。光源の位置へ18G以上の針付きカテーテルを刺入する。

g．胃内へ穿刺されたカテーテルの位置を内視鏡にて確認し、スタイレットを抜去する。

h．#1または#2のポリエステル縫合糸をカテーテルに通し、先端を内視鏡にて把持する。

i．内視鏡と縫合糸を胃から引き出す。

j．14～24FrのPezzar型（マッシュルーム型）胃瘻カテーテルを用いる。胃瘻カテーテル上端から、引き出した縫合糸を逆行性に通し、マッシュルーム型ストッパーの位置で結紮固定する。

k．体壁の穿刺創をメスで慎重に拡大する。

l．胃瘻カテーテルに潤滑剤を塗布し、慎重に胃内へ引き込む。さらに、切開部位から体壁を通し、先端を体外へ引き出す。

m．マッシュルーム型ストッパーが胃壁に接した状態で安定するように牽引する。

n．テープでチューブにタブをつくり、タブと皮膚を縫合する。さらに、チューブをチャイニーズフィンガー法で固定する。

o．設置部位には腹帯を軽く巻く。

6．栄養サポート（60～80kcal/kg/日）

A．初期は、クリニケアを200～300mOsm/ëに希釈して給餌する。以後は、1週間かけて段階的に増量する。

B．ヒト用流動食（Pulmocare®）に蛋白質（Pro-Magic®、乾燥カッテージチーズなど）とタウリンを加える。毎食前にこれらを温水と混和する。

C．Hill's Prescription Diet l/d®をミキサーにかける。

D．Hill's Prescription Diet a/d®またはEukanuba Nutritional Recovery Diet®

E．定量持続給餌が望ましい。3mL/kg/時で開始し、10～15mL/kg/時まで漸増する。

F．持続給餌が不可能であれば、1日4～6回の分割給餌を行う。

7．肝性脳症を呈する症例は、Hill's Prescription Diet l/d、RenalCare®などの低蛋白食を要する。

8．複合ビタミンB剤を、通常、維持量の2倍（4mL/L）で投与する。

9．チアミン投与。初期の数日間は100mg IM q12h、以後、50～100mg PO

q12〜24hにて継続。

10. 初期はタウリン500mg/日を補給する。
11. ビタミンK_1投与。初期の2〜3回は0.5〜2mg/kg SC q12h、以後、POにて継続。
12. 持続性嘔吐を呈する場合は、メトクロプラミド0.2〜0.5mg/kg PO q6〜8hで投与する。食道瘻チューブを用いた投与、または給餌30分前にSC投与する。
13. 1週間は経口的に食餌を与えてはならない。その後、本来、維持食として与えたいフードとは別のフードを与える。猫は初期の吐気反応を記憶し、悪心時に与えられた最初の食物を避けることがある。
14. 経口給餌開始時には、食欲刺激薬を投与する。
    A. シプロヘプタジン：1〜2mg/頭 PO q12h
    B. ミルタザピン：3mg/頭PO q72h
15. グルココルチコイドの投与は避ける。

猫の胆管肝炎

病因

病因は不明であるが、免疫介在性疾患の関与が疑われる。その他の原因として、中毒症、消化管からの胆管への上行性細菌感染、全身性感染症、胆石症、膵炎、ネフローゼ症候群、肝胆管寄生虫（*Platynosomum conscinnum*、*P. fastosum*など）、胆管の解剖学的異常、胆管周囲線維化などがある。

猫の胆管肝炎は、組織病理学的所見に基づき、2つの主要なタイプ、すなわちリンパ球性（非化膿性）と好中球性（化膿性）に分類される。

猫の三重炎症候群（feline triaditis syndrome）とは、膵炎、炎症性腸炎、胆管炎の併発を指す。

診断

ヒストリー——若〜中齢の猫に好発するが、あらゆる年齢で認められる。明らかな種差や性差はみられない。稟告として、食欲不振、嘔吐、抑うつ状態、体重減少、黄疸など。徴候は、間欠性・持続性、急性・慢性と様々である。

身体検査——発熱、脱水、黄疸、腹水、肝腫大、腹部痛、腹部不快感など。

臨床検査——

1. CBCにて、軽度非再生性貧血、左方移動を伴う好中球増多症およびリンパ球減少症。
2. 電解質測定を含む生化学検査を行う。以下は一般的な異常所見。
    A. 脱水による腎前性高窒素血症
    B. 抱合型ビリルビン値上昇
    C. SAP上昇
    D. GGT上昇
    E. ALT上昇
    F. AST上昇

G．空腹時胆汁酸濃度は、症例の半数にて正常。
H．通常、食後胆汁酸濃度は上昇する。
I．低カリウム血症
J．肝疾患進行の徴候として、低アルブミン血症、高アンモニア血症、BUNの減少。

3．血液ガス分析
4．尿検査——ビリルビン尿を呈することがある。
5．凝固系検査——PT、APTTの著明な延長。
6．FeLV検査およびFIV検査

腹部X線検査——軽度肝腫大、腹部ディテールの広範な消失。時に、不透過性の胆石。

腹部超音波検査——肝腫大の可能性。肝表面は不整かつ結節性を呈することがある。腹水および高エコー性を示す不整な膵臓像は、膵炎の併発を示唆する。

生検——肝生検にて、リンパ球、またはリンパ球とプラズマ細胞浸潤を伴う瀰慢性肝障害。門脈三管の好中球浸潤、門脈三管の線維化、胆管の増生、小葉中心の小管領域における胆汁・胆石の蓄積など。胆汁や肝組織の培養では頻繁に*E.coli*陽性を認めるが、感染が原発性か二次性かは判断できない。

鑑別診断

糖尿病、猫の肝リピドーシス、その他の肝疾患。

予後

予後は要注意～不良である。25～50%の症例で再発し、これらは数ヵ月～数年間に渡る、間欠的治療または継続的治療を要する。

治療

1．飼育者に、診断、予後、治療費について説明する。
2．リンパ球性（非化膿性）であれば、プレドニゾンを用いる。
   A．初期はプレドニゾン2～4mg/kg q24～48hで投与する。
   B．症状の軽減が認められた場合は、プレドニゾンを2～3ヵ月かけて漸減する。
   C．ウルソデオキシコール酸（Ursodiol®、Actigall®）10～15mg/kg q24h POを併用するとよい。
   D．肝生検にて、細菌培養結果が陽性であれば、抗生物質を併用する。
3．好中球性（化膿性）の場合は、抗生物質を投与する。薬剤選択は、肝生検の細菌培養結果に基づくことが望ましい。
   A．経験的抗生物質治療を行う場合または細菌培養結果が陰性の場合は、以下のいずれかを用いる。
      アンピシリン：20mg/kg q8h
      アモキシシリン：11～22mg/kg q8～12h
      セファゾリン：10～20mg/kg q8h

セファレキシン：11〜22mg/kg q8h
アモキシシリン・クラブラン酸合剤：62.5mg/頭 PO q12h

B．メトロニダゾール10〜15mg/kg q8〜12hを、上記抗生物質のいずれかと併用する。

C．抗生物質投与は、4〜8週間継続する。

D．抗生物質治療への反応が不十分な場合は、抗生物質に加えて、プレドニゾンを1〜2mg/kg q24hで投与する。

Ⅰ．改善が認められる場合は、投与量を1mg/kg q12hに増量して2週間投与した後、漸減する。

Ⅱ．低用量0.5mg/kg PO q48hであれば、4週間以上投与を継続してもよい。

4．ウルソデオキシコール酸（Ursodiol®、Actigal®）は、胆汁うっ滞や胆泥を伴う胆管肝炎の症例に有益であると考えられる。
投与量：10〜15mg/kg q24h PO

5．腹水軽減には、一般にフロセミドが有効である。

6．肝保護剤投与

A．*N*-アセチルシステイン：50mg/kg IV、PO q6〜24h。*N*-アセチルシステインは、生理食塩水で5%溶液に調整し、30分間かけて緩徐にIV投与する。

B．*S*-アデノシルメチオニン（SAM-e）：18〜20mg/kg PO q24h

C．シリマリン（オオアザミエキス）：20〜50mg/kg PO q24h

7．症例の状態に応じて、IV輸液などの全身治療を行う。

8．凝固障害の徴候を認める場合は、ビタミンKを0.5〜2mg/頭 SC、PO q12hで投与する。

9．栄養サポート

A．肝性脳症の徴候がなければ、30〜40%の蛋白質を含む食餌を与える。バランスがよい、高蛋白質の維持食が適切である。

B．肝性脳症の徴候を示す症例では、炊いた白米にカッテージチーズを加えたもの、またはHill's Prescription Feline l/d®などを与える。

C．食欲廃絶または嘔吐を呈する場合は、フィーディングチューブ設置を検討する。

膵炎

病因

病因は、多くの症例で特発性である。以下は、好発因子である。

1．肥満
2．高脂肪食給餌
3．脂肪の大量摂取
4．高脂血症——副腎皮質機能亢進症、糖尿病、甲状腺機能低下症、特発性（ミニチュアシュナウザー）
5．高カルシウム血症（>15mg/dL）——悪性腫瘍、副甲状腺機能亢進症、

ビタミンD中毒症
6．コルチコステロイド投与、副腎皮質機能亢進症
7．感染
8．腹部外科手術、外傷
9．膵管への十二指腸逆流
10．胆管疾患
11．膵管閉塞
12．過剰刺激——サソリ毒、コリンエステラーゼ阻害薬、コリン受容体作動薬、セルレイン
13．膵虚血——血栓、低血圧、局所における膵微小血管うっ血
14．膵腫瘍

診断

ヒストリー——来院前の異嗜食、ゴミあさり、ヒト用食物・おやつの摂取歴。パーティーや会食への参加。稟告として、嘔吐、下痢、食欲不振、情動不安、パンティング、振戦、衰弱、腹部痛など。膵炎は、中～高齢の去勢雄に最も多く認められる。好発犬種は、ミニチュアシュナウザー、ヨークシャーテリアなどのテリア種である。

猫の膵炎の徴候は、不明瞭なことが多い。一般的な徴候は、食欲不振、体重減少であるが、嘔吐の有無は症例によって異なる。また、猫の膵炎では、胆管炎・胆管肝炎の併発が多い。

身体検査——一般に、発熱、抑うつ状態。脱水の可能性。不自然な「祈りの姿勢」、すなわち腹部屈曲姿勢。触診にて、前腹部の軽～重度疼痛。下痢（出血性下痢の場合もある）、右前腹部における腫瘤触知、黄疸、不整脈、体外出血徴候（点状出血、斑状出血）など。

臨床検査——

1．CBC
   A．好中球増加による白血球増多症。左方移動の有無は症例による。
   B．重度膵壊死、敗血症、エンドドキシン血症を呈する症例にて、変性性左方移動を伴う好中球増多症。
   C．脱水によりPCV上昇、貧血（特に猫）。
   D．播種性血管内凝固症候群（DIC）を呈する症例にて、血小板減少症、微小血小板症、分断赤血球。
   E．血清視診にて、黄疸、脂肪血。
2．電解質測定を含む生化学検査を行う。以下は一般的な異常所見。
   A．ALP上昇——肝疾患を除外すること。
   B．ALT上昇——肝疾患を除外すること。
   C．ビリルビン値上昇——肝疾患または溶血性疾患を除外すること。
   D．アミラーゼ値上昇——消化管疾患、肝疾患、腫瘍疾患、腎クリアランス低下も原因になる。
   E．リパーゼ値上昇——消化管疾患、肝疾患、腫瘍疾患、腎クリアランス低下も原因になる。

F．BUN上昇――腎前性または腎性。

G．クレアチニン値上昇――腎前性または腎性。

H．高血糖――糖尿病、糖尿病性ケトアシドーシス併発の可能性あり。

I．低カリウム血症

J．低カルシウム血症

K．空腹時高脂血症

L．低アルブミン血症

3．尿検査を行い、腎疾患と膵炎を鑑別する。USG＞1.025であれば、腎糸球体機能は正常と考えられ、重度腎疾患の除外に役立つ。尿中にケトンとグルコースを認める場合は、糖尿病性ケトアシドーシスの併発が示唆される。

4．血液ガス分析――代謝性アシドーシスが最も多くみられるが、酸塩基バランスの変化は予測困難であり、個体差がある。

5．凝固系検査――ACT・APTT・PT延長、FSP増加、フィブリノゲン減少、D-ダイマー濃度上昇、血小板減少症は、DICを示唆する。

6．犬膵特異的リパーゼ（Spec cPL、IDEXXラボラトリーズ）の血清免疫測定は、現在、院内検査キット（ELISA法）の利用が可能である。膵炎を示唆するカットオフ値は400μg/Lで、200～400μg/Lはグレーゾーンとなる。犬の膵炎診断では、Spec cPL検査値に加え、腹部超音波検査や他の血液検査結果に基づいて判断することが推奨される。

猫膵特異的リパーゼ（Spec fPL）の院内検査キットは最近導入されたばかりで、IDEXXの報告によると、特異性80％、感度79％である。

7．血清トリプシン様免疫活性（TLI）定量は、膵疾患に特異的な検査である。トリプシンおよびトリプシノゲンの上昇（トリプシン＞35mg/L）は、急性膵炎に起因する。犬のTLI測定は、発病初期に限定すべきである。これは、TLIの半減期が短く、初期に増加した後、急速に減少するためである。

猫のTLI測定は、膵炎（急性、慢性）の診断に有用で、臨床的価値がある。カットオフ値を49 mg/L、82 mg/L、88 mg/L、100mg/Lとした場合の感度は、それぞれ86％、62％、48％、33％である。猫のTLI検査値は、他の検査結果と併せて診断に用いることが推奨される。

猫のTLI測定については、新たに酵素免疫測定法（ELISA法）による検査が確立している。ELISA法におけるTLI基準値は12～82mg/Lであり、従来の放射性免疫測定法（RIA法）より、若干高値となっている。

8．腹水の分析では、腹腔内感染や炎症を示すことがある。

画像診断

胸部X線検査――胸水、肺水腫の可能性。

腹部X線検査――デンシティ増加、腹部ディテール消失、腹部右頭側にてコントラスト消失、すりガラス様所見は腹膜炎の存在を示唆する。腹背像にて十二指腸下行部の右方変位、幽門洞の左方変位。ラテラル像にて十二指腸の腹方変位。十二指腸または横行結腸のイレウス、胃膨満、胃・十二指腸のバリウムの通過遅延など。

腹部超音波検査――不整な膵腫大、膵臓のエコー源性低下・小斑状エコー像。膵臓空洞病変、偽嚢胞（仮性嚢胞）や膿瘍によるマスエフェクト（圧排所見）。腹水貯留（腹腔内全体または膵臓周辺に限局）。十二指腸乳頭腫大。肝疾患併発症例にて、総胆管閉塞の可能性。犬の膵炎における腹部超音波検査の感度は、最高で68％と報告されている。

腹部CT検査――造影CT像にて、膵壊死などの膵炎所見が検出されることがある。

合併症と続発症

1．急性合併症

A．低体温、虚脱、循環性ショック――低体温性ショック、エンドトキシン性ショックを示唆。

B．腹膜炎、腹腔内脂肪壊死

C．敗血症

D．DIC――血栓症、出血、梗塞に起因。

E．黄疸――胆管閉塞、肝内胆汁うっ滞、肝細胞壊死などを示唆。

F．急性乏尿性腎不全

G．呼吸困難――胸水、非心原性肺水腫に起因する可能性。

H．不整脈――心筋虚血または筋抑制因子放出による壊死。

I．高血糖

J．低カルシウム血症――テタニー徴候発現はまれ。

K．消化管蠕動運動低下

L．高ナトリウム血症

2．慢性合併症と続発症

A．膵臓膿瘍、偽嚢胞

B．慢性再発性膵炎

C．糖尿病、膵外分泌不全――膵炎末期における膵臓の線維化や萎縮に起因する。

D．二次性肝疾患――慢性線維性膵炎に続発する総胆管閉塞に起因する。

鑑別診断

軽度膵炎の初期では、胸腰部椎間板疾患が主要な鑑別疾患に含まれる。その他の鑑別疾患には、消化管疾患（腸炎、消化管閉塞、炎症性腸炎）、副腎皮質機能低下症、肝疾患、胆管炎・胆管肝炎、腎疾患、腹腔内腫瘍、子宮蓄膿症、腹膜炎、敗血症などがある。

予後

予後は要注意～不良である。多くは長期化し、臨床経過の予測は困難である。併発疾患（糖尿病性ケトアシドーシス、急性腎不全、敗血症、肝疾患、胆汁うっ滞、腸梗塞など）を認める場合は、予後不良である。飼育者には、合併症（続発性糖尿病、腹膜炎、重篤な循環性ショック、DIC、突然死など）について説明しておく。致死率は27〜42%である。

治療

1. 飼育者に、診断、予後、治療費について説明する。症例の多くは長期化し、経過は予測不能であることを伝える。
2. 入院させて、治療とモニターを行う。
3. IVカテーテル留置
4. ノーモソル®-R、LRSなどの調整電解質晶質液を投与する。
   A. ショック状態を呈する場合は、以下の速度で輸液する。
      Ⅰ. 犬：最初の1時間は、ショック用量（90mL/kg）を1/4量に分割してボーラス投与する。15分ごとに再評価する。
      Ⅱ. 猫：最初の1時間は、ショック用量（60mL/kg）を1/4量に分割してボーラス投与する。15分ごとに再評価する。
      Ⅲ. 1〜2時間後に心血管系を再評価する。
      一般には、犬では40〜60mL/kg/時、猫では20〜30mL/kg/時に減量し、患者の状態が安定するまで継続投与する。
   B. 再水和と維持には、犬60mL/kg/24h、猫40mL/kg/24hに、欠乏分および損失分を加えた用量の晶質液をIV投与する。
   C. ショックを呈している場合は、ヘタスターチまたはデキストラン70を20mL/kg IVで投与する。ショック状態が持続する場合は、初回投与から6〜8時間以内にヘタスターチ20mL/kgを追加投与する。
   D. 重度の循環性ショックを呈し、血清ナトリウム濃度が正常〜低値を示す場合は、犬では7.5%食塩水4〜5mL/kgを2〜5分間かけてIV投与する。猫では2mL/kgをIV投与する。
5. 新鮮凍結血漿（FFP）投与による蛋白質分解酵素阻害物質（α_2-マクログロブリンなど）の補填療法は、十分なエビデンスが得られていない。明らかな凝固障害を呈する症例では投与を試みるとよい。
   投与量：10〜20mL/kg IV
6. 重度ショックや出血性ショックを示す場合は、赤血球11mL/kgまたは全血22mL/kgの投与を検討する。輸血に際しては、クロスマッチと濾過を行う。
7. 血清カリウム濃度に基づき、カリウムを補給する。
8. 抗生物質のルーチン投与は推奨されないものの、明白な膵感染を認める症例や、急性膵炎が対症療法に反応せず、長期化している症例では、抗生物質投与が適切である。以下の抗生物質は、急性膵炎のモデル犬にて、標的組織における治療濃度域到達が証明されており、使用が推奨される。
   クリンダマイシン：5〜15mg/kg IV q12h
   メトロニダゾール：10mg/kg IV。1時間以上かけてCRI q8h
   クロラムフェニコール：40〜50mg/kg IV、SC、IM、PO q8h
   シプロフロキサシン：5〜15mg/kg PO q12hまたは10〜20mg/kg PO q24h

9．個々の患者の必要性に応じて、鎮痛薬を投与する。
  A．ヒドロモルフォン
    犬：0.05～0.2mg/kg IV、IM、SC q2～6hまたは0.0125～0.05mg/kg/時 IV CRI
    猫：0.05～0.2mg/kg IV、IM、SC q2～6h
  B．フェンタニル
    犬：効果発現まで2～10μg/kg IV、以後は1～10μg/kg/時 IV CRI
    猫：効果発現まで1～5μg/kg IV、以後は1～5μg/kg/時 IV CRI
  C．モルヒネ
    犬：0.5～1mg/kg IM、SCまたは0.05～0.1mg/kg IV
    猫：0.005～0.2mg/kg IM、SC
  D．ブプレノルフィン
    犬：0.005～0.02mg/kgIV、IM q4～8hまたは2～4μg/kg/時 IV CRI
    猫：0.005～0.01mg/kgIV、IM q4～8h、1～3μg/kg/時 IV CRI、0.02mg/kg OTM（経口経粘膜投与）

10. 重度嘔吐・悪心、回帰性嘔吐・悪心を呈する場合は、制吐薬を投与する。
  A．オンダンセトロン（Zofran®）：0.1～1mg/kg IV q6～8h
  B．ドラセトロン（Anzemet®）：0.6～1mg/kg IV、SC、PO q24h
  C．マロピタント（Cerenia®）：1mg/kg SC q24 hまたは2mg/kg PO q24h
  D．メトクロプラミド（Reglan®）：0.2～0.5mg/kg SC、IM、PO q6h、1～2mg/kg/日 IV CRI、0.01～0.02mg/kg/時 IV CRI
  E．クロルプロマジン（Thorazine®、Largactil®）：0.05～0.1mg/kg IV q6～8hまたは0.2～0.5mg/kg IM、SC q6～8h
  F．プロクロルペラジン（Compazine®）：0.1～0.5mg/kg IM、SC q6～8h

11. 吐血または悪心徴候（流涎、不自然な嚥下運動）を認める場合は、胃粘膜保護薬を投与する。
  A．ラニチジン（Zantac®）
    犬：0.5～2mg/kg IV、PO q8h
    猫：2.5mg/kg IV q12h、3.5mg/kg PO q12h
  B．ファモチジン（Pepcid®）：0.5～1mg/kg IV q12～24h
  C．オメプラゾール（Prilosec®）
    犬：0.5～1.5mg/kg PO q24h
    猫：0.5～1mg/kg PO q24h
  D．パントプラゾール（Protonix®）：0.7～1mg/kg IV q24h

12. 可能な限り早期に経腸給餌を行う。中等～重度急性膵炎では、経鼻十二指腸チューブを用いるとよい。頻回嘔吐、重度嘔吐、吐血を認める場合は、1～2日間絶食する。それ以上の期間、絶食を要する場合は、非消化管栄養補給や、空腸瘻チューブの外科的設置を行う。完全非消化管栄養法は合併症発症頻度が高いため、経腸栄養補給を許容しない症例のみに導入する。

13. 給餌を開始する際は、初めに少量の水を与える。問題なく飲水できたら、徐々にフードを与える。初期に使用するフードは、Hill's Prescription i/d low fat GI restore®、米、パスタ、じゃがいもなどの低脂肪・低蛋白質食を選択するとよい。以後は、Hill's Prescription i/d low fat GI restore® またはw/dなどの低脂肪食を数週間投与する。

14. 24～48時間ごとに酸塩基状態、血糖値、電解質を測定する。
15. 糖尿病性ケトアシドーシスを併発している場合は、血糖調節の前に必ず膵炎治療を行う。このような症例は、長期入院を要する。
    A. 短時間作用型レギュラーインスリンを用いて、高血糖（血糖値>250mg/dL）をコントロールする。インスリンはIM、SCまたはIV CRI投与する（表9-2）。
    B. 再水和後、血糖値を再測定する。
    C. インスリンの投与法には、IM q1h投与法、CRI投与法、SC投与法の3つがある。脳浮腫発症を予防するためには、いずれの方法においても、血糖値を1時間あたり50～75mg/dLの速さで、24～48時間かけて緩徐に低下させることが重要である。
    D. 嘔吐消失、自力採食可能、尿中ケトン陰性となり、膵炎治癒が確認された時点で、短期作用型レギュラー結晶インスリンから、長期作用型に変更してもよい。
16. 乏尿性腎不全をモニターする。尿量は少なくとも1～2mL/kg/時を維持する。乏尿が生じた際は、フロセミドを投与する。
17. 微小血栓形成とDIC発症を予防するため、ヘパリン250units/kg SC q8hの投与を検討する。
18. 不整脈をモニターし、適切な治療を行う。
19. 腹膜炎徴候があれば、腹腔穿刺、診断的腹腔洗浄、超音波ガイド下腹腔穿刺などを行い、腹水検体の細胞診と培養を依頼する。
20. 膵膿瘍、胆管閉塞、敗血症性腹膜炎は、外科手術適応である。

表9-2 インスリン治療の調整：インスリンの投与量が犬では2U/kg、猫では1.1U/kgである場合

血糖値（mg/dL）	輸液剤	インスリン添加輸液（250mLバッグ）の点滴流量（mL/時）
>250	0.9%食塩水	10
200～250	0.45%食塩水+2.5%ブドウ糖	7
150～200	0.45%食塩水+2.5%ブドウ糖	5
100～150	0.45%食塩水+5%ブドウ糖	5
<100	0.45%食塩水+5%ブドウ糖	インスリン投与を中止する

MacIntyre DK: Emergency therapy of diabetic crises: insulin overdose, diabetic ketoacidosis and hyperosmolar coma. The Veterinary Clinics of North America, Small Animal Practice: Diabetes Mellitus, Vol. 25. No. 3, 1995 ©Elsevierより引用。

参考文献

唾液腺囊腫（ガマ腫）

Birchard, S.J., Sherding, R.G., 1994. Saunders Manual of Small Animal Practice. WB Saunders, Philadelphia, pp. 627–629.

Morgan, R.V., 1992. Handbook of Small Animal Practice, second ed. Churchill Livingstone, New York, pp. 353–356.

Slatter, D.H. (Ed.), 1993. Textbook of Small Animal Surgery, second ed. WB Saunders, Philadelphia, pp. 516–517.

Willard, M.D., 2009. Sialocele, digestive system disorders. In: Nelson, R.W., Couto, C.G. (Eds.), Small Animal Internal Medicine, fourth ed. Mosby Elsevier, St Louis, p. 414.

食道内異物

Bissett, S.A., Davis, J., Subler, K., et al., 2009. Risk factors and outcome of bougienage for treatment of benign esophageal strictures in dogs and cats: 28 cases (1995–2004). Journal of the American Veterinary Medical Association 235, 844–850.

Glazer, A., Walters, P., 2008. Esophagitis and esophageal strictures. Compendium for the Continuing Education of the Practicing. Veterinarian 30 (5), 281–292.

Han, E., 2003. Diagnosis and management of reflux esophagitis. Clinical Techniques in Small Animal Practice 18 (4), 231–238.

Leib, M.S., Sartor, L.L., 2008. Esophageal foreign body obstruction caused by a dental chew treat in 31 dogs (2000–2006). Journal of the American Veterinary Medical Association 232, 1021–1025.

Rousseau, A., Prittie, J., Broussard, J.D., et al., 2007. Incidence and characterization of esophagitis following esophageal foreign body removal in dogs: 60 cases (1999–2003). Journal of Veterinary Emergency and Critical Care 17 (2), 159–163.

Sale, C.S.H., Williams, J.W., 2006. Results of transthoracic esophagotomy retrieval of esophageal foreign body obstructions in dogs: 14 cases (2000–2004). Journal of the American Animal Hospital Association 42, 450–456.

Willard, M.D., 2009. Esophageal foreign objects, digestive system disorders. In: Nelson, R.W., Couto, C.G. (Eds.), Small Animal Internal Medicine, fourth ed. Mosby Elsevier, St Louis, pp. 423–424.

急性腹症

Amsellem, P.M., Seim, H.B., MacPhail, C.M., et al., 2006. Long-term survival and risk factors associated with biliary surgery in dogs: 34 cases (1994–2004). Journal of the American Veterinary Medical Association 229, 1451–1457.

Beal, M.W., 2005. Approach to the acute abdomen. Veterinary Clinics in Small Animals 35, 375–396.

Drobatz, K.J., 2009. Acute abdominal pain. In: Silverstein, D.C., Hopper, K. (Eds.), Small Animal Critical Care Medicine. Elsevier, St Louis, pp. 534–537.

Gorman, S.C., Freeman, L.M., Mitchell, S.L., et al., 2006. Extensive small bowel resection in dogs and cats: 20 cases (1998–2004). Journal of the American Veterinary Medical Association 228, 403–407.

Mann, F.A., 2009. Acute abdomen: evaluation and emergency treatment. In: Bonagura, J.D., Twedt, D.C. (Eds.), Kirk's Current Veterinary Therapy XIV. Saunders Elsevier, St Louis, pp. 67–72.

Schwartz, S.G.H., Mitchell, S.L., Keating, J.H., et al., 2006. Liver lobe torsion in dogs: 13 cases (1995–2004). Journal of the American Veterinary Medical Association 228, 242–247.

Worley, D.R., Hottinger, H.A., Lawrence, H.J., 2004. Surgical management of gallbladder. Mucoceles in dogs: 22 cases (1999–2003). Journal of the American Veterinary Medical Association 225, 1418–1422.

腹膜炎

Baker, S.G., Mayhew, P.D., Mehler, S.J., 2011. Choledochotomy and primary repair of extrahepatic biliary duct rupture in seven dogs and two cats. Journal of Small Animal Practice 52, 32–37.

Bentley, A.M., Otto, C.M., Shofer, F.S., 2007. Comparison of dogs with septic peritonitis: 1988–1993 versus 1999–2003. Journal of Veterinary Emergency and Critical Care 17 (4), 391–398.

Burkitt, J.M., Haskins, S.C., Nelson, R.W., et al., 2007. Relative adrenal insufficiency in dogs with sepsis. Journal of Veterinary Internal Medicine 21, 226–231.

Costello, M.F., Drobatz, K.J., Aronson, L.R., et al., 2004. Underlying cause, pathophysiologic abnormalities, and response to treatment in cats with septic peritonitis: 51 cases (1990–2001). Journal of the American Veterinary Medical Association 225, 897–902.

Grimes, J.A., Schmiedt, C.W., Cornell, K.K., et al., 2011. Identification of risk factors for septic peritonitis and failure to survive following gastrointestinal surgery in dogs. Journal of the American Veterinary Medical Association 238, 486–494.

Lawson, A.K., Seshadri, R., 2007. Two cases of planned relaparotomy for severe peritonitis secondary to gastrointestinal pathology. Journal of the American Animal Hospital Association 43, 117–121.

Levin, G.M., Bonczynski, J.J., Ludwig, L.L., 2004. Lactate as a diagnostic test for septic peritoneal effusions in dogs and cats. Journal of the American Animal Hospital Association 40, 364–371.

Ruthrauff, C.M., Smith, J., Glerum, L., 2009. Primary bacterial septic peritonitis in cats: 13 cases. Journal of the American Animal Hospital Association 45, 268–276.

Saxon, W.D., "The Acute Abdomen". In: Kirby, R.D., Crowe, D.T., Jr (guest eds.), 1994. The Veterinary Clinics of North America, Small Animal Practice: Emergency Medicine 24 (6), 1207–1224.

Volk, S.W., 2009. Peritonitis. In: Silverstein, D.C., Hopper, K. (Eds.), Small Animal Critical Care Medicine. Elsevier, St Louis, pp. 579–583.

胃拡張・胃捻転（GDV）

Beck, J.J., Staatz, A.J., Pelsue, D.H., et al., 2006. Risk factors associated with short-term outcome and development of perioperative complications in dogs undergoing surgery because of gastric dilatation-volvulus: 166 cases (1992–2003). Journal of the American Veterinary Medical Association 229, 1934–1939.

Brourman, J.D., Schertel, E.R., Allen, D.A., et al., 1996. Factors associated with perioperative mortality in dogs with surgically managed gastric dilatation-volvulus: 137 cases (1988–1993). Journal of the American Veterinary Medical Association 208 (11), 1855–1858.

Buber, T., Saragusty, J., Ranen, E., et al., 2007. Evaluation of lidocaine treatment and risk factors for death associated with gastric dilatation and volvulus in dogs: 112 cases (1997–2005). Journal of the American Veterinary Medical Association 230, 1334–1339.

de Papp, E., Drobatz, K.J., Hughes, D., 1999. Plasma lactate concentration as a predictor of gastric necrosis and survival among dogs with gastric dilatation-volvulus: 102 cases (1995–1998). Journal of the American Veterinary Medical Association 215 (1), 49–52.

Green, T.I., Tonozzi, C.C., Kirby, R., et al., 2011. Evaluation of initial plasma lactate values as a predictor of gastric necrosis and initial and subsequent plasma lactate values as a predictor of survival in dogs with gastric dilatation-volvulus: 84 dogs (2003–2007). Journal of Veterinary Emergency and Critical Care 21 (1), 36–44.

Hammel, S.P., Novo, R.E., 2006. Recurrence of gastric dilatation-volvulus after incisional gastropexy in a Rottweiler. Journal of the American Animal Hospital Association 42, 147–150.

Leib, M.S., Konda, L.J., Wingfield, W.E., et al., 1985. Circumcostal gastropexy for prevention of recurrence of GDV in the dog: an evaluation of 30 cases. Journal of the American Veterinary Medical Association 187 (3), 245–248.

Mackenzie, G., Barnhart, M., Kennedy, S.A., 2010. Retrospective study of factors influencing survival following surgery for gastric dilatation-volvulus syndrome in 306 dogs. Journal of the American Animal Hospital Association 46, 97–102.

Mathews, K.A., 2009. Gastric dilation-volvulus. In: Bonagura, J.D., Twedt, D.C. (Eds.), Kirk's Current Veterinary Therapy XIV. Saunders Elsevier, St Louis, pp. 77–82.

Parton, A.T., Volk, S.W., Weisse, C., 2006. Gastric ulceration subsequent to partial invagination of the stomach in a dog with gastric dilatation-volvulus. Journal of the American Veterinary Medical Association 228, 1895–1900.

Schertel, E.R., Allan, D.A., Muir, W.W., et al., 1997. Evaluation of a hypertonic saline-dextran solution for treatment of dogs with shock induced by gastric dilatation-volvulus. Journal of the American Veterinary Medical Association 210 (2), 226–230.

Streeter, E.M., Rozanski, E.A., Berg, J., et al., 2004. Esophageal perforation in a dog following an acute episode of gastric dilatation with 360 degree volvulus. Journal of Veterinary Emergency and Critical Care 14 (2), 125–127.

Volk, S.W., 2009. Gastric dilatation-volvulus and bloat. In: Silverstein, D.C., Hopper, K. (Eds.), Small Animal Critical Care Medicine. Elsevier, St Louis, pp. 584–588.

Whitney, W.O., Scavelli, T.D., Matthiesen, D.T., et al., 1989. Belt-loop gastropexy: technique and surgical results in 20 dogs. Journal of the American Animal Hospital Association 25 (1), 75–83.

Zacher, L.A., Berg, J., Shaw, S.P., et al., 2010. Association between outcome and changes in plasma lactate concentration during presurgical treatment in dogs with gastric dilatation-volvulus: 64 cases (2002–2008). Journal of the American Veterinary Medical Association 236, 892–897.

犬急性（ウイルス性）胃腸炎

Humm, K.R., Hughes, D., 2009. Canine parvovirus infection. In: Silverstein, D.C., Hopper, K. (Eds.), Small Animal Critical Care Medicine. Elsevier, St Louis, pp. 482–485.

Lobetti, R.G., Joubert, K.E., Picard, J., et al., 2002. Bacterial colonization of intravenous catheters in young dogs suspected to have parvoviral enteritis. Journal of the American Veterinary Medical Association 220, 1321–1324.

Macintire, D.K., 2008. Pediatric fluid therapy. The Veterinary Clinics of North America, Small Animal Practice 38, 621–627.

Macintire, D.K., Smith-Carr, S., 1997. Canine parvovirus. Part II. Clinical signs, diagnosis and treatment. Compendium for the Continuing Education of the Practicing Veterinarian 19 (3), 291–301.

Mantione, N.L., Otto, C.M., 2005. Characterization of the use of antiemetic agents in dogs with parvoviral enteritis treated at a veterinary teaching hospital: 77 cases (1997–2000). Journal of the American Veterinary Medical Association 227, 1787–1793.

McMichael, M.A., Lees, G.E., Hennessey, J., et al., 2005. Serial plasma lactate concentrations in 68 puppies aged 4 to 80 days. Journal of Veterinary Emergency and Critical Care 15 (1), 17–21.

Otto, C.M., Drobatz, K.J., Soter, C., 1997. Endotoxemia and tumor necrosis factor activity in dogs with naturally occurring parvoviral enteritis. Journal of Veterinary Internal Medicine 11 (2), 65–70.

Prittie, J., 2004. Canine parvoviral enteritis: a review of diagnosis, management, and prevention. Journal of Veterinary Emergency and Critical Care 14 (3), 167–176.

Savigny, M.R., Macintire, D.K., 2010. Use of oseltamivir in the treatment of canine parvoviral enteritis. Journal of Veterinary Emergency and Critical Care 20 (1), 132–142.

Smith-Carr, S., Macintire, D.K., Swango, L.J., 1997. Canine parvovirus. Part I. Pathogenesis and vaccination. Compendium for the Continuing Education of the Practicing Veterinarian 19 (2), 125–133.

Trotman, T.K., 2009. Gastroenteritis. In: Silverstein, D.C., Hopper, K. (Eds.), Small Animal Critical Care Medicine. Elsevier, St Louis, pp. 558–561.

Willard, M.D., 2009. Antiemetics. In: Silverstein, D.C., Hopper, K. (Eds.), Small Animal Critical Care Medicine. Elsevier, St Louis, pp 778–780.

Willard, M.D., 2009. Canine parvoviral enteritis, digestive system disorders. In: Nelson, R.W., Couto, C.G. (Eds.), Small Animal Internal Medicine, fourth ed. Mosby Elsevier, St Louis, pp. 443–445.

消化管閉塞と重積

Adams, W.M., Sisterman, L.A., Klauer, J.M., et al., 2010. Association of intestinal disorders in cats with findings of abdominal radiography. Journal of the American Veterinary Medical Association 236, 880–886.

Burkitt, J.M., Drobatz, K.J., Saunders, H.M., et al., 2009. Signalment, history, and outcome of cats with gastrointestinal tract intussusception: 20 cases (1986–2000). Journal of the American Veterinary Medical Association 234, 771–776.

Oliveira-Barros, L.M., Costa-Casagrande, T.A., Cogliati, B., et al., 2010. Histologic and immunohistochemical evaluation of intestinal innervation in dogs with and without intussusception. American Journal of Veterinary Research 71, 636–642.

Pastore, G.E., Lamb, C.R., Lipscomb, V., 2007. Comparison of the results of abdominal ultrasonography and exploratory laparotomy in the dog and Cat. Journal of the American Animal Hospital Association 43, 264–269.
Penninck, D., Mitchell, S.L., 2003. Ultrasonographic detection of ingested and perforating wooden foreign bodies in four dogs. Journal of the American Veterinary Medical Association 223 (2), 206–209.
Ralphs, S.C., Jessen, C.R., Lipowitz, A.J., 2003. Risk factors for leakage following intestinal anastomosis in dogs and cats: 115 cases (1991–2000). Journal of the American Veterinary Medical Association 223, 73–77.
Tams, T.R., 1996. Handbook of Small Animal Gastroenterology. WB Saunders, Philadelphia, pp. 232–234, 265.
Willard, M.D., 2009. Intestinal obstruction, digestive system disorders. In: Nelson, R.W., Couto, C.G. (Eds.), Small Animal Internal Medicine, fourth ed. Mosby Elsevier, St Louis, pp. 462–466.

猫の下痢

Adams, W.M., Sisterman, L.A., Klauer, J.M., et al., 2010. Association of intestinal disorders in cats with findings of abdominal radiography. Journal of the American Veterinary Medical Association 236, 880–886.
German, A.J., 2009. Inflammatory bowel disease. In: Bonagura, J.D., Twedt, D.C. (Eds.), Kirk's Current Veterinary Therapy XIV. Saunders Elsevier, St Louis, pp. 501–506.
Reed, N., Gunn-Moore, D., Simpson, K., 2007. Cobalamin, folate and inorganic phosphate abnormalities in ill cats. Journal of Feline Medicine and Surgery 9, 278–288.
Tams, T.R., 1996. Handbook of Small Animal Gastroenterology. WB Saunders, Philadelphia, pp. 286–290.
Washabau, R.J., Day, M.J., Willard, M.D., et al., 2010. The WSAVA International Gastrointestinal Standardization Group. Endoscopic, Biopsy, and Histopathologic Guidelines for the Evaluation of Gastrointestinal Inflammation in Companion Animals, ACVIM Consensus Statement. Journal of Veterinary Internal Medicine 24, 10–26.
Willard, M.D., Moore, G.E., Denton, B.D., et al., 2010. Effect of tissue processing on assessment of endoscopic intestinal biopsies in dogs and cats. Journal of Veterinary Internal Medicine 24, 84–89.
Willard, M.D., 2009. Small intestinal inflammatory bowel disease, digestive system disorders. In: Nelson, R.W., Couto, C.G. (Eds.), Small Animal Internal Medicine, fourth ed. Mosby Elsevier, St Louis, pp. 458–459.
Wolf, A.M., 1989. Diarrhea in the cat. In: Willard, M.D. (Ed.), Seminars in Veterinary Medicine and Surgery Small Animal, vol 4, no 3. WB Saunders, Philadelphia, pp. 212–218.

出血性胃腸炎（HGE）

Boysen, S.R., 2009. Gastrointestinal hemorrhage. In: Silverstein, D.C., Hopper, K. (Eds.), Small Animal Critical Care Medicine. Elsevier, St Louis, pp. 566–570.
Tams, T.R., 1996. Handbook of Small Animal Gastroenterology. WB Saunders, Philadelphia, pp. 263–264.
Willard, M.D., 2009. Gastrointestinal protectants. In: Silverstein, D.C., Hopper, K. (Eds.), Small Animal Critical Care Medicine. Elsevier, St Louis, pp. 775–777.
Willard, M.D., 2009. Hemorrhagic gastroenteritis, digestive system disorders. In: Nelson, R.W., Couto, C.G. (Eds.), Small Animal Internal Medicine, fourth ed. Mosby Elsevier, St Louis, p. 428.

大腸炎

Jergens, A.E., 2004. Clinical assessment of disease activity for canine inflammatory bowel disease. Journal of the American Animal Hospital Association 40, 437–445.
Leib, M.S., 2000. Treatment of chronic idiopathic large-bowel diarrhea in dogs with a highly digestible diet and soluble fiber: a retrospective review of 37 cases. Journal of Veterinary Internal Medicine 14, 27–32.
Parnell, N.K., 2009. Chronic colitis. In: Bonagura, J.D., Twedt, D.C. (Eds.), Kirk's Current Veterinary Therapy XIV. Saunders Elsevier, St Louis, pp. 515–520.
Willard, M.D., 2009. Acute colitis, digestive system disorders. In: Nelson, R.W., Couto, C.G. (Eds.), Small Animal Internal Medicine, fourth ed. Mosby Elsevier, St Louis, p. 468.

直腸脱

Hoskins, J.D., 1995. Veterinary Pediatrics, second ed. WB Saunders, Philadelphia, pp. 181–182.

Kirk, R.W., Bistner, S.I., Ford, R.B. (Eds.), 1990. Handbook of Veterinary Procedures and Emergency Treatment, fifth ed. WB Saunders, Philadelphia, p. 108.

Tams, T.R., 1996. Handbook of Small Animal Gastroenterology. WB Saunders, Philadelphia, pp. 362–363.

Webb, C.B., 2009. Anal-rectal disease. In: Bonagura, J.D., Twedt, D.C. (Eds.), Kirk's Current Veterinary Therapy XIV. Saunders Elsevier, St Louis, pp. 527–531.

Willard, M.D., 2009. Rectal prolapse, digestive system disorders. In: Nelson, R.W., Couto, C.G. (Eds.), Small Animal Internal Medicine, fourth ed. Mosby Elsevier, St Louis, pp. 468–469.

会陰ヘルニア

Gilley, R.S., Caywood, D.S., Lulich, J.P., et al., 2003. Treatment with a combined cystopexy-colopexy for dysuria and rectal prolapse after bilateral perineal herniorrhaphy in a dog. Journal of the American Veterinary Medical Association 222 (12), 1717–1722.

Head, L.L., Francis, D.A., 2002. Mineralized paraprostatic cyst as a potential contributing factor in the development of perineal hernias in a dog. Journal of the American Veterinary Medical Association 221 (4), 533–535.

Tams, T.R., 1996. Handbook of Small Animal Gastroenterology. WB Saunders, Philadelphia, pp. 363–364.

Webb, C.B., 2009. Anal-rectal disease. In: Bonagura, J.D., Twedt, D.C. (Eds.), Kirk's Current Veterinary Therapy XIV. Saunders Elsevier, St Louis, pp. 527–531.

Willard, M.D., 2009. Perineal hernia, digestive system disorders. In: Nelson, R.W., Couto, C.G. (Eds.), Small Animal Internal Medicine, fourth ed. Mosby Elsevier, St Louis, pp. 470–471.

急性肝不全

Aguirre, A.L., Center, S.A., Randolph, J.F., et al., 2007. Gallbladder disease in Shetland Sheepdogs: 38 cases (1995–2005). Journal of the American Veterinary Medical Association 231, 79–88.

Al-Khafaji, A., Huang, D.T., 2011. Critical care management of patients with end-stage liver disease. Critical Care Medicine 39 (5), 1157–1166.

Berent, A.C., Rondeau, M.P., 2009. Hepatic failure. In: Silverstein, D.C., Hopper, K. (Eds.), Small Animal Critical Care Medicine. Elsevier, St Louis, pp. 552–558.

Center, S.A., 2007. Interpretation of liver enzymes. The Veterinary Clinics of North America, Small Animal Practice 37, 297–333.

Fernandez, N.J., Kidney, B.A., 2007. Alkaline phosphatase: beyond the liver. Veterinary Clinical Pathology 36, 223–233.

Flatland, B., 2009. Hepatic support therapy. In: Bonagura, J.D., Twedt, D.C. (Eds.), Kirk's Current Veterinary Therapy XIV. Saunders Elsevier, St Louis, pp. 554–557.

Pike F.S., Berg, J., King, N.W., et al., 2004. Gallbladder mucocele in dogs: 30 cases (2000–2002). Journal of the American Veterinary Medical Association 224, 1615–1622.

Poldervaart, J.H., Favier, R.P., Penning, L.C., et al., 2008. Primary hepatitis in dogs: a retrospective review (2002–2006). Journal of Veterinary Internal Medicine 23 (1), 72–80.

Sepesy, L.M., Center, S.A., Randolph, J.F., et al., 2006. Vacuolar hepatopathy in dogs: 336 cases (1993–2005). Journal of the American Veterinary Medical Association 229, 246–252.

Wagner, K.A., Hartmann, F.A., Trepanier, L.A., 2007. Bacterial culture results from liver, gallbladder, or bile in 248 dogs and cats evaluated for hepatobiliary disease: 1998–2003. Journal of Veterinary Internal Medicine 21, 417–424.

Watson, P.J., Bunch, S.E., 2009. Treatment of complications of hepatic disease and failure, hepatobiliary and exocrine pancreatic disorders. In: Nelson, R.W., Couto, C.G. (Eds.), Small Animal Internal Medicine, fourth ed. Mosby Elsevier, St Louis, pp. 520–527.

Webster, C.R.L., Cooper, J.C., 2009. Diagnostic approach to hepatobiliary disease. In: Bonagura, J.D., Twedt, D.C. (Eds.), Kirk's Current Veterinary Therapy XIV. Saunders Elsevier, St Louis, pp. 543–549.

Willard, M.D., 2009. Acute hepatitis, digestive system. In: Nelson, R.W., Couto, C.G. (Eds.), Small Animal Internal Medicine, fourth ed. Mosby Elsevier, St Louis, pp. 552–553.

肝性脳症

Buob, S., Johnston, A.N., Webster, C.R.L., 2011. Portal hypertension: pathophysiology, diagnosis, and treatment. Journal of Veterinary Internal Medicine 25, 169–186.

d'Anjou, M., 2007. The sonographic search for portosystemic shunts. Clinical Techniques of Small Animal Practice 22, 104–114.

Mertens, M., Fossum, T.W., Willard, M.D., 2010. Diagnosis of congenital portosystemic shunt in Miniature Schnauzers 7 years of age or older (1997–2006). Journal of the American Animal Hospital Association 46, 235–240.

Tobias, K.M., 2009. Portosystemic shunts. In: Bonagura, J.D., Twedt, D.C. (Eds.), Kirk's Current Veterinary Therapy XIV. Saunders Elsevier, St Louis, pp. 581–586.

Watson, P.J., Bunch, S.E., 2009. Hepatic encephalopathy, hepatobiliary and exocrine pancreatic disorders. In: Nelson, R.W., Couto, C.G. (Eds.), Small Animal Internal Medicine, fourth ed. Mosby Elsevier, St Louis, pp. 491–494.

猫の肝リピドーシス

Biourge, V., MacDonald, M.J., King, L., 1990. Feline hepatic lipidosis. Compendium for the Continuing Education of the Practicing Veterinarian 12 (2), 1244–1258.

Center, S.A., 2005. Feline hepatic lipidosis. The Veterinary Clinics of North America, Small Animal Practice 35, 225–269.

Holan, K.M., 2009. Feline hepatic lipidosis. In: Bonagura, J.D., Twedt, D.C. (Eds.), Kirk's Current Veterinary Therapy XIV. Saunders Elsevier, St Louis, pp. 570–575.

Watson, P.J., Bunch, S.E., 2009. Hepatic lipidosis, hepatobiliary and exocrine pancreatic disorders. In: Nelson, R.W., Couto, C.G. (Eds.), Small Animal Internal Medicine, fourth ed. Mosby Elsevier, St Louis, pp. 520–527.

猫の胆管肝炎

Berent, A.C., 2009. Acute biliary diseases of the dog and cat. In: Silverstein, D.C., Hopper, K. (Eds.), Small Animal Critical Care Medicine. Elsevier, St Louis, pp. 542–546.

Eich, C.S., Ludwig, L.L., 2002. The surgical treatment of cholelithiasis in cats: a study of nine cases. Journal of the American Animal Hospital Association 38, 290–296.

Rondeau, M.P., 2009. Hepatitis and cholangiohepatitis. In: Silverstein, D.C., Hopper, K. (Eds.), Small Animal Critical Care Medicine. Elsevier, St Louis, pp. 547–551.

Twedt, D.C., 2009. Armstrong PJ, Feline inflammatory liver disease In: Bonagura, J.D., Twedt, D.C. (Eds.), Kirk's Current Veterinary Therapy XIV. Saunders Elsevier, St Louis, pp. 576–581.

Watson, P.J., Bunch, S.E., 2009. Cholangitis, hepatobiliary and exocrine pancreatic disorders. In: Nelson, R.W., Couto, C.G. (Eds.), Small Animal Internal Medicine, fourth ed. Mosby Elsevier, St Louis, pp. 527–531.

膵炎

Anderson, J.R., Cornell, K.K., Parnell, N.K., et al., 2008. Pancreatic abscess in 36 dogs: a retrospective analysis of prognostic indicators. Journal of the American Animal Hospital Association 44, 171–179.

DeCock, H.E.V., Forman, M.A., Farver, T.B., et al., 2007. Prevalence and histopathologic characteristics of pancreatitis in cats. Veterinary Pathology 44, 39–49.

Gerhardt, A., Steiner, J.M., Williams, D.A., et al., 2001. Comparison of the sensitivity of different diagnostic tests for pancreatitis in cats. Journal of Veterinary Internal Medicine 15, 329–333.

Gaynor, A.R., 2009. Acute pancreatitis. In: Silverstein, D.C., Hopper, K. (Eds.), Small Animal Critical Care Medicine. Elsevier, St Louis, pp. 537–542.

Holm, J.L., Chan, D.L., Rozanski, E.A., 2003. Acute pancreatitis in dogs. Journal of Veterinary Emergency and Critical Care 13 (4), 201–213.

Johnson, M.D., Mann, F.A., 2006. Treatment for pancreatic abscesses via omentalization with abdominal closure versus open peritoneal drainage in dogs: 15 cases (1994–2004). Journal of the American Veterinary Medical Association 228, 397–402.

Lem, K.Y., Fosgate, G.T., Norby, B., et al., 2008. Associations between dietary factors and pancreatitis in dogs. Journal of the American Veterinary Medical Association 233, 1425–1431.

Mansfield, C.S., James, F.E., Robertson, I.D., 2008. Development of a clinical severity index for dogs with acute pancreatitis. Journal of the American Veterinary Medical Association 233, 936–944.

Neilson-Carley, S.C., Robertson, J.E., Newman, S.J., et al., 2011. Specificity of a canine pancreas-specific lipase assay for diagnosing pancreatitis in dogs without clinical or histologic evidence of the disease. American Journal of Veterinary Research 72, 302–307.

Ruaux, C.G., 2003. Diagnostic approaches to acute pancreatitis. Clinical Techniques in Small Animal Practice 18 (4), 245–249.

Son, T.T., Thompson, L., Serrano, S., et al., 2010. Surgical intervention in the management of severe acute pancreatitis in cats: 8 cases (2003–2007). Journal of Veterinary Emergency and Critical Care 20 (4), 426–435.

Steiner, J.M., 2009. Canine pancreatic disease. In: Bonagura, J.D., Twedt, D.C. (Eds.), Kirk's Current Veterinary Therapy XIV. Saunders Elsevier, St Louis, pp. 534–538.

Steiner, J.M., Newman, S.J., Xenoulis, P.G., 2008. Sensitivity of serum markers for pancreatitis in dogs with macroscopic evidence of pancreatitis. Veterinary Therapeutics 9 (4), 263–273.

Thompson, L.J., Seshadri, R., Raffe, M.R., 2009. Characteristics and outcomes in surgical management of severe acute pancreatitis: 37 dogs (2001–2007). Journal of Veterinary Emergency Critical Care 19 (2), 165–173.

Watson, P.J., Bunch, S.E., 2009. Pancreatitis, the exocrine pancreas. In: Nelson, R.W., Couto, C.G. (Eds.), Small Animal Internal Medicine, fourth ed. Mosby Elsevier, St Louis, pp. 579–606.

Weatherton, L.K., Streeter, E.M., 2009. Evaluation of fresh frozen plasma administration in dogs with pancreatitis: 77 cases (1995–2005). Journal of Veterinary Emergency and Critical Care 19 (6), 617–622.

Williams, D.A., 2009. Feline exocrine pancreatic disease. In: Bonagura, J.D., Twedt, D.C. (Eds.), Kirk's Current Veterinary Therapy XIV. Saunders Elsevier, St Louis, pp. 538–543.

10

第10章 代謝、内分泌

糖尿病

診断

ヒストリー——犬の糖尿病症例の大半は4〜14歳齢で、7〜9歳齢で好発する。雌の発生頻度は、雄の2倍である。好発する犬種は、キースホンド、プーリー、ケアンテリア、ミニチュアピンシャー、ミニチュアプードル、ミニチュアシュナウザー、ダックスフント、ビーグルなどである。

猫の糖尿病症例の大半は、6歳齢以上で診断される。糖尿病は、去勢雄に最も多い。

稟告として、多尿、多飲、体重減少、多食など。犬では、室内での不適切排尿（粗相）、排尿頻度（ペットシーツの交換頻度）増加。さらに、突然の盲目、後肢跛行など。

身体検査——糖尿病症例の多くは肥満である。腹部触診にて、肝リピドーシスによる肝腫大。白内障、被毛粗剛、蹠行姿勢、後肢跛行。糖尿病性ケトアシドーシス（DKA）症例では、脱水、呼気中のアセトン臭、元気消失、虚弱の可能性。

臨床検査——

1. 空腹時血糖値測定。糖尿病である場合は、持続的な空腹時高血糖（>200mg/dL）を呈する。猫のストレス性高血糖は、300〜400mg/dLに及ぶことがある。
2. 尿検査における異常所見には、以下のものがある。
   A. 糖尿
   注意：正常血糖値にて生じる持続性糖尿は糖尿病ではなく、腎性糖尿（グルコースの再吸収を伴う尿細管障害）を示唆する。この疾患はバセンジーとノルウェージャンエルクハウンドで最も多く発症する。
   B. 膀胱炎があれば、蛋白尿、細菌尿、血尿、膿尿などを認める。
   C. 尿中の大量のケトン出現は、ケトアシドーシスを示唆する。
   D. 膀胱穿刺により無菌的に採取した検体を、尿培養と感受性検査に提出する。
3. 脱水状態であれば、CBCにて軽度赤血球増多を示す。感染や炎症が併発すると、白血球増多を示すことがある。
4. 電解質を含む、全ての生化学検査を評価する。代表的な異常所見には、以下のものがある。
   A. ALT・ALP上昇——肝リピドーシスに続発する。
   B. アミラーゼ値・リパーゼ値上昇——膵炎に続発する。
   C. BUN・クレアチニン上昇——脱水、糸球体硬化による原発性腎障害に続発する。
5. 血液ガスを分析する。
6. 血清チロキシン（T_4）濃度を測定する。老齢の糖尿病症例（犬猫）では、必ず行う。甲状腺に病変はなく、他疾患の影響により甲状腺ホルモンが低下する病態（euthyroid sick syndrome）が存在するため、T_4濃度の低値は甲状腺機能低下症の確定診断とはならない。T_4濃度が高値であれば、甲状腺機能亢進症の確定診断となる。

7. 犬猫の糖化ヘモグロビン濃度測定は不正確である。
8. 糖尿病症例では、血清フルクトサミン濃度の上昇を呈することがあり、猫の一過性のストレス性高血糖と糖尿病性高血糖の鑑別に役立つ。

鑑別診断

1. 副腎皮質機能低下症
2. 下垂体性尿崩症
3. 副腎皮質機能亢進症
4. 慢性腎不全
5. 甲状腺機能亢進症
6. 子宮蓄膿症、子宮内膜炎
7. 慢性肝疾患
8. ファンコーニ症候群
9. ナトリウムの過剰摂取
10. 心因性多渇

予後

予後は中等度である。一般には、長期間の治療を要する。

治療

1. 飼育者に、診断、予後、治療費について説明する。
2. 食餌は、インスリン投与時間とインスリン活性のピーク（投与後8〜10時間）に近い時間帯を選んで、1日2〜3回与える。または、朝・昼・晩に与える。
   A. 半生タイプのフードは、糖を多く含有するため与えない。
   B. 推奨されるフード——線維豊富、蛋白質は維持量、脂肪は乾燥重量の17%以下。
   C. 適切なフード——Hill's Prescription Diet r/d®またはw/d®、Science Diet Maintenance Light®、IAMS Less Active®、Protocol Canine Five®、Purina Fit and Trim®、Waltham Canine High Fiber®など。
   D. インスリン活性が持続している間に、少量頻回給餌するのも有用である。
   E. 少量ずつ摂食する習慣のある個体では、自由摂食をさせてもよいが、一度に多量摂食する個体では、食餌制限を要する。
   F. 肥満症例では、緩徐に減量を行う。
   G. 食餌の量と間隔は一定にする。
3. 毎日、一定量の運動をさせる。
4. 未避妊雌に対しては、卵巣子宮摘出術が推奨される。
5. 犬のインスリン療法
   A. 中間作用型インスリンを1日2回投与、または長時間作用型インスリンを1日1回投与。

牛由来のインスリンは、ヒトリコンビナントインスリンや豚由来のインスリンと比較し、アレルギー反応を惹起する可能性が高い。

B. Vetslin®（豚由来レンテインスリン）は、米国FDAが犬用として承認している唯一のインスリンである。初期の推奨投与量は0.25U/kg SC q12h、平均投与量は1回あたり0.75～0.78U/kg q12hである。一般には0.28～1.4U/kgの範囲で投与する。

Vetslin®を1日1回投与する場合の平均投与量は、1回あたり1.09U/kg q24hであり、一般には0.43～2.18U/kgの範囲で投与する。

C. 中性プロタミンハーゲドルン（NPH）リコンビナントヒトインスリンも犬に適したインスリンである。初期投与量は0.25U/kg q12h SCである。

D. 治療への反応と血糖値曲線を観察しながら、投与量を調節する。投与量の変更は1～5Uずつ行い、5～7日間かけて平衡化する。

E. 治療目標は、最低血糖値を80～150mg/dL、最高血糖値を250～300mg/dL以下に維持することである。

6. 猫のインスリン療法

A. 猫では、グラルギン（長時間作用型インスリン）が推奨される。第二選択薬は、プロタミン亜鉛インスリン（PZI）である。

B. グラルギンの初期推奨投与量は、0.5U/kg SC q12hで、12時間ごとに尿糖濃度、血糖値、飲水量をモニターする。初期投与量は、最大でも3U/頭とする。モニターできない場合は、初期投与量を1U/頭 q12hにする。Roomp & Randの報告によると、グラルギン投与量の中央値は、2.5U/頭 q12hである。

C. 最初の4～8週間までは、1週間ごとに血糖値の測定と再評価を行う。

Ⅰ. インスリン投与前の血糖値≧216mg/dLである場合――1回あたりの投与量を0.25～1U増量する。

Ⅱ. 最低血糖値≧180mg/dLである場合――1回あたりの投与量を0.5～1U増量する。

Ⅲ. インスリン投与前の血糖値≦180mg/dLである場合――0.5～1Uずつ減量する。

Ⅳ. 最低血糖値＜54mg/dLである場合――1回あたりの投与量を1U減量する。

D. 症例によっては、6～10U/頭 q12hを要する場合もある。このような症例では、通常、血糖値コントロールが成功した時点で投与量を減らす。25U/頭 q12hを超える高用量を要する場合は、反応が乏しい原因を究明すべきである。原因としては、先端巨大症、副腎皮質機能亢進症などが考えられる。

E. PZIインスリンの初期投与量は、1～3U SCで、朝に投与する。血糖値コントロールが困難な場合は、BID投与とする。

7. インスリンは、投与前にゆっくりと転倒混和して室温に戻す（強く攪拌しないこと）。グラルギンは、6ヵ月の冷蔵保存が可能である。

8. 犬に推奨されるフード――Hill's prescription diet w/d®、Hill's science Diet® adult、Purina Veterinary diet DCO®、Prina Pro Plan® small breed adult、またはweight management、Royal Canin diabetic HF®、Royal Canin Hifactor® formulaなど。
9. 猫に推奨されるフード――Hill's prescription diet m/d®、Purina veterinary diet DM®、Royal Canin diabetic DS®など。
10. 低血糖発症および糖尿病の改善に対し、モニターを行う。

糖尿病性ケトアシドーシス（DKA）

診断

ヒストリー――すでに糖尿病と診断されていることも多い。稟告として、多飲多尿、体重減少、嘔吐、下痢、嗜眠、元気消失、食欲不振、食欲過剰など。

身体検査――糖尿病性ケトアシドーシス（DKA）患者の臨床的外貌は、削痩、脱水、肥満など多様である。著明な異常を認めない場合もある。呼気のアセトン臭（果実臭）、昏睡、脱水、白内障、肝腫大、感染、肝リピドーシス、膵炎、慢性腎不全の徴候を評価する。

臨床検査――

1. 尿検査――糖尿（4＋）、ケトン尿、膿尿、尿比重≧1.030などを認める。βヒドロキシ酪酸は、尿検査スティックでは検出できない。検出するには、尿検体に数滴の過酸化水素を加え、アセト酢酸に変換する。
2. 尿培養・感受性試験――膀胱穿刺にて無菌で採尿すること。
3. 生化学検査
   A. 高血糖症（＞300mg/dL）
      I. 反復検査を行うには、25G針で穿刺するか、中心静脈カテーテルから検体採取する。
      II. 定期的モニターに有用で、正確性が平均以上である血糖測定器――Accu-check II®（Chemstrip bG®試験紙使用）、Glucometer III®、Accu-check III®、Tracer II®、One Touch®など。
   B. BUN・クレアチニン値上昇――腎前性高窒素血症
   C. 肝酵素値・総ビリルビン値上昇
   D. 低ナトリウム血症
   E. 低リン血症
   F. 低マグネシウム血症
   G. 低カリウム血症、高カリウム血症、または正常
   H. 血漿浸透圧上昇――血漿浸透圧は、以下の式で算出する。正常では285～310mOsmを示す。
      血漿浸透圧（mOsm）＝2[Na＋K]＋血糖値/18＋BUN/2.8
   I. アニオンギャップ上昇――アニオンギャップは、以下の式で算出する。正常では15～25mEq/L（注：諸説あり）を示す。
      アニオンギャップ（mEq/L）＝[Na＋K]－[Cl＋HCO_3^-]）
   J. TP上昇

K．高脂血症

4．CBC――脱水、白血球増多症、貧血、ハインツ小体性貧血を認めることがある。

5．血液ガス――代謝性アシドーシスを認めることがある。

胸部・腹部X線検査――子宮蓄膿症、腫瘍、心疾患などの併発疾患の可能性。

腹部超音波エコー検査――全身スクリーニング検査の一環として、全症例において有用である。

心電図検査――低カリウム血症または高カリウム血症による心臓への影響をモニターできる。

1．低カリウム血症――心室性および上室性不整脈、T波振幅減少、Q-T間隔延長、S-T分画減少。

2．高カリウム血症――心停止、完全心ブロック、徐脈、心室性不整脈、棘状T波、P波平坦化、P-R間隔延長、QRS間隔延長、R波振幅減少。

予後

予後は、中程度～要注意である。DKA患者の致死率は、30～40％である。深刻な併発疾患（膵炎、敗血症、副腎皮質機能亢進症など）を認める場合は、予後要注意である。

治療

1．飼育者に、診断、予後、治療費について説明する。

2．患者を入院させ、血糖値および尿中グルコース濃度を繰り返し測定する。

3．重度脱水を認める場合は、最初に輸液治療を行い、インスリン投与は2～4時間遅らせる。IV輸液剤は、0.9％ NaCl、プラズマライト®148、ノーモソル®-Rを用い、40～60mL/kg/時で再水和されるまで投与する。以後は、維持量の1.5～2倍で損失分の補填と水和維持を行う。

4．嘔吐を認める場合は、制吐薬を投与する。膵炎を認める場合は、支持療法を行う。

A．オンダンセトロン（Zofran®）：0.1～1mg/kg IV、PO q24h

B．ドラセトロン（Anzemet®）：0.6～1mg/kg IV、SC、PO q24h

C．マロピタント（Cerenia®）：1mg/kg SC q24hまたは2mg/kg PO q24h。最長5日間（犬のみに適用。猫への使用は承認されていない）。

D．メトクロプラミド（Reglan®）：0.2～0.5mg/kg SC、IM、PO q6h、1～2mg/kg/日 CRI IV、0.01～0.02mg/kg/時 IV CRI

E．クロルプロマジン（Thorazine®）：0.05～0.1mg/kg IV q6～8h、0.2～0.5mg/kg IM、SC q6～8h

F．プロクロルペラジン（Compazine®）：0.1～0.5mg/kg IM、SC q6～8h

5．血清カリウム濃度に基づき、適正量のカリウム補充を行う（**表10-1**）。

6．治療に反応せず、低カリウム血症が持続する場合は、イオン化マグネシウム濃度を測定する。マグネシウム濃度＜1.2mg/dLであれば、塩化マグネシウムまたは硫化マグネシウムを投与する。5％ブドウ糖添加生理食塩水（または精製水）にマグネシウムを加え、0.75～1mEq/kg/日をIV CRI投

表10-1　推奨されるカリウム*の最大投与速度

推定されるカリウム損失の程度	(mEq/L)	(mL/kg/時)
維持量（血清濃度＝3.6～5.0）	20	25
軽度（血清濃度＝3.1～3.5）	30	17
中等度（血清濃度＝2.6～3.0）	40	12
重度（血清濃度＝2.1～2.5）	60	8
致命的（血清濃度＜2.0）	80	6

*カリウムの投与速度は、0.5mEq/kg/時を超えてはならない。

与する。マグネシウムは、重炭酸ナトリウムやカルシウムとの混合は避ける。

7．血清リン濃度をモニターする。血清リン濃度の低下は、ATPや2,3-DPGの産生低下、赤血球の円鋸歯形成や溶血を惹起し、結果として溶血性貧血や神経筋虚弱が生じる。リン濃度≦2mg/dLであれば、補充を要する。
　A．リン濃度＝1～2mg/dLである場合――
　　リン酸ナトリウムを0.03mmol/kg/時で投与する。同時に低カリウム血症を示す場合は、リン酸カリウムを用いる。
　B．リン濃度＜1mg/dLである場合――
　　リン酸ナトリウムを0.01mmol/kg/時で投与する。
8．pH＜7.0である場合は、重炭酸ナトリウムを投与する。
9．感染があれば、適切に治療する。尿路感染症が頻繁に認められる。セファロスポリンなどの広域スペクトル抗生物質を投与する。
10．再水和後、血糖値を再測定する。
11．酸素補給を行っている場合は、酸素分圧上昇によって血糖値が実際よりも低く示されることがある。
12．インスリン投与法には、IM q1h投与法、IV CRI投与法、SC投与法の3つがある。脳浮腫発症を予防するためには、いずれの方法においても、血糖値を1時間あたり50～75mg/dLの速さで、24～48時間かけて緩徐に低下させることが重要である。
13．インスリンのIM q1h投与法――インスリンを後肢の筋肉内に投与する。
　A．レギュラーインスリン投与。初回投与量は0.2U/kg IM。
　B．以後は、血糖値≦250mg/dLになるまでレギュラーインスリンを0.1U/kg IM q1hで投与する。
　C．1～2時間ごとに血糖値を再測定する。
　D．血糖値＝150～250mg/dLになれば、IV輸液剤は4～8mEq/LのKClを添加した5％ブドウ糖溶液に変更する。その後、レギュラーインスリンの投与頻度を0.1～0.4U/kg IM q4～6hまたは0.5U/kg SC q6～8hに減らす。
　E．インスリン投与4時間後の血糖値を100～200mg/dLに維持する。
　F．ケトン尿、酸血症、電解質不均衡、体液不均衡が是正され、患者が自力摂食できるまで、レギュラーインスリン投与を継続する。

14. インスリンのCRI IV投与法
    A. レギュラー結晶インスリンを、0.9% NaClの250mLバッグに加える。
    B. 加えるレギュラー結晶インスリンの用量は、犬では2U/kg、猫では1.1U/kgである。
    C. インスリンはプラスチックに結合するため、最初に50mLの溶液をIVラインに通し、廃棄する。
    D. インスリン添加バッグは、通常のIV輸液ラインに連結してもよい。また、専用のIVカテーテルを別に設置してもよい。
    E. インスリンの投与量は、表10-2に従って調節する。
    F. 尿中および血中ケトンをモニターする。
    G. 以下の状態になれば、短期作用型レギュラー結晶インスリンを長期作用型に変更してもよい。
        Ⅰ. 嘔吐がなく、自力摂食できる。
        Ⅱ. 併発していた膵炎が改善された。
        Ⅲ. 膵炎は残存するが、尿中・血中ケトンは陰性になった。

15. 正常な水和状態が維持されている場合は、インスリンのSC投与法を用いてもよい。血糖値は200～250mg/dLになるまで1時間あたり50～75mg/dLの比率で低下させる。
    A. レギュラーインスリン投与。初回投与量は0.25U/kg SC q4～6h。
    B. 血糖値を4～6時間ごとに測定する。
    C. 血糖値>500mg/dLである場合——初回投与量より50～100%増量。
    D. 血糖値＝400～500mg/dLである場合——初回と同量を投与。
    E. 血糖値＝250～400mg/dLである場合——初回投与量より50%減量。
    F. 血糖値≦250mg/dLである場合——初回投与量より25%減量し、IV輸液剤を2.5～5%ブドウ糖溶液に変更する。

16. ケトアシドーシス治療では、グラルギンとレギュラーインスリンを併用してもよい。
    A. グラルギン初期投与量0.5U/kg SC q12hと、レギュラーインスリン

表10-2　インスリン治療の調整：インスリンの用量が2U/kg（犬）、1.1U/kg（猫）の場合

血糖値（mg/dL）	輸液剤	インスリン添加輸液（250mLバッグ）の点滴流量（mL/時）
>250	0.9% NaCl	10
200～250	0.45% NaCl+2.5%ブドウ糖	7
150～200	0.45% NaCl+2.5%ブドウ糖	5
100～150	0.45% NaCl+5%ブドウ糖	5
<100	0.45% NaCl+5%ブドウ糖	インスリン投与を中止

MacIntyre DK: Emergency therapy of diabetic crises: insulin overdose, diabetic ketoacidosis and hyperosmolar coma. The Veterinary Clinics of North America, Small Animal Practice: Diabetes Mellitus, Vol. 25. No. 3, 1995 ©Elsevierより引用。

1U/頭 IM q2〜4hを併用する。

B. 血糖値＝145〜250mg/dLの維持を目標とする。

C. レギュラーインスリン投与は、脱水が是正され、食欲が回復するまで継続する。これには、通常24〜48時間を要する。

17. 血糖値が150〜200mg/dLに維持され、状態が安定すれば（ケトン尿が改善し、自力摂食できれば）、Vetsulin®、NPH、グラルギン、PZIのいずれかの使用を開始する。

A. Vetslin®（豚由来レンテインスリン）は、米国FDAが犬用として承認している唯一のインスリンである。初期の推奨投与量は、0.25U/kg SC q12h、平均投与量は1回あたり0.75〜0.78U/kg q12hである。一般には0.28〜1.4U/kgの範囲で投与する。

　Vetslin®を1日1回投与する場合の平均投与量は、1回投与あたり1.09U/kg q24hで、一般には0.43〜2.18U/kgの範囲で投与する。

B. NPHも犬に適したインスリンである。初期投与量は、0.25U/kg q12h SCである。

C. 治療への反応と血糖値曲線を観察しながら、インスリン量を調節する。投与量の変更は1〜5Uずつ行い、5〜7日間かけて平衡化する。

D. 治療目標は、最低血糖値を80〜150mg/dL、最高血糖値を250〜300mg/dL以下に維持することである。

18. 猫のインスリン療法

A. 猫では、グラルギン（長時間作用型インスリン）が推奨される。第二選択薬は、プロタミン亜鉛インスリン（PZI）である。

B. グラルギンの初期推奨投与量は、0.5U/kg SC q12hである。12時間ごとに尿糖濃度、血糖値、飲水量をモニターする。初期投与量は、最大でも3U/頭とする。モニターができない場合は、初期投与量を1U/頭q12hにする。Roomp & Randの報告によると、グラルギン投与量の中央値は、2.5U/頭 q12hである。

C. 最初の4〜8週間までは、1週間ごとに血糖値の測定と再評価を行う。

Ⅰ. インスリン投与前の血糖値≧216mg/dLである場合——1回あたりの投与量を0.25〜1U増量する。

Ⅱ. 最低血糖値≧180mg/dLである場合——1回あたりの投与量を0.5〜1U増量する。

Ⅲ. インスリン投与前の血糖値≦180mg/dLである場合——0.5〜1Uずつ減量する。

Ⅳ. 最低血糖値＜54mg/dLである場合——1回あたりの投与量を1U減量する。

D. 症例によっては、6〜10U/頭 q12hを要する場合もある。このような症例では、通常、血糖値コントロールが成功した時点で投与量を減らす。25U/頭 q12hを超える高用量を要する場合は、反応が乏しい原因を究明すべきである。原因としては、先端巨大症、副腎皮質機能亢進症などが考えられる。

E. PZIインスリンの初期投与量は、1〜3U SCで、朝に投与する。血糖値コントロールが困難な場合は、BID投与とする。

19. 膵炎を併発していない場合は、Hill's Prescription Diet r/d®やw/d®などの高繊維食を繰り返し与え、可能な限り、早期の摂食再開を促す。
20. 高浸透圧性糖尿性昏睡を呈する場合
    A. IVカテーテルを留置し、ノーモソル®-RまたはLRSを投与する。血清カリウム濃度に基づき、適正量のリン補充を行う。
    B. 輸液治療開始後およそ12時間はインスリンを投与しない。ただし、ケトアシドーシスを認める場合は、輸液開始のおよそ4時間後より、緩徐にインスリン療法を開始する。
    C. 脳浮腫発症の危険性を軽減するため、血糖値は極めて緩徐に低下させる。

糖尿病における高血糖性高浸透圧性非ケトン性症候群（HHS）

発症はまれであるが、犬猫いずれにも認められる。この症候群の原因は高血糖症と浸透圧性利尿であり、それらが腎前性高窒素血症を惹起する。結果として、細胞外液の顕著な浸透圧上昇を生じる。関連疾患には、うっ血性心不全、喘息、腎不全、敗血症、膵炎、炎症性腸症、尿路感染症、腫瘍、副腎皮質機能亢進症、甲状腺機能亢進症などがある。グルココルチコイド投与にも関連する。

診断

ヒストリー——数日～数週間にわたる、多食、多飲、多尿、体重減少。稟告として、食欲不振、元気消失、進行性虚弱、飲水量減少など。

身体検査——重度脱水、抑うつ状態、低体温、CRT延長。神経症状として、不安行動、運動失調、見当識障害、瞳孔対向反射異常、その他の脳神経症状、筋単収縮、精神鈍麻、発作、昏睡など。

臨床検査——

1. 血糖値＞600mg/dL——最大で1,600mg/dLの高値を示すこともある。
2. 血漿浸透圧＞350mOsm/kg——血漿浸透圧は、以下の式で算出する。正常では285～310mOsmを示す。
   血漿浸透圧（mOsm）＝2[Na＋K]＋血糖値/18＋BUN/2.8
3. 腎前性・腎性高窒素血症
4. 臨床的重度脱水——細胞内への液体移動により、血液検査の結果には反映されないことがある。
5. 血中・尿中ケトンは検出されない。
   A. 「真性」高浸透圧性非ケトン性症候群——乳酸アシドーシスによるアシドーシス
   B. 「偽性」高浸透圧性非ケトン性症候群——βヒドロキシ酪酸性ケトンが存在する。なお、従来のディップスティックやタブレットでは、βヒドロキシ酪酸検査はできない。
6. 代謝性アシドーシスは軽度または存在しない。

予後

予後は要注意〜不良である。

治療

1. 飼育者に、診断、予後、治療費について説明する。
2. 経過観察と治療のため、患者を入院させる。
3. IVカテーテル留置。モニターには頻繁な採血を要するため、長いカテーテル、中心静脈用カテーテル、トリプルルーメンカテーテルなどを用いるとよい。
4. 輸液剤はナトリウム濃度が血清よりも低いものを選択する。
   A. 急性症例に適した輸液剤は、5%ブドウ糖溶液や低張（0.45%）食塩水などである。これらは水分量が多いため、素早く血清ナトリウム濃度を低下させる。
   B. 慢性症例では、比較的緩徐にナトリウム濃度を低下させるため、急性症例よりもナトリウム濃度の高い輸液剤（生理食塩水、ノーモソル®-R、プラズマライト®、LRSなど）を選択する。
   C. IV輸液は、脱水是正とナトリウム濃度低下を目的として行う。
      Ⅰ. 正確な血清ナトリウム濃度を、以下の式で算出する。血糖値が正常より100mg/dL上昇するごとに、血清ナトリウム濃度測定値は1.6nEq/dL低下する。
      Na^+(実値)＝Na^+(測定値)＋1.6([血糖値測定値]－[正常血糖値]÷100)
      Ⅱ. 水分損失量(L)＝0.6×体重(kg)×([現在の補正Na値/正常Na値]－1)
      一般的な水分損失量(L)＝0.6×体重(kg)×([血清Na濃度/145]－1)
      Ⅲ. 水分損失量の是正に要する時間を考える。通常、高ナトリウム血症が持続している時間によって決定される。
         a. 急性（発生より6〜12時間以内）であれば、6〜12時間かけて是正する。損失量に維持量を加えた分量を投与する。
         b. 慢性症例または発生時間が不明の症例では、さらに緩徐に24〜48時間かけて是正する。
   D. 血清ナトリウム濃度は、4〜6時間ごとに測定する。ナトリウムは、0.5mEq/L/時以下の速さで低下させる。
      Ⅰ. 急速な輸液は、脳浮腫を惹起する恐れがある。慢性高ナトリウム血症では、脳細胞内に浸透圧活性物質が産生される。これによって水分が細胞内に引き込まれ、浮腫を誘発する。緩徐に再水和を行えば、浸透圧活性物質は分解されるため、脳細胞は保護される。
      Ⅱ. 治療中は、定期的にナトリウム濃度を測定する（症例により、4〜12時間ごと）。慢性高ナトリウム血症では、頻繁な測定を要する。急性症例では、水分損失量分の輸液が終了するまで、再測定は不要である。

5. 血清カリウム濃度に基づき、適切なカリウム補充を行う。カリウム濃度は、低値・正常値・高値のいずれも示すことがある。頻繁なモニターが必要である。
6. 血清リン濃度に基づき、適切なリン補充を行う。リン濃度は、低値・正常値・高値のいずれも示すことがある。頻繁なモニターが必要である。
7. 血糖値は必ず緩徐に低下させる。急速な血糖値減少は、脳浮腫を引き起こす危険性がある。また、血糖値が急速に低下した場合、昏睡が誘発されることもある。
   A. ケトンが検出されなくても、糖尿病が重症ではないと判断してはならない。
   B. 重度の糖尿病性ケトアシドーシス（DKA）に対し、規定のインスリン療法を行う。
   C. インスリンはやや低用量で使用する。インスリンのCRI IV投与法において、DKA治療に推奨されるレギュラーインスリン投与量は2.2U/kg/24hであるが、むしろ1.1U/kg/24hで使用するのが望ましい。
   D. 適切な輸液治療を行うまでは、インスリン治療を開始しない。通常、IV輸液開始後12〜24時間経過するまでインスリンは投与しない。
8. 基礎疾患や関連疾患（敗血症、膵炎、腎不全、うっ血性心不全など）を治療する。
9. 尿量、尿糖、BUN、血清電解質、酸塩基平衡、中心静脈圧（CVP）を頻繁にモニターする。
10. 患者の状態が安定したら、DKA症例として扱い、レギュラーインスリンをSC q6〜8hで投与する。

低血糖症

診断

ヒストリー——幼若個体における食欲減退、状態低下、衰弱、協調運動不能、嗜眠、行動異常、発作など。過剰な運動またはストレス。

身体検査——臨床徴候は多様。運動失調、抑うつ状態、虚弱、振戦、発作、昏睡など。

臨床検査——
1. 血糖値＜60mg/dL
2. CBC、電解質を含む生化学検査
3. 尿検査
4. 酸塩基平衡の評価
5. 糞便検査
6. インスリノーマが疑われる場合は、インスリン濃度を測定する。採血は低血糖を呈している時に行う。修正インスリン-グルコース比（AIGR）を、以下の式で算出する。
   AIGR＝(インスリン×100)÷(血漿グルコース値－30)
   血漿グルコース値＜30mg/dLであれば、分母は1とする。

AIRG＞30であれば、インスリノーマが示唆される。

腹部超音波エコー検査――成熟個体にて低血糖が生じた場合は、スクリーニングの一環として行うとよい。

鑑別診断

1．糖代謝亢進
  A．インスリン過剰投与
  B．機能性β細胞腫瘍（インスリノーマ）
  C．血糖降下薬の摂取
  D．腎性糖尿
  E．敗血症
  F．重度赤血球増多症
  G．特発性
    Ⅰ．新生仔
    Ⅱ．若年性（主にトイ種）
    Ⅲ．狩猟犬
  H．膵外分泌系腫瘍（膵島細胞腫瘍）
2．糖産生低下
  A．グリコーゲン貯蔵低下
  B．機能性低血糖症
  C．飢餓
  D．吸収不良
  E．肝疾患
    Ⅰ．肝腫瘍
    Ⅱ．門脈後大静脈シャント
    Ⅲ．肝硬変、肝線維症
    Ⅳ．肝酵素欠損
  F．副腎皮質機能低下症
  G．下垂体機能低下症
3．キシリトール摂取
4．エラー、人為的なミス
  A．検体の長期保存――血清または血漿グルコース濃度は、赤血球および白血球から分離されていなければ、7mg/dL/時で低下する。
  B．糖測定器のエラー
  C．検査機関における測定エラー

予後

病因によって予後は様々である。β細胞腫瘍の犬の予後は、要注意～不良である。

治療

1．仔犬・仔猫または糖尿病患者が低血糖性発作を起こしているとの電話を受けた場合は、その場でティースプーン1/2〜2杯分の蜂蜜またはコーンシロップを口腔粘膜にすり込むか、口腔内に流し入れてから来院するように指示する。摂食できるまでに状態が改善していれば、来院前に少量のフードを与えさせてもよい。

2．飼育者に、鑑別診断、予後、治療費について説明する。
3．採血し、血糖値を測定する。
4．IVカテーテルを留置する。
5．25%ブドウ糖溶液2〜20mL（1mL/kg）をIV投与する。
  A．16週齢以下である場合は、ブドウ糖を10%に希釈し、ボーラス投与する。
  B．意識レベルが正常で嘔吐がなければ、50%ブドウ糖溶液を経口投与する。
  C．インスリノーマが疑われる場合は、ブドウ糖投与に注意を要する。低血糖症の反復は、状態を悪化させることがある。
6．経過観察と治療のために患者を入院させる。
7．5%ブドウ糖溶液を10〜20mL/kg IV q6〜8hで投与する。
8．最低血糖値を90mg/dLで維持する。
9．患者が回復し、嘔吐していない場合は摂食を促す。嘔吐を認める場合は、ブドウ糖のIV投与を継続する。
10．基礎疾患を探索する。
11．インスリノーマの治療
  A．インスリノーマの第一選択は、外科的摘出である。
  B．必要に応じて、低用量の25%ブドウ糖溶液を10〜15分間かけて緩徐にIV投与する。
  C．2.5〜5%ブドウ糖添加精製水を維持量の1.5〜2倍の流量でCRI IV投与する。
  D．デキサメタゾン0.5〜1mg/kg IVまたはプレドニゾン0.25〜0.5mg/kg PO q12hで投与する。
  E．ジアゾキシド（proglycem®）：5〜30mg/kg PO q12h
  F．プレドニンおよびジアゾキシドは、経時的な増量を要する場合がある。
  G．発作のコントロールが困難な場合は、ペントバルビタールをCRI投与して麻酔を施した上で、4〜8時間は上記の治療を継続する。
    Ⅰ．ペントバルビタール——初回は2mg/kg以上をIV投与。効果発現まで緩徐にボーラス投与する。
    Ⅱ．ボーラス投与後は、調整電解質液にペントバルビタールを添加し、5mg/kg/時でIV CRI投与する。
    Ⅲ．個々の患者に合わせて投与量調整を行う。標準投与量は3〜10mg/kg/時である。
    Ⅳ．3時間は一定濃度で維持する。以後は1mg/kg/時の割合で減量する。
    Ⅴ．発作が消失しない限り、ペントバルビタールCRIによる麻酔は、4〜8時間継続する。

12. キシリトール中毒症では、凝固障害または播種性血管内凝固症候群（DIC）を生じる恐れがある。
 A．凝固障害またはDICを呈する場合は、新鮮凍結血漿を投与する。
 B．肝保護薬を投与する。
  Ⅰ．*N*-アセチルシステイン：50mg/kg IV、PO q6～24h。
   N-アセチルシステインは、生理食塩水で5%溶液に調整し、30分間かけて緩徐にIV投与する。
  Ⅱ．*S*-アデノシルメチオニン（SAM-e）：18～20mg/kg PO q24h
  Ⅲ．シリマリン（オオアザミエキス）：20～50mg/kg PO q24h

副腎皮質機能低下症（アジソンクリーゼ）

診断

ヒストリー――稟告にて、食欲不振、体重減少、元気消失、間欠的嘔吐・下痢（時に重度）、吐血、メレナ、血便、振戦、多飲、多尿、良化と悪化を繰り返す全身状態低下、急性虚脱など。症例により、副腎皮質機能亢進症の治療歴。雌犬に好発し、猫ではまれである。若～中齢の雌犬に最も頻発する。好発犬種は、雑種犬、ポルトガルウォータードッグ、グレートデン、ウェストハイランドホワイトテリア、スタンダードプードル、ウィートンテリア、ロットワイラーである。

身体検査――脱水、元気消失、低体温、抑うつ状態、徐脈、大腿動脈拍減弱。触診にて上腹部痛。糞便検査にてメレナ、血便。低血圧性ショック状態での来院など。

臨床検査――

1．正色素性・正球性貧血
2．好中球性白血球増多症、軽度好中球減少症、好酸球増多症、リンパ球増多症
3．腎前性高窒素血症
4．時に、軽度の血糖値低下を認める。
5．軽度の代謝性アシドーシス
6．低ナトリウム血症（多くは＜140mEq/L）
7．低クロール血症（＜105mEq/L）
8．高カリウム血症（多くは＞6.0mEq/L）
9．ナトリウム：カリウム≦27：1――基準範囲は広く、27：1～40：1を示す。
10．時に、高リン血症を認める。
11．時に、高カルシウム血症を認める。
12．尿検査では、等張尿、高張尿を認める。
13．安静時コルチゾール濃度の顕著低下
14．合成アドレノコルチコトロピン（Cortrosyn®）によるACTH刺激試験
 A．血漿検体を採取する。

B．合成ACTH（Cortrosyn®）を投与する。
犬：0.25mg（250μg）IMまたは5μg/kg IV
猫：0.125mg/頭 IM、IV
C．血漿検体を再採取する。
犬：ACTH投与1時間後
猫：ACTH投与30分後および60分後
D．ACTH投与後、血清コルチゾール濃度が基準範囲を下回る場合（<2.0 mg/dL）は、副腎皮質機能低下症診断の一助となる。

15. 合成ACTH（Cortrosyn®）が入手できない場合は、ACTHジェルを用いる。
A．血漿検体を採取する。
B．ACTHジェルを投与する。
犬猫：2.2U/kg
C．血漿検体を再採取する。
犬：ACTH投与の2時間後
猫：ACTH投与の1時間後および2時間後

16. ACTH投与後の血中アルドステロン濃度の測定も、副腎皮質機能低下症の診断材料となる。

胸部X線検査——小心症、巨大食道を認める。
心電図検査——高カリウム血症による変化を認める。

1．T波の先鋭化——通常、輸液療法とコルチコステロイド投与に反応する。
2．P波消失
3．QRS複合の広範化
4．不規則なP–R間隔
5．心ブロック
6．正弦波

腹部超音波エコー検査——両側の副腎縮小を認める。

鑑別診断

重度消化器疾患、膵炎、糖尿病性ケトアシドーシス、腎不全、尿路閉塞、尿管断裂、重度肝疾患。

予後

内科的治療によって、予後は良好～非常に良好である。

治療

1．飼育者に、診断、予後、治療費について説明する。
2．IVカテーテル留置。
3．0.9% NaClをIV輸液する。
犬：初期は4～12mL/kg/時で投与する。
猫：初期は45～60mL/頭/時で投与する。

4. 低血糖症を呈する場合は、ブドウ糖をIV輸液剤に添加し、5%ブドウ糖溶液として投与する（50%ブドウ糖液100mLをIV輸液剤1Lに加える）。
5. 重度高カリウム血症の治療（>8.5mEq/L）
   A. 重炭酸ナトリウム：1〜2mEq/kgを15〜20分間かけてIV投与。
   B. ブドウ糖：0.5〜1.0g/kgを30〜60分間かけてIV投与。
   C. レギュラー結晶インスリン：0.5U/kg IV
      インスリン1Uあたりブドウ糖2〜3gを同時に投与する。この治療を行う際は、重度低血糖症に注意してモニターを行う。
   D. IV輸液による血清カリウム希釈効果や、各種薬剤投与による心機能安定化の効果が発現するまでの間、一時的な治療としてグルコン酸カルシウム0.5〜1.5mL/kgを緩徐にIV投与するとよい。
6. 血清重炭酸濃度<12mEq/Lであれば、重炭酸ナトリウム投与を検討する。
   A. 重炭酸欠乏量(mEq/L)＝体重(kg)×0.5×塩基欠乏量（mEq/L）
   B. 最初の6時間で、算出量の25%をIV輸液剤に加えて投与する。
7. コルチゾールの投与前には、確定診断をするために、ACTH刺激試験を必ず行う。
8. グルココルチコイドを投与する。
   A. ヒドロコルチゾン：1.25mg/kg IV、単回投与。以後は、0.5〜1mg/kg q6hより漸減する。
   B. コハク酸プレドニゾロンナトリウム：4mg/kg IV、ボーラス投与。以後は、プレドニゾン0.2〜0.3mg/kg q12hに変更して漸減する。
   C. リン酸デキサメタゾンナトリウム：0.5mg/kg IV。以後は、0.05〜0.1mg/kg q12hより漸減する。
9. ミネラルコルチコイドを投与する。
   A. ピバル酸デソキシコルチコステロン（DOCP®）：2.2mg/kg IM、SC
      ナトリウム濃度とカリウム濃度をモニターしながら、必要に応じて25日ごとに反復投与する。
   B. フルドロコルチゾン（Florinef®）：0.01〜0.02mg/kg PO q12〜24h
10. 尿量をモニターする。
11. 嘔吐を呈する場合は絶食・絶水とし、経口薬投与も避ける。必要に応じて、制吐薬を投与する。
   A. オンダンセトロン（Zofran®）：0.1〜1mg/kg IV、PO q24h
   B. ドラセトロン（Anzemet®）：0.6〜1mg/kg IV、SC、PO q24h
   C. マロピタント（Cerenia®）：
      1mg/kg SC q24hまたは2mg/kg PO q24h。最長5日間投与する。
   D. メトクロプラミド（Reglan®）：0.2〜0.5mg/kg SC、IM、PO q6h、1〜2mg/kg/日 CRI IV、0.01〜0.02mg/kg/時 CRI IV
12. 長期治療として、プレドニゾンまたはプレドニゾロンを0.1〜0.22mg/kg PO q12〜24hで投与する。ただし、DOCP®を投与する場合は、通常、毎日のグルココルチコイド補充を要する。また、Florinef®を投与する場合は、毎日のグルココルチコイド補充を必要とするのは症例の50%である。

シャーペイ発熱症候群

シャーペイ発熱症候群は、シャーペイ踵関節症候群とも呼ばれ、家族性かつ進行性の病態である。主に、腎アミロイドーシスと多発性関節炎を認める。多発性関節炎は、免疫介在性と考えられている。

診断

ヒストリー――若齢犬、成熟犬のいずれでも発症を認める。稟告は、食欲不振、元気消失、手根関節・足根関節の腫脹など。軽度嘔吐・下痢。腎機能不全が発症した場合は、体重減少、多飲、多尿、嘔吐。腎不全または肝不全は、一般に3～5歳齢で発症する。

身体検査――多くの場合、40.5℃を超える発熱を主訴に来院する。視診では手根関節・足根関節の腫脹を認める。関節周囲には、触知可能な蜂巣炎がみられる。時に、口吻の腫脹と疼痛、全身状態低下、被毛粗剛、腹水、浮腫などを呈する。

臨床検査――

1. CBCにて、脱水徴候。左方移動を伴う白血球数増多（>26,000～30,000）。
2. 生化学検査を行う。特に、腎・肝パネルに重点を置く。
3. 低アルブミン血症
4. 尿検査により蛋白尿の評価。
5. 尿蛋白：クレアチニン比をモニターする。

鑑別診断

他の熱性疾患（ウイルス感染、真菌感染、ライム病、汎骨炎、感染性多発性関節炎など）。

予後

アミロイドーシスによる腎不全・肝不全が進行した場合は、予後は不良である。

治療

1. 飼育者に、診断、予後、治療費について説明する。
2. IVカテーテルを留置する。
3. ノーモソル®-R、LRSなどの調整電解質液を室温にしてIV投与する。
4. コルチコステロイドの投与は、アミロイドーシスの進行を速めることがあるため避ける。
5. 水和状態や腎機能に問題がなければ、非ステロイド性抗炎症薬（ディピロン、ケトプロフェンなど）を投与する。
   A. 50%ディピロン：11mg/kg SC、IM、IV
   B. ケトプロフェン：0.25～0.5mg/kg/日 SC、IM、IV、PO

6．10〜20％DMSO溶液の投与が有効な場合もある。推奨投与量は最大250mg/kgで、PO、IV、SC、局所投与、関節内投与する。
7．コルヒチン0.03mg/kg PO q12〜24hの投与が有効な場合もある。ヒトの摂取は禁忌であるため、操作中は手袋を着用すること。
8．免疫不全による重篤な全身症状を呈する症例では、抗生物質投与を考慮すべきである。ただし、比較的軽度の症例に生じた高体温への抗生物質投与は無効である。
9．多くの症例では、36〜48時間以内に無治療で自然回復する。

参考文献

糖尿病

Alt, N., Kley, S., Haessig, M., et al., 2007. Day-to-day variability of blood glucose concentration curves generated at home in cats with diabetes mellitus. Journal of the American Veterinary Medical Association 230, 1011–1017.

Durocher, L.L., Hinchcliff, K.W., DiBartola, S.P., et al., 2008. Acid-base and hormonal abnormalities in dogs with naturally occurring diabetes mellitus. Journal of the American Veterinary Medical Association 232, 1310–1320.

Feldman, E.C., Nelson, R.W., 2004. Canine diabetes mellitus. In: Feldman, E.C., Nelson, R.W. (Eds.), Canine and Feline Endocrinology and Reproduction, third ed. Saunders Elsevier, St Louis, pp. 486–538.

Feldman, E.C., Nelson, R.W., 2004. Feline diabetes mellitus. In: Feldman, E.C., Nelson, R.W. (Eds.), Canine and Feline Endocrinology and Reproduction, third ed. Saunders Elsevier, St Louis, pp. 539–579.

Gilor, C., Graves, T.K., 2010. Synthetic insulin analogs and their use in dogs and cats. In: Graves, T.K. (guest ed.), The Veterinary Clinics of North America, Small Animal Practice. Saunders Elsevier, Philadelphia, vol 40, no 2, pp. 309–317.

Greco, D.S., 2009. Complicated diabetes mellitus. In: Bonagura, J.D., Twedt, D.C. (Eds.), Kirk's Current Veterinary Therapy XIV. Saunders Elsevier, St Louis, pp. 214–218.

Kley, S., Casella, M., Reusch, C.E., 2004. Evaluation of long-term home monitoring of blood glucose concentrations in cats with diabetes mellitus: 26 cases (1999–2002). Journal of the American Veterinary Medical Association 225, 261–266.

Monroe, W.E., 2009. Canine diabetes mellitus. In: Bonagura, J.D., Twedt, D.C. (Eds.), Kirk's Current Veterinary Therapy XIV. Saunders Elsevier, St Louis, pp. 196–199.

Nelson, R.W., Henley, K., Cole, C., the PZIR Clinical Study Group, 2009. Field Safety and Efficacy of Protamine Zinc Recombinant Human Insulin for Treatment of Diabetes Mellitus in Cats. Journal of Veterinary Internal Medicine 23, 787–793.

Nelson, R.W., Lynn, R.C., Wagner-Mann, C.C., et al., 2001. Efficacy of protamine zinc insulin for treatment of diabetes mellitus in cats. Journal of the American Veterinary Medical Association 218, 38–42.

Plotnick, A.N., Greco, D.S., Diagnosis of diabetes mellitus in dogs and cats, contrasts and comparisons. In Greco, D.S., Peterson, M.E. (guest eds.), 1995. The Veterinary Clinics of North America, Small Animal Practice: Diabetes Mellitus 25 (3), 563–570.

Rand, J.S., 2009. Feline diabetes mellitus. In: Bonagura, J.D., Twedt, D.C. (Eds.), Kirk's Current Veterinary Therapy XIV. Saunders Elsevier, St Louis, pp. 199–204.

Reusch, C.E., 2009. Diabetic monitoring. In: Bonagura, J.D., Twedt, D.C. (Eds.), Kirk's Current Veterinary Therapy XIV. Saunders Elsevier, St Louis, pp. 209–213.

Roomp, K., Rand, J.S., 2009. Evaluation of detemir in diabetic cats managed with a protocol for intensive blood glucose control [abstract]. Journal of Veterinary Internal Medicine 23 (3), 697.

Rucinsky, R., Cook, A., Haley, S., et al., 2010. AAHA diabetes management guidelines for dogs and cats. Journal of the American Animal Hospital Association 46, 215–224.

Scott-Moncrieff, J.C., 2010. Insulin resistance in cats. In: Graves, T.K. (guest ed.), The Veterinary Clinics of North America, Small Animal Practice. Saunders Elsevier, Philadelphia, vol 40, no 2, pp. 241-257.

Van de Maele, I., Rogier, N., Daminet, S., 2005. Retrospective study of owners' perception on home monitoring of blood glucose in diabetic dogs and cats. Canadian Veterinary Journal 46, 718-723.

糖尿病性ケトアシドーシス(DKA)

Chastain, C.B., 1981. Intensive care of dogs and cats with diabetic ketoacidosis. Journal of The American Veterinary Medical Association 179 (10), 972-978.

Feldman, E.C., Nelson, R.W., 2004. Diabetic ketoacidosis. In: Feldman E.C., Nelson R.W. (Eds.), Canine and Feline Endocrinology and Reproduction, third ed. Saunders Elsevier, St Louis, pp. 580-615.

Greco, D.S., 2009. Complicated diabetes mellitus. In: Bonagura, J.D., Twedt, D.C. (Eds.), Kirk's Current Veterinary Therapy XIV. Saunders Elsevier, St Louis, pp. 214-218.

Hess, R.S., 2009. Diabetic ketoacidosis. In: Silverstein, D.C., Hopper, K. (Eds.), Small Animal Critical Care Medicine. Elsevier, St Louis, pp. 288-291.

Hoenig, M., Dorfman, M., Koenig, A., 2008. Use of a hand-held meter for the measurement of blood beta-hydroxybutyrate in dogs and cats. Journal of Veterinary Emergency and Critical Care 18 (1), 86-87.

Hume, D.Z., Drobatz, K.J., Hess, R.S., 2006. Outcome of dogs with diabetic ketoacidosis: 127 dogs (1993-2003). Journal of Veterinary Internal Medicine 20, 547-555.

O'Brien, M.A., 2010. Diabetic emergencies in small animals. In: Graves, T.K. (guest ed.), The Veterinary Clinics of North America, Small Animal Practice. Saunders Elsevier, Philadelphia, vol 40, no 2, pp. 317-333.

糖尿病における高血糖性高浸透圧性非ケトン性症候群(HHS)

Feldman, E.C., Nelson, R.W., 2004. Hyperosmolar nonketotic diabetes mellitus. In: Feldman, E.C., Nelson, R.W. (Eds.), Canine and Feline Endocrinology and Reproduction, third ed. Saunders Elsevier, St Louis, pp. 612-614.

Koenig, A., 2009. Hyperglycemic hyperosmolar syndrome. In: Silverstein, D.C., Hopper, K. (Eds.), Small Animal Critical Care Medicine. Elsevier, St Louis, pp. 291-294.

Koenig, A., Drobatz, K.J., Beale, A.B., et al., 2004. Hyperglycemic, hyperosmolar syndrome in feline diabetics: 17 cases (1995-2001). Journal of Veterinary Emergency and Critical Care 14 (1), 30-40.

Nichols, R., Crenshaw, K.L., Complications and concurrent disease associated with diabetic ketoacidosis and other severe forms of diabetes mellitus. In Greco, D.S., Peterson, M.E. (guest eds.), 1995. The Veterinary Clinics of North America, Small Animal Practice: Diabetes Mellitus 25 (3), 617-624.

O'Brien, M.A., 2010. Diabetic emergencies in small animals. In Graves, T.K. (guest ed.), The Veterinary Clinics of North America, Small Animal Practice. Saunders Elsevier, Philadelphia, vol 40, no 2, pp. 317-333.

低血糖症

Feldman, E.C., Nelson, R.W., 2004. Beta-cell neoplasia: insulinoma. In: Feldman, E.C., Nelson, R.W., Canine and Feline Endocrinology and Reproduction, third ed. Saunders Elsevier, St Louis, pp. 616-644.

Koenig, A., 2009. Hypoglycemia. In: Silverstein, D.C., Hopper, K. (Eds.), Small Animal Critical Care Medicine. Elsevier, St Louis, pp. 295-299.

Watson, P.J., Bunch, S.E., 2009. Hypoglycemia, disorders of the endocrine pancreas. In: Nelson, R.W., Couto, C.G. (Eds.), Small Animal Internal Medicine, fourth ed. Mosby Elsevier, St Louis, pp. 765-767.

副腎皮質機能低下症(アジソンクリーゼ)

Adler, J.A., Drobatz, K.J., Hess, R.S., 2007. Abnormalities of serum electrolyte concentrations in dogs with hypoadrenocorticism. Journal of Veterinary Internal Medicine 21, 1168-1173.

Burkitt, J.M., 2009. Hypoadrenocorticism. In: Silverstein, D.C., Hopper, K. (Eds.), Small Animal Critical Care Medicine. St Louis, Elsevier, pp. 321-324.

Feldman, E.C., Nelson, R.W., 2004. Hypoadrenocorticism In: Feldman, E.C., Nelson, R.W. (Eds.), Canine and Feline Endocrinology and Reproduction, third ed. Saunders Elsevier, St Louis, pp. 394-439.

Greco, D.S., 2007. Hypoadrenocorticism in small animals. Clinical Techniques in Small Animal Practice 22, 32-35.

Kintzer, P.P., Peterson, M.E., 2009. Hypoadrenocorticism. In: Bonagura, J.D., Twedt, D.C. (Eds.), Kirk's Current Veterinary Therapy XIV. Saunders Elsevier, St Louis, pp. 231-235.

Lennon, E.M., Boyle, T.E., Hutchins, R.G., et al., 2007. Use of basal serum or plasma cortisol concentrations to rule out a diagnosis of hypoadrenocorticism in dogs: 123 cases (2000–2005). Journal of the American Veterinary Medical Association 231, 413–416.

Meeking, S., 2007. Treatment of acute adrenal insufficiency. Clinical Techniques in Small Animal Practice 22, 36–39.

Schaer, M., 2001. The treatment of acute adrenocortical insufficiency in the dog. Journal of Veterinary Emergency Critical Care 11 (1), 7–14.

Thompson, A.L., Scott-Moncrieff, J.C., Anderson, J.D., 2007. Comparison of classic hypoadrenocorticism with glucocorticoid-deficient hypoadrenocorticism in dogs: 46 cases (1985–2005). Journal of the American Veterinary Medical Association 230, 1190–1194.

シャーペイ発熱症候群

Bonagura, J.D., Twedt, D.C. (Eds.), 2009. Kirk's Current Veterinary Therapy XIV. Saunders Elsevier, St Louis, pp. 1188–1195.

Kirk, R.W., Bonagura, J.D. (Eds.), 1992. Current Veterinary Therapy XI. WB Saunders, Philadelphia, pp. 823–826.

Osborne, C.A., Finco, D.R., 1995. Canine and Feline Nephrology and Urology. Williams & Wilkins, Philadelphia, pp. 400–415.

Taylor, S.M., 2009. Familial Chinese Shar Pei fever, disorders of the joints. In: Nelson, R.W., Couto, C.G. (Eds.), Small Animal Internal Medicine, fourth ed. Mosby Elsevier, St Louis, p. 1137.

第11章 泌尿器系、電解質異常

急性腎不全（ARF）

病因

ARFの主な病因には、以下のものがある。

1. 腎虚血——低血圧、重度脱水、低循環、腎臓の低灌流、腎臓の血管における血栓・微小血栓（DICなどに起因）、腎血管断裂、高血圧。
2. 腎毒素
3. 原発性腎疾患——腎盂腎炎、レプトスピラ症、犬伝染性肝炎、免疫介在性疾患、リンパ腫。
4. 全身性疾患——猫伝染性腹膜炎、敗血症、ボレリオ症（ライム病）、バベシア症、リーシュマニア症、細菌性心内膜炎、膵炎、播種性血管内凝固症候群（DIC）、心不全、全身性エリテマトーデス、肝腎症候群、血液高粘稠度症候群、低体温、高体温、熱傷、輸血反応。

腎毒性を有する薬剤や物質には、以下のものがある。

1. 治療薬
   - A. 鎮痛薬——イブプロフェン、ナプロキセン、フェニルブタゾン、ピロキシカム、その他の非ステロイド性抗炎症薬（NSAIDs）。
   - B. 駆虫薬——チアセタルサミド、ペンタミジン、スルファジアジン、トリメトプリム-スルファメトキサゾール、ダプソン。
   - C. 抗真菌薬——アムホテリシンB
   - D. 抗菌薬——アミノグリコシド、セファロスポリン、ナフシリン、スルホンアミド、テトラサイクリン、ペニシリン、フルオロキノロン、カルバペネム、リファムピン、バンコマイシン、アゼトレオナム。
   - E. 抗ウイルス薬——アシクロビル、ホスカルネット。
   - F. ACE阻害剤——エナラプリル
   - G. 利尿薬——マンニトール
   - H. 各種の薬剤——デキストラン40、アロプリノール、シメチジン、アポモルヒネ、デフェロキサミン、ストレプトキナーゼ、ペニシラミン、3還系抗うつ薬。
2. 麻酔薬——メトキシフルラン
3. 化学療法薬——シスプラチン、ドキソルビシン、メトレキサート、カルボプラチン、アドリアマイシン。
4. 免疫抑制薬——シクロスポリン、アザチオプリン。
5. 重金属——カドニウム、クロム、鉛、水銀、ウラニウム、ビスマス塩、砒素、金、タリウム、銅、銀、ニッケル、アンチモン。
6. 各種物質——蛇毒、ユリ毒（猫）、ブドウやレーズン（犬）、硝酸ガリウム、ジホスホン塩酸、きのこ毒、カルシウム拮抗薬（高カルシウム血症）、蜂毒、違法ドラッグ。
7. 有機化合物——四塩化炭素、クロロホルム、エチレングリコール、除草剤、農薬、溶媒。

8．色素――ヘモグロビン、ミオグロビン。
9．X線造影剤――ARF高リスク症例における造影剤の投与量は、1.5mg/kg/24時を超えてはならない。

診断

ヒストリー――稟告として、飲水量増加、尿量変化（増加または減少）、嘔吐、下痢、食欲不振、元気消失、沈うつなど。

身体検査――来院時に元気消失、嘔吐、下痢、脱水徴候などを認める。尿毒症性の口臭（アンモニア臭）、尿毒症性口腔潰瘍。一般にARF症例では、良好な体格を維持しているものの、腎臓は拡大・拡張し、時に疼痛を伴う。慢性腎不全（CRF）症例では、一般に痩削、筋消耗を認める。

直腸検査では、骨盤、前立腺、尿道の異常を探査する。糞便の色調や性質も併せて確認する。尿毒症性消化管障害による上部消化管出血では、メレナ、「焙ったコーヒー豆」のような色調の吐物を呈する。

尿毒症に続発する血小板障害により、点状出血・斑状出血をきたす。

努力性排尿（いきみ）のヒストリー、触診にて膀胱弛緩を伴う尿貯留などを認める場合は、尿道カテーテルを挿入して、下部尿路の開通性を確認する。症例によって、多尿、乏尿（尿量＜0.5mL/kg/時）、無尿を呈する。

来院時に、昏迷、昏睡を呈する場合もある。

血圧測定は必ず行う。高血圧（犬では収縮期圧＞180mmHg、猫では収縮期圧＞200mmHg）を認める場合は、適切な治療を施す。

眼底鏡検査――高血圧に続発した網膜出血、網膜剥離。

臨床検査――

1．CBC――正常または白血球増多症（＋/－ストレスパターン）。エリスロポエチン産生低下による貧血があっても、血液濃縮によって検査結果に反映しない場合がある。
2．生化学検査
   A．BUN値上昇――脱水、消化管出血、蛋白質過剰摂取、低血圧によるBUN上昇を除外すること。
   B．クレアチニン値上昇
   C．通常、リン濃度は上昇する。
   D．ナトリウム濃度は症例によって異なる（正常、上昇、低下）。
   E．カリウム濃度は症例によって異なる（正常、上昇、低下）。
3．尿検査（表11-1）
   A．治療前の尿比重＝1.007～1.015
   B．腎尿細管円柱、顆粒円柱の出現。
4．血液ガス分析――ARFで最も多く生じる酸塩基障害は、代謝性アシドーシスである。

腹部X線検査――腎臓の大きさ、尿路感染に関連した不透過性結石の有無、尿路閉塞の有無を確認する。尿管結石があれば、腎不全の原因となる塞栓や二次性水腎症などがX線画像で確認できる。ただし、腎不全が生じるのは、一般に両側性に尿管結石が生じた場合である。

表11-1　腎前性高窒素血症と急性腎不全（ARF）の鑑別基準		
指標	腎前性高窒素血症	ARF
尿比重	高張尿	等張尿または最低濃縮
尿中ナトリウム量（mEq/L）	<10〜20	>25
ナトリウム排泄分画（%）	<1	>1
尿中クレアチニン：血漿クレ アチニン比	>20：1	<10：1
腎不全指標（尿中Na/尿中クレアチニン：血漿クレアチニン比）	>1	>2

Grauer GF, Fluid therapy in acute and chronic renal failure. The veterinary clinics of North America: small animal practice, Advances in Fluid and Electrlyte Disorders, Vol. 28, No. 3, 1998 ©Elsevierより許可を得て掲載。

造影は、尿路閉塞や断裂の確認に有用である。上部尿路の評価には、順行性尿路造影（静脈内尿路造影：IVP）を行う。ヨータラム酸ナトリウムやジアトリゾエートナトリウム系ヨード造影剤の投与量は、180mg/kg（体重）である。膀胱と尿道の評価には、排尿性（排尿時）尿道膀胱造影またはIVPのいずれかを選択する。

造影剤をIV投与する前には、患者を適切に水和する。ARF症例にて排尿性尿路造影を行った場合、腎臓からの造影剤排出が不十分なため、質の高い画像が得られない可能性が高い。

腹部超音波エコー検査——腎実質病変、尿結石の検出。腎生検ガイドとしても有用である。

エチレングリコール中毒症の症例では、尿細管内や間質に屈折性シュウ酸エステル結晶の沈殿が生じるため、腎臓のエコー源性が広範囲で軽度から劇的に上昇する。結晶性沈殿物は一般に皮質に認められるが、重症例では髄質に認められる。結晶は皮髄境界部のすぐ内側の髄質に帯状に蓄積する。これは、「ハローサイン」と呼ばれる髄質辺縁サインを示す。「ハローサイン」の存在は、予後不良を示唆する。腎石灰沈着と高カルシウム血症性腎症でも、腎臓のエコー源性は上昇するが、エチレングリコール中毒症よりは軽度である。

患者のヒストリー、臨床徴候、検査結果が全てARFに合致している場合、初期段階での腎生検は一般に不要である。ARF患者において生検が有用となるのは、治療に反応せず、その原因探査を要する場合、腹膜透析や血液透析を検討している場合、ARFと慢性腎不全（CRF）の鑑別ができない場合などである。腎生検の結果に基づく治療法については、現在、複数の研究が行われている。

鑑別診断

1．腎前性高窒素血症
2．腎後性高窒素血症
3．糖尿病

4．副腎皮質機能低下症
5．副腎皮質機能亢進症
6．子宮蓄膿症
7．慢性腎不全
8．心因性多飲症
9．肝機能不全
10．門脈体循環シャント
11．下垂体性尿崩症
12．甲状腺機能亢進症
13．医原性・薬剤誘因性多尿

予後

予後は、多尿（>2mL/kg/時）であるか、乏尿・無尿であるかによって異なる。

1．多尿性腎不全は、入院により良好なコントロールが可能である。ただし、多くの症例で、帰宅後も治療の継続（輸液、処方食の給餌など）を要する。
2．乏尿・無尿性腎不全の予後は、要注意～不良であるが、後に多尿性に変化した場合は予後が改善する（中程度～良好）。
3．腎臓の再生と代償機能により、ARFの全症例において、6～8週間は改善の可能性がある。症例によっては、1ヵ月以上の入院を要することがあり、費用の問題が生じる。
4．無尿を呈する場合、生存は困難である。
5．透析を要する症例の予後はより悪く、治療費が高額となる。

治療

1．飼育者に、診断、予後、治療費について説明する。
2．処置前に採血と採尿を行う。
3．エチレングリコールへの曝露の可能性について入念に聴取する。エチレングリコール中毒症を除外できない場合は、エチレングリコール中毒症の治療法、予後、治療の危険性について説明する。
4．腎毒性を有する薬剤の投与を中止する。
5．エチレングリコール中毒症など、適応があれば特異的解毒治療を開始する。
6．IVカテーテルを留置する。頸静脈カテーテルは、中心静脈圧（CVP）のモニターも可能であるため、特に有用である。
7．IV輸液を行う。一般に維持流量の2～3倍を要する。通常は、LRS、ノーモソル®-Rなどの調整電解質晶質液を用いる。
   A．最初に4～6時間かけて水分損失量を投与する。
   脱水（%）×体重（kg）×1,000＝投与する輸液の量（mL）
   B．輸液治療への反応や、過剰輸液の可能性を評価するには、20mg/kgを10分間かけてIV、ボーラス投与する。
8．重度の循環血液量減少性ショックを呈する場合は、急速輸液を行う。犬では、最初の1時間で70～90mL/kgをIV投与する。猫では、最初の1時間で50～60mL/kgをIV投与する。ショックから蘇生させるには、一般にショック用量の1/4～1/3を5～10分間かけて投与する。その後、バイタルを再評価し、必要に応じて、同量をボーラス投与する。大半の症例は、1、2回の投与で回復し、ショック用量の全量を要することは少ない。

9. 重度の循環血液量減少性ショックを呈する場合は、晶質液投与に追加して、ヘタスターチ15～20mL/kgをIV投与する。晶質液の場合と同様に、5～10mL/kgに分割してボーラス投与する。投与後は再評価を行い、再投与の必要性を判断する。乏尿・無尿症例において、ヘタスターチ投与は、晶質液投与よりも高頻度で過剰輸液を引き起こす。
10. 再水和を行っている間は、中心静脈圧（CVP）、尿量、体重を頻繁にモニターする。
    A. CVPは、5～7cmH_2O以上にならないように維持する。過剰に上昇する場合は、過剰輸液・過水和を疑う。
    B. 過水和の徴候――漿液性鼻汁分泌、頻呼吸、頻脈、情動不安、振戦、結膜浮腫、呼吸困難、頻呼吸、気管支肺胞音増大、肺捻髪音、肺水腫、精神鈍麻、悪心、嘔吐、下痢、腹水、多尿、皮下浮腫（最初に足根関節と下顎体間隙に発現）など。体重増加率が脱水率を超える場合も、過水和が疑われる。
    C. 過水和が生じた場合は、輸液を中止するか、速度を落とす。必要に応じて、利尿薬投与や酸素補給を行う。
11. 乏尿・無尿性腎不全の場合は、尿道カテーテルを留置し、尿量を測定する。多尿性腎不全の場合もカテーテル留置をすることがあるが、通常は厳密な尿量測定を行わなくても管理可能である。再水和後の排尿量は、最低でも1～2mL/kg/時を維持する。尿道カテーテル留置は、無菌的に行い、必ず閉鎖型採尿システムを用いる。
12. 体重は6～12時間ごとに測定する。過水和徴候を注意深くモニターする。
13. 再水和後も、尿量が不十分であれば、5～10mL/kg以上の輸液をIV、ボーラス投与する。CVPをモニターしている場合は、ボーラス投与によって、5～7cmH_2Oの圧上昇が生じることを目安にする。このように投与しても尿量が増加しない場合は、以下の薬剤投与を検討する。
    A. マンニトール（10%または20%）：0.1～0.5g/ kg IV。10～15分かけて緩徐投与。

       血管炎、出血性疾患、高浸透圧症候群、うっ血性心不全、過剰輸液には投与を避ける。30分間以内に利尿効果が発現しない場合は、同量を反復投与する。マンニトールの用量は、2g/kg/日を超えてはならない。
    B. 高浸透圧ブドウ糖液（10～20%溶液）――マンニトールの代替として使用できる。患者の血糖値を測定する。高血糖の場合は投与できない。

       10～20%ブドウ糖の投与量：25～50mL/kg IV q8～12h。1～2時間かけて緩徐にボーラス投与する。
    C. フロセミドは、ボーラス投与後、CRIにて継続する。1～6mg/kg IV、ボーラス投与（1～2回）にて尿産生を認めない場合は、通常、CRIも無効である。

フロセミドは、アミノグリコシド中毒症を悪化させるため、アミノグリコシド投与に起因するARF症例には投与を避ける。

CRIの投与量：0.25〜1mg/kg/時 IV CRI

D．ドパミンを投与する。犬では有効な場合がある。

Ⅰ．腎血流や尿量の増加を目的とする場合は、0.9% NaClに添加して0.5〜5μg/kg/分をCRI IV投与する。アルカリ性液剤に添加してはならない。

Ⅱ．猫の腎臓には、ドパミン作動性受動態が少ない（またはない）ため、猫への投与は無効である。

E．ジルチアゼムは、レプトスピラ症に有用であると報告されている。利尿目的では、0.1〜0.5mg/kgを30分間かけてIV投与。以後は1〜5μg/kg/分 CRI投与する。

ジルチアゼム投与の他に、晶質液IV輸液、アンピシリン、+/−フロセミド、+/−ドパミンを投与する。

14. 上記治療で利尿効果が得られない場合は、腹膜透析または血液透析を行う。透析が適応されるのは、以下の場合である。

A．透析で除去可能な毒物への曝露

B．過水和の治療

C．重度かつ持続性の尿毒症・アシドーシス・高カリウム血症

D．乏尿・無尿

15. 腹膜透析カテーテルを設置する（図14–2）。

A．全身麻酔を施す。低血圧に留意する。

B．大網切除または部分的大網切除の検討。これは、大網による腹膜透析カテーテルの閉塞を予防するために行う（特に猫）。

C．外科処置は無菌的に行う。腹膜カテーテルの接合部は、全てポビドンヨードラップで被覆し、毎日交換する。

D．カテーテルは、腹膜透析カテーテルまたは小児科用トロッカーカテーテルを用いる。猫では、複数の横孔を造設した14Gのテフロン製IVカテーテルを使用する。横穴は、カテーテルの強度を保つために、全て同側につくる。

E．腹膜透析カテーテル設置時には、腎生検の実施を検討する。

F．臍から2〜4cm尾側の白線を1cm切開する。

G．カテーテルは、骨盤入口部に向けて挿入する。

H．カテーテルは、皮膚のみではなく、腹壁も含めて縫合固定する。挿入部は、巾着縫合を施し、カテーテルはチャイニーズフィンガー法で固定する。

I．腹腔への開口部は、ポビドンヨードパッチと滅菌包帯で被覆する。

J．透析液には、加温した1.5%・4.0%・7%ブドウ糖加透析液、LRS、0.9% NaClを用いる（市販の透析液を入手できない場合は、1.5%ブドウ糖添加LRSを用いるとよい。調合法は50%ブドウ糖溶液30mLを1,000mLのLRSに添加する）。

K．透析液1Lに250Uのヘパリンを添加する。
L．透析液を20〜30mL/kgで腹腔内投与する。
M．停留時間は45分間とする。
N．排液時間は15分間とする。
O．透析は、BUN、クレアチニン値、水和状態が正常になるまで、断続的または2時間おきに行い、以後は頻度を漸減する。
P．腹膜透析カテーテルの閉塞を予防するには、注入または排液を行うごとにヘパリン加生理食塩水でカテーテルをフラッシュする。
Q．CBC、TP、血清電解質、PT、APTT、体温、尿（沈渣、スティック）、透析液の感染をモニターする。
R．腹膜透析が不要になった場合は、鎮静・麻酔下にて腹膜透析カテーテルを除去し、腹膜切開部を白線上で1〜2糸縫合する。さらに、皮膚を縫合して閉創する。縫合部位は、無菌被覆材で覆う。

16. 腹膜透析カテーテルの管理
A．厳密な無菌操作を行うことが重要である。
B．腹膜透析カテーテルを扱う前には、十分な手洗いを行った後、無菌手袋を装着する。
C．透析液の注入、排出を行うごとに、ヘパリン加生理食塩水にてカテーテルをフラッシュする。
D．接合部や注入口は、操作前に必ずクロルヘキシジンまたはポビドンヨード溶液で清拭する。
E．腹部への開口部は、無菌バンデージで被覆する。
F．カテーテル挿入部は、滅菌包帯で被覆し、清潔に保ち、濡らさないようにする。包帯と挿入部の状態を毎日確認し、2日ごとに包帯を交換する。
G．汚染を最小限にするため、可能であれば、透析は手術室で行う。

17. 血清カリウム濃度を頻繁にモニターし、必要に応じて、輸液剤にカリウムを添加する（表11-2）。
18. 腎不全症例では、低カルシウム血症が頻繁に生じる。血清イオン化カルシウム濃度をモニターし、必要に応じて補給を行う。10%グルコン酸カルシウムの推奨投与量は1〜1.5mL/kgで、15〜20分かけてIV投与する。

表11-2　推奨されるカリウム*の最大投与速度

推定されるカリウム損失の程度	カリウム推奨投与量	最大投与速度
維持量（血清濃度＝3.6〜5.0）	20	25
軽度（血清濃度＝3.1〜3.5）	30	17
中等度（血清濃度＝2.6〜3.0）	40	12
重度（血清濃度＝2.1〜2.5）	60	8
致命的（血清濃度＜2.0）	80	6

*カリウムの投与速度は0.5 mEq/kg/時を超えてはならない。

19. ARFの原因疾患の特異的治療を行う。
   A. 高カルシウム血症は、急性腎不全の原因となる。高カルシウム血症に対して、以下の治療法を行う。
      Ⅰ. 0.9%食塩水をIV輸液する。
      Ⅱ. フロセミドを投与する。
      犬猫：2〜5mg/kg IV q8hまたは5mg/kg IV、ボーラス。以後は5mg/kg/時 CRI
      Ⅲ. プレドニゾン：1〜1.5mg/kg IM、PO q12h
      Ⅳ. ビスホスホネート（パミドロネートなど）1.3〜2mg/kgを150mLの0.9% NaClに添加し、2時間かけてIV、単回投与。
   B. レプトスピラ症
      Ⅰ. アンピシリン：自力摂食開始まで22mg/kg IV q8h。3日以上連続投与する。投薬により循環血内の細菌が死滅する。
      Ⅱ. テトラサイクリン（通常はドキシサイクリンを用いる）：5mg/kg PO q12h。2週間連続投与する。投薬によりキャリア状態からの離脱が可能。
   C. リンパ腫——化学療法（各種プロトコルによる）
   D. 腎盂腎炎——培養検査に基づき、抗生物質投与。詳細は「腎盂腎炎」の項（p.382）を参照。
   E. エチレングリコール——4-メチルピラゾール、エタノールの投与。詳細は「エチレングリコール」の項（p.514）を参照。
   F. ライム病（ボレリア症）——以下の薬剤を21〜28日間投与する。
      ドキシサイクリン：5mg/kg PO、IV q12h
      アンピシリン：22mg/kg IV q12h
      アモキシシリン：22mg/kg PO q12h
20. 高リン血症は頻繁に認められ、食欲低下の原因となる。嘔吐が抑制され、自力摂食できるようになったらリン酸塩結合物質を投与する。
   水酸化アルミニウム：30〜90mg/kg/日 PO
21. 低カリウム血症
   A. IV輸液剤にカリウムを添加する（表11-2）。
   B. 塩化カリウム：2〜5mg/日 PO
22. 血液ガス測定を行い、必要に応じて酸塩基平衡の是正を行う。血清重炭酸（HCO_3）濃度測定値＜12mEq/Lかつ pH＜7.1である場合のみ、重炭酸ナトリウムの投与を行う。
23. 高血圧の治療を行う。
   A. アムロジピン
      犬：0.05〜0.2mg/kg PO q12〜24h
      猫：0.625〜1.25mg/頭 q24h
   B. ジルチアゼム：0.5mg/kg PO q6h
   C. ヒドララジン：0.5〜2mg/kg PO q8〜12h
   D. ニトロプルシド：0.5〜2μg/kg/分 IV（血圧コントロールに適切な滴下量）。理想的には、動脈カテーテルを留置し、治療中は侵襲的血圧測定法により血圧をモニターするとよい。

24. 再水和後の維持輸液療法——ノーモソル®-Mなどの調整電解質液を用いるとよい。入手できない場合は、LRS、ノーモソル®-R、生理食塩水のいずれかを用いる。輸液中は、電解質を注意深くモニターする。尿量、不感蒸泄量（20mL/kg/日）、持続性喪失量（嘔吐・下痢など）に見合った量の輸液を行う。
    A. 時間あたりの輸液量は尿量に合わせる。一般に最小尿量は1～2mL/kg/時である。
    B. 嘔吐や下痢による持続性喪失量は、24時間かけて補給する。
    C. 不感蒸泄量は、24時間かけて補給する。
25. 悪心や胃酸過多に対し、H_2ブロッカーと胃保護薬を投与する。
    A. ラニチジン（Zantac®）
       犬：0.5～2mg/kg IV、PO q8h
       猫：1～2mg/kg PO、IV q12h
    B. ファモチジン（Pepcid®）：0.5～1mg/kg IV、PO q12～24h
    C. オメプラゾール（Prilosec®）：0.5～2mg/kg IV、PO q24h
    D. パントプラゾール（Protonix®、Pantoloc®）：1mg/kg IV q24h
26. キシロカイン（リドカイン）——給餌前に、Viscous Solution®2～10mLを口腔内投与すると、口腔内潰瘍による不快感が軽減される。リドカイン、ジフェンヒドラミン、水酸化アルミニウムを全て同量で混合した調剤で口腔内を1日2～3回フラッシュすると、潰瘍の不快感を軽減するとともに、潰瘍の治療にも有効である。
27. 制吐薬による嘔吐抑制
    A. メトクロプラミド（Reglan®）
       0.2～0.3mg/kg SC、IM、PO q8h
       1～2mg/kg/日 IV CRI
       0.04～0.08mg/kg/時 IV CRI
       メトクロプラミド投与中は、2～4時間ごとに腹部触診を行うなど、腸重積に対する十分なモニターを要する。機械的消化管閉塞が疑われる症例および発作歴を有する症例では、メトクロプラミド投与を避ける。
    B. クロルプロマジン（Thorazine®）
       0.05～0.01mg/kg IV q4～6h
       0.2～0.5mg/kg SC、IM q6～8h
       1mg/kg 直腸内投与 q8h。生理食塩水1mLで希釈し、プラスチックカテーテルを用いて直腸内に注入する）
    C. プロクロルペラジン：0.25～0.5mg/kg SC、IM q6～8h
    D. オンダンセトロン（Zofran®）：0.1～0.2mg/kg IV q6～12h
    E. マロピタント（Cerenia®）：
       1mg/kg SC q24h または2mg/kg PO q24h
    F. ドラセトロン（Anzemet®）：0.6mg/kg IV、SC、PO q24h
28. 十分な利尿とIV輸液を行った後（通常は5～6日間後）は、輸液量を減らす。以下の徴候があれば、輸液量を減らす。

A. 状態が回復し、摂食や飲水への意欲がみられる。

B. 嘔吐と下痢が改善している。

C. BUN、クレアチニン値、リン濃度の著明な低下を認める。

29. IV輸液の漸減法――維持輸液を1日に25%ずつ減量する。PCV、TP、BUN、クレアチニン値が上昇するか、体重減少があった場合は、少なくとも48時間は以前の輸液量に戻す。症例によっては、検査値が高値であっても、退院を前提にIV輸液からSQ輸液に切り替えることができる。

30. 退院時には、全症例にてH_2ブロッカー、リン吸着薬を処方する。また、蛋白質制限食についての指示書を手渡す。詳細は、次の「慢性腎不全（CRF）」の項を参照。

必要に応じて、退院前にSC輸液を行う（LRSが望ましい）。SC輸液が必要になるのは、以下の場合である。

A. クレアチニン値が持続的に5mg/dL以上を呈する場合。

B. 利尿を行ってもクレアチニンがほとんど低下しない場合。

C. IV輸液を中断するとクレアチニン高値が回帰する場合。

31. 退院後3～7日には、必ず再診を行い、QOLの維持に必要な自宅ケアを検討する。症例によっては、さらに積極的なケアを要する。

慢性腎不全（CRF）

病因

慢性腎不全（CRF）とは、腎損傷が3ヵ月以上持続している、または糸球体濾過率が50%以上低下した状態が3ヵ月以上継続しているものを指す。CRFには、先天性と後天性のものがある。病因は特定されない場合が多く、その場合は病因にかかわらず、同様の治療管理を行う。腎不全が惹起されている場合は、いずれの病因であっても、後にCRFを呈する可能性がある。

後天性腎不全の病因には、以下のものが報告されている。

1. 感染症――エールリッヒア症、ブルセラ病、フィラリア症、レプトスピラ症、ボレリア症（ライム病）、全身性真菌症、腎盂腎炎、細菌性心内膜炎、子宮蓄膿症、猫伝染性腹膜炎、猫白血病ウイルス感染症、犬伝染性肝炎。
2. 免疫不全――慢性腎糸球体炎、免疫複合体沈着症、エリテマトーデス、多発性（末梢性）神経炎、脈管炎。
3. 炎症性疾患――慢性膿皮症、慢性膵炎、腎盂腎炎。
4. アミロイドーシス
5. ネフローゼ症候群
6. 腫瘍――多発性骨髄腫、腎癌、腎リンパ腫、肥満細胞腫。
7. 腎毒性物質――NSAIDs、アミノグリコシド系抗生物質、高カルシウム血症。
8. 高血圧
9. 遺伝性疾患および先天性疾患――腎臓異形成、腎形成不全、多発性嚢胞性腎疾患、家族性腎臓病。
10. 尿路閉塞

診断

ヒストリー——稟告として、食欲不振、元気低下、体重減少、多尿、多飲、夜尿、被毛粗剛、沈うつ状態、嘔吐、下痢、口臭、虚弱、運動不耐性など。ヒストリーから病因が判明することもある。

身体検査——身体検査所見は、疾患の進行度によって様々である。虚弱、脱水、元気消失、蒼白、被毛粗剛、口腔内潰瘍、舌炎、口内炎、歯牙動揺など。時に、沈うつ、神経筋攣縮、昏睡、発作。重度低蛋白血症がある場合は、浮腫、腹水、胸水。症例により、腎縮小、硬結、表面不整を呈する。FIP、多嚢胞性腎疾患、リンパ腫などでは腎腫大を認めることもある。直腸検査では、膀胱三角、骨盤腔の尿道、前立腺を評価し、糞便（色調と硬さ）を観察する。全身血圧は高血圧を示す可能性がある。眼検査では、網膜出血、網膜剥離、血管蛇行を認める。

臨床検査——

1. 尿検査
   - A. 尿比重＜1.025（しばしば1.008～1.013）
   - B. 蛋白尿の可能性（希釈尿が＞2＋であれば、重度である）。
   - C. 尿路感染併発の可能性（膿尿、血尿、細菌尿）。
   - D. 膀胱穿刺で尿を採取し、細菌培養する。
2. CBC
   - A. リンパ球減少症
   - B. 正球性貧血、正色素性貧血、非再生性貧血を頻繁に認める。
   - C. 腎盂腎炎、子宮蓄膿症、その他の感染症の併発による白血球減少症。
   - D. エールリッヒア症、免疫介在性疾患の併発による血小板減少症。
3. 生化学検査
   - A. 高窒素血症
     - Ⅰ. クレアチニン値上昇。1.0から2.0へ徐々に上昇している場合、病状は深刻である。
     - Ⅱ. BUN上昇
   - B. 一般に高リン血症を認める。
   - C. 血清カルシウム値は、低下または上昇。
   - D. 低アルブミン血症
   - E. 高脂血症、高アミラーゼ血症——腎クリアランス低下による二次的発症、または膵炎併発による。
   - F. 高コレステロール血症——ネフローゼ症候群症例にて多発。
   - G. カリウム濃度は、症例により異なる（低下・上昇・正常）。
4. 血液ガス測定により、代謝性アシドーシスを認める。
5. 該当地域で発生を認める感染症については、血清検査を行う（レプトスピラ症など）。
6. 全身血圧の測定を必ず行う。

A．犬の高血圧の定義――収縮期圧＞180mmHg

B．猫の高血圧の定義――収縮期圧＞200mmHg

腹部Ｘ線検査――腎性骨異栄養症、放射線不透過性尿結石の確認、腎サイズ測定を行う。腎排泄機能が低下している場合は、順行性尿路造影（静脈内尿路造影：IVP）の質が低下することがある。

腹部超音波エコー検査――腎サイズ測定、多発性嚢胞性腎疾患、水腎症、尿路結石症の有無を判定するのに役立つ。腎生検においても有用である。腎生検前には、血小板数や凝固系パラメータを確認すること。

鑑別診断

1．副腎皮質機能低下症
2．副腎皮質機能亢進症
3．下垂体性尿崩症
4．糖尿病
5．甲状腺機能亢進症
6．急性腎不全（表11-3）
7．子宮蓄膿症（化膿性子宮炎）
8．慢性肝疾患
9．ファンコニー症候群
10．ナトリウム過剰摂取
11．心因性多飲

表11-3　急性腎不全（ARF）と慢性腎不全（CRF）の鑑別のためのパラメーター

ARF	CRF
病歴	
虚血性疾患、毒物への曝露	過去の腎臓疾患、腎不全
	長期の多飲多尿
	慢性の体重減少、嘔吐、下痢
身体検査	
身体状態：良好	身体状態：不良
腎臓：表面平滑、腫大、有痛性	腎臓：表面不整、小型
比較的重度の臨床徴候（機能障害の程度）	比較的軽度の臨床徴候（機能障害の程度）
臨床病理所見	
ヘマトクリット：正常～増加	骨異栄養症
炎症性尿沈渣	非再生性貧血
血清カリウム：正常～増加	非炎症性尿沈渣
比較的重度の代謝性アシドーシス	血清カリウム：正常～低下
	比較的軽度の代謝性アシドーシス

Grauer GF, Fluid therapy in acute and chronic renal failure. The veterinary clinics of North America: small animal practice, Advances in Fluid and Electrlyte Disorders, Vol. 28, No. 3, 1998 ©Elsevierより許可を得て掲載。

II

予後

長期的には、要注意～不良である。猫は、犬よりも比較的予後がよく、生存期間も長い。

治療

1．飼育者に、診断、予後、治療費について説明する。
2．処置前に採血、採尿（膀胱穿刺が望ましい）を行う。
3．急性嘔吐を認める場合以外は、飲水制限はしない。
4．IVカテーテル留置
5．IV輸液
  A．6～8時間以内に脱水を補正し、失分を補給する。
  B．必要に応じて、輸液による利尿を行う（1日の水分要求量の3倍量まで）。輸液剤は、LRS、ノーモソル®-R、プラズマライト®、0.9％NaClのいずれかを使用する。
  C．乏尿・無尿を呈する場合は、前項「急性腎不全（ARF）」の治療を参照のこと。
6．原因疾患が判明している場合は、その治療を行う。例えば、腎盂腎炎であれば抗生物質（アンピシリンは腎臓への安全性が高い）を投与し、中毒症である場合は解毒剤を投与する。
  A．大半の抗生物質は、重度腎不全症例に投与する際に、投与量の調整を要する。詳細は付録のⅦ（p.820）、Ⅷ（p.821）を参照。
  B．投与量の調整の簡易計算法――通常、投与量を血清クレアチニン値で割る。
7．代謝不均衡を是正する。
  A．高リン血症
    Ⅰ．患者を再水和する。
    Ⅱ．食餌中の蛋白質およびリンを低減する。
      a．犬：リン含有量が0.13～0.28％のドライフードを与える。
      b．猫：リン含有量＜1.0mg/kcalのドライフードを与える。
    Ⅲ．食餌前のリン吸着剤（炭酸アルミニウム、水酸化アルミニウムなど）のPO投与を検討する。嘔吐を呈する場合は投与しない。
    水酸化アルミニウム：30～90mg/kg/日 PO
  B．高カルシウム血症（特に総カルシウム＞14mg/dL、イオン化カルシウム＞1.5mg/dL）
    Ⅰ．通常、輸液療法にて改善する。
    Ⅱ．IV輸液は0.9％NaClを使用する。
    Ⅲ．フロセミド：5mg/kg IV ＋/－ 5mg/kg/時 IV CRI
    Ⅳ．ビスホスホネート（パミドロネートなど）：1.3～2mg/kgを150mLの0.9％NaClに添加し、2時間かけてIV、単回投与。
    Ⅴ．高カルシウム血症を惹起する他の原因に比べて、グルココルチコイド投与の影響は小さい。

  C．低カルシウム血症

Ⅰ．食餌からのリン摂取量を制限する。

Ⅱ．総カルシウム<10mg/dL、リン>5mg/dL、カルシウム：リン比<55の場合に限り、カルシウムとビタミンDを補給する。

a．炭酸カルシウム：100mg/kg/日

b．ビタミンD：0.06μg/kg/日

D．低カリウム血症

Ⅰ．IV輸液にカリウムを添加する（表11-2）。

Ⅱ．塩化カリウム：2～5mg/日 PO

E．高血糖症――尿毒症の治療を行う。

F．高コレステロール血症――尿毒症の治療を行う。

G．高マグネシウム血症――マグネシウムを含有した制酸薬の使用を避ける。一般に、臨床的問題は生じない。

H．代謝性アシドーシス――血漿重炭酸塩値<12mmol/L、血液pH<7.1、IV輸液開始後8～12時間にこれらのパラメータに改善を認めない場合は治療を要する。

Ⅰ．経口投与ができる場合

重炭酸ナトリウム：8～12mg/kg q8～12h

ティースプーン1杯の重曹は2,000mgの重炭酸塩を含有する。一般には、ティースプーン0.2～1杯の重炭酸ナトリウムを8～12時間ごとに経口投与する。

Ⅱ．嘔吐時、絶食時――以下の計算式で算出した量の1/3～1/2を、3～4時間かけてIV投与する。その後、HCO_3を再測定し、反復投与の必要性について検討する。

重炭酸塩の損失量＝0.5×体重(kg)×(HCO_3の目標値－HCO_3の現在値)

Ⅲ．血液ガスをモニターする。血漿重炭酸塩値>14mmol/Lかつ血液pH>7.2かつ総CO_2>15mmol/Lになったら、重炭酸塩投与を中止する。

Ⅳ．尿のpHをモニターし、pH6～7.5で維持する。

Ⅴ．**高血圧、うっ血性心不全、低蛋白血症、乏尿を呈する場合は、重炭酸ナトリウムの使用は避ける。**

Ⅵ．高カリウム血症でなければ、乳酸カルシウム、炭酸カルシウム、重炭酸カリウムの投与を考慮する。

Ⅶ．低カルシウム血症がある場合は注意を要する。低カルシウム血症の患者への重炭酸ナトリウム投与は、低カルシウム性テタニーを惹起することがある。

9．悪心や胃酸過多があれば、H_2ブロッカーと胃粘膜保護剤で治療する。

A．ラニチジン（Zantac®）

犬：0.5～2mg/kg IV、PO q8h

猫：1～2mg/kg IV、SC、PO q12h

B．ファモチジン（Pepcid®）：0.5～1mg/kg IV、PO q12～24h

C．シメチジン（Tagamet®）：2.5～5mg/kg IV、IM、PO q8～12h

10. 口腔内潰瘍を認める場合は、給餌前にViscous Solution®2～10mLを口腔内投与すると、不快感が軽減される。リドカイン、ジフェンヒドラミン、水酸化アルミニウムを全て同量で混合した調剤で、口腔内を1日2～3回フラッシュすると、潰瘍の不快感が軽減され、潰瘍治療にも効果をもたらす。
11. 制吐薬による嘔吐抑制
    A. メトクロプラミド（Reglan®）
       0.2～0.3mg/kg SC、IM、PO q8h
       1～2mg/kg/q24h IV CRI
       0.04～0.08mg/kg/時 IV CRI
       メトクロプラミド投与中は2～4時間ごとに腹部触診を行うなど、腸重積に対する十分なモニターを要する。機械的消化管閉塞が疑われる症例および発作歴を有する症例では、メトクロプラミド投与を避ける。
    B. クロルプロマジン（Thorazine®）
       0.05～0.01mg/kg IV q4～6h
       0.2～0.5mg/kg SC、IM q6～8h
       1mg/kg 直腸内投与 q8h。生理食塩水1mLで希釈し、プラスチックカテーテルを用いて直腸内に注入する。
    C. プロクロルペラジン：0.25～0.5mg/kg SC、IM q6～8h
    D. オンダンセトロン（Zofran®）：0.1～0.2mg/kg IV q6～12h
    E. マロピタント（Cerenia®）：
       1mg/kg SC q24h または2mg/kg PO q24h
    F. ドラセトロン（Anzemet®）：0.6mg/kg IV、SC、PO q24h
12. カロリー要求量に合った十分な栄養補給を行う。BUN＜60mg/dLを維持するため、良質な蛋白質を少量含む、リン制限食を与える。
    A. 低リン・低ナトリウム食を選択する。
    B. 蛋白質の最低必要量
       犬：2～2.2g/kg/日
       猫：3.3～3.5g/kg/日
    C. 犬の栄養補給
       Ⅰ. 臨床徴候の重症度に応じて、最低9～16%の蛋白質を含む食餌を与える。
       Ⅱ. 腎疾患の犬では、乾燥重量で0.13～0.28%のリンを含む食餌を与える。
       Ⅲ. 推奨される処方食——Hill's prescription diet canine k/d®、Purina NF®-formula diets、Royal Canin Renal LPなど。
    D. 猫の栄養補給
       Ⅰ. 最低でも21%の蛋白質を含む食餌を与える。
       Ⅱ. 腎疾患の猫では、乾燥重量でリンの含有量が10mg/kcal未満の食餌を与える。
       Ⅲ. 推奨される処方食——Hill's prescription diet feline k/d®、Purina NF®、Royal Canin Renal LP modified®など。

13. リン制限食、リン吸着剤の経口投与に加えて、カルシトリオール（1,25-ジハイドロビタミンD）1.5～3.5ng/kg/日を経口投与する。これにより、血清甲状腺ホルモン（PTH）量を低下させる効果が得られる。また、以下の効果も報告されている。
   A．中枢神経系の抑制軽減による、元気・機敏性・飼育者への反応などの向上。
   B．食欲増進
   C．活動性の向上
   D．生存期間の延長
      Ⅰ．感染症への感受性低下
      Ⅱ．腎不全の進行遅延
14. ヒト組換えエリスロポエチン（Epogen®）は、犬猫における慢性腎疾患に続発する非再生性貧血の治療に応用できる。
   A．投与量：50～100μg/kg SC。PCVが猫では30％以上、犬では35％以上になるまで週2～3回投与。以後は、4～5日間ごとに単回投与。
   B．ヘマトクリットをモニターする。赤血球増多症が惹起される可能性がある。
   C．ヒト組換えエリスロポエチン投与により、致命的な免疫介在性反応が誘起されることがある。
   D．通常は、鉄剤を同時に投与する。
15. 収縮期血圧を120～160mmHgで維持する。
   A．ナトリウムの経口摂取を制限する（腎臓疾患用処方食を使用する）。
   B．投薬による高血圧管理。推奨薬剤には、以下のものがある。
      Ⅰ．ヒドララジン：1～2mg/kg PO q12h
      Ⅱ．ジルチアゼム
         犬猫：0.5mg/kg q6～8h
      Ⅲ．アムロピジン
         犬：0.1～0.25mg/kg PO q12～24h
         猫：0.625～1.25mg/kg PO q24h
      Ⅳ．救急治療には、ニトロプルシドナトリウムが使用される。
         犬猫：1～5mg/kg/分 IV CRI
         必ず、血圧を持続的にモニターする。侵襲的動脈圧の測定によるモニターが理想的である。
   C．薬剤の単独投与で血圧が低下しない場合は、複数の薬剤を併用する。
16. 腎不全の猫の食欲増進法
   A．フードの形状を変更する。
   B．ウェットフードを加温したり、ドライフードに湯を加える。
   C．流動食、アサリ汁、ブイヨン、油、バター、乾燥カッテージチーズ、ニンニク、カルニチン、ビール酵母などをフードに加える。
   D．好む食物があれば、何でも与える。
   E．フィーディングチューブを設置する。
   F．食欲増進薬を使用する。

Ⅰ. シプロヘプタジン：2～4mg/kg PO q12h
Ⅱ. ミルタザピン：3～4g/頭 PO q72h
Ⅲ. プレドニゾン：0.25mg/kg PO q24h

腎盂腎炎

診断

ヒストリー――腎盂腎炎は、急性尿毒症の典型的な原因となる。稟告として、多飲多尿、嘔吐、元気低下、食欲不振などがある。疼痛が疑われる行動（背弯姿勢をとる、動きたがらない、恐る恐る歩くなど）を認めることがある。症例によっては、症状が非常に曖昧で、診断に苦慮することがある。これまでに発熱がなかったかどうかを必ず飼育者に確認する。

身体検査――水和状態を確認し、全身検査を行う。一般に、患者は受診時に発熱を呈する。腎盂腎炎症例では、来院時またはそれまでの発熱が一貫して認められる。腹部触診にて、必ず腎臓を触知し、疼痛反応、左右対称性、腫大、表面不整などの有無を確認する。腎領域での疼痛は、T3～L3の脊髄性疼痛と混同されることがある。膀胱を触診し、膀胱拡大、膀胱壁肥厚、尿路結石、疼痛の有無を確認する。犬では、直腸検査を行い、前立腺疾患、尿道マス、尿道結石の有無を確認する。歩行、排尿状態を観察する。排尿後、膀胱を触診し、膀胱内の尿残留量を確認する。尿量測定と尿検査のために、尿道カテーテルを設置してもよい。

臨床診断――

1. 治療前には、CBC、生化学検査、尿検査を行う。腎盂腎炎に合致する検査所見には、炎症性白血球像＋/－左方移動、高尿素窒素症、膿尿症などがある。ただし、これらのいずれも認められない症例もある。
2. 無菌的に採尿し、尿培養検査を行う。一般には、膀胱から検出される細菌と、腎臓から検出される細菌は一致する。腎感染の検出に最も適した採材法は、腎盂穿刺である（通常、全身麻酔または深い鎮静を施し、超音波エコーガイド下で採材する）。ただし、一般的には、膀胱から細菌が検出されれば、抗生物質を投与する。腎盂穿刺を行うのは、膀胱から細菌が検出されないにもかかわらず、腎感染が強く疑われる場合、または膀胱と腎臓の感染微生物が異なることが疑われる場合に限る。
3. 腹部画像検査――X線検査により、腎腫大が検出されることがある。診断法の第一選択は、超音波検査である。治療前の腎盂拡張＋/－近位尿管拡張所見は、腎盂腎炎所見に合致し、腎盂腎炎が疑われる。腎盂や尿管の拡張がなくても、腎盂腎炎は除外できない。
4. 順行性尿路造影を行ってもよいが、現在では超音波検査が主流である。腎盂拡張＋/－近位尿管拡張所見は、腎盂腎炎に合致する。腎造影では、腎実質相および腎盂相で陰影が不明瞭となる。また、腎盂での造影剤残留時間の遅延を認めることもある。順行性尿路造影で異常を認めない場合もある。

5. 腎盂腎炎の原因——解剖学的異常（異所性尿道、膣狭窄）、結石や腫瘍（腎臓、膀胱）、尿路カテーテル、膀胱尿管逆流、上位・下位運動ニューロン障害による排尿異常、尿糖、全身性免疫抑制（医原性または副腎皮質機能亢進症の続発性）など。これらの原因の大半は、ヒストリーの聴取、血液検査、尿検査、腎臓・膀胱画像検査で検出可能である。ただし、正常な排尿を確認するために、造影検査や神経学的検査を要することもある。

鑑別診断

1. 胸腰部痛をもたらす疾患——椎間板疾患、椎間板脊椎炎、脊髄脊椎腫瘍、髄膜炎など
2. 急性腎不全
3. 慢性腎不全
4. 他臓器の熱性疾患、無菌性炎症性疾患（主に免疫介在性疾患）、子宮蓄膿症
5. 腎前性高尿素窒素症
6. 腎後性高尿素窒素症
7. 糸球体腎症
8. 腎結石症
9. 腫瘍
10. 外傷

予後

早期診断され、適切な抗生物質治療が施された場合は、ほとんどの症例で十分な治療効果が得られる。耐性菌感染、その他の治療困難な原因を有する場合は、微生物の完全除去、治療中・治療後の再燃防止は難しい。

治療

1. 飼育者に、診断、予後、治療費について説明する。
2. 入院下にて、IV輸液などの支持療法を行う。調整電解質晶質液にて利尿と水和を行う。
3. 予防的に抗生物質を投与する。腎臓への浸潤性と腎クリアランスの高い薬剤（クラブラン酸添加アモキシシリン、フルオロキノロン系、トリメトプリム-サルファ、アミノグリコシド系など）を選択する。抗生物質投与は、一般に4週間以上継続する。薬剤は、感受性試験の結果に従って変更する。感染が完全に消失したことを確認するには、再度培養を行う。可能であれば、腎盂穿刺も行う。
4. 原因が特定されていれば、その治療を行う。
5. 解熱し、自力摂食や飲水が可能となれば、抗生物質は経口投与に変更し、患者を退院させてもよい。

血尿、血色素尿（ヘモグロビン尿）

診断

ヒストリー——稟告として、赤色尿、元気消失、食欲不振、嘔吐、排尿痛、排尿困難、頻尿、尿失禁など。血尿に伴い、排尿痛、排尿困難、頻尿などを認める場合は、下部尿路感染を疑う。元気低下、沈うつ状態、食欲不振、下痢、嘔吐、体重減少、腹部痛を認める場合は、上部尿路疾患が疑われる。排尿とは無関係に自然出血が生じている場合は、生殖器疾患・損傷が示唆される。

身体検査——脱水状態の評価を行う。腎臓触診にて、疼痛反応、左右対称性、腫大、表面不整の有無を確認する。膀胱触診にて、膀胱拡大、膀胱壁肥厚、尿路結石、疼痛の有無を確認する。犬では、直腸検査を行い、前立腺疾患、尿道マス、尿道結石の有無を確認する。比較的大型の雌犬には、指診または膣鏡を用いた観察を行う。歩行と排尿状態を観察する。排尿後、膀胱を触診し、膀胱内の尿残留量を確認する。尿量測定と尿検査のために、尿道カテーテルを設置してもよい。膀胱穿刺は、上部尿路疾患と下部尿路疾患（または生殖器疾患）の鑑別に有用である。

詳細な身体検査を行う。粘膜色、脾臓の大きさ、リンパ節を確認する。その他の出血徴候（蒼白、黄疸、点状出血、斑状出血など）を探索する。

臨床検査——

1．治療前に採血と採尿を行う。
2．CBC、電解質を含む生化学検査を行う。
3．出血性疾患が疑われる場合は、ACT、PT、APTT測定を行う。ACTの基準値は、犬では60～110秒、猫では50～75秒である。
    A．ACT延長は、二次止血の凝固カスケードの異常（凝固因子欠損・機能不全）を示唆する。検査前および検査中は、ACT試験チューブを37℃に加温する。チューブは2本用いる。静脈穿刺は1回でスムーズに行い、迅速に採血する。血液は、真空採血管（Vacutainer® system）を用いて1本目のチューブに直接採取するか、シリンジから速やかにチューブへ移す。静脈に針を穿刺したままで、2本目のチューブに血液を採取する。チューブに血液2mLを入れた時点から、血餅形成が目視されるまでの時間がACTである。
    B．ベンチサイドのPT・APTT測定器が、多数の動物病院に導入され、院内検査が可能となっている。ACTと同様に、採血は太い静脈から1回の穿刺で行うようにする。血液は、真空採血管またはシリンジを用い、クエン酸加血液チューブ（青色のキャップチューブ）に入れる。正確な結果を得るには、チューブに規定量の血液を入れ、適切な希釈を行うことが重要である。
4．尿検査——尿検体を遠心分離することで、血尿と血色素尿を鑑別できる。血色素尿であれば、遠心分離後も尿の色調は濃赤色のままである。

5．尿培養・感受性試験――膀胱穿刺による採尿が望ましい。

腹部Ｘ線検査――腹部Ｘ線画像を評価する。スクリーニング撮影では、診断できないことがある。雄犬では、必ず後腹部のラテラル像を撮影する。尿道は骨盤を通り、ペニスに至るが、その全体を撮影するためには、後肢を頭側方向に牽引するとよい。逆行性尿道造影や膀胱造影の実施も検討する。外傷、腹囲膨満、腹腔内自由水、マス、結石などの有無を確認する。

腹部超音波エコー検査――膀胱マスの検出、腎臓の形態変化の評価には、超音波検査が有用である。ほとんどの場合、膀胱腫瘍診断の第一選択は超音波検査である。

膀胱切開術――膀胱壁の生検・培養に有用である。

鑑別診断

1．上部尿路（腎）性血尿
 A．糸球体腎症
 B．感染症（腎盂腎炎）
 C．腎結石症
 D．腫瘍
 E．嚢胞性腎疾患
 F．外傷
 G．特発性
2．下部尿路性血尿
 A．感染症
 B．炎症
 C．膀胱結石
 D．腫瘍
 E．外傷
 F．シクロホスファミド誘発性無菌性膀胱炎
3．前立腺性血尿
 A．感染
 B．腫瘍
 C．過形成
4．全身疾患に続発する血尿
 A．凝固障害（抗凝血性殺鼠剤中毒症を含む）
 B．血小板減少症
 C．血小板機能不全
 D．エールリッヒア症
5．血色素尿
 A．自己免疫性溶血性貧血
 B．輸血反応
 C．熱射病
 D．脾捻転
 E．後大静脈症候群（フィラリア症）

F．播種性血管内凝固症候群（DIC）
G．ガラガラヘビ咬傷
H．バベシア症
6．ミオグロビン尿症――筋肉損傷に起因する。

予後

基礎疾患により、予後は良好～要注意である。

治療

1．飼育者に、診断、予後、治療費について説明する。
2．膀胱穿刺または尿道カテーテルの挿入により、採尿を行う。膀胱壁は完全性が失われ、脆弱化している恐れがあるため、膀胱穿刺には細心の注意を払う。
3．必要に応じて、尿道結石に対する逆行性水圧出法を行う。
4．患者を入院させ、尿量をモニターする。
5．病因を特定し、特異的治療を行う。例えば、抗凝血性殺鼠剤中毒症であればビタミンK_1投与、免疫介在性疾患であればコルチコステロイド投与、結石があれば外科的除去を行う。
6．調整電解質晶質液を用いたIV輸液にて、利尿、カリウム排出促進を行う。ただし、閉塞疾患がある場合は、閉塞が解除されるまで輸液を行わないこともある。
7．感染症を認める場合および術中は、抗生物質を投与する。
8．ミオグロビン尿は、狩猟、闘犬などの激しい運動により惹起され、尿色調は赤色よりもむしろ褐色がかった暗色を呈する。治療として、尿が正常化するまでIV輸液を行う。ミオグロビンは腎毒性を有するため、輸液による利尿と、血液検査による腎機能のモニターが重要である。利尿剤を投与する。

猫の下部尿路疾患（FLUTD）：非閉塞性

病因

本疾患は、主に特発性であり、膀胱壁の炎症を特徴とする。炎症によって尿のpHが変化することで、結晶尿が生じる。結晶尿は、膀胱壁の炎症を持続させる。症例によっては、結晶尿が原因で膀胱壁に続発性炎症が生じ、持続的な結晶形成が生じることもある。大半のFLUTDは、ストレスに誘起される（新しいペット、猫同士の闘争、新しい同居人など）。粘液、炎症細胞、結晶などにより、続発性の尿道閉塞が生じる。好発要因として、室内での多頭飼育、肥満、高マグネシウム食などが報告されている。FLUTDの急性症状の持続期間は、通常7～14日程度である。ただし、尿路結石や閉塞（特に雄）などの合併症がある場合は、この限りでない。

診断

ヒストリー――稟告として、血尿、排尿困難、排尿痛、元気消失、食欲低下、会陰部の過剰な舐啜など。不適切な場所（特に表面が冷たくて滑らかなタイル、シンク、バスタブなど）での排尿。

身体検査――後腹部触診にて疼痛。通常、少量の圧迫排尿は容易に行えるが、膀胱は非常に小さいことが多い。患者は警戒し、過敏になる。心拍は正常。股動脈は強くて規則正しい。

臨床検査――

1. ミニマムデータベース――BUN、クレアチニン値、カリウム濃度、血糖値、PCV、TS（≒TP）を測定する。飼育者の同意が得られる場合は、CBC、電解質、上記以外の生化学検査を追加する。
2. 尿検査――細菌尿、結晶尿、円柱などを確認する。
3. 尿細菌培養、感受性試験（表11-4）――膀胱穿刺にて採尿する。
4. FeLV、FIVの血清抗体検査を行う。

腹部X線検査――慢性または再発性FLUTD症例における結石検出に有効。

腹部超音波検査――慢性または再発性FLUTD症例における放射線不透過性結石や膀胱マスの検出に有効。

予後

閉塞が生じない限り、通常は急性症状から良好に回復する。再発は多い。

治療

1. 飼育者に、診断、予後、治療費について説明する。
2. BUN、クレアチニン値、PCVの上昇があれば、LRS、ノーモソル®-Rなどの調整電解質晶質液をSCまたはIV輸液する。
3. 尿検査、尿培養、感受性試験の結果に基づき、抗生物質を投与する。猫の尿路感染では、一般に以下の抗生物質が使用される。
   A. アモキシシリン、クラブラン酸：12.5mg/kg q12h
   B. セファレキシン：20mg/kg q8h
   C. エンロフロキサシン：2.5mg/kg q12hまたは5mg/kg q24h

表11-4　猫における尿培養結果の定量的解釈基準

	細菌尿の程度（細菌数/mL）	
採尿方法	汚染	感染
膀胱穿刺	＜ 1,000	＞ 1,000
経カテーテル	＜ 1,000	≧ 1,000
自然排尿	＜10,000	≧10,000

Lees GE, Bacterial urinary tract infections. The veterinary clinics of North America, Small Animal Practice, Disorders of the Feline Lower Urinary Tract I, Biology and Pathophysiology, Vol. 26, No. 2, 1996. ©Elsevierより許可を得て掲載。

D．ST合剤：15 mg/kg q12h
4．アミトリプチリン：5～10mg/頭PO q24h。膀胱壁の炎症軽減に効果がある。この薬剤は、苦味が強く、流涎過剰が頻繁に生じる。
5．長期ケアの一環としてのグルコサミン補給。一般状態改善、膀胱粘膜正常化が期待できる。
6．メロキシカム：0.1mg/kg PO、単回投与する。
　膀胱壁の炎症抑制を目的とする。代謝異常（特に肝臓・腎臓）を併発している症例、食欲不振を呈する症例では禁忌である。抗炎症薬としてのコルチコステロイド投与は、現在推奨されていない。
7．結晶尿が確認された場合は、結晶形成抑制に効果的な処方食（Hill's Science Diet c/d®、Purina UR®、Royal Canin Urinary SO®など）を与える。FLUTDの全症例にて、これらの処方食が有効であるとの報告がある。
8．経過観察のために患者を入院させる。帰宅させる場合は、以後数日間、排尿状態の確認が重要であることを飼育者に説明する。特に雄猫では、尿道閉塞が生じる可能性があり、迅速なカテーテル挿入を要することを説明しておく。飼育者が後に困らないように、閉塞解除に必要な治療費の概算も伝えておくとよい。
9．膀胱拡大、排尿痛、排尿欠如など、尿路閉塞の徴候に留意して注意深くモニターする。
10．退院時には、適切な抗生物質、療法食、膀胱壁に対する抗炎症薬などを、状態に合わせて処方する。

猫の下部尿路疾患（FLUTD）：尿道閉塞

病因
一般的には、尿道閉塞はFLUTDの罹患中に粘液と炎症細胞による閉塞栓が形成されることによって生じるが、結石によって閉塞が生じることもある。また、排尿障害の根本的な原因は、尿道の攣縮であるという説もある。

診断
ヒストリー――稟告として、排尿痛+/－排尿時の啼鳴、排尿困難、排尿欠如、血尿、不適切排尿、啼鳴、嘔吐、元気消失、ハンドリング時の疼痛反応・攻撃など。便秘が主訴であることもある。
身体検査――入念な身体検査を行う。意識レベルの判定。水和状態と心血管状態の評価。聴診にて不整脈の確認。触診にて股動脈の強さと質を確認する。腹部触診にて、膀胱拡大（膀胱破裂症例を除く）、膀胱壁の肥厚、膀胱結石の有無を確認する。ペニスと包皮を検査する。ペニスには、浮腫、充血、チアノーゼ、壊死を認めることがある。
　閉塞が長期に及ぶと、重度沈うつや昏睡を呈することがある。徐脈、低体温、過呼吸、口臭、CRT（毛細血管再充填時間）の延長を伴う粘膜蒼白などの所見は重篤性を示し、閉塞からの経過が長いことを示唆する。

臨床検査――
　1．救急時のミニマムデータベースを評価する。
　　A．PCV、TS（≒TP）
　　B．BUNの検査スティック、または血清BUN、クレアチニン値
　　C．電解質（特にカリウム）
　　D．血糖値
　　E．静脈血ガス――代謝性アシドーシスが最も多い。
　2．時間があれば、ルーチンのミニマムデータベースも評価する。
　　A．CBC
　　B．生化学検査
　　C．培養、細胞診を含む尿検査
　3．尿石症がある場合は、尿石を分析する。

心電図による評価――Ⅱ誘導で十分である。循環障害や高カリウム血症に起因する異常には、P波の欠如、QRS幅の拡大、QT間隔の延長、高いT棘波などがある。

腹部X線検査――尿結石、膀胱腫瘍などの検出に有効である。大半の症例では、単純撮影で十分であるが、造影を要する場合もある。

腹部超音波検査――膀胱内腔、近位尿管、腎臓の精査に有効である。

予後

嘔吐、低体温、知覚鈍麻、高窒素血症、尿毒症、不整脈の有無により、予後は良好～極めて不良まで様々である。

治療

1．飼育者に、診断、予後、治療費、再発の可能性について説明する。
2．IVカテーテル留置
3．心電図により評価を行う。徐脈と抗カリウム血症を認める場合でも、通常は閉塞解除と輸液療法により正常に戻る。
4．高カリウム血症の治療――本質的な唯一の治療は、閉塞解除であるため、早急な解除処置が不可欠である。
　A．軽度高カリウム血症（血清カリウム濃度＜7mEq/L）――LRS、ノーモソル®-R、プラズマライト®による補液を行うとともに、閉塞解除処置を急ぐ。
　B．中等度高カリウム血症（血清カリウム濃度＝7～8mEq/L）――輸液剤は、0.9% NaClを選択してもよい。閉塞解除処置を急ぐ。
　C．重度高カリウム血症（血清カリウム濃度＞7.5mEq/L、徐脈や律動異常を伴うこともある）――以下の治療を追加する。
　　Ⅰ．10%グルコン酸カルシウム――心電図をモニターしながら15分間かけて0.2～0.5mL/kgをIV投与。効果は10～15分間持続する。この治療法は、カリウムの心毒性作用から心臓を保護するが、血清カリウム濃度を低下させる効果はない。したがって、他の治療法を併用する必要がある。また、閉塞解除も必要である。

Ⅱ．重炭酸ナトリウム——2～5分間かけて0.5～1mEq/kgを緩徐にIV投与。さらに、30～60分間かけて1～2mEq/kgを緩徐にIV投与。血清カリウム濃度は数分以内に低下し、効果は数時間続く。

Ⅲ．20%ブドウ糖溶液——代替法として、30～60分間かけて1～2mL/kgをIV投与する。ブドウ糖投与により、内因性インスリン産生を刺激し、カリウムが細胞内に取り込まれる。これにより、血清カリウム濃度が低下する。

Ⅳ．インスリン——必要に応じてブドウ糖投与とともにインスリンを投与する。レギュラーインスリン0.2～0.4U/kg および50%ブドウ糖溶液2g（4mL）/U（投与したインスリンの単位）を緩徐にIV投与する。IV輸液剤には、2.5%ブドウ糖を添加する。

Ⅴ．テルブタリン——一時的に血清カリウム濃度を低下させる目的で使用する。

犬：0.2mg/kg PO q8～12h

猫：0.625mg/頭 PO q8～12h

D．血清電解質は、2～4時間ごとにモニターする。

5．IV輸液療法——LRS、ノーモソル®-R、プラズマライト®のいずれかを選択する。開始流量は、10mL/kg/時以上で、尿量に応じて調節する。

A．水分損失量を算出する。軽度脱水は5%、中等度脱水は8%、重度脱水またはショック状態は12%とする。

脱水（%）×体重（kg）＝必要輸液量（L）

B．軽度脱水——水分損失量を12時間かけて投与する。

C．中等度脱水——水分損失量を4時間以内に投与する。

D．重度脱水または循環血液量減少性ショック——水分損失量を1～2時間以内に投与する。

E．水和に必要な投与量に加え、維持量（1～2mL/kg/時）の1.5～3倍量を輸液する。閉塞後利尿による不足を是正し、個体の水分出納量に応じた適量を投与する。

F．輸液速度は、症例のバイタルサイン、高窒素血症の程度、尿量、水和状態、意識レベルに応じて調節する。

G．慎重なモニターを行い、過剰輸液や腎髄質通過水量過多（medullary washout）の発生を予防する。

6．尿道閉塞解除を行う際には、患者が重度知覚鈍麻～昏迷・昏睡を呈している場合を除き、無麻酔で尿道カテーテルを挿入することは避ける。閉塞が解除されるまでは、圧迫排尿を試みてはならない。尿道カテーテル挿入前に、膀胱穿刺による膀胱内減圧を行うと、カテーテルの挿入が容易になるという報告もある。

7．患者の状態に応じて、麻酔薬を選択する。

A．重度沈うつを呈する場合は、無麻酔で尿道カテーテル挿入を試みる。

B．イソフルラン——ボックス・マスク吸入する。

C．ジアゼパム0.5mgとケタミン5～10mgを併用し、IV、IM投与する。

D．プロポフォール：2～6mg/kg IV。効果発現まで投与する。

8．尿道閉塞解除——親指と人差し指でペニスを優しくマッサージし、閉塞解除を試みる。ペニスを尾側に牽引し、尿道をできるだけ直線状に維持する。ペニスや包皮への医原性損傷に注意する。先端が開存した3.5Frのポリプロピレン製のトムキャットカテーテルを緩徐に挿入し、滅菌生理食塩水またはLRSでフラッシュする。トムキャットカテーテルが通過しないときは、眼科用涙管洗浄カニューレを慎重に挿入する。

9．尿道閉塞解除が不可能な場合は、剃毛・消毒し、膀胱穿刺を行う。その後、尿道カテーテル挿入を再度試みる。

A．22Gの留置針にフレキシブルIVエクステンションラインを連結し、さらに大容量シリンジ（20～60mL）を取り付ける。

B．膀胱の腹側または腹外側にて穿刺する。

C．膀胱壁を貫通させる際は、膀胱三角の方向を避け、45°の角度で刺入する。

10．閉塞が容易に解除され、視診で正常な尿が十分量排出されている場合は、圧迫排尿処置と滅菌生理食塩水によるフラッシュを行った後、尿道カテーテルを抜去する。カテーテル留置が長時間に及ぶ場合（通常12～24時間）はレッドラバーカテーテルを抜去し、トムキャットカテーテルに交換する。

11．以下の場合は、3.5Frのレッドラバー尿道カテーテルを、少なくとも24時間留置する（図11-1）。

閉塞解除が困難である、排尿量が少ない、尿毒症を呈している、重度血

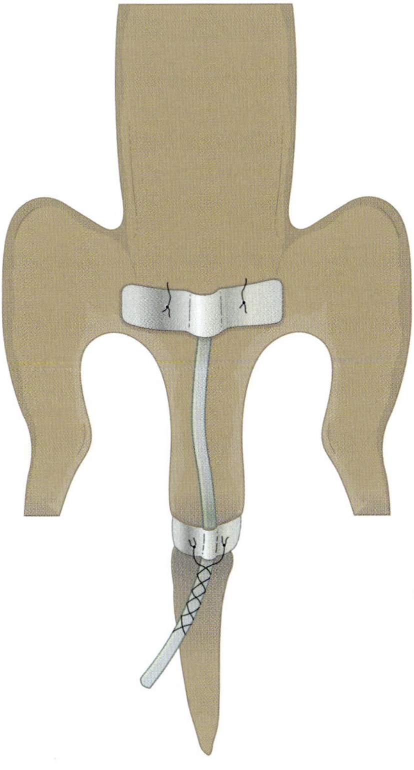

図11-1　尿道閉塞を呈した雄猫における尿道カテーテルの固定法

会陰部では、包皮を避けてカテーテルにテープを巻き、両側にタブをつくる。包皮の両側でタブと皮膚を縫合する。次に、カテーテルを尾にテープで固定する。さらに、チャイニーズフィンガー法により、カテーテルと尾に巻いたテープを固定する。

尿を認める、結晶が多量に存在する、膀胱の過剰拡張による二次性排尿筋機能不全を認めるなど。

医原性膀胱損傷を防ぐため、レッドラバー尿道カテーテルを挿入する前に、膀胱までの距離を測っておく。

12. 尿が正常色になるまで、LRSまたは0.9%滅菌NaClで膀胱内洗浄を行う。膀胱を空にした時点を開始時間（0'）として、以後、尿量をモニターする。
13. 生理食塩水を注入しても膀胱が拡張しない場合は、膀胱破裂または尿道断裂を疑い、膀胱造影を行う。一般に、外科的整復適応であるが、尿路カテーテルを数日間留置することで、膀胱や尿道の損傷治癒が起こり、正常な膀胱拡大に回復することがある。カテーテル留置は、術前における代謝系の安定化にも有効である。
14. 尿道カテーテルは、無菌性閉鎖式採尿システムに接続する。尿量をモニターし、必要に応じて輸液量を調節する。尿路閉塞後は、利尿が生じ、多量の尿産生を認めることがある。閉塞後、利尿が落ち着くまでは（通常は12時間以上であるが、数日間持続することもある）、尿量に応じた輸液量を投与していることを常に確認する。尿量は少なくとも1〜2mL/kg/時を維持する。急性腎不全の発症に注意してモニターする。
    A. カテーテルからの尿排出量が少ない場合（1〜2mL/kg/時未満）は、尿道カテーテルの開通性や位置を確認する。カテーテルの変位、折れ曲がり、尿道穿孔などが生じている場合がある。
    B. 脱水が持続している場合は、10〜15mL/kg IV、ボーラス投与する。
    C. 正常に水和されている状態で、乏尿・無尿を呈する場合は、フロセミド1〜2mg/kgをIV投与、またはマンニトール0.25〜0.5g/kgをIV投与する。
    D. 過水和を呈する場合は、IV輸液を中止し、フロセミド1〜2mg/kgをIV投与する。さらに、0.5〜2μg/kg/時 IV CRIの追加投与を考慮する。代替法として、マンニトール0.5g/kg IV、ボーラス投与による利尿を試みてもよい。
15. 支持的看護を行う。患者本人による尿道カテーテルの抜去を予防するために、エリザベスカラーを要することが多い。
16. 抗生物質投与については、見解が一致していない。感染が強く疑われる場合、または培養によって感染が確認された場合は、アモキシシリン10〜20mg/kg SC、以後PO q12hで投与することが多い。尿道カテーテル留置中の抗生物質投与には、耐性菌の発現を惹起する懸念がある。抗生物質を投与しなければ、状態悪化が予想される場合を除き、尿道カテーテル抜去までは抗生物質を投与しないことが望ましい。
17. 重度炎症を認める場合は、メロキシカム0.1mg/kg PO q24hで投与する。腎機能に問題がある場合または脱水を呈する場合は、メロキシカム投与を避ける。
18. 栄養サポートを行う。鎮静から覚醒すれば、Hill's prescription diet feline c/d®、Purina UR®、Royal Canin Urinary SO®、または類似の療法食と蒸留水を与える。

19. PCV、TP、血清BUN、血清クレアチニン値、血清カリウム濃度、血糖値を24時間以内に再測定する。血清カリウム濃度が7.5～8mEq/Lを上回っている場合は、さらに早い段階で再測定する（尿閉の解除から1～2時間後など）。
20. 閉塞後利尿により、低カリウム血症を呈し、カリウム投与を要する場合がある。この場合は、血清カリウム濃度を毎日測定し、必要量を補給する。
21. 肉眼的な血尿と閉塞後利尿が消失した時点で、尿道カテーテルを抜去する。当初からこれらの徴候を認めない場合、カテーテル留置は12～24時間に留めるのが望ましい。カテーテル抜去後も、12～24時間は院内観察を継続し、直後に再閉塞が生じないことを確認する。
22. 尿培養――尿道カテーテル抜去時に、培養用の採尿を行う。カテーテルから初めに吸引した3～5mLの尿は廃棄する。その後、7～10mLの尿を採取し、これを尿培養に用いる。さらに理想的な方法は、カテーテル抜去後に膀胱穿刺を行うことである。尿道閉塞後に真性の膀胱感染を生じることはまれである。
23. 閉塞を認めない場合は、尿道攣縮の軽減を試みる。
    A．プラゾシン：0.25～0.5mg/頭 PO q8～12h
    B．フェノキシベンザミン（Dibenzylene®）：2.5～5mg PO q12～24h
24. 退院時には、尿培養結果に基づいた適切な抗生物質を10～14日間分と療法食を処方する。
25. 抗生物質治療から7～14日後に、再度尿培養検査を行い、陰性転化を確認する。

犬の尿路結石症

病因

犬のストラバイト（リン酸アンモニウムマグネシウム）尿結石は、尿路の細菌感染に起因することが多い。ダルメシアンおよびイングリッシュブルドッグでは、代謝障害による尿酸結石が好発する。尿酸結石は、門脈奇形（シャント）症例においても好発する。上皮小体機能亢進症は、リン酸カルシウム尿結石の形成を引き起こす。シリカ尿結石は、大豆外皮やトウモロコシグルテンの多給に起因する。リン酸カルシウム尿結石は、カルシウムやリンを過剰摂取した場合に多く認められる。シュウ酸カルシウム尿結石、無菌性ストラバイト尿結石、シリカ尿結石形成は、多くの場合、特発性である。

診断

ヒストリー――尿石はほとんどの場合、膀胱または尿道で検出される。腎盂に生じる結石は、尿石症のうちの10%未満である。腎結石および尿管結石では、血尿、腰部・腹部の不快感、沈うつ状態、食欲不振、嘔吐などが観察される。膀胱結石および尿道結石では、排尿困難、排尿痛、頻尿、尿の混濁、悪臭尿などが観察される。

身体検査――入念な身体検査を行う。意識レベルの判定。水和状態と心血管状態の評価。聴診にて不整脈の確認。触診にて股動脈の強さと質の確認。入念な腹部触診。腎臓の大きさや形状を確認するとともに、触診に対する疼痛反応を観察する。膀胱の大きさ（膀胱破裂症例を除く）、膀胱壁肥厚や明確な尿路結石の有無を確認する。ペニス、包皮の検査。全症例にて直腸検査を行う。雄犬では、骨盤外の尿道を触診する。尿道カテーテルを挿入する際には、小石や砂の中を通る感触を認めることがある。カテーテルが挿入できない場合は、尿道閉塞が示唆される。

犬の各種尿結石の特徴（図11-2）――――

1．ストラバイト（リン酸アンモニウムマグネシウム）尿結石
   A．好発犬種――ミニチュアシュナウザー、ミニチュアプードル、ビションフリーゼ、コッカースパニエル。
   B．雌犬にて形成される尿結石の80～97％はストラバイトである。
   C．放射線不透過性である。
   D．通常、尿はアルカリ性を示す。
   E．高確率で尿路感染の併発を認める（特にブドウ球菌、プロテウス属）。

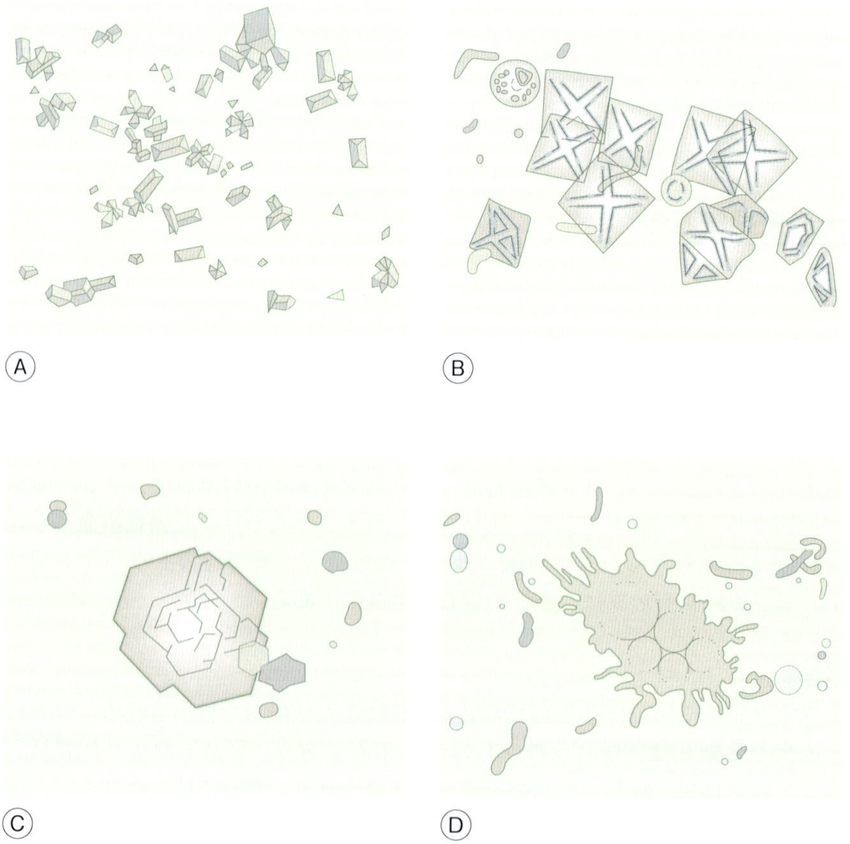

図11-2　尿結晶
(A) ストラバイト、(B) シュウ酸カルシウム、(C) シスチン、(D) 尿酸アンモニウム

F．1歳齢未満の犬で認められる尿結石の大半はストラバイトである。

2．シュウ酸カルシウム尿結石

A．好発犬種――ミニチュアシュナウザー、ミニチュアプードル、ビションフリーゼ、ヨークシャーテリア、ラサアプソ、シーズー。

B．雄犬に好発する。

C．放射線不透過性である。

D．通常、尿は酸性〜中性を示す。

E．高カルシウム血症は、発生要因になる。

3．シスチン尿結石

A．好発犬種――チワワ、ヨークシャーテリア、ダックスフンド、イングリッシュブルドッグ、バセットハウンド、マスティフ、ロットワイラー。

B．雄犬に好発する。

C．放射線不透過性の程度は様々であるが、透過性を示す場合が多い。

D．通常、尿は酸性を示す。

4．尿酸アンモニウム尿結石

A．好発犬種――ダルメシアン、イングリッシュブルドッグ。

B．雄犬に好発する。

C．周囲組織よりも高い放射線透過性を示す。

D．通常、尿は酸性〜中性を示す。

E．門脈体循環シャントなど、重度肝機能不全を呈する症例に多発する。

5．シリカ尿結石

A．好発犬種――ゴールデンレトリーバー、ラブラドールレトリーバー、ジャーマンシェパードドッグ。

B．雄犬に好発する。

C．放射線不透過性の程度は様々であるが、透過性を示す場合が多い。

D．通常、尿は酸性〜中性を示す。

E．シリカの多量摂取（トウモロコシグルテンや大豆外皮などの給餌）は、発生要因になる。

臨床検査――

1．尿検査――尿路の炎症所見（蛋白尿、血尿、膿尿、上皮細胞数上昇）

2．尿pH測定

3．尿沈渣検査（顕微鏡下）――尿結石があっても結晶を認めない場合や、結晶尿があっても結石形成を認めない場合がある。結晶と結石の両方が存在する場合、通常はこれらの成分は同じである。ただし、例外があることを念頭に置く。

4．細菌培養検査――尿検体（膀胱穿刺による採尿が望ましい）を細菌培養に提出する。

5．膀胱切開――膀胱切開にて尿結石摘出を行う場合は、尿石の小片と膀胱粘膜を細菌培養に提出する。また、結石は成分検査に提出する。

6．CBC――脱水、感染徴候の確認。

7．生化学検査――腎後性・腎性高窒素血症、高カリウム血症など。
8．酸塩基平衡――最も多く認められる不均衡は、代謝性アシドーシスである。
9．腹腔穿刺――尿路断裂が疑われる場合は、腹腔穿刺を行う。腹水クレアチニン値を測定し、血清クレアチニン値と比較する。腹水クレアチニン値が血清クレアチニン値より高い場合は、腹腔内への尿漏出が示唆される。

心電図評価――尿腹症がある場合は、徐脈、高カリウム血症に合致する所見（P波の平坦化、QRS幅拡大、QT間隔延長、高いT棘波）を認める。

腹部X線検査――腎結石、尿道結石検出に有用である。尿結石症の臨床徴候を示しているのにもかかわらず、単純X線画像において明らかな結石の陰影が検出されない場合は、膀胱二重造影または逆行性陽性造影を行う。単純X線画像にて、腹腔内がすりガラス状を呈し、膀胱が確認できない場合は尿路断裂を疑う。

腹部超音波エコー検査――膀胱結石、腎結石、水腎症、尿管結石、尿道断裂、尿道拡大、腹腔内自由水（尿）の存在などの確認に有効である。

鑑別診断

1．腎結石症――腎細胞癌、移行上皮癌、腎芽細胞腫、腎臓の転移性腫瘍（血管肉腫、悪性黒色腫、肥満細胞腫）、腎盂腎炎。
2．尿管結石症――尿管平滑筋肉腫、平滑筋腫、膀胱腫瘍の浸潤、腹腔内腫瘍による圧迫、尿管内血栓、尿管狭窄。
3．膀胱結石症――膀胱炎、膀胱腫瘍（移行上皮癌、横紋筋肉腫、線維肉腫、腺癌、血管肉腫など）。
4．尿道結石症――粘液栓、血栓、尿道炎、陰茎骨骨折、尿道異物。

予後

再発頻度は高い。閉塞の程度や経過時間、併発腎疾患の重症度によって予後が決定される。生命にかかわる尿道閉塞の重症度を低減するには、永久尿道造瘻術が有効である。

治療

1．飼育者に、診断、予後、治療費について説明する。
2．深い鎮静下または全身麻酔下にて、尿道カテーテルを挿入・留置し、腹囲膨満を低減させる。
3．膀胱拡大の甚急的緩和を要するにもかかわらず、尿道カテーテル挿入ができない場合は、膀胱穿刺を行う。
   A．22～20Gの針付きカテーテルを用いる。
   B．膀胱にカテーテルを刺入し、延長チューブと三方活栓を連結する。医原性損傷に注意して慎重に尿を吸引する。
   C．尿道カテーテルの再挿入を試みる。
4．尿道水圧出法――尿結石が陰茎骨近位に存在し、カテーテル挿入ができない場合は、尿道水圧出法を行う。

A. 尿結石の大きさや形状を、患者の体格を考慮して評価する。表面が平滑な尿石は、不整な尿石よりも容易に尿道を通過する。尿道水圧出法が適応されるのは、尿石の最大径が尿道の最小径を下回る場合である。

B. 膀胱の大きさを確認する。

C. 全身麻酔を施すか、鎮痛・筋弛緩効果を有する薬剤を用いて鎮静を行う。

D. 柔らかい素材の滅菌カテーテルを、尿石の位置まで挿入する。

E. 尿道口を塞ぎながら、滅菌生理食塩水を尿道に注入する。この時、助手は閉塞部の近位を指で圧迫する（通常、直腸からアプローチする）。

F. 注入した生理食塩水の水圧により尿道が拡張したら、助手は直ちに圧迫を解除する。これにより逆行性推進力が得られ、尿石は膀胱内に押し出される。

G. 再度、単純X線撮影または膀胱二重造影を行い、尿石が除去されたことを確認する。

5. 尿結石症の治療には、内科的治療法と外科的治療法がある。シスチン尿結石、ストラバイト尿結石、尿酸塩結石は、内科的溶解が奏効する。尿結石による閉塞性尿路疾患は、外科的摘出、水圧出法、カテーテル法のいずれかが選択される。

6. 尿水圧出法――尿石が（尿道ではなく）膀胱内に存在し、外科的摘出を回避したい場合に適応される。

A. 尿結石の大きさや形状を、患者の体格を考慮して評価する。表面が平滑な尿石は、不整な尿石よりも容易に尿道を通過する。尿水圧出法が適応されるのは、尿石の最大径が尿道の最小径を下回る場合である。

B. 全身麻酔を施すか、鎮痛・筋弛緩効果を有する薬剤を用いて鎮静を行う。

Ⅰ. オピオイド（オキシモルフォン、モルヒネ、ヒドロモルフォン、フェンタニルなど）を投与する。さらに、効果発現までプロポフォールをⅣ投与する。必要に応じて、ガス麻酔を併用する。

Ⅱ. オピオイドにトランキライザー（デクスメデトミジンなど）を併用して鎮静する。ただし、一般的には全身麻酔下（プロポフォールをCRI投与、またはガス麻酔）のほうが良好な括約筋の弛緩が得られる。

C. 尿道カテーテルを挿入する。

D. 生理食塩水4～6mL/kgで膀胱を適度に膨らませる。腹部触診により、膀胱拡大の程度を確認する。

E. 尿道カテーテルを抜去する。

F. 患者の前駆を起こし、脊柱を垂直に保つ。

G. 腹部を触診しながら、膀胱を優しく揺り動かし、尿石を膀胱三角部へ移動させる。

H. 用手にて、膀胱に十分な圧迫を加え、尿と尿石を押し出す。

I. 必要に応じて、上記のC～Hまでを反復する。

J．再度、単純X線撮影または膀胱二重造影を行い、尿石が除去されたことを確認する。除去が不完全な場合は、外科的摘出を要する。

7．IVカテーテルを留置し、IV輸液を開始する。尿道閉塞が解除されるまでは、低用量で投与する。流量は尿量に応じて調節するが、一般に10mL/kg/時以上で投与する。

A．水分損失量を算出する。軽度は脱水5%、中等度は脱水8%、重度の脱水またはショック状態は12%とする。

脱水（%）×体重（kg）＝必要輸液量（L）

B．軽度脱水——水分損失量を12時間かけて投与する。

C．中等度脱水——水分損失量を4時間以内に投与する。

D．重度脱水または循環血液量減少性ショック——水分損失量を1～2時間以内に投与する。

E．水和に必要な投与量に加え、維持量（1～2mL/kg/時）の1.5～3倍量を輸液する。閉塞後利尿による不足を是正し、個体の水分出納量に応じた適量を投与する。

F．輸液速度は、症例のバイタルサイン、高窒素血症の程度、尿量、水和状態、意識レベルに応じて調節する。

G．慎重なモニタリングを行い、過剰輸液や腎髄質通過水量過多（medullary washout）の発生を予防する。

8．血清HCO_3＜12mmol/L、pH＜7.1、徐脈のいずれかを認める場合は、代謝性アシドーシスの治療を行う。

A．重炭酸塩損失量を算出する。

［HCO_3正常値（20）－HCO_3測定値］×0.3×体重（kg）

B．重炭酸ナトリウムを用いて、重炭酸塩損失量の50%を3～6時間かけてIV補給する。

C．血液ガスを再評価する。pH不均衡が依然として重篤な場合（pH≦7.2またはHCO_3＜12）は、残りの50%分を3～6時間かけて補給する。

D．血液ガスは、2～6時間ごとに測定する。

9．高カリウム血症の治療

A．中等度高カリウム血症（血清カリウム濃度＝7～8mEq/L）の場合は、速やかに閉塞解除処置を行う。0.9% NaClを用いて輸液し、再水和した後、血清カリウム濃度を再測定する。

B．重度高カリウム血症（血清カリウム濃度＞7.5～8mEq/L）の場合は、以下の治療を追加する。

Ⅰ．10%グルコン酸カルシウム——心電図をモニターしながら15分間かけて0.2～0.5mL/kgをIV投与する。効果は10～15分間持続する。この治療法は、カリウムの心毒性作用から心臓を保護するが、血清カリウム濃度を低下させる効果はない。したがって、他の治療法を併用する必要がある。また、閉塞解除も必要である。

Ⅱ．重炭酸ナトリウム——2～5分間かけて0.5～1mEq/kgを緩徐にIV投与する。さらに、30～60分間かけて1～2mEq/kgを緩徐にIV投与する。血清カリウム濃度は数分以内に低下し、効果は数時間続く。

Ⅲ. 20%ブドウ糖溶液——代替法として、30〜60分間かけて1〜2mL/kgをⅣ投与する。ブドウ糖投与により、内因性インスリン産生を刺激し、カリウムが細胞内に取り込まれる。これにより、血清カリウム濃度が低下する。

Ⅳ. インスリン——必要に応じてブドウ糖投与とともにインスリンを投与する。レギュラーインスリン0.2〜0.4U/kgおよび50%ブドウ糖溶液2g（4mL)/U（投与したインスリンの単位）を緩徐にⅣ投与する。Ⅳ輸液剤には、2.5%ブドウ糖を添加する。低血糖には十分に留意する。重度かつ持続性低血糖は、致命的となる恐れがある。

C. 血清電解質は、2〜4時間ごとに再測定する。

10. 推奨される予防法

A. ストラバイト尿結石

Ⅰ. Hill's prescription s/d®、c/d®、Royal Canin Urinary SO®

Ⅱ. 尿路感染のコントロール

B. シュウ酸カルシウム尿結石

Ⅰ. Hill's prescription u/d®、w/d®、k/d®

Ⅱ. NF-Formula®（Purina CNM）

Ⅲ. Royal Canin Urinary SO®

Ⅳ. クエン酸カリウム：40〜75mg/kg PO q12h

Ⅴ. ビタミンB_6（塩酸ピリドキシン）：2mg/kg/日。投与が推奨されているものの、効果は立証されていない。

Ⅵ. ヒドロクロロチアジド（Hydro Diuril®）：2〜4mg/kg PO q12h。高カルシウム血症では禁忌である。

Ⅶ. 中性リン酸塩：250mg/日 PO。投与は推奨されているが、正常な血清リン濃度が維持されるように投与量の調整を要する。

C. シスチン尿結石

Ⅰ. Hill's prescription u/d®

Ⅱ. Royal Canin Urinary UC®

Ⅲ. チオール含有薬

Ⅳ. D-ペニシラミン：10〜15mg/kg PO q12hまたは*N*-(2-メルカプトプロピオニル)-グリシン：10〜15mg/kg PO q12h

D. 尿酸アンモニウム尿結石

Ⅰ. Hill's prescription u/d®、k/d®

Ⅱ. Royal Canin Urinary UC®

Ⅲ. アロプリノール：7〜10mg/kg PO q8〜24h

Ⅳ. 感染症のコントロール

Ⅴ. 塩化カリウム（減塩塩）——飲水促進を目的として、食餌に添加する。

Ⅵ. クエン酸カリウム：5mg/kg q12h

E. シリカ尿石症

Ⅰ．Hill's prescription u/d®

Ⅱ．土や草の誤食を防ぐ。

11. 尿量のモニター——最少でも2mL/kg/時を維持する。

A. 閉塞後利尿を認める場合は、排尿量を維持するために、IV輸液の増量を要する。

B. 急性腎不全を発症することがある。乏尿・無尿をモニターし、早期かつ積極的な治療を行う。

C. 尿結石除去後も排尿不能が持続する場合は、再閉塞、膀胱アトニー、尿道損傷、尿路断裂、尿道攣縮、反射筋失調の可能性を考慮する。

Ⅰ．尿道炎には、リン酸デキサメタゾンナトリウム0.25mg/kgを1～2回投与する（12時間間隔）。ただし、ステロイド投与に関しては賛否があり、尿路感染を惹起する可能性がある。最近では、ステロイドよりもNSAIDs投与が推奨されているが、効果は立証されていない。

Ⅱ．反射筋失調には、フェノキシベンザミン5～15mg/頭 SID 5～7日間投与、またはプラゾシン1mg/15kg q8h 5～7日間投与が効果的である。

Ⅲ．膀胱アトニーでは、ベサネコール1.25～5mg PO q8hと、フェノキシベンザミンまたはプラゾシンとの併用により反応が得られる可能性がある。尿道閉塞の可能性がある場合、これらの薬剤の使用は避ける。

膀胱破裂（尿腹症）

病因

膀胱からの尿漏出の最も一般的な原因は、膀胱外傷である。外部からの外傷は、交通事故、医原性損傷などに起因する。内部からの外傷は、尿道カテーテル挿入、膀胱穿刺、過剰な膀胱触診、圧迫排尿などによって生じる。重度の慢性尿結石症によって、膀胱に過度の刺激が加わり、重篤な炎症が惹起されると、まれに尿漏出を生じることがある。膀胱に尿結石、感染、腫瘍などが存在しない限り、ほとんどの場合は、医原性外傷が尿漏出を引き起こすことはない。

診断

ヒストリー——交通事故などの外傷歴、膀胱に関連する治療歴（膀胱穿刺、尿道カテーテル挿入、膀胱触診など）。多くの場合、膀胱破裂の原因と考えられる外傷は、臨床徴候が発現する数日前に生じている。稟告として、食欲廃絶、発熱、腹部痛、嘔吐など。

身体検査——入念な身体検査を行う。多くは腹痛（特に後腹部）を認める。腹部波動感、腹囲膨満、腹腔への化学的刺激に伴う二次性発熱。触診にて膀胱触知困難（特に猫や小型犬）。膀胱圧迫によって膀胱が縮小するものの、尿排出が認められない場合もある。

臨床検査――

1．腹腔内（特に後腹部）に遊離水を認める場合は、膀胱破裂が疑われる。遊離水の検出には、X線検査または超音波エコー検査を行う。

A．X線検査――一般にX線画像上では、膀胱の全周が確認されない。特に、後腹部にて広範囲のディテールの消失がみられる。膀胱内または腹腔内に尿結石を認めることがある。

B．腹部超音波エコー検査――膀胱周辺にて、遊離水が可視化される。漏出量が多い場合は、腹腔内全体に観察される。

2．4点腹腔穿刺（p.173参照）、超音波（またはX線）ガイド下の腹腔穿刺により、遊離水検体を採取する。急性であれば、検体は細胞に乏しい。慢性経過を示し、化学的刺激による腹膜炎が生じている場合は炎症性細胞が出現する。

A．遊離水検体のクレアチニン濃度およびカリウム濃度を測定し、血清濃度と比較する。

B．遊離水検体のクレアチニン濃度が末梢血の2倍以上であれば、尿腹症と診断される。同様に、遊離水検体のカリウム濃度が末梢血の1.9倍以上であれば、尿腹症と診断される。

3．順行性尿路造影または逆行性膀胱尿道造影にて、造影剤が膀胱から腹腔内に漏出すれば、膀胱破裂と診断される。腹腔内への造影剤流出は、腹膜刺激を悪化させる要因となる。裂傷は、膀胱底部に生じることが多い。

4．CBC、生化学検査を行い、他の全身疾患の有無を確認する。カテーテルから尿検体が採取できれば、培養検査を行い、他の泌尿器疾患が併発していないかを確認する。

鑑別診断

1．膀胱以外（尿管、腎臓、尿道）からの尿漏出。
2．他の要因における腹腔内遊離水の発現（血液貯留、腹水、胆汁漏出）。
3．消化管内容物や胆汁漏出による腹膜炎。

予後

併発している損傷が良好に治療されれば、膀胱破裂の予後は良好である。

治療

1．ショックや生命にかかわる問題がある場合は、それを先に治療する。

2．膀胱壁に大きな裂傷がある場合は、腹腔内探査と外科的整復を行う。ただし、患者の状態が安定し、生命にかかわる他の損傷がコントロールされるまでは行わない。

3．大きな裂傷の外科的整復を行うまでの間に、小さな裂傷を内科的に治療する。また、尿の腹腔内漏出をコントロールする。

A．尿道カテーテル（フォーリーカテーテル）を留置し、尿道からの尿排出を試みる。

B．先端がマッシュルーム型のカテーテル（膀胱瘻チューブ）を経腹膜的に設置し、腹腔内尿排出の回避を試みる。従来法では正中に設置するが、最近では側腹への設置も行われている。

C．腹腔内尿漏出のコントロールは、以下の状態になるまで継続する。

Ⅰ．7〜10日が経過し、小さな裂傷が治癒した。

Ⅱ．外科的整復が実施できる程度まで、患者の状態が安定した。

4．膀胱破裂の原因として、膀胱内の尿結石、腫瘍、細菌感染が疑われる場合は以下の治療を行う。

A．尿結石——外科的結石除去、内科的管理と処方食給餌（p.393「犬の尿路結石症」の項を参照）。

B．腫瘍——生検を行い、適切な治療を検討する。

C．細菌感染——培養結果を待つ間も、抗生物質投与を開始する。

高カルシウム血症

病因

1．腫瘍（リンパ腫、肛門周囲腺癌など）
2．副腎皮質機能低下症
3．慢性腎不全
4．原発性上皮小体機能亢進症
5．ビタミンD過剰症
6．コレカルシフェロール含有殺鼠剤中毒症
7．敗血性骨髄炎、その他

診断

ヒストリー——原因疾患により様々である。症例によっては無症候性。特に腎不全に続発する場合は、顕著な全身症状を呈する。稟告として、食欲不振、体重減少、嘔吐、便秘、多飲、多尿、虚弱、抑うつ状態、発作など。

身体検査——抑うつ、衰弱。徐脈の可能性。嘔吐、昏迷、昏睡、発作。直腸検査にて、便秘、肛門周囲マスなど。マスとの混同を避けるため、触診前に肛門嚢の内容物を排出しておく。直腸から肛門周囲までを入念に観察すること。

臨床検査——

1．CBC検査

2．生化学検査——特にBUN、クレアチニン値、血清リン濃度に注目する。総カルシウム濃度の測定は、高カルシウム血症のスクリーニングの一助となるが、確定診断にはイオン化カルシウム濃度の測定を要する。犬猫の高カルシウム血症ではイオン化カルシウム濃度＞1.4 nmol/Lを示す。

3．尿検査

X線検査——気管、腹部、骨格の評価。

心電図検査——不整脈、PR間隔延長、QT間隔短縮。

予後

予後は、原因疾患や腎不全の有無によって異なる。

治療

1. 飼育者に、診断、予後、治療費について説明する。
2. 原因疾患を特定する。
3. 関連する代謝性、内分泌性、炎症性、中毒性、医原性の異常を是正する。
4. IVカテーテルを留置する。
5. IV輸液を開始する。輸液剤は0.9% NaClを選択する。
6. 循環血流量が回復したら、フロセミドを2～4mg/kg IV、IM、PO q12hで投与する。
7. カルシトニン4U/kgをIV投与する。以後は、4～8U/kg SC q12～24hで投与する。
8. ビスホスホネート（パミドロネートなど）1.3～2mg/kgを0.9% NaCl 150mLに添加し、2時間かけてIV、単回投与する。1～3週間後に反復投与してもよい。パミドロネートは、腎不全を誘発したり、悪化させたりするとの報告がある。
9. グルココルチコイドを投与する。先にリンパ腫診断に必要な検体を採取しておく（リンパ節、肝臓、脾臓などの針吸引）。
   プレドニゾロンまたはプレドニゾン：2～4mg/kg PO q12h
10. 低カルシウム食の給餌――Hill's prescription diet k/d®、u/d®、s/d®など。
11. 高リン血症を併発し、かつ自力摂食している場合は、水酸化アルミニウムなどのカルシウムを含有しない腸内リン吸着剤を投与する。ただし、食欲のない症例には投与しないこと。

低カルシウム血症

病因

1. 子癇（産褥痙攣、乳熱）
2. 上皮小体機能低下症
3. エチレングリコール中毒症
4. 栄養性二次性上皮小体機能亢進症
5. 吸収不良
6. 腎不全
7. 低蛋白血症
8. 膵炎
9. 急性高リン血症
10. リン酸浣腸剤投与

診断

ヒストリー――稟告として、元気消失、食欲不振、興奮、過敏、限局性筋攣縮（特に耳、顔面筋）、過剰な顔面の擦り付け、パンティング、強直性歩行、テタニー、発作。通常、子癇は多頭出産後の2～3週間に生じるが、出産前に発生することもある。また、授乳中は常に発生する可能性がある。小型犬に好発するが、全犬種および猫でも発生する。

身体検査――異常行動、不安行動、運動失調、麻痺、光や音への過敏反応、筋振戦、線維束性収縮（fasciculation）、テタニー、全身性痙攣。低体温、腹部痛、頻脈、心音の不明瞭化、大腿動脈拍動減弱など。

臨床検査――

1．血清総カルシウム濃度
   成熟犬猫：9mg/dL未満
   6ヵ月齢未満の犬猫：7mg/dL未満
   一般に、イオン化カルシウム濃度が1.00mg/dL未満になると、臨床徴候が発現する（一般的なイオン化カルシウム濃度の基準値＝1.2～1.4nmol/L）。通常、イオン化カルシウム濃度は、総カルシウム濃度よりもはるかに精度が高い。総カルシウム濃度が低値を示す場合は、低カルシウム血症を確定するためにイオン化カルシウム濃度を測定する。
2．低マグネシウム血症を認める症例もある。
3．CBC
4．生化学検査
5．尿検査

予後

通常、子癇の予後は非常に良好である。他の原因疾患を認める場合の予後は多様である。

治療

1．飼育者に、診断、予後、治療費について説明する。
2．初期治療の指針
   A．全ての低カルシウム血症が治療を要するわけではなく、症例によっては治療禁忌である。血清総カルシウム濃度が低値であっても、イオン化カルシウム濃度が正常である場合は、特異的治療は適用されない。この現象は、吸収不良症候群、蛋白漏出性腸症、ネフローゼ症候群、肝疾患などに起因する低アルブミン血症に併発した場合に最も起こりやすい。
   B．一過性の問題（急性膵炎など）に起因する血清カルシウム濃度の軽度の低下で、低カルシウム血症の徴候を示していない場合は、治療すべきでない。
   C．腎不全症例において、高リン血症が持続している間は、無症候性高カルシウム血症の治療は行わない。
3．IVカテーテルを留置する。
4．グルコン酸カルシウム0.5～1.5mL/kgを1分間に1mLで緩徐にIV投与、または5%ブドウ糖溶液に添加して緩徐にIV投与する。
   塩化カルシウム5～15mg/kg/時をIV投与する。塩化カルシウムは刺激性が非常に高いため、血管外溢出には十分に注意する。

5. カルシウム投与中は、聴診および心電図により心臓をモニターする。心拍数低下を呈した場合は、カルシウム投与を中断する。副作用として、悪心、嘔吐、不整脈が生じる可能性がある。
6. テタニー症例において、高用量カルシウム投与に対する反応が十分でない場合は、血清イオン化マグネシウム濃度を測定する。または、マグネシウムを試験的に投与する。塩化マグネシウム0.15～0.3mEq/kgを5～15分間かけて緩徐にIV投与する。塩化マグネシウム1gは、マグネシウム9.25mEqを含有する。
7. テタニーがコントロールできれば、以後はカルシウムをPOまたはSC投与する。
   A. グルコン酸カルシウム――1：1に希釈してSC投与することが可能である。ただし、刺激によって皮膚壊死を生じる可能性があるため、PO投与するほうがよい。
   B. 炭酸カルシウム錠剤――一般的な投与量は25～50mg/kg/日である。
   C. 乳酸カルシウム錠剤：25～50mg/kg/日。3～4分割投与する。
8. ビタミンD――腸内カルシウムの吸収促進を目的に、ビタミンDを補給するとよい。特に、慢性低カルシウム血症（腎不全、吸収不良症候群など）の症例に効果的である。
   A. ビタミンD_2：初期は4,000～6,000U/kg/日、以後は1,000～2,000U/kg/日 SID～週1回
   B. カルシトール：20～30ng/kg/日を3～4日間連続投与する。以後は、5～15ng/kg/日
9. テタニーが持続する場合は、血糖値を測定し、適切な治療を行う。
10. テタニーが持続する場合は、メトカルバモールを投与し、筋振戦の改善を図る。ジアゼパムまたはペントバルビタールをIV投与してもよい。
11. 原因の特定を急ぎ、特異的治療を行う。
12. カルシウム投与後は、入院下にて経過観察を行い（可能ならば12～24時間）、自力でのカルシウム濃度維持ができていること、自力摂食・飲水が可能であることを確認する。
13. 子癇症例では、飼育者に仔犬・仔猫の離乳を指示する。代替乳と哺乳瓶を渡し、仔犬・仔猫のケアについて指導する。
14. 子癇症例では、患者と仔犬・仔猫の再診と栄養管理指導のために、主治医を受診するように促す。

高カリウム血症

高カリウム血症は、血清カリウム濃度＞5.5mEq/Lと定義される。血清カリウム濃度＞7.5mEq/Lの場合は、生命を脅かすため、甚急的治療を要する。

病因

1. 泌尿器疾患

A．無尿性・乏尿性腎不全
B．尿道閉塞
C．膀胱破裂、尿管破裂
2．消化管疾患
A．鞭毛虫症、サルモネラ症などの各種消化管疾患
B．十二指腸潰瘍穿孔
3．内分泌疾患
A．副腎皮質機能低下症
B．低レニン血症性低アルドステロン症（腎不全、糖尿病に併発）
C．糖尿病性ケトアシドーシス
4．薬剤誘発性
A．カリウム保持性利尿薬（スピロノラクトンなど）
B．ヘパリン
C．プロスタグランジン拮抗薬
D．ACE拮抗薬（エナラプリルなど）
E．非特異的βブロッカー（プロプラノロールなど）
F．カリウムの過剰補給
G．トリメトプリム-サルファ剤
5．各種の原因
A．乳彌胸
B．急性無機性アシドーシス（塩化アンモニウム、塩化水素）
C．高カリウム性周期性四肢麻痺
D．急性腫瘍融解症候群
E．クラッシュ症候群（広範囲重度組織損傷）
F．猫の大動脈血栓塞栓症（患肢の再灌流時）
6．偽高カリウム血症
A．溶血——特定犬種（秋田犬、柴犬、珍島犬、イングリッシュスプリンガースパニエル）、新生仔、細胞内カリウム濃度高値を示す個体
B．白血球増多症＞100,000個/μL
C．血小板増多症

診断

ヒストリー——腎不全、腹部外傷、尿道閉塞、胃腸炎、多飲、多尿、多食、投薬歴、腫瘍など。特定犬種。尿量および腎機能が正常な個体では、高カリウム血症の発生はまれである。

身体検査——筋力低下が最も多く、知覚異常、麻痺を認める。血清カリウム濃度＞7.5mEq/Lである場合は、心伝導の異常が頻発する。

心電図検査——高カリウム血症に関連する心電図上の変化には、以下のものがある。

1．T波——高い、深い陰性、尖鋭化
2．PR間隔延長
3．P波——低い、狭い、完全消失

4．QRS群拡大
5．完全心ブロック
6．徐脈
7．心房静止
8．異所性拍動
9．正弦波合成（QRS群とT波の合成）
10．心室性細動、心室静止

臨床検査――

1．生化学検査
2．CBC
3．酸塩基平衡測定
4．尿検査
5．ベースラインコルチゾール濃度測定＋/－ACTH刺激検査
   A．コルチコステロイド、ミトタン、ケトコナゾールなどが投与されていない犬で、ベースラインコルチゾール濃度＞2μg/dLであれば、副腎皮質機能低下症の可能性は低い。
   B．合成アドレノコルチコトロピン（Cortrosyn®）によるACTH刺激試験
      Ⅰ．血漿検体採取
      Ⅱ．合成ACTH（Cortrosyn®）投与
         犬：0.25mg（250μg）IMまたは5μg/kg IV
         猫：0.125mg（125μg）/頭 IM、IV
      Ⅲ．血漿検体の再採取
         犬：ACTH投与の1時間後
         猫：ACTH投与の30分後および60分後
      Ⅳ．ACTH投与後、血清コルチゾール濃度の著明な低値（＜2.0mg/dL）は、副腎皮質機能低下症診断の一助となる。
   C．合成ACTH（Cortrosyn®）が入手できない場合は、ACTHジェルを用いる。
      Ⅰ．血漿検体採取
      Ⅱ．ACTHジェル投与
         犬猫：2.2U/kg
      Ⅲ．血漿検体の再採取
         犬：ACTH投与の2時間後
         猫：ACTH投与の1時間後および2時間後
6．疑われる原因疾患、ヒストリーなどに基づき、必要な検査を行う。

予後

心電図におけるQRS群の異常が認められる場合は、致命的不整脈が惹起される恐れがあるため、甚急的治療を要する。

II

治療

1．飼育者に、診断、予後、治療費について説明する。

2．IVカテーテルを留置する。

3．軽度高カリウム血症（血清カリウム濃度<7mEq/L）——晶質液輸液を行う（LRS、ノーモソル®-R、0.9% NaClのいずれかを用いる）。腎不全および脱水を呈していない場合は、カリウム排出促進のためにフロセミドを投与してもよい。

4．原因疾患の治療

A．尿路閉塞がある場合は解除する。

B．脱水性乏尿・無尿がある場合は、輸液を行う。

C．副腎皮質機能低下症がある場合は、0.9% NaClおよびミネラルコルチコイドを投与する。

5．重度高カリウム血症（血清カリウム濃度>7.5mEq/L、徐脈や律動異常を伴うこともある）——以下の治療を追加する。

A．10%グルコン酸カルシウム——心電図をモニターしながら15分間かけて0.2～0.5mL/kgを IV投与する。

I．カルシウムは、高カリウム血症による直接的心毒性作用を速やかに阻害する。これは、膜電位低下作用と心膜興奮性抑制作用による。

II．カルシウム投与中は、聴診および心電図にて心臓をモニターする。心拍数低下を呈した場合は、カルシウム投与を中断する。副作用として、悪心、嘔吐、不整脈が生じる可能性がある。

III．10%グルコン酸カルシウムを入手できない場合は、10%塩化カルシウムを用いる。グルコン酸カルシウムの用量の1/3を投与する。投与時は、血管外溢流を生じないように十分に注意する。

IV．効果は、数分以内に発現し、最大で30分間持続する。

B．重炭酸ナトリウム（$NaHCO_3$ 40mEq、90mOsm）——15～30分間かけて0.5～2mEq/kgを緩徐にIV投与する。

I．重炭酸ナトリウム投与により、細胞外アルカローシスが生じる。これにより、細胞内の水素イオンが細胞外に移動すると同時に、細胞外のカリウムイオンが細胞内に取り込まれる。

II．重炭酸ナトリウムの大量投与を行うと、逆説性脳脊髄液アシドーシスを引き起こす。

III．重炭酸ナトリウム投与は、カルシウムイオンの利用を減少させるため、カルシウム投与の効果を低下させる可能性がある。

IV．効果は、15分以内に発現し、少なくとも30分間持続する。

C．20%ブドウ糖溶液——30～60分間かけて1～2mL/kgをIV投与する。

I．ブドウ糖投与により、内因性インスリン産生が刺激され、カリウムが細胞内に取り込まれる。これにより、血清カリウム濃度が低下する。

II．重度脱水を呈した症例では、高浸透圧ブドウ糖溶液が細胞脱水を悪化させる可能性がある。

Ⅲ．効果は、1時間以内に発現し、数時間持続する。

D．インスリン――必要に応じてブドウ糖投与とともにインスリンを投与する。レギュラーインスリン0.2～0.4U/kgおよび50％ブドウ糖溶液2g（4mL）/U（投与したインスリンの単位）を緩徐にIV投与する。IV輸液剤には、2.5％ブドウ糖を添加する。

Ⅰ．インスリンはグルコースとカリウムの細胞内移動を促進する。

Ⅱ．インスリンは、Na^+-H^+アンチポーター、Na^+/K^+-ATPaseポンプを刺激する。これにより、カリウムは細胞内に移動する。

Ⅲ．効果は30分以内に発現し、30～60分間持続する。

E．テルブタリン――一時的に血清カリウム濃度を低下させる目的で使用する。

Ⅰ．犬：0.2mg/kg PO q8～12h
猫：0.625mg/頭 PO q8～12h

Ⅱ．β作動薬は、Na^+/K^+-ATPaseを刺激し、細胞のカリウムの取り込みを促進する。

F．腹膜透析・血液透析は、血清カリウム濃度低下に有効である。

低カリウム血症

低カリウム血症は、血清カリウム濃度＜3.5mEq/Lと定義される。

病因

1．泌尿器疾患
- A．慢性腎不全
- B．尿路閉塞後利尿
- C．尿への過剰喪失
- D．遠位（1型）尿細管性アシドーシス
- E．重炭酸ナトリウム療法に続発する近位（2型）尿細管性アシドーシス

2．消化器疾患
- A．下痢を惹起する各種消化器疾患
- B．胃内容物の嘔吐

3．内分泌疾患
- A．適切にカリウムが補給されていない糖尿病誘発性利尿
- B．適切にカリウムが補給されていない糖尿病性ケトアシドーシス誘発性利尿
- C．ミネラルコルチコイド増加
- D．副腎皮質機能亢進症
- E．原発性高アルドステロン症

4．薬剤誘発性
- A．ループ利尿薬（フロセミドなど）
- B．チアジン系利尿薬（ヒドロクロロチアジド、クロロチアジド）
- C．ペニシリン

D．完全非消化管栄養
E．カリウムを含有しない輸液剤、またはカリウム含有量の少ない輸液剤投与
F．ブドウ糖添加輸液剤投与＋/－インスリン
G．インスリン
H．重炭酸ナトリウム
I．ミネラルコルチコイド過剰補給

5．各種の要因
A．猫の食物誘発性低カリウム血症性腎症
B．透析
C．バーミーズにおける低カリウム血症性四肢麻痺

6．偽低カリウム血症

診断

ヒストリー——腎不全、腹部外傷、尿道閉塞、胃腸炎、多飲、多尿、多食、投薬歴、腫瘍など。特定犬種。

身体検査——血清カリウム濃度＜2.5mEq/Lになるまで、通常、臨床徴候は発現しない。筋力低下が最も多く認められる。その他の徴候は、低カリウム血症の重篤度によって多様である。食欲不振、心伝導異常、嘔吐、蠕動運動低下、元気消失、意識混濁、知覚異常、筋肉痛、麻痺、呼吸筋機能不全など。

心電図検査——低カリウム血症に関連する心電図上の変化には、以下のものがある。

1．ST低下
2．T波の上昇、平坦化、逆転
3．U波上昇（ヒトの場合）
4．P波上昇
5．PR間隔の延長
6．QRS群の拡大
7．洞性徐脈、原発性心ブロック、発作性心房性頻脈、房室解離

臨床検査——

1．生化学検査
2．CBC
3．酸塩基平衡測定
4．尿検査
5．疑われる原因疾患やヒストリーなどに基づき、必要な検査を行う。

予後

低カリウム血症が致命的になることはほとんどない。支持療法および基礎疾患の治療が中心となる。

治療

1．飼育者に、診断、予後、治療費について説明する。
2．慢性かつ軽度低カリウム血症（3.0～3.5mEq/L）では、以下の方法によりカリウム消化促進を図る。
  A．カリウムを多く含む食物（オレンジ、バナナ、ナッツなど）を食餌に加える。
  B．カリウム0.5～1mEq/kg q12～24hを食餌に混ぜて経口補給する。
3．急性または重度低カリウム血症では、IV輸液に塩化カリウムを添加する。
  A．通常、0.5mEq/kg/時を超過しないようにIV投与する。
  B．救急時には、心電図をモニターした上で、1.5mEq/kg/時まで増量可能である。
  C．流量は10mEq/kg/時を超過しないようにする。この量以上になると、右心室壁へ致命的な影響を与える可能性がある。
  D．塩化カリウムの推奨される投与量および速度は、表11-2を参照すること。
4．カリウム療法では、慎重なモニター、投与量の調節、緩徐な是正が不可欠である。
5．治療に反応せず、低カリウム血症が持続する場合は、イオン化マグネシウム濃度を測定する。
  A．マグネシウム濃度<1.2mg/dLであれば、塩化マグネシウムまたは硫化マグネシウム0.75～1mEq/kg/日をIV、CRI投与する（5%ブドウ糖加生理食塩水または精製水に添加する）。
  B．マグネシウムは、重炭酸塩やカルシウムと混合しないこと。

高ナトリウム血症

病因

高ナトリウム血症の原因は、水分または低張液の喪失と、ナトリウムの過剰に大別される。水分喪失の原因は、尿崩症、飲水量減少、発熱、嘔吐、下痢、経皮的蒸散、サードスペースへの喪失（例：腹膜炎、膵炎）などである。腎臓に関連する喪失として、腎不全、閉塞後利尿、糖尿病やマンニトール投与における浸透圧性利尿。ナトリウム過剰の原因として、高張液投与（例：高張食塩水、重炭酸ナトリウム、リン酸ナトリウム浣腸剤、非経消化管栄養）、高アルドステロン症、副腎皮質機能亢進症。

診断

ヒストリー――通常、臨床徴候は、重度高ナトリウム血症（一般にナトリウム濃度>180mEq/L）が生じた場合、または急性発症（数時間以内）した場合のみに発現する。稟告として、飲水量減少（血清ナトリウム濃度上昇の原因）、飲水量増加（高ナトリウム症発症後の反応）、多尿（血清ナトリウム濃度上昇の原因）、乏尿（高ナトリウム症発症後の水分を保持する反応）などがある。症例によっては、神経症状（異常行動、運動失調、発作など多様）がある。高ナトリウム血症に起因する高浸透圧を主原因とした食欲不振、嘔吐、元気低下、虚弱があるが、臨床徴候を認めない症例もある。

身体検査——入念な身体検査を行い、脱水徴候を検出する。脱水徴候は、水分喪失性の高ナトリウム血症にて認められる。特定の原因疾患を示唆する徴候として、悪心による過剰流涎、下痢による肛門周囲汚染、糖尿病性神経障害による蹠行、発熱、副腎皮質機能亢進症による各徴候（ポットベリーや両側性体幹脱毛）など。明確な身体検査所見を認めないことも多い。

臨床検査——

1．CBC、電解質を含む生化学検査、尿検査を行う。検体は、輸液の開始前に採取する。生化学検査では高ナトリウム血症を認める。

2．原因疾患を確定するための検査には、糖尿病における尿培養、副腎皮質機能亢進症におけるACTH刺激検査、低用量デキサメタゾン抑制試験などがある。

3．消化管疾患が疑われる場合は、腹部X線検査または超音波エコー検査を検討する。

予後

高ナトリウム血症自体は、良好なコントロールが可能である。長期成績は、原因疾患の進行による。

治療

1．飼育者に、予後、治療費について説明する。

2．水分補給とナトリウム希釈に適したIV輸液を行う。

A．水分損失量を算出する。
水分損失量（L）＝0.6×体重（kg）×［（現在のNa÷正常なNa）－1］

B．一般的な簡易算出法
水分損失量（L）＝0.6×体重（kg）×［（現在のNa÷145）－1］

C．水分損失量の単位はLである。

D．水分補給に要する時間を求める。これは、高ナトリウム血症の持続時間に基づいて決定する。

Ⅰ．急性症例（<6～12時間）——6～12時間かけて損失分を補給する。水分損失量を6～12分割し、維持量に加えて輸液する。

Ⅱ．慢性症例または持続時間が不明——緩徐に補給する。通常は24～48時間かける。

a．4～6時間ごとにカリウム濃度を再測定する。0.5mEq/L/時以下の速度で、ナトリウム濃度を低下させる。

b．急速な水分補給は、脳浮腫を惹起する恐れがある。慢性高ナトリウム血症では、脳細胞内に浸透圧調節物質が産生されている。これが細胞内に水分を引き込むため、脳浮腫が生じる。緩徐に輸液すると、浸透圧調節物質は分解されるため、脳細胞を保護することができる。

E．治療中は、血清ナトリウム濃度を定期的に測定する（症例により3～

12時間ごと)。慢性高ナトリウム血症では、さらに頻繁な測定を要する。急性高ナトリウム血症では、水分損失量の全量を輸液するまで再測定は不要である。

F. 輸液剤は、血清よりもナトリウム濃度が低いものを選択する。

Ⅰ. 急性症例では、ナトリウム濃度の低い輸液剤が最適である。例えば、5%ブドウ糖加精製水、低張食塩水(0.45%食塩水)など。

Ⅱ. 慢性症例では、比較的ナトリウム濃度の高い輸液剤を選択し、緩徐に補正を行う。例えば、0.9%食塩水、ノーモソル®-R、プラズマライト®、LRSなど。

3. 原因疾患(糖尿病、消化管疾患など)の特定と治療に努める。個々の症例に適切な治療法を選択する。

低ナトリウム血症

病因

低ナトリウム血症の原因は、血清浸透圧により、正常浸透圧性、高浸透圧性、低浸透圧性に大別される。

1. 正常血清浸透圧性——高脂血症、高蛋白血症
2. 高血清浸透圧性——高結腸症、マンニトール投与
3. 低血清浸透圧性——肝疾患、うっ血性心不全、ネフローゼ症候群、腎不全、心因性多尿、抗利尿ホルモン分泌異常(SIADH)、粘液水腫性昏睡、低浸透圧輸液、消化管疾患(嘔吐、下痢)、サードスペースへの喪失(膵炎、腹膜炎、膀胱破裂、胸水、肺水腫、経皮蒸散〈熱傷〉、副腎皮質機能低下症、利尿薬投与)。

診断

ヒストリー——一般に、慢性症例よりも急性症例において臨床徴候が発現しやすい。急性症例では、脳細胞内に低張液が流入することにより、運動失調、虚弱、行動異常、発作などの神経症状を生じることがある。慢性症例では、血清浸透圧の変化に脳細胞が適応する。急性低ナトリウム血症(水中毒)の全身徴候には、元気消失、嘔吐、急激な体重増加などがある。原因疾患に合致する稟告として、腎不全における多飲多尿、消化器疾患における下痢・嘔吐など。同様に、低ナトリウム血症自体による臨床徴候は、発現しないことが多い。利尿薬投与など、投薬歴について詳細に聴取すること。

身体検査——入念な身体検査を行い、過剰な水分保持による過水和徴候を検出する。原因疾患に関連する徴候として、悪心による過剰流涎、下痢による肛門周囲汚染、副腎皮質機能低下症による各徴候(被毛粗剛、体幹脱毛)、胸水・腹水徴候(肺音不明瞭化、腹部波動)など。明確な異常所見を欠くことも多い。

臨床検査——

1. CBC、電解質を含む生化学検査、尿検査を行う。検体は、輸液開始

前に採取する。生化学検査では低ナトリウム血症を認める。また、高脂血症、高蛋白血症などが検出されることもある。

2. 原因疾患確定のための検査には、副腎皮質機能低下症におけるACTH刺激検査、甲状腺ホルモン測定などがある。
3. 体腔に遊離水を認める場合は、穿刺し、検体を採取する。検体の細胞診と細胞数を測定し、原因究明を図る。
4. 消化管疾患が疑われる場合は、腹部X線検査または超音波エコー検査を検討する。

予後

低ナトリウム血症自体は、良好なコントロールが可能である。長期成績は、原因疾患の進行による。

治療

1. 飼育者に、予後、治療費について説明する。
2. 重度急性低ナトリウム血症（経過時間<24～48時間）では、ナトリウム濃度是正を行う。ナトリウム補給に適切な輸液剤（0.9%食塩水、その他の晶質液）をIV投与する。高浸透圧の輸液剤は使用しない。
   A. 急性症例（経過時間<24～48時間）――ナトリウム濃度是正を行う。4～6時間ごとに測定し、是正速度が0.5mEq/L/時を超えないようにする。
   B. 慢性発症または持続時間が不明――カリウム濃度是正にとらわれず、原因疾患の治療に重点を置く。
3. 急速な是正は、脳細胞のミエリン融解を引き起こす恐れがある。慢性低ナトリウム血症では、脳浮腫を避けるため、浸透圧調節物質が減少している。血清ナトリウム濃度が是正されると、脳細胞は急速に水分を喪失し、ミエリン融解が生じる。緩徐に是正を行うと、浸透圧調節物質が増加し、過剰な水分喪失は生じない。
4. 原因疾患（副腎皮質機能低下症、消化器疾患）の究明と治療を図る。個々の症例に適切な治療法を選択する。

低リン血症

病因

低リン血症の原因は、リンの細胞内移動、喪失、摂取（吸収）量低下、検査エラーである。リン移動の原因には、糖尿病性ケトアシドーシス治療、インスリン分泌亢進（外因性、内因性）、呼吸性アルカローシス、非経消化管栄養投与、リフィーディング症候群、低体温などがある。リン喪失の原因には、上皮小体機能亢進症、腎細管疾患、子癇、副腎皮質機能亢進症、利尿薬投与がある。摂取（吸収）量低下の原因には、リン吸着剤投与、ビタミンD欠乏がある。

低リン血症が生じると、細胞（特に赤血球）のATPが不足するため、赤血球の脆弱性が亢進し、溶血を惹起する。この現象は、血清リン濃度<1.0mg/

dLの場合に生じる。重度低リン血症では、赤血球の2,3–DPGが極度に減少し、細胞への酸素運搬が低下する。また、低リン血症では、血小板機能低下や筋力低下を認めることがある。

診断

ヒストリー――稟告として、虚弱、元気低下、食欲不振、嘔吐など。また、原因疾患に合致した徴候として、腎不全や糖尿病における多飲多尿など。出産歴（非避妊雌）や薬剤投与歴を入念に聴取する。

身体検査――入念な身体検査を行う。低リン血症に特異的な所見を呈する症例は少ない。原因疾患に関連する徴候として、糖尿病性神経障害による蹠行、最近の出産を示唆する所見、副腎皮質機能亢進症による両側性体幹脱毛など。

臨床検査――

1. CBC、電解質を含む生化学検査、尿検査を行う。検体は、輸液開始前に採取する。生化学検査にて低リン血症を認める。
2. 溶血を確認する。低リン血症（血清リン濃度＜1.0mg/dL）では、赤血球脆弱性亢進と溶血が惹起される。
3. 原因疾患確定のための検査には、副腎皮質機能亢進症におけるACTH刺激検査、低用量デキサメタゾン抑制試験、甲状腺ホルモン測定などがある。
4. 腎臓実質の評価として、腹部X線検査または超音波エコー検査を検討する。

予後

低リン血症自体は、良好なコントロールが可能である。長期成績は、原因疾患の進行による。

治療

1. 飼育者に、治療費と予後について説明する。
2. 副作用を予防するためには、そもそも低リン血症を惹起させないことが重要である。低リン血症が生じやすい状況を把握し、適切な予測と対処ができるように心がける。糖尿病ケトアシドーシスの治療中やインスリンの投与時などにおいて、非経消化管栄養法を行う場合は、同時にKPO_4投与を行う。
   A. 血清リン濃度＜1.5mg/dLであれば、リン補給を行う。
   B. 経口剤には、カリウム–リン（K–Phos）などの様々な形状がある。経口剤による補正には時間を要するが、一般に安全性は高い。ただし、経口剤により嘔吐が生じることがある。
   C. IV補給には、以下の方法がある。
      Ⅰ. 症例のリン要求量を算出する。KClまたはKPO_4を用いて、要求量の1/2を投与する（カリウムの推奨量は表11–2を参照）。
      Ⅱ. KPO_4：0.01～0.06mmol/kg/時 IV CRI。血清リン濃度は6～8時

間ごとに測定し、流量が適正であるかを確認する。
a．リンは生理食塩水で希釈する。
b．用量はmEq/Lではなく、mmol/Lで算出することに注意する。通常、リン酸カリウムは、リン3mmol/Lとカリウム4.4mEq/Lを含む。

3．原因疾患の究明と治療を図る。個々の症例に適切な治療法を選択する。

低マグネシウム血症

病因

一般に低マグネシウム血症は、消化管や腎臓からのマグネシウム喪失が原因となる。消化管疾患では、一般に吸収障害や慢性下痢が原因となることが多いが、摂取不足が原因となることもある。腎障害では、利尿を引き起こすあらゆる要因（腎不全、糖尿病、高アルドステロン血症、閉塞後利尿、浸透圧を変化させる物質や利尿剤の投与）が原因となる。また、ゲンタマイシン、シスプラチン、カルベニシリン、チカルシリン、サイクロスポリンなどの薬剤は、マグネシウムの腎排出に関与している。症例により、乳汁分泌、膵炎、インスリン投与などは、マグネシウム喪失や電解質の再分布による低ナトリウム血症を引き起こすことがある。

診断

ヒストリー——一般に、小動物では、低マグネシウム血症自体に特異的なヒストリーはない。出産歴、授乳歴、投薬歴が低マグネシウム血症に関与している可能性がある。多飲多尿は、腎疾患や糖尿病に起因している可能性がある。既存する消化管疾患や膵炎による嘔吐や下痢を訴えることもある。

身体検査——入念な身体検査を行う。低マグネシウム血症に特異的な所見が認められることは少ない。原因疾患に関連する徴候として、糖尿病性神経障害による蹠行、最近の出産を示唆する所見、電解質異常による虚弱、消化器疾患や膵炎による腹部痛や悪心など。原因疾患の多くは、脱水を引き起こすため、水和状態を必ず確認する。

臨床検査——

1．CBC、電解質を含む生化学検査、尿検査を行う。検体は、輸液開始前に採取する。マグネシウムを測定できる院内検査機器は少ないため、外部検査機関へ検体を送付する必要がある。低カリウム血症が存在すれば、通常、マグネシウム濃度も低い（ただし、低下の程度を知るには測定を要する）。
2．低マグネシウム血症が臨床的に問題となる血清濃度は判明していない。
3．腎実質、消化管、膵臓の評価には、腹部X線検査または超音波エコー検査を行う。
4．糖尿病症例では、尿培養を行う。

予後

一般に、低マグネシウム血症自体は、無治療で良好に経過する。長期成績は、原因疾患の進行による。

治療

1．飼育者に、治療費と予後について説明する。
2．マグネシウムの99％は組織内に貯蔵されているため、血中濃度に基づいて補給の必要性を判断することは困難である。一般に、原因疾患の治療と他の電解質異常を補正すると、低マグネシウム血症も是正される。
3．マグネシウム補給が必要な場合（必要な症例があるのかは疑問である）
　A．経口マグネシウム補給：1～2mEq/L
　B．非経口マグネシウム製剤（$MgSO_4$、$MgCl_2$）
　　Ⅰ．急速には0.75～1.0mEq/kg/日、緩徐には0.3～0.5mEq/kg/日で補正する。
　　Ⅱ．救急時の負荷用量：20～30mEq/kg/日
4．原因疾患の究明と治療を図る。個々の症例に適切な治療法を選択する。

参考文献

急性腎不全（ARF）

Abuelo, J.G., 2007. Normotensive ischemic acute renal failure. New England Journal of Medicine 357, 797–805.

Chew, D.J., Gieg, J.A., 2006. Fluid therapy during intrinsic renal failure. In: diBartola, S.P. (Ed.), Fluid, Electrolyte, and Acid-Base Disorders in Small Animal Practice, third ed. Elsevier, St Louis, pp. 518–540.

Grauer, G., 2009. Acute renal failure. In: Nelson, R.W., Couto, C.G. (Eds.), Small Animal Internal Medicine, fourth ed. Mosby Elsevier, St Louis, pp. 645–653.

Langston, C., 2010. Acute intrinsic renal failure. In: Drobatz, K.J., Costello, M.F. (Eds.), Feline Emergency and Critical Care Medicine. Wiley-Blackwell, Ames, pp. 303–312.

Langston, C., 2010. Acute uremia. In: Ettinger, S.J., Feldman, E.C. (Eds.), Textbook of Veterinary Internal Medicine Diseases of the Dog and Cat, seventh ed. Elsevier Saunders, St Louis, pp. 1969–1981.

Langston, C.E., 2009. Acute renal failure. In: Silverstein, D.C., Hopper, K. (Eds.), Small Animal Critical Care Medicine. Elsevier, St Louis, pp. 590–594.

Langston, C., May 2008. Managing fluid and electrolyte disorders in renal failure. Advances in fluid, electrolyte, and acid-base disorders. In: deMorais, H.A., DiBartola, S.P. (Eds.), Veterinary Clinics: Small Animal Practice, vol. 38. Elsevier, St Louis, no 3, pp. 677–697.

Mathews, K., 2006. Management of acute renal failure. In: Mathews, K.A. (Ed.), Veterinary Emergency and Critical Care Manual, second ed. Lifelearn Inc., Guelph, Canada, pp. 709–726.

Mathews, K.A., Monteith, G., 2007. Evaluation of adding diltiazem to therapy to standard treatment of acute renal failure caused by leptospirosis: 18 dogs (1998–2001). Journal of Veterinary Emergency Critical Care 17 (2), 149–158.

Mehta, R.L., Pascual, M.T., Soroko, S., et al, 2002. Diuretics, mortality, and non-recovery of renal function in acute renal failure. Journal of the American Medical Association 288 (20), 2547–2553.

Ross, L., 2009. Acute renal failure. In: Bonagura, J.D., Twedt, D.C. (Eds.), Kirk's Current Veterinary Therapy XIV. Elsevier Saunders, St Louis, pp. 879–882.

Seshadri, R., Crump, K., 2010. Acute renal failure. In: Mazzaferro, E.M. (Ed.), Blackwell's Five Minute Veterinary Consult Clinical Companion Small Animal Emergency and Critical Care. Wiley-Blackwell, Ames, pp. 13-20.

Sigrist, N.E., 2007. Use of dopamine in acute renal failure. Journal of Veterinary Emergency and Critical Care 17 (2), 117-126.

Simmons, J.P., Wohl, J.S., Schwartz, D.D., et al, 2006. Diuretic effects of fenoldopam in healthy cats. Journal of Veterinary Emergency and Critical Care 16 (2), 96-103.

Stokes, J.E., 2009. Diagnostic approach to acute azotemia. In: Bonagura, J.D., Twedt, D.C. (Eds.), Kirk's Current Veterinary Therapy XIV. Elsevier Saunders, St Louis, pp. 855-860.

慢性腎不全（CRF）

Acierna, M.J., 2009. Systemic Hypertension in Renal Disease. In: Bonagura, J.D., Twedt, D.C. (Eds.), Kirk's Current Veterinary Therapy XIV. Elsevier Saunders, St Louis, pp. 910-912.

Cortadellas, O., del Palacio, M.J.F., Talavera, J., et al, 2010. Calcium and phosphorus homeostasis. In: Dogs with spontaneous chronic kidney disease at different stages of severity. Journal of Veterinary Internal Medicine 24, 73-79.

Elliott, J., Watson, A.D.J., 2009. Chronic kidney disease: staging and management. In: Bonagura, J.D., Twedt, D.C. (Eds.), Kirk's Current Veterinary Therapy XIV. Elsevier Saunders, St Louis, pp. 883-892.

Grauer, G., 2009. Chronic renal failure. In: Nelson, R.W., Couto, C.G. (Eds.), Small Animal Internal Medicine, fourth ed. Mosby Elsevier, St Louis, pp. 653-659.

Jepson, R.E., Brodbelt, E., Vallance, C., et al, 2009. Evaluation of predictors of the development of azotemia in cats. Journal of Veterinary Internal Medicine 23, 806-813.

Kerl, M.E., Langston, C.E., 2009. Treatment of anemia in renal failure. In: Bonagura, J.D., Twedt, D.C. (Eds.), Kirk's Current Veterinary Therapy XIV. Elsevier Saunders, St Louis, pp. 914-918.

King, J.N., Tasker, S., Gunn-Moore, D.A., et al, 2007. Prognostic factors in cats with chronic kidney disease. Journal of Veterinary Internal Medicine 21, 906-916.

Langston, C.E., 2009. Chronic renal failure. In: Silverstein, D.C., Hopper, K. (Eds.), Small Animal Critical Care Medicine. Elsevier, St Louis, pp. 594-598.

Polzin, D.J., 2010. Chronic kidney disease. In: Ettinger, S.J., Feldman, E.C. (Eds.), Textbook of Veterinary Internal Medicine Diseases of the Dog and Cat, seventh ed. Elsevier Saunders, St Louis, pp. 1990-2021.

Schaer, M. (Ed.), 1989. The Veterinary Clinics of North America, Small Animal Practice: Fluid and Electrolyte Disorders 19 (2), 343-359.

腎盂腎炎

Barsanti, J.A., 2009. Management of drug resistant urinary tract infections. In: Bonagura, J.D., Twedt, D.C. (Eds.), Kirk's Current Veterinary Therapy XIV. Elsevier Saunders, St Louis, pp. 921-925.

Brown, S.A., Grauer, G.F., 1997. Pyelonephritis. In: Morgan, R.V. (Ed.), Handbook of Small Animal Practice, third ed. Saunders, Philadelphia, pp. 500-502.

Grauer, G., 2009. Pyelonephritis. In: Nelson, R.W., Couto, C.G. (Eds.), Small Animal Internal Medicine, fourth ed. Mosby Elsevier, St Louis, pp. 660-666.

Labato, M.A., 2009. Uncomplicated urinary tract infections. In: Bonagura, J.D., Twedt, D.C. (Eds.), Kirk's Current Veterinary Therapy XIV. Elsevier Saunders, St Louis, pp. 918-921.

Langston, C., 2010. Acute uremia. In: Ettinger, S.J., Feldman, E.C. (Eds.), Textbook of Veterinary Internal Medicine Diseases of the Dog and Cat, seventh ed. Elsevier Saunders, St Louis, pp. 1969-1981.

Malouin, A., 2010. Pyelonephritis. In: Drobatz, K.J., Costello, M.F. (Eds.), Feline Emergency and Critical Care Medicine. Wiley-Blackwell, Ames, pp. 299-300.

Pressler, B., Bartges, J.W., 2010. Urinary tract infections. In: Ettinger, S.J., Feldman, E.C. (Eds.), Textbook of Veterinary Internal Medicine Diseases of the Dog and Cat, seventh ed. Elsevier Saunders, St Louis, pp. 2036-2047.

血尿、血色素尿（ヘモグロビン尿）

Ettinger, S.J. (Ed.), 1989. The Textbook of Veterinary Internal Medicine, Diseases of the Dog and Cat, third ed. WB Saunders, Philadelphia, pp. 160-163.

Grauer, G., 2009. Urinary Tract Disorders. In: Nelson, R.W., Couto, C.G. (Eds.), Small Animal Internal Medicine, fourth ed. Mosby Elsevier, St Louis, pp. 611–614.
Stone, E., 2006. Hematuria. In: Mathews, K.A. (Ed.), Veterinary Emergency and Critical Care Manual, second ed. Lifelearn Inc., Guelph, Canada, pp. 731–735.

猫の下部尿路疾患（FLUTD）：非閉塞性

Grauer, G., 2009. Feline Lower urinary tract disease. In: Nelson, R.W., Couto, C.G. (Eds.), Small Animal Internal Medicine, fourth ed. Mosby Elsevier, St Louis, pp. 677–681.
Kruger, J.M., Osborne, C.A., 2009. Management of feline nonobstructed idiopathic cystitis. In: Bonagura, J.D., Twedt, D.C. (Eds.), Kirk's Current Veterinary Therapy XIV. Elsevier Saunders, St Louis, pp. 944–950.
Kruger, J.M., Osborne, C.A., Lulich, J.P., 2010. Feline lower urinary tract disease (FLUTD). In: Mazzaferro, E.M. (Ed.), Blackwell's Five Minute Veterinary Consult Clinical Companion Small Animal Emergency and Critical Care. Wiley-Blackwell, Ames, pp. 273–280.
Lees, G.E., 1996. Bacterial urinary tract infections. The Veterinary Clinics of North America, Small Animal Practice: Disorders of the Feline Lower Urinary Tract I, Biology and Pathophysiology 26 (2), 300.
Malouin, A., 2010. Urologic emergencies. In: Drobatz, K.J., Costello, M.F. (Eds.), Feline Emergency and Critical Care Medicine. Wiley-Blackwell, Ames, pp. 282–283.
Osborne, C.A., Kruger, J.M., Lulich, J.P. (guest eds), 1996. The Veterinary Clinics of North America, Small Animal Practice: Disorders of the Feline Lower Urinary Tract I.: Etiology and Pathophysiology 26 (2), 300–301.

猫の下部尿路疾患（FLUTD）：尿道閉塞

Drobatz, K.J., 2009. Urethral obstruction in cats. In: Bonagura, J.D., Twedt, D.C. (Eds.), Kirk's Current Veterinary Therapy XIV. Elsevier Saunders, St Louis, pp. 951–954.
Gerber, B., Eichenberger, S., Reusch, C.E., 2008. Guarded long-term prognosis in male cats with urethral obstruction. Journal of Feline Medicine and Surgery 10, 16–23.
Grauer, G., 2009. Feline lower urinary tract disease. In: Nelson, R.W., Couto, C.G. (Eds.), Small Animal Internal Medicine, fourth ed. Mosby Elsevier, St Louis, pp. 681–683.
Malouin, A., 2010. Urologic emergencies. In: Drobatz, K.J., Costello, M.F. (Eds.), Feline Emergency and Critical Care Medicine. Wiley-Blackwell, Ames, pp. 283–289.
Mathews, K.A., 2006. Feline lower urinary tract obstruction. In: Mathews, K.A. (Ed.), Veterinary Emergency and Critical Care Manual, second ed. Lifelearn Inc., Guelph, Canada, pp. 745–750.
Osborne, C.A., Kruger, J.M., Lulich, J.P. (guest eds), 1996. The Veterinary Clinics of North America, Small Animal Practice: Disorders of the Feline Lower Urinary Tract I: Etiology and Pathophysiology 26 (3), 500–511.
Westropp, J.L., Buffington, C.A.T., 2010. Lower urinary tract disorders in cats. In: Ettinger, S.J., Feldman, E.C. (Eds.), Textbook of Veterinary Internal Medicine Diseases of the Dog and Cat, seventh ed. Elsevier Saunders, St Louis, pp. 2069–2086.

犬の尿路結石症

Adams, L.G., Lulich, J.P., 2009. Laser lithotripsy for uroliths. In: Bonagura, J.D., Twedt, D.C. (Eds.), Kirk's Current Veterinary Therapy XIV. Elsevier Saunders, St Louis, pp. 940–943.
Adams, L.G., Syme, H.M., 2010. Canine ureteral and lower urinary tract diseases. In: Ettinger, S.J., Feldman, E.C. (Eds.), Textbook of Veterinary Internal Medicine Diseases of the Dog and Cat, seventh ed. Elsevier Saunders, St Louis, pp. 2086–2109.
Bartges, J.W., Kirk, C.A., 2009. Interpreting and managing crystalluria. In: Bonagura, J.D., Twedt, D.C. (Eds.), Kirk's Current Veterinary Therapy XIV. Elsevier Saunders, St Louis, pp. 850–854.
Dolinsek, D., 2004. Calcium oxalate urolithiasis in the canine: Surgical management and preventative strategies. Canadian Veterinary Journal 45, 607–609.
Grauer, G., 2009. Canine urolithiasis. In: Nelson, R.W., Couto, C.G. (Eds.), Small Animal Internal Medicine, fourth ed. Mosby Elsevier, St Louis, pp. 667–676.
Houston, D.M., Moore, A.E.P., Favrin, M.G., et al, 2004. Canine urolithiasis: A look at over 16 000 urolith submissions to the Canadian Veterinary Urolith Centre from February 1998 to April 2003. Canadian Veterinary Journal 45, 225–230.

膀胱破裂（尿腹症）

Anderson, R.B., Aronson, L.R., Drobatz, K.J., et al, 2006. Prognostic factors for successful outcome following urethral rupture in dogs and cats. Journal of the American Animal Hospital Association 42, 136–146.

Bray, J.P., Doyle, R.S., Burton, C.A., 2009. Minimally invasive inguinal approach for tube cystotomy. Veterinary Surgery 38 (3), 411–416.

Culp, W.T.N., Silverstein, D.C., 2009. Abdominal trauma. In: Silverstein, D.C., Hopper, K. (Eds.), Small Animal Critical Care Medicine. Elsevier, St Louis, pp. 669–670.

Halling, J., 2006. Urine leakage–abdomen/perineum/dorsum. In: Mathews, K.A. (Ed.), Veterinary Emergency and Critical Care Manual, second ed. Lifelearn Inc., Guelph, Canada, pp. 727–730.

Lulich, J.P., Osborne, C.A. (Eds.), 1997. Bladder Trauma in Handbook of Small Animal Practice, third ed. Rhea V. Morgan. WB Saunders, Philadelphia, pp. 542–543.

Malouin, A., 2010. Uroabdomen. In: Drobatz, K.J., Costello, M.F. (Eds.), Feline Emergency and Critical Care Medicine. Wiley-Blackwell, Ames, pp. 294–295.

Meige, F., Sarrau, S., Autefage, A., 2008. Management of traumatic urethral rupture in 11 cats using primary alignment with a urethral catheter. Veterinary Comparative Orthopedics and Traumatology 21, 76–84.

Osborne, C.A., Sanderson, S.L., Lulich, J.P., et al, 1996. Medical management of iatrogenic rents in the wall of the feline urinary bladder. Veterinary Clinics of North America Small Animal Practice 26 (3), 551–562.

Zhang, J.T., Wang, H.B., Shi, J., et al, 2010. Laparoscopy for percutaneous tube cystostomy in dogs. Journal of the American Veterinary Medical Association 236 (9), 975–977.

高カルシウム血症

Feldman, E.C., 2010. Disorders of parathyroid glands. In: Ettinger, S.J., Feldman, E.C. (Eds.), Textbook of Veterinary Internal Medicine Diseases of the Dog and Cat, seventh ed. Elsevier Saunders, St Louis, pp. 1744–1751.

Green, T., Chew, D.J., 2009. Calcium disorders. In: Silverstein, D.C., Hopper, K. (Eds.), Small Animal Critical Care Medicine. Elsevier, St Louis, pp. 233–238.

Messinger, J.S., Windham, W.R., Ward, C.R., 2009. Ionized hypercalcemia in dogs: a retrospective study of 109 cases (1998–2003). Journal of Veterinary Internal Medicine 23, 514–519.

Rinkhardt, N., 2006. Hypercalcemia. In: Mathews, K.A. (Ed.), Veterinary Emergency and Critical Care Manual, second ed. Lifelearn Inc., Guelph, Canada, pp. 373–376.

Schaer, M., May 2008. Hypercalcemia. Advances in fluid, electrolyte, and acid–base disorders. In: deMorais, H.A., DiBartola, S.P. (Eds.), Veterinary Clinics: Small Animal Practice, vol. 38. Elsevier, St Louis, no 3, pp. 525–528.

Schenck, P.A., Chew, D.J., Nagode, et al, 2006. Disorders of calcium: hypercalcemia and hypocalcemia. In: diBartola, S.P. (Ed.), Fluid, Electrolyte, and Acid-Base Disorders in Small Animal Practice, third ed. Elsevier, St Louis, pp. 122–194.

低カルシウム血症

Feldman, E.C., 2010. Disorders of parathyroid glands. In: Ettinger, S.J., Feldman, E.C. (Eds.), Textbook of Veterinary Internal Medicine Diseases of the Dog and Cat, seventh ed. Elsevier Saunders, St Louis, pp. 1744–1751.

Green, T., Chew, D.J., 2009. Calcium disorders. In: Silverstein, D.C., Hopper, K. (Eds.), Small Animal Critical Care Medicine. Elsevier, St Louis, pp. 238–239.

Holowaychuk, M.K., Hansen, B.D., DeFrancesco, T.C., et al, 2009. Ionized hypocalcemia in critically ill dogs. Journal of Veterinary Internal Medicine 23, 509–513.

Rinkhardt, N., 2006. Hypocalcemia. In: Mathews, K.A. (Ed.), Veterinary Emergency and Critical Care Manual, second ed. Lifelearn Inc., Guelph, Canada, pp. 377–380.

Schaer, M., May 2008. Hypocalcemia, advances in fluid, electrolyte, and acid–base disorders. In: deMorais, H.A., DiBartola, S.P. (Eds.), Veterinary Clinics: Small Animal Practice, vol. 38. Elsevier, St Louis, no 3, 524–525.

Schenck, P.A., Chew, D.J., Nagode, et al, 2006. Disorders of calcium: hypercalcemia and hypocalcemia. In: diBartola, S.P. (Ed.), Fluid, Electrolyte, and Acid–Base Disorders in Small Animal Practice, third ed. Elsevier, St Louis, pp. 122–194.

Wills, T.B., Bohn, A.A., Martin, L.G., 1995. Hypocalcemia in a critically ill patient. Journal of Veterinary Emergency and Critical Care 15 (2), 136–142.

高カリウム血症

diBartola, S.P., deMorais, H.A., 2006. Disorders of potassium: hypokalemia and hyperkalemia. In: diBartola, S.P. (Ed.), Fluid, Electrolyte, and Acid–Base Disorders in Small Animal Practice, third ed. Elsevier, St Louis, pp. 91–121.

Kogika, M.M., deMorais, H.A., May 2008. Hyperkalemia. Advances in fluid, electrolyte, and acid–base disorders. In: deMorais, H.A., DiBartola, S.P. (Eds.), Veterinary Clinics: Small Animal Practice, vol. 38. Elsevier, St Louis, no 3, 477–480.

Mathews, K.A., 2006. Hypokalemia / hyperkalemia. In: Mathews, K.A. (Ed.), Veterinary Emergency and Critical Care Manual, second ed. Lifelearn Inc., Guelph, Canada, pp. 394–399.

Riordan, L.L., Schaer, M., 2009. Potassium disorders. In: Silverstein, D.C., Hopper, K. (Eds.), Small Animal Critical Care Medicine. Elsevier, St Louis, pp. 231–233.

Schaer, M., May 2008. Therapeutic approach to electrolyte emergencies. Advances in fluid, electrolyte, and acid–base disorders. In: deMorais, H.A., DiBartola, S.P. (Eds.), Veterinary Clinics: Small Animal Practice, vol. 38. Elsevier, St Louis, no 3, 515–518.

Willard, M., May 2008. Therapeutic approach to chronic electrolyte disorders. Advances in fluid, electrolyte, and acid–base disorders. In: deMorais, H.A., DiBartola, S.P. (Eds.), Veterinary Clinics: Small Animal Practice, vol. 38. Elsevier, St Louis, no 3, 537–539.

低カリウム血症

diBartola, S.P., deMorais, H.A., 2006. Disorders of potassium: hypokalemia and hyperkalemia. In: diBartola, S.P. (Ed.), Fluid, Electrolyte, and Acid–Base Disorders in Small Animal Practice, third ed. Elsevier, St Louis, pp. 9–121.

Kogika, M.M., deMorais, H.A., May 2008. Hypokalemia. Advances in fluid, electrolyte, and acid–base disorders. In: deMorais, H.A., DiBartola, S.P. (Eds.), Veterinary Clinics: Small Animal Practice, vol. 38. Elsevier, St Louis, no 3, pp. 481–484.

Mathews, K.A., 2006. Hypokalemia / hyperkalemia. In: Mathews, K.A. (Ed.), Veterinary Emergency and Critical Care Manual, second ed. Lifelearn Inc., Guelph, Canada, pp. 394–399.

Riordan, L.L., Schaer, M., 2009. Potassium disorders. In: Silverstein, D.C., Hopper, K. (Eds.), Small Animal Critical Care Medicine. Elsevier, St Louis, pp. 229–231.

Schaer, M., May 2008. Therapeutic approach to electrolyte emergencies. Advances in fluid, electrolyte, and acid–base disorders. In: deMorais, H.A., DiBartola, S.P. (Eds.), Veterinary Clinics: Small Animal Practice, vol. 38. Elsevier, St Louis, no 3, 512–515.

Willard, M., May 2008. Therapeutic approach to chronic electrolyte disorders. Advances in fluid, electrolyte, and acid–base disorders. In: deMorais, H.A., DiBartola, S.P. (Eds.), Veterinary Clinics: Small Animal Practice, vol. 38. Elsevier, St Louis, no 3, 535–541.

高ナトリウム血症

Burkitt, J.M., 2009. Sodium disorders. In: Silverstein, D.C., Hopper, K. (Eds.), Small Animal Critical Care Medicine. Elsevier, St Louis, pp. 224–229.

DiBartola, S.P., 2006. Disorders of sodium and water: hypernatremia and hyponatremia. In: diBartola, S.P. (Ed.), Fluid, Electrolyte, and Acid–Base Disorders in Small Animal Practice, third ed. Elsevier, St Louis, pp. 47–79.

Goldkamp, C., Schaer, M., 2007. Hypernatremia in dogs. Compendium on Continuing Education for the Practicing Veterinarian 29 (3), 152–162.

Mathews, K.A., 2006. Hypernatremia / hyponatremia. In: Mathews, K.A. (Ed.), Veterinary Emergency and Critical Care Manual, second ed. Lifelearn Inc., Guelph, Canada, pp. 381–385.

Schaer, M., 1999. Disorders of serum potassium, sodium, magnesium and chloride. Journal of Veterinary Emergency and Critical Care 9 (4), 209–217.

Schaer, M., May 2008. Hypernatremia. Advances in fluid, electrolyte, and acid–base disorders. In: deMorais, H.A., DiBartola, S.P. (Eds.), Veterinary Clinics: Small Animal Practice, vol. 38. Elsevier, St Louis, no 3, pp. 522–524.

低ナトリウム血症

Burkitt, J.M., 2009. Sodium disorders. In: Silverstein, D.C., Hopper, K. (Eds.), Small Animal Critical Care Medicine. Elsevier, St Louis, pp. 226–229.

DiBartola, S.P., 2006. Disorders of sodium and water: hypernatremia and hyponatremia. In: diBartola, S.P. (Ed.), Fluid, Electrolyte, and Acid–Base Disorders in Small Animal Practice, third ed. Elsevier, St Louis, pp. 47–79.

Mathews, K.A., 2006. Hypernatremia / hyponatremia. In: Mathews, K.A. (Ed.), Veterinary Emergency and Critical Care Manual, second ed. Lifelearn Inc., Guelph, Canada, pp. 386–389.

Schaer, M., 1999. Disorders of serum potassium, sodium, magnesium and chloride. Journal of Veterinary Emergency and Critical Care 9 (4), 209–217.

Schaer, M., May 2008. Hyponatremia. Advances in fluid, electrolyte, and acid–base disorders. In: deMorais, H.A., DiBartola, S.P. (Eds.), Veterinary Clinics: Small Animal Practice, vol. 38. Elsevier, St Louis, no 3, 518–522.

低リン血症

Aldrich, J., 2009. Phosphate disorders. In: Silverstein, D.C., Hopper, K. (Eds.), Small Animal Critical Care Medicine. Elsevier, St Louis, pp. 244–247.

Bates, J.A., May 2008. Phosphorus: a quick reference. Advances in fluid, electrolyte, and acid–base disorders. In: deMorais, H.A., DiBartola, S.P. (Eds.), Veterinary Clinics: Small Animal Practice, vol. 38. Elsevier, St Louis, no 3, 471–475.

DiBartola, S.P., Willard, M.D., 2006. Disorders of phosphorus: hypophosphatemia and hyperphosphatemia. In: diBartola, S.P. (Ed.), Fluid, Electrolyte, and Acid–Base Disorders in Small Animal Practice, third ed. Elsevier, St Louis, pp. 195–209.

Schropp, D.M., Kovacic, J., 2007. Phosphorus and phosphate metabolism in veterinary patients. Journal of Veterinary Emergency and Critical Care 17 (2), 127–134.

低マグネシウム血症

Bateman, S., 2006. Disorders of magnesium: magnesium deficit and excess. In: diBartola, S.P. (Ed.), Fluid, Electrolyte, and Acid–Base Disorders in Small Animal Practice, third ed. Elsevier, St Louis, pp. 210–228.

Dhupa, N., Proulx, J., May 2008. Hypocalcemia and hypomagnesemia. Advances in fluid, electrolyte, and acid–base disorders. In: deMorais, H.A., DiBartola, S.P. (Eds.), Veterinary Clinics: Small Animal Practice, vol. 38. Elsevier, St Louis, no 3, 587–608.

Schaer, M., 1999. Disorders of serum potassium, sodium, magnesium and chloride. Journal of Veterinary Emergency and Critical Care 9 (4), 209–217.

Willard, M., May 2008. Therapeutic approach to chronic electrolyte disorders. Advances in fluid, electrolyte, and acid–base disorders. In: deMorais, H.A., DiBartola, S.P. (Eds.), Veterinary Clinics: Small Animal Practice, vol. 38. Elsevier, St Louis, no 3, 535–541.

第12章 生殖器系

異常分娩

病因

異常分娩の原因には、陣痛微弱、胎仔骨盤不均衡、胎仔位置異常、産道異常、胎仔死などがある。

診断

ヒストリー——直腸温度が37.8℃以下など、分娩第一期開始を示す徴候を認めてから、24時間以上経過しても分娩されない。

努責が30〜60分間以上持続しているにもかかわらず分娩されない。

胎膜が15分間以上露出している。

分娩間隔が3〜4時間以上である。

全ての分娩終了までに、犬では24時間以上、猫では36時間以上経過している。

分娩収縮が微弱または不定期である。

啼鳴、外陰部や側腹を噛む、沈うつ、虚弱、毒素血症徴候、膣出血、過度分泌、異常分泌などがある。

最初の交配から70〜72日間以上、最後の交配から68〜70日間以上、発情間期から58日間以上経過している（犬猫ともに）。

難産は短頭犬種や小型犬種に好発するが、あらゆる品種の犬猫に認められる。

身体検査——入念な身体検査を行う。腹部触診では、腹部拡張の程度、腹部の形状、胎仔触診の可否、胎動の有無を確認する。乳腺の状態、乳汁分泌の有無を観察する。外陰部にて、異常分泌、悪臭、損傷、狭窄を認めることがる。悪露・ウテロベルジンが緑色の排液である場合は、胎盤剥離が示唆される。悪露が確認されると、通常は2時間以内に分娩が生じる。無菌的に優しく膣内診を行い、膣収縮の程度、産道での胎仔停滞の有無、羊膜嚢触知の可否、胎仔位置、過去の骨盤骨折所見、収縮不全の有無を確認する。小動物症例の大半では、子宮頸管の触診は不可能である。

臨床検査——

1. 低カルシウム血症を認めることがある。
2. 低血糖を認めることがある。
3. 全身状態低下を示す場合は、CBC、生化学検査、尿検査を行う。

腹部X線検査——胎仔の器官形成が終了する妊娠35日目以降は、X線検査により妊娠確認を行ってもよい。40日目以降は、胎仔の骨格が明瞭に描出される。胎仔の頭数、位置、胎児の体格と骨盤径の対比、産道の障害物の有無、胎仔の死亡所見の有無を確認する。X線画像における胎仔死亡所見には、胎仔体内の気体パターン（特に心臓、胃）、胎仔脊柱崩壊、胎仔頭蓋骨重積・位置不均衡（スパルディング徴候）、胎仔位置異常などがある。

腹部超音波エコー検査——胎仔の日齢、頭数、位置、生死の評価に有用である。妊娠21日目頃からドップラーエコーにより、胎仔の心音が確認できる。35日目頃では、胎仔が描出でき、心臓像の確認、心拍数測定が可能となる。胎仔の正常心拍数は母親の2倍以上であり、一般に犬では200bpm以上、猫では200〜250bpm以上である。胎仔の心拍数が170〜180bpmを下回る場合は、胎児仮死が疑われ、150bpm未満では救急的介入を要する。

予後

予後は、極めて良好〜要注意である。

治療

1．飼育者に、診断、予後、治療費について説明する。
2．膣内診を行い、娩出介助を試みる。
　A．多量の潤滑剤を塗布する。
　B．胎仔を操作する際には、ガーゼを用いる。胎仔の肢端や顎は、牽引しないこと。
　C．母体を立位にする。
　D．腹側尾側方向に、ゆっくり胎児を牽引する。
　E．胎仔の向きを変えると、牽引が容易になる場合がある。
　F．膣円蓋が狭く、娩出が困難な場合は、会陰切開術を要することがある。
　G．器具が必要な場合は、スペイフック、無鉤ガーゼ鉗子、胎盤鉗子などを使用する。
3．脱水を認める場合は、調整電解質液をIV輸液する。
4．血清イオン化カルシウム濃度の低下を認める場合は、心電図により徐脈や不整脈の有無を確認しながら、10%グルコン酸カルシウム0.5〜1.5mL/kgを緩徐にIV投与する。
5．低血糖を認める場合は、25%ブドウ糖溶液をIV投与する。
6．オキシトシン0.25〜2.0IUをIM、SC投与する（最大投与量4IU）。ただし、母犬・母猫が全身状態不良を呈する場合、または経膣分娩が禁忌となる明白な理由を認める場合は、オキシトシンを投与してはならない。このような場合は、直ちに内科療法（輸液療法など）を開始し、母体の安定化が得られ次第、帝王切開術を行う。
7．膣検査とフェザリングを反復しながら、30〜60分後にオキシトシンを再投与する（投与は計2回まで）。成果がない場合は帝王切開術を検討する。第一仔の分娩ができた場合は、次の分娩まで1時間待つ。
8．麻酔と手術
　A．IVカテーテルを留置する。LRSまたはノーモソル®-Rを10〜20mL/kg/時でIV輸液を開始する。輸液は覚醒まで継続する。
　B．感染の徴候がある場合は、広域スペクトルの抗生物質を全身投与する。セファゾリンなど：22〜30mg/kg IV
　C．麻酔は必要最低限とする。犬では、ケタミンは使用しない。
　　I．犬の麻酔
　　　a．前投与（必要に応じて）

ブトルファノール：0.45mg/kg IM
ジアゼパム：0.45mg/kg IM
アトロピン：0.045mg/kg IM
グリコピロレート：0.005〜0.011mg/kg IM、SC

b．鎮静後、硬膜外麻酔を行ってもよい。
  i．リドカイン：5mg/kgを超えないこと。
  ii．ブピバカイン：1mL/3.5kg。モルヒネ0.1mg/kgを併用してもよい。

c．イソフルランまたはセボフルランによるマスク導入・挿管および維持を行う。

d．低用量のジアゼパムまたはミダゾラムと、オキシモルホンまたはヒドロモルホンを併用する。または、プロポフォールをIV投与による導入と、イソフルランまたはセボフルランによる維持を行う。

II．猫の麻酔

a．前投与――グリコパイオレート0.005〜0.011mg/kg IM、SC。麻酔薬を使用する15分前に投与する。

b．導入――ジアゼパム0.027mg/kg IVまたは0.4mg/kg IMと、ケタミン5.5〜6mg/kg IM、IVを併用する。挿管し、イソフルランまたはセボフルランで維持する。

c．0.5％リドカインを口蓋付近にスプレーすると、挿管が容易になる。

d．代替法――ジアゼパムとケタミンの効果発現を確認した後、腹部正中に沿って0.5〜1％リドカインをSC投与する（最大投与量：10mg/kg）。胎仔を子宮から取り出した後、手術完了までに麻酔延長が必要であれば、イソフルランで維持してもよい。

e．手術前より、抑うつ状態または全身状態不良を呈する場合：術前酸素補給を施す。

　ジアゼパム0.027mg/kg IV、0.4mg/kg IM、ミダゾラム0.2mg/kg IMのいずれかを、ブトルファノール0.4mg/kg IM、またはオキシモルホン0.2mg/kg IMと併用する。追加麻酔を要する場合は、以下のいずれかを投与する。ケタミン1 mg/kg IV、チオペンタール1 mg/kg IV。

D．胎仔は、迅速かつ慎重に取り出す。新生仔の鼻や口に付着したデブリは、バルブシリンジなどの吸引器や、One Puffなどの呼吸補助器を用いて除去する。

E．新生仔に酸素補給を行う。必要に応じて、ドキサプラム（Dopram®）1〜2滴を舌下に投与し、呼吸中枢を刺激する。呼吸を促すには、鍼灸点GV26（人中）の刺激も有効である。麻酔薬の拮抗には、ナロキソン（Narcan®）1〜2滴を舌下に投与する。新生仔は加温し、体に刺激を与えるが、強く振ってはならない（強い揺さぶりにより、肺表面活性物質の分布が不均一になり、肺胞拡張能が低下する恐れがある)。臍帯を結紮する。

F. 飼育者の要望や合併症の発症がある場合は、卵巣子宮全摘出術を行う。

G. 分娩後のオキシトシン投与(クリーンアウトショット)については、賛否両論がある。飼育者の要望を考慮し、必要に応じて0.25~2UをIM投与する。

H. 手術を完了させる。母犬・母猫は、入院管理を行い、意識レベルが回復するまでは新生仔と隔離する。その後、時間をかけて新生仔と対面させる。

I. 会陰切開を行った場合は、分娩終了後、速やかに縫合する。

J. 子宮感染または胎仔死を認めた場合は、経口抗生物質を3~5日間分処方する。

K. 術後ケア(抜糸、体温モニター、陰部排液のモニターなど)の説明書を飼育者に手渡す。

9. 母仔ともに、3~5日間以内に主治医を受診させるように飼育者に指示する。また、抜爪や断尾については、通常、診療時間内に主治医に相談するように指示する。

新生仔衰弱症候群(新生仔死)

病因

新生仔死は、原因によって非感染性と感染性の2つに分類される。非感染性の原因には、母体の栄養不良、低体温、低血糖、仔猫の新生仔同種溶血現象、外傷、死産、先天性の奇形などがある。

新生仔死の原因となる主な感染症には、以下のものがある。

1. ウイルス感染——ヘルペスウイルス、犬・猫パルボウイルス、カリシウイルス、猫白血病ウイルス、モルビリウイルス、コロナウイルス、犬アデノウイルスI、犬ジステンパーウイルス
2. 細菌感染——*Bacteroides* spp.、*Bordetella* spp.、*Brucella* spp.、*Campylobacter* spp.、*Clostridium* spp.、*Enterobacter* spp.、*Escherichia* coli(大腸菌)、*Fusobacterium* spp.、*Klebsiella* spp.、*Pasteurella* spp.、*Pseudomonas* spp.、*Salmonella* spp.、*Staphylococcus* spp.(ブドウ球菌)、溶血性・非溶血性*Streptococcus* spp.
3. 寄生——*Ancylostoma* spp.(鉤虫)、*Coccidium* spp.、*Cryptosporidium* spp.、*Giardia* spp.、*Toxocara* spp.(回虫)

診断

ヒストリー——仔犬・仔猫の死亡率は、出生後3日間が最も高いが、出生後2週間までは危険性が高い。満期出産仔の約15~40%がこの時期に死亡している。母親の年齢や体重の増加は、新生仔死亡率が上昇する要因となる。猫では、初産年齢が3歳を超えると、新生仔死亡率が増加する。また、子宮筋層炎や乳腺炎などの分娩後疾患によっても、新生仔の死亡率が上昇

する。

新生仔の飼育環境は、温度約29.4℃、湿度55～65%を保つ。長毛種や室内飼育の動物では21.1～23.0℃を維持する。ヒートランプを用いて、産箱の一部を加温する。清潔かつ静寂で、母親が普段から慣れ親しんでいるような環境をつくる。感染症への曝露に注意する。

出生時の正常直腸温度は、35.6～36.1℃である。7日齢では、37.8℃まで上昇する。仔猫の出生時の標準体重は、90～110gである。仔猫の体重は、最低でも1日に7～10g増加し、6週目には少なくとも500g増加するはずである。仔犬の体重は、1日に出生時体重の5～10%の増加を認め、10～12週齢までに出生時の約2倍になる。

持続的な啼鳴（20分間以上）は、新生仔疾患における代表的な症状である。その他の症状には、哺乳量や活動性の低下、体重の増加不良、筋緊張の低下、被毛乾燥・粗剛などがある。

身体検査――低体温状態では新生仔は互いに重なり合い、高体温状態では互いに接触しないように間隔をとる様子が観察される。脱水、腹囲膨満、チアノーゼ、蒼白を認めることがある。新生仔が低血糖を呈する場合は、衰弱、徐脈、呼吸困難、痙攣、昏睡などを認める。外傷による貫通創や圧傷がみられることがある。

臨床検査――

1. 全身状態不良を認める場合は、必ず血糖値を測定する。
2. 十分量の血液検体が確保できた場合は、CBCと生化学検査を行う。
3. 血液培養を検討する。
4. 尿検査、尿培養を行う。
5. 一般に、新生仔の乳酸濃度は高い傾向がある。

心電図――有効である。

X線検査および超音波エコー検査――有効である。

なお、最も有効的な診断検査法は、剖検である。

予後

臨床徴候の発症や進行が早く、治療への反応も乏しいことから、原因にかかわらず予後は要注意～不良である。

治療

1. 飼育者に、診断、予後、治療費について説明する。
2. 低体温を呈する場合は、直腸温度が36.1～36.7℃になるまで、1～3時間かけてゆっくり加温する。
   A. 温風式加温装置（Bair Hagger®）を用いて体外から加温する。循環温水毛布、湯たんぽなどを用いる場合は、細心の注意を払う。高温による熱傷に注意する。
   B. 1時間ごとに体位変換を行う。
   C. 1時間ごとに直腸温度を記録する。
3. 低血糖を認める場合は、ブドウ糖溶液のPO投与またはIV輸液を行う。

A．組織損傷を避けるため、ブドウ糖溶液は12.5%以下に希釈する。

B．IV輸液では、輸液のブドウ糖濃度を5%にする。

C．血糖値は100～140mg/dLに保つ。

4．非消化管栄養法――低血糖を呈した新生仔の代謝基質には、乳酸が適しているため、輸液剤はLRSが推奨される。

A．輸液療法――SC、IV、IO（骨内）輸液を行う。

B．IV、IO輸液には、5%ブドウ糖添加輸液剤を用いる。5%以上のブドウ糖を含有する輸液剤は、SC投与に用いてはならない。

C．低カリウム血症を呈する場合は、塩化カリウムを補給する。

D．IV輸液剤は加温する。

E．新生仔の水分要求量は、成熟個体よりもはるかに多い。新生仔犬の推奨維持輸液量は、100mL/kg/日である。

F．水和状態を確認するため、6～12時間ごとに体重測定を行う。

G．重度脱水を呈する場合は、以下の用量でボーラス投与する。輸液を継続し、欠乏量を補給する。

仔犬：40～45mL/kg

仔猫：25～30mL/kg

5．原因疾患の特定と治療を図る。

6．抗生物質投与

A．新生仔および授乳中の母犬・母猫に安全な抗生物質――アモキシシリン、アモキシシリン-クラブラン酸、セファロスポリン、エリスロマイシン、ペニシリン、タイロシンなど。

B．投与を避けるべき抗生物質――アミノグリコシド、クロラムフェニコール、シプロフロキサシン、エンロフロキサシン、ポリミキシン、スルホンアミド、テトラサイクリン、トリメトプリムなど。

7．栄養サポート

A．体温と水和状態が正常化し、嘔吐を認めない場合は、市販の代用乳をチューブで給餌する。

B．嘔吐を呈する場合は、部分的非消化管栄養法（PPN）、完全非消化管栄養法（TPN）、フィーディングチューブの設置を行う。

8．外傷や膿瘍の治療は、成熟個体における治療に準ずる。

乳腺炎

診断

ヒストリー――稟告には乳腺腫脹がある。母犬・母猫では発熱、無気力、授乳拒否、食欲低下、仔犬・仔猫では衰弱、啼鳴、全身状態低下などがある。母子が死亡する場合もある。

身体検査――罹患乳腺に熱感、疼痛、硬結感を認める。罹患乳腺より分泌される乳汁の色調および性状の異常、母体の発熱、脱水、敗血症の徴候を認める。

臨床検査――

1．乳汁および罹患乳腺の針吸引検体を用いて、細胞診、細菌培養、感受性試験を行う。
2．CBC――好中球増多症、左方移動を伴う白血球増多症、敗血症を伴う白血球減少症を認める。
3．生化学検査――低血糖、敗血症、脱水に伴う変化を認める。
4．血液培養検査、感受性試験が推奨される。

鑑別診断

血腫、漿液腫、膿瘍、うつ乳、腫瘍。

予後

早期に治療を開始した場合は、予後は良好である。

治療

1．飼育者に、診断、予後、治療費について説明する。
2．アンピシリン、アモキシシリン、アモキシシリン-クラブラン酸、セファロスポリンが推奨される。細菌感受性試験において、他の抗生物質の使用が推奨される場合もある。炎症消失後も、10～14日間は投与を継続する。
3．脱水を認める場合はIV輸液を行う。
4．敗血症を認める場合は加療する。
5．乳腺感染が軽度である場合は、授乳させて罹患乳腺から排乳を促す。
6．乳腺感染が重度で、壊死を認める場合は、授乳させてはならない。用手による搾乳を行い、罹患した乳腺を空にする。
7．新生仔には市販の代用乳を与え、十分な栄養補給を行う。
8．1日に数回、感染乳腺に温罨法を施すか、温水を流して排乳を促す。
9．感染乳腺に膿瘍の形成を認める場合は、切開して排液し、1%ポビドンヨード液で洗浄を行う。重度の感染症では、外科的デブリードマンと縫合を要することがある。

子宮蓄膿症

診断

ヒストリー――未避妊雌において全身状態低下を認める場合は、子宮蓄膿症の可能性がある。稟告には、元気消失、嘔吐、多飲多尿、腹囲膨満、腹部痛、悪臭など。腟からの排液により、飼育者が発情中と誤認することがある。

身体検査――明確な徴候がない場合もあるが、腹囲膨満、腹痛、脱水を伴う抑うつ状態を呈する場合もある。開放性子宮蓄膿症では、膿性腟排液を認める。

臨床検査――

1．CBC――好中球増多症、左方移動を伴う白血球増多症を呈する。脱水によるPCV上昇を認める。慢性疾患における非再生性貧血では

PCV低下を認める。

2．生化学検査——腎前性高窒素血症または二次性腎性高窒素血症によるBUN・クレアチニン値上昇、ALT・ALPの上昇、電解質異常を認める。

3．尿検査——尿比重は、症例により多様である。膿尿、細菌尿を認める。膀胱穿刺は推奨されない。

4．膣スメアと細胞診——変性好中球、マクロファージ、細菌を認める。

腹部X線検査——後腹部で管状の液体陰影を認める。開放性子宮蓄膿症では、X線検査により明白な拡張子宮像を認めないことがある。

超音波検査——子宮の大きさや子宮壁の厚さの評価に有用である。また、子宮内物質が胎仔組織ではなく、液体であることを確認するのにも有用である。

鑑別診断

妊娠、膣炎、子宮粘液症、子宮溜水症、子宮腫瘍、その他の後腹部原発腫瘍、消化管疾患、膵炎、敗血症、腎不全。

予後

予後は、全身性疾患の重症度によって異なる。生存率は、4〜20%と様々な報告がある。

治療

1．飼育者は、診断、予後、治療費について説明する。

2．IVカテーテルを留置する。

3．IV輸液を行う。LRS、ノーモソル®-Rなどの調整電解質晶質液を投与する。速度は、患者の状態によりショック用量から維持量の2倍まで様々である。

4．広域スペクトル抗生物質を投与する。アミノグリコシド系の使用は避ける。第二世代セファロスポリン、ST合剤、エンロフロキサシンを使用する。

A．セフォキシチン：初回は40mg/kg IV。以後は、犬では20mg/kg IV q6〜8h、猫では20mg/kg IV q8h。

B．トリメトプリム－サルファ合剤：15mg/kg IM q12h

C．エンロフロキサシン：
5〜10mg/kg IV q12hまたは5〜20mg/kg IV q24h

D．重症例——アモキシシリン20〜40mg/kg IV q8h、第一世代セファロスポリン（セファゾリン20mg/kg IV q8h、セファロチン20〜30mg/kg IV q6h）のいずれかに、フルオロキノロン（エンロフロキサシン、シプロフロキサシン）、第三世代セファロスポリン（セフチゾキシム25〜50 mg/kg IV、IM、SC q6〜8h、セフォタキシム20〜80mg/kg IV、IM q6〜8h）を併用する。

5．卵巣子宮全摘出術

A．開放性子宮蓄膿症の症例において、患者の状態が安定している場合は、甚急な外科手術は必須ではない。しかし、子宮破裂と腹膜炎の危険性があるため、早期の外科手術が推奨される。

B．閉鎖性子宮蓄膿症では、迅速な卵巣子宮全摘出術が推奨される。

6．開放性子宮蓄膿症の症例において、飼育者が次回の発情で繁殖を望む場合は、プロスタグランジン$F_{2\alpha}$（$PGF_{2\alpha}$）による内科療法を試みることがある。

A．犬猫への$PGF_{2\alpha}$の使用は、承認されていない。

B．$PGF_{2\alpha}$は、8歳齢以上の動物に使用すべきではない。

C．$PGF_{2\alpha}$は、危機的病態の症例に使用すべきではない。

D．$PGF_{2\alpha}$は、併発疾患や既存の子宮病変がある症例に使用すべきではない。

E．治療中は、子宮破裂や子宮内容物の腹腔内排出の危険性があるため、入院管理を行う。

F．薬剤は、ジノプロスト（Lutalyse®）を選択する。

G．広域スペクトル抗生物質を併用する。

H．Lutalyse®の投与量

犬：0.1～0.25mg/kg SC q24h 5～7日間

猫：0.10mg/kg SC q24h 5～7日間

I．一般的な副作用――不安行動、パンティング、流涎過多、嘔吐、脱糞、腹部痛、発熱、頻脈を呈する。過剰投与により、出血性ショックを認めることがある。

J．$PGF_{2\alpha}$による治療後に、子宮蓄膿症が再発することがある。

膣水腫（膣過形成）、膣脱、子宮脱

診断

ヒストリー――膣脱は、3歳齢以下の大型犬に好発する。ボクサーとマスチフは、好発する犬種である。発情前期、発情中、発情直後において多く発症する。一般に、飼育者が外陰部からの突出物に気付いて来院する。罹患動物は、逸脱組織の舐啜、交配拒絶を認める。交尾中に無理に雄犬から離すと、膣脱を生じることがある。

子宮脱は、まれにみられる分娩合併症である。子宮頸部または子宮角（片側、両側）が逸脱する。稟告には、努責（いきみ）、舐啜、膣排液、外陰部からのマス脱出などがある。

身体検査――膣脱の臨床形態は、会陰部の隆起物または外陰部からの組織脱出を呈する。一般に、逸脱組織は、軟性、大型、表面平滑・光沢、淡赤色から乳白色、丸みを呈し、還納可能である。通常、膣脱は、膣円蓋の腹底部から尿道開口部に生じる。重度の膣脱では、膣壁の全周囲が脱出し、ドーナツ型を呈する。部分膣脱と完全膣脱があり、完全膣脱では子宮頸部が陰唇から突出する。

鑑別診断

良性ポリープ、腫瘍（平滑筋腫、可移植性性器肉腫）、陰核腫大。

予後

排尿機能が維持されており、壊死組織を切除すれば、予後は良好である。発情間期では、膣脱の自然退縮を認めることがある。

治療

1．飼育者に、診断、予後、治療費について説明する。
2．膣脱の治療
   A．50%ブドウ糖溶液などの高浸透圧剤を逸脱組織に局所投与すると、腫脹や水腫が抑制され、用手による還納が容易になる。
   B．排尿が不能な場合は、尿道カテーテルを留置する。
   C．全身麻酔を施す。
   D．用手により脱出した膣組織の還納を試みる。会陰切開術を行うと、露出部が拡大し、還納が容易になる。
   E．生理食塩水やpHisoHex®（ヘキサクロロフェン）を用いて、逸脱組織を洗浄する。
   F．水溶性ゼリーを脱出部位に塗布する。
   G．逸脱組織の外傷を防ぐ。
      Ⅰ．抗生物質軟膏またはステロイド合剤軟膏を塗布する。
      Ⅱ．おむつを使用する。
      Ⅲ．エリザベスカラーを使用する。
      Ⅳ．患者を入れるケージには、パッドを敷く。表面が平滑な素材を選択する。
   H．壊死組織は必ず除去する。
   I．卵巣子宮全摘出術を行っても、脱出部位の縮小は促進されないが、再発を抑制できる。
   J．排尿困難を呈する場合、膀胱、子宮、膣組織の血管障害が疑われる場合、膣組織に重度の壊死を認める場合は、逸脱組織の外科的切除を試みる。
   K．敗血症や低血圧を認める場合は、IV輸液、抗生物質の投与、その他の治療を必要に応じて行う。
3．子宮脱の治療
   A．50%ブドウ糖溶液などの高浸透圧剤を逸脱組織に局所投与すると、腫脹や水腫が抑制され、用手による還納が容易になる。
   B．全身麻酔または硬膜外麻酔を施す。
   C．逸脱組織は、加温した生理食塩水で洗浄した後、抗生物質を添加した溶液で洗浄する。
   D．水溶性ゼリーを脱出部位に塗布する。
   E．組織損傷がなく、活性が維持されている場合は、子宮組織の用手的還納を試みる。手袋を着用し、手で整復するか、長いガラス棒や滅菌シリンジプランジャーを用いて整復する。
   F．子宮組織を還納した後、抗生物質の全身投与を行い、子宮筋層炎を治療する。
   G．逸脱組織に損傷を認める場合や、活性喪失が疑われる場合は、組織を切除する。

Ⅰ．子宮脱を用手的還納した後、卵巣子宮全摘出術を行う。
Ⅱ．用手による還納が困難な場合は、子宮を切断し、断端を還納する。

嵌頓包茎

診断

ヒストリー――稟告には、陰茎の持続的突出、陰茎の腫脹、色調異常、排尿時の努責、排尿困難などがある。陰茎の舐啜がみられる。嵌頓陰茎は、未去勢雄が性的興奮を呈した後に好発する。まれに、長毛猫での発症も認める。

身体検査――陰茎の充血と突出を呈する。症例により、陰茎の乾燥、壊死、血尿、排尿痛、尿閉を認める。紐、被毛、異物による陰茎絞扼を生じることもある。

超音波エコー検査――ドップラー検査により、陰茎の血流が確認できる。

鑑別診断

血腫や包皮内異物による包皮内への陰茎還納障害、陰茎後引筋麻痺、陰茎骨奇形・骨折、慢性持続勃起症、包皮開口部の異常拡大、包皮の先天的短縮。

予後

生命にかかわる危険性は低いが、嵌頓包茎は緊急性を有する疾患である。陰茎維持の可否は、血管障害と二次的損傷の重症度に依存する。経過が長ければ、陰茎組織の壊死と壊疽による二次的な全身性合併症が惹起され、生命の危険がある。

治療

1．飼育者に、診断、予後、治療費について説明する。
2．心血管状態を評価し、必要に応じてショック治療を行う。
3．生理食塩水または水道水で、陰茎を優しく洗い流す。
4．逸脱して充血した陰茎組織に50%ブドウ糖溶液などの高浸透圧剤を局所投与し、腫脹や水腫を抑制する。
5．逸脱して充血した陰茎組織に冷罨法を施し、腫脹や水腫を抑制する。
6．鎮静または全身麻酔を施す。
7．陰茎の露出部位を洗浄する。被毛や異物は全て除去する。
8．必要に応じて、壊死組織を切除する。
9．陰茎の露出部位に潤滑剤を多量に塗布し、用手による還納を試みる。
10．症例によっては、包皮切開を要する。
11．陰茎の損傷が重度で、尿道口への影響が疑われる場合は、ゴム製の柔らかい尿道カテーテルを7～14日間留置する。
12．1～24時間、包皮先端に巾着縫合を施し、陰茎が還納された状態を維持する。
13．エリザベスカラーを装着する。
14．7～14日間毎日、包皮内に抗生物質軟膏とステロイド軟膏を注入する。

15. 1～24時間後、巾着縫合を除去し、陰茎の状態を評価する。癒着を予防するため、陰茎が正常である場合は、7～14日間毎日、包皮から陰茎を押し出す。
16. 陰茎壊死を認める場合は、陰茎切除、尿道切開術、去勢手術を要する。

急性前立腺炎

診断

ヒストリー――急性腹部痛・背部痛、発熱、嘔吐、元気低下、倦怠、多飲多尿、食欲低下、包皮からの血様排液、血尿などがある。

身体検査――発熱、脱水（程度は様々）を呈する。触診では後腹部痛、直腸検査では不快反応、包皮からの血様排液、血尿を認める。後肢伸展歩行を呈する。直腸検査では、前立腺のサイズ変化が確認できないこともある。前立腺膿瘍と続発する前立腺肥大がある場合は、左右非対称性や波動を有する領域が検出される。敗血症を呈する場合は、頻拍、粘膜充血、大腿動脈の微弱拍動を認める。

臨床検査――

1. CBC――好中球増多症＋/－左方移動、中毒性好中球、単球増多症を認める。
2. 前立腺分泌液の培養検査は有用であるが、急性前立腺炎や前立腺膿瘍において検体を採取をするのは危険性が高い。前立腺炎から分離される主な細菌には、以下のものがある。

   Enterobacter spp.、*Escherichia coli*（大腸菌）、*Klebsiella* spp.、*Mycoplasma* spp.、*Proteus* spp.、*Pseudomonas* spp.、*Staphylococcus* spp.（ブドウ球菌）、*Streptococcus* spp.
3. 尿検査――膿尿、細菌尿、血尿を認める。

腹部X線検査――前立腺肥大が検出される。

腹部超音波エコー検査――前立腺肥大が検出される。前立腺膿瘍が存在する場合は、超音波エコーにより実質内の液体貯溜部位が抽出される。

鑑別診断

良性前立腺肥大、前立腺腫瘍、前立腺周囲嚢胞。

予後

初診時における臨床徴候の重篤度によって、予後は要注意～不良である。

治療

1. 飼育者に、診断、予後、治療費について説明する。
2. 検体を採取し、細菌培養検査と感受性試験を行う。
3. 培養検査と感受性試験の結果が出るまでは、広域スペクトルの抗生物質を投与する。推奨される薬剤には、以下のものがある。

   エンロフロキサシン、シプロフロキサシン、エリスロマイシン、クリンダマイシン、ST合剤、クロラムフェニコールなど。
4．脱水やショックを認める場合は、IV輸液を行う。
5．重篤症例では、抗生物質をIV投与する。
6．前立腺膿瘍は、外科的排液を要する。
7．抗生物質は3～4週間投与を継続する。抗生物質投与を中止した数日後、尿や前立腺液の培養検査を再度行う。
8．安定後、去勢手術を行う。

参考文献

異常分娩

Davidson,A.P., 2009. Dystocia management. In: Bonagura, J.D., Twedt, D.C. (Eds.), Kirk's Current Veterinary Therapy XIV. Saunders Elsevier, St Louis, pp. 992–998.

Feldman, E.C., Nelson, R.W., 2004. Dystocia. In: Feldman, E.C., Nelson, R.W. (Eds.), Canine and Feline Endocrinology and Reproduction, third ed. Saunders Elsevier, St Louis, pp. 816–826.

Funquist, P.M.E., Nyman, G.C., Lofgren, J., et al, 1997. Use of propofol-isoflurane as an anesthetic regimen for cesarean section in dogs. Journal of the American Veterinary Medical Association 211 (3), 313–317.

Gendler, A., Brourman, J.D., Graf, K.E., 2007. Canine dystocia: medical and surgical management. Compendium for the Continuing Education of the Practicing Veterinarian 551–563.

Johnson, C.A., 2009. Dystocia, False pregnancy, disorders of pregnancy and parturition, and mismating. In: Nelson, R.W., Couto, C.G. (Eds.), Small Animal Internal Medicine, fourth ed. Mosby Elsevier, St Louis, pp. 931–935.

Kutzler, M.A., 2009. Dystocia and obstetric crises. In: Silverstein, D.C., Hopper, K. (Eds.), Small Animal Critical Care Medicine. Elsevier, St Louis, pp. 611–615.

Moon, P.F., Erb, H.N., Ludders, J.W., et al, 2000. Perioperative risk factors for puppies delivered by cesarean section in the United States and Canada. Journal of the American Animal Hospital Association 36, 359–368.

新生仔衰弱症候群（新生仔死）

Bonagura, J.D., Kirk, R.W. (Eds.), 1995. Current Veterinary Therapy XII. WB Saunders, Philadelphia, pp. 30–33.

Hoskins, J.D., 1995. Veterinary Pediatrics, second edn. WB Saunders, Philadelphia, pp. 51–55.

McMichael, M., 2009. Critically ill pediatric patients. In: Silverstein, D.C., Hopper, K. (Eds.), Small Animal Critical Care Medicine. Elsevier, St Louis, pp. 747–751.

Murtaugh, R.J., Kaplan, P.M., 1992. Veterinary Emergency and Critical Care Medicine. Mosby, St Louis, pp. 466–468.

乳腺炎

Dosher, K.L., 2009. Mastitis. In: Silverstein, D.C., Hopper, K. (Eds.), Small Animal Critical Care Medicine. Elsevier, St Louis, pp. 619–621.

Feldman, E.C., Nelson, R.W., 2004. Mastitis. In: Feldman, E.C., Nelson, R.W. (Eds.), Canine and Feline Endocrinology and Reproduction, third ed. Saunders Elsevier, St Louis, pp. 831–832.

Johnson, C.A., 2009. Mastitis, postpartum and mammary disorders. In: Nelson, R.W., Couto, C.G. (Eds.), Small Animal Internal Medicine, fourth ed. Mosby Elsevier, St Louis, pp. 946.

Kutzler, M.A., 2009. Canine postpartum disorders. In: Bonagura, J.D., Twedt, D.C. (Eds.), Kirk's Current Veterinary Therapy XIV. Saunders Elsevier, St Louis, pp. 1001.

子宮蓄膿症

Crane, M.B., 2009. Pyometra. In: Silverstein, D.C., Hopper, K. (Eds.), Small Animal Critical Care Medicine. Elsevier, St Louis, pp. 607–611.

Johnson, C.A., 2009. Pyometra, Disorders of the Vagina and Uterus. In: Nelson, R.W., Couto, C.G. (Eds.), Small Animal Internal Medicine, fourth ed. Mosby Elsevier, St Louis, pp. 852–867.

Smith, F.O., 2009. Pyometra. In: Bonagura, J.D., Twedt, D.C. (Eds.), Kirk's Current Veterinary Therapy XIV. Saunders Elsevier, St Louis, pp. 1008–1009.

膣水腫（膣過形成）、膣脱、子宮脱

Feldman, E.C., Nelson, R.W., 2004. Vaginal hyperplasia／vaginal prolapse. In: Feldman, E.C., Nelson, R.W. (Eds.), Canine and Feline Endocrinology and Reproduction, third ed. Saunders Elsevier, St Louis, pp. 906–909.

Feldman, E.C., Nelson, R.W., 2004. Uterine prolapse. In: Feldman, E.C., Nelson, R.W. (Eds.), Canine and Feline Endocrinology and Reproduction, third ed. Saunders Elsevier, St Louis, pp. 915.

Johnson, C.A., 2009. Vaginal hyperplasia／prolapse, disorders of the vagina and uterus. In: Nelson, R.W., Couto, C.G. (Eds.), Small Animal Internal Medicine, fourth ed. Mosby Elsevier, St Louis, pp. 918–919.

Kutzler, M.A., 2009. Canine postpartum disorders. In: Bonagura, J.D., Twedt, D.C. (Eds.), Kirk's Current Veterinary Therapy XIV. Saunders Elsevier, St Louis, pp. 999–1000.

Novo, R.E., 2009. Surgical repair of vaginal anomalies in the bitch. In: Bonagura, J.D., Twedt, D.C. (Eds.), Kirk's Current Veterinary Therapy XIV. Saunders Elsevier, St Louis, pp. 1012–1018.

嵌頓包茎

Feldman, E.C., Nelson, R.W., 2004. Phimosis and paraphimosis. In: Feldman, E.C., Nelson, R.W. (Eds.), Canine and Feline Endocrinology and Reproduction, third ed. Saunders Elsevier, St Louis, pp. 954–955.

Johnson, C.A., 2009. Paraphimosis, disorders of the penis, prepuce, and testes. In: Nelson, R.W., Couto, C.G. (Eds.), Small Animal Internal Medicine, fourth ed. Mosby Elsevier, St Louis, pp. 969–970.

Rochat, M.C., 2009. Paraphimosis and priapism. In: Silverstein, D.C., Hopper, K. (Eds.), Small Animal Critical Care Medicine. Elsevier, St Louis, pp. 615–618.

急性前立腺炎

Feldman, E.C., Nelson, R.W., 2004. Prostatitis. In: Feldman, E.C., Nelson, R.W. (Eds.), Canine and Feline Endocrinology and Reproduction, third ed. Saunders Elsevier, St Louis,pp. 977–986.

Johnson, C.A., 2009. Acute bacterial prostatitis and prostatic abscess, disorders of the prostate gland. In: Nelson, R.W., Couto, C.G. (Eds.), Small Animal Internal Medicine, fourth ed. Mosby Elsevier, St Louis, pp. 978–979.

Sirinarumitr, K., 2009. Medical treatment of benign prostatic hypertrophy and prostatitis in dogs. In: Bonagura, J.D., Twedt, D.C. (Eds.), Kirk's Current Veterinary Therapy XIV. Saunders Elsevier, St Louis, pp. 1046–1048.

第13章 # 神経、眼

13

頭部外傷

診断

ヒストリー――稟告には、頭部外傷を目撃したか、その疑いがある。意識消失があったか、事故後に歩行可能であったか、周辺環境中の刺激に対する反応の有無を確認する。

身体検査――

1. 外傷の程度が判定されるまで、頭部・頸部の扱いは必要最低限にする。
2. 意識レベル、気道の状態、呼吸パターン、耳・鼻出血、眼部外傷、裂傷、剥離傷、歯牙外傷、口腔外傷、姿勢、後肢の運動性の評価を行う。
3. 頭蓋骨を慎重に触診し、骨折の有無と位置を確認する。
4. 全身を入念に検査する。
5. 頭部外傷の主な臨床徴候
   A. 意識レベルの変化――知覚鈍麻、認知障害（痴呆）、昏迷、昏睡、痙攣発作、死。
   B. 外傷性損傷――剥離傷、裂傷、鼻出血、口腔外傷、歯牙外傷、頭蓋骨骨折。
   C. 神経学的症状――後弓反張、瞳孔固定、瞳孔不同、病的眼振、脳神経障害、固有位置感覚の異常、旋回、斜頸。
6. 神経学的検査――頻繁に再検査すること。
   A. 意識レベル――大脳や脳幹の外傷は、混迷または昏睡を引き起こす。意識レベルは、機敏かつ覚醒した状態から、沈うつ・知覚鈍麻・混迷へと変化し、さらには全身状態の悪化を伴う昏睡状態に至る。前脳機能不全を呈する症例では、譫妄（錯乱）や認知障害（痴呆）を呈する。脳幹損傷または前脳の重度の損傷が認められる症例では、知覚鈍麻、昏迷、昏睡を呈する。
   B. 姿勢
      Ⅰ. 除脳硬直は、中脳核上位運動神経の機能不全を示す徴候である。患者は、四肢と頸部の背屈を伴う昏迷・昏睡状態を呈する。
      Ⅱ. 片側大脳および視床の損傷症例では、忌避症候群（aversive syndrome：刺激に対する認識障害）を呈することがある。患者は興奮して旋回したり、損傷された大脳半球側に向かって頭部や頸部を捻転させる。
      Ⅲ. 小脳大脳損傷を有する症例は、小脳除去硬直を呈する。これは、後弓反張、前肢硬直、後肢屈曲を特徴とする。意識レベルは一般に正常である。
      Ⅳ. C1～C5脊髄損傷では、（呼吸不全が生じない限り）、意識レベルは正常である。その他の徴候は、損傷の程度によって、頸部痛のみを呈する場合もあれば、四肢麻痺、運動失調、全肢の上位運動ニューロン障害を認めることもある。固有位置感覚の異常の程度は、全肢において同等か、同側肢において同等である。犬のT2～T3脊髄損傷および猫のT3～L4（T3～L3神経節）脊髄損傷では、シッフ・シェリントン姿勢（伸筋緊張の亢進を伴う前肢伸展、後肢不全麻痺・麻痺）を示すことがある。

C. 瞳孔対光反射——原発性眼部損傷を除外する。大脳や中脳白質の損傷では、縮瞳または対光反射の亢進が生じる。第3脳神経の障害では散瞳し、対光反射は消失する。正常な瞳孔径を呈していた症例が甚急的変化を呈し、縮瞳や散瞳を示す場合は、急激な頭蓋内圧の亢進が示唆され、緊急治療を要する。瞳孔対光反射によって、視神経（CNⅡ）と動眼神経（CNⅢ）の評価が可能である。

D. 眼瞼反射——内側眼角に触れた際に生じる瞬目反応で、三叉神経（CNⅤ）眼神経枝の評価に用いる。下顎神経枝を評価する場合は、外側眼角に触れる。

E. 角膜反射——生理食塩水で濡らした綿棒で角膜に軽く触れると、瞬目と眼球後引が生じる。瞬目は三叉神経（CNⅤ）眼神経枝に関連し、眼球後退は外転神経（CNⅥ）と顔面神経（CNⅦ）の運動に関連する。

F. 呼吸パターン

Ⅰ. 中脳損傷は、呼吸深度と呼吸数の増加を伴う神経性過呼吸を惹起する。

Ⅱ. 両側性の大脳深部損傷に続発するテント角ヘルニアは、過呼吸と無呼吸が周期的に反復されるチェーンストークス呼吸を惹起する。

Ⅲ. 脳幹損傷は無呼吸を惹起する。

予後

予後は多様であるが、瞳孔の状態は予後判定の一助になる。

1. 瞳孔の固定・瞳孔対光反射の消失——中脳損傷が疑われる。予後は要注意である。
2. 散瞳の固定・瞳孔対光反射がある——大脳浮腫、大脳出血が疑われる。予後は中程度である。
3. 瞳孔不同——大脳浮腫が疑われる。予後は比較的良好である。
4. 縮瞳の固定——大脳、間脳・橋損傷が疑われる。予後は比較的良好である。眼部損傷による縮瞳との鑑別を行うこと。

治療

1. 飼育者に、診断、予後、治療費について説明する。
2. 十分な観察と治療のために患者を入院させる。患者を硬い台の上に寝かせ、頭側を30°持ち上げる。頸部の圧迫や屈曲は避ける。鼻部が正中に位置するように自然な頭位を保持する。鼻部が下方を向く頸部屈曲姿勢は、呼吸を障害する恐れがあるため避ける。体温、脈拍、呼吸をモニターし、高体温が生じないように注意する。脳幹損傷に起因する不整脈についてもモニターする。

3．酸素補給、換気

A．酸素ケージ、マスク、またはエリザベスカラーを用いたフードを使用する。頸部を圧迫しないように注意する。経鼻チューブや経鼻カニューレは、くしゃみを誘発し、頭蓋内圧（ICP）を上昇させる恐れがあるため、使用しない。

B．顔面の損傷が重度な場合は、気管チューブの挿管または気管切開を検討する。

C．加湿した酸素を100mL/kg/分で投与する。100%酸素の投与は、24時間を超えてはならない。酸素中毒を避けるため、可能な限り早く酸素濃度を低下させる。パルスオキシメーターを用いて酸素飽和度（Sp_{O_2}）をモニターし、90%以上を維持する。酸素補給の不良、Pa_{CO_2} ＜50mmHg、総CO_2上昇、無呼吸を呈する場合は、機械的人工換気を行う。

Ⅰ．混迷または半昏睡状態の症例に機械的人工換気を行う場合は、挿管時の発咳を抑制するため、犬では2%リドカイン0.75mg/kgをⅣ投与する。猫ではリドカインを咽頭にスプレーする（リドカインは、猫には毒性を発現するため、使用は最低限とする）。

Ⅱ．挿管に際し、鎮静を要する場合は、Ⅳ投与薬を使用する。頭部外傷症例には、ケタミン投与は禁忌である。

Ⅲ．犬には、抜管前に2%リドカイン0.75mg/kgをⅣ投与する。

Ⅳ．昏睡により低換気が誘発された場合は、ナロキソン0.01～0.04mg/kgのⅣ、IM、SC投与を検討する。

4．Ⅳカテーテルを留置する。頸静脈カテーテルは避ける。

5．Ⅳ輸液を行う。

A．初期投与

犬：ヘタスターチ14～20mL/kg Ⅳおよび7.5% NaCl 4mL/kg Ⅳ

猫：ヘタスターチ14～20mL/kg Ⅳおよび7.5% NaCl 2mL/kg Ⅳ

B．持続投与

犬：調整電解質晶質液（ノーモソル®-R、LRS）40mL/kg/時

猫：調整電解質晶質液（ノーモソル®-R、LRS）20mL/kg/時

C．脱水を呈する場合

犬：調整電解質晶質液（ノーモソル®-R、LRS）60～70mL/kg/時

猫：調整電解質晶質液（ノーモソル®-R、LRS）20～40mL/kg/時

D．脱水を認める場合――7.5% NaClは使用しない。

6．平均動脈圧または収縮期血圧をモニターする。

A．平均動脈圧＝（収縮期圧－拡張期圧）/3＋拡張期圧

B．正常な脳灌流圧を維持するために、平均動脈圧を80～100mmHg、収縮期圧を120～140mmHgに維持する。

C．圧迫できない部位（腹部、胸部、頭蓋）に出血が生じている場合は、高血圧にならないように注意する。

Ⅰ．犬の高血圧の定義――収縮期圧＞180mmHg

Ⅱ．猫の高血圧の定義――収縮期圧＞160mmHg

Ⅲ．眼内圧（IOP）の上昇の徴候がないか、神経学的評価を再度行う。

Ⅳ．疼痛によって誘発される高血圧を低減するため、オピオイド系鎮痛薬を投与する。

a．モルヒネ（犬のみ）：0.3～0.5mg/kg IM、SC

b．オキシモルホン：0.05～0.2mg/kg IM、SC、IV

c．ヒドロモルホン：0.05～0.2mg/kg IM、SC、IV

D．持続的失血がなく、循環血流量が再充填されたにもかかわらず、低血圧が持続する場合は、以下の薬剤を投与する。

犬ではドブタミン2～20μg/kg/分IV CRI、猫では1～5μg/kg/分IV CRI投与する。または、犬ではドパミン5～10μg/kg/分を投与する。

低用量で投与を開始し、効果発現まで漸増する。頻脈が発現した場合は投与を中止する。昇圧薬投与を終了するには、投与量の漸減を要する。

E．血圧、循環血流量が正常である場合は、IV輸液を2～3mL/kg/時で継続する。

7．フロセミドを投与する。

犬：1～2mg/kg IVまたはIM q6h

猫：0.5～1.0mg/kg IVまたはIM q6～12h

8．浸透圧調整を要する場合は、マンニトールまたは高張食塩水（7.5% NaCl）を投与する（すでに投与されている場合を除く）。最近の研究では、脳浮腫の軽減効果において、高張食塩水はマンニトールより優れていると報告されている。

A．高張食塩水（7.5% NaCl）

犬：10～15分間かけて4mL/kgを緩徐にIV投与する。

猫：10～15分間かけて2mL/kgを緩徐にIV投与する。

B．マンニトール250～1,000mg/kg IV、20分間かけてIV投与。

Ⅰ．マンニトールは、必要に応じて4時間ごとに反復投与する。

Ⅱ．脱水、無尿性腎不全、うっ血性心不全、容量過負荷、高浸透圧状態、頭蓋内出血を呈する症例には、マンニトール投与は禁忌である。これらの症例では、フロセミド1～2mg/kgをIV投与する。

9．鎮静――痙攣発作を認める場合は、ジアゼパム0.5～1.0mg/kgまたはフェノバルビタール2～4mg/kgをIV投与する。

10．状態安定後、頭蓋骨のX線検査、CT検査、MRI検査を行う。

11．急激な状態悪化が生じた場合は、開頭術を要することがある。

12．頭部外傷症例には、ケタミン、コルチコステロイド、ブドウ糖添加輸液剤の使用は避ける。

A．ケタミンは頭蓋内圧を上昇させる。

B．頭部外傷におけるコルチコステロイドの使用は禁忌である。

C．ブドウ糖添加輸液剤の使用は、低血糖が確認されない限り禁忌である。

（急性）脊髄症（対不全麻痺／対麻痺）

診断

ヒストリー――負傷現場の目撃、または負傷した状態で発見される。急性疼痛、苦悶がある。跳躍、走行、横臥後の歩行不能を呈する。

身体検査――

1. 脊髄の病変や障害――脳に影響をもたらさない。意識レベルの変化、脳神経障害、小脳性運動失調、前庭性運動失調などは惹起されない。
2. 頸部脊髄（C1〜C5）の病変――上位運動ニューロン（UMN）性四肢麻痺を認める。病変が左右非対称性である場合は片麻痺となる。
3. 頸胸部（C6〜T2）の病変――通常、後肢のUMN徴候（伸長反射の亢進）と、前肢の下位運動ニューロン（LMN）徴候（伸長反射の低下・消失）を呈する。徴候は、左右非対称の場合がある。重度の病変がない場合は、前肢のUMN徴候のみを認めることもある。
4. 胸腰部（T3〜L3）の病変――通常、対麻痺または片麻痺と、後肢のUMN徴候を認める。後肢脊髄反射は温存され、亢進していることが多い。四肢の伸筋硬直と後肢の弛緩性対麻痺を特徴とするシッフ・シェリントン症候群を認めることがある。
5. L4〜L6神経節の病変――後肢（両側または片側）の麻痺または不全麻痺を認める。前肢は正常である。後肢（両側または片側）における姿勢反応の異常とUMN徴候（膝蓋骨反射の低下・消失、正常な引き込み反射、排尿困難、伸筋緊張の低下・消失）がみられる。
6. L6〜S3神経節の病変――後肢の対麻痺または単麻痺を認める。前肢は正常である。症例により、尾の麻痺・不全麻痺を認めることがある。後肢（両側または片側）に姿勢反応の異常がみられる。後肢または会陰部のLMN徴候（引き込み反射の消失、膝蓋骨反射の亢進、肛門・会陰反射の低下・消失、後肢と尾の筋緊張の低下、排尿・排便困難）を認める。

X線検査――重度の病変であっても、X線画像上に描出されない場合がある。脊髄造影、CT検査、MRI検査は有用であり、術前には必ず行う。単純X線検査は、先天性脊椎形成不全（環椎軸椎不安定症、半側脊椎症）、椎間板脊椎炎、脊椎外傷（骨折、脱臼）、脊椎腫瘍などの診断に有用である。

椎間板疾患に合致する主なX線所見には、以下のものがある。

1. 椎間板間隙の狭小化、楔状化。
2. 椎間板孔の縮小と不透明化。
3. 椎間関節の狭小。
4. 脊柱管内における椎間板物質の石灰化、椎間板間隙内における背側方向への椎間板物質の逸脱。

鑑別診断

1. 神経筋接合部の外傷

2．血栓塞栓症
3．線維軟骨塞栓症（FCE）
4．椎間板ヘルニア（IVDD）
5．脊椎外傷
6．脊髄炎（細菌性、ステロイド反応性）
7．髄膜脊髄炎（感染性、非感染性）
8．脊髄出血
9．頸部脊椎脊髄症（ウォブラー症候群）
10．脊髄腫瘍
11．変性性脊髄症
12．環椎軸椎不安定症
13．椎間板脊椎炎（細菌性、真菌性）
14．キアリ様奇形、脊髄空洞症

予後

予後は、要注意〜不良である。

治療

1．病変部位を特定する。特に運動機能と深部痛覚の有無に注意する。
2．飼育者には、診断、予後、治療費について説明する。
3．運動機能と深部痛覚が温存されている場合は、運動制限、経過観察、内科療法などが選択されることもある。運動機能と深部痛覚が消失している場合は、24時間以内の外科手術が強く推奨される。
4．脊椎骨折は、変位の程度により、運動制限または外科手術を選択する。
5．椎間板ヘルニアが疑われる場合は、以下のA〜Cの3つの選択肢を飼育者に提示する。
　A．脊髄造影、CT・MRIなどの検査、椎弓切除術による減圧を行うために神経科医または外科医を早急に紹介する。または、椎弓切除術を行い、減圧する。椎間板ヘルニアにより対麻痺を生じている場合は、早急な手術を要する。痛覚消失を呈する場合は、痛覚が温存されている症例よりも、予後が悪い。
　B．保存療法——入院管理によりIV輸液療法を行い、抗炎症薬を投与する。
　　I．非ステロイド性抗炎症薬は、グルココルチコイドよりも予後が良く、合併症が低減できるといわれている。
　　　a．メロキシカム
　　　　犬：0.1〜0.2mg/kg IV、SC、PO、単回投与
　　　　　以後は0.1mg/kg PO q24h
　　　　猫：0.1mg/kg IV、SC、PO、単回投与
　　　b．カルプロフェン
　　　　犬：4mg/kg IV、IM、SC、単回投与
　　　　　以後は0.5〜2.2mg/kg IV、IM、SC、PO q12h
　　　　猫：4mg/kg IV、SC、単回投与

c．ケトプロフェン

犬：1～2mg/kg IV

以後は1mg/kg IV、IM、SC、PO q24h 最長5日間

猫：1～2mg/kg IV、SC

以後は1mg/kg IV、IM、SC、PO q24h最長3日間

d．デラコキシブ（Deramaxx®）

犬：3～4mg/kg PO q24h最大7日間

Ⅱ．グルココルチコイドを投与する場合は、コハク酸メチルプレドニゾロンナトリウムを選択し、受傷後8時間以内に投与を開始する。

初期は30mg/kg IV、以後は5.4mg/kg/時IV CRI 24～48時間で持続投与する。

Ⅲ．NSAIDsの投与を禁忌とする症例で、コハク酸メチルプレドニゾロンナトリウムが入手できない場合——初期はリン酸デキサメタゾンナトリウム0.2～0.3mg/kgをIV投与した後、プレドニゾン0.5mg/kg q12hで投与する。脊髄損傷に対する効果が証明されているグルココルチコイドは、コハク酸メチルプレドニゾロンナトリウムのみである。臨床試験では、リン酸デキサメタゾンナトリウムの効果は、コハク酸メチルプレドニゾロンナトリウムよりも低いと報告されている。

Ⅳ．鎮痛薬——ヒドロモルホン、モルヒネ、リドカイン、フェンタニルのCRI投与、トラマドールのPO投与を選択する。猫にはブプレノルフィンを投与する。

Ⅴ．筋攣縮に起因する疼痛を緩和するには、メトカルバモール15～20mg/kg IV、PO q8hで投与する。

Ⅵ．スクラルファートは、消化管潰瘍を軽減する。

犬：0.5～1g/頭PO q8～12hまたは33mg/kg PO q8h

猫：0.25～0.5g/頭PO q8～12h

Ⅶ．プラゾシン

犬：1mg/15kg（0.067mg/kg）PO q8h

猫：0.25～0.5mg/頭PO q12～24h

C．人道的安楽死——飼育者が、介護を望まない、介護ができない、あるいは患者の苦しむ姿に耐えられない場合などに選択する。

6．髄膜炎や髄膜脳炎が疑われる場合は、以下の抗生物質を投与する。また、感染症の抗体価検査を行う。

ST合剤：15mg/kg PO q12h

クリンダマイシン：10～12.5mg/kg PO q12h

ドキシサイクリン：5～10mg/kg IV、PO q12h

7．看護ケア

A．多量の血液を含む血便、メレナをモニターする。消化管出血が生じた場合は、コルチコステロイドの投与量や投与頻度を低減し、アモキシシリン、ミソプロストール、オメプラゾールまたはファモチジンをPO投与する。

B．4〜6時間ごとに圧迫排尿を行うか、尿道カテーテルを挿入する。
C．必要に応じて、浣腸を行う。
D．筋力維持のために理学療法を行う。
E．神経学的検査を繰り返し行い、患者を頻繁に再評価する。姿勢反応検査、跳び直り反応検査、歩様観察は状態悪化を引き起こす恐れがあるため、推奨されない。痛覚、屈曲・伸展反射は、頻繁に再検査する。

下位運動ニューロン疾患

多発性急性神経炎（クーンハウンド麻痺）

多発性急性神経炎は、軸索やミエリン（一方または両方）の免疫介在性疾患である。本疾患は、特定抗原への曝露と、免疫系反応の異常が組み合されることで発症する。免疫抑制薬は無効である。

診断

ヒストリー——下位運動ニューロン（LMN）不全麻痺が急性または亜急性に発症する。症例によっては、アライグマの咬傷歴、声質の変化がある。不全麻痺は急速に進行し、四肢麻痺に至る。
身体検査——通常、脳神経は正常であり、巨大食道症との関連はない。弛緩性の後肢ふらつきが進行し、四肢麻痺に至る様子が観察される。膝蓋骨反射の低下・消失、筋緊張の低下を認め、筋萎縮を呈する可能性がある。
臨床検査——多発性急性神経炎を確定診断できる検査はない。CSF解析では、蛋白量の増加、細胞数の増加を認めることがある。

予後

回復する症例も多いが、同じ病状を繰り返すことが多い。

治療

1．飼育者には、診断、予後、治療費について説明する。
2．長期治療（数週間〜数ヵ月）を要する。
3．褥瘡を予防するため、ウォーターベッド（または類似物）の上に寝かせる。
4．1時間ごとに体位変換を行う。
5．排便、排尿は、腹部圧迫による介助を要することがある。
6．飲食に介助を要することがある。
7．筋萎縮を予防するため、理学療法を行う。
8．重度の呼吸不全を呈する場合は、長期的に人工換気を要することがある。

重症筋無力症

重症筋無力症は、神経筋接合部の疾患で、先天性と後天性に大別される。先天性重症筋無力症では、生後8週齢までに、アセチルコリン受容体の形成不全が観察される。好発する犬種は、スムースフォックステリアと、ジャックラッセルテリアである。

後天性重症筋無力症は、自己免疫疾患であり、あらゆる品種の犬猫に認められるが、特にシャムとアビシニアンに好発する。犬では、ゴールデンレトリーバー、ジャーマンシェパード、ラブラドールレトリーバー、ダックスフントに好発する。

本疾患では、抗体がアセチルコリン受容体に結合することで、アセチルコリン結合が阻害される。

診断

ヒストリー――犬の臨床徴候は、全身型、局所型、劇症型に分別される。全身型では、不全麻痺が後肢に認められ、やがて前肢でも観察される。歩幅縮小と曲弯姿勢を示し、その後、頸部屈曲を呈して虚脱することもある。これらの徴候は、運動誘発性疲労と呼ばれる。短時間の運動でも、症状は誘起されるが、30～60分間ほどの休息を取ると回復する。

局所型では、主に巨大食道による吐出をきたす。また、顔面筋力の低下が生じるため、口唇や眼瞼が下垂し、衰弱したような表情を示す。

劇症型では、重度の臨床徴候が急性発症し、顕著な衰弱を呈する。

身体検査――通常、脳神経は正常であるが、眼瞼の不全麻痺、流涎や呼吸困難を伴う口唇不全麻痺、巨大食道がみられる。最初は後肢の弛緩性進行性不全麻痺を呈するが、やがて全肢に症状を認める。脊髄反射は一般に正常である。筋緊張の低下を呈するが、通常、筋萎縮は生じない。テンシロンテストは、全身型重症筋無力症の診断の一助となる。

テンシロンテストは、下位運動ニューロン不全麻痺が発現するまで、運動させた後、エドロフォニウム（テンシロン®）を投与する。

犬：0.1～0.2mg/kg IV

猫：0.25～0.5mg/頭 IV

投与後、患者が立ち上がり、2～3分間、正常歩行ができれば、陽性と判断する。この方法では、局所型および劇症型の診断はできない。

臨床検査――アセチルコリン受容体の自己抗体は、放射性免疫沈降法によって検出する。アセチルコリン受容体に結合した免疫複合体の評価には、筋生検を行い、免疫細胞の化学的解析を行う。この検査は、先天性の局所型重症筋無力症を診断するのに、最も有用である。

多くの症例では、基礎疾患として甲状腺機能低下症を呈するため、甲状腺検査が推奨される。また、甲状腺ホルモンの補給によって、臨床徴候が改善することがある。筋電図（EMG）および脳脊髄液（CSF）解析では、一般に異常を認めない。

診断的画像検査――全症例で胸部X線検査を行い、巨大食道および誤嚥性肺炎の徴候について評価を行う。

予後

一般には、生涯にわたって持続する疾患であり、誤嚥性肺炎を繰り返すことが多い。先天性重症筋無力症を呈した仔犬では、時に成長に伴って問題が消失することがある。また、診断からおよそ6.4ヵ月で、自然寛解することもある。

治療

1．飼育者には、診断、予後、治療費について説明する。
2．一般に、状態を維持するには、生涯にわたる治療を要する。
3．臭化ピリドスチグミン（メスチノン®）
犬：0.5～3.0mg/kg PO q8～12h
猫：0.25mg/kg PO q8～12h
猫では、ピリドスチグミンシロップを1：1で希釈して投与すると、胃への刺激が軽減される。
4．プレドニゾン
犬：初期の投与量は、0.5mg/kg PO q12h。以後は、1～2週間かけて免疫抑制量まで漸増する。
猫：1～4mg/kg PO q12h
5．アザチオプリン
犬：1mg/kg PO q12h
猫：投与禁忌である。
6．ミコフェノール酸モフェチル（CellCept®）
犬：10～20mg/kg PO q12h。アザチオプリン、プレドニゾンと併用する。
猫：投与禁忌である。
7．頭部と前駆を持ち上げて給餌する。ピリドスチグミンの投与2時間後に給餌するとよい。重力によって食物が胃に流入するように、食後も10～15分間立位を維持させる。

ボツリヌス症

診断

ヒストリー――腐敗物の摂食歴がある。腐敗物には、*Clostridium botulinum*（ボツリヌス菌）によって産生されるC型神経毒前駆体が含有されていることがある。歩幅縮小、摺り足歩行（shuffling gait）を呈する。ふらつきから始まり、24時間以内に、横臥、麻痺へと急速に進行する。患者の周辺で他にも罹患犬を認めることがある。

身体検査――脳神経障害では、瞳孔対光反射の消失、散瞳、顔面筋力の低下、嚥下困難、顎緊張の低下、声質変化などを認める。巨大食道症による吐出を呈する。誤嚥性肺炎を続発する可能性がある。弛緩性進行性不全麻痺が後肢に生じ、やがて全肢に及ぶ。脊髄反射の低下・消失、筋緊張の低下がみられるが、尾振り運動は可能である。呼吸筋麻痺により死に至ることがある。

臨床検査――C型ボツリヌス菌毒が、胃内容物、血液、嘔吐物、糞便中などから検出される。通常、CSF解析は正常である。EMGでは、随意収縮における低振幅、脱神経電位の消失、最大上刺激において導出される筋活動電位の低振幅などを示す。

予後

ほとんどの症例は、支持療法により、3週間以内に回復する。

鑑別診断

狂犬病ウイルスの感染によって、類似した症状を呈することがある。狂犬病である場合は、通常、意識障害を伴う。疑わしい場合は、患者を隔離すること。

治療

1. 飼育者には、診断、予後、治療費について説明する。
2. 抗C型毒素製剤がある場合は、10,000UをIM投与する。4時間空けて2回行う。
3. 褥瘡を予防するため、ウォーターベッド（または類似物）の上に寝かせる。
4. 1時間ごとに体位変換を行う。
5. 排便、排尿は、腹部圧迫による介助を要することがある。
6. 飲食には介助を要することがある。
7. 筋萎縮を予防するため、理学療法を行う。
8. 多発する合併症は、誤嚥性肺炎である。
9. 重度の呼吸不全を呈する場合は、長期的に人工換気を要することがある。
10. ほとんどの症例は、3週間以内に回復する。

ダニ麻痺

診断

ヒストリー――特定種のマダニ（*Dermacentor andersoni*、*Dermacentor variablis*、*Amblyomma americanum*など）の雌に曝露されてから4～9日間以内には、急性発熱、上行性運動神経不全麻痺・麻痺を呈する。原因となるマダニの米国における主な生息地は、ノースカロライナを含む大西洋沿岸地域の中央部である。罹患犬は鳴き声がかすれることがある。

身体検査――通常、脳神経は正常であるが、顔面筋力低下、嚥下困難、顎緊張低下、声質変化を認めることがある。巨大食道との関連性はない。弛緩性進行性不全麻痺が後肢に生じ、やがて全肢に認める。脊髄反射の低下・消失、筋緊張の低下を呈する。呼吸筋麻痺により死に至ることがある。マダニが付着していることがある。マダニの駆除により急速な回復（72時間以内）を示す場合は、確定診断となる。

臨床検査――ダニ麻痺を確定診断できる検査はない。通常、CSF解析およびEMGでは異常を認めない。

予後

大半の症例は回復を示す。マダニの駆除ができれば、予後良好である。

治療

1. 飼育者に、診断、予後、治療費について説明する。
2. マダニの寄生がないか、体表を入念に観察する。
3. マダニが検出できない場合は、駆虫薬溶液による薬浴を検討する。
4. マダニが検出できない場合は、人工換気を含む長期治療（数週間～数ヵ月）を要することがある。

5．褥瘡を予防するため、ウォーターベッド（または類似物）の上に寝かせる。
6．1時間ごとに体位変換を行う。
7．排便、排尿は、腹部圧迫による介助を要することがある。
8．摂食、飲水は、介助を要することがある。
9．筋萎縮を予防するため、理学療法を行う。

その他の下位運動ニューロン疾患

ガラガラヘビ咬症、有機リン中毒症、ネオスポラ原虫症（*Neospora caninum*）などを考慮すること。ネオスポラ原虫症は、12週齢未満の仔犬に発症し、発生は腰仙椎神経根に限局する。

破傷風

破傷風は、創傷部位がクロストリジウム属破傷風菌（グラム陽性、嫌気性有芽胞性細菌）に汚染されることによって生じる。胞子は、神経毒素（テタノスパスミン）と溶血毒素（テタノリジンまたはテタノレプシン）を産生する。テタノスパスミンは神経症状を惹起する。抗破傷風毒素製剤は、この毒素を中和する。テタノリジンは、組織損傷、赤血球の溶解を惹起し、細菌増殖に好適な環境をつくり出す。テタノスパスミンは、神経筋終板からのグリシンとγアミノ酪酸（GABA、抑制性神経伝達物質）の放出を阻害する。これにより、骨格筋運動抑制ニューロンの不可逆的ブロック、自律神経性調律異常、全身性筋攣縮が生じる。回復には、軸索終末からの新たな出芽が必要であり、少なくとも3週間を要する。

犬猫は破傷風に対し、ヒトの200～2,400倍に及ぶ、強い耐性を有している。

診断

ヒストリー――穿孔創、銃創、咬傷などがある。創傷が発見されないこともある。臨床徴候は、創傷部位での感染から3～18日後に生じる。動物の破傷風は、局所型と全身型に大別される。
1．局所型――毒素量が少ない場合に生じる。感染部位では筋硬直を認める。その後、全身型へ進行する場合もある。
2．全身型――四肢の持続性緊張性筋収縮を伴う、極めて重度の筋硬直が惹起される。強拘歩様、尾の上方への伸展、耳の直立、顔面筋の収縮による痙笑（笑顔様表情）などを呈する。開口障害による食欲不振、喉頭痙攣、嚥下困難が観察されることもある。

身体検査――筋伸展反射が亢進するが、固有位置感覚は正常である。強拘性歩様、尾の上方への伸展、耳の直立がみられ、進行すると、開口障害、痙笑、第三眼瞼突出、眼球陥没、喉頭痙攣などの脳神経の徴候が明白となる。さらに症状が悪化すると、横臥し、四肢伸展硬直、後弓反張を呈する。痙攣発作を認めることがある。死亡症例における死因は、一般に呼吸不全または心不全である。光、音、接触などのあらゆる外部刺激に対して過敏となる。なお、ヒトでは自律神経失調が生じ、重度の合併症を引き起こす。グリシンおよびGABA放出阻害に起因する自律神経放電阻害の消失により、交感神経の過活動とカテコールアミン濃度の上昇が生じる。これにより、頻呼吸、頻脈、高血圧、流涎過多、蛋白質の異化亢進などの臨床徴候を認める。その他の合併症には、不整脈、低血圧、血栓症などがある。これらの合併症に対するモニターが必要である。

臨床検査——創傷部位が発見できないため、創傷部位からの破傷風菌の分離とテタノスパスミンの同定が困難な場合は、臨床徴候に基づいて診断を下す。破傷風が疑われる場合は、速やかに積極的治療を開始することが重要である。CBC、生化学検査における異常は、好中球増多症、CPK、AST上昇である。

鑑別診断

四肢硬直と後弓反張を引き起こす他の疾患は、腫瘍、感染、外傷などによる重度脳幹損傷に起因した除脳硬直である。しかし、除脳硬直である場合は、一般に意識障害を伴う。除小脳硬直は、小脳吻側の損傷によって生じる。除小脳硬直では、四肢硬直、後弓反張を呈し、意識障害は生じない。ミオクローヌスは、破傷風と誤診されることがある。ミオクローヌスの主原因は、犬ジステンパー性髄膜脳脊髄炎である。

予後

全身性破傷風の予後は、臨床徴候の重篤度によって左右される。集中治療により、およそ50%の犬が回復する。

治療

1. 飼育者に、診断、予後、治療費について説明する。
2. 救命には、ICUにおいて24時間管理が不可欠である。
3. IVカテーテルを留置する。
4. 維持量でIV輸液を行う。
5. 抗破傷風免疫グロブリン製剤を投与し、循環血中の毒素を中和する。
   A. 馬の抗破傷風血清（ATS）：500～1,000IUをIM、単回投与する。なお、IV※、SC投与も可能である。
      ※IV投与する場合は、チメロサール（チオメサール）を含有していない製剤を選択すること。また、IV投与する前には、少量を試験投与することが望ましい。
   B. ヒト抗破傷風血清（TIG）：500～1,000IUをIM、単回投与する。
   C. くも膜下腔投与により、回復率が上昇する可能性がある。
   D. 副反応をモニターする。
      I. アナフィラキシー反応の徴候には、嘔吐、低血圧、頻脈、蕁麻疹、血管性浮腫、肺水腫、神経学的機能不全などがある。これらの徴候がみられた場合は、抗毒素製剤投与を中止し、エピネフリン・抗ヒスタミン薬・グルココルチコイドを投与する。
      II. アナフィラキシー様反応には、中等度発熱、不安行動、蕁麻疹などがある。これらの徴候がみられた場合は、抗毒素製剤投与を中断し、ジフェンヒドラミンを投与してから抗毒素製剤投与を再開する。ただし、希釈率を上げ、投与速度は下げること。

Ⅲ. 血清病は、抗毒素血清製剤を投与してから1週間以内に発症する。臨床徴候には、蕁麻疹、血管炎、紅斑、リンパ節腫脹、関節腫脹がある。臨床検査において、好中球減少症、蛋白尿、糸球体腎炎などを認める。対症療法により治療を行う。

6. ほぼ完全に回復するまで、薬剤は可能な限りIV投与する。穿刺回数（患者への刺激）を減らすため、IV輸液ラインから投与する。血清製剤は、合併症を低減させるため、例外的にIV投与する。また、ヒト抗破傷風免疫グロブリン製剤は、IM投与のみが承認されている。
7. 破傷風菌の胞子形成と、胞子からの毒素産生・放出を抑止するため、抗生物質を投与する。ヒト破傷風で投与が推奨されている抗生物質は、メトロニダゾールである。選択できる薬剤には、以下のものがある。
   A. メトロニダゾール：10mg/kg IV q8hまたは15mg/kg IV q12h
   B. ペニシリンG：20,000～100,000U/kg IV q6～12h。ただし、痙攣発作の危険性を上昇させる。
   C. クリンダマイシン：5～11mg/kg IV q8～12h
   D. テトラサイクリン：22mg/kg PO q8h
8. 創傷管理――嫌気性菌が増殖する環境を除去するため、目視により確認できる創傷部位は、全てデブリードマンを行い、徹底的に洗浄する。
9. 副交感神経遮断薬（アトロピン、グリコピロレート）を投与し、頻脈の改善と気道分泌の低減を図る。
   A. 硫酸アトロピン：0.02mg/kg IV、IM、SC
   B. グリコピロレート：0.01mg/kg IV、IM、SC
10. 発作に対しては、ベンゾジアゼピンまたはフェノバルビタールなどを状態に応じて投与する。
   A. ジアゼパム：0.5～1mg/kg IV。必要に応じて投与する。
   B. ミダゾラム：0.2～0.4mg/kg IV
   C. フェノバルビタール：2～4mg/kg q8h
   D. ペントバルビタール：3～15mg/kg IV。効果発現まで投与する。
11. 筋攣縮を抑制するため、フェノチアジンおよびメトカルバモールなどを投与する。
   A. アセプロマジン：0.1～0.2mg/kg IM、IV q6h
   B. クロルプロマジン：0.5～1mg/kg IV q8h
   C. メトカルバモール：55～220mg/kg IV。330mg/kg/日を超えてはならない。最初は投与量の1/2を投与し、患者の状態を観察する。その後、必要に応じて残量を緩徐に投与する。
12. 栄養サポート
   A. 胃瘻チューブ――内視鏡下において経皮的胃切開により設置する。これが最善の方法であると考えられる。設置には全身麻酔を要する。腹膜炎を誘発する危険性がある。

B. 食道瘻チューブ——第二選択肢となる。設置には全身麻酔を要する。逆流性食道炎、誤嚥性肺炎を誘発する危険性がある。

C. 経鼻食道チューブ、経鼻胃チューブ——喉頭・鼻腔を持続的に刺激する可能性がある。逆流性食道炎、誤嚥性肺炎を誘発する危険性がある。投与できる食物の量や種類は制限される。

D. 逆流や誤嚥の危険性を低減させるため、給餌中はベッドの頭側を30°持ち上げる。

13. 音や光などの刺激が少ない場所を選び、患者をクッション性の高いベッドに寝かせる。
14. 筋痙攣を抑制するため、ダントロレン0.2〜1mg/kgをIV投与することがある。
15. 正常な腎機能が維持されている症例では、自律神経調律の回復と筋攣縮の抑制を目的にマグネシウムを投与するとよい。基準値を上回る2〜4mmol/Lで維持する（基準値＝0.7〜1.05mmol/L）。重度の低カルシウム血症とマグネシウム中毒症に注意してモニターする。マグネシウム中毒症の初期には、膝蓋腱反射消失が起こる。
16. 重度喉頭痙攣を呈する場合は、気管切開が必要である。
17. 呼吸不全を呈する場合は、陽圧換気が必要である。
18. 体位変換は、2〜4時間ごとに行う。
19. 排尿困難を呈する場合は、滅菌尿道カテーテルを用いて導尿を行う（導尿後はカテーテルを抜去する）。
20. 症例により、浣腸や用手による糞便除去を要することがある。
21. 口腔内を湿潤かつ清潔に保つため、0.1％酢酸クロルヘキシジン口腔洗浄液を用いて、定期的に口腔内を洗浄する。
22. 早ければ1週間以内に徴候の改善が認められる。通常、回復には3〜4週間の治療を要する。

前庭疾患

診断

ヒストリー——稟告には、急性発症の斜頸、旋回、眼振、転倒、回転などがある。眩暈が疑われるような行動、嘔吐、食欲不振、時に沈うつがみられる。また、耳道感染、咽喉頭感染、頭部外傷などの病歴、アミノグリコシド投与歴がある。

身体検査（表13-1）——

1. 末梢性前庭疾患——病変側への傾斜・旋回・回転、斜頸方向と反対側への急速相を示す水平眼振・回転眼振を認める。また、斜頸方向と反対側での四肢伸筋緊張の亢進と、同側での四肢伸筋緊張の低下がみられる。
2. 中枢性前庭疾患——病変側または反対側への斜頸、水平眼振・回転眼振・垂直眼振、片麻痺または四肢麻痺を認める。また、固有位置感覚消失、測定過大、頭部の上下動、振戦がみられる。意識レベルは正常から昏睡である。

臨床検査——

1．CBC、生化学検査を行う。
2．患者の居住地域に認められるリケッチアや真菌に対する血清抗体価検査を行う。

頭蓋骨X線検査（麻酔下）——鼓室包の評価を目的とした開口画像は、特に有用である。

特定疾患の検出に有用な追加検査——CSF穿刺、CSF解析、脳から鼓室包のCT検査、MRI検査などが有用である。

鑑別診断

1．末梢性前庭疾患——内耳炎、中耳炎、頭部外傷、内耳外傷、特発性猫前庭症候群、特発性犬前庭症候群、先天性前庭疾患、甲状腺機能低下症、アミノグリコシド中毒症、その他の中毒症、鼻咽頭・耳咽頭ポリープ、耳腫瘍、第Ⅶ脳神経腫瘍、第Ⅷ脳神経腫瘍。
2．中枢性前庭疾患——肉芽腫性髄膜脳炎、壊死性髄膜脳炎、ウイルス性髄膜脳炎（FIP、犬ジステンパー）、原虫性髄膜脳炎（トキソプラズマ症、ネオスポラ症）、細菌性髄膜脳炎（バルトネラ症、エールリッヒア症、その他のリケッチア症、膿瘍）、真菌性髄膜脳炎（ブラストミセス症、クリプトコッカス症、コクシジオイド症など）、水頭症、脳血管疾患、頭蓋内腫瘍（髄膜腫、神経膠腫、リンパ腫、転移性腫瘍病変など）脳梗塞、脳幹外傷、メトロニダゾール中毒症。

予後

予後は様々である。末梢性前庭疾患の予後は、中枢性前庭疾患よりも良好である。老年性前庭疾患の犬は、通常2〜3週間以内に回復し、再発は少ない。

表13-1　末梢性前庭疾患と中枢性前庭疾患の鑑別

	中枢性	末梢性
自発眼振	水平性	水平性
	回転性	回転性
	垂直性	
誘発（頭位）眼振	変化する	一定
斜頸	存在する	存在する
脳神経障害	Ⅶ以外	Ⅶ
ホーナー症候群	+/−	+/−
姿勢反射	存在する	欠如する

Bagley, RS, The veterinary clinics of North America: small animal practice, intracranial disease, Vol. 26, No. 4, 1996: 697 ©Elsevierより許可を得て掲載。

治療

1．飼育者に、診断、予後、治療費について説明する。
2．IVカテーテルを留置する。
3．耳鏡検査を行う。必要に応じて、耳道疾患の治療を行う。
   A．鼓膜が正常であることが確認されるまでは、滅菌生理食塩水または精製水で洗浄する。油性の点耳薬は避ける。
   B．クロラムフェニコール、エンロフロキサシン、ST合剤のいずれかとセファレキシンを投与し、内耳感染をコントロールする。
   C．内耳感染を認める場合は、鼓膜切開術・採材を行い、培養と感受性試験を行う。鼓膜切開術のために専門医を紹介する場合は、抗生物質の投与を開始してはならない。専門医の受診のために、治療を24時間遅らせても、通常は問題にならないが、採材前に抗生物質の投与を開始すると、適切な治療ができない恐れがある。
4．老年性（良性特発性）前庭疾患には、コルチコステロイド投与は禁忌である。また、抗生物質は無効である。
5．抗ヒスタミン薬は、嘔吐中枢からの前庭刺激に拮抗することで、悪心を軽減させる。
   A．メクリジン（Bonine®）：12.5～25mg/kg PO q 24h
   B．ジメンヒドリナート（Dramamine®）：4～8mg/kg PO q8h
      犬：50mg錠の1/4～1錠q8～24h
      仔犬（体重＝1～4kg）：50mg錠の1/8錠q8～24h
      猫：50mg錠の1/4錠q8～24h
   C．ジフェンヒドラミン（Benadryl®）：2～4mg/kg PO、IM q8h
   D．マロピタント（Cerenia®）
      犬：8mg/kg PO q24h。2日間投与する。
6．必要に応じて、IV輸液を行う。
7．自傷を予防するため、必要に応じて鎮静を行う。
   A．猫および5kg以下の小型犬：ジアゼパム1～2mg IV
   B．5～12kgの犬：ジアゼパム5mg IV
   C．12kg以上の犬：ジアゼパム10～15mg IV
8．患者は、薄暗く、静かな場所で管理する。

振戦

定義

振戦（tremor）は、動筋と拮抗筋が交互に収縮と弛緩を繰り返すことによって生じる。不随意的・律動的・規則的な運動であり、局所性または全身性に生じる。

企図振戦は、随意運動中に生じる。また、随意運動により悪化する。特に、摂食などの高度にコントロールされた運動において目立つ。企図振戦は、小脳疾患において認められる。

体位性振戦は、頭部・頸部・体幹・前肢に生じる微小振戦であり、患者が自力で体を支えていない時には消失する。体位性振戦は代謝性疾患に伴って生じる。

線維束性収縮（fassiculation）は、運動器疾患に併発する筋線維の収縮であり、振戦でみられるような四肢・体幹の律動的な運動は示さない。

ミオクローヌスは、痙動を惹起する局所的筋収縮を特徴とし、犬ジステンパーウイルス感染症に併発する。

診断

ヒストリー――振戦の発症、進行、重症度は原因疾患によって異なる。振戦は、軽度で局所性から重度で全身性のものまで多様である。不安行動が認められることがある。起立や歩行能力は阻害される。

身体検査――高体温、運動失調、測定過大、斜頸、威嚇反射低下を認める。軽度で局所性から重度で全身性振戦がみられる。興奮により症状が誇張されることがある。時に、眼球クローヌス（外眼筋振戦に起因する異常な眼球運動）が発現する。

臨床検査――CBC、電解質を含む生化学検査を行う。患者の状態に応じた追加検査を行う（中毒症と感染症のスクリーニング）。

鑑別診断

1. 先天性ミエリン形成不全――チャウチャウ、ダルメシアン、スプリンガースパニエル、スコティッシュテリア、ワイマラナー、サモエド、バーニーズマウンテドッグ、ラーチャー。
   - A. 低髄鞘形成
   - B. 髄鞘形成障害
2. 中毒症――異嗜食によるカビ毒、ヘキサクロルフェン、鉛、有機リン酸塩、カルバメート、ピレスリン・ピレスロイド、イベルメクチン、ブロムサリン、テオブロミン（チョコレート）、メタアルデヒド、ストリキニーネ。
3. 炎症
   - A. ステロイド反応性振戦症候群――ホワイトドッグ振戦症候群（SRTS）とも呼ばれる。コルチコテロイド反応性の髄膜脳炎であり、振戦を引き起こす。振戦の程度は、軽度から身体機能失調を伴うものまで多様である。被毛の色に関係なく、全犬種に生じる。主に若齢から成熟齢の小型～中型犬種に認められる。全身性振戦が急性発症し、急速に進行する。
   - B. 肉芽腫性髄膜脳炎
   - C. 原因不明の髄膜脳炎
4. 代謝性疾患
   - A. 肝性脳症
   - B. 尿毒症性脳症
5. 感染症
6. 薬剤療法――フェンタニル、ドロペリドール、エピネフリン、イソプロテレノール、5-フルオロウラシル。

予後

予後は、原因疾患によって異なる。SRTSの予後は、一般に極めて良好である。

治療

1．飼育者に、予後、治療費について説明する。
2．治療前に採血を行う。
3．IVカテーテルを留置する。
4．非特異的中毒症が疑われる、またはその可能性がある場合は治療を行う。
　A．鎮静、挿管を施し、胃洗浄を行う。
　B．活性炭をPO投与する。
　C．IV輸液を行う。
5．振戦を抑制するため、以下の薬剤を投与する。
　ジアゼパム：0.5〜3.0mg/kgを緩徐にIV投与する。
　ペントバルビタールナトリウム：4〜8mg/kg
6．必要に応じて、ジアゼパム0.1〜0.5mg/kg/時をIV CRI投与する。
7．SRTSが疑われる場合は、プレドニゾンを1〜2mg/kg q12hで投与する。
8．ジアゼパム以外の薬剤には、以下のものがある。
　クロラゼパート水素二カリウム：0.5〜1.0mg/kg PO q12h
9．SRTSが疑われる場合は、ジアゼパム0.1〜1.0mg/kg PO q8〜12h、クロラゼパート水素二カリウムのいずれかと、プレドニゾロン3週間分を退院時に処方する。

犬の痙攣発作

診断

ヒストリー――稟告には、運動性痙攣発作（意識消失、臥位、全身性の痙攣運動）、幻覚、瞳孔散大、咀嚼様運動、流涎、糞尿失禁などがある。

軽度の全身性痙攣発作では、意識レベル低下、軽度両側性痙攣を呈するが、横臥を伴わない。持続時間は数秒である。耳、眼瞼、洞毛（ヒゲ）の周囲の顔面筋攣縮、振戦、流涎、尿失禁を認める。

犬における部分発作の発生頻度は低い。部分発作は、うつろな表情や反応性欠如、片側性顔面筋攣縮、頭部回転、単肢または片側前後足の律動的運動、幻覚、啼鳴、狂乱走行、旋回、咬み付きなどを特徴とする。

異常行動に続き、通常は発作後の徴候（不安行動、混乱、強制歩行、口渇、空腹、眠気など）を認める。

痙攣重責は、高頻度に発作が反復し、間欠期にも意識回復が得られない、または単一の発作が長く持続することで30分間以上継続する発作を指す。痙攣重責は生命にかかわる救急疾患であり、速やかな治療を要する。

身体検査――患者は、正常・痙攣発作後・発作中のいずれかの状態で来院する。チアノーゼや呼吸困難を呈する場合は、酸素補給を行う。高体温を示す場合は、IV輸液と冷却処置を行う。

臨床検査――

1．来院したら、直ちにミニマムデータベースを評価する。

A．PCV、TS（≒TP）

B．簡易検査スティックによるBUNの測定

C．血糖値の簡易測定

D．血清カルシウム濃度（イオン化カルシウム濃度が望ましい）

E．全血または血清乳酸濃度

2．時間があれば、以下の診断項目も評価する。

A．CBC

B．ALT、SAP（アルカリフォスファターゼ）、BUN、クレアチニン値、電解質を含む生化学検査

C．血液ガスの分析

D．エチレングリコールテスト――敷地外への徘徊歴など、エチレングリコールへの曝露が否定できない場合に行う。

E．追加試験――感染疾患の抗体価検査、中毒症スクリーニングなどを行う。

鑑別診断

患者が1歳齢未満または7歳齢以上である場合、初発の部分発作を認めた場合、4週間以内に発作の再発を認めた場合、行動変化が生じた場合は、原因疾患を特定できることが多い。疑われる疾患には、以下のものがある。

1．狂犬病

2．特発性てんかん

3．先天異常

4．水頭症

5．髄膜脳炎――品種特異性、炎症性、感染性、免疫介在性、原因不明

6．犬ジステンパー性脳炎

7．トキソプラズマ症

8．クリプトコッカス症

9．コクシジオイデス症

10．リケッチア症

11．重度消化管内寄生虫症

12．門脈体循環シャント

13．中枢神経系の腫瘍

14．低酸素症、大脳外傷

15．低血糖症――新生仔性、インスリノーマなど。

16．低カルシウム血症

17．高リポ蛋白血症――特にシュナウザー

18．破傷風

19．中毒症――エチレングリコール、有機リン酸塩、カルバミン酸塩、ストリキニーネ、メトアルデヒド、鉛、ピレスリン、ピレスロイド、塩化炭化水素、クロゴケグモ咬傷、褐色イトグモ咬傷、ヒキガエル毒素、ガラガラヘ

ビ毒素、三環系抗うつ薬、マリファナ、各種の有毒植物の摂取など。

予後

予後は、原因疾患によって異なる。

治療

1．飼育者に、診断、予後、治療費について説明する。
2．観察と治療を行うため、患者を入院させる。
3．IVカテーテルを留置する。静脈内カテーテルは、可能であれば橈側皮静脈に設置する。頸静脈は避ける。
4．治療前に採血を行う。血清分離チューブは、フェノバルビタール濃度測定に影響を与えるため使用を避ける。誤って血清分離チューブを使用した場合は、速やかにプレーンチューブ（赤色のキャップ）へ血液を移し替える。
5．ジアゼパムまたはペントバルビタールをIV投与し、発作をコントロールする。
   A．ジアゼパム0.7～3.0mg/kgをIV投与する。十分に効果が発現するまで5分間待つ。必要に応じて、反復投与が可能である。静脈の確保ができない場合は、0.5～1.0mg/kgを経直腸投与をしてもよい。
   B．ジアゼパムが著効しない場合は、ペントバルビタール2～15mg／kgを緩徐にIV投与する。
   C．頭蓋内疾患が原因として疑われる場合、2回以上の痙攣が生じた場合、1回の痙攣が60秒間以上持続した場合は、ジアゼパムを投与する。
      痙攣発作が生じるごとに、新たな発作発生の危険性が増す。したがって、発作の反復を抑制することが非常に重要である。
6．ジアゼパムまたはペントバルビタールが入手できない場合、または奏功しない場合は、代替法として以下の薬剤を投与する。
   A．ミダゾラム：0.07～0.2mg/kg IV、IMまたは0.05～0.5mg/kg/時IV CRI
   B．プロポフォール：6mg/kg IV。1～2mg/kgに分割し、効果発現までボーラス投与を反復する。以後は0.1～0.2mg/kg/分IV CRI投与する。
      この方法は、特に肝疾患を有する（または疑われる）症例に適した痙攣発作のコントロール法である。
   C．チオペンタール：10～20mg/kg IV。2～4mg/kgに分割し、効果発現までボーラス投与を反復する。
7．フェノバルビタールを併用する。1回目は2～3mg/kg IV。20分間隔で、最大16mg/kgまでボーラス投与の反復が可能である。
   A．フェノバルビタール投与中でない犬の負荷用量：6～8mg/kg PO
   B．フェノバルビタール投与中の犬の負荷用量：2～4mg/kg PO
   C．フェノバルビタール投与中でない犬に推奨される代替法――フェノバルビタールが速やかに有効血清濃度に到達するように、以下の計算式により負荷用量を算出する。

負荷用量（総量mg）＝要求する血清濃度（μg/mL）×体重（kg）×0.8L/kg

D．フェノバルビタール投与中の症例では、採血し（血清分離チューブは使用しない）、STATフェノバルビタール血清濃度測定を検査機関に依頼する。フェノバルビタールの有効血清濃度底値は20～40μg/mLである。

E．フェノバルビタール投与中の症例において、血清濃度を1μg/mL上昇させるには、フェノバルビタール1mg/kgを投与する。血清濃度は、緩徐に上昇させ、上昇幅が5μg/mLを超えないようにする。

8．フェノバルビタールが有効でない、または禁忌である場合は、臭化物による発作のコントロールを試みる。臭化物は単独使用または併用が可能である。臭化カリウムまたは臭化ナトリウムを用いる。

A．猫では臭化物の投与により肺炎が生じる恐れがあるため、臭化物は投与禁忌である。

B．臭化カリウム――初期の投与量は、20～30mg/kg q24hである。食餌とともに投与する。嚥下できない症例では、直腸投与するか、経口胃チューブを用いて投与する。

C．臭化ナトリウム――初期投与量は、17～26mg/kg q24hである。食餌とともに投与する。臭化カリウムよりも臭化物の含有濃度が高いため、投与量は臭化カリウムよりも15％少ない。

D．速やかに目標血清濃度へ到達させるため、初期は臭化カリウムを50mg/kg q6hで2日間連続投与する。

E．維持量で投与開始後、1ヵ月および3ヵ月の時点での臭化物の血清濃度を測定する。単独使用する場合の目標血清濃度は1～3mg/mL、フェノバールと併用する場合の目標血清濃度は1～2mg/mLである。

F．塩化物の含有量の多い食物（Eukanuba Response Formula FP®、Hill's h/d®、s/d®、i/d®など）を与えている場合の推奨投与量は、50～80mg/kg PO q24hまたは25～40mg/kg PO q12hである。

G．臭化物療法の副作用には、多食、多飲多尿、元気低下、運動失調、鎮静、四肢硬直、嘔吐、いらいら、不安行動、掻痒性発疹、発咳などが報告されている。

H．臭化物中毒症の徴候には、行動異常、昏睡、昏迷、運動失調、不全対麻痺、四肢不全麻痺、嚥下困難、巨大食道症などがある。

9．直腸温を測定する。直腸温＞39.5℃である場合は、冷却処置を行う。

10．必要に応じて、酸素補給を行う。

11．低血糖症――10％ブドウ糖溶液（ブドウ糖1g/kg）を緩徐にIV投与する。

12．低カルシウム血症――10％グルコン酸カルシウム0.5～1.5mL/kgを5～10分間かけて緩徐にIV投与する。

13．脱水がない場合は、維持量でIV輸液（調整電解質液または生理食塩水）を行う。ジアゼパムをCRI投与する可能性がある場合は、生理食塩水を用いる。

14．発作活動が持続している、または原因疾患として炎症性疾患が疑われる場合は、リン酸デキサメタゾンナトリウム0.2～0.5mg/kgをIV、単回投与する。

15. 脳浮腫が疑われる場合
  A. 酸素補給を行う。
  B. 高張食塩水（7.5% NaCl）：4mL/kg
  C. マンニトール200～1,000mg/kgを20分間かけて緩徐にIV投与する。
16. 痙攣発作のコントロールが困難な場合は、ジアゼパムまたはフェノバルビタールの持続点滴を行う。
  A. ジアゼパム
    Ⅰ. ジアゼパム：0.1～0.5mg/kg/時IV CRI。2.5%または5%ブドウ糖を0.9% NaClに添加して投与する。
    Ⅱ. 投与が終了したら漸減する。6時間ごとに流量を50%低下させる。これを少なくとも2回反復する。
    Ⅲ. ジアゼパムCRI投与中は、フェノバルビタールIV投与も継続する。
  B. ペントバルビタール
    Ⅰ. 初期は他の麻酔薬投与を中断した後、2mg/kg以上の用量で効果発現まで緩徐にIV投与する。
    Ⅱ. ボーラス投与後は、ペントバルビタールを調整電解質液に添加し、5mg/kg/時をCRI IV投与する。
    Ⅲ. 個々の症例に合わせ、標準投与量3～10mg/kg/時の範囲内で調節を行う。
    Ⅳ. 一定の麻酔下で6時間継続投与する。以後は、6時間ごとに1mg/kg/時の減薬を行う。ペントバルビタールCRI投与は約24時間継続する。
    Ⅴ. ペントバルビタールCRI投与中は、フェノバルビタールIV投与も継続する。
  C. ジアゼパムやペントバルビタールの持続点滴中は、十分な支持療法を行う。
    Ⅰ. クッション性の高いベッドに寝かせる。
    Ⅱ. 4時間ごとに体位変換を行う。
    Ⅲ. 呼吸数、心拍数、体温、血圧、酸素飽和度を1時間ごとに測定する。
    Ⅳ. 咽頭反射が不十分である場合は、気管チューブを挿管する。
    Ⅴ. 広域スペクトル抗生物質を投与する。
    Ⅵ. フェノバルビタールをIV、BID投与する。
    Ⅶ. PuraLube® などの滅菌眼軟膏で眼を保護する。
  D. 発作のコントロールが困難で、ジアゼパムやペントバルビタールが使用禁忌（肝性脳症症例など）である場合は、イソフルランで麻酔維持を行う。
    Ⅰ. 麻酔を施す場合は、人工換気を行う。
    Ⅱ. 酸素飽和濃度（1時間ごと）と血液ガス（2～4時間ごと）に測定し、酸素濃度をモニターする。
17. 診断を下す。

A．心疾患の除外
B．中毒症
C．低血糖症
D．アレルギー反応
E．子癇
F．肝疾患
G．中枢神経系疾患
H．感染症（ジステンパー）
I．原因疾患の究明を図り、診断が得られ次第、特異的治療を開始する。

18. てんかんが疑われる場合は、回復期にフェノバルビタールのPO投与を開始し、血中濃度を維持する。
A．フェノバルビタール
2～5mg/kg PO q8～12h
B．有効血清濃度への到達を促進するために、投与開始から4日間は、上記の2倍量を投与してもよい。

19. 維持期おいて、犬には以下の薬剤を投与する。
A．ゾニサミド
単独使用する場合：5mg/kg PO q12h
他の抗痙攣薬と併用する場合：5～10mg/kg PO q24h
B．レベチラセタム
単独・併用：20mg/kg PO q8h
C．ガバペンチン――フェノバルビタールや臭化物との併用により、抗痙攣作用を強化する。
初期の投与量：10mg/kg PO q8h

猫の痙攣発作

診断

ヒストリー――運動性痙攣発作（意識消失、臥位、全身性の痙攣運動）、幻覚、立毛、咀嚼様運動、流涎、瞳孔散大、糞尿失禁などがある。痙攣発作は激しいことが多く、打撲・舌の噛み傷などの自傷を伴うこともある。

軽度の全身性痙攣発作では、意識レベル低下、軽度の両側性痙攣を呈するが、横臥を伴わない。持続時間は数秒である。耳、眼瞼、洞毛（ヒゲ）周囲の顔面筋攣縮、振戦を認める。

部分発作は、うつろな表情や反応性欠如、片側性顔面筋攣縮、頭部回転、単肢または片側前後足の律動的運動、幻覚、啼鳴、狂乱走行、旋回、自咬、咬み付きなどを特徴とする。

異常行動に続き、通常は発作後の徴候（不安行動、混乱、強制歩行、口渇、空腹、眠気など）を認める。

痙攣重責は、高頻度に発作が反復し、間欠期にも意識回復が得られない、または単一の発作が長く持続することで30分間以上継続する発作を指す。痙攣重責は生命にかかわる救急疾患であり、速やかな治療を要する。

身体検査――患者は、正常・痙攣発作後・発作中のいずれかの状態で来院する。
臨床検査――

1. 来院したら、直ちにミニマムデータベースを評価する。
   A. PCV、TS（≒TP）
   B. BUN、クレアチニン値
   C. 血糖値
   D. 血清カルシウム濃度（イオン化カルシウム濃度が望ましい）
2. 時間があれば、以下の診断項目も評価する。
   A. CBC
   B. ALT、SAP（アルカリフォスファターゼ）、BUN、クレアチニン値、電解質を含む生化学検査
   C. 血液ガスの分析
   D. エチレングリコールテスト――敷地外への徘徊歴など、エチレングリコールへの曝露が否定できない場合に行う。
   E. 血清抗体検査――トキソプラズマ症、猫伝染性腹膜炎（FIP）、猫白血病ウイルス（FeLV）、猫免疫不全ウイルス（FIV）。
   F. 追加試験――感染疾患の抗体価検査、中毒症スクリーニングなど。

鑑別診断

原発性特発性病因は、猫ではまれである。

1. 感染症
   A. トキソプラズマ症
   B. 猫伝染性腹膜炎（FIP）
   C. 猫白血病ウイルス（FeLV）
   D. 猫免疫不全ウイルス（FIV）
   E. 狂犬病
2. 原因不明の髄膜脳炎
3. 虚血性脳症
4. 髄膜腫
5. 二次的低酸素障害を伴う赤血球増多症
6. 頭部外傷
7. 脳膿瘍
8. 先天異常
9. 原発性特発性痙攣
10. 肝性脳症
11. 低血糖症
12. 低カルシウム血症
13. 中毒症――エチレングリコール、有機リン酸塩、カルバミン酸塩、ストリキニーネ、メトアルデヒド、鉛、ピレスリン、ピレスロイド、塩化炭化水素、クロゴケグモ咬傷、褐色イトグモ咬傷、ヒキガエル毒素、ガラガラヘビ毒素、三環系抗うつ薬、マリファナ、各種の有毒植物摂取など。

予後

予後は、原因疾患によって異なる。発作の程度と臨床転帰は相関しない。

治療

1．飼育者に、診断、予後、治療費について説明する。
2．IVカテーテルを留置する。
3．治療前に採血を行う。血清分離チューブは、フェノバルビタール濃度の測定に影響を与えるため使用を避ける。誤って血清分離チューブを使用した場合は、速やかにプレーンチューブ（赤色のキャップ）へ血液を移し替える。
4．ジアゼパムまたはペントバルビタールをIV投与し、発作をコントロールする。
  A．ジアゼパム0.5～3.0mg/kgをIV投与する。十分に効果が発現するまで5分間待つ。必要に応じて、反復投与が可能である。静脈の確保ができない場合は、0.5～1.0mg/kgを経直腸投与をしてもよい。平均的な体格の猫には、ジアゼパム2mgをIV投与する。
  B．ジアゼパムが著効しない場合は、ペントバルビタール2～4mg/kgを緩徐にIV投与する。
  C．頭蓋内疾患が原因として疑われる場合、2回以上の痙攣が生じた場合、1回の痙攣が60秒間以上持続した場合は、ジアゼパムを投与する。
5．フェノバルビタールを併用する。1回目は2.5mg/kg IV。20分間隔で、最大16mg/kgまでボーラス投与の反復が可能である。
  A．フェノバルビタール投与中でない猫に推奨される代替法――フェノバルビタールが速やかに有効血清濃度に到達するように、以下の計算式により負荷用量を算出する。

$$負荷用量（総量mg）＝要求する血清濃度（\mu g/mL）\times 体重（kg）\times 0.8L/kg$$

  B．フェノバルビタール投与中の症例では、採血し（血清分離チューブは使用しない）、STATフェノバルビタール血清濃度の測定を検査機関に依頼する。フェノバルビタールの有効血清濃度底値は10～30μg/mLである。
  C．フェノバルビタール投与中の症例において、血清濃度を1μg/mL上昇させるには、フェノバルビタール1mg/kgを投与する。血清濃度は、緩徐に上昇させ、上昇幅が5μg/mLを超えないようにする。
6．直腸温を測定する。直腸温＞39.5℃である場合は、冷却処置を行う。
7．必要に応じて、酸素補給を行う。
8．塩酸チアミン2mg/kgをIM、IV投与する。
9．低血糖症――10％ブドウ糖溶液（ブドウ糖1g/kg）を緩徐にIV投与する。
10．脱水がない場合は、維持量でIV輸液（調整電解質液または生理食塩水）を行う。脱水がある場合は、必要量まで増加する。ジアゼパムをCRI投与する可能性がある場合は、生理食塩水を用いる。
11．発作活動が持続している、または原因疾患として炎症性疾患が疑われる場合は、リン酸デキサメタゾンナトリウム1〜3mg/kgをIV、単回投与する。

12. 脳浮腫が疑われる場合
    A. 酸素補給を行う。
    B. 高張食塩水（7.2% NaCl）：2〜3mL/kg IV
    C. マンニトール：100〜500mg/kgを20分間かけて緩徐にIV投与する。
13. 痙攣発作のコントロールが困難な場合は、ジアゼパムの持続点滴を行う。
    A. ジアゼパム：0.1〜0.5mg/kg/時CRI IV。2.5%または5%ブドウ糖を0.9% NaClに添加して投与する。
    B. 投与が終了したら漸減する。6時間ごとに流量を50%低下させる。これを少なくとも2回反復する。
    C. ジアゼパムの輸液バッグに、フェノバルビタール0.5〜1.0mg/kg/時を追加してもよい。
    D. ジアゼパムの持続点滴中は、十分な支持療法を行う。
        Ⅰ. 寝床を快適にする。
        Ⅱ. 4時間ごとに体位変換を行う。
        Ⅲ. 呼吸数、心拍数、体温、血圧、酸素飽和度を1時間ごとに測定する。
        Ⅳ. 気管内チューブを挿管する。
        Ⅴ. 広域スペクトル抗生物質を投与する。
        Ⅵ. フェノバルビタールをIV、BID投与する。
        Ⅶ. PuraLube® などの滅菌眼軟膏で眼を保護する。
            バシトラシン、ネオマイシン、ポリミキシン（BNP軟膏）は、猫にアナフィラキシーショックによる死を惹起する恐れがある。このため、これらを含有した眼科用薬は、猫に使用しない。
    E. 発作のコントロールが困難で、ジアゼパムが使用禁忌（肝性脳症症例など）である場合は、イソフルランで麻酔維持を行う。
        Ⅰ. 麻酔中は、人工換気を行う。
        Ⅱ. SPO_2と$ETCO_2$を持続的にモニターする。血液ガスは2〜4時間ごとに測定する。
14. 原因疾患の究明を図り、診断が得られ次第、特異的治療を開始する。
15. 経過観察のため、入院させる。
16. てんかんが疑われる場合は、回復期にフェノバルビタールのPO投与を開始し、血中濃度を維持する。
    A. フェノバルビタール：1.5〜2.5mg/kg PO q12h
    B. 臭化物は、致命的な肺炎を惹起する恐れがあるため、猫には使用禁忌である。
    C. ゾニサミド：5〜15mg/kg PO q24h（代替法）
    D. レベチラセタム：20mg/kg PO q8h。フェノバールと併用する。
    E. ジアゼパムのPO投与による維持療法は、致命的な肝障害を惹起する恐れがあるため、猫では禁忌である。
17. 必要に応じて、神経学の専門医を紹介し、CT検査またはMRI検査を行う。

意識障害、昏睡

定義

1．昏迷——患者は横臥し、疼痛刺激に対してわずかに反応し、限定的な随意運動を示す。
2．昏睡——患者はあらゆる外的刺激に対して完全に無反応である。

診断

ヒストリー——病歴の入念な聴取が不可欠である。外傷の可能性、ワクチン接種歴、野生動物との接触、過去の行動学的異常、痙攣発作、薬剤や毒物への曝露（バルビツール酸塩、鎮静剤、シアン化合物、エチレングリコール、有機リン酸塩、マリファナなど）、高温への曝露、その他の疾患の既往歴、食餌のチアミン含有量などがある。

身体検査——バイタルサインを直ちに評価する。気道確保を行う。呼吸数、心拍数、心調律、粘膜色調、体温、全身の全器官系を入念に確認する。

鑑別診断

1．頭部外傷
2．低酸素症、酸素欠乏症
3．薬剤または化学物質による中毒症
4．ウイルス性脳炎——狂犬病、ジステンパー、FIP
5．真菌性脳炎
6．肝性脳症
7．高窒素性脳症
8．各種原因による血清浸透圧の異常
9．各種原因による酸塩基不均衡
10．副腎皮質機能低下症（まれ）
11．肉芽腫性髄膜脳炎または原因不明の髄膜脳炎
12．チアミン欠乏症
13．水頭症
14．熱射病
15．低血糖症
16．高血糖症
17．細菌性脳炎
18．原虫性脳炎
19．脳腫瘍
20．発作後の昏睡・昏迷
21．脳血管性疾患

予後

予後は、原因疾患によって異なる。

治療

1. 気道確保、酸素補給を行う。
   A. 挿管する。
   B. 経鼻カテーテル設置
   C. 酸素ケージ
   D. エリザベスカラーフード
2. 飼育者に、診断、予後、治療費について説明する。
3. IVカテーテルを留置する。
4. 治療前に採血を行う。
5. ミニマムデータベースの評価――血糖値、BUN、クレアチニン値、PCV、TP、白血球数、ナトリウム、カリウム、カルシウム、ALT、SAP（ALP）を院内測定する。
6. 原因疾患の究明を図り、診断が得られ次第、特異的治療を開始する。
7. 診断が得られるまでは、対症療法（IV輸液、抗生物質の投与など）を行う。
8. 中毒症が疑われる場合は、胃洗浄を行い、活性炭を投与する。

急性潰瘍性角膜炎

病因

1. 機械的外傷――爪切り（クリッパー）による傷、咬傷、猫の引っ掻き傷、頭部をこすりつけることによる自傷、睫毛疾患、異物、眼球突出、眼瞼麻痺、全身麻酔、眼瞼内反症。
2. 科学的外傷――酸性物質、アルカリ性物質、ガーデニング用散布剤、催涙ガス、石鹸、シャンプー、洗剤、火災の熱と煙。
3. 感染――細菌、真菌、ウイルス。
4. 代謝性――乾燥性角結膜炎、副腎皮質機能低下症、内皮疾患。
5. 神経向性――第Ｖ脳神経感覚神経の支配不全
6. 免疫介在性

診断

ヒストリー――稟告には、眼を細める、眼や顔を擦る、眼脂、角膜の色調変化などがある。また、植物への曝露、入浴がある。

身体検査――異常所見には、眼瞼痙攣、羞明、漿液性分泌物、膿性眼脂、結膜炎、角膜浮腫（中心部は正常な場合もある）、角膜血管新生、時に前ぶどう膜炎の徴候を認める。異物の有無を入念に確認すること。

　角膜の損傷部位は、フルオレセインにより染色される。

予後

予後は、通常良好である。

治療

1. 飼育者に、診断、予後、治療費について説明する。

2．角膜または結膜の培養を依頼する。培養結果が出るまでは、経験的治療を行う。

3．点眼薬の投与

A．抗生物質

Ⅰ．細菌性角膜炎——培養と感受性試験を行う。初期は、ゲンタマイシン、トブラマイシン、バシトラシン－ネオマイシン－ポリミキシン（BNP軟膏、犬のみ）のいずれかを投与する。**近年、猫において、バシトラシン－ネオマイシン－ポリミキシン－グラミシジン（組み合わせは様々）による致命的なアナフィラキシー反応が複数報告されている。**

Ⅱ．ウイルス性角膜炎——トリフルオルチミジン溶液（Viroptic®）、イドクスウリジン軟膏、ビダラビン軟膏

Ⅲ．クラミジア性角膜炎——テトラサイクリン、クロラムフェニコール

Ⅳ．真菌——ナタマイシン、ミコナゾール、ナイスタシン、フルコナゾール、エコナゾール、クロトリマゾール、スルファジアジン銀

B．疼痛緩和を目的として、1％アトロピン点眼液または軟膏をq6～8hで投与する。

C．5日間以上持続している潰瘍および急速に進行している角膜実質潰瘍には、アセチルシステインまたは患者の新鮮自己血清を投与する。損傷組織のデブリードマンを要することがある。眼科医の紹介を検討する。

D．局所抗炎症薬の投与

Ⅰ．フルルビプロフェン、スプロフェン、ジクロフェナク、ケトロラクなどの非ステロイド性抗炎症薬を用いることがある。

Ⅱ．コルチコステロイドの使用は避ける。

E．Muro 128®は、高浸透圧の食塩を含有した軟膏で、角膜浮腫を軽減することで鎮痛作用を引き起こす。

4．全身投薬

A．抗微生物薬

Ⅰ．細菌性角膜炎——通常、セファロスポリン、エンフロキサシン、シプロフロキサシンなどが有効である。

Ⅱ．ウイルス性角膜炎

L-リジン：500mg PO q12h。

インターフェロン——30IU/日を7日間連続投与し、7日間休薬する。これを臨床徴候が消失するまで反復する。

ガンシクロビル、ペンシクロビル——検査結果を待つ間に投与するとよい。

Ⅲ．真菌性角膜炎——アムホテリシンB、ケトコナゾール、イトラコナゾール、フルコナゾールなどの抗真菌薬を全身投与する。

B．抗炎症薬

Ⅰ．非ステロイド性抗炎症薬——カルプロフェン、メロキシカム、デ

ラコキシブなどを投与する。

II. 通常、角膜炎にはコルチコステロイドの全身投与は行わない。

5. 鎮痛薬——ブプレノルフィン、トラマドールなどの投与を検討する。

6. 化学物質性角膜炎

A. アルカリ性物質は、角膜を重度に侵食・破壊する。

I. 多量（2L）の生理食塩水で直ちに眼を洗浄する。洗浄には、通常、鎮静または麻酔を要する。

II. 鎮痛薬を全身投与する。

III. 中毒情報センターに問い合わせ、指示に基づいて適切な中和剤を投与する。

IV. 弱アルカリ性物質である場合は、ホウ酸点眼軟膏の投与は中和の一助になる。

V. ぶどう膜炎や角膜潰瘍を認める場合は、アトロピンを投与する。

VI. 抗生物質を局所投与する。

VII. 角膜実質損傷を認める場合は、アセチルシステインを投与する。

VIII. コルチコステロイドの局所投与は禁忌である。

B. 酸性物質は、角膜の蛋白質によって沈殿するため、角膜に対する破壊性はアルカリ性物質よりも低い。

I. 多量（2L）の生理食塩水で直ちに眼を洗浄する。洗浄には、通常、鎮静または麻酔を要する。

II. 中毒情報センターに問い合わせ、指示に基づいて適切な中和剤を投与する。

III. ぶどう膜炎や角膜潰瘍を認める場合は、アトロピンを投与する。

IV. 抗生物質の局所投与を行う。

V. 角膜実質損傷を認める場合は、アセチルシステインを投与する。

VI. コルチコステロイドの局所投与は禁忌である。

7. 角膜保護

A. エリザベスカラーを使用する。

B. 瞬膜弁

C. 一時的に眼瞼縫合をする。

D. コラーゲンシールド

E. 広範囲を覆うコンタクトレンズ

F. 結膜弁

G. 眼科医による外科処置を要することもある。

8. デスメ膜瘤への進行がないか、こまめに観察する。デスメ膜瘤が生じる場合は、結膜弁が必要となる。

角膜異物

診断

ヒストリー——狩猟をした、茂みの中を通った、敷地外を徘徊した、材木・草・産業廃棄物と接触したことがある。通常、激しい疼痛が急性に生じる。

眼をしょぼしょぼさせる、頭部への接触忌避、元気消失、沈うつなどがみられる。

身体検査――来院時において、眼瞼痙攣、羞明、流涙、眼窩周囲の出血、斑状出血、眼瞼や顔面の穿孔性外傷、顔面骨折、角膜浮腫、縮瞳、虹彩脱出、虹彩前癒着、重度前房出血、眼球変形、盲目を認めることがある。

画像検査――異物を可視化するには、拡大操作やMRI、CTなどの画像検査を要することがある。

頭部X線検査――金属製異物の位置特定に有用である。

予後

予後は、異物の種類、位置、経過時間、損傷の程度によって異なる。

治療

1. 角膜異物以外に外傷がないかを確認する。必要に応じて、患者を安定化させる。
2. 飼育者に、診断、予後、治療費について説明する。
3. 眼球周囲の出血をコントロールする。
4. 異物除去には、異物の材質と部位を考慮する。
   - A. 植物片、木片、鋼鉄、鉄は非常に強い刺激性を有する。
   - B. 銅、ブロンズ、真鍮は、局所性膿瘍を惹起する。
   - C. アルミニウム、鉛、水銀、ニッケル、亜鉛は中程度の刺激性を有する。
   - D. 炭、ガラス、金、石膏、ゴム、銀、ステンレス、小石は不活性物質であるため、前ぶどう膜炎が軽度で、角膜が自然治癒している場合は、そのまま放置してもよい。
   - E. 角膜異物の除去には、輪部切開や眼内出血への対処を要するため、必要な技術と機材を有する眼科医が行うべきである。
5. 眼科医の診療を待つ間、内科療法を開始する。
   - A. 抗生物質投与（点眼および全身）
   - B. アトロピンの点眼
   - C. 抗炎症薬の全身投与
   - D. 鎮痛薬（点眼および全身）
6. 自傷を防ぐため、エリザベスカラーを装着する。

前ぶどう膜炎

病因

前ぶどう膜炎の主な病因には、以下のものがある。

1. 外傷――眼内手術を含む。
2. 炎症――深い角膜炎、潰瘍性角膜炎。
3. 感染症――菌血症、ブルセラ症、犬ジステンパーウイルス、エールリッヒア症、猫免疫不全ウイルス、猫伝染性腹膜炎、猫白血病ウイルス、全身性真菌感染（アスペルギルス症、ブラストミセス症、コクシジオイデス症、クリプトコッカス症、ヒストプラズマ症)、犬伝染性肝炎(アデノウイルス)、糸状虫、ヘルペスウイルス、鉤虫迷入、リーシュマニア症(*L. donovani*)、レプトスピラ症、ライム病、マイコバクテリア、プロトセカ症、子宮蓄膿症、狂犬病、ロッキー山紅斑病、回虫迷入、連鎖球菌症、トキソプラズマ症。

4. 免疫介在性――水晶体破裂、ぶどう膜皮膚症候群、凝固異常、免疫介在性血管炎。
5. 腫瘍と腫瘍随伴性――眼メラノーマ、腺眼、リンパ腫、線維肉腫、高粘稠症候群。
6. 特発性

診断

ヒストリー――稟告には、眼をしょぼしょぼさせる、流涙過多、日光忌避がある。また、外傷歴、眼内手術歴、全身性疾患の既往歴、その他の健康障害などがある。

身体検査――眼瞼痙攣、涙液産生増加、羞明、眼疼痛により二次的に生じる眼球陥凹、結膜充血、角膜周囲の血管充血、結膜浮腫、角膜浮腫、血管新生、角膜後面沈着物、前房内の異常内容物(前房フレア、フィブリン塊、脱落した色素性上皮細胞、前房出血、前房蓄膿など)を認める。

瞳孔は縮小し、虹彩は粗雑で腫脹する。癒着を認めることがある。眼内圧低下(低眼圧)を呈する。眼内圧が正常の場合は、合併症として緑内障が二次的に生じている可能性を考慮する。

全身性感染症や合併症の要因を検出するためには、必ず全ての器官の身体検査を行う。眼症状が両側性である場合は、全身性疾患が基礎病因であることを示唆する。

臨床検査――

1. 全症例において、CBC、生化学検査、尿検査を評価する。
2. 症例により、感染症の血清検査、抗体価検査が推奨される。
3. 免疫検査が有用な場合もある。
4. 胸部・腹部X線検査――全身性真菌症、その他の臓器の関与、播種性腫瘍性病変の検出に有用である。
5. 眼の細胞診、培養、前房水の抗体価検査――生検による病理検査を行う場合は、救急医ではなく、眼科専門医による実施が望ましい。
6. 眼の超音波検査――虹彩・毛様体の腫瘍、白内障、水晶体脱臼、前房内の凝血・出血、穿孔性異物、真菌性マス、その他の眼病変検出に有用である。

鑑別診断

急性結膜炎、急性緑内障、上強膜炎、潰瘍性角膜炎など。

予後

真菌感染に起因する前ぶどう膜炎は予後不良である。その他の原因による前ぶどう膜炎も予後良好であるが、再発や症状回帰の可能性がある。主な合併症は、緑内障、角膜瘢痕、癒着形成、白内障、眼球癆などがある。

治療

1．飼育者に、診断、予後、治療費について説明する。
2．原因疾患に対して、特異的治療を行う。
3．抗炎症薬の投与
 A．急性前ぶどう膜炎には、コルチコステロイド投与が推奨される。
  Ⅰ．プレドニゾロンまたはプレドニゾンの全身投与する。
  Ⅱ．1％プレドニゾロン、0.1％デキサメタゾン、0.05％デキサメタゾンのいずれかを、初期はq2～3h、以後はq6hで点眼する。
  Ⅲ．全身投与が不可能な場合、定期的な全身投与が難しい場合、長期間の全身投与が禁忌または不可能な場合は、コルチコステロイドを結膜下投与する。
 B．コルチコステロイド禁忌の場合は、非ステロイド性消炎薬を投与してもよい。
  Ⅰ．カルプロフェン
   犬：4mg/kg q24hまたは2mg/kg q12h
   猫：4mg/kg SC、IV、単回投与する。
  Ⅱ．メロキシカム
   犬：初回は0.2mg/kg PO、IV、SC。以後は0.1mg/kg PO q24h
   猫：0.1mg/kg SC、PO、単回投与する。
  Ⅲ．ケトプロフェン
   犬：1～2mg/kg IV、IM、SC q24h最長3日間
     または1mg/kg PO q24h最長5日間
   猫：初回は0.5～2mg/kg IV、IM、SC
     以後は0.5～1mg/kg PO q24h最長5日間
  Ⅳ．アスピリン
   犬：10～15mg/kg PO q12h
   猫：10mg/kg PO q48～72 h
  Ⅴ．フルニキシン-メグルミン（Banamine®）の投与を検討する。
   犬：0.25～0.5mg/kg IV、単回投与する。
   重度眼疼痛を呈する場合は、0.11～0.22mg/kg IV q24hで最長3日間まで投与可能である。フルニキシン-メグルミンは、特に眼疼痛緩和に有効である。
  Ⅵ．点眼薬――スプロフェン（Profenal®）、0.03％フルビプロフェン（Ocufen®）、0.1％ジクロフェナク（Voltaren®）、0.5％ケトロラクなどをq6hで投与する。
4．長期治療を要する犬の難治性症例では、プレドニゾロンの全身投与とともに、免疫抑制薬を使用する。
 A．アザチオプリン（Imuran®）：2.2mg/kg PO q48h。以後は漸減する。
 B．シクロフォスファミド（Cytoxan®）：50mg/m^2 PO q24h。週4回投与

する。

5．散瞳薬投与が有効な場合もある。

A．1%アトロピン——虹彩が散大し始めるまではq2～3h、以後はq8hで投与する。アトロピンは、緑内障には禁忌であり、低眼圧の眼のみに投与できる。

B．トロピカミド——緑内障罹患眼を散大させるために、短期間使用する。

C．2.5～10%フェニレフリン——緑内障罹患眼に使用される。

D．1～2%エピネフリン——緑内障罹患眼に使用される。

E．10%フェニレフリンと1%アトロピンの混合液をq1～2hで投与する。または、2剤を交互にq1～2hで投与する。

6．シクロスポリンAをq6hで点眼する。

7．眼窩の周囲に温罨法を施す。

8．強い光や日光への曝露を避ける。

前房出血

定義

前房出血は、前房内での出血である。

病因

1．外傷——穿孔創、頭部強打、窒息など。

2．感染症（前ぶどう膜炎）——FELV、FIP、トキソプラズマ症、エールリッヒア症。

3．前ぶどう膜腫瘍

4．先天性血管異常——コリー眼異常

5．慢性緑内障——前房出血発症は好ましくない状態であり、一般に疼痛を伴う。

6．特発性——一般に治療によく反応する。

7．白内障手術後——一般に治療に反応しない。

8．凝固異常——免疫介在性血小板減少症、白血球減少症、播種性血管内凝固症候群（DIC）、凝固因子欠乏症、抗凝固性殺鼠剤中毒症。

9．高血圧

診断

ヒストリー——近時の外傷歴・眼手術歴・抗凝固性殺鼠剤への曝露などがある。

身体検査——外傷などの出血を惹起する徴候の有無を確認する。穿孔創、頸部の打撲傷、末梢リンパ節腫脹、点状出血、斑状出血などを探査する。

直接視診、直接・間接検眼鏡検査を含む徹底的な眼検査を行う。

新鮮血出血では、前房内に鮮血を認める。ほとんどの症例では、出血のため、瞳孔、水晶体、網膜は観察できない。

フルオレセイン染色を行い、角膜損傷の有無を確認する。

臨床検査――
1. 血小板数を含むCBC
2. 生化学検査
3. 凝固系検査
4. 患者の居住地域に認められる感染症の血清検査
5. 動脈血圧の測定
6. 眼内圧の測定

超音波検査（眼球）――眼内腫瘍性マス病変の検出などに有用である。

予後

予後は、原因疾患によって異なる。暗色を呈した血液にて、前房内が完全に満たされている場合（重症外傷後、眼がビリヤードの8ボール様の外貌を呈する出血を認める場合）は予後不良である。

治療

文献によると、治療法には議論の余地があり、不明な点も多いが、以下を検討する。

1. 飼育者に、診断、予後、治療費について説明する。
2. 鎮静、ケージレスト
3. コルチコステロイドを全身または局所投与する。点眼は、角膜潰瘍を認めない場合に限り投与する。
   0.1%デキサメタゾンまたは1%酢酸プレドニゾロン：q4～8h
4. 1%ピロカルピン（点眼）――隅角からの排出促進する。
   注意：後癒着を惹起することがある。
5. 1%または2%エピネフリン（点眼）――瞳孔を散大させ、出血を抑制する。後癒着の発生を低減させる。
6. 1%アトロピン（点眼）――血液―房水関門を安定化させる。前ぶどう膜炎の治療には有効であるが、続発性緑内障を引き起こす恐れがある。
7. 併用療法――最初の24時間はエピネフリンを点眼し、以後はアトロピンを点眼する。
8. 組織プラスミノーゲン活性化因子（tPA）25gを眼内に投与する。血餅やフィブリン塊の溶解を促進する。
9. 出血の原因を除去する。
   A. 凝固異常、血液障害、感染症が疑われる場合は、治療前に採血を行う。適切な検査を行い、原因疾患を治療する。
   B. 抗凝固性殺鼠剤への曝露の可能性が否定できない場合は、ビタミンK1による治療を検討する。
   C. 血圧を測定し、必要に応じて治療を行う。
   D. 眼内圧を測定する。必要に応じて、緑内障の治療を開始する。
10. アスピリン投与は禁忌である。
11. 飼育者に前房出血における重大な合併症について説明する。主な合併症には、以下のものがある。

A．後癒着
B．白内障
C．緑内障
D．盲目
E．眼球癆

眼球突出

診断

ヒストリー——近時の外傷歴（大型犬による攻撃、窒息、交通事故など）を有することがある。

身体検査——神経学的検査を含む入念な身体検査を行う。外傷徴候がないかを注意深く観察する。眼科検査と角膜のフルオレセイン染色を慎重に行う。眼球が前方に突出するため、眼瞼は眼球の後方で折り重なっているように見える。眼窩周囲には、顕著な腫脹、紅斑、穿孔創、擦過傷などを認める。外眼筋裂傷、盲目状態を認めることある。

予後

予後は外傷の程度によって異なる。

1．発症から3時間以内の症例、突出が軽度または部分的な症例の予後は比較的良い。
2．経過が長い、前房が前房出血で充満している、視神経捻除を認める、瞳孔が散大からほぼ正常を呈する、顔面外傷が重篤である場合は、いずれも予後要注意である。
3．眼球の重度の損傷により視力を喪失しても、外観上、眼球を温存することは可能である。外眼筋の重度損傷や眼球下垂を認めない限り、眼球は摘出すべきでない。
4．この時点では視覚を完全には評価できないことを、必ず飼育者に説明する。

治療

1．他部位の外傷の程度を十分に評価する。
2．飼育者に、診断、予後、治療費について説明する。
3．IV輸液、X線検査、胸腔穿刺などにより、患者の安定化させる。
4．アンピシリン、アモキシシリン-クラブラン酸合剤（Clavamox®）、ST合剤などの抗生物質を全身投与する。
5．フルニキシン・グルミン0.5～1mg/kgをIV、単回投与する（犬のみ）。コルチコステロイドと併用しないこと。
6．眼球の潤滑剤として、ステロイドを含有しない抗生物質眼軟膏を点入する。
7．部分突出では、無鎮静にて用手修復を試みる。上下眼瞼を優しく把持し、前方に引き出しながらそれぞれ背側と腹側方向に牽引すると、眼球が正常な位置に滑り込み、整復されることがある。
8．患者が安定した時点で麻酔を施し、眼球の外科的整復または摘出を行う。

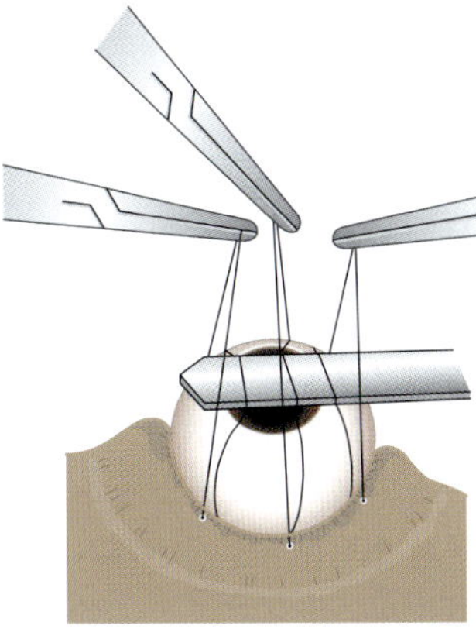

Ⓐ

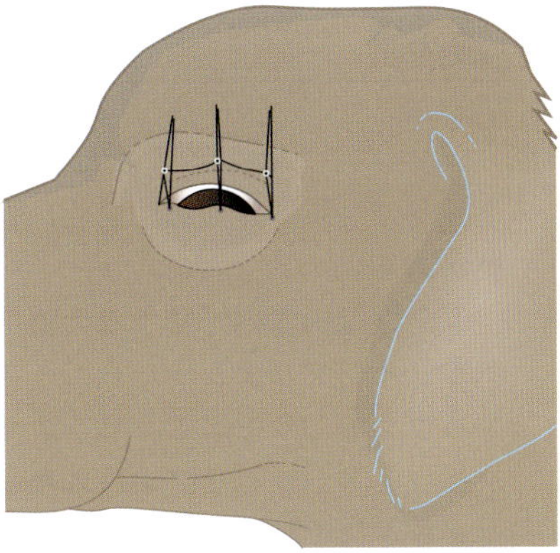

Ⓑ

図13-1　突出した眼球の外科的整復法
(A) 眼瞼辺縁に3～4糸ずつ単純結節縫合する。眼球に潤滑剤を塗布し、メスの柄を用いて優しく圧迫する。(B) 整復を促すために縫合糸を牽引する。整復完了後は、縫合糸を結紮して、眼球を整復位置に固定させる。ステントの使用は推奨されない。

A．吸入麻酔を施す。

B．外科的整復を行う（図13-1）。

Ⅰ．眼球の露出部位全体に、抗生物質眼軟膏を塗布する。

Ⅱ．眼球周囲の長毛は、全て剪毛する。

Ⅲ．結膜、眼球、眼球周囲を滅菌生理食塩水で洗浄する。

Ⅳ．抗生物質眼軟膏を再度塗布する。

Ⅴ．水平マットレスまたは単純結節パターンにより、上下眼瞼にそれぞれ3糸の縫合糸をかける。この時、眼瞼の全層を貫くと角膜損傷を生じる恐れがあるため注意する。

Ⅵ．縫合糸は、2-0または3-0の切縁針付きモノフィラメント非吸収糸を使用する。

Ⅶ．ステントは、感染巣となるため、使用しない。

Ⅷ．眼瞼にかけた全ての縫合糸を牽引しながら、清潔かつ平らな器具（メスの柄など）または手で眼球を圧迫し、優しく押し下げると、眼球は眼瞼の間を抜けて、正常な位置に戻る。

Ⅸ．眼瞼が適切な位置で合わさるように縫合する。ただし、眼瞼の腫脹を想定し、テンションがかかり過ぎないように注意する。

9．別部位の創傷を治療する。

10．5～7日間分の抗生物質と鎮痛薬を処方して、患者を退院させる。扱いやすい患者ならば、飼育者が抗生物質眼軟膏をq8～12hで投与する（内眼角から点入する）。扱いが難しい患者には、眼軟膏は処方しない。

11．患者には、エリザベスカラーを装着して退院させるか、飼育者に自作してもらう。眼瞼の縫合糸を抜糸するまで装着させておく。

12．眼瞼にかかる縫合糸のテンションが最小限になるまで、1～3週間待ってから抜糸する。

急性緑内障

診断

ヒストリー——眼疼痛の急性発症、眼瞼痙攣、流涙、角膜混濁、時に盲目の病歴がある。

原発性緑内障の好発する犬種には、交雑種、アメリカンコッカースパニエル、イングリッシュコッカースパニエル、ビーグル、プードル、バセットハウンド、サモエド、アラスカンマラミュート、ノルウェージャンエルクハウンド、シベリアンハスキー、シャーペイ、チャウチャウ、スムースフォックステリア、ワイヤーフォックステリア、ボストンテリア、グレートデン、ブルマスチフなどがある。続発性緑内障は、犬猫ともに、慢性前ぶどう膜炎、水晶体脱臼、眼内腫瘍などに起因する。

身体検査——身体検査上の異常には、眼瞼痙攣、結膜・上強膜血管のうっ血、牛眼、角膜浮腫、瞳孔散大、瞳孔反射消失、メナス反応低下、視力喪失などがある。

眼底検査では、視神経乳頭の陥凹、角膜線条、水晶体脱臼、網膜変性、視神経の脱髄、白内障などを認める。ただし、重度角膜浮腫が生じると、眼底検査を実施できない場合がある。急性緑内障における眼内圧（IOP）は通常45～70mmHgである。眼内圧＞30mmHgである場合は、緑内障と診断される。IOPの基準範囲は、15～25mmHgである。

予後

予後は要注意～不良である。急性緑内障は2日間未満、慢性緑内障は5日間以上経過したものと定義される。急性緑内障では、適切な治療が行われれば、視力が温存される、または回復する可能性がある。慢性緑内障では、通常、永久的な視力喪失が生じる。

治療

1. 飼育者に、診断、予後、治療費について説明する。
2. IOP＝25～40mmHgである場合は、ドルゾラミド（Trusopt®）2%点眼薬q8～12hと、以下のいずれかの薬剤を併用する。

   経口メタゾラミド（Neptazene®）5～10mg/kg PO q8～12h、または
   経口ジクロフェナミド（Daranide®）2～10mg/kg PO q8～12h。

   これらは炭酸脱水酵素阻害薬であり、房水産生を抑制することによってIOPを低下させる。猫への使用は避ける。

   A. IOP＜25mmHgまで低下した場合は、投薬を継続し、3～5日間以内に再評価を行う。
   B. IOP＞25mmHgが持続する場合は、IOP＞40mmHgである場合に推奨される以下の治療法に移行する。
3. IOP＞40mmHgで、慢性傾向である緑内障を呈する場合は、上記と同様、ドルゾラミド（Trusopt®）2%点眼薬と、経口メタゾラミド（Neptazene®）

または経口ジクロフェナミド（Daranide®）の併用に加え、マレイン酸塩チモロール（Timoptic®）0.5%または0.25%点眼薬q12hを加える。チモロールは、犬ではβ受容体遮断によって房水産生を抑制する。喘息を呈する猫への投与は禁忌である。

4．IOP＞40mmHgで、急性緑内障を呈する場合は、上記と同様に、ドルゾラミド（Trusopt®）2%点眼薬と、経口メタゾラミド（Neptazene®）または経口ジクロフェナミド（Daranide®）の併用に加え、マンニトール、ラタノプロスト（Xalatan®）、プレドニゾンを投与する。
   A．15～20%マンニトール1～2g/kgを20～30分間かけて緩徐にIV投与する。2～4時間は絶水させる。投与から6時間後にIOPを再測定する。IOP＞25mmHgである場合は、初回投与から8時間後に再投与する。IOP＞25mmHgが持続する場合は、緊急手術のために眼科医を紹介する。
   B．ラタノプロスト（Xalatan®）：0.005% q12～24h。プロスタグランジン類似体であり、犬ではぶどう膜強膜経路からの房水流出を促進することによりIOPを低下させる。通常、猫での使用は推奨されない。水晶体脱臼または前ぶどう膜炎を呈する症例への投与は禁忌である。
   C．プレドニゾン：0.5mg/kg PO q24h

5．鎮痛薬（トラマドール、ブプレノルフィンなど）を投与する。

6．グリセリンを1～2mL/kg PO q6～12hで投与する。グリセリンはマンニトールの代替となる浸透圧調節物質である。嘔吐が生じる場合は、牛乳で希釈する。

7．ピロカルピン点眼――副交感神経作動薬であり、虹彩角膜角からの房水流出を促進することによりIOPを低下させる。一般には、1%ピロカルピン溶液が推奨され、これを1滴q8hで投与する。ぶどう膜炎を認める場合は使用しない。急性の疼痛や発赤が生じることがあり、その場合は使用を中止する。

8．エピネフリン点眼――交感神経作動薬であり、房水流出を促進することによりIOPを低下させる。眼科用の0.1%溶液（Propine®）が販売されている。ぶどう膜炎による続発性緑内障において瞳孔散大を維持したい場合や、ピロカルピンの禁忌症例に使用する。

9．さらなる治療を要する場合や、手術が適応される可能性がある場合は、眼科医を紹介する。

突発性盲目

突発性盲目の原因は、眼、脳幹、大脳、大脳皮質のいずれかに存在する。

診断

ヒストリー――下垂体腫瘍による多食、多飲多渇、多尿がある。稟告には、患者が壁に衝突する、眼をしょぼしょぼさせる、眼の色が変化しているなどがある。来院する理由は急性失明であり、通常は両側性である。

身体検査——急性ぶどう膜炎、重度前房出血、重度角膜炎、白内障、緑内障、網膜炎、視神経乳頭浮腫、網膜剥離を認める。瞳孔反応の消失を伴う両側性の散瞳は、視神経炎を示唆する。

入念な神経学的検査を行う。

全身動脈圧、眼内圧を測定する。

臨床検査——

1. 血小板数を含むCBC
2. 生化学検査
3. 患者の居住地域に認められる感染症の血清検査
4. 血清鉛濃度の測定

鑑別診断

1. 下垂体腫瘍
2. 視神経炎
3. 鉛中毒症
4. リンパ腫
5. クリプトコッカス症
6. 亜急性犬ジステンパー症
7. 肉芽腫性髄膜脳炎
8. 前ぶどう膜炎
9. 緑内障
10. 網膜剥離——多くは全身高血圧症から続発する。
11. 突発性後天性網膜変性（SARD）
12. 重度角膜浮腫
13. 重度前房出血

予後

視力の回復については、予後は要注意～不良である。

治療

1. 飼育者に、診断、予後、治療費について説明する。
2. 原因疾患の特定と治療を試みる。
3. 全身性高血圧症を伴わない視神経炎およびSARDの治療では、プレドニゾロンを1.0mg/kg PO q12hで投与する。

参考文献

頭部外傷

Armitage-Chan, E.A., Wetmore, L.A., Chan, D.L., 2007. Anesthetic management of the head trauma patient. Journal of Veterinary Emergency and Critical Care 17 (1), 5–14.

Davis, D.P., 2008. Early ventilation in traumatic brain injury. Resuscitation 76, 333–340.

Fletcher, D.J., Dewey, C.W., 2009. Traumatic brain injury. In: Bonagura, J.D., Twedt, D.C. (Eds.), Kirk's Current Veterinary Therapy XIV. Saunders Elsevier, St Louis, pp. 33–37.

Fletcher, D.J., Syring, R.S., 2009. Traumatic brain injury. In: Silverstein, D.C., Hopper, K. (Eds.), Small Animal Critical Care Medicine. Elsevier, St Louis, pp. 658–662.

Heegaard, W., Biros, M., 2007. Traumatic brain injury. Emergency Medicine Clinics of North America 25, 655–678.

Kamel, H., Navi, B.B., Nakagawa, K., et al., 2011. Hypertonic saline versus mannitol for treatment of increased intracranial pressure: a meta-analysis of randomized clinical trials. Critical Care Medicine 39, 554–559.

Park, E., Bell, J.D., 2008. Traumatic brain injury: Can the consequences be stopped? Canadian Medical Association Journal 178 (9), 1163–1170.

Platt, S.R., Olby, N.J., 2004. Neurologic emergencies. In: Platt, S.R., Olby, N.J. (Eds.), BSAVA Manual of Canine and Feline Neurology, third ed. BSAVA, Gloucester, pp. 326–332.

Sande, A., West, C., 2010. Traumatic brain injury: a review of pathophysiology and management. Journal of Veterinary Emergency and Critical Care 20 (2), 177–190.

Timmons, S.D., 2010. Current trends in neurotrauma care. Critical Care Medicine 38 (Suppl), S431–S444.

（急性）脊髄症（対不全麻痺／対麻痺）

Besalti, O., Ozak, A., Pekcan, Z., et al., 2005. The role of extruded disk material in thoracolumbar intervertebral disk disease: A retrospective study in 40 dogs. Canadian Veterinary Journal 46, 814–820.

Boag, A.K., Otto, C.M., Drobatz, K.J., 2001. Complications of methylprednisolone sodium succinate therapy in Dachshunds with surgically treated intervertebral disc disease. Journal of Veterinary Emergency and Critical Care 11 (2), 105–110.

Brisson, B.A., 2010. Intervertebral disc disease in dogs. In: daCosta RC (guest ed), Spinal Diseases. The Veterinary Clinics of North America, Small Animal Practice 40 (5), 829–858.

Coates, J.R., 2004. Paraparesis. In: Platt, S.R., Olby, N.J. (Eds.), BSAVA Manual of Canine and Feline Neurology, third ed. BSAVA, Gloucester, pp. 237–261.

De Risio, L., Platt, S.R., 2010. Fibrocarilaginous embolic myelopathy in small animals. In: daCosta RC (guest ed), Spinal Diseases. The Veterinary Clinics of North America, Small Animal Practice 40 (5), 859–869.

Hillman, R.B., Kengeri, S.S., Waters, D.J., 2009. Reevaluation of predictive factors for complete recovery in dogs with nonambulatory tetraparesis secondary to cervical disk herniation. Journal of the American Animal Hospital Association 45, 155–163.

Joaquim, J.G.F., Luna, S.P.L., Brondani, J.T., et al., 2010. Comparison of decompressive surgery, electroacupuncture, and decompressive surgery followed by electroacupuncture for the treatment of dogs with intervertebral disk disease with long-standing severe neurologic deficits. Journal of the American Veterinary Medical Association 236, 1225–1229.

Johnson, K., Vite, C.H., 2009. Spinal cord injury. In: Silverstein, D.C., Hopper, K. (Eds.), Small Animal Critical Care Medicine. Elsevier, St Louis, pp. 419–423.

Mann, F.A., Wagner-Mann, C.C., Dunphy, E.D., et al., 2007. Recurrence rate of presumed thoracolumbar intervertebral disc disease in ambulatory dogs with spinal hyperpathia treated with anti-inflammatory drugs: 78 cases (1997–2000). Journal of Veterinary Emergency and Critical Care 17 (1), 53–60.

Marioni-Henry, K., 2010. Feline spinal cord diseases. In: daCosta RC (guest ed), Spinal Diseases. The Veterinary Clinics of North America, Small Animal Practice 40 (5), 1011–1028.

Marioni-Henry, K., Vite, C.H., Newton, A.L., et al., 2004. Prevalence of diseases of the spinal cord of cats. Journal of Veterinary Internal Medicine 18, 851–858.
Meintjes, E., Hosgood, G., Daniloff, J., 1996. Pharmaceutic treatment of acute spinal trauma. Compendium of Continuing Education 18 (6), 625–631.
Mikszewski, J.S., Van Winkle, T.J., Troxel, M.T., 2006. Fibrocartilaginous embolic myelopathy in five cats. Journal of the American Animal Hospital Association 42, 226–233.
Nesathurai, S., 1998. Steroids and spinal cord injury: revisiting the NASCIS 2 and NASCIS 3 trials [current opinion]. Journal of Trauma: Injury, Infection, and Critical Care 45 (6), 1088–1093.
Olby, N.J., 2004. Tetraparesis. In: Platt, S.R., Olby, N.J. (Eds.), BSAVA Manual of Canine and Feline Neurology, third ed. BSAVA, Gloucester, pp. 214–236.
Platt, S.R., 2004. Neck and back pain.In: Platt, S.R., Olby, N.J. (Eds.), BSAVA Manual of Canine and Feline Neurology, third ed. BSAVA, Gloucester, pp. 202–213.
Platt, S.R., Olby, N.J., 2004. Neurologic emergencies. In: Platt, S.R., Olby, N.J. (Eds.), BSAVA Manual of Canine and Feline Neurology, third ed. BSAVA, Gloucester, pp. 320–326.
Ruddle, T.L., Allen, D.A., Schertel, E.R., et al., 2006. Outcome and prognostic factors in nonambulatory Hansen type I intervertebral disc extrusions: 308 cases. Veterinary Comparative Orthopedic Traumatology 19, 29–34.
Rylander, H., Robles, J.C., 2007. Diagnosis and treatment of a chronic atlanto-occipital subluxation in a dog. Journal of the American Animal Hospital Association 43, 173–178.
Smarick, S.D., Rylander, H., Burkitt, J.M., et al., 2007. Treatment of traumatic cervical myelopathy with surgery, prolonged positive-pressure ventilation, and physical therapy in a dog. Journal of the Veterinary Medical Association 230, 370–374.
Taylor, S.M., 2009. Disorders of the spinal cord. In: Nelson, R.W., Couto, C.G. (Eds.), Small Animal Internal Medicine, fourth ed. Elsevier, Philadelphia, pp. 1065–1091.

下位運動ニューロン疾患

Abelson, A.L., Shelton, G.D., Whelan, M.F., et al., 2009. Use of mycophenolate mofetil as a rescue agent in the treatment of severe generalized myasthenia gravis in three dogs. Journal of Veterinary Emergency and Critical Care 19 (4), 369–374.
de Lahunta, A., Glass, E., 2009. Lower motor neuron: spinal nerve, general somatic efferent system. In: Delahunta, A. (Ed.), Veterinary Neuroanatomy and Clinical Neurology, third ed. Saunders Elsevier, St Louis, pp. 90–97.
Khorzad, R., Whelan, M., Sisson, A., et al., 2011. Myasthenia gravis in dogs with an emphasis on treatment and critical care management. Journal of Veterinary Emergency and Critical Care 21 (3), 193–208.
Olby, N.J., 2004. Tetraparesis. In: Platt, S.R., Olby, N.J. (Eds.), BSAVA Manual of Canine and Feline Neurology, third ed. BSAVA, Gloucester, pp. 230–234.
Shelton, G.D., 2009. Treatment of autoimmune myasthenia gravis. In: Bonagura, J.D., Twedt, D.C. (Eds.), Kirk's Current Veterinary Therapy XIV. Saunders Elsevier, St Louis, pp. 1108–1111.
Shelton, G.D., 2009. Treatment of myopathies and neuropathies. In: Bonagura, J.D., Twedt, D.C. (Eds.), Kirk's Current Veterinary Therapy XIV. Saunders Elsevier, St Louis, pp. 1111–1116.
Taylor, S.M., 2009. Disorders of the neuromuscular junction. In: Nelson, R.W., Couto, C.G. (Eds.), Small Animal Internal Medicine, fourth ed. Elsevier, Philadelphia, pp. 1101–1107.
Vite, C.H., Johnson, K., 2009. Lower motor neuron disease. In: Silverstein, D.C., Hopper, K. (Eds.), Small Animal Critical Care Medicine. Elsevier, St Louis, pp. 429–434.

破傷風

Adamantos, S., Boag, A., 2007. Thirteen cases of tetanus in dogs. Veterinary Record 161, 298–303.
Burkitt, J.M., Sturges, B.K., Jandrey, K.E., et al., 2007. Risk factors associated with outcome in dogs with tetanus: 38 cases (1987–2005). Journal of the American Veterinary Medical Association 230, 76–83.

Greene, C., 2006. Tetanus. In: Greene, C.E. (Ed.), Infectious Diseases of the Dog and Cat, third ed. Elsevier, Philadelphia, pp. 395–402.
Linnenbrink, T., McMichael, M., 2006. Tetanus: pathophysiology, clinical signs, diagnosis, and update on new treatment modalities. Journal of Veterinary Emergency and Critical Care 16 (3), 199–207.
Olby, N.J., 2004. Tetraparesis. In: Platt, S.R., Olby, N.J. (Eds.), BSAVA Manual of Canine and Feline Neurology, third ed. BSAVA, Gloucester, pp. 226–227.
Platt, S.R., 2009. Tetanus. In: Silverstein, D.C., Hopper, K. (Eds.), Small Animal Critical Care Medicine. Elsevier, St Louis, pp. 435–438.
Taylor, S.M., 2009. Involuntary alterations in muscle tone. In: Nelson, R.W., Couto, C.G. (Eds.), Small Animal Internal Medicine, fourth ed. Elsevier, Philadelphia, pp. 1115–1116.

前庭疾患

Bagley, R.S., 2009. Vestibular disease of dogs and cats. In: Bonagura, J.D., Twedt, D.C. (Eds.), Kirk's Current Veterinary Therapy XIV. Saunders Elsevier, St Louis, pp. 1097–1101.
Muñana, K.R., 2004. Head tilt and nystagmus. In: Platt, S.R., Olby, N.J. (Eds.), BSAVA Manual of Canine and Feline Neurology, third ed. BSAVA, Gloucester, pp. 155–171.
Platt, S.R., 2009. Vestibular disease. In: Silverstein, D.C., Hopper, K. (Eds.), Small Animal Critical Care Medicine. Elsevier, St Louis, pp. 442–447.
Rossmeisl, J.H., 2010. Vestibular disease in dogs and cats. In: Thomas WB (guest ed), Diseases of the Brain. The Veterinary Clinics of North America, Small Animal Practice 40 (1), 81–100.
Taylor, S.M., 2009. Head tilt. In: Nelson, R.W., Couto, C.G. (Eds.), Small Animal Internal Medicine, fourth ed. Elsevier, Philadelphia, pp. 1047–1053.

振戦

Bagley, R.S. (guest ed), 1996. Intracranial Disease. The Veterinary Clinics of North America, Small Animal Practice 26 (4), 674–675.
Bagley, R.S., 2004. Tremor and involuntary movements. In: Platt, S.R., Olby, N.J. (Eds.), BSAVA Manual of Canine and Feline Neurology, third ed. BSAVA, Gloucester, pp. 189–201.
Wagner, S.O., Podell, M., Fenner, W.R., 1997. Generalized tremors in dogs: 24 cases (1984–1995). Journal of the American Veterinary Medical Association 211 (6), 731–734.

犬の痙攣発作

Bagley, R.S. (guest ed), 1996. Intracranial Disease. The Veterinary Clinics of North America, Small Animal Practice 26 (4), 779–805.
Berendt, M., Gredal, H., Ersbøll, A.K., et al., 2007. Premature death, risk factors, and life patterns in dogs with epilepsy. Journal of Veterinary Internal Medicine 21, 754–759.
Chandler, K., 2006. Canine epilepsy: What can we learn from human seizure disorders? The Veterinary Journal 172, 207–217.
Dewey, C.W., 2009. New maintenance anticonvulsant therapies for dogs and cats. In: Bonagura, J.D., Twedt, D.C. (Eds.), Kirk's Current Veterinary Therapy XIV. Saunders Elsevier, St Louis, pp. 1066–1069.
Dewey, C.W., Cerda-Gonzalez, S., Levine, J.M., et al., 2009. Pregabalin as an adjunct to phenobarbital, potassium bromide, or a combination of phenobarbital and potassium bromide for treatment of dogs with suspected idiopathic epilepsy. Journal of the American Veterinary Medical Association 235, 1442–1449.
Moore, S.A., Muñana, K.R., Papich, M.G., et al., 2010. Levetiracetam pharmacokinetics in healthy dogs following oral adminis-tration of
single and multiple doses. American Journal of Veterinary Research 71, 337–341.
Platt, S.R., Olby, N.J., 2004. Neurologic emergencies. In: Platt, S.R., Olby, N.J. (Eds.), BSAVA Manual of Canine and Feline Neurology, third ed. BSAVA, Gloucester, pp. 332–335.
Platt, S.R., Randell, S.C., Scott, K.C., et al., 2000. Comparison of plasma benzodiazepine concentrations following intranasal and intravenous administration of diazepam to dogs. American Journal of Veterinary Research 61, 651–654.
Podell, M., 2004. Seizures. In: Platt, S.R., Olby, N.J. (Eds.), BSAVA Manual of Canine and Feline Neurology, third ed. BSAVA, Gloucester, pp. 97–112.

Podell, M., 2009. Treatment of status epilepticus. In: Bonagura, J.D., Twedt, D.C. (Eds.), Kirk's Current Veterinary Therapy XIV. Saunders Elsevier, St Louis, pp. 1062–1065.

Taylor, S.M., 2009. Seizures. In: Nelson, R.W., Couto, C.G. (Eds.), Small Animal Internal Medicine, fourth ed. Elsevier, Philadelphia, pp. 1036–1046.

Thomas, W.B., 2010. Idiopathic epilepsy in dogs and cats. In: Thomas WB (guest ed), Diseases of the Brain. The Veterinary Clinics of North America, Small Animal Practice 40 (1), 161–179.

Vernau, K.M., LeCouteur, R.A., 2009. Seizures and status epilepticus. In: Silverstein, D.C., Hopper, K. (Eds.), Small Animal Critical Care Medicine. Elsevier, St Louis, pp. 414–419.

Zimmermann, R., Hülsmeyer, V.I., Sauter-Louis, C., et al., 2009. Status epilepticus and epileptic seizures in dogs. Journal of Veterinary Internal Medicine 23, 970–976.

猫の痙攣発作

Dewey, C.W., 2009. New maintenance anticonvulsant therapies for dogs and cats. In: Bonagura, J.D., Twedt, D.C. (Eds.), Kirk's Current Veterinary Therapy XIV. Saunders Elsevier, St Louis, pp. 1066–1069.

Podell, M., 2004. Seizures. In: Platt, S.R., Olby, N.J. (Eds.), BSAVA Manual of Canine and Feline Neurology, third ed. BSAVA, Gloucester, pp. 97–112.

Podell, M., 2009. Treatment of status epilepticus. In: Bonagura, J.D., Twedt, D.C. (Eds.), Kirk's Current Veterinary Therapy XIV. Saunders Elsevier, St Louis, pp. 1062–1065.

Schriefl, S., Steinberg, T.A., Matiasek, K., et al., 2008. Etiologic classification of seizures, signalment, clinical signs, and outcome in cats with seizure disorders: 91 cases (2000–2004). Journal of the American Veterinary Medical Association 233, 1591–1597.

Taylor, S.M., 2009. Seizures. In: Nelson, R.W., Couto, C.G. (Eds.), Small Animal Internal Medicine, fourth ed. Elsevier, Philadelphia, pp. 1036–1046.

Thomas, W.B., 2010. Idiopathic epilepsy in dogs and cats. In: Thomas WB (guest ed), Diseases of the Brain. The Veterinary Clinics of North America, Small Animal Practice 40 (1), 161–179.

Vernau, K.M., LeCouteur, R.A., 2009. Seizures and status epilepticus. In: Silverstein, D.C., Hopper, K. (Eds.), Small Animal Critical Care Medicine. Elsevier, St Louis, pp. 414–419.

意識障害、昏睡

Adamo, P.F., Rylander, H., Adams, W.M., 2007. Ciclosporin use in multi-drug therapy for meningoencephalomyelitis of unknown aetiology in dogs. Journal of Small Animal Practice 48, 486–496.

Bagley, R.S., 2004. Coma, stupor, and behavioral change. In: Platt, S.R., Olby, N.J. (Eds.), BSAVA Manual of Canine and Feline Neurology, third ed. BSAVA, Gloucester, pp. 113–132.

Coates, J.R., Barone, G., Dewey, C.W., et al., 2007. Procarbazine as adjunctive therapy for treatment of dogs with presumptive antemortem diagnosis of granulomatous meningoencephalomyelitis: 21 cases (1998–2004). Journal of Veterinary Internal Medicine 21, 100–106.

Daly, P., Drudy, D., Chalmers, W.S.K., et al., 2006. Greyhound meningoencephalitis: PCR-based detection methods highlight an absence of the most likely primary inducing agents. Veterinary Microbiology 118, 189–200.

Flegel, T., Boettcher, I.C., Matiasek, K., et al., 2011. Comparison of oral administration of lomustine and prednisolone or prednisolone alone as treatment for granulomatous meningoencephalomyelitis or necrotizing encephalitis in dogs. Journal of the American Veterinary Medical Association 238, 337–345.

Nghiem, P.P., Schatzberg, S.J., 2010. Conventional and molecular diagnostic testing for the acute neurologic patient. Journal of Veterinary Emergency and Critical Care 20 (1), 46–61.

Platt, S.R., 2009. Coma scales. In: Silverstein, D.C., Hopper, K. (Eds.), Small Animal Critical Care Medicine. Elsevier, St Louis, pp. 410–413.

Smith, P.M., Stalin, C.E., Shaw, D., et al., 2009. Comparison of two regimens for the treatment of meningoencephalomyelitis of unknown etiology. Journal of Veterinary Internal Medicine 23, 520–526.

Tarlow, J.M., Rudloff, E., Lichtenberger, M., et al., 2005. Emergency presentations of 4 dogs with suspected neurologic toxoplasmosis. Journal of Veterinary Emergency and Critical Care 15 (2), 119–127.

Walmsley, G.L., Herrtage, M.E., Dennis, R., et al., 2006. The relationship between clinical signs and brain herniation associated with rostrotentorial mass lesions in the dog. The Veterinary Journal 172, 258–264.
Windsor, R.C., Olby, N.J., 2007. Congenital portosystemic shunts in five mature dogs with neurological signs. Journal of the American Animal Hospital Association 43, 322–331.
Wong, M.A., Hopkins, A.L., Meeks, J.C., et al., 2010. Evaluation of treatment with a combination of azathioprine and prednisone in dogs with meningoencephalomyelitis of undetermined etiology: 40 cases (2000–2007). Journal of the American Veterinary Medical Association 237, 929–935.
Zarfoss, M., Schatzberg, S., Venator, K., et al., 2006. Combined cytosine arabinoside and prednisone therapy for meningoencephalitis of unknown aetiology in 10 dogs. Journal of Small Animal Practice 47, 588–595.

急性潰瘍性角膜炎

Gelatt, K.N., 2000. Ulcerative keratitis. In: Gelatt, K.N. (Ed.), Essentials of Veterinary Ophthalmology. Lippincott Williams & Wilkins, Philadelphia, pp. 129–138.
Severin, G.A., 1995. Severin's Veterinary Ophthalmology Notes, third ed. Veterinary Ophthalmology Notes, Fort Collins, pp. 318–321.
Williams, D.L., Barrie, K., Evans, T.F., 2003. Corneal ulcers. In: Williams, D.L. (Ed.), Veterinary Ocular Emergencies. Butterworth Heinemann, Boston, pp. 37–54.

角膜異物

Gelatt, K.N., 2000. Foreign bodies. In: Gelatt, K.N. (Ed.), Essentials of Veterinary Ophthalmology. Lippincott Williams & Wilkins, Philadelphia, p. 144.
Severin, G.A., 1995. Severin's Veterinary Ophthalmology Notes, third ed. Veterinary Ophthalmology Notes, Fort Collins, p. 348.
Williams, D.L., Barrie, K., Evans, T.F., 2003. Corneal foreign bodies. In: Williams, D.L. (Ed.), Veterinary Ocular Emergencies. Butterworth Heinemann, Boston, pp. 60–63.

前ぶどう膜炎

Colitz, C.M.H., 2005. Feline uveitis: diagnosis and treatment. Clinical Techniques in Small Animal Practice 20, 117–120.
Gelatt, K.N., 2000. Anterior and posterior uveitis. In: Gelatt, K.N. (Ed.), Essentials of Veterinary Ophthalmology, Lippincott Williams & Wilkins, Philadelphia, pp. 316–323.
Gelatt, K.N., 2000. Uveal inflammations. In: Gelatt, K.N. (Ed.), Essentials of Veterinary Ophthalmology. Lippincott Williams & Wilkins, Philadelphia, pp. 201–215.
Powell, C.C., 2009. Anterior uveitis in dogs and cats. In: Bonagura, J.D., Twedt, D.C. (Eds.), Kirk's Current Veterinary Therapy XIV. Saunders Elsevier, St Louis, pp. 1200–1207.
Tolar, E.L., Hendrix, D.V.H., Rohrbach, B.W., et al., 2006. Evaluation of clinical characteristics and bacterial isolates in dogs with bacterial keratitis: 97 cases (1993–2003). Journal of the American Veterinary Medical Association 228, 80–85.
Williams, D.L., Barrie, K., Evans, T.F., 2003. Iris. In: Williams, D.L. (Ed.), Veterinary Ocular Emergencies. Butterworth Heinemann, Boston, pp. 64–69.

前房出血

Gelatt, K.N., 2000. Hyphema. In: Gelatt, K.N. (Ed.), Essentials of Veterinary Ophthalmology, Lippincott Williams & Wilkins, Philadelphia, pp. 221–222.
Hendrix, E.V.H., 2009. Differential diagnosis of the red eye. In: Bonagura, J.D., Twedt, D.C. (Eds.), Kirk's Current Veterinary Therapy XIV. Saunders Elsevier, St Louis, pp. 1175–1178.
Severin, G.A., 1995. Severin's Veterinary Ophthalmology Notes, third ed. Veterinary Ophthalmology Notes, Fort Collins CO, pp. 353–355.
Sigler, R.L., Lorimer, D.W., 1989. Traumatic eye disease. Veterinary Focus: Focus on Ophthalmology 1 (3), 80–83.
Slatter, D.H., 1990. Fundamentals of Veterinary Ophthalmology, second ed. Veterinary Ophthalmology Notes, Fort Collins CO, p. 543.

眼球突出

Cho, J., 2008. Surgery of the globe and orbit. Topics in Companion Animal Medicine 23 (1), 23–37.

Kirk, R.W., Bonagura, J.D. (Eds.), 1992. Current Veterinary Therapy XI. WB Saunders, Philadelphia, pp. 1084–1085.

Murtaugh, R.J., Kaplan, P.M., 1992. Veterinary Emergency and Critical Care Medicine. Mosby, St Louis, pp. 274–276.

Severin, G.A., 1995. Severin's Veterinary Ophthalmology Notes, third ed. Veterinary Ophthalmology Notes, Fort Collins CO, pp. 491–494.

Slatter, D.H., 1990. Fundamentals of Veterinary Ophthalmology, second ed. WB Saunders, Philadelphia, pp. 537–539.

急性緑内障

Gelatt, K.N., 2000. The canine glaucomas. In: Gelatt, K.N. (Ed.), Essentials of Veterinary Ophthalmology. Lippincott Williams & Wilkins, Philadelphia, pp. 165–196.

Kural, E., Lindley, D., Krohne, S., 1995. Canine glaucoma-part II. Compendium of Continuing Education 17 (10), 1253–1262.

Miller, P.E., 2009. Feline glaucoma. In: Bonagura, J.D., Twedt, D.C. (Eds.), Kirk's Current Veterinary Therapy XIV. Saunders Elsevier, St Louis, pp. 1207–1214.

Moore, C.P. (guest ed), 2004. Ocular Therapeutics. The Veterinary Clinics of North America, Small Animal Practice 34 (3), XI–XII.

Sapienza, J.S., 2008. Surgical procedures for glaucoma: what the general practitioner needs to know. Topics in Companion Animal Medicine 23 (1), 38–45.

Severin, G.A., 1995. Severin's Veterinary Ophthalmology Notes, third ed. Veterinary Ophthalmology Notes, Fort Collins CO, pp. 453–464.

Van der Woerdt, A., 2001. The treatment of acute glaucoma in dogs and cats. Journal of Veterinary Emergency and Critical Care 11 (3), 199–205.

Ward, D.A., 2009. Ocular pharmacology. In: Bonagura, J.D., Twedt, D.C. (Eds.), Kirk's Current Veterinary Therapy XIV. Saunders Elsevier, St Louis, pp. 1145–1149.

Williams, D.L., Barrie, K., Evans, T.F., 2003. Glaucoma. In: Williams, D.L. (Ed.), Veterinary Ocular Emergencies. Butterworth Heinemann, Boston,pp. 70–74.

突発性盲目

Ford, R.B., Mazzaferro, E.M. (Eds.), 1996. Kirk and Bistner's Handbook of Veterinary Procedures and Emergency Treatment, eighth ed. Saunders Elsevier, St Louis, pp. 440–442.

Hamilton, H.L., McLaughlin, S.A., 2009. Differential diagnosis of blindness. In: Bonagura, J.D., Twedt, D.C., (Eds.), Kirk's Current Veterinary Therapy XIV. Saunders Elsevier, St Louis, pp. 1163–1167.

Penderis, J., 2004. Disorders of eyes and vision. In: Platt, S.R., Olby, N.J. (Eds.), BSAVA Manual of Canine and Feline Neurology, third ed. BSAVA, Gloucester, pp. 140–143.

Williams, D.L., Barrie, K., Evans, T.F., 2002. Commonly presented conditions. In: Williams, D.L. (Ed.), Veterinary Ocular Emergencies. Butterworth Heinemann, Boston, pp. 18–20.

Williams, D.L., Barrie, K., Evans, T.F., 2003. Retina and vitreous. In: Williams, D.L. (Ed.), Veterinary Ocular Emergencies. Butterworth Heinemann, Boston, pp. 79–83.

Williams, D.L., Barrie, K., Evans, T.F., 2003. Optic nerve. In: Williams, D.L. (Ed.), Veterinary Ocular Emergencies. Butterworth Heinemann, Boston, pp. 84–85.

第14章 中毒症

N, *N*–ジエチルトルアミド（ディート、DEET）

作用機序
作用機序は不明である。

中毒源
犬猫用のノミ駆除首輪、ノミ駆除スプレー、防虫剤（Off®、Deep Woods Off®、Cuttters®など）。DEETは、フェンバレレート（ピレスロイド）と併用されることが多い。

中毒量
不明である。猫は犬よりも感受性が高い。犬では、0.09%フェンバルレート、9% DEET溶液1.4g以上に曝露すると臨床徴候が発現する。

診断
ヒストリー——曝露歴がある。
臨床徴候——若齢の雌猫は、特に感受性が高い。紅斑、皮膚水泡、皮膚壊死、嘔吐、振戦、中枢神経症状（興奮、混迷、痙攣）、死亡。
臨床検査——特徴的な検査値の異常は報告されていない。曝露から2週間は、摂取した物質とその代謝産物が血中から検出される。

鑑別診断
脳症、有機リン中毒症、ピレスリン中毒症、抗ヒスタミン薬・充血緩和薬中毒症。

予後
一般に、予後は中程度～良好であるが、死亡する症例もある。

治療
1. 飼育者に、診断、予後、治療費について説明する。
2. 気道確保。必要ならば挿管。
3. 酸素補給。必要ならば人工換気。
4. IVカテーテル留置。調整電解質晶質液のIV輸液により、灌流維持、水和、利尿を図る。
5. 必要に応じて、ジアゼパム、フェノバルビタール、ペントバルビタールのいずれかを用いて、発作や活動過多を制御する。
   A. ジアゼパム：0.5～1mg/kg IV。効果発現まで5～20mgずつ分割投与。
   B. フェノバルビタール
      犬：2～4mg/kg IV
      猫：1～2mg/kg IV
   C. ペントバルビタール：2～30mg/kg IV。効果発現まで緩徐に投与。

6．皮膚曝露の場合は、ぬるま湯と食器用液体洗剤または低刺激シャンプーで入念に洗浄する。処置中は、ゴム手袋を含む防護衣を着用する。被毛が乾燥するまでは、患者をタオルで包んで保温する。
7．胃洗浄による除染を試みる。催吐処置は禁忌である。
   A．軽麻酔を施す。
   B．麻酔中は酸素補給とIV輸液を行う。
   C．必要に応じて、適切な麻酔薬を投与し、麻酔を維持する。
   D．気管内チューブを挿管し、カフを拡張させる。
   E．患者を横臥位に保定する。
   F．胃チューブを患者の体側に当て、鼻吻から最後肋骨までの距離に合わせて胃チューブに印を付ける。
   G．胃チューブの先端に水溶性ゼリーを塗布し、胃内へ優しく挿入する。印を付けた位置を超えてチューブを挿入しないように注意する。
   H．状況によっては、チューブを2本使用する（小径：流入用、大径：排出用）。
   I．体温程度に加温した水道水をチューブ（2本使用時は流入用チューブ）から流入させ、胃を中程度に拡張させる。小型症例の場合は、電解質の変化を避けるため、生理食塩水を用いる。
   J．液体をチューブ（2本使用時は排出用チューブ）から排出させる。
   K．胃洗浄液、中毒誘起が疑われる異物や種子などは、毒性検査用に保存する。
   L．胃洗浄液が連続的に排出されない場合は、チューブの位置を変えたり、液体やエアでフラッシュするなどして調整を行う。
   M．患者の体位を反転させ、胃洗浄を続ける。
   N．排出液が透明になるまで胃洗浄を続ける。
   O．チューブを2本使用している場合は、1本のチューブの端をクランプで閉じてから抜去する。
   P．胃チューブから活性炭を投与する。
   Q．もう1本のチューブも、端をクランプで閉じてから抜去する。
   R．麻酔からの覚醒をモニターし、喉頭反射が回復するまでカフを拡張させたまま気管チューブを留置しておく。
8．活性炭：2～5g/kg PO。通常、活性炭1gに水5mLを加え、スラリー状にして投与する。DEED中毒症例では、活性炭を3～4時間ごとに反復投与する。
9．瀉下剤――浸透圧性瀉下剤または塩類瀉下剤を、活性炭とともに単回投与する。使用できる瀉下剤には、以下のものがある。
   A．ソルビトール（70%）：2g/kg（1～2mL/kg）PO
   B．硫酸ナトリウム
      猫：200mg/kg
      犬：250～500mg/kg
      水5～10mL/kgと混和してPO投与する。
10．腸洗浄――ポリエチレングリコール（PEG）や電解質液（CoLYTE®またはGoLYTELY®）を用いた腸洗浄を検討する。
11. 個々の症例に合わせて、対症療法および支持療法を行う。

亜鉛

作用機序

亜鉛中毒症では、急性溶血が生じるが、機序は不明である。通常、貧血は血管内溶血によるもので、酸化的メカニズムに起因すると考えられる。

中毒源

各種誤食によって、犬、猫、鳥、フェレットに亜鉛中毒症が生じるが、診療においては、コイン（米国で1983年以降に造られている1セント銅貨）、酸化亜鉛を含むスキンケア用品、金属製品によるものが頻繁に認められる。その他には、カラミンローション、坐薬、シャンプー、Desenex®（水虫治療薬）、化学肥料、塗料、釘、亜鉛メッキ製品などがある。

中毒量

亜鉛0.7～1g/kgの摂取により、中毒症の臨床徴候が発現する。亜急性亜鉛中毒症は、1セント硬貨5枚以内の銅貨の摂取で生じる。

診断

ヒストリー――曝露歴がある。

臨床徴候――抑うつ、食欲不振、嘔吐、元気消失、下痢、腹部痛、血色素尿を伴う溶血性貧血と黄疸、急性腎不全。

臨床検査――

1. 溶血性貧血
2. 白血球炎症像
3. 肝酵素値、膵酵素値上昇
4. BUN、血清クレアチニン値上昇などの高窒素尿症所見
5. 高リン血症
6. 顆粒尿円柱
7. 血清、血漿、尿、組織標本における亜鉛値上昇。亜鉛濃度測定用の採血では、専用の採血管とシリンジを要する。

腹部X線検査――消化管内にて、金属を示唆する放射線不透過性異物を認めることがある。

鑑別診断

ホウ酸、生ゴミ、毒キノコ、ロテノンなどによる各種中毒症。

予後

予後は、様々である。

治療

1．飼育者に、診断、予後、治療費について説明する。
2．気道確保。必要に応じて挿管。
3．酸素補給。必要に応じて人工換気。
4．IVカテーテル留置。調整電解質晶質液のIV輸液により、灌流維持、水和、利尿を図る。
5．摂取から2時間以内である場合は、催吐による除染が有効である。胃洗浄は、一般に奏功しない。
  A．犬の催吐処置
    Ⅰ．アポモルヒネ：0.02～0.04mg/kg IV、IM。または1.5～6mgを溶解し、結膜嚢に点入する。アポモルヒネを眼内投与した場合は、催吐後に生理食塩水で十分に眼洗浄を行うこと。アポモルヒネにより過剰な鎮静作用が生じた場合は、ナロキソン0.01～0.04mg/kgのIV、IM、SC投与により拮抗可能である。ナロキソンは、鎮静作用に拮抗するが、催吐作用には拮抗しない。
    Ⅱ．3%過酸化水素水：1～5mL/kg PO。最大用量はテーブルスプーン3杯（45mL）。10分以内に嘔吐しない場合は、0.5mL/kgをPOで1回のみ再投与する。
  B．猫の催吐処置
    Ⅰ．キシラジン：0.44～1mg/kg IM、SC。ヨヒンビン0.1mg/kgのIM、SC投与、緩徐なIV投与により拮抗可能。
    Ⅱ．メデトミジン：10μg/kg IM。アチパメゾール（Antisedan®）25μg/kgのIM投与により拮抗可能。
    Ⅲ．猫に過酸化水素水を投与するのは非常に困難であり、現在では推奨されていない。
  C．可能であれば、内視鏡下にて異物を除去する。
6．嘔吐、下痢に対する適切な支持療法（IV輸液、制吐薬または胃粘膜保護薬投与）を行う。
7．血液成分またはヘモグロビン系人工酸素運搬体の投与を要する症例もある。
8．EDTAカルシウム二ナトリウム投与。
  A．25mg/kg SC q4hまたは50mg/kg q12h。2～5日間投与。
  B．投与前にEDTAカルシウムを5%ブドウ糖溶液で10mg/mLに希釈する。
  C．1日の投与量は2gを超えないようにする。
9．EDTAカルシウムを24～48時間投与した後、まだ消化管内異物が残存している場合は、慎重に外科手術を行い、異物を除去する。
10．術後は、EDTAカルシウムまたはペニシラミンの投与を、さらに1～3日間継続する。
11．ペニシラミンの推奨投与量：33～55mg/kg/日 PO。1週間投与。次に1週間休薬し、再度1週間投与する。空腹時に投薬すること。1日量をq6～8hで分割投与するとよい。D-ペニシラミンは、フルーツジュースに混ぜることで、嗜好性が高まり、臭気も隠すことができる。

12. 尿量および腎機能をモニターする。尿量は、少なくとも1〜2mL/kg/時を維持する。

アスピリン

作用機序

猫のアスピリン中毒症は、犬よりも重篤である。猫は、アスピリンの解毒や排泄に必要なグルクロン酸抱合能を欠く。また、猫では迅速なアスピリンの代謝・排泄ができないため、中毒症が生じる。

主な中毒作用は、骨髄抑制、血小板凝集阻害、代謝性アシドーシス、毒性肝炎、腎疾患、胃潰瘍などである。

中毒源

小児用や低用量のアスピリン製剤のアスピリン含有量は、1錠あたり81mgである。レギュラーアスピリンには325mg、高用量アスピリンには500mg含まれている。Pepto-Bismol® には1錠あたり300mgのサリチル酸が含まれ、15mL（テーブルスプーン1杯）には262mgが含まれている。その他の多くの製剤もアスピリンを含有する。医師用ハンドブックや製品ラベルを確認すること。

中毒量

犬：50mg/kg/日
猫：25mg/kg/日

診断

ヒストリー――曝露歴がある。

臨床徴候――

急性――

1. 通常、4〜6時間以内に進行する。
2. 沈うつ、食欲不振、高体温
3. 嘔吐、時に吐血
4. 頻呼吸
5. 急性腎不全
6. 衰弱、運動失調、昏睡、死亡

慢性――反復投与により、胃潰瘍・穿孔、毒性肝炎、骨髄抑制（臨床的には貧血の発現）が生じる。

臨床検査――

1. 血中アスピリン濃度測定が可能である。
2. 血漿サリチル酸濃度を測定するには、検査機関に塩化第二鉄反応検査を依頼する。
3. 血液ガスの分析――代謝性アシドーシスや呼吸性アルカローシス。
4. 生化学検査――BUN・クレアチニン値・肝酵素上昇、電解質異常。

5. 猫では、ハインツ小体性貧血を認める。
6. 血小板傷害による二次的な止血時間延長。

鑑別診断

その他の非ステロイド性抗炎症薬中毒症、急性腎不全。

予後

重篤なアシドーシスに至る前に治療を開始できれば、予後は良好である。骨髄抑制や毒性肝炎を伴う脱水や昏睡がすでに発現している場合は、予後不良である。

治療

1. 飼育者に、診断、予後、治療費について説明する。
2. 気道確保。必要に応じて挿管。
3. 酸素補給。必要に応じて人工換気。肺水腫や低酸素症を生じることがある。
4. IVカテーテル留置。調整電解質晶質液のIV輸液により、灌流維持、水和を図る。
5. 毒物摂取から6～12時間以内である場合は、汚染除去を試みる。来院時に嘔吐を呈している場合は、催吐処置を行ってはならない。
   A. 犬の催吐処置
      Ⅰ. アポモルヒネ：0.02～0.04mg/kg IV、IM。または1.5～6mgを溶解し、結膜嚢に点入する。アポモルヒネを眼内投与した場合は、催吐後に生理食塩水で十分に眼洗浄を行うこと。アポモルヒネにより過剰な鎮静作用が生じた場合は、ナロキソン0.01～0.04mg/kgのIV、IM、SC投与により拮抗可能である。ナロキソンは、鎮静作用に拮抗するが、催吐作用には拮抗しない。
      Ⅱ. 3％過酸化水素水：1～5mL/kg PO。最大用量はテーブルスプーン3杯（45mL）である。10分以内に嘔吐しない場合は、0.5mL/kgをPOで1回のみ再投与する。
   B. 猫の催吐処置
      Ⅰ. キシラジン：0.44～1mg/kg IM、SC。ヨヒンビン0.1mg/kgのIM、SC投与、緩徐IV投与により拮抗可能。
      Ⅱ. メデトミジン：10μg/kg IM。アチパメゾール（Antisedan®）25μg/kgのIM投与により拮抗可能。
      Ⅲ. 猫に過酸化水素水を投与するのは非常に困難であり、現在では推奨されていない。
   C. 胃洗浄
      Ⅰ. 軽麻酔を施す。
      Ⅱ. 麻酔中は酸素補給とIV輸液を行う。
      Ⅲ. 必要に応じて、適切な麻酔薬を投与し、麻酔を維持する。
      Ⅳ. 気管内チューブを挿管し、カフを拡張させる。
      Ⅴ. 患者を横臥位に保定する。

Ⅵ. 胃チューブを患者の体側に当て、鼻吻から最後肋骨までの距離に合わせて胃チューブに印を付ける。
Ⅶ. 胃チューブの先端に水溶性ゼリーを塗布し、胃内へ優しく挿入する。印を付けた位置を超えてチューブを挿入しないよう注意する。
Ⅷ. 状況によっては、チューブを2本使用する（小径：流入用、大径：排出用）。
Ⅸ. 体温程度に加温した水道水をチューブ（2本使用時は流入用チューブ）から流入させ、胃を中程度に拡張させる。小型症例の場合は、電解質の変化を避けるため、生理食塩水を用いる。
Ⅹ. 液体をチューブ（2本使用時は排出用チューブ）から排出させる。
Ⅺ. 胃洗浄液、中毒誘起が疑われる異物や種子などは、毒性検査用に保存する。
Ⅻ. 胃洗浄液が連続的に排出されない場合は、チューブの位置を変えたり、液体やエアでフラッシュするなどして調整を行う。
XIII. 患者の体位を反転させ、胃洗浄を続ける。
XIV. 排出液が透明になるまで胃洗浄を続ける。
XV. チューブを2本使用している場合は、1本のチューブの端をクランプで閉じてから抜去する。
XVI. 胃チューブから活性炭を投与する。
XVII. もう1本のチューブも、端をクランプで閉じてから抜去する。
XVIII. 麻酔からの覚醒をモニターし、喉頭反射が回復するまでカフを拡張させたまま気管チューブを留置しておく。

D. 活性炭：1〜5g/kg PO。ソルビトールを併用する。アスピリン中毒症例では、活性炭1〜2g/kgを3〜4時間ごとに反復投与する。ソルビトール（瀉下剤）の併用は、初回のみとする。

6. 調整電解質晶質液（LRS、ノーモソル®-Rなど）によるIV輸液を行う。投与速度は、維持流量の2〜3倍とする。
   A. 4〜6時間かけて、喪失分を投与する。
   脱水（%）×体重（kg）×1,000＝必要輸液量（mL）
   B. 中心静脈圧（CVP）は、5〜7cmH_2O以上上昇しないようにする。これ以上上昇する場合は、過水和の可能性が示唆される。
   C. その他の過水和の徴候——頻脈、不安行動、振戦、結膜浮腫、呼吸困難、頻呼吸、気管支肺胞音亢進、肺性ラ音、肺水腫、漿液性鼻汁、意識レベル低下、悪心、嘔吐、下痢、腹水、多尿、皮下水腫（特に足根関節、下顎間隙）
   D. 過水和が生じた場合は、輸液速度を下げるか、輸液を中止する。状況に応じて、利尿薬、血管拡張薬の投与、酸素補給を行う。
7. 定期的に尿道カテーテルを挿入し、尿量を正確にモニターする。尿量は、最少でも1〜2mg/kg/時を維持する。尿道カテーテルを留置してもよいが、その場合は厳密な無菌操作を行い、閉鎖式採尿システムを使用する。
8. 体重を12時間ごとに測定する。過水和に注意して、慎重にモニターする。
9. 再水和後、利尿を行う。

A．マンニトール（10％または20％）：0.1～0.5g/kgを緩徐にIV投与する。血管炎、出血異常、高浸透圧性症候群、うっ血性心不全、用量過負荷などの禁忌条件がない場合のみ投与する。反応がない場合は、同量を反復投与する。マンニトールの総投与量は、2g/kg/日を超えてはならない。

B．フロセミド——犬では2～6mg/kg IV q8h、猫では0.5～2mg/kg IV q12～24h。

Ⅰ．利尿が1時間以内に生じない場合は、フロセミドを2倍量（4mg/kg）で再投与する。

Ⅱ．フロセミドは、CRI投与も可能である。
投与量：2～5mg/kg/分IV CRI

10．利尿が誘導されない場合は、血液透析または腹膜透析を検討する。腹膜透析の適応例には、以下のものがある。

A．透析可能な毒物への曝露

B．過水和

C．重篤な持続性尿毒症、アシドーシス、高カリウム血症

D．乏尿、無尿

11．腹膜透析カテーテルを留置する（図14-1）。

A．全身麻酔を施す。低血圧に注意する。

B．大網切除または部分的大網切除を検討する。これは、大網による腹膜透析カテーテルの閉塞を予防するために行う（特に猫）。

C．外科処置は無菌的に行う。腹膜カテーテルの接合部は、全てポビドンヨードパッチで被覆し、毎日交換する。

D．カテーテルは、腹膜透析カテーテル、小児科用トロッカーカテーテルを用いる。猫では、横穴を造設した14Gテフロン製IVカテーテルを使用する。横穴は、カテーテルの強度を保つために、全て同側につくる。

E．臍から2～4cm尾側の白線を1cm切開する。

F．カテーテルは、骨盤入口部に向けて挿入する。

G．カテーテルは、皮膚のみではなく、腹壁も含めて縫合固定する。挿入部は巾着縫合を施し、カテーテルはチャイニーズフィンガー法で固定する。

H．腹腔への開口部は、ポビドンヨードパッチと滅菌包帯で被覆する。

I．広域スペクトル抗生物質を全身投与する。急性腎不全（ARF）に使用する用量と頻度で投与する。

J．透析液は、1.5％、4％、7％ブドウ糖添加透析液、LRS、0.9％NaClなどを加温して用いる（市販の透析液を準備できない場合は、1.5％ブドウ糖添加LRSを用いるとよい。調合法は、50％ブドウ糖をLRS1,000mLに添加する）。

K．透析液1Lに250Uのヘパリンを添加する。

L．透析液20～30mL/kgを腹腔内投与する。

M．滞留時間は45分間。

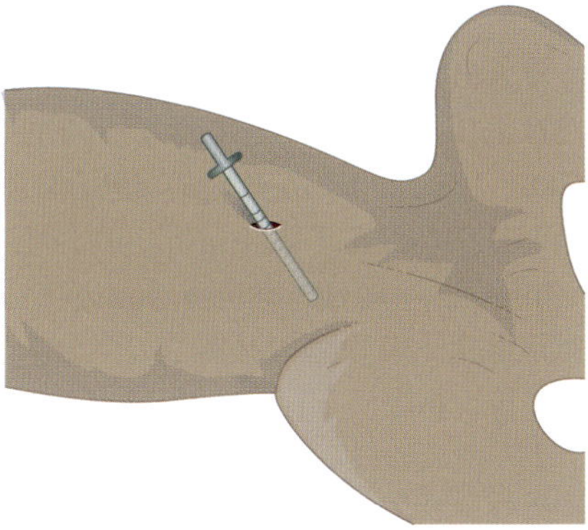

図14-1　腹膜透析カテーテルの留置法
患者を仰臥位にし、臍から2～4cm尾側の白線に1cm切開する。骨盤入口部に向かってカテーテルを挿入する。カテーテルは腹壁に縫合固定する。さらに、チャイニーズフィンガー法で固定強度を高める。腹腔への開口部は、無菌的に被覆する。

N．排液時間は15分間。
O．BUN、クレアチニン値、脱水状態が正常に近づくまで、持続的または2時間ごとに反復する。以後は頻度を漸減する。
P．注入や排液を行うたびに、カテーテルをヘパリン加生理食塩水でフラッシュし、カテーテルの塞栓を抑制する。
Q．CBC、TP、血清電解質、凝固因子、尿（沈渣物、多因子測定スティック）、透析液（感染徴候）をモニターする。
R．腹膜洗浄が不要になった時点で、鎮静または麻酔下でカテーテルを抜去する。切開部位は、白線を1～2針縫合した後、皮膚縫合する。腹部は、滅菌包帯で被覆する。

12. 腹膜透析カテーテルの管理
A．厳密な無菌操作を行うことが重要である。
B．腹膜透析カテーテルを扱う前には、徹底的な手洗いを行い滅菌手袋を着用する。
C．透析液の注入・排出後は、毎回、ヘパリン加生理食塩水でカテーテルをフラッシュする。
D．全ての接合部や注入口は、操作前に必ずクロルヘキシジンまたはポビドンヨード溶液で清拭する。
E．全ての接合部や注入口は、ポビドンヨードパッチと滅菌包帯で被覆し、パッチは毎日交換する。
F．腹腔への開口部は、ポビドンヨードパッチと滅菌包帯で被覆する。
G．腹部のカテーテル挿入部は、滅菌包帯で被覆し、清潔に保ち、濡らさないようにする。包帯や挿入部の状態を毎日確認し、包帯を2日おきに交換する。
H．汚染を最小限にするため、腹膜洗浄液の注入・排出を行う際には、できるだけ術衣を着用する。

13. 代謝性アシドーシスの管理
A．調整電解質晶質液のIV輸液を行う。

B. 換気を促進する。

C. 重炭酸ナトリウムの投与は、血漿重炭酸ナトリウム濃度算出値の精度が高く（または総P_{CO_2}が測定できており）、重度アシドーシス（pH<7.1またはHCO$_3$<12mEq/L）が確定的な場合に限る。

Ⅰ. 重炭酸ナトリウムの必要量（mEq）＝0.3×体重（kg）×［総CO_2の目的値（mEq/L）－総CO_2測定値（mEq/L）］

Ⅱ. 最初に重炭酸ナトリウムの必要量の半分を3〜4時間かけて投与する。その後、再評価を行い、投与量を再調整する。

Ⅲ. 重炭酸ナトリウムの投与は慎重に行う。合併症には、過剰是正によるアルカローシス、高ナトリウム血症、静脈用量過負荷、低カリウム血症、低カルシウム血症、組織低酸素症、逆説的中枢性輸液アシドーシスなどがある。

14. 胃粘膜保護薬の投与。

A. ミソプロストール：1〜5µg/kg PO q8〜12h（犬のみ）

B. スクラルファート

犬：250〜1,000mg PO q6〜8h

猫：250mg PO q6〜12h

15. オメプラゾール0.7mg/kg PO q24h（犬のみ）。潰瘍の既存が疑われる場合を除き、潰瘍形成予防のため、オメプラゾールの投与を検討する。

16. 尿をアルカリ化し、尿からの排泄を促進する。これは、重炭酸ナトリウム投与の副次的な効果である。血液ガスを注意深くモニターし、重炭酸ナトリウムを上記の用量で慎重に投与する。

アセトアミノフェン

作用機序

肝臓および赤血球のグルタチオン濃度を低下させる活性代謝物により、肝臓や赤血球が傷害される。犬では肝細胞の壊死が生じやすく、猫では赤血球の損傷によるメトヘモグロビン血症が生じやすい。

アセトアミノフェンの主要な代謝経路は、グルクロン酸抱合および硫酸抱合である。アセトアミノフェンがグルクロン酸抱合を受けるには、グルクロン酸転移酵素が必要である。猫のグルクロン酸転移酵素の濃度は、ヒトや犬より低い。アセトアミノフェン中毒症では、グルタチオンの貯蔵が枯渇する。猫は、硫酸抱合能も低い。これらの経路で代謝される量が少ないため、チトクロームp-450系による代謝量が増加し、結果としてチトクロームp-450系の代謝物である*N*-アセチル-*p*-ベンゾキノンイミン（NAPQI）濃度が上昇する。NAPQIは、イオン交換膜の機能阻害、細胞骨格蛋白質の変性、カルモジュリン依存性カルシウム輸送ATPaseおよびNa^+/K^+－ATPaseの活性阻害を惹起し、その結果、細胞死が生じる。

メトヘモグロビンは、ヘモグロビンの非機能型であり、ヘモグロビンに配置されている二価鉄が酸化により三価鉄になったものである。ハインツ小体は、赤血球内に認められる変性ヘモグロビンの凝集塊である。ハインツ小体または変性ヘモグロビンは、赤血球の浸透圧の脆弱性を上昇させ、溶血性貧血を引き起こす。ヘモグロビン分子に存在する反応性SH基の数は、犬では4個、ヒトでは2個であるのに対し、猫では8個である。罹患動物の血液は、通常よりも暗色かつ褐色を帯びる。

中毒源

アセトアミノフェンは、別称としてパラセタモール、*N*-アセチル-*p*-アミノフェノールなどとも呼ばれる。小児用Tylenol®には、アセトアミノフェンが80mg含有されている。中用量Tylenol®にはアセトアミノフェンが325mg、高用量Tylenol®には500mgが含有されている。市販薬（OTC医薬）、処方薬を問わず、多くの薬剤には、アセトアミノフェンが含まれている。摂取した薬剤の含有量を必ず確認すること。

中毒量

犬：200～600mg/kg。個体によっては、150mg/kgであっても問題が生じることがある。

猫：50mg/kg。ただし、10mg/kgの摂取による死亡例が報告されている。

診断

ヒストリー——飼育者がアセトアミノフェン含有薬を投与している。動物（特に犬）が薬の容器を噛んでいた、床に落ちた錠剤を誤食したなどがある。飼育者は、動物に投薬した事実を隠すことがある。アセトアミノフェン中毒症に合致する症状を認める場合は、摂取を前提に治療する。

臨床徴候——

犬

1. 進行性の沈うつ症状
2. 摂取から数時間以内の嘔吐
3. 四肢、顔面の腫脹
4. 腹部痛
5. メトヘモグロビン血症に起因する暗色（チョコレート様）の尿と血清。
6. 時に、一過性の乾性角結膜炎。
7. 肝細胞の壊死により、2～5日間以内に死亡する可能性。

猫

1. 摂取後1～2時間かけて症状が進行する。
2. 食欲廃絶、流涎、嘔吐
3. 低体温
4. 沈うつ、虚弱、昏睡の可能性。
5. メトヘモグロビン血症が急性に進行し、生命にかかわるヘモグロビン尿を惹起する。粘膜の蒼白・褐色化、呼吸困難、暗色（チョコレート色）尿・血清。
6. 顔面および肢端の腫脹（図14-2）
7. 肝細胞の壊死による死亡（18～36時間）

図14-2　アセトアミノフェン中毒症の猫に認められる顔面の腫脹
四肢の腫脹も伴う。

臨床検査――メトヘモグロビン血症、ハインツ小体出現を伴う貧血、ALT・ALP（SAP）・総ビリルビン・直接ビリルビンの上昇。血液ガス検査にて代謝性アシドーシスの可能性。

予後

予後は、中程度～要注意である。

治療

1．猫が苦悶を呈する場合は、酸素ケージに入れて速やかに酸素補給を行い、リラックスさせる。
2．飼育者に、診断、予後、治療費について説明する。
3．薬剤摂取からの経過時間が4時間以内でかつ症状の発症していない場合は、最初に催吐や胃洗浄を行ってから、活性炭および塩類瀉下剤・浸透圧性瀉下剤を投与して、汚染除去を試みる。
   A．犬の催吐処置
      Ⅰ．アポモルヒネ：0.02～0.04mg/kg IV、IM。または1.5～6mgを溶解し、結膜嚢に点入する。アポモルヒネを眼内投与した場合は、催吐後に生理食塩水で十分に眼洗浄を行うこと。アポモルヒネにより過剰な鎮静作用が生じた場合は、ナロキソン0.01～0.04mg/kgをIV、IM、SC投与により拮抗可能である。ナロキソンは、鎮静作用に拮抗するが、催吐作用には拮抗しない。
      Ⅱ．3％過酸化水素水：1～5mL/kg PO。最大用量はテーブルスプーン3杯（45mL）である。10分以内に嘔吐しない場合は、0.5mL/kgをPOで1回のみ再投与する。
   B．猫の催吐処置
      Ⅰ．キシラジン：0.44～1mg/kg IM、SC。ヨヒンビン0.1mg/kgをIM、SC投与、緩徐なIV投与により拮抗可能。
      Ⅱ．メデトミジン：10μg/kg IM。アチパメゾール（Antisedan®）25μg/kgをIM投与により拮抗可能。
      Ⅲ．猫に過酸化水素水を投与するのは非常に困難であり、現在では推奨されていない。
   C．胃洗浄
      Ⅰ．軽麻酔を施す。

Ⅱ．麻酔中は酸素補給とIV輸液を行う。

Ⅲ．必要に応じて、適切な麻酔薬を投与し、麻酔を維持する。

Ⅳ．気管内チューブを挿管し、カフを拡張させる。

Ⅴ．患者を横臥位に保定する。

Ⅵ．胃チューブを患者の体側に当て、鼻吻から最後肋骨までの距離に合わせて胃チューブに印を付ける。

Ⅶ．胃チューブの先端に水溶性ゼリーを塗布し、胃内へ優しく挿入する。印を付けた位置を超えてチューブを挿入しないよう注意する。

Ⅷ．状況によっては、チューブを2本使用する（小径：流入用、大径：排出用）。

Ⅸ．体温程度に加温した水道水をチューブ（2本使用時は流入用チューブ）から流入させ、胃を中程度に拡張させる。小型症例の場合は、電解質の変化を避けるため、生理食塩水を用いる。

Ⅹ．液体をチューブ（2本使用時は排出用チューブ）から排出させる。

Ⅺ．胃洗浄液、中毒誘起が疑われる異物や種子などは、毒性検査用に保存する。

Ⅻ．胃洗浄液が連続的に排出されない場合は、チューブの位置を変えたり、液体やエアでフラッシュするなどして調整を行う。

XⅢ．患者の体位を反転させ、胃洗浄を続ける。

XⅣ．排出液が透明になるまで胃洗浄を続ける。

XⅤ．チューブを2本使用している場合は、1本のチューブの端をクランプで閉じてから抜去する。

XⅥ．胃チューブから活性炭を投与する。

XⅦ．もう1本のチューブも、端をクランプで閉じてから抜去する。

XⅧ．麻酔からの覚醒をモニターし、喉頭反射が回復するまでカフを拡張させたまま気管チューブを留置しておく。

D．活性炭：1～3g/kg PO q3～4h。初回はソルビトール（瀉下剤）を併用する。腸管循環を考慮し、活性炭は3～4時間ごとに反復投与する。瀉下剤は単回投与する。

E．塩類瀉下剤、浸透圧性瀉下剤――活性炭と併用して、単回投与する。使用できる瀉下剤には、以下のものがある。

Ⅰ．ソルビトール（70%）：2g/kg（1～2mL/kg）PO

Ⅱ．硫酸マグネシウム（Epsom salt）
猫：200mg/kg
犬：250～500mg/kg
水5～10mL/kgと混和してPO投与する。

Ⅲ．水酸化マグネシウム（Milk of Magnesia®）
猫：15～50mL
犬：10～150mL PO q6～12h
必要に応じて反復投与する。

Ⅳ．硫酸ナトリウム
猫：200mg/kg

犬：250～500mg/kg
水5～10mL/kgと混和してPO投与する。

4．解毒薬*N*-アセチルシステイン（Mucomyst®）をIV、PO投与する。
  A．初回は280mg/kg PO、IV。以後は140mg/kg PO、IV q4h。3～7回反復投与する。
  B．IV投与する際は、5%ブドウ糖溶液で5%に希釈し、15～30分間かけて緩徐に投与する。細菌フィルターや*N*-アセチルシステインの滅菌溶液がない場合はPO投与すること。
  C．*N*-アセチルシステインをPO投与すると、腸管から門脈へ取り込まれ（腸肝循環）、肝臓では高濃度を維持して解毒するため、IV投与よりも望ましいという見解がある。ただし、PO投与した場合は、活性炭によって不活化される。したがって、活性炭は*N*-アセチルシステインの投与より30～60分間経過してから投与する。
5．*S*-アデノシル-メチオニン（SAMe）
  犬：初回は40mg/kg PO、以後は20mg/kg PO q24h 9日間
  猫：最初の3日間は180mg PO q12h、以後は90mg PO q12h 14日間
6．ビタミンC（アスコルビン酸）：30mg/kg PO、SC q6hまたは20～30mg/kgをIV輸液剤に添加し、q6hで投与。
7．シメチジン――毒性代謝物の活性を延長させると考えられ、現在では推奨されていない。
8．支持療法
  A．調整電解質晶質液によるIV輸液。
  B．多くの場合、酸素補給が有効である。
  C．必要に応じて、濃縮赤血球または全血輸血を行う。容量過負荷に注意する。
  D．症例により、最大72時間程度の入院。
  E．猫は、重度のメトヘモグロビン血症により多大な負担を受け、容易に死亡する。ハンドリングは慎重に行うこと。

アミトラズ

作用機序

アミトラズは、心血管系の末梢性α_1アドレナリン受容体およびα_2アドレナリン受容体、CNSのα_2受容体に作用する。すなわち、α_2アドレナリン受容体作動薬である。中毒症は、経口摂取または経皮的吸収によって生じる。

中毒源

アミトラズは、ノミ・ダニ駆除用の首輪（Preventic®）、牛豚の駆虫製剤、Mitaban®などの毛包虫用の外用ローションや薬浴剤に含有されている。Mitaban®は、有毒物質であるキシレンを含有している。

中毒量

アミトラズの経口摂取の急性LD_{50}は以下の通り。

犬：100mg/kg

モルモット：400～800mg/kg

ラット：515～938mg/kg

マウス：1,600mg/kg以上

猫：絶対に使用してはならない。

犬では、20mg/kgの摂取で一過性の臨床徴候を呈することがある。慢性毒性については報告されていない。

診断

ヒストリー——毛包虫治療、ノミ・ダニ駆虫首輪の誤食など。嘔吐、多尿、運動失調、沈うつ症状（時に、昏睡へと進行）、痙攣発作など。

臨床徴候——低血圧と末梢血管の収縮による粘膜蒼白、低体温、沈うつ、散瞳、徐脈、食欲廃絶、嘔吐、下痢、多尿、運動失調、鎮静状態、見当識障害、異常な啼鳴、痙攣発作、昏睡など。

臨床検査——高血糖の可能性。通常、CBCや生化学検査では、異常を示さない。

鑑別診断

有機リン中毒症、カーバメート中毒症、ピレスリン・ピレスロイド中毒症、D-リモネン中毒症、ロテノン中毒症、メトプリン中毒症。

予後

予後は中程度である。軽症例では自然回復することがある。

治療

1. 飼育者に、診断、予後、治療費について説明する。
2. 気道確保。必要に応じて挿管。
3. 酸素補給。必要に応じて人工換気。
4. IVカテーテル留置。調整電解質晶質液のIV輸液による、灌流維持、水和、利尿。
5. 皮膚汚染の場合は、ぬるま湯と石鹸で徹底的に洗浄する。患者の保温に留意する。処置中は、防護衣（ゴム手袋を含む）を着用すること。
6. 来院時に抑うつ状態または興奮状態を呈する場合は、催吐処置を試みる。ただし、Mitaban®の誤食症例では、キシレン吸入によって続発性誤嚥性肺炎を生じる恐れがあるため、催吐処置は禁忌である。
   A. 犬の催吐処置
      I. アポモルヒネ：0.02～0.04mg/kg IV、IM。または1.5～6mgを溶解し、結膜嚢に点入する。アポモルヒネを眼内投与した場合は、催吐後に生理食塩水で十分に眼洗浄を行うこと。アポモルヒネにより過剰な鎮静作用が生じた場合は、ナロキソン0.01～0.04mg/kgのIV、IM、SC投与により拮抗可能である。ナロキソンは、鎮静作用に拮抗するが、催吐作用には拮抗しない。

Ⅱ. 3%過酸化水素水：1～5mL/kg PO。最大用量はテーブルスプーン3杯（45mL）。10分以内に嘔吐しない場合は、0.5mL/kgをPOで1回のみ再投与する。

B. 猫の催吐処置

Ⅰ. キシラジン：0.44～1mg/kg IM、SC。ヨヒンビン0.1mg/kgのIM、SC投与、緩徐なIV投与により拮抗可能。

Ⅱ. メデトミジン：10μg/kg IM。アチパメゾール（Antisedan®）25μg/kgのIM投与により拮抗可能。

Ⅲ. 猫に過酸化水素水を投与するのは非常に困難であり、現在では推奨されていない。

7. 鎮静状態、昏睡を呈する場合は、胃洗浄による汚染除去を試みる。

A. 軽麻酔を施す。

B. 麻酔中は酸素補給とIV輸液を行う。

C. 必要に応じて、適切な麻酔薬を投与し、麻酔を維持する。

D. 気管内チューブを挿管し、カフを拡張させる。

E. 患者を横臥位に保定する。

F. 胃チューブを患者の体側に当て、鼻吻から最後肋骨までの距離に合わせて胃チューブに印を付ける。

G. 胃チューブの先端に水溶性ゼリーを塗布し、胃内へ優しく挿入する。印を付けた位置を超えてチューブを挿入しないように注意する。

H. 状況によっては、チューブを2本使用する（小径：流入用、大径：排出用）。

I. 体温程度に加温した水道水をチューブ（2本使用時は流入用チューブ）から流入させ、胃を中程度に拡張させる。小型症例の場合は、電解質変化を避けるため、生理食塩水を用いる。

J. 液体をチューブ（2本使用時は排出用チューブ）から排出させる。

K. 胃洗浄液、中毒誘起が疑われる異物や種子などは、毒性検査用に保存する。

L. 胃洗浄液が連続的に排出されない場合は、チューブの位置を変えたり、液体やエアでフラッシュするなどして調整を行う。

M. 患者の体位を反転させ、胃洗浄を続ける。

N. 排出液が透明になるまで胃洗浄を続ける。

O. チューブを2本使用している場合は、1本のチューブの端をクランプで閉じてから抜去する。

P. 胃チューブから活性炭を投与する。

Q. もう1本のチューブも、端をクランプで閉じてから抜去する。

R. 麻酔からの覚醒をモニターし、喉頭反射が回復するまでカフを拡張させたまま気管チューブを留置しておく。

8. 活性炭：2～5g/kg PO q3～4h。初回はソルビトール（瀉下剤）を併用する。腸管循環を考慮し、活性炭は3～4時間ごとに反復投与する。ソルビトールは単回投与とする。

9. 塩類瀉下剤、浸透圧性瀉下剤――活性炭と併用して、単回投与する。使用できる瀉下剤には、以下のものがある。
    A. ソルビトール（70%）：2g/kg（1〜2mL/kg）PO
    B. 硫酸ナトリウム
        猫：200mg/kg
        犬：250〜500mg/kg
        水5〜10mL/kgと混和してPO投与する。
10. IVカテーテル留置。
11. 臨床徴候、血圧、灌流状態に応じた調整電解質晶質液のIV輸液。
12. 解毒薬の投与。
    A. ヨヒンビン――α_2アドレナリン受容体においてアミトラズに競合拮抗し、鎮静状態、低血圧、徐脈、消化管蠕動運動低下作用を消失させる。
        犬：0.11mg/kg。緩徐IV投与。
        猫：0.5mg/kg。緩徐IV投与。
    B. アチパメゾール（Antisedan®）：α_2アドレナリン受容体拮抗薬である。
        犬：50mg/kg IM q3〜4h。必要に応じて反復投与。
    C. アチパメゾール（Antisedan®）：50mg/kg IM、単回投与。以後はヨヒンビンを0.1mg/kg IV、IM q6hで投与。
13. 徐脈を認めた場合であっても、アトロピンは使用しない。アトロピンによって改善する症状があるが、悪化する症状もある。アトロピンにより高血圧が惹起される可能性もある。

アルブテロール（サルブタモール）

作用機序

細胞膜のアデニル酸シクラーゼおよび細胞のNa^+/K^+－ATPaseの活性化により、二次的に重度の低カリウム血症を惹起する。血清濃度上昇に伴い、β_1・β_2受容体がいずれも活性化され、頻脈、末梢血管拡張、低血圧が生じる。

中毒源

アルブテロールはβ_2アドレナリン受容体作動薬であり、呼吸困難を呈した症例における気管支痙攣の抑制に用いる。経口薬、注射薬、吸入薬がある。

中毒量

犬猫の中毒量は不明であるが、ヒトの小児の中毒量は1mg/kgである。治療用量において、副作用発現が報告されている。

診断

ヒストリー――アルブテロールの服用・投与・吸入から3〜30分間以内に臨床徴候が発症する。徐放性錠剤を服用した場合は、発症が遅延する。家族がアルブテロールを服用している場合がある。

臨床徴候——犬では、パンティング、過剰な口渇、嘔吐、元気消失、過活動、興奮、筋痙攣、後肢不全麻痺から四肢不全麻痺、四肢麻痺への進行、呼吸筋麻痺を呈する症例もある。散瞳、高体温、多飲多尿、高血圧を呈する。

臨床検査——低カリウム血症、クレアチニンキナーゼ活性上昇、等張尿、血清アルブテロール濃度高値。

心電図——心室性不整脈または上室性不整脈（房室ブロック、洞性頻脈、心室性頻脈、心室性期外収縮など）。

予後

適切な治療により、予後は良好である。既存の心疾患を有する症例では、注意が必要である。

治療

1. 飼育者に、診断、予後、治療費について説明する。
2. CNSおよび心臓に異常がなく、摂取からの経過時間が短い場合は、催吐による胃の汚染除去を試みる。ただし、粉末、液体、加圧容器からのエアロゾル（スプレー）に曝露した場合は適応外である。
3. 経口摂取から2時間以内である場合は、胃洗浄が有効であると考えられる。
4. 活性炭：1〜3g/kg PO。ソルビトールとともに単回投与する。
5. 調整電解質晶質液によるIV輸液。
6. 4〜6時間ごとに血清カリウム濃度のモニタリング。
7. 血圧と心電図のモニタリング。
   A. 洞性頻脈
      プロパノロール：0.02mg/kg q8h。緩徐にIV投与。
      エスモロール（Brevibloc®）：0.1〜0.5mg/kg。緩徐にIV投与。以後は0.05〜0.1mg/kg/分IV CRI
      ジルチアゼム（Cardizem®）：0.1〜0.2mg/kg。緩徐にIV投与。以後は0.005〜0.02mg/kg/分IV CRI
   B. 心室性不整脈
      リドカイン：2mg/kg。緩徐にIV投与。以後は30〜50µg/kg/分IV CRI
8. 過度の興奮を呈する場合は、ジアゼパム0.2〜0.5mg/kgを効果発現までIV投与。

アンフェタミン

作用機序

アンフェタミン類は、ノルエピネフリン放出を刺激する。これらの薬剤は、α_1アドレナリン受容体やβ_1アドレナリン受容体に直接作用する。また、モノアミンオキシダーゼ（MAO）を阻害する。これらの作用により、中枢刺激が生じる。

中毒源

アンフェタミン類は、違法ドラッグ（スピード、ベニーズ、アッパーなど）として蔓延している。同種の薬剤には、メタンフェタミン、フェンメトラジン、メフェンテルミンなどがある。また、各種のアンフェタミン疑似薬（デザイナーアンフェタミン）が合成されている。アンフェタミンは、肥満、ナルコレプシー、注意欠陥障害などの合法的治療薬でもある。

中毒量

メタアンフェタミン1.3mg/kgの経口摂取は致命的である。マウスやラットの経口摂取LD_{50}は、10～30mg/kgである。

診断

ヒストリー——曝露歴がある。

臨床徴候——粘膜・皮膚の蒼白または充血、興奮、活動性亢進、高体温、高血圧、低血圧、頻呼吸、頻脈、心律動異常、流涎過多、散瞳、筋攣縮、痙攣発作、循環虚脱、死亡。

臨床検査——

1. 生化学検査にて、高血糖。
2. 血液ガスの測定にて、代謝性アシドーシス。
3. 尿の生化学検査にて、アンフェタミン検出。

鑑別診断

メチルキサンチン中毒症、コカイン中毒症、抗ヒスタミン薬中毒症。

予後

摂取した物質の種類や量、臨床徴候の重篤度によって予後は異なる。

治療

1. 飼育者に、診断、予後、治療費について説明する。
2. 気道確保。必要に応じて、挿管。
3. 酸素補給。必要に応じて、人工換気。
4. IVカテーテル留置。調整電解質晶質液のIV輸液により、灌流の維持、水和、利尿。
5. 外的刺激を最小限にする。光量を下げ、騒音を避ける。
6. 興奮や痙攣を抑制するために、ジアゼパムまたはペントバルビタールを投与する。
   A. ジアゼパム：0.5～1mg/kg IV。1回の投与量は5～20mgとし、効果発現まで反復する。
   B. ペントバルビタール：2～30mg/kg。効果発現まで緩徐にIV投与。
   C. 痙攣の制御に全身麻酔が必要である場合は、カフ付き気管内チューブを挿管し、呼吸状態を注意深くモニターする。誤嚥に注意する。
7. 薬剤摂取から60分間以内に来院し、痙攣発作や昏睡を呈していない場合は、催吐や胃洗浄による汚染除去を試みる。

A．犬の催吐処置

Ⅰ．アポモルヒネ：0.02～0.04mg/kg IV、IM。または1.5～6mgを溶解し、結膜嚢に点入する。アポモルヒネを眼内投与した場合は、催吐後に生理食塩水で十分に眼洗浄を行うこと。アポモルヒネにより過剰な鎮静作用が生じた場合は、ナロキソン0.01～0.04mg/kgのIV、IM、SC投与により拮抗可能である。ナロキソンは、鎮静作用に拮抗するが、催吐作用には拮抗しない。

Ⅱ．3%過酸化水素水：1～5mL/kg PO。最大用量はテーブルスプーン3杯（45mL）。10分以内に嘔吐しない場合は、0.5mL/kgをPOで1回のみ再投与する。

B．猫の催吐処置

Ⅰ．キシラジン：0.44～1mg/kg IM、SC。ヨヒンビン0.1mg/kgのIM、SC投与、緩徐IV投与により拮抗可能。

Ⅱ．メデトミジン：10μg/kg IM。アチパメゾール（Antisedan®）25μg/kgのIM投与により拮抗可能。

Ⅲ．猫に過酸化水素水を投与するのは非常に困難であり、現在では推奨されていない。

C．胃洗浄

Ⅰ．軽麻酔を施す。

Ⅱ．麻酔中は酸素補給とIV輸液を行う。

Ⅲ．必要に応じて、適切な麻酔薬を投与し、麻酔を維持する。

Ⅳ．気管内チューブを挿管し、カフを拡張させる。

Ⅴ．患者を横臥位に保定する。

Ⅵ．胃チューブを患者の体側に当て、鼻吻から最後肋骨までの距離に合わせて胃チューブに印を付ける。

Ⅶ．胃チューブの先端に水溶性ゼリーを塗布し、胃内へ優しく挿入する。印を付けた位置を超えてチューブを挿入しないよう注意する。

Ⅷ．状況によっては、チューブを2本使用する（小径：流入用、大径：排出用）。

Ⅸ．体温程度に加温した水道水をチューブ（2本使用時は流入用チューブ）から流入させ、胃を中程度に拡張させる。小型症例の場合は、電解質変化を避けるため、生理食塩水を用いる。

Ⅹ．液体をチューブ（2本使用時は排出用チューブ）から排出させる。

Ⅺ．胃洗浄液、中毒誘起が疑われる異物や種子などは、毒性検査用に保存する。

Ⅻ．胃洗浄液が連続的に排出されない場合は、チューブの位置を変えたり、液体やエアでフラッシュするなどして調整を行う。

XIII．患者の体位を反転させ、胃洗浄を続ける。

XIV．排出液が透明になるまで胃洗浄を続ける。

XV．チューブを2本使用している場合は、1本のチューブの端をクランプで閉じてから抜去する。

XVI. 胃チューブから活性炭を投与する。

XVII. もう1本のチューブも、端をクランプで閉じてから抜去する。

XVIII. 麻酔からの覚醒をモニターし、喉頭反射が回復するまでカフを拡張させたまま気管チューブを留置しておく。

8．活性炭：2～5g/kg PO。通常、活性炭1gを水5mLと混和して投与する。活性炭は3～4時間ごとに反復投与する。ソルビトール（瀉下剤）の投与は単回投与とする。

9．**塩類瀉下剤、浸透圧性瀉下剤——活性炭と併用して単回投与する。**使用できる瀉下剤には、以下のものがある。

A．ソルビトール（70％）：2g/kg（1～2mL/kg）PO

B．硫酸ナトリウム

猫：200mg/kg

犬：250～500mg/kg

水5～10mL/kgと混和してPO投与する。

10．ブチロフェノン（ドーパミン作動薬）とフェノチアジンは、アンフェタミンの致死的作用を減弱させる。これらの薬剤は、アンフェタミン誘発性の高体温、高血圧、痙攣を抑制する。

A．クロルプロマジン：1～2mg/kg IV、IM q12h。必要に応じて投与。大量摂取した犬における投与量は、10～18mg/kgである。

B．ハロペリドール（ブチフェノン）：1mg/kg IV

11．頭蓋内圧亢進が疑われる場合は、フロセミドまたはマンニトールの投与を検討する。

12．高体温を制御する。IV輸液、濡れたシーツやタオルで体を覆う、冷水浴など。

13．心電図をモニターする。重度不整脈がある場合は適切な治療を行う。

14．塩化アンモニウム投与。尿を酸性化し、アンフェタミンの排泄を増加させる。

A．犬：100～200mg/kg/日 PO q8～12h。分割投与する。

B．猫：20mg/kg PO q12h

C．酸血症、腎疾患、横紋筋融解、ミオグロビン尿を呈する症例への塩化アンモニウム投与は禁忌である。

一酸化炭素

毒性物質

一酸化炭素（CO）は無臭・無色の気体で、大量に吸入すると、致命的な低酸素症を引き起こす。

作用機序

COのヘモグロビン親和力は、酸素の260倍である。COが結合すると、一酸化炭素ヘモグロビン（CO-Hb）を形成する。CO-Hbが高濃度で存在すると、細胞低酸素症を呈する。また、CO-Hbは、組織での酸素遊離低下を引き起こし、酸素－ヘモグロビン解離曲線は左方へ移動する。これにより、脳組織損傷、心組織損傷、遅延性神経毒性作用、直接細胞毒性作用を引き起こす。

中毒源

火災、煙吸入、自動車の排気システム・発電機・換気装置の故障などによるCO濃度上昇。

中毒量

一酸化炭素ヘモグロビン（CO–Hb）濃度は、血中CO濃度に依存する。CO–Hb＞40％にて脳組織損傷が生じ、CO–Hb＞60％にて致命的となる可能性がある。

診断

ヒストリー――換気の悪い場所に閉じ込められていた、火災に遭遇したなど。

臨床徴候――頻脈、頻呼吸、沈うつ状態、知覚鈍麻、昏睡。煙吸入を示唆する徴候（熱傷など）。被毛に煙臭を認める場合もある。また、聴覚喪失を呈することがある。

臨床検査――

1. パルスオキシメトリー――ヘモグロビン濃度が実際よりも高く示されることがある。
2. CBC、生化学検査、尿検査を行い、臓器不全に対する評価を行う。
3. CO–Hb濃度は、CO–オキシメーターで測定する。近隣の医療機関に問い合わせるとよい。
4. 動脈血液ガス分析によって得られる動脈血酸素分圧（Pa_{O_2}）は有用である。

予後

治療が遅れ、血中CO–Hb濃度が上昇した場合、生存は困難である。100％酸素補給を速やかに行うことが重要である。

治療

1. 飼育者に、診断、予後、治療費について説明する。
2. 必要に応じて鎮静下において挿管し、100％酸素を補給する（最大18時間）。以後、酸素補給の継続を要する場合は、酸素濃度を60％未満に低減する。
3. 支持療法を行う。
   A. IVカテーテルを留置し、晶質液IV輸液による水和状態維持。
   B. 必要に応じて、抗痙攣薬投与。
   C. 体温をモニターし、適正体温を維持する。
   D. 熱傷がある場合は、その治療。

イベルメクチン、その他のマクロライド系駆虫薬

作用機序

イベルメクチンは、γアミノ酪酸（GABA）の前シナプス性放出を刺激し、後シナプス性受容体へのGABA結合を増加させることによって、GABA作用を増強する。その結果、神経筋のブロックが生じ、感受性を有する寄生虫は麻痺や死を引き起こす。

中毒源

イベルメクチンは駆虫薬である。ミルベマイシンはアベルメクチンであり、駆虫薬である。

中毒量

1．推奨治療用量
   A．犬の糸状虫症の予防：6μg/kg PO。月1回投与。
   B．猫の糸状虫症の予防：24μg/kg PO。月1回投与。
   C．仔犬・仔猫の犬疥癬症（イヌセンコウヒゼンダニ）、猫疥癬症（ネコショウセンコウヒゼンダニ）、耳疥癬虫症（ミミヒゼンダニ）、ツメダニ、犬毛包虫症（イヌニキビダニ症）、犬肺ダニ症（イヌハイダニ）、犬鉤虫症、犬回虫症、犬小回虫症、犬鞭虫症の治療：200μg/kg SC
   D．犬糸状虫症のミクロフィラリアの治療：50μg/kg
2．中毒量
   A．仔犬・仔猫：＞300μg/kg SC
   B．猫：＞500μg/kg
   C．犬における一般的な経口LD_{50}：80,000μg/kg（80mg/kg）
   D．犬に40,000～80,000μg/kg（40～80mg/kg）にて投与すると、昏睡や死を引き起こすことがある。
   E．犬に5,000μg/kg（5mg/kg）にて投与すると、筋振戦や運動失調などの中枢神経系徴候が生じる。
   F．犬に2,500μg/kg（2.5mg/kg）にて投与すると、散瞳を呈する。
   G．中毒作用を生じない最大用量は、2,000μg/kg（2mg/kg）と報告されている。
3．コリー、オーストラリアンシェパード、オールドイングリッシュシープドッグ、シェットランドシープドッグ、それらの交雑種では、100μg/kg（0.1mg/kg）でも種特異的な中毒症が生じる。これらの犬種にみられる特異性は、血液脳関門におけるイベルメクチンの浸透性が高いことに起因すると考えられる。

診断

ヒストリー――曝露歴がある。

臨床徴候――

1．一般的な中毒症——臨床徴候は、摂取後4時間以内に生じる。主な徴候は、運動失調、攻撃性増大、行動変化、徐脈、チアノーゼ、沈うつ、見当識障害、呼吸困難、脳圧上昇、知覚過敏、過敏症、高体温、散瞳、筋振戦、情動不安、発作、頻脈、嘔吐、昏睡、または死。

2．種特異的中毒症——主な臨床徴候は、運動失調、盲目、行動障害、沈うつ、流涎過多、散瞳、筋振戦、横臥、昏睡、または死。

臨床検査——血漿、肝臓、脂肪、脳におけるアベルメクチン（avermectin）濃度測定が可能である。CBC、血漿生化学検査、血液ガス検査、尿検査結果は、一般に基準範囲内である。

予後

予後は、患者の品種、年齢、摂取物質、摂取経路、摂取量によって異なる。

治療

1．飼育者に、診断、予後、治療費について説明する。
2．気道確保。必要ならば挿管。
3．酸素補給。必要ならば人工換気。
4．IVカテーテル留置。調整電解質晶質液のIV輸液により、灌流維持、水和、利尿を図る。
5．アナフィラキシーを呈する場合は、エピネフリンおよび抗ヒスタミン薬を投与する。
6．必要に応じ、フェノバルビタールまたはペントバルビタールを用いて、発作や過活動を制御する。
   A．フェノバルビタール
      犬：2～4mg/kg IV
      猫：1～2mg/kg IV
   B．ペントバルビタール：2～30mg/kg IV。効果発現まで緩徐に投与。
   C．**ジアゼパムおよびベンゾジアゼピン系鎮静薬は、GABA受容体を刺激するため、使用を避ける。**
7．摂取から2時間以内に来院した場合は、催吐処置または胃洗浄による除染を試みる。患者が発作を呈していたり、その他の禁忌が示唆される場合は、催吐処置を行わないこと。
   A．犬の催吐処置
      I．アポモルヒネ：0.02～0.04mg/kg IV、IM。または1.5～6mgを溶解し、結膜嚢に点入する。アポモルヒネを眼内投与した場合は、催吐後に生理食塩水で十分に眼洗浄を行うこと。アポモルヒネにより過剰な鎮静作用が生じた場合は、ナロキソン0.01～0.04mg/kgのIV、IM、SC投与により拮抗可能である。ナロキソンは、鎮静作用に拮抗するが、催吐作用には拮抗しない。
      II．3％過酸化水素水：1～5mL/kg PO。最大用量はテーブルスプーン3杯（45mL）。10分以内に嘔吐しない場合は、0.5mL/kgをPOで1回のみ再投与する。

B．猫の催吐処置

Ⅰ．キシラジン：0.44～1mg/kg IM、SC。ヨヒンビン0.1mg/kgのIM、SC投与、緩徐IV投与により拮抗可能。

Ⅱ．メデトミジン：10μg/kg IM。アチパメゾール（Antisedan®）25μg/kgのIM投与により拮抗可能。

Ⅲ．猫に過酸化水素水を投与するのは非常に困難であり、現在では推奨されていない。

C．胃洗浄

Ⅰ．軽麻酔を施す。

Ⅱ．麻酔中は酸素補給とIV輸液を行う。

Ⅲ．必要に応じて、適切な麻酔薬を投与し、麻酔を維持する。

Ⅳ．気管内チューブを挿管し、カフを拡張させる。

Ⅴ．患者を横臥位に保定する。

Ⅵ．胃チューブを患者の体側に当て、鼻吻から最後肋骨までの距離に合わせて胃チューブに印を付ける。

Ⅶ．胃チューブの先端に水溶性ゼリーを塗布し、胃内へ優しく挿入する。印を付けた位置を超えてチューブを挿入しないよう注意する。

Ⅷ．状況によっては、チューブを2本使用する（小径：流入用、大径：排出用）。

Ⅸ．体温程度に加温した水道水をチューブ（2本使用時は流入用チューブ）から流入させ、胃を中程度に拡張させる。小型症例の場合は、電解質の変化を避けるため、生理食塩水を用いる。

Ⅹ．液体をチューブ（2本使用時は排出用チューブ）から排出させる。

Ⅺ．胃洗浄液、中毒誘起が疑われる異物や種子などは、毒性検査用に保存する。

Ⅻ．胃洗浄液が連続的に排出されない場合は、チューブの位置を変えたり、液体やエアでフラッシュするなどして調整を行う。

XIII．患者の体位を反転させ、胃洗浄を続ける。

XIV．排出液が透明になるまで胃洗浄を続ける。

XV．チューブを2本使用している場合は、1本のチューブの端をクランプで閉じてから抜去する。

XVI．胃チューブから活性炭を投与する。

XVII．もう1本のチューブも、端をクランプで閉じてから抜去する。

XVIII．麻酔からの覚醒をモニターし、喉頭反射が回復するまでカフを拡張させたまま気管チューブを留置しておく。

D．活性炭：2～5g/kg PO。活性炭1gに水5mLを加え、スラリー状にして投与する。イベルメクチン中毒症では、活性炭を3～4時間ごとに反復投与する。瀉下剤は単回投与する。

E．塩類瀉下剤、浸透圧性瀉下剤――重度下痢を呈していなければ、活性炭と併用して、単回投与する。神経徴候を認める場合は、マグネシウムを含有する瀉下剤を使用してはならない。使用できる瀉下剤には、以下のものがある。

Ⅰ．ソルビトール（70%）：2g/kg（1～2mL/kg）PO

Ⅱ．硫酸マグネシウム（Epsom salt）：猫では200mg/kg、犬では250～500mg/kg。
水5～10mL/kgと混和してPO投与する。

Ⅲ．水酸化マグネシウム（Milk of Magnesia®）
猫：15～50mL PO q6～12h
犬：10～150mL PO q6～12h
必要に応じて反復投与する。

Ⅳ．硫酸ナトリウム
猫：200mg/kg
犬：250～500mg/kg
水5～10mL/kgと混和してPO投与する。

F．浣腸剤の投与。

8．入院下にて、対症療法および支持療法を行う。回復までには長時間を要することがある。7週間にわたり昏睡状態が持続した犬の症例報告もある。

9．中毒症が重篤な場合は、フィゾスチグミン（Antilirium®）の投与を検討する。

A．フィゾスチグミン：0.006mg/kg IV。緩徐に投与。

B．フィゾスチグミンの作用時間は短い（30～90分間）。

C．フィゾスチグミンは、回復までq12hで反復投与する。

10．ピクロトキシンは、発作を誘発する恐れがあるため、一般的な治療法とはならない。

11．急性アナフィラキシーを呈する場合は、エピネフリンおよび抗ヒスタミン薬を投与する。

12．重度徐脈を呈する場合は、アトロピンを投与する。

エチレングリコール

作用機序

エチレングリコールは、グリコアルデヒド、グリコール酸、グリオキシル酸、シュウ酸へと代謝され、重篤なアシドーシスや急性腎不全を引き起こす。シュウ酸は、カルシウムと結合し、シュウ酸カルシウム結晶を形成する。シュウ酸カルシウム結晶は、尿細管や各種臓器の微小血管に蓄積する。単回摂取の場合は、摂取から1～4時間以内で血中最高濃度に到達する。摂取から16～24時間以内にほぼ全量のエチレングリコールが代謝または排泄される。

中毒源

エチレングリコールは、不凍液、溶剤、錆除去剤、フィルム現像液、剥製用防腐剤などに含まれる。

中毒量

犬：4～6mL/kg

猫：1.5mL/kg

診断

ヒストリー――曝露歴がある、曝露の可能性がある場所にいたなど。稟告として、酩酊したような歩行、食欲不振、元気消失、痙攣、嘔吐など。

臨床徴候――以下の3期に分けられる。

ステージ1――軽度沈うつ、運動失調、ナックリング、痙攣、末梢神経障害、興奮、麻痺、昏睡などの神経徴候、または死亡。その他の徴候として、食欲不振、嘔吐、低体温、多飲多尿など。猫では、第3眼瞼突出を伴う沈うつが多発する。臨床徴候は、曝露後30分～12時間以内に発現する。

ステージ2――曝露12～24時間後にて、頻呼吸、頻拍などの呼吸循環器系障害を認める。

ステージ3――曝露24～72時間後にて、重度沈うつ、嘔吐、下痢、脱水、高窒素血症、乏尿などの腎障害徴候が発現する。腹部触診にて、疼痛を伴う腫大した腎臓が触知される。不凍液を摂取した症例では、吐物や胃洗浄による排液が明るい緑色を呈する。

臨床検査――

1. 原因不明の代謝性アシドーシス
2. アニオンギャップ（AG）の増加を認める。以下の計算式により算出する。
   $AG\ (mEq/L) = (Na^{+} + K^{+}) - (HCO_3 + Cl^{-})$
   基準範囲＝10～15mEq/L
3. 血清高浸透圧
4. 浸透圧差――浸透圧の測定値と計算値の差は、正常では10mOsm/kg以下であるが、エチレングリコール中毒症患者では増加する。以下の計算式により算出する。
   $mOsm/kg = 1.86(Na^{+} + K^{+}) + (Glu/18) + (BUN/2.8) + 9$
5. 高血糖
6. 高カルシウム血症または低カルシウム血症
7. 高リン血症――高濃度のリンを含有する防錆成分などを含んだエチレングリコール製剤を摂取した場合。
8. BUN、クレアチニン値上昇
9. 等張尿
10. シュウ酸カルシウム結晶尿（精度45%。100%ではない）が摂取後4～6時間以内に検出される。
11. 血清または尿中エチレングリコール濃度は、特定の検査機関にて測定可能である。
12. 院内用検出キット（EGT Test Kit、PRN Pharmacal、Inc.、Pensacola、FL 32504 USA）は、2010年に製造中止となった。
    A. 曝露後12時間以内である場合は、500ppm（50mg/dL）以上の血中濃度でエチレングリコール検出が可能である。曝露後18時間以上経過している場合は、検査結果の信頼度は低下し、偽陰性が生じる可能性がある。

B. 猫の場合は、本キットの検査結果のみでエチレングリコール中毒症を診断できるほど、高い感受性は得られない。結果が陰性であっても、臨床徴候とヒストリーを照合し、総括的な判断をすることが必要である。エチレングリコール摂取の可能性が否定できない場合は、エタノール療法を開始することが推奨される。

腹部超音波エコー検査——エチレングリコール性ネフローゼが生じるため、腎臓のエコー原性は通常よりもはるかに高い。また、「halo sign」と呼ばれるエコーパターンを認める。これは、皮質と髄質のエコー原性が通常より高くなるが、皮質髄質間および髄質領域のエコー原性は低値のままであるために生じる。

1. エチレングリコール摂取から約4時間後の皮質エコー原性は、脾実質と同等で、肝臓よりも高値を示す。
2. 正常な腎臓のエコー原性は肝臓よりも低く、肝臓のエコー原性は脾臓よりも低い。
3. 症例がエチレングリコール中毒症のステージ3にあり、急性腎不全を起こしている場合は、「halo sign」を認めることが多い。この時期の腎臓エコー原性は肝臓や脾実質よりさらに高い
4. これらの超音波検査所見は、エチレングリコール中毒症に特異的なものではない。鑑別診断には、退行性変化、滲出性変化、炎症性変化、その他の疾患による腎石灰沈着などが挙げられる。

鑑別診断

他の原因による急性腎不全、痙攣。

予後

臨床徴候を発現している場合、予後は極めて不良である。摂取から1~2時間以内に来院した場合は、予後は要注意となる。予後はエチレングリコールの摂取量にも左右される。毒殺を図られた場合などにみられる大量摂取（LD_{50}の4倍以上）は致命的である。通常、昏睡や死亡は2時間以内に生じる。解毒剤は容易に失効し、ADHを十分に抑えることはできない。

エチレングリコール中毒症例で、腹部超音波検査により「halo sign」を認める場合は、予後不良が示唆される。高窒素血症を呈した全症例では、4-MPまたはエタノールで治療しても、生存できなかったとの臨床報告もある。

治療

1. 飼育者に、診断、予後、治療費について説明する。
2. 気道確保。必要に応じて挿管。
3. 酸素補給。必要に応じて人工換気。
4. 摂取後1時間以内に来院した場合は、催吐処置または胃洗浄による除染を試みる。

A．犬の催吐処置

Ⅰ．アポモルヒネ：0.02～0.04mg/kg IV、IM。または1.5～6mgを溶解し、結膜嚢に点入する。アポモルヒネを眼内投与した場合は、催吐後に生理食塩水で十分に眼洗浄を行うこと。アポモルヒネにより過剰な鎮静作用が生じた場合は、ナロキソン0.01～0.04mg/kgのIV、IM、SC投与により拮抗可能である。ナロキソンは、鎮静作用に拮抗するが、催吐作用には拮抗しない。

Ⅱ．3％過酸化水素水：1～5mL/kg PO。最大用量はテーブルスプーン3杯（45mL）である。10分以内に嘔吐しない場合は、0.5mL/kgをPOで1回のみ再投与する。

B．猫の催吐処置

Ⅰ．キシラジン：0.44～1mg/kg IM、SC。ヨヒンビン0.1mg/kgのIM、SC投与、緩徐IV投与により拮抗可能。

Ⅱ．メデトミジン：10μg/kg IM。アチパメゾール（Antisedan®）25μg/kgのIM投与により拮抗可能。

Ⅲ．猫に過酸化水素水を投与するのは非常に困難であり、現在では推奨されていない。

C．胃洗浄

Ⅰ．軽麻酔を施す。

Ⅱ．麻酔中は酸素補給とIV輸液を行う。

Ⅲ．必要に応じて、適切な麻酔薬を投与し、麻酔を維持する。

Ⅳ．気管内チューブを挿管し、カフを拡張させる。

Ⅴ．患者を横臥位に保定する。

Ⅵ．胃チューブを患者の体側に当て、鼻吻から最後肋骨までの距離に合わせて胃チューブに印を付ける。

Ⅶ．胃チューブの先端に水溶性ゼリーを塗布し、胃内へ優しく挿入する。印を付けた位置を超えてチューブを挿入しないよう注意する。

Ⅷ．状況によっては、チューブを2本使用する（小径：流入用、大径：排出用）。

Ⅸ．体温程度に加温した水道水をチューブ（2本使用時は流入用チューブ）から流入させ、胃を中程度に拡張させる。小型症例の場合は、電解質の変化を避けるため、生理食塩水を用いる。

Ⅹ．液体をチューブ（2本使用時は排出用チューブ）から排出させる。

Ⅺ．胃洗浄液、中毒誘起が疑われる異物や種子などは、毒性検査用に保存する。

Ⅻ．胃洗浄液が連続的に排出されない場合は、チューブの位置を変えたり、液体やエアでフラッシュするなどして調整を行う。

XIII．患者の体位を反転させ、胃洗浄を続ける。

XIV．排出液が透明になるまで胃洗浄を続ける。

XV．チューブを2本使用している場合は、1本のチューブの端をクランプで閉じてから抜去する。

XVI．もう1本のチューブも、端をクランプで閉じてから抜去する。

XVI. 麻酔からの覚醒をモニターし、喉頭反射が回復するまでカフを拡張させたまま気管チューブを留置しておく。

D. 活性炭はエチレングリコールとの結合力が低いため、有効ではない。エチレングリコール摂取に対する活性炭投与は、現在では推奨されない。

5. IVカテーテル留置。頸静脈カテーテルを留置すると、中心静脈圧のモニターが可能となるため、特に有用性が高い。

6. 必要に応じて、ジアゼパム、フェノバルビタール、ペントバルビタールのいずれかを用いて、発作や活動過多を制御する。

A. ジアゼパム：0.5～1mg/kg IV。効果発現まで5～20mgずつ分割投与。

B. フェノバルビタール

犬：2～4mg/kg IV

猫：1～2mg/kg IV

C. ペントバルビタール：2～30mg/kg IV。効果発現まで緩徐に投与。

7. 解毒剤――4-メチルピラゾール（4-MP）またはエタノールを直ちに投与する。

A. フォメピゾール（4-MP）療法

I. 4-MPは、高浸透圧、乏尿、CNS抑制を引き起こすことのないアルコール脱水素酵素阻害剤である。4-MPは、アルコール脱水素酵素およびその補酵素であるニコチンアミドアデニンジヌクレオチド（NAD）とともに複合体を形成することで、直接的にアルコール脱水素酵素を阻害する。

II. 10mL/kgの不凍液を摂取した犬に対し、遅くとも摂取から8時間以内に4-MPを投与すると、有効性が認められる。

III. エチレングリコールの摂取から36時間経過した後でも、効果を認めることがある。

IV. CNS抑制や血清浸透圧の異常に対しては、4-MPは無効である。

V. 現在の第一選択薬は、犬猫いずれにおいても4-MPである。入手困難な場合や経済的な事情で使用できない場合は、エタノール療法にて代替する。

VI. 犬の推奨投与量

a. 初期の負荷用量：20mg/kg IV

b. 治療開始から12時間後および24時間後：15mg/kg IV

c. 治療開始から36時間後：5mg/kg IV

d. 36時間後の投薬から10～11時間後にエチレングリコール試験を再度行う。

e. 試験結果が陽性の場合は、4-MP 5mg/kg IV q12hで2回投与する。その後、再検査し、結果が陰性になるまで上記を反復する。

VII. 猫の推奨投与量

a. 初期の負荷用量：125mg/kg IV

b. 治療開始から12時間後、24時間後、36時間後：

31.25mg/kg IV

c．36時間後の投薬から10〜11時間後にエチレングリコール試験を再度行う。

d．試験結果が陽性の場合は、4-MP 31.25mg/kg IV q12hで2回投与する。その後、再検査し、結果が陰性になるまで上記を反復する。または、安楽死を考慮する。

Ⅷ．検査結果が陰性である場合は、4-MPの投与を終了する。

Ⅸ．市販されている4-MP製剤には、Antizol Vet®がある。このフォメピゾールキットには4-MPを1.5g含有する小バイアルと、0.9% NaClが30mL入ったボトル1本が入っている。混和後の有効保存期間は、72時間である。

Ⅹ．患者の体格により、1キットを使い切らない場合や、1キット以上を要するが、2キットでは余剰となる場合、4-MPは分割使用することができる。

a．小バイアルに入った4-MPはジェル状であり、液状になるまでバイアルを手で温めて使用する。内容量は1.5mLであり、1mLあたり1gの4-MPを含有する。

b．例えば、300mgの4-MPを要する場合は、0.3mLの4-MPを吸引し、0.9% NaClに溶解する。0.9% NaClは、キットに含まれるものを使用しても、院内にあるものを使用してもよい。4-MPは必ず希釈して使用する。標準的な濃度は5%（50mg/mL）である。0.3mLの4-MPでは、6mLの0.9% NaClに溶解すればよい。

Ⅺ．基剤が入手できる場合は、4-MPは院内で調合できる。

a．5gの4-MPを50mLのポリエチレングリコール400と滅菌水46mLに混和し、100mL溶液とする。

b．0.22mmのフィルターで濾過する。

c．上記の方法で、5%の濃度の溶液ができる（5% 4-MP＝50mg/mL）。

d．遮光し、冷所に保存する。

e．院内調合した4-MPは、冷蔵で2年間保存可能である。

Ⅻ．副作用——4-MPの主な副作用は、流涎過多、空嘔吐、過呼吸、振戦である。ピラゾールによる血液毒性も懸念されるが、報告はされていない。

B．エタノールは、エチレングリコールの競合拮抗剤であり、アルコール脱水素酵素との親和性はエチレングリコールよりも高い。しかし、エタノールを用いた治療は、CNS抑制、血漿浸透圧上昇、利尿を引き起こす可能性がある。また、治療は煩瑣である。

Ⅰ．エタノール投与は、曝露後4〜8時間以内に行うのが最も効果的である。

Ⅱ．エタノール療法は、犬猫いずれにも安全に行うことができる。

Ⅲ．7%エタノールを使用する（7%エタノール＝70mg/mL）。

a. **7%エタノールの調合法**――100プルーフウォッカ140mLを1Lの5%ブドウ糖添加0.9% NaClまたは1Lのノーモソル®-Rに混和する。

b. 7%エタノールの投与法

初期用量：600mg/kg IV

維持用量：100～2,000mg/kg/時IV CRI

i. 初期用量＝600mg/kg×1mL/70mg＝8.6mL/kg

ii. 維持用量＝7%エタノール100～200mg/kg/時
＝100mg/kg×1mL/70mg＝1.43mL/kg/時IV CRI
または200mg/kg×1mL/70mg＝2.86mL/kg/時IV CRI

iii. 腹膜透析中の推奨維持用量＝200mg/kg/時IV CRI

iv. 腹膜透析後の推奨維持用量＝100mg/kg/時IV CRIにて10時間継続投与。

8. 2.5%ブドウ糖添加0.45% NaClを、維持用量の2～3倍の速度で投与し、灌流維持、水和、利尿を図る。

A. 4～6時間かけて、喪失分を投与する。

脱水（%）×体重（kg）×1,000＝必要輸液量（mL）

B. 今後の治療に対する反応や過水和に陥る可能性などを評価するために、輸液剤5～10mL/kgを10分間かけてIVボーラス投与してもよい。

C. 重篤な循環血液量減少性ショックに陥っている場合は、急速輸液を行う。

犬：70～90mL/kg IV。最初の1時間。

猫：30～40mL/kg。最初の1時間。

D. 重篤な循環血液量減少性ショック、低血圧、低蛋白血症を呈する場合は、晶質液に加え、ヘタスターチ14～20mL/kgや血漿10～30mL/kgのIV投与も考慮する。

9. 再水和中は、中心静脈圧（CVP）、尿量、体重を頻繁にモニターする。

A. CVPは5～7cmH_2O以上にならないように維持する。過剰に上昇する場合は、過剰輸液、過水和を疑う。

B. その他の過水和徴候――漿液性鼻汁分泌、頻呼吸、頻脈、情動不安、振戦、結膜浮腫、呼吸困難、頻呼吸、気管支肺胞音増大、肺捻髪音、肺水腫、精神鈍麻、悪心、嘔吐、下痢、腹水、多尿、皮下浮腫（最初に足根関節と下顎体間隙に発現）など。体重増加率が脱水率を超える場合も、過水和が疑われる。

C. 過水和が生じた場合は、輸液を中止するか、速度を落とす。必要に応じて、利尿薬の投与や酸素補給を行う。

10. 乏尿・無尿性腎不全症例では、尿道カテーテルを留置し、尿量を測定する。多尿性腎不全症例にもカテーテル留置をすることがあるが、通常は厳密な尿量測定を行わなくても管理可能である。再水和後の排尿量は、最低でも1～2mL/kg/時を維持する。尿道カテーテルの留置は無菌的に行い、必ず閉鎖型採尿システムを用いる。

11. 6～12時間ごとに体重を測定する。過水和徴候を注意深くモニターする。

12. 再水和後も尿量が不十分である場合は、5～10mL/kg以上の輸液をIV、ボーラス投与する。CPVをモニターしている場合は、ボーラス投与により5～7cmH_2Oの圧上昇が生じることを目安にする。上記の投与でも尿量が増加しない場合は、以下の薬剤投与を検討する。
   A. マンニトール（10％または20％）：0.1～0.5g/kg IV。10～15分かけて緩徐に投与
      血管炎、出血性疾患、高浸透圧症候群、うっ血性心不全、過剰輸液に対しての投与は禁忌である。30分間以内に利尿効果が発現しない場合は、同量を反復投与する。マンニトールの用量は、2g/kg/日を超えてはならない。
   B. 高浸透圧ブドウ糖溶液（10～20％溶液）は、マンニトールの代替として利用できる。最初に患者の血糖値を測定する。高血糖の場合は投与できない。
      10～20％ブドウ糖溶液：25～50mL/kg IV q8～12h。1～2時間かけて緩徐ボーラス投与。
   C. フロセミドは、ボーラス投与後、CRIにて継続する。ボーラス投与（1～2回）で尿産生を認めない場合は、一般にCRIも無効である。
      ボーラス投与量：1～6mg/kg IV
      CRI投与量：0.25～1mg/kg/時IV CRI
   D. ドパミン投与。犬では効果的な場合がある。
      Ⅰ. 腎血流や尿量の増加を目的とする場合：0.5～5μg/kg/分。0.9％NaClに添加してIV、CRI投与。アルカリ性液剤に添加してはならない。
      Ⅱ. 猫の腎臓には、ドパミン作動性受容体が少ない（またはない）ため、猫への投与は無効である。
   E. ジルチアゼムは、レプトスピラ症に有用であると報告されている。
      利尿目的では、0.1～0.5mg/kgを30分間かけてIV投与。以後は1～5μg/kg/分でCRI投与する。ジルチアゼム投与の他に、晶質液のIV輸液、アンピシリン、+/－フロセミド、+/－ドパミン投与を行う。
13. 上記の治療でも利尿効果が得られない場合は、腹膜透析または血液透析を行う。透析が適応となるのは、以下の場合である。
   A. 透析にて除去可能な毒物への曝露
   B. 過水和の治療
   C. 重度かつ持続性の尿毒症・アシドーシス・高カリウム血症
   D. 乏尿・無尿
14. 腹膜透析カテーテル設置（p. 497、図14-1）。
   A. 全身麻酔。低血圧に注意する。
   B. 大網切除または部分的大網切除の検討。これは、大網による腹膜透析カテーテルの閉塞を予防するために行う（特に猫）。
   C. 外科処置は無菌的に行う。腹膜カテーテルの接合部は、全てポビドンヨードパッチで被覆し、毎日交換する。
   D. カテーテルは、腹膜透析カテーテル、小児科用トロッカーカテーテル

を用いる。猫では、複数の横穴を造設した14Gのテフロン製IVカテーテルを使用する。横穴は、カテーテルの強度を保つために、全て同側につくる。

E．腹膜透析カテーテルの設置時には、腎生検の実施を検討する。

F．臍から2～4cm尾側の白線を1cm切開する。

G．カテーテルは、骨盤入口部に向けて挿入する。

H．カテーテルは、皮膚のみではなく、腹壁も含めて縫合固定する。挿入部は巾着縫合を施し、カテーテルはチャイニーズフィンガー法で固定する。

I．腹腔への開口部は、ポビドンヨードパッチと滅菌包帯で被覆する。

J．広域スペクトル抗生物質を投与する。急性腎不全（ARF）に使用する用量と頻度で投与する。

K．透析液は、1.5%、4%、7%ブドウ糖添加透析液、LRS、0.9% NaClなどを加温して用いる（市販の透析液を準備できない場合は、1.5%ブドウ糖添加LRSを用いるとよい。調合法は、50%ブドウ糖をLRS1,000mLに添加する）。

L．透析液1Lに250Uのヘパリンを添加する。

M．透析液20～30mL/kgを腹腔内投与する。

N．滞留時間は45分間。

O．排液時間は15分間。

P．透析は、BUN、クレアチニン値、水和状態が正常になるまで、断続的または2時間ごとに反復する。以後は頻度を漸減する。

Q．腹膜透析カテーテルの閉塞を予防するには、注入または排液を行うごとにヘパリン加生理食塩水でカテーテルをフラッシュする。

R．CBC、TP、血清電解質、PT、APTT、体温、尿（沈渣、スティック）、透析液の感染をモニターする。

S．腹膜透析が不要になった時点で、鎮静または麻酔下でカテーテルを抜去する。切開部位は、白線を1～2針縫合した後、皮膚縫合する。腹部は、滅菌包帯で被覆する。

15. 腹膜透析カテーテルの管理

A．厳密な無菌操作を行うことが重要である。

B．腹膜透析カテーテルを扱う前には、十分な手洗いを行った後、滅菌手袋を着用する。

C．透析液の注入・排出後は、毎回、ヘパリン加生理食塩水でカテーテルをフラッシュする。

D．全ての接合部や注入口は、操作前に必ずクロルヘキシジンまたはポビドンヨード溶液で清拭する。

E．全ての接合部と注入口は、ポビドンヨードパッチで被覆し、パッチは毎日交換する。現在では、必ずしも行われていない処置であるが、行ってはならないということではない。

F．腹部の開口部は、無菌バンデージで被覆する。

G．腹部のカテーテル挿入部は、滅菌包帯で被覆し、清潔に保ち、濡らさないようにする。包帯と挿入部の状態を毎日確認し、包帯を2日おきに交換する。

H. 汚染を最小限するため、可能であれば、透析は手術室で行う。

16. エタノール療法を行っている場合は、腹膜透析後も、7%エタノール100mg/kg/時のIV、CRI投与を10時間継続する。
17. 血液検査にて、重度のアシドーシス（HCO_3<12mEq/L、pH<7.1）を認めない限り、**重炭酸ナトリウムを投与してはならない**。中程度の代謝性アシドーシスを認める場合は、適切な輸液療法、挿管、酸素吸入を行い、換気を改善させる。
    A. 重炭酸ナトリウムの必要量（mEq）＝0.3－0.5×体重（kg）×（24－血中重炭酸濃度）
    B. 最初に重炭酸ナトリウムの必要量の半分を3～4時間かけて投与する。その後、再評価を行い、用量を再調整する。
    C. 重炭酸ナトリウムの投与は慎重に行う。合併症には、過剰是正によるアルカローシス、高ナトリウム血症、静脈用量過負荷、低カリウム血症、低カルシウム血症、組織低酸素症、逆説的中枢性輸液アシドーシスなどがある。
18. 入院管理が困難な場合（飼育者が希望しない場合）は、40%アルコール（アルコール含有量が40g/100mL、80プルーフのもの）を経口摂取させるように指示する。
    A. 40%アルコール（ウォッカ、ラムなど）：2.25mL/kg PO q4h。4回投与する。
    B. 副作用として脱水が頻発するため、常時、飲用水を与え、飲水を促すように指示する。

家庭用洗剤

イソプロパノロール（イソプロピルアルコール）

1. イソプロパノロールは、スキンローション、ヘアトニック、ひげ剃り後に使用するローション、洗浄溶剤、窓用クリーナー、除菌剤などに含まれている。
2. イソプロパノロールは、強力なCNS抑制物質であり、エタノールの約2倍の毒性を有する。
3. 毒性は、気体の吸入や経口摂取によって発現する。

診断

臨床徴候――

1. 被毛にて特有の臭気
2. 嘔吐
3. 吐血
4. CNS抑制。昏睡へと進行する。
5. 前腹部痛

6. 低血圧性ショック
7. 空嘔吐

治療

1. 摂取後2時間以内である場合は、催吐処置または胃洗浄。
2. 必要に応じて、人工機械的換気を行う。
3. IV輸液
4. アシドーシスの補正。
5. 5時間以上の腹膜透析を検討する。

消毒剤

フェノール、フェノール化合物

1. 経口摂取した場合のフェノールの毒性量は0.5g/kgである（猫以外）。猫はこれより感受性が高い。
2. フェノール化合物は、皮膚曝露、吸入、摂食によって容易に吸収される。
3. 濃度1%以上で皮膚の腐食性炎症を呈し、5%以上で口腔内の腐食性炎症を引き起こす。

診断

臨床徴候——

1. パンティング
2. 過活動
3. 不穏状態
4. 不安行動
5. 流涎過多
6. 嘔吐
7. 運動失調
8. 筋攣縮
9. ショック
10. 不整脈
11. メトヘモグロビン血症
12. 昏睡

治療

1. 緊急病院へ搬送する前に、自宅で卵または牛乳を飲ませるよう、飼育者に指示する。
2. 重篤な口腔内損傷がある場合は、催吐および胃洗浄は禁忌である。活性炭と塩類瀉下剤を投与する。
3. 皮膚曝露の場合
   A. ポリエチレングリコールまたはグリセロールを患部に塗布する。
   B. 食器用液体洗剤で患者を洗浄する。
   C. 徹底的に洗い流す。

D. 皮膚曝露患者に処置を施す際は、厚手のゴム手袋を着用し、皮膚への接触を避ける。
E. 0.05%重炭酸ナトリウムを浸したドレッシング剤を患部にあてる。
4. 眼への曝露の場合
A. 等張性食塩水で、20〜30分間、徹底的に洗い流す。
B. 角膜びらんの治療を行う
5. *N*-アセチルシステイン——初期は140mg/kg IV、以後は70mg/kg PO q6hで3日間投与。肝障害、腎障害の予防に有効である。
6. メトヘモグロビン血症
A. 犬：メチレンブルー4〜8mg/kgをIV投与する。
B. 犬猫：アスコルビン酸20〜50mg/kgをPO、IV投与する。
C. 酸素補給。
7. ショック、心肺機能異常、肝腎機能異常に対する対症療法を行う。

パインオイル系消毒剤

1. 中毒量は1〜2.5mL/kg以下である。
2. 猫、鳥類、一部の爬虫類では、曝露による毒性の影響が大きい。

診断

臨床徴候——
1. 含有成分により、口腔粘膜の炎症、悪心、流涎過多、嘔吐、吐血、腹痛を呈する。
2. 眼への曝露により、流涙、眼瞼痙攣、結膜炎、光線過敏を呈する。
3. その他の臨床徴候には、化学性肺炎、抑うつ、運動失調、低血圧、急性腎不全、ミオグロビン尿などがある。

治療

1. 卵白、牛乳、水を即時に経口投与。
2. 催吐、胃洗浄は禁忌である。
3. 活性炭、塩類瀉下剤を経口投与。
4. 石鹸で洗浄し、水で十分に洗い流す。
5. 対処療法と利尿。
6. メトヘモグロビン血症
A. 犬：メチレンブルー4〜8mg/kgをIV投与する。
B. 犬猫：アスコルビン酸20〜50mg/kgをPO、IV投与する。
C. 酸素補給。

石鹸、洗剤

石鹸

1. 純石鹸の摂取は、通常は無害である。
2. 固形石鹸を摂取すると、胃腸刺激により嘔吐や下痢を呈するが、中毒性は低い。牛乳または水を飲ませ、嘔吐・下痢の対症療法を行う。

3．洗濯用石鹸や自家製石鹸は、遊離アルカリを多く含むため、腐食性の胃腸炎を起こすことがある。

非イオン系洗剤

1．アルキルエトキシレート、アルキルフェノキシポリエトキシエタノール、ポリエチレングリコールステアリン酸塩など。
2．食器用洗剤、シャンプー、一部の洗濯用洗剤に含まれる。
3．摂取による一般的な症状は、嘔吐と下痢である。

治療

1．眼を流水洗浄する。
2．被毛を入念に洗い流す。
3．牛乳または水を飲ませる。
4．嘔吐・下痢の対症療法を行う。

陰イオン系洗剤

1．アルキルナトリウム硫酸塩、アルキルナトリウムスルホン酸塩、直鎖アルキルベンゼンラウリル硫酸、テトラプロピレンベンゼンスルホン酸塩など。
2．洗濯用洗剤、シャンプー、食器洗浄機用洗剤に含まれる。
3．食器洗浄機用洗剤が最も強い毒性を示す。その他の毒性は、軽度から中程度である。摂取しても、通常は致命的とはならない。
4．腐食性胃炎、食道炎、接触性皮膚炎、結膜炎を引き起こす。

治療

1．牛乳または水を飲ませる。
2．活性炭を投与する。
3．眼や被毛を洗い流す。
4．嘔吐、下痢、腐食性損傷の対症療法を行う。

陽イオン系洗剤

1．塩化ベンザルコニウム、塩化ベンゼトニウム、アルキルジメチル3.4−ジクロロベンゼン、塩化セチルピリジニウムなど。
2．衣類用柔軟剤、除菌剤、殺菌剤に使用される。
3．口腔、咽頭、食道に腐食性炎症を呈する。

臨床徴候——有機リン中毒症に酷似する。

1．沈うつ
2．流涎過多
3．嘔吐
4．吐血
5．筋虚弱、攣縮
6．痙攣発作
7．ショック

8．昏睡

治療

1．摂取した陽イオン性洗剤の濃度が7.5%以上の場合は、催吐処置を行ってはならない。
2．卵白、牛乳、水を飲ませる。
3．活性炭と塩類瀉下剤の投与。
4．皮膚や眼などの局所曝露の場合は、その部位を流水洗浄する。
5．ショック、嘔吐、下痢、痙攣発作の一般的な対症療法を行う。

ナフタレン

中毒源

ナフタレンは、トイレ用消臭剤、各種の衣服防虫剤に使用される。

診断

臨床徴候——嘔吐、患者の呼気や嘔吐物に防虫剤の臭気を認める。CNS刺激（発作など）、メトヘモグロビン血症、貧血、肝炎（摂取後3～5日にて発症）。

治療

対症療法および支持療法を行う。

1．気道確保。必要ならば挿管。
2．酸素補給。必要ならば人工換気。
3．**催吐は禁忌である。**
4．**胃洗浄の実施は、摂取後30～60分間以内に来院した場合に限る。**
5．活性炭および塩類瀉下剤の単回投与。
6．IVカテーテル留置。調整電解質晶質液のIV輸液により、灌流維持を図る。
7．必要に応じて、ジアゼパム、フェノバルビタール、ペントバルビタールのいずれかを用いて、発作や活動過多を制御する。
  A．ジアゼパム：0.5～1mg/kg IV。効果発現まで5～20mgずつ分割投与。
  B．フェノバルビタール
    犬：2～4mg/kg IV
    猫：1～2mg/kg IV
  C．ペントバルビタール：2～30mg/kg IV。効果発現まで緩徐に投与。
8．メトヘモグロビン血症がある場合は、適切な治療を行う。

パラジクロロベンゼン

中毒源

パラジクロロベンゼンは、おむつ用ごみ箱やトイレの消臭剤、各種の衣服用防虫剤に使用される。

作用機序

パラジクロロベンゼンは、有機塩素系殺虫剤であり、肝毒性を有するフェノールに代謝される。

診断

臨床徴候——患者の口腔や嘔吐物に防虫剤の臭気を認める。嘔吐、CNS刺激（発作など）。肝炎の可能性。

治療

対症療法および支持療法を行う。

1. 気道確保。必要に応じて挿管。
2. 酸素補給。必要に応じて人工換気。
3. **催吐は禁忌である。**
4. 胃洗浄の実施は、摂取後30～60分間以内に来院した場合に限る。
5. 活性炭および塩類瀉下剤の単回投与。
6. IVカテーテル留置。調整電解質晶質液のIV輸液により、灌流維持を図る。
7. 必要に応じて、ジアゼパム、フェノバルビタール、ペントバルビタールのいずれかを用いて、発作や活動過多を制御する。
   A. ジアゼパム：0.5～1mg/kg IV。効果発現まで5～20mgずつ分割投与。
   B. フェノバルビタール
      犬：2～4mg/kg IV
      猫：1～2mg/kg IV
   C. ペントバルビタール：2～30mg/kg IV。効果発現まで緩徐に投与。
8. メトヘモグロビン血症がある場合は、適切な治療を行う。

漂白剤

1. 大半の家庭用漂白剤は、次亜塩素酸ナトリウム、次亜塩素酸塩、次亜塩素酸塩を産生する成分のいずれかを含む水溶液である。非塩素系漂白剤には、過酸化ナトリウム、過ホウ酸ナトリウム、酵素系洗剤などが含まれている。
2. 家庭用漂白剤は、軽度から中程度の刺激性がある。消化管の化学熱傷が生じる確率は低い。

診断

臨床徴候——

1. 流涎過多
2. 腹部痛
3. 被毛の漂白、塩素臭
4. 気体吸入による肺刺激（発咳、呼吸困難、空嘔吐）
5. 嘔吐
6. 口腔咽頭部刺激

治療

1．牛乳または水を経口投与する。
2．被毛および皮膚は、石鹸で洗浄し、入念に洗い流す。
3．呼吸困難、嘔吐、腹部痛に対し、対症療法を行う。

腐食性薬品

酸

1．家庭用衛生用品には、塩酸、硫酸、硝酸、リン酸などの多数の酸が使用されている。
2．酸が使用されている主な家庭用品は、プール用消毒液、クレンザー、トイレクリーナー、防錆剤、拳銃用クリーニングオイル、自動車のバッテリー、接着溶剤などである。

診断

臨床徴候——臨床徴候は、酸と接触した口腔・咽頭・胃粘膜などの組織が凝固壊死することにより生じる。

1．口腔内の壊死病巣
2．喉頭痙攣
3．喉頭水腫
4．上部気道障害
5．眼に入った場合は、強烈な疼痛や眼瞼痙攣。
6．肺水腫
7．ショック
8．嘔吐
9．吐血

治療

1．経口摂取の場合
  A．アルカリ性制酸剤や炭酸製剤の投与は、発熱反応による熱傷を引き起こす危険性があるため禁忌である。
  B．催吐は禁忌である。
  C．食道損傷が最小限である場合は、胃洗浄と水酸化アルミニウム製剤の経口投与を行う。
  D．活性炭は無効である。
  E．IV輸液を含む支持療法を行う。
  F．内視鏡検査を行い、損傷の程度を判断する。
  G．コルチコステロイドは、損傷部周辺の狭窄予防に効果的である。
  H．抗生物質を予防的に投与する。
2．皮膚曝露の場合
  A．10～20分間、皮膚を流水洗浄する。
  B．局所薬を塗布する。
  C．自傷を予防する。

D．重症例では、外科的デブリードマンを要する。
3．眼への曝露の場合
A．等張性滅菌生理食塩水を用いて、30分間眼を洗浄する。
B．損傷部位を適切に治療する。

アルカリ

1．一般的な家庭用アルカリ製品の主な成分は、苛性アルカリ溶液（炭酸ナトリウム、炭酸カリウム、水酸化ナトリウム、水酸化カリウム、炭酸カリウム）、過マンガン酸カリウム、水酸化アンモニウムなどである。
2．アルカリは、配水管クリーナー、トイレクリーナー、アンモニア、食器洗浄機用洗剤、ボタン型アルカリ電池などにも含まれている。

診断

臨床徴候——
1．唾液過多
2．口腔粘膜の刺激
3．胸部痛
4．発作
5．急死
6．眼への曝露による角膜炎

治療

1．経口摂取の場合
A．催吐と胃洗浄は禁忌である。
B．食道損傷の程度を確認するまでは、絶飲絶食とする。
C．酸の投与は禁忌である。投与により、組織損傷を悪化させる可能性がある。
D．摂取直後に牛乳や水を飲ませて希釈することは、極めて効果的である。
2．皮膚曝露の場合
A．10～20分間、曝露した皮膚を流水洗浄する。
B．皮膚損傷部位の対症療法を行う。
C．自傷を予防する。
D．重度の損傷では、外科的デブリードマンを要する。
3．眼への曝露の場合
A．等張性滅菌生理食塩水を用いて、30分間眼を洗浄する。
B．眼と眼周囲の損傷の対症療法を行う。
C．基剤に石油を用いた点眼薬の投与は禁忌である。

カルシウムチャネル遮断薬

毒性物質

カルシウム

作用機序

カルシウムチャネル遮断薬は、細胞内へのカルシウム取り込みを遅延させ、カルシウム依存性の細胞機能を阻害する。本薬は、心収縮能低下、心律動伝導低下、血管拡張などを引き起こす。

中毒源

カルシウムチャネル遮断薬を含有する薬剤には、ベラパミル、ジルチアゼム、ニフェジピン、アムロジピンなどがある。

中毒量

投与量が0.7mg/kgを超えた場合、すなわち治療用量の2～3倍を投与した場合に中毒症が生じる。

診断

ヒストリー――摂取歴がある。

臨床徴候――悪心、嘔吐、抑うつ、徐脈、見当識障害、意識消失。心ブロックによる死亡。

臨床検査――高速液体クロマトグラフィ（HPLC）により、血中濃度測定が可能である。一般に低血圧を認める。

心電図――徐脈、房室解離、心ブロック（1度、2度、3度）、促進性心室固有律動（AIVR）、房室接合部由来の補充収縮、心停止。

予後

予後は、摂取量と臨床徴候の重篤度によって異なる。

治療

1. 飼育者に、診断、予後、治療費について説明する。
2. 患者が無徴候を呈し、摂取から2時間以内に来院した場合は、催吐処置または胃洗浄による胃内除染を試みる。さらに、活性炭、塩類瀉下剤または浸透圧性瀉下剤を投与する。
   - A. 犬の催吐処置
     - Ⅰ. アポモルヒネ：0.02～0.04mg/kg IV、IM。または1.5～6mgを溶解し、結膜嚢に点入する。アポモルヒネを眼内投与した場合は、催吐後に生理食塩水で十分に眼洗浄を行うこと。アポモルヒネにより過剰な鎮静作用が生じた場合は、ナロキソン0.01～0.04mg/kgのIV、IM、SC投与により拮抗可能である。ナロキソンは、鎮静作用に拮抗するが、催吐作用には拮抗しない。
     - Ⅱ. 3％過酸化水素水：1～5mL/kg PO。最大用量はテーブルスプーン3杯（45mL）。10分以内に嘔吐しない場合は、0.5mL/kgをPOで1回のみ再投与する。
   - B. 猫の催吐処置
     - Ⅰ. キシラジン：0.44～1mg/kg IM、SC。ヨヒンビン0.1mg/kgの

IM、SC投与、緩徐IV投与により拮抗可能。

Ⅱ．メデトミジン：10μg/kg IM。アチパメゾール（Antisedan®）25μg/kgのIM投与により拮抗可能。

Ⅲ．猫に過酸化水素水を投与するのは非常に困難であり、現在では推奨されていない。

C．胃洗浄

Ⅰ．軽麻酔を施す。

Ⅱ．麻酔中は酸素補給とIV輸液を行う。

Ⅲ．必要に応じて、適切な麻酔薬を投与し、麻酔を維持する。

Ⅳ．気管内チューブを挿管し、カフを拡張させる。

Ⅴ．患者を横臥位に保定する。

Ⅵ．胃チューブを患者の体側に当て、鼻吻から最後肋骨までの距離に合わせて胃チューブに印を付ける。

Ⅶ．胃チューブの先端に水溶性ゼリーを塗布し、胃内へ優しく挿入する。印を付けた位置を超えてチューブを挿入しないように注意する。

Ⅷ．状況によっては、チューブを2本使用する（小径：流入用、大径：排出用）。

Ⅸ．体温程度に加温した水道水をチューブ（2本使用時は流入用チューブ）から流入させ、胃を中程度に拡張させる。小型症例の場合は、電解質の変化を避けるため、生理食塩水を用いる。

Ⅹ．液体をチューブ（2本使用時は排出用チューブ）から排出させる。

Ⅺ．胃洗浄液、中毒誘起が疑われる異物や種子などは、毒性検査用に保存する。

Ⅻ．胃洗浄液が連続的に排出されない場合は、チューブの位置を変えたり、液体やエアでフラッシュするなどして調整を行う。

XIII．患者の体位を反転させ、胃洗浄を続ける。

XIV．排出液が透明になるまで胃洗浄を続ける。

XV．チューブを2本使用している場合は、1本のチューブの端をクランプで閉じてから抜去する。

XVI．胃チューブから活性炭を投与する。

XVII．もう1本のチューブも、端をクランプで閉じてから抜去する。

XVIII．麻酔からの覚醒をモニターし、喉頭反射が回復するまでカフを拡張させたまま気管チューブを留置しておく。

D．活性炭：臨床徴候がない、または軽度かつ誤嚥の危険性が最小限と判断される場合は、活性炭をソルビトール1～5g/kgとともにPO投与する。徐放剤を摂取した場合は、活性炭投与をq3～4hで反復する。ソルビトールの投与は初回のみとする。

3．気道確保。必要に応じて酸素補給。

4．中心静脈カテーテルを留置すると、中心静脈圧のモニター、輸液、頻繁な血糖値測定、20%ブドウ糖溶液のIV投与を円滑に行うことができる。

5．晶質液によるIV輸液を行い、低血圧を是正する。容量過負荷に注意すること。

6. 解毒剤（カルシウム）投与。グルコン酸カルシウムまたは塩酸カルシウムを用いる。
   A. 10%グルコン酸カルシウム：0.5～1.5mL/kg IV。心電図をモニターしながら、徐脈に注意して緩徐に投与する。
   B. 10%塩酸カルシウムのイオン化カルシウムの含有量は、グルコン酸カルシウムよりも高い。10mL中の含有量は、塩酸カルシウム13.6mEq、グルコン酸カルシウム4.5mEqである。
7. 輸液を行っても、低血圧が改善しない場合は、以下を投与する。
   A. ヘタスターチ：5mL/kg IV、ボーラス投与。最大総投与量は20mL/kg。
   B. グルカゴン：0.2～0.25mg/kg IV、ボーラス投与。以後は150μg/kg/分でCRI、IV投与。
   C. イソプロテレノール：0.04～0.08μg/kg/分IV、CRI
   D. 昇圧薬（ドパミン、ノルエピネフリン、エピネフリン）
8. レギュラーインスリン――低インスリン血症、低血糖症の治療として4U/分をCRI、IV投与する。低血糖症の発現は一般的である。20%ブドウ糖溶液のIV、CRI投与を併用する。
9. 心ペースメーカー――重度の徐脈性伝導障害を呈し、内科的治療に反応しない症例では、一時的な心ペースメーカー装着を要することがある。

キシリトール

キシリトールは、5炭糖の糖アルコールの一種である。砂糖の代用品として、主に糖尿病用食や低炭水化物ダイエット食として使用される。

作用機序

キシリトールは、膵臓のインスリン分泌を刺激する。正確な作用機序は不明であるが、おそらく肝細胞のADP、ATP、無機リンの枯渇によって、肝壊死および播種性血管内凝固症候群（DIC）を惹起する。

中毒源

キシリトールは、焼き菓子、デザート、歯磨きペーストなどの口腔衛生用品、砂糖不使用のガムやキャンディーなどに使用される。製菓用の大袋も市販されている。

チューインガム外袋記載の注意書きについて（訳注：米国における）。

- ラベルに「キシリトール2%未満含有」と記載されいる場合は、ガム1枚あたり38mgのキシリトールを含む。
- 原材料の1番目にキシリトールが記されている場合は、ガム1枚あたり2gのキシリトールが使用されている。
- 原材料の2番目以降にキシリトールが記されており、「キシリトール2%未満含有」と記載されていない場合は、1枚あたりのキシリトール含有量は

220mgとして摂取量を計算する。

中毒量

100mg/kgの摂取による低血糖の発現が報告されている。肝壊死は、500mg/kgの摂取例にて報告されている。

鑑別診断

1. アセトアミノフェン、ソテツ、テングタケ属（*Amanita* spp.）のキノコ、アフラトキシン、藍藻（アオコ）、抗凝固性殺鼠剤、鉄などによる中毒症。
2. 急性肝炎、レプトスピラ症、トキソプラズマ症、真菌感染症、犬伝染性肝炎。
3. 腫瘍、肝微小血管異形成症、門脈体循環シャント、肝硬変。
4. 熱中症、外傷。

診断

ヒストリー——誤食現場の目撃、噛み跡のついた包装紙の発見。

臨床徴候——摂取から10～60分後にて、脱力、抑うつ、振戦、運動失調、虚脱、発作の発現。摂取から9～72時間にて、嘔吐、下痢、黄疸、メレナ、点状出血、斑状出血、肝性脳症、瀰慢性出血など。

臨床検査——低血糖、低カリウム血症、肝酵素値（ALT、ALP、GGT）上昇、高ビリルビン血症、中等度好中球増多症、中等度血液濃縮、ACT、APTT、PT延長、D-ダイマー、FDP増加、血小板減少症など。

画像検査——肝臓の大きさは、正常～拡大。肝エコー原性は、正常～低エコー、または不均一（肝壊死による）。

予後

臨床徴候が低血糖に限られる場合は、長期的予後は良好である。肝壊死を呈する場合の予後は中等度～要注意である。

治療

1. 飼育者に、診断、予後、治療費について説明する。
2. 摂取から6時間以内に来院し、低血糖の発現を認めない場合は、催吐処置による除染を試みる。大量摂取した場合は、摂取から6時間以上経過していても催吐処置が有効な場合がある。
   A. 犬の催吐処置
      Ⅰ. アポモルヒネ：0.02～0.04mg/kg IV、IM。または1.5～6mgを溶解し、結膜嚢に点入する。アポモルヒネを眼内投与した場合は、催吐後に生理食塩水で十分に眼洗浄を行うこと。アポモルヒネにより過剰な鎮静作用が生じた場合は、ナロキソン0.01～0.04mg/kgのIV、IM、SC投与により拮抗可能である。ナロキソンは、鎮静作用に拮抗するが、催吐作用には拮抗しない。
      Ⅱ. 3％過酸化水素水：1～5mL/kg PO。最大用量はテーブルスプーン3杯（45mL）。10分以内に嘔吐しない場合は、0.5mL/kgをPOで1回のみ再投与する。

B．猫の催吐処置

Ⅰ．キシラジン：0.44～1mg/kg IM、SC。ヨヒンビン0.1mg/kgのIM、SC投与、緩徐なIV投与により拮抗可能。

Ⅱ．メデトミジン：10μg/kg IM。アチパメゾール（Antisedan®）25μg/kgのIM投与により拮抗可能。

Ⅲ．猫に過酸化水素水を投与するのは非常に困難であり、現在では推奨されていない。

C．胃洗浄

Ⅰ．軽麻酔を施す。

Ⅱ．麻酔中は酸素補給とIV輸液を行う。

Ⅲ．必要に応じて、適切な麻酔薬を投与し、麻酔を維持する。

Ⅳ．気管内チューブを挿管し、カフを拡張させる。

Ⅴ．患者を横臥位に保定する。

Ⅵ．胃チューブを患者の体側に当て、鼻吻から最後肋骨までの距離に合わせて胃チューブに印を付ける。

Ⅶ．胃チューブの先端に水溶性ゼリーを塗布し、胃内へ優しく挿入する。印を付けた位置を超えてチューブを挿入しないように注意する。

Ⅷ．状況によっては、チューブを2本使用する（小径：流入用、大径：排出用）。

Ⅸ．体温程度に加温した水道水をチューブ（2本使用時は流入用チューブ）から流入させ、胃を中程度に拡張させる。小型症例の場合は、電解質の変化を避けるため、生理食塩水を用いる。

Ⅹ．液体をチューブ（2本使用時は排出用チューブ）から排出させる。

Ⅺ．胃洗浄液、中毒誘起が疑われる異物や種子などは、毒性検査用に保存する。

Ⅻ．胃洗浄液が連続的に排出されない場合は、チューブの位置を変えたり、液体やエアでフラッシュするなどして調整を行う。

XIII．患者の体位を反転させ、胃洗浄を続ける。

XIV．排出液が透明になるまで胃洗浄を続ける。

XV．チューブを2本使用している場合は、1本のチューブの端をクランプで閉じてから抜去する。

XVI．胃チューブから活性炭を投与する。

XVII．麻酔からの覚醒をモニターし、喉頭反射が回復するまでカフを拡張させたまま気管チューブを留置しておく。

D．活性炭投与は、推奨されない。

3．IVカテーテル留置。2.5～5%ブドウ糖溶液による輸液を行う。

4．血糖値を頻繁に測定する。

5．低血糖（血糖値<60mg/dL）を示す場合は、50%ブドウ糖溶液を同量の生理食塩水で25%に希釈し、0.5～1.5mL/kgを1～2分間かけてIV投与す

る。その後、2.5～5%ブドウ糖溶液による輸液を行う。
6．嘔吐がなければ、食餌の少量頻回投与を行い、低血糖の発現を避ける。
7．必要に応じて、制吐薬および胃粘膜保護薬を投与する。
8．凝固障害または播種性血管内凝固症候群（DIC）を認める場合は、新鮮凍結血漿を投与する。
9．肝保護薬を投与する。
　A．*N*-アセチルシステイン：50mg/kg IV、PO q6h。24時間投与。*N*-アセチルシステインは、生理食塩水で希釈し、5%溶液にする。30分間かけて緩徐にIV投与する。
　B．SAMe：18～20mg/kg PO q24h
　C．シリマリン：20～50mg/kg PO q24h
　D．ビタミンCおよびビタミンE
　E．ビタミンK_1

クモ刺咬傷

クロゴケグモ（*Latrodectus* spp.）（図14-3）

作用機序

クロゴケグモ（*Latrodectus* spp.）は、神経毒であるα-ラトロトキシンを放出する。その結果、前シナプス性神経経路においてカルシウムイオンを増加させ、脱分極を促進する。イオン交換チャネルは持続的に開放され、アセチルコリンとノルエピネフリン放出が促進される。

診断

ヒストリー――曝露歴がある。
臨床徴候――
1．クロゴケグモ刺咬傷における局所徴候
　A．小さな穿孔創を認めることがある。
　B．刺咬傷部位は、標的型を呈する場合がある。紅斑部位において、中央に暗色の壊死部位を認める。壊死部位周辺は、蒼白を呈する虚血性組織に囲まれる。
　C．通常、組織の局所徴候は乏しく、腫脹もほとんどない。
　D．受傷直後は、創部に強い疼痛が生じる。
2．全身徴候
　A．局所は痺れの後、知覚過敏が生じる。
　B．近傍のリンパ節腫脹
　C．進行性の局所性筋肉痛
　D．筋攣縮
　E．大型筋群における痙攣痛（胸部、腹部、腰部）
　F．圧痛を伴わない腹部筋緊張
　G．著明な不安行動、苦悶、筋痙攣
　H．発作

図14-3　クロゴケグモ
雌の成体は、光沢のある黒色で、体長はおよそ1.5cmである。腹部には、砂時計型の赤色の斑を有する。雄は、雌の幼体に似ており、体は格段に小さく、赤色・茶色・クリーム色の斑模様を有する。

I．高血圧、頻脈
J．上行性運動麻痺（猫での発現は早期かつ顕著）
K．流涎過多
L．心血管系および呼吸器系虚脱による死。

猫は、犬よりもクロゴケグモ毒に対する感受性が高い。猫における主な臨床徴候は、流涎過多、不穏行動、重度疼痛、麻痺、死など。

予後

予後は多様である。一般に犬の予後は良好であるが、猫では要注意である。

治療

1．応急処置は基本的に無意味である。収縮バンドや止血帯は使用しない。
2．飼育者に、診断、予後、治療費について説明する。
3．気道確保。必要に応じて挿管。
4．酸素補給。必要に応じて人工換気。
5．治療前に採血および採尿を行う。
6．IVカテーテル留置。調整電解質晶質液のIV輸液により、灌流維持、水和を図る。
7．必要に応じて、ジアゼパム、フェノバルビタール、ペントバルビタールのいずれかを用いて、発作や活動過多を制御する。
  A．ジアゼパム：0.5～1mg/kg IV。効果発現まで5～20mgずつ分割投与。
  B．フェノバルビタール
    犬：2～4mg/kg IV
    猫：1～2mg/kg IV
  C．ペントバルビタール：2～30mg/kg IV。効果発現まで緩徐に投与。
8．来院前の応急処置を確認する。
9．ジフェンヒドラミン：1～2mg/kg SC、IM、IV
10．重症例では、抗毒素Lyovac Antivenin®（Merke/Sharpe/Dohme）の投与を検討する。1バイアルを緩徐IV投与する。
11．抗毒素が入手できない場合、または重度な筋痙攣痛や筋攣縮を呈している場合は、10％グルコン酸カルシウム0.5～1.5mL/kgをIV投与する。

12. 筋痙攣痛に対し、メトカルバモールを投与する。
    Ⅰ. 犬：44.4〜222.2mg/kg IV、PO。必要に応じて投与。
    Ⅱ. 猫：22.2〜44.4mg/kg IV、PO。必要に応じて投与。
13. カルシウムは、無効な場合や反復投与を要する場合がある。筋弛緩薬と同様に、カルシウム投与は心血管系の機能を抑制することはない。
14. 疼痛管理
    A. ヒドロモルフォン
        Ⅰ. 犬：0.05〜0.2mg/kg IV、IM、SC q2〜6hまたは0.0125〜0.05mg/kg/時IV CRI
        Ⅱ. 猫：0.05〜0.2mg/kg IV、IM、SC q2〜6h
    B. フェンタニル
        Ⅰ. 犬：効果発現まで2〜10μg/kg IV、以後は1〜10μg/kg/時 IV CRI
        Ⅱ. 猫：効果発現まで1〜5μg/kg/時、以後は1〜5μg/kg/時 IV CRI
    C. モルヒネ
        Ⅰ. 犬：0.5〜1mg/kg IM、SCまたは0.05〜0.1mg/kg IV
        Ⅱ. 猫：0.005〜0.2mg/kg IM、SC
    D. ブプレノルフィン
        Ⅰ. 犬：0.005〜0.02mg/kg IV、IM q4〜8h、2〜4μg/kg/時 IV CRI、0.12mg/kg OTM（経口腔粘膜投与）
        Ⅱ. 猫：0.005〜0.01mg/kg IV、IM q4〜8h、1〜3μg/kg/時 IV CRI、0.02mg/kg OTM（経口腔粘膜投与）
15. 最低72時間は、厳重なモニターを行う。

ドクイトグモ（*Loxosceles* spp.）（図14-4）

作用機序

ドクイトグモ（*Loxosceles* spp.）が産生する毒素には、溶血素、ヒアルロニダーゼ、プロテアーゼなど、少なくとも8つの蛋白質が含まれる。ドクイトグモ毒は内皮細胞膜を損傷するため、毛細血管に血栓が形成され、播種性血管内凝固症候群（DIC）や壊死が生じる。

診断

ヒストリー——曝露歴がある。

臨床徴候——

1. ドクイトグモの刺咬傷における局所徴候
    A. 疼痛は、2〜6時間以内に発現する。
    B. 局所性紅斑
    C. 水疱・疱疹形成は12時間以内に発現する。
    D. 水疱・疱疹は、「牛眼状病変」を引き起こす。紅斑部位において、中央に暗色の壊死部位を認める。壊死部位周辺は、蒼白を呈する虚血性組織に囲まれる。
    E. 痂皮形成
    F. 刺咬から7〜14日後に、創部における潰瘍形成が顕著化すること

図14-4　ドクイトグモ
成体の体長はおよそ9mmで、肢脚を含む全長はおよそ25mmである。体は黄褐色から褐色で、頭胸部にはバイオリン型の斑を有する（バイオリンのネックが腹部を向いている）。多くのクモは、頭胸部に4対の眼を備えるが、ドクイトグモの眼は3対である。

がある。

G．潰瘍部は拡大し、無痛性となることがある。

H．治癒は遅い。

2．全身徴候

A．全身徴候の発現は、受傷後2～3日経過してから発現することもあれば、直後に発現することもある（特に、溶血性貧血は発現時間が様々である）。

B．死亡が報告されたドクイトグモ刺咬傷の全症例において、全身徴候が発現している。

C．発熱

D．関節痛

E．衰弱

F．嘔吐

G．発作

H．溶血、貧血、ヘモグロビン尿、血小板減少症の発現には、特に注意を要する。

I．続発性腎障害および肝障害発現の可能性。

臨床検査――

1．溶血が生じると、血清の溶血反応および貧血を認める。

2．ヘモグロビン尿

予後

一般に、予後は中程度～良好である。

治療

1．推奨される応急処置

A．冷罨法は多少の効果が期待できる。

B．温罨法は禁忌である。

2．飼育者に、診断、予後、治療費について説明する。

3．気道確保。必要に応じて挿管。

4．酸素補給。必要に応じて人工換気。

5．治療前に採血および採尿を行う。
6．IVカテーテル留置。調整電解質晶質液のIV輸液により、灌流維持、水和を図る。
7．必要に応じて、ジアゼパム、フェノバルビタール、ペントバルビタールのいずれかを用いて、発作や活動過多を制御する。
   A．ジアゼパム：0.5～1mg/kg IV。効果発現まで5～20mgずつ分割投与。
   B．フェノバルビタール
      犬：2～4mg/kg IV
      猫：1～2mg/kg IV
   C．ペントバルビタール：2～30mg/kg IV。効果発現まで緩徐に投与。
8．来院前の応急処置を確認する。
9．可能であれば、高圧酸素を2気圧、q12h、3日間投与する。
10．早期（潰瘍形成前）に、切除術の実施を検討する。
11．受傷後、6週間程度が経過してから、外科的切除を要することもある。
12．コルチコステロイド投与は、皮膚病変には無効であるが、毒素誘発性溶血には多少の効果が期待できる。
13．広域スペクトル抗生物質投与。
14．重度溶血を呈する場合は、濃縮赤血球、全血、ヘモグロビン系人工酸素運搬体の投与を要することがある。
15．掻痒感は、抗ヒスタミン薬により制御する。
16．腎肝障害は、経験的治療を行う。

蛍光ジュエリー

有毒物質

有毒物質は、フタル酸ジブチルであり、安全域は広い。

作用機序

フタル酸ジブチルは、味覚に対して強烈な有害反応を引き起こす。罹患動物は、興奮、重度流涎過多、口腔咽頭の不快感、嘔吐などを呈する。眼に入った場合は、重度流涙過多、疼痛刺激、結膜炎、結膜浮腫、羞明を呈する。

ヒトにおける皮膚曝露では、疼痛刺激、熱傷、発赤、接触性皮膚炎が報告されている。

中毒源

フタル酸ジブチルは、子どもの玩具、災害対策用品、電池不要の照明器具などに使用される。蛍光ブレスレットなどには、小型電池や他の蛍光性化学物質が用いられていることがあるが、それらは本項目の対象外である。

中毒量

味覚刺激が強烈なため、通常、摂取量は少量である。

診断

ヒストリー――臨床徴候発現に加え、蛍光製品を囓っていた、蛍光製品が壊れていたなど。

臨床徴候――興奮、重度流涎過多を呈し、摂取直後に嘔吐を呈する。患者を暗室に入れ、体表に蛍光剤が付着していないかを確認する。汚染された場所は、暗くすると発光する。

予後

予後は、極めて良好である。

治療

1. 飼育者に、診断、予後、治療費について説明する。
2. 催吐処置は行わない。
3. 口腔内を冷水で繰り返し洗浄する。
4. ミルク、ツナ缶の汁、チキンスープ、その他の嗜好性の高いトリーツを与え、不快な味覚刺激を除去する。
5. 被毛に付着したフタル酸ジブチルは、濡らした布で拭き取るか、低刺激の非薬用シャンプーで洗浄する。再曝露を防ぐため、念入りに洗い流す。
6. 必要に応じて、支持療法を行う。
7. 眼に曝露した場合は、生理食塩水で10～15分間洗浄する。角膜潰瘍や角膜炎を呈していないか診察する。

抗凝固性殺鼠剤

作用機序

抗凝固性殺鼠剤は、ビタミンKの再利用を制御するエポキシド還元酵素を阻害し、ビタミンK依存性凝固因子（Ⅱ、Ⅶ、Ⅸ、Ⅹ）の産生を減少させる。これらの凝固因子が不足することにより、凝固障害が生じる。

中毒源

抗凝固性殺鼠剤は、以下の3つに分類される。

1. 第一世代クマリン（ワルファリン、クマリンなど）――D-Con®、Warf 42®、RAX®、Dethmor®、Rosex®、Tox-Hid®、Prolin®、Frass-Ratron®などがある。
   A. 半減期はおよそ14日間。毒性は、曝露の頻度（単回、反復）によって異なる。通常、臨床徴候は曝露後4～5日間に発現する。
   B. 中毒量
      Ⅰ. 犬――ワルファリンのLD_{50}は、単回曝露の場合は20～50mg/kg、5～15日間の持続曝露の場合は1～5mg/kg/日。
      Ⅱ. 猫――ワルファリンのLD_{50}は、単回曝露の場合は5～30mg/kg、5日間の持続曝露の場合は1mg/kg/日。
2. 第二世代クマリン（ブロディファコム、ブロマディオロン）――D-

Con®、Warf 42®、RAX®、Dethmor®、Rosex®、Tox-Hid®、Prolin®、Frass-Ratron®などがある。

A．半減期は6日間。毒物を摂取したラットやマウスを犬猫が捕食することで生じる二次中毒では、第一世代クマリンよりも危険性が高い。

B．中毒量

Ⅰ．犬——ブロディファコムのLD_{50}は0.25〜3.5mg/kg、ブロマディオロンのLD_{50}は11〜15mg/kg。

Ⅱ．猫——ブロディファコムおよびブロマディオロンのLD_{50}は25mg/kg。

3．インダンジオン（ダイファシノン、クロロファシノン、バロン、ピンドンなど）——Promar®、Diphacin®、Ramik®、Afnor®、Caid Drat®、Quick®、Raticide-Caid®、Ramucide®、Ratomet®、Raviac®、Pival®、PMP®などがある。

A．半減期は4〜5日間。

B．中毒量は、薬剤により異なる。

Ⅰ．犬——ダイファシノンのLD_{50}は3mg/kg。

Ⅱ．猫——ダイファシノンのLD_{50}は15mg/kg。

診断

ヒストリー——毒物への曝露現場の目撃、曝露の疑い。犬がネズミを捕獲した、徘徊していた。稟告として、元気消失、鼻出血、メレナ、皮下出血、急性盲目、痙攣発作、呼吸困難など。

臨床徴候——沈うつ、元気低下、蒼白、メレナ、鼻出血、吐血、血尿、歯肉出血、創傷部位からの重度の出血、呼吸困難、盲目、不全麻痺、麻痺、痙攣など。静脈穿刺部位における止血遅延。時に血腫。体腔内腔出血は一般的。関節周囲または関節内の出血による跛行、関節腫脹、疼痛。急性死の最多原因は、胸膜、肺実質、縦隔腔の出血である。

臨床徴候を悪化させる危険因子として、薬剤投与（アスピリン、フェニルブタゾン、スルホンアミド、クロラムフェニコールなど）、肝疾患、腎疾患など。

臨床検査——

1．PCV、TP、CBC、血小板数、凝固系（PT+/−APTT、またはACT）を院内測定する。

A．重篤な出血が生じた場合は、貧血を認める。急性発症である場合は、通常、非再生性貧血を示す。

B．通常、血小板数は影響を受けないが、失血に伴って低下することがある。その場合の血小板数は、一般に50,000〜150,000/μLである。

C．凝固系スクリーニング（PT+/−APTT、またはACT）

Ⅰ．PT測定が望ましい。PTは、半減期の短い第Ⅶ因子の動向を反映するため、最も感受性が高く、曝露から6〜18時間後には延長を示す。抗凝固性殺鼠剤中毒症例では、PTが基準値の2〜6倍延長する。

Ⅱ．抗凝固性殺鼠剤を確実に摂取しており、PT延長を認める場合は、APTT評価は不要である。APTT延長は、通常、曝露後36〜48時間に生じる。

Ⅲ．APTT測定ができない場合は、代替としてACTを測定する。抗凝固性殺鼠剤中毒症例では、ACT＞150秒を呈し、基準値の2〜10倍を示すことが多い。なお、犬の基準値は60〜110秒で、猫の基準値は50〜75秒である。

2．その他の臨床検査

A．PIVKA（ビタミンKの拮抗により活性阻害された蛋白質）試験は、現在では不要であると考えられている。また、PTが延長している場合は、この検査は適応外である。

B．通常、フィブリノーゲン値は、基準範囲内である。

C．通常、FDPは、基準範囲内である。

D．通常、D-ダイマーは陰性である。

E．生化学検査――有用である。

F．尿検査

G．糞便検査

H．血液ガス測定

I．ヘパリン化血漿における化学的検査――抗凝固殺鼠剤が検出される。治療前に採血し、全血（溶血していないもの）をヘパリン化する。血漿は冷凍し、検査機関へ提出する。

胸部X線検査――肺出血では、多肺葉性肺胞浸潤像を示す。胸腔内出血を示唆する液体貯留では、所見として肺葉間隙の明瞭化、肺葉牽引、心陰影消失、心嚢水貯留では心陰影の拡大などを示す。

胸部超音波エコー検査――胸水貯留、心嚢水貯留の検出。腹腔内出血、消化管内出血。頭蓋冠などの他部位における出血の検出には、CT・MRI検査が有用である。

鑑別診断

免疫介在性血小板減少症、免疫介在性溶血性貧血、フォン・ウィルブランド病、遺伝性凝固障害、肝疾患、播種性血管内凝固症候群（DIC）。

予後

予後は、殺鼠剤の種類・量、治療開始までの経過時間、臨床徴候の重篤度によって異なる。

治療

1．原因物質を特定する。殺鼠剤の種類により、治療期間、予後、治療費は大きく異なる。

2．飼育者に、診断、予後、治療費について説明する。

3．曝露から60分間以内であれば、催吐による汚染除去を試みる。

A．猫の催吐処置

Ⅰ．キシラジン：0.44～1mg/kg IM、SC。ヨヒンビン0.1mg/kgのIM、SC投与、緩徐IV投与により拮抗可能。

Ⅱ．メデトミジン：10μg/kg IM。アチパメゾール（Antisedan®）25μg/kgのIM投与により拮抗可能。

Ⅲ．猫に過酸化水素水を投与するのは非常に困難であり、現在では推奨されていない。

B．犬の催吐処置

Ⅰ．アポモルヒネ：0.02～0.04mg/kg IV、IM。または1.5～6mgを溶解し、結膜嚢に点入する。アポモルヒネを眼内投与した場合は、催吐後に生理食塩水で十分に眼洗浄を行うこと。アポモルヒネにより過剰な鎮静作用が生じた場合は、ナロキソン0.01～0.04mg/kgのIV、IM、SC投与により拮抗可能である。ナロキソンは、鎮静作用に拮抗するが、催吐作用には拮抗しない。

Ⅱ．3％過酸化水素水：1～5mL/kg PO。最大用量はテーブルスプーン3杯（45mL）。10分以内に嘔吐しない場合は、0.5mL/kgをPOで1回のみ再投与する。

C．活性炭：1～5g/kg PO、単回投与する。ソルビトールを併用する。

4．解毒剤としてビタミンK_1（フィトナジオン）投与。

A．ビタミンK_1投与は、効果が非常に高い。解毒剤の第一選択であり、経口、非経口のいずれを使用してもよい。

B．ビタミンK_3投与は効果が低いため、禁忌である。

C．ビタミンK_1の投与経路

Ⅰ．推奨される投与経路は、POまたはSC投与（25G針を用いて、複数ヵ所に投与する）である。

Ⅱ．IM投与は、過剰な出血を惹起する恐れがあるため、推奨されない。

Ⅲ．IV投与は、アナフィラキシー反応を惹起する恐れがあるため、推奨されない。

Ⅳ．ビタミンK_1を脂質を多く含む少量の食物とともに摂取させることで、生体利用効率が上昇する。したがって、スプーン1杯の缶詰フードを同時に与えるとよい。

D．ビタミンK_1の投与量

Ⅰ．初回投与量：5mg/kg PO、SC。複数ヵ所に分割投与。

Ⅱ．持続投与量：5mg/kg PO q24hまたは2分割してq12h。3～4週間投与する。

E．ビタミンK_1投与終了から36～48時間後にPTの再評価を行う。

F．飼育者がPT再測定を望まない場合は、ビタミンK_1投与を4週間以上継続する。

5．PTが正常値を示すまでは、外傷を生じさせないように、安全な環境で飼育する。外科処置は延期する。不必要な注射は避ける。

6．臨床徴候が発現した場合は、状態に応じた治療を行う。貧血、肺出血、血胸などにより、呼吸困難を呈することがある。

A．肺出血

Ⅰ．新鮮血漿または新鮮凍結血漿9mL/kg以上をⅣ投与する。血漿は加温する。投与速度は5～10mL/kg/時。血液フィルターを使用すること。

Ⅱ．酸素補給――酸素ケージまたはエリザベスカラーフードを用いる。経鼻カテーテルは、重度の鼻出血を惹起する恐れがある。

Ⅲ．フロセミドおよびアミノフィリンは使用しない。これらの薬剤は、血小板機能を阻害する。

B．胸腔内出血（縦隔腔出血を含む）――治療には細心の注意を払うこと。

Ⅰ．胸腔穿刺は、出血を再発させる危険性がある。胸腔穿刺が適用されるのは、肺拡張能や心臓機能が著しく阻害されている場合に限る。理想的には、最初に血漿を投与する。投与は、非侵襲性の手法を用いて行う。体動制御のために鎮静処置を施す。

Ⅱ．新鮮血漿または新鮮凍結血漿9mL/kg以上をⅣ投与する。血漿は加温する。投与速度は5～10mL/kg/時。血液フィルターを用いること。

Ⅲ．酸素補給――酸素ケージまたはエリザベスカラーフードを用いる。経鼻カテーテルは、重度の鼻出血を惹起する恐れがある。

Ⅳ．フロセミドおよびアミノフィリンは使用しない。これらの薬剤は、血小板機能を阻害する。

C．重度の貧血

Ⅰ．最初に（または他の治療と平行して）、新鮮血漿または新鮮凍結血漿10～20mL/kgをⅣ投与する。

Ⅱ．血漿投与に続き、赤血球10～20mL/kgをⅣ投与する。血漿投与がほぼ終了するまで待ってもよい。

Ⅲ．可能な限り、クロスマッチを行う。赤血球は投与前に加温する。ただし、緊急時は、迅速な投与を優先する。この場合は、室温の生理食塩水25～50mLを輸血バッグに添加することで加温する。体温をモニターし、低体温を呈する場合は、適切な処置を行う。

D．循環血液量減少性ショック

Ⅰ．調整電解質晶質液（LRS、ノーモソル®-R）によるⅣ輸液を行う。

Ⅱ．新鮮血漿または新鮮凍結血漿投与する。

Ⅲ．重度貧血を呈する場合は、血漿投与後に赤血球を投与する。

Ⅳ．心機能、呼吸機能、腎機能を慎重にモニターする。

Ⅴ．合成コロイド（デキストラン、ヘタスターチなど）は、凝固系に対する悪影響が懸念されるため、投与しない。

高張リン酸ナトリウム浣腸液（FLEET®）

作用機序

浣腸液に含まれるナトリウムやリン酸が結腸から大量に吸収され、高ナトリウム血症、高リン酸血症、代謝性アシドーシス、血漿浸透圧上昇を呈する。

中毒源

Fleet®浣腸液には、二リン酸ナトリウムやリン酸ナトリウムが含有されている。この含有量はナトリウム2,178mEq、リン酸1,756mEqに相当する。

中毒量

犬猫＜11kg――約60mL
犬＞11kg――約120mL

診断

ヒストリー――曝露歴がある。
臨床徴候――浣腸後30～60分間以内に臨床徴候が発現する。主な徴候は、嗜眠、嘔吐、血様下痢、頻脈、不整脈、弱脈、低体温、可視粘膜蒼白、運動失調、テタニー、痙攣、死亡。
臨床検査――高血糖、高ナトリウム血症、高リン酸血症、低カルシウム血症、低マグネシウム血症、低カリウム血症、代謝性アシドーシス、高浸透圧。

予後

予後は多様である。

治療

1. 飼育者に、診断、予後、治療費について説明する。
2. 気道確保。必要に応じて挿管。
3. 酸素補給。必要に応じて人工換気。
4. IVカテーテル留置。頸静脈カテーテルを留置すると、中心静脈圧のモニターが可能となるため、特に有用である。等張晶質液を投与し、灌流維持と水和を図る。
5. 必要に応じて、ジアゼパム、フェノバルビタール、ペントバルビタールのいずれかを用いて、発作や活動過多を制御する。
   A. ジアゼパム：0.5～1mg/kg IV。効果発現まで5～20mgずつ分割投与。
   B. フェノバルビタール
      犬：2～4mg/kg IV
      猫：1～2mg/kg IV
   C. ペントバルビタール：2～30mg/kg IV。効果発現まで緩徐に投与。
6. 低カリウム血症を認める場合は、IV輸液剤に塩化カリウムを添加する。
7. 血清イオン化カルシウム濃度低下を認める場合は、グルコン酸カルシウム7～10mEq/LをIV輸液剤（0.9% NaCl）に添加する。乳酸や酢酸を含む輸液剤には添加しないこと。
8. テタニーやその他の臨床徴候を認める場合は、10%グルコン酸カルシウム0.5～1.5mL/kgを緩徐にIV投与する。投与中は、心拍数をモニターする。徐脈を生じた場合は、投与を中止するか、投与速度を下げる。
9. 重炭酸ナトリウム投与は禁忌である。
10. インスリン投与は避ける。

11. 脳浮腫を呈する場合は、マンニトールを投与する。
12. 重度の高ナトリウム血症（Na＞180mEq/L）を呈する場合は、脳浮腫を引き起こさないように、緩徐に濃度を低下させる。IV輸液剤のナトリウム濃度は、患者の血清ナトリウム濃度よりも10mEq/L低いものを使用する。頻繁に再測定と再調整を行うこと。

抗ヒスタミン薬、充血緩和薬

作用機序

抗ヒスタミン薬は、H_1受容体において可逆的に拮抗することでヒスタミンを阻害する。強力な抗コリン作用、制吐作用、鎮咳作用、鎮静作用を引き起こす。

充血緩和薬の大半は、交感神経作用性アミンである。これらは、αアドレナリン作動薬、β_1アドレナリン作用薬、αアドレナリン受容体およびβアドレナリン受容体の両方を刺激するものなどに分類される。

中毒源

多種の薬剤が存在し、成分や感受性は様々である。代表的な薬剤は、シュードエフェドリン、フェニレフリン、フェニルプロパノールアミン、ジフェンヒドラミン、ジメンヒドリナート、クレマスチン、テルフェナジン、ロラタジン、メクリジン、ヒドロキシジン、クロルフェニラミンなどである。

イミダゾリン系の充血緩和薬であるオキシメタゾリン（Afrin®）、テトラヒドロゾリン（Visine®）、ナフタゾリン、トラゾリンは、一般に鼻粘膜充血緩和薬または眼科用薬として使用される。

中毒量

シュードエフェドリンの治療的用量は、1〜2mg/kgである。5〜6mg/kgの摂取により、中程度から重度の臨床徴候が発現する。10〜12mg/kgの摂取による死亡例が報告されている。

一般的な効果持続時間は、ヒトでは4〜6時間である。

その他の交感神経作動薬、MAO阻害薬、カフェイン、テオブロミン、ニコチンなどの摂取により、臨床徴候が悪化することがある。一部の充血緩和剤は、エリスロマイシン、イトラコナゾール、ケトコナゾールなどの薬剤、心疾患、腎疾患、肝疾患などによって代謝阻害や増強作用を受ける。

診断

ヒストリー——薬剤への曝露またはその疑いがある。稟告として行動異常。

臨床徴候——異常興奮、流涎過多、反応過剰、振戦、時に痙攣発作、嘔吐、散瞳、口腔粘膜の乾燥、頻脈。

身体検査——上記の臨床徴候に加え、高体温、蠕動音減少、高血圧（+/−反射性徐脈）、心室性不正脈、尿貯留、チアノーゼ。

抗コリン性せん妄状態、中枢性抗コリン症候群による症状（特徴的な所

見として見当識障害、運動失調、興奮、活動性亢進、幻覚、知覚過敏、精神異常、昏睡、痙攣発作、呼吸不全、心血管系虚脱)。

軽度の過剰摂取では、洞性頻脈や口腔乾燥、散瞳固定、尿残留、イレウスが引き起こされる。大量の過剰投与では、CNS刺激が生じ、死亡する可能性がある。

イミダゾリンは、一般に元気消失、徐脈、低血圧を引き起こす。

臨床検査——

1．脱水に起因するPCV上昇。

2．通常、酸塩基不均衡を認める。

心電図——洞性頻脈、心室性不整脈、徐脈など。

鑑別診断

アンフェタミン、コカイン、メチルキサンチン、各種鎮静薬、オピオイド、トランキライザーの摂取。

予後

予後は通常良好である。

治療

1．飼育者に、診断、予後、治療費について説明する。
2．気道確保。必要に応じて挿管。
3．酸素補給。必要に応じて人工換気。
4．薬剤摂取から30分間以内で、かつ症状発現がない場合は、催吐による汚染除去を試みる。摂取した薬剤が徐放薬であれば、1時間後であっても胃洗浄が有効である。
   A．犬の催吐処置（無症状の場合）
      Ⅰ．アポモルヒネ：0.02～0.04mg/kg IV、IM。または1.5～6mgを溶解し、結膜嚢に点入する。アポモルヒネを眼内投与した場合は、催吐後に生理食塩水で十分に眼洗浄を行うこと。アポモルヒネにより過剰な鎮静作用が生じた場合は、ナロキソン0.01～0.04mg/kgのIV、IM、SC投与により拮抗可能である。ナロキソンは、鎮静作用に拮抗するが、催吐作用には拮抗しない。
      Ⅱ．3％過酸化水素水：1～5mL/kg PO。最大用量はテーブルスプーン3杯（45mL）。10分以内に嘔吐しない場合は、0.5mL/kgをPOで再投与する。
   B．猫がイミダゾリンを摂取した場合は、催吐を行ってはならない。致命的な問題が生じる可能性がある。猫に過酸化水素水を投与するのは非常に困難であり、現在では推奨されていない。
5．活性炭：2～5g/kg。ソルビトールとともに投与する。通常、活性炭1gに水5mLを加え、スラリー状にして投与する。徐放薬を摂取した場合は、さらに24時間にわたり、活性炭1～2g/kgを3～4時間ごとに反復投与する。2回目以降の投与では、瀉下剤（ソルビトール）は併用しない。

6. 入院下において18～24時間または症状が消失するまで支持療法を行う。徐放薬を摂取した場合は、24～72時間継続入院する。低体温または高体温がある場合は、適切に対処する。血圧をモニターする。
7. IVカテーテル留置。調整電解質晶質液のIV輸液により、灌流維持、水和を図る。イミダゾリンによる低血圧を認める場合は、より高用量の輸液を必要とする。
   A. 晶質液輸液では低血圧が改善しない場合は、ヘタスターチ5mL/kgを分割IV投与。4回まで反復投与が可能である。
   B. 低血圧が持続し、難治性である場合は、ドパミンなどの昇圧薬5～20μg/kg/分をIV、CRI投与。
8. 犬では、尿を酸性化すると、シュードエフェドリンやフェニレフリンの排出が促進されることがある。
   A. アスコルビン酸（ビタミンC）：20～30mg/kg SC、IM、IV q8h
   B. 塩化アンモニウム：50mg/kg PO q6h
9. 外的刺激を低減させる。光量を下げ、騒音を避ける。
10. 鎮静適応の場合
   A. ジアゼパムの投与は避ける。抗ヒスタミン薬、充血緩和薬中毒症により活動性が亢進した症例にジアゼパムを投与すると、攻撃性亢進、過剰興奮、痙攣発作などを悪化させる可能性がある。
   B. アセプロマジンは、αアドレナリン受容体の阻害作用を有する。0.05～0.1mg/kgをSC、IM、IV投与し、総投与量1mg/kgまでは必要に応じて反復投与が可能である。低血圧を認める場合は、注意して投与する。
   C. クロルプロマジンは、代替薬として用いる。0.5～1mg/kgをIV、IM投与し、効果発現まで反復投与する。ただし、最大投与量は10mg/kgとする。
   D. アセプロマジンで十分な鎮静効果が得られない場合は、フェノバルビタールを投与する。
      犬：2～4mg/kg IV
      猫：1～2mg/kg IV
11. イミダゾリン中毒症では、α_2アドレナリン拮抗薬を投与するとよい。
   A. アチパメゾール：50μg/kg IM
   B. ヨヒンビン：0.1mg/kg IV
   C. 拮抗薬は半減期が短いため、多くの場合、反復投与を必要とする。
12. メトカルバモールは筋痙攣を緩和させる。44.4～100mg/kgを緩徐にIVまたはPO投与する。
13. 重度の頻脈を呈する場合――プロプラノロール0.02～0.04mg/kgを緩徐にIV投与する。または、エスモロール0.25～0.5mg/kgをIV投与する。以後は10～200μg/kg/分でCRI、IV投与する。
14. 重度徐脈を呈する場合――アトロピン0.02～0.04mg/kgをIV、SC投与する。高血圧を認める場合は、悪化させる恐れがあるため、アトロピン投与は避ける。

15. 血液ガスをモニターする。酸塩基不均衡は一般的である。

コカイン

作用機序

コカインを経口摂取または吸入すると、中枢神経刺激が引き起こされる。これは、カテコールアミン（ノルエピネフリン、ドーパミンなど）のシナプス前放出による刺激と、再吸収阻害に起因する。コカインは、セロトニンの再吸収も阻害する。局所麻酔作用は、細胞膜上のナトリウムチャネルの遮断による。神経症状は交感神経興奮に起因する。頻脈、頻呼吸、血管収縮、心律動異常、心筋炎、高体温、高血圧、興奮、痙攣、行動変化、突然死が起こり得る。

中毒源

コカインは、広く濫用されている違法なストリートドラッグである。人では、粉末状にして吸入する（スニッフィング）、火をつけて吸入する、注射する、嚥下するなどの摂取方法がある。一般的な形状は、塩酸塩（coke、snowと呼ばれる）または無塩基物（crack、rock、free-base）である。コカイン類似物によって希釈されている場合は、さらなる合併症や副作用を惹起する恐れがある。

中毒量

犬の経口LD_{50}は24～40mg/kg、猫の経口LD_{50}は約30mg/kgである。

診断

ヒストリー——コカインへの曝露歴がある。コカインの摂取者が使用したティッシュペーパーを誤食したなどの経口摂取では吸収率が非常に高く、動物では最も一般的な曝露ルートである。

臨床徴候——流涎過多、啼鳴、落ち着きをなくす、散瞳、過活動、行動変化、抑うつ、せん妄、筋攣縮、痙攣、頻脈、頻呼吸、心室性不整脈、高体温、嘔吐、悪心、下痢、腹部痛、呼吸抑制、肺水腫、チアノーゼ、昏睡、横紋筋融解、腎不全、呼吸停止、心停止。

密輸のために、コカインを詰めたゴム風船やコンドームを犬に強制摂食させたり、コカインの包みを犬の腹腔内に外科的に挿入したなどの報告もある。消化管内や腹腔内に挿入されたパッケージの外科的除去は、慎重に行わなければならない。

臨床検査——血液検査または尿検査にて、コカイン代謝物の検出が可能である。委託検査を依頼する場合は、尿検体の提出が好ましい。中毒症の後期には低血糖がよく認められる。

鑑別診断

抗ヒスタミン薬・充血緩和薬中毒症、アンフェタミン中毒症、メチルキサンチン中毒症、マリファナ中毒症。

予後

予後は、中程度～要注意である。

治療

1．飼育者に、診断、予後、治療費について説明する。
2．気道確保。必要に応じて挿管。
3．酸素補給。必要に応じて人工換気。
4．IVカテーテル留置。調整電解質晶質液のIV輸液により、灌流維持、水和、利尿を図る。
5．必要に応じて、ジアゼパム、フェノバルビタール、ペントバルビタールのいずれかを用いて、発作や活動過多を制御する。
   A．ジアゼパム：0.5～1mg/kg IV。効果発現まで5～20mgずつ分割投与。
   B．フェノバルビタール
      犬：2～4mg/kg IV
      猫：1～2mg/kg IV
   C．ペントバルビタール：2～30mg/kg IV。効果発現まで緩徐に投与。
6．高体温を示す場合は、冷水浴をさせる。
7．血糖値を測定し、必要に応じてブドウ糖を投与する。
8．催吐処置または胃洗浄による除染を試みる。コカインは、迅速に消化管から吸収されるため、胃洗浄が第一選択である。
   A．犬の催吐処置
      Ⅰ．アポモルヒネ：0.02～0.04mg/kg IV、IM。または1.5～6mgを溶解し、結膜嚢に点入する。アポモルヒネを眼内投与した場合は、催吐後に生理食塩水で十分に眼洗浄を行うこと。アポモルヒネにより過剰な鎮静作用が生じた場合は、ナロキソン0.01～0.04mg/kgのIV、IM、SC投与により拮抗可能である。ナロキソンは、鎮静作用に拮抗するが、催吐作用には拮抗しない。
      Ⅱ．3％過酸化水素水：1～5mL/kg PO。最大用量はテーブルスプーン3杯（45mL）。10分以内に嘔吐しない場合は、0.5mL/kgをPOで1回のみ再投与する。
   B．猫の催吐処置
      Ⅰ．キシラジン：0.44～1mg/kg IM、SC。ヨヒンビン0.1mg/kgをIM、SC投与、緩徐IV投与により拮抗可能。
      Ⅱ．メデトミジン：10μg/kg IM。アチパメゾール（Antisedan®）25μg/kgをIM投与により拮抗可能。
      Ⅲ．猫に過酸化水素水を投与するのは非常に困難であり、現在では推奨されていない。
   C．胃洗浄――曝露からの経過が4時間以内で、臨床徴候が重篤でない場合は、胃洗浄を行う。加温した水または重炭酸ナトリウム溶液を使用する。嘔吐や下痢が重篤な場合は、消化管穿孔の危険性が増加するため、胃洗浄は禁忌である。
      Ⅰ．軽麻酔を施す。

Ⅱ．麻酔中は酸素補給とⅣ輸液を行う。
Ⅲ．必要に応じて、適切な麻酔薬を投与し、麻酔を維持する。
Ⅳ．気管内チューブを挿管し、カフを拡張させる。
Ⅴ．患者を横臥位に保定する。
Ⅵ．胃チューブを患者の体側に当て、鼻吻から最後肋骨までの距離に合わせて胃チューブに印を付ける。
Ⅶ．胃チューブの先端に水溶性ゼリーを塗布し、胃内へ優しく挿入する。印を付けた位置を超えてチューブを挿入しないよう注意する。
Ⅷ．状況によっては、チューブを2本使用する（小径：流入用、大径：排出用）。
Ⅸ．体温程度に加温した水道水をチューブ（2本使用時は流入用チューブ）から流入させ、胃を中程度に拡張させる。小型症例の場合は、電解質の変化を避けるため、生理食塩水を用いる。
Ⅹ．液体をチューブ（2本使用時は排出用チューブ）から排出させる。
Ⅺ．胃洗浄液、中毒誘起が疑われる異物や種子などは、毒性検査用に保存する。
Ⅻ．胃洗浄液が連続的に排出されない場合は、チューブの位置を変えたり、液体やエアでフラッシュするなどして調整を行う。
XIII．患者の体位を反転させ、胃洗浄を続ける。
XIV．排出液が透明になるまで胃洗浄を続ける。
XV．チューブを2本使用している場合は、1本のチューブの端をクランプで閉じてから抜去する。
XVI．胃チューブから活性炭を投与する。
XVII．もう1本のチューブも、端をクランプで閉じてから抜去する。
XVIII．麻酔からの覚醒をモニターし、喉頭反射が回復するまでカフを拡張させたまま気管チューブを留置しておく。

D．活性炭：2～5g/kg PO。通常、活性炭1gに水5mLを加え、スラリー状にして投与する。コカイン中毒症例では、活性炭を3～4時間ごとに反復投与する。

E．瀉下剤――浸透圧性瀉下剤または塩類瀉下剤を、活性炭とともに単回投与する。使用できる瀉下剤には、以下のものがある。
Ⅰ．ソルビトール（70％）：2g/kg（1～2mL/kg）PO
Ⅱ．硫酸ナトリウム
猫：200mg/kg
犬：250～500mg/kg
水5～10mL/kgと混和してPO投与する。

9．患者を入院させ、経過観察と治療を継続する。

10．腸洗浄――コカインを詰めたゴム風船やコンドームを嚥下している場合は、外科的除去が推奨される。外科的除去が不可能な場合は、ポリエチレングリコール（PEG）や電解質液（CoLYTE® またはGoLYTELY®）を用いた腸洗浄を検討する。

11．クロルプロマジンは、コカイン中毒症に認められる臨床徴候の多くを抑制する。症例が発作を呈していない場合は、15mg/kgを上限に投与する。
12. プロプラノロールは、心房性または上室性頻脈に対し、0.04〜0.06mg/kg以上を緩徐IV投与する。
13. リドカインは、心伝導障害を悪化させる危険性があるため、投与禁忌である。
14. ナロキソン：0.01〜0.04mg/kg IV、IM、SC。コカインとアヘン系麻薬は混合されることが多いため、症例が昏睡を呈する場合は、ナロキソンの投与を検討する。

コレカルシフェロール

作用機序

コレカルシフェロールは、肝臓で25-ヒドロキシビタミンDに代謝され、腎臓で活性型1,25-ジヒドロキシビタミンD（ビタミンD_3）に変換される。ビタミンD_3は、カルシウム保持を促進する。過剰量を摂取すると、致命的な高カルシウム血症を呈する。また、血管、尿細管、胃壁、肺に石灰沈着が生じ、二次性出血を惹起する。

中毒源

殺鼠剤のなかには、コレカルシフェロールを含有するものがある（Ortho Mouse-B-Gone®、Rampage®、Rat-B-Gone®、Quintox®など）。

中毒量

コレカルシフェロールは、第二世代抗凝固剤よりも強力である。1包、1回の曝露でも致命的である。犬では、0.5〜3mg/kgの摂取で臨床徴候が発現し、10〜20mg/kgで致命的となる。猫は、犬やラットよりも感受性が高い。

診断

ヒストリー——コレカルシフェロールを含む殺鼠剤の摂取歴。稟告には、急性腎不全徴候（嘔吐、嗜眠、食欲廃絶、多飲多尿、無尿）、出血などがある。

臨床徴候——沈うつ、嗜眠、元気消失。嘔吐による脱水、便秘、多飲多尿、腎不全、点状出血、吐血、血便、ショック、徐脈を含む不整脈、筋攣縮、痙攣、昏迷、死亡。通常、臨床徴候は摂取から12〜36時間後に発現し、その後24〜36時間で悪化する。

臨床検査——

1. 生化学検査——高リン酸血症、高カルシウム血症、高窒素血症
   - A. 高リン酸血症は高カルシウム血症が発現する12時間前から発現することがあり、コレカルシフェロール中毒症の早期指標となる。
   - B. 血清カルシウム濃度は12mg/dLを超えることがある。
   - C. 腎不全の続発により、BUNおよびクレアチニン値が上昇する。
   - D. 腎組織の解析により、過剰量の活性型1,25-ジヒドロキシビタミンDの代謝産物が検出されることがある。

2．脱水によるヘマトクリット値上昇を認めることがある。

鑑別診断

急性腎不全、エチレングリコール中毒症、リンパ腫、肛門嚢アポクリン腺癌、転移性骨腫瘍、多発性骨髄腫、骨髄炎、原発性上皮小体機能亢進症、副腎皮質機能低下症。

予後

予後は、要注意～不良である。急性コレカルシフェロール中毒症の症例が死亡するのは、一般に臨床徴候の発現後2～5日間である。

治療

1．飼育者に、診断、予後、治療費について説明する。
2．数日間入院させ、終日モニターを行う。
3．気道確保。必要に応じて挿管。
4．酸素補給。必要に応じて人工換気。
5．IVカテーテル留置。生理食塩水のIV輸液により、灌流維持、水和、利尿、尿中カルシウム排泄促進を図る。
　初期は120～180mL/kg/日、以後は60～120mL/kg/日（症例の体格による）を投与する。
6．摂取後4時間以内に来院した場合は、除染を試みる。
　A．犬の催吐処置
　　Ⅰ．アポモルヒネ：0.02～0.04mg/kg IV、IM。または1.5～6mgを溶解し、結膜嚢に点入する。アポモルヒネを眼内投与した場合は、催吐後に生理食塩水で十分に眼洗浄を行うこと。アポモルヒネにより過剰な鎮静作用が生じた場合は、ナロキソン0.01～0.04mg/kgのIV、IM、SC投与により拮抗可能である。ナロキソンは、鎮静作用に拮抗するが、催吐作用には拮抗しない。
　　Ⅱ．3%過酸化水素水：1～5mL/kg PO。最大用量はテーブルスプーン3杯（45mL）である。10分以内に嘔吐しない場合は、0.5mL/kgをPOで1回のみ再投与する。
　B．猫の催吐処置
　　Ⅰ．キシラジン：0.44～1mg/kg IM、SC。ヨヒンビン0.1mg/kgのIM、SC投与、緩徐IV投与により拮抗可能。
　　Ⅱ．メデトミジン：10μg/kg IM。アチパメゾール（Antisedan®）25μg/kgのIM投与により拮抗可能。
　　Ⅲ．猫に過酸化水素水を投与するのは非常に困難であり、現在では推奨されていない。
　C．胃洗浄
　　Ⅰ．軽麻酔を施す。
　　Ⅱ．麻酔中は酸素補給とIV輸液を行う。
　　Ⅲ．必要に応じて、適切な麻酔薬を投与し、麻酔を維持する。

Ⅳ. 気管内チューブを挿管し、カフを拡張させる。
Ⅴ. 患者を横臥位に保定する。
Ⅵ. 胃チューブを患者の体側に当て、鼻吻から最後肋骨までの距離に合わせて胃チューブに印を付ける。
Ⅶ. 胃チューブの先端に水溶性ゼリーを塗布し、胃内へ優しく挿入する。印を付けた位置を超えてチューブを挿入しないよう注意する。
Ⅷ. 状況によっては、チューブを2本使用する（小径：流入用、大径：排出用）。
Ⅸ. 体温程度に加温した水道水をチューブ（2本使用時は流入用チューブ）から流入させ、胃を中程度に拡張させる。小型症例の場合は、電解質の変化を避けるため、生理食塩水を用いる。
Ⅹ. 液体をチューブ（2本使用時は排出用チューブ）から排出させる。
Ⅺ. 胃洗浄液、中毒誘起が疑われる異物や種子などは、毒性検査用に保存する。
Ⅻ. 胃洗浄液が連続的に排出されない場合は、チューブの位置を変えたり、液体やエアでフラッシュするなどして調整を行う。
XIII. 患者の体位を反転させ、胃洗浄を続ける。
XIV. 排出液が透明になるまで胃洗浄を続ける。
XV. チューブを2本使用している場合は、1本のチューブの端をクランプで閉じてから抜去する。
XVI. 胃チューブから活性炭を投与する。
XVII. もう1本のチューブも、端をクランプで閉じてから抜去する。
XVIII. 麻酔からの覚醒をモニターし、喉頭反射が回復するまでカフを拡張させたまま気管チューブを留置しておく。

7. 活性炭：1～5g/kg。ソルビトール（瀉下剤）とともにPO投与する。活性炭はq8hで1～2日間、反復投与する。ソルビトールの投与は初回のみとする。
8. フロセミド：4～5mg/kg IV q12h。以後は2.5～4.5mg/kg PO q6～12hで2～4週間継続する。
9. プレドニゾロンまたはプレドニゾン：2～4mg/kgSC、PO q12h 2～4週間。尿中カルシウム排泄促進を目的とする。
10. BUN、クレアチニン値のモニタリング。治療開始から、24時間後、48時間後、72時間後に測定する。
11. 血清カルシウム濃度測定。特に治療開始から24時間は、2～4時間ごとに測定する。
12. カルシトニン（Calcimar®）投与。犬猫において重度高カルシウム血症（18mg/dL）を呈する場合は、カルシトニン（Calcimar®）を4～6IU/kg SC q2～12hで投与する。効果がみられないときは、10～20IU/kgに増量する。
13. 重度高リン酸血症を呈する場合は、経腸リン酸塩結合剤である水酸化アルミニウムを10～30mg/kg PO q8～12hで投与する。
14. 重篤な代謝性アシドーシスを認める場合は、重炭酸ナトリウムを投与する。

15. 痙攣を認める場合はコントロールする。
16. 高体温がある場合は適切な処置を行う。
17. 心電図をモニターし、不整脈がある場合は治療する。
18. 食餌――低カルシウム食を4週間給餌する。乳製品、カルシウムサプリメントは避ける。
    A. Hill's u/d®、w/d®、k/d®
    B. NF-Formula®（Purina CNM）
    C. Royhal Canin Select Care Canine Modified Formula®（Innovate Veterinary Diet：IVD）
    D. Canine Law Protein®（Waltham Veterinary Diets）
19. 日光を避け、皮膚における活性化ビタミンD転換を予防する。

昆虫（膜翅目）刺症

主な膜翅目の昆虫には、以下のものがいる。

- Apidae（ミツバチ）
- Vespidae（アシナガバチ、スズメバチ）
- Formicidae（アリ）

ミツバチが刺すのは、1回のみである。ミツバチの針には返しがあり、刺されるとその針は皮膚に残存する。アシナガバチ、スズメバチは、刺すことによって個体が死ぬことはない。針には返しがなく、繰り返し刺して毒物を注入することができる。

膜翅目刺症における死亡の大半は、急性過敏反応によるアナフィラキシーショックに起因する。この反応は、用量非依存性であり、単回の刺傷でも死に至る可能性がある。呼吸器閉塞は、致死の危険性がある局所反応である。大群の襲撃により毒物の大量注入を受けた症例などでは、非アレルギー性が死因である場合もある。

作用機序

ミツバチ毒には、多様な有毒成分が含まれている（囲み14-1）。

1. メリチン――細胞膜を破壊する界面活性剤として作用し、生体アミンやリンを遊離させる。これにより、細胞膜の加水分解、細胞透過性変化、ヒスタミン放出、局所痛、カテコールアミン放出、血管内溶血が生じる。
2. ペプチド401（肥満細胞脱顆粒ペプチド）――肥満細胞の脱顆粒を惹起し、ヒスタミンや血管作用性アミンを放出する。
3. ホスホリパーゼA_2――血管内溶血を引き起こす。本成分は、ミツバチ毒によるアレルギー反応を惹起する主成分である。
4. ヒアルロニダーゼ（拡散因子）――コラーゲン破壊、細胞膜変性、細胞透過性変化、アレルギー反応などを引き起こす。
5. 血管作用性アミン（ヒスタミン、ドパミン）、ノルエピネフリン、その他の非特定蛋白質
6. アパミン――脊髄に作用する神経毒。

囲み14-1　膜翅目における毒素成分

Apidae（ミツバチ）	
ホスホリパーゼA	生体アミン
ヒアルロニダーゼ	酸性ホスファターゼ
メリチン	ミニミン
アパミン	ペプチド401
Vespidae（アシナガバチ、スズメバチ）	
ホスホリパーゼ A	生体アミン
ヒアルロニダーゼ	酸性ホスファターゼ
抗原5（Ag 5）	ペプチド401
キニン	
Formicidae（アリ）	
ホスホリパーゼ	生体アミン
ヒアルロニダーゼ	ピペリジン

7．アドラピン――プロスタグランジン産生阻害作用、抗炎症性作用を有する。

中毒量

多くの哺乳動物における推定致死量は、およそ20刺傷/kgである。成人では、およそ500刺傷で致命的となる。1回の刺傷による毒液の推定注入量は、以下の通りである。

1．スズメバチ：17μg
2．アフリカ蜂化ミツバチ（殺人ミツバチ）：94μg
3．セイヨウミツバチ：147μg

診断

ヒストリー――毒液の大量注入を受けた場合は、通常、曝露歴が明白である。刺傷数が少ない場合は、曝露歴が明らかでないことも多い。外出時の曝露が一般的である。

臨床徴候――膜翅目刺症では、主に4つの反応が認められる。

1．局所疼痛、局所腫脹――血管作用性成分による。
2．比較的広範囲の局所反応――アレルギー作用に起因する。病変部は、穿刺部位から連続して広がる。
3．全身性アナフィラキシー反応――蕁麻疹、血管浮腫、悪心、嘔吐、低血圧、呼吸困難を特徴とする。
   A．アレルギーを惹起する成分に対する特異的IgE抗体を有する個体に生じる。
   B．刺傷から数分以内に発現する。
4．皮疹および血清病様徴候は、刺傷から3～14日後に発現する。

毒液の大量注入（大量刺傷）を受けた場合は、発熱、抑うつ、吐血、下血、メレナ、ミオグロビン尿、ヘモグロビン尿、神経徴候（顔面麻痺、引導失調、発作など）を呈する。続発性免疫介在性溶血性貧血、播種性血管内凝固症候群（DIC）、急性腎不全、死の可能性もある。

臨床検査——

1．CBC——ストレスパターンを認める。大量刺傷では、白血球減少症、血小板減少症をの可能性。
2．DICを呈する症例では、ACT、PT、APTT延長。
3．続発性IMHAによる溶血性貧血。
4．生化学検査——消化管出血、脱水（腎前性高窒素血症）、急性腎不全などに起因するBUN、クレアチニン値の上昇を伴うこともある。大量刺傷では、CPKおよび肝酵素値上昇。

予後

アナフィラキシー反応は、軽度から致命的まで多様である。犬が毒液の大量注入を受けた場合は、致命的となることが多い。

治療

1．飼育者に、診断、予後、治療費について説明する。
2．局所反応は、治療不要の場合もあるが、冷水またはアイスパックでの冷罨法、カンフル（ショウノウ）、メンソール、リドカインなどの塗布が効果的な場合もある。
3．局所病変が広範囲に及んでいたり、複数ヵ所に刺傷を認める場合は、プレドニゾロンを経口投与した後、リン酸デキサメタゾンナトリウムまたはメチルプレドニゾロンコハク酸ナトリウムを投与する。
    A．IV輸液——低血圧改善、循環血流量是正、腎灌流維持、血管うっ血予防。
    B．広域スペクトル抗生物質——続発性敗血症を呈する場合に有効。
4．アナフィラキシーの治療
    A．エピネフリン——直ちに1：1,000溶液0.1～0.5mLをSC投与。以後は必要に応じて10～20分ごとに反復投与する。
    B．IV輸液——ショック用量で開始（犬：90mL/kg、猫：50～60mL/kg）。以後は積極的（高用量）輸液を継続する。
    C．抗ヒスタミン薬——ジフェンヒドラミン1～4mg/kgを極めて緩徐にIV、IM、SC、PO投与する。
    D．グルココルチコイド——メチルプレドニゾロンコハク酸ナトリウム10mg/kgまたはリン酸デキサメタゾンナトリウム1～2mg/kgをIV投与する。
    E．気道確保。必要に応じて、挿管。アルブテノールまたはイプラトロピウム吸入による気管支拡張。
    F．酸素補給を行う。
5．回復するまで入院下でモニターを継続する。

サソリ刺傷

作用機序

サソリ毒には、消化酵素、ヒアルロニダーゼ、ホスホリパーゼ、ナトリウムチャネルの流れを変える神経毒が含まれる。神経毒作用により、自律神経系と神経筋接合部が刺激される。

中毒源

サソリ（図14-5）は、世界各地の主に乾燥地帯に生息する節足動物である。アメリカにおける主な品種は *Centruroides sculpturatus* Ewing（別名：*Centruroides exil-icauda*）で、アリゾナ州、ニューメキシコ州、テキサス州、ネバダ州南部、カリフォルニア州、メキシコに生息する。

診断

ヒストリー——曝露歴、サソリの発見。

臨床徴候——局所性疼痛、嚥下障害、不安行動、行動異常、呼吸困難、後弓反張性強直、流涎過多、胃拡張、散瞳、眼振、盲目、流涙、尿失禁、便失禁、立毛、高血圧、呼吸停止＋/－心停止。

鑑別診断

有機リン酸エステル中毒症、カーバメート中毒症、特発性てんかん、ピレスリン・ピレスロイド中毒症。

予後

予後は多様である。

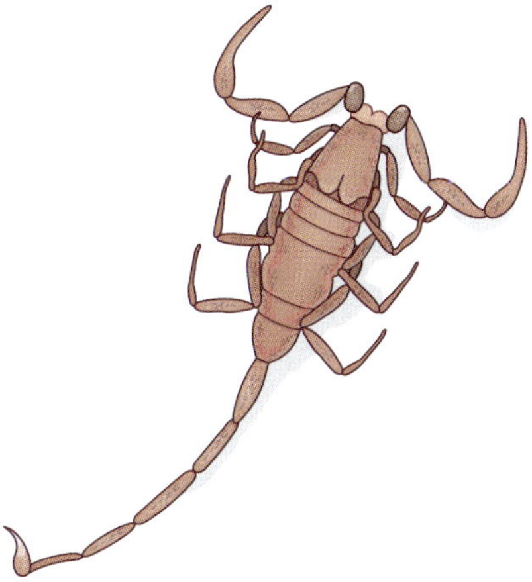

図14-5　サソリ

1対の大型のハサミ（触肢）、細長い腹部、4対の歩脚、尾節を有する。尾の先端には、小胞と呼ばれる球形結節と小突起（毒針）を備える。

治療

1. 飼育者に、診断、予後、治療費について説明する。
2. 気道確保。必要に応じて挿管。
3. 酸素補給。必要に応じて人工換気。
4. リン酸デキサメタゾンナトリウム0.5～1mg/kgをIV投与する。
5. 鎮痛薬投与。NSAIDs、各種の麻酔薬、トラマドールなどを使用する。併用してもよい。
6. IVカテーテル留置。IV輸液は不要なことが多い。個々の症例の状態を評価すること。必要に応じて、調整電解質晶質液を投与して、灌流維持、水和、利尿を図る。
7. 必要に応じて、ジアゼパム、フェノバルビタール、ペントバルビタールのいずれかを用いて、発作や活動過多を制御する。
   - A. ジアゼパム：0.5～1mg/kg IV。効果発現まで5～20mgずつ分割投与。
   - B. フェノバルビタール
     犬：2～4mg/kg IV
     猫：1～2mg/kg IV
   - C. ペントバルビタール：2～30mg/kg IV。効果発現まで緩徐に投与。
8. 入手可能であれば、サソリ毒に特異的な解毒剤を投与する。特にフェレットに推奨される。
   - A. 最初の5分間は、非常に緩徐にIV投与する。問題がなければ、15～30分間かけて残量を投与する。
   - B. 初回投与から1時間経過しても重度臨床徴候が持続する場合は、2本目のバイアルを追加投与する。
9. 多量の毒物刺入が生じた場合は、心電図をモニターする。
10. 高血圧を認める場合は、アセプロマジン0.05mg/kgをSC、IM、IV投与する。高血圧が重度である場合は、ニトロプルシド、エナラプリル、ヒドララジンを使用する。
11. 筋攣縮に対しては、メトカルバモール150mg/kgを緩徐IV投与。または、10%グルコン酸カルシウム5～10mLをIV投与。その後、ジアゼパム2.5～20mgをIV投与する。これをq4～6hで行う。

三環系抗うつ薬（TCA）

作用機序

三環系抗うつ薬（TCA）は、ニューロンに存在するアドレナリン作動性、ドーパミン作動性、セロトニン作動性の各受容体において、ノルエピネフリンとセロトニンの取り込みを担うトランスポーターを阻害する。さらに、ムスカリン作動性、α_1作動性、H_1ヒスタミン作動性、H_2ヒスタミン作動性の各受容体を遮断する。

中毒源

TCAは、鎮静作用を有する抗うつ薬として広く普及している。主なTCAは、アミトリプチリン、アモキサピン、デシプラミン、ドキセピン、イミプラミン、ノルトリプチリン、プロトリプチリン、トリミプラミンなどである。米国における商標名としては、Ascendin®、Elavil®、Endep®、Etrafon®、Limbitrol®、Triavil®、Ludiomol®、Norpramin®、Pamelor®、Sinequan®、Tofranil®、Triavil®、Vivactil®などがある。

中毒量

一般的な薬用量は、2～4mg/kgである。15～20mg/kgの投与にて致命的となり得る。

診断

ヒストリー――経口摂取歴、誤食の可能性。

臨床徴候――中毒症の主な徴候

1. 発作、癲癇重積
2. 周期性昏睡
3. 致命的な不整脈（徐脈、頻脈、QRS幅の延長、心室性頻脈、心室細動など）。

その他の徴候は、一時的混乱状態、幻視、眠気、運動失調、見当識障害、脱力、振戦、興奮、攻撃性亢進、反射亢進、筋硬直、高体温、過活動、沈うつ、低体温、頻脈、うっ血性心不全、散瞳、重度の低血圧、ショック、嘔吐、下痢、麻痺性イレウス、便秘、舌浮腫、顔面浮腫、発疹、蕁麻疹、多尿、肺水腫、心停止、死。

臨床検査――血液ガスをモニターする。アシドーシスが頻繁に認められ、心毒性を増強する。

心電図――徐脈、頻脈、QRS幅の延長、心室性頻脈、心室細動など。

鑑別診断

シトラスオイル（柑橘油）、DEET、鉛、マリファナ、ペニトレムA（生ゴミ由来）、ピレトリン・ピレスロイド、リン化亜鉛などによる中毒症。

予後

予後は、様々である。

治療

1. 飼育者に、診断、予後、治療費について説明する。
2. 気道確保。必要に応じて挿管。
3. 酸素補給。必要に応じて人工換気。
4. IVカテーテル留置。調整電解質晶質液のIV輸液により、灌流維持、水和、アシドーシス是正を図る。肺水腫徴候をモニターし、悪化に注意する。
5. 必要に応じて、ジアゼパム、フェノバルビタール、ペントバルビタールのいずれかを用いて、発作や活動過多を制御する。

   A. ジアゼパム：0.5～1mg/kg IV。効果発現まで5～20mgずつ分割投与。

B．フェノバルビタール
犬：2～4mg/kg IV
猫：1～2mg/kg IV
C．ペントバルビタール：2～30mg/kg IV。効果発現まで緩徐投与。

6．摂取から2時間以内である場合は、除染が有効である。発作の急性発症に備え、催吐処置は行わず、胃洗浄を選択すること。胃洗浄は、以下の手順で行う。
A．軽麻酔を施す。
B．麻酔中は酸素補給とIV輸液を行う。
C．必要に応じて、適切な麻酔薬を投与し、麻酔を維持する。
D．気管内チューブを挿管し、カフを拡張させる。
E．患者を横臥位に保定する。
F．胃チューブを患者の体側に当て、鼻吻から最後肋骨までの距離に合わせて胃チューブに印を付ける。
G．胃チューブの先端に水溶性ゼリーを塗布し、胃内へ優しく挿入する。印を付けた位置を超えてチューブを挿入しないように注意する。
H．状況によっては、チューブを2本使用する（小径：流入用、大径：排出用）。
I．体温程度に加温した水道水をチューブ（2本使用時は流入用チューブ）から流入させ、胃を中程度に拡張させる。小型症例の場合は、電解質の変化を避けるため、生理食塩水を用いる。
J．液体をチューブ（2本使用時は排出用チューブ）から排出させる。
K．胃洗浄液、中毒誘起が疑われる異物や種子などは、毒性検査用に保存する。
L．胃洗浄液が連続的に排出されない場合は、チューブの位置を変えたり、液体やエアでフラッシュするなどして調整を行う。
M．患者の体位を反転させ、胃洗浄を続ける。
N．排出液が透明になるまで胃洗浄を続ける。
O．チューブを2本使用している場合は、1本のチューブの端をクランプで閉じてから抜去する。
P．胃チューブから活性炭を投与する。
Q．もう1本のチューブも、端をクランプで閉じてから抜去する。
R．麻酔からの覚醒をモニターし、喉頭反射が回復するまでカフを拡張させたまま気管チューブを留置しておく。

7．活性炭：2～5g/kg PO。通常、活性炭1gに水5mLを加え、スラリー状にして投与する。活性炭は、24～48時間q4～6hで反復投与する。

8．瀉下剤――浸透圧性または塩類瀉下剤を活性炭とともに単回投与する。マグネシウムを含有した瀉下剤は用いないこと。使用できる瀉下剤には、以下のものがある。
A．ソルビトール（70%）：2g/kg（1～2mL/kg）PO
B．硫酸ナトリウム
猫：200mg/kg

犬：250〜500mg/kg
水5〜10mL/kgと混和してPO投与する。

9. 少なくとも12時間は、入院下において観察し、対症療法および支持療法を行う。
10. 心電図および心機能のモニターを5日間継続する。初期変化として、QRS幅の延長を認める。
11. 尿pHを測定する。薬剤の尿中排泄を促すため、血液をアルカリ化する。
    A. 血液ガスをモニターする。
    B. アシドーシスを呈する場合は、重炭酸ナトリウム1〜3mEq/kgを15〜30分間かけてIV投与する。
    C. 初期は、重炭酸ナトリウムを40分間ごとに反復投与し、血漿pHを7.45〜7.55で維持する。
    D. 重炭酸ナトリウムのCRI投与は無意味であり、避けるべきである。
12. 状態に適した体温調整を行う。
13. 不整脈、痙攣、昏睡を呈する場合は、サリチル酸フィゾスチグミン（Antilirium®）を投与する。
    A. 犬：0.5〜1mgを緩徐にIV投与または0.5〜3mgをIM投与する。
    B. 猫：0.25〜0.5mgを緩徐にIV、IM投与する。
14. 不整脈を認める場合は、リドカイン、プロプラノロール、ネオスチグミン、ピリドスチグミンのいずれかを投与する。心不全を呈した場合は、ジギタリスを投与する。
    ドーパミン、イソプロテレノール、キニジン、プロカインアミド、ジソピラミドの投与は禁忌である。
15. 血圧をモニターする。適切なIV輸液療法を行っているにもかかわらず、重度低血圧を示す場合は、ノルエピネフリンやフェニレフリンの投与を検討する。

シトラスオイル抽出物（リモネン、リナロール）

作用機序

D-リモネンとリナロールは、殺虫作用を有する芳香性のシトラスオイルである。これらはモノテルペンであり、リモネンの基本骨格から得られるプレゴンに類似した骨格をもつ。プレゴンは肝チトクローム系により代謝され、肝壊死を起こす有毒なケトンである。

中毒源

D-リモネンとリナロールを含有するシトラスオイル抽出物は殺虫スプレー、浸液、シャンプー、防虫剤、食品添加物、芳香剤などに含まれる。

中毒量

猫は犬よりも5倍感受性が高い。犬におけるD-リモネン中毒量は680g/kgである。犬用製品を犬の推奨量で猫に使用した場合は、致命的となり得る。リナロールに曝露した場合、臨床徴候はD-リモネンの場合よりも重篤で、長期間持続する。

ピペロニルブトキシドは、シトラスオイル抽出物の毒性効果を増強する。この両方を含有する製品も多い。

診断

ヒストリー――曝露歴がある。通常、皮膚から強烈なシトラスの香りを発する。

臨床徴候――流涎過多、抑うつ、元気消失、低体温、振戦、運動失調、転倒、血管拡張、低血圧、皮膚炎（陰嚢・会陰部では特に重篤）。時に死亡。

臨床検査――分光光度法またはガスクロマトグラフィーによってリモネンやリナロールの代謝物を検出することが可能である。

鑑別診断

ピレスリン・ピレスロイド中毒症、有機リン中毒症、カーバメート中毒症。

予後

通常、予後は非常に良好であるが、死亡する症例もある。死亡例は猫に多い。

治療

1. 飼育者に、診断、予後、治療費について説明する。
2. 数日間入院させ、終日モニターを行う。
3. 気道確保。必要ならば挿管。
4. 酸素補給。必要ならば人工換気。
5. 皮膚曝露の場合は、ぬるま湯と食器用液体洗剤で入念に洗浄する。処置中は、ゴム手袋を含む防護衣を着用する。シトラスの香りが消えるまで、繰り返し洗浄する。
6. 患者の保温。タオルで包み、ヒーティングパッド・加温したライスバッグなどを用いる。
7. IVカテーテル留置。ノーモソル®-R、LRSなどの調整電解質晶質液をIV輸液する（輸液剤は加温しておく）。
8. 経口摂取から4時間以内に来院した場合は、胃洗浄による除染を試みる。
   - A．軽麻酔を施す。
   - B．麻酔中は酸素補給とIV輸液を行う。
   - C．必要に応じて、適切な麻酔薬を投与し、麻酔を維持する。
   - D．気管内チューブを挿管し、カフを拡張させる。
   - E．患者を横臥位に保定する。
   - F．胃チューブを患者の体側に当て、鼻吻から最後肋骨までの距離に合わせて胃チューブに印を付ける。
   - G．胃チューブの先端に水溶性ゼリーを塗布し、胃内へ優しく挿入する。印を付けた位置を超えてチューブを挿入しないように注意する。
   - H．状況によっては、チューブを2本使用する（小径：流入用、大径：排出用）。

I．体温程度に加温した水道水をチューブ（2本使用時は流入用チューブ）から流入させ、胃を中程度に拡張させる。小型症例の場合は、電解質の変化を避けるため、生理食塩水を用いる。

J．液体をチューブ（2本使用時は排出用チューブ）から排出させる。

K．胃洗浄液、中毒誘起が疑われる異物や種子などは、毒性検査用に保存する。

L．胃洗浄液が連続的に排出されない場合は、チューブの位置を変えたり、液体やエアでフラッシュするなどして調整を行う。

M．患者の体位を反転させ、胃洗浄を続ける。

N．排出液が透明になるまで胃洗浄を続ける。

O．チューブを2本使用している場合は、1本のチューブの端をクランプで閉じてから抜去する。

P．胃チューブから活性炭を投与する。

Q．もう1本のチューブも、端をクランプで閉じてから抜去する。

R．麻酔からの覚醒をモニターし、喉頭反射が回復するまでカフを拡張させたまま気管チューブを留置しておく。

9．活性炭：0.5〜1g/kg PO。通常、活性炭1gに水5mLを加え、スラリー状にして投与する。シトラス中毒症では、活性炭をq8hで1〜2日間、反復投与する。瀉下剤は単回投与する。

10．瀉下剤——浸透圧性瀉下剤または塩類瀉下剤を、活性炭とともに単回投与する。マグネシウムを含有した瀉下剤は用いないこと。使用できる瀉下剤には、以下のものがある。

A．ソルビトール（70%）：2g/kg（1〜2mL/kg）PO

B．硫酸ナトリウム
猫：200mg/kg
犬：250〜500mg/kg
水5〜10mL/kgと混和してPO投与する。

11．腸洗浄——ポリエチレングリコール（PEG）や電解質液（CoLYTE®またはGoLYTELY®）を用いた腸洗浄を検討する。

12．アトロピン投与は、重度徐脈を呈している場合に限る。

13．個々の症例に合わせた対症療法および支持療法を行う。

植物

アザレア（オランダツツジ）、シャクナゲ

有毒物質

有毒物質は、グラヤノトキシン配糖体として知られるジテルペノイド化合物である。

作用機序

グラヤノトキシンは、犬の心室筋線維におけるナトリウムチャネルに結合し、異常な開口を惹起する。このため、再分極が遅延し、脱分極が継続すると、

細胞膜の過剰興奮が生じる。

中毒源

グラヤノトキシンやその誘導体は、アザレアやシャクナゲの全部位および蜜に含まれる。野生種は、アメリカでは東部・西部いずれの山地においても自生が認められる。また、北半球から南半球まで分布し、東南アジアにも自生している。アザレアは庭木にも使用される。

中毒量

犬猫では不明。

診断

ヒストリー——植物を噛んでいる現場の目撃など。

臨床徴候——食欲不振、腹部痛、歯ぎしり、流涎過多、嘔吐、下痢、便秘、頻脈、徐脈、脱力、低血圧、呼吸困難、CNS抑制、昏睡、虚脱、振戦、発作、死。

臨床検査——アザレアやシャクナゲ中毒症による生化学検査上の異常は、通常、非特異的である。グラヤノトキシンは、血清、尿、胃内容物などからクロマトグラフィによって検出できる。

予後

早期に適切な治療を行った場合は、予後良好である。

治療

1．飼育者に、診断、予後、治療費について説明する。
2．嘔吐が発現していない場合は、催吐処置および活性炭投与による除染を行う。
   A．犬の催吐処置
      Ⅰ．アポモルヒネ：0.02～0.04mg/kg IV、IM。または1.5～6mgを溶解し、結膜嚢に点入する。アポモルヒネを眼内投与した場合は、催吐後に生理食塩水で十分に眼洗浄を行うこと。アポモルヒネにより過剰な鎮静作用が生じた場合は、ナロキソン0.01～0.04mg/kgのIV、IM、SC投与により拮抗可能である。ナロキソンは、鎮静作用に拮抗するが、催吐作用には拮抗しない。
      Ⅱ．3%過酸化水素水：1～5mL/kg PO。最大用量はテーブルスプーン3杯（45mL）。10分以内に嘔吐しない場合は、0.5mL/kgをPOで1回のみ再投与する。
   B．猫の催吐処置
      Ⅰ．キシラジン：0.44～1mg/kg IM、SC。ヨヒンビン0.1mg/kgのIM、SC投与、緩徐IV投与により拮抗可能。
      Ⅱ．メデトミジン：10μg/kg IM。アチパメゾール（Antisedan®）25μg/kgのIM投与により拮抗可能。

Ⅲ. 猫に過酸化水素水を投与するのは非常に困難であり、現在では推奨されていない。

C. 活性炭：2〜5g/kg PO。ソルビトールを併用する。

3. 入院下にて、対症療法とモニターを行う。
4. IVカテーテルを留置し、調整電解質晶質液（LRS、ノーモソル®-R、プラズマライト®など）のIV輸液を行う。
5. 心電図による不整脈のモニタリング。
6. 血圧のモニタリング。
7. 徐脈を認める場合は、アトロピン0.02〜0.04mg/kgをIV投与する。
8. IV輸液を行っても低血圧が持続する場合は、昇圧薬（ドパミン、ノルエピネフリンなど）を投与する。
9. 発作を認める場合は、ジアゼパムなどの抗痙攣薬を投与する。
10. 嘔吐が持続したり、重篤である場合は、制吐薬を投与する。
11. 胃粘膜保護薬を投与する。

カランコエ

有毒物質

有毒物質は、強心配糖体、ヘレブリゲニン3-アセタート、その他2種の心毒性ブファジェノリドである。

作用機序

強心配糖体は、筋細胞のナトリウム-カリウムATPaseを阻害する。これにより、カリウムは細胞外へ漏出し、カルシウムとナトリウムは細胞内にとどまる。

中毒源

有毒化合物はカランコエの全部位に存在するが、花に最も高濃度に含まれる。

カランコエ全品種が毒性を有すると考えられているが、毒性強度は品種によって異なる。

中毒量

不明である。

診断

ヒストリー——植物に噛み跡があった、食べている現場を目撃したなど。

臨床徴候——有毒物質により、消化管、心血管系、神経筋系に異常をきたす。急性徴候は、食欲不振、流涎過多、多尿、抑うつ、下痢など。心異常（徐脈、AVブロック）および呼吸困難は、経口摂取から1〜2日後に発現することがある。頸部の筋力は著明に低下する。脱力から始まり、4〜5日間以内に不全麻痺、運動失調、麻痺、虚脱、そして死へと進行することがある。重症例では、数時間以内に死亡することもある。

臨床検査——生化学検査にて、高血糖、血中二酸化炭素濃度上昇、中等度腎障

害や脱水によるBUNおよびクレアチニン値上昇など。

予後

予後は、摂取量によって異なる。

治療

1．飼育者に、診断、予後、治療費について説明する。
2．曝露から4時間以内に来院した場合は、催吐処置または胃洗浄による除染、活性炭、塩類瀉下剤または浸透圧性瀉下剤の投与を行う。
   A．犬の催吐処置
      Ⅰ．アポモルヒネ：0.02～0.04mg/kg IV、IM。または1.5～6mgを溶解し、結膜嚢に点入する。アポモルヒネを眼内投与した場合は、催吐後に生理食塩水で十分に眼洗浄を行うこと。アポモルヒネにより過剰な鎮静作用が生じた場合は、ナロキソン0.01～0.04mg/kgのIV、IM、SC投与により拮抗可能である。ナロキソンは、鎮静作用に拮抗するが、催吐作用には拮抗しない。
      Ⅱ．3%過酸化水素水：1～5mL/kg PO。最大用量はテーブルスプーン3杯（45mL）。10分以内に嘔吐しない場合は、0.5mL/kgをPOで1回のみ再投与する。
   B．猫の催吐処置
      Ⅰ．キシラジン：0.44～1mg/kg IM、SC。ヨヒンビン0.1mg/kgのIM、SC投与、緩徐IV投与により拮抗可能。
      Ⅱ．メデトミジン：10μg/kg IM。アチパメゾール（Antisedan®）25μg/kgのIM投与により拮抗可能。
      Ⅲ．猫に過酸化水素水を投与するのは非常に困難であり、現在では推奨されていない。
   C．活性炭：2～5g/kg PO。ソルビトールを併用する。活性炭はq4～6hで反復投与する。瀉下剤は単回投与する。
3．入院下にて、対症療法とモニターを行う。
4．IVカテーテルを留置し、調整電解質晶質液（LRS、ノーモソル®-R、プラズマライト®など）のIV輸液を行う。
5．心電図により心調律をモニターし、異常がある場合は治療する。

セイヨウキョウチクトウ

有毒物質

セイヨウキョウチクトウの有毒物質は、配糖体カルデノライドと呼ばれるステロイド強心配糖体である。ステロイド強心配糖体には、オレアンドリン、ネリンなどがあり、これらはジギタリスに類似した構造を有する。

作用機序

配糖体カルデノライドは、酵素の構造変化を引き起こすことでナトリウム-リン-ATPaseを遮断する。これにより、リンは細胞外に流出し、ナトリウムの能動輸送が阻害される。

中毒源

セイヨウキョウチクトウは、アジアや地中海地域原産で、北アメリカの温暖地域にも生息する。犬猫は、生または乾燥したものを経口摂取する。セイヨウキョウチクトウは、不味いといわれているが、動物が空腹であったり、暇をもてあましている場合に摂食することがある。部位によって含有されるカルデノライドは異なるが、どの部位を摂取しても、臨床徴候が発現する。セイヨウキョウチクトウの葉が浮かんだ水を飲むだけでも、症状を呈することがある。

中毒量

不明である。

診断

ヒストリー――植物に噛み跡があった、食べている現場を目撃したなど。

臨床徴候――散瞳、粘膜蒼白、弱脈、不整脈、流涎過多、嘔吐・下痢（時に血液混じる）、CNS抑制、筋振戦、虚脱、昏睡。心異常として、徐脈、頻脈、AVブロック、交感神経緊張亢進に伴う各種の不整脈が生じ、洞性心停止を惹起する。

臨床検査――高カリウム血症が一般的。胃内容物や他の体液から、オレアンドリンが検出されれば、確定診断となる。

予後

予後は、摂取量によって異なる。

治療

1．飼育者に、診断、予後、治療費について説明する。
2．摂取から4時間以内に来院した場合は、催吐処置と活性炭投与を行う。活性炭は、ソルビトールとともに投与する。
   A．犬の催吐処置
      Ⅰ．アポモルヒネ：0.02～0.04mg/kg IV、IM。または1.5～6mgを溶解し、結膜嚢に点入する。アポモルヒネを眼内投与した場合は、催吐後に生理食塩水で十分に眼洗浄を行うこと。アポモルヒネにより過剰な鎮静作用が生じた場合は、ナロキソン0.01～0.04mg/kgのIV、IM、SC投与により拮抗可能である。ナロキソンは、鎮静作用に拮抗するが、催吐作用には拮抗しない。
      Ⅱ．3%過酸化水素水：1～5mL/kg PO。最大用量はテーブルスプーン3杯（45mL）。10分以内に嘔吐しない場合は、0.5mL/kgをPOで1回のみ再投与する。
   B．猫の催吐処置
      Ⅰ．キシラジン：0.44～1mg/kg IM、SC。ヨヒンビン0.1mg/kgのIM、SC投与、緩徐IV投与により拮抗可能。

Ⅱ．メデトミジン：10μg/kg IM。アチパメゾール（Antisedan®）25μg/kgのIM投与により拮抗可能。

Ⅲ．猫に過酸化水素水を投与するのは非常に困難であり、現在では推奨されていない。

C．大量の葉を経口摂取した場合、最も迅速かつ確実な除染法は、胃切開にて胃内容物を除去することである。

D．活性炭：2～5g/kg PO。初回はソルビトールを併用する。活性炭はq4～6hで反復投与する。再投与時はソルビトールを併用しない。瀉下剤は単回投与する。

3．入院下にて、支持療法を行う。
4．IVカテーテルを留置し、調整電解質晶質液のIV輸液を行う。
5．心電図により心律動をモニターする。不整脈があれば、対症療法を行う。
6．ジゴキシン特異的抗体フラグメント（Digibind®）は、配糖体の心毒性作用に拮抗すると考えられる。
7．不整脈に対して、アトロピンまたはプロパノロールを適宜投与する。
8．高カリウム血症、低カリウム血症がある場合は、適切に治療する。

センダン

有毒物質

有毒物質は、メリアトキシンとして知られるテトラノルトリテルペンである。

作用機序

不明である。

中毒源

センダンは、アジア原産であるが、世界中の熱帯および温帯に生息している。花は芳香性に優れるため、庭木として人気がある。有毒物質は果実に含まれる。

中毒量

不明である。

診断

ヒストリー――植物に噛み跡があった、食べている現場を目撃したなど。

臨床徴候――犬では、数時間で中毒症状が発現し、消化管障害と中枢障害を呈する。主な徴候は、食欲不振、嘔吐、下痢、脱力、運動失調、麻痺、昏睡など。急性中毒症では死亡することもある。

治療の有無にかかわらず、摂取は致命的となる可能性がある。その場合、発症から36時間以内に死亡する。

臨床検査――罹患犬の死後剖検により、重度腎うっ血、中等度肝うっ血、漿液血液状腹水の中等度貯留など。

予後

果実の毒性、摂取量、臨床徴候の重篤度によって、予後は異なる。

治療

1. 飼育者に、診断、予後、治療費について説明する。
2. 果実の摂取直後に来院し、臨床徴候が発現していない場合は、催吐処置と活性炭投与による除染を行う。
   A. 犬の催吐処置
      Ⅰ. アポモルヒネ：0.02〜0.04mg/kg IV、IM。または1.5〜6mgを溶解し、結膜嚢に点入する。アポモルヒネを眼内投与した場合は、催吐後に生理食塩水で十分に眼洗浄を行うこと。アポモルヒネにより過剰な鎮静作用が生じた場合は、ナロキソン0.01〜0.04mg/kgのIV、IM、SC投与により拮抗可能である。ナロキソンは、鎮静作用に拮抗するが、催吐作用には拮抗しない。
      Ⅱ. 3％過酸化水素水：1〜5mL/kg PO。最大用量はテーブルスプーン3杯（45mL）。10分以内に嘔吐しない場合は、0.5mL/kgをPOで1回のみ再投与する。
   B. 猫の催吐処置
      Ⅰ. キシラジン：0.44〜1mg/kg IM、SC。ヨヒンビン0.1mg/kgのIM、SC投与、緩徐IV投与により拮抗可能。
      Ⅱ. メデトミジン：10µg/kg IM。アチパメゾール（Antisedan®）25µg/kgのIM投与により拮抗可能。
      Ⅲ. 猫に過酸化水素水を投与するのは非常に困難であり、現在では推奨されていない。
   C. 活性炭：2〜5g/kg PO。ソルビトールを併用する。
3. 入院下にて、対症療法とモニターを行う。
4. IVカテーテルを留置し、調整電解質晶質液（LRS、ノーモソル®-R、プラズマライト®など）のIV輸液を行う。
5. 必要に応じて、制吐薬を投与する。
6. 必要に応じて、胃粘膜保護薬を投与する。
7. 発作を認める場合は、ジアゼパムなどの抗痙攣薬を投与する。

ソテツ

有毒物質

中毒症を惹起する原因物質は、アゾキシ配糖体であるサイカシン、メチルアゾキシメタノール、神経毒性アミン酸（*β*-*N*-メチルアミノ-L-アラニン）および未同定高分子量化合物と考えられている。

作用機序

サイカシンの糖分子は、腸内細菌の酵素であるβグリコシダーゼによって加水分解され、糖とメチルアゾキシメタノールとなる。メチルアゾキシメタノールはDNAやRNAをアルキル化し、肝毒性、催奇形性、発癌性、消化管作用を発現する。

中毒源

有毒物質は、ソテツの全部位に含まれるが、種子の含有濃度が最も高い。

中毒量

平均的な体格の犬では、1～2個の種子の経口摂取で致命的となる。

診断

ヒストリー——植物に噛み跡があった、食べている現場を目撃したなど。

臨床徴候——臨床徴候は、摂取後24時間以内に生じる。主な徴候は、流涎過多、嘔吐、下痢または便秘、吐血、血便、メレナ、腹部痛など。2～4日間以内に発症する徴候として、黄疸、腹水、斑状出血、脱力、運動失調、意識鈍麻、発作、昏睡、死。

臨床検査——生化学検査にて、抱合型ビリルビン、ALT、APL、クレアチニン値上昇。時に、BUN値上昇。低蛋白血症は一般的。CBCにて、白血球数増加、血小板数低下。プロトロンビン時間延長、プロトロンボプラスチン時間延長。尿検査にて、尿糖、ビリルビン尿、血尿。

鑑別診断

キシリトール、抗凝固性殺鼠剤、毒キノコ、その他肝毒の摂取。

予後

予後は、要注意～不良である。致死率は最大33%である。

治療

1. 飼育者に、診断、予後、治療費について説明する。
2. 経口摂取後、2時間以内に来院し、臨床徴候が未発症である場合は、催吐処置を行う。
3. 活性炭をソルビトールとともに投与する。
4. 入院下にて、治療とモニターを継続する。
5. IVカテーテルを留置し、症例の状態に合わせてIV輸液を行う。必要に応じて、カリウムや糖の補給を行う。
6. 肝保護薬投与
   A. *N*-アセチルコリン：50mg/kgを1時間かけてIV投与。*N*-アセチルコリン：0.9% NaCl＝1：4に希釈すること。2日間、q6hで反復投与する。
   B. SAMe：18～20mg/kg PO q24h
   C. シリビン：20～50mg/kg PO q24h
7. 必要に応じて、制吐薬投与。
8. 消化管粘膜保護薬投与
9. 全身支持療法を行う。
10. 肝不全により、肝性脳症が生じた場合は、ラクチュロースと抗生物質を投与する。

11. 凝固障害を呈する場合は、ビタミンK_1投与、血漿投与または全血輸血を行う。
12. 発作の制御には、ジアゼパムなどの抗痙攣薬を投与する。

ユリ

1. ユリ属（*Lilium* spp.）およびワスレグサ属（*Hemerocallis* spp.）は、猫に対して毒性を有し、腎不全を惹起する。
   有毒種には、スターゲイザーリリー（*Lilium* spp.）、タイガーリリー（*Lilium* spp.）、オニユリ（*L. hybridum*）、ルブルムリリー（*L. rubrum*）、テッポウユリ（*L. longiflorum*）、ワスレグサ（*Hemerocallis* spp.）などがある。
2. スパティフィラム（サトイモ科、*Spathiphyllum* spp.）、カラー（サトイモ科）、スズラン（*Convallaria majalis*）はユリではない。これらの植物も猫への毒性を有するが、腎不全は引き起こさない。しかし、これらの植物も猫が摂取しないように注意すべきである。
3. 有毒物質の詳細は不明である。
4. ユリは全部位が有毒であり、花粉や切花を生けた花瓶の水にも有毒物質を含む。

診断

臨床徴候――

1. 猫は、経口摂取から2〜4時間以内に抑うつや嘔吐を呈する。
2. その後、回復したように見えることがある。
3. 摂取からおよそ24〜72時間後、急激な容態悪化を認める。稟告によると、主要な初期徴候は嘔吐、元気消失、食欲廃絶などである。これらの徴候は、摂取から1〜5日間後に発現する。

臨床検査――

1. 生化学検査――BUN、クレアチニン値上昇、高リン血症、高カリウム血症。
2. 血清クレアチニン値の上昇幅は、BUN上昇に対して過度に大きい（クレアチニン値が44mg/dLに達した例が報告されている）。
3. 尿検査――摂取から18時間以内に上皮円柱、蛋白尿、尿糖。

鑑別診断

エチレングリコール中毒症、その他の急性腎毒症。

予後

臨床徴候が発現する前に来院し、積極的治療を行った場合は、予後は良好〜要注意である。臨床徴候を発現している場合は、予後は要注意〜不良である。

治療

1. 甚急的な除染を行う。
   A. 3%過酸化水素水：1.5mL/kg PO。自宅にて、飼育者による投与を指示する。
   B. キシラジン：0.44～1mg/kg IM、SC。ヨヒンビン0.1mg/kgのIM、SC投与、緩徐IV投与で拮抗可能。
   C. メデトミジン：10μg/kg IM。アチパメゾール（Antisedan®）25μg/kgのIM投与で拮抗可能。
2. 活性炭：1～3g/kg PO。+/－ソルビトールを併用する。活性炭は、6～8時間後に再投与する。この際、ソルビトールは併用しない。ソルビトールは単回投与。
3. 飼育者に、診断、予後、治療費について説明する。
4. 入院下にて、輸液療法とモニターを行う。
5. IVカテーテルを留置する。60時間、調整電解質晶質液（LRS、ノーモソル®-R、プラズマライト®など）のIV輸液を行う。
6. 体重は8時間ごとに測定する。
7. 意識レベル、呼吸数、呼吸様式、尿量をモニターする。
8. 48時間、IV輸液を行った後、BUN、クレアチニン値、電解質を再測定する。電解質は、必要に応じて補給する。
9. IV輸液を、さらに12～24時間継続する。
10. 再度、BUN、クレアチニン値、電解質を測定する。BUN、クレアチニン値が正常またはそれに近い場合は、以後12時間かけて輸液を漸減する。
11. 再度、BUN、クレアチニン値、電解質を測定する。異常があれば、輸液を継続する。正常であれば退院させる。
12. 可能であれば、24～48時間後にBUN、クレアチニン値を再測定する。これらの値が上昇している場合は、輸液を再開する。
13. 腎不全を呈している場合は、腹膜透析、血液透析、腎機能代替療法の継続、腎移植などが適応となる。

カラー

シュウ酸結晶の刺激による口内炎や咽頭炎が生じる。治療は支持療法である。

有毒物質

葉や茎に含まれるシュウ酸結晶は、接触性皮膚炎や口内炎を引き起こす。

中毒源

カラーは、ユリ属の植物ではない。ミズバショウ、ミズイモとも呼ばれ、アジア、ヨーロッパ、北アメリカの湿地帯原産の植物である。ガーデニングや室内装飾用植物として人気がある。

中毒量

不明である。

診断

ヒストリー――植物に噛み跡があった、食べている現場を目撃したなど。

臨床徴候――主な徴候は、流涎過多、口内炎、食欲不振、嘔吐など。眼への曝露では結膜炎。

予後

通常、徴候は限定的で、数日以内に改善するため、予後は良好である。

治療

1．飼育者に、診断、予後、治療費について説明する。
2．リドカイン、ジフェンヒドラミン、スクラルファートを混和し、口腔粘膜に塗布し、不快感を緩和する。
3．流涎過多が重度である場合は、脱水を引き起こす恐れがあるため、輸液を要する。
4．嘔吐が重度である場合は、制吐薬を投与する。

スズラン

1．心毒性配糖体を有する植物の中でも、スズランの毒性は極めて強力である。
2．スズランに含まれる心毒性配糖体は、コンバラリン、コンバラマリン、コンバラトキシンなどである。
3．これらの有毒物質は、ナトリウム-リン-ATPaseポンプを可逆的に阻害し、心収縮性の強化、伝導遅延を伴う心自動能増加、AVブロック（部分・完全）、遅延後脱分極（DAD）、徐脈性不整脈、心室性期外収縮、頻脈性不整脈などを引き起こす。

診断

臨床徴候――発現頻度の高い徴候は、嘔吐、元気消失、不整脈。

鑑別診断

ジギタリス摂取、ヒキガエル中毒症、心毒性配糖体を含む植物（キツネノテブクロ、セイヨウキョウチクトウ、バシクルモン、カランコエなど）の摂取。

治療

1．飼育者に、診断、予後、治療費について説明する。
2．来院時に徴候が未発現である場合は、催吐処置と活性炭投与による除染を試みる。
   A．犬の催吐処置
      Ⅰ．アポモルヒネ：0.02～0.04mg/kg IV、IM。または1.5～6mgを溶解し、結膜嚢に点入する。アポモルヒネを眼内投与した場合は、催吐後に生理食塩水で十分に眼洗浄を行うこと。アポモルヒネにより過剰な鎮静作用が生じた場合は、ナロキソン0.01～0.04mg/kgのIV、IM、SC投与により拮抗可能である。ナロキソンは、鎮静作用に拮抗するが、催吐作用には拮抗しない。

Ⅱ．3％過酸化水素水：1～5mL/kg PO。最大用量はテーブルスプーン3杯（45mL）。10分以内に嘔吐しない場合は、0.5mL/kgをPOで1回のみ再投与する。

Ⅲ．活性炭：1～5g/kg PO、単回投与する。ソルビトールを併用する。

B．猫の催吐処置

Ⅰ．キシラジン：0.44～1mg/kg IM、SC。ヨヒンビン0.1mg/kgのIM、SC投与、緩徐IV投与により拮抗可能。

Ⅱ．メデトミジン：10μg/kg IM。アチパメゾール（Antisedan®）25μg/kgのIM投与により拮抗可能。

Ⅲ．猫に過酸化水素水を投与するのは非常に困難であり、現在では推奨されていない。

3．心電図モニタリング

A．徐脈がある場合は、アトロピンを投与する。過剰な交感神経性頻脈を認める場合は、プロパノロールを投与する。

B．必要に応じて、経胸壁ペーシングの実施を検討する。

4．羊由来ジゴキシンのFabフラグメント抗体（Digibind®）の投与を検討する。投与量は、必要に応じて38～76mg以上とする。

5．IVカテーテル留置。適切なIV輸液。

6．必要に応じて、制吐薬（マロピタント、ドラセトロンなど）投与。

ストリキニーネ

作用機序

ストリキニーネは、グリシンを可逆的、競合的に拮抗する。グリシンは、脊髄や脳に存在する抑制性神経伝達物質である。脊髄および骨髄の反射弓に存在するレンショウ細胞は、拮抗筋群の運動神経間の抑制作用を司る。レンショウ細胞はグリシンを放出し、ストリキニーネと拮抗する。これにより、拮抗筋群は非抑制性の同時収縮を生じ、筋損傷、高体温、横紋筋融解を引き起こす。軽度～重度筋攣縮が生じる。伸筋群の支配を受ける四肢および体躯では、重度過伸展を認める。その後、全身性テタヌス様痙攣が生じる。呼吸筋不全が生じると、死に至る。

中毒源

ストリキニーネは、害獣（コヨーテ、ジネズミ、モグラ、ラット、ジリスなど）の駆除剤として使用される。

中毒量

犬の経口LD_{50}：0.5～1.2mg/kg

猫の経口LD_{50}：2mg/kg

診断

ヒストリー——曝露歴、放浪歴がある。

臨床徴候——致死量のストリキニーネの摂取から、通常15分～2時間以内に臨床徴候が発現する。主な徴候は、不安行動、不穏状態、強直性間代性発作、過度の筋硬直、触覚・嗅覚の知覚過敏など。伸筋の強直を伴う、「木馬様姿勢」に似た姿勢を呈する。痙笑は、顔面筋の収縮による。呼吸困難、無呼吸、呼吸不全をきたし、死に至ることがある。胃内容物に、ターコイズブルーに着色されたモロコシや鳥餌を認めることがある。

臨床検査——

1. 胃内容物または尿解析により、毒物が検出された場合は確定診断となる。
2. 代謝性アシドーシスの可能性。
3. クレアチニンホスホリパーゼ値上昇
4. ミオグロビン尿

鑑別診断

塩素化炭化水素中毒症、メタアルデヒド中毒症、有機リン中毒症、カルバメート中毒症、ペントレムA中毒症、フッ化アセテートナトリウム（1080）中毒症、破傷風毒素、リン化亜鉛中毒症、各種発作性疾患。

予後

予後は、要注意～良好である。

治療

1. 飼育者に、診断、予後、治療費について説明する。
2. 気道確保。必要に応じて挿管。
3. 酸素補給。必要に応じて人工換気。
4. IVカテーテル留置。調整電解質晶質液のIV輸液により、灌流維持、水和を図る。
5. 必要に応じて、ジアゼパム、フェノバルビタール、ペントバルビタールのいずれかを用いて、発作や活動過多を制御する。
   A. ジアゼパム：0.5～1mg/kg IV。効果発現まで5～20mgずつ分割投与。
   B. フェノバルビタール
      犬：2～4mg/kg IV
      猫：1～2mg/kg IV
   C. ペントバルビタール：2～30mg/kg IV。効果発現まで緩徐に投与。
   D. 必要に応じて、吸入麻酔を使用する。発作の制御は不可欠である。
6. 経口摂取から2時間以内である場合は、除染が有効である。患者の意識が正常で、発作やその他の臨床徴候を認めない場合は、催吐処置を行う。これらの条件に合わない場合は、胃洗浄を行う。
   A. 犬の催吐処置
      I. アポモルヒネ：0.02～0.04mg/kg IV、IM。または1.5～6mgを溶

解し、結膜嚢に点入する。アポモルヒネを眼内投与した場合は、催吐後に生理食塩水で十分に眼洗浄を行うこと。アポモルヒネにより過剰な鎮静作用が生じた場合は、ナロキソン0.01～0.04mg/kgのIV、IM、SC投与により拮抗可能である。ナロキソンは、鎮静作用に拮抗するが、催吐作用には拮抗しない。

Ⅱ．3%過酸化水素水：1～5mL/kg PO。最大用量はテーブルスプーン3杯（45mL）。10分以内に嘔吐しない場合は、0.5mL/kgをPOで1回のみ再投与する。

B．猫の催吐処置

Ⅰ．キシラジン：0.44～1mg/kg IM、SC。ヨヒンビン0.1mg/kgのIM、SC投与、緩徐なIV投与により拮抗可能。

Ⅱ．メデトミジン：10μg/kg IM。アチパメゾール（Antisedan®）25μg/kgのIM投与により拮抗可能。

Ⅲ．猫に過酸化水素水を投与するのは非常に困難であり、現在では推奨されていない。

C．胃洗浄

Ⅰ．軽麻酔を施す。

Ⅱ．麻酔中は酸素補給とIV輸液を行う。

Ⅲ．必要に応じて、適切な麻酔薬を投与し、麻酔を維持する。

Ⅳ．気管内チューブを挿管し、カフを拡張させる。

Ⅴ．患者を横臥位に保定する。

Ⅵ．胃チューブを患者の体側に当て、鼻吻から最後肋骨までの距離に合わせて胃チューブに印を付ける。

Ⅶ．胃チューブの先端に水溶性ゼリーを塗布し、胃内へ優しく挿入する。印を付けた位置を超えてチューブを挿入しないよう注意する。

Ⅷ．状況によっては、チューブを2本使用する（小径：流入用、大径：排出用）。

Ⅸ．体温程度に加温した水道水をチューブ（2本使用時は流入用チューブ）から流入させ、胃を中程度に拡張させる。小型症例の場合は、電解質の変化を避けるため、生理食塩水を用いる。

Ⅹ．洗浄液には、過マンガン酸カリウム溶液（1：5,000）またはタンニン酸溶液を用いるとよい。

XI．液体をチューブ（2本使用時は排出用チューブ）から排出させる。

XII．胃洗浄液、中毒誘起が疑われる異物や種子などは、毒性検査用に保存する。

XIII．胃洗浄液が連続的に排出されない場合は、チューブの位置を変えたり、液体やエアでフラッシュするなどして調整を行う。

XIV．患者の体位を反転させ、胃洗浄を続ける。

XV．排出液が透明になるまで胃洗浄を続ける。

XVI．チューブを2本使用している場合は、1本のチューブの端をクランプで閉じてから抜去する。

XVII．胃チューブから活性炭を投与する。

XVIII. もう1本のチューブも、端をクランプで閉じてから抜去する。

XIX. 麻酔からの覚醒をモニターし、喉頭反射が回復するまでカフを拡張させたまま気管チューブを留置しておく。

D. 活性炭：2〜5g/kg PO。初回はソルビトールを併用する。活性炭は3〜4時間ごとに反復投与する。ソルビトール（瀉下剤）は単回投与する。この頻度で反復投与する場合は、高ナトリウム血症および高浸透圧が生じる恐れがあるため、血清ナトリウム濃度をモニターする。

7. 入院下にて、対症療法および支持療法を行う。通常、48〜72時間の入院が必要。
8. 高体温がある場合は、対症治療を行う。
9. 腎機能、電解質、血液ガスをモニターする。
10. 代謝性アシドーシスを認めない場合は、塩化アンモニウムを投与して尿の酸性化を行い、毒物の尿中排泄を促進するとよい。
11. 筋弛緩薬投与。
    A. グリセリルグアヤコール——必要に応じて110mg/kgを投与する。
    B. メトカルバモール——初回は150mg/kg、以後は必要に応じて90mg/kgを投与する。
12. 呼吸機能を厳重にモニターし、必要に応じて適切な補助を行う。
    A. 酸素補給を要することがある。
    B. 人工換気を要する症例もある。
13. 酸塩基不均衡があれば加療する。
14. 騒音や光線による刺激を避ける。鎮静を施し、静かで薄暗い場所で休ませる。
15. ケタミン、モルヒネは投与禁忌である。

セロトニン症候群

有毒物質

セロトニンは、中枢における神経伝達物質で、平滑筋機能調節や血小板凝固促進を担う。

作用機序

様々な化合物があり、それぞれ異なる作用機序を有するが、いずれも最終的には神経筋結合部のセロトニン濃度を上昇させる。

1. L-トリプトファンは、セロトニン合成を促進する。
2. 選択的セロトニン再取り込み阻害薬（SSRI）は、セロトニン再取り込みを阻害する。
3. モノアミンオキシダーゼ阻害薬（MAOI）は、セロトニン放出を亢進させるとともに、セロトニン代謝を阻害する。
4. アンフェタミン類およびコカインは、セロトニン放出を亢進させるとともに、セロトニン再取り込みを阻害する。
5. リセルグ酸ジエチルアミド（LSD）およびブスピロンは、セロトニン作動薬として作用する。

中毒源

多くの薬剤や化合物がセロトニン、ノルエピネフリン、ドパミン再取り込みを阻害する。

- 選択的セロトニン再取り込み阻害薬（SSRI）
- モノアミンオキシダーゼ阻害薬（MAOI）
- 三環系抗うつ薬（TCA）
- リゼルグ酸ジエチルアミド（LSD）
- デキストロメトルファン
- L-トリプトファン
- ブスピロン
- アンフェタミン類
- コカイン
- セイヨウオトギリソウ

中毒量

中毒量は、個々の毒物によって異なる。

診断

ヒストリー——一般に、曝露歴、臨床徴候に基づく強い疑い、SSRIs製剤への接触など。

臨床徴候——臨床徴候は、一般に摂取から1～8時間後に発現するが、徐放性製剤では発現が遅延することがある。主な臨床徴候は、散瞳、嘔吐、呼吸速拍、頻脈、運動失調、興奮などである。本薬剤の中毒症にて認められる徴候は、「セロトニン症候群」と呼ばれ、運動失調、見当識障害、知覚過敏、振戦、発作、脱力、沈うつ、盲目、流涎過多、啼鳴、腹部痛、高体温、嘔吐、下痢、腹囲膨満、頻脈、昏睡、死を呈する。

臨床検査——特異的な異常を示さない。

予後

治療により、予後は一般に良好である。

治療

1. 飼育者に、診断、予後、治療費について説明する。
2. 曝露から4時間以内に来院した場合は、催吐による除染を試み、続いて活性炭を投与する。
   A. 犬の催吐処置
      I. アポモルヒネ：0.02～0.04mg/kg IV、IM。または1.5～6mgを溶解し、結膜嚢に点入する。アポモルヒネを眼内投与した場合は、催吐後に生理食塩水で十分に眼洗浄を行うこと。アポモルヒネにより過剰な鎮静作用が生じた場合は、ナロキソン0.01～0.04mg/

kgのIV、IM、SC投与により拮抗可能である。ナロキソンは、鎮静作用に拮抗するが、催吐作用には拮抗しない。

II. 3%過酸化水素水：1〜5mL/kg PO。最大用量はテーブルスプーン3杯（45mL）。10分以内に嘔吐しない場合は、0.5mL/kgをPOで1回のみ再投与する。

B. 猫の催吐処置

I. キシラジン：0.44〜1mg/kg IM、SC。ヨヒンビン0.1mg/kgのIM、SC投与、緩徐IV投与により拮抗可能。

II. メデトミジン：10μg/kg IM。アチパメゾール（Antisedan®）25μg/kgのIM投与により拮抗可能。

III. 猫に過酸化水素水を投与するのは非常に困難であり、現在では推奨されていない。

C. 活性炭：2〜5g/kg PO。初回はソルビトールを併用する。以後は、活性炭1〜2g/kgを単独で3〜4時間ごとに反復投与する。ソルビトール（瀉下剤）の併用は単回とする。

3. 治療は、対症療法および支持療法である。
4. 入院下にて管理する。
5. IVカテーテル留置。調整電解質晶質液のIV輸液を行う。
6. 体温調整機能に異常を認めることがあるため、状態に応じて加温または冷却処置を行う。
7. 興奮の制御には、アセプロマジンまたはクロルプロマジンを用いるとよい。
8. 発作を呈する場合は、ジアゼパムまたはバルビツレートを投与する。
9. 必要に応じて、シプロヘプタジンをq4〜6hでPO、経直腸投与する。

A. 犬：1.1mg/kg

B. 猫：2〜4mg/頭

10. 血圧および心拍をモニターする。プロパノロールは、限定的なセロトニン遮断効果を有するが、投与を要することはまれである。

炭化水素

ガソリン

臨床徴候――主に流涎過多、嘔吐、下痢、不整脈、低体温症または高体温症、抑うつ、知覚過敏、運動失調、痙攣発作、昏睡。眼への曝露では、流涙、角膜炎、角膜浮腫、光線過敏など。

治療

1. 飼育者に、診断、予後、治療費について説明する。
2. 支持療法を行う。
3. 経皮的曝露があった場合は、低刺激洗剤で洗浄する。
4. 酸素補給。
5. 催吐処置は、通常禁忌である。

ケロシン

ケロシンは、経皮的または消化管から吸収される。

臨床徴候――主に流涎過多、嘔吐、下痢、呼吸困難、運動失調、振戦、痙攣発作、昏睡。ケロシンは、心毒性および神経毒性を有する。

治療

1. 飼育者に、診断、予後、治療費について説明する。
2. 催吐および胃洗浄は禁忌である。
3. 胸部X線検査を行う。
4. 心機能をモニターする。
5. ベースライン（治療前）の肝酵素値およびCBC測定を行う。
6. 低酸素症を呈していたり、昏睡状態にある場合は、酸素補給を行う。
7. 経皮的曝露があった場合は、低刺激洗剤で洗浄する。
8. 短時間作用型コルチコステロイド投与を行ってもよい。
9. 最低24時間は入院させる。

チョコレート、カフェイン

作用様式

メチルキサンチン中毒症は、サイクリックAMPやカテコールアミンの増加、細胞のアデノシン受容体の競合的拮抗、カルシウムの細胞内流入の増加による筋収縮増大によって発症する。主なメチルキサンチン類は、カフェイン、テオブロミン、テオフィリンなどである。

中毒源

メチルキサンチン類は、カフェイン入りの炭酸飲料、精神刺激薬、コーヒー、茶、チョコレートに含まれる。チョコレートに含まれる有害成分はテオブロミンである（表14-1）。

表14-2は、一般的な食品におけるカフェイン含有量を示す。

中毒量（表14-2、表14-3）

中毒症状は、カフェインまたはテオブロミン15～20mg/kgの摂取により発症する。50mg/kg以上を摂取すると、心毒性を引き起こす。痙攣発作は60mg/kg以上を摂取した症例に認められる。カフェインとテオブロミンのLD_{50}は、100～200mg/kgである。ミルクチョコレートのメチルキサンチンの含有量は1.3～1.7mg/g、セミスイートチョコレートまたはダークチョコレートは3.7～5.2mg/g、無糖チョコレート（製菓用）は12.3～12.8mg/gである。

診断

ヒストリー――メチルキサンチン類への曝露歴がある。

臨床徴候――嘔吐、下痢、過活動、不安行動、多尿、運動失調、筋痙攣、頻脈、徐脈、不整脈、高体温、痙攣、昏睡、死。通常、臨床徴候は摂取から1～

表14-1　テオブロミンの含有量（mg/g）

ホワイトチョコレート	0.0088～0.1058
ミルクチョコレート	1.55～2.12
ダークチョコレート	4.76～5.29
無糖チョコレート	13.76～15.87
ココアパウダー	14.11～26.00
カカオ豆	10.58～52.91
カカオ豆外皮	5.29～8.99
カカオマルチ（耕地の被覆資材）	1.98～31.75

表14-2　食品のカフェインの含有量

食品	含有量
チョコレート	0.06～1.1mg/kg
茶	20～90mg/カップ（135～608mg/L）
コーラ	40～60mg/グラス（169～253mg/L）
コーヒー	
ノンカフェイン	2～4mg/カップ（13～27mg/L）
インスタント	30～90mg/カップ（200～600mg/L）
ドリップ	80～85mg/カップ（540～574mg/L）
Excedrin®	65mg/錠
Red Bull®	80mg/ボトル（324mg/L）
精神刺激薬（市販薬）	200mg/錠
コーヒー豆	8～16mg/kg

表14-3　チョコレート*およびテオブロミンの危険摂取量

犬の体重	チョコレートの量	チョコレートチップの量	無糖チョコレートの量	テオブロミンの概量
(kg)	(kg)	(kg)	(kg)	(mg)
2.3	0.06	0.04	0.02	46
4.5	0.1	0.09	0.04	90
9.1	0.3	0.2	0.07	180
13.6	0.8	0.3	0.09	272
18.1	1.1	0.4	0.1	363
22.7	1.4	0.5	0.15	454
27.2	1.7	0.6	0.2	545
34.0	2.2	0.7	0.25	682

*警告：上記は概量である。チョコレートに対する感受性には個体差がある。中毒量に近い量を摂取した場合や腎疾患または癲癇の病歴を有する動物が臨床徴候を示した場合は精査が推奨される。Nestle®ミルクチョコレートは約0.64mg/g、Hershey®は約0.27mg/gのカフェインを含有している。カフェインは、チョコレート中毒症による臨床徴候を増悪させると考えられる。

4時間後に発現する。二次性膵炎の報告もある。消化管閉塞（包装紙ごと誤食した場合やチョコレートが大きな塊状になった場合）。

心電図――頻脈、心室性律動異常、徐脈。

鑑別診断

アンフェタミン中毒症、抗ヒスタミン薬・充血緩和薬中毒症、コカイン中毒症。

予後

通常は、入院下での積極的な治療により回復する。メチルキサンチン類の大量摂取・吸収が生じた場合は、時に致命的となる。

治療

メチルキサンチン類に対する特異的な解毒薬は存在しない。

1．飼育者に、診断、予後、治療費について説明する。
2．気道確保。必要に応じて挿管。
3．酸素補給。必要に応じて人工換気。
4．IVカテーテル留置。調整電解質晶質液のIV輸液により、灌流維持、水和、利尿を図る。
5．さらなる吸収の防止。
  A．犬の催吐処置
    Ⅰ．アポモルヒネ：0.02～0.04mg/kg IV、IM。または1.5～6mgを溶解し、結膜嚢に点入する。アポモルヒネを眼内投与した場合は、催吐後に生理食塩水で十分に眼洗浄を行うこと。アポモルヒネにより過剰な鎮静作用が生じた場合は、ナロキソン0.01～0.04mg/kg IV、IM、SCにより拮抗可能である。ナロキソンは、鎮静作用に拮抗するが、催吐作用には拮抗しない。
    Ⅱ．3％過酸化水素水：1～5mL/kg PO。最大用量はテーブルスプーン3杯（45mL）。10分以内に嘔吐しない場合は、0.5mL/kgをPOで1回のみ再投与する。
  B．猫の催吐処置
    Ⅰ．キシラジン：0.44～1mg/kg IM、SC。ヨヒンビン0.1mg/kgのIM、SC投与、緩徐IV投与により拮抗可能。
    Ⅱ．メデトミジン：10µg/kg IM。アチパメゾール（Antisedan®）25µg/kgのIM投与により拮抗可能。
    Ⅲ．猫に過酸化水素水を投与するのは非常に困難であり、現在では推奨されていない。
  C．胃洗浄――曝露からの経過が4時間以内で、臨床徴候が重篤でない場合は、胃洗浄を行う。加温した水または重炭酸ナトリウム溶液を使用する。嘔吐や下痢が重篤な場合は、消化管穿孔の危険性が増加するため、胃洗浄は禁忌である。
    Ⅰ．軽麻酔を施す。

Ⅱ. 麻酔中は酸素補給とIV輸液を行う。
Ⅲ. 必要に応じて、適切な麻酔薬を投与し、麻酔を維持する。
Ⅳ. 気管内チューブを挿管し、カフを拡張させる。
Ⅴ. 患者を横臥位に保定する。
Ⅵ. 胃チューブを患者の体側に当て、鼻吻から最後肋骨までの距離に合わせて胃チューブに印を付ける。
Ⅶ. 胃チューブの先端に水溶性ゼリーを塗布し、胃内へ優しく挿入する。印を付けた位置を超えてチューブを挿入しないよう注意する。
Ⅷ. 状況によっては、チューブを2本使用する（小径：流入用、大径：排出用）。
Ⅸ. 体温程度に加温した水道水をチューブ（2本使用時は流入用チューブ）から流入させ、胃を中程度に拡張させる。小型症例の場合は、電解質の変化を避けるため、生理食塩水を用いる。
Ⅹ. 液体をチューブ（2本使用時は排出用チューブ）から排出させる。
Ⅺ. 胃洗浄液、中毒誘起が疑われる異物や種子などは、毒性検査用に保存する。
Ⅻ. 胃洗浄液が連続的に排出されない場合は、チューブの位置を変えたり、液体やエアでフラッシュするなどして調整を行う。
XIII. 患者の体位を反転させ、胃洗浄を続ける。
XIV. 排出液が透明になるまで胃洗浄を続ける。
XV. チューブを2本使用している場合は、1本のチューブの端をクランプで閉じてから抜去する。
XVI. 胃チューブから活性炭を投与する。
XVII. もう1本のチューブも、端をクランプで閉じてから抜去する。
XVIII. 麻酔からの覚醒をモニターし、喉頭反射が回復するまでカフを拡張させたまま気管チューブを留置しておく。

D. 活性炭：1〜3g/kg。ソルビトール（瀉下剤）とともにPO、単回投与する。メチルキサンチン中毒症例では、摂取後36時間は活性炭をq3〜4hで反復投与する。ソルビトールの併用は、初回のみとする。

6. 症例によっては、鎮静を要する。
   A. ジアゼパム：0.5〜2.0mg/kg IV
   B. フェノバルビタール：2〜30mg/kg IV。効果発現まで緩徐に投与。
7. 循環器系機能（心電図、血圧、酸素飽和度、必要に応じて血液ガス）のモニタリング。
8. 尿からの再吸収を防止するため、尿道カテーテルを留置する。
9. エリスロマイシンおよびコルチコステロイドは、尿中へのメチルキサンチン排泄を阻害するため、投与禁忌である。
10. メチルキサンチンは半減期が長いため、長時間（72時間）の治療を要する。
11. インスリンはカフェインと拮抗するといわれており、カフェイン中毒症におけるインスリン投与の有効性が報告されている。
12. 消化器障害緩和を目的に、ラニチジン、ファモチジン、水酸化アルミニウム（Amphogel®、Dialume®）、炭酸アルミニウム（Basalgel®）などを投与する。

A．ラニチジン（Zantac®）
　犬：0.5〜2mg/kg IV、PO q8h
　猫：2.5mg/kg IV q12h

B．ファモチジン（Pepcid®）：0.5〜1mg/kg IV、PO q12〜24h

C．水酸化アルミニウム（Amphagel®）
　犬：10〜30mg/kg PO q8h
　猫：10〜30mL PO q12h

D．炭酸アルミニウム（Basalgel®）：10〜30mg/kg PO q8h

E．水酸化アルミニウム（Dialume®）：1/6〜1/4カプセルPO

鉄

作用機序

過剰に摂取された鉄は、胃や小腸の粘膜に腐食性に作用し、出血性胃腸炎、壊死、穿孔、腹膜炎などを引き起こす。また、ミトコンドリアの機能を阻害し、細胞呼吸を抑制するため、乳酸アシドーシスが生じる。自由鉄は、フリーラジカル産生を増加させるため、さらなる細胞損傷を引き起こす。

中毒源

バラ用肥料、複合ビタミン・ミネラルサプリメントなどがある。一般に、マルチビタミン1錠は10〜18mgの元素鉄を含む。

中毒量

バラ用肥料には、鉄含有量が5%のものが多い。9kgの犬であれば、小さじ1杯で中毒量となる。

元素鉄20〜60mg/kgを超えると中毒量となり、100mg/kgを超えると致死量となる。

診断

ヒストリー——曝露歴がある。

臨床徴候——摂取後6〜12時間経過するまで、臨床徴候が発現しないこともある。バラ用肥料の窒素成分は、嗜眠、抑うつ、胃腸障害、嘔吐、吐血、下痢（時に血様）などを引き起こす。肥料中の硝酸塩は、まれにメトヘモグロビン血症を引き起こす。リン、カリウム成分も胃腸障害を引き起こす。犬では、初期に回復することがある。

肝不全および腎不全は、12〜24時間以内、またはそれ以後に生じる。尿中の鉄により、尿の黒色変化を呈する。脱水、ショック、アシドーシス、乏尿、尿閉、振戦、昏睡、黄疸、溶血性貧血、ヘモグロビン血症、凝固障害、時に死を呈する。

鉄分の注射によるアナフィラキシー反応は、循環系虚脱や死をもたらすことがある。

臨床検査――
1. 血漿鉄濃度>350mg/dLである場合は、キレート療法の適応となる。
2. 尿は、鉄成分による変色とヘモグロビン尿により、極めて暗色を呈する。
3. 肝酵素値およびビリルビン値の上昇。
4. BUNおよびクレアチニン値の上昇を伴う高窒素血症。
5. 代謝性アシドーシス。
6. 脱水によるヘマトクリット値上昇。ただし、貧血や失血がある場合は、減少から正常を示す。

腹部X線検査――サプリメント錠剤や肥料の摂取による、放射線不透過性物質経口摂取パターン。

鑑別診断

砒素中毒症、ホウ酸中毒症、生ゴミ中毒症、キノコ中毒症、亜鉛中毒症など。

予後

予後は多様である。

治療

1. 飼育者に、診断、予後、治療費について説明する。
2. 気道確保。必要ならば挿管。
3. 酸素補給。必要ならば人工換気。
4. IVカテーテル留置。調整電解質晶質液のIV輸液により、灌流維持、水和、利尿を図る。
5. アナフィラキシーを呈する場合は、エピネフリンおよび抗ヒスタミン薬を投与する。
6. 摂取から4時間以内である場合は、除染が有効である。
   A. 飼育者から電話連絡を受けたら、生卵、牛乳、水などを与えて、催吐するように指示する。
   B. 皮膚曝露の場合は、ぬるま湯と石鹸で患者を入念に洗浄する。処置中は、ゴム手袋を含む防護衣を着用すること。患者を保温する。
   C. 犬の催吐処置
      I. アポモルヒネ:0.02~0.04mg/kg IV、IM。または1.5~6mgを溶解し、結膜嚢に点入する。アポモルヒネを眼内投与した場合は、催吐後に生理食塩水で十分に眼洗浄を行うこと。アポモルヒネにより過剰な鎮静作用が生じた場合は、ナロキソン0.01~0.04mg/kgのIV、IM、SC投与により拮抗可能である。ナロキソンは、鎮静作用に拮抗するが、催吐作用には拮抗しない。
      II. 3%過酸化水素水:1~5mL/kg PO。最大用量はテーブルスプーン3杯(45mL)。10分以内に嘔吐しない場合は、0.5mL/kgをPOで1回のみ再投与する。
   D. 猫の催吐処置

Ⅰ. キシラジン：0.44～1mg/kg IM、SC。ヨヒンビン0.1mg/kgのIM、SC投与、緩徐IV投与により拮抗可能。

Ⅱ. メデトミジン：10μg/kg IM。アチパメゾール（Antisedan®）25μg/kgのIM投与により拮抗可能。

Ⅲ. 猫に過酸化水素水を投与するのは非常に困難であり、現在では推奨されていない。

E. 過酸化マグネシウム（Milk of Magnesia®）：

犬：10～150mL PO q6～12h

猫：15～50mL PO q6～12h

F. 胃洗浄

Ⅰ. 軽麻酔を施す。

Ⅱ. 麻酔中は酸素補給とIV輸液を行う。

Ⅲ. 必要に応じて、適切な麻酔薬を投与し、麻酔を維持する。

Ⅳ. 気管内チューブを挿管し、カフを拡張させる。

Ⅴ. 患者を横臥位に保定する。

Ⅵ. 胃チューブを患者の体側に当て、鼻吻から最後肋骨までの距離に合わせて胃チューブに印を付ける。

Ⅶ. 胃チューブの先端に水溶性ゼリーを塗布し、胃内へ優しく挿入する。印を付けた位置を超えてチューブを挿入しないよう注意する。

Ⅷ. 状況によっては、チューブを2本使用する（小径：流入用、大径：排出用）。

Ⅸ. 体温程度に加温した水道水をチューブ（2本使用時は流入用チューブ）から流入させ、胃を中程度に拡張させる。小型症例の場合は、電解質の変化を避けるため、生理食塩水を用いる。

Ⅹ. 液体をチューブ（2本使用時は排出用チューブ）から排出させる。

Ⅺ. 胃洗浄液、中毒誘起が疑われる異物や種子などは、毒性検査用に保存する。

Ⅻ. 胃洗浄液が連続的に排出されない場合は、チューブの位置を変えたり、液体やエアでフラッシュするなどして調整を行う。

XⅢ. 患者の体位を反転させ、胃洗浄を続ける。

XⅣ. 排出液が透明になるまで胃洗浄を続ける。

XⅤ. チューブを2本使用している場合は、1本のチューブの端をクランプで閉じてから抜去する。

XⅥ. もう1本のチューブも、端をクランプで閉じてから抜去する。

XⅦ. 麻酔からの覚醒をモニターし、喉頭反射が回復するまでカフを拡張させたまま気管チューブを留置しておく。

G. **活性炭投与は無効である。**

H. 胃洗浄後、**過酸化マグネシウム（Milk of Magnesia®）を再投与する。**

犬：10～150mL PO q6～12h

猫：15～50mL PO q6～12h

7. デフェロキサミン（Desferal®）投与。Desferal®が入手できない場合は、EDTAナトリウムを投与する。

A．推奨投与量

Ⅰ．15mg/kg/時CRI

Ⅱ．40mg/kg IV q4～6h。緩徐に投与。

B．デフェロキサミンは、EDTAナトリウムよりも鉄吸着効果が高い。

C．デフェロキサミンをIV投与すると、低血圧が生じることがあるため、緩徐に投与を行う。

D．デフェロキサミンによるキレート作用により、患者の尿が赤色から赤褐色を呈する。

8．ビタミンC

A．鉄キレート効果の増強を目的に、アスコルビン酸（ビタミンC）をデフェロキサミンと同時に経口投与する。

B．**ビタミンCを単独投与すると、鉄吸収が促進されるため、必ずデフェロキサンミンを併用すること。**

9．血漿鉄濃度をモニターし、正常になるまで治療を継続する。治療は、2～3日間を要する。

電池

作用機序

丸形（ボタン型）電池は、誤食の恐れがある。全ての電池（単3電池、単4電池などのアルカリ電池を含む）は、中毒源になる可能性がある。動物が電池を噛み、漏液している場合は直ちに取り上げる。消化管液は、電解質に富むため、電池が食道壁細胞に接触した際に生じる電流によって組織損傷が惹起される。食道粘膜や胃粘膜における損傷の程度は、潰瘍から壊死、穿孔まで様々である。電池により閉塞が生じ、長時間滞留した場合は、損傷はさらに重篤化する。

電池は、水銀、亜鉛、ニッケル、リチウム、銀、カドミウムなど、有毒な重金属を含有している。水銀中毒症を生じた場合、キレート剤治療を要することがある。

診断

ヒストリー――電池や電池の入った機器の一部が囓られている、動物が電池や電池のパッケージを噛んでいたなど。

臨床徴候――流涎過多、悪心、舌・口腔粘膜・喉頭・咽頭部の紅斑や潰瘍、歯牙の黒色変化、嚥下動作の反復、消化管穿孔や溶血を示唆する各種徴候。腹部痛、腹腔内遊離水、食道瘻を呈することもある。

臨床検査――CBCにて、溶血性貧血、失血性貧血、感染、炎症。

画像診断――摂取後、直ちに腹部（電池が食道内にある場合は頸部および胸部）X線検査を行う。通常、翌日の診療時間まで待ってはならない。

予後

予後は、損傷の程度による。

治療

1. 飼育者に、診断、予後、治療費について説明する。
2. 各種電池の摂取が疑われる場合は、早急に診察を行う。
3. 電池が食道内にある場合は除去を試みる。内視鏡を用いるとよい。
4. 催吐処置や胃洗浄は行わない。
5. 活性炭の投与は推奨されない。
6. 10～15分ごとにぬるま湯で口腔内を洗浄し、毒物を希釈する。
7. ボタン型乾電池が胃腸内にあり、電池に何らかの損傷を認める場合は、漏液が生じる可能性があるため、除去が必要である（X線画像を入念に確認すること）。粘膜出血や消化管穿孔が疑われる場合も、電池の除去が必要である。

   内視鏡操作に熟練している場合は、胃内に滞留する電池の状態を確認し、内視鏡により安全に除去できるかを評価する。安全と判断した場合は、食道損傷を回避しつつ、電池を除去する。内視鏡初心者がこの処置を行うことは危険であり、一般の救急医（ER医）は行うべきではない。内視鏡による除去が困難な場合は、胃切開により異物除去を行う。
8. 誤食した乾電池が傷害を誘発していないと判断した場合は、腹部X線検査を反復し、消化管内での動きを確認する。排泄を促進するため、食物繊維、塩類下剤、浣腸などを使用してもよい。
9. 36時間以内に電池が排出されない場合は、早急な除去処置を要する。
10. X線検査を反復し、排出の遅延をモニターする。また、患者の状態悪化がないかをモニターする。
11. 電池に損傷がなく、患者が無症状であっても、外科的除去の選択を飼育者に提示する。
12. 消化管穿孔を示唆する臨床徴候には、食欲廃絶、頻呼吸、発熱、嘔吐、腹腔内出血、黒色便などがある。
13. 胃粘膜保護薬投与
    - A. ファモチジン（Pepcid®）：0.5～1mg/kg IV、PO q12～24h
    - B. ラニチジン（Zantac®）
      - Ⅰ. 犬：0.5～2mg/kg IV、PO q8h
      - Ⅱ. 猫：2.5mg/kg IV q12hまたは3.5mg/kg PO q12h
    - C. オメプラゾール（Prilosec®）
      - Ⅰ. 犬：0.5～1.5mg/kg PO q24h
      - Ⅱ. 猫：0.5～1mg/kg PO q24h
    - D. パントプラゾール：0.7～1mg/kg IV q24h
    - E. スクラルファート
      - Ⅰ. 犬：0.5～1g PO q8h。初回は、4倍量を用いてもよい。
      - Ⅱ. 猫：0.25g PO q8～12h
14. 水銀中毒症の徴候（運動失調、食欲廃絶、中枢神経系刺激など）を認める場合は、DMSA（ジメルカプトコハク酸）によるキレート剤治療を行う。
    - A. サクシマー（Chemet®、DMSA、ジメルカプトコハク酸）：10mg/kg PO q8h。10日間投与。

B. サクシマーは、新しいキレート剤で、従来のキレート剤よりも効果が高く、毒性は低いと考えられている。

毒キノコ

作用機序

摂取したキノコに含まれる毒素の種類により、作用機序は異なる。

- イボテン酸、インドール、ムシモールは、幻覚、活動過多、昏睡などの中枢神経障害を呈する。
- 一部のキノコは、自律神経系徴候（通常はムスカリン作用徴候）を惹起する毒素を含有する。
- ギロミトリンは、モノメチルヒドラジン（ロケット燃料として使用される）や、肝細胞毒性のある代謝産物へと加水分解される。
- 種によっては、アマニチン、ファロイジン、各種ポリペプチド複合体、シクロペプチド複合体を含有する。これらは細胞損傷および細胞死を惹起し、結果として心臓、肝臓、腎臓などの損傷や死を引き起こす。
- シビレタケ属（*Psilocybe* spp.）に含まれるサイロシビンやプシロシンは、幻覚、興奮、傾眠を引き起こす。

中毒源

キノコは、世界のほぼ全域で自生している。

主な毒キノコには、タマゴテングタケ（*Amantia phalloides*）、ドクツルタケ（*A.virosa*）、ベニテングタケ（*A.muscaria*）、ドクヤマドリ（*Boletus* venenatus.）、オオシロカラカサタケ（*Chlorophyllum molybdites*）、カヤタケ属（*Clitocybe* spp.）、フウセンタケ属（*Cortinarius* spp.）、ケコガサタケ属（*Galerina* spp.）、シャグマアミガサタケ属（*Gyromitra* spp.）、アセタケ属（*Inocybe* spp.）、ミナミシビレタケ（*Psilocybe* cubensis）などがある。

中毒量

テングタケ属（*Amantia* spp.）のキノコの傘は、1本分で小児の致死量となる。中毒量は、個々のキノコによって異なる。

診断

ヒストリー――曝露歴の聴取が可能な場合もある。

臨床徴候――通常、臨床徴候は摂取後6～8時間以内に生じる。主な徴候は、腹部痛、昏睡、沈うつ、播種性血管内凝固症候群（DIC）、幻覚、高体温、ムスカリン徴候（涙流、排尿、流涎、排便）、悪心、痙攣、嘔吐、循環系虚脱、急性肝不全、急性腎不全、死。

臨床検査――

1. 重度低血糖症
2. 脱水によるPCVおよびTP上昇
3. 肝酵素値上昇

4．BUN、クレアチニン値上昇
5．播種性血管内凝固症候群（DIC）を認める場合は、血小板減少症、PT・APTT・ACT延長。
6．血液ガス分析および電解質測定を行う。
7．冷蔵保存された胃内容物からキノコの胞子が検出されることがある。

鑑別診断

急性アレルギー反応、生ゴミ中毒症、ホウ酸中毒症、メチルキサンチン中毒症、有機リン殺虫剤中毒症、ピレトニン・ピレスロイド中毒症、レテノン中毒症、亜鉛中毒症など。

予後

予後は、摂取したキノコの種類や、有毒物質の作用、摂取量によって様々である。

治療

1．飼育者に、診断、予後、治療費について説明する。
2．気道確保。必要に応じて挿管。
3．酸素補給。必要に応じて人工換気。
4．IVカテーテル留置。調整電解質晶質液のIV輸液により、灌流維持、水和、利尿を図る。
5．必要に応じて、ジアゼパム、フェノバルビタール、ペントバルビタールのいずれかを用いて、発作や活動過多を制御する。
　A．ジアゼパム：0.5～1mg/kg IV。効果発現まで5～20mgずつ分割投与。
　B．フェノバルビタール
　　犬：2～4mg/kg IV
　　猫：1～2mg/kg IV
　C．ペントバルビタール：2～30mg/kg IV。効果発現まで緩徐に投与。
6．高体温がある場合は、対症療法を行う。
7．摂取後2時間以内に来院した場合は、除染が有効である。すでに嘔吐している場合を除き、催吐処置または胃洗浄を行う。
　A．犬の催吐処置
　　Ⅰ．アポモルヒネ：0.02～0.04mg/kg IV、IM。または1.5～6mgを溶解し、結膜嚢に点入する。アポモルヒネを眼内投与した場合は、催吐後に生理食塩水で十分に眼洗浄を行うこと。アポモルヒネにより過剰な鎮静作用が生じた場合は、ナロキソン0.01～0.04mg/kgのIV、IM、SC投与により拮抗可能である。ナロキソンは、鎮静作用に拮抗するが、催吐作用には拮抗しない。
　　Ⅱ．3%過酸化水素水：1～5mL/kg PO。最大用量はテーブルスプーン3杯（45mL）。10分以内に嘔吐しない場合は、0.5mL/kgをPOで1回のみ再投与する。

B. 猫の催吐処置

Ⅰ. キシラジン：0.44〜1mg/kg IM、SC。ヨヒンビン0.1mg/kgのIM、SC投与、緩徐Ⅳ投与により拮抗可能。

Ⅱ. メデトミジン：10µg/kg IM。アチパメゾール（Antisedan®）25µg/kgのIM投与により拮抗可能。

Ⅲ. 猫に過酸化水素水を投与するのは非常に困難であり、現在では推奨されていない。

C. 胃洗浄

Ⅰ. 軽麻酔を施す。

Ⅱ. 麻酔中は酸素補給とⅣ輸液を行う。

Ⅲ. 必要に応じて、適切な麻酔薬を投与し、麻酔を維持する。

Ⅳ. 気管内チューブを挿管し、カフを拡張させる。

Ⅴ. 患者を横臥位に保定する。

Ⅵ. 胃チューブを患者の体側に当て、鼻吻から最後肋骨までの距離に合わせて胃チューブに印を付ける。

Ⅶ. 胃チューブの先端に水溶性ゼリーを塗布し、胃内へ優しく挿入する。印を付けた位置を超えてチューブを挿入しないよう注意する。

Ⅷ. 状況によっては、チューブを2本使用する（小径：流入用、大径：排出用）。

Ⅸ. 体温程度に加温した水道水をチューブ（2本使用時は流入用チューブ）から流入させ、胃を中程度に拡張させる。小型症例の場合は、電解質の変化を避けるため、生理食塩水を用いる。

Ⅹ. 牛乳または重炭酸ナトリウムを用いた洗浄は、毒素の吸収を低下させる一助となる。

Ⅺ. 液体をチューブ（2本使用時は排出用チューブ）から排出させる。

Ⅻ. 胃洗浄液、中毒誘起が疑われる異物や種子などは、毒性検査用に保存する。

XIII. 胃洗浄液が連続的に排出されない場合は、チューブの位置を変えたり、液体やエアでフラッシュするなどして調整を行う。

XIV. 患者の体位を反転させ、胃洗浄を続ける。

XV. 排出液が透明になるまで胃洗浄を続ける。

XVI. チューブを2本使用している場合は、1本のチューブの端をクランプで閉じてから抜去する。

XVII. 胃チューブから活性炭を投与する。

XVIII. もう1本のチューブも、端をクランプで閉じてから抜去する。

XIX. 麻酔からの覚醒をモニターし、喉頭反射が回復するまでカフを拡張させたまま気管チューブを留置しておく。

D. 活性炭：2〜5g/kg PO。活性炭1gに水5mLを加え、スラリー状にして投与する。キノコ中毒症では、活性炭を4〜6時間ごとに反復投与する。塩類瀉下剤を単回投与する。

E. 浸透圧性瀉下剤または塩類瀉下剤を活性炭とともに投与する。マグネシウムを含有した瀉下剤は用いないこと。使用できる瀉下剤には、以下のものがある。

Ⅰ. ソルビトール（70%）：2g/kg（1～2mL/kg）PO

Ⅱ. 硫酸ナトリウム

猫：200mg/kg

犬：250～500mg/kg。

水5～10mL/kgと混和してPO投与する。

F. 腸洗浄の実施を検討する。

8. 入院下にて、対症療法および支持療法を行う。
9. 血糖値をモニターする。
10. 肝機能および腎機能をモニターする。
11. ラクツロースを投与し、小腸内のアンモニア濃度を低下させる。
12. 播種性血管内凝固症候群（DIC）に留意する。発現した場合は、個体の状況に合わせて、血漿または血小板投与を行うなど、積極的に治療する。
13. 肝機能障害または腎機能障害を呈する場合は、適切に治療する。肝保護剤を投与するとよい。

A. *N*-アセチルシステイン：50mg/kg。IV投与する際は、5%ブドウ糖溶液で5%に希釈し、15～30分間かけて緩徐に投与する。細菌フィルターや*N*-アセチルシステインの滅菌溶液がない場合は、経口投与すること。

B. SAM-e：18～20mg/kg PO q24h

C. シリマリン：20～50mg/kg PO q24h

14. 栄養サポートを行う。

生ゴミ

作用機序

細菌の死骸から放出されるエンテロトキシンにより、腸管運動性や腸粘膜透過性が変化し、CNS症状が発症する。複数のメカニズムと経路が関与し、最終的には重篤な致死的疾患、すなわち播種性血管内凝固症候群（DIC）、肺血栓塞栓症（PTE）、急性呼吸器不全症候群（ARDS）、全身性炎症反応症候群（SIRS）、多臓器不全症候群（MODS）を呈し、死に至ることもある。

ペニトレムAは神経毒であり、休止電位上昇、運動終板を超える部位での刺激伝達促進、脱分極時間延長などの作用により神経障害をきたす。脊髄においては、グリシンの作用を阻害することによりストリキニーネ様作用を発現する。

中毒源

犬では、腐肉、生ゴミ、腐敗した食品、堆肥の摂食が一般的である。食中毒に関与する主な原因微生物は、大腸菌、ブドウ球菌、*Streptococcus* spp.、*Salmonella* spp.、*Bacillus* spp.、*Clostridium perfringens*、*Clostridium botulinum*などである。

ペニトレムAはカビの生えたナッツ類（ピーナッツ、アーモンド、くるみなど)、穀物、その他の食品および生ゴミに含まれる。

中毒量

中毒量は不明である。

診断

ヒストリー——食中毒は温暖な季節と、祝祭日やその前後に頻発する。稟告には、動物がゴミ箱に入った、腐敗した食品を食べたなどがある。飼育者が腐敗した食物を食べさせても問題ないと誤解していて、そのような食品を給餌することもある。

臨床徴候——通常、臨床徴候は摂取後3時間以内に発現する。主な徴候は、嘔吐、下痢（時に血様）、脱水、発熱、エンドトキシンショック徴候など。主なエンドトキシンショック徴候には、沈うつ、低血圧、虚脱、CRTの短縮または延長、低体温または高体温、乏尿がある。

ボツリヌス中毒症の主な臨床徴候は、嘔吐、流涎過多、腹部痛、ドライアイ、後肢虚弱、屈筋反射・深部腱反射・咽頭反射・瞳孔反射の低下。

ペニトレムA中毒症の主な臨床徴候は、パンティング、不安行動、過流涎、協調失調、頭部・頸部から始まり全身に拡大する細かい筋振戦、緊張性痙攣（ストリキニーネ中毒症の徴候に類似)、高体温、測定過大、運動失調、強直性発作、痙攣、死亡。筋痙攣は外部刺激により悪化する（ストリキニーネ中毒症の徴候に類似)。

臨床検査——

1. CBC——初期には白血球減少症、好中球減少症を認める。その後、中毒性変化を伴った白血球増多症、好中球増多症、ヘマトクリット値上昇を認める。
2. DICを呈する場合は、血小板数が減少する。
3. 初期には高血糖を呈するが、その後、低血糖を呈する。
4. 敗血症により、肝酵素値上昇を認める。
5. 横紋筋融解症により急性腎不全を呈する。

鑑別診断

生ゴミ中毒症の徴候は、パルボウイルス性胃腸炎、消化管内異物閉塞、胃拡張・胃捻転、腸捻転、腸重積、腹膜炎、急性膵炎の徴候に類似する。

ボツリヌス症の徴候は、重症筋無力症、一酸化炭素中毒症、サンゴヘビ咬傷、藍藻中毒症、ドラッグ中毒症、多発性神経炎、狂犬病、脊髄外傷、脊髄疾患に類似する。

ペニトレムA中毒症の徴候は、ストリキニーネ中毒症、ホウ酸中毒症、キノコ中毒症、子癇に類似する。

予後

予後は、摂取物、臨床徴候、経過時間によって異なる。

治療

1．飼育者に、診断、予後、治療費について説明する。
2．気道確保。必要に応じて挿管。
3．酸素補給。必要に応じて人工換気。
4．IVカテーテル留置。調整電解質晶質液（ノーモソル®-R、LRSなど）のIV輸液により、灌流維持、水和、利尿を図る。
   A．ショックを呈する場合は、以下の用量で輸液を行う。
      Ⅰ．犬：90～100mL/kg（最初の1～2時間）
      Ⅱ．猫：45～60mL/kg（最初の1～2時間）
      Ⅲ．1～2時間後に循環系を再評価する。通常、この時点で流量を以下の値まで低下させ、状態が安定するまで持続する。
      犬：20～40mL/kg/時
      猫：20～30mL/kg/時
   B．膠質液――重篤なショック状態を呈する場合は、ヘタスターチまたはデキストラン70を20mL/kg IVで投与する。ショック状態が持続する場合は、その後、6～8時間かけてヘタスターチ20mL/kgを追加投与する。
   C．血清アルブミン値<2.0g/dLである場合は、血漿10～20mL/kgのIV投与を検討する。
   D．必要に応じて、発作や筋攣縮を制御する。
      Ⅰ．アセプロマジン：0.05～0.1mg/kg IM。投与は慎重に行う。状態が安定するまで20～30分ごとに反復投与する。低血圧を呈する場合は、特に慎重に投与する。
      Ⅱ．ジアゼパム：0.5～1mg/kg IV。効果発現まで5～20mgずつ分割投与。
      Ⅲ．フェノバルビタール
      犬：2～4mg/kg IV
      猫：1～2mg/kg IV
      Ⅳ．ペントバルビタール：2～30mg/kg IV。効果発現まで緩徐に投与。
      Ⅴ．メトカルバモール――筋攣縮の制御に用いる。
      犬：44.4～222mg/kgを緩徐IV投与。
      猫：44.4mg/kgを緩徐IV投与。
5．嘔吐により胃内容物が排出されていない場合は、胃洗浄による除染を試みる。疾患自体が激しい嘔吐を惹起するため、催吐薬投与は禁忌であり、むしろ早急な制吐処置を要する。
   A．軽麻酔を施す。
   B．麻酔中は酸素補給とIV輸液を行う。
   C．必要に応じて、適切な麻酔薬を投与し、麻酔を維持する。
   D．気管内チューブを挿管し、カフを拡張させる。
   E．患者を横臥位に保定する。
   F．胃チューブを患者の体側に当て、鼻吻から最後肋骨までの距離に合わせて胃チューブに印を付ける。

G．胃チューブの先端に水溶性ゼリーを塗布し、胃内へ優しく挿入する。印を付けた位置を超えてチューブを挿入しないように注意する。
H．状況によっては、チューブを2本使用する（小径：流入用、大径：排出用）。
I．体温程度に加温した水道水をチューブ（2本使用時は流入用チューブ）から流入させ、胃を中程度に拡張させる。小型症例の場合は、電解質の変化を避けるため、生理食塩水を用いる。
J．液体をチューブ（2本使用時は排出用チューブ）から排出させる。
K．胃洗浄液、中毒誘起が疑われる異物や種子などは、毒性検査用に保存する。
L．胃洗浄液が連続的に排出されない場合は、チューブの位置を変えたり、液体やエアでフラッシュするなどして調整を行う。
M．患者の体位を反転させ、胃洗浄を続ける。
N．排出液が透明になるまで胃洗浄を続ける。
O．チューブを2本使用している場合は、1本のチューブの端をクランプで閉じてから抜去する。
P．胃チューブから活性炭を投与する。
Q．もう1本のチューブも、端をクランプで閉じてから抜去する。
R．麻酔からの覚醒をモニターし、喉頭反射が回復するまでカフを拡張させたまま気管チューブを留置しておく。

6．活性炭：2～5g/kg PO。通常、活性炭1gに水5mLを加え、スラリー状にして投与する。生ゴミ中毒症（エンテロトキシン血症）では、活性炭を2～4時間ごとに反復投与する。血清ナトリウム濃度を頻繁に測定し、高ナトリウム血症を回避すること。
7．疾患が重度下痢を惹起するため、浸透圧性瀉下剤や塩類瀉下剤の投与は推奨されない。
8．入院下において経過観察と治療を継続する。
9．晶質液によるIV輸液を行う。維持療法として、以下の用量に喪失分を加えて投与する。
犬：60mL/kg/日
猫：40mL/kg/日
10．血清カリウム濃度を測定し、必要に応じてカリウムを補給する。
11．過度の反復性嘔吐・悪心を認める場合は、灌流量是正後に、制吐薬を投与する。
A．クロルプロマジン：0.05～0.1mg/kg IV q4～6h、または0.2～0.5mg/kg SC、IM q6～8h、または1mg/kgを1mLの0.9% NaClに溶解し、プラスチックカテーテルを用いてq8hで直腸内注入。
　発作を認める症例、癲癇の既往歴を有する症例へのクロルプロマジンの投与は避ける。
B．プロクロルペラジン：0.25～0.5mg/kg SC、IM q6～8h
C．オンダンセトロン（Zofran®）：0.1～0.2mg/kg IV q6～12h
D．ドラセトロン（Anzemet®）：0.6～1mg/kg IV、SC、PO q24h

E．マロピタント（Cerenia®）：1mg/kg SCまたは2mg/kg PO q24h最大5日間。

F．メトクロプラミド（Reglan®）：0.2～0.4mg/kg SC、IM q8hまたは0.01～0.02mg/kg/時IV、CRI

　メトクロプラミド投与中は、2～4時間ごとに腹部触診を行うなど、腸重積に対する十分なモニターを要する。機械的消化管閉塞が疑われる症例および発作歴を有する症例では、メトクロプラミド投与を避ける。

12. 吐血、悪心（流涎、過度の嚥下動作）を呈する場合には、以下の薬剤を投与する。

A．ファモチジン（Pepcid®）：0.5～1mg/kg IV q12h

B．ラニチジン（Zantac®）

犬：2mg/kg IV、SC q8～12h

猫：2.5mg/kg IV q12h

C．オメプラゾール（Prilosec®）

犬：0.5～1.5mg/kg PO q24h

猫：0.5～1mg/kg PO q24h

D．パントプラゾール（Protonix®）：0.7～1mg/kg IV q24h

13. 広域スペクトル抗生物質投与。併用の例には、以下のものがある。

A．アンピシリン：20～40mg/kg IV q8h、

第一世代セファロスポリン

セファゾリン20mg/kg IV q8hまたはセファロチン20～30mg/kg IV q6hおよび

フルオロキノロン、エンロフロキサシン5～15mg/kg IV、IM、SC q12hまたは5～20mg/kg IV q24h

シプロフロキサシン

犬：5～15mg/kg PO q12hまたは10～20mg/kg PO q24h

猫：5mg/kg q24h

アミノグリコシド

アミカシン：3.5～5mg/kg IV q8hまたは10～15mg/kg IV q24h

ゲンタマイシン：6～9mg/kg IV q24hまたは2～3mg/kg IV q8h

トブラマイシン：2～4mg/kg IV q8h

第三世代セファロスポリン

セフチゾキシム25～50mg/kg IV、IM、SC q6～8hまたはセフォタキシム20～80mg/kg IV、IM q6～8hおよび

メトロニダゾール10mg/kg 1時間かけてIV CRI q8～12h

Ⅰ．ボツリヌス症が疑われる症例へのアミノグリコシド投与は禁忌である。

Ⅱ．脱水時や高窒素血症時のアミノグリコシド投与は、腎不全を誘起する危険性があるので避ける。

Ⅲ．アミノグリコシドはq24hで投与すると、効果が高く、腎毒性が低い。

Ⅳ. フロセミドを使用する場合は、アミノグリコシド投与を中止する。アミノグリコシド投与中にフロセミドを使用すると、医原性腎不全を誘発する危険性が増大する。

Ⅴ. アミノグリコシド投与中は、少なくとも1日1回尿沈渣を行い、尿円柱と細胞を観察する。

Ⅵ. ペニシリンはβラクタマーゼ阻害薬と併用すると、効果が増強される。

クラブラン酸-チカルシリン（Timentin®）：30～50mg/kg IV q6～8h

アンピシリン-スルバクタム（Unasyn®）：50mg/kg IV q6～8h

ピペラシン-タゾバクタム（Zosyn®）：50mg/kg IV、IM q4～6h

B. セフォキシチンとメトロニダゾールの併用。

セフォキシチン

犬：初期投与量は40mg/kg IV、以後は20mg/kg IV q6～8h

猫：初期投与量は40mg/kg IV、以後は20mg/kg IV q8h

メトロニダゾール：10mg/kgを1時間かけてIV、CRI q8～12hで投与。

C. ボツリヌス症には、以下の抗生物質を投与する。ペニシリンG20,000 U/kg IM q12h、またはアンピシリンナトリウム16mg/kg IM、IV q6h。

14. ボツリヌス症が疑われる場合は、ボツリヌス抗毒素血清を投与する。入手可能であれば、A型、B型、C型、E型の抗毒素血清を投与する。ただし、抗毒素血清によるアレルギー反応が生じる恐れがある。

15. ボツリヌス症に適応されるその他の薬剤には以下のものがある。

A. アセチルコリンエステラーゼ阻害剤——フィゾスチグミン（Antilirium®）0.02mg/kgまたはネオスチグミン（Stiglyn®）1～2mg IM

B. アトロピン（ムスカリン作用の遮断）——重度除脈を呈する場合は、アトロピン0.02～0.04mg/kgをIV、SC投与する。高血圧を呈する症例では、高血圧を悪化させる可能性があるため、投与禁忌である。

16. 治療用量での硫酸バリウムPO投与を検討する。カオペクテイト、次サリチル酸ビスマスが奏功する場合もある。

A. 硫酸バリウム：0.5～1mL/kg PO q12h

B. カオペクテイト：2～5mL/kg PO q1～6h

C. 次サリチル酸ビスマス

犬：0.25～2mL/kg PO q6～8h

猫：0.25mL/kg PO q6h

17. DIC、ARDS、PTEなどの合併症に対する対症療法および支持療法を各症例の状態に合わせて行う。

鉛中毒症

作用機序

鉛は、各種酵素のスルフヒドリル基と結合し、その活性を阻害する。別の酵素においては、亜鉛と競合・置換する。酵素活性阻害により、脱髄、末梢神経線維の伝導速度低下、γアミノ酪酸（GABA）の作用抑制、コリン作動性作用抑制、ドーパミンの取り込み抑制、ヘムシンターゼ阻害などを引き起こす。また、5'-ヌクレアーゼ作用を抑制することで、赤血球において脆弱性亢進や好塩基性斑点などの異常を引き起こす。

中毒源

鉛は、塗料、リノリウム、タイル、電池、水道管資材、パテ、鉛オイル、ハンダ、ゴルフボール、一部の屋根材、潤滑剤、絨毯の下に敷くパッド、鉛製配管を通った弱酸性の飲料水、不適切な釉薬を塗った陶器に入れられた弱酸性の飲料水、鉛分銅、釣り用の錘、カーテンの錘、玩具、新聞紙、染料、缶詰の食物、断熱剤、ハウスダスト、ワインのコルク栓に巻かれた金属箔、焼けた潤滑油、ビリヤード用のチョークなどに含まれる。

診断

ヒストリー——曝露歴がある。

臨床徴候——

1．消化器系徴候——嘔吐、腹痛、食欲不振、時に下痢や便秘。
2．神経徴候——発作、興奮、行動変化、運動失調、旋回運動、強制歩行（pacing）、顎の咀嚼様運動、啼鳴、認知障害（痴呆）、頭部を押し付ける、筋攣縮、多発性神経疾患、散瞳、盲目。

臨床検査——

1．鉛を含有しないバイアルを用いて、ヘパリン化全血2mLを採取し、検体とする。
   A．血中鉛含有量＞60mg/100mL（0.6ppm）である場合は、確定診断とする。
   B．血中鉛含有量＝30～50mg/100mL（0.3～0.5ppm）であり、かつ特徴的な臨床所見や血液学的異常を伴う場合は、鉛中毒症が示唆される。
   C．ベースライン値の基準範囲は、血中鉛含有量＝5～25mg/100mL（0.05～0.25ppm）である。
2．血液塗抹検査——重度貧血（PCV＜30％）を伴わない有核赤血球数上昇（5～40/100 WBCs）。赤血球大小不同、多染性、変形赤血球症、標的赤血球、血色素減少症、赤血球内の好塩基性斑点。
3．貧血を認める症例もある。
4．尿検査——正常、または腎円柱の出現。尿中鉛濃度＞0.75ppmである場合は、鉛中毒症が示唆される。

腹部X線検査——消化管にて、金属性異物を認めることがある。

鑑別診断

1．犬ジステンパー
2．癲癇

3．狂犬病
4．消化管寄生虫症
5．低血糖
6．非特異的胃腸障害
7．急性膵炎
8．脳炎
9．脊椎疾患
10．その他の中毒症

予後

キレート療法を行った場合、多くは予後良好である。痙攣発作が持続し、制御できない場合は、予後不良である。

治療

1．飼育者に、診断、予後、治療費について説明する。
2．消化管内に鉛が残存している場合は除去する。
  A．温水による浣腸。
  B．催吐処置。胃洗浄は、奏功しないことが多い。
    Ⅰ．犬の催吐処置
      a．アポモルヒネ：0.02～0.04mg/kg IV、IM。または1.5～6mgを溶解し、結膜嚢に点入する。アポモルヒネを眼内投与した場合は、催吐後に生理食塩水で十分に眼洗浄を行うこと。アポモルヒネにより過剰な鎮静作用が生じた場合は、ナロキソン0.01～0.04mg/kgのIV、IM、SC投与により拮抗可能である。ナロキソンは、鎮静作用に拮抗するが、催吐作用には拮抗しない。
      b．3％過酸化水素水：1～5mL/kg PO。最大用量はテーブルスプーン3杯（45mL）。10分以内に嘔吐しない場合は、0.5mL/kgをPOで1回のみ再投与する。
    Ⅱ．猫の催吐処置
      a．キシラジン：0.44～1mg/kg IM、SC。ヨヒンビン0.1mg/kgのIM、SC投与、緩徐IV投与により拮抗可能。
      b．メデトミジン：10μg/kg IM。アチパメゾール（Antisedan®）25μg/kgのIM投与により拮抗可能。
      c．猫に過酸化水素水を投与するのは非常に困難であり、現在では推奨されていない。
  C．活性炭投与は有効性が低いため、推奨されない。
  D．硫酸ナトリウム性瀉下剤または硫酸マグネシウム性瀉下剤を単回投与する。
    Ⅰ．硫酸マグネシウム（Epsom salt）
      猫：200mg/kg
      犬：250～500mg/kg

水5～10mL/kgと混和してPO投与する。

Ⅱ．硫酸ナトリウム

猫：200mg/kg

犬：250～500mg/kg

水5～10mL/kgと混和してPO投与する。

E．消化管内に鉛成分を含有する異物を認める場合は、内視鏡または外科的処置によって除去する。

3．キレート剤を用いて、血中および体組織中の鉛を除去する。

A．EDTAカルシウム：25mg/kg SC q4hまたは50mg/kg q12hにて2～5日間投与する。

Ⅰ．投与前にEDTAカルシウムを5%ブドウ糖溶液で10mg/mLに希釈する。

Ⅱ．小動物における投与量は、2g/日を超えてはならない。

B．ペニシラミン：33～55mg/kg/日。1週間の連日投与後、1週間休薬する。再度、1週間連日投与する。1日の投与量を分割し、q6～8hにて投与してもよい。投与は空腹時に行う。D-ペニシラミンはフルーツジュースに添加すると、特有の臭いが軽減し、嗜好性が増す。

C．ジメルカプロール（BAL）――EDTAカルシウム投与時におけるBALの併用は、小児医療では実施されているものの、獣医療で行うことは少ない。BALは赤血球から直接的に鉛を除去し、胆汁中に排泄する。

Ⅰ．BALの投与量

1日目および2日目：2.5mg/kg IM q4h

3日目：2.5mg/kg IM q8h

4日目以降：2.5mg/kg IM q12h

Ⅱ．緊急、重篤症例――1日目の投与量を5mg/kg IM q4hとする。

D．サクシマー（Chemet®、DMSA、ジメルカプトコハク酸）――サクシマーは、新しいキレート剤で、従来のキレート剤よりも効果が高く、毒性は低いと考えられる。

投与量：10mg/kg PO q8h。10日間投与。

4．支持療法

A．発作は脳浮腫に起因する。

Ⅰ．フロセミド1～5mg/kgをIV投与する。

Ⅱ．マンニトール投与。フロセミド投与後、100～1,000mg/kgを15～30分間かけてIV投与する。

B．必要に応じて、ジアゼパム、フェノバルビタール、ペントバルビタールのいずれかを用いて、発作や活動過多を制御する。

Ⅰ．ジアゼパム：0.5～1mg/kg IV。効果発現まで5～20mgずつ分割投与。

Ⅱ．フェノバルビタール

犬：2～4mg/kg IV

猫：1～2mg/kg IV

Ⅲ．ペントバルビタール：2〜30mg/kg IV。効果発現まで緩徐に投与。

C．チアミン：1〜2mg/kg IMまたは2mg/kg PO q24h

D．重度出血性胃腸炎を呈する場合は、広域スペクトル抗生物質を投与する。

E．キレート療法は、血中鉛濃度が基準範囲内になるまで継続する。

獣医師の責任

家庭動物は、同居する人よりも先に中毒徴候を発現することがある。特に小さな子どもがいる家庭では、家族の中毒発症に対しても注意を促すこと。

ニコチン

有毒物質

ニコチンは用量依存性で、ニコチン受容体のある神経節で急速な脱分極を引き起こす。

作用機序

ニコチンは、自律神経神経節、神経筋結合部、中枢神経系、脊髄、副腎髄質に存在するニコチン受容体の脱分極および刺激を引き起こす。高用量での中毒症は、神経節や神経筋結合部の持続的脱分極とブロックを惹起し、その結果、進行性・広汎性の神経抑制が生じる。

中毒源

ニコチンは、葉巻、タバコ、タバコの吸い殻（腸管閉塞の原因にもなる）、ニコチンパッチ、ニコチンガム、噛みタバコ、各種禁煙グッズ（点鼻スプレー型、吸引型、電子タバコ）などに含まれる。ニコチンガムは、キシリトールも含有していることが多い（p. 533「キシリトール」の項を参照のこと）。バッグの中のニコチン製品を盗食した場合は、他にも中毒症を引き起こす可能性のあるもの（薬剤やチョコレートなど）がなかったかを確認すること。

中毒量

犬の経口LD_{50}は9〜12mg/kgである。

診断

ヒストリー——誤食現場の目撃、噛み跡のついたニコチン製品やそのパッケージの発見、本中毒症に合致した徴候の発現、糞便や嘔吐物にニコチン製品の混入を認めたなど。

臨床徴候——過剰興奮、流涎過多、嘔吐、下痢、過敏、運動失調、振戦、散瞳、過呼吸、頻脈、高血圧、反射性徐脈、抑うつ、発作。

臨床検査——血清、胃内容物、尿からのニコチン検出を行う。ただし、濃度は、治療内容に影響しない。

心電図——頻脈性不整脈（心房細動、心室性頻脈）。

鑑別診断

敗血症、肝疾患、原発性心疾患、原発性神経疾患、重度の低血糖、その他の中毒症（カフェイン、メチルキサンチン、アンフェタミン、コカイン、マオウ、有機リン、カーバメート、フェニルプロパノラミン、ピレスリン・ピレスロイド、振戦誘発性真菌毒素、ストリキニーネ、キシリトール）など。

予後

予後は、摂取量によって異なる。低用量摂取では、極めて良好である。高用量摂取では、早期治療を行い、摂取から4時間以内に安定化が得られなければ、不良である。

治療

1．飼育者に、診断、予後、治療費について説明する。
2．摂取からの経過時間が短く、臨床徴候を呈していない場合は、催吐処置を行う（患者がすでに嘔吐している場合を除く）。
　A．犬の催吐処置
　　Ⅰ．アポモルヒネ：0.02～0.04mg/kg IV、IM。または1.5～6mgを溶解し、結膜嚢に点入する。アポモルヒネを眼内投与した場合は、催吐後に生理食塩水で十分に眼洗浄を行うこと。アポモルヒネにより過剰な鎮静作用が生じた場合は、ナロキソン0.01～0.04mg/kgのIV、IM、SC投与により拮抗可能である。ナロキソンは、鎮静作用に拮抗するが、催吐作用には拮抗しない。
　　Ⅱ．3％過酸化水素水：1～5mL/kg PO。最大用量はテーブルスプーン3杯（45mL）。10分以内に嘔吐しない場合は、0.5mL/kgをPOで1回のみ再投与する。
　B．活性炭：1～3g/kg PO、単回投与する。ソルビトールを併用する。徐放性製品を摂取した場合は、18～24時間は1～2g/kg PO q4hで反復投与する。2回目以降の投与では、ソルビトールを併用しない。
　C．経皮吸収パッチを誤食した場合は、催吐は無効である。経腸吸収を抑制するため、内視鏡または外科処置による除去を要する。
3．支持療法を行う。
4．IVカテーテル留置。IV輸液（LRS、ノーモソル®-R）にて、低血圧改善、水和維持、排出促進を図る。
5．尿酸性化により、排出速度が増す。
6．必要に応じて、制吐薬を投与する。
　A．マロピタント（Cerenia®）：1mg/kg SCまたは2mg/kg PO q24h 5日間
　B．オンダンセトロン：0.1～0.2mg/kg IV q8～12h
　C．ドラセトロン：0.6～1mg/kg IV、SC、PO q24h
7．心血管系への対応
　A．徐脈――アトロピン0.02～0.04mg/kgをIV、IM投与。
　B．頻脈、高血圧――βブロッカー投与。プロパノロール0.02～0.06mg/kgをIV投与。

8. 鎮静を要する場合――アセプロマジン0.05～0.1mg/kgをSC、IM、IV投与。
9. 発作を呈する場合――ジアゼパム0.5～1mg/kgまたはフェノバルビタール2～10mgをIV投与。
10. **胃酸抑制薬は使用しないこと。**胃内容物がアルカリ性に傾くと、ニコチンの吸収が促進される。

粘土（自家製）

中毒源

自家製粘土は、クラフト用または子どもの玩具として使用される。

中毒量

12kgの犬に対し、テーブルスプーン3杯にて中毒症を引き起こす。

診断

ヒストリー――自家製粘土で作った物を噛んでいた、作った物がなくなった、噛み跡があったなど。
臨床徴候――犬では、摂取後3時間以内に発現する。主な徴候は、多飲、多尿、嘔吐、運動失調、振戦、発作、高体温など。
臨床検査――高ナトリウム血症、代謝性アシドーシス、高脂血症、コレステロール値上昇。

予後

血清ナトリウム濃度＞180mEq/Lでは、予後不良である。

治療

1. 飼育者に、診断、予後、治療費について説明する。
2. 摂取から1時間以内に来院した場合は、催吐による除染を試みる。
   A. 犬の催吐処置
      Ⅰ. アポモルヒネ：0.02～0.04mg/kg IV、IM。または1.5～6mgを溶解し、結膜嚢に点入する。アポモルヒネを眼内投与した場合は、催吐後に生理食塩水で十分に眼洗浄を行うこと。アポモルヒネにより過剰な鎮静作用が生じた場合は、ナロキソン0.01～0.04mg/kgのIV、IM、SC投与により拮抗可能である。ナロキソンは、鎮静作用に拮抗するが、催吐作用には拮抗しない。
      Ⅱ. 3％過酸化水素水：1～5mL/kg PO。最大用量はテーブルスプーン3杯（45mL）。10分以内に嘔吐しない場合は、0.5mL/kgをPOで1回のみ再投与する。
   B. 猫の催吐処置
      Ⅰ. キシラジン：0.44～1mg/kg IM、SC。ヨヒンビン0.1mg/kgのIM、SC投与、緩徐IV投与により拮抗可能。
      Ⅱ. メデトミジン：10μg/kg IM。アチパメゾール（Antisedan®）

25μg/kgのIM投与により拮抗可能。

Ⅲ．猫に過酸化水素水を投与するのは非常に困難であり、現在では推奨されていない。

C．活性炭は投与しない（高ナトリウム血症を悪化させる恐れがある）。

D．塩類瀉下剤・浸透圧瀉下剤は投与しない。

3．入院下にて、対症療法および支持療法を行う。

4．知覚鈍麻や昏睡を呈する症例では、酸素補給、必要に応じて人工換気を行う。

5．Ⅳカテーテルを留置する。

6．水分喪失分の補給およびナトリウム希釈を目的に、Ⅳ輸液を行う。

A．水分喪失量の計算法

喪失量（L）＝0.6×体重（kg）×［（現在のNa濃度÷正常Na濃度）－1］

B．簡易計算法

喪失量（L）＝0.6×体重（kg）×［（現在のNa濃度÷140）－1］

C．水分喪失量の単位はリットルである。

D．水分補給に要する時間を決定する。通常、高ナトリウム血症の持続時間に依存する。

Ⅰ．高ナトリウム血症が急性発症した場合（6～12時間以内）は、6～12時間かけて補給する。1時間あたりの補給量を維持量に加えて投与する。

Ⅱ．高ナトリウム血症の進行が慢性的または経過不明である場合は、より時間をかけて補給する（一般に24～48時間）。

a．ナトリウム濃度は、4～6時間ごとに再測定する。ナトリウム濃度の低下速度は、0.5mEq/L/時を超えないようにする。

b．急速な輸液は、脳浮腫を惹起する恐れがある。慢性高ナトリウム血症症例では、脳細胞内に浸透圧活性物質が産生される。これにより、水分が細胞内に引き込まれ、浮腫を誘発する。緩徐に再水和を行うと、浸透圧活性物質は分解されるため、脳細胞は保護される。

E．治療中は、血清ナトリウム濃度を定期的に再測定する（症例により4～12時間ごと）。慢性高ナトリウム血症の症例では、より頻繁な再測定を要する。

F．これらの症例では、血清ナトリウム濃度よりもナトリウム含有量が低い輸液剤を選択する。

Ⅰ．急性症例では、ナトリウム濃度の低い輸液剤が最適である。例：5%ブドウ糖添加精製水、低張食塩水（0.45%食塩水）など。

Ⅱ．慢性症例では、比較的ナトリウム濃度の高い輸液剤を選択し、緩徐な補正を行う。例：0.9%食塩水、ノーモソル®-R、プラズマライト®、LRSなど。

Ⅲ．患者の血清ナトリウム濃度よりも10mEq/L低い値までは、投与液のナトリウム濃度を上げてもよい。その場合は、輸液剤に高張食塩水を添加する。

Ⅳ. 血清ナトリウム濃度は、24時間かけて12mEq/L以上低下させる。または、0.5mEq/L/時以下の速度で低下させる。

Ⅴ. 血清ナトリウム濃度を4時間ごとに再測定し、輸液剤のナトリウム濃度を再調整する。血清ナトリウム濃度が基準範囲になるまで、継続する。

7. 発作を呈する場合は、必要に応じてジアゼパムを投与する。

バクロフェン

毒性

バクロフェンは、中枢作用性神経伝達物質であるγアミノ酪酸（GABA）の誘導体である。本薬剤は、$GABA_B$受容体に結合し、カルシウム流入を阻害する。これにより、興奮性神経伝達物質であるアスパラギン酸およびグルタミン酸の放出が抑制される。バクロフェンは、脊髄レベルにおける単シナプス反射または多シナプス反射を抑制すると考えられている。

中毒源

バクロフェンは、中枢作用性筋弛緩薬であり、ヒトでは脊髄損傷、脊髄疾患、多発性硬化症などの治療に使用される。

中毒量

犬：1.3mg/kgの摂取により臨床徴候の発現が報告されている。8mg/kg以上の摂取では、死亡が報告されている。

猫：不明であるが、感受性はより高いと考えられている。

診断

ヒストリー——薬剤の誤食

臨床徴候——興奮、過剰啼鳴、運動失調、見当識障害、筋力低下、呼吸抑制、低換気症、チアノーゼ、徐脈、高血圧、低体温、鎮静、散瞳、昏睡。誤嚥性肺炎が頻繁に生じる。

臨床検査——血液ガス分析およびパルスオキシメトリにより、低酸素症をモニターする。高二酸化炭素血症および低換気症のモニターには、$ETCO_2$を用いる。

胸部X線検査——入院中は定期的に胸部X線検査を行い、誤嚥性肺炎および無気肺の評価を行う。

予後

早期治療が行われれば、予後良好である。ただし、7日間の入院および換気補助を要する。治療が遅れたり、痙攣発作や誤嚥性肺炎が発症した場合は、要注意である。

治療

1. 飼育者に、診断、予後、治療費について説明する。
2. 対症療法および支持療法。
3. 気道確保。必要ならば挿管。
4. 必要に応じて、酸素補給、換気補助。血液透析が行われるまでの間、16時間の換気補助が必要であるという報告がある。
5. IVカテーテル留置。調整電解質晶質液のIV輸液により、灌流維持、水和、利尿を図る。
6. 毒物摂取から1時間以内である場合は、汚染除去を試みる。
   A. 神経学的異常を呈する場合は、催吐は禁忌である。
   B. 胃洗浄後、経口胃チューブより、活性炭をソルビトールとともに投与。
7. 興奮や情動不安が顕著である場合は、以下のいずれかを投与する。
   A. アセプロマジン：0.05～0.2mg/kg IV、IM、SC q4～6h。必要に応じて反復投与。
   B. ジアゼパム：0.1～0.25mg/kg IV
   C. ミダゾラム：効果発現まで0.1～0.5mg/kg IV、IM、以後0.3mg/kg/時 CRI IV。
8. 痙攣発作を呈する場合は、ジアゼパムまたはプロポフォール1～8mL/kgを効果発現までIV投与する。
9. 徐脈がある場合は、アトロピン0.02～0.04mg/kgをIV、IM、SC投与する。
10. 静脈投与用脂肪乳剤（IFE）投与。20%乳濁液を1.5mL/kg IV、ボーラス投与する。以後は0.25mL/kg/分で30～60分間投与する。
11. 見当識障害や啼鳴を軽減するため、塩酸シプロヘプタジンを投与する。
    A. 犬：1.1mg/kg POまたは直腸内投与。必要に応じてq4～6hで投与。
    B. 猫：総投与量は2～4mg。必要に応じてq4～6hで投与。
12. 血液透析。
13. 誤嚥性肺炎に対するモニタリング。

パン生地

毒性物質

パン生地は、イースト発酵によりエタノールを放出し、エタノール中毒症を引き起こす恐れがある。

作用機序

エタノール中毒症、胃内異物閉塞、胃拡張・胃捻転発症の危険性がある。エタノール代謝は、重度の代謝性アシドーシスを惹起する。

中毒源

大半は、大量のパン生地を摂取することで生じる。

中毒量

犬：血中エタノール濃度＝2～4mg/mL

診断

ヒストリー――食パンであれば1～2斤分、ロールパンであれば天板1枚分の生地を摂取する。

臨床徴候――

犬では、行動変化、啼鳴、運動失調、中枢神経抑制、昏睡、胃膨満、嘔吐、空嘔吐、胃拡張・胃捻転、消化管閉塞、胃破裂、元気消失、筋振戦、運動失調（重複）、失明、発作、尿失禁、呼吸抑制、昏睡、死亡。

臨床検査――低血糖、代謝性アシドーシス、乳酸アシドーシス。腹部X線画像では、胃膨満、胃拡張・胃捻転。

予後

早急に治療を行うと、予後は極めて良好である。

治療

1．飼育者に、診断、予後、治療費について説明する。

2．患者が摂取直後に来院し、無徴候である場合は、まず催吐処置を行い、続いて冷水による胃洗浄、活性炭、塩類瀉下剤、浸透圧性瀉下剤により除染を試みる。

A．犬の催吐処置

Ⅰ．アポモルヒネ：0.02～0.04mg/kg IV、IM。または1.5～6mgを溶解し、結膜嚢に点入する。アポモルヒネを眼内投与した場合は、催吐後に生理食塩水で十分に眼洗浄を行うこと。アポモルヒネにより過剰な鎮静作用が生じた場合は、ナロキソン0.01～0.04mg/kgのIV、IM、SC投与により拮抗可能である。ナロキソンは、鎮静作用に拮抗するが、催吐作用には拮抗しない。

Ⅱ．3％過酸化水素水：1～5mL/kg PO。最大用量はテーブルスプーン3杯（45mL）。10分以内に嘔吐しない場合は、0.5mL/kgをPOで1回のみ再投与する。

B．経口胃チューブ――空嘔吐を呈し、吐物が排出されない場合は、鎮静下において経口胃チューブを挿入し、減圧する。

C．胃洗浄――経口胃チューブから冷水を流入し、胃洗浄を行う。

3．活性炭：1～3g/kg。ソルビトールとともにPO、単回投与する。

4．生命にかかわる呼吸抑制を呈する場合

A．ヨヒンビン：0.1mg/kg IV q2～3h。生死にかかわるような呼吸抑制があったり、昏睡を呈する場合は、ヨヒンビンを意識が回復するまで反復投与する。

B．ドキサプラム：1～5mg/kg IV。呼吸抑制の治療に有効である。

C．必要に応じて、機械的人工換気。

5．調整電解質晶質液（LRS、ノーモソル®–R）によるIV輸液。

6．支持療法

A．保温——低体温を呈する場合は、患者を暖かいタオルで包む、ベアハガーを用いる、IV輸液剤を加温するなどの対処を行う。

B．血液ガス、アニオンギャップ、尿pHをモニターする。代謝性アシドーシスが頻繁に生じる。静脈血pH＜7.1である場合は、重炭酸ナトリウム投与を検討する。

C．通常、低血糖が認められる。ブドウ糖を投与する。

ハーブ、ビタミン、天然サプリメント

定義

ハーブ——医薬品または香り・味の特徴を生かして使用される植物。

ホメオパシー薬——明確な薬理学作用や毒性作用を示さないほど薄く希釈した植物抽出溶液。

漢方薬——ハーブを濃縮し、チンキ剤（アルコールを基剤とした液）、丸薬、錠剤にしたもの。通常、植物薬の含有量は非常に高い。

生ハーブ——無加工で摂取する。または乾燥させて粉末状にして使用する。

煎剤——生ハーブを煎じ、少量の濃厚抽出液にしたもの。煎剤にもハーブの有効成分が高濃度で含まれる。

ハーブティー——生ハーブを湯に浸す。

これらの製品は、薬品ではなく食品と位置付けられており、FDA（米国食品医薬品局）による規制を受けていない。ハーブや自然食品には、犬猫に有害なものが多くあり、以下のような報告例がある。

1．アメリカマンサク

A．摂取により、便秘、嘔吐、悪心を呈する。大量摂取では、肝毒性を呈する。

B．中毒原因物質は、*Hamamelis virginiana*に含まれるタンニンである。

C．穏やかな収斂剤として使用される。

2．アロエ

A．摂取により、嘔吐、下痢、腎炎、腹部痛を生じることがある。アロエを局所塗布すると、それを舐めることで中毒症が生じる。

B．中毒症の原因物質は、葉液に含まれるバルバロインと呼ばれるアントラキノングリコシドで、糖およびエモジンと呼ばれるアグリコンに代謝される。エモジンは大腸の蠕動運動を刺激する。

C．熱傷の局所治療薬として使用される。また、多くのシャンプー、コンディショナー、ローション、スキンケア製品に含まれている。

3．カモミール

A．摂取により、嘔吐や運動失調が生じる。

B．中毒原因物質は、*Anthemis flores*や*A.nobilis*に含まれる揮発油、揮発酸である。

C．カモミールは、抗痙攣、消化補助作用を有する。また、湿布として使用される。

4．カンフル

A．摂取により、嘔吐、腹部不快感、筋振戦、興奮、痙攣が生じ、CNS抑制、無呼吸、昏睡をきたす。

B．中毒原因物質は、クスノキ（*Cinnamomum camphora*）の木から得られる芳香性、揮発性のテルペンのケトンである。

C．局所的抗痒剤、発赤剤として使用される。

5．コバノブラシノキオイル（ティーツリーオイル）

A．皮膚曝露にて、麻痺、神経過敏、振戦、脱水、低体温、昏睡および死が起こり得る。

B．中毒原因物質は、植物原料であるオーストラリアチャノキ（*Melaleuca alternifolia*）から得られるテルペン、セスキテルペン、炭化水素を含む揮発油である。

C．シャンプー、ノミ駆除製品、その他の多様な製品に含まれている。

6．サッサフラス（クスノキ科サッサフラス）

A．摂取により、散瞳、嘔吐、悪心、CNS抑制、心血管系の虚脱を呈する。

B．中毒原因物質は、植物原料*Sassafras albidum*から抽出されるサフロール、ピネン、フェナドレン、フェノール、D-カンフルなどの芳香性サッサフラス油である。

C．抗菌薬、利尿薬、発汗薬、鼓腸緩和薬として使用される。

D．成人では、オイル5mLの摂取で中毒症が惹起される。フェノールを含むため、猫は犬よりも感受性が高い。猫では、ティーバッグ1つの摂取で致命的となる。サフロールは肝毒性、肝癌誘発性、肝ミクロソーム活性阻害作用を有する。

7．シトラスオイル抽出物——詳細は「シトラスオイル抽出物」の項（p. 563）を参照のこと。

8．シナモンオイル

A．摂取により、嘔吐、悪心を呈する。腎毒性、神経毒性を示すこともある。

B．中毒原因物質は、クスノキ（*Cinnamomum camphora*）の樹皮に含まれる桂皮アルデヒドなどの刺激物を含む、芳香性の揮発油である。

C．鼓腸、下痢に対し、収斂剤として使用される。

9．スズラン

A．摂取により、不整脈、嘔吐、悪心、下痢が生じる。

B．中毒原因物質は、スズラン（*Convallaria majalis*）に含まれるジギタリス様グリコシドと刺激性サポニンである。

C．利尿薬や強心薬として使用される。

10．センナ

A．摂取により、腹部痛、下痢、嘔吐、悪心を呈する。

B．中毒原因物質は、植物原料（*Cassia angustifolia*）から得られるアントラキノンである。

C．瀉下薬として、便秘解消に使用される。

11．トウガラシ

A．摂取により、嘔吐、下痢が生じ、局所曝露では粘膜刺激が生じる。
B．中毒原因物質は、カプサイシンなど数種の揮発油で、植物成分である*Capsicum frutescens*から抽出される。
C．体表刺激剤や食欲刺激剤として使用される。

12．ニンニク
A．摂取により、貧血、アレルギー反応、喘息発作、接触性皮膚炎を呈する。
B．中毒原因物質は、アリシンなどの硫酸アリルを含む芳香油であり、タマネギ科の植物原料であるニンニク（*Allium sativum*）に含まれる。
C．食品の香り付けに使用される。抗菌、抗ウイルス、抗真菌作用や殺虫作用を有すると報告されている。また、出血時間や凝固時間の延長、血小板凝集抑制、線溶作用促進、血中脂質低下、コレステロール値低下作用が報告されている。

13．ビタミン・ミネラルサプリメント
A．マルチビタミン製剤の摂取は、鉄中毒症、急性ビタミンA中毒症、急性ビタミンD中毒症を引き起こす。
B．鉄中毒症については、「鉄」の項（p. 586）を参照。
C．ビタミンA中毒症は、5,000～10,000U/kgの摂取で惹起される。ビタミンAを含む軟膏の誤食によって生じることもある。
D．ビタミンD中毒症は、64,000～460,000U/kgの摂取で惹起される。ビタミンDを含む軟膏の誤食によって生じることもある。

14．ヒメコウジオイル
A．摂取により、犬では悪心、嘔吐、吐血、胃潰瘍、不穏状態、痙攣、昏睡を呈し、猫では食欲廃絶、抑うつ、貧血、骨髄低形成、嘔吐、中毒性肝炎、頻呼吸、高体温を呈する。
B．中毒原因物質は、加水分解によりサリチル酸メチルを放出する配糖体である。オイルは、植物原料ヒメコウジ（*Gaultheria procumbens*）から得られる。
C．筋肉痛を緩和する局所薬として使用される。
D．犬では、100～300mg/kg/日を4週間経口投与すると、臨床徴候が発現すると報告されている。アスピリン中毒症と同様に、猫はより感受性が高い。

15．ピロリジジンアルカロイド
A．摂取により、肝毒性、死を呈する。
B．ピロリジジンアルカロイドは、薬用として使用される植物の60種以上に含まれている。代表的な植物は、ヒレハリソウ（*Symphytum* spp.）、フキタンポポ（*Tussilago farfar*）、ルリヂサ（*Borago officinalis*）、ヒヨドリバナ属（*Eupatorium* spp.）、ノボロギク（*Senecio vulgaris*）、ヤコブボロギク（*Senecio jacobea*）などである。
C．薬用として、幅広く使用されている。
D．成人の中毒量は、ピロリジジンアルカロイド85mgである。

16．マオウ（麻黄）

A. 摂取により、高血圧、興奮、散瞳、不安行動、頻脈、不整脈、筋痙攣、痙攣、死が起こり得る。
B. 中毒原因物質は、エフェドリンである。これは植物原料である*Ephedra sinica*に含まれるアルカロイドの一種である。
C. 鼻の充血、アレルギー性疾患、気管支喘息の治療に使用される。また、減量促進剤としても使用される。

17. マチン
A. 摂取すると死亡する恐れがある。
B. 中毒原因物質は、植物原料*Strychnos nuxvimica*の乾燥種子から得られるストリキニーネとブルシンである。
C. 消化補助薬または猫白血病治療薬として使用される。
D. チンキ剤は70%アルコールを基剤とし、10%液体抽出物を含む。ストリキニーネの含有量は、液体抽出物が1～1.2%、乾燥粉末抽出物が7～7.7%である。ストリキニーネの経口LD_{50}は、犬が0.75mg/kg、猫が2mg/kgである。1%液体抽出物の経口致死量は、猫が0.2mL/kgである。

18. メグサハッカオイル
A. 犬に2,000mg/kgを局所塗布すると、無気力、嘔吐、下痢、喀血、鼻出血、痙攣、肝細胞壊死、死を呈する。播種性血管内凝固症候群（DIC）も報告されている。
B. 植物原料*Menta pulegium*および*Hedeoma pulegioides*から芳香油を抽出する。中毒原因物質は、メントフランと呼ばれる肝毒性を有する代謝産物、肝臓で活性化されるケトン体およびプレゴンである。
C. ノミ駆除薬、人工中絶薬のほか、月経誘発にも使用される。

19. 薬用人参
A. 極めて大量（成人で1日3g/日以上）に摂取すると、不安行動、下痢、不穏状態、沈うつ、皮膚炎、高血圧を呈する。
B. 薬用人参には有効成分が含まれているが、薬理作用はジンセノイドと呼ばれるトリテルペンサポニンによると考えられている。原料植物は、トチバニンジン属の落葉性多年生植物であり、一般に薬用人参と呼ばれている。
C. 疲労回復薬、滋養強壮薬、抗高血圧薬、催淫剤、気分高揚剤として使用される。薬用人参は、赤血球やヘモグロビンの産生、腸管からの鉄吸収を増加させるほか、CNS刺激、血圧上昇、心拍数増加、腸管運動性上昇、血糖値低下、血中コレステロール値や肝コレステロール値の低下などの作用を有する。

20. ヤドリギ
A. 摂取により、急性嘔吐・下痢、麻痺、知覚過敏、強直性発作、痙攣、昏睡、心血管系虚脱を呈する。
B. 中毒原因物質は、植物原料*Phoradendron*属に含まれるβフェニルチラミンやチラミンなどの刺激性アミン類である。
C. 鎮静薬、分娩促進薬、催乳薬、高血圧治療薬として使用される。

21. ユーカリオイル
   A. 摂取により、腹部痛、気管支痙攣、沈うつ、嘔吐、呼吸不全、頻呼吸、痙攣、昏睡を呈する。
   B. 中毒原因物質は、植物原料である*Eucalyptus globulus*や同種の他の木から得られるエッセンシャルオイルおよびタンニンである。
   C. 気管支炎、喘息などの呼吸器疾患において、抗菌剤または抗攣縮剤として使用される。
   D. ヒトは1mLの摂取で昏睡に陥り、3.5mLの摂取で死亡する。
22. ヨモギ
   A. 摂取により、嘔吐、下痢、悪心、痙攣、昏睡を呈する。
   B. 中毒原因物質は、植物原料ニガヨモギ（*Artemisia absinthium*）から抽出される揮発油である。
   C. 鎮静や消化補助のほか、急性腹痛の治療に使用される。

診断

ヒストリー――ハーブを使用した薬品や自然食品などへの曝露歴がある。
臨床徴候――摂取した成分によって異なる。

治療

1. 飼育者に、診断、予後、治療費について説明する。
2. 気道確保。必要ならば挿管。
3. 酸素補給。必要ならば人工換気。
4. IVカテーテル留置。調整電解質晶質液のIV輸液により、灌流維持、水和、利尿を図る。
5. 必要に応じて、ジアゼパム、フェノバルビタール、ペントバルビタールのいずれかを用いて、発作や活動過多を制御する。
   A. ジアゼパム：0.5～1mg/kg IV。効果発現まで5～20mgずつ分割投与。
   B. フェノバルビタール
      犬：2～4mg/kg IV
      猫：1～2mg/kg IV
   C. ペントバルビタール：2～30mg/kg IV。効果発現まで緩徐に投与。
6. 皮膚曝露の場合は、ぬるま湯と食器用液体洗剤または低刺激シャンプーで入念に洗浄する。処置中は、ゴム手袋を含む防護衣を着用する。被毛が乾燥するまでは、患者をタオルで包んで保温する。
7. 眼が汚染された場合は、大量のぬるま湯（水道水）で洗い流す。
8. 摂取から2時間以内に来院した場合は、催吐処置または胃洗浄による除染を試みる。発作を呈している症例、各種禁忌症例では、催吐処置は行わない。
   A. 犬の催吐処置
      I. アポモルヒネ：0.02～0.04mg/kg IV、IM。または1.5～6mgを溶解し、結膜嚢に点入する。アポモルヒネを眼内投与した場合は、催吐後に生理食塩水で十分に眼洗浄を行うこと。アポモルヒネにより過剰な鎮静作用が生じた場合は、ナロキソン0.01～0.04mg/kgのIV、IM、SC投与により拮抗可能である。ナロキソンは、鎮静作用に拮抗するが、催吐作用には拮抗しない。

Ⅱ. 3%過酸化水素水：1～5mL/kg PO。最大用量はテーブルスプーン3杯（45mL）。10分以内に嘔吐しない場合は、0.5mL/kgをPOで1回のみ再投与する。

B. 猫の催吐処置

Ⅰ. キシラジン：0.44～1mg/kg IM、SC。ヨヒンビン0.1mg/kgのIM、SC投与、緩徐IV投与により拮抗可能。

Ⅱ. メデトミジン：10µg/kg IM。アチパメゾール（Antisedan®）25µg/kgのIM投与により拮抗可能。

Ⅲ. 猫に過酸化水素水を投与するのは非常に困難であり、現在では推奨されていない。

C. 曝露からの経過が4時間以内で、臨床徴候が重篤でない場合は、胃洗浄を行う。加温した水または重炭酸ナトリウム溶液を使用する。嘔吐や下痢が重篤な場合は、消化管穿孔の危険性が増加するため、胃洗浄は禁忌である。

Ⅰ. 軽麻酔を施す。

Ⅱ. 麻酔中は酸素補給とIV輸液を行う。

Ⅲ. 必要に応じて、適切な麻酔薬を投与し、麻酔を維持する。

Ⅳ. 気管内チューブを挿管し、カフを拡張させる。

Ⅴ. 患者を横臥位に保定する。

Ⅵ. 胃チューブを患者の体側に当て、鼻吻から最後肋骨までの距離に合わせて胃チューブに印を付ける。

Ⅶ. 胃チューブの先端に水溶性ゼリーを塗布し、胃内へ優しく挿入する。印を付けた位置を超えてチューブを挿入しないよう注意する。

Ⅷ. 状況によっては、チューブを2本使用する（小径：流入用、大径：排出用）。

Ⅸ. 体温程度に加温した水道水をチューブ（2本使用時は流入用チューブ）から流入させ、胃を中程度に拡張させる。小型症例の場合は、電解質の変化を避けるため、生理食塩水を用いる。

Ⅹ. 液体をチューブ（2本使用時は排出用チューブ）から排出させる。

Ⅺ. 胃洗浄液、中毒誘起が疑われる異物や種子などは、毒性検査用に保存する。

Ⅻ. 胃洗浄液が連続的に排出されない場合は、チューブの位置を変えたり、液体やエアでフラッシュするなどして調整を行う。

XIII. 患者の体位を反転させ、胃洗浄を続ける。

XIV. 排出液が透明になるまで胃洗浄を続ける。

XV. チューブを2本使用している場合は、1本のチューブの端をクランプで閉じてから抜去する。

XVI. 胃チューブから活性炭を投与する。

XVII. もう1本のチューブも、端をクランプで閉じてから抜去する。

XVIII. 麻酔からの覚醒をモニターし、喉頭反射が回復するまでカフを拡張させたまま気管チューブを留置しておく。

D. 活性炭：1～5g/kg PO。通常、活性炭1gに水5mLを加え、スラリー状にして投与する。ハーブや自然食品による中毒症例では、活性炭を6～8時間ごとに反復投与する。瀉下剤は単回投与する。

E. 瀉下剤——浸透圧性瀉下剤または塩類瀉下剤を、活性炭とともに単回投与する。使用できる瀉下剤には、以下のものがある。

Ⅰ. ソルビトール（70%）：2g/kg（1～2mL/kg）PO

Ⅱ. 硫酸マグネシウム（Epsom salt）
猫：200mg/kg
犬：250～500mg/kg
水5～10mL/kgと混和してPO投与する。

Ⅲ. 水酸化マグネシウム（Milk of Magnesia®）
猫：15～50mL
犬：10～150mL PO q6～12h
必要に応じて反復投与する。

Ⅳ. 硫酸ナトリウム
猫：200mg/kg
犬：250～500mg/kg
水5～10mL/kgと混和してPO投与する。

9. 入院下において、経過観察と治療を継続する。
10. 中毒原因物質が心原性を有する場合は、心電図をモニターし、必要に応じて適切な不整脈治療を行う。
11. ニンニク中毒症による貧血やメグサハッカオイル中毒症による失血が重度である場合は、濃縮赤血球、全血、ヘモグロビン系人工酸素運搬体の投与を要することがある。
12. 必要に応じて、肝毒性に対する対症療法および支持療法を行う。

ヒキガエル被毒

作用機序

ヒキガエルは、耳下腺で強心性配糖体（ブフォトキシン、ブフォテニン）を含む毒素を産生する。ヒブフォテニン、セロトニン、ドパミン、エピネフリン、ノルエピネフリン、5-ヒドロキシトリプタミンなどを含有することもある。ヒキガエル毒素は口腔粘膜から吸収され、過度の粘膜刺激、心室細動、高血圧を引き起こす。

中毒源

オオヒキガエル（*Bufo marinus*）はフロリダとハワイに生息する。コロラドリバーヒキガエル（*Bufo alvarius*）は米国南西部の砂漠に生息する。

中毒量

オオヒキガエル中毒症による死亡率は、コロラドリバーヒキガエルによるものよりも高い。1匹のヒキガエルによる被毒でも致命的となり得る。

診断

ヒストリー——曝露歴。または経皮被毒を示唆する徴候の急性発現。

臨床徴候——曝露から15分間以内に臨床徴候発現を認める。主な徴候は、唾液分泌過多、粘膜充血、口を前肢で掻く、頭部を振る、チアノーゼ、呼吸速拍、嘔吐、空嘔吐、抑うつ、見当識障害、盲目、眼振、高体温、脱力、運動失調、虚脱、不整脈、発作、昏睡、死など。

臨床検査——

1. CBCにて、PCV上昇、白血球減少症。
2. 生化学検査にて、BUN上昇、高血糖、高カルシウム血症、高カリウム血症。

心電図——洞性徐脈、房室ブロック、洞性頻脈、心室性頻脈、心室細動などの不整脈。

血圧——高血圧の可能性。

鑑別診断

熱中症、急性アレルギー反応、その他の中毒症（テオブロミン、抗コリンエステラーゼ系殺虫剤、メトアルデヒド、アンフェタミン、セイヨウキョウチクトウ、強心配糖体を含有する各種植物など）。

予後

予後は、良好～要注意である。

治療

1. 電話連絡を受けたら、来院前に患者の口腔内を水で慎重に洗浄するように指示する。水は、ホースや蛇口から鼻先に向けてゆっくりと流す。
2. 飼育者に、診断、予後、治療費について説明する。
3. 気道確保。必要に応じて挿管。
4. 酸素補給。必要に応じて人工換気。
5. 必要に応じて、ジアゼパム、フェノバルビタール、ペントバルビタールのいずれかを用いて、発作や活動過多を制御する。
   - A．ジアゼパム：0.5～1mg/kg IV。効果発現まで5～20mgずつ分割投与。
   - B．フェノバルビタール
     - 犬：2～4mg/kg IV
     - 猫：1～2mg/kg IV
   - C．ペントバルビタール：2～30mg/kg IV。効果発現まで緩徐に投与。
6. 口腔を大量の水で5分間以上かけて洗浄する。臨床徴候を認める場合は、手際よく洗浄するために、鎮静・挿管するとよい。
7. IVカテーテル留置。調整電解質晶質液のIV輸液により、灌流維持、水和を図る。ショックを呈する場合は、ショック用量の輸液を行う。
犬：90mL/kg
猫：60mL/kg

8．ヒキガエルを補食した場合は、催吐処置を行う。臨床徴候を認める場合は、内視鏡による除去、外科的除去、活性炭の反復投与などの方法を選択する。
9．口腔内の不快感軽減を目的に、コルチコステロイドを投与する。
  A．リン酸デキサメタゾンナトリウム：0.5〜1mg/kg IV
  B．コハク酸プレドニゾロンナトリウム（Solu Delta Cortef®）：4〜10mg/kg。緩徐IV投与する。
  C．コハク酸メチルプレドニゾロンナトリウム：5〜15mg/kg IV
10. 入院下にて、観察および治療を継続する。
11. 不整脈の治療
  A．徐脈<50bpm——アトロピン0.02mg/kgをIV投与する。
  B．犬の持続性洞性頻脈（>180bpmで30以上持続）
    プロパノロール：0.02〜0.05mg/kgを緩徐IV投与する。
    エスモロール：初回は0.1〜0.5mg/kg IV、以後は50〜200μg/kg/分IV、CRI投与する。
  C．犬の心室性頻脈——リドカインを用いるとよい。2〜4mg IVボーラス投与または25〜100μg/kg/分 IV CRI。
12. 不安行動や過活動を呈する場合は、アセプロマジンをIM、SC投与するとよい。
13. 律動不整の発現を抑えるため、アトロピン投与は重度徐脈を呈する場合に限定する。
14. 神経学的徴候、重度不整脈、重度高カリウム血症を呈する症例では、ジゴキシン免疫フラグメント抗体（Fab）の投与を検討する。
15. 高体温を認める場合は、対症療法を行う。

非ステロイド性抗炎症薬（NSAIDs）

作用機序

非ステロイド性抗炎症薬（NSAIDs）に属する薬剤は、それぞれ化学組成は異なるが、同様の効果を発現する。これらの薬剤は、シクロオキシゲナーゼ（COX）の直接阻害により、疼痛、解熱、抗炎症作用を発現する（COXは、プロスタグランジンエンドペルオキシダーゼ、プロスタグランジン合成酵素とも呼ばれる）。NSAIDsは、アラキドン酸のCOXの作用部位でCOXを競合阻害する。アスピリン以外では、COX阻害作用は可逆的である。NSAIDsは、トロンボキサンやプロスタグランジンの産生を抑制する。グルココルチコイドは、炎症カスケードのより上位にて、ホスホリパーゼを阻害する。これがNSAIDsとの相違点である。

COXには，以下の3つのアイソザイムがある。

1．COX-1（構成型）——多くの組織に存在し、生理学的機能を担う。

2．COX-2（誘導型）——炎症部位で速やかに誘導され、炎症誘発物質であるプロスタグランジンの産生、炎症カスケードの活性化を引き起こす。これにより、SIRS（全身性炎症反応症候群）や播種性血管内凝固症候群（DIC）が生じる。
3．COX-3——COX-1の変種（スプライシングバリアント）で、主に中枢性疼痛に関与する。

NSAIDsは弱酸性で、吸収性が高く、経口投与後は速やかに吸収される。生理学的pHでは、大半がイオン化されるため、主に血漿や細胞外液（ECF）中にとどまる。また、脂溶性を有するため、細胞膜透過性が高い。NSAIDsは、酸性pHを示す炎症組織へ誘引される。蛋白質結合性が高く、アルブミンとの結合率は99%に及ぶ。

体内分布容積は、体重の10%を下回ることが多い。犬の場合、成分の大半は腸肝再循環に入る。NSAIDsの中には、ヒトでは腎排泄されるが、犬では糞便排泄されるものがある。これは、胃腸の過敏性がヒトと犬で異なることに起因する。脂溶性を有する薬剤は、水溶性に代謝されて排泄される。代謝の第一段階は、肝細胞の小胞体に存在する酵素によって触媒される。第二段階では、肝細胞で代謝産物（または元の化合物）に大型分子成分（グルクロン酸、グルタチオン、硫酸など）が結合される。これにより、薬剤は不活化し、水溶性を増すことで尿中排泄が可能となる。

リポキシゲナーゼ（LOX）もNSAIDsによる阻害を受ける。これにより、抗炎症作用はさらに増強される。COX、LOXの両方を阻害する薬剤は、二重阻害薬（dual inhibitor）と呼ばれる。これらの薬剤は、効果がより高く、胃腸への副作用が少ないと考えられる。

中毒源

NSAIDsは、医療で広く用いられているため、犬猫の誤食も多発する。また、犬用の製剤も多くある。動物の中毒症の原因となる主なNSAIDsは、イブプロフェン、アスピリン、アセトアミノフェン、ナプロキセン、カルプロフェン、デラコキシブ、メロキシカムなどである。

NSAIDsの投与が禁忌となる疾患には、以下のものがある。

1．腎機能不全
2．肝疾患
3．胃潰瘍
4．胃腸疾患
5．脱水症
6．うっ血性心不全
7．血小板減少症、血小板疾患
8．フォン・ウィルブランド症
9．コルチコステロイドまたはその他のNSAIDsの併用
10．ショック症例、外傷症例における来院直後の投与
11．喘息
12．その他の呼吸器系疾患

13. 頭部外傷
14. 鼻出血
15. 低血圧症
16. 利尿薬投与中

副作用の好発因子には、以下のものがある。

1. 年齢
2. 高用量のNSAIDs投与
3. 腎機能低下、腎疾患
4. 消化管疾患
5. 脱水、循環血流量低下
6. 心疾患
7. 脊髄疾患
8. 低血圧、ストレス、重度外傷
9. 外科手術、麻酔
10. 併用薬
    A. コルチコステロイド——消化管潰瘍および腎毒性リスク増大
    B. ヘパリン——出血リスク増大
    C. アミノグリコシド——腎毒性リスク増大
    D. ジゴキシン——ジゴキシン中毒症リスク増大
    E. 経口抗凝固薬——抗凝固作用増大
    F. シスプラチン——シスプラチン中毒症リスク増大
    G. メトトレキサート——メトトレキサート有毒症リスク増大
    H. 利尿薬——利尿薬への反応性低下
    I. ACE阻害薬——これらの薬剤への反応性低下
    J. βブロッカー——抗高血圧作用低下

中毒量

犬は、ヒトよりもNSAIDsの中毒作用を受けやすい。これは、犬の血中濃度半減期が長いこと、経腸吸収が速いこと、血中薬剤濃縮が高いことに起因する。猫は、犬よりもさらに感受性が高い。2種以上のNSAIDsの併用、またはコルチコステロイドとNSAIDsの併用は、副作用の頻度や重篤度を高める。

肝酵素活性に作用する薬剤、サプリメント、添加物等を併用すると、NSAIDsの肝代謝および腎排出に変化が生じる（フェノバルビタール：肝酵素活性上昇、シメチジン、クロラムフェニコール：肝酵素活性低下）。

1. アスピリン（p. 493）およびアセトアミノフェン（p. 498）については各項を参照。
2. イブプロフェン——動物での安全域は非常に狭い。家庭内では投与しない。
    A. 犬で50～125mg/kg以上、猫で50mg/kg以上の摂取は、重度の嘔吐を引き起こす。また、1～4時間以内に胃潰瘍が生じる。
    B. 犬猫が175mg/kg以上を摂取すると、1～5日間以内に腎損傷や急性腎不全が生じる。
    C. 犬が400mg/kg以上を摂取すると、運動失調、精神状態変化、発作が生じる。

D．犬猫が600mg/kg以上を摂取すると、突然死の危険性がある。

E．市販されている動物用製剤のイブプロフェン含有量は200mg/kgである。

3．インドメタシン

A．犬の中毒量は1mg/kgである。

B．インドメタシンには高い潰瘍誘発作用があり、犬猫に投与すべきではない。

4．カルプロフェン（Remodel®）

A．カルプロフェン関連性肝障害は、特異体質反応と考えられる。

B．肝障害の臨床徴候は、通常、カルプロフェン投与開始後、5～30日以内に生じる。

C．犬の推奨投与量：2.2mg/kg PO、IM、SC、IV q12h
術後の疼痛管理：4mg/kg IV、IM、SC、単回投与。以後は、2.2mg/kg IV、IM、SC、PO q12h

D．猫の推奨投与量：4mg SC、単回投与。ただし、猫への使用は承認されていない。

E．犬における半減期は8時間である。

F．カルプロフェン関連性肝障害の致死率は、およそ50％である。

5．ケトプロフェン（Anafen®、Orudis-KT®、Actron®、Ketofen®）

A．短期投与であれば、犬猫いずれに対しても安全性の高い鎮痛薬である。

B．犬の推奨投与量：初回は0.5～2mg/kg IV、IM、SC、PO、以後は0.5～1mg/kg/日
解熱：0.25～0.5mg/kg

C．猫の推奨投与量：0.5～2mg/kg SC、PO、単回投与。
解熱：0.25～0.5mg/kg

D．犬猫における半減期は、2～3時間である。

E．市販薬のケトプロフェン含有量は、1錠あたり12.5mgである。

F．処方薬には、25mg、50mg、75mgの製剤がある。

G．犬のLD_{50}は2,000mg/kgである。

6．ケトロラク（Tradol®）およびエトドラク（EtoGesic®）

A．ケトロラクには、10mg錠および注射用がある。

Ⅰ．犬の推奨投与量：0.3～0.5mg/kg IM、IV、SC、PO q8～12hで1～2回投与。

Ⅱ．猫の推奨投与量：0.25mg/kg IM、IV、SC q8～12hで1～2回投与。

Ⅲ．ケトロラクの使用期間は最大3日間とする。

Ⅳ．犬の血中濃度半減期はおよそ6時間である。

B．エトドラク（EtoGesic®）には，150mgと300mgの錠剤がある。使用は犬に限定される。

Ⅰ．犬の推奨投与量：5～15mg/kg PO q24h

Ⅱ．40mg/kg/日以上を摂取すると、消化管潰瘍、嘔吐、糞便潜血、体重減少が生じる。

Ⅲ. 80mg/kg/日以上を摂取すると、重篤な消化管潰瘍、食欲不振、嘔吐、蒼白、腎尿細管ネフローゼ、または死を生じる。

Ⅳ. 犬の血中濃度半減期はおよそ7.5時間である。

7. テポキサリン（Zubrin®）
 A. 犬の推奨投与量：初回は20mg/kg PO、以後は10mg/kg PO q24h
 B. 猫への投与は推奨されない。

8. デラコキシブ（Deramaxx®）
 A. 犬の推奨投与量：1～4mg/kg PO q24h
 B. 猫への使用は承認されていない。

9. ナプロキセン（Aleve®、Naprosyn®）
 A. ナプロキセンのCOX阻害作用は、アスピリンのおよそ10倍である。
 B. 犬の血中濃度半減期はおよそ74時間である。
 C. 犬の推奨投与量：2mg/kg PO q48h
 D. 5mg/kg/日の投与にて、消化管潰瘍を生じる恐れがある。
 E. 犬への投与量が25mg/kg/日を超えると、腎不全を引き起こす。
 F. 市販薬には、1錠あたり200mgのナプロキセンが含まれている。
 G. 処方薬には、250mg、375mg、500mg錠がある。

10. ピロキシカム（Feldene®）
 A. ピロキシカム製剤には、10mgと20mg錠がある。
 B. 猫に使用してはならない。
 C. 犬の推奨投与量：0.3mg/kg PO q24hで2回投与。以後はq48hで投与する。
 D. ピロキシカムを犬に投与する場合は、ミソプロストール2～5μg/kg PO q8hを併用する。

11. フィロコキシブ（Previcox®）
 A. 犬の推奨投与量：5mg/kg PO q24h
 B. 猫への使用は承認されていない。

12. フェニルブタゾン（Butazolidin®）
 A. フェニルブタゾンは、肝障害、腎症、繁殖障害、骨髄抑制を惹起する恐れがある。
 B. 猫への投与は推奨されていない。犬への投与は過去に行われていたが、現在では推奨されない。
  過去における犬の推奨投与量は13mg/kg PO q8h 48時間。以後は必要に応じて投与。犬への総投与量は800mgを超えてはならない。
  現在では、より安全な薬剤が多数存在するので、それらを選択するとよい。
 C. 犬の中毒量：100mg/kg q12hで10日間投与。
 D. 猫の致死量：44mg/kg q24hで14日間投与。

13. メロキシカム（Metacam®）
 A. 犬の推奨投与量：初回は0.2mg/kg PO、IV、SC。以後は0.1mg/kg PO q24h
 B. 猫の推奨投与量：初回は0.2～0.3mg/kg SC。必要に応じて、0.05mg/

kg PO q24hで最大4日間継続投与。

診断

ヒストリー――曝露歴。誤食した動物が投薬を受けていないか、飼育者から詳しく聴取する（特にNSAIDs、関節炎治療薬、グルココルチコイド）。

臨床徴候――急性中毒症の臨床徴候は、食欲不振、嘔吐、下痢、腹部痛、下血、メレナ、黄疸、腹水、沈うつ、元気消失、昏迷、運動失調、多飲多尿、蒼白、虚脱など。消化管穿孔が生じた場合は、ショック、低体温または高体温、腹部痛、敗血症徴候（煉瓦色の粘膜、頻脈、股動脈圧減弱・反跳）など。

病理学的変化には、以下のものがある。

1. 消化管――食欲不振、嘔吐、吐血、腹部痛、下痢、メレナ、表層性びらん、潰瘍、出血、穿孔、炎症、狭窄、蛋白喪失性腸症
2. 腎臓――腎血流低下、CFR低下、ナトリウムおよび水分保持、高カリウム血症、高窒素血症、急性腎不全、腎乳頭壊死
3. 肝臓――肝酵素値上昇、黄疸
4. 血液系――血小板凝固能低下、出血時間延長
5. 造血系――骨髄抑制、再生不良性貧血、溶血性貧血、血小板減少症、血小板障害、好中球減少症、汎血球減少症、メトヘモグロビン血症
6. 中枢神経系――行動変化、抑うつ、発作、昏睡
7. 免疫系――アレルギー反応。β溶血性連鎖球菌感染による急性壊死性筋膜炎への関与が示唆されている。

臨床検査――

1. CBC、赤血球数――貧血
2. 生化学検査――特にカルプロフェン中毒症にて、肝酵素値（ALT、AST、ALP）上昇および総ビリルビン値上昇、BUN・クレアチニン値上昇、低蛋白血症、低アルブミン血症、電解質異常。
3. 尿検査――等張尿、尿糖、蛋白尿。
4. 凝固系――血小板数、出血時間の測定を行う。TEGが有用と考えられる。
5. 血液ガス分析――代謝性アシドーシス
6. 糞便中潜血――検査までの3日以内に赤肉を与えた場合は、偽陽性を示すことがある。
7. 血清NSAIDs濃度測定

画像検査――

腹部X線検査――腹腔内臓器漿膜面の鮮明度低下、腹腔内の遊離ガス、小腸イレウスなど。

腹部超音波エコー検査――胃壁肥厚、胃壁の五層構造破綻、びらん形成、泡沫形成による粘膜障害、時に腹水貯留。

追加検査――

内視鏡検査――消化管潰瘍診断において、感受性および特異性が最も高い検査であるが、潰瘍病変の可視化は困難な場合もある。穿孔を認める

ことも ある。穿孔部位の内視鏡下整復は困難である。試験開腹術を要する症例もある。

鑑別診断

急性腎不全、肝不全、胃腸炎、潰瘍性胃腸炎。

予後

動物種、NSAIDsの種類、摂取量、経過時間によって、予後は異なる。

治療

1．飼育者に、診断、予後、治療費について説明する。
2．気道確保。必要に応じて挿管。
3．酸素補給。必要に応じて人工換気。
4．IVカテーテル留置。頸静脈カテーテルを留置すると、中心静脈圧のモニターが可能となるため、特に有用性が高い。調整電解質等張性晶質液を投与し、灌流維持、水和を図る。
5．摂取後30分間以内であれば、除染の有効性が特に高い。6時間以内であれば、実施する意義がある。徴候発現前であれば、催吐処置を行う。
　A．犬の催吐処置
　　Ⅰ．アポモルヒネ：0.02～0.04mg/kg IV、IM。または1.5～6mgを溶解し、結膜嚢に点入する。アポモルヒネを眼内投与した場合は、催吐後に生理食塩水で十分に眼洗浄を行うこと。アポモルヒネにより過剰な鎮静作用が生じた場合は、ナロキソン0.01～0.04mg/kgのIV、IM、SC投与により拮抗可能である。ナロキソンは、鎮静作用に拮抗するが、催吐作用には拮抗しない。
　　Ⅱ．3％過酸化水素水：1～5mL/kg PO。最大用量はテーブルスプーン3杯（45mL）。10分以内に嘔吐しない場合は、0.5mL/kgをPOで1回のみ再投与する。
　B．猫の催吐処置
　　Ⅰ．キシラジン：0.44～1mg/kg IM、SC。ヨヒンビン0.1mg/kgのIM、SC投与、緩徐IV投与により拮抗可能。
　　Ⅱ．メデトミジン：10μg/kg IM。アチパメゾール（Antisedan®）25μg/kgのIM投与により拮抗可能。
　　Ⅲ．猫に過酸化水素水を投与するのは非常に困難であり、現在では推奨されていない。
　C．胃洗浄——曝露からの経過が4時間以内で、臨床徴候が重篤でない場合は胃洗浄を行う。加温した水または重炭酸ナトリウム溶液を使用する。嘔吐や下痢が重篤な場合は、消化管穿孔の危険性が増加するため、胃洗浄は禁忌である。
　　Ⅰ．軽麻酔を施す。
　　Ⅱ．麻酔中は酸素補給とIV輸液を行う。
　　Ⅲ．必要に応じて、適切な麻酔薬を投与し、麻酔を維持する。

Ⅳ. 気管内チューブを挿管し、カフを拡張させる。
Ⅴ. 患者を横臥位に保定する。
Ⅵ. 胃チューブを患者の体側に当て、鼻吻から最後肋骨までの距離に合わせて胃チューブに印を付ける。
Ⅶ. 胃チューブの先端に水溶性ゼリーを塗布し、胃内へ優しく挿入する。印を付けた位置を超えてチューブを挿入しないよう注意する。
Ⅷ. 状況によっては、チューブを2本使用する（小径：流入用、大径：排出用）。
Ⅸ. 体温程度に加温した水道水をチューブ（2本使用時は流入用チューブ）から流入させ、胃を中程度に拡張させる。小型症例の場合は、電解質の変化を避けるため、生理食塩水を用いる。
Ⅹ. 液体をチューブ（2本使用時は排出用チューブ）から排出させる。
Ⅺ. 胃洗浄液、中毒誘起が疑われる異物や種子などは、毒性検査用に保存する。
Ⅻ. 胃洗浄液が連続的に排出されない場合は、チューブの位置を変えたり、液体やエアでフラッシュするなどして調整を行う。
XIII. 患者の体位を反転させ、胃洗浄を続ける。
XIV. 排出液が透明になるまで胃洗浄を続ける。
XV. チューブを2本使用している場合は、1本のチューブの端をクランプで閉じてから抜去する。
XVI. 胃チューブから活性炭を投与する。
XVII. もう1本のチューブも、端をクランプで閉じてから抜去する。
XVIII. 麻酔からの覚醒をモニターし、喉頭反射が回復するまでカフを拡張させたまま気管チューブを留置しておく。

D. 活性炭：1～4g/kg PO。初回はソルビトールを併用する。以後は、活性炭を4～6時間ごとに反復投与する（ソルビトールは併用しない）。瀉下剤は単回投与する。

6. 入院下にて、対症療法および支持療法を行う。
7. 必要に応じて、制吐薬を投与する。
   A. オンダンセトロン（Zofran®）：0.1～1mg/kg IV、PO q24h
   B. ドラセトロン（Anzemet®）：0.6～1mg/kg IV、SC、PO q24h
   C. マロピタント（Cerenia®）：1mg/kg SCまたは2mg/kg PO q24h 最大5日間。
   D. メトクロプラミド（Reglan®）
   0.2～0.5mg/kg SC、IM、PO q6h、または
   1～2mg/kg/日 IV CRI、または
   0.01～0.02mg/kg/時 IV CRI
   E. クロルプロマジン（Thorazine®）：0.5mg/kg IV、IM、SC q6～8h
   F. プロクロルペラジン（Compazine®）：0.1～0.5mg/kg IM、SC q6～8h
8. 胃腸刺激に対してH_2ブロッカーを投与する。
   A. ラニチジン（Zantac®）
   犬：0.5～2mg/kg IV、PO q8h

猫：2.5mg/kg IV q12hまたは3.5mg/kg PO q12h

B．ファモチジン（Pepcid®）：0.5～1mg/kg IV、PO q12～24h。ファモチジンは、胃および十二指腸潰瘍の蓄積発生に対する抑制効果が証明されているが、ラニチジンやシメチジンの効果は証明されていない。

C．シメチジンの投与は避ける。

Ⅰ．シメチジンは、肝酵素の代謝を抑制することで、一部のNSAIDsの排出を遅延させる。

Ⅱ．シメチジンおよびラニチジンは、胃血流を低下させる。

Ⅲ．シメチジンは主に腎排泄されるため、腎機能障害を有する症例では用量低減を要する。

9．オメプラゾール投与。

A．オメプラゾールはプロトンポンプ阻害薬で、強力な胃酸分泌抑制作用を有する。また、十二指腸を保護し、NSAIDs誘発性胃潰瘍の治癒を促進する。

B．犬：0.5～1.5mg/kg PO q24h

C．猫：0.5～1mg/kg PO q24h

10．胃粘膜保護薬投与。

A．スクラルファートは、潰瘍表面に露出した蛋白質と結合体を形成することで、潰瘍部を胃酸やペプシンから保護する。プロスタグランジンによる細胞保護作用を促進する作用も有する。また、ペプシンや胆汁酸を吸収し、経口投与薬の吸収を阻害する恐れがある。

犬：0.5～1g PO q8h。初期の投与量は4倍に増量できる。

猫：0.25g PO q8～12h

B．ミソプロストール——プロスタグランジンPGE1類似物質で、NSAIDs誘発性胃・十二指腸潰瘍の進行を抑制し、合併症の発現リスクを低減させる効果がある。NSAIDsの投与を要する患者が、NSAIDs誘発性胃・十二指腸潰瘍発症の高リスク症例である場合は、予防薬として使用する。

Ⅰ．犬：0.7～5μg/kg PO q8h

Ⅱ．猫：推奨されない。

Ⅲ．ミソプロストールは、流産を引き起こす恐れがある。

11．腎機能を慎重にモニターする。

12．腎毒性を有する薬剤投与は全て中断する。

13．消化管穿孔が疑われる場合

A．腹部超音波エコー検査を実施し、腹腔内遊離液の吸引を行う。

B．腹腔穿刺を行う。

C．広域スペクトル抗生物質を投与する。

D．支持療法を行い、試験的開腹術に備える。

E．試験的開腹術を行う。

Ⅰ．確認された穿孔部位を全て整復する。

Ⅱ．大量の生理食塩水にて、徹底的に胃洗浄を行う。

14．IV輸液——一般に維持用量の2～3倍を投与する。0.9% NaCl、LRS、ノーモソル®-Rを用いる。高ナトリウム血症を呈する場合は、2.5%ブドウ糖添加0.45% NaClを用いる。

A. 最初の4〜6時間に水分喪失分を投与する。
必要投与量（mL）=脱水(%)×体重(kg)×1,000

B. 今後の治療に対する反応や過水和に陥る可能性などを評価するために、輸液剤5〜10mL/kgを10分間かけてIV、ボーラス投与してもよい。

15. 重篤な循環血液量減少性ショックを呈する場合は、急速輸液を行う。
犬：70〜90mL/kg IV 最初の1時間
猫：30〜40mL/kg 最初の1時間

16. 重篤な循環血液量減少性ショック、低血圧、低蛋白血症を呈する場合は、晶質液に加え、ヘタスターチ14〜20mL/kg、血漿10〜30mL/kgのIV投与も考慮する。

17. 再水和を行っている間は、中心静脈圧（CVP）、PCV、TS（≒TP）、体重を頻繁にモニターする。

A. CVPは5〜7cmH_2O以上にならないように維持する。過剰に上昇する場合は、過剰輸液、過水和を疑う。

B. その他の過水和徴候――漿液性鼻汁分泌、頻呼吸、頻脈、情動不安、振戦、結膜浮腫、呼吸困難、頻呼吸、気管支肺胞音増大、肺捻髪音、肺水腫、精神鈍麻、悪心、嘔吐、下痢、腹水、多尿、皮下浮腫（最初に足根関節と下顎体間隙に発現）など。体重増加率が脱水率を超える場合も、過水和が疑われる。

C. 過水和が生じた場合は、輸液を中止するか、速度を落とす。必要に応じて、利尿薬投与や酸素補給を行う。

18. 定期的に尿道カテーテルを挿入し、尿量を注意深くモニターする。尿量は、最低でも1〜2mL/kg/時を維持する。尿道カテーテルを留置する場合は、無菌的に行い、必ず閉鎖型採尿システムを用いる。

19. 12時間ごとに体重を測定する。過水和徴候を注意深くモニターする。

20. 再水和後も尿量が不十分である場合は、以下の薬剤投与を検討する。

A. マンニトール（20%）：250〜500mg/kg IV。10〜15分かけて緩徐に投与。
血管炎、出血性疾患、高浸透圧症候群、うっ血性心不全、過剰輸液に対しての投与は禁忌である。30分間以内に利尿効果が発現しない場合は、同量を反復投与する。マンニトールの用量は、2g/kg/日を超えてはならない。

B. 高浸透圧ブドウ糖溶液（10〜20%溶液）は、マンニトールの代替として利用できる。最初に患者の血糖値を測定する。高血糖を示す場合は投与しない。
10〜20%ブドウ糖の投与量：25〜50mL/kg IV q8〜12h。1〜2時間かけて緩徐にボーラス投与。

C. フロセミド
犬：1〜2mg/kg IV q12〜24h
猫：0.5〜2mg/kg IV q12〜24h

Ⅰ．利尿が1時間以内に生じない場合は、フロセミドを2倍量（4mg/kg）で再投与する。

Ⅱ．利尿が得られない場合は、犬では6mg/kgまで増量可能である。この用量でも無効の場合は、他の利尿薬を使用する。または、血液透析、腹膜透析、腎移植を要する。

Ⅲ．フロセミドはCRI投与も可能である。0.1～1mg/kg/時 IV CRI

D．ドパミン投与は、犬では効果的な場合がある（猫では無効である）。

Ⅰ．腎血流や尿量増加を目的とする場合は、0.5～3μg/kg/分。0.9% NaCl、5%ブドウ糖溶液、LRSのいずれかに添加してCRI IV投与する。アルカリ性液剤に添加してはならない。輸液バッグとラインは遮光すること。

Ⅱ．利尿効果を増強する場合は、ドパミン2～3mg/kg/分を0.9% NaClに添加し、IV CRI投与する。フロセミド0.25～1mg/kg/時CRI IVと併用する。

21. 上記の治療で利尿効果が得られない場合は、腹膜透析あるいは血液透析を行う。

22. 血清カリウム濃度を頻繁に測定する。必要に応じて、IV輸液にカリウムを添加する（**表14-4**）。

23. 高リン血症を呈する場合は、食欲不振を認めることがある。嘔吐が制御されている場合は、水酸化アルミニウムなどの経口リン吸着剤を投与する。腎機能障害を有する症例におけるマグネシウム含有製剤の投与は禁忌である。

水酸化アルミニウム投与量：10～30mg/kg/PO q8h

24. 血液ガス測定を行い、酸塩基不均衡を認める場合は是正する。重炭酸ナトリウム投与は、重度アシドーシス（pH＜7.10またはHCO_3＜12mEq/L）が確定的な場合に限る。

25. 水和後の維持輸液――LRS、ノーモソル®-Rなどの調整電解質晶質液を用いる。血清ナトリウム濃度をモニターする。高ナトリウム血症を示す場合は、ノーモソル®-Mなどの低ナトリウム維持液に変更する。

26. 尿量、不感蒸泄量（20mL/kg/日）、持続性喪失量（嘔吐・下痢など）に見合った量の輸液を行う。

A．排尿による喪失分を6～8時間かけて補給する。

B．嘔吐や下痢による持続性喪失量は、24時間かけて補給する。

C．血清ナトリウム濃度をモニターする。

27. キシロカイン（リドカイン）の粘性溶液（Viscous solution®）――口腔潰瘍による不快感を低減するため、給餌前に2～10mLを口腔内に塗布する。

28. 積極的な利尿と輸液療法を5～6日間行うと、通常は輸液の要求量が低減する。輸液量低減の目安は、以下の通りである。

A．悪心が改善し、飲食への関心が見られる。

B．嘔吐、下痢が改善している。

C．BUN、リン濃度が大幅に低下している。

29. IV輸液量の漸減――1日あたり25%低減する。PCV、TP、BUN、クレア

表14-4　推奨されるカリウム*の最大投与速度		
推定されるカリウム損失の程度	(mEq/L)	(mL/kg/時)
維持量（血清濃度＝3.6～5.0）	20	25
軽度（血清濃度＝3.1～3.5）	30	17
中等度（血清濃度＝2.6～3.0）	40	12
重度（血清濃度＝2.1～2.5）	60	8
致命的（血清濃度＜2.0）	80	6

*カリウムの投与速度は0.5mEq/kg/時を超えてはならない。

チニン値の上昇を再度認めたり、体重減少を認める場合は、直前の輸液量に戻し、48時間以上維持する。

30. 痙攣発作を呈する場合は、ジアゼパム0.5～1.5mg/kgをIV投与する。

砒素

作用機序

砒素は、細胞呼吸、脂肪代謝、二酸化炭素代謝に必要なスルフヒドリル酵素系を阻害する。

中毒源

無機系――アリ、ゴキブリ用駆虫薬、除草剤、木材保護剤。

有機系――カパソレートナトリウム、フィラリア駆虫薬。

中毒量

1. 砒素三酸化物――毒性は亜ヒ酸ナトリウムの1/10～1/3。
   中毒量は、犬では3～75mg/kg、猫では15～50mg/kg。
2. 亜ヒ酸ナトリウム
   中毒量は、犬では1～25mg/kg、猫では＜5mg/kg。
3. ヒ酸ナトリウム
   中毒量は、犬では7～14mg/kg。

診断

ヒストリー――曝露歴がある。

臨床徴候――重篤な出血性胃腸炎。臨床徴候は、曝露後30分間から数時間後に発現する。

1. 嘔吐――最も一般的な臨床徴候
2. 興奮、流涎過多、悪心、嘔吐、進行性の一般状態悪化。
3. 重度腹痛――粘膜が付着した血様下痢を伴うことが多い。
4. 筋力低下、振戦、ふらつき、運動失調。
5. 多尿、蛋白尿――無尿性の腎不全へと進行する。

6．重度脱水、循環血液量減少性ショック、麻痺、昏睡、死亡。数時間から3～5日間以内に生じる。

臨床検査——

1．尿中の砒素濃度は、2～100ppmである。
2．剖検——胃内容物、肝臓、腎臓
3．CBC、生化学検査——脱水による血球濃縮、臓器への影響を示唆する所見の検出。
4．血液ガスの測定——代謝性アシドーシスの可能性。

鑑別診断

1．サリン中毒症
2．鉛中毒症
3．生ゴミ中毒症
4．出血性胃腸炎
5．パルボウイルス性胃腸炎

予後

臨床徴候が発現する前に治療を開始できなければ、予後は極めて不良である。

治療

1．飼育者に、診断、予後、治療費について説明する。
2．気道確保。必要に応じて挿管。
3．酸素補給。必要に応じて人工換気。
4．IVカテーテル留置。調整電解質晶質液のIV輸液により、灌流維持、水和を図る。
5．さらなる吸収を防止する。
　A．経皮的吸収が生じた場合——ブラッシングまたは掃除機による吸引を行う。その後、加温した石鹸水で徹底的に洗浄する。洗浄中は、防護衣、ゴム手袋、マスク、フェイスガードを着用し、処置者が砒素に曝露しないように注意する。患者を保温する。
　B．曝露からの経過が2時間以内で、嘔吐がみられず、かつ禁忌症例でない場合は、催吐を試みる。
　　Ⅰ．犬の催吐処置
　　　a．アポモルヒネ：0.02～0.04mg/kg IV、IM。または1.5～6mgを溶解し、結膜嚢に点入する。アポモルヒネを眼内投与した場合は、催吐後に生理食塩水で十分に眼洗浄を行うこと。アポモルヒネにより過剰な鎮静作用が生じた場合は、ナロキソン0.01～0.04mg/kgのIV、IM、SC投与により拮抗可能である。ナロキソンは、鎮静作用に拮抗するが、催吐作用には拮抗しない。
　　　b．3%過酸化水素水：1～5mL/kg PO。最大用量はテーブルスプーン3杯（45mL）。10分以内に嘔吐しない場合は、0.5mL

/kgをPOで1回のみ再投与する。

Ⅱ．猫の催吐処置

a．キシラジン：0.44〜1mg/kg IM、SC。ヨヒンビン0.1mg/kgのIM、SC投与、緩徐IV投与により拮抗可能。

b．メデトミジン：10μg/kg IM。アチパメゾール（Antisedan®）25μg/kgのIM投与により拮抗可能。

c．猫に過酸化水素水を投与するのは非常に困難であり、現在では推奨されていない。

C．胃洗浄――曝露からの経過が4時間以内で、臨床徴候が重篤でない場合は、胃洗浄を行う。加温した水または重炭酸ナトリウム溶液を使用する。嘔吐や下痢が重篤な場合は、消化管穿孔の危険性が増加するため、胃洗浄は禁忌である。

Ⅰ．軽麻酔を施す。

Ⅱ．麻酔中は酸素補給とIV輸液を行う。

Ⅲ．必要に応じて、適切な麻酔薬を投与し、麻酔を維持する。

Ⅳ．気管内チューブを挿管し、カフを拡張させる。

Ⅴ．患者を横臥位に保定する。

Ⅵ．胃チューブを患者の体側に当て、鼻吻から最後肋骨までの距離に合わせて胃チューブに印を付ける。

Ⅶ．胃チューブの先端に水溶性ゼリーを塗布し、胃内へ優しく挿入する。印を付けた位置を超えてチューブを挿入しないよう注意する。

Ⅷ．状況によっては、チューブを2本使用する（小径：流入用、大径：排出用）。

Ⅸ．体温程度に加温した水道水をチューブ（2本使用時は流入用チューブ）から流入させ、胃を中程度に拡張させる。小型症例の場合は、電解質変化を避けるため、生理食塩水を用いる。

Ⅹ．液体をチューブ（2本使用時は排出用チューブ）から排出させる。

Ⅺ．胃洗浄液、中毒誘起が疑われる異物や種子などは、毒性検査用に保存する。

Ⅻ．胃洗浄液が連続的に排出されない場合は、チューブの位置を変えたり、液体やエアでフラッシュするなどして調整を行う。

XIII．患者の体位を反転させ、胃洗浄を続ける。

XIV．排出液が透明になるまで胃洗浄を続ける。

XV．チューブを2本使用している場合は、1本のチューブの端をクランプで閉じてから抜去する。

XVI．胃チューブから活性炭を投与する。

XVII．もう1本のチューブも、端をクランプで閉じてから抜去する。

XVIII．麻酔からの覚醒をモニターし、喉頭反射が回復するまでカフを拡張させたまま気管チューブを留置しておく。

D．活性炭：2〜5g/kg PO。活性炭1gに水5mLを加え、スラリー状にして投与する。活性炭は、3〜4時間ごとに反復投与する。

E．砒素中毒症では、重度下痢を呈するため、瀉下剤の併用は推奨されない。

6．解毒剤投与。選択肢として、ジメルカプロール（BAL）、サクシマー（Chemet®、DMSA、ジメルカプトコハク酸）、*N*-アセチルシステインなどがある。

A．ジメルカプロール（BAL）

Ⅰ．投与量：3〜4mg/kg IM q8h。回復するまで投与。

Ⅱ．重篤な中毒症例では、初回の投与量を6〜7mg/kg IM q8hに増量する。

B．サクシマー（Chemet®、DMSA、ジメルカプトコハク酸）

Ⅰ．犬の投与量：10mg/kg PO q8h、10日間。猫の投与量は報告されていない。

Ⅱ．サクシマーは新種のキレート剤で、砒素や鉛に対する特異性がEDTAカルシウムやペニシルアミンよりも高い。臨床では、ヒトの小児における効果がジメルカプトロールよりも高いと報告されている。

C．*N*-アセチルシステイン

Ⅰ．犬——初期は280mg/kg PO、IV、以後は140mg/kg PO、IV q4hで3日間投与。

Ⅱ．猫——初期は140mg/kg PO、IV、以後は70mg/kg q6hで7回投与。

Ⅲ．IV投与する際は、5%ブドウ糖溶液で5%に希釈し、15〜30分間かけて緩徐投与する。

7．集中支持療法を行う。

A．入院下において、観察と治療を行う。

B．ビタミンBをIV投与する。

C．貧血を呈している場合は、赤血球を投与する。

D．腎不全、肝障害、電解質異常をモニターする。

E．胃腸刺激が生じるため、広域スペクトル抗生物質を投与する。

F．嘔吐が消失してから、カオリンをPO投与する。

ヒドラメチルノン

ヒドラメチルノンは、ヒドラゾン化合物で、徐効性の胃内寄生虫駆除薬である。顆粒または粉末で販売されている。

作用機序

ヒドラメチルノンは、ミトコンドリア内での酸化的リン酸化の脱共役により、ATP産生を阻害する。これにより、ミトコンドリアの酸素消費と熱量産生が低下する。

中毒源

ヒドラメチルノンは、アリ（特にカミアリ）やゴキブリ用殺虫剤として使用される。Amdro®、Blatex®、Cyaforce®、Cyclon®、Impact®、Matox®、Pyramdron®、Seige®、Wipeout®などの製品名で市販されている。Amdro®は、0.88%のヒドラメチルノンを含有する。Amdro®1カップには、2,066mgのヒドラメチルノンが含まれる。

中毒量

犬のLD_{50}は、131mg/kgである。113mg/kgにて曝露すると、臨床徴候を発現する恐れがある。

診断

ヒストリー――曝露歴がある。

臨床徴候――嘔吐、下痢、低体温。この物質は、眼への刺激性を有する。犬では、大量摂取にて痙攣発作、筋振戦。死亡例は非常にまれである。

臨床検査――7日間、LD_{50}量を投与された犬では、好塩基球減少症、白血球減少症が観察された。肝障害や腎障害は報告されていない。消化管からの吸収率は低く、90%以上はそのまま糞便中に排泄される。24時間以内に72%が排泄され、残りのうち20%はクリアランスに時間を要し、9日間以内に排泄される（総排泄率は92%）。

予後

予後は通常良好である。

治療

1. 飼育者に、診断、予後、治療費について説明する。
2. 解毒剤は知られていない。対症療法および支持療法を行う。
3. 曝露から4時間以内に来院した場合は、催吐処置または胃洗浄による除染を試みるとともに、活性炭、塩類瀉下剤または浸透圧性瀉下剤を投与する。
   - A. 犬の催吐処置
     - Ⅰ. アポモルヒネ：0.02～0.04mg/kg IV、IM。または1.5～6mgを溶解し、結膜嚢に点入する。アポモルヒネを眼内投与した場合は、催吐後に生理食塩水で十分に眼洗浄を行うこと。アポモルヒネにより過剰な鎮静作用が生じた場合は、ナロキソン0.01～0.04mg/kgのIV、IM、SC投与により拮抗可能である。ナロキソンは、鎮静作用に拮抗するが、催吐作用には拮抗しない。
     - Ⅱ. 3%過酸化水素水：1～5mL/kg PO。最大用量はテーブルスプーン3杯（45mL）。10分以内に嘔吐しない場合は、0.5mL/kgをPOで1回のみ再投与する。
   - B. 猫の催吐処置
     - Ⅰ. キシラジン：0.44～1mg/kg IM、SC。ヨヒンビン0.1mg/kgのIM、SC投与、緩徐IV投与により拮抗可能。
     - Ⅱ. メデトミジン：10μg/kg IM。アチパメゾール（Antisedan®）25μg/kgのIM投与により拮抗可能。

Ⅲ. 猫に過酸化水素水を投与するのは非常に困難であり、現在では推奨されていない。

C. 胃洗浄——曝露からの経過が4時間以内で、臨床徴候が重篤でない場合は胃洗浄を行う。加温した水または重炭酸ナトリウム溶液を使用する。嘔吐や下痢が重篤な場合は、消化管穿孔の危険性が増加するため、胃洗浄は禁忌である。

Ⅰ. 軽麻酔を施す。

Ⅱ. 麻酔中は酸素補給とIV輸液を行う。

Ⅲ. 必要に応じて、適切な麻酔薬を投与し、麻酔を維持する。

Ⅳ. 気管内チューブを挿管し、カフを拡張させる。

Ⅴ. 患者を横臥位に保定する。

Ⅵ. 胃チューブを患者の体側に当て、鼻吻から最後肋骨までの距離に合わせて胃チューブに印を付ける。

Ⅶ. 胃チューブの先端に水溶性ゼリーを塗布し、胃内へ優しく挿入する。印を付けた位置を超えてチューブを挿入しないよう注意する。

Ⅷ. 状況によっては、チューブを2本使用する（小径：流入用、大径：排出用）。

Ⅸ. 体温程度に加温した水道水をチューブ（2本使用時は流入用チューブ）から流入させ、胃を中程度に拡張させる。小型症例の場合は、電解質の変化を避けるため、生理食塩水を用いる。

Ⅹ. 液体をチューブ（2本使用時は排出用チューブ）から排出させる。

Ⅺ. 胃洗浄液、中毒誘起が疑われる異物や種子などは、毒性検査用に保存する。

Ⅻ. 胃洗浄液が連続的に排出されない場合は、チューブの位置を変えたり、液体やエアでフラッシュするなどして調整を行う。

XIII. 患者の体位を反転させ、胃洗浄を続ける。

XIV. 排出液が透明になるまで胃洗浄を続ける。

XV. チューブを2本使用している場合は、1本のチューブの端をクランプで閉じてから抜去する。

XVI. 胃チューブから活性炭を投与する。

XVII. もう1本のチューブも、端をクランプで閉じてから抜去する。

XVIII. 麻酔からの覚醒をモニターし、喉頭反射が回復するまでカフを拡張させたまま気管チューブを留置しておく。

D. 活性炭：1～5g/kg PO。通常、活性炭1gに水5mLを加え、スラリー状にして投与する。ヒドラメチルノン中毒症例では、活性炭を3～4時間ごとに反復投与する。瀉下剤は単回投与する。

E. 瀉下剤——浸透圧性瀉下剤または塩類瀉下剤を、活性炭とともに単回投与する。使用できる瀉下剤には、以下のものがある。

Ⅰ. ソルビトール（70％）：2g/kg（1～2mL/kg）PO

Ⅱ. 硫酸マグネシウム（Epsom salt）

猫：200mg/kg

犬：250～500mg/kg

水5〜10mL/kgと混和してPO投与する。

Ⅲ. 水酸化マグネシウム（Milk of Magnesia®）
猫：15〜50mL
犬：10〜150mL PO q6〜12h
必要に応じて反復投与する。

Ⅳ. 硫酸ナトリウム
猫：200mg/kg
犬：250〜500mg/kg
水5〜10mL/kgと混和してPO投与する

4. 維持量でIV輸液を行う。ショックを呈していたり、嘔吐・下痢により重度の水分喪失を呈する場合は、流量を上げる。利尿薬投与は適応ではなく、有効性も報告されていない。
5. 必要に応じて、制吐薬を投与する。
6. 必要に応じて、発作を制御する。
ジアゼパム：0.5〜1mg/kg IV
ペントバルビタール：2〜30mg/kg IV。緩徐に投与。

ピレスリン、ピレスロイド

作用機序

ピレスリン系・ピレスロイド系殺虫剤は、神経膜のナトリウムイオン透過性を亢進させることで作用を発現すると考えられている。

中毒源

ピレスリン系・ピレスロイド系殺虫剤は、ノミ駆除や室内噴霧用に用いられ、薬用シャンプー、石鹸、薬浴剤、スプレー、局所薬などに含まれている。ピレスロイドは、急性中毒症を呈した動物の臨床徴候に基づき、以下の2つに分類される。

1. タイプⅠ――αシアン基が欠如したピレスロイド（ペルメトリン、プレメトリンなど）によって惹起されるもので、運動失調、異常興奮、発作、振戦を特徴とする。
2. タイプⅡ――αシアン基化合物（フェンバレレート、デルタメトリン、サイパーメトリン）によって症状が発現する。αシアン基は、殺虫能だけでなく、同時に哺乳動物に対する毒性も増強する。タイプⅡ症候群にて観察される臨床徴候は、γアミノ酪酸（GABA）抑制、神経インパルス伝達阻害によると考えられる。主な徴候は、協調障害、痙攣、重度流涎過多、粗大な全身性振戦などである。

最も広く用いられている製品は、Adams®、Hartz®、Mycodex®、Paramist、Raid®、Zodiac®などである。Hartz Blockade®は、タイプⅡピレスロイドのフェンバレレートおよび局所駆虫剤のDEET（*N*､*N*-ジメチル-*m*-トルアミド）を含有している。局所曝露を受けた動物において、DEETはフェンバレレートのキャリアとして働き、急速な吸収が生じる可能性がある。フェンバレレートは、ピレスロイドの中でも毒性が高い。

中毒量

特に若齢の雌猫は、DEET・フェンバレレート中毒症による臨床徴候が重篤になる傾向がある。

タイプⅡピレスロイドは、一般にタイプⅠピレスロイドよりも毒性が高い。

ピレスリンの経口中毒量は、代表的な数種においても100～2,000mg/kgと幅がある。

診断

ヒストリー――稟告として、細菌の曝露歴、特徴的な臨床徴候の発現。

臨床徴候――代表的な臨床徴候は、振戦、筋線維束性収縮、見当識障害、啼鳴、運動失調、過活動、後弓反張、発作、流涎過多、食欲不振、嘔吐、湿性肺雑音亢進、重度の呼吸困難、沈うつ、徐脈など。

その他の徴候として、腹部痛、攻撃性亢進、皮膚刺激、脱毛、衰弱、昏迷、昏睡、不整脈、パンティング、散瞳または縮瞳、肺音亢進と咳嗽、脱水、口渇亢進、発声、啼鳴（特に猫）、部分的麻痺（特に犬）などが報告されている。さらに猫では、耳を振る、体表筋収縮、肢端を振るなど。

若齢猫では、上記に加えて、低体温を呈することがある。

臨床検査――

1. 低蛋白血症
2. BUN・クレアチニン値上昇、ALT上昇、高カリウム血症
3. 等張尿、血尿、蛋白尿、ケトン尿、ビリルビン尿

鑑別診断

有機リン中毒症、カーバメート中毒症、メトアルデヒド中毒症。

予後

一般に、予後は中等度～良好である。

治療

1. 飼育者に、診断、予後、治療費について説明する。
2. 気道確保。必要に応じて挿管。
3. 酸素補給。必要に応じて人工換気。
4. IVカテーテル留置。調整電解質晶質液のIV輸液により、灌流維持、水和、利尿を図る。
5. 除染
   A. 皮膚汚染が生じた場合は、石鹸、シャンプー、食器用洗剤のいずれかとぬるま湯で徹底的に洗浄する。
      Ⅰ. 洗浄中は、手袋と防護衣を着用する。
      Ⅱ. 被毛が乾くまで、患者をタオルで包んで保温する。
   B. 経口摂取の場合、摂取から2時間以内に来院し、臨床徴候が未発現で

あり、かつ摂取物に石油系蒸留物が含まれない場合は、催吐または胃洗浄を行う。その後、活性炭、硫酸ナトリウムやソルビトールなどの瀉下剤投与を行う。

Ⅰ．犬の催吐処置

a．アポモルヒネ：0.02〜0.04mg/kg IV、IM。または1.5〜6mgを溶解し、結膜嚢に点入する。アポモルヒネを眼内投与した場合は、催吐後に生理食塩水で十分に眼洗浄を行うこと。アポモルヒネにより過剰な鎮静作用が生じた場合は、ナロキソン0.01〜0.04mg/kgのIV、IM、SC投与により拮抗可能である。ナロキソンは、鎮静作用に拮抗するが、催吐作用には拮抗しない。

b．3%過酸化水素水：1〜5mL/kg PO。最大用量はテーブルスプーン3杯（45mL）。10分以内に嘔吐しない場合は、0.5mL/kgをPOで1回のみ再投与する。

Ⅱ．猫の催吐処置

a．キシラジン：0.44〜1mg/kg IM、SC。ヨヒンビン0.1mg/kgのIM、SC投与、緩徐IV投与により拮抗可能。

b．メデトミジン：10μg/kg IM。アチパメゾール（Antisedan®）25μg/kgのIM投与により拮抗可能。

c．猫に過酸化水素水を投与するのは非常に困難であり、現在では推奨されていない。

Ⅲ．胃洗浄

a．軽麻酔を施す。

b．麻酔中は酸素補給とIV輸液を行う。

c．必要に応じて、適切な麻酔薬を投与し、麻酔を維持する。

d．気管内チューブを挿管し、カフを拡張させる。

e．患者を横臥位に保定する。

f．胃チューブを患者の体側に当て、鼻吻から最後肋骨までの距離に合わせて胃チューブに印を付ける。

g．胃チューブの先端に水溶性ゼリーを塗布し、胃内へ優しく挿入する。印を付けた位置を超えてチューブを挿入しないように注意する。

h．状況によっては、チューブを2本使用する（小径：流入用、大径：排出用）。

i．体温程度に加温した水道水をチューブ（2本使用時は流入用チューブ）から流入させ、胃を中程度に拡張させる。小型症例の場合は、電解質の変化を避けるため、生理食塩水を用いる。

j．液体をチューブ（2本使用時は排出用チューブ）から排出させる。

k．胃洗浄液、中毒誘起が疑われる異物や種子などは、毒性検査用に保存する。

l. 胃洗浄液が連続的に排出されない場合は、チューブの位置を変えたり、液体やエアでフラッシュするなどして調整を行う。
m. 患者の体位を反転させ、胃洗浄を続ける。
n. 排出液が透明になるまで胃洗浄を続ける。
o. チューブを2本使用している場合は、1本のチューブの端をクランプで閉じてから抜去する。
p. 胃チューブから活性炭を投与する。
q. もう1本のチューブも、端をクランプで閉じてから抜去する。
r. 麻酔からの覚醒をモニターし、喉頭反射が回復するまでカフを拡張させたまま気管チューブを留置しておく。

Ⅳ. 活性炭：1～5g/kg PO。初回投与時は、ソルビトールを併用する。ピレスリン、ピレスロイド中毒症では、活性炭をq6hで24時間投与する。瀉下剤の投与は1回のみでよい。

6. アトロピン：0.02～0.04mg/kg IV、IM、SC。アトロピンは解毒剤ではないが、臨床徴候を軽減する。
7. 入院下にて、対症療法および支持療法を行う。
8. メトカルバモール（Robaxin®）：40～50mg/kg。筋の過活動を制御するのに有効である。
9. 必要に応じて、ジアゼパム、フェノバルビタール、ペントバルビタールのいずれかを用いて、発作や活動過多を制御する。
   A. ジアゼパム：0.5～1mg/kg IV。効果発現まで5～20mgずつ分割投与。
   B. フェノバルビタール
      犬：2～4mg/kg IV
      猫：1～2mg/kg IV
   C. ペントバルビタール：2～30mg/kg IV。効果発現まで緩徐に投与。
10. アセプロマジンなどのフェノチアジン系薬剤の投与は避ける。

ブドウ、レーズン

有毒物質

中毒原因は不明である。世界中の多種にわたるブドウ（*Vitis* spp.）で報告がある。

- オクラトキシン（カビ毒）が関与している可能性がある。
- フラボノイド、タンニン、多量の単糖類の代謝不全が関与している可能性がある。

おそらく特異体質反応と考えられる。

作用機序

腎近位尿細管の重篤な瀰漫性変化と急性腎不全が生じ、死に至る。膵炎発症の報告もある。

中毒源

ブドウ、レーズン

中毒量

猫の中毒量に関する文献はない。犬の中毒量も不明である。ある報告によると、ブドウ中毒症例におけるブドウの摂取量は42～896g、中央値は19.6g/kgであったが、4～5粒で発症した症例もあった。

致命的な結果が引き起こされる可能性があるため、動物中毒事故管理センター（APCC）は、犬にブドウやレーズンを与えないように警告している。

診断

ヒストリー――徴候発現までの12時間における曝露歴、または曝露の可能性。

臨床徴候――嘔吐、下痢、元気消失、脱力感、運動失調、腹部痛、尿量減少など。

臨床検査――BUN・クレアチニン値・リン濃度上昇、電解質不均衡、等張尿、ネフローゼ症候群（コレステロール値の上昇、高窒素血症、病的蛋白尿、末梢浮腫など）の可能性。

CBC検査を行い、腎盂腎炎を除外する。

レピトスピラ症の血清抗体検査を行う。

エチレングリコール検査を行う。エチレングリコール中毒症の可能性が少しでもあれば、4-MPの投与などの治療を行うこと。

鑑別診断

エチレングリコール中毒症、NSAIDs服用、敗血症、熱中症、膵炎、レプトスピラ症、腎盂腎炎、ビタミンD殺鼠剤、腫瘍など。

予後

来院時に認められる臨床徴候により、予後は良好～不良である。43頭の犬のうち、53％が生存し、35％が安楽死され、12％が死亡したという研究報告がある。

治療

1．飼育者に、診断、予後、治療費について説明する。
2．催吐処置による除染を早急に行う。摂取の翌日に来院した場合でも、催吐治療を行う。
   A．アポモルヒネ：0.03mg/kg IV、0.04mg/kg IM。または1.5～6mgを溶解し、結膜嚢に点入する。
   B．3％過酸化水素水：1～2mL/kg PO。最大用量はテーブルスプーン2杯（30mL）。15分以内に嘔吐しない場合は、0.5mL/kgをPOで1回のみ再投与する。
3．活性炭投与の効果は不明である。投与の是非は、個々の症例に合わせて判断する。一般的な推奨投与量は、2～5g/kg POである。

4．解毒剤は存在しない。エチレングリコール中毒症の可能性がある場合は、4-MPを投与する。
5．治療は、支持療法と対症療法である。
A．IV輸液（25％ブドウ糖添加0.45％ NaCl、LRS、ノーモソル®-R）。
B．必要に応じて、制吐薬投与。
C．ファモチジンなどの胃粘膜保護薬投与。
D．腎盂腎炎またはレプトスピラ症の可能性がある場合は、抗生物質投与。
E．必要に応じて、経口リン吸着剤投与。
F．高血圧をモニターする。必要に応じて、適切な治療を行う。
6．尿量が低下している場合は、ドパミン、フロセミド、マンニトールなどを投与する。
7．乏尿・無尿を呈したり、容量過負荷が生じた場合は、血液透析または腹膜透析が適応となる。

ブロメサリン

作用機序

ブロメサリンは、脱共役性の酸化的リン酸化反応によってNa^+/K^+－ATPaseの活性を減少させる強力なジフェニルアミン神経毒である。臨床徴候は、中枢神経機能不全に起因する。一般的な死因は、呼吸器麻痺である。

中毒源

Assault®、Trounce®、Venegeance®などの殺鼠剤。通常、緑色に染色されており、ペレット状を呈する。300ペレット入りの袋で販売されることが多く、1ペレットの重量は平均140mgである。1袋あたりの内容量は16～42.5gであり、ブロメサリン含有量は0.01％である。

中毒量

犬：4.7mg/kg（毒餌として47g/kg）
猫：1.8mg/kg（毒餌として18g/kg）

診断

ヒストリー――曝露歴がある。
臨床徴候――脳水腫、後部麻痺、不全麻痺の急性発現。少量摂取にて、シッフ・シェリントン姿勢、伸筋硬直、不全麻痺、麻痺、縮瞳、瞳孔不同、沈うつ、食欲廃絶、嘔吐、振戦、死亡。多量摂取にて、過剰興奮、後肢の反射異常亢進、振戦、焦点性痙攣、全身性痙攣、死亡。
　臨床徴候は、10～86時間以内に発現し、最大で12日間継続する。
臨床検査――胃内容物からブロメサリンを検出できる場合がある。

鑑別診断

アルコール中毒症、ボツリヌス症、エチレングリコール中毒症、狂犬病、多発性神経根炎、塩中毒症、ダニ麻痺症。

予後

少量摂取であっても死亡する可能性があるため、予後は要注意～極めて不良である。

治療

1．飼育者に、診断、予後、治療費について説明する。
2．気道確保。必要に応じて挿管。
3．酸素補給。必要に応じて人工換気。
4．IVカテーテル留置。調整電解質晶質液のIV輸液により、灌流維持、水和、利尿を図る。
5．摂取後4時間以内あれば、除染が有効である。
   A．犬の催吐処置
      Ⅰ．アポモルヒネ：0.02～0.04mg/kg IV、IM。または1.5～6mgを溶解し、結膜嚢に点入する。アポモルヒネを眼内投与した場合は、催吐後に生理食塩水で十分に眼洗浄を行うこと。アポモルヒネにより過剰な鎮静作用が生じた場合は、ナロキソン0.01～0.04mg/kgのIV、IM、SC投与により拮抗可能である。ナロキソンは、鎮静作用に拮抗するが、催吐作用には拮抗しない。
      Ⅱ．3%過酸化水素水：1～5mL/kg PO。最大用量はテーブルスプーン3杯（45mL）である。10分以内に嘔吐しない場合は、0.5mL/kgをPOで1回のみ再投与する。
   B．猫では、無徴候の場合は摂取から5～6時間後までは催吐が有効である。
      Ⅰ．キシラジン：0.44～1mg/kg IM、SC。ヨヒンビン0.1mg/kgのIM、SC投与、緩徐なIV投与により拮抗可能。
      Ⅱ．メデトミジン：10μg/kg IM。アチパメゾール（Antisedan®）25μg/kgのIM投与により拮抗可能。
      Ⅲ．猫に過酸化水素水を投与するのは非常に困難であり、現在では推奨されていない。
   C．胃洗浄
      Ⅰ．軽麻酔を施す。
      Ⅱ．麻酔中は酸素補給とIV輸液を行う。
      Ⅲ．必要に応じて、適切な麻酔薬を投与し、麻酔を維持する。
      Ⅳ．気管内チューブを挿管し、カフを拡張させる。
      Ⅴ．患者を横臥位に保定する。
      Ⅵ．胃チューブを患者の体側に当て、鼻吻から最後肋骨までの距離に合わせて胃チューブに印を付ける。
      Ⅶ．胃チューブの先端に水溶性ゼリーを塗布し、胃内へ優しく挿入する。印を付けた位置を超えてチューブを挿入しないよう注意する。
      Ⅷ．状況によっては、チューブを2本使用する（小径：流入用、大径：排出用）。

Ⅸ. 体温程度に加温した水道水をチューブ（2本使用時は流入用チューブ）から流入させ、胃を中程度に拡張させる。小型症例の場合は、電解質の変化を避けるため、生理食塩水を用いる。

Ⅹ. 液体をチューブ（2本使用時は排出用チューブ）から排出させる。

Ⅺ. 胃洗浄液、中毒誘起が疑われる異物や種子などは、毒性検査用に保存する。

Ⅻ. 胃洗浄液が連続的に排出されない場合は、チューブの位置を変えたり、液体やエアでフラッシュするなどして調整を行う。

XIII. 患者の体位を反転させ、胃洗浄を続ける。

XIV. 排出液が透明になるまで胃洗浄を続ける。

XV. チューブを2本使用している場合は、1本のチューブの端をクランプで閉じてから抜去する。

XVI. 胃チューブから活性炭を投与する。

XVII. もう1本のチューブも、端をクランプで閉じてから抜去する。

XVIII. 麻酔からの覚醒をモニターし、喉頭反射が回復するまでカフを拡張させたまま気管チューブを留置しておく。

D. 活性炭：1～2g/kg PO。通常、1gを5mLの水と混和し、スラリー状にして投与する。活性炭は3～4時間ごとに反復投与する。初回はソルビトール1～5g/kg POを併用する。ブロメサリン中毒症例では、摂取後24時間まで活性炭投与を6～8時間ごとに反復する。ソルビトールの併用は単回とし、反復投与時には併用しない。

E. ポリエチレングリコール（GoLYTELY®またはCoLYTE®）を用いて、腸洗浄を行うとよい。

6. 発作の制御

A. ジアゼパム：0.5～1.0mg/kg IV

B. フェノバルビタール

犬：2～4mg/kg IV

猫：1～2mg/kg IV

7. 高体温を呈する場合は、適切に処置を行う。

8. 脳浮腫の治療

A. 観察と治療のために、患者を入院させる。患者の前半身を30%程度持ち上げ、頸部への圧迫を軽減させる。頭部は自然な位置に置く。体温、脈拍、呼吸をモニターし、高体温を避ける。脳幹障害に関連して生じる不整脈の有無をモニターする。

B. 酸素補給と人工換気。

Ⅰ. 酸素ケージ、マスク、エリザベスカラーフードを用いて酸素補給を行う。頸部を圧迫しないこと。経鼻カテーテルは、くしゃみを誘発し、脳圧亢進の原因となるため使用しない。

Ⅱ. 加湿した酸素を100mL/kg/分で投与する。パルスオキシメーターで酸素飽和度を測定し、90%以上を維持する。酸素飽和度を維持できない、Pa_{CO_2}>50mmHg、総CO_2が正常値以上、無呼吸を呈する場合は、機械的換気を行う。

a．昏迷または昏睡状態にある患者に機械的換気を行う場合——犬では、挿管時の発咳を避けるため、2%リドカイン0.75mg/kgをIV投与。猫では、喉頭にリドカインをスプレーする(ただし、リドカインは猫に対して毒性があるので注意する)。

b．挿管に鎮静が必要な場合——プロポフォールまたはヒドロモルフォンと、ジアゼパムまたはミダゾラムをIV投与する。鎮静効果の維持には、ペントバルビタールをCRI投与するとよい。

c．犬では、抜管前に2%リドカイン0.75mg/kgをIV投与する。

d．麻酔誘発性の低換気を認める場合——ナロキソン0.01～0.04mg/kgをIV、IM、SC投与。

C．ヘタスターチ投与

Ⅰ．犬：20mL/kg IV、ボーラス投与。以後は、必要に応じて1日1回、20mL/kgを4～6時間かけてIV投与。

Ⅱ．猫：10～15mL/kg IV、ボーラス投与。以後は、必要に応じて1日1回、10～15mL/kgを4～6時間かけてIV投与。

Ⅲ．晶質液の投与量を40～60%減じる。

D．平均動脈血圧（MAP）のモニタリング。MAPは収縮期血圧（SAP）と拡張期血圧（DAP）から算出できる。

Ⅰ．MAP＝DAP＋[(SAP－DAP)÷3]

Ⅱ．MAPを80～100mmHgに維持することで、正常脳灌流圧を維持する。SAPは120～140mmHgに維持する。

Ⅲ．高血圧を避ける。

a．犬の高血圧の基準

ⅰ．収縮期圧＞180mmHg

ⅱ．拡張期圧＞120mmHg

ⅲ．平均動脈血圧＞140mmHg

b．猫の高血圧の基準：

ⅰ．収縮期圧＞160mmHg

ⅱ．拡張期圧＞95mmHg

ⅲ．平均動脈血圧＞117mmHg

c．神経学評価を再度行い、頭蓋内圧亢進を示唆する徴候の有無を確認する。

E．フロセミド投与

犬：1～2mg/kg IV、IM q6～12h

猫：0.5～1.0mg/kg IV、IM q6～12h

F．浸透圧調節物質を要する場合は、マンニトール0.1～0.5mg/kgを20分間かけてIV投与する。

Ⅰ．マンニトールの投与から15分間後に、フロセミド1mL/kgを投与する。

Ⅱ．必要に応じて、マンニトールを4時間ごとに反復投与する。

Ⅲ．マンニトールは、脱水、無尿性腎不全、うっ血性心不全、容量過負荷、高浸透圧状態、頭蓋内出血を呈している患者には禁忌である。

Ⅳ. 上記の症例では、フロセミド1〜2mg/kgをⅣ投与する。

ペイントボール

有毒物質

ペイントボールには、ナトリウムとグリセロール、プロピレングリコールが含まれている。エチレングリコール試験では、プロピレングリコールにより陽性を示す可能性がある。エチレングリコール（不凍液）中毒症が疑われる場合は、高ナトリウム血症の治療と同時に、エチレングリコール中毒症の治療も行うこと。

作用機序

高ナトリウム血症、血清高浸透圧症

中毒源

ペイントボール

中毒量

不明。30kgの犬が5〜10個のペイントボールを摂取すると、症状が発現する。

診断

ヒストリー——摂取歴がある。顔や前肢に塗料が付着しており、臨床徴候がペイントボール中毒症に合致する、嘔吐物に塗料が含まれているなど。

臨床徴候——主な徴候は、頻脈、脱力、活動過多、嘔吐、下痢、多飲、多尿、運動失調、振戦、高体温、盲目、発作、昏睡。

臨床検査——

1. 高ナトリウム血症、脱水による高蛋白血症。
2. PCV上昇。
3. エチレングリコール試験キットにて、偽陽性（エチレングリコール中毒症の可能性が否定できない場合は、エチレングリコール中毒症の治療を行うこと）。血中グリセロール濃度の測定を行うとよい。

予後

治療により、予後は通常良好である。

治療

1. 飼育者に、診断、予後、治療費について説明する。
2. 来院時に最も認められる徴候は、嘔吐、見当識障害、運動失調であるため、催吐処置は推奨されない。摂取からの経過時間が短く、臨床徴候を呈していない場合は、催吐処置を考慮する。

3．活性炭投与は、高ナトリウム血症を悪化させるため、禁忌である。
4．塩類瀉下剤・浸透圧性瀉下剤の投与は、禁忌である。
5．入院下にて、対症療法および支持療法を行う。
6．知覚鈍麻、昏睡を呈する症例では、必要に応じて酸素補給および人工換気を行う。
7．IVカテーテルを留置する。
8．水分喪失分の補給およびナトリウム希釈を目的に、IV輸液を行う。
　A．水分喪失量の計算法
　　喪失量(L)＝0.6×体重(kg)×[(現在のNa濃度÷正常Na濃度)－1]
　B．簡易計算法
　　喪失量(L) ＝0.6×体重(kg)×[(現在のNa濃度÷140)－1]
　C．水分喪失量の単位はリットルである。
　D．水分補給に要する時間を決定する。通常、高ナトリウム血症の持続時間に依存する。
　　Ⅰ．高ナトリウム血症が急性発症した場合（6～12時間以内）は、6～12時間かけて補給する。1時間あたりの補給量を維持量に加えて投与する。
　　Ⅱ．高ナトリウム血症の進行が慢性的または経過不明である場合は、より時間をかけて補給する（一般に24～48時間）。
　　　a．ナトリウム濃度は4～6時間ごとに再測定する。ナトリウム濃度の低下速度は、0.5mEq/L/時を超えないようにする。
　　　b．急速な輸液は、脳浮腫を惹起する恐れがある。慢性高ナトリウム血症症例では、脳細胞内にて浸透圧活性物質が産生される。これにより、水分が細胞内に引き込まれ、浮腫を誘発する。緩徐に再水和を行うと、浸透圧活性物質は分解されるため、脳細胞は保護される。
　E．治療中は、血清ナトリウム濃度を定期的に再測定する（症例により4～12時間ごと）。慢性高ナトリウム血症症例では、より頻繁な再測定を要する。
　F．これらの症例では、血清ナトリウム濃度よりもナトリウム含有量が低い輸液剤を選択する。
　　Ⅰ．急性症例では、ナトリウム濃度の低い輸液剤が最適である。例：5%ブドウ糖添加精製水、低張食塩水（0.45%食塩水）など。
　　Ⅱ．慢性症例では、比較的ナトリウム濃度の高い輸液剤を選択し、緩徐に補正を行う。例：0.9%食塩水、ノーモソル®-R、プラズマライト®、LRSなど。
9．発作を呈する場合は、必要に応じてジアゼパムを投与する。

ヘビ咬傷

作用機序

1．コブラ科（サンゴヘビ）の毒素には、ポリペプチドとアセチルコリンエステラーゼが含まれる。

A．神経毒成分は小分子ポリペプチドで、神経筋接合部で後シナプス性に作用する。

B．神経筋接合部の後シナプス性非脱分極性阻害は、クラーレの作用に類似する。

C．通常、北アメリカサンゴヘビ毒素の蛋白質分解酵素では組織浮腫は生じず、生じたとしても最小限である。

D．溶血反応——ホスホリパーゼA_2は、赤血球の細胞膜に存在するレシチンと反応すると、細胞膜の透過性亢進と溶血を引き起こす。

2．マムシ科（ガラガラヘビ、アメリカマムシ、ヌママムシ）の毒素は、獲物の不動化、致死、消化作用を有する。

A．一般に、不動化はマムシ毒の致死性ポリペプチドが引き起こす循環血流量減少性ショックによるもので、神経筋遮断によるものではない。ポリペプチドによって、獲物の内皮細胞が損傷されると、血漿や血液の組織滲出が生じる。その結果、サードスペースが形成され、循環血流量減少性ショックが惹起される。

B．消化作用は、ヒアルロニダーゼなどの蛋白質分解酵素やホスホリパーゼA_2を含む多様な酵素によって引き起こされる。これらの酵素の作用により、ヘビは獲物を咀嚼せずに丸飲みすることができる。ポリペプチドによるサードスペース形成は、ヘビ毒に含まれる消化酵素を効率よく組織に到達させるのにも役立つ。

C．モハーベガラガラヘビのVenom A（モハーベ毒素とも呼ばれる）は例外的である。Venom Aは、神経筋遮断によって獲物を不動化させる毒素である。Venom Aは、基本となるホスホリパーゼA_2のサブユニットと酸性ペプチドのサブユニットからなる。

D．モハーベガラガラヘビの中には、Venom Bを有し、Venom A（モハーベ毒素）を欠くものもいる。それらのヘビは、循環血流量減少性ショックによって獲物を不動化させる。このようなモハーベガラガラヘビは、主にアリゾナ州のフェニックスとツーソンの間に生息している。

E．大半のマムシ毒の標的は、循環器系、特にその内皮細胞である。ポリペプチドは内皮細胞を損傷し、一方で出血性メタロプロテイナーゼは血管基底膜と血管周囲の細胞外マトリクスを破壊することで、赤血球の溢出が生じる。臨床的には、咬傷部位における出血として認められる。

F．ヘビ毒に含まれるトロンビン様糖蛋白が、フィブリノゲン溶解を生じると、播種性血管内凝固症候群（DIC）様徴候が引き起こされる。これらの糖蛋白は、真のDICにおいてトロンビンが引き起こすようなXIII因子活性化を惹起しない。このため、ヘビ毒によるDIC様凝固障害においては、ヘパリンや血液製剤投与による治療は有効ではなく、むしろ有害となる可能性がある。

G．マムシ科の品種によっては、獲物に特徴的な凝固障害が生じる。例えば、ヨコシマガラガラヘビの毒に含まれるプロテアーゼ（クロタロシチン）は、血小板凝集を引き起こす。パシフィックガラガラヘビは、重度血小板減少症を引き起こすが、低フィブリノゲン血症は引き起こさない。

H. 血小板減少症は、マムシ毒注入において広く認められる弊害である。血小板減少症は、咬傷部位での血小板消費に起因する。また、内皮細胞と基底膜の損傷は、血小板凝集の原因となる。

I. ガラガラヘビ毒に含まれるキニノゲナーゼは、内因性血液凝固経路におけるXII因子を活性化させる。また、血漿グロブリンに作用して、強力な血管拡張薬であるブラジキニンの形成を促す。ブラジキニンは内因性ホスホリパーゼA_2を刺激する。それによってアラキドンカスケードが刺激され、プロスタグランジン合成が亢進する。

中毒源

毒ヘビは以下の5つの科に分類され、そのうち3科は北アメリカに生息している。

1. ナミヘビ科（ブームスラング）——中央アフリカおよび南アフリカに生息する。
2. マムシ科——世界各地に生息する。ガラガラヘビ属（ガラガラヘビ）、アメリカマムシ属（アメリカマムシ、ヌママムシ、マレーマムシ、マムシ）、アメリカハブ属（フェルドランス、ハララカハブ）、ラケシス（ブッシュマスター）、ハブ属（ハブ）など。マムシ科のヘビは、「pit vipers」と称されることが多い。
3. コブラ科——サンゴヘビ属（サンゴヘビ）、アマガサヘビ属（アマガサヘビ）、マンバ属（マンバ）、キングコブラ属（キングコブラ）、フードコブラ属（コブラ）など。有毒なサンゴヘビを区別するのに、「黄色に赤縞は仲間を殺し、黒に赤縞は毒素を欠く（Red on yellow, kill a fellow. Red on black, venom lack）」という言い習わしがある（有毒なサンゴヘビでは、赤縞と黄縞が接している）。
4. ウミヘビ科——太平洋、インド洋に生息する。ハラナシウミヘビ属、イボウミヘビ属、ウミヘビ属、エラブウミヘビ属、セグロウミヘビ属（ウミヘビ、ウミアマガサヘビ）など。
5. クサリヘビ科——ヨーロッパ、アジア、東南アジア、インド、アフリカに生息する。クサリヘビ属（アスプクサリヘビ、ヨーロッパクサリヘビ、ハナダカクサリヘビ）、アフリカアダー属（パフアダー、ガブーンバイパー）など。

北アメリカに生息する主な毒ヘビを**表14-5**に示す。

中毒量

ヘビ咬傷による中毒量は、ヘビの品種、注入された毒素の種類によって異なる。ナミヘビ科の咬傷は、通常は成人であれば致命的ではないが、犬猫や他の小動物には致命的となる可能性がある。

表14-5　北アメリカに生息する主な毒ヘビ

科・属	種	亜種	一般名	生息地
コブラ科				
サンゴヘビ属 Micrurus	*fulvius*	*fulvius*	東サンゴヘビ(Eastern coral snake)	アメリカ南東部
	fulvius	*tenere*	テキサスサンゴヘビ (Texas coral snake)	アメリカ南部
	euryxanthus		アリゾナサンゴヘビ (Arizonacoral snake) またはソノラサンゴヘビ (Sonoran coral snake)	アメリカ南西部
マムシ科				
ヌママムシ属 *Agkistrodon*	*contortrix*	*contortrix*	南アメリカマムシ (Southern copperhead)	バージニア州からテキサス州
	contortrix	*mokeson*	北アメリカマムシ (Northern copperhead)	マサチューセッツ州からバージニア州
	piscivorus	*piscivorus*	東コットンマウス (Eastern cottonmouth)	バージニア州からテキサス州
	piscivorus	*conanti*	フロリダコットンマウス (Florida cottonmouth)	フロリダ州
ガラガラヘビ属 *Crotalus*	*scutulatus*	*scutulatus*	モハーベガラガラヘビ (Mojave rattlesnake)	アメリカ南西部
	atrox		ニシダイヤガラガラヘビ (Western diamondback)	アメリカ南西部
	cerastes		サイドワインダー (Sidewinder)	アメリカ南西部
	lepidus		イワガラガラヘビ (Rock rattlesnake)	アメリカ南西部
	mitchelli		マダラガラガラヘビ (Speckled rattlesnake)	アメリカ南西部
	molossus		クロオガラガラヘビ (Black-tailed rattlesnake)	アメリカ南西部
	pricei		ツインスポットガラガラヘビ (Twin-spotted rattlesnake)	アメリカ南西部
	tigris		タイガーガラガラヘビ (Tiger rattlesnake)	アリゾナ州
	viridis	*abyssus*	グランドキャニオンガラガラヘビ (Grand Canyon rattlesnake)	アリゾナ州 グランドキャニオン
	viridis	*cerebrus*	アリゾナクロガラガラヘビ (Arizona black rattlesnake)	アリゾナ州
	viridis	*nuntius*	ホピガラガラヘビ (Hopi rattlesnake)	アリゾナ州
	willardi		リッジノーズガラガラヘビ (Ridge-nosed rattlesnake)	アリゾナ州、ニューメキシコ州
	ruber		アカダイヤガラガラヘビ (Red diamond rattlesnake)	カリフォルニア州
	viridis	*helleri*	南太平洋ガラガラヘビ (Southern Pacific rattlesnake)	カリフォルニア州
	viridis	*lutosus*	グレートベイスンガラガラヘビ (Great Basin rattlesnake)	アメリカ西部
	viridis	*concolor*	ミジェットフェイディッドガラガラヘビ (Midget faded rattlesnake)	コロラド州、ユタ州
	viridis	*oreganus*	北太平洋ガラガラヘビ (Northern Pacific rattlesnake)	アメリカ北西部
	viridis	*viridis*	プレーリーガラガラヘビ (Prairie rattlesnake)	ロッキー山脈
	horridus		ヨコシマガラガラヘビ (Timber rattlesnake)	アメリカ北部、西部
	adamanteus		ヒガシダイヤガラガラヘビ (Eastern diamondback)	アメリカ南西部
ヒメガラガラヘビ属 Sistrurus	*catenatus*		ヒメガラガラヘビ (Massasauga)	アメリカ中西部から南西部
	miliarius		ピグミーガラガラヘビ (Pygmy rattlesnake)	アメリカ南西部

診断

ヒストリー——ヘビ咬傷歴、ヘビの生息地（通常は遠隔地）への侵入。いつ、どこで、どのような状況で咬傷が生じたのかを聴取すること。臨床徴候が発現した時間や順序を明確にする。飼育者に服薬歴やアレルギーの有無を確認する。応急処置時に投与した薬剤、処置者を明確にする。

臨床徴候——

1. コブラ科——毒牙の咬創は確認できないことがある。流涎過多、悪心、嘔吐、脱力を呈することがある。神経毒作用により、局所性知覚麻痺、運動失調、眠気、球麻痺（延髄麻痺）、筋攣縮、四肢脊髄反射減弱を伴う四肢麻痺、急性弛緩性上行性麻痺、発作など。溶血、血色素尿、貧血、低体温症、嚥下障害、呼吸困難、誤嚥性肺炎の可能性。呼吸不全によって死亡する場合もある。ヘビ咬傷の臨床徴候は、事故から7時間以内に発現することもあれば、48時間遅延することもある。
2. マムシ科——主な臨床徴候は、毒素に含まれる消化酵素による局所的組織破壊、血漿滲出による浮腫、微小血管系の破壊による出血、血液量減少によるショック、神経筋遮断である。咬創は、複数の穿孔創であるが、咬創が確認できないこともある。その他に、出血過多、紅斑、点状出血、斑状出血、重度疼痛を伴う腫脹、浮腫、リンパ管炎、元気消失、悪心、嘔吐、低血圧、凝固障害、血色素尿、ミオグロビン尿症、循環性ショック、循環血液量減少性ショック、不整脈、神経学的徴候として筋力低下、筋攣縮、不全麻痺、麻痺、発作、死など。遅発性徴候として、筋壊死、組織の腐肉形成。

   マムシ毒中毒症の臨床徴候は、咬傷から30～60分間以内に発現することもあれば、24～72時間後に発症することもある。少量の毒物注入、または毒物注入を伴わない咬傷（ドライバイト）では、局所的な徴候はわずかまたは見られず、全身性徴候や臨床検査上の異常はない。しかし、臨床徴候の発現が遅延している可能性もあるため、患者は入院下にて厳重にモニターし、状態悪化に注意する。ドライバイトが生じる確率は、文献によって差があるが、10～25%である。

   モハーベガラガラヘビによる咬傷では、腫脹がわずかで無痛であっても、致命的となる場合がある。

臨床検査——

1. 血小板数を含むCBC。血液濃縮や溶血の可能性。
2. 血液塗抹標本にて、棘状赤血球（図14-6）の有無を確認する。
   - A. 棘状赤血球は、円鋸歯状形成により細胞膜上にスパイクを有する赤血球である。
   - B. 犬における棘状赤血球発現は、マムシ毒注入後、24時間以内に生じる。
   - C. 棘状赤血球は、毒物注入後、48～72時間以内に消滅する。
   - D. 毒物注入による深刻な臨床徴候が現れるまで棘状赤血球が出現しない場合がある。また、毒物注入を受けた全ての患者において認められるわけではない。

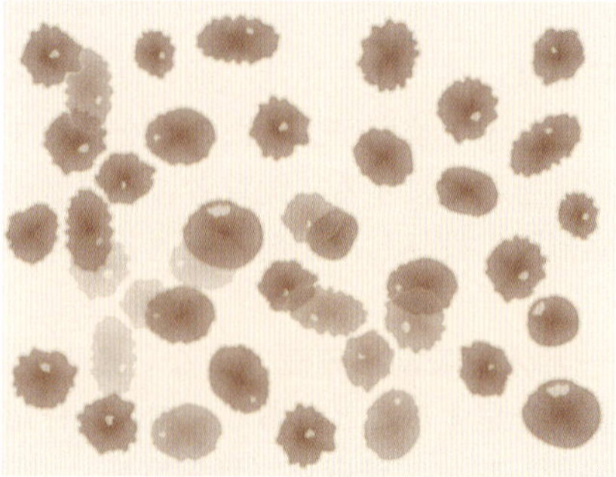

図14-6　有棘赤血球

E．毒物注入の治療は、棘状赤血球の存在の有無に基づいて行ってはならない。

F．棘状赤血球の評価を行うには、スライドに生理食塩水1滴と患者の血液1滴を滴下し、顕微鏡下で観察する。

3．凝固能検査には、PT、APTTまたはACT、FDP、D-ダイマー、TEGがある。

A．PT、APTT測定用の院内検査機器が発売されている。

B．活性凝固時間（ACT）の評価

Ⅰ．ACTの基準値

犬：60～120秒

猫：50～75秒

Ⅱ．急性DICでは中程度のACT延長を認める。

犬：120～200秒

猫：75～120秒

Ⅲ．DICの末期では著しいACT延長を認める。

犬：＞200秒

猫：＞120秒

Ⅳ．検査手順――ACTチューブは、事前に37℃に加温し、検査中も温度を維持する。チューブは2本用いる。太い静脈に1回のスムーズな穿刺を施し、迅速に採血を行う。血液は、真空採血管（Vacutainer system）を用いて1本目のチューブに直接採取するか、シリンジから速やかにチューブへ移す。静脈に針を穿刺したままで、2本目のチューブに血液を採取する。チューブに血液2mLを入れた時点から、血餅形成が目視されるまでの時間がACTである。

4．尿検査

A．血色素尿、ミオグロビン尿

B．尿細管円柱

5．血清性化学検査（BUN、クレアチニン値、血清電解質を含む）

A．低カリウム血症と高カリウム血症は、いずれも頻繁に生じる。

B．クレアチニンキナーゼ値上昇

C．高窒素血症がある場合は、血清BUN、クレアチニン値は上昇する。
6．血液ガス検査——代謝性アシドーシス

鑑別診断

咬傷を起こしたヘビが毒ヘビか否かを鑑別すること。類症鑑別として、他の生物による咬傷、血管浮腫を伴う急性アレルギー反応、植物棘による損傷、ダニ麻痺症、ボツリヌス中毒症、急性多発神経炎、その他の原因によるDIC、その他の凝固障害。

予後

予後は、ヘビの品種、毒物の注入量、咬傷を受けた部位によって異なる。

治療

コブラ毒に対する治療——

1．肢に咬傷を受けたとの電話連絡があった場合は、患者の体動を制限した状態で（可能ならば抱きかかえて）来院するように指示する。
　A．止血帯や冷罨を用いないように指示する。また、投薬も行わないように指示する。
　B．来院するまでの移動中は、患肢を心臓よりも高位に上げておくのが望ましい。
　C．咬んだヘビを捕獲する必要はないが、毒ヘビであったか否かを鑑別できれば、後の診療に役立つ。
2．飼育者に、診断、予後、治療費について説明する。
3．患者の治療に専念し、ヘビやその毒素に気を取られないこと。
4．気道確保。必要に応じて挿管。
5．酸素補給。必要に応じて人工換気。
6．治療前に採血と採尿を行う。
7．IVカテーテル留置。調整電解質晶質液のIV輸液により、灌流維持、水和を図る。
8．必要に応じて、ジアゼパム、フェノバルビタール、ペントバルビタールのいずれかを用いて、発作や活動過多を制御する。
　A．ジアゼパム：0.5～1mg/kg IV。効果発現まで5～20mgずつ分割投与。
　B．フェノバルビタール
　　犬：2～4mg/kg IV
　　猫：1～2mg/kg IV
　C．ペントバルビタール：2～30mg/kg IV。効果発現まで緩徐に投与。
9．来院前の応急処置について評価する。
　A．止血帯が不適切に巻かれている場合は、その近位に収縮力の弱いバンドを巻き、調整電解質晶質液のIV投与を開始した後に、止血帯をゆっくりと取り外す。
　B．薬剤がすでに投与されていないか、患者にアレルギー歴がないかを確認する。

10. 咬創が確認された場合は、創部の剃毛、洗浄を行う。
11. 咬創が確認された場合は、広域スペクトル抗生物質（セファロスポリン、メトロニダゾール、アモキシシリン-クラブラン酸など）を投与する。
12. 可能ならば、患部を機能的な位置で緩く固定する。
13. 神経毒徴候が発現する前に、抗毒素の投与を検討する。
14. 抗毒素を投与する場合は、抗ヒスタミン薬と抗毒素を投与する前に、抗毒素の皮膚試験を行う。
    A．説明書に記載された方法に従って行う。
    B．アナフィラキシーまたはアナフィラキシー様徴候の発現に備えて、必要な薬剤や備品を全て揃えておく。
15. 皮膚試験後に、ジフェンヒドラミン2～4mg/kgをIV投与する。これは、抗毒素に対するアレルギー反応への前処置と鎮静を目的とする。
16. 馬由来の抗毒素である*Micrurus fulvius*を、東サンゴヘビ（*Micrurus fulvius fluvius*）やテキサスサンゴヘビ（*Micrurus fluvius tenere*）の毒物注入に対して投与する。アリゾナサンゴヘビやソノラサンゴヘビ（*Micrurus euryxanthus*）の毒物注入に対しては投与しない。
    A．この抗毒素は馬由来である。
    B．この抗毒素により、アナフィラキシー（Ⅰ型過敏症）、アナフィラキシー様反応、血清病（Ⅲ型過敏症）が生じる可能性がある。
17. 還元後、抗毒素を晶質液250mLで希釈する（小型の患者では用量を調節すること）。
    A．還元時には、抗毒素を混和させるが、変性や泡立ちを避けるため、容器を振ってはならない。抗毒素を体温程度に加温すると、還元が促進される。
    B．抗毒素は、前後にゆっくり動く血液バイアル用の混和装置を用いて還元してもよい。
    C．抗毒素を緩徐IV投与する。反応が生じなければ、10分間後に投与速度を上げる。
    D．初期投与量は2バイアルとする。小型症例では、追加バイアルを要することが多い。
    E．小型症例では、希釈剤（晶質液）の用量を減らす（用量過負荷を避けるため）。
    F．治療開始から1～2時間以内に全量を投与するように努める。
    G．早期に抗毒素を投与すれば効果が高い。そのため、総投与量も抑えることができる。
18. 抗毒素の追加投与は、臨床徴候や検査所見に基づいて決定する。以下のような場合は、追加投与が不要であることを示唆する。
    A．循環系の安定化（正常な血圧と脈拍数など）
    B．筋攣縮の停止
    C．全身状態の改善
19. 耳介内側表皮の充血の有無を観察する。充血は、異種蛋白質の急速投与に対するアナフィラキシー様反応として生じる。

20. アレルギー反応を認めた場合は、直ちに抗毒素の投与を中止する。
    A．ジフェンヒドラミン：1～4mg/kg IV。緩徐に投与。
    B．エピネフリン、コルチコステロイド投与を要することもある。
    C．血圧をモニターする。
    D．10分間経過後、さらに遅い速度で抗毒素の投与を再開する。
21. アレルギー反応が再発する場合は、抗毒素投与を中止し、晶質液投与した上で、専門家に意見を求める。同時にエピネフリンを効果発現までIV投与するとよい。
22. 実験段階であるが、新しい牛由来のフラグメント抗体（Fab）抗毒素が開発されている。
    A．東サンゴヘビ（*Micrurus fuluvius*）の毒素に対する抗毒素である。
    B．この抗毒素は、効果が極めて高いと報告されているが、本書の執筆時には市販されていない。
23. コルチコステロイド投与を検討する。ヘビ咬傷におけるコルチコステロイド投与には賛否両論があり、一般にコブラ毒に対する治療としては推奨されない。
24. アトロピンは、ヘビ毒のコリンエステラーゼ阻害作用に起因する徴候を改善する。

マムシ毒に対する治療——

1．肢に咬傷を受けたとの電話連絡があった場合は、患者の体動を制限した状態で（可能ならば抱きかかえて）来院するように指示する。
    A．止血帯や冷罨を用いないように指示する。また、投薬も行わないように指示する。
    B．来院するまでの移動中は、患肢を心臓よりも高位に上げておくのが望ましい。
    C．咬んだヘビを捕獲する必要はないが、毒ヘビであったか否かを鑑別できれば、後の診療に役立つ。
2．飼育者に、診断、予後、治療費について説明する。
3．患者の治療に専念し、ヘビやその毒素に気を取られないこと。
4．受傷症例が、事前に「ガラガラヘビワクチン」を接種されている犬であっても、未接種症例と同様の治療を要する。
5．気道確保。必要に応じて挿管。
6．酸素補給。必要に応じて人工換気。
7．頭部や頸部に腫脹を認める場合は、首輪を外し、緊急的気管切開の準備をしておく。
8．治療前に採血と採尿を行う。
9．IVカテーテル留置。調整電解質晶質液のIV輸液により、灌流維持、水和を図る。
10. 重度の循環血液量減少性ショックを呈する場合は、ヘタスターチを投与する。
    A．犬：初回は20mL/kgを10分間かけてIV、ボーラス投与。以後は臨床徴候に応じて14〜20mL/kgをIV投与。

B．猫：初回は5mL/kgを10分間かけてIV、ボーラス投与。以後は臨床徴候に応じて5〜10mL/kgをIV投与。特に、猫は用量過負荷の徴候に留意する。

11. ショックを呈し、凝固障害の徴候を認める場合は、抗毒素の追加投与を検討する。

A．脱線維素が生じた場合は、血液成分投与の有効性は疑わしい。

B．循環血中の毒素は、輸血された血小板、赤血球、凝固因子も持続的に破壊する。

12. ショック状態ではないものの、ACTやAPTT延長を呈する場合は、晶質液のIV輸液は行うが、ヘタスターチやヘパリンの投与は避ける。抗毒素療法は、凝固障害の疑いがある場合にも有効なことがある。

13. マムシ毒のトロンビン様酵素は、アンチトロンビンⅢ（ヘパリン補因子）による阻害を受けない。したがって、マムシ毒（トロンビン様酵素）誘発性凝固障害に対してヘパリンは無効である。

14. 必要に応じて、ジアゼパム、フェノバルビタール、ペントバルビタールのいずれかを用いて、発作や活動過多を制御する。

A．ジアゼパム：0.5〜1mg/kg IV。効果発現まで5〜20mgずつ分割投与。

B．フェノバルビタール
犬：2〜4mg/kg IV
猫：1〜2mg/kg IV

C．ペントバルビタール：2〜30mg/kg IV。効果発現まで緩徐に投与。

15. 来院前の応急処置について評価する。

A．止血帯が不適切に巻かれている場合は、その近位に収縮力の弱いバンドを巻き、調整電解質晶質液のIV投与を開始した後に、止血帯をゆっくりと取り外す。

B．薬剤がすでに投与されていないか、患者にアレルギー歴がないかを確認する。

16. 咬創が確認された場合は、創部の剃毛、洗浄を行う。

17. 大半の症例では、抗生物質投与は不要である。ただし、基礎疾患として免疫抑制疾患を有する場合、その他の感染症を併発している場合、四肢に受傷した場合、創部が広範囲にわたる場合、創部に壊死が生じた場合は、広域スペクトル抗生物質（セファロスポリンまたはアモキシシリン-クラブラン酸とメトロニダゾールの併用など）を投与する。

18. 可能ならば、患部を機能的な位置で緩く固定する。

19. マムシ咬傷では、重度の疼痛を呈するため、鎮痛剤投与が推奨される。

A．NSAIDsは、腎障害や抗凝固作用を引き起こす恐れがあるため、初期（入院中）の使用は避ける。状態が改善し、腎不全や凝固障害を発症する危険性がなくなれば、NSAIDsを投与してもよい。大半の症例では、退院時以降に使用する。

B．抗毒素は疼痛を軽減する。重篤な疼痛を訴える症例では、抗毒素の追加投与を検討する。

C．一般に使用される鎮痛薬

Ⅰ．ヒドロモルフォン

a．犬：0.05～0.2mg/kg IV、IM、SC q2～6hまたは0.0125～0.05mg/kg/時 IV CRI

b．猫：0.05～0.2mg/kg IV、IM、SC q2～6h

Ⅱ．フェンタニル

a．犬：効果発現まで2～10μg/kg IV、以後は1～10μg/kg/時 IV CRI

b．猫：効果発現まで1～5μg/kg/時、以後は1～5μg/kg/h IV CRI

Ⅲ．モルヒネ

a．犬：0.5～1mg/kg IM、SCまたは0.05～0.1mg/kg IV

b．猫：0.005～0.2mg/kg IM、SC

Ⅳ．ブプレノルフィン

a．犬：0.005～0.02mg/kg IV、IM q4～8h、2～4μg/kg/時 IV CRI、0.12mg/kg OTM（経口腔粘膜投与）

b．猫：0.005～0.01mg/kg IV、IM q4～8h、1～3μg/kg/時 IV CRI、0.02mg/kg OTM（経口腔粘膜投与）

20. 皮膚試験後または抗毒素投与前に、ジフェンヒドラミン2～4mg/kgのIV投与を検討する。これは、抗毒素に対するアレルギー反応への前処置と鎮静を目的とする。

21. 抗毒素を投与する。現在、米国の獣医療ではマムシ毒に対する抗毒素は3種類が入手可能である。

A．Antivenin®――Wyeth and Fort Dodge社により供給されている。多価マムシ毒抗毒素であり、ヒガシダイヤガラガラヘビ（*Crotalus adamanteus*）、ニシダイヤガラガラヘビ（*C.atrox*）、アメリカ南部・熱帯ガラガラヘビ（*C.durissus terrificus*）、ヤジリハブ（*Bothrops atrox*）に対する抗毒素を含む。

Ⅰ．この抗毒素は、アメリカ北部、南部、中央部に生息するマムシ科の全品種の毒素を中和できる。

Ⅱ．馬由来の抗毒素であり、アナフィラキシー（Ⅰ型過敏症）、アナフィラキシー様反応、血清病（Ⅲ型過敏症）を惹起する可能性がある。

Ⅲ．アメリカマムシによる咬傷では、一般に抗毒素は不要であるが、患者のモニターは不可欠である。

Ⅳ．ヒガシダイヤガラガラヘビ、ヌママムシおよびアメリカ西部に生息するマムシ科各種による咬傷では、一般に抗毒素の投与を要する（少なくとも有益である）。

B．CroFab®――羊由来の抗マムシ多価フラグメント抗体（Fab）抗毒素であり、純度が非常に高い。

Ⅰ．CroFab®は、ヒガシダイヤガラガラヘビ（*Crotalus adamanteus*）、ニシダイヤガラガラヘビ（*C.atrox*）、アメリカ南部・熱帯ガラガラヘビ（*C.durissus terrificus*）、Venom Aを有するモハーベガラガラヘビ（*C.scutulatus scutulatus*）、東ヌママムシ（*Agkistrodon piscivorus piscivorus*）に対する抗毒素を含む。

Ⅱ. CroFab®は蛋白分子の含有量が低いため、アナフィラキシーを誘発する危険性が低い。

Ⅲ. CroFab®に含まれるフラグメント抗体は小型であるため、クリアランスが速い。そのため、数時間後に再投与を要することがある。

Ⅳ. 米国におけるヒトのマムシ咬傷では、CroFab®が第一選択の抗毒素製剤である。

C. Antivypmin®——メキシコで開発されたフラグメント抗体抗毒素であり、米国への輸入が可能である。

Ⅰ. 臨床試験において、Antivypmin®は効果が優れており、副作用もない（または最小限）である。

Ⅱ. 患者の疼痛および不快感緩和において、Antivypmin®は他の抗毒素製剤よりも極めて優れていると報告されている。

Ⅲ. Antivypmin®は希釈の必要がなく、直接緩徐にIV投与ができる。

22. 抗毒素は、咬傷から2～4時間以内に投与されるのが望ましい。8時間以上経過すると、効果は低減し、12時間後以降ではさらに効果が減少する。30時間後の投与では、効果は凝固障害および血小板減少症の緩和に限定される。

23. 抗毒素の還元

A. 還元時には、抗毒素を混和させるが、変性や泡立ちを避けるため、容器を振ってはならない。

B. 抗毒素の還元を促進するには、バイアルをポケットに入れるか、体に当てて体温程度に加温するとよい。

C. 抗毒素は、前後にゆっくり動く血液バイアル用の混和装置を用いて還元してもよい。

24. 還元後、抗毒素をIV輸液用晶質液で希釈する。1時間以内に投与できる量に調節すること。

25. 抗毒素を緩徐にIV投与する。反応が生じない場合は、10分間後に投与速度を上げる。

A. 初期の投与量は、1～2バイアルとする。小型症例および肢端に咬傷を受けた症例では、追加バイアルを要することが多い。小型症例では、希釈剤（晶質液）の用量を減らす（用量過負荷を避けるため）。

B. 治療開始から1～2時間以内に全量を投与するように努める。

C. 早期に抗毒素を投与すると効果が高い。そのため、総投与量も抑えることができる。

26. 耳介内側表皮にて充血の有無を観察する。充血は、異種蛋白質の急速投与に対するアナフィラキシー様反応として生じる。

27. アナフィラキシー反応またはアナフィラキシー様反応を認めた場合は、直ちに抗毒素の投与を中止する。

A. ジフェンヒドラミン：1～2mg/kg IV。緩徐に投与。

B．シメチジン（Tagamet®）：5〜10mg/kg IV、IM q8〜12h。必要に応じて投与。

C．エピネフリン、コルチコステロイド投与を要することもある。

D．血圧をモニターする。

E．10分間経過後、さらに遅い速度で抗毒素の投与を再開する。

F．アレルギー反応が再発する場合は、抗毒素投与を中止し、晶質液を投与した上で、専門家に意見を求める。

G．同時にエピネフリンを効果発現までIV投与するとよい。

28. 抗毒素の追加投与は、臨床徴候（腫脹の悪化、重度疼痛）や検査所見（特にAPTT延長、血小板減少症）に基づいて決定する。

A．咬傷部周囲の長さおよび直径を計測する（図14-7）。

B．腫脹や浮腫を記録するため、抗毒素投与前および投与中は、15分間おきに上記の計測を繰り返し行う。投与後は1〜2時間ごとに計測し、カルテに記録する。

C．身体検査および神経学的検査を繰り返し行う。APTTおよび血小板測定も反復すること。

D．以下のような場合は、追加投与が不要であることを示唆する。

Ⅰ．循環系の安定化（正常な血圧と脈拍数など）

Ⅱ．血小板数増加、APTT正常化

Ⅲ．筋攣縮の停止

Ⅳ．腫脹部位の安定化（悪化を認めない、または軽減している）

Ⅴ．疼痛が軽減されている。

Ⅵ．全身状態の改善

29. 抗毒素投与後、少なくとも24時間は、必ず入院下にて観察を行う。経済的な問題により、入院管理が不可能な場合は、飼育者にモニターすべき点

図14-7　ヘビ咬傷部位の計測
ヘビ咬傷では、創部の直径をカルテに記録する。計測は、来院直後から開始し、以後モニタリングの一貫として反復する。

と問題が生じた場合の対処法を説明しておく。
30. ヘビ咬傷におけるコルチコステロイド投与には賛否両論があり、一般に現在では推奨されていない。
31. 尿量および腎機能をモニターする。尿量は、少なくとも1～2mL/kg/時を維持すること。
32. 循環機能をモニターする。また、心電図により不整脈をモニターする。
33. 安定化が得られるまで、血小板数は2～6時間ごとに反復測定する。
34. 血清病の徴候についてモニターするように飼育者に指示する。発症までの平均的な期間は、抗毒素投与から1週間である。主な徴候は、発熱、元気消失、筋肉痛、関節痛、蕁麻疹、リンパ節腫脹、血管炎、糸球体腎炎、神経炎である。症状は自然治癒するが、治療としては抗ヒスタミン薬およびグルココルチコイドを投与する。

一般的な推奨事項

1. 少なくとも12時間（コブラ咬傷では24～48時間）は、必ず入院下にて観察を行う。
2. 患者から目を離さない（特に抗毒素投与中）。
3. 適応例においては、早急かつ積極的な治療を躊躇しない。
4. アイスパックなどの冷罨を行わない。
5. 止血帯を巻かない。
6. 低血圧に対しては、一般に非経口輸液法が適切である。昇圧薬は、ショック時において即時作用型の薬剤を要する場合のみに用いる。
7. マムシ毒誘発性凝固障害に対しては、ヘパリンを投与しない。
8. 創傷部位の切除処置は、推奨されない。
9. 重症度判定を目的とした創傷部位の外科的探査は行わない。
10. コンパートメント症候群の客観的根拠がない限り、腹膜切除は行わない。コンパートメント症候群を認める場合は、外科医との協議を要する。マムシ科の咬傷では、重度の浮腫や腫脹が生じるが、血管障害やコンパートメント症候群の発現が報告されることはまれである。

βブロッカー

作用機序

βブロッカーは、心臓、眼、腎臓、気管支平滑筋などのβアドレナリン受容体を遮断する。βアドレナリン受容体の遮断により、徐脈、気管支痙攣、低血圧が生じる。作用は、心ブロック（1度、2度、3度）、PR延長、QT間延長、QRS幅延長、心筋抑制、陰性変力作用、低血圧、心原性ショック、低血糖などに起因する。

中毒源

βブロッカーは、緑内障、不安神経症、偏頭痛、振戦、高血圧、頻脈性不整脈などの治療薬に含有されている。

診断

ヒストリー——誤食歴がある。
臨床徴候——徐脈、元気消失、失神、ショック、意識障害、発作、昏睡。
臨床検査——一般に低血糖を認める。
心電図——多種の異常を呈する（上記の作用機序を参照のこと）。

血清および尿中のβブロッカー濃度は臨床徴候と相関しないため、検査実施は困難である。

鑑別診断

心疾患、ミニチュアシュナウザーの洞不全症候群、バクロフェン中毒症、カルシウムチャネル遮断薬の過剰投与、アヘン中毒症、その他の循環器系薬剤の過剰投与。

予後

予後は要注意である。

治療

1．飼育者に、診断、予後、治療費について説明する。
2．摂取から1時間以内に来院した場合は、胃洗浄による除染を試みる。催吐処置は推奨されない。
　A．胃洗浄
　　Ⅰ．軽麻酔を施す。
　　Ⅱ．麻酔中は酸素補給とⅣ輸液を行う。
　　Ⅲ．必要に応じて、適切な麻酔薬を投与し、麻酔を維持する。
　　Ⅳ．気管内チューブを挿管し、カフを拡張させる。
　　Ⅴ．患者を横臥位に保定する。
　　Ⅵ．胃チューブを患者の体側に当て、鼻吻から最後肋骨までの距離に合わせて胃チューブに印を付ける。
　　Ⅶ．胃チューブの先端に水溶性ゼリーを塗布し、胃内へ優しく挿入する。印を付けた位置を超えてチューブを挿入しないよう注意する。
　　Ⅷ．状況によっては、チューブを2本使用する（小径：流入用、大径：排出用）。
　　Ⅸ．体温程度に加温した水道水をチューブ（2本使用時は流入用チューブ）から5～10mL/kg流入させ、胃を中程度に拡張させる。小型症例の場合は、電解質変化を避けるため、生理食塩水を用いる。
　　Ⅹ．液体をチューブ（2本使用時は排出用チューブ）から排出させる。
　　Ⅺ．胃洗浄液、中毒誘起が疑われる異物や種子などは、毒性検査用に保存する。
　　Ⅻ．胃洗浄液が連続的に排出されない場合は、チューブの位置を変えたり、液体やエアでフラッシュするなどして調整を行う。
　　XIII．患者の体位を反転させ、胃洗浄を続ける。

XIV. 排出液が透明になるまで胃洗浄を続ける。
XV. チューブを2本使用している場合は、1本のチューブの端をクランプで閉じてから抜去する。
XVI. 胃チューブから活性炭を投与する。
XVII. もう1本のチューブも、端をクランプで閉じてから抜去する。
XVIII. 麻酔からの覚醒をモニターし、喉頭反射が回復するまでカフを拡張させたまま気管チューブを留置しておく。

B. 活性炭：1〜2g/kg PO、単回投与する。通常、活性炭1gに水5mLを加え、スラリー状にして投与する。

C. 徐放薬を摂取した場合は、ポリエチレングリコール（PEG）や、電解質液（GoLYTELY®）を用いた腸洗浄を検討する。

3. 支持療法を行う。
   A. 必要に応じて、挿管、陽圧換気。
   B. 血圧モニタリング。
   C. 心電図モニタリング。
   D. 血液ガス、電解質モニタリング。
   E. 腎機能モニタリング。
   F. 血糖値モニタリング。
4. IVカテーテル留置、晶質液によるIV輸液。
5. 重度低血圧および不整脈では、脂肪乳剤の静脈投与（IFE）療法が有効な場合がある。
   A. 20%乳剤：1.5mL/kg IV、1分間かけてボーラス投与。以後は、0.25mL/kg/分をCRIで30〜60分間継続投与する。
   B. IV、ボーラス投与は、必要に応じて、3〜5分ごとに反復投与が可能である。ボーラス投与の総量は最大で3mL/kgとする。
   C. 低血圧が持続する場合は、CRI流量を0.5mL/kg/分まで増量する。
   D. 総投与量は、8mL/kgを超えてはならない。
6. 10%グルコン酸カルシウム：0.6mL/kg IV。低血圧治療に有用である。イオン化カルシウム濃度を治療的濃度（1.13〜1.33mmol/L）の1〜2倍に維持する。
7. グルカゴン投与は、心筋変力性の増大に有効である。0.05〜0.2mg/kgを緩徐IV、ボーラス投与。以後は0.1〜0.15mg/kg/時をCRI、IV投与する。
8. 高用量インスリン（HDI）、ブドウ糖投与。
   A. 血糖値を測定する。
   B. 犬の血糖値<100mg/dL、猫の血糖値<200mg/dLである場合は、ブドウ糖を投与する。
   C. レギュラーインスリン1U/kgをIV、ボーラス投与。以後は2unit/kg/時をCRI、IV投与する。
   D. 必要に応じて、インスリンのCRI流量を、10分間ごとに2U/kg/時ずつ増量する。最大投与量は10U/kgとする。

ホウ酸、ホウ酸塩、ホウ素

作用機序

不明であるが、あらゆる細胞に対して細胞毒性を有する刺激物である。ホウ酸塩は、腎臓で濃縮されるため、腎臓が最も傷害を受けやすい。

中毒源

アリやゴキブリ用の毒餌、ノミ駆除剤、除草剤、肥料、義歯洗浄剤、コンタクトレンズ洗浄液、防腐剤、殺菌剤、掃除用洗剤、口腔内洗浄液

中毒量

ラットの経口LD_{50}は、2.7～4g/kgである。小型哺乳動物におけるホウ酸摂取の経口致死量は、0.2～0.5g/kgである。

診断

ヒストリー――曝露歴がある。

臨床徴候――流涎過多、嘔吐、腹部痛、下痢、沈うつ、運動失調、知覚過敏症、筋力低下、振戦、痙攣、血尿、乏尿、無尿、昏睡、死亡。

臨床検査――

1. 血液ガス分析では、代謝性アシドーシスを示す。
2. 尿検査では、腎尿細管の損傷を認める。
3. 生化学検査では、肝酵素値、BUN、クレアチニン値の上昇を認める。
4. 尿中にホウ酸検出。
5. 血液中にホウ酸塩検出。血中濃度＞50mg/mLである場合は、ホウ酸塩中毒症と診断される。

鑑別診断

コレカルシフェロール、生ゴミ、メチルキサンチン、キノコ、有機リン殺虫剤、ピレスリン・ピレスロイド、ロテノン、亜鉛などによる中毒症。

予後

予後は、臨床徴候の重篤度と曝露量によって異なる。

治療

1. 飼育者に、診断、予後、治療費について説明する。
2. 気道確保。必要に応じて挿管。
3. 酸素補給。必要に応じて人工換気。
4. IVカテーテル留置。調整電解質晶質液のIV輸液により、灌流維持、水和を図る。
5. 曝露後2時間以内である場合は、除染が有効である。
   A. 皮膚曝露の場合は、患者を温水と石鹸で念入りに洗浄する。処置中

は、ゴム手袋を含む防護衣を着用すること。患者を保温する。

B．犬の催吐処置

Ⅰ．アポモルヒネ：0.02〜0.04mg/kg IV、IM。または1.5〜6mgを溶解し、結膜嚢に点入する。アポモルヒネを眼内投与した場合は、催吐後に生理食塩水で十分に眼洗浄を行うこと。アポモルヒネにより過剰な鎮静作用が生じた場合は、ナロキソン0.01〜0.04mg/kgのIV、IM、SC投与により拮抗可能である。ナロキソンは、鎮静作用に拮抗するが、催吐作用には拮抗しない。

Ⅱ．3%過酸化水素水：1〜5mL/kg PO。最大用量はテーブルスプーン3杯（45mL）。10分以内に嘔吐しない場合は、0.5mL/kgをPOで1回のみ再投与する。

C．猫の催吐処置

Ⅰ．キシラジン：0.44〜1mg/kg IM、SC。ヨヒンビン0.1mg/kgのIM、SC投与、緩徐IV投与により拮抗可能。

Ⅱ．メデトミジン：10μg/kg IM。アチパメゾール（Antisedan®）25μg/kgのIM投与により拮抗可能。

Ⅲ．猫に過酸化水素水を投与するのは非常に困難であり、現在では推奨されていない。

D．胃洗浄

Ⅰ．軽麻酔を施す。

Ⅱ．麻酔中は酸素補給とIV輸液を行う。

Ⅲ．必要に応じて、適切な麻酔薬を投与し、麻酔を維持する。

Ⅳ．気管内チューブを挿管し、カフを拡張させる。

Ⅴ．患者を横臥位に保定する。

Ⅵ．胃チューブを患者の体側に当て、鼻吻から最後肋骨までの距離に合わせて胃チューブに印を付ける。

Ⅶ．胃チューブの先端に水溶性ゼリーを塗布し、胃内へ優しく挿入する。印を付けた位置を超えてチューブを挿入しないよう注意する。

Ⅷ．状況によっては、チューブを2本使用する（小径：流入用、大径：排出用）。

Ⅸ．体温程度に加温した水道水をチューブ（2本使用時は流入用チューブ）から流入させ、胃を中程度に拡張させる。小型症例の場合は、電解質の変化を避けるため、生理食塩水を用いる。

Ⅹ．液体をチューブ（2本使用時は排出用チューブ）から排出させる。

Ⅺ．胃洗浄液、中毒誘起が疑われる異物や種子などは、毒性検査用に保存する。

Ⅻ．胃洗浄液が連続的に排出されない場合は、チューブの位置を変えたり、液体やエアでフラッシュするなどして調整を行う。

XIII．患者の体位を反転させ、胃洗浄を続ける。

XIV．排出液が透明になるまで胃洗浄を続ける。

XV．チューブを2本使用している場合は、1本のチューブの端をクランプで閉じてから抜去する。

XVI. もう1本のチューブも、端をクランプで閉じてから抜去する。

XVII. 麻酔からの覚醒をモニターし、喉頭反射が回復するまでカフを拡張させたまま気管チューブを留置しておく。

E. 活性炭の有効性を得るには、極めて大量の投与を要するため、通常は推奨されない。

F. 中毒症による下痢が生じるため、瀉下剤の投与は推奨されない。

6. LRS、ノーモソル®-Rなどの調整電解質等張性晶質液によるIV輸液を行う。投与速度は、維持量の2〜3倍とする。

A. 重篤な低血流量ショックを示す場合は、急速輸液を行う。
犬：70〜90mL/kg IV（最初の1時間）
猫：30〜40mL/kg IV（最初の1時間）

B. 重篤な低灌流性ショック、低血圧、低蛋白血症を呈する場合は、晶質液に以下を追加投与する。
ヘタスターチ：14〜20mL/kg IV
血漿：10〜30mL/kg IV

7. 再水和を行っている間は、中心静脈圧（CVP）、PCV、TS（≒TP）を頻繁にモニターする。過水和徴候に注意する。

8. 定期的に尿道カテーテルを挿入し、尿量を正確にモニターする。尿量は最少でも1〜2mg/kg/時を維持する。尿道カテーテルを留置してもよいが、その場合は、厳密な無菌操作を行い、閉鎖式採尿システムを用いる。

9. 体重を12時間ごとに測定する。過水和に注意して、慎重にモニターする。

10. 再水和後、利尿を行う。

A. マンニトール（10%または20%）：0.1〜0.5g/kgを緩徐にIV投与。禁忌条件（血管炎、出血異常、高浸透圧性症候群、うっ血性心不全、用量過負荷）がない場合のみ投与する。反応がない場合は、同量を反復投与する。マンニトールの総投与量は、2g/kg/日を超えてはならない。

B. 高張ブドウ糖溶液（10%〜20%）——マンニトールの代替として使用可能である。投与前には血糖値を測定すること。高血糖を呈する場合は、高張ブドウ糖溶液の投与は禁忌である。25〜50mL/kg IV q8〜12hで間欠的緩徐に1〜2時間継続する。

C. フロセミド
犬：2〜6mg/kg IV q8h
猫：0.5〜2mg/kg IV q12〜24h

I. 利尿が1時間以内に起こらない場合には、フロセミドを再投与する。

II. フロセミドは、CRI投与も可能である。2〜5mg/kg/分IV、CRI

D. ドパミン

I. 腎血流量や尿量の上昇を目的とする場合——5〜10μg/kg/分。0.9% NaClに混和してCRI IV投与。

II. 利尿効果の増強を目的とする場合——5〜10μg/kg/分。フロセミドを添加した0.9% NaClバッグに追加し、0.25〜1mg/kg/時をIV CRI投与。

11. 利尿が誘導されない場合は、血液透析または腹膜透析を検討する。腹膜透析の適応例には、以下のものがある。
    A. 透析可能な毒物への曝露
    B. 過水和
    C. 重篤な持続性尿毒症、アシドーシス、高カリウム血症
    D. 乏尿、無尿
12. 代謝性アシドーシスの管理
    A. 調整電解質晶質液のIV輸液を行う。
    B. 換気を促進する。
    C. 重炭酸ナトリウムの投与は、血漿重炭酸ナトリウム濃度算出値の精度が高く（または総P_{CO_2}が測定できており）、重度アシドーシス（pH＜7.10またはHCO_3＜12mEq/L）が確定的な場合に限る。
        I. 重炭酸ナトリウム必要量（mEq）＝0.5×体重（kg）×［総CO_2の目的値（mEq/L）－総CO_2測定値（mEq/L）］
        II. 最初に重炭酸ナトリウム必要量の半分を3〜4時間かけて投与する。その後、再評価を行い、投与量を再調整する。
        III. 重炭酸ナトリウムの投与は慎重に行う。合併症には、過剰是正によるアルカローシス、高ナトリウム血症、静脈用量過負荷、低カリウム血症、低カルシウム血症、組織低酸素症、逆説的中枢性輸液アシドーシスなどがある。

ポプリオイル（アロマオイル）

有毒物質

ポプリオイルは、界面活性剤および多種のエッセンシャルオイルを含有する。

作用機序

界面活性剤は、組織破壊を引き起こす。エッセンシャルオイルは、肝壊死を惹起することがある。

中毒源

ポプリオイルは家庭用芳香剤として用いられる。通常、キャンドルで加温したボウルや、熱源付きのディフューザー（専用ポット）に垂らして室内に芳香を拡散させる。猫は、こぼれたオイルが被毛に付着すると、舐めることがある。

中毒量

正確な中毒量は不明であるが、オイルを数回舐めるだけで重度潰瘍を生じる。経皮曝露や眼球曝露においても重度潰瘍が生じる。

診断

ヒストリー——一般に曝露歴または経口摂取歴。

臨床徴候——犬猫において、嘔吐、下痢、流涎過多、低血圧、肺水腫に続発す

る呼吸困難、口腔内・食道粘膜刺激、皮膚刺激、角膜損傷、眼球損傷、CNS抑制。

臨床検査——ポプリオイルの経口摂取により、肝酵素値上昇、PTおよびAPTT延長。

予後

食道損傷が生じなければ、支持療法にて予後良好である。

治療

1. 飼育者に、診断、予後、治療費について説明する。
2. 催吐処置は行わないこと。
3. 牛乳または水を飲ませて希釈する。
4. 活性炭は投与しないこと。
5. 経皮曝露がある場合は、Dawn® 食器洗い用洗剤または非薬用シャンプーで洗浄する。
6. 入院下にて管理を行う。
7. IVカテーテルを留置し、IV輸液を開始する。
8. スクラルファートを投与する。
   猫：0.25g/頭 PO q8〜12h
9. ブプレノルフィンなどのオピオイドを用いて疼痛管理を行う。
10. 必要に応じて、制吐薬を投与する。
    A. オンダンセトロン：0.1〜0.2mg/kg IV q8〜12h
    B. マロピタント（Cerenia®）：1mg/kg SC q24h
    C. メトクロプラミド：1〜2mg/kg/日 IV CRI
11. 肝保護薬を投与する。
    A. SAMe：18〜20mg/kg PO q24h
    B. シリマリン：20〜50mg/kg PO q24h
    C. *N*-アセチルシステイン：50mg/kg IV、PO q6hで24時間投与。*N*-アセチルシステインは生理食塩水で希釈し、5%溶液にする。30分間かけて緩徐IV投与する。
12. 眼球が汚染された場合は、滅菌食塩水で徹底的に洗浄する。次に、トブラマイシンまたは硫酸ゲンタマイシン眼軟膏を投与する。猫には、眼科用バシトラシン・ネオマイシン・ポリミキシン合剤は、使用禁忌である。
13. 凝固障害がある場合は、新鮮凍結血漿を投与する。
14. 上部消化管損傷の評価には、内視鏡検査が有用である。
15. 嘔吐が持続する場合や食道損傷が重度の場合は、胃チューブ設置を要することがある。
16. 消化管損傷を防止するため、柔らかい食物を給餌する。
17. 食道狭窄が続発した場合は、さらなる治療を要する。

マカデミアナッツ

有毒物質

特定されていない。

作用機序

作用機序は不明であるが、神経伝達物質、神経筋接合部、運動ニューロン、神経線維などが関与していると考えられる。

中毒源

マカデミアナッツは、マカデミアの木（*Macadamia tetraphylla* または *Macadamia intergrifolia*）から収穫される。ナッツは、糖類4%と、最大80%の油脂を含む。

中毒量

一般に摂取が2g/kgを超えると臨床徴候が発現するが、0.7g/kgでも発症例がある。1粒はおよそ2gである。

診断

ヒストリー——摂取歴がある。または、マカデミアナッツやマカデミアナッツ入りチョコレート・クッキー、焼き菓子が入っていた空袋をかじっていたなど。

臨床徴候——脱力（特に後肢）、沈うつ、嘔吐、運動失調、振戦。時に、高体温、腹部痛、四肢ふらつき、蒼白、横臥、硬直。

臨床検査——血清トリグリセリド、アルカリホスファターゼ、リパーゼ濃度上昇、軽度白血球減少症。

予後

予後は極めて良い。ほとんどの症例では、12～24時間以内に臨床徴候が消失する。

治療

1. 飼育者に、診断、予後、治療費について説明する。
2. 摂取から4時間以内に来院した場合は、催吐による除染を試みる（特に1g/kg以上を摂取した場合）。
3. 犬の催吐処置
   A. アポモルヒネ：0.02～0.04mg/kg IV、IM。または1.5～6mgを溶解し、結膜嚢に点入する。アポモルヒネを眼内投与した場合は、催吐後に生理食塩水で十分に眼洗浄を行うこと。アポモルヒネにより過剰な鎮静作用が生じた場合は、ナロキソン0.01～0.04mg/kgのIV、IM、SC投与により拮抗可能である。ナロキソンは、鎮静作用に拮抗するが、催吐作用には拮抗しない。
B．3％過酸化水素水：1～5mL/kg PO。最大用量はテーブルスプーン3杯（45mL）。10分以内に嘔吐しない場合は、0.5mL/kgをPOで1回のみ再投与する。
4．活性炭投与：1～5g/kg PO。ソルビトールとともに単回投与する。
5．支持療法
A．IV輸液またはSC輸液。
B．高体温があれば、モニターおよび治療。
C．必要に応じて、制吐薬投与。
D．静かな場所で、十分に休息させる。
6．マカデミアナッツがチョコレートで覆われている場合や、キシリトール入りの焼き菓子に含まれていた場合は、必要に応じてそれらの中毒症の治療も行う。

マリファナ、ハシシ

作用機序

有毒成分は、トラヒドロカナビノール（THC）である。THCは、脳にて主要な神経伝達物質の全て（セロトニン、ドーパミン、アセチルコリン、ノルエピネフリンなど）と相互作用を生じる。THCは前頭葉および小脳にて特異的受容体と結合する。

中毒源

マリファナは大麻（*Cannabis sativa*）からつくられる。マリファナは、大麻の葉と花を乾燥させたものであり、1～5％のTHCを含む。ハシシは大麻から抽出した樹脂であり、10％のTHCを含む。ハッシュオイルは、ハシシを濃縮したものであり、THCの含有量は一般に50％以上である。カプセル製剤は、緑内障や化学療法中の患者に処方される。

動物は、マリファナ入りの焼き菓子や、マリファナタバコの吸い殻、乾燥させた葉や花を経口摂取して曝露することが多い。

中毒量

犬の致死量は3g/kg以上である。摂取による死亡例は少ない。臨床徴候はさらに低量で出現する。

診断

ヒストリー——可能であれば、摂取歴の有無について尋ねる。飼育者が経緯について話したがらない場合もある。

臨床徴候——散瞳、運動失調、抑うつ、低体温、徐脈、急激な容態変化、急激な攻撃性増大、異常行動、唾液過多、嘔吐、筋振戦、知覚過敏、見当識障害、眼振、発作など。時に、高熱、頻呼吸。

臨床検査——THCが血漿や尿中から検出される。

鑑別診断

アンフェタミン類、抗ヒスタミン薬、コカイン、メチルヘキサミン類、三環系抗うつ薬、生ゴミ、幻覚誘発性キノコ、危険ドラッグ・ハーブ、クロゴケグモの毒液などに起因する各種中毒症

予後

予後は中程度〜良好である。

治療

1. 飼育者に、診断、予後、治療費について説明する。
2. 気道確保。必要に応じて挿管。
3. 酸素補給。必要に応じて人工換気。
4. 必要に応じて、ジアゼパム、クロルプロマジン、フェノバルビタール、ペントバルビタールのいずれかを用いて、発作や活動過多を制御する。
   A. ジアゼパム：0.5〜1mg/kg IV。効果発現まで5〜20mgずつ分割投与。
   B. クロルプロマジン：0.5〜1mg/kg IV。必要に応じて。
   C. フェノバルビタール
      犬：2〜4mg/kg IV
      猫：1〜2mg/kg IV
   D. ペントバルビタール：2〜30mg/kg IV。効果発現まで緩徐に投与。
5. 摂取から1時間以内に来院した場合は、催吐を試みる。ただし、THCが制吐作用を有するため、催吐は奏功しないことがある。マリファナ入りの焼き菓子を大量摂取した場合は、胃洗浄を検討する。
   A. 犬の催吐処置
      Ⅰ. アポモルヒネ：0.02〜0.04mg/kg IV、IM。または1.5〜6mgを溶解し、結膜嚢に点入する。アポモルヒネを眼内投与した場合は、催吐後に生理食塩水で十分に眼洗浄を行うこと。アポモルヒネにより過剰な鎮静作用が生じた場合は、ナロキソン0.01〜0.04mg/kgのIV、IM、SC投与により拮抗可能である。ナロキソンは、鎮静作用に拮抗するが、催吐作用には拮抗しない。
      Ⅱ. 3%過酸化水素水：1〜5mL/kg PO。最大用量はテーブルスプーン3杯（45mL）。10分以内に嘔吐しない場合は、0.5mL/kgをPOで1回のみ再投与する。
   B. 猫の催吐処置
      Ⅰ. キシラジン：0.44〜1mg/kg IM、SC。ヨヒンビン0.1mg/kgのIM、SC投与、緩徐IV投与により拮抗可能。
      Ⅱ. メデトミジン：10μg/kg IM。アチパメゾール（Antisedan®）25μg/kgのIM投与により拮抗可能。
      Ⅲ. 猫に過酸化水素水を投与するのは非常に困難であり、現在では推奨されていない。
   C. 胃洗浄
      Ⅰ. 軽麻酔を施す。

II. 麻酔中は酸素補給とIV輸液を行う。
III. 必要に応じて、適切な麻酔薬を投与し、麻酔を維持する。
IV. 気管内チューブを挿管し、カフを拡張させる。
V. 患者を横臥位に保定する。
VI. 胃チューブを患者の体側に当て、鼻吻から最後肋骨までの距離に合わせて胃チューブに印を付ける。
VII. 胃チューブの先端に水溶性ゼリーを塗布し、胃内へ優しく挿入する。印を付けた位置を超えてチューブを挿入しないよう注意する。
VIII. 状況によっては、チューブを2本使用する（小径：流入用、大径：排出用）。
IX. 体温程度に加温した水道水をチューブ（2本使用時は流入用チューブ）から流入させ、胃を中程度に拡張させる。小型症例の場合は、電解質の変化を避けるため、生理食塩水を用いる。
X. 液体をチューブ（2本使用時は排出用チューブ）から排出させる。
XI. 胃洗浄液、中毒誘起が疑われる異物や種子などは、毒性検査用に保存する。
XII. 胃洗浄液が連続的に排出されない場合は、チューブの位置を変えたり、液体やエアでフラッシュするなどして調整を行う。
XIII. 患者の体位を反転させ、胃洗浄を続ける。
XIV. 排出液が透明になるまで胃洗浄を続ける。
XV. チューブを2本使用している場合は、1本のチューブの端をクランプで閉じてから抜去する。
XVI. 胃チューブから活性炭を投与する。
XVII. もう1本のチューブも、端をクランプで閉じてから抜去する。
XVIII. 麻酔からの覚醒をモニターし、喉頭反射が回復するまでカフを拡張させたまま気管チューブを留置しておく。

6. 活性炭：1～5g/kg PO。ソルビトールとともに単回投与する。
7. 静かで暗い場所で休息させる。
8. 18～24時間は、入院下にて、経過観察、支持療法、対象療養を行う。
9. 持続的で重度な嘔吐を呈する場合は、IVカテーテル留置、調整電解質晶質液によるIV輸液を行い、水和を維持する。
10. 嘔吐が継続する場合は、制吐薬を投与する。
    A. マロピタント（Cerenia®）：1mg/kg SCまたは2mg/kg PO q24h 5日間
    B. オンダンセトロン：0.1～0.2mg/kg IV q8～12h
    C. ドラセトロン：0.6～1mg/kg IV、SC、PO q24h
11. 呼吸抑制を呈する場合は、酸素補給を行い、ドキサプラム2.0～10.0mg/kgを緩徐IV投与。
12. 横臥状態である場合は、4時間ごとに体位変換を行う。
13. 体温をモニターし、必要に応じて対処する。低体温、高体温のいずれも生じる可能性がある。

メタアルデヒド

作用機序

作用機序は不明である。メタアルデヒドの中間代謝産物であるアセトアルデヒドが代謝されることにより、代謝性アシドーシスが生じるが、アセトアルデヒドは中毒症の臨床徴候を惹起しない。メタルアルデヒド中毒症の患者は、γアミノ酪酸（GABA）、セロトニン、ノルエピネフリンの濃度が低下し、発作が惹起される。

中毒源

メタアルデヒドは、カタツムリ、ナメクジ、ラットの駆除剤に含まれる。曝露は、駆除剤を摂取したカタツムリ、ナメクジ、ラットの捕食により生じる。メタアルデヒドは、小型ヒーター用の燃料に含まれていることもある。

中毒量

犬の致死量：10mg/kg

猫でも同様であると推測される。

診断

ヒストリー――曝露歴がある。

臨床徴候――臨床徴候は、摂取後30分～5時間以内に発現する。主な徴候は、不安行動、知覚過敏、運動失調、筋線維束性収縮、筋振戦、眼振（猫）、頻脈、散瞳、流涎、嘔吐、下痢など。病状進行に伴って、高熱（>42℃）、重度代謝性アシドーシス、意識消失、呼吸抑制、チアノーゼ、間代性痙攣、さらに呼吸不全により死亡することがある。曝露から3～5日間後に肝不全を呈することがある。

臨床検査――

1. メタアルデヒドは、尿、血漿、胃内容物、組織標本などから検出される。
2. 血液ガス検査――重度代謝性アシドーシス。

鑑別診断

ストリキニーネ、有機リン、カーバメート、ピレチリン、ピレスロイドなどの中毒症。

予後

予後は、中程度～要注意である。

治療

1. 飼育者に、診断、予後、治療費について説明する。
2. 気道確保。必要ならば挿管。

3．酸素補給。必要ならば人工換気。
4．IVカテーテル留置。調整電解質晶質液のIV輸液により、灌流維持、水和、利尿を図る。
5．必要に応じて、ジアゼパム、フェノバルビタール、ペントバルビタール、プロポフォールのいずれかを用いて、発作や活動過多を制御する。
  A．ジアゼパム：0.5〜1mg/kg IV。効果発現まで5〜20mgずつ分割投与。
  B．フェノバルビタール
    犬：2〜4mg/kg IV
    猫：1〜2mg/kg IV
  C．ペントバルビタール：2〜30mg/kg IV。効果発現まで緩徐に投与。
  D．プロポフォール：2〜6mg/kg IVまたは0.1〜0.6mg/kg/分CRI IV
6．高体温を呈する場合は、対症療法を行う。
7．摂取から2時間以内である場合は、除染が有効である。催吐処置または胃洗浄を行う。
  A．犬の催吐処置
    Ⅰ．アポモルヒネ：0.02〜0.04mg/kg IV、IM。または1.5〜6mgを溶解し、結膜囊に点入する。アポモルヒネを眼内投与した場合は、催吐後に生理食塩水で十分に眼洗浄を行うこと。アポモルヒネにより過剰な鎮静作用が生じた場合は、ナロキソン0.01〜0.04mg/kgのIV、IM、SC投与により拮抗可能である。ナロキソンは、鎮静作用に拮抗するが、催吐作用には拮抗しない。
    Ⅱ．3％過酸化水素水：1〜5mL/kg PO。最大用量はテーブルスプーン3杯（45mL）。10分以内に嘔吐しない場合は、0.5mL/kgをPOで1回のみ再投与する。
  B．猫の催吐処置
    Ⅰ．キシラジン：0.44〜1mg/kg IM、SC。ヨヒンビン0.1mg/kgのIM、SC投与、緩徐IV投与により拮抗可能。
    Ⅱ．メデトミジン：10μg/kg IM。アチパメゾール（Antisedan®）25μg/kgのIM投与により拮抗可能。
    Ⅲ．猫に過酸化水素水を投与するのは非常に困難であり、現在では推奨されていない。
  C．胃洗浄
    Ⅰ．軽麻酔を施す。
    Ⅱ．麻酔中は酸素補給とIV輸液を行う。
    Ⅲ．必要に応じて、適切な麻酔薬を投与し、麻酔を維持する。
    Ⅳ．気管内チューブを挿管し、カフを拡張させる。
    Ⅴ．患者を横臥位に保定する。
    Ⅵ．胃チューブを患者の体側に当て、鼻吻から最後肋骨までの距離に合わせて胃チューブに印を付ける。
    Ⅶ．胃チューブの先端に水溶性ゼリーを塗布し、胃内へ優しく挿入する。印を付けた位置を超えてチューブを挿入しないよう注意する。
    Ⅷ．状況によっては、チューブを2本使用する（小径：流入用、大径：

排出用）。

Ⅸ．体温程度に加温した水道水をチューブ（2本使用時は流入用チューブ）から流入させ、胃を中程度に拡張させる。小型症例の場合は、電解質の変化を避けるため、生理食塩水を用いる。

Ⅹ．液体をチューブ（2本使用時は排出用チューブ）から排出させる。

Ⅺ．胃洗浄液、中毒誘起が疑われる異物や種子などは、毒性検査用に保存する。

Ⅻ．胃洗浄液が連続的に排出されない場合は、チューブの位置を変えたり、液体やエアでフラッシュするなどして調整を行う。

XIII．患者の体位を反転させ、胃洗浄を続ける。

XIV．排出液が透明になるまで胃洗浄を続ける。

XV．チューブを2本使用している場合は、1本のチューブの端をクランプで閉じてから抜去する。

XVI．胃チューブから活性炭を投与する。

XVII．もう1本のチューブも、端をクランプで閉じてから抜去する。

XVIII．麻酔からの覚醒をモニターし、喉頭反射が回復するまでカフを拡張させたまま気管チューブを留置しておく。

D．活性炭：1〜5g/kg PO。初回は70％ソルビトール1〜2mL/kg POを併用する。以後は活性炭のみを0.5〜2g/kg PO q4〜8hで投与する。

8．筋振戦の制御

A．ジアゼパム：0.5〜1mg/kg IV。1回投与量が2.5〜20mgになるように分割する。または1〜4mg/kg 直腸内投与。1回投与量が5〜20mgになるように分割する。0.1〜0.5mg/kg/時IV CRIが有効な場合もある。

B．メトカルバモール

Ⅰ．犬：55〜220mg/kg IV。最初は半量（＜2mL/分）を緩徐に投与。必要に応じて、残量を投与する。

Ⅱ．猫：55mg/kg IV

9．発作の制御にジアゼパムが有効でない場合は、以下の薬剤を投与する。

A．ペントバルビタール：3〜15mg IV。必要に応じて、4〜8時間後に再投与。

B．プロポフォール：6mg/kg IV。30秒間で25％が投与できる速度で。または0.1〜0.6mg/kg/分IV CRI

10．重篤な代謝性アシドーシス（pH＜7.05）を呈する場合は、重炭酸ナトリウムをIV投与する。

A．重炭酸ナトリウムの必要量（mEq）＝0.3×体重（kg）×［総CO_2の目的値（mEq/L）－総CO_2の測定値（mEq/L）］

B．最初に重炭酸ナトリウムの必要量の1/2〜1/4を30〜60分間かけて投与する。その後、再評価を行い、用量を再調整する。

C．重炭酸ナトリウム投与は慎重に行う。合併症には、過剰是正によるアルカローシス、高ナトリウム血症、静脈用量過負荷、低カリウム血症、低カルシウム血症、組織低酸素症、逆説的中枢性輸液アシドーシスなどがある。

11. 入院下にて、モニター、対症療法、支持療法を行う。
12. 必要に応じて、制吐薬を投与する。
13. 遅延性の肝障害を呈する場合があるため、肝酵素値をモニターする。

有機リン、カーバメート

作用機序

これらの毒物は、アセチルコリンエステラーゼ（AChE）に結合し、シナプス間隙でのアセチルコリン分解を阻害する。これによりアセチルコリンが蓄積し、副交感神経の興奮が増す。その結果、コリン作動性の神経シナプスや神経筋結合部が支配する末端器官の過剰刺激が生じる。

有機リンは、カーバメートよりもAChEへの親和性が高い。有機リンの抑制作用は不可逆的であるが、カーバメートの作用は可逆的である。

有機リン-AChE結合の安定性は、脱アルキル基化によるエイジング（aging）によって強化される。

中毒源

有機リンは、殺虫剤、殺真菌剤、除草剤、全身性寄生虫駆除剤、寄生虫駆除スプレー・薬浴剤・局所薬、ノミ駆除首輪、神経ガス（武器）などに使用される。有機リン化合物の数は、極めて多い。

有機リンは、クロルフェンビンホス（Dermaton® Dip）、クロルピリホス（Dursban®）、カウマホス、シチオアート（Proban®）、ジアジノン、ジクロルボス、ジオキサチオン、ジスルホトン、フェンチオン（ProSpot®）、マラチオン、パラチオン、ホスドリン、ロンネル、トリクロルフェン、バポナなどがある。

カーバメートは、アルジカルブ、ベンジカルブ、カルバリル（Sevin®）、カルボフラン、ジメチラン、イソラン、メチオカルブ、メキサカルベート、オキサミル、プロポクスルなどがある。

中毒量

猫は、有機リンへの感受性が高い。猫の血中に存在する偽コリンエステラーゼは、有機リンへの感受性が極めて高く、強い抑制を受ける。

毒性は、化合物の種類、動物種、曝露量、曝露時間（急性または慢性）、経口摂取の有無によって異なる。

診断

ヒストリー——曝露歴がある。曝露ルートには、経口、経皮、吸入など。

臨床徴候——

1. 一般に、臨床徴候は曝露から数分間後～12時間後に発現する。
2. 臨床徴候発現の遅延例（曝露から19日間後の発現）も報告されている。
3. 臨床徴候の発現から死亡までの時間は、数分から数時間の場合もある。
4. 臨床徴候は、以下の頭文字を取って、SLUDまたはSLUDGEと表されることが多い。

Salivation＝流涎（過多）、Lacrimation＝流涙、Urination＝尿失禁、Defecation＝便失禁、GI distress＝胃腸障害、Emesis＝嘔吐

5．臨床徴候は、ムスカリン様作用（DUMBELS）に起因するものと、ニコチン様作用（MTWThF）に起因するものに分類することもできる。
ムスカリン様作用（DUMBELS）――Diarrhea＝下痢、Urination＝尿失禁、Miosis＝縮瞳、Bradycardia＝徐脈/Bronchospasm＝気管支痙攣/Bronchorrhea＝気管支漏、Emesis＝嘔吐、Lacrimation＝流涙、Salivation＝流涎（過多）/Secretion＝分泌（過多）/Sweating＝発汗
ニコチン様作用（MTWThF：曜日）――Mydriasis＝散瞳、Tachycardia＝頻脈、Weakness＝脱力、HyperTension＝高血圧/Hyperglycemia＝高血糖、Fasciculations＝筋線維束性攣縮

6．クロルピリホスに曝露した猫では、即時性と遅延性の「中間型症候群」を呈することがある。これは、血中AChE活性が持続的に低減することに起因し、臨床徴候は曝露から5～6日後に発現する。主な徴候は、筋力低下、食欲不振、抑うつである。

7．犬では、遅延型神経障害症候群（ジンジャー・ジェーク麻痺）が、経口摂取から1週間～1ヵ月後に生じることがある。これは、神経毒性エステラーゼの阻害に起因するもので、AChEの阻害によるものではない。感覚消失や疼痛が生じるため、脱力や運動失調を呈する。麻痺は、弛緩性から痙性へと変化する。回復には長期間を要し、また完全な回復は難しい。

臨床検査――

1．有機リン中毒症に起因する血中コリンエステラーゼ活性の低下。
   A．重度の急性中毒症例や死亡例において、脳内コリンエステラーゼ濃度と血中コリンエステラーゼ濃度は相関しない。
   B．化合物によっては、血液脳関門を容易に通過しないものがある。その場合も、脳内コリンエステラーゼ濃度と血中コリンエステラーゼ濃度は相関しない。
   C．血中コリンエステラーゼ濃度から中毒症の重篤度を推定することはできない。

2．カーバメートによるコリンエステラーゼ阻害は一過性であり、コリンエステラーゼは自動的に再活性化する。このため、単回のコリンエステラーゼ活性の測定は有効でない。

3．胃内容物の解析は有効である。

4．経皮曝露症例では、被毛や皮膚検体の解析を行うとよい。

5．有機リン代謝物は、尿中から検出される。アトロピン試験は有用であるが、確定診断には直結しない。アトロピン試験は、以下のように行う。
   A．アトロピン0.02～0.04mg/kgをIV投与する。
   B．散瞳、頻脈、口渇（アトロピン効果を示す徴候）を呈する場合は、有機リン・カーバメート中毒症である可能性は低い。

鑑別診断

ストリキニーネ中毒症、ピレスリン中毒症、ピレスロイド中毒症、メトアルデヒド中毒症。

予後

臨床徴候の重篤度によって、予後は要注意～不良である。

治療

1. 飼育者に、診断、予後、治療費について説明する。
2. 気道確保。必要に応じて挿管。
3. 酸素補給。必要に応じて人工換気。
4. IVカテーテル留置。調整電解質晶質液のIV輸液により、灌流維持、水和を図る。
5. 解毒剤として、アトロピン0.25～1mg/kgを投与する。アトロピンは、ムスカリン様作用を制御するが、ニコチン様作用は制御しない。
   A. 上記の1/4量をIV投与し、残量をIMまたはSC投与する。
   B. 必要に応じて、2～4時間ごとに再投与する。
   C. アトロピン効果のモニタリングでは、流涎過多の改善を観察する。瞳孔の大きさを指標にしてはならない。
   D. 高体温、頻脈、顕著な行動変化、消化管蠕動運動低下が認められた場合は、アトロピンの投与量を減らすか、投与を中断する。
   E. チアノーゼまたは呼吸困難を呈する症例では、アトロピン投与前に酸素補給を行う。
6. 必要に応じて、ジアゼパム、フェノバルビタール、ペントバルビタールのいずれかを用いて、発作や活動過多を制御する。
   A. 機序は不明であるが、クロルピリホス中毒症の患者にジアゼパムを投与すると、ムスカリン作用を惹起するという研究報告がある。
   B. ジアゼパム：0.5～1mg/kg IV。効果発現まで5～20mgずつ分割投与。
   C. フェノバルビタール
      犬：2～4mg/kg IV
      猫：1～2mg/kg IV
   D. ペントバルビタール：2～30mg/kg IV。効果発現まで緩徐に投与。
7. 皮膚汚染の場合は、ぬるま湯と石鹸で徹底的に洗浄する。
   A. 処置中は、ゴム手袋を含む防護衣を着用すること。
   B. 患者の保温に留意すること。
   C. 長毛種の場合は、剃毛も検討する。
8. 経口摂取の場合、臨床徴候の発現がなく、かつ摂取した毒物の基剤が石油系でなければ、催吐処置または胃洗浄を行う。除染が有効であるのは、摂取から4時間後までである。
9. 活性炭：2～5g/kg PO。通常、単回投与。ソルビトールは併用してもしなくてもよい。
10. ニコチン様作用を呈する場合は、ジフェンヒドラミン1～4mg/kg SC、IM

q8hで投与。低用量から開始すること。

11. 重篤な有機リン中毒症を呈する場合は、塩化プラリドキシムを投与する。
    A. プラリドキシムは、有機リン−コリンエステラーゼ複合体に作用する再活性化酵素で、コリンエステラーゼを遊離させ、正常機能を回復させる。プラリドキシムは、結合して間もない複合体には作用するが、エイジングが生じた複合体には作用しない。
    B. **カーバメイト中毒症におけるプラリドキシムの投与は推奨されない**（プラリドキシムは、カーバメートの作用を増悪させる可能性がある）。
    C. プラリドキシムの推奨投与量：10～20mg/kg SCまたは1～2時間かけて緩徐にIV投与。必要に応じてq8～12hで再投与する。低用量から開始すること。
    D. 急速にIV投与を行うと、頻脈、神経筋ブロック、筋拘縮、喉頭痙攣、死を惹起する恐れがあるため、緩徐IV投与が不可欠である。
    E. ヒトの重篤な有機リン中毒症に対しては、プラリドキシム10～20mg/kg/時をIV CRI投与する。
    F. プラリドキシム投与は、エイジングが生じる前、すなわち曝露から24時間以内が最も効果的であるが、48時間までは有効と考えられる。
    G. 慢性有機リン中毒症例では、2週間のプラリドキシム投与を要することもある。
12. 入院下にて支持療法を行う。
13. 必要に応じて、制吐薬投与。
14. 必要に応じて、胃粘膜保護薬投与。
15. 高体温を認める場合は、対症療法を行う。
16. 有機リン・カーバメート中毒症罹患後の4～6週間は、他のコリンエステラーゼ阻害剤への曝露を避ける。この期間は、ピレスリン・ピレスロイドに対する感受性も増加している。
17. 以下の薬剤は、AChE活性を阻害するため、投与を避ける。
    モルヒネ、フィゾスチグミン、フェノチアジン系トランキライザー、ピリドスチグミン、ネオスチグミン、サクシニルコリン、アミノグリコシド系抗生物質、吸入麻酔薬、クリンダマイシン、リンコマイシン、マグネシウム、ポリミキシンA・B、プロカイン、テオフィリンなど。

藍藻（アオコ）

毒素

シアノバクテリア中毒症は、*Anabaena* spp.、*Aphanizomenon* spp.、*Oscillatoria* spp.、*Microcystis* spp.、*Nodularia* spp.などのシアノバクテリアが過剰増殖した水を飲むことで生じる。*Oscillatoria* spp.は、アナトキシン−aおよびアナトキシン−a_sと呼ばれる神経毒を産生する。*Microcystis* spp.はミクロシスチンと呼ばれる肝臓毒を、*Nodularia* spp.はノジュラリンと呼ばれる肝臓毒を産生する。

作用機序

シアノバクテリアは、水とともに摂取された後、胃酸によって溶菌されることで毒素が放出される。遊離毒素は、小腸から急速に吸収される。肝臓毒は、胆汁酸トランスポーターによって肝臓へ輸送される。ミクロシスチンおよびノジュラリンは、肝細胞の細胞構造を変化させる。これらの毒素は、細胞内蛋白質のリン酸化、脱リン酸化を調整するセリン・スレオニン型蛋白質脱リン酸酵素を阻害する。また、これらの毒素は、細胞死を誘起する。

神経毒であるアナトキシン–aは、ニコチン性受容体を介して神経細胞膜の急速な脱分極を引き起こすことにより、呼吸器麻痺を惹起する。アナトキシン–a_sは、末梢神経系のアセチルコリンエステラーゼを阻害するが、血液脳関門は通過しない。

中毒源

晩夏から早秋は、温暖かつ風が強いため、水中の養分が増加する。これに伴って、水面では藍藻の急速な増殖「水の華」が生じる。

中毒量

犬のLD_{50}は不明である。マウスにおける各種の毒素のLD_{50}は、以下の通りである。

1．ミクロシスチン–LR
　経口投与＝10.9mg/kg
　腹腔内投与＝50µg/kg
2．アナトキシン–a
　経口投与＞5,000µg/kg
　腹腔内投与＝200µg/kg
3．アナトキシン–a_s
　経口投与——不明
　腹腔内投与＝20µg/kg

診断

ヒストリー——水辺で目撃される。水の華を認めない場合もある。嘔吐物や被毛上に藻が発見されることがある。複数の動物に発症がみられる。

臨床徴候——徴候は汚染水摂取から1〜4時間後に発症する。

肝臓毒摂取では、活動性の低下、嘔吐、下痢、蠕動運動消失、元気消失、蒼白。24時間以内に死亡することが多い。

アナトキシン–a摂取では、筋振戦、硬直、無気力、呼吸困難、痙攣、呼吸器麻痺など。症状発現から30分間以内に死亡することが多い。

アナトキシン–a_s摂取では、流涎過多、尿失禁、流涙、脱糞、振戦、呼吸不全、発作など。呼吸停止により、発症から1時間以内に死亡することがある。

臨床検査——肝内出血による肝腫大、肝酵素上昇。組織検査では、小葉中心部の肝細胞壊死および出血。

藍藻増殖が最も著しい場所で水検体を採取し、マウスによるバイオアッセイ、高速液体クロマトグラフィ（HPLC）、薄層クロマトグラフィ（TLC）、ガスクロマトグラフ質量分析などを行うとよい。

カラーメトリックアッセイにより、水中のミクロシスチン－LRの検出が可能である。

鑑別診断

アフラトキシン、キシリトール、ソテツ、ヤシ、アマニチン、アセトアミノフェンは、類似した肝不全徴候を引き起こす。マイコトキシン、メトアルデヒド、メチルキサンチン、ストリキニーネ、アンフェタミン類、麻黄、シアン化合物、オレアンダー、有機リン、カーバメートなどの中毒症では、同様の徴候が認められる。

予後

予後は、不良～極めて不良である。

治療

1. 飼育者に、診断、予後、治療費について説明する。
2. 催吐処置――患者が摂取直後に来院し、無徴候の場合は、催吐による除染を試みる。
   A. アポモルヒネ：0.02～0.04mg/kg IV、IM。または1.5～6mgを溶解し、結膜嚢に点入する。アポモルヒネを眼内投与した場合は、催吐後に生理食塩水で十分に眼洗浄を行うこと。アポモルヒネにより過剰な鎮静作用が生じた場合は、ナロキソン0.01～0.04mg/kgのIV、IM、SC投与により拮抗可能である。ナロキソンは、鎮静作用に拮抗するが、催吐作用には拮抗しない。
   B. 3％過酸化水素水：1～5mL/kg PO。最大用量はテーブルスプーン3杯（45mL）。10分以内に嘔吐しない場合は、0.5mL/kgをPOで1回のみ再投与する。
3. 活性炭投与の有効性は疑わしい。
4. 被毛に藻が付着している場合は、入浴させる（処置中は、防護衣を着用する）。
5. 支持療法。
6. IVカテーテル留置。晶質液によるIV輸液。初期は、ショックボーラス15～20mL/kg IVを要することもある。
7. 必要に応じて、酸素補給、人工換気。
8. 凍結血漿、新鮮凍結血漿10～20mL/kgをIV投与する。凝固障害を認める場合に用いる。
9. メトカルバモール：55～220mg/kg IV。筋振戦の制御に用いる。
10. 痙攣発作を認める場合
    ジアゼパム：2～5mg/kg IV
    フェノバルビタール：2～20mg/kg IV

11. 肝保護薬
    A. SAMe：18～20mg/kg PO q24h
    B. シリマリン：20～50mg/kg PO q24h
12. ビタミンK_1：1～5mg/kg PO、SC q24h。凝固不全を認める場合に用いる。
13. 必要に応じて、制吐剤投与。
14. アトロピン――アナトキシン-a_s中毒症例に有効であると考えられる。効果発現まで0.02～0.04mg/kg IV。

リシン、アブリン

有毒物質

リシンおよびアブリンは、水溶性レクチン（糖鎖との結合能を有する蛋白質）であり、湿熱にて分解される。レクチンは、2つの糖蛋白質によって構成され、一方は細胞のエンドサイトーシスを促し、他方は蛋白質合成を阻害して細胞死を惹起する。

作用機序

細胞内に取り込まれた毒素の一部は、ゴルジ体を通じて小胞体へ運搬される。小胞体では、A鎖が特定のアデニン残基を切断し、28SリボソームRNA（rRNA）を脱プリン化する。この反応により、蛋白合成が阻害され、細胞死が生じる。筋小胞体によるカルシウム取り込みは減少し、ナトリウム-カルシウム交換が増加する。このため、カルシウム不均衡が生じ、心血管系に悪影響をもたらす。また、消化管では、栄養分吸収が阻害される。

中毒源

リシンはトウゴマに含まれ、アブリンはトウアズキに含まれる。これらの植物の全部位が有毒であるが、特に種子には高濃度のレクチンが含まれる。

種子を咀嚼したり、種皮に孔が開くと、植物毒が放出される。

中毒量

リシンの致死量は、マウスへの腹腔内投与では0.025μg、ヒトの経口摂取では1mg/kgである。

診断

ヒストリー――犬では、トウゴマの経口摂取より6時間以内に臨床徴候発現を認める。42時間以内に全ての犬が発症したとの報告もある。臨床徴候の持続時間は、1.5～5.5日間である。ヒトでは、曝露から24～48時間以内に大半が死亡する。

臨床徴候――
1. 消化管刺激、嘔吐、下痢、腹部痛。空腸の微絨毛が破壊され、出血性胃腸炎へと進行することがある。
2. 肝傷害

3．血管内皮損傷
4．剖検にて心筋壊死、心組織の出血。
5．呼吸器系における曝露では、肺水腫、呼吸困難、死。

臨床検査――CBC、生化学検査を行う。レクチン摂取から12〜24時間経過するまで肝腎パネルに異常を認めないことがある。

予後

解毒剤はない。

治療

1．飼育者や医療従事者への曝露予防が重要である。
2．リシン、アブリン中毒症は、届出の義務がある。これらを認めた場合は、ただちに警察へ連絡すること（訳注：米国における記述である）。
3．飼育者に、診断、予後、治療費について説明する。
4．曝露から4時間以内に来院した場合は、催吐または胃洗浄による除染を試みる。続いて、活性炭をソルビトールとともに単回投与する。
 A．犬の催吐処置
  Ⅰ．アポモルヒネ：0.02〜0.04mg/kg IV、IM。または1.5〜6mgを溶解し、結膜嚢に点入する。アポモルヒネを眼内投与した場合は、催吐後に生理食塩水で十分に眼洗浄を行うこと。アポモルヒネにより過剰な鎮静作用が生じた場合は、ナロキソン0.01〜0.04mg/kgのIV、IM、SC投与により拮抗可能である。ナロキソンは、鎮静作用に拮抗するが、催吐作用には拮抗しない。
  Ⅱ．3％過酸化水素水：1〜5mL/kg PO。最大用量はテーブルスプーン3杯（45mL）。10分以内に嘔吐しない場合は、0.5mL/kgをPOで1回のみ再投与する。
 B．猫の催吐処置
  Ⅰ．キシラジン：0.44〜1mg/kg IM、SC。ヨヒンビン0.1mg/kgのIM、SC投与、緩徐IV投与により拮抗可能。
  Ⅱ．メデトミジン：10μg/kg IM。アチパメゾール（Antisedan®）25μg/kgのIM投与により拮抗可能。
  Ⅲ．猫に過酸化水素水を投与するのは非常に困難であり、現在では推奨されていない。
 C．胃洗浄
  Ⅰ．軽麻酔を施す。
  Ⅱ．麻酔中は酸素補給とIV輸液を行う。
  Ⅲ．必要に応じて、適切な麻酔薬を投与し、麻酔を維持する。
  Ⅳ．気管内チューブを挿管し、カフを拡張させる。
  Ⅴ．患者を横臥位に保定する。
  Ⅵ．胃チューブを患者の体側に当て、鼻吻から最後肋骨までの距離に合わせて胃チューブに印を付ける。
  Ⅶ．胃チューブの先端に水溶性ゼリーを塗布し、胃内へ優しく挿入する。印を付けた位置を超えてチューブを挿入しないよう注意する。

Ⅷ. 状況によっては、チューブを2本使用する（小径：流入用、大径：排出用）。

Ⅸ. 体温程度に加温した水道水をチューブ（2本使用時は流入用チューブ）から流入させ、胃を中程度に拡張させる。小型症例の場合は、電解質の変化を避けるため、生理食塩水を用いる。

Ⅹ. 液体をチューブ（2本使用時は排出用チューブ）から排出させる。

Ⅺ. 胃洗浄液、中毒誘起が疑われる異物や種子などは、毒性検査用に保存する。

Ⅻ. 胃洗浄液が連続的に排出されない場合は、チューブの位置を変えたり、液体やエアでフラッシュするなどして調整を行う。

XIII. 患者の体位を反転させ、胃洗浄を続ける。

XIV. 排出液が透明になるまで胃洗浄を続ける。

XV. チューブを2本使用している場合は、1本のチューブの端をクランプで閉じてから抜去する。

XVI. 胃チューブから活性炭を投与する。

XVII. もう1本のチューブも、端をクランプで閉じてから抜去する。

XVIII. 麻酔からの覚醒をモニターし、喉頭反射が回復するまでカフを拡張させたまま気管チューブを留置しておく。

D. 活性炭：2〜5g/kg PO。初回はソルビトールとともに投与する。リシン、アブリン中毒症では、活性炭を3〜4時間ごとに反復投与する。瀉下剤は単回投与する。

5. 入院下にて、支持療法を行う。解毒剤はない。
6. 大半の症例では、酸素補給が有用である。
7. IVカテーテルを留置し、調整電解質晶質液のIV輸液を行う。急性腎不全の発現に注意する。
8. スクラルファート、オメプラゾールなどの胃保護薬投与。
9. 肝不全が生じた場合は、ラクチュロース投与。
10. *N*-アセチルシステイン、SAMeなどの肝保護薬投与。
11. 肝疾患に適した食餌を与える。
12. 状態に合った鎮痛薬投与。
13. デキサメタゾン投与は、脂質過酸化反応を阻害するため、死を遅らせられる可能性がある。

リン化亜鉛

作用機序

経口摂取すると、リン化亜鉛は胃酸と反応し、原形質毒性を有するホスゲンが放出される。ホスゲンガスは、ニンニクや腐敗した魚のような臭気を有し、腎臓、肝臓、肺において毛細血管内皮細胞と赤血球膜を損傷する。毛細血管内皮細胞が損傷すると、血管透過性が上昇し、心血管系の虚脱が生じる。心筋に直接作用を及ぼす場合もある。ホスゲンガスは、シトクロムC酸化酵素を阻害するため、酸化的リン酸化（ATP合成）が抑制され、細胞死が生じる。胃内でのガスの生成は、急速に生じ、消化管刺激、腹囲膨満、嘔吐、低血糖、ショック、死を惹起する。

中毒源

リン化亜鉛は、殺鼠剤として用いられ、小球状、ペレット状、紐状の製品がある。同じ作用機序を有する類似物質には、リン化アルミニウム、リン化マグネシウムがある。米国における主な市販品には、Acme Mole and Gopher Killer®、Gopha Rid®、Kikrat®、Mous-Con®、Mr. Rat Guard®、Phosvin®、Phosyin®、Rumetan®、True Grit Gopher Rid®、Zinc Tox®などがある。

中毒量

致死量は20～50mg/kgである。臭気を発する濃度以下で中毒症が生じる。中毒症は経口摂取または吸引によって生じる。

診断

ヒストリー――曝露歴がある。

臨床徴候――曝露から4時間以内に、食欲不振、元気消失、腹囲膨満、脱力、流涎、嘔吐などを呈する。その後、肺水腫、低血圧、ショック、横臥、全身性筋振戦、知覚過敏、発作、不整脈、心伝導障害、頻呼吸、チアノーゼ、死へと進行する。

臨床検査――

1. 生化学検査にて、低血糖。
2. 低カルシウム血症、低リン血漿、高リン血症の可能性。
3. 血小板減少症およびメトヘモグロビン血症
4. 血液ガス検査にて、アシドーシス。
5. 亜鉛（またはマグネシウム、アルミニウム）濃度上昇を確認するには、胃内容物、胃洗浄液、嘔吐物を密閉容器に急速に回収し、凍結する。

鑑別診断

シトラスオイル（柑橘油）、DEET、鉛、マリファナ、ペニトレムA（生ゴミ由来）、マリファナ、ピレスリン、ピレスロイド、三環系抗うつ薬などによる各種中毒症。

予後

予後は多様であるが、一般に要注意である。

治療

1. 飼育者に、診断、予後、治療費について説明する。
2. 気道確保。必要に応じて挿管。
3. 酸素補給。必要に応じて人工換気。
4. IVカテーテル留置。調整電解質晶質液のIV輸液により、灌流維持、水和、利尿を図る。

5．IV輸液に5%ブドウ糖を添加する。

6．除染は有効である。処置は、換気のよい場所で行う（屋外が望ましい）。嘔吐しない場合は、催吐処置を行う。嘔吐を認める場合は、鎮静下にて胃洗浄を行う。

A．犬の催吐処置

Ⅰ．アポモルヒネ：0.02〜0.04mg/kg IV、IM。または1.5〜6mgを溶解し、結膜嚢に点入する。アポモルヒネを眼内投与した場合は、催吐後に生理食塩水で十分に眼洗浄を行うこと。アポモルヒネにより過剰な鎮静作用が生じた場合は、ナロキソン0.01〜0.04mg/kgのIV、IM、SC投与により拮抗可能である。ナロキソンは、鎮静作用に拮抗するが、催吐作用には拮抗しない。

Ⅱ．3%過酸化水素水：1〜5mL/kg PO。最大用量はテーブルスプーン3杯（45mL）。10分以内に嘔吐しない場合は、0.5mL/kgをPOで1回のみ再投与する。

B．猫の催吐処置

Ⅰ．キシラジン：0.44〜1mg/kg IM、SC。ヨヒンビン0.1mg/kgのIM、SC投与、緩徐なIV投与により拮抗可能。

Ⅱ．メデトミジン：10μg/kg IM。アチパメゾール（Antisedan®）25μg/kgのIM投与により拮抗可能。

Ⅲ．猫に過酸化水素水を投与するのは非常に困難であり、現在では推奨されていない。

C．胃洗浄

Ⅰ．軽麻酔を施す。

Ⅱ．麻酔中は酸素補給とIV輸液を行う。

Ⅲ．必要に応じて、適切な麻酔薬を投与し、麻酔を維持する。

Ⅳ．気管内チューブを挿管し、カフを拡張させる。

Ⅴ．患者を横臥位に保定する。

Ⅵ．胃チューブを患者の体側に当て、鼻吻から最後肋骨までの距離に合わせて胃チューブに印を付ける。

Ⅶ．胃チューブの先端に水溶性ゼリーを塗布し、胃内へ優しく挿入する。印を付けた位置を超えてチューブを挿入しないよう注意する。

Ⅷ．状況によっては、チューブを2本使用する（小径：流入用、大径：排出用）。

Ⅸ．胃からガスを抜去する。

Ⅹ．体温程度に加温した水道水をチューブ（2本使用時は流入用チューブ）から流入させ、胃を中程度に拡張させる。小型症例の場合は、電解質の変化を避けるため、生理食塩水を用いる。

Ⅺ．洗浄液には、重炭酸ナトリウム溶液または過マンガン酸カリウム溶液（1：1,000）を用いるとよい。

Ⅻ．液体をチューブ（2本使用時は排出用チューブ）から排出させる。

XIII．胃洗浄液、中毒誘起が疑われる異物や種子などは、毒性検査用に保存する。

XIV. 胃洗浄液が連続的に排出されない場合は、チューブの位置を変えたり、液体やエアでフラッシュするなどして調整を行う。

XV. 患者の体位を反転させ、胃洗浄を続ける。

XVI. 排出液が透明になるまで胃洗浄を続ける。

XVII. チューブを2本使用している場合は、1本のチューブの端をクランプで閉じてから抜去する。

XVIII. 胃チューブから活性炭を投与する。

XIX. もう1本のチューブも、端をクランプで閉じてから抜去する。

XX. 麻酔からの覚醒をモニターし、喉頭反射が回復するまでカフを拡張させたまま気管チューブを留置しておく。

D. 活性炭2〜5g/kgをソルビトールとともに、PO、単回投与する。

7. 入院下にて、対症療法および支持療法を行う。

8. 胃酸生成抑制を行う。

A. ファモチジン（Pepcid®）：0.5〜1mg/kg IV、PO q12h

B. ラニチジン（Zantac®）

犬：2〜5mg/kg IV、SC、PO q8〜12h

猫：2.5mg/kg IV、PO q12h

C. シメチジン（Tagamet®）：5〜10mg/kg IV、IM、PO q6〜8h

D. オメプラゾール（Prilosec®）：犬のみ0.7〜2mg/kg PO q24h

投与量は以下を目安とする。

体重＞20kg：20mg PO q24h

体重＜20kg：10mg PO q24h

9. 血液ガス検査にて、重篤な代謝性アシドーシスを認めた場合は、重炭酸ナトリウムを投与する。

A. 重炭酸ナトリウムの必要量(mEq)＝0.3－0.5×体重(kg)×[総CO_2の目的値(mEq/L)－総CO_2測定値（mEq/L)]

B. 最初に重炭酸ナトリウム必要量の半分を3〜4時間かけて投与する。その後、再評価を行い、用量を再調整する。

C. 重炭酸ナトリウムの投与は慎重に行う。合併症には、過剰是正によるアルカローシス、高ナトリウム血症、静脈用量過負荷、低カリウム血症、低カルシウム血症、組織低酸素症、逆説的中枢性輸液アシドーシスなどがある。

10. 血清カルシウム濃度および電解質濃度をモニターする。

11. 腎機能および肝機能をモニターする。

12. 心電図、心機能をモニターする。

ロテノン

作用機序

ロテノンは、還元型ニコチンアミドアデニンジヌクレオチド（NADH）と複合体を形成することで、フラビン蛋白質とユビキノンの間の電子伝達を抑制する。また、紡錘体と結合することで、有糸分裂を抑制する。

中毒源

ロテノンはデリスの根の抽出物から作られ、殺虫剤として使用される。スプレー、パウダー、薬浴液、局所用薬剤などに含有されている。

中毒量

犬の急性経口LD_{50}は300mg/kgで、猫、鳥、魚ではそれ以下である。

診断

ヒストリー――曝露歴がある。

臨床徴候――嘔吐、嗜眠、抑うつ、運動失調、筋攣縮、発作、呼吸不全、死。

臨床検査――

1．低血糖の可能性。
2．血液、尿、便、嘔吐物の分析にて曝露を確定できることがある。

鑑別診断

有機リン中毒症、カーバメート中毒症、ピレスリン・ピレスロイド中毒症。

予後

予後は、一般に良好である。

治療

1．飼育者に、診断、予後、治療費について説明する。
2．気道確保。必要に応じて挿管。
3．酸素補給。必要に応じて人工換気。
4．IVカテーテル留置。調整電解質晶質液のIV輸液により、灌流維持、水和、利尿を図る。
5．必要に応じて、ジアゼパム、フェノバルビタール、ペントバルビタールのいずれかを用いて、発作や活動過多を制御する。
   A．ジアゼパム：0.5～1mg/kg IV。効果発現まで5～20mgずつ分割投与する。
   B．フェノバルビタール
      犬：2～4mg/kg IV
      猫：1～2mg/kg IV
   C．ペントバルビタール：2～30mg/kg IV。効果発現まで緩徐に投与。
6．皮膚汚染が生じた場合は、加温した石鹸水で徹底的に洗浄する。
   A．洗浄中は、手袋と防護衣を着用する。
   B．被毛が乾くまで、患者をタオルで包んで保温する。
7．催吐処置または胃洗浄による除染を試みる。
   A．犬の催吐処置
      Ⅰ．アポモルヒネ：0.02～0.04mg/kg IV、IM。または1.5～6mgを溶

解し、結膜嚢に点入する。アポモルヒネを眼内投与した場合は、催吐後に生理食塩水で十分に眼洗浄を行うこと。アポモルヒネにより過剰な鎮静作用が生じた場合は、ナロキソン0.01～0.04mg/kgのIV、IM、SC投与により拮抗可能である。ナロキソンは、鎮静作用に拮抗するが、催吐作用には拮抗しない。

Ⅱ．3%過酸化水素水：1～5mL/kg PO。最大用量はテーブルスプーン3杯（45mL）。10分以内に嘔吐しない場合は、0.5mL/kgをPOで1回のみ再投与する。

B．猫の催吐処置

Ⅰ．キシラジン：0.44～1mg/kg IM、SC。ヨヒンビン0.1mg/kgのIM、SC投与、緩徐IV投与により拮抗可能。

Ⅱ．メデトミジン：10μg/kg IM。アチパメゾール（Antisedan®）25μg/kgのIM投与により拮抗可能。

Ⅲ．猫に過酸化水素水を投与するのは非常に困難であり、現在では推奨されていない。

C．胃洗浄

Ⅰ．軽麻酔を施す。

Ⅱ．麻酔中は酸素補給とIV輸液を行う。

Ⅲ．必要に応じて、適切な麻酔薬を投与し、麻酔を維持する。

Ⅳ．気管内チューブを挿管し、カフを拡張させる。

Ⅴ．患者を横臥位に保定する。

Ⅵ．胃チューブを患者の体側に当て、鼻吻から最後肋骨までの距離に合わせて胃チューブに印を付ける。

Ⅶ．胃チューブの先端に水溶性ゼリーを塗布し、胃内へ優しく挿入する。印を付けた位置を超えてチューブを挿入しないよう注意する。

Ⅷ．状況によっては、チューブを2本使用する（小径：流入用、大径：排出用）。

Ⅸ．体温程度に加温した水道水をチューブ（2本使用時は流入用チューブ）から流入させ、胃を中程度に拡張させる。小型症例の場合は、電解質の変化を避けるため、生理食塩水を用いる。

Ⅹ．液体をチューブ（2本使用時は排出用チューブ）から排出させる。

Ⅺ．胃洗浄液、中毒誘起が疑われる異物や種子などは、毒性検査用に保存する。

Ⅻ．胃洗浄液が連続的に排出されない場合は、チューブの位置を変えたり、液体やエアでフラッシュするなどして調整を行う。

XIII．患者の体位を反転させ、胃洗浄を続ける。

XIV．排出液が透明になるまで胃洗浄を続ける。

XV．チューブを2本使用している場合は、1本のチューブの端をクランプで閉じてから抜去する。

XVI．胃チューブから活性炭を投与する。

XVII．もう1本のチューブも、端をクランプで閉じてから抜去する。

XVIII．麻酔からの覚醒をモニターし、喉頭反射が回復するまでカフを拡張させたまま気管チューブを留置しておく。

D．活性炭：2〜5g/kg PO。通常、活性炭1gに水5mLを加え、スラリー状にして投与する。ロテノン中毒症では、活性炭を4〜6時間ごとに反復投与する。

E．活性炭とともに、塩類瀉下剤または浸透圧性瀉下剤を単回投与する。神経徴候を認める場合は、マグネシウムを含有する瀉下剤を使用してはならない。使用できる瀉下剤には、以下のものがある。

Ⅰ．ソルビトール（70%）：2g/kg（1〜2mL/kg）PO

Ⅱ．硫酸マグネシウム（Epsom salt）
猫：200mg/kg
犬：250〜500mg/kg
水5〜10mL/kgと混和してPO投与する。

Ⅲ．水酸化マグネシウム（Milk of Magnesia®）
猫：15〜50mL
犬：10〜150mL PO q6〜12h。必要に応じて反復投与。

Ⅳ．硫酸ナトリウム
猫：200mg/kg
犬：250〜500mg/kg
水5〜10mL/kgと混和してPO投与する。

8．入院下にて、対症療法および支持療法を行う。

9．筋の過活動を制御するには、メトカルバモール（Robaxin®）40〜50mg/kgの投与が有効である。

10．アセプロマジンなどのフェノチアジン投与は避ける。

その他の中毒症

1．5-フルオロウラシル（5-FU）

A．5-フルオロウラシルは、代謝拮抗物質である。ヒトの表在性皮膚腫瘍、日光性角化症、紫外線性角化症の治療などに使用される。

B．Efudex®やFluoroplex®などの外用クリームや溶液に含まれている。

C．動物では、誤食や皮膚曝露により中毒症が生じる。経口中毒量は6mg/kg、致死量は43mg/kgである。

D．主な臨床徴候は、抑うつ、流涎過多、嘔吐、血様下痢、運動失調、振戦、知覚過敏、過剰興奮、発作、肺水腫、呼吸不全、不整脈、心不全など。時に、6〜16時間以内に死亡する。

E．治療は、対症療法および支持療法である。催吐、皮膚洗浄、活性炭・抗痙攣薬・胃腸保護薬の投与、輸血、制吐など。

2．ヘキサクロロフェン

A．ヘキサクロロフェンは消毒剤であり、pHisoHex®などの製品名で市販されている。

B．ヘキサクロロフェンは、特に猫への毒性が強い。これは猫が石炭酸をグルクロン酸抱合できないためである。

C．成猫が1日あたり20mg/kgを摂取すると、14日以内に臨床徴候が発現する。

D．臨床徴候は、重篤なミエリン損傷と続発性軸索変性に起因する。

E．主な臨床徴候は、緩徐に進行する運動機能退行（後躯に始まり、頭側へ拡大する）、後肢硬直に始まる運動失調、測定過大、筋力低下、衰弱、尿貯留、弛緩性麻痺、散瞳、低体温、中枢神経興奮、徐脈、下痢、食欲不振、流涎過多、死。

F．治療は、対症療法および支持療法である。

Ⅰ．来院前に、水、牛乳、卵白などを与えるように飼育者に指示する。

Ⅱ．皮膚曝露の場合は、洗浄を行うが、ヘキサクロロフェンを水で除去することは困難である。まずは、ポリエチレングリコールやグリセリンを用いて洗浄する。次に、食器用洗剤で洗浄した後、徹底的に洗い流す。

Ⅲ．浸透圧利尿薬は有効である。

Ⅳ．プレドニゾロンの投与は無効である。

Ⅴ．*N*-アセチルシステイン（Mucomyst®）を投与するとよい。

3．(2-メチル-4-クロロ) フェノキシ酢酸（MCPA）

A．MCPAは除草剤である。市販品にも石油蒸留物が含まれており、吸引性（誤嚥性）肺炎を引き起こす。

B．吸入または経口摂取により中毒症が生じる。

C．石油蒸留物は貧血、眩暈、元気消失、体重減少、筋振戦、筋緊張症、筋力低下を惹起する。

D．その他の臨床徴候は、嘔吐、腹部痛、食欲不振、運動失調、全身性虚弱など。

E．クロロフェノキシ酸は血液毒であり、再生不良性貧血、顆粒球減少症、血小板減少症、好中球減少症を引き起こす。

F．臨床検査所見は、ミオグロビン尿、ヘモグロビン尿、貧血、血小板減少症、リンパ球減少症、好中球減少症など。

G．治療は、対症療法および支持療法である。

Ⅰ．石油蒸留物が存在するため、催吐は禁忌である。

Ⅱ．活性炭投与。

Ⅲ．0.9% NaClにてIV輸液。

Ⅳ．温水浣腸。

Ⅴ．筋振戦に対し、必要に応じて、ジアゼパムをIV投与する。

Ⅵ．必要に応じて、制吐薬（塩酸メトクロプラミド）を投与する。

4．メトクロプラミド

A．メトクロプラミド（Reglan®）はドーパミン作動薬である。また、アセチルコリン作用に対する組織の感受性を向上させる。

B．治療用量の投与でも、神経徴候を発現することがある。

C．臨床徴候は、顔面、頸部、体幹、四肢における、緩徐から急速な捻転運動。その他に、中枢神経抑制、不穏行動、情動不安など。

D．治療は、対症療法および支持療法である。

E．塩酸ジフェンヒドラミンを4mg/kg q8hで投与。
F．通常、臨床徴候は、塩酸メトクロプラミドの投与停止から2～3日間以内に消失する。

5．メトロニダゾール
A．メトロニダゾール（Flagyl®）は、神経毒性を有する。
B．通常、臨床徴候は初期の高用量投与（>66mg/kg/日）に続き、長期投与（7～12日間）を行った際に発現する。1日の最大投与量は、50mg/kg/日以下にすることが推奨される。
C．犬では、メトロニダゾール250mg/kg/日の投与後、4～6日間以内に急性徴候を発現したとの報告がある。
D．主な臨床徴候は、重度運動失調、口内炎、舌炎、垂直または回旋眼振、後弓反張、筋攣縮（腰部、後肢）、痙攣、斜頚、尾の背屈、歩行不能、死。
E．治療は、対症療法および支持療法である。
F．通常、臨床徴候は、メトロニダゾールの投与停止から1～2週間以内に消失する。

6．タリウム
A．タリウムは、ネズミやモグラの駆除剤に含まれていることがある。
B．単回投与におけるLD_{50}は、10～15mg/kgである。
C．タリウムは、各種酵素のスルフヒドリル基に対する親和性を有する。その結果、酸化的リン酸化の抑制や蛋白質の合成低下を引き起こす。
D．急性中毒症の臨床徴候は、通常、摂取後12時間～4日間以内に発現する。主な臨床徴候は、食欲不振、腹部痛、嘔吐、下痢、血便、吐血、呼吸困難、倦怠感、唾液腺腫脹、口内炎、眼の膿性粘液排出、神経徴候、循環系虚脱など。
E．慢性中毒症の主な臨床徴候は、紅斑、皮膚炎、脱毛など。
F．タリウムは、尿中または組織標本から検出される。
G．鑑別診断――パルボウイルス性胃腸炎、その他のウイルス性胃腸炎、急性出血性胃腸炎、消化管内異物、腸重積症、急性壊死性膵炎、代謝性疾患、その他の中毒症（鉛、砒素、ビタミンK抗凝血性殺鼠剤、ブロジファクム、コレカルシフェロール、非ステロイド性抗炎症薬）など。
H．治療の是非については、意見が一致していない。無効なことが多い。
Ⅰ．プルシアンブルー（フェリシアン鉄カリウム（Ⅱ））の投与が有効な可能性がある。ただし、獣医療・医療における使用は承認されておらず、汚染物質や不純物を含んでいる可能性もある。
Ⅱ．プルシアンブルーを利用できない場合は、活性炭を投与する。
Ⅲ．長期管理において、利尿や血液透析は効果が期待できる。
Ⅳ．IVカテーテルを留置する。調整電解質晶質液のIV輸液により、灌流維持、水和、利尿を図る。
Ⅴ．温水浣腸が推奨される。
Ⅵ．広域スペクトル抗生物質投与が推奨される。

Ⅶ. **塩化カリウムの投与は避ける。**塩化カリウムは細胞内タリウムの血液中への放出を増加させるため、中毒症が悪化する恐れがある。

参考文献

N, N-ジエチルトルアミド（DEET）

Borron, S.W., 2007. DEET. In: Shannon, M.W., Borron, S.W., Burns, M.J. (Eds.), Haddad and Winchester' fs Clinical Management of Poisoning and Drug Overdose, fourth ed. Saunders Elsevier, Philadelphia, pp. 1191–1192.

Dorman, D., 2004. Diethyltoluamide. In: Plumlee, K.H. (Ed.), Clinical Veterinary Toxicology. Mosby, St Louis, pp. 180–182.

Gfeller, R.W., Messonnier, S.P., 1998. Handbook of Small Animal Toxicology and Poisonings. Mosby, Philadelphia, pp. 124–125.

Murphy, M.J., 1994. Toxin exposures in dogs and cats: pesticides and biotoxins. Journal of the American Veterinary Medical Association 205 (3), 414–421.

Murtaugh, R.J., Kaplan, P.M., 1992. Veterinary Emergency and Critical Care Medicine. Mosby, St Louis, p. 437.

Osweiler, G.D., 1996. Toxicology. Williams & Wilkins, Philadelphia, pp. 248–249.

Plumlee, K.H., 2006. DEET. In: Peterson, M.E., Talcott, P.A. (Eds.), Small Animal Toxicology, second ed. Saunders Elsevier, St Louis, pp. 690–692.

亜鉛

Cahill-Morasco, R., DePasquale, M.A., 2002. Zinc Toxicosis in Small Animals. Compendium for the Continuing Education of the Practicing Veterinarian 24 (9), 712–720.

Dziwenka, M.M., Coppock, R., 2004. Zinc. In: Plumlee, K.H. (Ed.), Clinical Veterinary Toxicology. Mosby, St Louis, pp. 221–226.

Gurnee, C.M., Drobatz, K.J., 2007. Zinc intoxication in dogs: 19 cases (1991–2003). Journal of the American Veterinary Medical Association, 230, 1174–1179.

Meurs, K.M., Peterson, K.L., Talcott, P.A., 2009. Zinc. In: Osweiler, G.D., Hovda, L.R., Brutlag, A.G., et al. (Eds.), Blackwell' fs Five-Minute Veterinary Consult Clinical Companion Small Animal Toxicology. Wiley-Blackwell, Ames, pp. 664–670.

Talcott, P.A., 2006. Zinc. In: Peterson, M.E., Talcott, P.A. (Eds.), Small Animal Toxicology, second ed. Saunders Elsevier, St Louis, pp. 1094–1100.

アスピリン

Alwood, A.J., 2009. Salicylates. In: Silverstein, D.C., Hopper, K. (Eds.), Small Animal Critical Care Medicine. Elsevier, St Louis, pp. 338–341.

Fitzgerald, K.T., Bronstein, A.C., Flood, A.A., 2006.' Over-the-counter' f drug toxicities in companion animals. Clinical Techniques in Small Animal Practice 21, 215–226.

Kaplan, M.I., Smarick, S., 2009. Aspirin. In: Osweiler, G.D., Hovda, L.R., Brutlag, A.G., et al. (Eds.), Blackwell' fs Five-Minute Veterinary Consult Clinical Companion Small Animal Toxicology. Wiley-Blackwell, Ames, pp. 277–284.

Talcott, P.A., 2006. Nonsteroidal antiinflammatories. In: Peterson, M.E., Talcott, P.A. (Eds.), Small Animal Toxicology, second ed. Saunders Elsevier, St Louis, pp. 902–933.

アセトアミノフェン

Alwood, A.J., 2009. Acetaminophen. In: Silverstein, D.C., Hopper, K. (Eds.), Small Animal Critical Care Medicine. Elsevier, St Louis, pp. 334–337.

Aronson, L.R., Drobatz, K., 1996. Acetaminophen toxicosis in 17 cats. Journal of Veterinary Emergency and Critical Care 6 (2), 65–69.

Babski, D.M., Koenig, A., 2009. Acetaminophen. In: Osweiler, G.D., Hovda, L.R., Brutlag, A.G., et al. (Eds.), Blackwell' fs Five-Minute Veterinary Consult Clinical Companion Small Animal Toxicology. Wiley-Blackwell, Ames, pp. 263–269.

Campbell, A., 2000. Paracetamol. In: Campbell, A., Chapman, M. (Eds.), Handbook of Poisoning in Dogs and Cats. Blackwell Science, Malden, pp. 31–38.

Campbell, A., 2000. Paracetamol. In: Campbell, A., Chapman, M. (Eds.), Handbook of Poisoning in Dogs and Cats. Blackwell Science, Malden, pp. 205–212.

Cope, R.B., White, K.S., More, E., et al., 2006. Exposure-to-treatment interval and clinical severity in canine poisoning: a retrospective analysis at a Portland Veterinary Emergency Center. Journal of Veterinary Pharmacology and Therapeutics 29, 233–236.

Fitzgerald, K.T., Bronstein, A.C., Flood, A.A., 2006.' Over-the-counter' f drug toxicities in companion animals. Clinical Techniques in Small Animal Practice 21, 215–226.

Mariani, C.L., Fulton, R.B., 2001. Atypical reaction to acetaminophen intoxication in a dog. Journal of Veterinary Emergency and Critical Care 11 (2), 123–126.

Meadows, I., Gwaltney-Brant, S., 2006. The 10 most common toxicoses in dogs. Veterinary Medicine March, 142–148.

Richardson, J.A., 2000. Management of acetaminophen and ibuprofen toxicoses in dogs and cats. Journal of Veterinary Emergency and Critical Care 10, 285–291.

Roder, J.D., 2004. Acetaminophen. In: Plumlee, K.H. (Ed.), Clinical Veterinary Toxicology. Mosby, St Louis, p. 284.

Sellon, R.K., 2006. Acetaminophen. In: Peterson, M.E., Talcott, P.A. (Eds.), Small Animal Toxicology, second ed. Saunders Elsevier, St Louis, pp. 550–558.

Wallace, K.P., Center, S.A., Hickford, F.H., et al., 2002. S-adenosyl-l-methionine (SAMe) for the treatment of acetaminophen toxicity in a dog. Journal of the American Animal Hospital Association 38, 246–254.

アミトラズ

Gruber, N.M., 2009. Amitraz. In: Osweiler, G.D., Hovda, L.R., Brutlag, A.G., et al. (Eds.), Blackwell' fs Five-Minute Veterinary Consult Clinical Companion Small Animal Toxicology. Wiley-Blackwell, Ames, pp. 613–619.

Gwaltney-Brant, S., 2004. Amitraz. In: Plumlee, K.H. (Ed.), Clinical Veterinary Toxicology. Mosby, St Louis, pp. 177–178.

Richardson, J.A., 2006. Amitraz. In: Peterson, M.E., Talcott, P.A. (Eds.), Small Animal Toxicology, second ed. Saunders Elsevier, St Louis, pp. 559–562.

アルブテロール（サルブタモール）

Babski, D.M., Brainard, B.M., 2009. Albuterol. In: Osweiler, G.D., Hovda, L.R., Brutlag, A.G., et al. (Eds.), Blackwell' fs Five-Minute Veterinary Consult Clinical Companion Small Animal Toxicology. Wiley-Blackwell, Ames, pp. 119–124.

McCown, J.L., Lechner, E.S., Cooke, K.L., 2008. Suspected albuterol toxicosis in a dog. Journal of the American Veterinary Medical Association 232, 1168–1171.

Rosendale, M., 2004. Bronchodilators. In: Plumlee, K.H. (Ed.), Clinical Veterinary Toxicology. Mosby, St Louis, pp. 305–307.

アンフェタミン

Albretsen, J.C., 2002. Oral medications. In: Poppenga, R.H., Volmer, P.A. (Eds.), Toxicology, Veterinary Clinics of North America, Small Animal Practice, vol 32, no 2. Saunders, Philadelphia, pp. 425–427.

Drotar, T.K., 2009. Methamphetamine. In: Osweiler, G.D., Hovda, L.R., Brutlag, A.G., et al. (Eds.), Blackwell' fs Five-Minute Veterinary Consult Clinical Companion Small Animal Toxicology. Wiley-Blackwell, Ames, pp. 230–236.

Volmer, P.A., 2006. Amphetamines. In: Peterson, M.E., Talcott, P.A. (Eds.), Small Animal Toxicology, second ed. Saunders Elsevier, St Louis, pp. 276–280.

Wismer, T., 2009. Amphetamines. In: Osweiler, G.D., Hovda, L.R., Brutlag, A.G., et al. (Eds.), Blackwell' fs Five-Minute Veterinary Consult Clinical Companion Small Animal Toxicology. Wiley-Blackwell, Ames, pp. 125–130.

一酸化炭素

Berent, A.C., Todd, J., Sergeeff, J., et al., 2005. Carbon monoxide toxicity: a case series. Journal of Veterinary Emergency and Critical Care 15 (2), 128–135.

Carson, T.L., 2004. Carbon monoxide. In: Plumlee, K.H. (Ed.), Clinical Veterinary Toxicology. Mosby, St Louis, pp. 159–161.

Fitzgerald, K.T., 2006. Carbon monoxide. In: Peterson, M.E., Talcott, P.A. (Eds.), Small Animal Toxicology, second ed. Saunders Elsevier, St Louis, pp. 619–628.

Kent, M., Creevy, K.E., deLahunta, A., 2010. Clinical and neuropathological findings of acute carbon monoxide toxicity in Chihuahuas following smoke inhalation. Journal of the American Animal Hospital Association 46, 259–264.

Powell, L.L., 2009. Carbon monoxide. In: Osweiler, G.D., Hovda, L.R., Brutlag, A.G., et al. (Eds.), Blackwell' fs Five-Minute Veterinary Consult Clinical Companion Small Animal Toxicology. Wiley-Blackwell, Ames, pp. 801–804.

Rahilly, L., Mandell, D.C., 2009. Carbon monoxide. In: Silverstein, D.C., Hopper, K. (Eds.), Small Animal Critical Care Medicine. Elsevier, St Louis, pp. 369–373.

Weaver, L.K., 2009. Carbon monoxide poisoning. New England Journal of Medicine 360, 1217–1225.

イベルメクチン、その他のマクロライド系駆虫薬

Campbell, A., 2000. Ivermectin. In: Campbell, A., Chapman, M. (Eds.), Handbook of Poisoning in Dogs and Cats. Blackwell Science, Malden, pp. 27–30, 167–173.

Clarke, D.L., Lee, J.A., 2009. Ivermectin/milbemycin/moxidectin. In: Osweiler, G.D., Hovda, L.R., Brutlag, A.G., et al. (Eds.), Blackwell'fs Five-Minute Veterinary Consult Clinical Companion Small Animal Toxicology. Wiley-Blackwell, Ames, pp. 332–342.

Gallagher, A.E., Grant, D.C., Noftsinger, M.N., 2008. Coma and respiratory failure due tomoxidectin intoxication in a dog. Journal of Veterinary Emergency and Critical Care 18 (1), 81–85.

Mealey, K.L., 2006. Ivermectin: macrolide antiparasitic agents. In: Peterson, M.E., Talcott, P.A. (Eds.), Small Animal Toxicology, second ed. Saunders Elsevier, St Louis, pp. 785–794.

Merola, V., Khan, S., Gwaltney-Brant, S., 2009. Ivermectin toxicosis in dogs: a retrospective study. Journal of the American Animal Hospital Association 45, 106–111.

Roder, J.D., 2004. Macrolide endectocides. In: Plumlee, K.H. (Ed.), Clinical Veterinary Toxicology. Mosby, St Louis, pp. 303–304.

Scott, N.E., 2009. Ivermectin toxicity. In: Silverstein, D.C., Hopper, K. (Eds.), Small Animal Critical Care Medicine. Elsevier, St Louis, pp. 392–394.

エチレングリコール

Adams, C.M., Thrall, M.A., 2009. Ethylene glycol. In: Osweiler, G.D., Hovda, L.R., Brutlag, A.G., et al. (Eds.), Blackwell'fs Five-Minute Veterinary Consult Clinical Companion Small Animal Toxicology. Wiley-Blackwell, Ames, pp. 68–77.

Bates, N., Campbell, A., 2000. Ethylene glycol. In: Campbell, A., Chapman, M. (Eds.), Handbook of Poisoning in Dogs and Cats. Blackwell Science, Malden, pp. 22–26.

Brent, J., 2009. Fomepizole for ethylene glycol and methanol poisoning. New England Journal of Medicine 360, 2216–2223.

Campbell, A., 2000. Ethylene glycol. In: Campbell, A., Chapman, M. (Eds.), Handbook of Poisoning in Dogs and Cats. Blackwell Science, Malden, pp. 127–132.

Connally, H.E., Thrall, M.A., Hamar, D.W., 2010. Safety and efficacy of high-dose fomepizole compared with ethanol as therapy for ethylene glycol intoxication in cats. Journal of Veterinary Emergency and Critical Care 20 (2), 191–206.

Dalefield, R., 2004. Ethylene glycol. In: Plumlee, K.H. (Ed.), Clinical Veterinary Toxicology. Mosby, St Louis, pp. 150–154.

Doty, R.L., Dziewit, J.A., Marshall, D.A., 2006. Antifreeze ingestion by dogs and rats: influence of stimulus concentration. Canadian Veterinary Journal 47, 363–365.

Jacobsen, D., McMartin, K.E., 1997. Antidotes for methanol and ethylene glycol poisoning. Clinical Toxicology 35 (2), 127–143.

Krenzelok, E.P., 2002. New developments in the therapy of intoxications. Toxicology Letters 127, 299–305.

Luiz, J.A., Heseltine, J., 2008. Five common toxins ingested by dogs and cats. Compendium for the Continuing Education of the Practicing Veterinarian 30 (11), 578–588.

Rollings, C., 2009. Ethylene glycol. In: Silverstein, D.C., Hopper, K. (Eds.), Small Animal Critical Care Medicine. Elsevier, St Louis, pp. 330–334.

Tart, K.M., Powell, L.L., 2011. 4-Methylpyrazole as a treatment in naturally occurring ethylene glycol intoxication in cats. Journal of Veterinary Emergency and Critical Care 21 (3), 268–272.

Thrall, M.A., Connally, H.E., Grauer, G.F., et al., 2006. Ethylene glycol. In: Peterson, M.E., Talcott, P.A. (Eds.), Small Animal Toxicology, second ed. Saunders Elsevier, St Louis, pp. 702–726.

家庭用洗剤

Beasley, V.R. (guest ed), 1990. The Veterinary Clinics of North America, Small Animal Practice: Toxicology of Selected Pesticides, Drugs and Chemicals 20 (2), 525–536.

Coppock, R.W., Mostrom, M.S., Lillie, L.E., 1989. Toxicology of detergents, bleaches, antiseptics, and disinfectants. In: Kirk, R.W. (Ed.), Current Veterinary Therapy X. WB Saunders, Philadelphia, pp. 162–171.

Osweiler, G.D., Carson, T.L., Buck, W.B., et al., 1985. Clinical and Diagnostic Veterinary Toxicology, third ed. Kendall/Hunt Publishing, Dubuque, pp. 381–393.

イソプロパノロール（イソプロピルアルコール）

Sivilotti, M.L., 2007. Isopropanol. In: Shannon, M.W., Borron, S.W., Burns, M.J. (Eds.), Haddad and Winchester'fs Clinical Management of Poisoning and Drug Overdose, fourth ed. Saunders Elsevier, Philadelphia, pp. 623–624.

消毒剤

フェノール、フェノール化合物

Angle, A., Brutlag, A.G., 2009. Phenols/pine oils. In: Osweiler, G.D., Hovda, L.R., Brutlag, A.G., et al. (Eds.), Blackwell'fs Five-Minute Veterinary Consult Clinical Companion Small Animal Toxicology. Wiley-Blackwell, Ames, pp. 591–600.

Oehme, F.W., Kore, A.M., 2006. Miscellaneous Indoor Toxicants. In: Peterson, M.E., Talcott, P.A. (Eds.), Small Animal Toxicology, second ed. Saunders Elsevier, St Louis, pp. 223–243.

Wismer, T., 2004. Phenols. In: Plumlee, K.H. (Ed.), Clinical Veterinary Toxicology. Mosby, St Louis, pp. 164–167.

パインオイル系消毒剤

Angle, A., Brutlag, A.G., 2009. Phenols/pine oils. In: Osweiler, G.D., Hovda, L.R., Brutlag, A.G., et al. (Eds.), Blackwell'fs Five-Minute Veterinary Consult Clinical Companion Small Animal Toxicology. Wiley-Blackwell, Ames, pp. 591–600.

Wismer, T., 2004. Pine oils. In: Plumlee, K.H. (Ed.), Clinical Veterinary Toxicology. Mosby, St Louis, pp. 167–168.

石鹸、洗剤

Oehme, F.W., Kore, A.M., 2006. Miscellaneous indoor toxicants. In: Peterson, M.E., Talcott, P.A. (Eds.), Small Animal Toxicology, second ed. Saunders Elsevier, St Louis, pp. 223–243.

Richardson, J., 2004. Detergents. In: Plumlee, K.H. (Ed.), Clinical Veterinary Toxicology. Mosby, St Louis, pp. 145–146.

Sioris, L.J., Haak, L.E., 2009. Soaps, detergents, fabric softeners, enzymatic cleaners, and deodorizers. In: Osweiler, G.D., Hovda, L.R., Brutlag, A.G., et al. (Eds.), Blackwell'fs Five-Minute Veterinary Consult Clinical Companion Small Animal Toxicology. Wiley-Blackwell, Ames, pp. 601–609.

ナフタレン

Bischoff, K., 2004. Naphthalene. In: Plumlee, K.H. (Ed.), Clinical Veterinary Toxicology. Mosby, St Louis, pp. 163–164.

Cohen, S.L., Brutlag, A.G., 2009. Mothballs. In: Osweiler, G.D., Hovda, L.R., Brutlag, A.G., et al. (Eds.), Blackwell'fs Five-Minute Veterinary Consult Clinical Companion Small Animal Toxicology. Wiley-Blackwell, Ames, pp. 574–580.

Oehme, F.W., Kore, A.M., 2006. Miscellaneous indoor toxicants. In: Peterson, M.E., Talcott, P.A. (Eds.), Small Animal Toxicology, second ed. Saunders Elsevier, St Louis, pp. 223–243.

パラジクロロベンゼン

Cohen, S.L., Brutlag, A.G., 2009. Mothballs. In: Osweiler, G.D., Hovda, L.R., Brutlag, A.G., et al. (Eds.), Blackwell'fs Five-Minute Veterinary Consult Clinical Companion Small Animal Toxicology. Wiley-Blackwell, Ames, pp. 574–580.

漂白剤

Meadows, I., Gwaltney-Brant, S., 2006. The 10 most common toxicoses in dogs. Veterinary Medicine March, 142–148.

Oehme, F.W., Kore, A.M., 2006. Miscellaneous indoor toxicants. In: Peterson, M.E., Talcott, P.A. (Eds.), Small Animal Toxicology, second ed. Saunders Elsevier, St Louis, pp. 223–243.

Richardson, J., 2004. Bleaches. In: Plumlee, K.H. (Ed.), Clinical Veterinary Toxicology. Mosby, St Louis, pp. 142–143.

腐食性薬品

Brutlag, A.G., 2009. Acids. In: Osweiler, G.D., Hovda, L.R., Brutlag, A.G., et al. (Eds.), Blackwell'fs Five-Minute Veterinary Consult Clinical Companion Small Animal Toxicology. Wiley-Blackwell, Ames, pp. 543–550.

Brutlag, A.G., 2009. Alkalis. In: Osweiler, G.D., Hovda, L.R., Brutlag, A.G., et al. (Eds.), Blackwell'fs Five-Minute Veterinary Consult Clinical Companion Small Animal Toxicology. Wiley-Blackwell, Ames, pp. 551–559.

Oehme, F.W., Kore, A.M., 2006. Miscellaneous indoor toxicants. In: Peterson, M.E., Talcott, P.A. (Eds.), Small Animal Toxicology, second ed. Saunders Elsevier, St Louis, pp. 223–243.

Richardson, J., 2004. Acids and alkali. In: Plumlee, K.H. (Ed.), Clinical Veterinary Toxicology. Mosby, St Louis, pp. 139–140.

カルシウムチャネル遮断薬

Albretsen, J.C., 2002. Oral medications. In: Poppenga, R.H., Volmer, P.A. (Eds.), Toxicology, Veterinary Clinics of North America, Small Animal Practice, vol 32, no 2. Saunders, Philadelphia, pp. 434–436.

Costello, M., Syring, R.S., 2008. Calcium channel blocker toxicity. Journal of Veterinary Emergency and Critical Care 18 (1), 54–60.

Malouin, A., King, L.G., 2009. Calcium channel and beta-blocker drug overdose. In: Silverstein, D.C., Hopper, K. (Eds.), Small Animal Critical Care Medicine. Elsevier, St Louis, pp. 357–362.

Roder, J.D., 2004. Calcium channel blocking agents. In: Plumlee, K.H. (Ed.), Clinical Veterinary Toxicology. Mosby, St Louis, pp. 308–309.

Syring, R.S., Engebretsen, K.M., 2009. Calcium channel blockers. In: Osweiler, G.D., Hovda, L.R., Brutlag, A.G., et al. (Eds.), Blackwell'fs Five-Minute Veterinary Consult Clinical Companion Small Animal Toxicology. Wiley-Blackwell, Ames, pp. 170–178.

キシリトール

Dunayer, E.K., Gwaltney-Brant, S.M., 2006. Acute hepatic failure and coagulopathy associated with xylitol ingestion in eight dogs. Journal of the American Veterinary Medical Association, 229, 1113–1117.

Liu, T.Y.D., Lee, J.A., 2009. Xylitol. In: Osweiler, G.D., Hovda, L.R., Brutlag, A.G., et al. (Eds.), Blackwell'fs Five-Minute Veterinary Consult Clinical Companion Small Animal Toxicology. Wiley-Blackwell, Ames, pp. 470–475.

Oehme, F.W., Kore, A.M., 2006. Miscellaneous indoor toxicants. In: Peterson, M.E., Talcott, P.A. (Eds.), Small Animal Toxicology, second ed. Saunders Elsevier, St Louis, pp. 223–243.

Piscitelli, C.M., Dunayer, E.K., Aumann, M., 2010. Xylitol toxicity in dogs. Compendium for the Continuing Education of the Practicing Veterinarian 32, E1–E4.

Todd, J.M., Powell, L.L., 2007. Xylitol intoxication associated with fulminant hepatic failure in a dog. Journal of Veterinary Emergency and Critical Care 17 (3), 286–289.

クモ刺咬傷

da Silvaa, P.H., da Silveiraa, R.B., Appela, M.H., et al., 2004. Brown spiders and loxoscelism. Toxicon 44, 693–709.

Graudins, A., 2007. Spiders. In: Shannon, M.W., Borron, S.W., Burns, M.J. (Eds.), Haddad and Winchester'fs Clinical Management of Poisoning and Drug Overdose, fourth ed. Saunders Elsevier, Philadelphia, pp. 433–439.

Pace, L.B., Vetter, R.S., 2009. Brown recluse spider (Loxosceles reclusa) envenomation in small animals. Journal of Veterinary Emergency and Critical Care 19 (4), 329–336.

Peterson, M.E., McNally, J., 2006. Spider envenomation: black widow. In: Peterson, M.E., Talcott, P.A. (Eds.), Small Animal Toxicology, second ed. Saunders Elsevier, St Louis, pp. 1063–1069.

Peterson, M.E., McNally, J., 2006. Spider envenomation: brown recluse. In: Peterson, M.E., Talcott, P.A. (Eds.), Small Animal Toxicology, second ed. Saunders Elsevier, St Louis, pp. 1070–1075.

Peterson, M.E., 2009. Spider bite. In: Silverstein, D.C., Hopper, K. (Eds.), Small Animal Critical Care Medicine. Elsevier, St Louis, pp. 405–407.

Peterson, M.E., Adams, C.M., 2009. Black widow spiders. In: Osweiler, G.D., Hovda, L.R., Brutlag, A.G., et al. (Eds.), Blackwell'fs Five-Minute Veterinary Consult Clinical Companion Small Animal Toxicology. Wiley-Blackwell, Ames, pp. 365–369.

Peterson, M.E., Adams, C.M., 2009. Brown recluse spiders. In: Osweiler, G.D., Hovda, L.R., Brutlag, A.G., et al. (Eds.), Blackwell'fs Five-Minute Veterinary Consult Clinical Companion Small Animal Toxicology. Wiley-Blackwell, Ames, pp. 370–375.

Roder, J.D., 2004. Black widow. In: Plumlee, K.H. (Ed.), Clinical Veterinary Toxicology. Mosby, St Louis, pp. 111–112.

Roder, J.D., 2004. Brown recluse. In: Plumlee, K.H. (Ed.), Clinical Veterinary Toxicology. Mosby, St Louis, pp. 112–113.

Swanson, D.L., Vetter, R.S., 2005. Bites of brown recluse spiders and suspected necrotic arachnidism. New England Journal of Medicine 352, 700–707.

Twedt, D.C., Cuddon, P.A., Horn, T.W., 1999. Black widow spider envenomation in a cat. Journal of Veterinary Internal Medicine 12, 613–616.

蛍光ジュエリー

Hovda, T.K., Lee, J.A., 2009. Glow jewelry. In: Osweiler, G.D., Hovda, L.R., Brutlag, A.G., et al. (Eds.), Blackwell'fs Five-Minute Veterinary Consult Clinical Companion Small Animal Toxicology. Wiley-Blackwell, Ames, pp. 673–678.

Oehme, F.W., Kore, A.M., 2006. Miscellaneous indoor toxicants. In: Peterson, M.E., Talcott, P.A. (Eds.), Small Animal Toxicology, second ed. Saunders Elsevier, St Louis, pp. 223–243.

抗凝固性殺鼠剤

Brown, A.J., Waddell, L.S., 2009. Rodenticides. In: Silverstein, D.C., Hopper, K. (Eds.), Small Animal Critical Care Medicine. Elsevier, St Louis, pp. 346–350.

Hansen, N., Beck, C., 2003. Bilateral hydronephrosis secondary to anticoagulant rodenticide intoxication in a dog. Journal of Veterinary Emergency and Critical Care 13 (2), 103–107.

Luiz, J.A., Heseltine, J., 2008. Five common toxins ingested by dogs and cats. Compendium for the Continuing Education of the Practicing Veterinarian 30 (11), 578–588.

Meadows, I., Gwaltney-Brant, S., 2006. The 10 most common toxicoses in dogs. Veterinary Medicine March, 142–148.

Means, C., 2004. Anticoagulant rodenticides. In: Plumlee, K.H. (Ed.), Clinical Veterinary Toxicology. Mosby, St Louis, pp. 444–446.

Munday, J.S., Thompson, L.J., 2003. Brodifacoum toxicosis in two neonatal puppies. Veterinary Pathology 40, 216–219.

Murphy, M., 2009. Anticoagulants. In: Osweiler, G.D., Hovda, L.R., Brutlag, A.G., et al. (Eds.), Blackwell' fs Five-Minute Veterinary Consult Clinical Companion Small Animal Toxicology. Wiley-Blackwell, Ames, pp. 759–768.

Murphy, M.J., 2002. Rodenticides. In: Toxicology, Veterinary Clinics of North America, Small Animal Practice, vol 32, no 2. Saunders, Philadelphia, pp. 469–475.

Murphy, M.J., Talcott, P.A., 2006. Anticoagulant rodenticides. In: Peterson, M.E., Talcott, P.A. (Eds.), Small Animal Toxicology, second ed. Saunders Elsevier, St Louis, pp. 563–577.

Pachtinger, G.E., Otto, C.M., Syring, R.S., 2008. Incidence of prolonged prothrombin time in dogs following gastrointestinal decontamination for acute anticoagulant rodenticide ingestion. Journal of Veterinary Emergency and Critical Care 18 (3), 285–291.

高張リン酸ナトリウム浣腸液（FLEET®）

Gfeller, R.W., Messonnier, S.P., 1998. Handbook of Small Animal Toxicology and Poisonings. Mosby, Philadelphia, pp. 241–244.

Kirk, R.W. (Ed.), 1986. Current Veterinary Therapy IX. WB Saunders, Philadelphia, pp. 212–215.

Roder, J.D., 2004. Hypertonic phosphate enema. In: Plumlee, K.H. (Ed.), Clinical Veterinary Toxicology. Mosby, St Louis, p. 319.

抗ヒスタミン薬、充血緩和薬

Albretsen, J.C., 2002. Oral medications. In: Poppenga, R.H., Volmer, P.A. (Eds.), Toxicology, Veterinary Clinics of North America, Small Animal Practice, vol 32, no 2. Saunders, Philadelphia, pp. 433–434.

Campbell, A., 2000. Terfenadine. In: Campbell, A., Chapman, M. (Eds.), Handbook of Poisoning in Dogs and Cats. Blackwell Science, Malden, pp. 247–249.

Fitzgerald, K.T., Bronstein, A.C., Flood, A.A., 2006.' Over-the-counter' f drug toxicities in companion animals. Clinical Techniques in Small Animal Practice 21, 215–226.

Gruber, N.M., 2009. Imidazoline decongestants. In: Osweiler, G.D., Hovda, L.R., Brutlag, A.G., et al. (Eds.), Blackwell' fs Five-Minute Veterinary Consult Clinical Companion Small Animal Toxicology. Wiley-Blackwell, Ames, pp. 300–305.

Gwaltney-Brant, S., 2004. Antihistamines. In: Plumlee, K.H. (Ed.), Clinical Veterinary Toxicology. Mosby, St Louis, pp. 291–293.

Meadows, I., Gwaltney-Brant, S., 2006. The 10 most common toxicoses in dogs. Veterinary Medicine March, 142–148.

Mean, C., 2004. Decongestants. In: Plumlee, K.H. (Ed.), Clinical Veterinary Toxicology. Mosby, St Louis, pp. 309–310.

Murphy, L., 2001. Antihistamine toxicosis. Veterinary Medicine Oct, 752–765.

Sioris, K.M., 2009. Decongestants. In: Osweiler, G.D., Hovda, L.R., Brutlag, A.G., et al. (Eds.), Blackwell' fs Five-Minute Veterinary Consult Clinical Companion Small Animal Toxicology. Wiley-Blackwell, Ames, pp. 285–291.

コカイン

Albertson, T.E., Chan, A., Tharratt, R.S., 2007. Cocaine. In: Shannon, M.W., Borron, S.W., Burns, M.J. (Eds.), Haddad and Winchester' fs Clinical Management of Poisoning and Drug Overdose, fourth ed. Saunders Elsevier, Philadelphia, pp. 755–772.

Bischoff, K., Kang, H.G., 2009. Cocaine. In: Osweiler, G.D., Hovda, L.R., Brutlag, A.G., et al. (Eds.), Blackwell' fs Five-Minute Veterinary Consult Clinical Companion Small Animal Toxicology. Wiley-Blackwell, Ames, pp. 212–217.

Brown, A.J., Mandell, D.C., 2009. Illicit drugs. In: Silverstein, D.C., Hopper, K. (Eds.), Small Animal Critical Care Medicine. Elsevier, St Louis, pp. 342–345.

Volmer, P.A., 2006. Cocaine. In: Peterson, M.E., Talcott, P.A. (Eds.), Small Animal Toxicology, second ed. Saunders Elsevier, St Louis, pp. 287–290.

コレカルシフェロール

Adams, C.M., 2009. Cholecalciferol. In: Osweiler, G.D., Hovda, L.R., Brutlag, A.G., et al. (Eds.), Blackwell' fs Five-Minute Veterinary Consult Clinical Companion Small Animal Toxicology. Wiley-Blackwell, Ames, pp. 775–780.

Brown, A.J., Waddell, L.S., 2009. Rodenticides. In: Silverstein, D.C., Hopper, K. (Eds.), Small Animal Critical Care Medicine. Elsevier, St Louis, pp. 346–350.

Campbell, A., 2000. Calciferol/vitamin D_3 and cholecalciferol/vitamin D_3. In: Campbell, A., Chapman, M. (Eds.), Handbook of Poisoning in Dogs and Cats. Blackwell Science, Malden, pp. 89–96.

Meadows, I., Gwaltney-Brant, S., 2006. The 10 most common toxicoses in dogs. Veterinary Medicine March, 142–148.

Morrow, C.K., Volmer, P.A., 2004. Cholecalciferol. In: Plumlee, K.H. (Ed.), Clinical Veterinary Toxicology. Mosby, St Louis, pp. 448–451.

Murphy, M.J., 2002. Rodenticides. In: Toxicology, Veterinary Clinics of North America, Small Animal Practice, vol 32, no 2. Saunders, Philadelphia, pp. 476–478.

Rumbeiha, W.K., 2006. Cholecalciferol. In: Peterson, M.E., Talcott, P.A. (Eds.), Small Animal Toxicology, second ed. Saunders Elsevier, St Louis, pp. 629–642.

Rumbeiha, W.K., Braselton, W.E., Nachreiner, R.F., et al., 2000. The postmortem diagnosis of cholecalciferol toxicosis: a novel approach and differentiation from ethylene glycol toxicosis. Journal of Veterinary Diagnostic Investigation 12, 426–432.

昆虫（膜翅目）刺症

Adams, C.M., 2009. Wasps, hornets, bees. In: Osweiler, G.D., Hovda, L.R., Brutlag, A.G., et al. (Eds.), Blackwell' fs Five-Minute Veterinary Consult Clinical Companion Small Animal Toxicology. Wiley-Blackwell, Ames, pp. 404–408.

Campbell, A., 2000. Hymenoptera. In: Campbell, A., Chapman, M. (Eds.), Handbook of Poisoning in Dogs and Cats. Blackwell Science, Malden, pp. 145–147.

Fitzgerald, K.T., Flood, A.A., 2006. Hymenoptera stings. Clinical Techniques in Small Animal Practice 21, 194–204.

Fitzgerald, K.T., Vera, R., 2006. Hymenoptera. In: Peterson, M.E., Talcott, P.A. (Eds.), Small Animal Toxicology, second ed. Saunders Elsevier, St Louis, pp. 744–767.

Oliveira, E.C., Pedroso, P.M., Meirelles, A.E., et al., 2007. Pathological findings in dogs after multiple Africanized bee stings. Toxicon 49, 1214–1218.

Thomas, J.D., Thomas, K.E., Kazzi, Z.N., 2007. Hymenoptera. In: Shannon, M.W., Borron, S.W., Burns, M.J. (Eds.), Haddad and Winchester' fs Clinical Management of Poisoning and Drug Overdose, fourth ed. Saunders Elsevier, Philadelphia, pp. 447–451.

Waddell, L.S., Drobatz, K.J., 1999. Massive envenomation by Vespula spp. in two dogs. Journal of Veterinary Emergency and Critical Care 9 (2), 67–71.

サソリ刺傷

Adams, C.M., 2009. Scorpions. In: Osweiler, G.D., Hovda, L.R., Brutlag, A.G., et al. (Eds.), Blackwell' fs Five-Minute Veterinary Consult Clinical Companion Small Animal Toxicology. Wiley-Blackwell, Ames, pp. 398–403.

Boyer, L.V., Theodorou, A.A., Berg, R.A., et al., 2009. Antivenom for critically ill children with neurotoxicity from scorpion stings. New England Journal of Medicine 360, 2090–2098.

Thomas, J.D., Thomas, K.E., Kazzi, Z.N., 2007. Scorpions and stinging insects. In: Shannon, M.W., Borron, S.W., Burns, M.J. (Eds.), Haddad and Winchester' fs Clinical Management of Poisoning and Drug Overdose, fourth ed. Saunders Elsevier, Philadelphia, pp. 440–447.

三環系抗うつ薬（TCA）

Campbell, A., 2000. Tricyclic antidepressants. In: Campbell, A., Chapman, M. (Eds.), Handbook of Poisoning in Dogs and Cats. Blackwell Science, Malden, pp. 250–253.

Fletcher, D.J., Murphy, L.A., 2009. Cyclic antidepressant drug overdose. In: Silverstein, D.C., Hopper, K. (Eds.), Small Animal Critical Care Medicine. Elsevier, St Louis, pp. 378–380.

Volmer, P.A., 2006. Tricyclic antidepressants. In: Peterson, M.E., Talcott, P.A. (Eds.), Small Animal Toxicology, second ed. Saunders Elsevier, St Louis, pp. 303–306.

シトラスオイル抽出物（リモネン、リナロール）

Gfeller, R.W., Messonnier, S.P., 1998. Handbook of Small Animal Toxicology and Poisonings. Mosby, Philadelphia, pp. 172–173.

Murtaugh, R.J., Kaplan, P.M., 1992. Veterinary Emergency and Critical Care Medicine. Mosby, St Louis, p. 437.

Osweiler, G.D., 1996. Toxicology. Williams & Wilkins, Philadelphia, pp. 246–247.

Plumlee, K.H., 2006. Citrus oils. In: Peterson, M.E., Talcott, P.A. (Eds.), Small Animal Toxicology, second ed. Saunders Elsevier, St Louis, pp. 664–667.

植物

Barr, A.C., 2006. Household and garden plants. In: Peterson, M.E., Talcott, P.A. (Eds.), Small Animal Toxicology, second ed. Saunders Elsevier, St Louis, pp. 345–410.

Milewski, L.M., Khan, S.A., 2006. An overview of potentially life-threatening poisonous plants in dogs and cats. Journal of Veterinary Emergency and Critical Care 16 (1), 25–33.

アザレア（オランダツツジ）、シャクナゲ

Butler, J., 2000. Rhododendron and related plant species. In: Campbell, A., Chapman, M. (Eds.), Handbook of Poisoning in Dogs and Cats. Blackwell Science, Malden, pp. 231–233.

Cargill, E., Hovda, L.R., 2009. Rhododendrons /azaleas. In: Osweiler, G.D., Hovda, L.R., Brutlag, A.G., et al. (Eds.), Blackwell' fs Five-Minute Veterinary Consult Clinical Companion Small Animal Toxicology. Wiley-Blackwell, Ames, pp. 737–742.

Knight, A.P., 2006. Rhododendron. In: Knight, A.P. (Ed.), A Guide to Poisonous House and Garden Plants. Teton NewMedia, Jackson, pp. 235–237.

Milewski, L.M., Khan, S.A., 2006. An overview of potentially life-threatening poisonous plants in dogs and cats. Journal of Veterinary Emergency and Critical Care 16 (1), 25–33.

Plumlee, K.H., 2002. Plant hazards. In: Toxicology, Veterinary Clinics of North America, Small Animal Practice, vol 32, no 2. Saunders, Philadelphia, p. 388.

Puschner, B., 2004. Grayanotoxins. In: Plumlee, K.H. (Ed.), Clinical Veterinary Toxicology. Mosby, St Louis, pp. 412–415.

カランコエ

Galey, F.D., 2004. Cardiac glycosides. In: Plumlee, K.H. (Ed.), Clinical Veterinary Toxicology. Mosby, St Louis, pp. 386–388.

Gwaltney-Brant, S.M., 2006. Kalanchoe. In: Peterson, M.E., Talcott, P.A. (Eds.), Small Animal Toxicology, second ed. Saunders Elsevier, St Louis, pp. 652–655.

Knight, A.P., 2006. Kalanchoe. In: Knight, A.P. (Ed.), A Guide to Poisonous House and Garden Plants. Teton NewMedia, Jackson, pp. 159–161.

Milewski, L.M., Khan, S.A., 2006. An overview of potentially life-threatening poisonous plants in dogs and cats. Journal of Veterinary Emergency and Critical Care 16 (1), 25–33.

Plumlee, K.H., March 2002. Plant hazards. In: Toxicology, Veterinary Clinics of North America, Small Animal Practice, vol 32, no 2. Saunders, Philadelphia, pp. 391–392.

セイヨウキョウチクトウ

Cargill, E., Martinson, K.L., 2009. Cardiac glycosides. In: Osweiler, G.D., Hovda, L.R., Brutlag, A.G., et al. (Eds.), Blackwell' fs Five-Minute Veterinary Consult Clinical Companion Small Animal Toxicology. Wiley-Blackwell, Ames, pp. 696–704.

Galey, F.D., 2004. Cardiac glycosides. In: Plumlee, K.H. (Ed.), Clinical Veterinary Toxicology. Mosby, St Louis, pp. 386–388.

Knight, A.P., 2006. Nerium oleander. In: Knight, A.P. (Ed.), A Guide to Poisonous House and Garden Plants. Teton NewMedia, Jackson, pp. 197–199.

Milewski, L.M., Khan, S.A., 2006. An overview of potentially life-threatening poisonous plants in dogs and cats. Journal of Veterinary Emergency and Critical Care 16 (1), 25–33.

Plumlee, K.H., 2002. Plant hazards. In: Toxicology, Veterinary Clinics of North America, Small Animal Practice, vol 32, no 2. Saunders, Philadelphia, pp. 389–390.

センダン

Hare, W.R., 2004. Meliatoxins. In: Plumlee, K.H. (Ed.), Clinical Veterinary Toxicology. Mosby, St Louis, pp. 415–416.

Knight, A.P., 2006. Melia azedarach. In: Knight, A.P. (Ed.), A Guide to Poisonous House and Garden Plants. Teton NewMedia, Jackson, pp. 184–185.

Plumlee, K.H., March 2002. Plant hazards. In: Toxicology, Veterinary Clinics of North America, Small Animal Practice, vol 32, no 2. Saunders, Philadelphia, pp. 387–388.

ソテツ

Albretsen, J.C., Khan, S.A., Richardson, J.A., 1988. Cycad palm toxicosis in dogs: 60 cases (1987-1997). Journal of the American Veterinary Medical Association 213 (1), 99–101.

Albretsen, J.C., 2004. Cycasin. In: Plumlee, K.H. (Ed.), Clinical Veterinary Toxicology. Mosby, St Louis, pp. 392–394.

Klatt, C.A., Gruber, N.M., 2009. Sago palm. In: Osweiler, G.D., Hovda, L.R., Brutlag, A.G., et al. (Eds.), Blackwell'fs Five-Minute Veterinary Consult Clinical Companion Small Animal Toxicology. Wiley-Blackwell, Ames, pp. 743–749.

Knight, A.P., 2006. Cycas. In: Knight, A.P. (Ed.), A Guide to Poisonous House and Garden Plants. Teton NewMedia, Jackson, pp. 93–95.

Milewski, L.M., Khan, S.A., 2006. An overview of potentially life-threatening poisonous plants in dogs and cats. Journal of Veterinary Emergency and Critical Care 16 (1), 25–33.

Plumlee, K.H., 2002. Plant hazards. In: Toxicology, Veterinary Clinics of North America, Small Animal Practice, vol 32, no 2. Saunders, Philadelphia, pp. 386–387.

ユリ

Berg, R.I.M., Francey, T., Segev, G., 2007. Resolution of acute kidney injury in a cat after lily (Lilium lancifolium) intoxication. Journal of Veterinary Internal Medicine 21, 857–859.

Brady, M.A., Janovitz, E.B., 2000. Nephrotoxicosis in a cat following ingestion of Asiatic hybrid lily (Lilium sp.). Journal of Veterinary Diagnosis and Investigation 12, 566–568.

Hall, J.O., 2004. Lily. In: Plumlee, K.H. (Ed.), Clinical Veterinary Toxicology. Mosby, St Louis, pp. 433–435.

Hall, J.O., 2006. Lilies. In: Peterson, M.E., Talcott, P.A. (Eds.), Small Animal Toxicology, second ed. Saunders Elsevier, St Louis, pp. 806–811.

Knight, A.P., 2006. Hemerocallis. In: Knight, A.P. (Ed.), A Guide to Poisonous House and Garden Plants. Teton NewMedia, Jackson, pp. 134–136.

Knight, A.P., 2006. Lilium. In: Knight, A.P. (Ed.), A Guide to Poisonous House and Garden Plants. Teton NewMedia, Jackson, pp. 174–176.

Langston, C.E., 2002. Acute renal failure caused by lily ingestion in six cats. Journal of the American Veterinary Medical Association 220 (1), 49–52.

Martinson, K.L., Hovda, L.R., 2009. Lilies. In: Osweiler, G.D., Hovda, L.R., Brutlag, A.G., et al. (Eds.), Blackwell'fs Five-Minute Veterinary Consult Clinical Companion Small Animal Toxicology. Wiley-Blackwell, Ames, pp. 705–710.

Milewski, L.M., Khan, S.A., 2006. An overview of potentially life-threatening poisonous plants in dogs and cats. Journal of Veterinary Emergency and Critical Care 16 (1), 25–33.

Plumlee, K.H., 2002. Plant hazards. In: Toxicology, Veterinary Clinics of North America, Small Animal Practice, vol 32, no 2. Saunders, Philadelphia, pp. 390–391.

Rumbeiha, W.K., Francis, J.A., Fitzgerald, S.D., et al., 2004. A comprehensive study of Easter lily poisoning in cats. Journal of Veterinary Diagnosis and Investigation 16, 527–541.

Tefft, K.M., 2004. Lily nephrotoxicity in cats. Compendium for the Continuing Education of the Practicing Veterinarian 26, 149–156.

カラー

Hovda, L.R., Cargill, E., 2009. Oxalates-insoluble. In: Osweiler, G.D., Hovda, L.R., Brutlag, A.G., et al. (Eds.), Blackwell'fs Five-Minute Veterinary Consult Clinical Companion Small Animal Toxicology. Wiley-Blackwell, Ames, pp. 720–729.

Knight, A.P., 2006. Zantedeschia. In: Knight, A.P. (Ed.), A Guide to Poisonous House and Garden Plants. Teton NewMedia, Jackson, pp. 288–290.

スズラン

Atkinson, K.J., Fine, D.M., Evans, T.J., et al., 2008. Suspected lily-of-the-valley (Convallaria majalis) toxicosis in a dog. Journal of Veterinary Emergency and Critical Care 18 (4), 399–403.

Cargill, E., Martinson, K.L., 2009. Cardiac glycosides. In: Osweiler, G.D., Hovda, L.R., Brutlag, A.G., et al. (Eds.), Blackwell'fs Five-Minute Veterinary Consult Clinical Companion Small Animal Toxicology. Wiley-Blackwell, Ames, pp. 696–704.
Knight, A.P., 2006. Convallaria majalis. In: Knight, A.P. (Ed.), A Guide to Poisonous House and Garden Plants. Teton NewMedia, Jackson, pp. 83–84.
Plumlee, K.H., March 2002. Plant hazards. In: Toxicology, Veterinary Clinics of North America, Small Animal Practice, vol 32, no 2. Saunders, Philadelphia, pp. 389–390.

ストリキニーネ

Hall, J.O., 2009. Strychnine. In: Osweiler, G.D., Hovda, L.R., Brutlag, A.G., et al. (Eds.), Blackwell'fs Five-Minute Veterinary Consult Clinical Companion Small Animal Toxicology. Wiley-Blackwell, Ames, pp. 791–797.
Murphy, M.J., 2002. Rodenticides. In: Toxicology, Veterinary Clinics of North America, Small Animal Practice, vol 32, no 2. Saunders, Philadelphia, pp. 478–479.
Talcott, P.A., 2004. Strychnine. In: Plumlee, K.H. (Ed.), Clinical Veterinary Toxicology. Mosby, St Louis, pp. 454–456.
Talcott, P.A., 2006. Strychnine. In: Peterson, M.E., Talcott, P.A. (Eds.), Small Animal Toxicology, second ed. Saunders Elsevier, St Louis, pp. 1076–1082.

セロトニン症候群

Albretsen, J.C., 2002. Oral medications. In: Poppenga, R.H., Volmer, P.A. (Eds.), Toxicology, Veterinary Clinics of North America, Small Animal Practice, vol 32, no 2. Saunders, Philadelphia, pp. 422–423.
Campbell, A., 2000. Selective serotonin re-uptake inhibitor antidepressants. In: Campbell, A., Chapman, M. (Eds.), Handbook of Poisoning in Dogs and Cats. Blackwell Science, Malden, pp. 242–244.
Reineke, E.L., Drobatz, K.J., 2009. Serotonin syndrome. In: Silverstein, D.C., Hopper, K. (Eds.), Small Animal Critical Care Medicine. Elsevier, St Louis, pp. 384–387.
Sioris, K.M., 2009. Selective serotonin reuptake inhibitors (SSRIs). In: Osweiler, G.D., Hovda, L.R., Brutlag, A.G., et al. (Eds.), Blackwell'fs Five-Minute Veterinary Consult Clinical Companion Small Animal Toxicology. Wiley-Blackwell, Ames, pp. 195–201.

炭化水素

Campbell, A., 2000. Petroleum distillates/white spirit/kerosene. In: Campbell, A., Chapman, M. (Eds.), Handbook of Poisoning in Dogs and Cats. Blackwell Science, Malden, pp. 52–54.
LeMaster, S.H., 2009. Hydrocarbon. In: Osweiler, G.D., Hovda, L.R., Brutlag, A.G., et al. (Eds.), Blackwell'fs Five-Minute Veterinary Consult Clinical Companion Small Animal Toxicology. Wiley-Blackwell, Ames, pp. 96–102.
Lewander, W.J., Aleguas, A., 2007. Petroleum distillates and plant hydrocarbons. In: Shannon, M.W., Borron, S.W., Burns, M.J. (Eds.), Haddad and Winchester'fs Clinical Management of Poisoning and Drug Overdose, fourth ed. Saunders Elsevier, Philadelphia, pp. 1343–1346.
Meadows, I., Gwaltney-Brant, S., 2006. The 10 most common toxicoses in dogs. Veterinary Medicine March, 142–148.
Mirkin, D.B., 2007. Benzene and related aromatic hydrocarbons. In: Shannon, M.W., Borron, S.W., Burns, M.J. (Eds.), Haddad and Winchester'fs Clinical Management of Poisoning and Drug Overdose, fourth ed. Saunders Elsevier, Philadelphia, pp. 1363–1376.
Palmer, R.B., Phillips, S.D., 2007. Chlorinated hydrocarbons. In: Shannon, M.W., Borron, S.W., Burns, M.J. (Eds.), Haddad and Winchester'fs Clinical Management of Poisoning and Drug Overdose, fourth ed. Saunders Elsevier, Philadelphia, pp. 1347–1361.
Raisbeck, M.F., Dailey, R.N., 2006. Petroleum hydrocarbons. In: Peterson, M.E., Talcott, P.A. (Eds.), Small Animal Toxicology, second ed. Saunders Elsevier, St Louis, pp. 986–995.
Young, B.C., Strom, A.C., Prittie, J.E., 2007. Toxic pneumonitis caused by inhalation of hydrocarbon waterproofing spray in two dogs. Journal of the American Veterinary Medical Association 231, 74–78.

チョコレート、カフェイン

Albretsen, J.C., 2004. Methylxanthines. In: Plumlee, K.H. (Ed.), Clinical Veterinary Toxicology. Mosby, St Louis, pp. 322–326.
Campbell, A., 2000. Chocolate/theobromine. In: Campbell, A., Chapman, M. (Eds.), Handbook of Poisoning in Dogs and Cats. Blackwell Science, Malden, pp. 106–110.

Carson, T.L., 2006. Methylxanthines. In: Peterson, M.E., Talcott, P.A. (Eds.), Small Animal Toxicology, second ed. Saunders Elsevier, St Louis, pp. 845–852.

Craft, E.K., Powell, L.L., 2009. Chocolate and caffeine. In: Osweiler, G.D., Hovda, L.R., Brutlag, A.G., et al. (Eds.), Blackwell' fs Five-Minute Veterinary Consult Clinical Companion Small Animal Toxicology. Wiley-Blackwell, Ames, pp. 421–428.

Luiz, J.A., Heseltine, J., 2008. Five common toxins ingested by dogs and cats. Compendium for the Continuing Education of the Practicing Veterinarian 30 (11), 578–588.

Meadows, I., Gwaltney-Brant, S., 2006. The 10 most common toxicoses in dogs. Veterinary Medicine March, 142–148.

鉄

Albretsen, J.C., 2004. Iron. In: Plumlee, K.H. (Ed.), Clinical Veterinary Toxicology. Mosby, St Louis, pp. 202–204.

Campbell, A., 2000. Iron and iron salts. In: Campbell, A., Chapman, M. (Eds.), Handbook of Poisoning in Dogs and Cats. Blackwell Science, Malden, pp. 163–166.

Hall, J.O., 2006. Iron. In: Peterson, M.E., Talcott, P.A. (Eds.), Small Animal Toxicology, second ed. Saunders Elsevier, St Louis, pp. 777–784.

Hall, J.O., 2009. Iron. In: Osweiler, G.D., Hovda, L.R., Brutlag, A.G., et al. (Eds.), Blackwell' fs Five-Minute Veterinary Consult Clinical Companion Small Animal Toxicology. Wiley-Blackwell, Ames, pp. 647–656.

Marshall, J.L., Lee, J.A., 2009. Fertilizers. In: Osweiler, G.D., Hovda, L.R., Brutlag, A.G., et al. (Eds.), Blackwell' fs Five-Minute Veterinary Consult Clinical Companion Small Animal Toxicology. Wiley-Blackwell, Ames, pp. 495–498.

電池

Angle, C., 2009. Batteries. In: Osweiler, G.D., Hovda, L.R., Brutlag, A.G., et al. (Eds.), Blackwell' fs Five-Minute Veterinary Consult Clinical Companion Small Animal Toxicology. Wiley-Blackwell, Ames, pp. 560–567.

Campbell, A., 2000. Batteries. In: Campbell, A., Chapman, M. (Eds.), Handbook of Poisoning in Dogs and Cats. Blackwell Science, Malden, pp. 77–79.

Gwaltney-Brant, S., 2004. Batteries. In: Plumlee, K.H. (Ed.), Clinical Veterinary Toxicology. Mosby, St Louis, pp. 140–142.

Oehme, F.W., Kore, A.M., 2006. Miscellaneous indoor toxicants. In: Peterson, M.E., Talcott, P.A. (Eds.), Small Animal Toxicology, second ed. Saunders Elsevier, St Louis, pp. 223–243.

毒キノコ

Rossmeisl, J.H., Higgins, M.A., Blodgett, D.J., et al., 2006. Amanita muscaria toxicosis in two dogs. Journal of Veterinary Emergency and Critical Care 16 (3), 208–214.

Puschner, B., 2009. Mushrooms. In: Osweiler, G.D., Hovda, L.R., Brutlag, A.G., et al. (Eds.), Blackwell' fs Five-Minute Veterinary Consult Clinical Companion Small Animal Toxicology. Wiley-Blackwell, Ames, pp. 711–719.

Puschner, B., Rose, H.H., Filigenzi, M.S., 2007. Diagnosis of Amanita toxicosis in a dog with acute hepatic necrosis. Journal of Veterinary Diagnosis and Investigation 19, 312–317.

Spoerke, D., 2006. Mushrooms. In: Peterson, M.E., Talcott, P.A. (Eds.), Small Animal Toxicology, second ed. Saunders Elsevier, St Louis, pp. 860–887.

Tegzes, J.H., Puschner, B., 2002. Toxic mushrooms. In: Toxicology, Veterinary Clinics of North America, Small Animal Practice, vol 32, no 2. Saunders, Philadelphia, pp. 397–407.

生ゴミ

Adams, C.M., Bischoff, K., 2009. Mycotoxins-aflatoxin. In: Osweiler, G.D., Hovda, L.R., Brutlag, A.G., et al. (Eds.), Blackwell' fs Five-Minute Veterinary Consult Clinical Companion Small Animal Toxicology. Wiley-Blackwell, Ames, pp. 445–450.

Dereszynski, D.M., Center, S.A., Randolph, J.F., 2008. Clinical and clinicopathologic features of dogs that consumed foodborne hepatotoxic aflatoxins: 72 cases (2005-2006). Journal of the American Veterinary Medical Association 232, 1329–1337.

Klatt, C.A., Hooser, S.B., 2009. Mycotoxins-tremorgenic. In: Osweiler, G.D., Hovda, L.R., Brutlag, A.G., et al. (Eds.), Blackwell' fs Five-Minute Veterinary Consult Clinical Companion Small Animal Toxicology. Wiley-Blackwell, Ames, pp. 451–456.

Meerdink, G.L., 2004. Aflatoxins. In: Plumlee, K.H. (Ed.), Clinical Veterinary Toxicology. Mosby, St Louis, pp. 231–235.

Newman, S.J., Smith, J.R., Stenske, K.A., 2007. Aflatoxicosis in nine dogs after exposure to contaminated commercial dog food. Journal of Veterinary Diagnostic Investigation 19, 168–175.

Pfohl-Leszkowicz, A., Manderville, R.A., Ochratoxin, A., 2007. an overview on toxicity and carcinogenicity in animals and humans. Molecular Nutrition and Food Research 51, 61–99.

Puschner, B., March 2002. Mycotoxins. In: Toxicology, Veterinary Clinics of North America, Small Animal Practice, vol 32, no 2. Saunders, Philadelphia, pp. 409–419.

Puschner, B., Penitrem, A., 2004. Roquefortine. In: Plumlee, K.H. (Ed.), Clinical Veterinary Toxicology. Mosby, St Louis, pp. 258–259.

鉛中毒症

Casteel, S.W., 2006. Lead. In: Peterson, M.E., Talcott, P.A. (Eds.), Small Animal Toxicology, second ed. Saunders Elsevier, St Louis, pp. 795–805.

Gwaltney-Brant, S., 2004. Lead. In: Plumlee, K.H. (Ed.), Clinical Veterinary Toxicology. Mosby, St Louis, pp. 204–210.

Knight, T.E., Kumar, M.S.A., 2003. Lead toxicosis in cats–a review. Journal of Feline Medicine and Surgery 5, 249–255.

Knight, T.E., Kent, M., Junk, J.E., 2001. Succimer for treatment of lead toxicosis in two cats. Journal of the American Veterinary Medical Association 218 (12, June 15), 1946–1948.

Miller, S., Bauk, T.J., 1992. Lead toxicosis in a group of cats. Journal of Veterinary Diagnosis and Investigation 4, 362–363.

Poppenga, R.H., 2009. Lead. In: Osweiler, G.D., Hovda, L.R., Brutlag, A.G., et al. (Eds.), Blackwell'fs Five-Minute Veterinary Consult Clinical Companion Small Animal Toxicology. Wiley-Blackwell, Ames, pp. 657–663.

ニコチン

Knight, A.P., 2006. Nicotiana. In: Knight, A.P. (Ed.), A Guide to Poisonous House and Garden Plants. Teton NewMedia, Jackson, pp. 200–201.

Plumlee, K.H., 2006. Nicotine. In: Peterson, M.E., Talcott, P.A. (Eds.), Small Animal Toxicology, second ed. Saunders Elsevier, St Louis, pp. 898–901.

Renken, C.L., Brutlag, A.G., Koenig, A., 2009. Nicotine/tobacco. In: Osweiler, G.D., Hovda, L.R., Brutlag, A.G., et al. (Eds.), Blackwell'fs Five-Minute Veterinary Consult Clinical Companion Small Animal Toxicology. Wiley-Blackwell, Ames, pp. 306–312

粘土（自家製）

Barr, J.M., Khan, S.A., McCullough, S.M., et al., 2004. Hypernatremia secondary to homemade play dough ingestion in dogs: a review of 14 cases from 1998 to 2001. Journal of Veterinary Emergency and Critical Care 14 (3), 196–202.

Gray, S.L., Lee, J.A., 2009. Salt. In: Osweiler, G.D., Hovda, L.R., Brutlag, A.G., et al. (Eds.), Blackwell'fs Five-Minute Veterinary Consult Clinical Companion Small Animal Toxicology. Wiley-Blackwell, Ames, pp. 461–469.

Oehme, F.W., Kore, A.M., 2006. Miscellaneous indoor toxicants. In: Peterson, M.E., Talcott, P.A. (Eds.), Small Animal Toxicology, second ed. Saunders Elsevier, St Louis, pp. 223–243.

Pouzot, C., Descone-Junot, C., Loup, J., et al., 2007. Successful treatment of severe salt intoxication in a dog. Journal of Veterinary Emergency and Critical Care, 17 (3), 294–298.

Tegzes, J.H., 2006. Sodium. In: Peterson, M.E., Talcott, P.A. (Eds.), Small Animal Toxicology, second ed. Saunders Elsevier, St Louis, pp. 1049–1054.

バクロフェン

Albretsen, J.C., 2002. Oral medications. In: Poppenga, R.H., Volmer, P.A. (Eds.), Toxicology, Veterinary Clinics of North America, Small Animal Practice, vol 32, no 2. Saunders, Philadelphia, pp. 436–439.

Campbell, A., 2000. Baclofen. In: Campbell, A., Chapman, M. (Eds.), Handbook of Poisoning in Dogs and Cats. Blackwell Science, Malden, pp. 74–76.

Gwaltney-Brant, S., 2004. Muscle relaxants. In: Plumlee, K.H. (Ed.), Clinical Veterinary Toxicology. Mosby, St Louis, pp. 326–330.

Malouin, A., Boller, M., 2009. Sedatives, muscle relaxants, and opioids toxicity. In: Silverstein, D.C., Hopper, K. (Eds.), Small Animal Critical Care Medicine. Elsevier, St Louis, pp. 350–356.

Quandt, J., 2009. Baclofen. In: Osweiler, G.D., Hovda, L.R., Brutlag, A.G., et al. (Eds.), Blackwell'fs Five-Minute Veterinary Consult Clinical Companion Small Animal Toxicology. Wiley-Blackwell, Ames, pp. 142-147.
Scott, N.E., Francey, T., Jandrey, K., 2007. Baclofen intoxication in a dog successfully treated with hemodialysis and hemoperfusion coupled with intensive supportive care. Journal of Veterinary Emergency and Critical Care 17 (2), 191-196.
Torre, D.M., Labato, M.A., Rossi, T., et al., 2008. Treatment of a dog with severe baclofen intoxication using hemodialysis and mechanical ventilation. Journal of Veterinary Emergency and Critical Care 18 (3), 312-318.

パン生地

Means, C., 2003. Bread dough toxicosis. Journal of Veterinary Emergency and Critical Care 13 (1), 39-41.
Powell, L.L., 2009. Bread dough. In: Osweiler, G.D., Hovda, L.R., Brutlag, A.G., et al. (Eds.), Blackwell'fs Five-Minute Veterinary Consult Clinical Companion Small Animal Toxicology. Wiley-Blackwell, Ames, pp. 411-415.

ハーブ、ビタミン、天然サプリメント

Bischoff, K., Guale, F., 1998. Australian tea tree (Melaleuca alternifolia) oil poisoning in three purebred cats. Journal of Veterinary Diagnostic Investigations 10, 208-210.
Cohen, S.L., Brutlag, A.G., 2009. Tree oil/melaleuca oil. In: Osweiler, G.D., Hovda, L.R., Brutlag, A.G., et al. (Eds.), Blackwell'fs Five-Minute Veterinary Consult Clinical Companion Small Animal Toxicology. Wiley-Blackwell, Ames, pp. 534-540.
Fitzgerald, K.T., Bronstein, A.C., Flood, A.A., 2006. 'eOver-the-counter'f drug toxicities in companion animals. Clinical Techniques in Small Animal Practice 21, 215-226.
Gfeller, R.W., Messonnier, S.P., 1998. Handbook of Small Animal Toxicology and Poisonings. Mosby, Philadelphia, pp. 241-244.
Kirk, R.W. (Ed.), 1986. Current Veterinary Therapy IX. WB Saunders, Philadelphia, pp. 212-215.
Means, C., 2002. Selected herbal hazards. In: Toxicology, Veterinary Clinics of North America, Small Animal Practice, vol 32, no 2. Saunders, Philadelphia, pp. 367-382.
Means, C., 2009. Ephedra/Ma Huang. In: Osweiler, G.D., Hovda, L.R., Brutlag, A.G., et al. (Eds.), Blackwell'fs Five-Minute Veterinary Consult Clinical Companion Small Animal Toxicology. Wiley-Blackwell, Ames, pp. 521-526.
Poppenga, R.H., 2006. Hazards associated with the use of herbal and other natural products. In: Peterson, M.E., Talcott, P.A. (Eds.), Small Animal Toxicology, second ed. Saunders Elsevier, St Louis, pp. 312-344.
Poppenga, R.H., 2009. Essential oils/potpourri. In: Osweiler, G.D., Hovda, L.R., Brutlag, A.G., et al. (Eds.), Blackwell'fs Five-Minute Veterinary Consult Clinical Companion Small Animal Toxicology. Wiley-Blackwell, Ames, pp. 527-533.

ヒキガエル被毒

Eubig, P.A., 2011. Bufo species toxicosis: big toad, big problem. Veterinary Medicine Aug, 594-599.
Peterson, M.E., Roberts, B.K., 2006. Toads. In: Peterson, M.E., Talcott, P.A. (Eds.), Small Animal Toxicology, second ed. Saunders Elsevier, St Louis, pp. 1063-1069.
Peterson, M.E., Hovda, L.R., 2009. Bufo toads. In: Osweiler, G.D., Hovda, L.R., Brutlag, A.G., et al. (Eds.), Blackwell'fs Five-Minute Veterinary Consult Clinical Companion Small Animal Toxicology. Wiley-Blackwell, Ames, pp. 376-381.
Roberts, B.K., Aronsohn, M.G., Moses, B.L., et al., 2000. Bufo marinus intoxication in dogs: 94 cases (1997-1998). Journal of the American Veterinary Medical Association 216, 1941-1944.
Roder, J.D., 2004. Toads. In: Plumlee, K.H. (Ed.), Clinical Veterinary Toxicology. Mosby, St Louis, p. 113.

非ステロイド性抗炎症薬（NSAIDs）

Albretsen, J.C., 2002. Oral medications. In: Poppenga, R.H., Volmer, P.A. (Eds.), Toxicology, Veterinary Clinics of North America, Small Animal Practice, vol 32, no 2. Saunders, Philadelphia, pp. 427-433.
Campbell, A., 2000. Diclofenac sodium. In: Campbell, A., Chapman, M. (Eds.), Handbook of Poisoning in Dogs and Cats. Blackwell Science, Malden, pp. 119-125.

Campbell, A., 2000. Ibuprofen. In: Campbell, A., Chapman, M. (Eds.), Handbook of Poisoning in Dogs and Cats. Blackwell Science, Malden, pp. 148–155.

Campbell, A., 2000. Indomethacin. In: Campbell, A., Chapman, M. (Eds.), Handbook of Poisoning in Dogs and Cats. Blackwell Science, Malden, pp. 156–162.

Campbell, A., 2000. Naproxen. In: Campbell, A., Chapman, M. (Eds.), Handbook of Poisoning in Dogs and Cats. Blackwell Science, Malden, pp. 192–198.

Fitzgerald, K.T., Bronstein, A.C., Flood, A.A., 2006. 'eOver-the-counter'f drug toxicities in companion animals. Clinical Techniques in Small Animal Practice 21, 215–226.

Mensching, D., Volmer, P., 2009. Managing acute carprofen toxicosis in dogs and cats. Veterinary Medicine July, 325–333.

Peterson, K.L., 2009. Veterinary NSAIDs. In: Osweiler, G.D., Hovda, L.R., Brutlag, A.G., et al. (Eds.), Blackwell'fs Five-Minute Veterinary Consult Clinical Companion Small Animal Toxicology. Wiley-Blackwell, Ames, pp. 354–361.

Roder, J.D., 2004. Analgesics. In: Plumlee, K.H. (Ed.), Clinical Veterinary Toxicology. Mosby, St Louis, pp. 282–284.

Syring, R.S., 2009. Human NSAIDs. In: Osweiler, G.D., Hovda, L.R., Brutlag, A.G., et al. (Eds.), Blackwell'fs Five-Minute Veterinary Consult Clinical Companion Small Animal Toxicology. Wiley-Blackwell, Ames, pp. 292–299.

Talcott, P.A., 2006. Nonsteroidal antiinflammatories. In: Peterson, M.E., Talcott, P.A. (Eds.), Small Animal Toxicology, second ed. Saunders Elsevier, St Louis, pp. 902–933.

砒素

Ensley, S., 2004. Arsenic. In: Plumlee, K.H. (Ed.), Clinical Veterinary Toxicology. Mosby, St Louis, pp. 193–195.

Gfeller, R.W., Messonnier, S.P., 1998. Handbook of Small Animal Toxicology and Poisonings. Mosby, Philadelphia, pp. 85–89.

Kirk, R.W. (Ed.), 1989. Current Veterinary Therapy X. WB Saunders, Philadelphia, pp. 159–161.

Murtaugh, R.J., Kaplan, P.M., 1992. Veterinary Emergency and Critical Care Medicine. Mosby, St Louis, pp. 441–442.

Osweiler, G.D., 1996. Toxicology. Williams & Wilkins, Philadelphia, pp. 181–185.

Osweiler, G.D., Carson, T.L., Buck, W.B., et al., 1985. Clinical and Diagnostic Veterinary Toxicology, third ed. Kendall/Hunt Publishing, Dubuque, pp. 72–86.

Pigott, D.C., Liebelt, E.L., 2007. Arsenic and arsine. In: Shannon, M.W., Borron, S.W., Burns, M.J. (Eds.), Haddad and Winchester 'fs Clinical Management of Poisoning and Drug Overdose, fourth ed. Saunders Elsevier, Philadelphia, pp. 1147–1156.

ヒドラメチルノン

Wismer, T., 2004. Hydramethylnon. In: Plumlee, K.H. (Ed.), Clinical Veterinary Toxicology. Mosby, St Louis, pp. 185–186.

ピレスリン、ピレスロイド

Bates, N., 2000. Pyrethrins and pyrethroids. In: Campbell, A., Chapman, M. (Eds.), Handbook of Poisoning in Dogs and Cats. Blackwell Science, Malden, pp. 42–46.

Boller, M., Silverstein, D.C., 2009. Pyrethrins. In: Silverstein, D.C., Hopper, K. (Eds.), Small Animal Critical Care Medicine. Elsevier, St Louis, pp. 394–398.

Gruber, N.M., 2009. Pyrethrins and pyrethroids. In: Osweiler, G.D., Hovda, L.R., Brutlag, A.G., et al. (Eds.), Blackwell'fs Five-Minute Veterinary Consult Clinical Companion Small Animal Toxicology. Wiley-Blackwell, Ames, pp. 636–643.

Hansen, S.R., 2006. Pyrethrins and pyrethroids. In: Peterson, M.E., Talcott, P.A. (Eds.), Small Animal Toxicology, second ed. Saunders Elsevier, St Louis, pp. 1002–1010.

Volmer, P.A., 2004. Pyrethrins and pyrethroids. In: Plumlee, K.H. (Ed.), Clinical Veterinary Toxicology. Mosby, St Louis, pp. 188–190.

ブドウ、レーズン

Craft, E.M., Lee, J.A., 2009. Grapes and raisins. In: Osweiler, G.D., Hovda, L.R., Brutlag, A.G., et al. (Eds.), Blackwell'fs Five-Minute Veterinary Consult Clinical Companion Small Animal Toxicology. Wiley-Blackwell, Ames, pp. 429–435.

Eubig, P.A., Brady, M.A., Gwaltney-Brant, S.M., et al., 2005. Acute renal failure in dogs after the ingestion of grapes or raisins: a retrospective evaluation of 43 dogs (1992–2002). Journal of Veterinary Internal Medicine 19, 663–674.

Knight, A.P., 2006. Vitis. In: Knight, A.P. (Ed.), A Guide to Poisonous House and Garden Plants. Teton NewMedia, Jackson, pp. 280–281.

Mazzaferro, E.M., Eubig, P.A., Hackett, T.B., et al., 2004. Acute renal failure associated with raisin or grape ingestion in 4 dogs. Journal of Veterinary Emergency and Critical Care 14 (3), 203–212.

Morrow, C.M.K., Valli, V.E., Volmer, P.A., 2005. Canine renal pathology associated with grape or raisin ingestion: 10 cases. Journal of Veterinary Diagnostic Investigation 17, 223–231.

Mostrom, M.S., 2006. Grapes and raisins. In: Peterson, M.E., Talcott, P.A. (Eds.), Small Animal Toxicology, second ed. Saunders Elsevier, St Louis, pp. 727–731.

ブロメサリン

Adams, C.M., Hovda, L.R., 2009. Bromethalin. In: Osweiler, G.D., Hovda, L.R., Brutlag, A.G., et al. (Eds.), Blackwell' fs Five-Minute Veterinary Consult Clinical Companion Small Animal Toxicology. Wiley-Blackwell, Ames, pp. 769–774.

Brown, A.J., Waddell, L.S., 2009. Rodenticides. In: Silverstein, D.C., Hopper, K. (Eds.), Small Animal Critical Care Medicine. Elsevier, St Louis, pp. 346–350.

Dorman, D., 2004. Bromethalin. In: Plumlee, K.H. (Ed.), Clinical Veterinary Toxicology. Mosby, St Louis, pp. 446–448.

Dorman, D.C., 2006. Bromethalin. In: Peterson, M.E., Talcott, P.A. (Eds.), Small Animal Toxicology, second ed. Saunders Elsevier, St Louis, pp. 609–618.

Dorman, D.C., Simon, J., Harlin, K.A., et al., 1990. Diagnosis of bromethalin toxicosis in the dog. Journal of Veterinary Diagnostic Investigation 2, 123–128.

Dunayer, E., 2003. Bromethalin: the other rodenticide. Veterinary Medicine Sept, 732–736.

Meadows, I., Gwaltney-Brant, S., 2006. The 10 most common toxicoses in dogs. Veterinary Medicine March, 142–148.

Murphy, M.J., 2002. Rodenticides. In: Toxicology, Veterinary Clinics of North America, Small Animal Practice, vol 32, no 2. Saunders, Philadelphia, pp. 475–476.

ペイントボール

Clarke, D.L., Lee, J.A., 2009. Paintballs. In: Osweiler, G.D., Hovda, L.R., Brutlag, A.G., et al. (Eds.), Blackwell' fs Five-Minute Veterinary Consult Clinical Companion Small Animal Toxicology. Wiley-Blackwell, Ames, pp. 581–590.

Gray, S.L., Lee, J.A., 2009. Salt. In: Osweiler, G.D., Hovda, L.R., Brutlag, A.G., et al. (Eds.), Blackwell' fs Five-Minute Veterinary Consult Clinical Companion Small Animal Toxicology. Wiley-Blackwell, Ames, pp. 461–469.

King, J.B., Grant, D.C., 2007. Paintball intoxication in a pug. Journal of Veterinary Emergency and Critical Care 17 (3), 290–293.

Oehme, F.W., Kore, A.M., 2006. Miscellaneous indoor toxicants. In: Peterson, M.E., Talcott, P.A. (Eds.), Small Animal Toxicology, second ed. Saunders Elsevier, St Louis, pp. 223–243.

Tegzes, J.H., 2006. Sodium. In: Peterson, M.E., Talcott, P.A. (Eds.), Small Animal Toxicology, second ed. Saunders Elsevier, St Louis, pp. 1049–1054.

ヘビ咬傷

Berdoulay, P., Schaer, M., Starr, J., 2005. Serum sickness in a dog associated with antivenin therapy for snake bite caused by Crotalus adamanteus. Journal of Veterinary Emergency and Critical Care 15 (3), 206–212.

Borron, S.W., Chase, P.B., Walter, F.G., 2007. Elapidae: North American and selected non-native species. In: Shannon, M.W., Borron, S.W., Burns, M.J. (Eds.), Haddad and Winchester' fs Clinical Management of Poisoning and Drug Overdose, fourth ed. Saunders Elsevier, Philadelphia, pp. 422–432.

Dart, R.C., Seifert, S.A., Boyer, L.V., et al., 2001. A randomized multicenter trial of Crotalinae polyvalent immune Fab (ovine) antivenom for the treatment for crotaline snakebite in the United States. Archives of Internal Medicine 161 (16), 2030–2036.

French, W.J., Hayes, W.K., Bush, S.P., et al., 2004. Mojave toxin in venom of Crotalus helleri (Southern Pacific rattlesnake): molecular and geographic characterization. Toxicon 44, 781–791.

Gold, B.S., Dart, R.C., Barish, R.A., 2002. Bites of venomous snakes. New England Journal of Medicine 347 (5), 347–356.

Habib, A.G., 2003. Tetanus complicating snakebite in northern Nigeria: clinical presentation and public health implications. Acta Tropica 85, 87–91.

Keyler, D.E., Peterson, M.E., 2009. Crotalids (pit vipers). In: Osweiler, G.D., Hovda, L.R., Brutlag, A.G., et al. (Eds.), Blackwell'fs Five-Minute Veterinary Consult Clinical Companion Small Animal Toxicology. Wiley-Blackwell, Ames, pp. 382–392.

Krenzelok, E.P., 2002. New developments in the therapy of intoxications. Toxicology Letters 127, 299–305.

Najman, L., Seshadri, R., 2007. Rattlesnake envenomation. Compendium for the Continuing Education of the Practicing Veterinarian 29 (3), 166–177.

Odeleye, A.A., Presley, A.E., Passwater, M.E., et al., 2004. Rattlesnake venom-induced thrombocytopenia. Annals of Clinical and Laboratory Science 34 (4), 467–470.

Offerman, S.R., Barry, J.D., Schneir, A., et al., 2003. Biphasic rattlesnake venom-induced thrombocytopenia. Journal of Emergency Medicine 24 (3), 289–293.

Peterson, M.E., 2004. Coral snakes. In: Plumlee, K.H. (Ed.), Clinical Veterinary Toxicology. Mosby, St Louis, pp. 104–105.

Peterson, M.E., 2004. Pit vipers. In: Plumlee, K.H. (Ed.), Clinical Veterinary Toxicology. Mosby, St Louis, pp. 106–111.

Peterson, M.E., 2006. Snake bite: pit vipers. Clinical Techniques in Small Animal Practice 21, 174–182.

Peterson, M.E., 2006. Snake bite: coral snakes. Clinical Techniques in Small Animal Practice 21, 183–186.

Peterson, M.E., 2006. Snake bite: North American pit vipers. In: Peterson, M.E., Talcott, P.A. (Eds.), Small Animal Toxicology, second ed. Saunders Elsevier, St Louis, pp. 1017–1038.

Peterson, M.E., 2006. Snake bite: coral snakes. In: Peterson, M.E., Talcott, P.A. (Eds.), Small Animal Toxicology, second ed. Saunders Elsevier, St Louis, pp. 1039–1048.

Peterson, M.E., Keyler, D.E., 2009. Elapids (coral snakes). In: Osweiler, G.D., Hovda, L.R., Brutlag, A.G., et al. (Eds.), Blackwell'fs Five-Minute Veterinary Consult Clinical Companion Small Animal Toxicology. Wiley-Blackwell, Ames, pp. 393–397.

Peterson, M.E., 2009. Snake envenomation. In: Silverstein, D.C., Hopper, K. (Eds.), Small Animal Critical Care Medicine. Elsevier, St Louis, pp. 399–404.

Peterson, M.E., Matz, M., Seibold, K., et al., 2011. A randomized multicenter trial of Crotalidae polyvalent immune Fab antivenom for the treatment of rattlesnake envenomation in dogs. Journal of Veterinary Emergency and Critical Care 21 (4), 335–345.

Walter, F.G., Chase, P.B., Fenrandez, M.C., et al., 2007. North American Crotalinae envenomation. In: Shannon, M.W., Borron, S.W., Burns, M.J. (Eds.), Haddad and Winchester'fs Clinical Management of Poisoning and Drug Overdose, fourth ed. Saunders Elsevier, Philadelphia, pp. 399–422.

Walton, R.M., Brown, D.E., Hamar, D.W., et al., 1997. Mechanisms of echinocytosis induced by Crotalus atrox venom. Veterinary Pathology 34 (5), 442–449.

White, J., 2005. Snake venoms and coagulopathy. Toxicon 45, 951–967.

βブロッカー

Engebretsen, K.M., Syring, R.S., 2009. Beta-blockers. In: Osweiler, G.D., Hovda, L.R., Brutlag, A.G., et al. (Eds.), Blackwell'fs Five-Minute Veterinary Consult Clinical Companion Small Animal Toxicology. Wiley-Blackwell, Ames, pp. 155–163.

Malouin, A., King, L.G., 2009. Calcium channel and beta-blocker drug overdose. In: Silverstein, D.C., Hopper, K. (Eds.), Small Animal Critical Care Medicine. Elsevier, St Louis, pp. 357–362.

ホウ酸、ホウ酸塩、ホウ素

Campbell, A., 2000. Borax. In: Campbell, A., Chapman, M. (Eds.), Handbook of Poisoning in Dogs and Cats. Blackwell Science, Malden, pp. 86–88.

Gfeller, R.W., Messonnier, S.P., 1998. Handbook of Small Animal Toxicology and Poisonings. Mosby, Philadelphia, pp. 99–101.

Osweiler, G.D., 1996. Toxicology. Williams & Wilkins, Philadelphia, pp. 248–249.

Welch, S., 2004. Boric acid. In: Plumlee, K.H. (Ed.), Clinical Veterinary Toxicology. Mosby, St Louis, pp. 143–145.

Young-Jin, S., Pinkert, H., 2007. Baby powder, borates, and camphor. In: Shannon, M.W., Borron, S.W., Burns, M.J. (Eds.), Haddad and Winchester' fs Clinical Management of Poisoning and Drug Overdose, fourth ed. Saunders Elsevier, Philadelphia, pp. 1417–1419.

ポプリオイル（アロマオイル）

Means, C., 2004. Essential oils. In: Plumlee, K.H. (Ed.), Clinical Veterinary Toxicology. Mosby, St Louis, pp. 149–150.

Poppenga, R.H., 2009. Essential oils/ potpourri. In: Osweiler, G.D., Hovda, L.R., Brutlag, A.G., et al. (Eds.), Blackwell' fs Five-Minute Veterinary Consult Clinical Companion Small Animal Toxicology. Wiley-Blackwell, Ames, pp. 527–533.

Schildt, J.C., Jutkowitz, L.A., Beal, M.A., 2008. Potpourri oil toxicity in cats: 6 cases (2000-2007). Journal of Veterinary Emergency and Critical Care 18 (5), 511–516.

マカデミアナッツ

Gwaltney-Brant, S.M., 2006. Macadamia nuts. In: Peterson, M.E., Talcott, P.A. (Eds.), Small Animal Toxicology, second ed. Saunders Elsevier, St Louis, pp. 817–821.

Knight, A.P., 2006. Macadamia. In: Knight, A.P. (Ed.), A Guide to Poisonous House and Garden Plants. Teton NewMedia, Jackson, pp. 181–182.

Liu, T.Y.D., Lee, J.A., 2009. Macadamia nuts. In: Osweiler, G.D., Hovda, L.R., Brutlag, A.G., et al. (Eds.), Blackwell' fs Five-Minute Veterinary Consult Clinical Companion Small Animal Toxicology. Wiley-Blackwell, Ames, pp. 441–444.

Plumlee, K.H., 2002. Plant hazards. In: Toxicology, Veterinary Clinics of North America, Small Animal Practice, vol 32, no 2. Saunders, Philadelphia, pp. 383–384.

Plumlee, K.H., 2004. Macadamia nuts. In: Plumlee, K.H. (Ed.), Clinical Veterinary Toxicology. Mosby, St Louis, pp. 435–436.

マリファナ、ハシシ

Brown, A.J., Mandell, D.C., 2009. Illicit drugs. In: Silverstein, D.C., Hopper, K. (Eds.), Small Animal Critical Care Medicine. Elsevier, St Louis, pp. 342–345.

Campbell, A., 2000. Cannabis/marihuana/ hashish. In: Campbell, A., Chapman, M. (Eds.), Handbook of Poisoning in Dogs and Cats. Blackwell Science, Malden, pp. 97–100.

Klatt, C.A., 2009. Marijuana. In: Osweiler, G.D., Hovda, L.R., Brutlag, A.G., et al. (Eds.), Blackwell' fs Five-Minute Veterinary Consult Clinical Companion Small Animal Toxicology. Wiley-Blackwell, Ames, pp. 224–229.

Knight, A.P., 2006. Cannabis sativa. In: Knight, A.P. (Ed.), A Guide to Poisonous House and Garden Plants. Teton NewMedia, Jackson, pp. 61–62.

Luiz, J.A., Heseltine, J., 2008. Five common toxins ingested by dogs and cats. Compendium for the Continuing Education of the Practicing Veterinarian 30 (11), 578–588.

Volmer, P.A., 2006. Marijuana. In: Peterson, M.E., Talcott, P.A. (Eds.), Small Animal Toxicology, second ed. Saunders Elsevier, St Louis, pp. 293–299.

メタアルデヒド

Campbell, A., 2000. Metaldehyde. In: Campbell, A., Chapman, M. (Eds.), Handbook of Poisoning in Dogs and Cats. Blackwell Science, Malden, pp. 181–185.

Dolder, L.K., 2003. Metaldehyde toxicosis. Veterinary Medicine March, 213–215.

Firth, A.M., 1992. Part 2 Treatment of snail bait toxicity in dogs: retrospective study of 56 cases. Journal of Veterinary Emergency and Critical Care 2 (1), 31–36.

Firth, A.M., 1992. Part 1 Treatment of snail bait toxicity in dogs: literature review. Journal of Veterinary Emergency and Critical Care 2 (1), 25–30.

Luiz, J.A., Heseltine, J., 2008. Five common toxins ingested by dogs and cats. Compendium for the Continuing Education of the Practicing Veterinarian 30 (11), 578–588.

Richardson, J.A., Welch, S.L., Gwaltney-Brant, S.M., et al., 2003. Metaldehyde toxicosis in dogs, Compendium for Continuing Education of the Practicing Veterinarian 25 (5), 376–380.

Plumlee, K.H., 2009. Metaldehyde snail and slug bait. In: Osweiler, G.D., Hovda, L.R., Brutlag, A.G., et al. (Eds.), Blackwell' fs Five-Minute Veterinary Consult Clinical Companion Small Animal Toxicology. Wiley-Blackwell, Ames, pp. 620–627.

Puschner, B., 2006. Metaldehyde. In: Peterson, M.E., Talcott, P.A. (Eds.), Small Animal Toxicology, second ed. Saunders Elsevier, St Louis, pp. 830–839.

Talcott, P.A., 2004. Metaldehyde. In: Plumlee, K.H. (Ed.), Clinical Veterinary Toxicology. Mosby, St Louis, pp. 182–183.

有機リン、カーバメート

Bates, N.A., 2000. Carbamate insecticides. In: Campbell, A., Chapman, M. (Eds.), Handbook of Poisoning in Dogs and Cats. Blackwell Science, Malden, pp. 101–105.

Bates, N., Campbell, A., 2000. Organophosphate insecticides. In: Campbell, A., Chapman, M. (Eds.), Handbook of Poisoning in Dogs and Cats. Blackwell Science, Malden, pp. 199–204.

Blodgett, D.J., 2006. Organophosphates and carbamates. In: Peterson, M.E., Talcott, P.A. (Eds.), Small Animal Toxicology, second ed. Saunders Elsevier, St Louis, pp. 941–955.

Corfield, G.S., Connor, L.M., Swindells, K.L., et al., 2008. Intussusception following methiocarb toxicity in three dogs. Journal of Veterinary Emergency Critical Care 18 (1), 68–74.

Gualtieri, J., 2009. Organophosphate and carbamate insecticides. In: Osweiler, G.D., Hovda, L.R., Brutlag, A.G., et al. (Eds.), Blackwell' fs Five-Minute Veterinary Consult Clinical Companion Small Animal Toxicology. Wiley-Blackwell, Ames, pp. 628–635.

Hopper, K., Aldrich, J., Haskins, S.C., 2002. The recognition and treatment of the intermediate syndrome of organophosphate poisoning in a dog. Journal of Veterinary Emergency and Critical Care 12 (2), 99–103.

Meerdink, G.L., 2004. Anticholinesterase insecticides. In: Plumlee, K.H. (Ed.), Clinical Veterinary Toxicology. Mosby, St Louis, pp. 178–180.

藍藻（アオコ）

Campbell, A., 2000. Blue-green algae/cyanobacteria. In: Campbell, A., Chapman, M. (Eds.), Handbook of Poisoning in Dogs and Cats. Blackwell Science, Malden, pp. 80–85.

Hooser, S.B., Talcott, P.A., 2006. Cyanobacteria. In: Peterson, M.E., Talcott, P.A. (Eds.), Small Animal Toxicology, second ed. Saunders Elsevier, St Louis, pp. 685–689.

Puschner, B., Hoff, B., Tor, E.R., 2008. Diagnosis of anatoxin-a poisoning in dogs from North America. Journal of Veterinary Diagnostic Investigation 20, 89–92.

Roder, J.D., 2004. Blue-green algae. In: Plumlee, K.H. (Ed.), Clinical Veterinary Toxicology. Mosby, St Louis, pp. 100–101.

Roegner, A., Puschner, B., 2009. Blue-green algae. In: Osweiler, G.D., Hovda, L.R., Brutlag, A.G., et al. (Eds.), Blackwell' fs Five-Minute Veterinary Consult Clinical Companion Small Animal Toxicology. Wiley-Blackwell, Ames, pp. 687–695.

リシン、アブリン

Albretsen, J.C., 2004. Lectins. In: Plumlee, K.H. (Ed.), Clinical Veterinary Toxicology. Mosby, St Louis, pp. 406–408.

Bailey, E.M., 2006. Ricin. In: Peterson, M.E., Talcott, P.A. (Eds.), Small Animal Toxicology, second ed. Saunders Elsevier, St Louis, pp. 1011–1016.

Knight, A.P., 2006. Ricinus communis. In: Knight, A.P. (Ed.), A Guide to Poisonous House and Garden Plants. Teton NewMedia, Jackson, pp. 237–239.

Milewski, L.M., Khan, S.A., 2006. An overview of potentially life-threatening poisonous plants in dogs and cats, Journal of Veterinary Emergency and Critical Care 16 (1), 25–33.

Mouser, P., Filigenzi, M.S., Puschner, B., et al., 2007. Fatal ricin toxicosis in a puppy confirmed by liquid chromatography/mass spectrometry when using ricinine as a marker. Journal of Veterinary Diagnosis and Investigation 19, 216–220.

Plumlee, K.H., 2002. Plant hazards. In: Toxicology, Veterinary Clinics of North America, Small Animal Practice, vol 32, no 2. Saunders, Philadelphia, pp. 388–389.

Roberts, L.M., Smith, D.C., 2004. Ricin: the endoplasmic reticulum connection. Toxicon 44, 469–47 2.

リン化亜鉛

Albretsen, J.C., 2004. Zinc phosphide. In: Plumlee, K.H. (Ed.), Clinical Veterinary Toxicology. Mosby, St Louis, pp. 456–458.

Gray, S., 2009. Phosphides. In: Osweiler, G.D., Hovda, L.R., Brutlag, A.G., et al. (Eds.), Blackwell' fs Five-Minute Veterinary Consult Clinical Companion Small Animal Toxicology. Wiley-Blackwell, Ames, pp. 781–790.

Knight, M.W., 2006. Zinc Phosphide. In: Peterson, M.E., Talcott, P.A. (Eds.), Small Animal Toxicology, second ed. Saunders Elsevier, St Louis, pp. 1101–1118.

Murphy, M.J., 2002. Rodenticides. In: Toxicology, Veterinary Clinics of North America, Small Animal Practice, vol 32, no 2. Saunders, Philadelphia, pp. 479–480.

14

ロテノン

Murtaugh, R.J., Kaplan, P.M., 1992. Veterinary Emergency and Critical Care Medicine. Mosby, St Louis, pp. 436–437.

Osweiler, G.D., 1996. Toxicology. Williams & Wilkins, Philadelphia, pp. 243–245.

Talcott, P.A., Dorman, D.C., 1997. Pesticide exposures in companion animals. Veterinary Medicine 97 (2), 167–181.

その他の中毒症

5-フルオロウラシル（5-FU）

Powell, L.L., 2009. 5-Fluorouracil. In: Osweiler, G.D., Hovda, L.R., Brutlag, A.G., et al. (Eds.), Blackwell' fs Five-Minute Veterinary Consult Clinical Companion Small Animal Toxicology. Wiley-Blackwell, Ames, pp. 113–118.

Roberts, J., Powell, L.L., 2001. Accidental 5-fluorouracil exposure in a Dog. Journal of Veterinary Emergency and Critical Care 11 (4), 281–286.

Roder, J.D., 2004. Antineoplastics. In: Plumlee, K.H. (Ed.), Clinical Veterinary Toxicology. Mosby, St Louis, pp. 299–300.

Welch, S.L., March 2002. Oral toxicity of topical preparations. In: Toxicology, Veterinary Clinics of North America, Small Animal Practice, vol 32, no 2. Saunders, Philadelphia, pp. 445–446.

ヘキサクロロフェン

Bradberry, S.M., Watt, B.E., Proudfoot, A.T., et al., 2000. Mechanisms of toxicity, clinical features, and management of acute chlorophenoxy herbicide poisoning: a review. Journal of Toxicology, Clinical Toxicology 38 (2), 111–122.

Thompson, J.P., Senior, D.F., Pinson, D.M., et al., 1987. Neurotoxicosis associated with the use of hexachlorophene in a cat. Journal of the American Veterinary Medical Association 190 (10), 1311–1312.

(2-メチル-4-クロル) フェノキシ酢酸(MCPA)

Bradberry, S.M., Proudfoot, A.T., Vale, J.A., 2007. Chlorophenoxy herbicides. In: Shannon, M.W., Borron, S.W., Burns, M.J. (Eds.), Haddad and Winchester' fs Clinical Management of Poisoning and Drug Overdose, fourth ed. Saunders Elsevier, Philadelphia, pp. 1200–1202.

Harrington, M.L., Moore, M.O., Talcott, P.A., et al., 1996. Suspected herbicide toxicosis in a dog. Journal of the American Veterinary Medical Association 209 (12), 2085–2087.

メトクロプラミド

Plumb, D.C., 2008. Plumb' fs Veterinary Drug Handbook, sixth ed. Blackwell Publishing, Ames, pp. 606–607.

メトロニダゾール

Dow, S.W., LeCouteur, R.A., Poss, M.L., et al., 1989. Central nervous system toxicosis associated with metronidazole treatment of dogs: five cases (1984–1987). Journal of the American Veterinary Medical Association 195 (3), 365–368.

Evans, J., Levesque, D., Knowles, K., et al., 2003. Diazepam as a treatment for metronidazole toxicosis in dogs: a retrospective study of 21 cases. Journal of Veterinary Internal Medicine 17, 304–310.

Olson, E.J., Morales, S.C., McVey, A.S., et al., 2005. Putative metronidazole neurotoxicosis in a cat. Veterinary Pathology 42, 665–669.

Plumb, D.C., 2008. Plumb' fs Veterinary Drug Handbook, sixth ed. Blackwell Publishing, Ames, pp. 610–611.

タリウム

Dorman, D.C., 1990. Toxicology of selected pesticides, drugs, and chemicals. Anticoagulant, cholecalciferol, and bromethalin-based rodenticides. Veterinary Clinics of North America Small Animal Practice 20 (2), 339–352.

Hall, A.H., Shannon, M.W., 2007. Other heavy metals. In: Shannon, M.W., Borron, S.W., Burns, M.J. (Eds.), Haddad and Winchester' fs Clinical Management of Poisoning and Drug Overdose, fourth ed. Saunders Elsevier, Philadelphia, pp. 1165–1166.

Ruhr, L.P., Andries, J.K., 1985. Thallium intoxication in a dog. Journal of the American Veterinary Medical Association 186 (5), 498–499.

Volmer, P.A., Merola, V., Osborne, T., et al., 2006. Thallium toxicosis in a Pit Bull Terrier. Journal of Veterinary Diagnosis and Investigation 18, 134–137.

Waters, C.B., Hawkins, E.C., Knapp, D.W., 1992. Acute thallium toxicosis in a dog. Journal of the American Veterinary Medical Association 201 (6), 883–885.

第15章 エキゾチックアニマル

15

ウサギ（*Oryctolagus cuniculus*）

イエウサギは、ヨーロッパ産のノウサギであるアナウサギ（*Oryctolagus cuniculus*）を原種とし、北米の野生種であるcotton-tailed rabbitに遺伝的関連はない。本項目の記載内容は全てイエウサギに関するもので、野生種には適用されない。

ウサギと齧歯類には、解剖学的、生理学的特徴に多くの共通点があるが、分類学上、両者は異なる目（ウサギ目Lagomorpha、齧歯目 Rodentia）に属する。ウサギは蹠球（パッド）を欠き、上顎切歯は4本である。

平均寿命――5～10年

平均体重――1～6kg

心拍数――130～300回／分

呼吸数――35～60回／分

体温――38.5～40℃

血液検査基準値――

PCV：30～50％	カルシウム：8～14.8mg/dL
TP：5.4～7.5g/dL	カリウム：3.6～6.9mEq/L
WBC：65,000～12,000/mL	ナトリウム：131～155mEq/L
BUN：13～30mg/dL	ALP：4～70U/L
クレアチニン値：0.5～2.5mg/dL	ALT：14～80U/L
血糖値：75～155mg/dL	AST：14～113U/L
リン：2.3～6.9mg/dL	総ビリルビン：0～0.7mg/dL

性成熟齢――4～10ヵ月齢。交尾排卵性、交尾後9～13時間後に排卵する。

妊娠期間――30～32日間。新生仔は体温調整能を欠く。新生仔は未熟で、被毛はなく、眼も閉じている。

平均産仔数――4～7頭。乳腺は4対。授乳は1日1回、3～5分間程度である。この間に、仔は最大で体重の20％に及ぶ哺乳を行う。

離乳――生後4～5週目。

食餌――ウサギは草食性で、後腸発酵を行う。ウサギの主食は、高品質の牧草（ティモシーなど）や緑の葉などとする。尿結石症や膀胱内の泥状尿砂蓄積「bladder sludge」を予防するため、カルシウムを多く含有する葉類（パセリなど）の給餌は避ける。市販のウサギ用ペレットは、一定量のみを給餌する。妊娠中、授乳中、成長期の個体には、ペレットを自由摂食させる。アルファルファは、蛋白質およびカルシウムを多く含むため、これらの個体への給餌に適している。

仔ウサギの代用乳――

1．ウサギの乳汁は、他の動物の乳汁よりも蛋白質含有量が高く、炭水化物含有量が低い。ウサギ用の代用乳のレシピが複数報告されている。
    A．レシピ1――エバミルク1/2カップ、水1/2カップ、卵黄1個、コーンシロップ　テーブルスプーン1杯
    B．レシピ2――エスビラック（Esbilac®）：Multi-Milk®（パウダー）：

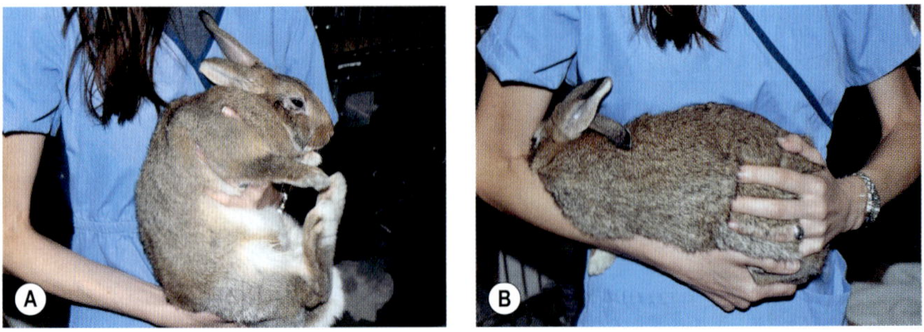

図15-1　ウサギの保定とハンドリング

水＝1：1：1.5

2．1日3回給餌する。生後10日目までは、代用乳のみを給餌する。

保定——常に背部を支持し、体躯の過剰伸長を防ぐ。過剰伸長すると、脊髄損傷が生じることがある。抱き上げる際は、片手を胸部にあてがい、対側手で後肢と骨盤を支える（図15-1）。ウサギが怖がっていたり、ジャンプしようとしていたり、処置者がウサギの保定に熟練していない場合は、ウサギが診察台から跳び降りる危険があるため、床で身体検査や検査処置を行う。頭部のみの露出で実施可能な処置（シリンジ給餌、鼻涙管洗浄、耳静脈カテーテル留置など）では、ウサギをタオルで包むとよい。

性別鑑定——肛門・生殖器間の距離には、明確な雌雄差がない。雄には、目立った半陰嚢（hemiscrotal sacs）および精巣を認める。陰茎亀頭は、用手にて露出でき、尿道口も目視できる。雌の外陰部はスリット状を呈する。

鎮静——

- ミダゾラム：0.25～1mg/kg IM、SC、IV
- ミダゾラム0.5mg/kg IM、SCおよびブトルファノール0.25mg/kg、またはブプレノルフィン0.03mg/kgの併用。

麻酔——

- イソフルランまたはセボフルランをマスクまたはチャンバー導入する。前処置として、ミダゾラム、ブトルファノールまたはブプレノルフィンを投与するとよい。ウサギは、完全鼻呼吸性動物であるため、マスクによる麻酔維持に適している。
- ケタミン10～15mg/kg IMおよびメデトミジン0.1mg/kg IM、またはブトルファノール0.25mg/kg IMの併用。

注意：ペニシリン、アンピシリン、アモキシシリン、セファロスポリン、バンコマイシン、エリスロマイシン、クリンダマイシンを経口投与すると、重篤な腸管細菌叢不均衡および腸炎を生じ、死に至ることがある。したがって、これらの抗生物質の経口投与は禁忌である。

ウサギは、血清中にアトロピナーゼを有するため、アトロピン投与は有効でない。グリコピロレートを代用する。

ウサギの気管内挿管

1．2～3mm径のカフなし気管チューブを使用する。

2．ウサギを伏臥位に保定する。
3．頸部を伸長させ、気管をテーブル面に対して垂直に維持する。
4．リドカインを喉頭部にスプレーする。
5．気管チューブを近位喉頭に挿入する。
6．吸気時にチューブを気管内へ進める。呼気時にチューブの内側が蒸気によって曇るのをモニターするとよい。
7．気管内をチューブが通る際には、通常、咳が誘発される。
8．チューブからの呼吸音を聴取する。
9．医原性喉頭損傷や不適切な挿管を避けるため、可能であれば、内視鏡ガイド下にて挿管する。
10．経口腔挿管が不可能な場合は、経鼻挿管を行う。

ウサギの輸液

1．維持量は、60～100mL/kg/日である。
2．SC輸液には、LRS、ノーモソル®-Rなどの調整電解質等張性晶質液を用いる。
3．中等度脱水があり、末梢血管収縮を認める場合は、通常の2～3倍の速度でIV投与する。
4．低灌流量性ショックを呈する場合は、60～90mL/kg/時で1～2時間IV輸液した後、再評価を行う。
5．代替法1――25mL/kgを5～7分間かけてIV、ボーラス投与する。
6．代替法2――晶質液30mL/kgのIV、ボーラス投与に、ヘタスターチ5mL/kgを併用する。

ウサギの栄養サポート

1．食欲廃絶、食欲不振を呈する場合は栄養サポートを行い、摂食量低下に伴う二次性消化管障害（腸内細菌叢不均衡、便秘、鼓張など）や脂肪動員（時に肝リピドーシスを誘発する）の発症を抑制する。
2．草食動物用の高線維食をシリンジ給餌する。Oxbow Critical Care for Herbivores®50～80mL/kg PO q24hで1日4～5回に分割給餌する。または、ペレットを粉砕するか水に浸して与える。嚥下しない場合は、シリンジ給餌してはならない。

ウサギの心肺蘇生

1．気道を確保する。1.5～2.5mm径のカフなし気管チューブにて挿管する。または経鼻挿管するか、密着性の高い鼻マスクにて換気する。
2．換気速度は30～50回／分とする。
3．肺に過剰送気しないように注意する。
4．非開胸心マッサージを行う。100回／分の速度で優しく行う。
5．心電図にて心律動をモニターする。
6．股動脈圧と脈波を頻繁にモニターする。
7．IVカテーテルを留置し、等張性晶質液25mL/kg/時のIV輸液を行う。

8．必要に応じて、以下の薬剤を投与する。
   A．エピネフリン：0.1～0.4mg/kg IV、IO、IT（気管内）
   B．アトロピン：0.1～0.5mg/kg SC、IM、IV。ウサギはアトロピナーゼを有するため、アトロピン投与が奏功しない、または高用量を要することがある。

ウサギの静脈カテーテル留置

1．使用部位――外側耳介辺縁静脈、外側伏在静脈、橈側皮静脈、頸静脈が適している。肉垂によって、頸静脈はアクセスが困難な場合がある。耳介辺縁静脈は、維持管理が容易なため、最も推奨される（図15-2）。
2．カテーテルは、22G、24G、26Gのいずれかを用いる。
3．IOカテーテル留置には、20Gまたは22Gの38mm骨髄針を用いる。
   A．使用部位は、大腿骨近位、脛骨近位の順に推奨される。
   B．留置には、麻酔または局所ブロックを用いる。
   C．手技は、猫の場合と同様である。
   D．IV、IOカテーテルは、生体組織用接着剤またはバタフライテープを用いて、皮膚に固定してからバンデージを施す。

ウサギの採血

1．使用部位――外側伏在静脈、耳介動脈中間枝、橈側皮静脈、頸静脈が適している。外側伏在静脈は、アクセスが容易で採血に適している。肉垂によって、頸静脈はアクセス困難な場合がある。
2．最大採血量は、体重（g）の1%までである。
3．小径の皮下注射針と小容量シリンジを用いる。ウサギの静脈壁は薄く、血腫が生じやすい。穿刺後は、手指による圧迫止血の後、圧迫包帯を施す。

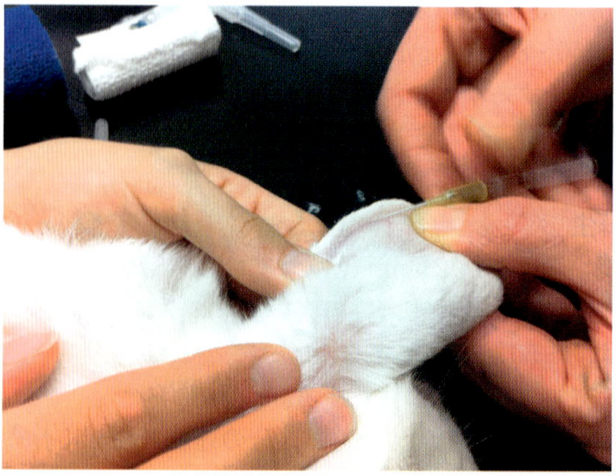

図15-2　耳介辺縁静脈へのIVカテーテル留置
Varga, M. A Textbook of Rabbit Surgery（2014）, Butterworth Heinemann. 出版準備中；Elsevierより許可を得て転載。

ウサギに好発する疾患と健康障害

1. 食欲廃絶、消化管うっ滞
   A. 食欲廃絶と、続発する消化管うっ滞の原因は多岐にわたる。
      主な原因は、ストレス、不安、疼痛（歯牙疾患、攣性疝痛など）、高体温、消化管疾患（鼓張、小腸閉塞、肝葉捻転など）、尿石症、中枢神経障害、腫瘍、代謝障害、全身性感染症など。
   B. ヒストリーおよび身体検査に基づいて、急性または慢性を鑑別する。診断に必要な検査を行う。
      Ⅰ. 全身X線検査
      Ⅱ. 生化学検査、PCV、TP、CBC
      Ⅲ. 腹部超音波エコー検査
   C. 確定診断が得られるまでは、支持療法を行う。
      Ⅰ. 鎮痛――ブプレノルフィン：0.03～0.05mg/kg SC、IM、IV
      Ⅱ. 輸液――軽度脱水では30～50mL/kg SC、ボーラス投与。中等度脱水では維持量60～100mL/kg/日の2～3倍の速度でIV輸液。
      Ⅲ. 消化管閉塞が除外された場合は、栄養サポートを行う。嚥下しない場合は、シリンジ給餌を行ってはならない。必要に応じて、経鼻胃チューブ、食道瘻チューブ設置などを検討する。
   D. 食欲廃絶および沈うつの原因が不明である場合は、麻酔下にて口腔内を精査し、歯牙疾患の有無を確認する。
   E. ウサギでは、肝葉捻転が好発する。食欲不振、消化管滞、沈うつ、前腹部触診にて疼痛反応、ALT、AST、ALPなどの上昇を認める場合は肺葉捻転を疑う。診断には、超音波エコー検査を行う。治療は外科手術である。早期に診断できれば、予後は良好である。
   F. 原因がストレスや攣性疝痛ならば、鎮痛処置、輸液、栄養サポートなどが奏功する。入院中は、頻繁に再評価を行い、診断および治療計画を適宜調整する。
2. 胃拡張、腸管閉塞
   A. 小腸や幽門部にて、固まった被毛による急性閉塞が生じる（毛球症）。また、咀嚼が不十分な食塊や腫瘍による閉塞も好発する。ウサギは嘔吐しないため、小腸や幽門部で閉塞が生じると、胃拡張が引き起こされ、生命にかかわることがある。
   B. 一般的な稟告は、食欲廃絶と沈うつ、体動忌避、排便廃絶などの甚急性発現など。
   C. 主な臨床徴候――腹部緊張、腹部疼痛、腹囲膨満（このときの胃は硬く、拡大し、左前腹部で容易に触知できる）、体外刺激への反応鈍麻、背弯または伸長姿勢など。頻脈または徐脈、頻呼吸、粘膜蒼白、耳の冷感を認める場合は、循環血流量低下を示唆し、是正されなければショック状態へと進行する。
   D. ショックを呈する場合は、耳介辺縁静脈、橈側皮静脈、外側伏在静脈のいずれかにIVカテーテルを留置し、急速輸液60～90mL/kg/時を行う。1～2時間後に再評価する。ショックを認めない場合は、維持量60〜100mL/kg/日の2〜3倍の速度で投与する。

E．鎮静目的で、ブプレノルフィン0.03〜0.05mg/kg SC、IM、IV、およびミダゾラム0.25〜0.5mg/kgを投与する。

F．通常、X線検査にて確定診断が得られる。特徴的所見は、液体または気体が充満した胃陰影、小腸ループの気体貯留、気体を欠く盲腸陰影である。

G．症例の状態と飼育者の意向に基づき、外科的治療または内科的治療を選択する。

H．症例の状態が安定している場合は、まずは内科的治療を試みる。主な内科的治療は、鎮痛薬投与、IV輸液、胃減圧である。

I．鎮静下にて、大径のレッドラバーチューブを経口的に胃へ挿入する。毛球や食渣がチューブに塞栓するため、減圧は容易でないことが多い。処置によるウサギへのストレス負荷が過剰であったり、減圧が成功しない場合は、処置を中断する。

J．胃潰瘍防止を目的に、ラニチジンを2〜5mg/kg SC、IV q12hで投与する。

K．60〜120分後に再度X線検査を行い、治療への反応をモニターする。小腸閉塞が解除されていれば、ガスは盲腸へと移動し、胃のサイズが減少しているはずである。

L．閉塞が解除されない場合は、外科的探査を検討する。外科手術が選択できない場合は、内科治療を継続し、状態が安定した時点でX線検査を再度行う。状態が悪化し、手術不適応となった場合は、人道的安楽死を検討する。

M．外科手術後の予後は、多くが要注意〜不良である。術中および術後に多く認められる合併症は、心停止や外科手術後のイレウスである。特に、治療が遅れて状態が悪化した場合に生じやすい。外科手術に際しては、予後についての説明を十分に行うこと。

N．主な外科処置は、小腸の異物除去（胃内への押し出し、胃切開、盲腸内への押し出し）である。盲腸への押し出しが成功した場合は、異物は自然排泄されるため、盲腸切開は不要である。腸切開は予後をさらに悪化させるため、可能な限り回避する。

O．術後管理として、輸液、鎮痛、H_2ブロッカー投与などを行う。

P．メトクロプラミド0.01〜0.02mg/kg/時 IV CRI、または0.5mg/kg q6〜8h IV、ボーラス投与を行ってもよい。

Q．シサプリド0.5mg/kg PO q8〜12hの投与も考慮する。

3．下痢

A．主な原因——*Bacillus piliformis*（ティザー病）、*Salmonella* spp.、*E.coli*（大腸菌）、*Clostridium spiroforme*、*Campylobacter* spp.、ウイルス、寄生虫（コクシジウムなど）、食餌（急な内容変更または不適切な給餌など）、歯牙疾患など。

B．主な臨床徴候——下痢（軟便〜異臭を伴う重度水様便）、元気消失、食欲廃絶、脱水、体重低下、突然死など。

C．原因究明に努める。内部寄生虫感染を除外すること。

D．治療

Ⅰ．輸液療法――IV、IO、SC

Ⅱ．広域スペクトル抗生物質投与

a．トリメトプリム－サルファ：30mg/kg IM、SC、PO q12h。コクシジウムにも有効である。

b．エンロフロキサシン：10～20mg/kg IV、IM、SC、PO q12～24h

c．メトロニダゾール：20mg/kg PO q12h。クロストリジウムの過剰増殖に対して投与する。

d．クロラムフェニコール：30～50mg/kg PO q8～12h

e．ナイスタチン：100,000U/kg PO q8h 5日間。糞便検査にて多量の酵母菌を認める場合。

4．歯牙疾患

A．ウサギの臼歯および切歯は、永続的に伸長する。臼歯の歯牙過剰伸長および不整摩耗が生じると、歯に棘形成が生じ、舌や頬粘膜を損傷する。切歯過剰伸長では、口唇や硬口蓋の損傷、摂食障害が生じる。ウサギでは、根尖膿瘍も好発する。

B．主な臨床徴候――食欲不振、食欲廃絶、流涎過多、下顎周囲・胸部・前肢などの被毛の濡れ、体重減少、消化管うっ滞、眼球突出、鼻汁、眼脂など。

C．臼歯を十分に観察するには、全身麻酔と開口器を要する。耳鏡または可能であれば硬性鏡を使用する。無麻酔での口腔内検査は限定的となる。病変が目視できなくても、歯牙疾患を除外することはできない。処置を行う際には、必ず麻酔を施す。すなわち、歯牙疾患が疑われる場合は、麻酔処置は不可避である。

D．歯牙疾患の進行程度を判断するには、頭部画像検査を要する。単純X線画像よりもCTが望ましい。

E．歯科検査や治療に熟練していない場合は、専門医への紹介を検討する。

F．低速歯科用ドリルにダイアモンドバーと軟部組織保護カバーを接続する。棘部を除去し、過剰伸長した臼歯を削る。

G．切歯の短縮には、カッティングディスク（円鋸）または高速ドリルを用いる。切歯のカットは4～6週間ごとに行う。永久的な処置として、切歯の外科的抜去を行うこともある。この場合は専門医へ紹介すること。

H．歯牙疾患に関連した膿瘍は、問題が複雑であり、予後要注意である。これらの膿瘍の大半で、嫌気性菌と好気性菌の混合感染を認める。外科処置を行う前に、嫌気性菌に有効な抗生物質を投与することが不可欠である。

Ⅰ．ペニシリンGプロカイン・ベンザチン：40,000～60,000U/kg SC q5d

Ⅱ．メトロニダゾール20mg/kg PO q12hおよびトリメトプリム-サルファまたはエンロフロキサシンの併用。

I．個々の症例に適した支持療法を行う。

Ⅰ．食欲不振があれば栄養サポート。

Ⅱ．輸液：30～50mL/kg SC、ボーラス投与

Ⅲ．鎮痛処置――水和と正常腎機能が維持されている場合に限る。

ブプレノルフィン：0.03～0.05mg/kg SC

メロキシカム：0.3～0.5mg/kg SC

J．ウサギの歯牙疾患は進行性で、一般に治癒しにくい。臨床徴候の回帰が生じやすく、多くの症例では生涯を通じて定期的な麻酔下処置を要する。

5．上部気道疾患（スナッフル）

A．ウサギでは上部気道疾患が好発する。そのほとんどは、複数の原因を有する慢性疾患である。*Pasteurella multocida*、*Bordetella bronchiseptica* などは、鼻腔に存在する片利共生菌である。ストレス、飼育舎の換気不足、低湿度などの要素が加わると、これらの菌が過剰増殖し、二次性細菌性鼻炎を発症する。*P. multocida* の特定株には、強い病原性を有するものがあり、肺炎、膿瘍形成、敗血症などを惹起する。

B．主な臨床徴候――両側性膿性粘液性鼻汁、流涙、結膜炎、前肢内側の被毛の濡れ、くしゃみなど。

C．鼻炎・副鼻腔炎の鑑別診断――鼻腔内異物、歯牙疾患（根尖膿瘍）など。これらよりも頻度の低いものには、真菌感染、マイコバクテリア感染、腫瘍などがある。さらなる問題が疑われたり、初期治療への反応に乏しい場合は、頭部CT撮影や鼻腔鏡検査などを行う。

D．上記の気道疾患に対する初期治療

Ⅰ．生理食塩水にてネブライゼーションまたは鼻腔内滴下を行い、鼻腔の乾燥を是正する。

Ⅱ．膿性分泌液を認める場合は、抗生物質（トリメトプリム―サルファ、エンロフロキサシン、クロラムフェニコールなど）を全身投与する。

Ⅲ．必要に応じて、支持療法を行う。

E．原因（飼育環境の乾燥、歯牙疾患など）の究明および治療を行う。

F．原因除去が困難な場合、再発の危険性は中程度～要注意である。

6．呼吸障害、頻呼吸

A．主な鑑別疾患――細菌性肺炎、肺膿瘍、胸腺腫、縦隔リンパ腫、うっ血性心不全、胸水（心原性、腫瘍性、敗血症性）、子宮腺癌の転移病変（未避妊雌）など。

　ウサギは完全鼻呼吸動物であるため、上部気道疾患によっても呼吸困難が生じる。貧血、代謝性アシドーシス、疼痛、不安、ストレス、肥満は、頻呼吸の原因となる。

B．通常、診断はヒストリー、身体検査、胸部X線検査によって得られる。必要に応じて、胸部超音波エコー検査、胸部CT検査を行う。画像検査にて異常を認めない場合は、生化学検査、PCV、TP測定を行う。

C．細菌性肺炎の原因菌は多く、主なものは*Staphylococcus aureus*や*P. multocida*である。治療は、抗生物質の全身投与と支持療法である。

D．子宮腺癌の転移病変を認めた場合、予後は不良であり、緩和治療となる。安楽死を検討する。

E．うっ血性心不全の治療は、犬猫と同様である。

F．重度胸水貯留を認める場合は、呼吸状態の改善と診断を目的に貯留液を抜去する。

G．縦隔腫瘍（胸腺腫、リンパ腫）には、放射線治療および外科治療が有効である。

H．診断が得られるまでは、支持療法を行う。

Ⅰ．必要に応じて、酸素補給を行う。

Ⅱ．状態に応じて、軽い鎮静を施す。

ミダゾラム：0.25～0.5mg/kg IM、SC

Ⅲ．輸液療法と栄養サポートを適宜行う。

7．斜頸

A．斜頸などの前庭疾患徴候は、ウサギに好発する。

B．主な鑑別診断――細菌性中耳炎・内耳炎、*Encephalitozoon cuniculi*感染症など。比較的低頻度な疾患は、トキソプラズマ症、アライグマ回虫（*Baylisascaris* spp.）感染症、ウジ症、腫瘍、外傷など。

C．主な臨床徴候――斜頸、眼振、斜視、結膜炎、角膜潰瘍、運動失調、ローリング、旋回運動、発作様徴候、沈うつなど。

D．CNSにおける病変位置（末梢性前庭疾患、中枢性前庭疾患）の確定を試みる。外耳道を精査し、外耳炎を除外する。外耳炎は、疼痛により前庭徴候を伴わない斜頸を引き起こす。

E．中耳炎を除外するには、画像検査を要する。CT撮影が強く推奨される。頭蓋骨単純X線検査は、感受性が低く、急性内耳炎を見逃す恐れがある。

F．画像検査結果、臨床徴候、ヒストリーに基づき、初期診断を下す。患者が膿性鼻汁分泌を併発している場合、細菌感染症（内耳炎、中耳炎、脳炎）が最も疑われる。

G．治療は、患者の安定化を第一の目的とし、自傷を予防する。

Ⅰ．患者は静かな暗い場所に置く。

Ⅱ．ローリングや発作を呈する場合は、ミダゾラム0.25～1mg/kgをIM、SC、IV投与する。

Ⅲ．脱水がある場合は、SC輸液を行う。

Ⅳ．自力摂食できない場合は、栄養サポートを行う。

Ⅴ．細菌感染症が疑われる場合は、抗生物質を非経口的に投与する。

a．エンロフロキサシン：10～20mg/kg SC、IV、IM q12～24h

b．トリメトプリム－サルファ：30mg/kg PO q12h

c．ペニシリンGプロカイン・ベンザチン：40,000～60,000U/kg SC q5d

d．アジスロマイシン：30mg/kg PO q24h

Ⅵ. 水和と正常腎機能が維持されている場合は、メロキシカム0.3～0.5mg/kg IM、SC、IV、PO q12hで投与する。

Ⅶ. 前庭徴候の軽減と制吐を目的に、メクリジン12.5～25mg/kg PO q8～12hまたはメトクロプラミド0.5mg/kg SC、PO q6～8hを投与するとよい。

H. 尿失禁および糞便汚染が頻繁に続発する。また、患者は臥位のままであることが多い。したがって、集中的な看護ケアを要する。

I. *E.cuniculi*のIgGおよびIgM抗体検査を行うとよい。IgG値は、初回感染から数年が経過しても高値を維持するため、測定を行っても感染歴の有無が判明するに過ぎない。IgMの高値は、急性感染または潜伏感染の再燃を示唆する。IgMが高値で、かつ他の原因が除外されている場合は、*E.cuniculi*感染が原因である可能性が高い。*E.cuniculi*に対する治療は、IgMが高値を示す場合に限定すること。検査結果を待つ間は、経験的治療（フェンベンダゾール20mg/kg PO q24h 21～28日間）を行う。

J. 予後は、原因により要注意～不良である。*E.cuniculi*の感染症例の多くは、経時的に改善するが、斜頸は残存することがある。細菌性中耳炎では、外科的治療を要することがある。これら以外が原因である場合、予後は不良で、確定診断は剖検によることが多い。

8. 後肢不全麻痺、後肢麻痺

A. 保定中のジャンプ、ケージ内での過剰興奮、落下などにより、腰椎骨折や脱臼が頻発する。

B. 内科治療やケージレストに反応する程度の脊髄腫脹や局所炎症にとどまる、軽度外傷で済むことはまれである。内科治療は、以下の通りに行う。

Ⅰ. メロキシカム：0.5mg/kg IV、IM、SC

Ⅱ. コルチコステロイドは、強い免疫抑制を惹起するため、ウサギへの投与は極力避ける。

C. 一般に外傷による損傷は甚大、損傷部位は、X線画像上で明確に描出される。または、脊柱損傷とそれに付随する脊髄損傷が身体検査にて触知される。

D. 重度外傷であっても、ある程度は回復する症例もあるが、予後は要注意～不良である。飼育者による長期的看護ケアが不可能な場合は、安楽死を検討する。

9. 眼科疾患

A. 好発疾患——細菌性結膜炎、鼻涙管閉塞・感染、角膜潰瘍、異所性睫毛、水晶体破嚢性ブドウ膜炎（phacoclastic uveitis）、眼球突出など。

B. ジョーンズテスト（フルオレセイン染色による鼻涙管開存の確認検査）を行う。正常であれば、染色液は数秒以内に眼から鼻孔へ達する。角膜において染色部位の有無を確認する。結膜嚢内の異物精査も行う。

C. 結膜炎および角膜潰瘍は、犬猫と同様に治療する。コルチコステロイドを含有した点眼液は使用しないこと。鼻涙管疾患、異所性睫毛、眼球脱出、ブドウ膜炎を除外する。眼から分離されることの多い細菌に有効な抗生物質は、ゲンタマイシン、シプロフロキサシン、オフロキサシン、テトラサイクリン、ポリミキシンB合剤などである。これらを点眼液として使用する。

D．鼻涙管感染は、通常、鼻腔から上向性に拡大したものである。感染症や歯牙疾患により鼻涙管閉塞が生じる。鼻涙管からの分泌液があれば、細菌培養と感受性検査に提出する。閉塞や感染がある場合は、鼻涙管洗浄を行う。

Ⅰ．ウサギを保定する。必要に応じて、鎮静を施す。

Ⅱ．局所麻酔薬（プロパラカインなど）を点眼する。

Ⅲ．22～24GのⅣカテーテルを6～12mLシリンジに接続する。

Ⅳ．洗浄には滅菌食塩水を用いる。

Ⅴ．鼻涙管の開口部位はスリット状で、下側結膜嚢の内側（正中側）に位置する。

Ⅵ．ウサギの吻を下方に向け、洗浄液の誤嚥を防ぐ。

Ⅶ．慎重に洗浄を行う。抵抗を感じた場合は、カテーテルの位置を微調整する。

Ⅷ．過剰に水圧をかけると、鼻涙管破裂を生じることがある。

Ⅸ．洗浄は、感染の重篤度に応じて3～7日ごとに行う。

Ⅹ．閉塞の原因が感染でない場合（歯牙疾患など）は、NSAIDsの点眼および全身投与を行う。

Ⅺ．感染が重篤な場合は、抗生物質の点眼および全身投与を行う。

Ⅻ．非感染性要因による閉塞は、臨床徴候が回帰しやすい。鼻涙管の細菌感染における完治は困難である。

E．水晶体破嚢性ブドウ膜炎の原因菌は、*E.cuniculi*である。*E.cuniculi*は、水晶体内で増殖し、白内障を惹起する。さらに、水晶体嚢は破裂し、内容物に含まれる蛋白質が水晶体から漏出すると、重度の化膿性肉芽腫性炎症が生じる。主な臨床徴候は、前眼房からの白色マス突出、ブドウ膜炎（虹彩充血、縮瞳、房水フレア、眼圧低下）、結膜炎などである。治療は、*E.cuniculi*に対する特異的治療とNSAIDs点眼（フルルビプロフェン）である。コルチコステロイドは、局所投与であっても全身吸収による免疫抑制が生じる可能性がある。したがって、コルチコステロイド点眼の使用は短期間にとどめる。治療法の第一選択は、水晶体摘出術である。ブドウ膜炎の内科的管理が困難な場合は、眼球摘出を検討する。

F．片側性眼球突出の最大原因は、上顎臼歯の根尖部感染に続発して眼球後方に生じる膿瘍である。診断は、頭部CT検査または単純X線検査による。治療は、感染を生じた臼歯の抜去、口腔内への排膿路形成、全身性抗生物質投与である。根尖感染は、嫌気性菌主体、または好気性菌と嫌気性菌の混合感染である。菌培養を行い、嫌気性菌感染の有無を確認する。適切な抗生物質を選択すること。予後は要注意である。専門医への紹介が望ましい。

G. 両側性眼球突出の主な原因は、胸腺腫である。診断は、胸部X線検査またはCT検査、針吸引、生検である。ウサギの胸腺腫における治療法の第一選択は、放射線治療である。

ウサギにおける推奨薬用量

アジスロマイシンAzithromycin：30mg/kg PO q24h

アトロピンAtropine：0.1〜0.5mg/kg SC、IM、IV

ウサギはアトロピナーゼを有するため、アトロピンの投与が奏功しない、または高用量を要することがある。

イトラコナゾールItraconazole：5〜10mg/kg PO q24h

イベルメクチンIvermectin：0.2〜0.4mg/kg q7〜10d

エナラプリルEnalapril：0.5mg/kg PO q12〜24h

エピネフリンEpinephrine：0.1〜0.4mg/kg IV、IO、IT（気管内投与）

エンロフロキサシンEnrofloxacin：10〜20mg/kg IM、SC、IV、PO q12〜24h

グリコピロレートGlycopyrrolate：0.01〜0.02mg/kg IM、SC、IV

クロラムフェニコールChloramphenicol：30〜50mg/kg PO q8〜12h

ジアゼパムDiazepam：0.5〜1mg/kg IV

シサプリドCisapride：0.5mg/kg PO q8〜12h

スルファジメトキシンSulfadimethoxine（Albon®）：

初期は50mg/kg PO、以後は25mg/kg PO q24h。5〜20日間投与する。

セラメクチンSelamectin：15〜30mg/kg 局所投与 q21〜28d

テルビナフィンTerbinafine：10〜30mg/kg PO q24h

ドキシサイクリンDoxycycline：5mg/kg PO q12h

トリメトプリム－サルファTrimethoprim-sulfa：30mg/kg PO q12h

ナイスタチンNystatin：100,000U/kg PO q8h。5日間投与する。

ナロキソンNaloxone：0.01〜0.1mg/kg IV、IM

パモ酸ピランテルPyrantel pamoate：5〜10mg/kg PO

ピモベンダンPimobendan：0.1〜0.3mg/kg PO q12〜24h

フェンベンダゾールFenbendazole：20mg/kg PO q24h。21〜28日間投与する。

E.cuniculi感染症の治療に使用する。

ブトルファノールButorphanol：0.2〜0.4mg/kg IM、SC、IV q2〜4h

ブプレノルフィンBuprenorphine：0.03〜0.05mg/kg IM、SC、IV q8h

フルマゼニルFlumazenil：0.01〜0.1mg/kg IM、SC、IV

フロセミドFurosemide：2〜5mg/kg IV、IM、SC、PO q12h

プロポフォールPropofol：7.5〜15mg/kg IV

フロルフェニコールFlorfenicol：25〜30mg/kg PO、IM、SC q8h

ペニシリンGプロカインPenicillin G procaine：

40,000〜60,000IU/kg SC、IM q24h

ペニシリンGベンザチンPenicillin G benzathine：40,000〜60,000IU/kg SC q5d

マルボフロキサシンMarbofloxacin：5mg/kg PO q24h

ミダゾラムMidazolam：0.25〜1mg/kg IV、IM

メクリジンMeclizine：12.5～25mg/kg PO q8～12h
メトクロプラミドMetoclopramide：0.5mg/kg IV、SC、PO q6～8h
イレウスにはIV CRI、制吐目的ではSC、PO 投与する。
メトロニダゾールMetronidazole：20mg/kg PO q12h
メロキシカムMeloxicam：0.3～0.5mg/kg PO、SC、IM、IV q12～24h
ラニチジンRanitidine：2～5mg/kg SC、IV q12h

カメ（陸棲および水棲 *Chelonia*）

食餌――陸棲カメ（tortoise）および水棲カメ（turtle）は、草食性または雑食性である。

- アメリカハコガメ（North American box turtle）――雑食性である。缶詰の犬用フード50%に、コオロギ、野菜、少量の果物を加える。
- ケヅメリクガメ（African spurred tortoise）、ヒョウモンガメ（leopard tortoise）、ロシアリクガメ（Russian tortoise）――草食性である。牧草を主原料とするカメ用ペレット、牧草、草、葉野菜、炭酸カルシウムサプリメントを給餌する。これらの品種には、UV-b灯を用いるか、直射日光の当たる環境で飼育し、内因性ビタミンD合成を促す。
- アカミミガメ（red-eared slider）、その他の淡水棲カメ――雑食性である。カメ用ペレット75%に、葉野菜、餌用小魚、虫を加える。

飼育環境――ハコガメの適正環境温度は、一般に23.9～28.1℃である。陸棲カメは温かい環境（25～35℃）を要する。飼育舎内に温度の異なった場所を設置する。また、UV-B灯や日光への曝露も不可欠である。

淡水棲カメは、半水生または水生である。半水生カメには、必ず日光浴できる場所を与える。淡水棲カメの飼育では、良好な水質維持が非常に重要である。

身体検査――

1. 体重と背甲長を測定する。背甲・腹甲・外皮の色調、外部寄生虫の有無、頸背部の皮膚脱水の有無（ツルゴール）、眼の位置と光沢、鼓膜の腫脹などを評価する。
2. 呼吸様式は、前肢のわずかな動き、開口呼吸、喘鳴音などに基づいて評価する。カメは甲羅を有するため、心音および肺音の聴取が困難な場合もあるが、聴診器と背甲の間に濡らした布を置くと改善することがある。
3. 水棲カメでは、歩行や遊泳運動を観察する。また、四肢を触診する。

鎮静――

- デクスメデトミジン0.1mg/kg SC、IM、およびミダゾラム1mg/kg SC、IMの併用。アチパメゾール（デクスメデトミジンと同量）SC、IM、およびフルマゼニル0.05mg/kg SC、IM、IN（経鼻）にて拮抗。
- デクスメデトミジン0.1mg/kg SC、IM、およびミダゾラム1mg/kg SC、IM、およびケタミン2～5mg/kg SC、IMの併用。アチパメゾール（デクスメデトミジンと同量）SC、IM、およびフルマゼニル0.05mg/kg SC、IM、IN（経鼻）にて拮抗。

- 上記の薬剤は、すべて単一のシリンジによる単回混合投与が可能である。
- SC注射では、効果発現まで時間を要するが、多量投与が可能である。

麻酔——デクスメデトミジン0.1～0.15mg/kg SC、IM、およびケタミン10mg/kg SC、IMの併用。鎮痛には、モルヒネ1.5mg/kg SC、IMまたはヒドロモルフォン0.5mg/kg SC、IMを追加する。アチパメゾール（デクスメデトミジンと同量）SC、IMにて拮抗。覚醒遅延を認める場合は、ナロキソン0.04mg/kg SC、IM、IN（経鼻）にて拮抗する。

一般的には、以下のような用量が推奨される。

- 淡水棲カメ——導入および短時間の麻酔維持には、プロポフォール5～10mg/kgをIV投与する。長時間の処置では、挿管後、イソフルランまたはセボフルランにて維持する。
- 陸棲カメ——鎮静プロトコルと同じ薬剤を用いて前投与を行う。可能ならば挿管するが、不可能ならばプロポフォールをIV投与する。長時間の処置では、挿管後、イソフルランまたはセボフルランにて維持する。

採血——鎮静を要する場合がある。採取部位は、頸静脈が望ましい。頸静脈からの採血では、リンパ液混入や医原性損傷などの危険性が低い。体重＞500gの陸棲カメでは、腕静脈叢を用いてもよい。背甲下洞（subcarapacial sinus）および背側尾静脈では、リンパ液混入や医原性損傷の危険性が高いため、可能な限り使用しない。抗凝固剤にはリチウムヘパリンを用いる。

注射——IM注射には前肢の筋肉を用いる。SC注射は頸部と前肢の間に行い、IV注射は頸静脈に行う。陸棲カメでは腕静脈叢を用いてもよい。

カメの輸液

輸液には、多くの方法があり、脱水の程度に適した方法を用いる。

1. 軽度脱水の場合は、15～30分間、深さ1～2cmの水に体を浸す。
2. SC輸液は、後肢の頭方（大腿骨前窩）に施す。
3. IV輸液には、頸静脈を用いる。投与量は20mL/kg/日である。体重の5%を超えないようにする。
4. 調整電解質晶質液（LRS、ノーモソル®-Rなど）を用いる。
5. 維持量は、20～40mL/kg/日である。過水和に注意する。

カメに好発する疾患と健康障害

1. 甲羅の外傷、咬傷
   A. 捕食動物による攻撃、その他の外傷。咬傷（軟部組織、甲羅）は、経過時間にかかわらず、感染創として治療を施す。
   B. 輸液を行う。
   C. 咬傷を認める場合は、抗生物質を投与する。グラム陰性菌、嫌気性菌に有効な薬剤（セフタジジムなど）を選択する。細菌培養、感受性検査の結果を得た時点で、薬剤選択を再検討する。

D．デブリードマンを行う。血流を失った骨片は除去する。活性を有する骨片は、毎日状態を確認する。

E．創傷部位を生理食塩水にて洗浄する。洗浄液が肺に流入しないように注意する。

F．甲羅の破損部位は、スクリューやサークラージワイヤーなどで固定する。ポリメタクリレートやエポキシなどの接着剤は使用しない。

G．甲羅の破壊は、開放骨折と同様に取り扱う。

H．真菌感染が生じる恐れがある。必要に応じて、局所または非経口的薬剤投与を行う。

I．創傷部位には、全てドレッシングとバンデージを施す。感染症の初期治療として、蜂蜜、砂糖、水溶性の抗生物質軟膏などを塗布する。感染が消失し、新鮮な創傷床が形成されてからは、水性ジェルまたはスルファジアジン銀軟膏を塗布する。

J．補液、栄養サポート、薬剤投与を容易にするため、食道瘻チューブ設置を検討する。

K．鎮静剤を投与する。

L．飼育環境は、最適温度に保つ。

M．創傷部位やバンデージが浸水しないように注意する。食道瘻チューブからの補液により、水和を維持する。

2．呼吸器疾患

A．主な原因――細菌感染症、真菌感染症、マイコプラズマ症など。

B．陸棲カメの一部にみられる上部気道疾患では、ヘルペスウイルスが関与している。

C．主な臨床徴候――膿性粘液性鼻汁、膿性眼脂、開口呼吸、食欲廃絶、呼吸困難、嗜眠など。

D．水棲および半水棲カメでは、正常な遊泳や浮力制御が困難になることがある。

E．X線検査（特にCT検査）および気管洗浄は、診断において有用である。

F．治療

Ⅰ．抗生物質（必要に応じて抗真菌薬）投与および生理食塩水によるネブライゼーション。

Ⅱ．培養・感受性試験に基づく、抗生物質の全身投与。

Ⅲ．水和維持

Ⅳ．適正環境温度維持

Ⅴ．必要に応じて、電解質補整、栄養サポート。

3．消化管疾患

A．食欲廃絶の主な原因――感染症、代謝性疾患、寄生虫症、消化管閉塞、不適切な食餌、環境中のストレス、不適切な飼育環境など。

B．主な臨床徴候――食欲廃絶、脱水、衰弱、体重減少、糞便異常（量・質）など。

C．原因疾患に応じた治療を行う。

4．卵秘

A．主な臨床徴候——食欲不振、衰弱、総排泄腔からの出血、産卵困難による怒責（いきみ）など。

B．X線検査は不可欠である。全身CT検査が望ましい。

C．基礎疾患があれば治療する。一般状態が低下している症例で、原因疾患が判明している場合は、産卵誘発は行わない。まずは原因疾患の治療を優先する。

D．卵秘を示唆するX線所見がない場合は、産卵に適した場所を整える(砂と土を混ぜたものを産卵箱に入れる)。

E．適正環境温度を維持する。

F．低カルシウム血症が示唆される場合は、グルコン酸カルシウムを投与する。

G．卵閉塞のない産卵障害で、反応が見られない場合は、オキシトシンを慎重に投与する。ただし、オキシトシン投与によって、卵が体腔内や膀胱などに移動し、外科手術や内視鏡による除去が必要となる場合がある。

H．X線画像上に卵破損や卵閉塞を示唆する所見を認める場合は、開腹または内視鏡下での卵除去を検討する。

5．総排泄腔逸脱

A．総排泄腔組織、総排泄腔マス、卵管、腸管、陰茎などが脱出する。

B．主な原因——総排泄腔炎、総排泄腔マス、腸炎（寄生虫症など）、産卵障害、体腔炎など。

C．推奨される検査

Ⅰ．糞便検査（ウェットマウント法、浮遊法）

Ⅱ．糞便または総排泄腔スワブのDiff quick染色

Ⅲ．全身X線検査

Ⅳ．体腔の超音波X線検査

Ⅴ．CBC、生化学検査

Ⅵ．総排泄腔の内視鏡検査——必要に応じて開腹。

D．治療

Ⅰ．麻酔または鎮静を施す。

Ⅱ．再発と二次性外傷を防止するため、陰茎切除術が推奨される。

Ⅲ．逸脱した組織が何であるかを確認する（卵管、腸管、総排泄腔組織など)。

Ⅳ．逸脱組織の浮腫軽減および出血制御のために、50%ブドウ糖溶液を局所的に滴下する。

Ⅴ．逸脱組織を加温した生理食塩水で洗浄する。

Ⅵ．逸脱組織が壊死している場合は、外科的切除またはデブリードマンを行う。

Ⅶ．逸脱組織に潤滑剤を塗布する。

Ⅷ．脱出組織を整復する。

Ⅸ．開口部に対して直角に、2ヵ所の支持縫合をかける（水平マット

レス縫合2回)。巾着縫合は避ける。

X. 大半の卵管逸脱症例の治療の第一選択は、開腹による卵巣卵管切除術である。状態安定が得られ次第行う。

XI. 鎮痛薬を投与する。
メロキシカム:0.2mg/kg IM q24h

XII. 広域スペクトル抗生物質を適宜投与する。

XIII. 内部寄生虫感染がある場合は駆虫する。

XIV. 基礎疾患を特定し、治療を行う。

カメにおける推奨薬用量

アシクロビル Acyclovir:80mg/kg PO q24h

アトロピン Atropine:
徐脈治療または麻酔前投与では0.01〜0.04mg/kg IM、SC
心肺蘇生では0.5mg/kg IM、IV、IT、IO

アミカシン Amikacin:5mg/kg IM q48h
水和と正常な腎機能が維持されている場合に限り、投与可能である。

アロプリノール Allopurinol:10〜20mg/kg PO q24h

アンピシリン Ampicillin:20mg/kg IM q24h

イベルメクチン Ivermectin:カメには使用しない。

エンロフロキサシン Enrofloxacin:5〜10mg/kg IM q24〜48h

オキシトシン Oxytocin:5〜10IU/kg IM

カルベニシリン Carbenicillin:200〜400mg/kg IM q48h

クリンダマイシン Clindamycin:5mg/kg PO q24h

グルコン酸カルシウム Calcium gluconate:50〜100mg/kg IM、SC
1:1に希釈する。

グルビオン酸カルシウム Calcium glubionate:10mg/kg PO q12〜24h

クロルテトラサイクリン Chlortetracycline:200mg/kg PO q24h

ケタミン Ketamine:2〜10mg/kg IM、SC
ミダゾラム、(デクス)メデトミジンと併用する。

ゲンタマイシン Gentamicin:5mg/mL ネブライゼーション15〜30分間 q8〜12h

シプロフロキサシン Ciprofloxacin:10mg/kg PO q48h

セフタジジム Ceftazidime:20〜40mg/kg IM、SC q48〜72h

パモ酸ピランテル Pyrantel pamoate:25mg/kg PO q24h。3日間投与する。

ビタミンA Vitamin A:
1,000〜5,000IU/kg IM、SC、単回投与する。草食性カメには投与しない。
雑食性カメのビタミンA欠乏症の治療に使用する。

ビタミンD_3 Vitamin D_3:400IU/kg IM。単回投与する。

ヒドロモルフォン Hydromorphone:0.5〜1mg/kg SC、IM

フェンベンダゾール Fenbendazole:50mg/kg PO q24h。3〜5日間投与する。

ブトルファノール Butorphanol:カメにおける鎮痛効果は立証されていないため、鎮痛目的での投与は推奨されない。

ブプレノルフィンBuprenorphine：カメにおける鎮痛効果は立証されていないため、鎮痛目的での投与は推奨されない。

プラジクアンテルPraziquantel：8mg/kg IM、SC、PO。14日後に再投与する。

フロセミドFurosemide：2～5mg/kg IM、SC、PO。適宜投与する。

プロポフォールPropofol：5～20mg/kg IV。効果発現まで投与する。

メトロニダゾールMetronidazole：50mg/kg PO。10～14日後に再投与する。

メペリジンMeperidine：1～5mg/kg IM q2～4h

メロキシカムMeloxicam：0.2mg/kg SC、IM q24～48h

モルヒネMorphine：1.5～2mg/kg IM、SC

鎮痛薬として使用する。呼吸抑制を生じる可能性がある。

観賞魚

観賞魚が救急病院に持ち込まれる最大の原因は、水質環境の変化である。水槽や池をそのまま病院に持ち込むことはできないため、詳細な病歴を聴取する必要がある。問診は、囲み15-1に沿って行う。

最初に、同居魚による攻撃や水質悪化などの要因を除外する。これらは高い死亡率と疾患罹患率をもたらす。

診断手順

1．水質検査
   - A．温度
   - B．アンモニア濃度
   - C．硝酸塩濃度
   - D．亜硝酸塩濃度
   - E．pH
   - F．溶存酸素量

囲み15-1　飼育者に質問すべき重要項目

1．いつから観賞魚の飼育をしているのか？
2．今日はどうしたのか？
3．異常に気が付いたのはいつか？
4．この罹患魚はいつから飼育しているのか？　入手先はどこか？
5．罹患魚と同じ水槽や池で、他にも魚を飼育しているか？　同居魚の健康状態はどうか？
6．飼育槽の大きさはどのくらいか？　温度管理、濾過、照明、酸素補給はどのように行っているか？
7．水質検査キットは持っているか？　持っているならば、どのくらいの頻度で検査を行っているか？　直近の検査結果はどうであったか？
8．餌は何か？　給餌頻度はどのくらいか？
9．これまでに治療を行ったか？　行ったならば、誰がどのような薬剤を用いて行ったか？
10．中毒物質へ直接的または間接的に曝露された可能性はあるか？

Lewbart, G.A., 1995. Emergency pet fish medicine. In: Bonagura, J.D., Kirk, R.W. (Eds), Current Veterinary Therapy XII. WB Saunders, Philadelphia, pp. 1370, よりElsevierの許可を得て転載。

G．総アルカリ度
H．銅濃度
I．塩素濃度
2．糞便寄生虫検査
3．細胞診
A．用手保定を行い、皮膚掻把を行う。麻酔薬の使用は、外部寄生虫の分布に変化を引き起こすため行わない。カバーガラスまたはメス刃の背を用いて、表層粘膜を採取する。皮膚や鱗を損傷しないように注意する。検体は、水槽内の水1滴と混和する。直ちに顕微鏡下にて観察を行う。特に、運動性原虫に注意して観察する。
B．鰭に病変を認める場合は、鰭の部分切除を行う。眼科用鋏を用いて、小さく切除する。検体は、スライドガラスの上に直接置く。水槽の水を1滴滴下し、カバーガラスをかける。顕微鏡下にて観察し、細菌や真菌などの感染体の有無を確認する。
C．鰓の部分切除を行う際は、用手保定または鎮静処置を行う。眼科用鋏を用いて、鰓弁の一部を小さく切除する。顕微鏡下にて観察し、寄生虫、細菌、真菌の有無を確認する。
4．体長が10cmを超える魚では、採血が可能である。血液塗抹観察、WBC、PCV、TP、血液培養検査を行う。
A．魚の腹側正中にて、排泄腔の尾側、尾および尾柄の頭側を、直角に穿刺する。
B．脊柱に当たる感覚があるまで、針を刺入する。その後、針を腹側に向けてゆっくり進め、針を滑り込ませるようにして静脈洞を穿刺する。静脈洞は、脊髄のすぐ腹側に位置する。
5．X線検査は、鰾疾患、消化管内異物、消化管嵌入などの検出に役立つ。
A．魚をビニール袋に入れる。
B．カセッテの上に魚を置き、ラテラル像を撮影する。
C．背腹像を撮影するには、X線撮影機を回転させ、背腹軸に合わせてX線照射するのが最も簡便である。
6．生検、剖検――
麻酔――魚を用手保定するか、トリカインメタンスルフォネート（MS-222 Finquel）を水槽水に添加する。導入量は100～200mg/L、維持量は50～100mg/Lである。鎮静用量は15～50mg/Lである。その他にクローブオイル（丁子油、主成分：オイゲノール）を95%エタノールで希釈したもの（クローブオイル：エタノール＝1：9）を用いてもよい。クローブオイル原液は100mg/mLとする。淡水魚、海水魚の鎮静に用いる用量は、上記のクローブオイルとエタノールの混合液40～120mg/Lを水槽水に添加する。覚醒は遅延することがある。

魚に好発する疾患と健康障害

1．水質悪化
A．観賞魚における、最大の死亡原因である。

B．淡水の熱帯魚に適切な水温は、一般に24～27℃である。
C．海水魚では、水温を26～29℃に維持する。
D．淡水用の水槽や池の適正pHは、6.5～7.5である。
E．海水魚は、pH7.5～8.5の水で飼育する。
F．7～10日間ごとに10％の水槽水を換水する。

2．低酸素
A．容積の33％を水で満たしたビニール袋に魚を入れる。
B．ビニール袋の残余容積を100％酸素で満たす。
C．袋の口を固く閉じる。
D．呼吸様式および遊泳行動が正常に戻るまで、魚を袋に入れておく。

3．アンモニア濃度または亜硝酸塩濃度上昇
A．水槽や池での過密飼育、過剰給餌、不適切な濾過が三大要因である。
B．12～24時間ごとに、30～50％の水槽水を脱塩素水と交換する。
C．フィルターの状態、微生物数、給餌に問題がないかを確認する。
D．pHを測定する。

4．pH異常
A．少量ずつ換水し、徐々にpHを正常範囲にまで戻す。正常pHは、淡水6.5～7.5、海水7.5～8.5である。
B．アルカリ度が低い場合（<50ppm）は、砕いたサンゴや白雲石を入れる。

5．塩素・クロラミン毒性
A．脱塩素剤を用いて水を脱塩素するか、脱塩素水の中に魚を移す。
B．アイスパックを水中に入れて水温を下げ、水中の溶存酸素量を増やす。
Ⅰ．熱帯魚では、21℃まで下げることができる。
Ⅱ．鯉や金魚では、13℃まで下げることができる。
C．酸素ボトルを用いて100％酸素を水中へ供給する。

6．食欲不振・飢餓
A．同居魚の攻撃を受けていないかを観察する。
B．可能であればチューブフィーディングを行う。
C．a/d®、Iams recovery diet®を与える。またはフレークやペレット状の魚用餌に少量の水を加えたものを与える。

7．外部細菌感染
A．エロモナス（*Aeromonas hydrophila*）感染症が最も多い。体表に深い潰瘍を形成する。
B．その他の徴候は、腹囲膨満、斑状出血、眼球突出などである。
C．抗生物質を全身投与する。
D．スルファジアジン銀軟膏を病巣部位にq12hで直接塗布する。
E．病巣部位を30～60秒間水から出し、薬剤の吸収を促す。この間、鰓は水中に入れておく。
F．皮膚損傷部の治癒促進と支持療法を目的に、食塩水を水槽水に添加する。濃度は3g/Lとする。

8．全身性細菌感染

A. 淡水魚の細菌感染では、エロモナス（*Aeromonas hydrophila*）が最も一般的な原因菌である。

Ⅰ. 栄養不良、輸送、環境的ストレス（過密飼育、不適切な水温）などにより、運動性エロモナス症（MAD）が好発する。

Ⅱ. 臨床徴候——点状出血、斑状出血、眼球突出、鰓の充血、腹囲膨満、排泄腔腫脹、皮膚壊死、鰭壊死など。

Ⅲ. 病理学的には出血性敗血症であり、消化管・肝臓・脾臓・筋肉に壊死が生じ、死に至る。

Ⅳ. 治療は、抗生物質投与および飼育環境是正である。

Ⅴ. 皮膚損傷部の治癒促進と支持療法を目的に、食塩水を水槽水に添加する。濃度は3g/Lとする。

B. 結核（*Mycobacterium* spp.）

Ⅰ. 海水魚、淡水魚のいずれもが結核に罹患する。

Ⅱ. 臨床徴候——退色、削痩、食欲不振、元気消失、浮腫、腹膜炎、筋小結節形成、眼球突出、皮膚潰瘍、鱗屑潰瘍、鰭損傷など。

Ⅲ. 治療効果は低い。また、人獣共通感染症であるため、治療は推奨されない。

C. ノカルジア症

Ⅰ. 臨床徴候——眼の混濁、痂皮性鱗屑、眼球突出、食欲不振、元気消失、退色、削痩、鰓および鱗屑の腐敗など。結核との鑑別は非常に困難である。

Ⅱ. 感染病原体は、蛍光抗体法や培養により同定できる。

Ⅲ. 感染個体は、保菌個体になると考えられている。

Ⅳ. 治療は推奨されない。

9. 原虫感染症

A. *Ichthyopthirius multifilis*（白点原虫）や*Cryptocaryon irritans*（海水白点原虫）は、被嚢幼虫期を有する。この間は、薬剤療法に抵抗性を示す。

B. 淡水魚に寄生する原虫の大半は、魚を海水（塩30～35g/L）に4～5分間浸けることで駆除効果が得られる。

C. 水槽水に塩を添加し、濃度を3～5g/Lに調整する。これにより、原虫の寿命が短縮するため、結果として駆除効果が増強される。

D. ホルマリンを水槽水に0.025mg/Lで添加する。48時間ごとに12～24時間継続する。これを3回反復する。1日置きに50%の水槽水を換水する。水温は上げておく。

魚における推奨薬用量

アミカシン Amikacin：5mg/kg IM、IP q12～24h
アンピシリン Ampicillin：10mg/kg IM q24h
イベルメクチン Ivermectin：使用禁忌
エンロフロキサシン Enrofloxacin：5～10mg/kg IM、IP、PO q24h
オキシテトラサイクリン Oxytetracycline：10～50mg/kg IM、PO q24h

カナマイシンKanamycin：20mg/kg IP q72h。5回反復投与する。
クローブオイル（丁子油）Clove oil：
　95%エタノール（1：9）＝100mg/mL：40～120mg/L
ゲンタマイシンGentamicin：1～3.5mg/kg IM q24～72h
スルファジメトキシンSulfadimethoxine：
　50mg/kg/日を食物に添加する。5日間投与する。
フェンベンダゾールFenbendazole：50mg/kg PO q24h
　q14dで2回反復投与する。
プラジクアンテルPraziquantel：
　5～10mg/L。3～6時間薬浴する。7日後に反復する。
フロセミドFurosemide：2～5mg/kg IV、IP、IM、PO q12h
フロルフェニコールFlorfenicol：25～50mg/kg PO、IM q24h
メトロニダゾールMetronidazole：
　25mg/L（水槽水）q24hで3日間連続投与する。
　50mg/kg PO q24hで5日間投与する。
リドカインLidocaine：1～2mg/kg IV

スナネズミ（*Meriones unguiculatus*）

平均寿命――3～4年
成体の平均体重――雄：65～100g、雌：55～85g
心拍数――250～500回／分
呼吸数――70～120回／分
体温――37～39℃
血液検査基準値――
　PCV：35～45%　BUN：17～31mg/dL
　TP：4.3～12.0g/dL　血糖値：50～135mg/dL
　WBC：7,500～11,000/mL　カルシウム：8～10mg/dL
性成熟――2～3ヵ月齢
妊娠期間――24～26日間
産仔数――1～12頭（平均4～6頭）
離乳――生後21～28日目、分娩後発情動物
食餌――蛋白質を18～20%含有する齧歯類用ペレットを給餌する。スナネズミは雑食性であるが、主に穀物を食する。
鎮静――ミダゾラム：0.5～2mg/kg IM、SC、IN（経鼻投与）。深鎮静を要する場合は、ブトルファノール0.2～0.4mg/kgを併用する。
麻酔――イソフルランまたはセボフルランの、マスクまたはチャンバー吸入。
注意：ペニシリン、アンピシリン、アモキシシリン、セファロスポリン、バンコマイシン、エリスロマイシン、クリンダマイシンを経口投与すると、重篤な腸管細菌叢不均衡および腸炎を生じ、死に至ることがある。したがって、これらの抗生物質の経口投与は禁忌である。
　スナネズミの尾をつかんではならない。尾根部より遠位をつかむと、尾

の皮膚が容易に脱落する。

スナネズミの輸液

スナネズミの維持量は、60〜100mL/kg/日である。

スナネズミの栄養サポート

食欲不振、一般状態低下を呈する場合は、栄養サポートを行う。雑食動物用クリティカルケア調合餌、またはスナネズミ・ハムスター・ラット用フードをミキサーにかけたものをシリンジ給餌する。

スナネズミに好発する疾患と健康障害

1. ティザー病（*Bacillus piliformis*）
   A. スナネズミに一般的な肝消化管疾患。急性発症し、時に致命的となる。
   B. 主な臨床徴候——被毛粗剛、元気消失、水様性下痢など。死に至ることもある。
   C. 効果的な治療法はない。ドキシサイクリン、テトラサイクリン、メトロニダゾールなどの投与を検討する。支持療法を行う。
2. サルモネラ症（*Salmonella typhimurium*、*S.enteritidis*）
   A. 主な臨床徴候——脱水、下痢、体重減少、突然死など。
   B. 診断は、糞便培養による*Salmonella*の分離同定である。
   C. 耐過した動物はキャリアとなり、人獣共通感染症を引き起こす可能性があるため、治療は推奨されない。
3. 皮膚炎
   A. 咬傷（*Staphylococcus* spp.感染）、外部寄生虫（ニキビダニ*Demodex*など）、爪による擦過傷、皮下膿瘍、腫瘍、過密飼育などが原因となる。
   B. ハーダー腺のポルフィリンによる刺激は、脱毛や顔面の皮膚炎を引き起こす。
   C. 毛包虫症などの外部寄生虫の駆除には、イベルメクチンまたはセラメクチンを用いる。
4. スナネズミに好発する老齢性疾患——卵胞膿腫、慢性間質性腎炎、腫瘍、糖尿病、副腎皮質機能亢進症、動脈硬化症など。
5. 発作
   A. 多くのスナネズミは、特発性てんかん様発作を認める。カタレプシー様を呈する場合もある。
   B. 発作はストレスにより悪化する。
   C. 発作の頻度は加齢とともに減少する。
   D. 抗痙攣薬投与は推奨されない。患者は静かな暗所に置き、ストレス負荷を避ける。

スナネズミにおける推奨薬用量

アモキシシリン Amoxicillin：経口投与は避ける。
アンピシリン Ampicillin：経口投与は避ける。

イトラコナゾールItraconazole：5～10mg/kg PO q24h
イベルメクチンIvermectin：0.2～0.4mg/kg SC、PO q7～14d
　毛包虫症では0.2mg/kg PO q24h
エンロフロキサシンEnrofloxacin：10～20mg/kg IM、SC、PO q12～24h
クリンダマイシンClindamycin：経口投与は避ける。
クロラムフェニコールChloramphenicol：30～50mg/kg q8h
スルファジメトキシンSulfadimethoxine（Albon®）：20～50mg/kg PO q24h
セファロスポリンCephalosporins：経口投与は避ける。
セラメクチンSelamectin：15～30mg/kg 局所投与 q21～28d
テトラサイクリンTetracycline：
　450～540mg/L。飲用水に添加する。ショ糖を加えると嗜好性が増す。
　15～20mg/kg PO q8～12h
テルビナフィンTerbinafine：10～30mg/kg PO q24h
ドキシサイクリンDoxycycline：5mg/kg PO q12h
トリメトプリム-サルファTrimethoprim-sulfa：15～30mg/kg IM、PO q12h
フェンベンダゾールFenbendazole：20～50mg/kg PO q24h。5日間投与する。
ブトルファノールButorphanol：0.2～0.4mg/kg SC、IM q2～4h
ブプレノルフィンBuprenorphine：0.05～0.1mg/kg SC、IM q8～12h
プラジクアンテルPraziquantel：6～10mg/kg IM、SC、PO
フロセミドFurosemide：2～4mg/kg IM、SC、PO。適宜投与する。
ミダゾラムMidazolam：0.5～2mg/kg IM、SC、IN（経鼻投与）
メトロニダゾールMetronidazole：10～20mg/kg PO q12h
硫酸アトロピンAtropine sulfate：0.2～0.4mg/kg SC、IM

鳥類

鳥類の心肺蘇生（CPR）

1. 気道確保。挿管し、4～5秒に1回の速度で換気。
2. 心停止または徐脈
　エピネフリン：0.1～1mL/kg IV、IO、IT（気管内投与）
　アトロピン：0.2～0.5mg/kg IV、IO、IT（気管内投与）
3. 輸液：10～25mL/kg IV、IO。5～7分間かけてボーラス投与。

重症症例に対するプロトコル

1. ハンドリングやストレス負荷を、最小限にする。
2. 出血がある場合は、圧迫包帯または縫合にて止血する。爪や嘴の出血には、止血剤を用いるか、焼灼止血する。止血異常が疑われる場合は、ビタミンK_1 2mg/kgをIM投与する。
3. 調整電解質等張性晶質液（LRS、ノーモソル®-Rなど）を用いて輸液を行う。
　軽度から中等度の脱水症例：30～50mL/kg SC
　中等度から重度の脱水症例：30～50mL/kg IV、IO

4．基礎疾患として細菌感染が疑われる場合は、広域スペクトル抗生物質を非経口的に投与する。
エンロフロキサシン：20mg/kg SC、IM
5．頭部外傷や高体温を認めない場合は、29～32℃に加温したインキュベーターに患鳥を入れる。頭部外傷や高体温を認める場合には、より低温（24℃）に設定する。
6．ショックや呼吸困難を呈する場合は、酸素補給を行う。
7．一般状態が安定し、水和が得られた時点で給餌する。必要に応じて、経管給餌を行う。

鳥類の鎮静法

1．鎮静を行うと、処置の苦痛やストレスに対する耐性が増す。呼吸困難を認める場合や、ハンドリングや保定が困難な場合は、鎮静処置を施す。また、X線撮影、体腔超音波エコー検査、体腔穿刺、採血などを行う際も、鎮静を施すとよい。裂傷整復や創傷部位のデブリードマンなどの簡単な外科処置では、鎮静処置と併用して鎮痛処置または局所麻酔を施すとよい。バンデージやエリザベスカラー装着時にも鎮静処置を施す。
2．鳥類に最も広く用いられている鎮静薬は、ミダゾラムである。
　A．オウム・インコ類（*psittcines*）やスズメ目（*passerines*）に属する鳥には、ミダゾラム1～2mg/kgを投与する。用量は、必要とする鎮静深度に応じて調節する。
　B．ミダゾラムは、IMまたはIN（経鼻）投与する。
3．深い鎮静や、鎮痛を要する場合。
　A．オウム・インコ類（*psittcines*）やスズメ目（*passerines*）に属する鳥には、ミダゾラムに加えてブトルファノール1～2mg/kgを投与する。用量は、必要とする鎮静深度に応じて調節する。
　B．ブトルファノールは、IMまたはIN（経鼻）投与する。
4．フルマゼニル0.05～0.1mg/kgの投与は、ミダゾラムの効果を拮抗する。退院前には、必ず拮抗薬を投与する。ただし、エリザベスカラーやバンデージを装着している症例や、院内環境で過剰なストレスを受けた症例では、拮抗させない。
　A．フルマゼニルの投与経路は、IM、IV、INのいずれかである。
　B．鎮静から完全に覚醒させるには、フルマゼニルの追加投与を要する場合がある。
5．ミダゾラムとブトルファノールを併用した場合は、覚醒時にブトルファノールの作用を拮抗させる必要はない。通常、フルマゼニルによる拮抗のみで覚醒が得られる。

鳥類の輸液

1．SC輸液の推奨用量は、30～50mL/kgである。
2．一般的な維持量は、60mL/kg/日である。
3．欠乏量は、脱水率と体重に基づいて算出する。

欠乏水分量（mL）＝脱水率（%）×体重（g）
例えば、中等度脱水（10%）を呈した体重90gのオカメインコの欠乏量は、10%×90g＝9mLである。

4. 最初の12～24時間にて、これまでの欠乏量の半分と維持量を投与する。続く48時間にて、残りの欠乏量、維持量および今後の損失推定量を合わせて投与する。
5. 輸液は、必ず38～39℃に加温して使用する。
6. SC輸液には、LRS、ノーモソル®-R、またはそれらに類似した調整電解質品質液を使用する。
   A. SC輸液に適した部位は、膝関節後方である。アルコールを用い、良好な視野を確保し、確実に皮内へ注入する。
   B. 必要に応じて、分量を二分割し、両側の膝関節後方に投与する。
7. ショックを呈する場合は、IVまたはIO、ボーラス投与する。10～25mL/kgを5～7分間かけて投与する。
8. IVまたはIO投与の場合は、輸液にブドウ糖を添加してもよい。
9. IOカテーテルとして、22Gの38mm骨髄針または通常の注射針を尺骨遠位または脛足根骨（脛跗骨、tibiotarsus）近位に挿入する。
10. 尺骨遠位にIOカテーテル留置（図15-3）。
    A. 尺骨遠位の翼の外側に外科用消毒を行う。
    B. 一方の手で尺骨を保持し、他方の手で針を尺骨遠位に刺入する。針は、骨幹と平行に進める。
    C. スタイレットを除去し、輸液剤で満たしたアダプターを接続する。
    D. アダプターと針をフラッシュする。カテーテルをフラッシュしながら、肘部内側を走行する尺骨静脈の血流を観察することで、針が骨内に適切に挿入されていることを確認できる。または、骨髄（または血液）吸引にて確認する。骨内カテーテルが適切な位置にない場合は、吸引しても骨髄や血液成分は採取されない。
    E. カテーテルは、バンデージまたはテープで固定する。
    F. 8の字包帯法にて、翼を不動化する（図15-4）。
11. 脛足根骨近位にIOカテーテル留置（図15-5）。
    A. 脛足根骨は、膝関節の遠位にある。脛足根骨の近位前方に外科的消毒を施す。
    B. 膝関節を屈曲した状態で、脛足根骨を片手で保持する。脛足根骨前縁（脛骨突起）から膝蓋腱を貫通するように針を刺入する。
    C. 針を脛足根骨と平行にしたまま骨髄腔に刺入し、ハブに当たるまで進める。
    D. スタイレットを除去し、輸液剤で満たしたアダプターを接続する。
    E. アダプターと針をフラッシュする。針が骨内に適切に挿入されていることを確認するため、骨髄（または血液）吸引を行う。骨内カテーテルが適切な位置にない場合は、吸引しても骨髄や血液成分は採取されない。
    F. カテーテルは、バンデージまたはテープで固定する。

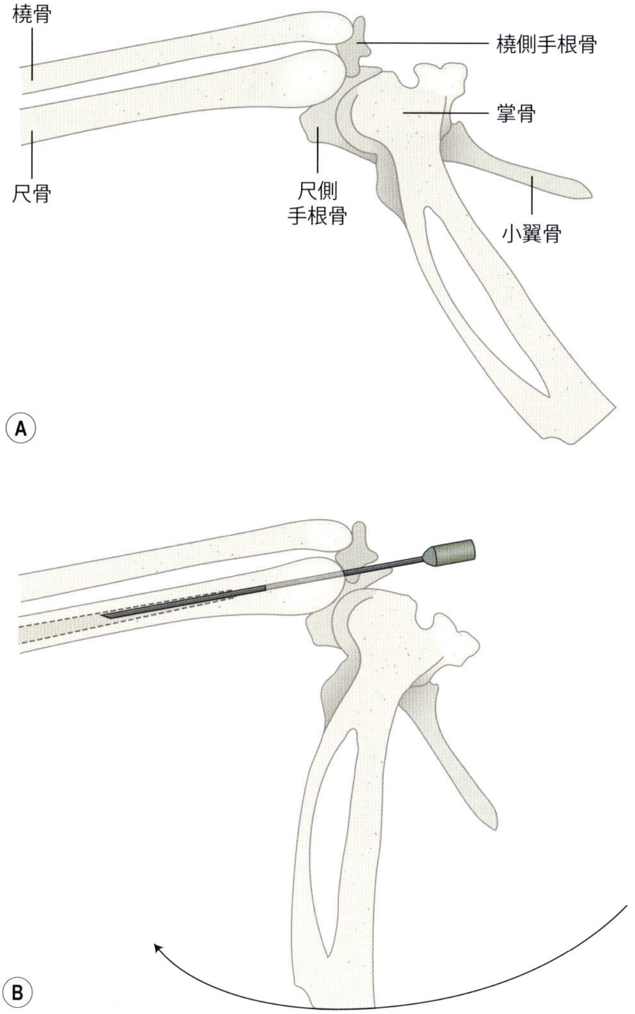

図15-3　アマゾン（Amazon parrot）における尺骨遠位でのIOカテーテルの留置
Tully Jr, T.N., Dorrestein, G.M., Jones, A.K., 2009. Avian Medicine, second ed. WB Saunders; Elsevierより許可を得て転載。

12. 水鳥などの非オウム・インコ類の大型鳥では、IV輸液が推奨される。オウム・インコ類では、麻酔または深い鎮静が施されている場合を除き、IV輸液は推奨されない。オウム・インコ類では、IVカテーテルの留置および維持が困難であることに加え、鳥自身がカテーテルを抜去することで、致命的な出血が生じる恐れがある。

大型鳥のIV輸液に適した静脈は、後肢内側、飛節遠位を走行する内側足根中足静脈（tarsometatarsal vein）である。肘内側を走行する尺骨静脈（翼）または右頸静脈を用いてもよい。ただし、尺骨静脈や頸静脈を用いた場合は、血腫形成などの合併症発症率が上昇する。

穿刺部位には、外科的消毒を行う。IVカテーテルは、以下のように固定する。

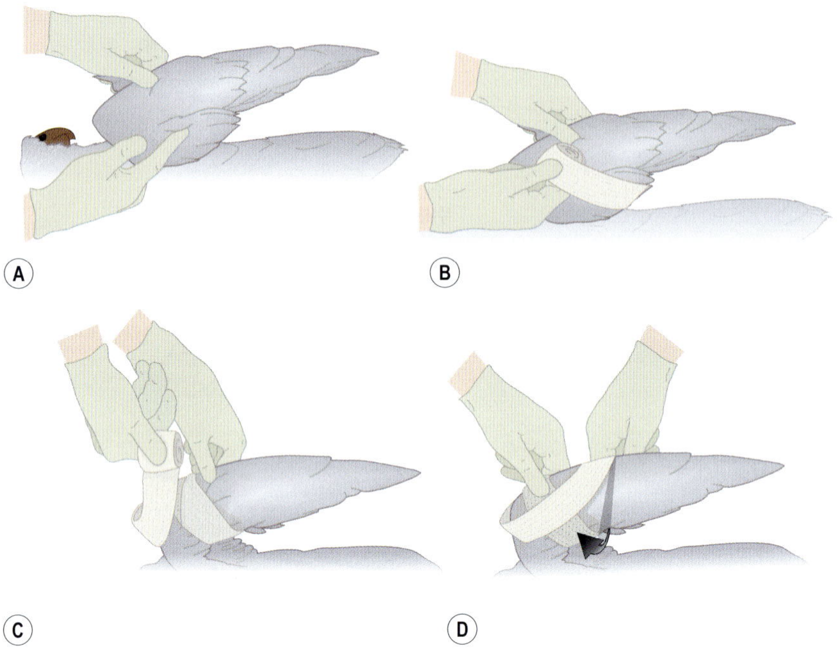

A B C D

図15-4　8の字包帯法
(A) 翼を正常屈曲位に保持する。
(B) 上腕骨腹側から背側に向けて包帯を巻く。
(C) 上腕骨—橈尺骨関節と手根骨に包帯を巻く。
(D) 包帯を翼の下に通し、上腕骨背側から上腕骨の下に巻き付ける。
Altman, R.B., Clubb, S.L., Dorrestein, G.M., Quesenberry, K., 1997. Avian Medicine and Surgery. WB Saunders; Elsevierより許可を得て転載。

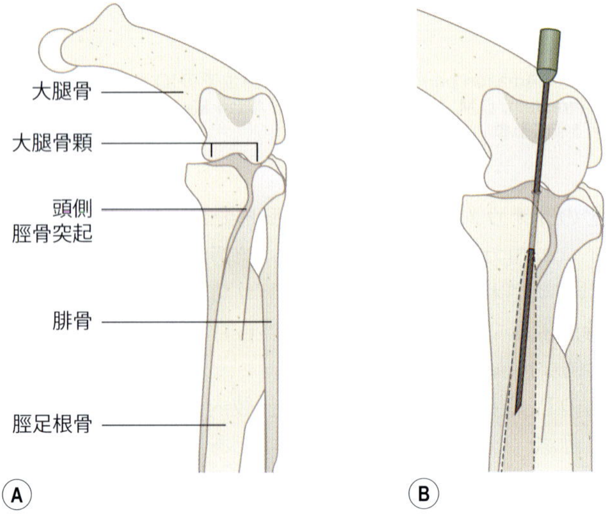

図15-5　脛足根骨近位でのIOカテーテルの留置
Tully Jr, T.N., Dorrestein, G.M., 2009. Jones, A.K., Avian Medicine, second ed. WB Saunders; Elsevierより許可を得て転載。

Ⅰ．Ⅳカテーテルを留置する。

Ⅱ．カテーテルをフラッシュし、キャップを閉める。

Ⅲ．肢に留置したカテーテルはテープで固定する。翼に留置した場合は、透明の粘着性フィルム（Tegaderm®など）で固定するか、バタフライテープを皮膚に縫合する。

Ⅳ．翼のカテーテルには、8の字包帯を施す。頸静脈カテーテルおよび肢のカテーテルには、軽くバンデージを施す。

鳥類の栄養サポート

1．鳥が食欲不振を呈する場合は、強制給餌や経管給餌などの栄養サポートを必ず行う。これは、良好な回復を促進するために必須である。中程度〜重度脱水を認める場合は、水和が得られてから給餌する。重度抑うつ、横臥、嗉嚢うっ滞（食滞）、吐出、発作を呈している場合は給餌しない。X線撮影や血液検査を行う場合は、検査前の強制給餌は避ける。

2．オウム・インコ類やスズメ目の鳥では、先端が球状になった金属製の強制給餌用カニューレ（gavage needle）を口から嗉嚢内に挿入し、フードを直接注入する。嗉嚢を欠く、または嗉嚢が未発達な品種では、給餌用のラバーチューブを食道遠位または前胃まで慎重に挿入して給餌する。

3．強制給餌用フードには、易消化性で炭水化物を多く含んだ調合食を用いる。雛の差し餌用や回復期専用フードが望ましい。フードは必ず38〜39℃に加温して与える。

4．嗉嚢給餌を行う場合は、1回あたりのフード量を30〜50mL/kg（3〜5mL/100g）とする。
オカメインコ（体重90g）：3〜4mL
ヨウム（体重400g）：10〜20mL
　上記用量よりも少ない量で開始し、吐出がなければ徐々に増量する。症例の容態や代謝状態に応じて、1日2〜4回給餌する。

5．強制給餌カニューレを嗉嚢まで挿入する（図15-6）。嗉嚢給餌は、以下の手順で行う。

A．強制給餌用カニューレを、左側口角から口腔内に挿入する。

B．カニューレ先端を右に向け、舌根部の上へ慎重に進める。

C．カニューレを右後方に向け、気管開口部を避けながら中咽頭へ挿入する。

D．カニューレ先端に抵抗がなければ、そのまま先端を食道近位まで進める。抵抗を感じた場合は、保定者が鳥の食道を圧迫していないか、カニューレが正しい位置に挿入されているかを確認する。

E．カニューレを嗉嚢内に挿入する。嗉嚢は頸部の左側遠位で、胸郭入口に重なるように位置している。

F．フードを注入する前に、触診にてカニューレと気管が個々に触知できること、およびカニューレ先端が嗉嚢壁を介して触知できることを確認する。

G．フードを確実に嗉嚢内へ注入する。食道近位への逆流や吐出がないか

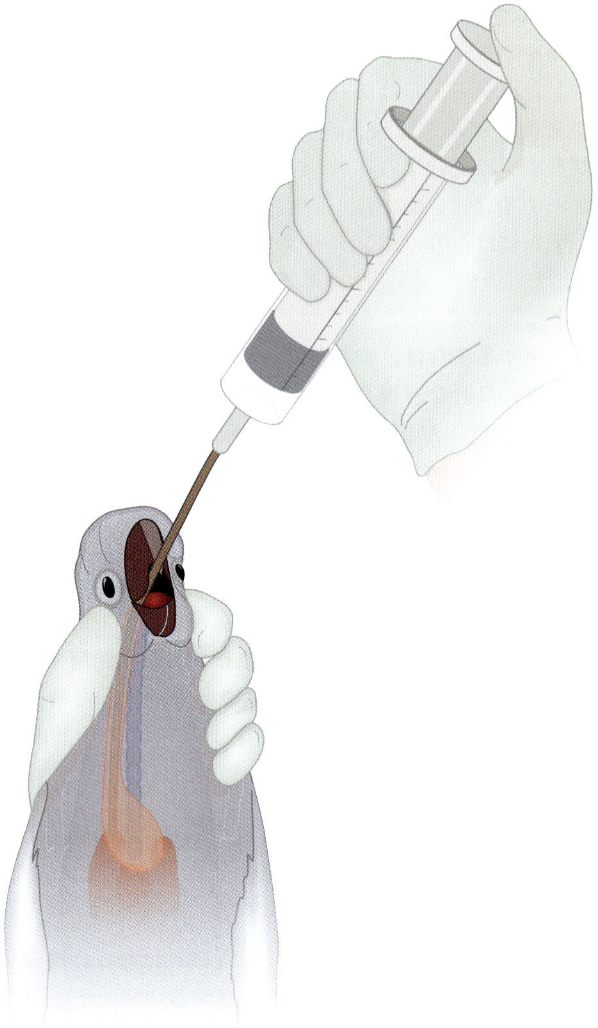

図15-6　強制給餌カニューレの嗉嚢への挿入

観察する。

H．カニューレを慎重に抜去する。嗉嚢の圧迫や吐出を起こさないようにハンドリングを終了する。

鳥類のエマージェンシー

1．**犬猫による咬傷**——皮膚損傷の有無にかかわらず、犬猫に攻撃された場合は緊急事態である。少なくとも5日間は、嫌気性菌にも有効な広域スペクトル抗生物質を投与する。

ピペラシリン：100〜200mg/kg IM q6〜12h

エンロフロキサシン：20mg/kg IM、SC、PO q12hおよび

アジスロマイシン：40mg/kg PO q24hまたは

メトロニダゾール：20mg/kg PO q12hの併用。

水鳥には、セフチオフルの徐放性製剤（Excede®）10mg/kg IM q72hを投与する。

小さな傷や穿孔創は、洗浄した後、開放創のまま排液を促す。新鮮な大裂傷は、希釈したクロルヘキシジン溶液または生理食塩水にて洗浄し、一部を残して縫合する。

2．**出血を伴う羽損傷**——折れた羽は、慎重に抜去する。羽軸根を止血鉗子で把持し、羽が生えている方向へ強く牽引して、羽嚢から抜く。羽が完全に抜去できれば出血は止まる。場合により、縫合や外科用接着剤による止血を要することもある。止血剤は、組織壊死を惹起する恐れがあるため使用しない。大量出血により全身状態低下を認める場合は、SC、IV、IO輸液を行う。輸血を要する場合もある。

3．**爪からの出血**——

自宅での処置：小麦粉塗布、圧迫、瞬間接着剤塗布、止血剤使用など。

院内治療：止血剤（亜硫酸鉄、硝酸銀スティック）生体用接着剤、圧迫包帯による止血。爪鞘が大きく損傷している場合、初期治療はバンデージのみとする。

4．**重度の失血**——一般に鳥の循環血液量は10mL/100gである。大半の症例は、30%(3mL/100g）までの失血に耐え、臨床上ほとんど問題は生じない。

A．止血する。

B．凝固障害が疑われる場合は、ビタミンK_1 2mg/kgをSC、IM投与する。

C．緊急的な容態でない場合は、IV、IO、SC輸液を行う。輸液剤（LRS、ノーモソル®-R）は加温する。

D．頭部外傷や高体温を認めない場合は、29～32℃に加温したインキュベーターに患鳥を入れる。

E．PCV＜20%であれば、全血輸血を検討する。

Ⅰ．ドナーの体重の約1%（1mL/100g）までは安全に採血できる。

Ⅱ．血液1mLあたりクエン酸ブドウ糖溶液（ACD）0.15mLを抗凝固剤として使用する。

Ⅲ．一般的な全血の輸血量は、患鳥の血液量（算出値）の10～20%とする。

Ⅳ．鳥の血液量は、通常、体重の10%である。

Ⅴ．全血輸血量の計算例

オカメインコ（体重80g)：0.8～1.6mL

コンゴウインコ（体重1,000g)：10～20mL

Ⅵ．同種間輸血が望ましいが、オウム・インコ類は、単回であれば、ニワトリ、猛禽類、ハトからの輸血を受けることができる。異種間輸血をした場合は、輸血血液の効果持続時間が短くなる。

Ⅶ．レシピエントの血漿をドナーの血球と混和し、部分的クロスマッチを迅速に行う。凝集や溶血がある場合は不適合となる。

5．羽の油汚染

A．眼球保護のため、水溶性の眼軟膏を両眼に投与する。

B．吸着剤には、コーンスターチまたはおがくずを用いる。
C．重油はミネラルオイルで溶解する。
D．ミネラルオイルおよび軽油は、低刺激の食器用洗剤溶液で洗浄する。溶液は加温すること。
E．温水で洗い流す。
F．タオルとドライヤーで乾燥させる。
G．支持療法を行う。

6．骨折

A．上腕骨より遠位での骨折であれば、翼を8の字包帯法で被覆する(p.738、図15-4)。上腕骨骨折である場合は、さらに上腕を体幹に8の字包帯法で固定する。
B．趾骨骨折では、ボールバンデージまたはスノーシューバンデージを施す（図15-7)。
C．体重150g未満の症例における脛骨足根骨骨折では、テープスプリント法を用いる（図15-8)。閉鎖骨折であれば、治療はテープスプリントのみでよく、骨折部位が癒合するまで装着させる。体重150g以上の症例では、ロバートジョーンズ包帯法または改良型エーマースリングにて、一時的に骨折部の不動化を行う。
D．体重100g未満の症例における大腿骨骨折では、大腿部を体幹にバンデージ固定する。
E．再評価または整復術を実施するまでは、支持療法と疼痛管理を行う。以下の鎮痛薬を投与する。
ブトルファノール：1～3mg/kg IM、または
メロキシカム：0.5～1mg/kg IM、PO

図15-7　ボールバンデージまたはスノーシューバンデージ
この副子法は、肢端（趾）の固定に用いられる。
手順1：軟らかいガーゼをボール状にし、趾で掌握させるように当てる。
手順2：包帯でボール状のガーゼと趾を被覆し、固定する。表面はテープで補強する。

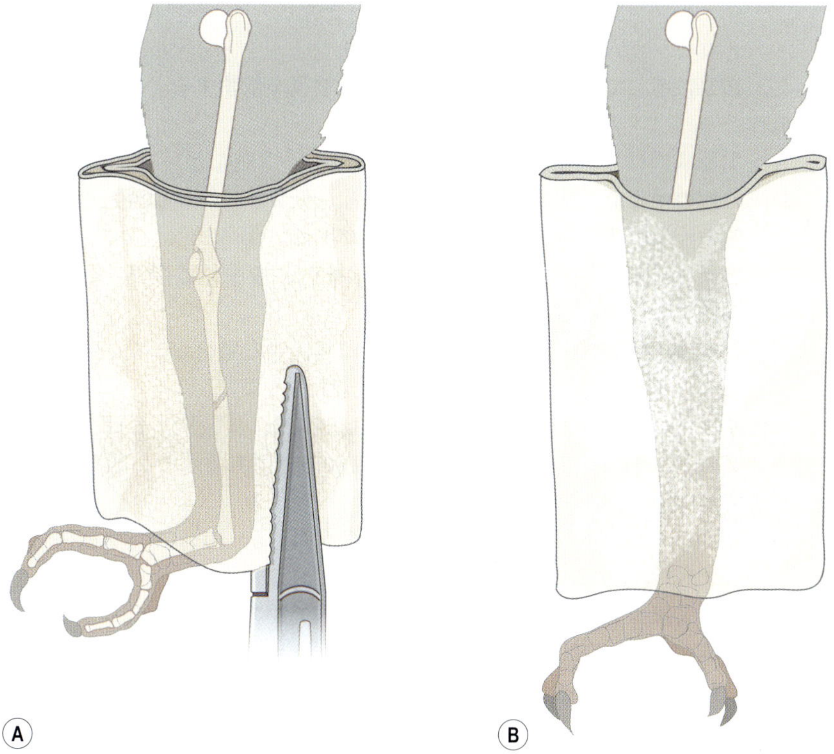

図15-8　テープスプリント法による脛骨足根骨骨折の固定

(A) 患肢を牽引し、骨折線を合わせた状態でテープを3～4周巻き付ける。脛足根骨―足根中足骨関節は、正常立位と同等に伸展させる。巻いたテープを把針器または止血患肢でクランプし、接着させる。

(B) 脛骨周囲の筋肉とテープをできるだけ密着させるように、筋肉の近くをクランプしていく。脛足根骨―足根中足骨関節の角度を適正に保つと、患鳥は止まり木上で正常立位が得られる。

Altman, R.B., Clubb, S.L., Dorrestein, G.M., Quesenberry, K., 1997. Avian Medicine and Surgery. WB Saunders; Elsevierより許可を得て転載。

7．頭部外傷

A．打撲傷、頭蓋骨折、眼球・耳・嘴・口腔損傷について評価する。

B．晶質液輸液を行う。輸液量は、通常推奨量の1/2～1/3とする。

C．患鳥は静かな暗所におく。環境温度は24℃に設定する。

D．初期治療に反応しない場合や、神経症状が悪化し、脳浮腫の悪化が示唆される場合（すなわち昏迷～昏睡を呈する場合）は、マンニトール0.25～2mg/kgの緩徐IV、IO投与を検討する。

E．コルチコステロイドは投与しない。

8．嘴外傷

A．出血がある場合は止血する。

B．創傷部位を洗浄する。ケラチンの剥離がある場合は、デブリードマンを行う。

C．創傷部位に抗菌軟膏（スルファジアジン銀軟膏など）を塗布する。

D．支持療法および状態に応じて鎮痛処置を行う。以下の鎮痛薬を投与する。

ブトルファノール：1〜3mg/kg IM、または
メロキシカム：0.5〜1mg/kg IM、PO

E．必要に応じて、専門医に追加検査や嘴整復を依頼する。

9．発作

A．主な病因は、外傷、血管性疾患（高血圧、虚血など）、鉛中毒症、その他の中毒症、腫瘍、脳炎、肝性脳症、低カルシウム血症、低血糖、熱中症、卵秘、特発性てんかんなどである。

B．診断に必要な検査は、CBC、生化学検査、血中鉛濃度測定、全身X線撮影などである。

C．ヨウムの発作は、低カルシウム血症に起因する場合が多い。可能であれば、イオン化カルシウム濃度を測定するとよい。

グルコン酸カルシウム10〜50mg/kgをIM、緩徐IV、IO投与する。グルコン酸カルシウムは、生理食塩水または滅菌水で1：1に希釈して用いる。

D．低血糖を除外する。低血糖がある場合は、5〜10%ブドウ糖溶液をIV、IO投与する。

E．全身X線撮影を行い、金属製の消化管内異物の有無を確認する。鉛中毒症に対しては、EDTAカルシウムを投与する。初期は100mg/kg IM、以後は40mg/kg IM q12〜24h

F．発作が持続する場合は、ミダゾラムにて抑制する。
ミダゾラム：0.5〜3mg/kg IM、IN（経鼻）、IV、IO
ジアゼパムを使用してもよい。
ジアゼパム：0.5〜1mg/kg IV、IO、IN（経鼻）
ジアゼパムのIM投与は、組織刺激と吸収遅延が生じるため行わない。

G．長期管理——各種原因が除外されたら、投薬による長期管理を行う。長期管理には、フェノバルビタールを用いるが、効果は鳥種によって異なる（ヨウムには効果的でない）。フェノバルビタールの代替には、レベチラセタム30〜50mg/kg PO q12hを用いる。治療的血中薬物濃度を定期的に測定し、結果に基づいて投薬量や頻度を調節する。

H．頭部外傷がない場合は、患鳥を29〜32℃に加温したインキュベーターに入れる。

I．ケージ内の止まり木はすべて取り外し、柔らかいベッド材を用いる。フードや飲水用のボウルは浅いものを使用する。状況によっては、フードを直接床に蒔く。

10．呼吸障害

A．呼吸困難の原因は、呼吸器疾患・非呼吸器疾患のいずれの場合もある。体腔膨大、水腫、臓器腫大、肥満、マスなどは、気嚢を圧迫し、呼吸障害を誘発する。呼吸障害を惹起する主な原発性疾患は、気嚢炎（真菌性、細菌性）、煙、煙霧（Tefron®）などの毒物吸引、気管閉塞を惹起する異物の吸引（種子など）、気管狭窄（挿管後など）、誤嚥性肺炎（シリンジ給餌をしている場合に頻発する）などである。気管内に寄生するダニ（tracheal mites）も呼吸困難を引き起こす。カナリヤ

などのフィンチ類に多発する。

B．酸素ケージにより酸素補給を行う。容態が安定してから各種検査や特異的治療を行う。

C．患鳥が苦悶を呈したり、用手保定に耐えられない場合は鎮静を施す。
　ミダゾラム1〜2mg/kg IM、INを単独投与。または、ブトルファノール1〜2mg/kg IM、INと併用。または、イソフルランの単独投与。
　身体検査、各種採材、治療を行う際は、マスクによる酸素補給を行うとよい。

D．肺水腫が疑われる場合は、フロセミド2〜4mg/kgをIM投与する。

E．体腔の液体貯留を認める場合は、診断的または治療的体腔穿刺を行う。医原性外傷を避けるため、超音波エコーガイド下にて穿刺するのが望ましい。

F．確定診断が得られない場合は、抗生物質および抗真菌薬を投与する。

G．推奨される診断手順

Ⅰ．全身X線検査

Ⅱ．超音波エコー検査――体腔膨大を認めたり、基礎疾患として心疾患が疑われる場合に行う。

Ⅲ．体腔穿刺液の細胞診。

Ⅳ．CBC、胆汁酸値を含む生化学検査。

Ⅴ．内視鏡ガイド下における呼吸器検査による、視診、バイオプシー、培養検査、病変部位切除、異物除去。

Ⅵ．クラミジア（*Chlamydophila psittaci*）検査――結膜、後鼻孔、総排泄腔のスワブによるPCR。

H．気嚢チューブ留置。異物による気管閉塞、気管狭窄、真菌性肉芽腫などが疑われる場合は、気嚢チューブ留置が適応となる。左側ラテラルアプローチが一般的である。

Ⅰ．患鳥を右横臥位にする。

Ⅱ．留置部位は最後肋骨後方である。

Ⅲ．できる限り術野の無菌性を保つ。

Ⅳ．留置部位の皮膚に小切開を加える。

Ⅴ．曲の止血鉗子または先端鈍な鋏にて、体壁を鈍性剥離し、気嚢壁に穿孔創をつくる。内臓への医原性損傷に注意する。

Ⅵ．短く切った無菌の気管内チューブまたはソフトラバーチューブを穿孔部位から気嚢内へ挿入する。チューブの直径は、患者の気管挿管に適した径と同等にする。

Ⅶ．チューブ内腔が開存していることを確認する。

Ⅷ．バタフライテープをチューブに取り付け、体壁に縫合固定する。

Ⅸ．チューブを酸素ラインまたは麻酔器に接続する。

Ⅹ．エリザベスカラーを装着し、覚醒後に患鳥がチューブを損傷しないようにする。

Ⅺ．気嚢チューブ留置は、気嚢炎発症の危険性を伴う。特に、数日間留置したままにする場合は、発症率が上昇する。したがって、気嚢チューブは、期間限定で留置し、抗生物質と抗真菌薬を予防的に投与する。

11. 煙吸引

A. 酸素補給およびインキュベーター内にて生理食塩水によるネブライゼーションを行う。

B. 苦悶を呈したり、用手保定に不耐を示す場合は、鎮静を施す。

ミダゾラム1〜2mg/kg IM、INを単独投与。または、ブトルファノール1〜2mg/kg IM、INと併用。

C. 気管支拡張薬投与

Ⅰ. テルブタリン0.1mg/kg IM、PO q12〜24h、または0.01mg/kgを生理食塩水9mLに添加し、ネブライゼーションする。

Ⅱ. アミノフィリン4〜10mg/kg IM、PO q8〜12h、または3mg/mLをネブライゼーションする。

Ⅲ. NSAIDsを投与する。

メロキシカム：0.5mg/kg q12h IM、PO

D. 抗生物質および抗真菌薬の予防的投与。

12. 卵秘、産卵障害

A. 主な原因——初回産卵、長期にわたる産卵、卵管病変、感染症、栄養障害、奇形、過大卵や破卵の産卵、肥満、ストレスなど。

B. 臨床徴候は、体格、卵秘の経過時間などによって異なる。主な徴候は、食欲不振、抑うつ、開脚開張姿勢、怒責、尾を振る、腹部膨大、呼吸困難、肢麻痺など。

小型鳥類（セキセイインコ、フィンチ、カナリアなど）では、状態が悪化しやすく、より積極的な治療を要する。

C. 卵は、触知できる場合とできない場合がある。

D. 検査および処置に際し、鎮静を検討する。

ミダゾラム1〜2mg/kg IM、INを単独投与。または、ブトルファノール1〜2mg/kg IM、INと併用。

鎮静せずに鎮痛処置のみを行う場合は、ブトルファノール2〜3mg/kg IMを用いる。

E. 必ず全身X線撮影を行う。通常のラテラル像および腹背像を撮影する。2方向撮影することで、より多くの情報を得ることができる。

F. CBCおよび生化学検査を行い、基礎疾患の存在を除外する。また、卵による腎動静脈や尿管の圧迫に続発する腎不全などの合併症について評価する。

G. 必要に応じて、晶質液によるSC、IV、IO輸液を行う。

H. 必要に応じて、ブドウ糖、カルシウムを投与する。

I. 鎮痛薬としてブトルファノール2〜3mg/kgをIM投与する。

J. 基礎疾患として細菌感染症が疑われたり、卵管や総排泄腔の損傷が疑われる場合は、抗生物質を全身投与する。

K. 患鳥をインキュベーターに入れる。インキュベーターは29〜32℃に加温し、湿度を上げておく（湿ったタオルをケージまたはインキュベーター内に置く）。インキュベーターは、タオルで覆い、巣箱のような暗い環境をつくる。

L．数時間経過しても治療に反応しなかったり、状態が急激に悪化している場合で、卵が総排泄腔以外の部位に位置する時は、プロスタグランジンE_2 0.02〜0.1mg/kgを子宮括約筋に投与する。プロスタグランジンE_2は、子宮括約筋の弛緩および卵管収縮を誘発する。

M．子宮括約筋が弛緩しており、子宮癒着症の疑いがない場合で、過大卵を認めない時は、オキシトシン2〜5U/kgをIM投与する。オキシトシン投与前には、カルシウム10〜50mg/kg IM（1：1に希釈）を非経口的に投与しておく。

N．治療への反応がない場合は、深い鎮静または麻酔を施した上で、卵の上から腹側後方へ継続的な弱い圧をかけ、塞栓した卵を総排泄腔へ押し出す。卵に圧をかける際には、腎臓を圧迫しないように注意する。

O．大型鳥類で、24時間以上卵秘が持続している場合は、卵穿刺の実施を検討する。フィンチやカナリアなどの小型鳥類では、数時間以内に死に至ることがあるため、より積極的な処置を行わなければならない。

Ⅰ．深鎮静または麻酔を施す。

Ⅱ．総排泄腔の生殖管開口部より卵端が目視できる位置まで卵を移動させる。

Ⅲ．卵に18〜22Gの針を穿刺し、卵内容物を吸引する。

Ⅳ．手指にて軽い圧迫をかけて卵殻を破砕する。このとき、腎臓を圧迫しないように注意する。破砕した卵殻によって、尿管や総排泄腔粘膜が損傷することがある。

Ⅴ．卵管炎や卵管裂傷を避けるため、破砕した卵殻は可能な限り除去する。

P．卵が総排泄腔内に位置する場合（図15-9）は、腹部正中アプローチにより総排泄腔切開を行う。総排泄腔の括約筋を切開しないように注意する。切開部位から卵を取り出す。総排泄腔壁は、連続内翻縫合にて閉鎖する。筋層および皮膚は、単純連続縫合にて閉鎖する。

　卵穿刺よりも総排泄腔切開が優れている点は、破砕した卵殻による医原性損傷の危険性が低いこと、処置中の視野確保（卵の目視）が良好なことである。

Q．卵管損傷や異所性卵を認める場合は、開腹術の適応となる。専門医に紹介するとよい。

13．総排泄腔逸脱

A．総排泄腔組織、総排泄腔マス、卵管、腸管、陰茎などが脱出する。

B．主な原因は、総排泄腔炎、総排泄腔マス、腸炎、卵秘、外傷、感染症、腫瘍などである。特に、人工飼育された雄のバタンでは、行動学的異常に関連することもある。

C．推奨される検査

Ⅰ．全身X線検査

Ⅱ．CBC、生化学検査

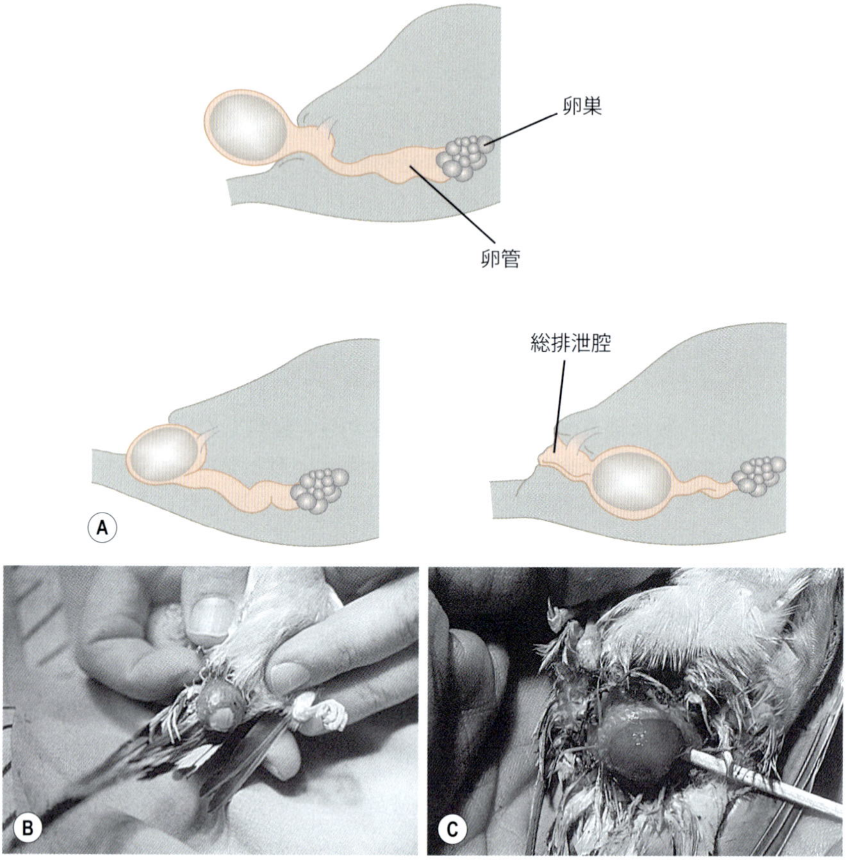

図15-9　卵秘
(A) 卵秘の主な発生位置
　ポジション1（上図）：卵は逸脱した卵管内にあり、総排泄腔外に認められる。
　ポジション2（左下図）：卵は卵管内にあり、総排泄腔および骨盤腔内に留まる。
　ポジション3（右下図）：卵は体腔内の膣内腔にあり、膣─総排泄腔開口部を通過できない。
(B) セキセイインコ（*Melopsittacus undulatus*）の卵秘（ポジション1）
(C) 総排泄腔および骨盤腔内に留まった卵（ポジション2）

Ⅲ. 糞便寄生虫検査（ウェットマウント法、浮遊法）
Ⅳ. 総排泄腔スワブのDiff quick染色
Ⅴ. 総排泄腔の内視鏡検査。必要に応じて生検。

D. 治療
Ⅰ. イソフルランによる麻酔または鎮静を施す。
Ⅱ. SC、IV、IO輸液を行う。
Ⅲ. 卵管が逸脱している場合は、卵管内の卵の有無を確認する（図15-9A）。
Ⅳ. 卵が存在する場合は、卵秘の治療法に従う。
Ⅴ. 卵が存在しない場合は、以下の手順に従う。
Ⅵ. 卵管浮腫の軽減および出血制御のために、50%ブドウ糖溶液を局所的に滴下する。
Ⅶ. 逸脱した組織を、加温した生理食塩水で洗浄する。

Ⅷ. 逸脱した組織が何であるかを確認する。その後、滅菌潤滑ゼリーを塗布する。

Ⅸ. 潤滑剤を塗布した滅菌綿棒を用いて、逸脱組織を整復する。

Ⅹ. 開口部に対して直角に支持縫合をかける（水平マットレス縫合2回）。ステンレスワイヤーの使用が望ましい。

Ⅺ. 鎮痛薬を投与する。ブトルファノール2～3mg/kg IM およびメロキシカム0.5mg/kg IM、PO q12hを併用する。

Ⅻ. 広域スペクトル抗生物質を適宜投与する。

ⅩⅢ. 基礎疾患を特定し、治療を行う。専門医の受診を促す。

14. 卵誘発性腹膜炎

A. オカメインコおよびセキセイインコに好発する。原因疾患には、卵管炎、卵管閉塞、卵管腫瘍などがある。また、卵管破裂生殖器疾患の治療として実施された卵管摘出術に起因することもある。

B. 主な臨床徴候には、食欲不振、腹水貯留、抑うつ、呼吸困難、体重減少、時に腹部膨大がある。無菌性炎症を呈する場合と細菌感染に続発する場合がある。感染がある場合は、臨床徴候は重篤度を増し、予後はさらに不良となる。

C. 全身X線撮影を行い、長骨（骨髄骨、髄様骨）内におけるカルシウム蓄積や、卵殻におけるカルシウム沈着の状態を評価する。

D. 体腔に液体貯留を認める場合は、診断的および治療的体腔穿刺を行う。医原性外傷を避けるため、超音波エコーガイド下において穿刺することが望ましい。

採取される体腔貯留液は、透明～混濁で、黄色、緑色、褐色を帯びる。顕微鏡下では、顆粒状の背景に炎症細胞を認める。変性性異染性好中球、卵黄、脂肪球、細胞内細菌などを認めることもある。

E. 治療

Ⅰ. 支持療法を行う。

Ⅱ. 腎機能が正常である場合は、メロキシカム0.5mg/kg IM、PO q12hで投与する。

Ⅲ. 細菌性腹膜炎の場合は、培養および感受性検査結果に基づき、抗生物質を投与する。

Ⅳ. 排卵および卵管運動の一時的抑制を目的として、酢酸ロイプロリド300～800μg/kgをIM投与する。鳥類におけるロイプロリドの作用時間は、およそ14～21日間である。

15. 吐出

A. 主な原因疾患は、嗉嚢刺激、嗉嚢感染症、嗉嚢うっ滞、鉛中毒症、前胃拡張症（PDD）、嗉嚢内異物、内臓の基礎疾患（肝疾患など）、クラミジア感染症、セキセイインコの甲状腺腫などである。これらの疾患に起因する吐出と、生理学的吐出（主に雄鳥が求愛行動の一環として飼育者や鏡などの玩具に向けて行うもの）を区別する必要がある。行動学的要因によって吐出を呈する鳥は、その他の異常を認めず、食欲、機敏性、水和状態にも問題がない。

B．吐出が制御されるまでは、給餌を止める。
C．晶質液によるSC輸液を行う。重症例では、IVまたはIO輸液を行う。
D．推奨される検査
　Ⅰ．嗉嚢吸引物または洗浄検体のウェットマウント法およびDiff stick染色。
　Ⅱ．嗉嚢吸引物または洗浄検体の細菌培養。
　Ⅲ．CBC、胆汁酸値を含む生化学検査。
　Ⅳ．全身X線検査
　Ⅴ．血中鉛濃度および血中亜鉛濃度の測定。
E．原因疾患が特定できた場合は、その治療を行う。
F．嗉嚢うっ滞は、二次的に細菌過剰増殖を惹起する。先端が球状の強制給餌用カニューレを用いて、嗉嚢内を空にし、加温した生理食塩水にて洗浄する。その後、抗生物質を注入する。以下の薬剤を単独投与または併用する。
アモキシシリン・クラブラン酸合剤：100～150mg/kg PO q8h
ナイスタチン：100,000～300,000U/kg PO q8h

16. 嗉嚢排出時間延長、嗉嚢うっ滞
A．各種の消耗性疾患は、嗉嚢うっ滞を惹起する。
B．推奨される検査
　Ⅰ．嗉嚢吸引物のウェットマウント法およびDiff stick染色。
　Ⅱ．嗉嚢吸引物の細菌培養。
　Ⅲ．CBC、胆汁酸値を含む生化学検査。
　Ⅳ．全身X線検査
　Ⅴ．血中鉛濃度および血中亜鉛濃度の測定。
　Ⅵ．クラミジア（*Chlamydophila psittaci*）検査
C．原因疾患が特定できた場合は、その治療を行う。
D．先端が球状の強制給餌用カニューレを用いて、嗉嚢内を空にし、加温した生理食塩水にて洗浄する。洗浄液と内容物をマッサージにて混和した後、吸引抜去する。
E．抗生物質を嗉嚢内に注入する。
アモキシシリン・クラブラン酸合剤：100～150mg/kg PO q8h
　嗉嚢内容物の顕微鏡検査にて、大量の酵母菌または出芽した酵母菌を認める場合は、ナイスタチン100,000～300,000U/kg PO q8hで投与する。
F．全身状態低下を認める場合は、嗉嚢切開術（イングラボトミー）を行い、嗉嚢内容物を除去する。
G．晶質液によるSC輸液を行う。重症例では、IVまたはIO輸液を行う。
H．嗉嚢の運動性が回復した時点で、差し餌用の混合飼料を水に溶かして与える。以後は水分量を漸減して、通常のフードに戻す。
I．メトクロプラミドなどの消化管蠕動運動亢進薬は用いない。

17. 嗉嚢の熱傷
A．抗生物質および抗真菌薬を投与する。

B．少量頻回給餌を行う。または、前胃フィーディングチューブを用いる。

C．7～14日間は経過観察を行う。この間に瘢痕収縮および瘻管形成が生じる。

D．瘻管形成が生じた時点で、痂皮を除去し、壊死組織のデブリードマンを行う。

E．外科的に創傷部位を閉鎖する。

18. 下痢

A．下痢と多尿を正しく鑑別する。多尿は下痢よりも発生頻度が高いが、下痢と誤認されることが多い。下痢と診断されるのは、排泄物中に糞便の形状を認めない場合のみである。

B．推奨される検査

Ⅰ．糞便のウェットマウント法およびDiff stick染色。

Ⅱ．糞便浮遊法

Ⅲ．全身X線検査

Ⅳ．CBC、胆汁酸値を含む生化学検査。

Ⅴ．糞便または総排泄腔スワブの細菌培養。

Ⅵ．血中亜鉛濃度測定

C．原因疾患が特定できた場合は、その治療を行う。

D．脱水を認める場合は、晶質液によるSC輸液を行う。重度脱水症例では、IVまたはIO輸液を行う。

E．抑うつ状態や敗血症が疑われる場合は、広域グラム陰性スペクトル抗生物質を培養検査に基づいて投与する。

エンロフロキサシン：20mg/kg IM、SC q12～24h

ピペラシリン：100～200mg/kg IM q6～12h

鳥類における推奨薬用量

EDTAカルシウムCalcium EDTA：

初期は100mg/kg IM、以後は 40mg/kg IM q12～24h

アジスロマイシンAzithromycin：40mg/kg PO q24～48h

アトロピンAtropine：0.1～0.5mg/kg IT、IV、IO、IM

心肺蘇生では、高用量を要する。

アミノフィリンAminophylline：

4～10mg/kg IM、PO。3mg/mL ネブライゼーションq8～12h

アムホテリシンB　Amphotericin B：1.5～4mg/kg IO、IV q8h 3～7日間、1mg/kg IT q8～12h、0.5mg/mL ネブライゼーション

アモキシシリン・クラブラン酸合剤Amoxicillin/clavulanic acid：

100～150mg/kg PO q8～12h

アロプリノールAllopurinol：10～30mg/kg PO q12～24h

イソクスプリンIsoxsuprine：10mg/kg PO q24h

血管拡張薬である。虚血治療に用いる。

イトラコナゾールItraconazole：5～10mg/kg PO q12h
ヨウムには用いない、または低用量5mg/kg PO q24hで投与する。
低用量で用いるのは予防的投与の場合のみである。
イベルメクチンIvermectin：0.2～0.4mg/kg IM、SC、PO
10～14日後に再投与する。
エナラプリルEnalapril：1.25mg/kg PO q12h
エニルコナゾールEnilconazole：
2～10mg/mLネブライゼーションまたは皮膚真菌感染の局所投与。
エピネフリンEpinephrine（1：1000）：0.5～1mL/kg IV、IO、IT、IM
エリスロマイシンErythromycin：60mg/kg PO q12h
エンフロキサシンEnrofloxacin：10～25mg/kg IM、SC、PO、IV q12～24h
オキシトシンOxytocin：2～5U/kg IM。必要に応じて30分後に再投与する。
カルニダゾールCarnidazole（Spartix®）：20～30mg/kg PO 1～2日間
クリンダマイシンClindamycin：50～100mg/kg PO、IM q12～14h
グルコン酸カルシウムCalcium gluconate：10～50mg/kg
効果発現まで緩徐にIVまたはIM投与する。投与前に希釈すること。
クロトリマゾールClotrimazole：
10mg/mL（1%）ネブライゼーションまたは鼻腔フラッシュ
クロミプラミンClomipramine：1～3mg/kg PO q12～24h
ケトコナゾールKetoconazole：20～30mg/kg PO q12h 14～30日間
治療域が狭く、中毒症が生じやすい。可能な限り使用しないこと。
ゲンタマイシンGentamicin：5mg/mL ネブライゼーション 15～30分間q8h
ジアゼパムDiazepam：0.5～1mg/kg IN、IV、IO。適宜投与する。
ジフェンヒドラミンDiphenhydramine：2～4mg/kg PO q8～12h
シプロフロキサシンCiprofloxacin：10～20mg/kg PO q12h
スルファジメトキシンSulfadimethoxine：25～50mg/kg PO q24h
セファレキシンCephalexin：100mg/kg PO q8～12h
セフォタキシムCefotaxime：75～100mg/kg IM、IV q6～8h
セフタジジムCeftazidime：75～100mg/kg IM、IV q4～8h
セフチロフル（非結晶性）Ceftiofur crystalline-free acid（Excede®）：
10mg/kg IM q72h（水鳥）
セフチロフルナトリウムCeftiofur sodium：10mg/kg IM q4～8h
チカルシリンTicarcillin：150～200mg/kg IM、IV q2～4h
テオフィリンTheophylline 2mg/kg PO q12h
デキストラン鉄Iron dextran：10mg/kg IM
必要に応じて7～10日後に再投与する。
テルビナフィンTerbinafine 20～30mg/kg PO q24h
テルブタリンTerbutaline：0.1mg/kg IM、PO q12～24h
0.01mg/kgを9mLの生理食塩水に添加して投与する。
ドキシサイクリンDoxycycline：35～40mg/kg PO q24h
クラミジア感染症の選択薬であるが、吐出を惹起する恐れがある。コンゴウインコ（macaws）、ヒインコ（lorikeets）には低用量で用いる。

ドキシプラム Doxapram：5～10mg/kg IV、IM
トリメトプリム-スルファメトキサゾール Trimethoprim-sulfamethoxazole：
15～30mg/kg PO q12h
ナイスタチン Nystatin：100,000～300,000IU/kg PO q8～12h
消化管酵母感染にのみ使用する。経口投与では、全身に吸収されない。
パモ酸ピランテル Pyrantel pamoate：5～20mg/kg PO
10～14日後に再投与する。
バリウム Barium：20mL/kg PO
ハロペリドール Haloperidol：0.1～0.2mg/kg PO q12～24h
ビタミンA Vitamin A：5,000～20,000U/kg IM、PO
ビタミンK_1 Vitamin K_1：2～10mg/kg SC、IM、PO
ピペラシリン Piperacillin：100～200mg/kg IM、IV q6～12h
フェノバルビタール Phenobarbital：2～7mg/kg or higher PO q12h
血中濃度をモニターする。ヨウムでは17mg/kg PO。単回投与では、有効血中濃度が得られない。
フェベンダゾール Fenbendazole：10～50mg/kg PO q24h 5～10日間
ハト（pigeon、dove）において毒性が報告されている。
ブドウ糖 Dextrose：50～100mg/kg。効果発現まで緩徐にIV投与する。
ブトルファノール Butorphanol：1～3mg/kg IM、IN q2～4h
プラジクアンテル Praziquantel：5～10mg/kg PO、IM
必要に応じて10～14日後に再投与する。
フルオキセチン Fluoxetine：2～3mg/kg PO q12～24h
フルコナゾール Fluconazole：2～5mg/kg PO q24h
酵母感染の治療に使用される。アスペルギルス（*Aspergillus* spp.）感染症には用いない。脳、脳脊髄液、眼への透過性が高い。
プロスタグランジンE_2 Prostaglandin E_2：0.02～0.1mg/kg
子宮膣括約筋に局所滴下する。
フロセミド Furosemide：2～4mg/kg IM、IV、IO、PO。適宜投与する。
ヘタスターチ Hetastarch：10～15mL/kg IV
ボリコナゾール Voriconazole：18mg/kg PO
アマゾン（Amazon parrots）ではq8h、ヨウム（African grey parrot）ではq12h。
マルボフロキサシン Marbofloxacin：
オウム・インコ類には2.5～5mg/kg PO q24h
猛禽類には10～15mg/kg PO q12～24h
マンニトール Mannitol：0.25～0.5mg/kg。緩徐にIV投与する。
ミダゾラム Midazolam：1～2mg/kg IM、IN、IV、IO。適宜投与する。
メトロニダゾール Metronidazole：20～30mg/kg PO q12h
メロキシカム Meloxicam：0.5～1mg/kg PO、IM、IV q12～24h。
脱水症例、腎機能低下症例には用いない。

リン酸デキサメタゾンナトリウム Dexamethasone sodium phosphate：
2〜4mg/kg IM、IV、q12〜24h。免疫抑制や二次性真菌感染が疑われる場合は、できるだけ使用を避ける。また、予防的に抗真菌薬を投与する。
レバミゾール Levamisole：20〜40mg/kg PO q10d
レベチラセタム Levetiracitam（Keppra®）：30〜50mg/kg PO q12h
投与中は、血中濃度の測定を行う。
ロイプロリド Leuprolide acetate（Lupron depot®）：
300〜800μg/kg IM q14〜21d

チンチラ（*Chinchilla lanigera*）

チンチラは夜行性動物で、原産はアルゼンチン、ボリビア、チリ、ペルーにわたるアンデス山脈の傾斜地である。活動性が非常に高く、広い飼育スペースを要する。ジャンプや高い所に登ることを好むため、飼育場所には複数の段を設けるとよい。雌雄対、コロニー、一雄多雌集団での飼育が可能である。毎日砂浴びができるようにする。

野生では、草や低木を食する。飼育下では、良質の牧草を主食とし、チンチラ用またはウサギ用ペレットを1日にテーブルスプーン1〜2杯を加える。炭酸石灰（炭酸カルシウム）も与えること。

平均寿命——10年。18年生存した例もある。
8ヵ月齢で性成熟に達する。チンチラは、季節発情、多発情動物である。主な繁殖期は、11〜5月である。発情期は3〜4日間持続し、発情周期は28〜35日間である。発情期および出産中以外では、雌の膣開口部は膜で閉鎖されている。
成体の平均体重——400〜800g
心拍数——100〜150回／分
呼吸数——40〜80回／分
体温——37.0〜38.0℃
血液検査基準値——

PCV：27〜54%	血糖値：109〜193mg/dL
TP：3.8〜5.6g/dL	リン：4〜8mg/dL
WBC：5.4〜15,600/mL	カルシウム：5.6〜12.1mg/dL
BUN：17〜45mg/dL	カリウム：3.3〜5.7mEq/L
クレアチニン値：0.4〜1.3mg/dL	ナトリウム：142〜166mEq/L

妊娠期間——105〜118日間。
1回の産仔数——1〜6頭（平均2頭）。新生仔には、すでに被毛を認める。
母乳分泌が不十分な場合は、エバミルク（無糖練乳）を湯で50：50に希釈し、ブドウ糖が25%になるように添加して与える。最初の1週間は、点眼容器を用いて2〜3時間ごとに数滴を与える。以後は、離乳するまで8時間ごとに欲しがるだけ与える。チンチラは、生後1週間で固形物の摂取を開始し、通常6〜8週齢で離乳する。
保定——ハンドラーの手中に被毛がまとまって抜け落ちる「ファー・スリッ

プ」と呼ばれる現象を避けるため、保定は常に優しく行う。

性別鑑定——

- 雄——肛門と生殖器の距離が長い（雌の2倍）。肛門の両外側には、半陰嚢（hemiscrotalsacs）があり、内部に精巣を有する。
- 雌——肛門は、尿生殖器開口部のすぐ尾側に位置する。通常、開口部は発情期を除き、膜で閉鎖されているが、生殖器疾患を有する場合にも、閉鎖されていないことがある。膣の腹側には、三角錐形を呈した尿生殖乳頭を認める。その直上の膣外で尿道が終止する。肋骨部外側と鼠径部には、それぞれ1対の乳頭がある。

鎮静——

- ミダゾラム：0.5～1mg/kg SC、IM
- ミダゾラム0.5mg/kg SC、IMおよびブトルファノール0.25mg/kg SC、IMを併用。

麻酔——

- デクスメデトミジン0.025mg/kg SC、IMおよびケタミン5mg/kg SC、IMを併用。
- 前処置後にイソフルランをマスク導入。

チンチラの輸液

1. 一般的な維持量は、60～100mL/kg/日である。SC輸液には、LRS、ノーモソル®-R、またはそれらに類似した調整電解質等張性晶質液を用いる。
2. IVまたはIO投与の場合は、輸液にブドウ糖を添加してもよい。コロイドや血液成分は、IVまたはIO投与する。
3. 輸液剤は必ず38～39℃に加温する。
4. チンチラのショック用量：10～25mL/kg。5～7分間かけてIVまたはIO投与する。
5. 橈側皮静脈、外側伏在静脈、大腿静脈などの末梢静脈が使用可能である。
6. IOカテーテルは、転子窩から大腿骨へ挿入するか、脛骨前縁から脛骨へ挿入する。
   A. 剃毛し、挿入部に外科用消毒を施す。
   B. 20Gまたは22Gの骨髄針、またはシリンジ針を用いる。
   C. スタイレットの使用が推奨される。
   D. 髄腔内へと針をゆっくりねじりながら進める。
   E. スタイレットを抜き、針のハブ部に血液が流入するまで吸引する。
   F. ヘパリン加生理食塩水で針をフラッシュする。
   G. カテーテル周囲にテープを巻き、タブをつくる。タブは皮膚に縫合する。
   H. IO輸液を行う。
   I. IOカテーテルの使用は72時間までとし、その後は抜去する。

チンチラの栄養サポート

1. 食欲廃絶、食欲不振を呈する場合は栄養サポートを行い、摂食量低下に伴う二次性消化管障害（腸内細菌叢不均衡、便秘、鼓張など）や脂肪動員（しばしば肝リピドーシスやケトアシドーシスを誘発する）の発生を抑制する。

2．草食動物用の高繊維食をシリンジ給餌する。例えば、Oxbow Critical Care for Herbivores®を50～80mL/kg PO q24hで1日4～5回に分割給餌。

チンチラに好発する疾患と健康障害

1．消化管疾患——下痢、便秘、脱肛、鼓張など。
  A．非感染性要因（急な食餌内容変更、不適切な抗生物質経口投与）、および感染性要因（寄生虫、細菌）がある。非感染性要因に続いて感染症が生じ、腸内細菌叢の不均衡を引き起こす。これは、ジアルジアなどの日和見病原体の過剰増殖を惹起する。主な消化管疾患には、腸内細菌叢不均衡、腸炎、下痢、便秘、腸重積、脱肛、鼓張などがある。
  B．検査
    Ⅰ．全身X線検査
    Ⅱ．糞便検査（ウェットマウント法、Diff quick染色）
    Ⅲ．糞便浮遊法
  C．下痢を認める場合は、寄生虫検査を行う。*Giardia duodenalis*や*Eimeria chinchillae*感染症を除外する。食餌性要因も除外すること。
    Ⅰ．高品質の牧草を給餌する。脱水がある場合は、輸液を行う。
    Ⅱ．ジアルジアを認める場合は、メトロニダゾールまたはフェベンダゾールを投与する。アイメリアは、スルホンアミドで駆除する。
    Ⅲ．食欲不振がある場合は、栄養サポートを行う。
    Ⅳ．重篤な細菌性腸炎が疑われたり、細菌の体内移行や敗血症の危険性が高い場合は、適切な抗生物質を非経口投与する。
  D．排便を認めない場合は、最初に腸重積を除外する。便秘である場合は、小型で不均一な形状をした糞便の少量排泄を認める。便秘はチンチラに頻発する。通常、便秘は他の病因（食欲廃絶、歯牙疾患、全身性感染症、内臓性疾患など）に続発する合併症であると考えられている。
  E．便秘
    Ⅰ．最初に30～50mL/kgのSC輸液を行う。以後は経口給水に切り替え、盲腸や結腸内の食渣の水分含有量を上げる。
    Ⅱ．草食動物用クリティカル療法食をシリンジ給餌する（50～80mL/kg/日を1日3～5回に分割給餌する）。
    Ⅲ．便秘の原因疾患を特定し、治療する。
  F．脱肛
    Ⅰ．脱肛と腸重積に続発した脱腸を鑑別する。
    Ⅱ．腸重積は、緊急手術適応疾患である。予後は不良である。
    Ⅲ．単純な脱肛であれば、他の動物種と同様の手法で整復する。脱肛を引き起こした原因疾患の特定と治療を行うこと。
    Ⅳ．個体の状態に合った対症療法および支持療法を行う。

G．胃鼓張、腸鼓張
Ⅰ．ショック用量にてIVまたはIO輸液を行う。
Ⅱ．鎮痛薬を投与する。
ブプレノルフィン：0.03～0.05mg/kg SC、IM、IV
Ⅲ．重度の鼓張であれば、減圧を試みる。患者に鎮静を施し、潤滑剤を塗布したレッドラバーチューブを経口的に挿入する。チューブ径は大きいものを選択する。
Ⅳ．通常、基礎疾患または併発疾患として腸内細菌叢不均衡を呈するため、エンロフロキサシン10mg/kgをIM、IV投与する。
Ⅴ．ショック、横臥、低体温などを呈する場合、予後不良である。

2．歯牙疾患
A．チンチラの臼歯および切歯は、永続的に伸長する。臼歯過剰伸長や不整摩耗を呈すると、歯に棘形成が生じ、舌や頬粘膜に特徴的な潰瘍を形成する。
B．主な臨床徴候は、食欲不振、流涎過多、下顎周囲・胸部・前肢などの被毛が濡れる、体重減少、便秘、被毛粗剛など。
C．臼歯を十分観察するには、全身麻酔と開口器を要する。耳鏡または可能であれば硬性鏡を使用する。
D．チンチラにおいて、歯牙病変の十分な診断・治療を行うことは困難である。経験が浅ければ、重篤な歯牙病変でさえ見落とすことがある。チンチラの歯科医療の経験が少ない場合は、専門医へ紹介すること。
E．低速歯科用ドリルにダイアモンドバーと軟部組織保護カバーを接続する。棘部を除去し、過剰伸長した臼歯を削る。
F．チンチラでは、齲歯や歯周病が好発する。主な治療法は、デブリードマン、歯周ポケットのクリーニング、長時間作用型ペニシリンベンザチン40,000～60,000IU/kg SC q5dなどの嫌気性菌に有効な抗生物質の投与である。
G．個々の症例に適した支持療法を行う。
Ⅰ．食欲不振があれば栄養サポート。
Ⅱ．輸液30～50mL/kgをSC、ボーラス投与。
Ⅲ．鎮痛処置――水和と正常な腎機能が維持されている場合に限る。
ブプレノルフィン：0.03～0.05mg/kg SC
メロキシカム：0.3～0.5mg/kg SC
H．チンチラの歯牙疾患は進行性で、一般に治癒が得られにくい。臨床徴候の回帰が生じやすく、多くの症例では生涯を通じて定期的な麻酔下処置を要する。

3．発作、神経障害
A．チンチラの発作の原因は、低カルシウム血症、低血糖症、高体温症、敗血症、脳線虫症、中耳炎、内耳炎、鉛中毒症などである。
B．ミダゾラム0.5～1mg/kgを直ちにIM、IN、IV投与する。
C．基礎疾患の特定と治療を図る。生化学検査およびCBCを行い、頭蓋外疾患を除外する。

D. 外耳道と鼓膜を慎重に観察する。背腹位で頭部X線検査またはCT検査を行い、中耳炎および内耳炎を除外する。中耳炎を認める場合は、抗生物質治療を開始する前に、中耳の無菌的採材を行う。採材は麻酔下にて行い、鼓室胞の背側壁からアプローチする。

E. 敗血症は、神経障害、抑うつ、食欲不振を惹起する。グラム陰性嫌気性菌である緑膿菌（*Pseudomonas aeruginosa*）、大腸菌（*Escherichia coli*）などは、全身性感染症の主な原因菌である。チンチラの場合、来院時にはすでに重篤な状態であることが多く、予後は不良である。治療は、原因菌に有効な広域スペクトル抗生物質による経験的治療である（例：エンロフロキサシン10mg/kg SC、IM、IV）。抗生物質は胃腸機能を障害する恐れがあるため、必ず非経口的に投与する。支持療法を行うこと。

F. アライグマ回虫（*Balisascaris procyonis*）による脳線虫症に罹患すると、運動失調、麻痺、斜頸などを呈する。最大の原因は、アライグマの糞便に汚染された牧草・わら・フードなどである。飼育環境について慎重に聴取すること。なお、治療法はない。

G. 急性盲目および発作は、鉛中毒症に起因することがある。

Ⅰ. 血中鉛濃度を測定する。鉛濃度>25mg/dLである場合は、鉛中毒症と診断される。

Ⅱ. 治療法は、EDTAカルシウム30mg/kg SC q12hの投与、対症療法、支持療法である。

4. 眼障害

A. チンチラの角膜部は大きく、露出範囲も広いため、角膜外傷が生じやすい。第三眼瞼は、未発達である。

B. 結膜炎――片側性または両側性に生じる。原因が感染性、非感染性であるかを鑑別すること。

Ⅰ. 非感染性結膜炎の主な要因は、過剰な砂浴び、ケージの換気不足、基礎疾患としての鼻涙管閉塞などである。これらの要因に、生理学的結膜細菌叢（主にグラム陽性菌）による二次性の感染症が加わることで、状態が悪化する。

Ⅱ. 緑膿菌（*Pseudomonas aeruginosa*）による原発性細菌性結膜炎を呈することがある。緑膿菌感染症は、結膜に限局することもあれば、全身感染の一環として結膜炎を呈することもある。元気、食欲、排便に問題がない場合は、局所感染症の可能性が高い。膿性結膜炎を呈し、抑うつや食欲不振を呈する場合は、全身性緑膿菌感染症が疑われるため、迅速かつ積極的な治療が要求される。下記の結膜炎治療に加え、抗生物質の全身投与および支持療法を行う。抗生物質は経験的に選択し、全身投与する。

エンロフロキサシン：10mg/kg SC、IM q12h

セフタジジム：30mg/kg SC、IM q8h

Ⅲ. 膿性結膜炎を認める場合は、必ず結膜スワブを採取し、好気性菌培養検査を行う。

Ⅳ. 生理食塩水にて、結膜嚢を徹底的に洗浄する。

Ⅴ. 緑膿菌に有効な広域スペクトル抗生物質点眼液（ゲンタマイシン、シプロフロキサシンなど）を投与する。抗生物質は、培養および感受性検査結果に基づいて選択する。眼軟膏は使用せず、点眼液を選択すること。

Ⅵ. 一般状態の変化は、全身疾患に起因することがあるため、注意深くモニターする。

Ⅶ. 食欲不振を呈する場合は、栄養サポートを行う。

C. 角膜潰瘍――ケージ中の飼育用品に起因する場合と、過剰な砂浴びに起因する場合が多い。角膜潰瘍は、二次性細菌感染症を生じることが多い。診断は、角膜実質層のフルオレセイン染色の陽性による。主な治療は、抗生物質点眼液（ゲンタマイシン、シプロフロキサシンなど）の投与である。重度潰瘍および無痛性潰瘍の治療法は、他の動物種における治療法に準ずる。適宜、支持療法を行う。

D. 流涙症――両眼または片眼における透明な排液を特徴とする。最も一般的な原因は、上顎臼歯根尖部（歯肉に埋没した部位の先端）における過剰伸長である。過剰伸長により鼻涙管が圧迫され、流涙症が生じる。頭蓋のX線検査によって診断する。NSAIDsを局所投与および全身投与する。特異的治療法がないため、再発しやすい。

5. 嵌頓包茎

A. 嵌頓包茎とは、陰茎亀頭が被毛によって輪状に絞扼され、包皮内へ収納できなくなる状態をいう。

B. 陰茎の重度腫脹、排尿障害、血流障害が生じる。

C. 輪状になった被毛は、潤滑剤を用いて除去するか切断する。

D. 処置を円滑に行うには、全身麻酔または鎮静を要することがある。

E. 腫脹により陰茎亀頭の収納が困難な場合は、無理に包皮内へ戻してはならない。陰茎亀頭および反転した包皮には、スルファジアジン銀軟膏または水溶性軟膏などを塗布し、乾燥を防ぐ。バシトラシンを含有する軟膏は使用しないこと。

6. 熱中症

A. 野生の生息地であるアンデス山脈の高地は寒冷地であるため、27℃を超えると熱中症が頻発する。

B. 高温と湿度が重なると、危険性が上昇する。

C. 主な徴候は、パンティング、高体温、横臥、チアノーゼであり、死に至ることもある。

D. IV、IO輸液を行い、冷所におく。

チンチラにおける推奨薬用量

アジスロマイシン Azithromycin：30mg/kg PO q24h
アトロピン Atropine：0.1～0.2mg/kg IM、SC
アモキシシリン Amoxicillin：経口投与は推奨されない。
アンピシリン Ampicillin：経口投与は推奨されない。

イトラコナゾールItraconazole：5～10mg/kg PO q24h
エリスロマイシンErythromycin：経口投与は推奨されない。
エンロフロキサシンEnrofloxacin：10mg/kg IM、SC、IV、PO q12～24h
オキシトシンOxytocin：0.5～1IU IM
カルシウム2ナトリウムバーセネートCalcium disodium versenate（EDTA）：
　30mg/kg SC q12h
クリンダマイシンClindamycin：経口投与は推奨されない。
ゲンタマイシンGentamicin：腎毒性を呈するため、投与は推奨されない。
ジアゼパムDiazepam：0.5～2mg/kg IV
セファロスポリンCephalosporins：経口投与は推奨されない。
セフタジジムCeftazidime：30mg/kg IM、SC、IV、IO q8h
デキサメタゾンDexamethasone：0.5～2mg/kg IV、IM、IP、SC
デクスメデトミジンDexmedetomidine 0.025mg/kg＋ケタミン ketamine：
　5mg/kg SC、IM
テルビナフィンTerbinafine：10～30mg/kg PO q24h
ドキシサイクリンDoxycycline：5mg/kg PO q12h
トリメトプリム-サルファTrimethoprim-sulfa：30mg/kg PO q12h
ナイスタチンNystatin：100,000U/kg PO q8h 5日間
パルミチン酸クロラムフェニコールChloramphenicol palmitate：
　30～50mg/kg PO q8～12h
フェンベンダゾールFenbendazole：20～50mg/kg PO q24h。5日間投与する。
ブトルファノールButorphanol：0.2～0.4mg/kg SC q4h
ブプレノルフィンBuprenorphine：0.03～0.05mg/kg SC q8～12h
プラジクアンテルPraziquantel：6～10mg/kg PO、SC。10日間投与する。
フロセミドFurosemide：2～4mg/kg IM、SC、IV、PO。適宜投与する。
ペニシリンGベンザチンPenicillin G benzathine：40,000～60,000IU/kg SC q5d
ミダゾラムMidazolam：0.5～1mg/kg IM、SC、IV、IO
メトロニダゾールMetronidazole：20～30mg/kg PO q12h
　製剤によっては食欲不振を惹起することがある。
リンコマイシンLincomycin：経口投与は推奨されない。

トカゲ類（Lizards）

草食性トカゲのうち、家庭用として広く飼育されている種は、グリーンイグアナ、オマキトカゲ（*Corucia zebrata*など）、トゲオアガマ（*Uromastyx* spp.など）などである。

雑食性トカゲの人気種は、フトアゴヒゲトカゲやスキンクである。

食虫性トカゲの人気種は、ヒョウモントカゲモドキ、カメレオン、アノール、インドシナウォータードラゴン、スキンクなどである。

肉食性トカゲの人気種は、モニター（オオトカゲ *Varanus* spp.など）、テグー（*Tupinambis* spp.など）などである。

人獣共通感染症――サルモネラ症

食餌——野生のグリーンイグアナは、蔓や樹木の葉を食する。グリーンイグアナは、後腸発酵を行って高繊維食を消化する。草食性トカゲに動物性蛋白質を含有した食餌を与えてはならない。動物性蛋白質により、腎疾患が発症する恐れがある。草食性トカゲにビタミン補給すると、中毒症を生じる恐れがあるため補給しない。カルシウム補給は必要である。また、UV-B灯を設置する。

食虫性トカゲには、複数種の人工繁殖した昆虫を与える。コオロギは、トカゲに与える前に少なくとも48時間のガットローディング（訳注：トカゲへの間接的栄養補給を目的に、サプリメントを与えて餌用生物を飼育すること）を行う。さらにビタミンおよびミネラルの直接的補給も行う。

肉食性トカゲには、殺処分済の小動物（マウス、ラット、その他の齧歯類、ヒヨコ、魚など）を丸ごと与える。缶詰の肉食性爬虫類用フードも市販されている。精肉（筋部位）のみを給餌すると、重篤な栄養障害を惹起するので注意する。

性別鑑定——

1. 成熟したイグアナの雄は、尾根部の両側に膨隆した半陰茎を有する。また、雄では大腿部腹側面にある大腿孔、脊椎、喉袋、鰓蓋が雌よりも大きい。
2. 雄のヤモリ（gecko）では、前総排泄腔と大腿孔が顕著に大きい。
3. 雄のカメレオンの頭部には、角状突起、クレスト、装甲板などの緻密な装飾を認める。雌はこれらを欠く。
4. トカゲは、一般に雄の方が身体が大きく、色彩が鮮明で、クレストが大きい。
5. 品種によっては、性別鑑定に内視鏡下での生殖腺の確認を要するものもある。

臨床病理

1. 爬虫類の血液は、鳥類の血液と同様に取り扱う。
2. CBC用検体にEDTAを用いてはならない。
3. 抗凝固剤には、リチウムヘパリンの使用が望ましい。
4. 血液塗抹は、採血後、速やかに行う。

トカゲ類の採血

1. 腹側尾静脈を用いるとよい（図15-10）。
2. トカゲを仰臥位または左側横臥位にし、尾は採血台の縁から下垂した状態にする。
3. 穿刺部位を消毒する。
4. 適正サイズの針を用い、尾の腹側正中軸に対し45～90°の角度で穿刺する。
5. 針の先端が椎骨の腹側面に触れるまで針を進める。
6. シリンジに陰圧をかけながら、針をわずかに引き戻す。
7. これにより血液が吸引される。

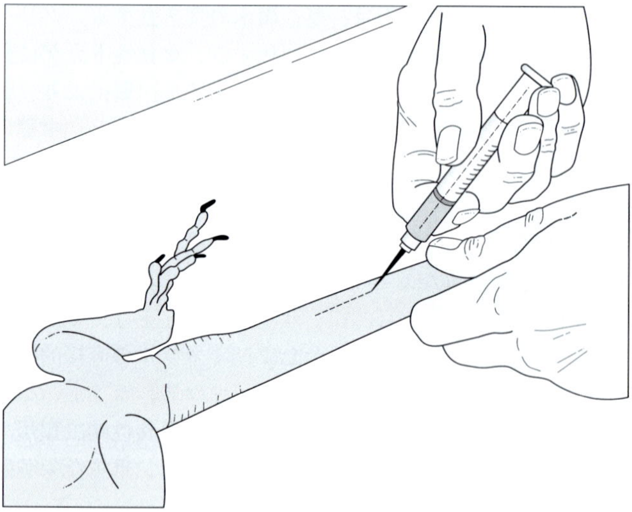

図15-10　腹側尾静脈を用いたイグアナの採血
Quesenberry, K., Hillyer, E.V., 1994. The Veterinary Clinics of North America, Small Animal Practice: Exotic Pet Medicine II 24 (1), 153-173, よりElsevierの許可を得て抜粋。

トカゲ類の輸液

1．調整電解質液（LRS、ノーモソル®-Rなど）を用いる。
2．投与経路
　A．輸液剤に身体を浸潤させる。
　B．SC
　C．IV
　D．IO
3．輸液剤にトカゲを浸潤させると、飲水や吸収により水和が得られる。
　A．輸液剤は、ぬるま湯程度に加温する。
　B．水深は、トカゲの背部までの高さのおよそ半分とする。
　C．浸潤時間は10～20分間とする。
　D．溺水しないように監視する。
4．SC輸液――体壁の外側（外側皺皮がある場合は皺皮に沿った位置）に投与する。
5．IV輸液――腹側尾静脈より投与するとよい。
6．IO輸液――近位内側脛骨突起より投与する。
　A．局所麻酔または全身麻酔を施す。
　B．無菌操作を行う。
　C．20～22Gの針や脊髄針を用いる。
7．維持量は20～40mL/kg/日である。

注射による薬剤投与は、必ず前半身に行う。トカゲは腎門脈および肝門脈を有し、初期通過効果によって、薬剤の全身濃度が顕著に低下する。

トカゲをハンドリングする際は、イソプロピルアルコールを手元に準備しておく。トカゲが噛みついて離れない場合は、イソプロピルアルコール数滴を口元に滴下するとよい。

鎮静——

- プロポフォール：3〜5mg/kg IV
- デクスメデトミジン0.1mg/kg SC、IMおよびミダゾラム1mg/kg SC、IMの併用。アチパメゾール（デクスメデトミジンと同量）SC、IMおよびフルマゼニル0.05mg/kg SC、IMにて拮抗。
- デクスメデトミジン0.05〜1mg/kg SC、IM、ミダゾラム1mg/kg SC、IM、ケタミン3mg/kg SC、IMの併用。アチパメゾール（デクスメデトミジンと同量）SC、IMおよびフルマゼニル0.05mg/kg SC、IMにて拮抗。このプロトコルにより深鎮静が得られる。挿管に適したプロトコルである。

麻酔——

- 比較的大型の症例では、プロポフォール5〜15mg/kgを効果発現までIV投与し、挿管する。長時間の処置である場合は、以後はイソフルランまたはセボフルランにて維持する。
- 小型症例では、イソフルランまたはセボフルランによる導入を行う。導入には、チャンバーまたはジッパー付きビニール袋（ジップロックなど）を用いる。維持には麻酔マスクを用いる。

外科手術手技

1. 皮膚消毒を行う際には、体鱗の下もスクラブする。
2. 無菌、透明、粘着性ドレープを用いるとよい。
3. 切開は、体鱗の直上を避け、体鱗裂間に施す。
4. 埋没縫合には、モノフィラメント吸収糸（ポリジオキサノンなど）が適している。
5. 皮膚縫合はナイロン糸を用い、やや外反させた水平マットレス縫合を行う。
6. 縫合も、体鱗の直上を避け、体鱗裂間に施す。
7. 少なくとも4週間は、縫合糸やステープルを抜去しない。
8. 開腹には、腹側腹部静脈を避けるため、傍腹部正中切開を行う。
9. 開腹術を要する主な要因は、生検、卵秘、消化管内異物、尿石症など。

安楽死——一般的な安楽死用薬剤を、IC（心臓内）またはIV投与する。腹腔内投与を行うこともある。

トカゲ類に好発する疾患と健康障害

1. 腎不全
   - A. 主な臨床徴候——食欲不振、腹囲膨満、弛緩性不全麻痺、体重減少、衰弱など。排便障害、総排泄腔逸脱、便秘を認めることもある。
   - B. 骨盤前方または総排泄腔背側の触診にて、腎腫大が検出される。
   - C. 爬虫類は、尿濃縮機能を欠くため、尿比重測定は無意味である。
   - D. 爬虫類では、腎機能パラメータとしてBUNおよびクレアチニン測定は無意味である。
   - E. 腎疾患の末期では、リン値と尿酸値が上昇する。
   - F. 予後は、極めて不良〜不良である。

G．主な治療は、輸液療法、リン制限、食餌療法である。
H．経口リン吸着剤が有効である。
I．慢性的な軽度脱水によって排尿が不十分であると、膀胱結石を生じることがある。
 Ⅰ．膀胱鏡下での摘出、または膀胱切開術を行う。
 Ⅱ．結石の成分解析と細菌培養を行う。

2．外傷
A．出血がある場合は、電気メス、圧迫、結紮により止血する。
B．鎮静下にて、希釈した消毒薬で創部をスクラブ洗浄する。
C．創部を加温した滅菌生理食塩水で洗浄する。
D．創部に抗生物質軟膏（スルファジアジン銀軟膏など）を塗布する。重度の外傷であれば縫合を行う。
E．感染を認める場合は、状態が安定化するまで創部を閉鎖しない。
F．水平マットレス縫合またはステント縫合を行う。抜糸は4～6週間後に行う。
G．犬、猫、齧歯類などによる咬傷の治療は、他の動物種の場合と同様に行う（p.182「咬傷、裂傷」を参照）。
H．通常、骨折は外固定またはケージレストが有効であるが、内固定を要する場合もある。
I．尾部に骨折や血管損傷に続発した無血管性壊死を認めることがある。
 Ⅰ．尾は再生する。
 Ⅱ．出血がある場合は、硝酸銀や電気メスで止血する。
 Ⅲ．尾に感染を認める場合は、断尾し、切断面を縫合する。

3．代謝性骨疾患
A．主な原因――食餌性カルシウム欠乏、ビタミンD欠乏、Ca：P不均衡、紫外線不足、腎疾患など。
B．診断はヒストリーに基づいて行う。
C．重症度評価や治療への反応をモニターするには、X線撮影が有用である。
D．生化学検査（カルシウム、リン、尿酸）を行う。
E．最初に認められる臨床徴候は、下顎骨の軟化が最も多い。
F．その他の臨床徴候――下顎骨短縮、下顎骨の対称性腫脹、四肢長骨の硬化腫脹、病的骨折、椎骨圧迫骨折、後弯、麻痺、衰弱、食欲不振、筋攣縮、振戦、発作など。
G．治療
 Ⅰ．飼育環境の改善――特に、食餌、紫外線照射灯を見直す。また、飼育舎内に37℃を維持した区域をつくる。
 Ⅱ．グルコン酸カルシウム投与は、急性低カルシウム血症によるクリーゼを呈する場合に限定する。10～50mg/kg IM、SC。1：1に希釈して投与する。
 Ⅲ．グルビオン酸カルシウムまたは炭酸カルシウム：10mg/kg PO q12～24h

Ⅳ．ビタミンD_3：400IU/kg IM、単回投与。品種ごとの必要に応じて、紫外線灯または直射日光に当てる。

Ⅴ．トカゲを10～20分間q12～24hで、温水に浸潤させる。

Ⅵ．骨折防止のため、登り木などは除去する。

Ⅶ．罹患個体のハンドリングは慎重に行い、最小限にとどめる。

4．産卵障害

A．明らかな苦悶や総排泄腔逸脱を認めなければ、一晩は経過観察を行ってもよい。

B．孕卵した個体が産卵せず、食欲廃絶が3～4週間継続する場合は、介入治療を検討する。

C．孕卵した個体が衰弱、筋緊張低下、産卵遅延、血液検査上の異常を呈する場合も、介入治療を検討する。

D．輸液を行う。

E．飼育環境は温かく、静かに保つ。

F．トカゲ類は、オキシトシン投与への反応に乏しい。

G．推奨される治療法――外科的卵除去を行う。卵秘や産卵障害の再発防止のため、卵巣摘出術または卵巣卵管摘出術を同時に行う。

5．総排泄腔逸脱

A．総排泄腔組織、総排泄腔マス、卵管、腸管、半陰茎などが脱出する。

B．主な原因は、総排泄腔炎、総排泄腔マス、腸炎（寄生虫症など）、産卵障害、体腔炎などである。

C．推奨される検査

Ⅰ．糞便検査（ウェットマウント法、浮遊法）

Ⅱ．糞便または総排泄腔スワブのDiff quick染色

Ⅲ．全身X線検査

Ⅳ．体腔超音波X線検査

Ⅴ．CBC、生化学検査

Ⅵ．総排泄腔の内視鏡検査。必要に応じて開腹。

D．治療

Ⅰ．麻酔または鎮静を施す。

Ⅱ．SC、IV、IO輸液を行う。

Ⅲ．逸脱した組織が何であるかを確認する（卵管、腸管、総排泄腔組織など）。

Ⅳ．逸脱組織の浮腫軽減および出血制御のために、50％ブドウ糖溶液を局所的に滴下する。

Ⅴ．逸脱組織を加温した生理食塩水で洗浄する。

Ⅵ．逸脱組織が壊死している場合は、外科的切除またはデブリードマンを行う。

Ⅶ．逸脱組織に潤滑剤を塗布する。

Ⅷ．潤滑剤を塗布した滅菌綿棒を用いて脱出組織を整復する。

Ⅸ．開口部に対して直角に2ヵ所の支持縫合をかける（水平マットレス縫合2回）。巾着縫合は避ける。

X．卵管逸脱の場合は、状態が安定したら開腹し、卵巣卵管切除術を行う。

XI．鎮痛薬を投与する。

メロキシカム：0.2mg/kg IM q24h

XII．広域スペクトル抗生物質を適宜投与する。

XIII．内部寄生虫感染があれば駆虫する。

XIV．基礎疾患を特定し、治療を行う。

6．感染症

A．皮膚炎

I．皮膚炎・膿皮症の主な徴候――蒼黒く退色した境界明瞭な皮膚病変、無色または血様液で満たされた水疱、痂皮、紅斑、潰瘍など。

II．好発部位――尾、肢、体幹部などの腹側

III．鑑別診断――熱傷、口吻の擦過傷

IV．治療――抗生物質軟膏の局所塗布、細菌培養、感受性試験結果に基づく抗生物質の全身投与（注射）、飼育環境改善など。

V．黄色真菌症（yellow-fungus disease）は、フトアゴヒゲトカゲやグリーンイグアナに見られる真菌症で、致命的となることが多い。原因は、好角質性真菌である*Chrysosporium*属のアナモルフ（無性時代形態、*Chrysosporium* anamorph of *Nannizziopsis vriesii*：CANV）とされる。治療は、外科的デブリードマンおよび抗真菌薬の長期間の全身投与。予後は要注意～不良である。

B．膿瘍、肉芽腫

I．主な原因――細菌感染、異物、真菌感染、寄生虫感染など。

II．治療――局所または全身麻酔下での完全切除、嚢切開、キュレット掻把、嚢洗浄、細菌培養、輸液、全身性抗生物質投与など。

C．下痢

I．検査――糞便検査（浮遊法、直接法）を行う。寄生虫以外の原因が疑われる場合は、X線検査および生化学検査を行う。

II．トカゲ類の下痢では、寄生虫感染が最大の原因である。フトアゴヒゲトカゲでは、コクシジウム感染症が多発する。

III．治療――基礎疾患の治療

トカゲ類における推奨薬用量

アトロピン Atropine：

徐脈治療または麻酔前投薬では0.01～0.04mg/kg IM、SC

心肺蘇生時では0.5mg/kg IM、IV、IT、IO

アミカシン Amikacin：初期の投与量5mg/kg IM、以後は2.5mg/kg q72h。

水和と正常な腎機能が維持されている場合に限り、投与可能である。

イベルメクチン Ivermectin：0.2mg/kg IM、SC、PO

14日後に再投与する。**スキンク類には用いないこと。**

エンロフロキサシン Enrofloxacin：5～10mg/kg IM、SC、PO q24h

クリンダマイシン Clindamycin：5mg/kg PO q12h

グルコン酸カルシウムCalcium gluconate：10～50mg/kg IM、SC
　1：1に希釈する。
グルビオン酸カルシウムCalcium glubionate：10mg/kg PO q12～24h
ケタミンKetamine：2.5～10mg/kg IM
　ミダゾラム、デクスメデトミジン、メデトミジンなどと併用し、鎮静処置を行う。
ゲンタマイシンGentamicin：5mg/mL
　生理食塩水に添加し、15分間、q8hでネブライゼーションを行う。
ジアゼパムDiazepam：0.5～2mg/kg IV、IM、IN
シプロフロキサシンCiprofloxacin：10mg/kg PO q48h
スルファジメトキシン Sulfadimethoxine：50mg/kg PO q24h。3日間投与する。
　以後は適宜投与する。
セフタジジムCeftazidime：20～40mg/kg IM、SC q48～72h
　カメレオンではq24h。
ドキシサイクリンDoxycycline：5～10mg/kg PO q24h
トルトラズリルToltrazuril：5～15mg/kg PO q24h。3日間投与する。
パモ酸ピランテルPyrantel pamoate：25mg/kg PO q24h。3～5日間投与する。
ビタミンA Vitamin A：1,000～5,000IU/kg IM、SC
ビタミンD_3 Vitamin D_3：400IU/kg IM、PO
ビタミンK_1 Vitamin K_1：0.25～0.5mg/kg IM
フェンベンダゾールFenbendazole：50mg/kg PO q24h。3～5日間投与する。
ブトルファノールButorphanol：0.4～1mg/kg IM
　鎮静効果はあるが、鎮痛効果はない。
プラジクアンテルPraziquantel：8mg/kg IM、SC、PO。14日後に再投与する。
フロセミドFurosemide：2～5mg/kg IM、IV、PO q12～24h
プロポフォールPropofol：5～15mg/kg IV、IO。効果発現まで投与する。
メトロニダゾールMetronidazole：50mg/kg PO。10～14日後に再投与する。
モルヒネMorphine：1.5～2mg/kg IM、SC
　鎮痛薬として投与する。呼吸抑制を惹起することがある。

ハムスター（*Golden、Mesocricetus auratus、Phodopus* spp.）

　ペットとして一般的な品種は、シリアン（ゴールデン）ハムスターおよびドワーフハムスターである。
平均寿命――1.5～2年
体重――シリアンハムスター：85～150g、ドワーフハムスター：25～50g
心拍数――250～500回／分
呼吸数――35～135回／分
体温――37～38℃
血液検査基準値――
　PCV：31～57%　　血糖値：40～200mg/dL
　TP：4.5～7.5g/dL　　リン：3～8.4mg/dL

WBC：7,000～10,000/mL
BUN：12～26mg/dL
クレアチニン値：0.4～1mg/dL
カルシウム：5.3～12mg/dL
カリウム：3.9～5.5mEq/L
ナトリウム：128～144mEq/L

性成熟齢——6～12週齢
発情周期——4日間
妊娠期間——15～18日間
産仔数——4～12匹
離乳——生後20～25日目。生後7日間は新生仔を触らないこと。
食餌——蛋白質を18～20%含有する齧歯類用ペレットを給餌する。ハムスターは雑食性である。
鎮静——ミダゾラム0.5～2mg/kg IM、SC、IN（経鼻）投与する。深鎮静を要する場合は、ブトルファノール0.2～0.4mg/kgを併用する。
麻酔——イソフルランまたはセボフルランのマスクまたはチャンバー吸入。
注意：ペニシリン、アンピシリン、アモキシシリン、セファロスポリン、バンコマイシン、エリスロマイシン、クリンダマイシンを経口投与すると、重篤な腸管細菌叢不均衡および腸炎を生じ、死に至ることがある。したがって、これらの抗生物質の経口投与は禁忌である。

ハムスターの輸液

ハムスターの維持量は、60～100mL/kg/日である。

ハムスターの栄養サポート

食欲不振、一般状態低下を呈する場合は、栄養サポートを行う。雑食動物用クリティカルケア調合餌、またはスナネズミ・ハムスター・ラット用フードをミキサーにかけたものをシリンジ給餌する。

ハムスターに好発する疾患と健康障害

1．腸炎——増殖性回腸炎（ウェットテイル）、腸管内細菌叢不均衡、下痢
　A．増殖性回腸炎の原因菌は、*Lawsonia intracellularis*である。*Lawsonia intracellularis*は、グラム陰性、細胞内寄生菌である。主な臨床徴候は、水溶性下痢、尾部被毛の汚れや濡れ、背弯姿勢、易刺激性、脱水、衰弱などである。
　　Ⅰ．細胞内寄生細菌に有効な抗生物質（エンロフロキサシン、ドキシサイクリン）を投与する。
　　Ⅱ．栄養サポート、SC輸液などの支持療法を適宜行う。
　B．ティザー病——原因菌は、*Clostridium piliforme*である。不適切な経口抗生物質を投与すると、腸内細菌叢不均衡や、*Clostridium difficile*、*Escherichia coli*（大腸菌）などの日和見病原菌の過剰増殖が生じる。サルモネラ菌である*Salmonella typhimurium*、*S. enteritidis*（ネズミチフス菌）などもハムスターに腸炎を引き起こす。いずれの原因菌においても、臨床徴候は類似する。主な徴候は、下痢、肛門周囲汚濁、脱水、衰弱、被毛粗剛などである。経験的治療を

行う。予後は要注意〜不良である。

C．ハムスターの腸炎は、支持療法を要する。

Ⅰ．3〜5mL/100gのSC輸液を行う。維持要求量は60〜100mL/kg/日である。

Ⅱ．栄養サポート

Ⅲ．経口抗生物質投与。クロストリジウムの過剰増殖が疑われる場合は、ドキシサイクリンまたはメトロニダゾールを投与する。クロストリジウムが関与している可能性が低い場合は、トリメトプリム－サルファを用いる。

Ⅳ．サルモネラ症では、耐過した動物がキャリアとなり、人獣共通感染症を引き起こす可能性があるため、治療は推奨されない。

2．頬袋脱

A．頬袋の食滞や感染に続発する。罹患動物は、脱出した組織を自分で噛み、損傷を悪化させる。経過時間によっては、脱出した組織が壊死することがある。

B．麻酔を施す。

C．脱出部位の組織活性を確認する。また、基礎疾患（食滞、感染など）について状態を確認する。

D．脱出部位の組織活性が維持されている場合は、綿棒を用いて整復する。

Ⅰ．非吸収性縫合糸を用いて、頬袋を解剖学的な正常位置にて経皮的に縫合する。10〜14日後に抜糸する。

Ⅱ．縫合固定を行っても、再発を抑制できない場合がある。再脱出は頻繁に生じる。

E．脱出部位の組織活性が失われていたり、再脱出の可能性が高い場合は、頬袋切除を行う。

F．メロキシカム：0.3〜0.5mg/kg SC、PO q24h

G．頬袋に感染を認める場合は、抗生物質を投与する。嫌気性菌に有効な薬剤（ドキシサイクリン、メトロニダゾールなど）を選択すること。

H．適宜、支持療法を行う。

3．細菌性肺炎

A．ハムスターにおける細菌性肺炎の原因菌は、*Pasteurella pneumotropica*、*Streptococcus pneumoniae*（肺炎レンサ球菌）などの*Streptococcus* spp.（レンサ球菌）である。

B．主な臨床徴候――抑うつ、食欲不振、眼脂、鼻汁、呼吸器障害など。

C．主な治療――全身性抗生物質投与、輸液、ネブライゼーションなど。

4．腹囲膨満

A．腹囲膨満は老齢個体に生じることが多く、原因疾患は多様である。鑑別診断には、心不全・腎不全に続発する腹水貯留、生殖器系疾患、腫瘍、多膿疱性疾患（特に肝臓）などが含まれる。大型の占拠性肝嚢胞の発生もまれではない。

B．鎮静下または麻酔下において腹部超音波エコー検査を行い、原因究明に努める。

C．腹水貯留がある場合は、エコーガイド下にて、穿刺吸引を行う。腹囲膨満によって呼吸困難が生じている場合は、穿刺吸引が診断的かつ治療的となる。

D．心疾患が疑われる場合は、全身X線検査を行う。

E．原因疾患にかかわらず、腹囲膨満を呈した場合の予後は、要注意～不良である。

5．眼球突出

A．原因——外傷、臼歯の歯根膿瘍、感染、強い保定など。

B．治療法は、瞼板縫合など、犬の治療法と同様である（p.476「眼球突出」の項を参照）。

C．コルチコステロイド投与は避ける。

D．広域スペクトル抗生物質を投与する。

E．眼球摘出——結膜下アプローチにて摘出する。ハーダー腺もともに摘出する。

F．眼球摘出時に顕著な出血を認める場合は、眼窩にゼルフォーム（Gelfoam®）を詰めて止血する。

6．心筋症

A．主な臨床徴候——呼吸困難、頻呼吸、チアノーゼ、ラ音、頻脈、末梢における弱脈、腹水、胸水など。

B．胸部X線検査および超音波心エコー検査が有用である。

C．治療

Ⅰ．フロセミド：2～4mg/kg IM、SC、PO q4～6h

Ⅱ．ACE阻害薬——エナラプリル：0.5～1mg/kg PO q24h

D．予後要注意である。

ハムスターにおける推奨薬用量

アモキシシリン Amoxicillin：経口投与は推奨されない。

アンピシリン Ampicillin：経口投与は推奨されない。

イトラコナゾール Itraconazole：5～10mg/kg PO q24h

イベルメクチン Ivermectin：0.2～0.4mg/kg SC、PO q7～14d

毛包虫症では、0.2mg/kg PO q24h

エンロフロキサシン Enrofloxacin：10～20mg/kg IM、SC、PO q12～24h

クリンダマイシン Clindamycin：経口投与は推奨されない。

クロラムフェニコール Chloramphenicol：30～50mg/kg q8h

スルファジメトキシン Sulfadimethoxine（Albon®）：20～50mg/kg PO q24h

セファロスポリン Cephalosporins：経口投与は推奨されない。

セラメクチン Selamectin：15～30mg/kg 局所投与 q21～28d

テトラサイクリン Tetracycline：

450～540mg/L を飲用水に添加する。ショ糖を加えると嗜好性が増す。

15～20mg/kg PO q8～12h

テルビナフィン Terbinafine：10～30mg/kg PO q24h

ドキシサイクリン Doxycycline：5mg/kg PO q12h

トリメトプリム-サルファ Trimethoprim-sulfa：15～30mg/kg IM、PO q12h
フェンベンダゾール Fenbendazole：20～50mg/kg PO q24h。5日間投与する。
ブトルファノール Butorphanol：0.2～0.4mg/kg SC、IM q2～4h
ブプレノルフィン Buprenorphine：0.05～0.1mg/kg SC、IM q8～12h
プラジクアンテル Praziquantel：6～10mg/kg IM、SC、PO
フロセミド Furosemide：2～4mg/kg IM、SC、PO。適宜投与する。
ミダゾラム Midazolam：0.5～2mg/kg IM、SC、IN（経鼻投与）
メトロニダゾール Metronidazole：10～20mg/kg PO q12h
硫酸アトロピン Atropine sulfate：0.2～0.4mg/kg SC、IM

ハリネズミ（アフリカハリネズミ属 *African*、ヨツユビハリネズミ *Atelerix albiventris*）

ハリネズミは夜行性である。日中は巣にこもって眠っており、日没頃に探餌する。水泳や木登りを得意とする。適切な給餌と保温が得られる飼育環境であれば、冬眠は不要である。アフリカハリネズミの飼育環境は、24～29℃を維持すること。

ハリネズミは鋭い聴覚を有する。単胃動物であり、盲腸を欠く。消化管通過時間は12～24時間である。雄は腹部腹側に包皮を有するが、精巣は腹腔内にとどまる。雌は2～5対の乳頭を有し、陰門は肛門から非常に近い位置にある。

平均寿命――3～6年
成体平均体重――雄：400～600g、雌：250～400g
心拍数――180～280回／分
呼吸数――25～50回／分
直腸温――36.1～37.2℃
血液検査基準値――

PCV：36±7%	血糖値：89±30mg/dL
TP：5.1～7.2g/dL	リン：5.3±1.9mg/dL
WBC：11,000±6,000/mL	カルシウム：8.8±1.4mg/dL
BUN：27±9mmol/L	カリウム：4.9±1mEq/L
クレアチニン値：0.4±0.2mg/dL	ナトリウム：141±9mEq/L

性成熟期――雄：2～6ヵ月齢、雌：6～8ヵ月齢。交尾排卵性、周年繁殖性
妊娠期間――34～37日間
平均産仔数――1～7頭（平均3～4頭）。新生仔の眼は閉じており、耳は聞こえない。棘毛は軟らかく、白色である。生後4～6週目に離乳する。
食餌――野生のハリネズミは、昆虫、ナメクジ、カタツムリ、ミミズ、小型脊椎動物、果物などを食す。飼育環境下では、市販のハリネズミ用ドライフード、または低カロリーの犬猫用フードを与える。さらに、小型無脊椎動物、カッテージチーズ、缶詰の犬猫用フード、ゆで卵などを加える。ハリネズミは、他の肉食動物よりも食物繊維の要求量が高いようである。したがって、テーブルスプーン1杯分の野菜や果物を毎日給餌する。種子、ナッツ、ニンジンなどの固い野菜は、口蓋に引っかかることが多いため与

えない。

保定——薄い革製手袋を用いて抱き上げる。丸くなってしまわないように落ち着かせる。腹部の観察を行う際は、透明のガラスやプラスチック製の容器に入れるとよい。検査や処置を適切に行うには、麻酔を要することが多い。

麻酔——イソフルランまたはセボフルランが望ましい。前投与は困難である。導入には、ハリネズミの体全体を覆うことができる大きさのマスクまたはチャンバーを用いる。

IV注射や採血には、外側伏在静脈、頭部静脈、頸静脈を用いる。IM注射には、大腿部を用いる。SC注射には、体幹側部または背部を用いる。腹腔内投与の実施も可能である。

ハリネズミの輸液

ハリネズミの維持量は、60～100mL/kg/日である。

ハリネズミの栄養サポート

消化管閉塞が疑われる場合を除き、食欲不振や一般状態低下を呈する場合は、栄養サポートを行う。肉食動物用クリティカルケア調合餌（Oxbow Critical Care for Carnivores® またはLafaber Emeraid Carnivore/Omnivore® など）、または缶詰の犬猫用病床期用フード（Hill's a/d® など）を給餌する。

ハリネズミに好発する疾患と健康障害

1. 腫瘍
   - A. ハリネズミには腫瘍が非常に多く発症する。3歳齢以上の個体が状態低下を呈した場合は、必ず腫瘍を鑑別リストに加える。
   - B. 主な臨床徴候——食欲不振、体重減少、抑うつ、粘膜蒼白、呼吸障害など。
   - C. 全身のあらゆる臓器にて腫瘍発生が報告されている。
   - D. 経験的治療を行う。適応であれば、外科的切除を行う。ハリネズミに対する化学療法プロトコルは確立していない。
2. 神経障害——ハリネズミのふらつき症候群（wobbly hedgehog syndrome：WHS）
   - A. WHSは、アフリカハリネズミに発症する原因不明の神経変性疾患で、脳および脊髄を損傷する。最大で全飼育頭数のおよそ10%が罹患するといわれている。大半は、2歳未満で最初の臨床徴候が発現する。
   - B. 主な臨床徴候——進行性麻痺、運動失調、発作、筋萎縮、側弯症など。
   - C. 鑑別診断——椎間板疾患、中毒症、低体温症、腫瘍、血管性疾患など。
   - D. WHSに効果的な治療法はない。支持療法および緩和療法を行う。長期的予後は不良である。
3. 呼吸器疾患
   - A. *Bordetella bronchiseptica*（気管支敗血症菌）および *Pasteurella multocida* による鼻炎および肺炎が生じる。
   - B. 心疾患や腫瘍によっても、呼吸障害が生じる。

C．主な臨床徴候――呼吸困難、頻呼吸、くしゃみ、鼻汁など。

D．診断には、胸部X線検査、胸部CT検査、超音波心エコー検査などを行う。

E．原因疾患を治療する。

Ⅰ．必要に応じて、酸素補給を行う。

Ⅱ．適応であれば、ネブライゼーションを行う。

Ⅲ．非経口輸液を行い、水和を維持する。

Ⅳ．細菌性肺炎が疑われる場合は、広域スペクトル抗生物質を投与する。

a．アモキシシリン・クラブラン酸合剤：12.5mg/kg PO q12h

b．エンロフロキサシン：5〜10mg/kg IM、SC、PO q12〜24h

c．トリメトプリム－サルファ：30mg/kg IM、PO q12h

4．心筋症

A．アフリカハリネズミでは、拡張型心筋症が多発する。

B．主な臨床徴候――呼吸困難、頻呼吸、頻脈、心雑音、沈うつ、嗜眠、食欲不振、体重減少、腹水貯留による腹囲膨満など。

C．鑑別診断――原発性呼吸器疾患（肺炎など）、貧血、腫瘍など。

D．診断は、胸部X線検査および超音波心エコー検査による。

E．うっ血性心不全に対する治療法は、他の動物種と同様である。

5．皮膚疾患

A．*Caparinia tripolis*（ダニ）寄生を認めることがある。皮膚糸状菌を併発していることが多い。

B．*Trichophyton*（白癬菌）や*Microsporum* spp.（小胞子菌）の感染報告例がある。

C．主な臨床徴候――棘毛脱落、脱毛、白褐色の痂皮形成、落鱗など。

D．ダニ寄生の確定診断は、細胞診による。検体は、皮膚掻把またはセロハンテープ法により採取する。

E．ダニ駆除――イベルメクチン0.2〜0.4mg/kg SC、PO q10〜14dまたはセラメクチン6〜10mg/kg局所投与q21〜28d。飼育場所を消毒し、感染個体と接触のあった他の個体にも駆除処置を行う。

F．真菌培養を行う。結果を待つ間は、エニルコナゾール（1：50に希釈）局所投与q72hによる対症療法を行う。飼育場所は消毒する。

G．真菌培養検査結果が陽性であり、かつ抗真菌薬や寄生虫駆除薬の局所投与の効果が不十分な場合は、イトラコナゾール5〜10mg/kg PO q24hまたはテルビナフィン10〜30mg/kg PO q24hの投与を検討する。

H．真菌培養検査を1週間間隔で2回行い、いずれも陰性になるまで抗真菌薬の投与を継続する。

6．胃腸疾患

A．サルモネラ菌などの細菌感染により、食欲不振、下痢、体重減少が生じる。

Ⅰ．確定診断には、糞便を培養検査に提出する。

Ⅱ．治療は、輸液療法および広域スペクトル抗生物質投与である。

B．その他の原因――口腔歯牙疾患、胃炎、腸炎、結腸炎、肝リピドーシス、消化管腫瘍など。

7．肥満

A．飼育下のハリネズミには頻繁に認められる。

B．適切な給餌を行う。

C．自由摂食させず、夕刻に翌朝までに食べきる量を給餌する。日中に与えるおやつは少量にする。

D．運動ができる広い場所で飼育し、回し車などを与える。ワイヤー製の回し車は、肢がワイヤーに挟まることがあるため使用しない。

8．尿道閉塞

A．雄では、尿石症に続発して、尿道閉塞が生じる。

B．可能であれば、閉塞物を除去し、輸液療法を施す。尿石症に起因する場合は尿石症の治療を行う。

ハリネズミにおける推奨薬用量

アモキシシリン Amoxicillin：15mg/kg IM、SC、PO q12h

アモキシシリン・クラブラン酸合剤 Amoxicillin/clavulanic acid：
12.5mg/kg PO q12h

アンピシリン Ampicillin：10mg/kg IM q12h

イトラコナゾール Itraconazole：5～10mg/kg PO q12～24h

イベルメクチン Ivermectin：0.2～0.4mg/kg PO、SC q10～14d

エナラプリル Enalapril：0.5mg/kg PO q24h

エリスロマイシン Erythromycin：10mg/kg IM、PO q12h

エンロフロキサシン Enrofloxacin：5～10mg/kg IM、SC、PO q12～24h

グリセオフルビン Griseofulvin（微細粒子型）：
50mg/kg/日PO。1日量をq8～12hで分割投与する。

クリンダマイシン Clindamycin：5.5～10mg/kg PO q12h

グルコン酸カルシウム Calcium gluconate：10～50mg/kg IM

クロラムフェニコール Chloramphenicol：
30mg/kg IM q12h、50mg/kg PO q12h

スルファジメトキシン Sulfadimethoxine（Albon®）：2～20mg/日IM、SC、PO

セファレキシン Cephalexin：25mg/kg PO q12h

セラメクチン Selamectin：6～10mg/kg局所投与q21～28d

チレタミン・ゾラゼパム合剤 Tiletamine/zolazepam：1～5mg/kg IM

デキサメタゾン Dexamethasone：アレルギーまたは炎症では0.1～1.5mg/kg IM。ショック時の最大投与量は5mg/kg

テルビナフィン Terbinafine：10～30mg/kg PO q24h

トリメトプリム-サルファ Trimethoprim-sulfa：30mg/kg IM、PO q12h

フェンベンダゾール Fenbendazole：20mg/kg PO q12h。5日間投与する。

ブトルファノール Butorphanol：0.2～0.4mg/kg SC q6～8h

ブプレノルフィン Buprenorphine：0.01～0.03mg/kg IM、SC q8～12h

プラジクアンテル Praziquantel：7mg/kg PO、SC

フロセミドFurosemide：
　2～4mg/kg IM、SC、PO q8～12h。または適宜投与する。
ペニシリンG Penicillin G：40,000IU/kg IM q24h
ミダゾラムMidazolam：0.25～1mg/kg IM、SC
メトロニダゾールMetronidazole：20mg/kg PO q12h
メロキシカムMeloxicam：0.2mg/kg IM、SC、PO q24h

フェレット（*Mustela putorius furo*）

　フェレットには、フィッチとアルビノの2種類がある。英語では、雄をjill、雌をhob、仔をkitと呼ぶ。
平均寿命——5～7年
成体の体重——雄：1～2kg、雌：0.5～1kg
心拍数——180～250/分
呼吸数——30～40分
体温——37.8～40.0℃
血液検査基準値——
　PCV：36～48%
　TP：5.1～7.4g/dL
　WBC：4,300～10,700/mL
　BUN：10～45mg/dL
　クレアチニン値：0.2～1mg/dL
　血糖値：62～207mg/dL
　リン：4～9mg/dL
　カルシウム：8～12mg/dL
　カリウム：4.3～7.7mEq/L
　ナトリウム：137～162mEq/L
　総ビリルビン：＜1mg/dL
　ALP：9～120U/L
　ALT＝82～289U/L
　AST＝28～248U/L
　GGT＝0～5U/L
性成熟齢——8～12ヵ月齢（生後最初の春）、交尾排卵、季節発情動物（3～9月）
妊娠期間——39～44日間（平均41日間）
平均産仔数——8頭。28～34日齢で耳と眼が開く。
離乳——一般に6～8週齢目である。
　フェレットの頸静脈は、犬猫よりも外側に位置する。また、フェレットは、虫垂、盲腸、結腸紐を欠く。気管は非常に長い。
　フェレットのペニスはJ型を呈するため、雄への尿道カテーテル留置は難しい。
　投薬は、一般に猫と同用量（体重kgあたり）で行う。IM投与は、大腿四頭筋群に行う。半膜半腱筋群は筋肉量が乏しいため使用しない。血液型は存在しないため、クロスマッチは不要である。フェレットは、ブドウ糖投与なしに6時間以上絶食してはならない。
　接種が推奨されるワクチンは、犬ジステンパーワクチン（Purevax®）および狂犬病ワクチン（不活化ワクチン）であり、年1回SC投与する。Purevax®はカナリア痘ベクター犬ジステンパー生ワクチンで、フェレットへの摂取が唯一承認されている。ワクチンに対する反応を認めることがあるため、前処置としてジフェンヒドラミン2mg/kgをIM投与してもよい。

食餌——肉食動物であるため、高脂肪（15～20%）・高蛋白（30～35%）食を与え、炭水化物および食物繊維の給餌は最小限とする。餌となる小動物を丸ごと与えるのが理想であるが、市販のフェレット用ドライフードを給餌するのが一般的である。

フェレットの栄養サポート

1．消化管閉塞が疑われる場合を除き、食欲不振を認める場合は、必ず栄養サポートを行う。
2．肉食動物用クリティカル療法食（Oxbow Critical Care for Carnivores®、Lafaber Emeraid Carnivore®など）、または缶詰の犬用フード（Hill's a/d®など）を与える。

鎮静——ミダゾラム0.25mg/kgとブトルファノール0.25mg/kgのSC投与を併用する。拮抗には、フルマゼニル0.02mg/kgとナロキソン0.04mg/kgのSC投与を併用する。

　上記のプロトコルにより、中程度～深い鎮静と、迅速な回復が得られる。

麻酔——

1．前投与薬——ミダゾラム0.25mg/kgおよびブトルファノール0.25mg/kg SC
2．IVカテーテル——橈側皮静脈に留置する。
3．導入薬——プロポフォール2～5mg/kg IV
4．挿管——2～4mmの気管チューブを用いる。
5．維持薬——イソフルランまたはセボフルラン

フェレットの採血

1. 少量であれば、橈側皮静脈または外側伏在静脈を用いる。
2. 多量を要する場合は、頸静脈または前大静脈を用いる。

フェレットのIVカテーテルの留置

1．一般に橈側皮静脈、外側伏在静脈、頸静脈のいずれかを用いる。アクセスと留置が容易なため、橈側皮静脈の使用が推奨される。
2．外側伏在静脈および橈側皮静脈には、22または24Gのカテーテルを使用する。
3．衰弱している場合を除き、一般に鎮静を要する。
4．カテーテル刺入前に、針で皮膚に小切開を加えるとよい。
5．頸静脈には、19G外套針付きの22Gの20cmカテーテルの使用が推奨される。
6．IOカテーテルには、20 Gまたは22Gの38mm脊髄針を用いる。
   A．IOカテーテル留置の部位は、大腿骨、脛骨、上腕骨の順に推奨される。
   B．麻酔または深鎮静と、局所神経ブロックを併用する。
   C．手技は猫の場合と同様である。
7．IVカテーテルおよびIOカテーテルは、包帯を施す前に皮膚へ固定する。固定には、生体組織用接着剤またはバタフライテープタブを用いる。
8．フェレットでは、ヘパリンの過剰投与を避けるため、フラッシュに用いる

ヘパリン加生理食塩水の量は、ごく少量とする。

9. フェレットは、習性としてIVラインを噛み、カテーテルを抜去する。カテーテルの損傷を防止するため、橈側皮静脈のカテーテルの留置部位は、シリンジケースで覆ってからバンデージを施す。
10. 水分維持量は、猫に準ずる（60〜70mL/kg/日）。

雄の尿道カテーテル留置

1. 通常は、麻酔または深鎮静を要する。
2. フェレットを仰臥位に保定する。
3. 包皮に外科用消毒を施す。
4. 陰茎尿道開口部は、陰茎骨先端から数mm近位の陰茎の腹側に位置する。
5. 外科用ルーペなどの拡大鏡を用いるとよい。
6. 以下のカテーテルが推奨される。
   A. 3.0Frまたは3.5Frポリテトラフルオロエチレン製尿道カテーテル——Slippery Sam Tomcat® 尿道カテーテル、Smiths Medical製、Norwell、KY
   B. 3.5Frラバーフィーディングカテーテル
   C. 外套針（スタイレット）を外した、20Gまたは22Gの20cm頸静脈カテーテル
7. カテーテル挿入中に抵抗を感じた場合は、カテーテルを生理食塩水でフラッシュする。
8. 特に骨盤曲では、尿道を穿孔しないように十分注意する。
9. バタフライテープを皮膚に縫合して、カテーテルを固定する。
10. カテーテルからの尿回収には、閉鎖型ラインを用いる。
11. フェレットがバンデージやカテーテルを損傷しないように鎮静を維持するか、エリザベスカラーを装着する。

フェレットの心肺蘇生

1. 気道確保。2.0〜4.0mmの気管チューブを用いて挿管する。
2. 横臥位にする。
3. 20〜30回／分にて換気する。
4. 肺に過剰送気しないように注意する。
5. 心停止を呈する場合は、100回／分にて非開胸心マッサージを行う。
6. 心電図により心律動をモニターする。
7. 股動脈圧と脈波を頻繁にモニターする。
8. IVカテーテルを留置する。等張性晶質液を70mL/kg/時でIV投与する。
9. 必要に応じて、エピネフリン0.02mg/kgをIV、IO、IT（気管内）投与する。
10. 心拍動を認めるが、徐脈を呈する場合は、アトロピンを投与。
    A. 0.05mg/kg IV、IO
    B. 0.10mg/kgを生理食塩水で希釈し、気管内投与。

フェレットに好発する疾患と健康障害

1．消化管内異物

A．2歳未満の個体に好発する。主な原因異物は、ゴム（ラバー、ラテックス）、布製品である。毛球症は、2歳以上の個体に多い。

B．紐状異物は少ない。

C．患者は、腹部触診の忌避、歯ぎしり、胃腸の液体貯留などを呈する。異物が触知されることもある。

D．フェレットの消化管内異物症で、嘔吐を認めることは少ない。

E．主なX線検査所見は、胃内ガス貯留、部分的イレウスなど。異物や毛球が確認できることもある。

F．フェレットの正常な消化管通過時間は2〜3時間であるため、連続バリウム検査が容易にできる。

G．消化管閉塞を認める場合は、緊急手術により異物を除去する。

H．開腹時には、腹腔内を完全に探査する。

I．胃切開部位は、3-0または4-0のモノフィラメント吸収糸または非吸収糸を用いて単純結節縫合する。

J．腸管切開部位は、4-0または5-0のモノフィラメント吸収糸または非吸収糸を用いて単純結節縫合する。

K．白線は、3-0または4-0の吸収糸で縫合する。

L．皮下組織をフラッシュし、皮下縫合を行う。または、非吸収糸にて皮膚縫合を行う。

M．麻酔覚醒後、直ちに水と食餌を与える。

2．下痢

A．フェレットにおける下痢の鑑別診断

Ⅰ．異嗜食

Ⅱ．腸管内異物、毛球症

Ⅲ．ヘリコバクター（*Helicobacter mustelae*）性胃炎

Ⅳ．フェレットの日和見感染体——*Clostridium* spp.、*Campylobacter* spp.、*Salmonella* spp.

Ⅴ．ウイルス感染——コロナウイルス（主に伝染性カタル性腸炎〈ECE〉）、ロタウイルス、インフルエンザウイルス

Ⅵ．消化管内寄生虫——コクシジウム、ジアルジアなど。

Ⅶ．好酸球性腸炎などの炎症性腸疾患

Ⅷ．増殖性腸疾患

Ⅸ．腫瘍——リンパ腫が最も多い。

Ⅹ．代謝性疾患——肝臓、腎臓など。

B．検査手順

Ⅰ．来院後、直ちにPCV、TP、血糖値、BUNを測定する。

Ⅱ．CBC、生化学検査

Ⅲ．糞便検査——ウェットマウント法、浮遊、Diff quick染色

Ⅳ．探査的腹部X線検査

Ⅴ．腹部超音波エコー検査

Ⅵ. 内視鏡・結腸鏡

Ⅶ. 造影X線検査

Ⅷ. サルモネラ菌感染が疑われる場合は、糞便培養検査。

C. 診断が確定するまでは、対症療法および支持療法を行う。原因疾患が特定された場合は、特異的治療を行う。

Ⅰ. 水和状態を維持する。IV、IO輸液が望ましい。

Ⅱ. 電解質を補正し、適切な血糖値を維持する。

Ⅲ. 栄養サポートを行う。

Ⅳ. 明らかな下血やメレナを呈する場合は、サルモネラ症やクロストリジウム症を疑い、抗生物質を投与する。

Ⅴ. 消化管内寄生虫が検出された場合は、駆除剤を投与する。

D. ヘリコバクター（*Helicobacter mustelae*）性胃炎の治療

Ⅰ. プロトコル1——クラリスロマイシン50mg/kg PO q24hとオメプラゾール4mg/kg PO q24hの併用。2週間投与。第一選択の治療法である。

Ⅱ. プロトコル2——クラリスロマイシン12.5mg/kg q8h PO、およびラニチジンクエン酸ビスマス24mg/kg PO q12h、またはラニチジンHCL 3.5mg/kg PO q12hの併用。2週間投与。

Ⅲ. プロトコル3——アモキシシリン10〜20mg/kg PO q12h、メトロニダゾール20mg/kg PO q12h、次サリチル酸ビスマス17mg/kg PO q12hの併用。2〜4週間投与。

Ⅳ. スクラルファート100mg/kg PO q6hの投与を検討する。

Ⅴ. 脱水がある場合は、輸液を行う。

Ⅵ. 栄養サポートを行う。

3. 低血糖症

A. 家庭で飼育されているフェレットでは、インスリノーマ（膵内分泌細胞腫瘍）が最大の原因である。

B. 鑑別診断——食欲廃絶・飢餓、肝疾患などの代謝性疾患、腫瘍、敗血症など。

C. インスリノーマは、一般に2歳齢以上の個体に認められる。

D. 稟告には、流涎過多を伴う脱力や虚脱などがある。

E. 来院時に低血糖を呈している場合は、ぼんやりしている、嘔気、前肢で口を掻く、抑うつ、後駆脱力、不全麻痺、運動失調などを認める。発作はまれである。

F. 通常、血糖値＜60mg/dLを示す。

G. 血清インスリン濃度は上昇する。

H. 一時的な対症療法として、ブドウ糖、コーンシロップ、蜂蜜などの経口投与が有効である。

I. 治療

Ⅰ. 症例の状態により、入院の是非を判断する。

Ⅱ. 50%ブドウ糖溶液を経口投与する。反応がない場合は、ブドウ糖をIV投与する。

Ⅲ．IVまたはIOカテーテルを留置する。
Ⅳ．反応を認めるまでは、50%ブドウ糖溶液0.5～2mLを緩徐IV投与する。急速に投与しないこと。
Ⅴ．5%ブドウ糖添加輸液剤のIVまたはIO輸液を行う。
Ⅵ．発作を認める場合は、ジアゼパム1～2mgを効果発現までIV投与する。
Ⅶ．内科的治療
a．プレドニゾン：0.25～1mg/kg PO q12～24h。臨床的反応と血糖値に基づき、用量を増減する。重篤例では、2mg/kg q12hを要することがある。プレドニゾン投与は、生涯にわたって継続する。
b．ジアゾキシド（Proglycem®）：5mg/kg PO q12h。必要に応じて、30mg/kgまで漸増する。ジアゾキシドの併用により、プレドニゾンを減量できることが多い。
Ⅷ．常に自由摂食させる。肉主体で蛋白質を多く含有するフェレット用またはキャット用フードを与える。炭水化物や糖を多く含有する食餌は避ける。
Ⅸ．他に疾患のない5歳以下の個体であれば、外科治療を検討する。ただし、内科治療のみの場合と、外科治療を加えた場合の生存期間にはほとんど差がない。また、大半の症例では、微小転移が生じており、完全切除が不可能であるため、外科手術は緩和治療となるに過ぎない。

4．副腎疾患（脱毛、外陰部腫脹、尿閉）
A．去勢・避妊手術済の3歳以上の個体に多発する。
B．副腎過形成または副腎腫瘍（腺腫、腺癌）に起因し、副腎におけるプロゲステロン（性ステロイドホルモン）の過剰産生が生じる。犬の副腎過形成で認められるようなコルチゾール分泌亢進が、フェレットに認められることはほとんどない。
C．主な臨床徴候は、脱毛（左右対称性で、最初に尾根部に生じる）、掻痒、行動変化、雌では外陰部腫脹、雄では前立腺肥大、前立腺嚢胞・傍尿道嚢胞に続発する排尿困難などである。
D．診断は、臨床徴候とヒストリーに基づく。副腎の大きさと形態を確認するため、腹部超音波エコー検査が強く推奨される。
E．主な内科治療――長時間作用型GnRH（性腺刺激ホルモン放出ホルモン）アゴニスト（酢酸デスロレリン埋没、酢酸ロイプロリドのデポ製剤投与）により、性ホルモン放出を抑制する。超音波エコー検査にて副腎腫瘍が疑われたり、内科的治療に反応しない場合は、副腎切除術の実施を検討する。
F．雌および副腎過形成の症例では、予後良好である。前立腺肥大や排尿障害を呈する場合は、予後要注意である。
G．副腎疾患の予防として、酢酸デスロレリン埋没法が推奨されている。

5．尿路疾患（尿路結石、前立腺肥大、尿路感染症）

A．尿路感染症やストラバイト尿石症は、性別にかかわらず生じる。
B．尿路閉塞は雄に生じる。
C．3歳以上の雄個体における排尿障害の最大の原因は、副腎疾患に続発する前立腺肥大である。副腎疾患の続発疾患には、前立腺囊胞や傍尿道囊胞が多く認められ、尿道閉塞や腹囲膨満を引き起こす。
　Ⅰ．尿道カテーテルまたは膀胱瘻チューブ設置を要することが多い。
　Ⅱ．細菌性前立腺炎が好発するため、細菌培養および感受性検査結果を待つ間も抗生物質を投与すべきである。前立腺肥大の治療は、原因疾患である副腎疾患に対するGnRHアゴニスト投与および必要に応じた副腎切除である。
D．尿路結石の治療法は、犬における治療法に同じである（p.393「犬の尿路結石症」を参照）。
E．膀胱炎および前立腺炎において推奨される抗生物質
　Ⅰ．トリメトプリム－サルファ：15～30mg/kg PO q12h
　Ⅱ．エンロフロキサシン：5～20mg/kg PO q12～24h
　Ⅲ．クロラムフェニコール：30～50mg/kg PO q12h
F．植物性蛋白質を含む食餌は、フェレットにおいてアルカリ尿排泄および無菌性ストラバイト結石を惹起するため、与えてはならない。高品質のフェレット用またはキャット用フードを給餌することにより、尿が酸性化する。

6．犬ジステンパー
A．致死率はほぼ100％である。
B．主な臨床徴候は、発熱、食欲廃絶、眼および鼻からの膿性粘液分泌、咳嗽、抑うつ、下痢、下顎および鼠径部の発疹、蹠球（パッド）の角化亢進などである。二次性細菌性肺炎を生じることもある。
C．CNS期には、過剰興奮、流涎過多、運動失調、筋振戦、痙攣、昏睡を呈する。
D．鑑別すべき疾患――インフルエンザウイルス感染症（フェレットは好発動物種である）、狂犬病（CNS徴候がある場合）、下痢を惹起する各種疾患。
E．診断は、ウイルス封入体の検出、末梢血や結膜などの粘膜掻把物による蛍光抗体検査（IFA）に基づく。
F．治療は、隔離室における入院、および犬と同様の支持療法となる。ただし、フェレットの犬ジステンパー症は致死率が100％に達するため、診断が確定すれば、人道的安楽死を考慮する。

7．ヒトインフルエンザウイルス感染症
A．フェレットは、ヒトのA型インフルエンザウイルスへの感受性が高い。感染源は、飼育者または他のフェレットであることが多い。
B．初期の臨床徴候は、ジステンパーに類似する。主な徴候は、落ち着き消失、発熱、食欲廃絶、くしゃみ、流涙、眼からの膿性粘液分泌、鼻炎、元気消失などである。発咳は、二次性細菌性肺炎の発症に伴う。
C．新生仔では致命的となり得るが、成体では軽症で自然治癒することが

多い。
D．回復には、一般に5～7日間を要する。
E．治療
Ⅰ．水和維持
Ⅱ．食欲不振を認める場合は、栄養サポート。
Ⅲ．対症療法および支持療法。
Ⅳ．鼻汁分泌に対して、抗ヒスタミン薬投与。
クロルフェニラミン：1～2mg/kg PO q8～12h
ジフェンヒドラミン：0.5～2mg/kg PO q8～12h
Ⅴ．二次性細菌感染が疑われる場合は、抗生物質投与。
Ⅵ．ネブライゼーションは有益と考えられる。

8．呼吸障害
A．鑑別診断
Ⅰ．胸水――心疾患、腫瘍、感染症、糸状虫症、低蛋白血症、代謝性疾患。
Ⅱ．肺水腫――心疾患、感電（電線を噛んだなど）、低蛋白血症、代謝性疾患。
Ⅲ．前縦隔マス――リンパ腫が最も多い。
Ⅳ．肺炎
Ⅴ．気胸
Ⅵ．横隔膜ヘルニア
Ⅶ．気管閉塞
Ⅷ．代謝性疾患――アシドーシス
Ⅸ．重度衰弱――貧血、循環系虚脱、低血糖症。
Ⅹ．疼痛、高体温――呼吸困難を呈することがある。
B．酸素補給を行う。
C．採血し、CBC、血糖値、TPの測定、生化学検査を行う。
D．確定診断が得られるまでは、対症療法および支持療法を行う。診断が確定した時点で、特異的治療を開始する。

9．心筋症
A．拡張型心筋症が多い。肥大型心筋症の報告例もある。
B．中～高齢の個体に多い。
C．主なヒストリー――食欲不振、元気消失、運動不耐性、体重減少、断続的呼吸困難、発咳、頻呼吸など。
D．主な臨床徴候――低体温、後肢脱力、頻脈、心雑音、湿性ラ音、心音・肺音の不明瞭化など。
E．X線検査所見――胸水、肺水腫、心陰影拡大、腹水、脾腫、肝腫大など。
F．心筋症およびうっ血性心不全の治療は、猫の治療に準ずる（p.114「猫の心筋症」の項を参照）。
Ⅰ．フロセミド：初期は2～4mg/kg IV、IM、PO、q8～12h。以後は1～2mg/kg PO q8～12h。

Ⅱ. 2%ニトログリセリン軟膏：q12〜24h。1.5〜3mmを皮膚または耳介内側に塗布する。

Ⅲ. エナラプリル：0.25〜0.5mg/kg PO q48h。耐えられる場合はq24hまで投与頻度を上げる。

Ⅳ. ベナゼプリル：0.25〜0.5mg/kg POq24h

Ⅴ. ピモベンダン：0.5mg/kg PO q12h

Ⅵ. ジゴキシン：0.005〜0.01mg/kg PO q12〜24h

Ⅶ. アテノロール：6.25mg/頭 PO q24h。上室性または心室性不整脈に対して投与する。副作用の発現をモニターする。効果発現まで漸増する。

10. 脾腫

A. 健康な個体でも脾腫を認めることがあるため、必ずしも疾患の存在を示唆しない。脾腫の最大の原因は、髄外造血である。

B. 脾腫は、重度貧血、脾リンパ腫、増殖性結腸炎、アリューシャン病などの罹患個体に認められる。

C. 他に問題がなければ、脾腫は試験開腹の適応とはならない。ただし、臨床徴候を呈している場合は、診断のために臨床検査を行う。

11. ミミヒゼンダニ（*Otodectes cynotis*）

A. 感染頻度は高い。

B. 耳垢は褐色で脂分が多いが、頭を振ったり、耳を掻いたりする行動は通常見られない。

C. イベルメクチン0.2mg/kg SCまたはセラメクチン10〜18mg/kg耳内投与q21〜28dが効果的である。

フェレットにおける推奨薬用量

2%ニトログリセリン軟膏Nitroglycerine：
　q12〜24h。1.5〜3mmを皮膚または耳介内側に塗布する。

アテノロールAtenolol：3.125〜6.25mg/頭 PO q24h

アトロピンAtropine：心停止時は0.05mg/kg IVまたは0.10mg/kg気管内投与

アモキシシリンAmoxicillin：10〜30mg/kg IM、SC、PO q12h

アモキシシリン・クラブラン酸合剤Amoxicillin-clavulanate：
　12.5mg/kg PO q12h

イベルメクチンIvermectin：0.2〜0.4mg/kg（200〜400mg/kg）SC、PO

インスリンInsulin（NPH）：初期は0.5〜1U/頭 SC q12h
　以後は症例ごとに調節する。

インスリンInsulin（Ultralente®）：初期は1U/頭SC q24h
　以後は症例ごとに調節する。

エナラプリルEnalapril：初期は0.25〜0.5mg/kg PO q48h
　耐えられる場合はq24hで投与し、低血圧をモニターする。

エピネフリンEpinephrine：0.02mg/kg IV、IO、IT

エリスロマイシンErythromycin：10mg/kg PO q6h

エンロフロキサシンEnrofloxacin：5〜20mg/kg PO q12〜24h

オキシトシンOxytocin：5～10U IM、SC
オキシモルフォンOxymorphone：0.05～0.2mg/kg SC、IM、IV q2～6h
オメプラゾールOmeprazole：4mg/kg PO q24h
クラリスロマイシンClarithromycin：
　12.5mg/kg PO q8hまたは50mg/kg PO q24h
　ヘリコバクター性胃炎における第一選択薬である。
グリコピロレートGlycopyrrolate：0.01～0.02mg/kg SC、IM、IV
クロラムフェニコールChloramphenicol：30～50mg/kg IM、SC、PO q12h
クロルフェニラミンChlorpheniramine：1～2mg/kg PO q8～12h
ケタミンKetamine＋ミダゾラムmidazolam：
　ケタミン5～10mg/kg＋ミダゾラム0.25～0.5mg/kg IM
コハク酸プレドニゾロンナトリウムPrednisolone sodium succinate：
　25～40mg/kg IV
酢酸デスロレリンDeslorelin acetate：4.7mg
　徐放性インプラントであり、12ヵ月ごとに埋没投与する。
酢酸ロイプロリドLeuprolide acetate（Lupron®）：100～300μg/頭IM q30d
　30日間効果が持続するデポ剤である。
ジアゼパムDiazepam：1～2mg/kg IV、IM
ジアゾキシドDiazoxide：5～30mg/kg PO q12h
ジゴキシンDigoxin：0.005～0.01mg/kg PO q12～24h
次サリチル酸ビスマスBismuth subsalicylate：0.25～1mL/kg PO q6～12h
ジフェンヒドラミンDiphenhydramine：0.5～2mg/kg IM、IV、PO q8～12h
シメチジンCimetidine：5～10mg/kg IV、SC、IM、PO q8h
ジルチアゼムDiltiazem：1.5～7.5g/kg PO q6～24h
スクラルファートSucralfate：25mg/kg PO q6～12h
スルファジメトキシンSulfadimethoxine（Albon®）：50mg/kg PO、単回投与する。以後は25mg/kg PO q24hで9日間投与する。
セファレキシンCephalexin：15～30mg/kg PO q12h
セラメクチンSelamectin：10～18mg/kg 局所投与 q21～28d
デキサメタゾンDexamethasone：0.5～2mg/kg IM、IV
ドキシサイクリンDoxycycline：5～10mg/kg PO 12h
トリメトプリム-サルファTrimethoprim-sulfa：15～30mg/kg PO q12h
ナロキソンNaloxone：0.02～0.04mg/kg IV、IM、SC
ピモベンダンPimobendan：0.5mg/kg PO q12h
フェベンダゾールFenbendazole：20mg/kg PO q24h。5日間投与する。
ブドウ糖Dextrose（50%）：0.5～2mL IV CRI
　CRI投与では晶質液に添加し、5%溶液に調整する。
ブトルファノールButorphanol：0.1～0.5mg/kg IV、IM、SC q6～12h（フェレットでは強い鎮静効果を示す）
ブプレノルフィンBuprenorphine：0.01～0.003mg/kg IV、IM、SC q8～12h
プレドニゾン／プレドニゾロンPrednisone/prednisolone：
　0.25～2mg/kg SC、PO q12～24h

フロセミドFurosemide：1～4mg/kg IV、IM、SC、PO q8～12h
プロポフォールPropofol：2～5mg/kg IV
ベナゼプリルBenazepril：0.25～0.5mg/kg PO q24h
メトクロプラミドMetoclopramide：0.2～1mg/kg SC、PO q6～8h
メトロニダゾールMetronidazole：15～30mg/kg PO q12h
メロキシカムMeloxicam：0.2mg/kg IM、SC、PO q24h
ラキサトーンLaxatone：25～50mm PO q8～12h
ラクチュロースLactulose（15mg/mL）：0.1～0.75mL/kg PO q12h
リン酸デキサメサゾンナトリウムDexamethasone sodium phosphate：
4～8mg/kg IV、IM

フクロモモンガ（*Petaurus breviceps*）

小型の夜行性、樹上生活性の有袋類である。原産は、ニューギニアおよびオーストラリア西海岸である。社会性が高く、6～8頭でコロニーを形成し、縄張りを持つ。
平均寿命――4～7年間
成体の平均体重――雄：115～160g、雌：95～135g
心拍数――200～300回／分
呼吸数――16～40回／分
直腸温――36.2±0.4℃
血液検査基準値――

PCV：43～53%	血糖値：130～183mg/dL
TP：5.1～6.1g/dL	リン：5.3±1.9mg/dL
WBC：5,000～11,000/mL	カルシウム：6.9～8.4mg/dL
BUN：18～24mmol/L	カリウム：3.3～5.9mEq/L
クレアチニン値：0.3～0.5mg/dL	ナトリウム：135～145mEq/L

性成熟齢――雄：12～14ヵ月齢、雌：8～12ヵ月齢。季節性多発情動物
発情周期――29日間
妊娠期間――15～17日間
産仔数――1～4頭
出生時体重――0.19g
育児嚢からの退出期――生後50～74日目
離乳時期――生後85～120日目
適正飼育環境温度――27～31℃
食餌――野生では、年間を通して、樹液、樹脂、果汁、マナ（マンナノキの甘い樹液）、蜜などの植物液、花粉、幼虫、クモなどを食する。飼育下における正確な栄養要求量は不明であり、様々なフードが市販されている。文献上では、複数の給餌メニューが報告されている。食餌には、果汁、昆虫などの蛋白源を必ず含める。果物や野菜は、定量給餌する。十分な蛋白質とカルシウムを摂取させる。過食による肥満に注意する。
保定――簡単な身体検査であれば、素手または薄いタオルのみで保定可能であ

る。十分な身体検査と臨床検査を行うには、麻酔または鎮静を要する。

麻酔――イソフルランまたはセボフルランが望ましい。ミダゾラム0.25～0.5mg/kg SC、およびブプレノルフィン0.01～0.03mg/kg SCまたはブトルファノール0.1～0.5mg/kg SCにて前投与を行うとよい。導入時は、大きな麻酔用マスクで全身を覆うか、チャンバーを用いる。

採血

フクロモモンガの採血は非常に難しく、重度沈うつ状態の症例を除き、麻酔を要する。極めて小型であるため、採血量は少量に限られる（体重の1%未満）。0.5～1mLのシリンジと、25～28Gの針を使用する。多めの採血量を要する場合は、頸静脈を用いる。少量の場合は、伏在静脈、大腿静脈、腹側尾静脈からの採血も可能である。

フクロモモンガの輸液

維持量は、60～100mL/kg/日である。SC輸液は肩甲骨間に行う。飛膜のある体幹側部へのSC輸液は避ける。

フクロモモンガの栄養サポート

食欲廃絶や悪液質を呈しており、消化管閉塞が除外された場合は、栄養サポートを行う。雑食性動物用クリティカルケア調合餌（Lafaber Emeraid Omnivore®など）をシリンジ給餌する。

フクロモモンガに好発する疾患と健康障害

1. 元気消失、衰弱、食欲廃絶
   - A. 各種疾患（栄養障害、低体温、代謝性疾患、臓器機能障害、腫瘍、感染症など）により、非特異的徴候が生じる。
   - B. 低血糖および低カルシウム血症により、元気消失、沈うつ、発作が生じる。採血が困難な場合は、50%ブドウ糖溶液を経口投与し、反応を観察する。ヒストリーや身体検査から低カルシウム血症が疑われる場合は、カルシウムを投与する。
   - C. 食餌中の蛋白質が不足すると、低蛋白血症を呈し、嗜眠、筋萎縮、貧血などを生じる。
   - D. 腫瘍、臓器疾患（慢性腎不全、肝疾患など）は、4歳齢以上の個体に好発する。
   - E. 加温した輸液剤にて、SC輸液を行う。
   - F. 適切な体温管理を行う。
   - G. 全身X線検査を行い、原因疾患を探査する。
   - H. 原因疾患の究明と治療を図る。予後は要注意である。
2. 下痢
   - A. 腸炎および下痢の主な原因――細菌（大腸菌、クロストリジウム属）感染症、内部寄生虫症、肝不全、腎不全、ストレス、不適切な食餌など。

B．糞便検査（ウェットマウント法、浮遊法）を行い、寄生虫症を除外する。

C．糞便の細胞検査（Diff quick染色）を行い、芽胞形成菌の有無を確認する。

D．全身X線検査および生化学検査を行い、臓器疾患の有無を確認する。

E．脱水がある場合は、SC輸液を行う。

F．悪液質、食欲廃絶を呈する場合は、栄養サポートを行う。

G．細菌性腸炎が疑われる場合は、適切な抗生物質を投与する。

3．発作

A．主な原因――CNS外傷、低血糖症、低カルシウム血症、細菌性髄膜炎、腫瘍、中毒症、CNSに傷害を引き起こす寄生虫症（トキソプラズマ症、アライグマ回虫の幼虫寄生 *Balisascaris larva*）など。

B．低血糖症、低カルシウム血症を除外する。または、試験的（経験的）治療を行う。

C．ヒストリーより、可能な限り中毒症および寄生虫症を除外する。

D．来院時に発作を呈している場合は、ミダゾラム0.5～1mg/kgをIM、SC、IN（経鼻）投与する。

E．輸液を行い、静かで温かい場所に置く。

F．細菌感染が疑われる場合は、抗生物質を非経口投与する。

G．神経学的状態について、頻繁に再評価を行う。

4．自傷

A．フクロモモンガでは、自傷が頻繁に発生する。特に、術後、ストレス、不適切な飼育環境に起因して多発する。

B．フクロモモンガは、非常に社会性の高い動物である。したがって、単頭飼育をしてはならない。社会的生活ができない状況や、その他のストレス下では、自傷が生じやすい。

C．雄における外部生殖器への自傷は、性的欲求不満に起因することが示唆される。去勢手術が推奨される。

D．自傷の悪化を防ぐため、エリザベスカラーやフクロモモンガ用ベストを装着する。

E．疼痛や外傷が自傷の原因であると考えられる場合は、鎮痛薬、NSAIDsなどを投与する。

F．必要に応じて、軽い鎮静を施す。
ミダゾラム：0.25～0.5mg/kg

G．特に、エリザベスカラー装着時や鎮静時には、十分な摂食ができていることを確認する。飢餓が生じると、低血糖および脱水を惹起する。

H．原因（飼育環境など）の究明と改善を図り、再発防止に努める。

5．呼吸障害

A．各種疾患（肺炎、胸水貯留、心疾患、貧血、腫瘍、腹囲膨満など）により頻呼吸や呼吸困難が生じる。

B．全身X線検査を行い、胸部を観察する。

C．うっ血性心不全の治療法は、他の動物種と同様である。利尿薬を投与して安定化を図るとともに、必要に応じた支持療法を行う。

D. 細菌性肺炎が疑われる場合は、抗生物質の全身投与および支持療法を行う。

E. 予後は、中等度～不良である。

6. 泌尿器障害

A. 血尿、排尿困難、無排尿が生じた場合は、膀胱炎や尿石症に起因することが多い。

B. 主な原因――栄養不良、尿マーキング行動異常、慢性的な飲水不足、運動不足など。

C. 全身X線検査を行い、尿石症の有無を確認する。

D. 尿検査を行う。可能であれば尿培養を行う。

E. 細菌性膀胱炎であれば、全身性抗生物質を投与する。

F. 膀胱結石を認める場合は、外科的除去を要する。

G. 原因を究明し、改善を図る。

フクロモモンガにおける推奨薬用量

アモキシシリン Amoxicillin：30mg/kg IM、SC、PO q12～24h

アモキシシリン・クラブラン酸合剤 Amoxicillin/clavulanic acid：12.5mg/kg PO q12h

イトラコナゾール Itraconazole：5～10mg/kg PO q12～24h

イベルメクチン Ivermectin：0.2mg/kg PO、SC q10～14d

エナラプリル Enalapril：0.5mg/kg PO q24h

エンロフロキサシン Enrofloxacin：5mg/kg IM、SC、PO q12～24h

グルコン酸カルシウム Calcium gluconate：100mg/kg SC。1：1に希釈する。

グルビオン酸カルシウム Calcium glubionate：150mg/kg PO q24h

セファレキシン Cephalexin：30mg/kg PO q12h

セラメクチン Selamectin：6～18mg/kg 局所投与 q21～28d

トリメトプリム-サルファ Trimethoprim-sulfa：15mg/kg PO q12h

フェンベンダゾール Fenbendazole：20～50mg/kg PO q24h。3～5日間投与する。

ブトルファノール Butorphanol：0.1～0.5mg/kg IM、SC q6～8h

ブプレノルフィン Buprenorphine：0.01～0.03mg/kg IM、SC q8～12h

プラジクアンテル Praziquantel：7mg/kg PO、SC

フロセミド Furosemide：1～5mg/kg IM、SC、PO q8～12h。または適宜投与する。

ペニシリンG Penicillin G：22,000～25,000IU/kg SC q12～24h

ミダゾラム Midazolam：0.25～1mg/kg IM、SC

メトロニダゾール Metronidazole：25mg/kg PO q12h

メロキシカム Meloxicam：0.1～0.2mg/kg IM、SC、PO q12～24h

ヘビ

性別鑑定——

1. 雄は二対の半陰茎を有する。半陰茎は、排泄口のすぐ尾側の腹側尾根部にある袋状物内に陥入している。
2. 鈍端の探針を半陰茎の腔内に挿入する。雄では、同種の雌に比べてより深いところまで挿入することができる。

臨床病理

1. 爬虫類の血液は、鳥類の血液と同様に取り扱う。
2. CBC用検体にEDTAを用いてはならない。
3. 抗凝固剤には、リチウムヘパリンの使用が望ましい。
4. 血液塗抹は、採血後、速やかに行う。
5. 血液検査基準値——

PCV：20～40％	血糖値：60～100mg/dL
TP：4.6～8.0mg/dL	尿酸：0～10mg/dL
WBC：6～12,000/μL	ALT：5～35U/L
カルシウム：8～20mg/dL	ナトリウム：130～152mEq/L
リン：1～5mg/dL	カリウム：3.0～5.7mEq/L

ヘビの採血

1. 採血に適する部位は、腹側尾静脈である。この静脈から検査に必要な量を採血することが困難な種もある（ボールニシキヘビball pythonなど）。心穿刺による採血を要する場合もある。
2. 腹側尾静脈からの採血には、23Gまたは25Gの針を、適正サイズのシリンジに接続する。
   A. ヘビを背臥位に保定し、尾は平らにする。
   B. 雌では肛門から後方を、雄では半陰茎から後方を丁寧に消毒する。
   C. 静脈穿刺部位の頭側を軽く圧迫する。
   D. 正中にて、皮膚に対して垂直に穿刺し、椎体の位置まで刺入する。
   E. シリンジに軽く陰圧を加えながら、血液が吸引される位置にくるまでゆっくりと針を抜く。
3. 心穿刺には賛否両論がある。心嚢膜血腫、心房や大血管の裂傷などを引き起こす危険性がある。
   A. 心穿刺では、多量の血液検体を採取することができる。
   B. 麻酔下での実施が望ましい。
   C. 心穿刺の適応には、最低でも体重300gを要する。
   D. ヘビは背臥位に保定する。
   E. 心臓は口吻から体長のおよそ15～20％の位置にある。位置を確認するには、腹側の体鱗の動きを観察する。または、超音波ドプラープローブを用いる。

F．目視または触診にて心拍動を確認し、心臓の位置を特定する。
G．親指と人指し指で心臓の頭側と尾側を固定する。
H．22～28Gの針と、適正サイズのシリンジを用いる。
I．体鱗の下方に針を刺入し、心臓を穿刺する。
J．血液を吸引する。

ヘビの輸液

1．調整電解質晶質液（LRS、ノーモソル®-Rなど）を使用する。
2．投与前に輸液剤を加温する。
3．SC輸液は、体壁に沿って外側から行う。投与量には限度がある。
4．体腔内投与は、腹部後方1/4、排泄口のすぐ頭側に行う。
5．維持量は、20～40mL/kg/日である。

注射――

- IM注射は、頭部から体長の1/3の領域で、背側正中と正側面の中間に行う。
- 刺激性のある薬剤は、SC投与しない。

鎮静――

- ミダゾラム1～2mg/kg SC、IMの投与により軽度の鎮静が得られるが、効果は不安定である。フルマゼニル0.05mg/kg SC、IMにて拮抗できる。
- ケタミン5～10mg/kg SC、IMにて、軽度～中等度の鎮静効果が得られる。ミダゾラムとの併用にて、安定した鎮静および筋弛緩効果が得られる。

麻酔――

- イソフルランまたはセボフルランによるチャンバー導入。
- プロポフォール3～5mg/kg IV、腹側尾静脈の投与は、導入または短時間の麻酔維持に用いる。
- 気管挿管し、ガス麻酔にて維持する。IPPV（間欠的陽圧換気）は、1～2回／分に設定する。

外科手術手技

1．皮膚消毒を行う際には、体鱗の下もスクラブする。
2．無菌、透明、粘着性ドレープを用いるとよい。
3．切開は、体鱗の直上を避け、体鱗裂間に施す。
4．埋没縫合には、モノフィラメント吸収糸（ポリジオキサノンなど）が適している。
5．皮膚縫合には、ナイロン糸を用い、やや外反させた水平マットレス縫合を行う。
6．開腹術では、外側体鱗の2列目と3列目の間を切開する。腹側体鱗部は切開しないこと。
7．縫合も、体鱗の直上を避け、体鱗裂間に施す。
8．少なくとも4週間は、縫合糸やステープルを抜去しない。

安楽死——一般的な安楽死用薬剤を、IC（心臓内）またはⅣ投与する。腹腔内投与を行うこともある。

人獣共通感染症——サルモネラ症

ヘビに好発する疾患と健康障害

1．外傷
   A．出血がある場合は、電気メス、圧迫、結紮により止血する。
   B．麻酔下にて、希釈した消毒薬で創部をスクラブ洗浄する。
   C．創部を加温した滅菌生理食塩水で洗浄する。
   D．創部に抗生物質軟膏を塗布する。重度の外傷であれば縫合を行う。
   E．感染を認める場合は、状態が安定化するまで創部を閉鎖しない。
   F．水平マットレス縫合またはステント縫合を行う。抜糸は4〜6週間後に行う。
   G．犬、猫、齧歯類などによる咬傷の治療は、他の動物種の場合と同様に行う。

2．熱傷
   A．原因——加温器の不適切な使用、熱源への長時間の曝露など。
   B．分類——全層性、深層性、表層性
   C．全層性、深層性熱傷
      Ⅰ．受傷部位の外貌は、白色または乾燥した黒色痂皮を呈する。
      Ⅱ．主な治療は、創傷部位の洗浄、スルファジアジン銀クリーム塗布などである。バンデージが有用な場合もあるが、ヘビのバンデージングは非常に困難である。
      Ⅲ．輸液療法および全身性抗生物質投与を検討する。
      Ⅳ．受傷部位辺縁から不完全な脱皮が生じることがある。
      Ⅴ．受傷したヘビは、脱皮の際に補助を要する。
      Ⅵ．治癒には数ヵ月を要する。
   D．表層性熱傷——表皮のみが損傷される。
      Ⅰ．紅斑、退色性変化、皺形成などが生じる。
      Ⅱ．処置——洗浄、さらなる皮膚外傷の予防、最適温度域（POTZ）での飼育など。

3．食欲廃絶、吐出
   A．吐出は、基礎疾患に続発して生じることが多い。
   B．食欲廃絶は、行動学的または環境的要因による場合が多い。
   C．細菌感染、ウイルス感染、真菌感染、腫瘍、異物誤食などにより食欲廃絶や吐出が生じる。
   D．クリプトスポリジウム感染症は、ヘビの嘔吐の主要な原因である。身体検査では、体幹中間部に腫脹を認める。これは胃の重度肥厚によるものである。診断には、胃生検、洗浄、細胞診などを行う。クリプトスポリジウムを完全除去できる治療法はない。したがって、予後は要注意〜不良である。
   E．体容積低下が10%を超える場合は、強制給餌が推奨される。

4．肺炎
A．肺炎は、細菌感染に続発して生じることが多い。細菌感染症の発症は、不適切な飼育環境に起因する。ヘビのパラミクソウイルス症や、封入体症（後述）は、下部呼吸器徴候を引き起こす。
B．主な臨床徴候――開口呼吸、声門からの分泌液排出や泡沫排出など。
C．気管洗浄による細胞診、細菌培養、感受性検査を行う。
D．主な治療――飼育環境の改善、続発性細菌感染症の治療など。
Ⅰ．抗生物質の全身投与。
セフタジジム：20～40mg/kg SC、IM q48～72h
エンロフロキサシン：10mg/kg IM q48h
Ⅱ．ネブライゼーション。
食塩水、ゲンタマイシン：5mg/mL 15分間 q8～12h
N-アセチル-L-シスチン：22mg/mL 15分間 q8～12h
Ⅲ．必要に応じて、輸液療法を行う。
5．便秘
A．主な原因――乾燥餌、冷凍餌、齧歯類の被毛、下部消化管のウイルス感染・細菌感染、下部消化管腫瘍など。
B．主な治療――ラクチュロース：0.5mL/kg PO q24h
C．麻酔下にて、結腸から糞便の押し出しを試みる。
D．原因疾患の特定と治療を行う。
6．卵秘
A．ヘビには卵秘が好発する。
B．卵は、視診またはX線検査にて確認できる。
C．オキシトシン：1～10IU/kg IM。ただし、効果発現には個体差がある。
D．麻酔下にてマッサージを行い、卵管からの卵排出を促す。
E．卵摘出には、卵管切開術を要することがある。
7．眼感染症
A．スペクタクル（眼球を覆う透明な鱗）およびスペクタクル直下の感染が多い。
B．感染は、両側性、片側性のいずれも生じる。
C．口腔内感染が併発していることもある。
D．治療は、抗生物質の局所および全身投与である。
E．スペクタクルの感染を認める場合は、排液と洗浄のためにスペクタクルを除去する。
8．ヘビのパラミクソウイルス症（OMPV）
A．ヘビ全品種が感受性を有する。
B．主な臨床徴候――食欲廃絶、神経障害、筋緊張消失、鼻汁、声門からの血様液排出、吐出など。
C．診断は、血清検査および組織学的検査による。
D．治療法はない。予後は不良である。
E．3ヵ月間の隔離と、OMPVの血清検査の反復が推奨される。
9．封入体症（inclusion body disease：IBD）

A. 主にボア（boa）やニシキヘビ（python）が罹患するウイルス感染症である。
B. 主な臨床徴候——吐出、見当識障害、斜頸、後弓反張、死など。
C. 診断は、生検組織（肝臓、食道、腎臓）の病理検査によるが、感受性は低く、特徴的な好酸性封入体が確認できなくても、IBDは除外できない。
D. 治療法はない。診断が確定した場合は、安楽死が推奨される。予後は不良である。
E. 3ヵ月以上の隔離が強く推奨される。

10. 口内炎（mouth rot）
A. 二次性細菌感染症であり、初期は口腔粘膜に病変を認めるが、進行すると頭蓋骨の骨髄炎を引き起こす。主な原因は、不適切な飼育環境や併発疾患に起因する免疫抑制である。
B. 細菌性肺炎、敗血症を生じることがある。
C. 主な原因菌——*Aeromonas* spp.、*Pseudomonas* spp.、*E.coli*（大腸菌）、*Morganella* spp.、*Proteus* spp.、*Providencia* spp.、*Salmonella* spp.など。
D. 主な臨床徴候——乾酪性（チーズ様）物質の蓄積を伴う口腔内潰瘍。
E. 口腔内を精査するには、軟性スパチュラ、パッド入り舌圧子、プラスチック棒などの器具を口腔内側面に挿入し、ゆっくり回転させて開口させる。
F. 原因究明と適切な治療を行うためには、臨床検査および飼育環境の調査を徹底的に行う。
G. 外科的デブリードマン、抗生物質全身投与、支持療法を行う。
H. 原因究明と特異的治療を行う。
I. 原因疾患の究明と治療が行われ、かつ感染が骨に波及してない症例では、予後良好～中等度である。

ヘビにおける推奨薬用量

アトロピン Atropine：徐脈には0.01～0.04mg/kg IM、SC
　心肺蘇生には0.5mg/kg IM、IV、IT（気管内）
アミカシン Amikacin：初回は5mg/kg IM、以後は2.5mg/kg IM q72h。
　水和と正常な腎機能が維持されている場合に限り、投与可能である。
イベルメクチン Ivermectin：0.2mg/kg IM、SC、PO。14日後に再投与する。
　インディゴヘビ（indigo snake）には投与しない。
エンロフロキサシン Enrofloxacin：10mg/kg IM q48h
カルベニシリン Carbenicillin：400mg/kg IM q24h
クリンダマイシン Clindamycin：5mg/kg PO q12h
ゲンタマイシン Gentamicin：5mg/mL q8h
　生理食塩水に添加し、15分間かけてネブライゼーションを行う。
シプロフロキサシン Ciprofloxacin：11mg/kg PO q48～72h
セフタジジム Ceftazidime：20～40mg/kg IM、SC q48～72h

パモ酸ピランテルPyrantel pamoate：25mg/kg PO q24h。3日間投与する。
ピペラシリンPiperacillin：100mg/kg IM q48h
フェンベンダゾールFenbendazole：50mg/kg PO q24h。3～5日間投与する。
プラジクアンテルPraziquantel：8mg/kg IM、SC、PO。14日後に再投与する。
ミダゾラムMidazolam：1～2mg/kg IM
メトロニダゾールMetronidazole：50mg/kg PO。10～14日後に再投与する。

ミニブタ（ポットベリーピッグ、*Vietnamese*）

英語では、若齢雌をgilt、老齢雌をsow、未去勢雄はboar、去勢済雄はbarrowと呼ぶ。
平均寿命――15～18年
平均体重――35～90kg
心拍数――70～80回／分
呼吸数――13～18回／分
体温――37.2～38.9℃
血液検査基準値――

PCV：38.1～48.8%	カルシウム：10.2～12.2mg/dL
TP：6.3～9.4g/dL	リン：5～10.7mg/dL
WBC：5,200～17,900/mL	ALT：23～83U/L
血糖値：68～155mg/dL	ALP：35～536U/L
BUN：10～47mg/dL	AST<109U/L
クレアチニン値：0.4～1.1mg/dL	GGT：21～57U/L
アルブミン：3.1～4.3g/dL	総ビリルビン<0.3mg/dL

性成熟齢――3～4ヵ月、多発情動物
平均発情周期――21日間
発情持続時間――1～3日間
妊娠期間――114日間
産仔数――4～15頭（平均6～8頭）

採血部位

耳介静脈および皮下腹部静脈は、鎮静や麻酔なしに穿刺できる。頸静脈や前大静脈穿刺は、盲目的となるため、鎮静または麻酔下において行う。橈側皮静脈、外側伏在静脈も用いられる。
麻酔――

- プロトコル1――メデトミジン0.04～0.07mg/kg、ブトルファノール0.15～0.3mg/kg、ミダゾラム0.1～0.3mg/kg IMの併用。アチパメゾールまたはフルマゼニルにて拮抗（フルマゼニル：ミダゾラム10～15mgに対し、1mgをIV、IM投与する）。このプロトコルは、導入および覚醒が速やかに得られるため、第一選択となる。
- プロトコル2――ミダゾラム0.1～0.3mg/kg、ケタミン5～10mg/kgの併用。短時間の麻酔に用いる。

- 維持にはイソフルランまたはプロポフォールを用いる。
- 長時間の処置、体格の大きな肥満個体には、挿管が望ましい。

ワクチン接種——豚丹毒（*Erysipelothrix rhusiopathiae*、*Actinobacillus pleuropneumoniae*)、レプトスピラ症に対するワクチン接種が推奨される。外傷がある場合や外科手術後には、破傷風ワクチン接種を行う。

飼育管理指針（米国）——ミニブタ（ポットベリー）の飼育に当たっては、産業豚と同様の制限や審査基準が適用される。旅行の際には、管轄獣医師や農務省に連絡した上で、健康診断書を発行する。オーエスキー病（仮性狂犬病）や豚のブルセラ症の検査の実施を要する場合もある。

ミニブタに好発する疾患と健康障害

1．犬による咬傷
  A．創傷の程度を評価する。
  B．輸液療法を行う。
  C．抗生物質を非経口投与する。
  D．破傷風ワクチン接種が済んでいない場合は、破傷風抗毒素500～1,500IU/頭を投与する。
  E．消毒液にて、患部を徹底的に洗浄する。
  F．重度創傷の場合は、麻酔下にてデブリードマンを施す。
2．ショック
  A．主な原因——消化不良による腹囲膨満、犬に追いかけられた、咬傷、交通事故など。
  B．主な臨床徴候——横臥、頻脈、呼吸困難、可視粘膜蒼白、チアノーゼ、四肢伸張、振戦、呻きなど。
  C．治療——他の動物種におけるショック治療と同様。
3．熱中症、ストレス
  A．成体の適正環境温度は、16～21℃である。
  B．豚は発汗機能を欠く。
  C．主な臨床徴候——衰弱、頻呼吸、頻脈、開口呼吸など。
  D．開口呼吸を呈する場合、予後は極めて不良である。
  E．治療——輸液、体躯の冷却。
4．嘔吐、下痢
  A．主な原因——過食、細菌性・ウイルス性疾患、異物閉塞、異嗜食、胃潰瘍など。
  B．主な臨床徴候——呻き、起立忌避、背弯歩行、嘔吐、下痢など。
  C．胃潰瘍が生じている場合は、吐血、メレナ、貧血を呈する。
  D．輸液療法を行う。
  E．消化管閉塞の疑いがない場合は、メトクロプラミドを投与してもよい。
  F．X線造影検査が有用である。
  G．内部寄生虫症を除外する。
  H．開腹を要する場合は、腹部正中切開を行う。胃切開や腸切開の外科的手技は犬と同様である（p.300「消化管閉塞と重積」の項を参照)。

I．胃潰瘍の治療――H_2ブロッカー（シメチジン、ファモチジン、オメプラゾールなど）、制酸薬、抗生物質の投与。

5．中毒症

A．催吐処置

過酸化水素水：1mL/5kg PO

トコン（吐根）エキス入りシロップ：7～15mL PO

B．治療法は、犬と同様である。

ミニブタにおける推奨薬用量

犬に使用する緊急投与薬とその薬用量は、ほぼ全てがミニブタに適用できる。

アスピリン Aspirin：10mg/kg PO q6～8h

アセプロマジン Acepromazine：0.03～0.22mg/kg IM

アトロピン Atropine：0.02～0.04mg/kg IM、SC。麻酔前投薬として投与する。

イベルメクチン Ivermectin：300mg/kg IM、SC、PO

エンロフロキサシン Enrofloxacin：2.5～5mg/kg IM、PO q24h

食用豚では使用禁止である。

オキシトシン Oxytocin：10～20 IU IM

過酸化水素水 Hydrogen peroxide：1mL/5kg PO。催吐処置として投与する。

カルプロフェン Carprofen：2.2mg/kg q12h または 4.4mg/kg q24h PO

ケトプロフェン Ketoprofen：1～3mg/kg PO q24h

ジアゼパム Diazepam：0.5～1.5mg/kg IV

セファレキシン Cephalexin：30mg/kg PO q8～12h

セフチオフルナトリウム Ceftiofur sodium（Naxel®）：2.2mg/kg IM q24h

セフチオフル（非結晶性）Ceftiofur crystalline-free acid（Excede®）：5mg/kg IM q5～7d

タイロシン Tylosin：9mg/kg IM q12～24h

ダントロレン Dantrolene：2～5mg/kg IV。悪性高熱の治療に投与する。

デキストラン鉄 Iron dextran：50～100mg/頭（仔豚）IM

テトラサイクリン Tetracycline：10～20mg/kg IM q24h

トコンシロップ（吐根）Syrup of ipecac：7～15mL PO

トラマドール Tramadol：2～4mg/kg PO q6～24h

トリメトプリム-サルファ Trimethoprim-sulfa：25～50mg/kg PO q24h

破傷風抗毒素 Tetanus antitoxin：500～1,500IU/頭 IM

パモ酸ピランテル Pyrantel pamoate：6.6mg/kg PO

フェニルブタゾン Phenylbutazone：0.5～1mg/kg q24h

フェンベンダゾール Fenbendazole：10mg/kg PO q24h。3日間投与する。

ブトルファノール Butorphanol：0.1～0.3mg/kg IM

プロカインGペニシリン Penicillin G procaine：20,000～60,000U/kg IM q24h

プロスタグランジン $F_{2\alpha}$ Prostaglandin $F_{2\alpha}$：5mg/頭 IM

フロルフェニコール Florfenicol：200mg/kg IM、IV q6～8h

POの場合はq12hとする。

メトロニダゾール Metronidazole：20mg/kg PO q12
食用豚では使用禁止である。
リンコマイシン Lincomycin：10mg/kg IM q12～14h

モルモット（*Cavia porcellus*）

モルモット（guinea pig）は、南アメリカ原産の昼行性動物で、テンジクネズミ（cavy）とも呼ばれる。南アメリカでは、1,000年以上家畜として飼育されてきた歴史がある。近年、米国では13品種が確認されている。英語では、雄をboar、雌をsowと呼ぶ（訳注：豚と同じ）。

平均寿命——5～6年
成体の体重——雄：900～1,200g、雌：700～900g
心拍数——230～380回／分
呼吸数——40～100回／分
体温——37.2～39.5℃
血液検査基準値——

PCV：35～45％
WBC：7,000～14,000/mL
BUN：9～32mg/dL
クレアチニン値：0.6～2.2mg/dL
血糖値：60～125mg/dL
リン：4～8mg/dL
カルシウム：9.6～12.4mg/dL
カリウム：4.5～8.8mEq/L
ナトリウム：130～150mEq/L

性成熟齢——2～3ヵ月齢
発情周期——15～17日間
妊娠期間——60～70日間
平均産仔数——3～4頭
離乳——生後2～3週目または体重が180gに達した時点。
食餌——主食として良質の牧草を与えると同時に、市販のモルモット用ペレットを与える。モルモットは、食餌からのビタミンC摂取を要する。したがって、ビタミンCを多含する新鮮な野菜（パプリカ、ピーマン、キャベツ、ケールなど）を毎日与える。代替法として、ビタミンCを飲用水に添加してもよい。
性別鑑定——雄では目立った陰嚢と精巣を認める。包皮からの陰茎突出が観察されることもある。
鎮静——

- ミダゾラム：0.5～1mg/kg SC、IM
- ミダゾラム0.5mg/kgおよびブトルファノール0.25mg/kg SC、IM

麻酔——前処置後、イソフルランまたはセボフルランにて、マスクまたはチャンバー導入する。

注意：ペニシリン、アンピシリン、アモキシシリン、セファロスポリン、バンコマイシン、エリスロマイシン、クリンダマイシンを経口投与すると、重篤な腸管細菌叢不均衡および腸炎を生じ、死に至ることがある。したがって、これらの抗生物質の経口投与は禁忌である。

モルモットの輸液

1．一般的な維持量は、60～100mL/kg/日である。SC輸液には、LRS、ノーモソル®-R、またはそれらに類似した調整電解質等張性晶質液を用いる。
2．IVまたはIO投与の場合は、輸液にブドウ糖を添加してもよい。コロイドや血液成分は、IVまたはIO投与する。
3．輸液剤は必ず38～39℃に加温する。
4．モルモットのショック用量：10～25mL/kg。5～7分間かけてIV、IO投与。
5．橈側皮静脈、外側伏在静脈、大腿静脈などの末梢静脈が使用可能である。カテーテル留置前に鎮静を施す。カテーテルは、24または26ゲージを用いる。
6．IOカテーテルは、転子窩から大腿骨へ挿入するか、脛骨前縁から脛骨へ挿入する。チンチラの場合と同じ手技を用いる。

モルモットの栄養サポート

1．食欲廃絶、食欲不振を呈する場合は栄養サポートを行い、摂食量の低下に伴う二次性消化管障害（腸内細菌叢不均衡、便秘、鼓張など）や脂肪動員（時に肝リピドーシスやケトアシドーシスを誘発する）の発症を抑制する。
2．草食動物用の高線維食をシリンジ給餌する（Oxbow Critical Care for Herbivores®、50～80mL/kg PO q24h：1日4～5回に分割給餌する）。嚥下しない場合は、シリンジ給餌してはならない。

モルモットに好発する疾患と健康障害

1．消化管疾患（下痢、鼓張、胃拡張・胃捻転）
　A．モルモットは草食性で、後腸で発酵分解を行う。疾患要因としては、感染性（寄生虫、細菌）よりも、非感染性（急激な食餌変更、高デンプン食などの不適切な食餌内容、不適切な抗生物質投与など）が多い。ほとんどの消化管疾患症例で腸内細菌叢不均衡を認める。そのため、胃腸炎、鼓張、下痢、内毒素血症などが続発する。細菌の体内移行や敗血症が惹起されることもある。胃捻転および腸捻転は、いずれもモルモットにおいて報告例がある。
　B．初期検査
　　Ⅰ．全身X線検査
　　Ⅱ．糞便検査（ウェットマウント法、Diff quck染色）
　　Ⅲ．糞便検査（浮遊法）
　C．下痢を認める場合は、糞便寄生虫検査を行い、アイメリア（*Eimeria caviae*）感染および運動性原虫（*Giardia*、*Trichomonas*、*Balantidium*など）の大量感染を除外する。また、歯牙疾患の有無を確認する。歯牙疾患が生じると、摂食量低下や低繊維食への嗜好が高まるため、下痢が惹起されやすい。
　　Ⅰ．牧草を主体とした高品質の食餌を与える。脱水がある場合は、輸液を行う。

Ⅱ. 運動性原虫の大量感染を認める場合は、メトロニダゾールにて駆除する。アイメリアはスルホンアミド（トリメトプリム - サルファなど）で駆除する。

Ⅲ. 食欲不振を呈している場合は、栄養サポートを行う。

Ⅳ. 重度細菌性腸炎が疑われ、細菌体内移行や敗血症の発症が危惧される場合は、抗生物質の非経口投与を行う。

Ⅴ. 歯科疾患がある場合は治療する。

D. 鼓張

Ⅰ. モルモットの胃には、常にある程度のガス貯留を認める。これを胃鼓張であると誤認しないこと。モルモットの胃は、左側前腹部に位置する。

Ⅱ. 胃拡張・胃捻転（GDV）を除外する。GDVであれば、胃が右側に変異する。捻転を伴わない胃拡張や胃鼓張が頻繁に認められる。GDVと診断された場合は、外科的整復適応であるが、予後不良であるため、安楽死も考慮する。

Ⅲ. ショックや低灌流を呈する場合は、ショック用量でのIVまたはIO輸液を行う。

Ⅳ. 疼痛管理を行う。ブプレノルフィン0.03〜0.05mg/kgをSC、IM、IV投与する。

Ⅴ. 胃鼓張や胃拡張を認める場合は、減圧を試みる。患者に鎮静を施し、大径のレッドラバーチューブに潤滑剤を塗布して経口的に挿入する。

Ⅵ. 腸内細菌叢不均衡が多発するため、エンロフロキサシン10mg/kgをIM、IV投与する。

Ⅶ. ショック、横臥、低体温を呈する場合は、予後不良である。

2. 歯牙疾患

A. モルモットの臼歯および前歯は、持続的に伸長する。

B. 歯列——$2(I_1C_0P_1M_3)=20$

C. 臼歯の咬合面は、水平面からおよそ30°傾斜している。

D. 歯牙疾患症例では、基礎疾患としてビタミンC欠乏症や低繊維食給餌を認めることがある。

E. 下顎臼歯が内方へ過剰伸長すると、しばしば舌絞扼が生じる。

F. 臼歯に過剰伸長や不整な摩耗が生じると、先端に棘が形成され、舌や頬粘膜に潰瘍が生じる。

G. 臨床徴候——食欲はあるが食べられない、柔らかい野菜や果物のみを食べる、酸っぱい口臭、口腔周辺の被毛の汚れや濡れ、下痢、全身状態低下、被毛粗剛など。

H. 口腔および臼歯を十分に観察するには、全身麻酔および開口器が必要である。耳鏡または硬性鏡の使用が強く推奨される。モルモットの口腔には、常にある程度の食渣貯留を認める。これを食渣うっ滞であると誤認しないこと。

I. 低速歯科用ドリルに、ダイアモンドバーと軟部組織保護カバーを接続する。棘部を除去し、過剰伸長した臼歯を削る。処置は全身麻酔下にて行う。

J．個々の症例に適した支持療法を行う。

Ⅰ．食欲不振があれば、栄養サポート。

Ⅱ．輸液：30～50mL/kg SC、ボーラス投与

Ⅲ．鎮痛処置――水和と正常腎機能が維持されている場合に限る。

ブプレノルフィン：0.03～0.05mg/kg SC

メロキシカム：0.3～0.5mg/kg SC、PO

K．モルモットの歯牙疾患を完治させることは困難であり、治療は維持管理にとどまることが多い。そのため、臨床徴候の回帰が生じやすく、多くの症例では生涯を通じて定期的な麻酔下処置を要する。

3．壊血病（ビタミンC欠乏症）

A．モルモットのビタミンC要求量は、15～25mg/kg/日である。

B．ビタミンCが欠乏してからおよそ2週間で臨床徴候が明瞭化する。

C．主な臨床徴候――元気消失、嗜眠、食欲不振、啼鳴、四肢関節および肋軟骨結合部の腫大、被毛粗剛、眼脂、鼻汁、下痢、体重減少など。飢餓または二次感染により、3～4週間で死亡することもある。

D．治療――毎日、水やフードにアスコルビン酸を添加する。または、50～100mg/kgをSC、IM投与する。

E．マルチビタミン剤は、他のビタミンの過剰摂取を招く可能性があるので使用しない。

F．予防――安定性の高いビタミンCを毎日給与する。ビタミンC 0.4g/Lを飲用水に添加する。または、レッドパプリカ、ピーマン、キャベツ、ケールなどを毎日主食に追加する。

4．呼吸器疾患

A．急性・慢性肺炎――二大原因病原体は、*Bordetella bronchiseptica*（気管支敗血症菌）および*Streptococcus pneumoniae*（肺炎レンサ球菌）である。感染は、直接接触によって生じる。発症の誘発要因は、ストレス、過密飼育、ケージの換気不足、不衛生な飼育環境などである。

B．モルモットは、完全鼻呼吸動物であり、上部気道疾患が生じると、顕著な呼吸困難を呈する。

C．臨床徴候――くしゃみ、咳、呼吸困難、眼脂、鼻汁、沈うつ、食欲不振、体重低下、死など。斜頸、流産を認めることもある。

D．鑑別診断――心疾患、腫瘍、代謝性疾患、敗血症など。胸部X線検査、胸部CT撮影、CBC、生化学検査などを行い、診断を確定する。

E．抗生物質投与（トリメトプリム－サルファ、エンロフロキサシン、クロラムフェニコールなど）。

F．食欲不振があれば、栄養サポートを行う。

G．適宜、支持療法を行う。.

H．ビタミンC摂取が適切であることを確認する。

5．発作、神経障害

A．原因疾患――低カルシウム血症、低血糖、低体温、敗血症、内耳炎、

中耳炎、疥癬症など。

B．発作を認める場合は、ミダゾラム0.5～1mg/kgをIM、IN（経鼻）、IV投与する。

C．原因疾患の特定と治療を図る。生化学検査およびCBCを行い、頭蓋外要因を除外する。

インスリノーマはモルモットに好発し、低血糖を惹起する。低血糖症の鑑別診断には、肝疾患、敗血症、飢餓が挙げられる。確定診断には、血中インスリン濃度を測定する。ブドウ糖投与を行う。予後は要注意～不良である。

D．インスリノーマの治療法は、フェレットの治療法に従い、プレドニゾンおよびジアゾキシドの投与を試みる（p.780を参照）。

E．疥癬症を除外する。疥癬症症例では、強烈な掻痒感を呈し、発作様徴候を生じる。駆除には、イベルメクチンまたはセラメクチンを用いる。

F．外耳および鼓膜を入念に観察する。背腹位での頭部X線撮影またはCT撮影を行い、中耳炎および内耳炎を除外する。中耳炎を認める場合は、全身性抗生物質投与と支持療法を行う。

G．敗血症は、神経障害、抑うつ、食欲不振を惹起する。広域スペクトル抗生物質を用いて、経験的治療を行う。抗生物質投与は必ず非経口的に行い、消化管機能低下を防ぐ。IV輸液および支持療法を行う。予後は不良である。

6．頸部リンパ節炎

A．*Streptococcus zooepidemicus*は、リンパ節や腹部臓器の膿瘍形成、および流産を引き起こす片利共生生物である。中耳または内耳に感染が生じると、斜頸を呈すことがある。若齢個体が呼吸器を含む全身感染を呈すると、眼脂、鼻汁、チアノーゼ、呼吸困難を生じる。敗血症に陥ることもある。

B．確定診断には、腫脹した頸部リンパ節の針生検と細胞診を行う。リンパ腫を除外すること。リンパ節の針生検検体は、好気細菌培養用に提出する。

C．治療

Ⅰ．麻酔を施す。

Ⅱ．膿瘍の外科的洗浄を行う。

Ⅲ．培養および感受性検査結果に基づき、エンロフロキサシン、トリメトプリム－サルファ、クロラムフェニコールなどの抗生物質を全身投与する。

7．妊娠中毒症

A．モルモットの妊娠中毒症では、大半が24時間以内に急死する。

B．妊娠中毒症は、妊娠56日以上、胎仔数3頭以上で、ストレスと体重負荷が高い場合に好発する。

C．主な臨床徴候――急死、食欲廃絶、嗜眠、呼吸困難、2～5日間での死。

D．臨床病理所見――低血糖、高カリウム血症、低ナトリム血症、ケトン血症、蛋白尿、貧血、血小板減少症など。

E．治療

Ⅰ．IV、IO輸液を行う。

Ⅱ．ブドウ糖のIV投与。

Ⅲ．全身性抗生物質投与。

F．予後不良である。治療を行っても、妊娠中毒症の致死率はほぼ100％である。

8．難産

A．6ヵ月齢以上で初産を迎える個体や、重度肥満個体に好発する。

B．難産により、過剰出血、疲弊、毒素血症を呈し、時に死亡する。

C．適正は妊娠期間は、およそ69日間である。

D．治療――オキシトシン1～2U/kgをIM投与する。経膣分娩、帝王切開を行う。

モルモットにおける推奨薬用量

アトロピンAtropine：0.1～0.2mg/kg IM、SC

アモキシシリンAmoxicillin：経口投与は推奨されない。

アンピシリンAmpicillin：経口投与は推奨されない。

イトラコナゾールItraconazole：5～10mg/kg PO q24h

イベルメクチンIvermectin：0.2～0.5mg/kg IM、SC、PO q7～14d

エリスロマイシンErythromycin：経口投与は推奨されない。

エンロフロキサシンEnrofloxacin：10mg/kg IM、SC、IV、PO q12～24h

オキシトシンOxytocin：1～2U/kg IM

クリンダマイシンClindamycin：経口投与は推奨されない。

ゲンタマイシンGentamicin：腎毒性を呈するため、投与は推奨されない。

コハク酸クロラムフェニコールナトリウムChloramphenicol sodium succinate：30mg/kg IM q12h。5～7日間投与する。

スルファジメトキシンSulfadimethoxine（Albon®）：25～50mg/kg PO q24h 10日間投与する。

セファロスポリンCephalosporins：経口投与は推奨されない。

セラメクチンSelamectin：15～30mg/kg局所投与q21～28d 疥癬症治療用量は30mg/kgである。

テトラサイクリンTetracycline：15～20mg/kg PO q8～12h 450～550mg/Lを飲用水に添加する。

テルビナフィンTerbinafine：10～30mg/kg PO q24h

ドキシサイクリンDoxycycline：5mg/kg PO q12h

トリメトプリム-サルファTrimethoprim-sulfa：15～30mg/kg PO q12h

ナイスタチンNystatin：100,000U/kg PO q8h。5日間投与する。

パルミチン酸クロラムフェニコールChloramphenicol palmitate：50mg/kg PO q12h。5～7日間投与する。

ビタミンC Vitamin C：50～100mg/kg SC、IM、PO ビタミンC欠乏症の治療として投与する。

フェベンダゾールFenbendazole：20～50mg/kg PO q24h。5日間投与する。

ブトルファノールButorphanol：0.2～0.4mg/kg SC、IM q2～4h
ブプレノルフィンBuprenorphine：0.03～0.05mg/kg SC、IM q8～12h
プラジクアンテルPraziquantel：6～10mg/kg IM、SC。10日後に再投与する。
フロセミドFurosemide：2～4mg/kg IM、SC、IV、PO。適宜投与する。
ミダゾラムMidazolam：0.5～1mg/kg IM、SC、IV
メトロニダゾールMetronidazole：20～30mg/kg IV、PO q12h

ラット（*Rattus norvegicus*）

平均寿命――1.5～2.5年
平均体重――雄：350～500g、雌：250～300g
心拍数――250～490回／分
呼吸数――70～115回／分
体温――35.9～37.5℃
血液検査基準値――
PCV：35～45%
TP：5.6～7.6g/dL
WBC：4,700～9,400/mL
BUN：15～21mg/dL
クレアチニン値：0.2～0.8mg/dL
血糖値：50～135mg/dL
リン：6.5～12.2mg/dL
カルシウム：5.3～13mg/dL
カリウム：5.6～7.4mEq/L
ナトリウム：135～155mEq/L
発情周期――4～5日間。連続的多発情性動物
妊娠期間――19～21日間
平均産仔数――4～14頭
離乳――生後21～28日目
食餌――蛋白質含有量が14～16%のウサギ用ペレットを給餌する。ラットは雑食性である。
鎮静――ミダゾラム：0.5～2mg/kg IM、SC。深鎮静や鎮痛を要する場合は、ブトルファノール0.2～0.4mg/kgまたはブプレノルフィン0.05mg/kgを追加する。
麻酔――イソフルランまたはセボフルランのマスクまたはチャンバー吸入。

ラットの輸液

維持量は、60～100mL/kg/日である。SC投与を行う。IVカテーテル留置を要する場合は、外側尾静脈または背側尾静脈を用いる（図15-11）。

ラットの栄養サポート

食欲不振や一般状態低下を呈する場合は、栄養サポートを行う。雑食動物用クリティカルケア調合餌、またはラット用フードをミキサーにかけたものをシリンジ給餌する。

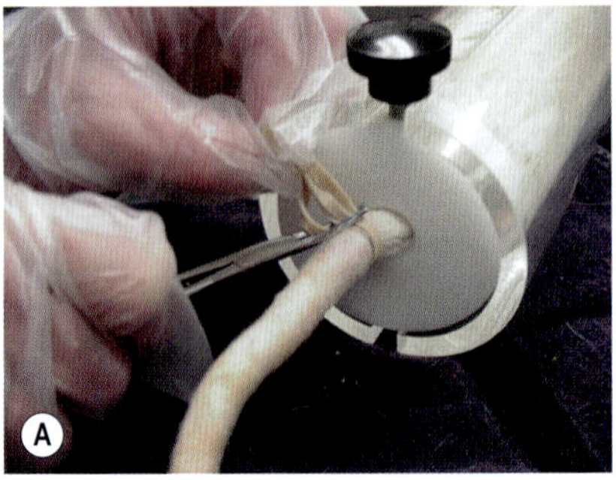

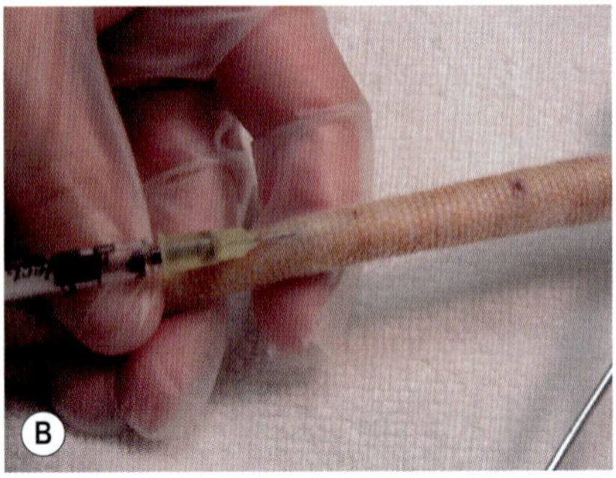

図15-11　外側尾静脈を用いたラットの採血
Sheldon, C.C., Topel, V., Sonsthagen, T.F. 2006. Animal Restraint for Veterinary Professionals, Mosby；よりElsevierの許可を得て複写。

ラットに好発する疾患と健康障害

1．呼吸器疾患
  A．急性症、慢性症を鑑別する。
  B．主な病原菌――*Streptococcus pneumoniae*（肺炎レンサ球菌）、*Corynebacterium kutscheri*（ネズミコリネ菌）、*Mycoplasma pulmonis*、*sialodacryoadenitis virus*（ラット唾液腺涙液腺炎ウイルス：SDV）など。これらの混合感染も生じる。
  C．危険因子――多因子疾患、免疫機能低下、併発症、不適切な飼育環境など。
  D．主な臨床徴候――鼻汁、スナッフル、眼周囲のポルフィリン沈着（red tears）、呼吸困難、被毛粗剛、斜頸など。死亡することもある。
  E．若齢個体では、急性肺炎が生じる。主な原因菌は、*Streptococcus pneumoniaee*（肺炎レンサ球菌）および*Corynebacterium kutscherie*（ネズミコリネ菌）である。敗血症を生じることがある。治療は、以下の薬剤を投与する。
    Ⅰ．アモキシシリン・クラブラン酸合剤：15～20mg/kg PO、SC q12h（ラットの経口投与安全量）
    Ⅱ．アジスロマイシン：15～30mg/kg PO q12h
    Ⅲ．ドキシサイクリン：5～10mg/kg q12h
    Ⅳ．必要に応じて、酸素補給、生理食塩水によるネブライゼーション、支持療法。
  F．慢性肺炎は、過去に呼吸障害の既往歴を有する加齢個体に多く認められる。慢性肺炎の治療は、以下の薬剤を投与する。
    Ⅰ．エンロフロキサシン：10～20mg/kg PO q12～24h、およびドキシサイクリン5～10mg/kg q12hの併用。
    Ⅱ．アジスロマイシン：15～30mg/kg PO q12h
    Ⅲ．タイロシン：10mg/kg PO q12h
    Ⅳ．必要に応じて、酸素補給、生理食塩水によるネブライゼーション、支持療法。
  G．慢性症例では、肺の基礎疾患が重篤な場合が多く、予後要注意である。下部呼吸器の状態と疾患の重篤度を判定するため、画像検査が推奨される。多くの症例では、臨床徴候の回帰を予防するために、長期的な抗生物質投与を要する。完治は望めない。適切な飼育環境、栄養補給、ストレス低減を要する。

2．皮膚疾患——乳腺腫瘍、皮膚炎、脱毛
　A．脱毛症の原因——抜毛症（グルーミング過剰）、外傷、皮膚糸状菌症、体表寄生虫症など。
　B．皮下腫瘤病変で最も多いものは、乳腺の良性線維腺腫である。ラットの乳腺組織は、広範囲に存在しているため、乳腺腫瘍の発症部位も広範囲にわたる。局所切除を行っても、他部位に再発することが多い。再発抑制を目的とした卵巣子宮全摘出術が推奨される。または、GnRHアゴニストの投与（酢酸デスロレリン埋没）を行うとよい。
　C．細菌感染には、アモキシシリン・クラブラン酸合剤、セファレキシン、トリメトプリム－サルファなどが有効である。
　D．皮膚糸状菌症には、イトラコナゾールまたはテルビナフィンを用いる。
　E．体表寄生虫症には、イベルメクチンまたはセラメクチンを使用する。
　F．自傷や同居個体による外傷を予防する。必要に応じて、エリザベスカラーの使用や罹患個体の隔離を行う。

3．神経筋疾患
　A．細菌感染、ウイルス感染、腫瘍、中毒症、頭部・耳・脊髄外傷などにより、運動失調、不全麻痺、発作、斜頸などを呈する。
　B．下垂体腺腫は、老齢個体に多発する。中枢性前庭徴候を呈する。カベルゴリン投与により、下垂体の一時的な減容積が期待できる。

ラットにおける推奨薬用量

アジスロマイシン Azithromycin：15～30mg/kg PO q24h
アモキシシリン・クラブラン酸合剤 Amoxicillin/clavulanic acid：
　15～20mg/kg PO q12h。ラットの経口投与の安全量である。
イトラコナゾール Itraconazole：5～10mg/kg PO q24h
イベルメクチン Ivermectin：0.2～1mg/kg SC、PO q7～14d
　毛包虫症には0.2mg/kg PO q24hで投与する。
エンロフロキサシン Enrofloxacin：10～20mg/kg IM、SC、PO q12～24h
クリンダマイシン Clindamycin：**経口投与は避ける。**
クロラムフェニコール Chloramphenicol：30～50mg/kg q8h
セファロスポリン Cephalosporins：15～30mg/kg PO q8～12h
セラメクチン Selamectin：15～30mg/kg 局所投与 q21～28d
タイロシン Tylosin（Tylan®）：10mg/kg PO q12h
デスロレリン Deslorelin：4.7mg 皮下埋没
ドキシサイクリン Doxycycline：5～10mg/kg PO q12h
トリメトプリム-サルファ Trimethoprim-sulfa：15～30mg/kg q12～24h
フェンベンダゾール Fenbendazole：20～50mg/kg PO q24h。5日間投与する。
ブトルファノール Butorphanol：0.2～0.4mg/kg SC、IM q2～4h

ブプレノルフィン Buprenorphine：0.05～0.1mg/kg SC、IM q8～12h
プラジクアンテル Praziquantel：6～10mg/kg IM、SC、PO
フロセミド Furosemide：2～4mg/kg IM、SC、PO。適宜投与する。
ミダゾラム Midazolam：0.5～2mg/kg IM、SC、IN（経鼻投与）
メトロニダゾール Metronidazole：10～20mg/kg PO q12h
メロキシカム Meloxicam：0.5～1mg/kg PO q12～24h
　水和と正常な腎機能が維持されている場合に限る。
硫酸アトロピン Atropine sulfate：0.2～0.4mg/kg SC、IM

参考文献

ウサギ

Harcourt-Brown, F.M., 2007. The progressive syndrome of acquired dental disease in rabbits. Journal of Exotic Pet Medicine 16 (3), 146–157.
Harcourt-Brown, T.R., 2007. Management of acute gastric dilation in rabbits. Journal of Exotic Pet Medicine 16 (3), 168–174.
Johnson-Delaney, C.A., Orosz, S.E., 2011. Rabbit respiratory system: clinical anatomy, physiology and disease. Veterinary Clinics of North America: Exotic Animal Practice 14 (2), 257–266.
Lichtenberger, M., Lennox, A., 2010. Updates and advanced therapies for gastrointestinal stasis in rabbits. Veterinary Clinics of North America: Exotic Animal Practice 13 (3), 525–541.
Mayer, J., Donnelly, T.M. (Eds.), 2012. Veterinary Clinical Advisor: Birds and Exotic Pets, first ed. Elsevier, St Louis.
Oglesbee, B.L., 2011. Blackwell'fs Five-Minute Veterinary Consult: Small Mammal, second ed. Wiley Blackwell, Chichester, Sussex.
Quesenberry, K.E., Carpenter, J.W. (Eds.), 2012. Ferrets, Rabbits and Rodents: Clinical Medicine and Surgery, third ed. WB Saunders, Philadelphia.
Wagner, F., Fehr, M., 2007. Common ophthalmic problems in pet rabbits. Journal of Exotic Pet Medicine 16 (3), 158–167.
Wenger, S., 2012. Anesthesia and analgesia in rabbits and rodents. Journal of Exotic Pet Medicine 21 (1), 7–16.

カメ（陸棲および水棲）

Girling, S.J., Raiti, P. (Eds.), 2004. BSAVA Manual of Reptiles, second ed. British Small Animal Veterinary Association, Quedgeley.
Martinez-Jimenez, D., Hernandez-Divers, S.J., 2007. Emergency care of reptiles. Veterinary Clinics of North America: Exotic Animal Practice 10 (2), 557–585.
Mayer, J., Donnelly, T.M. (Eds.), 2012. Veterinary Clinical Advisor: Birds and Exotic Pets, first ed. Elsevier, St Louis.
Schumacher, J., 2011. Respiratory medicine of reptiles. Veterinary Clinics of North America: Exotic Animal Practice 14 (2), 207–224.
Sladky, K.K., Mans, C., 2012. Clinical anesthesia in reptiles. Journal of Exotic Pet Medicine 21 (1), 17–31.
Sykes, I.V., J.M., 2010. Updates and practical approaches to reproductive disorders in reptiles. Veterinary Clinics of North America: Exotic Animal Practice 13 (3), 349–373.

観賞魚

Hadfield, C.A., Whitaker, B.R., Clayton, L.A., 2007. Emergency and critical care of fish. Veterinary Clinics of North America: Exotic Animal Practice 10 (2), 647–675.
Mayer, J., Donnelly, T.M. (Eds.), 2012. Veterinary Clinical Advisor: Birds and Exotic Pets, first ed. Elsevier, St Louis.
Roberts, H.E., Palmeiro, B., Weber III, E.S., 2009. Bacterial and parasitic diseases of pet fish. Veterinary Clinics of North America: Exotic Animal Practice 12 (3), 609–638.

Saint-Erne, N., 2010. Diagnostic Techniques and treatments for internal disorders of koi (Cyprinus carpio). Veterinary Clinics of North America: Exotic Animal Practice 13 (3), 333-347.

Sneddon, L.U., 2012. Clinical anesthesia and analgesia in fish. Journal of Exotic Pet Medicine 21 (1), 32-43.

鳥類

Bowles, H., Lichtenberger, M., Lennox, A., 2007. Emergency and critical care of pet birds. Veterinary Clinics of North America: Exotic Animal Practice 10 (2), 345-394.

Chavez, W., Echols, M.S., 2007. Bandaging, endoscopy, and surgery in the emergency avian patient. Veterinary Clinics of North America: Exotic Animal Practice 10 (2), 419-436.

de Matos, R., Morrisey, J.K., 2005. Emergency and critical care of small psittacines and passerines. Seminars in Avian and Exotic Pet Medicine 14 (2), 90-105.

Flammer, K., 2006. Antibiotic drug selection in companion birds. Journal of Exotic Pet Medicine 15 (3), 166-176.

Hawkins, M.G., Paul-Murphy, J., 2011. Avian analgesia. Veterinary Clinics of North America: Exotic Animal Practice 14 (1), 61-80.

Lennox, A.M., 2008. Intraosseous catheterization of exotic animals. Journal of Exotic Pet Medicine 17 (4), 300-306.

Orosz, S.E., Lichtenberger, M., 2011. Avian respiratory distress: etiology, diagnosis, and treatment. Veterinary Clinics of North America: Exotic Animal Practice 14 (2), 241-255.

チンチラ

Hawkins, M.G., Graham, J.E., 2007. Emergency and critical care of rodents. Veterinary Clinics of North America: Exotic Animal Practice 10 (2), 501-531.

Mans, C., Donnelly, T.M., 2012. Disease problems of chinchillas. In: Quesenberry, K.E., Carpenter, J.W. (Eds.), Ferrets, Rabbits and Rodents: Clinical Medicine and Surgery, third ed. WB Saunders, Philadelphia, pp. 311-325.

Mayer, J., Donnelly, T.M. (Eds.), 2012. Veterinary Clinical Advisor: Birds and Exotic Pets, first ed. Elsevier, St Louis.

Quesenberry, K.E., Donnelly, T.M., Mans, C., 2012. Biology, husbandry, and clinical techniques of guinea pigs and chinchillas. In: Quesenberry, K.E., Carpenter, J.W. (Eds.), Ferrets, Rabbits and Rodents: Clinical Medicine and Surgery, third ed. WB Saunders, Philadelphia, pp. 279-294.

Yarto-Jaramillo, E., 2011. Respiratory system anatomy, physiology, and disease: guinea pigs and chinchillas. Veterinary Clinics of North America: Exotic Animal Practice 14 (2), 339-355.

トカゲ類

Girling, S.J., Raiti, P. (Eds.), 2004. BSAVA Manual of Reptiles, second ed. British Small Animal Veterinary Association, Quedgeley.

Klaphake, E., 2010. A fresh look at metabolic bone diseases in reptiles and amphibians. Veterinary Clinics of North America: Exotic Animal Practice 13 (3), 375-392.

Martinez-Jimenez, D., Hernandez-Divers, S.J., 2007. Emergency care of reptiles. Veterinary Clinics of North America: Exotic Animal Practice 10 (2), 557-585.

Mayer, J., Donnelly, T.M. (Eds.), 2012. Veterinary Clinical Advisor: Birds and Exotic Pets, first ed. Elsevier, St Louis.

Schumacher, J., 2011. Respiratory medicine of reptiles. Veterinary Clinics of North America: Exotic Animal Practice 14 (2), 207-224.

Sladky, K.K., Mans, C., 2012. Clinical anesthesia in reptiles. Journal of Exotic Pet Medicine 21 (1), 17-31.

Sykes IV, J.M., 2010. Updates and practical approaches to reproductive disorders in reptiles. Veterinary Clinics of North America: Exotic Animal Practice 13 (3), 349-373.

ハリネズミ

Dierenfeld, E.S., 2009. Feeding behavior and nutrition of the african pygmy hedgehog (Atelerix albiventris). Veterinary Clinics of North America: Exotic Animal Practice 12 (2), 335-337.

Ivey, E., Carpenter, J.W., 2012. African hedgehogs. In: Quesenberry, K.E., Carpenter, J.W. (Eds.), Ferrets, Rabbits and Rodents: Clinical Medicine and Surgery, third ed. WB Saunders, Philadelphia, pp. 411-427.

Johnson, D.H., 2011. Hedgehogs and sugar gliders: respiratory anatomy, physiology, and disease. Veterinary Clinics of North America: Exotic Animal Practice 14 (2), 267–285.

Mayer, J., Donnelly, T.M. (Eds.), 2012. Veterinary Clinical Advisor: Birds and Exotic Pets, first ed. Elsevier, St Louis.

フェレット

Chen, S., 2010. Advanced diagnostic approaches and current medical management of insulinomas and adrenocortical disease in ferrets (Mustela putorius furo). Veterinary Clinics of North America: Exotic Animal Practice 13 (3), 439–452.

Mayer, J., Donnelly, T.M. (Eds.), 2012. Veterinary Clinical Advisor: Birds and Exotic Pets, first ed. Elsevier, St Louis.

Oglesbee, B.L., 2011. Blackwell'fs Five-Minute Veterinary Consult: Small Mammal, second ed. Wiley Blackwell, Chichester, Sussex.

Pollock, C., 2007. Emergency medicine of the ferret. Veterinary Clinics of North America: Exotic Animal Practice 10 (2), 463–500.

Quesenberry, K.E., Carpenter, J.W. (Eds.), 2012. Ferrets, Rabbits and Rodents: Clinical Medicine and Surgery, third ed. WB Saunders, Philadelphia.

Wagner, R.A., Finkler, M.R., Fecteau, K.A., et al., 2009. The treatment of adrenal cortical disease in ferrets with 4.7-mg deslorelin acetate implants. Journal of Exotic Pet Medicine 18 (2), 146–152.

フクロモモンガ

Dierenfeld, E.S., 2009. Feeding behavior and nutrition of the sugar glider (Petaurus breviceps). Veterinary Clinics of North America: Exotic Animal Practice 12 (2), 209–215.

Lennox, A.M., 2007. Emergency and critical care procedures in sugar gliders (Petaurus breviceps), African hedgehogs (Atelerix albiventris), and prairie dogs (Cynomys spp). Veterinary Clinics of North America: Exotic Animal Practice 10 (2), 533–555.

Mayer, J., Donnelly, T.M. (Eds.), 2012. Veterinary Clinical Advisor: Birds and Exotic Pets, first ed. Elsevier, St Louis.

Ness, R.D., Johnson-Delaney, C.A., 2012. Sugar gliders. In: Quesenberry, K.E., Carpenter, J.W. (Eds.), Ferrets, Rabbits and Rodents: Clinical Medicine and Surgery, third ed. WB Saunders, Philadelphia, pp. 393–410.

ヘビ

Girling, S.J., Raiti, P. (Eds.), 2004. BSAVA Manual of Reptiles, second ed. British Small Animal Veterinary Association, Quedgeley.

Martinez-Jimenez, D., Hernandez-Divers, S.J., 2007. Emergency care of reptiles. Veterinary Clinics of North America: Exotic Animal Practice 10 (2), 557–585.

Mayer, J., Donnelly, T.M. (Eds.), 2012. Veterinary Clinical Advisor: Birds and Exotic Pets, first ed. Elsevier, St Louis.

Schumacher, J., 2011. Respiratory medicine of reptiles. Veterinary Clinics of North America: Exotic Animal Practice 14 (2), 207–224.

Sladky, K.K., Mans, C., 2012. Clinical anesthesia in reptiles. Journal of Exotic Pet Medicine 21 (1), 17–31.

Sykes, I.V., J.M., 2010. Updates and practical approaches to reproductive disorders in reptiles. Veterinary Clinics of North America: Exotic Animal Practice 13 (3), 349–373.

ミニブタ

Bonagura, J.D., Kirk, R.W. (Eds.), 1995. Current Veterinary Therapy XII. WB Saunders, Philadelphia, pp. 1388–1392.

Quesenberry, K.E., Hillyer, E.V. (guest eds.), 1993. Veterinary Clinics of North America, Small Animal Practice: Exotic Pet Medicine I 23 (6), 1149–1177.

Rupley, A.E. (guest ed.), 1998. Veterinary Clinics of North America, Exotic Animal Practice: Critical Care 1 (1), 177–189.

モルモット

Hawkins, M.G., Bishop, C.R., 2012. Disease problems of guinea pigs. In: Quesenberry, K.E., Carpenter, J.W. (Eds.), Ferrets, Rabbits and Rodents: Clinical Medicine and Surgery, third ed. WB Saunders, Philadelphia, pp. 295–310.

Mayer, J., Donnelly, T.M. (Eds.), 2012. Veterinary Clinical Advisor: Birds and Exotic Pets, first ed. Elsevier, St Louis.

Oglesbee, B.L., 2011. Blackwell'fs Five-Minute Veterinary Consult: Small Mammal, second ed. Wiley Blackwell, Chichester, Sussex.
Quesenberry, K.E., Donnelly, T.M., Mans, C., 2012. Biology, husbandry, and clinical techniques of guinea pigs and chinchillas. In: Quesenberry, K.E., Carpenter, J.W. (Eds.), Ferrets, Rabbits and Rodents: Clinical Medicine and Surgery, third ed. WB Saunders, Philadelphia, pp. 279–294.
Yarto-Jaramillo, E., 2011. Respiratory system anatomy, physiology, and disease: guinea pigs and chinchillas. Veterinary Clinics of North America: Exotic Animal Practice 14 (2), 339–355.

ラット

Hawkins, M.G., Graham, J.E., 2007. Emergency and Critical Care of Rodents. Veterinary Clinics of North America: Exotic Animal Practice 10, 501–531.
Mayer, J., Donnelly, T.M. (Eds.), 2012. Veterinary Clinical Advisor: Birds and Exotic Pets, first ed. Elsevier, St Louis.
Oglesbee, B.L., 2011. Blackwell'fs Five-Minute Veterinary Consult: Small Mammal, second ed. Wiley Blackwell, Chichester, Sussex.
Quesenberry, K.E., Carpenter, J.W. (Eds.), 2012. Ferrets, Rabbits and Rodents: Clinical Medicine and Surgery, third ed. WB Saunders, Philadelphia.
Wenger, S., 2012. Anesthesia and Analgesia in Rabbits and Rodents. Journal of Exotic Pet Medicine 21, 7–16.

付録

I．鎮痛薬

分類	薬剤	犬の投与量	猫の投与量
オピオイド Opioid	オキシコドン Oxycodone	0.1～0.3mg/kg PO q6～12h	推奨されない
	オキシモルフォン Oxymorphone	0.02～0.2mg/kg/時 IV q2～4h 0.05～0.2mg/kg IM、 SC q2～6h 0.05～0.3mg/kg/時 硬膜外投与	0.02～0.1mg/kg IV 0.05～0.1mg/kg IM、 SC q2～4h
	コデイン Codeine	0.5～2mg/kg PO q6～8h	0.5～1mg/kg PO q12h
	トラマドール Tramadol	2～8mg/kg PO q8～12h	2～5mg/kg PO q12h
	ヒドロモルフォン Hydromorphone	0.05～0.2mg/kg IV、 IM または SC q2～6h 0.0125～0.05mg/ kg/時 IV CRI 前投与：0.1mg/kg。 アセプロマジン 0.02 ～0.05mg/kg IM を併 用する	0.02～0.1mg/kg IV、 IM または SC q2～6h 0.0125～0.03mg/ kg/時 IV CRI 前投与：0.08mg/kg。 アセプロマジン 0.02 ～0.05mg/kg IM を併 用する
	フェンタニル Fentanyl	2～10μg/kg IV 効果 発現まで 1～10+μg/kg/時 IV CRI 0.001～0.01mg/kg/ 時 IV CRI または経皮的投与（以下参照） 体重　パッチの大きさ ＜10kg　25μg/時 10～25kg　50μg/時 25～40kg　75μg/時 ＞40kg　100μg/時	1～5μg/kg IV 効果発 現まで 1～5μg/kg/時 IV CRI 0.001～0.005mg/ kg/時 IV CRI ＜5kg：フィルムを部 分的に剥がし、パッチ の 1/3～1/2 を露出さ せて使用する ＞5kg：パッチの 2/3 を露出させるか、1 枚 をそのまま使用する
	ブトルファノール Butorphanol	0.1～0.4mg/kg IV、 IM、SC q1～2h 0.05～0.2mg/kg/時 IV CRI 0.5～2mg/kg PO q6～8h	0.1～0.3mg/kg IV、 IM、経粘膜 1～3μg/kg/時 IV CRI

分類	薬剤	犬の投与量	猫の投与量
オピオイド Opioid	ブプレノルフィン Buprenorphine	0.005～0.02mg/kg IV、IM、SC q4～8h 5～20μg/kg IV、IM q4～8h 2～4μg/kg/時 IV CRI 120μg/kg 経口腔粘膜投与 0.12mg/kg 経口腔粘膜投与	0.005～0.01mg/kg IV、IM、SC q4～8h 5～10μg/kg IV、IM q4～8h 1～3μg/kg/時 IV CRI 20μg/kg 経口腔粘膜投与 0.02mg/kg 経口腔粘膜投与 q6～8h SR：0.12mg/kg SC q12h
	メサドン Methadone	0.1～0.5mg/kg IV、IM、SC q2～4h	0.1～0.5mg/kg IV、IM、SC q2～4h
	メペリジン Meperidine	2～5mg/kg IM、SC q1～4h	2～5mg/kg IM、SC q1～4h
	モルヒネ Morphine	0.5～1mg/kg IM、SC 0.1～0.5mg/kg IV q2～4h 0.05～0.5mg/kg/時 0.1～0.3mg/kg 硬膜外投与 q4～12h	0.05～0.2mg/kg IM、SC
	硫酸モルヒネ（錠剤、経口液剤） Morphine sulfate tablets and oral liquid	1mg/kg PO q4～6h	推奨されない
	硫酸モルヒネ（徐放型） Morphine sulfate sustained release	2～5mg/kg PO q12h	推奨されない
非ステロイド性抗炎症薬 NSAIDs	アスピリン Aspirin	10～20mg/kg PO q8～12h	1～25mg/kg PO q72h
	エトドラク Etodolac	10～15mg/kg PO q24h	推奨されない
	カルプロフェン Carprofen	4mg/kg q24h 2mg/kg PO q12h	4mg/kg SC、IV、単回
	ケトプロフェン Ketoprofen	1～2mg/kg IV、IM、SC q24h、最大3日間 1mg/kg PO q24h、最大5日間	初回：0.5～2mg/kg IV、IM、SC 以後：0.5～1mg/kg PO q24h、最大5日間

分類	薬剤	犬の投与量	猫の投与量
非ステロイド性抗炎症薬 NSAIDs	ケトロラク Ketorolac	0.3～0.5mg/kg IV、IM、PO q12h for 1～2 doses 5～10mg/頭 PO q24h 最大3日間（体重>30kgでは10mg）	推奨されない
	テポキサリン Tepoxalin	初回：10～20mg/kg 以後：10mg/kg PO q24h	推奨されない
	デラコキシブ Deracoxib	3～4mg/kg PO q24h	推奨されない
	ナプロキセン Naproxen	初回：5mg/kg 以後：2mg/kg	推奨されない
	ピロキシカム Piroxicam	0.3mg/kg PO q24～48h	1mg/頭 PO q24h、最大5日間
	フィロコキシブ Firocoxib	5mg/kg PO q24h	0.75～3mg/kg PO、単回
	フルニキシンメグルミン Flunixin meglumine	1g/kg PO、IM、単回	推奨されない
	メロキシカム Meloxicam	初回：0.2mg/kg 以後：0.1mg/kg PO q24h	0.1mg/kg SC、PO、単回
NMDA拮抗薬 NMDA antagonists	アマンタジン Amantadine	3～5mg/kg PO q24h	3～5mg/kg PO q24h
	ケタミン Ketamine	0.2～0.6mg/kg/時 0.5mg/kg IV 2～10μg/kg/分 IV CRI	0.2～0.6mg/kg/時 0.5mg/kg IV 2～10μg/kg/分 IV CRI
α2-アドレナリン作用薬 α2-Adrenergic agonists	デクスメデトミジン Dexmedetomidine	0.005～1.5μg/kg/時	0.1～1μg/kg/時
	メデトミジン Medetomidine	1～3μg/kg/時	0.5～2μg/kg/時
その他 Miscellaneous	ガバペンチン Gabapentin	3～10mg/kg PO q8～12h	3～10mg/kg PO q8～12h
	プレガバリン Pregabalin (Lyrica®)	2～4mg/kg PO q8h	1～2mg/kg PO q12h
	リドカイン Lidocaine	2～4mg/kg/時	推奨されない

IV：静脈内投与、IM：筋肉内投与、IT：気管内投与、SC：皮下投与、PO：経口投与、CRI：定量持続点滴

Ⅱ．クロスマッチ（血液交差適合試験）

方法A（Kirk、1983より、Elsevierの許可を得て掲載）

1．検体を3,400×Gで1分間遠心分離する。血漿は分離し、保存しておく。
2．分離した赤血球を生理食塩水で再混和・遠心し、上清を除去する。この洗浄を3回繰り返す。
3．生理食塩水を用いて、2%赤血球浮遊液を作製する（0.9%食塩水0.98mLに洗浄赤血球0.02mLを加える）。
4．クロスマッチ主検査――ドナー赤血球浮遊液2滴とレシピエント血漿2滴をチューブに入れる。
5．クロスマッチ副検査――レシピエント赤血球浮遊液2滴とドナー血漿2滴をチューブに入れる。
6．コントロール――レシピエント赤血球浮遊液2滴とレシピエント血漿2滴をチューブに入れる。
7．主試験、副試験、コントロールのチューブを、25°Cのインキュベーターで30分間静置する。
8．チューブを3,400×Gで1分間遠心する。
9．陽性では、赤血球の凝集を認める。

方法B

1．ヘパリンまたはEDTA処理した血液を3,000回転で10分間遠心分離する。
2．以下の4枚のスライドを作製する。
   a．コントロール1――ドナー血漿1滴＋ドナー赤血球混濁液（RBC 0.2mL＋0.9% NaCl 4.8mL）1滴。これは凝集反応は示さないはずである。
   b．コントロール2――レシピエント血漿1滴＋レシピエント赤血球混濁液（RBC 0.2mL＋0.9% NaCl 4.8mL）1滴
   c．副試験――ドナー血漿1滴＋レシピエント赤血球混濁液（RBC 0.2mL＋0.9% NaCl 4.8mL）1滴
   d．主試験――レシピエント血漿1滴＋ドナー赤血球混濁液（RBC 0.2mL＋0.9% NaCl 4.8mL）1滴
3．各スライドを優しく左右に揺らす。
4．5～15分間、スライドcおよびdの凝集反応を観察する。

Ⅲ．血液成分の利用

表A　血液成分の投与の適応

成分	適応	投与成分
新鮮全血	1．貧血 2．血小板凝固 3．凝固障害	赤血球、血小板、凝固因子、血漿蛋白
保存全血	1．貧血 2．血小板凝固 3．凝固障害（保存時間が72時間以内の場合）	赤血球、血小板、凝固因子、血漿蛋白（保存時間が72時間以内の場合）
濃縮赤血球	貧血	赤血球、一部の血漿蛋白、一部の凝固因子、血小板（保存時間が72時間以内の場合）
血小板含有血漿	血小板減少症	血小板、凝固因子、血漿蛋白
新鮮血漿	1．血液量減少 2．低蛋白血症 3．凝固障害	凝固因子、血漿蛋白
新鮮凍結血漿	1．低蛋白血症 2．凝固障害	血漿蛋白、凝固因子
保存血漿・凍結血漿	1．低蛋白血症 2．血液量低下	血漿蛋白、一部の血漿蛋白
クリオピレシピテート（寒冷沈降性血漿蛋白質）	1．フォン・ウィルブランド病 2．A型血友病	第Ⅷ因子、フィブリノーゲン

出典：Schaer, M. (ed.)：The Veterinary Clinics of North America, Small Animal Practice：Fluid and Electrolyte Disorders, Vol. 19, No. 2, 1989.

表B　救急時の輸血において使用が推奨される血液および血液製剤*1、2

	FWB*3	RBC	FFP	SP	PRP*4	CRYO
急性失血性貧血（外傷）	2	1	—	—	—	—
慢性失血または消耗性貧血（IMHA）	2	1	—	—	—	—
出血と貧血を伴う凝固障害	1	2および	2	—	—	—
抗凝血性殺鼠剤中毒症	3	—	1	—	—	2
貧血を伴う抗凝血性殺鼠剤中毒症	1	2および	2	—	—	3
出血を伴う血小板減少症（エールリッヒア症、ITP）	2	—	—	—	1	—
出血を伴う血小板減少症（NSAIDs）	2	—	—	—	1	—
AT Ⅲ減少を伴うDIC	—	—	1	—	—	2
急性貧血を伴うDIC	2	1および	1	—	—	3
低アルブミン血症	—	—	2	1	—	—
低フィブリノーゲン血症	3	—	2	—	—	1
異常フィブリノーゲン血症	—	—	2	—	—	1
プロトロンビン欠乏症	3	—	2	1	—	—
A型血友病	3	—	2	—	—	1
B型血友病	3	—	2	1	—	—
C型血友病	3	—	2	1	—	—
第Ⅶ因子欠乏症	3	—	2	1	—	—
第Ⅹ因子欠乏症	3	—	2	1	—	—
第Ⅻ因子欠乏症	—	—	1	2	—	—
フォン・ウィルブランド病	3	—	2	—	—	1

＊1：重度の出血を認める場合は、濃縮赤血球、新鮮全血、ヘモグロビン系人工酸素運搬体の投与を検討する。
＊2：症例によっては、複数の問題（例：貧血と低アルブミン血症）を抱えている場合があり、評価は慎重に行うこと。
＊3：FWB：新鮮全血、RBC：濃縮赤血球、FFP：新鮮凍結血漿、SP：保存血漿 / 脱クリオ血漿、PRP：血小板含有血漿、CRYO：乾燥凍結製剤、1：第一選択、2：第二選択、3：第三選択
＊4：血小板含有血漿の使用が適切な症例であっても、入手が難しいために、新鮮全血にて代用されることがある。しかし、新鮮全血1ユニットを投与しても、血小板数上昇は3,000～5,000μLにとどまり、効果は十分でない。

付録

表A　犬の1日エネルギー要求量および水分要求量（体重あたり）*

体重（kg）	1日の総エネルギー要求量（kcal）	1時間の水分要求量（mL）
1	100	4.2
2	130	5.4
3	160	6.7
4	190	7.9
5	220	9.2
6	250	10.4
7	280	11.7
8	310	12.9
9	340	14.2
10	370	15.4
11	400	16.7
12	430	17.9
13	460	19.2
14	490	20.4
15	520	21.7
16	550	22.9
17	580	24.2
18	610	25.4
19	640	26.7
20	670	27.9
21	700	29.2
22	730	30.4
23	760	31.7
24	790	32.9
25	820	34.2
26	850	35.4
27	880	36.7
28	910	37.9
29	940	39.2
30	970	40.4
35	1,120	46.7
40	1,270	52.9
45	1,420	59.2
50	1,570	65.4
55	1,720	71.7
60	1,870	77.9
65	2,020	84.2
70	2,170	90.4

体重（kg）	1日の総エネルギー要求量（kcal）	1時間の水分要求量（mL）
75	2,320	96.7
80	2,470	102.9
85	2,620	109.2
90	2,770	115.4
95	2,920	121.7
100	3,070	127.9

* 30×体重(kg)＋70(kcal/日)＝(mL/日)
注：この表における要求量は、2kg未満の個体では実際をわずかに下回り、70kgを超える個体ではわずかに上回る。

出典：Ford, R.B. and Mazzaferro, E.M., Kirk and Bistner's Handbook of Veterinary Procedures and Emergency Treatment, 8th Ed. p 44, Saunders Elseveir 2006, with permission of Abbott Laboratories, Abbott Park, Illinois.

表B　脱水の程度の指標

脱水率	身体検査所見
＜5	ヒストリーに嘔吐または下痢がある。身体検査上は異常を認めない
6〜8	皮膚ツルゴールの軽度〜中程度の低下、口腔粘膜の乾燥
10〜12	皮膚ツルゴールの顕著な低下、口腔粘膜乾燥、弱脈を伴う頻脈、毛細血管再充填時間延長、中程度〜重度の沈うつ

出典：Schaer, M. (ed.)：The Veterinary Clinics of North America, Small Animal Practice：Fluid and Electrolyte Disorders, Vol. 19, No. 2, 1989, with permission of Elsevier.

表C　輸液療法の構成

1．水分損失量（補填要求量）
   a．損失量(L)＝体重(lb)×脱水率(小数で表す)×500*
   b．損失量(L)＝体重(kg)×脱水率(小数で表す)
2．維持用量（40〜60mL/kg/日）
   a．有感蒸泄量（排尿量）：27〜40mL/kg/日
   b．不感蒸泄量（排便、皮膚からの蒸発、呼吸）：13〜20mL/kg/日
3．現行（継続）損失：嘔吐、下痢、多尿など

*液体500mL＝1lb

出典：Kirk, R. W. (ed.)：Current Veterinary Therapy VIII. Philadelphia, W. B. Saunders, 1983より許可を得て掲載。

V. カリウム補充のガイドライン

推定されるカリウム損失の程度	カリウム推奨投与量 (mEq/L)	最大投与速度 (mL/kg/時)*
維持量（血清濃度＝3.6～5.0）	20	25
軽　度（血清濃度＝3.1～3.5）	30	17
中等度（血清濃度＝2.6～3.0）	40	12
重　度（血清濃度＝2.1～2.5）	60	8
致命的（血清濃度<2.0）	80	6

* カリウムの投与速度は0.5mEq/kg/時を超えてはならない。

VI. 入手可能なインスリン製剤

インスリンのタイプ	効果発現までの所要時間 (時間)*	最大効果到達時間 (時間)	効果持続時間 (時間)
レギュラー（結晶）	0.15～0.5	1～5	4～10
NPH	0.5～2	2～10	4～18
レンテ	0.5～2	2～10	8～20
PZI	0.5～4	4～14	6～20
ウルトラレンテ	0.5～8	4～16	6～24
グラルギン	1～2	2.5～9	10～16
デテミル	1～2.5	3.5～10	10～17

* 皮下投与後

VII. 米国の中毒事故管理センター

1. ASPCA Animal Poison Control Center：888-426-4435、www.aspca.org
2. Pet Poison Helpline：800-213-6680、www.petpoisonhelpline.com
3. USA National Poison & Drug Information Center (human)——800-222-1222。いずれの州から発信してもこの番号に接続される。
4. National Pesticide Information Center：800-858-7378、www.npic@aca.orst.edu
5. ペットフードのリコール情報（米国）：www.fda.gov または www.aspca.org

Ⅷ. 有毒植物

アイリス（アヤメ） Iris

A. *Iris* spp.
B. 有毒部位：根茎
C. 有毒素：ゼオリン、ミスリン（missourin）、ミスリエンシン（missouriensin、5還性テルペノイド）
D. 中毒症状：流涎過多、嘔吐、下痢、腹部痛
E. 治療法：胃腸炎の治療、支持療法

アオベニバナサワギキョウ Blue cardinal flower

A. *Lobelia* spp.
B. 有毒部位：全部位
C. 有毒素：ロベリンおよび同類のアルカロイド
D. 中毒症状：嘔吐、興奮、衰弱、運動失調、振戦、発作
E. 治療法：催吐または胃洗浄（1万分の1に希釈した過マンガン酸カリウムを用いる）、発作の制御、支持療法

アザレア（オランダツツジ） Azalea

A. *Rhododendron* spp.
B. 有毒部位：葉、花蜜
C. 有毒素：グラヤノトキシン（アンドロメドトキシン）
D. 中毒症状：口内炎、嘔吐、下痢、衰弱、失明、徐脈、発作、昏睡
E. 治療法：催吐または胃洗浄、心機能のモニター、支持療法

アジサイ Hydrangea

A. *Hydrangea macrophylla*
B. 有毒部位：蕾
C. 有毒素：シアン化グリコシド（ハイドランジン）
D. 中毒症状：嘔吐、腹部痛、元気消失、チアノーゼ、発作、筋弛緩、失禁、昏睡
E. 治療法：催吐または胃洗浄、活性炭・シアン化物解毒剤の投与、支持療法

アセビ Pieris（lily-of-the-valley bush）

A. *Pieris japonica*
B. 有毒部位：茎
C. 有毒素：グラヤノトキシン
D. 中毒症状：流涎過多、胃腸炎、沈うつ、衰弱、低血圧、心血管系虚脱、昏睡、死
E. 治療法：対症療法

アデニウム（サバクノバラ） Desert azalea（desert rose）
A. *Adenium obesum*
B. 有毒部位：全部位
C. 有毒素：ジギタリス様グリコシド
D. 中毒症状：食欲不振、抑うつ、胃腸炎、不整脈、死
E. 治療法：支持療法

アプリコット（アンズ） Apricot
A. *Prunus armeniaca*
B. 有毒部位：未成熟な果実
C. 有毒素：シアノ化グリコシド（アミグダリン）
D. 中毒症状：散瞳、粘膜充血、呼吸困難、パンティング、ショック
E. 治療法：催吐または胃洗浄、活性炭・シアン化物解毒剤の投与、支持療法

アボカド Avocado
A. *Persea americana*
B. 有毒部位：全部位（葉、樹皮、果実、種子）
C. 有毒素：ペルシン
D. 中毒症状：犬猫では胃腸炎。鳥では急性心不全、死。
E. 治療法：対症療法

アマリリス Amaryllis
A. *Amaryllis* spp.
B. 有毒部位：全部位
C. 有毒素：リコリン
D. 中毒症状：胃腸炎
E. 治療法：対症療法

アマリリス交雑種 Amaryllis hybrid
A. *Amaryllis* spp.
B. 有毒部位：球根
C. 有毒素：不明
D. 中毒症状：胃腸炎
E. 治療法：対症療法

アメリカイチイ American yew
A. *Taxus canadensus*
B. 有毒部位：全部位
C. 有毒素：タキシンAおよびB、揮発性油
D. 中毒症状：胃腸炎、振戦、発作、呼吸困難、急性心不全、死
E. 治療法：対症療法

アメリカシャクナゲ　Mountain laurel

A．*Kalmia* spp.
B．有毒部位：葉、蜜
C．有毒素：グラヤノトキシン（アンドロメドトキシン）
D．中毒症状：胃炎、流涎、嘔吐、下痢、虚弱、視覚異常、徐脈、痙攣、昏睡
E．治療法：催吐または胃洗浄、支持療法

アメリカヒイラギ　American holly

A．*Ilex* spp.
B．有毒部位：果実
C．有毒素：サポニン
D．中毒症状：嘔吐、下痢
E．治療法：胃腸炎の治療、支持療法

アロエ　Aloe

A．*Aloe* spp.
B．有毒部位：液汁
C．有毒素：バルバロイン（アントラキノングリコシド）
D．中毒症状：下痢
E．治療法：催吐または胃洗浄、支持療法

アロエベラ　Aloe vera

A．*Aloe vera*
B．有毒部位：葉、液汁
C．有毒素：サポニン
D．中毒症状：胃腸炎、食欲不振、沈うつ、振戦
E．治療法：対症療法

アーモンド　Almond

A．*Prunus amygdalus*
B．有毒部位：種子の仁
C．有毒素：シアン化グリコシド（アミグダリン）の加水分解によって遊離した青酸
D．中毒症状：嘔吐、腹痛、無気力、紫藍症、発作、筋弛緩、失禁、昏睡
E．治療法：催吐または胃洗浄、活性炭・シアン化物解毒剤の投与、支持療法

イチイ　Yew

A．*Taxus* spp.
B．有毒部位：種子を含むほとんどの部分。ただし、赤い種衣は含まない。
C．有毒素：タキシンアルカロイド
D．中毒症状：運動失調、口渇（初期）、散瞳、腹部痛、嘔吐、流涎過多、チアノーゼ、衰弱、昏睡、不整脈、心不全、呼吸不全

E．治療法：催吐または胃洗浄、活性炭の投与、心機能および呼吸機能のモニター、支持療法

イヌサフラン　Autumn crocus

A．*Colchicum autumnale*
B．有毒部位：全部位
C．有毒素：コルヒチンなどのアルカロイド
D．中毒症状：胃炎、胃腸炎、吐血、下痢、ショック、骨髄抑制、多臓器不全、死
E．治療法：対症療法

イヌホオズキ　Nightshade

A．*Solanum* spp.
B．有毒部位：未熟な果実
C．有毒素：ソラニングリコアルカロイド
D．中毒症状：嘔吐、下痢
E．治療法：催吐または胃洗浄、支持療法

イヌマキ　Japanese yew

A．*Podocarpus macrophylla*
B．有毒部位：葉、花
C．有毒素：不明
D．中毒症状：胃腸炎
E．治療法：対症療法

イボタノキ　Privet

A．Ligustrum vulgare
B．有毒部位：全部位
C．有毒素：シリンジン（リグストリン ligustrin、刺激性グリコシド）、セコイリドイドグリコシド
D．中毒症状：嘔吐、腹部痛、下痢
E．治療法：催吐または胃洗浄、支持療法、胃腸炎の治療

イラクサ　Nettle spurge

A．*Cnidoscolus stimulosum*
B．有毒部位：葉毛、茎毛
C．有毒素：ヒスタミン、アセチルコリン、セロトニン、葉酸
D．中毒症状：過剰流涎、口を引っ掻く、筋力低下、振戦、嘔吐、呼吸困難、徐脈
E．治療法：アトロピンの投与、被毛に付着した原因植物の除去、鎮痛

イワナンテン属の一種　Dog laurel

A．*Leucothoe davisiae*
B．有毒部位：葉
C．有毒素：グラヤノトキシン
D．中毒症状：低血圧、抑うつ、衰弱、流涎過多、虚脱、昏睡、死
E．治療法：支持療法

ウバタマサボテン（ペヨーテ）　Peyote、Mescal

A．*Lophophor williamsii*
B．有毒部位：塊茎（ウバタマ）
C．有毒素：メスカリン
D．中毒症状：腸炎、散瞳、視覚減弱、眩暈、幻覚、循環不全
E．治療法：対症療法

ウルシ（ドクウルシ）　Poison ivy（Poison oak、Poison sumac）

A．*Toxicodendron* spp.
B．有毒部位：全部位
C．有毒素：多様な不飽和長鎖置換カテコール
D．中毒症状：アレルギー性接触性皮膚炎
E．治療法：流水による迅速な洗浄、ステロイドの局所投与

オウゴチョウ（黄胡蝶）　Barbados pride

A．*Caesalpinia pulcherrima*
B．有毒部位：樹皮、葉、花、果実、種子
C．有毒素：消化管刺激物、タンニン
D．中毒症状：嘔吐、下痢
E．治療法：胃腸炎の治療、支持療法

オレンジ　Orange（カラマンシー　calamondin）

A．*Citrus mitis*
B．有毒部位：茎、花
C．有毒素：エッセンシャルオイル、ソラレン
D．中毒症状：胃腸炎、沈うつ、光線過敏症
E．治療法：支持療法

カキツバタ・ショウブ　Flag

A．*Iris* spp.
B．有毒部位：球根
C．有毒素：不明
D．中毒症状：胃腸炎
E．治療法：対症療法

カスミソウ　Baby's breath

A．*Gypsophila elegans*
B．有毒部位：葉、花
C．有毒素：ジポセニン（gyposenin）
D．中毒症状：胃腸炎
E．治療法：支持療法

カランコエ　Kalanchoe

A．*Kalanchoe tubiflora*
B．有毒部位：全部位
C．有毒素：ブフォジエノリド
D．中毒症状：胃腸炎、不整脈
E．治療法：対症療法

カラー　Calla lily

A．*Zantedeschia aethiopica*
B．有毒部位：葉
C．有毒素：不溶性シュウ酸カルシウム
D．中毒症状：口腔・皮膚・粘膜刺激、口内炎、刺激性皮膚炎
E．治療法：皮膚・眼・口腔などを冷たい液体や粘滑液で洗浄

カロライナワルナスビ　Carolina horse nettle

A．*Solanum* spp.
B．有毒部位：未成熟の果実
C．有毒素：ソラニングリコアルカロイド
D．中毒症状：嘔吐、下痢
E．治療法：催吐または胃洗浄、支持療法

カーネーション　Carnation

A．*Dianthus caryophyllus*
B．有毒部位：葉、花
C．有毒素：未確認の刺激物
D．中毒症状：胃腸炎、皮膚炎
E．治療法：支持療法

キク　Chrysanthemum

A．*Chrysanthemum* spp.
B．有毒部位：全部位
C．有毒素：セスキテルペン、ラクトン、ピレスリン
D．中毒症状：接触性皮膚炎
E．治療法：支持療法

キスイセン　Jonquil

A. *Narcissus pseudonarcissus*
B. 有毒部位：球根
C. 有毒素：不明
D. 中毒症状：胃腸炎
E. 治療法：対症療法

キツネユリ　Gloriosa lily（Glory lily）

A. *Gloriosa* spp.
B. 有毒部位：全部位
C. 有毒素：コルヒチン
D. 中毒症状：口内炎、嘔吐、腹部痛、下痢、腎不全
E. 治療法：催吐または胃洗浄、輸液療法、支持療法

キンチョウ　Mother in law plant

A. *Kalanchoe tubiflora*
B. 有毒部位：全部位
C. 有毒素：ブフォジエノリド
D. 中毒症状：胃腸炎、元気消失
E. 治療法：対症療法

キンポウゲ　Buttercup

A. *Ranunculus* spp.
B. 有毒部位：液汁
C. 有毒素：プロトアネモニン
D. 中毒症状：口内炎、皮膚炎、嘔吐、腹部痛、下痢、腎不全、協調運動失調、発作
E. 治療法：催吐または胃洗浄、腎機能のモニター、支持療法

クチナシ　Gardenia

A. *Gardenia jasminoides*
B. 有毒部位：葉、茎
C. 有毒素：ゲニポシド、ガルデノシド
D. 中毒症状：蕁麻疹、胃腸炎
E. 治療法：支持療法

グラジオラス　Gladiola

A. *Gladiolus species*
B. 有毒部位：全部位（特に球根）
C. 有毒素：不明
D. 中毒症状：流涎過多、元気消失、嘔吐、下痢
E. 治療法：対症療法

クリスマスローズ　Christmas rose（ヘレボルス・ニゲル　Helleborus）

A．*Helleborus niger*

B．有毒部位：葉、花

C．有毒素：ブファジエノリド、グリコシド、ベラチン、プロトアネモニン

D．中毒症状：抑うつ、流涎過多、胃腸炎

E．治療法：支持療法

グレープフルーツ　Grapefruit

A．*Citrus paradisii*

B．有毒部位：全部位

C．有毒素：プソラレン、エッセンシャルオイル

D．中毒症状：抑うつ、胃腸炎、光線過敏症

E．治療法：対症療法

クログルミ　Black walnuts

A．*Juglans nigra*

B．有毒部位：外皮（殻）、カビの生えた堅果

C．有毒素：不明

D．中毒症状：胃腸炎、発作、振戦

E．治療法：支持療法

クロッカス　Crocus

A．*Colchicum* spp.

B．有毒部位：全部位

C．有毒素：コルヒチン

D．中毒症状：嘔吐、腹部痛、下痢、腎不全

E．治療法：催吐または胃洗浄、輸液療法、支持療法

クロバナロウバイ　Carolina allspice

A．*Calycanthus* spp.

B．有毒部位：種子

C．有毒素：カリカンチンおよび同類のアルカロイド

D．中毒症状：嘔吐、運動失調、沈うつ、痙攣、心機能障害

E．治療法：催吐または胃洗浄、痙攣の制御、支持療法

グロリオサ　Climbing lily

A．*Gloriosa superba*

B．有毒部位：全部位

C．有毒素：コルヒチン

D．中毒症状：口内炎、嘔吐、腹部痛、下痢、腎不全、肝不全、骨髄抑制

E．治療法：催吐または胃洗浄、輸液療法、支持療法

クワズイモ　Elephant's ear

A．*Alocasia* spp.、*Caladium* spp.、*Colocasia* spp.
B．有毒部位：*Alocasia*は葉と茎、*Caladium*は全部位、*Colocasia*は葉に含まれる
C．有毒素：シュウ酸塩カルシウム束晶
D．中毒症状：口内炎、刺激性皮膚炎
E．治療法：皮膚・眼・口腔の洗浄

サクラソウ　Primula

A．*Primula* spp.
B．有毒部位：葉、茎
C．有毒素：不明
D．中毒症状：口内炎、嘔吐、下痢、接触性皮膚炎
E．治療法：催吐または胃洗浄、皮膚の洗浄、支持療法

サクランボ　Cherry

A．*Prunus* spp.
B．有毒部位：種子の仁
C．有毒素：シアン化グリコシド（アミグダリン）の加水分解によって遊離した青酸
D．中毒症状：粘膜充血、嘔吐、腹部痛、嗜眠、チアノーゼ、発作、筋弛緩、協調運動失調、昏睡
E．治療法：催吐または胃洗浄、活性炭・シアン化合物解毒剤の投与、支持療法

ジギタリス（キツネノテブクロ）　Foxglove（purple）

A．*Digitalis purpurea*
B．有毒部位：全部位。燃やした際の煙や、花を差した水も有毒
C．有毒素：ジギタリスに類似した強心配糖体
D．中毒症状：嘔吐、腹部痛、下痢、心臓、不整脈
E．治療法：催吐または胃洗浄、活性炭・塩類下剤の投与、不整脈の制御

シクラメン　Cyclamen

A．*Cyclamen* spp.
B．有毒部位：全部位
C．有毒素：テルペノイドサポニン
D．中毒症状：不整脈、流涎過多、胃腸炎、発作、死
E．治療法：支持療法

シノブボウキ　Asparagus fern

A．*Asparagus densiflorus cv sprengeri*
B．有毒部位：葉、果実

C．有毒素：不明
D．中毒症状：胃腸炎、皮膚炎
E．治療法：対症療法

ジャガイモ　Potato

A．*Solanum* spp.
B．有毒部位：未成熟な実
C．有毒素：ソラニングリコシド
D．中毒症状：嘔吐、下痢
E．治療法：催吐または胃洗浄、支持療法

シャクナゲ　Rhododendron

A．*Rhododendron* spp.
B．有毒部位：葉、花蜜
C．有毒素：グラヤノトキシン（アンドロメドトキシン）
D．中毒症状：口内炎、嘔吐、下痢、衰弱、視覚障害、徐脈、痙攣、昏睡
E．治療法：催吐または胃洗浄、心機能のモニター、支持療法

ジャスミン（黄色）　Jessamine

A．*Gelsemium sempervirens*
B．有毒部位：全部位
C．有毒素：ゲルセミシンおよび同類のアルカロイド
D．中毒症状：運動失調、視覚異常、口渇、嚥下障害、筋力低下、発作、呼吸器不全
E．治療法：催吐または胃洗浄、活性炭、発作の制御、支持療法

シロバナヨウシュチョウセンアサガオ　Apple of Peru

A．*Datura meteloides*
B．有毒部位：葉、種子
C．有毒素：アトロピン、ヒヨスチアミン、ヒヨスチン（スコポラミンに同じ。アルカロイドの一種）
D．中毒症状：散瞳、視覚障害、不整脈、せん妄、発作
E．治療法：対症療法

シロバナヨウシュチョウセンアサガオ Jamestown weed（jimson weed）

A．*Datura stramonium*
B．有毒部位：葉、種子
C．有毒素：アトロピン、ヒヨスチアミン、ヒヨスチン（スコポラミンに同じ。アルカロイドの一種）
D．中毒症状：散瞳、視覚障害、不整脈、せん妄、発作
E．治療法：対症療法

スズラン　Lily-of-the-valley

A. *Convallaria majalis*
B. 有毒部位：全部位。燃やした際の煙や、花を差した水も有毒
C. 有毒素：ジギタリスに類似した強心配糖体
D. 中毒症状：嘔吐、腹部痛、下痢、心臓、不整脈
E. 治療法：催吐または胃洗浄、活性炭・塩類下剤の投与、不整脈の制御

ストレチア（極楽鳥花）　Bird of paradise

A. *Poinciana gilliesii*
B. 有毒部位：樹皮、葉、花、果実、種子
C. 有毒素：タンニン
D. 中毒症状：重度の口内炎、嘔吐、下痢、嚥下困難、運動失調
E. 治療法：胃腸炎の治療、支持療法

スピノサスモモ　Sloe

A. *Prunus* spp.
B. 有毒部位：種子
C. 有毒素：シアン化グリコシド（アミグダリン）の加水分解によって遊離した青酸
D. 中毒症状：嘔吐、腹部痛、嗜眠、チアノーゼ、痙攣、筋弛緩、失禁、昏睡
E. 治療法：催吐または胃洗浄、活性炭・青酸解毒剤の投与、対症療法

セイヨウイラクサ　Stinging nettle

A. *Urtica dioica*
B. 有毒部位：葉毛、茎毛
C. 有毒素：ヒスタミン、アセチルコリン、セロトニン、葉酸
D. 中毒症状：流涎過多、口を引っ掻く、筋力低下、振戦、嘔吐、呼吸困難、徐脈
E. 治療法：アトロピンの投与、被毛からの原因植物の除去、鎮痛

セイヨウキヅタ　English ivy

A. *Hedera helix*
B. 有毒部位：葉と果実
C. 有毒素：ヘデラゲニン、サポニングリコシド
D. 中毒症状：胃腸炎、昏睡状態になり、24～48時間以内に死に至る可能性
E. 治療法：対症療法

セイヨウキョウチクトウ　Oleander

A. *Nerium oleander*
B. 有毒部位：燃やした際の煙や、花を差した水も有毒
C. 有毒素：ジギタリスに類似した強心配糖体
D. 中毒症状：嘔吐、腹部痛、下痢、心臓、不整脈

E．治療法：催吐または胃洗浄、活性炭・塩類下剤の投与、不整脈の制御

セイヨウサクラソウ　German primrose

A．*Primula* spp.
B．有毒部位：葉、茎
C．有毒素：不明
D．中毒症状：口内炎、嘔吐、下痢、接触性皮膚炎
E．治療法：催吐または胃洗浄、皮膚を石鹸水で洗浄する、支持療法

セイヨウヒイラギ　English holly

A．*Ilex aquifolium*
B．有毒部位：葉、果実
C．有毒素：サポニン
D．中毒症状：嘔吐、下痢
E．治療法：胃腸炎の治療、支持療法

セイヨウヤドリギ　European mistletoe

A．*Viscum album*
B．有毒部位：葉、茎
C．有毒素：ビスカミン
D．中毒症状：腹痛、下痢
E．治療法：催吐または胃洗浄、支持療法

セイヨウユキワリソウ　Bird's eye primrose

A．*Primula* spp.
B．有毒部位：葉、茎
C．有毒素：不明
D．中毒症状：口内炎、嘔吐、下痢、接触性皮膚炎
E．治療法：催吐または胃洗浄、石鹸水による皮膚洗浄、支持療法

センダン　Chinaberry

A．*Melia azedarach*
B．有毒部位：樹皮、花、果実
C．有毒素：麻薬性樹脂、アルカロイド
D．中毒症状：低換気、呼吸困難、縮瞳、悪心、嘔吐、沈うつ、多幸症、昏睡、死
E．治療法：麻薬の拮抗薬の投与が有益な場合がある。対症療法、支持療法

ソテツ　Sago palm（false palm）

A．*Cycas revoluta*、*Zamia* spp.
B．有毒部位：全部位
C．有毒素：アゾキシグリコシド（サイカシン、ネオサイカシン）。βメチル

ジアミノプロピオン酸は、葉や種子に含有される。アゾキシグリコシドは代謝されて肝毒性・発癌性アグリコンメチルアゾキシメタノールとなる

D. 中毒症状：嘔吐、流涎過多、振戦、口腔粘膜充血、腹部緊張、CNS抑制、飲水過多など。重症例は発作、下痢、出血性結腸炎を呈する

E. 治療法：種子1粒または葉1枚以上を摂取した場合は、少なくとも24時間の入院とし、催吐処置、3〜4時間ごとの活性炭の投与、積極的な対症・支持療法を行う

タバコ　Tobacco

A. *Nicotiana tobaccum*

B. 有毒部位：葉

C. 有毒素：ニコチン

D. 中毒症状：胃腸炎、震え、筋振戦、硬直歩行、運動失調、衰弱、臥位姿勢、呼吸困難、麻痺、急死

E. 治療法：対症療法、呼吸補助、胃洗浄

タマネギ　Onion

A. *Allium* spp.

B. 有毒部位：球根、花、茎

C. 有毒素：n-プロピルスルフィド、メチルジスルフィド、アリルジスルフィド

D. 中毒症状：嘔吐、下痢、虚弱、メトヘモグロビン血症、溶血性貧血、ハインツ小体性貧血、肝障害

E. 治療法：催吐または胃洗浄、活性炭の投与、支持療法

カネノナルキ　Chinese jade

A. *Crassula* spp.

B. 有毒部位：全部位

C. 有毒素：不明

D. 中毒症状：胃腸炎

E. 治療法：支持療法

チューリップ　Tulip

A. *Tulipa* spp.

B. 有毒部位：球根

C. 有毒素：不明

D. 中毒症状：胃腸炎

E. 治療法：対症療法

チョウセンアサガオ　Angel's trumpet（Thorn apple）

A. *Datura arborea*、*Datura meteloides*

B. 有毒部位：葉、種子

C．有毒素：アトロピン、ヒヨスチアミン、ヒヨスチン（スコポラミンに同じ。アルカロイドの一種）
D．中毒症状：散瞳、視覚障害、不整脈、せん妄、発作
E．治療法：対症療法

チョークチェリー　Choke cherry

A．*Prunus* spp.
B．有毒部位：種子の仁
C．有毒素：シアン化グリコシド（アミグダリン）の加水分解によって遊離した青酸
D．中毒症状：嘔吐、腹部痛、嗜眠、粘膜充血、チアノーゼ、発作、筋弛緩、協調運動失調、昏睡
E．治療法：催吐または胃洗浄、活性炭・シアン化物解毒剤の投与、支持療法

ツノナス　Apple of Sodom

A．*Solanum* spp.
B．有毒部位：未成熟な果実
C．有毒素：ソラニングリコアルカロイド
D．中毒症状：嘔吐、下痢
E．治療法：催吐または胃洗浄、支持療法

ツルウメモドキ　Bittersweet

A．*Celastrus scandens*
B．有毒部位：全部位
C．有毒素：ユオニミン（euonymin）、セスキテルペンアルカロイド
D．中毒症状：嘔吐、下痢、発作
E．治療法：催吐または胃洗浄、支持療法

ツルハナナス　Star potato vine

A．*Solanum* spp.
B．有毒部位：未熟な果実
C．有毒素：ソラニングリコアルカロイド
D．中毒症状：嘔吐、下痢
E．治療法：催吐または胃洗浄、支持療法

デイジー（ヒナギク）　Daisy

A．*Chrysanthemum* spp.
B．有毒部位：全部位
C．有毒素：セスキテルペン、ラクトン、ピレスリン
D．中毒症状：接触性皮膚炎、紅斑、発疹、痂皮、落屑、胃腸炎、運動失調
E．治療法：流水による刺激物の迅速な除去、ステロイドの局所投与

ディフェンバキア　Diffenbachia

A. *Diffenbachia* spp.
B. 有毒部位：葉、茎
C. 有毒素：不溶性シュウ酸カルシウム、蛋白質分解酵素
D. 中毒症状：口内炎、咽頭炎、胃腸炎
E. 治療法：支持療法、皮膚・眼・口腔の洗浄

テッポウユリ（サガリユリ）　Easter lily

A. *Lilium longiflorum*
B. 有毒部位：全部位
C. 有毒素：不明
D. 中毒症状：猫には有毒であるが、犬には無毒である。食欲不振、嗜眠、嘔吐、腎不全、死
E. 治療法：催吐または胃洗浄、活性炭の投与、IV輸液、対症療法

デュランタ　Geisha girl

A. *Duranta erecta*
B. 有毒部位：果実、葉
C. 有毒素：未確認のピリジンアルカロイド
D. 中毒症状：眠気、過剰麻酔状態、嘔吐、下痢、消化管出血、メレナ、テタニー、口唇・眼瞼腫脹
E. 治療法：対症療法、支持療法

トウアズキ
Crab-eyes（Jequirity bean、Precatory bean、Rosary pea）

A. *Abrus precatorius*
B. 有毒部位：噛み砕いた種子、割れた種子
C. 有毒素：アブリン
D. 中毒症状：嘔吐、下痢。致命的となり得る
E. 治療法：催吐または胃洗浄、支持療法

トウゴマ　Castor bean、Castor oil plant（Palma christi）

A. *Ricinus communis*
B. 有毒部位：種子、葉
C. 有毒素：リシン
D. 中毒症状：遅発性胃腸炎（摂食から12〜48時間後）、沈うつ、発熱、腹部痛、出血性下痢、不整脈、発作、昏睡、死
E. 治療法：催吐または胃洗浄、輸液療法、対症療法

トウダイグサ　Manchineel

A. *Hippomane mancinella*
B. 有毒部位：液汁

C．有毒素：ジテルペン
D．中毒症状：口内炎、嘔吐、血様下痢、皮膚炎、角結膜炎
E．治療法：催吐または胃洗浄、石鹸水による皮膚洗浄、支持療法

毒キノコ各種　Mushrooms
A．毒キノコには多種類がある。特に*Amanita* spp.は毒性が高い
B．有毒部位：全部位
C．有毒素：多種
D．中毒症状：腸炎、神経症状、幻覚、興奮、昏睡、肝毒性
E．治療法：対症療法による。神経症状に対しては、フィゾスチグミンを投与する（猫0.25～0.5mg、犬0.5～3mg）

ドクゼリ　Water hemlock
A．*Cicuta maculata*
B．有毒部位：全部位
C．有毒素：シクトキシン
D．中毒症状：産道、下痢、重度腹部痛、発作、振戦、呼吸抑制、死
E．治療法：支持療法

ドクニンジン　Poison hemlock
A．*Conium maculatum*
B．有毒部位：全部位
C．有毒素：各種アルカロイド
D．中毒症状：臨床徴候は、摂取から数分以内に発現する。流涎過多、腹部痛、頻回の排便排尿、頻呼吸、中枢神経系興奮、筋振戦、運動失調、衰弱、筋麻痺、死
E．治療法：対症療法

トチノキ　Buckeye
A．*Aesculus* spp.
B．有毒部位：堅果、小枝
C．有毒素：アエスシン（サポニン）
D．中毒症状：重度嘔吐、下痢
E．治療法：胃腸炎の治療、支持療法

ドラセナ・フレグランス　Corn plant
A．*Dracaena fragrans*
B．有毒部位：葉、花
C．有毒素：サポニン
D．中毒症状：縮瞳、流涎過多、沈うつ、食欲不振、嘔吐
E．治療法：支持療法

トリカブト　Aconite（Wolfsbane）

A. *Aconitum* spp.
B. 有毒部位：植物の全部位（特に葉と根）
C. 有毒素：アコニチンおよび同類のアルカロイド
D. 中毒症状：口内炎、嘔吐、流延過多、幻覚、散瞳、衰弱、運動失調、心臓不整脈
E. 治療法：催吐または胃洗浄、支持療法

ナツシロギク　Feverfew

A. *Chrysanthemum* spp.
B. 有毒部位：全部位
C. 有毒素：花粉以外の全部位に含まれるセスキテルペンラクトン
D. 中毒症状：接触性皮膚炎、紅斑、発疹、掻痒、痂皮、落屑
E. 治療法：流水による刺激物の迅速な除去、ステロイドの局所投与

ナンテン　Heavenly bamboo

A. *Nandina domestica*
B. 有毒部位：全部位
C. 有毒素：シアン化グリコシド
D. 中毒症状：衰弱、運動失調、発作、昏睡、呼吸器不全、死
E. 治療法：支持療法

ニシキギ　Wahoo（burning bush、spindle tree）

A. *Euonymua atroprurea*
B. 有毒部位：茎、花
C. 有毒素：アルカロイド、カルデノライド
D. 中毒症状：胃腸炎、腹部痛、元気消失、不整脈
E. 治療法：対症療法

ニチニチソウ　Vinca

A. *Vinca rosea*
B. 有毒部位：全部位
C. 有毒素：ヴィンカアルカロイド
D. 中毒症状：低血圧、抑うつ、胃腸炎、振戦、発作、昏睡、死
E. 治療法：対症療法

ニワトコ　Elderberry

A. *Sambucus* spp.
B. 有毒部位：全部位
C. 有毒素：シアン化グリコシド（特に葉・茎・根に含まれる）、未確認の瀉下物質（主に根と樹皮に含まれる）
D. 中毒症状：嘔吐、腹部痛、下痢

E．治療法：催吐または胃洗浄、支持療法

ニンニク　Garlic

A．*Allium* spp.
B．有毒部位：球根、肉芽、花、茎
C．有毒素：n-プロピル硫化物、メチルジスルフィド、アリルジスルフィド
D．中毒症状：下痢、元気消失、メトヘモグロビン血症、溶血性貧血、ハインツ小体性貧血、肝障害
E．治療法：催吐または胃洗浄、活性炭の投与、支持療法

ノニラ（野韮）　Field garlic

A．*Allium* spp.
B．有毒部位：球根、肉芽、花、茎
C．有毒素：n-プロピル硫化物、メチルジスルフィド、アリルジスルフィド
D．中毒症状：下痢、元気消失、メトヘモグロビン血症、溶血性貧血、ハインツ小体性貧血、肝障害
E．治療法：催吐または胃洗浄、活性炭の投与、支持療法

ノーフォークマツ　Norfolk pine

A．*Araucaria heterophylla*
B．有毒部位：全部位
C．有毒素：不明
D．中毒症状：胃腸炎、沈うつ
E．治療法：支持療法

ハナキリン　Pencil cactus

A．*Euphorbia milii*
B．有毒部位：全部位
C．有毒素：刺激性液汁（ラテックス）
D．中毒症状：口内炎、軽度の胃炎
E．治療法：口腔内洗浄、対症療法

ヒイラギ　Holly

A．*Ilex* spp.
B．有毒部位：果実
C．有毒素：サポニン
D．中毒症状：嘔吐、下痢
E．治療法：胃腸炎の治療、支持療法

ヒヤシンス　Hyacinth

A．*Hyacinthus orientalis*
B．有毒部位：全部位（特に球根）

C．有毒素：スイセン様アルカロイド
D．中毒症状：皮膚炎、胃腸炎
E．治療法：支持療法

フィロデンドロン　Philodendron
A．*Philodendron* spp.
B．有毒部位：葉
C．有毒素：シュウ酸カルシウム、未確認の蛋白質
D．中毒症状：胃炎、刺激性皮膚炎
E．治療法：皮膚・眼・口腔の洗浄

フウロソウ　Geranium
A．*Pelargonium* spp.
B．有毒部位：全部位
C．有毒素：ゲラニオール、リナロール
D．中毒症状：食欲不振、抑うつ、皮膚炎、嘔吐
E．治療法：対症療法、支持療法

フジ　Wisteria/wistaria
A．*Wisteria* spp.
B．有毒部位：全部位
C．有毒素：未確認のグリコシド、ウィスタリン、レクチン
D．中毒症状：嘔吐、腹痛、下痢
E．治療法：催吐または胃洗浄、支持療法

フジの一種（注：キドニービーンズではない）　Kidney bean tree
A．*Wisteria* spp.
B．有毒部位：全部位
C．有毒素：未確認のグリコシド、ウィスタリン、レクチン
D．中毒症状：嘔吐、腹部痛、下痢
E．治療法：催吐または胃洗浄、支持療法

フユサンゴ（タマサンゴ）　Jerusalem cherry（love apple）
A．*Solanum* spp.
B．有毒部位：未熟な果実
C．有毒素：ソラニングリコアルカロイド
D．中毒症状：嘔吐、下痢
E．治療法：催吐または胃洗浄、支持療法

プラム　Plum
A．*Prunus* spp.
B．有毒部位：種子

C. 有毒素：青酸配糖体
D. 中毒症状：嘔吐、腹部痛、嗜眠、チアノーゼ、痙攣、筋弛緩、失禁、昏睡
E. 治療法：催吐または胃洗浄、活性炭・シアン化物解毒剤の投与、支持療法

ブルンスビギア　Naked lady

A. *Brunsvigia rosea*
B. 有毒部位：球根
C. 有毒素：不明
D. 中毒症状：胃腸炎
E. 治療法：対症療法

ベゴニア　Begonia

A. *Begonia* spp.
B. 有毒部位：葉、花。塊茎が最も有毒である。
C. 有毒素：不溶性シュウ酸カルシウム
D. 中毒症状：口内炎、嚥下障害、胃腸炎
E. 治療法：支持療法

ベニバナサワギキョウ　Cardinal flower

A. *Lobelia cardinalis*
B. 有毒部位：全部位
C. 有毒素：ロベリンおよび同類のアルカロイド
D. 中毒症状：嘔吐、興奮、虚弱、運動失調、振戦、発作
E. 治療法：催吐または胃洗浄（1万分の1に希釈した過マンガン酸カリウムを用いる）、発作の制御、支持療法

ペルシアグルミ　English walnut

A. *Juglans regia*
B. 有毒部位：外殻
C. 有毒素：不明
D. 中毒症状：胃腸炎、発作
E. 治療法：対症療法

ポインシアナ　Dwarf poinciana

A. *Caesalpinia* spp.
B. 有毒部位：種子
C. 有毒素：タンニン
D. 中毒症状：嘔吐、下痢。通常は24時間以内に回復する
E. 治療法：胃腸炎の治療、支持療法

ポインセチア　Poinsettla

A. *Euphorbia pulcherrima*
B. 有毒部位：葉、茎
C. 有毒素：複合テルペン
D. 中毒症状：軽度の嘔吐、下痢
E. 治療法：催吐または胃洗浄、胃腸炎における支持療法

ホップ（セイヨウカラハナソウ）　Hops

A. *Humulus lupulus*
B. 有毒部位：果実
C. 有毒素：不明
D. 中毒症状（犬）：パンティング、高体温、発作、死
E. 治療法：対症療法

ポトス　Devil's ivy（Pothos）

A. *Epipremnum aureum*
B. 有毒部位：全部位
C. 有毒素：シュウ酸塩カルシウム束晶、未確認の蛋白質
D. 中毒症状：口内炎、刺激性皮膚炎
E. 治療法：皮膚・眼・口腔の洗浄

マカデミアナッツ　Macadamia nut

A. *Macadamia integrifolia*
B. 有毒部位：全部位
C. 有毒素：不明
D. 中毒症状：頻脈、高体温、抑うつ、元気消失、筋硬直、振戦、嘔吐
E. 治療法：支持療法

マリファナ　Marijuana

A. *Cannabis sativa*
B. 有毒部位：葉、茎
C. 有毒素：テトラヒドロカナビノール
D. 中毒症状：神経抑制、錯乱
E. 治療法：対症療法、催吐または胃洗浄

マーガレット　Marguerite

A. *Chrysanthemum* spp.
B. 有毒部位：液汁
C. 有毒素：花粉以外の全部位に含まれるセスキテルペンラクトン
D. 中毒症状：接触性皮膚炎、紅斑、発疹、掻痒、痂皮、落屑
E. 治療法：流水による刺激物の迅速な除去、ステロイドの局所投与

ミツネナス　Nipplefruit

A．*Solanum* spp.
B．有毒部位：未熟な果実
C．有毒素：ソラニングリコアルカロイド、サポニン
D．中毒症状：嘔吐、下痢、流涎過多、食欲不振、沈うつ、混迷、衰弱、散瞳
E．治療法：催吐または胃洗浄、支持療法

メキシコソテツ　Cardboard palm

A．*Zamia furfuracea*
B．有毒部位：葉、種子
C．有毒素：サイカシン
D．中毒症状：出血性胃腸炎、凝固障害、肝不全、死
E．治療法：支持療法

モチノキ　Yaupon

A．*Ilex* spp.
B．有毒部位：果実
C．有毒素：サポニン
D．中毒症状：嘔吐、下痢
E．治療法：胃腸炎の治療、支持療法

モモ　Peach

A．*Prunus* spp.
B．有毒部位：種子の仁
C．有毒素：シアン化グリコシド（アミグダリン）の加水分解によって遊離した青酸
D．中毒症状：嘔吐、腹部痛、嗜眠、チアノーゼ、痙攣、筋弛緩、失禁、昏睡
E．治療法：催吐または胃洗浄、活性炭・シアン化物解毒剤の投与、支持療法

ヤドリギ　Mistletoe

A．*Phoradendron* spp.
B．有毒部位：全部位
C．有毒素：フォラトキシン
D．中毒症状：嘔吐、腹痛、下痢
E．治療法：催吐または胃洗浄、支持療法、胃腸炎の治療

ヤドリフカノキ（カポック）　Schefflera

A．*Brassaia actinophylla*
B．有毒部位：茎
C．有毒素：テルペノイド、サポニン、不溶性シュウ酸カルシウム
D．中毒症状：胃腸炎
E．治療法：支持療法

ユリ　Lily

A. *Lilium* spp.
B. 有毒部位：全部位
C. 有毒素：不明
D. 中毒症状：猫では腎不全
E. 治療法：催吐または胃洗浄、活性炭の投与、IV 輸液、支持療法

ユーカリ　Eucalyptus

A. *Eucalyptus* spp.
B. 有毒部位：全部位
C. 有毒素：ユーカリプトール
D. 中毒症状：流涎過多、胃腸炎、沈うつ、衰弱
E. 治療法：支持療法

ヨウシュイボタ　Hedge plant（Prim、Privet）

A. *Ligustrum vulgare*
B. 有毒部位：全部位
C. 有毒素：シリンジン（刺激性グリコシドであるリグストリン）、ヌゼニド、セコイリドイドグリコシド
D. 中毒症状：嘔吐、腹部痛、下痢
E. 治療法：催吐または胃洗浄、胃腸炎の治療、支持療法

ヨウシュトリカブト　Monkshood

A. *Aconitum* spp.
B. 有毒部位：全部位（特に葉と根）
C. 有毒素：アコニチンおよび同類アルカロイド
D. 中毒症状：胃炎、流涎、視覚障害、散瞳、虚弱、運動失調、不整脈
E. 治療法：催吐または胃洗浄、支持療法

ヨウシュヤマゴボウ　Poke（American nightshade）

A. *Phytolacca americana*
B. 有毒部位：葉、根
C. 有毒素：フィトラカトキシン、トリテルペノイドグリコシド
D. 中毒症状：嘔吐、腹部痛、下痢
E. 治療法：催吐または胃洗浄、支持療法

ラッパスイセン　Daffodil

A. *Narcissus pseudonarcissus*
B. 有毒部位：球根
C. 有毒素：ガランタミン、リコリン、ナルシクラシンアルカロイド
D. 中毒症状：嘔吐、下痢、低体温、低血圧、徐脈、発作、虚脱、死
E. 治療法：アトロピンの投与、IV 輸液

ラヌンクルス　Crowfoot

A．*Ranunculus* spp.
B．有毒部位：液汁
C．有毒素：プロトアネモニン
D．中毒症状：口内炎、皮膚炎、嘔吐、腹痛、下痢、腎疾患、運動失調、発作
E．治療法：催吐または胃洗浄、腎機能のモニター、支持療法

ランタナ　Lantana

A．*Lantana camara*
B．有毒部位：全部位
C．有毒素：5還性トリテルペノイド
D．中毒症状：嘔吐、下痢、腹部痛、黄疸、肝障害、肝不全
E．治療法：催吐または胃洗浄、支持療法

リンゴ　Apple

A．*Malus sylvestris*
B．有毒部位：茎、葉、種子
C．有毒素：シアン化グリコシド
D．中毒症状：散瞳、粘膜充血、呼吸困難、パンティング、ショック
E．治療法：対症療法

ルピナス　Lupin、lupine

A．*Lupinus* spp.
B．有毒部位：全部位
C．有毒素：ルピニンおよび同類アルカロイド
D．中毒症状：筋力低下、麻痺、呼吸抑制、発作
E．治療法：催吐または胃洗浄、発作の制御、支持療法

ロベリアソウ　Indian tobacco

A．*Lobelia* spp.
B．有毒部位：全部位
C．有毒素：ロベリンおよび同類のアルカロイド
D．中毒症状：嘔吐、興奮、衰弱、運動失調、振戦、発作
E．治療法：催吐または胃洗浄（1万分の1に希釈した過マンガン酸カリウムを用いる）、発作の制御、支持療法

ワスレグサ　Day lily

A．*Hemerocallis* spp.
B．有毒部位：全部位
C．有毒素：不明
D．中毒症状：猫では腎不全
E．治療法：催吐または胃洗浄、活性炭の投与、IV輸液、対症療法

ワルナスビ　Bull nettles

A．*Laportea canadensis*

B．有毒部位：葉毛、茎毛

C．有毒素：ヒスタミン、アセチルコリン、セロトニン、蟻酸

D．中毒症状：流延過多、口を引っ掻く、筋力低下、振戦、嘔吐、呼吸困難、徐脈

E．治療法：アトロピン（痙攣緩和剤）の投与、被毛に付着した植物の除去、鎮痛

Ⅸ. 誤食しても比較的毒性の低いもの

泡風呂用ソープ（界面活性剤）
衣類用柔軟剤
絵の具（アニリン、カンボジアゴムを除く）
鉛筆（黒鉛、色鉛筆）
温度計（水銀）
カラミンローション
乾燥剤（シリカ、炭）
クレヨン（APまたはCP表示があるもの）
化粧品
化粧品（アイメイク用、リキッドタイプ、顔用）
研磨剤
抗生物質
小麦粘土（Play-Doh®）
紺青顔料パテ（フェリシアン化物）56g以下
サッカリン
酸化ジルコニウム
シェービングクリーム・ローション
磁性粉を用いたお絵かきボード（タカラのせんせい®、Etch-A-Sketch®）
瀉下剤
シャンプー（液体）
新聞
制酸薬
石鹸、石鹸製品
石膏パウダー
接着剤、糊
線香
多孔質チップペン
チョーク（炭酸カルシウム）
粘土
バスオイル（ひまし油、香水）
歯磨きペースト（+/−フッ素）
ハンドローション、ハンドクリーム
ビタミン剤
避妊用ピル
日焼け止め
フェノールフタレイン瀉下剤（Ex-Lax®）
ベビー用スキンケア用品
ベビー用歯固め（無菌充填液）
防臭剤
防臭スプレー
ボディコンディショナー
ポラロイド写真のコーティング液
ポリビニルアルコール接着剤（Elmer's Glue®）
ボールペンのインク
マジックペン
マッチ
ミネラルオイル
毛髪用染料、ヘアスプレー、ヘアトニック
薬用の3%過酸化水素水
油性ペン
浴槽に浮かべて遊ぶ玩具
ヨード系消毒剤
リップスティック
ロウ（ミツロウ、パラフィン）
ワセリン

Kirk RW, Bistner SI, Ford RB (eds) Handbook of Veterinary Procedures and Emergency Treatment, 5th edn, 1990, p 166よりElsevierの許可を得て転載。

X．妊娠中に有害となり得る薬剤

薬剤	有害事象
ACTH	胎仔奇形
DL-メチオニン	メトヘモグロビン血症、 ハインツ小体性貧血（猫）
DMSO	胎仔奇形
EDTA	胎仔奇形
アウロチオグルコース	牛乳摂取による発疹
アザチオプリン	変異促進性、催奇形性
アスパラギナーゼ	胎仔死、奇形
アスピリン	胚芽毒性、肺高血圧、出血傾向
アセタゾラミド	胎仔奇形
アセトアミノフェン	メトヘモグロビン血症
アドリアマイシン	胚芽毒性、先天異常
アミカシン	聴覚毒性、腎毒性
アミトラズ	先天異常
アムホテリシンB	先天異常
アルベンダゾール	催奇形性、胚芽毒性
アンドロゲン	雄性化
イソニアジド	精神運動遅延
イソプロテレノール	胎仔頻脈
インドメタシン	動脈管早期閉鎖
ウンデシレン酸ボルデノン	胎仔奇形
エストラジオール	胎仔奇形、骨髄抑制
エストロゲン	雌性化
エトキシゾラミド	胎仔奇形
エンロフロキサシン	関節軟骨異常
オキシトシン	未熟仔分娩
カナマイシン	聴覚毒性、腎毒性
カプトプリル	胚芽毒性
キシラジン	未熟仔分娩（特に妊娠後期＝最後の1/3）
キニーネ	難聴、血小板減少症
金塩	胎仔奇形
グリコピロレート	製造元による注意喚起
グリセオフルビン	催奇形性
グリセリン	製造元による注意喚起
クロラムフェニコール	胎仔死、奇形
クロルプロマジン	新生仔肝壊死
クロロチアジド	胎仔異常、血小板減少症
ケトコナゾール	流産、催奇形性
ゲンタマイシン	聴覚毒性、腎毒性
抗腫瘍薬	胎仔死、奇形

薬剤	有害事象
コリンエステラーゼ阻害薬（term）	胎仔筋無力症候群
コルチコステロイド	口蓋裂、早産、流産
サイアザイド	胎仔死、血小板減少症
酢酸メゲスヨロール	胎仔奇形
酢酸メドロキシプロゲステロン	胎仔奇形
サクシニルコリン	胎仔死、筋神経系障害
サリチル酸	新生仔出血（出産直前）
ジアゼパム	先天的異常、CNSへの効果（妊娠初期＝最初の1/3）
ジアゾキシン	胎仔奇形
ジエチルスチルベストロール	胎仔の泌尿生殖器系先天異常
シクロホスファミド	胎仔死、奇形
シスプラチン	胎仔死、奇形
シタラビン	催奇形性、胚芽毒性
ジノプロスト	流産
シプロフロキサシン	関節軟骨異常
絨毛性性腺刺激ホルモン	流産（妊娠初期＝最初の1/3）
酒石酸トリメプラジン＋プレドニゾロン	胎仔死、催奇形性
ストレプトマイシン	聴覚消失、奇形
スピロノラクトン	製造元による注意喚起。投与中は授乳中止
スルファサラジン	核黄疸
セレンナトリウム	胎仔発育不全
ダントロレンナトリウム	製造元注意参照
チアセタルサミド	肝毒性、腎毒性
チオペンタール	胎仔死
チレタミン/ゾラゼパム	胎仔死、催奇形性
テストステロン	胎仔奇形
テトラサイクリン	骨・歯牙の発育不全（妊娠前半）
ドキシサイクリン	骨・歯牙奇形（妊娠初期＝最初の1/3）
ドキソルビシン	奇形、胚芽毒性
トブラマイシン	胎仔奇形
トリメトプリムーサルファ合剤	胎仔死亡率上昇
ナプロキセン	製造元による注意換気
ナンドロロン	胎仔奇形
ニトロフラントイン	胎仔溶血
ニトロプルシド	胎仔シアン化物中毒症
ネオスチグミン	胎仔死
バソプレッシン	分娩誘発
バルプロ酸	胎仔奇形
ビスヒドロキシクマリン	胎仔死、子宮内出血
ビタミンA（高用量）	奇形
ビタミンD（高用量）	高カルシウム血症、精神遅滞
ビタミンK（および類似物）	高ビリルビン血症
ビンクリスチン	胎仔奇形

薬剤	有害事象
ビンブラスチン	催奇形、胎仔毒性
フェニトイン	胎仔奇形
フェニルブタゾン	新生仔の甲状腺腫、腎障害
フェニレフリン	胎盤血管狭窄、致死的低酸素症
フェノバルビタール（高用量）	新生仔の出血
ブトルファノール	製造元による注意喚起
プリミドン	遺伝子異常、肝炎
フルシトシン	胎仔奇形
フルニキシンメグルミン	胎仔奇形
プロクロルペラジン	奇形
プロスタグランジン	流産
プロピルチオウラシル	新生仔甲状腺腫
プロプラノロール	胎仔徐脈
ペニシラミン	催奇形性
ペンタゾシン	製造元による注意喚起
ミソプロストール	流産
ミダゾラム	遺伝子異常、CNS作用（妊娠初期＝最初の1/3）
ミトタン	製造元による注意喚起
メクロフェナム酸	分娩遅延、催奇形性
メチレンブルー	ハインツ小体性貧血
メディジン	胎仔奇形
メトカルバモール	製造元による注意喚起
メトキサミン	胎盤血管狭窄、致死的低酸素症
メトトレキサート	胎仔奇形
メトロニダゾール	催奇形性
メピバカイン	胎仔除脈
メペリジン	動脈管閉鎖の阻止
ヨウ化カゼイン	新生仔の甲状腺腫
ヨウ化物	胎仔の甲状腺腫
ヨヒンビン	製造元による注意喚起
ヨードデオキシウリジン	胎仔膵島細胞の破壊
リチウム塩	胎仔の甲状腺腫
リファンピン	催奇形性
レセルピン	呼吸障害
レバミゾール	情報なし
ワルファリン	子宮内出血、胚毒性

付録

Ⅺ. 妊娠中に安全に使用できる薬剤

亜酸化窒素
アセチルシステイン
アトロピン
アモキシシリン
アンピシリン
イソフルラン
イベルメクチン
ウロキナーゼ
エチレン
エフェドリン
エリスロマイシン
塩酸アンモニウム
エンフルラン
活性炭
カナマイシン
キモトリプシン
グアイフェネシン
グリコピロレート
クリンダマイシン
クロナゼパム
クロモリン
クロラムフェニコール（妊娠後期）
クロルフェニラミン
ケタミン
ゲンタマイシン
コデイン
コリスチン
サルブタモール
ジアゼパム
ジエチルカルバマジン
ジギトキシン
ジクロキサシリン
ジクロルボス
ジゴキシン
ジソフェノール
ジフェンヒドラミン
ジメチルヒドララジン
セファレキシン
セファロチンナトリウム
セファロリジン
チオペンタール
チレタミン
テオフィリン
デキストロメトルファン
テトラカイン
ドキシラミン
ドキソプラム
トリアムテレン
ニクロサミド
ハロセン
ピペラジン
ピランテル
ピリラミン
ピロカルピン
フェノバルビタール
ブメタニド
プラリドキシム
プリミドン
プロカイン
フロセミド
ペニシリン
ヘパリン
ペントバルビタール
ポリミキシンB
マンニトール
ミコナゾール
メタプロテレノール
メテナミン
メベンダゾール
モルヒネ
リドカイン
リンコマイシン

XII. 重度の腎不全症例では避けるべき薬剤

薬剤	薬理作用	副作用
チアセタルサミド Thiacetarsamide	抗寄生虫薬（糸状虫症）	嘔吐、食欲不振、血栓症、肝不全
テトラサイクリン Tetracyclines （except doxycycline）	抗生物質	嘔吐、下痢、腎からのナトリウム喪失、抗同化作用
ナリジクス酸* Nalidixic acid	尿管抗菌物質	悪心、嘔吐、腎毒性、皮膚毒性
ニトロフラントイン Nitrofurantoin	尿管抗菌物質	多発性神経炎、胃腸障害、早期耐性出現、肺水腫
ネオマイシン Neomycin	抗生物質	腎不全、聴覚毒性
ポリミキシンB Polymyxin B	抗生物質	腎不全、神経毒性
マンデル酸メテナミン Methenamine mandelate	尿管抗菌物質	胃腸障害、結晶尿、全身性アシドーシス

＊：この薬剤の犬猫への投与は、全面的に禁忌である。

出典：Kirk RW（ed）, Current Veterinary Therapy VIII, 1983, p 1038, よりElsevierの許可を得て掲載。

XIII. 腎不全において用量低減を要する薬剤

薬剤	投与量調節*	副作用
5-フルオロシトシン 5-Fluorocytosine	投与間隔延長	肝毒性、骨髄毒性
アザチオプリン Azathioprine	重度の腎不全では用量半減	腎不全、骨髄抑制
アミカシン Amikacin	投与間隔延長	腎不全、聴覚毒性、筋神経ブロック
アムホテリシンB Amphotericin B	重度の腎不全では用量半減	腎不全、低カリウム血症
アモキシシリン Amoxicillin	重度の腎不全では用量半減、投与間隔2倍	アナフィラキシー、神経毒性
アンピシリン Ampicillin	重度の腎不全では用量半減、投与間隔2倍	アナフィラキシー、神経毒性
カナマイシン Kanamycin	投与間隔延長	腎毒性、聴覚毒性、神経筋ブロック

付録

薬剤	投与量調節*	副作用
カルベニシリン Carbenicillin	重度の腎不全では若干の用量調整	アナフィラキシー、神経毒性
ゲンタマイシン Gentamicin	投与間隔延長	腎毒性、聴覚毒性、神経筋ブロック
シクロホスファミド Cyclophosphamide	重度の腎不全では投与間隔2倍	嘔吐、下痢、骨髄抑制、膀胱炎、低ナトリウム血症
ジゴキシン Digoxin	BUN 50mg/dL上昇ごとに用量半減	嘔吐、衰弱、不整脈
シスプラチン Cis-platinum	投与間隔延長	腎不全
ストレプトマイシン Streptomycin	重度の腎不全では投与間隔2～3倍	腎不全、聴覚毒性、神経筋ブロック
スルフィソキサゾール Sulfisoxazole	投与間隔2～3倍	腎不全
セファロスポリン Cephalosporins	投与間隔延長	腎不全、アナフィラキシーの可能性、アミノグリコシド誘発性腎毒性
セファロチン Cephalothin	重度の腎不全では投与間隔2倍	腎不全、アナフィラキシーの可能性、アミノグリコシド誘発性腎毒性
チカルシリン Ticarcillin	重度の腎不全では用量半減、投与間隔2倍	アナフィラキシー、神経毒性
テトラサイクリン Tetracycline	重度の腎不全では用量低減、投与間隔延長	腎不全、胃腸炎
トブラマイシン Tobramycin	投与間隔延長	腎不全、聴覚毒性、神経筋ブロック
トリメトプリムーサルファメトキサゾール Trimethoprim-Sulfamethoxazole	重度の腎不全では使用しない	嘔吐、下痢
バンコマイシン Vancomycin	投与間隔延長	聴覚毒性、腎毒性の可能性
フェノバルビタール Phenobarbital	重度の腎不全では投与間隔2倍	過剰鎮静
プリミドン Primidone	重度の腎不全では投与間隔2～3倍	過剰鎮静
ブレオマイシン Bleomycin	用量低減	皮膚毒性、肺線維症
プロカインアミド Procainamide	重度の腎不全では投与間隔2倍	低血圧、心筋抑制

薬剤	投与量調節*	副作用
ペニシリン Penicillin	重度の腎不全では用量半減、投与間隔2倍	アナフィラキシー、神経毒性
メチシリン Methicillin	重度の腎不全では用量半減、投与間隔2倍	アナフィラキシー、神経毒性、間質性腎炎
メトキシフルレン Methoxyflurane	重度の腎不全では使用しない	腎不全
メトトレキセート Methotrexate	重度の腎不全では用量半減	腎不全、骨髄抑制、嘔吐
リンコマイシン Lincomycin	重度の腎不全では投与間隔3倍	嘔吐、下痢、腸管毒性

*適切な投与間隔については、薬理学もしくは腎臓病学のテキストを参照のこと。

XIV. 主な計算式

1. 浸透圧(mOsmol/kg)＝2[Na(mEq/L)＋K(mEq/L)]＋[血糖値(mg/dL)]/18＋[BUN(mg/dL)]/2.8
2. アニオンギャップ(mEq/L)＝(Na＋K)－(Cl＋HCO_3)
3. 補整網状赤血球率(CRP)＝網状赤血球率×症例のHCT/HCT基準値
4. 温度換算
   摂氏から華氏：(℃)×9/5＋32＝°F
   華氏から摂氏：(°F－32)×5/9＝℃
5. 平均動脈血圧(MAP)＝DAP－1/3(SAP－DAP)または
   MAP＝[(SAP－DAP)÷3]＋DAP
   DAP：拡張期血圧
   SAP：収縮期血圧
6. MPP＝ADP－RAP(心筋灌流圧＝大動脈拡張期圧－右心房圧)
7. CPP＝MAP－ICP(脳灌流圧＝平均動脈血圧－頭蓋内圧)
8. 駆出率＝[(EDV－ESV)÷EDV]×100
   EDV：拡張末期容積
   ESV：収縮末期容積
9. 短縮率＝[(EDD－ESD)÷EDD]×100
   EDD：拡張末期径
   ESD：収縮末期径
10. 肺胞気-動脈酸素分圧較差(A-a勾配)＝$PA_{O_2} - Pa_{O_2}$
   $PA_{O_2} = Fi_{O_2}(P_B - P_{H_2O}) - Pa_{CO_2}/RQ$
   PA_{O_2}：肺胞気酸素分圧
   Pa_{O_2}：動脈血酸素分圧
   Fi_{O_2}：吸入酸素濃度（室内気＝0.21または21％）
   P_B：大気圧（海抜0mでは760mmHg。標高上昇に従って減少する）

P_{H_2O}：水圧（水温37℃では47mmHg）
Pa_{CO_2}：動脈血二酸化炭素分圧
RQ：呼吸商（酸素消費量に対する二酸化炭素産生量の比。一般に0.8を用いる）
海抜0mにおける簡易式＝150－（Pa_{CO_2}/0.8）－Pa_{O_2}

11. A–a勾配の基準値＝＜10〜15
＞15＝肺の換気機能低下
＞30＝重度の換気機能低下
12. 動脈血酸素含量（Ca_{O_2}）＝（1.34×Sa_{O_2}×Hb）＋（0.003×Pa_{O_2}）
Sa_{O_2}＝動脈血酸素飽和度
13. P：F比（Pa_{O_2}：Fi_{O_2}比）
500＝基準値
300〜500＝軽度の肺障害
200〜300＝中等度の肺障害
＜200＝重度の肺障害
14. 犬の補正クロール値＝[Cl]測定値×146/[Na]測定値
15. 猫の補正クロール値＝[Cl]測定値×156/[Na]測定値
16. 自由水損失量（L）＝0.6×体重（kg）×[（145÷症例のNa）－1]
17. ナトリウム損失量（mEq/L）＝0.6×体重（kg）×（適正Na－測定Na）
18. ナトリウム排泄分画（Fe_{Na}）＝[（U_{Na}×P_{Cr}）÷（P_{Na}×U_{Cr}）]×100
U_{Na}：尿中ナトリウム濃度
P_{Cr}：血漿クレアチニン濃度
P_{Na}：血漿ナトリウム濃度
U_{Cr}：尿中クレアチニン濃度
19. Kleiber–Brody方程式
BER（kcal/日）＝70×体重（kg）$^{0.75}$（体重＜2kgまたは体重＞45kg）
BER＝30×体重（kg）＋70（体重＝2〜45kg）
BER＝基礎エネルギー要求量

XV. 持続点滴（CRI）における計算式

1. 6時間の必要量（mg）
薬用量（μg/kg/分）×体重（kg）×0.36
2. 250mLの輸液バッグに薬剤を添加し、流速15mL/時で投与する場合の用量（mg）
薬用量（μg/kg/分）×体重（kg）
$M=(D)(W)(V)/(R)(16.67)$
$R=(D)(W)(V)/(M)(16.67)$
M：輸液剤に添加する薬剤の用量（mg）
D：薬用量（mg/kg/分）
W：体重（kg）
V：輸液剤の量（mL）

R：流速（mL/時）
16.67：変換係数

3．ドパミンまたはドブタミンのCRI
6×体重(kg)＝1mL/時にてIV投与する際に生理食塩水100mLに添加する用量(mg)＝1μg/kg/分IV

4．エピネフリンのCRI
0.6×体重(kg)＝1mL/時にてIV投与する際に生理食塩水100mLに添加する用量(mg)＝0.1μg/kg/分IV

XVI. 持続点滴（CRI）で使用される主な薬剤

薬剤	作用・適応症	用量
アタクリウム Atracurium	人工換気時の呼吸器麻痺誘導	0.2mg/kg IV 以後：3〜8mg/kg/分
アムリノン Amrinone	陽性変力、全身血管拡張	0.75mg/kg。3〜5分間かけて緩徐IVボーラス 以後：5〜10mg/kg/分
イソプロテレノール Isoproterenol	血管拡張、陽性変力、気管支拡張	0.02〜0.1mg/kg/分
エスモロール Esmolol	短期作用型β遮断薬、頻脈	初回負荷用量：500mg/kg。1分間かけて投与 以後：25〜200mg/kg/分
エタノール（7%） Ethanol	アルコール中毒症、エチレングリコール中毒症	600mg/kg IVボーラス 以後：100〜200mg/kg/時
エピネフリン Epinephrine	アナフィラキシー、心保護、血圧維持	0.1〜1μg/kg/分
ケタミン Ketamine	鎮痛補助（オピオイド+/−リドカインと併用）	0.1〜0.6mg/kg/時 2〜10μg/kg/分 IV
コハク酸メチルプレドニゾロンナトリウム Methylprednisolone sodium succinate	抗炎症、脊髄損傷	2.5mg/kg/時、24時間
ジアゼパム Diazepam	鎮静、難治性痙攣	0.1〜0.5mg/kg/時
組織プラスミノゲンアクチベータ Tissue plasminogen activator	血栓溶解剤、血栓塞栓解除	4.2〜16.5mg/kg/分
デフェロキサミン Deferoxamine	鉄キレート作用、鉄中毒症	15mg/kg/時

付録

薬剤	作用・適応症	用量
ドパミン Dopamine	腎動脈拡張（賛否両論あり）	0.5〜2μg/kg/分（低用量）
ドパミン Dopamine	陽性変力、心因性ショック、敗血症性ショック	3〜10μg/kg/分（中等用量）
ドパミン Dopamine	昇圧薬、血圧上昇、末梢血管収縮	11〜20μg/kg/分（高用量）
ドブタミン Dobutamine	陽性変力、心因性ショック、敗血症性ショック	犬：2〜20μg/kg/分 猫：2〜15μg/kg/分
ニトロプルシド Nitroprusside	血管拡張、うっ血性心不全	0.5〜10mg/kg/分
ノルエピネフリン Norepinephrine	昇圧薬、陽性変力	0.05〜1μg/kg/分
バソプレッシン Vasopressin	昇圧薬	0.5〜2mU/kg/分 IV
ヒドロモルフォン Hydromorphone	鎮痛	犬：0.0125〜0.05mg/kg/時 IV 猫：0.0125〜0.03mg/kg/時 IV
フェノバルビタール（発作） Phenobarbital seizures	抗痙攣薬、難治性痙攣	猫：0.5〜1mg/kg/時。ジアゼパムとともにCRI
フェノルドパム Fenoldopam	腎血流量上昇	0.1〜0.6mg/kg/分 IV CRI
フェンタニル Fentanyl	鎮痛、鎮静、人工機械換気	犬：2〜10μg/kg IV。以後は1〜10μg/kg/時 IV 猫：1〜5μg/kg IVボーラス。以後は1〜5μg/kg/時 IV
ブトルファノール Butorphanol	鎮痛	0.05〜0.2mg/kg/時 IV
ブプレノルフィン Buprenorphine	鎮痛	犬：2〜4μg/kg/時 IV 猫：1〜3μg/kg/時 IV
プラリドキシム Pralidoxime	コリンエステラーゼ再賦活薬、重度の有機リン中毒症	10〜20mg/kg/時
プロカインアミド Procainamide	心室性抗不整脈	犬：2mg/kg IVボーラス、反復投与。ボーラス投与の最大総投与量は20mg/kg。以後は10〜40mg/kg/分
フロセミド Furosemide	利尿	3〜8mg/kg/分
プロポフォール Propofol	鎮静	0.1〜0.2mg/kg/分 6〜12mg/kg/時

薬剤	作用・適応症	用量
ペントバルビタール（発作） Pentobarbital seizures	鎮静、難治性痙攣	3～10mg/kg/時
メトクロプラミド Metoclopramide	制吐薬	0.7～1.4mg/kg/分
リドカイン Lidocaine	心室性抗不整脈薬	犬：2～4mg/kg IVボーラス。 以後は25～80mg/kg/分 猫：0.25mg/kg IVボーラス。 以後は10mg/kg/分
リン酸塩 Phosphate（Na、K）	必須栄養素	0.01～0.03mmol/kg/時

XVII. 単位換算（近似値）

変換前	倍率（×）	変換後
グレーン（gr）	60	ミリグラム（mg）
ミリグラム（mg）	1000	マイクログラム（μg）
ミリグラム（mg）	0.001	グラム（g）
グラム（g）	0.035	オンス（oz）
グラム（g）	1000	ミリグラム（mg）
グラム（g）	1000000	マイクログラム（μg）
グラム（g）	0.001	キログラム（kg）
キログラム（kg）	2.21	ポンド（lb）
キログラム（kg）	1000	グラム（g）
オンス（oz）	28.35	グラム（g）
ポンド（lb）	16	オンス（oz）
ポンド（lb）	453.6	グラム（g）
ポンド（lb）	0.4536	キログラム（kg）
mg/kg	0.4536	mg/lb
mg/g	453.6	mg/lb
mg/kg	0.4536	mg/lb
mg/g	0.1	%（パーセント）
mg/kg	0.0001	%（パーセント）
g/kg	0.1	%（パーセント）
ppm（百万分率）	0.0001	%（パーセント）
ppm（百万分率）	1	mg/g
ppm（百万分率）	1	mg/kg
ppm（百万分率）	0.4536	mg/lb
kcal/kg	0.4536	kcal/lb
kcal/lb	2.2046	kcal/kg
Mcal	1000	kcal
ミリリットル（mL）	0.2	ティースプーン（tsp）

変換前	倍率（×）	変換後
ミリリットル（mL）	0.06	テーブルスプーン（tbs）
リットル（L）	4.23	カップ（c）
リットル（L）	2.12	パイント（pt）
リットル（L）	1.06	クォート（qt）
ドロップ（gt）	0.06	ミリリットル（mL）
ミリリットル（mL）	15	ドロップ（gt）
ティースプーン（tsp）	4.93	ミリリットル（mL）
テーブルスプーン（tbs）	14.78	ミリリットル（mL）
液量オンス（fl oz）	29.57	ミリリットル（mL）
カップ（c）	0.24	リットル（L）
パイント（pt）	0.47	リットル（L）
クォート（qt）	0.95	リットル（L）
インチ（in）	2.54	センチメートル（cm）
フィート（ft）	30.48	センチメートル（cm）
ヤード（yd）	91.44	センチメートル（cm）

XVIII. 犬猫の体表面積

犬の体表面積

kg	m^2	kg	m^2
0.5	0.06	26.0	0.88
1.0	0.10	27.0	0.90
2.0	0.15	28.0	0.92
3.0	0.20	29.0	0.94
4.0	0.25	30.0	0.96
5.0	0.29	31.0	0.99
6.0	0.33	32.0	1.01
7.0	0.36	33.0	1.03
8.0	0.40	34.0	1.05
9.0	0.43	35.0	1.07
10.0	0.46	36.0	1.09
11.0	0.49	37.0	1.11
12.0	0.52	38.0	1.13
13.0	0.55	39.0	1.15
14.0	0.58	40.0	1.17
15.0	0.60	41.0	1.19
16.0	0.63	42.0	1.21
17.0	0.66	43.0	1.23
18.0	0.69	44.0	1.25
19.0	0.71	45.0	1.26
20.0	0.74	46.0	1.28
21.0	0.76	47.0	1.30

kg	m^2	kg	m^2
22.0	0.78	48.0	1.32
23.0	0.81	49.0	1.34
24.0	0.83	50.0	1.36
25.0	0.85		

猫の体表面積

kg	m^2	kg	m^2
0.5	0.06	5.5	0.29
1.0	0.10	6.0	0.31
1.5	0.12	6.5	0.33
2.0	0.15	7.0	0.34
2.5	0.17	7.5	0.36
3.0	0.20	8.0	0.38
3.5	0.22	8.5	0.39
4.0	0.24	9.0	0.41
4.5	0.26	9.5	0.42
5.0	0.28	10.0	0.44

出典：Ettinger SJ, Textbook of Veterinary Internal Medicine, Diseases of the Dog and Cat, 2nd edn, 1975, p 146, S.J. Ettinger and Elsevierの許可を得て掲載。

XIX. 救急医療で使用される主な薬剤

以下、表内の用量は目安である。

薬剤	犬	猫
2-メルカプトプロピオニルグリシン 2-Mercaptoproprionylglycine	10～15mg/kg PO q12h	
BALR® (British anti-Lewisite、ジメルカプロールdimercaprol)	最初の1～2日：3～7mg/kg IM q8h 3日目以降：回復まで3～4mg/kg q8h	最初の1～2日：2.5～5mg/kg IM q4h 3日目以降：回復までq12h
D-ペニシラミン D-Penicillamine	10～15mg/kg q12h PO。空腹時に投与する。 鉛中毒症：110mg/kg/日 PO q6～8hで分割投与。1～2週間。嘔吐があれば33～55mg/kg/日に減量。q6～8hで分割投与	同左
DL-メチオニン DL-Methionine	0.2～1.0g/頭 PO q8h	0.2～1.0g/頭 PO q24h
DMSA（meso-dimercapto-succinic acid、succimer、Chemet®）	10mg/kg PO q8h×10日	使用しない

付録

薬剤	犬	猫
DMSO （ジメチルスルホキシド dimethylsulfoxide）	250mg/kg IV（10～25%）、SC、PO、局所投与、関節内投与	
EDTAカルシウム Calcium EDTA（calcium sodium EDTA）	100mg/kg。5%ブドウ糖液で10mg/mLに希釈し、4回に分けてSC投与。5日間	同左
G-CSF製剤（Neupogen®）	5～10mg/kg SC、IV q24h	同左
hIVIG（ヒト免疫グロブリン human intravenous immunoglobulin）	0.5～1.5g/kg 6～12時間かけてIV	
L-チロキシン L-Thyroxine	22mg/kg PO q12h	20～30mg/kg/日 PO またはq12hで分割投与
L-カルニチン L-Carnitine	110mg/kg PO q12h	
PAM（2-pyridine aldoxime methyl chloride）、プラリドキシム pralidoxime（Protopam®）	10～50mg/kg 15分間かけてIM、SC、IV q8～12。適宜投与する 10～20mg/kg/時CRI IV	5%溶液で20mg/kg IM
SAM-e	17～22mg/kg PO q24h	同左
アザチオプリン Azathioprine（Imuran®）	免疫介在性溶血性貧血：2mg/kg q24h 免疫介在性血小板減少症：50mg/m²または2mg/kg PO q24h。0.5～1.0mg/kgまで漸減し、PO q48h 慢性活動性肝炎：2～2.5mg/kg PO q24h 好酸球性腸炎：0.3～0.5mg/kg PO q24～48h	同左 （訳注：正確な薬用量の特定がされていないこと、致死的な毒性があることなどから、使用禁忌とする意見もある） 同左
アジスロマイシン Azithromycin（Zithromax®）	5～10mg/kg IV、PO q24h、5日間投与	5mg/kg IV、PO q24～48h、5日間投与
アスコルビン酸（ビタミンC） Ascorbic acid（vitamin C）	維持量：100～500mg/日 尿の酸性化：100～500mg q8h アセトアミノフェン中毒症：30mg/kg PO、SC q6hまたは20～30mg/kg IV q6h。輸液剤に添加	125mg/頭 PO q6h
アズトレオナム Aztreonam（Azactam®）	30mg/kg IV q6h	

薬剤	犬	猫
アスピリン Aspirin アセチルサリチル酸 Acetylsalicylic acid	抗炎症：10〜20mg/kg PO q8〜12h 抗血栓：0.5mg/kg PO q12〜24h	抗炎症：1〜25mg/kg PO q72h 抗血栓：5mg/頭 PO q72h
アセタゾラミド Acetazolamide（Diamox®、Vetamox®）	緑内障：5〜10mg/kg PO q8〜12h	5mg/kg PO q8〜12h
アセチルシステイン Acetylcysteine（Mucomyst®）	アセトアミノフェン中毒症：280mg/kg PO、IV 以後：140mg/kg q4h、反復投与 眼に人工涙液として使用する場合：2%に希釈して点眼する。q2h、最大48時間 抗酸化：50mg/kg。少なくとも1：1に希釈し、1時間かけて緩徐IV q6h、24時間投与	アセトアミノフェン中毒症：140mg/kg PO、IV 以後は70mg/kg q6h、反復投与 同左 同左
アセチルプロマジン Acetylpromazine	0.025〜0.20mg/kg IV、IM、SC、最大3mg 0.55〜2.2mg/kg PO	0.05〜0.10mg/kg IV、IM、SC、最大1mg 0.8〜2.2mg/kg PO
アセトアミノフェン Acetaminophen	10〜15mg/kg PO q8〜12h	推奨されない
アセトアミノフェン+コデイン合剤 Acetaminophen with codeine（Tylenol 4®）	アセトアミノフェン300mg+コデイン60mg コデインの投与量：1〜2mg/kg PO q6〜8h	推奨されない
アセプロマジン Acepromazine	0.025〜0.20mg/kg IV、IM、SC、最大3mg 0.55〜2.2mg/kg PO	0.05〜0.10mg/kg IV、IM、SC、最大1mg 0.8〜2.2mg/kg PO
アチパメゾール Atipamezole（Antisedan®）	0.1〜0.2mg/kg IV、IM	同左
アテノロール Atenolol（Tenormin®）	0.25〜1mg/kg PO q12〜24h	6.25〜12.5mg PO q12〜24h
アトバコン Atovaquone	13.5mg/kg PO q8h	同左

薬剤	犬	猫
アトロピン Atropine —硫酸アトロピン Atropine sulfate	CPR：0.04mg/kg IVまたは0.08〜0.1mg/kg 気管内投与	同左
	麻酔前投与：0.02〜0.04mg/kg SC、IM、IV	同左
	有機リン中毒症：0.2〜2.0mg/kg IV、SC、IM。1/4量をIV。必要に応じて残量をIMまたはSC	同左
	抗不整脈：0.02〜0.04mg/kg SC、IM、IV q4〜6h	同左
	緊急的気管支拡張：0.04mg/kg SC、IMまたは0.15mg/kg IV	同左
アブシキマブ Abciximab	0.25mg/kg IV 以後：0.125μg/kg/分 IV CRI	
アプリンジン Aprindine	100mg/頭 PO q12h	使用しない
アポモルヒネ Apomorphine	1.5〜6mg結膜嚢内投与 0.02〜0.04mg/kg IV、IM 0.1mg/kg SC	0.02〜0.04mg/kg IV、IM、SC
アマンタジン Amantadine	3〜5mg/kg PO q24h	同左
アミオダロン Amiodarone	5mg/kg 10分間かけてIV、IO 必要に応じて3〜5分間後に10分間かけて2.5mg/kg IV、IO	同左
アミカシン Amikacin（Amiglyde-V®）	15〜30mg/kg IV、IM、SC q24h	10〜15mg/kg IV、IM、SC q24h
アミトラズ Amitraz（Mitaban®）	10.6mLを7.6Lの水に添加し、薬浴する。q2wで3回。洗い流さずにそのまま乾燥させる	使用しない
アミトリプチリン Amitriptyline	1〜2mg/kg PO q12〜24hまたは2mg/kg PO q24h	5〜10mg PO q24h
アミノフィリン Aminophylline	5〜10mg/kg PO、IM、IV（極めて緩徐に）q8〜12h	4〜6mg/kg PO 2〜4mg/kg IV、IM q8〜12h
アミノプロパジン Aminopropazine（Jenotone®、Peritone®）	2mg/kg SC、PO	同左

薬剤	犬	猫
アムホテリシンB Amphotericin B （脂質複合体。5%ブドウ糖溶液で1mg/mLに希釈し、1～2時間かけてIV投与する）	ブラストミセス症・ヒストプラズマ症：0.5～3mg/kg IV q3wで9～12回投与。総投与量は8～10mg/kg 一部の酵母・真菌：12mg/kg コクシジオイデス症・アスペルギウス症・その他の真菌症：24～30mg/kg	クリプトコッカス症：0.25～1mg/kg IV q3wで全12回投与。総投与量は12mg/kg
アムリノン Amrinone（Inocor®）	0.75～3mg 3～5分間かけてIV、ボーラス 以後：50～100mg/kg/分CRI IV	同左
アムロジピン Amlodipine	0.2～0.4mg/kg PO q12h 0.25～0.5mg/kg PO q24h	0.625～1.25mg/頭 PO q24h
アムロジピン Amlodipine（Norvasc®）	0.1mg/kg PO q24h	0.625～1.25mg/頭 PO q24h
アモキシシリン Amoxicillin	6.6～20mg/kg PO、IM、SC q8～12h	10～22mg/kg PO、IM、SC q8～12h
アモキシシリン-クラブラン酸合剤 Amoxicillin-clavulanate（Clavamox®、Augmentin®）	12.5～25mg/kg PO q8～12h	62.5mg/頭 PO q12h 13.8mg/kg PO q12h
アルギニン Arginine		1g/日 PO
アルコール Alcohol（40%、80プルーフ）	エチレングリコール中毒症：2.25mL/kg PO q4h	同左
アルテプラーゼ Alteplase 組織プラスミノゲンアクチベータ Tissue plasminogen activator（t-PA）	0.4～1mg/kg/時 IV CRI、10時間まで（10mg/kg）	0.25～1mg/kg/時 IV CRI、10時間まで（10mg/kg）
アルテルナゲル Alternagel	小型犬：1～3mL q6h 大型犬：5～10mL q6h	1～3mL q6h 0.25～0.75mL/5kg
アルファキサロン Alfaxalone	1～3mg/kg IV	
アルブテロール Albuterol（Proventil®）	0.02～0.05mg/kg PO q8～12h ネブライゼーション：0.5%溶液0.1mL/5kgを生理的食塩水4mLに添加	0.02～0.05mg/kg PO q8～24h 1回のネブライゼーション：90μg/m^2 30分間2～4時間継続またはq12h
アルブミン（犬） Albumin（canine）	4mL/kg IV 以後：0.1～1.7mL/kg/時 IV、最大25mL/kg、72時間	推奨されない

付録

薬剤	犬	猫
アルブミン（ヒト） Albumin（human）	2.5～5mL/kg IV	推奨されない
アルプラゾラム Alprazolam（Xanax®）	0.025～0.1mg/kg PO q8h	0.0125～0.025mg/kg PO q12h
アルベンダゾール Albendazole	25～50mg/kg PO q12h ×3日間	同左
アルミニウムマグネシウム水酸化物 Aluminum magnesium hydroxide（DiGel®、Maalox®）	2～10mL/頭 PO q2～4h	2～10mL/頭 PO q12～24h
アロプリノール Allopurinol	7～10mg/kg PO q8h×30日間 以後：10mg/kgに減量	9mg/kg PO q24h、PO q24h
アンチセダン® Antisedan® （アチパメゾール Atipamezole）	0.1～0.2mg/kg IV、IM	同左
アンピシリン－スルバクタム Ampicillin-sulbactam（Unasyn®）	10～12mg/kg IV、IM q8h	同左
アンピシリン三水和物 Ampicillin trihydrate（Polyflex®）	6.5～10mg/kg IM、SC q12h	同左
アンピシリンナトリウム Ampicillin sodium	10～40mg/kg PO、IV、IM、SC q6～8h	同左
イソプロテレノール Isoproterenol（Isuprel®）	0.04～0.08μg/kg/分 IV CRI 0.5mLネブライゼーション	同左 緊急的気管支拡張：1：5,000溶液 0.1～0.2mL IM、SC
イソプロパミド Isopropamide（Darbid®）	2.5～5mg/頭 PO q8～12h 0.1～0.2mg/kg PO q12h	0.07mg/頭 PO q12h
イトラコナゾール Itraconazole（Sporanox®）	5.0～10.0mg/kg PO q12～24h 2.5mg/kg PO q12h～mg/kg PO q24h	5mg/kg PO q12h
イペカックシロップ Ipecac（syrup of）	1～2mL/kg PO。反復投与が可能（推奨されない）	3.3mL/kg。水で50％に希釈し、経口胃チューブまたは経鼻胃チューブを用いて投与する（総量は5～10mL） （推奨されない）
イベルメクチン Ivermectin	予防：6μg/kg PO q30d 200～250μg/kg SC（適応品種のみ）	予防：24μg/kg PO q30d 200～300μg/kg PO、SC
イミドカルブ Imidocarb	5mg/kg IM、単回	同左

薬剤	犬	猫
イミペネム Imipenem（Primaxin®）	5mg/kg CRI IV q6h。IV輸液剤に添加し、20〜30分間かけて投与。または5〜10mg/kg q6〜8h	同左
イミペネム-シラスタチン Imipenem-cilastatin（Primaxin®）	5mg/kg CRI IV q6h。輸液剤に添加し、20〜30分間かけて投与。 または10mg/kg IV q8h	同左
インスリン Insulin （結晶性レギュラー regular crystalline）	2U/kgを250mLの輸液バッグに添加し、5〜10mL/時 CRI IV または0.2U/kg IM 以後：0.1〜0.4U/kg IM q4〜6h 0.5U/kg SC q6〜8h 0.25U/kg SC q4〜6h	1.1U/kgを250mLの輸液バッグに添加し、5〜10mL/時CRI IV 0.1U/kg IM q1h 続いて0.2U/kg IM 続いて0.1U/kg IM q1h 続いて0.1〜0.4U/kg IM q4〜6h 0.5U/kg SC q6〜8h 0.25U/kg SC q4〜6h
インスリンInsulin （長時間作用型 detemir、Levemir®）	0.1〜0.2U/kg SC q12h	1U/頭 SC q12h
インスリンInsulin （長時間作用型 glargine、Lantus®）	0.25〜0.5U/kg SC q12h	1U/頭 SC q12h
インスリン Insulin （中間型 intermediate、Lente®、Humulin®、NPH）	0.4〜0.5U/kg SC q12〜24h	0.2〜0.5 U/kg SC q12h
インスリン Insulin（持続型 long-lasting、PZI、Ultralente®）	0.6〜0.7U/kg SC q24h。朝に投与	1〜3U SC q24h。朝に投与
イントラリピッド輸液10% Intralipid（10% fat emulsion）	0.44mL/kg IV、最大4g/日	同左
ウルソデオキシコール酸 Ursodeoxycholic acid（Actigal®、Ursodiol®）	5〜15mg/kg PO q24h、q12hで分割投与	10mg/kg/日 PO
エスモロール Esmolol（Brevibloc®）	0.05〜0.1mg/kg 緩徐IV 500μg/kg 1分間かけてIV 以後：25〜200μg/kg/分 CRI IV	
エソメプラゾール Esomeprazole	0.5mg/kg IV q12〜24h	

付録

薬剤	犬	猫
エタノール Ethanol（7%）	エチレングリコール中毒症 初回負荷投与量：600mg/kg IV 以後：100〜200mg/kg/時 IV（1.43mL/kg/時 IV）	同左
エタノール Ethanol（35%）	重度の肺水腫：滅菌水で希釈し、酸素とともにネブライゼーション	同左
エタノール Ethanol（40%、80プルーフ）	エチレングリコール中毒症：2.25mL/kg PO q4h	同左
エチドロン酸二ナトリウム Etidronate disodium（Didronel®）	5〜17mg/kg PO、IV q8〜12h	10mg/kg PO、IV q24h
エトドラク Etodolac（EtoGesic®）	5〜15mg/kg PO q24h	使用しない
エトミデート Etomidate	0.5〜2.0mg/kg IV	
エトレチナート Etretinate（Tegison®）	0.75〜1mg/kg PO q24h	2mg/kg PO q24h
エナラプリル Enalapril （Vasotec®、Enacard®）	0.25〜3mg/kg PO q12〜24h	0.25〜0.5mg/kg PO q24〜48h
エナント酸テストステロン Testosterone enanthate	50〜150mg/頭 IM q1〜4w	
エノキサパリンナトリウム Enoxaparin sodium （Lovenox®）	0.8〜1mg/kg SC q6h	1〜1.5mg/kg SC q6h
エピスプランテル Episprantel（Cestex®）	5.5mg/kg PO	2.75mg/kg PO
エピネフリン Epinephrine（1：1000）	0.01mg/kg IV、IO 0.03〜0.1mg/kg IT 0.1mg/kg IV、IO、ITで3〜5分ごとに反復投与	同左
エピネフリン Epinephrine	0.1〜1μg/kg/分 IV CRI 緊急的気管支拡張：希釈液（1：1,000）0.1〜0.5mL SC	同左
エフェドリン Ephedrine	5〜15mg/頭 PO q8〜12h	2〜5mg/頭 PO q8〜12h
エリスロポエチン Erythropoietin（Epogen®）	50〜100mg/kg SC。週に1〜2回投与	同左
エリスロマイシン Erythromycin	10〜20mg/kg PO q8〜12h	同左

薬剤	犬	猫
塩化アンモニウム Ammonium chloride	100mg/kg PO q12h	800mg/頭 PO q24hまたはテーブルスプーン1/4 q24h
塩化エドロホニウム Edrophonium chloride (Tensilon®)	0.11～0.22mg/kg IV	2.5mg/頭 IV
塩化カリウム Potassium chloride	1～3g/日 PO、IV 最大10mEq/時 0.10～0.25mL/kg PO q8h	0.2g/日 PO
塩化カルシウム Calcium chloride (10%)	0.05～0.1mL/kg IV	同左
塩酸ヒドロキシジン Hydroxyzine HCl	2.2mg/kg PO q8h	6.6mg/kg PO q8h
塩酸ブピバカイン Bupivacaine hydrochloride (Marcaine®)	硬膜外麻酔：0.2～0.3mLまたは1mL/3.5kg±モルヒネ0.1mg/kg	
塩酸リドカイン溶液 Lidocaine hydrochloride solution (Xylocaine Viscous®)	2～10mL/頭 PO、食前投与	
エンロフロキサシン Enrofloxacin (Baytril®)	2.5～15mg/kg PO、IV、IM、SC q12～24h または5～20mg/kg q24h	2.5～5mg/kg PO、IV、IM、SC q12～24h
オキサシリン Oxacillin	11～22mg/kg IV、IM、PO q6～8h	同左
オキサゼパム Oxazepam		食欲増進：0.1～0.25mg/kg PO (2.5mg/頭 PO)
オキシグロビン Oxyglobin (HBOC)	15～30mL/kg IV	5～20mL/kg IV 5mL/kgで分割投与
オキシコドン Oxycodone	0.1～0.3mg/kg PO q6～12h	推奨されない
オキシテトラサイクリン Oxytetracycline	22mg/kg PO q8h 7～12mg/kg IV、IM q12h	15mg/kg PO q8h 7～12mg/kg IV、IM q12h
オキシトシン Oxytocin	0.25～2.0U IM、IV、最大4U。30～40分間ごとに反復投与	0.25～2.0U IM、IV
オキシメトロン Oxymetholone (Anadrol®)	1～3mg/kg q24hまたは1mg/kg PO q12～24h	

薬剤	犬	猫
オキシモルフォン Oxymorphone（Numorphan®）	鎮静：0.2mg/kg（1mL/4.5kg）。 ジアゼパム0.02mg/kg IVを併用する 鎮痛：0.05〜0.1mg/kg IV q2〜4h 0.05〜0.2mg/kg IM、SC q2〜6h	鎮静：0.02〜1mg/kg IV または0.02〜0.03mg/kg IV、IM 鎮痛：0.02〜0.05mg/kg IV q2〜4h 0.05〜0.1mg/kg IM、SC q2〜6h
オクトレオチド Octreotide（Sandostatin®）	5〜40mg SC q8h	同左
オメプラゾール Omeprazole（Losec®）	0.5〜1.5mg/kg PO q24h	0.5〜1mg/kg PO q24h
オルゴテイン（ウシ赤血球スーパーオキシドディムスターゼ酵素製剤） Orgotein（Palosein®）	2.5〜5mg/頭 IM、SC q24h 6日間 以後：q48h、8日間	使用しない
オルビフロキサシン Orbifloxacin（Orbax®）	2.5〜7.5mg/kg PO q24h	
オルメトプリムースルホンアミド Ormetoprim sulfonamide（Primor®）	初日：55mg/kg PO 以後：27.5mg/kg PO q24h。回復してから2週間後まで継続投与	
オンダンセトロン Ondansetron（Zofran®）	0.1〜0.2mg/kg IV q6〜12h 0.1〜0.15mg/kg IV q6〜12h 0.1〜1mg/kg IV、PO q12〜24h	同左
カオペクテイト Kaopectate	1〜2mL/kg q2〜6h	同左
過酸化水素（3%） Hydrogen peroxide（3%）	1〜2mL/kg PO、最大30mL。15分間以内に嘔吐しない場合は、1/2量を1回のみ再投与する	同左
活性炭 Activated charcoal	2〜5g/kg（6〜12mL/kg）PO q2〜6h	同左
カナマイシン Kanamycin	10mg/kg PO q6h 4〜6mg/kg IM、SC q6h	同左
ガバペンチン Gabapentin	3〜10mg/kg PO q8〜12h	同左
カプトプリル Captopril（Capoten®）	0.25〜2mg/kg PO q8〜12h	2〜6.25mg PO q8h
カルシトニン（サケ） Calcitonin salmon	4〜6IU/kg SC q8〜12h	

薬剤	犬	猫
カルシトリオール Calcitriol（1,25-dihydroxy-vitamin D、Rocaltrol®）	1.5～60ng/kg/日 PO（0.0025～0.06mg/kg/日 PO）	同左
カルプロフェン Carprofen（Rimadyl®）	4mg/kg IV、IM、SC、単回 0.5～2.2mg/kg PO q12h	4mg/kg SC、IV、単回
カルベジロール Carvedilol（Coreg®）	0.5～1.5mg/kg PO q12h。3.125mg錠の1/4～1/2から開始	
カルベニシリン Carbenicillin（Geopen®）	10～50mg/kg PO、IV、IM q6～8h	同左
キシラジン Xylazine（Rompum®）	1.1mg/kg IV 2.2mg/kg IM	催吐：0.4～0.5mg/kg IV 1.1mg/kg IM
キャプタン Captan	0.2～0.25％溶液を局所投与。1週間に2～3回	同左
グアイフェネシン Guaifenesin（Organidin®）	0.05～0.1mL/kg PO q6h 1mL/kg/時 CRI IV	同左
グアイフェネシン-テオフィリン Guaifenesin-theophylline（Quibron®）	1～3カプセル PO q8h 0.33mL/kg PO q8h	0.5カプセル q8h
クエン酸カリウム Potassium citrate	40～75mg/kg PO q12h	
クエン酸シルデナフィル Sildenafil citrate（Viagra®）	2.08～5.56mg/kg/日 PO 3.13mg/kg PO q24h	同左
クモ抗毒素（セアカゴケグモ） Black widow antivenin（Lyovac®）	1バイアル 緩徐IV	同左
クラフォラン®（セフォタキシム） Claforan®（cefotaxime）	30～80mg/kg IM、IV q6～8h	同左
クリオプレシピテート（寒冷沈降性血漿蛋白質） Cryoprecipitate	1単位/10kg IV	同左
グリコピロレート Glycopyrrolate（Robinul V®）	麻酔前投与：0.011mg/kg IV、IM、SC 0.01～0.02mg/kg IM、SC 徐脈：0.005～0.01mg/kg IV、IM 0.01～0.02mg/kg SC q8～12h	0.011mg/kg IM 徐脈：0.005～0.01mg/kg SC q8～12h
グリセオフルビン（マイクロサイズ） Griseofulvin（microsized）	25～60mg/kg PO q12h、3～6週間	同左

薬剤	犬	猫
グリセオフルビン（ウルトラマイクロサイズ） Griseofulvin（ultramicrosized）	5～15mg/kg PO q12～24h	
グリセリン Glycerin（50%）	1～2mL/kg PO q6h	同左
グリピジド Glipizide（Glucatrol®）	使用しない	2.5～5mg/頭 PO q12h
グリブリド Glyburide（Diabeta®）	0.2mg/kg PO q24h	0.625mg/頭 PO q24h
クリンダマイシン Clindamycin	5～15mg/kg IV、IM、PO q8～12h	2～25mg/kg IV、IM、PO q8～12h
グルカゴン Glucagon	0.15mg/kg IVボーラス 以後：0.05～0.1mg/kg IV CRI	
グルコン酸カルシウム Calcium gluconate（10%）	0.5～1.5mL/kg 15～30分間かけて緩徐IV、最大20mL 必要に応じて500～700mg/kg/日 PO q6～8hで反復投与が可能	0.2～0.5mL/kg 緩徐IV
クロキサシリン Cloxacillin	10～40mg/kg PO、IV、IM q6～8h	同左
クロナゼパム Clonazepam（Klonopin®）	1～10mg/頭 PO q6～24h （0.5mg/kg PO q8～12h）	0.5mg/kg PO q8～12h
クロピドグレル Clopidogrel（Plavix®）	1～5mg/kg PO q24h	18.75mg/頭 PO q24h
クロミプラミン Clomipramine（Clomicalm®、Anafril®）	1～2mg/kg PO q12h	1～5mg/頭 PO q12～24h
クロラゼプ酸二カリウム Clorazepate dipotassium（Tranxene®）	0.5～2mg/kg PO q12h	同左
クロラムフェニコール Chloramphenicol	30～50mg/kg PO、IV、IM、SC q6～8h	30～50mg/kg PO、IV、IM、SC q12h
クロルテトラサイクリン Chlortetracycline	20～25mg/kg PO q6～8h	同左
クロルプロマジン Chlorpromazine（Thorazine®）	制吐：0.05～0.10mg/kg IV q4～6hまたは0.2～0.5mg/kg SC、IM q6～8hまたは1mg/kgを1mLの0.9% NaClで希釈し、q8hで経直腸投与	0.01～0.25mg/kg IV q4h
	鎮静：0.8～2.2mg/kg PO q8～12h	0.5mg/kg IM

薬剤	犬	猫
クロロチアジド Chlorothiazide（Diuril®）	10～40mg/kg PO q12h	同左
ケタミン Ketamine	ジアゼパム：ケタミン＝50：50に混和する。 1mL/4.5～9kg IV（ジアゼパム0.2mg/kg＋ケタミン10mg/kg）	不動化：11mg/kg IM 鎮静：22～33mg/kg IM、2.2～4.4mg/kg IV
血液 Blood	20mL/kg IVまたは効果発現まで	同左
血漿 Plasma	凝固障害：10～15mL/kg IV 低蛋白血症：40mL/kg IV	同左
血小板含有血漿 Platelet-rich plasma	10～20mL/kg IV	同左
ケトコナゾール Ketoconazole	5～30mg/kg PO q12～24h。酸性食品と共に投与。 副腎皮質機能亢進症：15mg/kg PO q12h	5～10mg/kg PO q24～48h
ケトプロフェン Ketoprofen（ketofen、Orudis-KT®）	初期投与量：1～2mg/kg IV 1mg/kg IV、IM、SC、PO q24h、最大5日間 解熱：0.25～0.5mg/kg IV、IM、SC、PO	1～2mg/kg SC、IV、IM 以後：1mg/kg PO、SC、IV、IM q24h、最大5日間 解熱：0.25～0.5mg/kg SC
ケトロラク Ketorolac（Toradol®）	0.3～0.5mg/kg IV、IM、PO q12h、1～2回投与 5～10mg/頭 PO、最大3日間（体重>30kgでは10mg）	0.25mg/kg IM q12h、1～2回投与
ゲンタマイシン Gentamicin（Gentocin®）	2～4mg/kg IV、IM、SC q8h または6.6～9mg/kg IV、IM q24h 注射液のPO投与：2mg/kg PO q8h	同左
高張食塩水 Hypertonic saline （7.5% NaCl）	4～5mL/kg、5～10分間かけてIV	3～4mL/kg、5～10分間かけてIV
コデイン Codeine	鎮痛：0.5～2mg/kg PO q4～8h 鎮咳：0.1～0.3mg/kg、PO q6～8h	0.5～1mg/kg PO q6～8h
コハク酸プレドニゾロンナトリウム Prednisolone sodium succinate （Solu Delta Cortef®）	0.25～2mg/kg IV q12h	1～3mg/kg IV q12h

薬剤	犬	猫
コハク酸メチルプレドニゾロンナトリウム Methylprednisolone sodium succinate（Solu Medrol®）	脊髄外傷 初回投与量：30mg/kg IV 2～3時間後：10～12.5 mg/kg IV さらに2～3時間後（初回投与時から4～6時間後）：10～12.5mg/kg IV 来院から6～9時間後：2.5mg/kg/時 IV、24時間投与	同左
コルヒチン Colchicine	0.01～0.03mg/kg PO q12～24h	同左
コートロシン® Cortrosyn®（cosyntropin）	250μg（0.25mg）IV、IMまたは1μg/kg IV、IM。採血は投与前および投与から60分後に行う	125μg（0.125mg）IV、IM。採血は投与前および投与から30分後、60分後に行う
酢酸デスモプレシン Desmopressin acetate、DDAVP、（deamino 8-d-arginine vasopressin）	2～4滴を気管内または結膜嚢内投与。q12～24h フォン・ウィルブランド病：1mg/kg SC 第Ⅷ因子欠乏症：0.4mg/kg SC	同左
酢酸フルドロコルチゾン Fludrocortisone acetate（フロリネフ®　Florinef®）	0.2～0.8mg/頭 PO q24h 0.02mg/kg PO q24h	0.1～0.2mg/頭 PO q24h
サクシマー Succimer（Chemet®、DMSA、Meso-dimercaptosuccinic acid）	10mg/kg PO q8h×10日間	使用しない
サソリ抗毒素 Scorpion antivenom	1バイアルを50mLに希釈し、15～30分間かけて緩徐IV。必要に応じて反復投与	同左
酸素 Oxygen	22.7～40.7mL/kg/分、最大6L/分	同左
サンドスタチン Sandostatin （オクトレオチド octreotide）	5～40mg/頭 SC q8h	同左

薬剤	犬	猫
ジアゼパム Diazepam（Valium®）	発作制御：0.5～3mg/kg IVまたは2.5～20mg気管内投与 0.1～0.5mg/kg/時 CRI IV	同左
	麻酔前投与：0.1mg/kg IV	同左
	不動化：0.2～0.6mg/kg IV、経直腸投与 または経鼻投与0.5～1mg/kg	同左
	行動異常改善：0.5～2.2mg/kg PO、適宜投与	行動異常改善：1～2mg PO q12h 食欲増進：0.05～0.15mg/kg IV q24～48 または1.0mg PO q24h
ジアゼパム・ケタミン Diazepam/ketamine	50：50に混和する。1mL/4.5～9kg IV（ジアゼパム0.2mg/kg＋ケタミン10mg/kg）	同左
ジアゾキシド Diazoxide（Proglycem®）	5～13mg/kg PO q8h、最大30mg/kg	同左
ジエチルカルバマジン Diethylcarbamazine（Caricide®、Filaribits®）	犬糸状虫症予防：6.6mg/kg q24h PO	
ジエチルスチルベストロール Diethylstilbestrol（DES）	0.1～1.0mg/日 PO	0.05～0.10mg/日。慎重に投与する
ジギトキシン Digitoxin	0.013～0.033mg/kg PO q8h	0.005～0.015mg/kg PO q24h
ジクロキサシリン Dicloxacillin（Dicloxin®）	10～50mg/kg PO q8h	同左
シクロスポリン Cyclosporine	3～10mg/kg PO q12～24h	4～10mg/kg PO q12h
ジクロフェナミド Dichlorphenamide（Daranide®）	2～5mg/kg PO q8～12h	1mg/kg PO q8～12h
シクロヘプタジン Cyproheptadine（Periactin®）	抗ヒスタミン：1.1mg/kg PO q8～12h	食欲増進：1～2mg/頭 PO q12h
シクロホスファミド Cyclophosphamide（Cytoxan®、Neosar®）	200～300mg/m^2 IV、ボーラス、単回 200mg/m^2 PO。50mg/m^2に分割し、4日間投与後、3日間休薬する。CBCを繰り返し、再評価する。 50mg/m^2 PO q48h。7日間投与後、3日間休薬する。CBCを繰り返し、再評価する	6.25～12.5mg/頭 q24h ×4日/週

薬剤	犬	猫
ジクロルボス® Dichlorvos®	11～33mg/kg PO。3週間後に再投与	11mg/kg PO
ジゴキシン Digoxin（Cardoxin®、Lanoxin®）	0.005～0.01mg/kg PO q12h	0.0312mg/kg PO q12～48h
シサプリド Cisapride（Propulsid®）	0.1～0.5mg/kg PO q8～12h	1mg/kg q8h 1.5mg/kg PO q12h 2.5～5mg/頭 PO q8～12h
次サリチル酸ビスマスBismuth subsalicylate（Pepto Bismol®）	10～30mL PO 0.25～2mL/kg PO q6～12h	0.25～0.5mL/kg PO q12h、最大3日間
ジヒドロコデイノン Dihydrocodenione	5mg/頭 PO q8h	使用しない
ジピロン Dipyrone（Novin®）	10～25mg/kg SC、IM、IV。q8hで反復投与が可能	0.25mL/頭 または0.06mL/kg IM、SC、IV、8時間間隔で最大2回
ジフェノキシレート Diphenoxylate（Lomotil®）	2.5～10mg PO 0.05～0.2mg PO q8～12h	使用しない
ジフェンヒドラミン Diphenhydramine（Benadryl®）	1～2mg/kg IM、IV 2～4mg/kg PO q8h	5～50mg/頭 IM、IV q12h 2～4mg/kg PO q8h
ジフロキサシン Difloxacin（Dicural®）	5～10mg/kg q24h	同左
シプロフロキサシン Ciprofloxacin（Cipro®）	5～15mg/kg PO q12hまたは10～20mg/kg PO q24h	5～15mg/kg PO q12h
シメチジン Cimetidine（Tagamet®）	5～10mg/kg PO、IV、IM q6～8h	同左
ジメルカプロール Dimercaprol（BAL）	最初の1～2日：3～7mg/kg IM q8h 3日目以降：回復まで3～4mg/kg q8h	最初の1～2日：2.5～5mg/kg IM q4h 3日目以降：回復までq12h
ジメンヒドリナート Dimenhydrinate（Dramamine®）	4～8mg/kg PO q8～24h 12.5～50mg PO q8～24h 6.25mg（1～4kgの仔犬）	12.5mg/頭 PO q8～24h
臭化カリウム Potassium bromide	初回負荷投与量：400mg/kg/日。分割してq12h、2～3日間投与 維持量：22～30mg/kg/日（フェノバルビタールとの併用） または60mg/kg/日（単独使用）	禁忌

薬剤	犬	猫
臭化ナトリウム Sodium bromide（臭化カリウムより15%減量する）	初回負荷投与量：340mg/kg/日を分割し、q12hで2～3日間投与 維持量：18～25mg/kg/日（フェノバルビタールとの併用）または50mg/kg/日（単独使用）	禁忌
臭化プロパンテリン Propantheline bromide	0.25～0.5mg/kg PO q8～12h	同左
重炭酸ナトリウム Sodium bicarbonate	0.5mEq/kg IV、IO	同左
酒石酸水素メタラミノール Metaraminol bitartrate（Aramine®）	0.01～0.10mg/kg 緩徐IV または10mgを250mLの5%ブドウ糖液に添加し、効果発現までIV投与	同左
硝酸イソソルビド Isosorbide dinitrate（Isordil®）	0.22～1.1mg/kg PO q8～12 2.5～5mg/頭 PO q12h	同左
ジランチン Dilantin（Phenytoin®）	15～40mg/kg PO q8h	使用しない
シリマリン（マリアアザミエキス） Silymarin（milk thistle）	20～50mg/kg PO q24h	同左
ジルチアゼム Diltiazem（Cardizem®）	0.5～2mg/kg PO q8～12h	1～2mg/kg PO q8～12 または7.5～15mg/頭 PO q8h
新鮮全血 Fresh whole blood	20～25mL/kg IV	同左
新鮮凍結血漿 Fresh frozen plasma	凝固障害：10～15mL/kg IV 低アルブミン血症：40mL/kg IV	同左
水酸化アルミニウム Aluminum hydroxide（Amphojel®）	10～30mL/kg PO q8h 0.5～1.5mL/kg PO q8h	10～30mL/頭 PO q12h 0.5～1.5mL/kg PO q12h
水酸化マグネシウム Magnesium hydroxide（Milk of Magnesia®）	制酸：5～30mL PO 瀉下：15～150mL PO q6～12h	5～15mL PO 5～50mL PO q6～12h
スクラルファート Sucralfate（Carafate®）	0.5～1g/頭 PO q6～8h（34mg/kg） 重度の消化管内出血における初回負荷投与量：3～6g PO	0.25g/頭 PO q8h
スタノゾロール Stanozolol（Winstrol-V®）	0.5～2錠PO q12h 25～50mg IM q1w 1～4mg PO q12～24h	0.5～2mg/頭 PO q12h 10～25mg IM、PO q1w

薬剤	犬	猫
ストレプトキナーゼ Streptokinase（Streptase®）		90,000IU 30分かけてCRI IV 以後、最大6時間または動脈拍が復活するまで45,000IU/時 CRI IV
ストレプトマイシン Streptomycin	7.5～20mg/kg IM、SC q12h 20mg/kg PO q12h	5～20mg/kg IM、SC q12h
スピロノラクトン Spironolactone（Aldactone®）	1～2mg/kg PO q12h	0.25～2mg/kg PO q12～24h
スペクチノマイシン Spectinomycin	5～12mg/kg IM q12h 20mg/kg PO q12h	同左
スルファサラジン Sulfasalazine（Azulfidine®）	15～50mg/kg PO q8hで分割投与、最大4g/日	20～25mg/kg PO q24h、最大7日間
スルファジアジン－トリメトプリム Sulfadiazine-trimethoprim	15～30mg/kg PO、SC q12～24h	30mg/kg PO、SC q12～24h
スルファジメトキシン Sulfadimethoxine（Albon®）	初日：25～55mg/kg PO、IV、IM q24h。55mg/kg PO 以後：27.5mg/kg PO q24h、14～20日間	同左
スルファジメトキシン Sulfadimethoxine/ormetoprim（Primor®）	初日：55mg/kg PO 回復から2日後まで：27.5mg/kg PO q24hで継続	同左
スルホコハク酸ジオクチルナトリウム Dioctyl sodium sulfosuccinate（DSS）	25～100mg/頭 PO q12～24h	25mg/頭 PO q12～24h
セファクロール Cefaclor（Ceclor®）	6.6～13.3mg/kg PO q8h	同左
セファゾリン Cefazolin（Ancef®、Kefzol®）	10～30mg/kg IM、IV q4～8h	同左
セファドロキシル Cefadroxil（Cefa Tabs®）	22mg/kg PO q8～12h	22mg/kg PO q12～24h
セファピリン Cephapirin（Cefadyl®）	10～30mg/kg IM、IV q4～8h	同左
セファレキシン Cephalexin（Keflex®）	10～30mg/kg PO q6～12h	同左
セファロチンナトリウム Cephalothin sodium（Keflin®）	10～30mg/kg IM、IV q4～8h	同左

薬剤	犬	猫
セフィキシム Cefixime（Suprax®）	10mg/kg PO q12h 尿路感染症：5mg/kg PO q12h	同左
セフォキシチン Cefoxitin（Mefoxin®）	15〜40mg/kg IV、IM、SC q6〜8h	同左
セフォタキシム Cefotaxime（Claforan®）	30〜80mg/kg IM、IV q6〜8h	同左
セフォテタン Cefotetan（Cefotan®）	30mg/kg IV q8h または SC q12h	同左
セフォベシンナトリウム Cefovecin sodium（Convenia®）	8mg/kg SC。必要に応じて14日後に再投与	同左
セフタジジム Ceftazidime（Tazicef®、Tazidine、®Fortaz®）	初回負荷投与量：4.4mg/kg IV 以後：4mg/kg/時 IV CRI	同左
セフチオフル Ceftiofur（Naxcel®）	2.2〜4.4mg/kg SC q12〜24h	同左
セプチセラム® SEPTI-serum® （グラム陰性菌エンドトキシン中和薬）	4.4mL/kg IV。晶質輸液剤で少なくとも50%に希釈し、1時間かけてIV CRI	
セフチゾキシム Ceftizoxime（Ceftizox®）	25〜50mg/kg IV、IM、SC q6〜8h	同左
セフトリアキソン Ceftriaxone（Rocephin®）	15〜50mg/kg IV、IM q24h	
セフポドキシム-プロキセチル Cefpodoxime proxetil（Simplicef®）	5〜10mg/kg q24h PO、5〜28日間	5mg/kg PO q12hまたは10mg/kg PO q24h
セフメタゾール Cefmetazole（Zefazone®）	15mg/kg IV、IM、SC	同左
セフラジン Cephradine（Velosef®）	10〜25mg/kg PO、IV、IM q6〜8h	同左
全血 Whole blood	20〜25mL/kg IV	
組織プラスミノゲンアクチベータ Tissue plasminogen activator（t-PA、Activase®）		0.25〜1mg/kg/時 IV up to 1〜10mg/kg IV（4.2〜16.5mg/kg/分 CRI IV）
ソタロール Sotalol（Betapace®）	0.5〜5mg/kg PO q12h	1〜2mg/kg PO q12h
ソルビトール Sorbitol（70%）	4g/kg（3mL/kg）PO	同左

薬剤	犬	猫
ダイアルーム（水酸化アルミニウム） Dialume	1/4〜1/6カプセル	
タイロシン Tylosin（Tylan®）	5〜25mg/kg IV、IM、PO q6〜12h	5〜15mg/kg IV、IM、PO q6〜12h
タウリン Taurine	500mg/kg PO q12h	250〜500mg PO q12h
ダナゾール Danazol（Danocrine®）	5〜10mg/kg PO q12h	同左
ダプソン Dapsone	1.1〜2mg/kg PO q6〜8h	同左 または12.5〜25mg PO q12〜24h
タラの肝油 Cod liver oil	0.5mL/kg PO q24h	同左
ダルテパリンナトリウム Dalteparin sodium（Fragmin®）	150IU/kg SC q8h	150〜180IU/kg SC q4〜6h
ダルバジン Darbazine	0.14〜0.2mL/kg SC q12h	0.14〜0.22mg/kg SC q12h
ダルビッド Darbid（isopropamide）	2.5〜5mg PO q8〜12h 0.1〜0.2mg/kg PO q12h	0.07mg/頭 PO q12h
炭酸アルミニウム Aluminum carbonate（Basalgel®）	10〜30mg/kg PO q8h	同左
炭酸カルシウム Calcium carbonate	1〜4g/頭/日 PO	同左
チアセタルサミドナトリウム Thiacetarsamide sodium	2.2mg/kg IV q12h×2日間	推奨されない
チアミラールナトリウム Thiamylal sodium（Surital®）（2% solution）	8〜20mg/kg IV。効果発現まで	同左
チアミン Thiamine	10〜100mg/頭/日 PO	100mg/頭 PO、IM 以後：5〜50mg PO q12h
チオペンタールナトリウム Sodium thiopental（Pentothal®）	4〜20mg/kg IV。2〜4mg/kgに分割し、効果発現まで反復投与。 リドカイン2mg/kg IVと併用する場合は減量する	4〜20mg/kg IV2〜4mg/kgに分割し、効果発現まで反復投与
チオ硫酸ナトリウム Sodium thiosulfate	40〜50mg/kg（20%溶液）IV q8〜12h、2〜3日間投与。 または0.5〜3.0g PO	使用しない
チカルシリン Ticarcillin（Ticar®）	40〜80mg/kg IV、IM q6〜8h	同左

薬剤	犬	猫
チカルシリン–クラブラン酸 Ticarcillin–clavulanate (Timentin®)	30〜50mg/kg IV q6〜8h	同左
チレタミン–ゾラゼパム Tiletamine–zolazepam (Telazol®)	5〜7mg/kg IV、IM	同左
テオフィリン Theophylline	9mg/kg PO q6〜8h 徐脈：10〜20mg/kg PO q8h	4mg/kg PO q8〜12h
テオフィリン徐放薬 Theophylline extended release (Theo-Dur®)	10〜25mg/kg PO q12h	25mg/kg PO q24h。夜に投与する
テガセロッド Tegaserod（Zelnorm®）	0.05〜1mg/kg PO、IV q12h	同左
デカン酸ナンドロロン Nandrolone decanoate	1〜5mg/kg SC、IM q7〜10d、最大40mg	2〜4mg/kg IM、SC q7〜10d、最大20mg
デキサメタゾン Dexamethasone	0.02〜1mg/kg q24h IV、IM、SC、PO	同左
デキストラン70 Dextran 70	14〜20mL/kg/日 IV	同左
デキストロメトルファン Dextromethorphan [Robitussin Pediatric® cough syrup (1.5mg/mL)、Vicks Formula 44®（2mg/mL）]	1〜2mg/kg PO q6〜8h	2mg/kg PO q8h
テトラサイクリン Tetracycline	15〜30mg/kg PO q6〜8h 7〜11mg/kg IV、IM q8〜12h	10〜25mg/kg PO q8〜12h
デフェロキサミン Deferoxamine（Desferal®）	25〜50mg/kg 緩徐IV 15mg/kg/時 IV CRI	使用しない
テポキサリン Tepoxalin（Zubrin®）	初日：10〜20mg/kg PO 以後：10mg/kg PO q24h	
デラコキシブ Deracoxib（Deramaxx®）	3〜4mg/kg PO q24h	推奨されない
テルブタリン Terbutaline	小型犬:0.625〜1.25mg/頭 PO q12h 中型犬：1.25〜2.5mg/頭 PO q12h 大型犬：2.5〜5mg/頭 PO q12h 0.01mg/kg SC、IV、IM q4〜6h 徐脈：2.5mg PO q8h	0.312〜0.625mg/頭 PO q8〜12h 0.01mg/kg SC、IV、IM q4h

薬剤	犬	猫
テンシロン® Tensilon® 塩化エドロホニウム Edrophonium chloride	0.11～0.22mg/kg IV	2.5mg/頭 IV
透析液 Dialysate	20～30mL/kg IP	同左
トカイニド Tocainide	10～20mg/kg PO q8～12h	
ドキサプラム Doxapram（Dopram®）	2～10mg/kg 緩徐IV 新生仔：1～5mg SC、IV、舌下投与	同左
ドキシサイクリン Doxycycline	初回負荷投与量：5～20mg/kg PO、IV 以後：5～10mg/kg q12h	2.5～15mg/kg IV、PO q12h
ドキセピン Doxepin	0.5～1mg/kg q12h	
トシル酸ブレチリウム Bretylium tosylate	25～50mg/kg IV	
ドパミン Dopamine	5～10μg/kg/分 IV CRI	
ドブタミン Dobutamine	2～20μg/kg/分 IV CRI	1～5μg/kg/分 IV CRI
トブラマイシン Tobramycin	1～4mg/kg SC、IV、IM q8h	同左
トラマドール Tramadol	2～8mg/kg PO q6～12h	2～5mg/kg PO q12h
トリエチルペラジン Triethylperazine（Torecan®）	0.13～0.25mg/kg IM q8～12h 0.5mg/kg 経直腸投与 q8h	0.125mg/kg IM q8～12h
トリメトプリム-スルファジアジン Trimethoprim-sulfadiazine	15～30mg/kg PO、SC q12～24h	30mg/kg PO、SC q12～24h
トリメトベンズアミド Trimethobenzamide（Tigan®）	3mg/kg IM q8～12h	使用しない
トレサダーム Tresaderm® （皮膚用抗生物質＋ステロイド合剤）	局所投与 q12h、最大7日間	同左
ナイスタチン Nystatin	100,000U/頭 PO q6h	同左
ナフシリン Nafcillin	10mg/kg PO、IM q6h	

薬剤	犬	猫
ナプロキセン Naproxen (Aleve®、Naprosyn®)	2～5mg/kg PO、単回 以後：1～2mg/kg PO q48h	使用しない
ナロキソン Naloxone (Narcan®)	0.01～0.04mg/kg IV、IM、SC 0.04～0.1mg/kg IT	同左
ナロルフィン Nalorphine (Nalline®)	0.1mg/kg IV、IM、SC、最大5mg	同左 最大1mg
ニザチジン Nizatidine (Axid AR®)	2.5～5mg/kg PO q12h	使用しない
ニトログリセリン軟膏 Nitroglycerine cream	皮膚0.6～5.1cmに塗布 q4～6h	皮膚0.3～1.3cmに塗布 q6～8h、48時間継続
ニトロプルシドナトリウム Sodium nitroprusside	0.5～10mg/kg/分 IV CRI	0.25～10mg/kg/分 IV CRI
乳酸加リンゲル液 Lactated Ringer's Solution (LRS)	40～60mL/kg/日 IV、SC、IO ショック用量：90mL/kg/時 IV	20～30mL/kg/日 IV、SC、IO ショック用量：60mL/kg/時
乳酸カルシウム Calcium lactate	400～600mg/頭/日 PO。3～4回に分割する	
ネオスチグミン Neostigmine (Stiglyn®)	1～2mg/頭 IM。適宜投与	同左
ネオマイシン Neomycin	2.5～10mg/kg PO q6～12h	同左
濃縮赤血球 Packed red blood cells	10mL/kg IV	同左
ノルエピネフリン Norepinephrine (Levarterenol®)	0.01～0.04mg/kg/分 IV CRI	同左
ノルフロキサシン Norfloxacin	3～22mg/kg PO q12h	
ノーモソル®-R Normosol®-R	40～60mL/kg/日 IV、SC、IO ショック用量：90mL/kg/時 IV	20～30mL/kg/日 IV、SC、IO ショック用量：60mL/kg/時
破傷風トキソイド Tetanus toxoid	100～500U/kg (最大20,000U)	同左
バソプレッシン Vasopressin	0.2～0.8U/kg IV、IO 0.4～1.2U/kg IT 0.5～2U/kg/分 IV CRI	同左
パモ酸ピランテル Pyrantel pamoate (Nemex®、Strongid T®)	5mg/kg PO。7～10日後に再投与	10～20mg/kg PO。7～10日後に再投与

薬剤	犬	猫
バルプロ酸 Valproic acid（Depakene®）	6～90mg/kg/日 PO	
パレゴリック Paregoric	0.05～0.06mg/kg PO q12h	同左
ハロペリドール Haloperidol	1mg/kg IV	
バンコマイシン Vancomycin（Vancocin®）	10～20mg/kg IV q6～12h 5～12mg/kg PO q6h	同左
パントプラゾール Pantoprazole（Protonix®）	0.7～1mg/kg IV q24h	同左
ビサコジル Bisacodyl（Dulcolax®）	5～15mg/頭 PO q24h	5mg/頭 PO q24h
ヒスマナール Hismanal（astemizole）	0.2mg/kg PO q24h 1mg/kg PO q12h	
ビタミンB_6 Vitamin B_6	2mg/kg/日	
ビタミンB群 Vitamin B complex	0.5～2.0mL/頭 IV、IM、SC q24h	0.5～1.0mL/頭 IV、IM、SC
ビタミンC Vitamin C（アスコルビン酸 ascorbic acid）	維持量：100～500mg/頭/日 PO 尿の酸性化：100～500mg/頭 PO q8h アセトアミノフェン中毒症：30mg/kg PO、SC q6hまたは20～30mg/kgをIV輸液剤に添加。q6h	125mg/頭 PO、IV q6h
ビタミンD Vitamin D（Rocaltrol®、1、25-dihydroxy-vitamin D、Calcitriol®）	1.5～60ng/kg/日 PO（0.0025～0.06mg/kg/日 PO）	同左
ビタミンD_3 Vitamin D_3	500～2,000U/kg/日 PO	同左
ビタミンK_1 Vitamin K_1	初回負荷投与量：2.5～5mg/kg SC 0.25～2.5mg/kg SC、PO q12h 脂質を多く含む食品に添加する	同左
ヒト免疫グロブリン（hIVIG） human intravenous immunoglobulin	0.5～1.5g/kg 6～12時間かけてIV	
ヒドララジン Hydralazine（Apresoline®）	0.5～3mg/kg PO q12h	0.5～0.8mg/kg PO q8h 2.5mg/kg PO q12h

薬剤	犬	猫
ヒドロクロロチアジン Hydrochlorothiazide （HydroDiuril®）	1～4mg/kg PO q12h	
ヒドロコドン Hydrocodone（Hycodan®、Tussigon®）	0.25～0.5mg/kg PO q6～12h	2.5～5mg/頭 PO q8～12h
ヒドロモルフォン Hydromorphone	0.05～0.2mg/kg IV、IM、SC q2～6h 0.0125～0.05mg/kg/時 IV CRI 前投与：0.1mg/kg。アセプロマジン0.02～0.05mg/kg IM を併用する	0.02～0.1mg/kg IV、IM、SC q2～6h 0.0125～0.03mg/kg/時 IV CRI 前投与：0.08mg/kg。アセプロマジン0.02～0.05mg/kg IM を併用する
ピバル酸デオキシコルチコステロン Desoxycorticosterone pivalate（DOCP）	1.5～2.2mg/kg IM	同左
ピペラシリン Piperacillin	50～70mg/kg IV、IM q4～8h	同左
ピペラシリン-タゾバクタム Piperacillin-tazobactam （Zosyn®）	50mg/kg IV、IM q4～6h	同左
ヒマシ油 Castor oil	8～30mL PO	4～10mL PO
ピモベンダン Pimobendan	0.25mg/kg PO q12h （0.1～0.3mg/kg PO q12h）	
ピリメタミン Pyrimethamine（Daraprim®）	0.5～1.0mg/kg PO q24h 2日間 以後：0.25mg/kg PO q24h で2週間	同左
ピロカルピン Pilocarpine（2%）	1滴 q4～6h	
ピロキシカム Piroxicam（Feldene®）	0.3mg/kg PO q24～48h	1mg/頭 PO q24h、最大5日間
ビンクリスチン Vincristine	0.5～0.75mg/m² IV。3日後に再投与。必要に応じて7日後にも再投与	同左
ビール酵母 Brewers yeast	200mg/kg/日	100mg/kg/日
ファモチジン Famotidine（Pepcid®）	0.3～1mg/kg IV、IM、PO q12～24h 0.5～5mg/kg PO q12～24h	同左
フィゾスチグミン Physostigmine（Antilirium®）	0.02～0.06mg/kg 緩徐IV q12h	同左

薬剤	犬	猫
フィロコキシブ Firocoxib（Equioxx®、Previcox®）	5mg/kg PO q24h	0.75〜3mg/kg PO、単回
フェニトイン Phenytoin（Dilantin®）	15〜40mg/kg PO q8h	使用しない
フェニルプロパノールアミン Phenylpropanolamine（AcuTrim®、Dexatrim®）	1.5mg/kg PO q8〜12h	
フェニルプロパノールアミン Phenylpropanolamine（Proin®）	1〜1.5mg/kg PO q8〜12h	同左
フェニレフリン Phenylephrine（Neo-Synephrine®）	0.15mg/kg IV 10%溶液を点眼	同左
フェノキシベンザミン Phenoxybenzamine（Dibenzyline®）	0.25〜0.5mg/kg PO q8〜12h	2.5〜5mg/頭 PO q12〜24h、10mgまで漸増
フェノバルビタール Phenobarbital	鎮静：15〜200mg/頭 IV、効果発現まで。 初期：4〜16mg/kg IV 以後：1〜8mg/kg IV、IM、PO q12h 初回負荷投与量（フェノバルビタールを投与していない場合）：6〜8mg/kg PO 以後：2〜4mg/kg PO 特発性てんかん：1〜2mg/kg PO q12h 最大8mg/kg PO q12h	2.5mg/kg IVボーラス、効果発現まで。最大16mg/kg 1.1〜2.5mg/kg IV、IM、PO q12h 7.5mg/頭 PO q12hで開始 0.5〜1mg/kg/時 IV CRI ジアゼパムと併用
フェノルドパム Fenoldopam（Corlopam®）	0.1〜0.6mg/kg/分 IV CRI	同左
フェンベンダゾール Fenbendazole（Panacur®）	50mg/kg/日 PO、3日間投与。3週間後に再投与。	50mg/kg PO、単回
フェンタニル Fentanyl	2〜10μg/kg IV 効果発現まで 1〜10+μg/kg/時 IV CRI 0.001〜0.01mg/kg/時 IV CRI または経皮的投与（以下参照） 体重 / パッチの大きさ ＜10kg / 25μg/時 10〜25kg / 50μg/時 25〜40kg / 75μg/時 ＞40kg / 100μg/時	1〜5μg/kg IV 効果発現まで 1〜5μg/kg/時 IV CRI 0.001〜0.005mg/kg/時 IV CRI ＜5kg：フィルムを部分的に剥がし、パッチの1/2〜1/3を露出させて使用する ＞5kg：パッチの2/3を露出させるか、1枚をそのまま使用する

薬剤	犬	猫
フォメピゾール Fomepizole、 4-methylpyrazole、4-MP (Antizol-Vet®)	初回負荷投与量：20mg/kg IV 初回投与から12、24時間後：15mg/kg IV 初回投与から36(48、60)時間後：5mg/kg IV	初回負荷投与量：125mg/kg IV 初回投与から12、24、36時間後：31.25mg/kg IV
ブスピロン Buspirone (BuSpar®)	2.5〜15mg/頭 PO q8〜12h 1〜2mg/kg PO q8〜12h	2.5〜7.5mg/頭 PO q8〜12h 0.5〜1mg/kg PO q8〜12h 2.5mg/頭 PO q12hで開始する
ブドウ糖溶液 (25%)	0.25mL/kg IV	同左
ブトルファノール Butorphanol (Torbutrol®、Torbugesic®)	0.1〜0.5mg/kg IV q1〜4h 0.2〜0.8mg/kg SC、IM、PO q1〜6h 0.55〜1.1mg/kg PO q6〜12h 0.1mg/kg/時 CRI IV 鎮咳：0.05〜0.12mg/kg SC q6〜12hまたは0.5〜1mg/kg PO q8〜12h	0.1〜0.8mg/kg IV、IM、SC q1〜6h 0.5〜2mg/kg PO q4〜8h
ブプレノルフィン Buprenorphine	0.005〜0.02mg/kg IV、IM、SC q48h 5〜20μg/kg IV、IM q4〜8h 2〜4μg/kg/時 IV CRI 120μg/kg 経口腔粘膜投与 0.12mg/kg 経口腔粘膜投与	0.005〜0.01mg/kg IV、IM、SC q48h 5〜10μg/kg IV、IM q4〜8h 1〜3μg/kg/時 IV CRI 20μg/kg 経口腔粘膜投与 0.02mg/kg 経口腔粘膜投与 q6〜8h
ブプレノルフィン徐放薬 Buprenorphine SR		0.12mg/kg SC q12h
フマル酸クレマスチン Clemastine fumarate (Tavist-D®)	0.05mg/kg PO q12h	0.1mg/kg PO q12h
ブメタニド Bumetanide (Bumex®)	0.05〜0.2mg/kg PO、IV、適宜投与	同左
プラジクアンテル Praziquantel (Droncit®)	<6.8kg：7.5mg/kg PO >6.8kg：5mg/kg PO 2.7〜4.5kg：6.3mg/kg SC、IM >5kg：5mg/kg SC、IM	<1.8kg：6.3mg/kg PO、SC >1.8kg：5mg/kg PO、SC
プラゾシン Prazosin (Minipress®)	0.25〜2mg/頭 PO q8〜12h 尿道括約筋緊張緩和：1mg/15kg PO q8〜24h	0.25〜1mg/頭 PO q8〜12h 尿道括約筋緊張緩和：1mg/15kg PO q8〜24h

薬剤	犬	猫
フラツレックス Flatulex	＞22.6kg：1錠 PO q12h	
プラリドキシム Pralidoxime（2-PAM、Protopam®）	0～50mg/kg 60分間かけてIM、SC、IV q8～12h。適宜投与する 10～20mg/kg/時 IV CRI	5%溶液20mg/kg IM
プリミドン Primidone（Mysoline®）	5～10mg/kg PO q8～12h 必要に応じて50mg/kg/日まで増量	使用しない
フルオキセチン Fluoxetine（Prozac®）	1～2mg/kg PO q24h	使用しない
フルコナゾール Fluconazole（Diflucan®）	2.5～5mg/kg PO q12h	50mg/頭 PO q12h
フルニキシンメルグミン Flunixin meglumine（Banamine®）	0.5～1mg/kg IV、IM、SC、PO q24h、最大3日間	使用しない
フルマゼニル Flumazenil（Mazicon®）	0.02mg/kg IV	同左
フルメタゾン Flumethasone	0.06～0.25mg PO、IV、IM、SC q24h	0.03～0.125mg PO、IV、IM、SC q24h
プレガバリン Pregabalin（Lyrica®）	2～4mg/kg PO q8h	1～2mg/kg PO q12h
プレドニゾン Prednisone	アレルギー：0.5mg/kg PO、IM q12h 免疫抑制：2.0mg/kg PO、IM q12h 生理学的用量：0.2～0.3mg/kg/日	1.0mg/kg PO、IM q12h 3.0mg/kg PO、IM q12h 同左
プロカインアミド Procainamide	6～8mg/kg IV 8～20mg/kg IM、PO q4～6h 2mg/kg IVボーラス 以後：総量20mg/kgまで反復投与。 続けて10～40mg/kg/分 IV CRI（22～55mg/kg/分 IV CRI）	5～10mg/kg PO q6～8h
プロカルアミン® ProcalAmine® （3%アミノ酸+3%グリセリン+電解質）	40～45mL/kg/日 IV CRI	同左
プロクロルペラジン Prochlorperazine（Compazine®）	0.1～0.5mg/kg IM、SC q6～8h	同左

薬剤	犬	猫
プロスタグランジン PGF2α（Lutalyse®）	0.1～0.25mg/kg SC q24h、5～7日間	0.1mg/kg SC q24h、5～7日間
フロセミド Furosemide（Lasix®）	1～4mg/kg IV、IM、PO q1～2hまたはq6～12h 0.1～0.2mg/kg/時 IV CRI 3～8mg/kg/分 IV CRI	0.5～4mg/kg IV、IM、PO q1～2h または q6～12h
プロピオン酸テストステロン Testosterone propionate	10～15mg/頭/日 IM	
プロプラノロール Propranolol（Inderal®）	0.02～0.06mg/kg 5～10分間かけてIV q8h 0.2～1.0mg/kg PO q8h	0.01～0.03mg/kg IV 2.5～5mg PO q8～12h
プロポフォール Propofol	2～6mg/kg IV 以後：0.1～0.4mg/kg/分 25% IV q30sで挿管まで。 1mg/kg IVボーラス アセプロマジン、キシラジン、オピオイドの投与後は、3～4mg/kg IV	同左
フロリネフ® Florinef® （酢酸フルドロコルチゾン fludrocortisone acetate）	0.2～0.8mg/頭 PO q24h 0.02mg/kg PO q24h	0.1～0.2mg/頭 PO q24h
ベシル酸アトラクリウム Atracurium besylate （Tracrium®）	0.2mg/kg IV 以後：3～8mg/kg/分 IV CRI	同左
ヘタシリン Hetacillin	20～40mg/kg PO q8h	同左
ヘタスターチ Hetastarch（Hespan®）	10～20mL/kg IV。反復投与が可能	10～15mL/kg IV
ベタネコール Bethanechol（Urecholine®）	5～15mg/頭 q8h PO	1.25～5mg/頭 q8h PO
ベタメタゾン Betamethasone	0.028～0.055mL/kg IM、単回 0.1～0.2mg/kg PO q12～24h	使用しない
ベナゼプリル Benazepril（Lotensin®）	0.25～0.5mg/kg PO q12～24h	同左
ペニシリンG（水溶液） Penicillin G（aqueous） （NaまたはK）	40,000～100,000U/kg PO q8h 20,000～100,000U/kg IV、IM、SC q4～6h 20,000U/kg IM、SC q12～24h	同左

薬剤	犬	猫
ペニシリンG Penicillin G (ベンザチンbenzathine)	40,000U/kg IM q120h	同左
ペニシリンG Penicillin G (プロカインprocaine)	10,000～50,000U/kg IM、SC q12h	同左
ペニシリンG Penicillin G(プロカイン+ベンザチンprocaine+benzathine)	3,000～30,000U/kg IM、SC q48h	同左
ヘパリン Heparin (UFH)	5～10IU/kg/時 IV CRI 200～300IU/kg SC q6～8h	同左
ヘビ多価抗毒素(コブラ) Antivenin micrurus fulvius	2バイアル/頭以上。希釈し、1～2時間かけて緩徐IV	同左
ヘビ多価抗毒素(マムシ) Antivenin crotalidae polyvalent	1～5バイアル/頭。希釈し、1～2時間かけて緩徐IV 必要に応じて追加バイアルを投与	同左
ベラパミル Verapamil	0.05～0.15mg/kg IV q8h 1～5mg/kg PO q8～12h	同左
ペンタゾシン Pentazocine (Talwin®)	1～3mg/kg IV、IM、SC q1～6h 2～10mg/kg PO q4～6h	2.2～3.3mg/kg IV、IM、SC
ペントバルビタール Pentobarbital	鎮静:2～4mg/kg IV 発作制御:2～15mg/kg IV 効果発現まで。 3～10mg/kg/時 IV CRI 0.5～5mg/kg PO q12～24h	同左
ボナイン Bonine (Meclizine®)	12.5～25mg PO q24h	12.5mg PO q24h
ポリ硫酸グリコサミノグリカン Polysulfated glycosaminoglycan (Adequan®)	2～5mg/kg IM、SC または関節内投与。q3～6 d、8回まで反復可能	
マレイン酸クロルフェニラミン Chlorpheniramine maleate	2～4mg PO q8～12h または4～8mg PO q12h	1～2mg PO q8～12h
マロピタント Maropitant (Cerenia®)	1mg/kg SC 2mg/kg PO q24h 最大5日間	同左
マンデル酸メセナミン Methenamine mandelate (Mandelamine®)	10～20mg/kg PO q6～12h。効果発現まで	同左
マンニトール Mannitol	100～1,000mg/kg IV q6h	同左

薬剤	犬	猫
ミコフェノール酸モフェチル Mycophenolate mofetil	20～40mg/kg PO q8～12h	
ミソプロストール Misoprostol（Cytotec®）	0.7～5.0μg/kg PO q8h	使用しない
ミダゾラム Midazolam（Versed®）	0.1～0.25mg/kg IV、IM または0.1～0.3mg/kg/時 IV CRI	同左
ミネラルオイル Mineral oil	2～60mL/頭 PO	2～10mL/頭 PO
ミノサイクリン Minocycline	5～25mg/kg PO q12～24h	
ミルベマイシン Milbemycin	犬糸状虫症予防：0.5mg/kg PO q30d 毛包虫症：0.5～1mg/kg/日 PO、最大90日間	同左
ミルリノン Milrinone（Primacor®）	0.5～1.0mg/kg PO q12h 1～10μg/kg/分 IV CRI	使用しない
メキシレチン Mexilitine（Mexitil®）	5～8mg/kg PO q8～12h	
メクリジン Meclizine（Bonine®）	12.5～25mg/頭 PO q24h	12.5mg/頭 PO q24h （4mg/kg PO q24h）
メクロフェナミック酸 Meclofenamic acid （Arquel®）	0.5～1mg/kg PO q24～48h、最大5日間	使用しない
メシル酸ドラセトロン Dolasetron mesylate （Anzemet®）	0.6～1mg/kg SC、IV、PO q24h	同左
メタゾラミド Methazolamide（Neptazane®）	2.5～5mg/kg PO q8～12h	同左
メタドン Methadone	0.1～0.5mg/kg IV、IM、SC q2～4h	同左
メタムシル Metamucil	2～10g/頭 q12～24h。流動食またはふやかしたフードに混ぜる	1～4g/頭 q12～24h。食餌に混ぜる
メチシリン Methicillin	25～40mg/kg IM q6h	同左
メチルピラゾール Methylpyrazole（Antizol-vet®、fomepizole、4-methylpyrazole、4-MP）	初回負荷投与量：20mg/kg IV 初回投与から12、24時間後：15mg/kg IV 初回投与から36（48、60）時間後：5mg/kg	初回負荷投与量：125mg/kg IV 初回投与から12、24、36時間後：31.25mg/kg IV

付録

薬剤	犬	猫
メチルプレドニゾロン Methylprednisolone	1.0mg/kg IM q2w	20mg/頭 IM、単回
メチレンブルー Methylene blue	4～8mg/kg IV	使用しない
メトカルバモール Methocarbamol (Robaxin®)	44.4～222.2mg/kg IV、PO 初日：44.4mg/kg PO q8h 以後：22.2～44.4mg/kg PO q8h	44.4mg/kg PO、IV、IM 以後：22.2～44.4mg/kg PO q8h
メトキサミン Methoxamine（Vasoxyl®）	1～2mg/頭 IV または0.01mg/kg 緩徐 IV	使用しない
メトクロプラミド Metoclopramide (Reglan®)	0.2～0.5mg/kg PO、IV、IM、SC q6～8h 1～2mg/kg 24時間かけてIV (0.01～0.02mg/kg/時 CRI IV)	同左
メトプロロール Metoprolol (Lopressor®)	0.5～1mg/kg PO q8h	2.5～25mg/頭 PO q8～12h
メトロニダゾール Metronidazole（Flagyl®）	10～15mg/kg PO q12h。5日間。 7.5～10mg/kg IV 1時間かけてCRI q8～12h 15mg/kg IV q12h	Liver/GI：7.5mg/kg PO q8～12h ジアルジア症：10mg/kg PO q12h×5日間 歯肉炎：30mg/kg PO q24h
メペリジン Meperidine（Demerol®）	2～5mg/kg IM、SC q1～4h	同左
メベンダゾール Mebendazole (Telmintic®)	22mg/kg PO q24h、3日間、食餌に混ぜる	同左
メロキシカム Meloxicam (Metacam®)	初回負荷投与量：0.2mg/kg PO、SC 以後：0.1mg/kg PO q24h	0.1mg/kg PO、SC、単回
モルヒネ Morphine	0.1～0.5mg/kg IV q2～4h 0.5～1mg/kg IM、SC q2～6h 0.05～0.5mg/kg/時 IV 0.1～0.3mg/kg 硬膜外投与 q8～24h	0.05～0.2mg/kg SC、IM q2～6h
ヨウ化カリウム Potassium iodide	50mg/kg/日	20mg/kg/日
ヨウ化ジチアザニン Dithiazanine iodide		50mg/頭/日 7～10日間

薬剤	犬	猫
葉酸 Folic acid	5mg/日 PO	2.5mg/日 PO
ヨヒンビン Yohimbine	0.1mg/kg IV	0.1～0.5mg/kg IV
ラクチュロース Lactulose（Cephulac®）	3～10mL/頭 PO q8h または0.5～1mL/kg PO q8～12h	1～3mL/頭 PO q12～24h 0.5～1mL/kg PO q8～12h または5～10mLを水で1：3に希釈し、経直腸投与
ラニチジン Ranitidine（Zantac®）	0.5～2mg/kg IV 1～2mg/kg PO q8～12h	2.5mg/kg IV q12h 3.5mg/kg PO q12h
リシノプリル Lisinopril	0.5mg/kg PO q24h	
リドカイン Lidocaine	2～4mg/kg IV または4mg/kg気管内投与。25～80μg/kg/分、IV CRI（最大8mg/kg）	0.25～1mg/kg 緩徐IV 10μg/kg/分 IV CRI
リファンピン Rifampin（Rifadin®）	10～20mg/kg PO q8～12h	同左
	徐脈：0.005～0.01mg/kg IV、IM 0.01～0.02mg/kg SC q8～12h	0.005～0.01mg/kg SC q8～12h
硫酸アトロピン Atropine sulfate	CPR：0.04mg/kg IVまたは0.08～0.1mg/kg 気管内投与	同左
	麻酔前投与：0.02～0.04mg/kg SC、IM、IV	同左
	有機リン中毒症：0.2～2.0mg/kg IV、SC、IM。1/4量をIV。必要に応じて残量をIMまたはSC。	同左
	抗不整脈：0.02～0.04mg/kg SC、IM、IV q4～6h	同左
	緊急的気管支拡張：0.04mg/kg SC、IMまたは0.15mg/kg IV	同左
硫酸キニジン Quinidine sulfate	6～16mg/kg IM、PO q6～8h	4～11mg/kg IM、PO q8h
硫酸鉄 Ferrous sulfate	100～300mg/kg PO q24h	50～100mg/頭 PO q24h
硫酸ナトリウム Sodium sulfate	1g/kg PO 瀉下：10～25g PO	2～4g/頭 PO
硫酸バリウム Barium sulfate	造影：8mL/kg PO	同左
	治療的：0.5～1mL/kg PO q12h	同左

薬剤	犬	猫
硫酸プロタミン Protamine sulfate	ヘパリンの投与から1時間以内：ヘパリン100IUあたり0.5〜1mg 緩徐IV ヘパリンの投与から1〜2時間：ヘパリン100IUあたり0.25〜0.5mg 緩徐IV ヘパリンの投与から1時間以上経過：ヘパリン100IUあたり0.12〜0.25mg緩徐IV	同左
硫酸マグネシウム Magnesium sulfate (Epsom salts)	250〜500mg/kg PO	200mg/kg PO
硫酸マグネシウム Magnesium sulfate	0.15〜0.3mEq/kg、10分間かけて緩徐IV	同左
硫酸モルヒネ Morphine sulfate (錠剤および経口液)	1mg/kg PO q4〜6h	推奨されない
硫酸モルヒネ徐放薬 Morphine sulfate SR (sustained release)	2〜5mg/kg PO q12h	推奨されない
リンコマイシン Lincomycin	15〜20mg/kg q8〜12h PO 10mg/kg q12h IV、IM	同左
リン酸カリウム Potassium phosphate	0.01〜0.03mmol/kg/時 IV 1.3mLを500mLの輸液剤に添加し、維持量を輸液する	同左
リン酸デキサメタゾンナトリウム Dexamethasone sodium phosphate	0.5〜1mg/kg IV、IM、SC q12〜24h	同左
リン酸ナトリウム Sodium phosphate	0.01〜0.03mmol/kg/時 IV。1.3mLを500mLの輸液剤に添加し、維持量で輸液する	同左
レフルノミド Leflunomide (Arava®)	4mg/kg PO q24h	
ロカルトロール Rocaltrol (calcitriol、1,25-dihydroxyvitamin D)	1.5〜60ng/kg/日 PO (0.0025〜0.06mg/kg/日 PO)	同左
ロペラミド Loperamide (Imodium®)	0.08〜0.2mg/kg PO q8h	0.08〜0.16mg/kg PO q12h
ワルファリン Warfarin	初回：0.2mg/kg PO 以後：0.05〜0.1mg/kg PO q24h	0.25〜0.5mg/頭 PO q24h

参考文献

Ⅰ. 鎮痛薬

Boothe, D.M., (guest ed), 1998. The Veterinary Clinics of North America, Small Animal Practice. Clinical Pharmacology and Therapeutics 28 (2), 366–374.

Eeg, P.H., the Veterinary Medical Forum, 1998. New Advances in Control of Pain and Inflammation. Veterinary Learning Systems, Pfizer Animal Health, Trenton NJ, pp. 48, 51–52, 75.

Hansen, B., 2008. Analgesia for the critically ill dog or cat : an update. In : Mathews, K.A. (guest ed), The Veterinary Clinics of North America, Small Animal Practice 38 (6), 1353–1363.

Hellyer, P., Rodan, I., Brunt, J., et al., 2007. (AAHA/AAFP Pain Management Guidelines Task Force Members), AAHA/AAFP Pain Management Guidelines for Dogs and Cats. Journal of the American Animal Hospital Association 43, 235–248.

Ko, J.C., Freeman, L.J., Barletta, M., et al., 2011. Efficacy of oral transmucosal and intravenous administration of buprenorphine before surgery for postoperative analgesia in dogs undergoing ovariohysterectomy. Journal of the American Veterinary Medical Association 238, 318–328.

Lamont, L.A., 2008. Adjunctive analgesic therapy in veterinary medicine. In : Mathews, K.A. (Ed.), The Veterinary Clinics of North America, Small Animal Practice 38 (6), 1187–1203.

Looney, A.L., 2009. Acute pain management. In : Bonagura, J.D., Twedt, D.C. (Eds.), Kirk's Current Veterinary Therapy XIV. Saunders Elsevier, St Louis, pp. 9–17.

Mathews, K.A., 2006. Veterinary Emergency and Critical Care Manual, second ed. Lifelearn Inc., Guelph.

Quandt, J., Lee, J.A., 2006. Analgesia and constant rate infusions. In : Silverstein, D.C., Hopper, K. (Eds.), Small Animal Critical Care Medicine. Saunders Elsevier, St Louis, pp. 710–715.

Sparkes, A.H., Heiene, R., Lascelles, B.D.X., et al., 2010. ISFM and AAFP Consensus Guidelines, Long-term use of NSAIDs in cats. Journal of Feline Medicine and Surgery 12, 521–538.

Tranquilli, W.J., Fikes, L.L., Raffe, M.R., 1989. Selecting the right analgesics : indications and dosage requirements. Veterinary Medicine 84 (7), 692–697.

Ⅱ. クロスマッチ（血液交差適合試験）

Giger, U., Stieger, K., Palos, H., 2005. Comparison of various canine blood-typing methods. American Journal of Veterinary Research 66, 1386–1392.

Giger, U., 2009. Blood typing and crossmatching. In : Bonagura, J.D., Twedt, D.C. (Eds.), Kirk's Current Veterinary Therapy XIV. Saunders Elsevier, St Louis, pp. 260–265.

Hohenhaus, A.E., 2011. Blood transfusion and blood substitutes. In : DiBartola, S.P. (Ed.), Fluid, Electrolyte, and Acid-Base Disorders in Small Animal Practice, fourth ed. Elsevier Saunders, St Louis, pp. 598–599.

Stieger, K., Palos, H., Giger, U., 2005. Comparison of various blood-typing methods for the feline AB blood group system. American Journal of Veterinary Research 66, 1393–1399.

Ⅲ. 血液成分の利用

Cotter, S.M. (Ed.), 1991. Advances in Veterinary Science, Comparative Medicine, Comparative Transfusion Medicine, vol 36. Academic Press, London.

Giger, U., 2006. Transfusion medicine. In : Silverstein, D.C., Hopper, K. (Eds.), Small Animal Critical Care Medicine. Saunders Elsevier, St Louis, pp. 281?287.

Hohenhaus, A.E., (guest ed), 1992. Problems in Veterinary Medicine. Transfusion Medicine 4 (4).

Hohenhaus, A.E., 2011. Blood transfusion and blood substitutes. In : DiBartola, S.P. (Ed.), Fluid, Electrolyte, and Acid-Base Disorders in Small Animal Practice, fourth ed. Elsevier Saunders, St Louis, pp. 585–604.

Kirby, R., Stamp, G.L., (guest eds), 1989. The Veterinary Clinics of North America, Small Animal Practice. Critical Care 19 (6), 1112–1113.

Kristensen, A.T., Feldman, B.F., (guest eds), 1995. The Veterinary Clinics of North America, Small Animal Practice. Canine and Feline Transfusion Medicine 25 (6).

Schaer, M., (guest ed), 1989. The Veterinary Clinics of North America, Small Animal Practice. Fluid and Electrolyte Disorders 19 (2), 362–363.

Ⅳ. 輸液療法

DiBartola, S.P., 2011. Fluid, Electrolyte, and Acid-Base Disorders in Small Animal Practice, fourth ed. Elsevier Saunders, St Louis.
Kirk, R.W. (Ed.), 1983. Current Veterinary Therapy VIII. W B Saunders, Philadelphia, pp. 408–411.
National Research Council, 1985. Nutritional Requirements of the Dog. Bethesda, MD.
National Research Council, 1987. Nutritional Requirements of the Cat. Bethesda, MD.
Schaer, M., (guest ed), 1989. The Veterinary Clinics of North America, Small Animal Practice. Fluid and Electrolyte Disorders 19 (2), 205, 361–377.
Silverstein, D.C., Hopper, K., 2006. Small Animal Critical Care Medicine. Saunders Elsevier, St Louis.

Ⅴ. カリウム補充のガイドライン

DiBartola, S.P., 2011. Fluid, Electrolyte, and Acid-Base Disorders in Small Animal Practice, fourth ed. Elsevier Saunders, St Louis, pp. 107–108.
Feldman, E.C., Nelson, R.W., 2004. Table 13-10, Guidelines for potassium supplementation in intravenous fluids. Canine and Feline Endocrinology and Reproduction, third ed. Saunders Elsevier, St. Louis.
Mathews, K.A., 2006. Veterinary Emergency and Critical Care Manual, second ed. Lifelearn Inc., Guelph, pp. 395.

Ⅵ. 入手可能なインスリン製剤

Feldman, E.C., Nelson, R.W., 2004. Canine and Feline Endocrinology and Reproduction, third ed. Saunders Elsevier, St Louis.
Kirk, R.W., Bistner, S.I., Ford, R.B. (Eds.), 1989. Handbook of Veterinary Procedures and Emergency Treatment, fourth ed. W B Saunders, Philadelphia, pp. 113.
Nelson, R.W., Henley, K., Cole, C., the PZIR Clinical Study Group, 2009. Field safety and efficacy of protamine zinc recombinant human insulin for treatment of diabetes mellitus in cats. Journal of Veterinary Internal Medicine 23, 787–793.
Plumb, D.C., 2011. Plumb's Veterinary Drug Handbook, seventh ed. Wiley-Blackwell, Ames.
Rucinsky, R., Cook, A., Haley, S., 2010. AAHA Diabetes Management Guidelines for Dogs and Cats. Journal of the American Animal Hospital Association 46, 215–224.

Ⅷ. 有毒植物

Atkinson, K.J., Fine, D.M., Evans, T.J., et al., 2008. Suspected lily-of-the-valley (Convallaria majalis) toxicosis in a dog. Journal of Veterinary Emergency and Critical Care 18 (4), 399–403.
Knight, A.P., 2006. A Guide of Poisonous House and Garden Plants. Teton New Media, Jackson.
Langston, C.E., 2002. Acute renal failure caused by lily ingestion in six cats. Journal of the American Veterinary Medical Association 220 (1), 49–52.
Milewski, L.M., Khan, S.A., 2006. An overview of potentially life-threatening poisonous plants in dogs and cats. Journal of Veterinary Emergency and Critical Care 16 (1), 25–33.
Osweiler, G.D., Hovda, L.R., Brutlag, A.G., et al., 2011. Blackwell's Five-Minute Veterinary Consult Clinical Companion Small Animal Toxicology. Wiley-Blackwell, Ames.
Rumbeiha, W.K., Francis, J.A., Fitzgerald, S.D., et al., 2004. A comprehensive study of Easter lily poisoning in cats. Journal of Veterinary Diagnosis and Investigation 16, 527–541.
Saxon-Buri, S., 2004. Daffodil toxicosis in an adult cat. Canadian Veterinary Journal 45, 248–250.
Scanlan, S., Eagles, D., Vacher, N., et al., 2006. Duranta erecta poisoning in nine dogs and a cat. Australian Veterinary Journal 84, 367–370.
Tefft, K.M., 2004. Lily nephrotoxicity in cats. Compendium on Continuing Education for the Practicing Veterinarian 26 (2), 149–157.

Ⅸ. 誤食しても比較的毒性の低いもの

Kirk, R.W., Bistner, S.I., Ford, R.B. (Eds.), 1990. Handbook of Veterinary Procedures and Emergency Treatment, fifth ed. W B Saunders, Philadelphia, pp. 166.

Ⅹ. 妊娠中に有害となり得る薬剤

Johnson, C.A., (guest ed), 1986. The Veterinary Clinics of North America : Small Animal Practice. Reproduction and periparturient care 16 (3), 531–533.

Plumb, D.C., 2011. Plumb's Veterinary Drug Handbook, seventh ed. Wiley-Blackwell, Ames.

XI．妊娠中に安全に使用できる薬剤

Johnson, C.A., (guest ed), 1986. The Veterinary Clinics of North America：Small Animal Practice. Reproduction and periparturient care 16 (3), 531–533.
Plumb, D.C., 2011. Plumb's Veterinary Drug Handbook, seventh ed. Wiley-Blackwell, Ames.

XII．重度の腎不全症例では避けるべき薬剤

Kirk, R.W. (Ed.), 1983. Current Veterinary Therapy VIII. W B Saunders, Philadelphia, pp. 1038.
Plumb, D.C., 2011. Plumb's Veterinary Drug Handbook, seventh ed. Wiley-Blackwell, Ames.

XIII．腎不全において用量低減を要する薬剤

Plumb, D.C., 2011. Plumb's Veterinary Drug Handbook, seventh ed. Wiley-Blackwell, Ames.

XIV．主な計算式

Willard, M.D., Tvedten, H., Turnwald, G.H., 1989. Small Animal Clinical Diagnosis by Laboratory Methods. W B Saunders, Philadelphia.

XV．持続点滴（CRI）における計算式

Bonagura, J.D., Kirk, R.W. (Eds.), 1995. Current Veterinary Therapy XII. W B Saunders, Philadelphia, pp. 186.
Silverstein, D.C., Hopper, K., 2006. Small Animal Critical Care Medicine. Saunders Elsevier, St Louis.

XVI．持続点滴（CRI）で使用される主な薬剤

Mathews, K.A., 2006. Veterinary Emergency and Critical Care Manual, second ed. Lifelearn Inc., Guelph, pp. 229–262.
Silverstein, D.C., Hopper, K., 2006. Small Animal Critical Care Medicine. Saunders Elsevier, St Louis.

XVII．単位換算

Bonagura, J.D., Kirk, R.W. (Eds.), 1995. Current Veterinary Therapy XII. W B Saunders, Philadelphia, pp. 1417.
Plumb, D.C., 2011. Plumb's Veterinary Drug Handbook, seventh ed. Wiley-Blackwell, Ames, pp. 1157.
Rice, L., 1989. Lead poisoning in cats. Feline Health Topics, vol 4, no 2. Cornell Feline Health Center, Cornell University College of Veterinary Medicine, Ithaca, pp. 525.

XVIII．犬猫の体表面積

Ettinger, S.J., 1975. Textbook of Veterinary Internal Medicine, Diseases of the Dog and Cat, second ed. W B Saunders, Philadelphia, pp. 146.
Plumb, D.C., 2011. Plumb's Veterinary Drug Handbook, seventh ed. Wiley-Blackwell, Ames, pp. 1154.

XIX．救急医療で使用される主な薬剤

Bonagura, J.D., Twedt, D.C., 2009. Kirk's Current Veterinary Therapy XIV. Saunders Elsevier, St Louis.
Greene, C.E., 2006. Infectious Diseases of the Dog and Cat, third ed. Saunders Elsevier, Philadelphia.
Plumb, D.C., 2011. Plumb's Veterinary Drug Handbook, seventh ed. Wiley-Blackwell, Ames.
Silverstein, D.C., Hopper, K., 2006. Small Animal Critical Care Medicine. Saunders Elsevier, St Louis.

索引

英数

あ行

か行

さ行

た行

な行

は行

ま行

や行

ら行

監訳をおえて

2000年に刊行された『Emergency Procedures for the Small Animal Veterinarian 2nd edition』の翻訳を緑書房から依頼されたのは、今から11年前の2004年の秋だったと記憶している。ちょうどネオベッツVRセンターの立ち上げ期にあたり、多忙を極めていたが、内容が臨床獣医師にとって非常に有益であったことなどから、困難を承知で翻訳を承った。

しかし通常の診療に加えて、夜間および救急診療の合間に進めていく作業は、思いとはうらはらに遅々として進まず、スタッフ総出といえば聞こえはいいが、でき上がってきた翻訳は章ごとに文体もレベルもバラバラで、書籍としての質に到達したものではなかった。

その状況を救ってくれたのが、2007年にVRセンターに合流した向野麻紀子先生であった。獣医師として類まれな翻訳能力をもつ彼女の存在がなければ、遅ればせながらも依頼から約3年強の2008年初頭に、2nd editionの日本語版『伴侶動物のための救急医療』を出版することは、かなわなかったであろう。

2000年に刊行された書籍が、ようやく翻訳されて日本語で読めるようになるまで8年。そのタイムラグは、なんとももったいなかった。

今回監訳させていただいた3rd editionは、2013年に刊行されたものである。本書については、伴侶動物獣医療と翻訳の双方に精通した獣医師として、向野先生に翻訳を最初から全面的にお任せした。その結果、本書は、原書の刊行から2年以内という早さで、なおかつ精度の高い翻訳で読者の皆様にお届けできることとなった。心より感謝申し上げたい。

また併せて、緑書房の編集部の皆様にも深く御礼申し上げる。

本書を手に取っていただいた皆様に、この10年余りの伴侶動物救急医療の飛躍的な進歩を、ぜひリアルタイムで感じていただけるよう期待している。

2015年9月

ネオベッツVRセンター代表
川田　睦

[監訳者プロフィール]

川田　睦（かわた・むつみ）

1991年山口大学農学部獣医学科（家畜解剖学教室）卒業。大阪市内および大阪府下の動物病院にて勤務ののち、1999年愛媛県にてにいはま動物病院開業。2005年ネオベッツVRセンター長就任。2014年同センター代表に就任し現在に至る。

[翻訳者プロフィール]

向野麻紀子（むかいの・まきこ）

1998年米国シラキュース大学大学院コミュニケーション学専攻修士課程修了、科学修士。2003年岐阜大学農学部獣医学科（外科学講座）卒業。兵庫県および滋賀県の動物病院にて勤務ののち、2007年VR ENGINEに入社し、ネオベッツVRセンターに勤務。2015年からは同センター非常勤獣医師。臨床に携わりながら主に獣医学術書などの翻訳、セミナー通訳にも従事し現在に至る。

伴侶動物のための救急医療 増補改訂版

Midori Shobo Co.,Ltd

2015年9月30日　第1刷発行

著　者……Signe J Plunkett（シグニー ブランケット）

監訳者……川田　睦

翻訳者……向野麻紀子

発行所……エルゼビア・ジャパン株式会社

編集・発売元……株式会社 緑書房

代表取締役　森田　猛

〒103-0004

東京都中央区東日本橋2丁目8番3号

TEL 03-6833-0560

http://www.pet-honpo.com

編　集……羽貝雅之、和田博文

編集協力……冬木　裕

カバーデザイン……メルシング

印刷・製本……シナノパブリッシングプレス

ISBN978-4-89531-241-7

落丁・乱丁本はお取り替え致します。